4판

*Safety Management*

# 안전관리론

4판

*Safety Management*

# 안전관리론

정진우 지음

### 4판
# 안전관리론

**1판 발행** 2018년 12월 20일
**2판 발행** 2020년 3월 16일
**3판 발행** 2021년 6월 1일
**4판 발행** 2023년 9월 25일

**지은이** 정진우
**펴낸이** 류원식
**펴낸곳** 교문사

**편집팀장** 성혜진 | **책임편집** 김성남 | **디자인** 신나리 | **본문편집** 디자인이투이

**주소** (10881) 경기도 파주시 문발로 116
**전화** 031-955-6111 | **팩스** 031-955-0955
**홈페이지** www.gyomoon.com | **E-mail** genie@gyomoon.com
**등록번호** 1968. 10. 28. 제406-2006-000035호

**ISBN** 978-89-363-2521-3 (93530)
**값** 47,000원

　우리나라에서는 안전을 학문으로 접근하기보다는 경험으로 대응하는 경향이 강하다. 아예 안전에는 이론이라고 할 만한 것이 없다고 생각하는 사람마저 있다. 이론 없는 경험은 맹목적이라는 점에서 안전업무 종사자가 이론과 담쌓고 지내는 것은 위험하기까지 하다.

　안전업무 종사자가 안전의 기초조차 학습이 되어 있지 않다 보니, 안전의 원리, 효과성이 무시되고 거칠고 실효성 없는 대책이 양산되기 일쑤이다. 안전업무 종사자가 안전에 대한 기본적인 지식이 없다는 대표적인 증거가 안전의 기초과목인 안전관리론에 대한 학습이 되어 있지 않은 점이다. 더 심각한 것은 안전관계자가 안전관리론을 학습하지 않은 것을 부끄럽게 생각하지도 않는다는 점이다.

　안전에 대해 겨우 학습한다고 하는 것이 자격증을 따기 위한 목적으로 알량한 수험서에 지엽적이면서 게다가 부정확하게 소개되어 있는 내용을 주입식으로 외우는 정도이다. 안전관리론에 대한 지식이 얄팍하다 보니 안전자격증 취득자와 미취득자 간의 별다른 차이를 찾아볼 수 없다. 안전을 별것 아닌 것, 아무나 할 수 있는 것으로 생각하는 사람이 많은 이유이다.

　학계 연구자든 정부 관계자든 기업 담당자든 컨설팅기관 종사자든, 안전업무에 종사하는 많은 사람들이 안전의 기본을 모른 채 안전 업무를 수행하고 있다. 학계는 이론적 지식도 실무경험도 없는 무늬만 안전전문가인 사람들로 가득 채워져 있고, 정부는 안전에 대한 기초적인 지식도 없는 자가 주먹구구식으로 정책을 수립하고 법집행을 하고 있다. 기업은 안전역량을 쌓을 생각은 없이 인원과 조직의 외형만 늘리는 양상을 보이고 있다. 누구보다도 전문적이어야 할 컨설팅기관도 안전에 대한 이론적 지식이 없기는 마찬가지이다. 아이러니가 아닐 수 없다. 이것만 보더라도 우리나라의 안전이 얼마나 뒤틀려져 있고 갈 길이 멀다는 것을 알 수 있다.

　우리 사회의 안전분야가 전반적으로 문제투성이인 것은 그동안 안전에 대한 이론적 학습을 게을리하고 안전을 '몸으로 때우는' 자세로 임한 탓이 크다고 할 수 있다. 필자가 안전에 관한 이론적 학습을 강조하는 이유도 여기에 있다. 이 책이 안전에 관한 이론적 학습을 등한시하는 우리 사회의 고질적인 문제를 해소하는 데 조금이라도 도움이 되었으면 하는 바람이다.

　이번 개정판에서는 독자들이 무엇보다 이해하기 쉬운 내용으로 다듬는 데 중점을 두었다. 분량이 많이 늘어난 것도 아니어서 읽는 부담이 한결 가벼워졌을 것으로 기대한다. 그리고 책 전반적으로 내용을 보충하여 설명을 좀 더 풍부하게 하였다. 또 최근에 개정된 법령·행정규칙, 통계 및 국제적 동향을 현행화하거나 추가하였다.

아무쪼록 본서가 독자들이 안전의 원리와 접근방법과 같은 안전기초를 쌓고 명실공히 안전 전문가로 성장하는 데 많은 도움이 되기를 바라 마지않는다. 본서를 읽으면서 내용과 관련하여 의문 나는 점이나 비판할 점이 있으면 언제든지 연락해 주기 바란다(jjjw35@hanmail.net).

끝으로, 본서 개정판이 나오기까지 아내의 헌신적인 내조가 있었다. 이 자리를 빌려 미안함과 고마움을 전하고 싶다. 그리고 금번 개정작업에서 놀라울 정도의 높은 전문성을 바탕으로 정성 들여 세련되게 편집을 해준 김성남 편집자님께도 진심을 담아 감사의 말을 전한다.

2023년 9월
정 진 우

우리 사회가 안전입법에서 엄벌주의로 치닫는 경향이 점점 심화되고 있다. 그 압권은 올해 1월 26일 제정·공포된 '중대재해 처벌 등에 관한 법률'(약칭: 중대재해처벌법)이라는 전 세계에서 유례를 찾아볼 수 없는 '괴물법'이다. 정작 재해예방에는 관심이 없고 생색내기에 급급한 포퓰리즘 입법의 전형이라고 할 수 있다.

기업 내에서도 사고원인 여하를 따지지 않고 제재 중심으로 접근하는 것이 많은 부작용을 초래하듯이, 사회에서도 구조적인 원인의 파악보다 처벌에 편중하여 접근하는 것은 기업의 안전수준을 끌어올리기보다는 형식적인 안전관리를 심화시키는 쪽으로 작용할 가능성이 높다.

안전문제를 이념과 처벌보다는 과학과 실효성으로 접근하기 위해서는 안전관리에 대한 학습이 필수불가결하다. 안전관리에 대한 전문성이 없으면 없을수록 엄벌에 의존하는 경향이 강해진다. 아직도 안전을 학습 없이 경험으로만 접근하거나 '군기잡기' 식으로 접근하는 모습을 보이곤 하는 것도 안전관리에 대한 전문성 부족과 그에 따른 진정성의 결여가 큰 원인이다.

이번 3판에서는 2판에서 미처 충분히 소개하지 못한 안전관리에 관한 기초적·일반적인 사항을 보필(補筆)하고, 현장 안전수칙에 관한 내용을 새롭게 추가하였다. 산업재해에 관한 통계도 최근 수치로 업데이트하였다. 이해하기 어렵고 매끄럽지 못한 문장은 좀 더 자연스럽고 알기 쉽게 윤문하였다.

입법론의 관점에서 보면 문제가 많지만 독자들의 관심이 많을 것으로 생각되는 중대재해처벌법(2021년 1월 26일 제정)의 제정내용도 책의 관련되는 부분에서 간단하게나마 설명하였다. 그리고 2019년 1월 16일 전부 개정된 산업안전보건법 내용 중 올해부터 시행되는 물질안전보건자료와 경고표시 제도를 전체적으로 개필(改筆)하였다.

본서가 독자 여러분의 안전관리에 대한 지적 갈증을 해소하고 우리 사회의 안전관리 수준을 향상시키는 데 조금이나마 도움이 되기를 바라는 마음 간절하다.

이 책이 좀 더 좋은 책이 될 수 있도록 이번 판에 대해서도 독자 여러분의 많은 관심과 코멘트를 기대한다(jjjw35@hanmail.net).

2021년 4월
북한산 인수봉이 보이는 연구실에서
정 진 우

이 책이 발간된 지 1년 남짓 지났다. 발간 후 여러 독자들로부터 본서의 충실성과 참신성에 대해 좋은 평가를 받았다. 세종도서 학술부문 우수도서로 선정되는 영광도 안았다. 안전관리 전반을 체계적이고 종합적으로 이론화한 것에 대해 평가를 받은 것 같다.

안전관리는 학제적인 접근이 필요한 종합학문이다. 그러나 우리 사회에서 학문으로서의 안전관리는 매우 허약한 실정이다. 그러다 보니 안전관리를 경험만으로 대처하려는 생각이 강하다. 그리고 안전관리를 안전기술(또는 안전공학)과 구분하지 못하고, 심지어는 안전기술(또는 안전공학)이 안전의 전부인 것으로 이해하는 시각이 여전히 많다. 이 문제에 있어서는 산업계도 정부도 마찬가지이다. 아니 정부가 좀 더 심각한 상태라는 게 많은 사람들의 공통된 지적이다. 그러나 다른 분야와 마찬가지로 안전관리에 있어서도 '이론 없는 경험'은 위험하다. 이 책을 집필한 가장 큰 동기도 이러한 문제의식에 있다.

안전 관련 자격증 시험에서도 안전관리론을 학문적으로는 접근하지 않고 몇 년간의 기출문제만 보면 '너끈히' 합격할 수 있는 것이 엄연한 현실이다. 이러다 보니 안전관련 기술사를 포함하여 안전관련 종사자들이 안전 관련 자격증을 취득했는데도 안전관리에 대한 기초적인 사항조차 모르는 아이러니한 일이 벌어지고 있는 것을 부정할 수 없다.

안전관리는 안전기술과 더불어 안전이라는 수레의 양 바퀴에 해당한다. 안전관리는 안전기술 못지않게, 아니 안전기술 이상으로 중요한 학문이다. 안전의 한 축에 해당하는 만큼 학문적 폭과 깊이도 무궁무진하다. 안전업무에 다년간 종사했다고, 안전관련 자격증을 취득했다고 하여 안전관리를 충분히 알게 되었다고 생각하는 것이 큰 착각인 이유이다.

안전기술은 현업부서 관계자들이 현장에 직접적으로 적용하는 것인 반면, 안전관리는 현업부서 관계자들이 그들의 영역에서 안전을 잘 실천할 수 있도록 현장부서의 외곽에서 기획·관리하고 지도·지원 및 평가하는 것이다. 안전기술이 '구슬'에 해당한다면 안전관리는 구슬을 꿰어 '보배로 만드는 것'에 해당한다. 따라서 안전관리론이야말로 안전부서 안전관리자를 현업부서 직원과 차별화시키거나 차별화시킬 수 있는 중요한 과목에 해당한다고 볼 수 있다.

이번 개정판에서는 2020. 1. 16. 시행된 산업안전보건법 전부개정에 맞추어 근거조항과 관련된 내용을 수정하고, 안전문화, 재해유형별 안전관리 등에 관한 부분을 보필(補筆)하였다. 아울러 문장이 매끄럽지 못한 부분과 오탈자를 최대한 바로잡았다. 그렇지만 아직 부족한 부분이 많을 것으로 생각된다. 부족한 부분은 앞으로 계속 채워나갈 것을 약속드린다.

안전관리에 관심을 가진 독자 여러분이 없었다면 이번 개정판이 나올 수 없었을 것이다. 독자 여러분께 이 자리를 빌려 감사드린다. 책은 독자의 관심을 먹고 자라나는 나무와 같다. 그런 만큼 개정판에 대해서도 독자 여러분의 많은 관심과 코멘트를 기대해 본다 (jjjw35@hanmail.net).

2020년 2월

정 진 우

하인리히는 일찍이 "산업재해 예방은 과학이자 예술(Accident prevention is both science and art)이다."라고 주장하면서 안전관리의 중요성을 역설하였다. 그러나 아직 우리나라에서 안전관리는 학문으로 정착되어 있다고 말하기 어려운 상태이다. 게다가 안전관리의 학문적 저변도 매우 좁은 상태이다.

그 영향인지 우리나라에서는 안전관리가 학문적으로 논의되기보다는 추상적이고 심지어는 감성적인 수준에서 이야기되는 경우가 적지 않다. 안전관리의 집약이라고 볼 수 있는 산업안전보건법도 학문적 기초 위에서 논리적으로 접근하여 개정되기보다는 여론에 떠밀려 주먹구구식으로 개정되는 경우가 많은 것도 우리나라 안전관리 수준의 한 단면을 보여주는 것이라 할 수 있다.

그간 우리나라에서는 안전이라고 하면 기술적·공학적 접근이 주류를 이루어 왔다. 안전기술(공학)을 현장에 적용하고 활용하는 안전관리는 상대적으로 소홀히 취급되어 왔다. 특히 안전관리의 원리와 방법에 대한 이론적 수준은 아직 걸음마 단계에 머물러 있다고 해도 과언이 아니다.

안전관리라 하면 누구나 다 쉽게 생각하고 말하지만, 안전관리를 과학적으로 접근하는 것의 중요성과 그 디테일은 부족하다는 느낌을 지울 수 없다. 정부의 안전정책담당자와 사업장의 안전관리담당자 중에 안전관리를 학문적으로 공부한 사람이 매우 적다는 사실에서도 이를 엿볼 수 있다.

오래전부터 현장 안전보건종사자들로부터 "안전관리에 관한 책이 너무 부족하다, 그마저도 너무 오래되었다", "안전관리를 체계적으로 공부하기에 도움이 될 만한 책은 더더욱 부족하다"는 이야기를 많이 들어왔다. 이러한 이야기를 들을 때마다 안전관리를 연구하는 사람으로서 한편으로는 자괴감을 느끼기도 하였지만, 다른 한편으로는 안전관리에 관한 좋은 책을 꼭 써야겠다는 일종의 책임감을 느끼곤 하였다.

이 책은 학문으로서의 안전관리에 대한 이론적 토대를 마련해 보겠다는 사명감으로 집필되었다. 필자가 교편을 잡은 이후 학교와 외부에서 안전관리 강의를 위해 정리하여 온 자료가 본서의 기초가 되었다. 강의를 하면서 학생(학부, 대학원), 기업체 관계자들의 질의와 의견은 이 책의 완성도와 현실감을 높이는 데 큰 도움이 되었다.

이 책은 안전관리에 관하여 기초적이면서 실무적으로 중요한 이론과 아직 우리나라에 널리 소개되지 않은 사항을 중심적으로 다루되 안전관리 전반에 걸친 내용으로 구성되었다. 따라서 대학(원)에서 안전관리를 공부하는 학생들뿐만 아니라 안전관리자(보건관리자), 관리·감독자, 안전보건전문기관 종사자, 안전관리에 관심이 있는 경영진에게도 안전관리 이론을 종합적으로 또는 부분적으로 학습하는 데 도움을 줄 수 있을 것으로 생각한다.

여러 가지로 부족하지만 안전관리의 기본서로 이 책을 세상에 조심스럽게 내놓는다. 앞으로 책의 내용을 계속적으로 보충·심화시켜 나갈 것을 약속드린다. 아무쪼록 이 책이 우리나라에서 안전관리를 학문으로 발전시키고 안전관리에 대한 우리 사회의 관심을 높이는 데 조그마한 보탬이 되었으면 하는 바람이다. 이 책의 내용에 대해 독자 여러분의 기탄없는 의견과 아낌없는 비판을 기대한다(jjjw35@hanmail.net).

2018년 12월
정 진 우

## 제 2 장 안전관리의 기초

# 제3장 안전관리기법

## 제4장 현장 안전관리

제 5 장 근로자 보건관리

# 제 6 장 재해유형별 안전관리

# 제 1 장

# 안전의 기본

# I. 안전이란 무엇인가

## 1. 안전의 이념

사람은 이 세상에 태어나 행복하게 장수하는 것을 염원하면서 생활하고 있지만, 삶의 과정에서 생명과 건강이 침해되거나 저해되는 것은 기본적 인권의 관점에서 허용되어서는 안 된다.

헌법은 제10조에서 "모든 국민은 인간으로서의 존엄과 가치를 가지며, 행복을 추구할 권리를 가진다.", 제34조 제1항에서 "모든 국민은 인간다운 생활을 할 권리를 가진다.", 그리고 제35조 제1항에서 "모든 국민은 건강하고 쾌적한 환경에서 생활할 권리를 가지며, ……" 등과 같이 기본적 인권에 관한 다양한 권리(이념)를 정하고 있다.

이러한 인권존중의 이념은 확실히 '안전'의 이념이라고 할 수 있다. 산업노동의 장소 또는 산업·생활 관련 제품을 사용하는 곳에서 생명, 건강에 피해를 입는 것은 본인뿐만 아니라 그 가족에게도 인도적인 관점에서 결코 있어서는 안 되는 일이다. 기업은 이 인권존중의 이념을 구체적으로 실현하기 위하여 잠재적 유해·위험요인을 배제하고 사고·재해가 발생하지 않는 안전하고 쾌적한 직장을 만드는 종합적인 노력을 계속하는 것이 요구된다.

어떤 대기업의 인사부장이 산업재해로 사망한 종업원의 조문을 갔을 때 2명의 어린아이를 안고 깊은 슬픔에 빠져 있던 부인이 "지금 회사에는 몇 명이 일하고 있습니까?"라고 물어 왔다. "협력사의 근로자를 포함하여 3만 명입니다."라고 답하자, 부인은 "저의 남편이 죽은 것은 회사에 있어서는 3만분의 1을 잃은 셈이네요. 그러나 저는 인생의 모든 것을 잃었습니다."라고 중얼거리는 것이었다.

부인과 남은 2명의 아이들에게는 무엇과도 바꿀 수 없는 사람을 잃은 것이다. 그 깊은 슬픔의 한 마디를 듣고 인사부장은 둔기로 머리를 맞은 것과 같은 느낌이 들었다고 한다. 그리고 산업재해 예방에 대한 생각을 완전히 바꾸었다고 한다. 즉, 인사부장은 종업원 한 사람한 사람이 각자의 가족에게 있어서 그 무엇과도 바꿀 수 없는 소중한 존재이고 인생의 모든 것이나 마찬가지라는 '생명의 더할 나위 없는 소중함'의 관점이야말로 안전관리활동의 원점이라는 것을 깨닫게 된 것이다. 이 부인의 한 마디와 인사부장이 깨달은 바가 안전의 모든 것을 설명하고 있다고 할 수 있다.

안전을 구체화하는 중에 안전관리 또는 안전활동의 목표로 '무재해'라는 용어가 사용되고 있는 경우도 적지 않지만, 무재해는 '결과로서 재해가 제로'라는 것을 나타내는 의미이고, 유해·위험요인이 존재하고 있어도 또는 사고가 있어도 사람에게 피해를 주는 재해가 발생하지 않으면 '재해는 제로'라고 말할 수 있기 때문에, 무재해가 안전의 모든 것을 말하고 있다고 생각하는 것은 적절하지 않다. 따라서 우리가 지향하여야 할 목표 역시 무재해보다는 안전이 좀 더 합리적이라고 할 수 있다.

## 2. 재해 및 사고의 정의

재해란 일반적으로 인간과 그 노동의 생산물인 토지, 동식물, 시설, 제품 등이 무언가의 자연적 또는 인위적 요인(파괴력)에 의해 그 기능이 상실되거나 저하되는 현상을 말한다. 재해는 발생 원인에 따라 천재(자연재해)와 인재(인위재해)로 나누어 사용되고 있다.

이 중 천재로 분류되는 지진, 화산 폭발, 홍수, 태풍, 해일 등은 과학기술이 발달한 오늘날에도 그 발생을 방지하는 것은 아직 불가능하지만, 고도의 과학기술을 구사하여 전조를 예지하고 피난 등 신속한 대응을 함으로써 피해의 정도를 가능한 한 적게 하는 것은 어느 정도 가능해지고 있다.

재해 중 노동의 장에서 사람이 피재하는 재해(산업재해)는 전형적인 인재로서, 모든 산업재해는 원칙적으로 미연에 방지할 수 있고 그 미연방지를 위한 조치, 활동을 하는 것이 안전관리의 목적이다.

안전관리의 관점에서 재해에 대한 정의를 해 보면, '사람이 물체, 물질 또는 타인과 접촉하거나 환경조건에 노출됨으로써 또는 사람의 행동에 의해, 그 결과로 발생하는 사람의 상해를 동반하는 사건(event)'이라고 말할 수 있다.

사고의 개념에 대해서는 일반적으로 '당면하는 사상(事象)의 정상적인 진행을 저지 또는 방해하는 사건'이라고 정의되고 있다. 이와 같은 정의는 상당히 넓은 의미에 해당하는 것으로서, 예컨대 도로가 혼잡하여 목적지에 예정시간에 도착할 수 없는 경우도 사고(지연사고)에 해당한다고 볼 수 있다. 사고에는 안전(인신)사고 외에 제품사고, 교통사고, 의료사고, 도난사고 등 다양한 사고가 존재할 수 있다.

한편, 일반적으로 '재해'로 번역되는 'accident'와 '사고'로 번역되는 'incident'에 대해서는 많은 정의가 존재한다. 이 정의의 성격은 종종 사고·재해예방, 피재자보상, 통계와 같은 맥락과 목적에 따라 다르다. 여기에서는 사고·재해예방의 맥락과 목적을 중심으로 설명하는 것으로 한다.

1930년대에 하인리히(Hebert William Heinrich)에 의해 제시된 accident의 개념이 자주 언급된다. 하인리히는 accident를 "물체, 물질, 인간 또는 방사선의 작용 또는 반작용에 의해 인간의 상해 또는 그 가능성을 초래하는 예상외의 제어되지 않는 사건"이라고 정의하고 있다. 이 정의의 변형(variation)은 안전문헌의 곳곳에서 발견된다. 예를 들면, 버드(Frank E. Bird, Jr.), 저메인(George L. Germain)은 accident를 "인명 피해, 재산적 손해, 작업공정의 손실을 초래하는 바람직하지 않은 사건"이라고 정의하고 있다.

보다 최근의 문헌에서는 '예상외의', '제어되지 않는'이라는 개념이 오해를 초래하고 있다고 종종 주장되고 있다. 이 개념은 사건이 운명(fate) 또는 운(chance)과 관련되어 있다는 생각을 제공할 수 있다는 것이다. 그런데 사건의 근본원인이 밝혀지면 많은 사건은 일반적으로 예상할 수 있었고 올바른 조치가 취해졌더라면 방지되었을 것이라는 점을 알 수 있게 된다. 이것은 사건이 운명 또는 운의 하나가 아니라는 것을 시사한다.

최근 대부분의 정의는 '예상외의'라는 개념을 포함하지 않고 있고, 'accident' 대신에 'incident'라는 좀 더 일반적인 용어로 표현되고 있다. OHSAS 18001과 ISO 45001 규격은 incident의 정의에 초점을 맞추고 있다. Incident는 부상, 질병(심각성에 관계없이) 또는 사망이 발생하였거나 발생할 수 있었던 업무(work) 관련 사건을 가리킨다.[1] Accident는 부상, 질병 또는 사망이 실제로 발생한 incident의 특별한 유형으로 간주되고 있다. 위해(harm)[2]를 일으킬 수 있었지만 실제로 그렇지 않은 사건이라는 의미를 가지는 near miss[3] (아차사고)는 부상, 질병 또는 사망이 발생하지 않은 incident이다.[4] 즉, OHSAS 18001과 ISO 45001 용어정의에서는 incident에 near miss가 포함된다고 말하고 있다. 그러므로 incident는 accident일 수도 있고 near miss일 수도 있다.

영국의 HSE(Health and Safety Executive: 보건안전청)는 accident에 대해 "부상 또는 질병 또는 사망을 초래하는 사건"이라고 정의하고, incident는 아차사고(near miss)와 바람직하지 않은 상황(undesired circumstance)으로 구성된다고 설명하고 있다.

Incident 용어가 부상, 물적 손해 및 아차사고 사건을 일으키는 모든 사건들을 포괄하는 광의의 용어로 사용되는 경우가 많지만(예: ISO 45001), 항상 그런 것은 아니다(예: HSE). Incident는 종종 위해를 일으킬 잠재성을 가지고 있지만 그렇지 않은 사건의 의미로도 말해지고 있다. 이런 경우 incident는 아차사고 사건과 동의어로 간주된다. 용어정의에서 이러한 차이는 안전문헌을 읽거나 사고조사기법을 살펴볼 때 고려되어야 한다.

하인리히는 본인의 저서 『Industrial Accident Prevention』(1931)에서 accident라는 개념을 사용하면서 accident의 정의에는 실제로 발생하는 것뿐만 아니라 발생할 가능성에 관한 개념도 포함되어 있으므로, 상해를 수반하는 accident(injury accident)뿐만 아니라 상해를 수반하지 않는 accident(no-injury accident)도 포함한다고 설명한다. Incident에 대해서는 "업무활동의 능률을 저하시킬 수 있는(저하시키는) 바람직하지 않은 사건이다."라고 정의하면서, incident에는 문제를 야기하고 시간, 노력, 금전 등에 관하여 손실을 초래하지만 인간에게 실제의 상해를 초래하지 않는 것들이 포함된다고 설명하고 있다. 그리고 하인리히는 자신의 책에서 accident 및 accident prevention에 대하여 말해지는 모든

---

1 ISO 45001: 2018, Occupational health and safety management systems – Requirement with guidance for use 3.35; OHSAS 18001: 2007, Occupational health and safety management requirements 3.9.
2 위험사건의 회피 또는 제한에 실패한 결과로 발생하는 것을 말한다.
3 'near miss'는 'near hit', 'close call', 'narrow escape', 'near accident'라고도 부른다.
4 ISO 45001: 2018 Note 2; OHSAS 18001 Note 2.

것은 incident 및 incident prevention 용어에도 그대로 사용될 수 있다고 부연하고 있다. 결국 하인리히가 사용하는 accident의 개념은 incident의 개념과 동일한 의미를 가지고 있다고 말할 수 있다.

버드, 저메인은 자신들의 저서 『Practical Loss Control Leadership』(1986)에서 incident의 개념을 사용하면서 이를 "의도하지 않은 위해(harm) 또는 물적 손해(damage)를 초래할 수 있거나 초래하는 사건"이라고 정의하고 있다. 또한 incident를 no-loss incident(또는 near miss incident)와 loss-type incident로 구분하고 있다. Accident는 loss-type incident, 특히 인적 손상을 초래한 incident에 해당한다고 설명하고 있다.

한편, 이들은 인적 손상(injury)과 incident를 다른 것으로 구분하면서, 인적 손상(부상 또는 질병)은 incident에 기인하지만, incident는 인적 손상(부상 또는 질병)에 한정되지 않는다고 한다. 그리고 incident 자체의 발생은 제어할 수 있지만, incident에서 초래되는 위해 및 손상의 정도(심각성)는 종종 운의 문제이기 때문에, 인적 손상과 incident의 구별은 안전보건에서 중요하다고 강조한다.[5] 예를 들면, 부상의 경우 그 심각성은 민첩성, 반사신경, 물리적 조건, 부상을 입은 신체부위 외에 변환되는 에너지의 양, 가드의 적절성, 보호구 착용 여부와 같은 많은 요인에 달려 있다.

그리고 이들은 인적 손상과 incident의 구별을 통해, incident가 일으키는 인적 손상보다는 incident에 좀 더 많은 관심을 기울이는 것이 필요하다는 것을 우리가 인식할 수

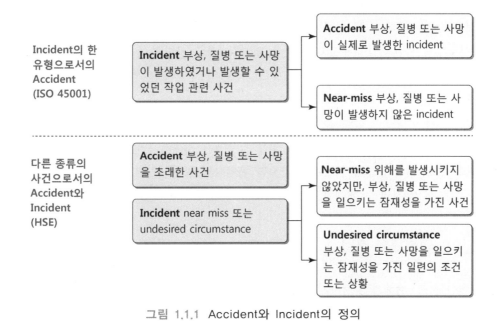

그림 1.1.1 Accident와 Incident의 정의

---

5 하인리히 또한 상해를 초래하는 accident의 발생은 대체로 예방할 수 있지만, 상해의 정도는 대체로 우연적이라고 설명하고 있다(10 Axioms of Industrial Safety).

있다고 설명한다. 또한 사건이 물적 손해 또는 손실을 초래하지만 인적 손상을 초래하지 않는 것도 incident라고 보면서, 인적 손상을 수반하는 incident(injury incident)보다 물적 손해를 수반하는 incident(damage incident)가 많이 존재한다고 한다. 이들에 의하면, 자주 발생하는 물적 손해를 수반하는 incident의 분석은 incident 문제의 원인에 대한 좀 더 명확한 이해와 예방업무를 할 때의 기준설정에 필요한 추가적인 정보를 제공해 준다. 그리고 물적 손해를 수반하는 incident를 무시하는 안전프로그램은 훨씬 더 많은 incident 자료를 무시하는 셈이고, 이것은 인적 손상을 줄이고 비용을 줄이는 효과를 거두는 데 있어 심각한 장애물이라고 역설한다.

한편, 국제적인 안전시스템 전문가인 리즌(James Reason)은 accident는 "인적 손상 또는 물적 손해가 큰 사건이고, incident는 인적 손상 또는 물적 손해가 작은 사건"이라고 설명하고 있다(『The Human Contribution』, 2008).[6]

요컨대, accident의 개념은 인적 손상만을 대상으로 하는 경우도 있지만, 물적 손해까지를 포함하여 인적 손상 또는 물적 손해를 수반하는 사건이라는 의미로도 사용되고 있다. Incident의 개념 역시 인적 손상만을 염두에 두는 경우도 있지만, 물적 손해까지를 염두에 두고 인적 손상 또는 물적 손해를 일으키지 않았지만 그 잠재성을 가진 예상되지 않은 사건을 의미하는 용어로도 사용되고 있다. 다만, 산업안전분야에서는 accident와 incident 개념을 인적 손상만을 염두에 두고 사용하는 것이 일반적이다.

우리나라 산업안전보건법 제2조(정의)에서는 산업재해의 정의를 "근로자가 업무에 관계되는 건설물·설비·원재료·가스·증기·분진 등에 의하거나 작업 또는 그 밖의 업무로 인하여 사망 또는 부상하거나 질병에 걸리는 것을 말한다."라고 상당히 구체적으로 표현하고 있다. 이 중 전단의 '인하여'까지의 부분이 사고이고, 후단의 사망 또는 부상, 질병이라고 하는 '현상이 발생하였을 때'를 재해라고 말할 수 있다.

즉, 건설공사 현장에서 작업 중에 높은 곳에서 재료를 떨어뜨리면(기인) 사고이고, 밑에서 작업을 하고 있던 근로자가 맞아 부상을 입은 경우에는 재해라고 불리게 된다. 이 경우 낙하한 재료에 현장 내의 근로자가 아니라 근처를 통행하던 일반시민이 맞았을 때에는 산업재해라고는 말하지 않지만 재해에는 해당한다.

## 3. 안전과 위험제거·감소

안전이란 사고·재해가 발생하지 않은 현상을 가리키는 것이 아니라, 그와 같은 현상을 초래하는 요인이 억제되어 있는 상태를 가리키는 것이다. 이 점을 '위험'이라는 용어를 중심으

---

6 James Reason은 인적 손상 또는 물적 손해를 수반하지 않는 것은 near miss(아차사고)로 분류한다.

로 구체적으로 검토하기로 한다.

산업안전보건법의 규정 중에서 '위험'이라고 하는 용어가 사용되고 있는 것으로 다음과 같은 규정이 있다.

- 제15조(안전보건관리책임자) 제1항 제9호: "그 밖에 근로자의 유해·**위험** 방지조치에 관한 사항으로서 고용노동부령으로 정하는 사항"
- 제36조(위험성평가) 제1항: "사업주는 건설물, 기계·기구, 설비, 원재료, 가스, 증기, 분진, 근로자의 작업행동 또는 그 밖의 업무로 인한 유해·위험요인을 찾아내어 부상 또는 질병으로 이어질 수 있는 위험성의 크기가 허용 가능한 범위인지를 평가하여야 하고, 그 결과에 따라 이 법과 이 법에 따른 명령에 의한 조치를 하여야 하며, 근로자에 대한 **위험** 또는 건강장해를 방지하기 위하여 필요한 경우에는 추가적인 조치를 하여야 한다."
- 제142조(산업안전지도사의 직무) 제1항 제2호: "유해·**위험**의 방지대책에 관한 평가·지도"
- 제4장의 장 제목: "유해·**위험** 방지조치"
- 제42조의 조문 제목: "유해·**위험**방지계획서의 작성·제출 등"
- 제80조(유해하거나 위험한 기계·기구에 대한 방호조치) 제1항: "누구든지 동력(動力)으로 작동하는 기계·기구로서 대통령령으로 정하는 것은 고용노동부령으로 정하는 유해·**위험**방지를 위한 방호조치를 하지 아니하고는 양도, 대여, 설치 또는 사용에 제공하거나 양도·대여의 목적으로 진열해서는 아니 된다."

위 규정 모두 '재해' 방지라는 표현이 아니라 '위험' 방지라는 표현을 하고 있다.[7] 산업안전보건법에서도 안전에 대한 반대의 개념으로 위험이라는 용어를 사용하고 있다고 할 수 있다. 즉, 안전의 반대 개념이 위험이고, 위험의 결과로서의 사상(事象)[8]이 재해이며, 안전의 반대는 재해가 아니라고 말하고 있는 것이다. 따라서 산업안전보건법에서 사용되고 있는 위험이라는 개념은, 재해 자체가 아니라 재해의 '씨앗'에 해당하는 hazard(위험요인) 또는 재해의 '싹'에 해당하는 risk(위험성)의 의미를 가지고 있다고 볼 수 있다.

최근 국내외에서 활발하게 논의되고 우리나라의 기업·사업장에서 구축·운영되고 있는 안전보건경영시스템(Occupational Safety and Health Management System), 기계의 본질적인 안전 등을 확보하기 위한 리스크(위험)관리(Risk Management)를 실시하는 경우에는, 잠재하는 위험원(hazard)을 적출하고 위험(성)의 크기(위험도)를 추정·판단한 후에 안전대책을 결정·이행해 가는 것이 요구되는데, 여기에서도 재해를 미연에 방지하는 전제로서 위험의 제거 또는 감소가 중요하다는 것을 강조하고 있다.

---

7 산업안전보건기준에 관한 규칙에서도 많은 조항(제13조, 제14조, 제15조, 제35조, 제38조, 제153조, 제187조, 제195조, 제339조, 제371조, 제543조 등)에서 '위험' 방지라는 표현을 하고 있다.

8 사상(事象)은 영어 incident의 번역어에 해당하는 것으로서 사상에는 재해 외에 아차사고가 있다.

## 4. 안전의 중요성

기업이 번창하여 발전해 나가기 위해서는 일정한 이윤을 추구하는 것이 필요하고, 이를 위해 새로운 제품의 개발·생산·관리를 하고 있는데, 그 과정에서 불행하게도 일하는 사람이 부상을 입거나 건강을 해치거나, 때로는 무엇과도 바꿀 수 없는 생명을 잃는 경우가 있다.

사망재해가 발생한 경우, 앞에서 예로 든 것처럼 회사에 있어서는 1인 종업원의 사망이 많은 사람 중의 1인을 잃는 것에 불과할 수 있지만, 가족에게 있어서는 모든 것을 잃는 것이 된다. 이와 같이 산업재해의 발생은 무엇보다 피재자, 그 가족을 불행하게 할 뿐만 아니라, 기업에서의 생산, 일의 능률을 저해하고, 경우에 따라서는 기업경영을 위협할 수도 있는 것이다.

따라서 산업안전보건법령의 준수와 자율적인 안전보건활동에 의한 안전보건관리의 철저는 기업의 건전한 발전을 위해서도 불가결한 것이다. 그리고 기업의 사회적 책임(CSR)이라는 관점에서도 종업원의 안전과 건강의 확보는 매우 중요한 사항이다. 중대한 사고·재해가 발생한 기업에 대한 여론의 비판, 책임추궁은 점점 엄격해지고 있다. 안전의 확보는 '기업 내'에서 '사회적' 차원으로 그 중요성이 높아지고 있고, 자율적인 안전활동의 착실한 추진은 기업의 사회적인 신용을 높일 수 있는 것이 되고 있다.

그렇다면 이와 같이 중요한 안전이 과연 무엇을 의미하는가에 대해서 구체적으로 살펴볼 필요가 있다.

## 5. 안전이란: 허용 불가능한 리스크(위험성)가 존재하지 않는 것

'안전'이란 무엇일까? 어떠한 상태가 되면 안전하다고 말할 수 있을까? 이것은 간단한 것 같지만 어려운 질문이다. 안전관계법에서도 안전에 대한 정의는 어디에서도 찾아볼 수 없다. 가장 많은 답변은 "위험하지 않은 것"이라는 답변이다. 현장에서 밤낮없이 위험과 맞닥뜨리는 관리·감독자의 경우에는 우선 이 답변을 떠올릴 것이다. 그리고 플랜트의 유지관리 등을 담당하는 사람이라면 "설비, 장치 등이 정상인 것"을 안전이라고 답할 것이다. 나아가 사무직에 종사하는 사람은 안전이라는 용어를 국어사전에서 찾아 "위험이 생기거나 사고가 날 염려가 없는 것 또는 그런 상태"라고 설명하기도 한다.

안전이 위해, 손해 등이 없고 위험하지 않은 상태라는 것은 누구나 알고 있지만, 안전이라는 용어에서 사람들이 상정하는 이미지는 차이가 있다. 그런데 사람에 따라 안전의 의미가 다르면 적절한 안전관리의 실시가 곤란하게 된다.

이 점을 고려하여, 국제안전규격인 'ISO/IEC GUIDE 51'(2014년판)에서는 사람들의 안전에 관한 생각에 통일을 기하기 위하여 안전을 "허용 불가능한 리스크가 없는 것(freedom from risk which is not tolerable)"이라고 정의하고 있다.[9] 이 정의가 현재 안전에 관한 가장 보편적인 정의라고 할 수 있다.

ISO(International Organization for Standardization: 국제표준화기구)는 기계 등(전기, 통신 외)의 국제표준을 검토·작성하고 있는 국제기구이다. 동일하게 국제전기표준회의라고 불리는 민간기구로 IEC(International Electrotechnical Commission: 국제전기기술위원회)는 전기관계의 국제기준을 검토·작성하고 있다. 이 2개의 국제표준기관이 합동으로 작성한 가이드라인이 'ISO/IEC GUIDE 51:2014(Safety aspects – Guidelines for their inclusion in standards)'이다.

이 'ISO/IEC GUIDE 51'에서 안전은 리스크를 통해 설명되고 있고, 리스크의 크기가 허용 가능한 상태를 안전이라고 부르고 있다. 그러나 안전이라고 하더라도 잔류리스크(residual risk)는 남아 있다. 결코 리스크가 제로인 것을 의미하지 않는 점에 주의할 필요가 있다.

여기에서 리스크라는 용어가 새롭게 등장하였다. 리스크는 안전을 말하는 데 있어 빼놓을 수 없는 개념이다. 리스크가 무엇인지를 생각해 보자.

### (1) 안전은 리스크(위험성)에 의해 정의된다

리스크라는 용어는 자주 사용되고 있다. 고위험 고수익(high risk high return)이라고 말할 때는 금융, 증권에서의 리스크를 나타낸다. 그 외에도 도박의 리스크, 암, 당뇨병 등의 질병에 대한 리스크, 자연파괴, 건강장해에 관련된 환경리스크, 자연재해의 리스크, 나아가 경영의 리스크로부터 테러의 리스크까지 여러 가지 상황에서 리스크라는 용어가 사용되고 있다. 리스크라는 용어가 다양한 곳에서 사용되고 있는 점으로부터 알 수 있듯이 리스크의 의미는 동일하지는 않다.

리스크의 개념에 대해서는 지금까지 많은 연구가 있었다. 간단히 설명하는 것은 곤란하지만, 크게 나누면 긍정적인 영향이 있는(이익을 보는 경우도 있는) 것과 부정적인 영향 외에는 없는(손실만 있는) 것의 2가지 리스크가 존재한다.

즉, 투기리스크처럼 때로는 이익을 얻는 경우와 같이 긍정적인 영향도 포함하는 리스크가 있는가 하면, 자연재해, 기계로 인해 부상을 입는 것과 같이 손실, 손해만을 생각하는, 즉 부정적인 영향만을 생각하는 리스크가 있다. 금융파생상품 등에서 취급되고 있는 리스크는 전자의 리스크이다. 산업안전에서 말하는 리스크는 후자의 리스크이다.

리스크 개념은 위험 그 자체를 의미하거나 때로는 위험, 손실을 수반할 가능성이 있는 것을 의미하는 경우에도 사용된다. 반드시 위험한 것이 일어난다는 이미지보다는 일어나는 경

---

9 ISO/IEC GUIDE 51 1999년판에서는 안전을 '수용 불가능한 리스크가 없는 것(freedom from unacceptable risk)'이라고 정의하고 있었다. 2014년판에서 안전의 개념에 대한 표현이 'freedom from unacceptable risk'에서 'freedom from risk which is not tolerable'로 바뀌었지만, 양자는 그 의미가 동일하다고 설명되어 있다(ISO/IEC GUIDE 51:2014).

우도 있지만 좀처럼 일어나지 않는다는 뉘앙스로도 사용된다. 그리고 일어나면 매우 곤란한 경우도 있지만, 심각하지는 않은 경우도 있다는 뉘앙스도 포함하고 있다.

이와 같이 리스크라는 용어는 여러 가지 의미로 사용된다. 그것은 리스크의 개념에는 단지 위험하다는 생각뿐만 아니라, 확률, 가능성 등의 불확실성, 중요한지 아닌지의 가치관도 내포되어 있기 때문이다.

그럼 국제적으로 리스크는 어떻게 정의되고 있을까? 'ISO/IEC GUIDE 51'에서는 "위해(harm)의 발생확률과 위해의 중대성의 조합"이라고 정의하고 있다. 위해가 발생할 확률(어느 정도의 빈도로 발생할 것인가)과 그 중대성(어느 정도로 심각한가)의 조합이 리스크이다.

좀 더 상세하게 리스크를 알아보자. 'ISO/IEC GUIDE 51'에서 정의되고 있는 (리스크에서의) '위해'란 무엇일까? 'ISO/IEC GUIDE 51'에서는 "사람이 입는 물리적 상해, 건강장해 또는 재산, 환경이 입는 해"라고 설명하고 있다. 일반적으로 산업안전에서 위해는 이 정의의 전반부에 있는 "사람이 입는 물리적 상해 또는 건강장해"를 의미한다. 기계류의 안전성에 관한 국제규격 중에서 가장 기본이 되는 'ISO 12100: 기계류의 안전성 – 설계를 위한 일반원칙 – 위험성평가 및 위험성 저감'이라는 규격에서도 위해를 "물리적 상해 또는 건강장해"라고 좁게 정의하고 있다.

결국, 리스크란 인체에 상해, 장해를 미치는 사고가 발생할 '확률'과 사고가 발생하였을 때 그것의 '중대성'의 조합, 즉 양자를 합하여 생각한다. '확률' 및 '중대성'과 더불어 '조합'이라는 용어가 나오는 것이 특징이라고 할 수 있다.

### (2) '허용 가능한 리스크'란 무엇인가

'ISO/IEC GUIDE 51'에서 말하는 '허용 가능한 리스크'란 어떤 리스크일까? 예를 들면, 낙하한 운석에 맞아 사망하거나 부상을 입는 리스크를 생각해 보자. 떨어진 운석에 맞을 리스크는 확실히 존재하지만, 거의 일어나지 않을 것이기 때문에 작은 리스크라고 할 수 있다. 현실이 되는 것은 매우 드문 일(빈도)이기 때문에, 누구도 방어를 생각하지는 않는다. 이와 같은 리스크는 '누구나 수용하는 리스크' 또는 '널리 수용 가능한 리스크'라고 부르고, 운석이 떨어질 리스크는 '매우' 낮다고 생각한다.

한편 '허용 가능한 리스크'에 대해 크레인을 예로 들어 알아보자. 매년 많은 사람들이 크레인을 이용하여 작업하는 중에 생명을 잃고 있다. 이것을 생각하면 크레인은 매우 위험한 기계라고 말할 수 있다.

그럼에도 불구하고 크레인은 우리나라뿐만 아니라 전 세계에서 보편적으로 이용되고 있다. 모두가 수용하고 있지만, 크레인 작업으로 사망하거나 부상을 입는 사람의 수를 생각하면 도저히 누구나 받아들일 만한 작은 리스크라고는 생각할 수 없다.

그런데도 왜 사람들은 크레인을 이용하고 있는 것일까? 그것은 크레인의 이용편리성과 위험성을 저울에 달았을 때 이용편리성 쪽으로 기울어진다고 판단하고 위험성은 안전대책으로 대응하면 된다고 생각하기 때문이다.

자동차도 마찬가지이다. 우리나라의 경우 매년 2,800명에 가까운 사람들이 교통사고로 생명을 잃고 있다. 이를 생각하면 자동차는 매우 위험한 기계라고 말할 수 있는데, 그럼에도 불구하고 자동차는 어느 국가든 보편적으로 이용되고 있다. 모두가 수용하고 있지만, 교통사고로 사망하거나 부상을 입는 사람의 수를 생각하면 도저히 누구나 받아들일 만한 작은 리스크는 결코 아니다. 그런데도 사람들이 자동차를 이용하고 있는 것은 자동차의 이용편리성과 위험성을 비교할 때 이용편리성 쪽이 더 크다고 판단한 후 위험성은 스스로의 책임으로 대응하면 된다고 생각하기 때문이다.

이와 같이 안전대책을 실시할 만한 수단이 없거나 비용이 너무 들어 비현실적인 경우, 그 기계·설비로부터 받는 혜택 등을 생각하여, "방법이 없으니 수용하자."라고 생각할 정도의 크기를 가진 리스크가 '허용 가능한 리스크'이다.

리스크의 크기가 대상이 되는 것으로부터 받는 이용편리성, 안전하게 하기 위한 비용 등을 고려하여 받아들여도 좋다고 생각할 정도까지 낮으면(허용 가능한 리스크라면), 그것을 안전이라고 말할 수 있다.

**참고 • 산업재해의 정의**

산업재해를 산업안전보건법에서는 "노무를 제공하는 자[10]가 업무에 관계되는 건설물·설비·원재료·가스·증기·분진 등에 의하거나 작업 또는 그 밖의 업무로 인하여 사망 또는 부상하거나 질병에 걸리는 것을 말한다."라고 정의하고 있다(법 제2조 제1호).

따라서 산업안전보건법에서의 산업재해의 정의는 ⅰ) 근로자성…'근로자(노무를 제공하는 자)가', ⅱ) 업무기인성…'업무로 인하여', ⅲ) 인신(人身) 피해성…'사망 또는 부상하거나 질병에 걸리는 것'이라는 3가지 요건으로 구성되어 있다.

산업재해보상보험법에서는 '산업재해'라는 용어 대신에 '업무상 재해'라는 용어를 사용하면서 업무상 재해를 "업무상의 사유에 따른 근로자의 부상·질병·장해 또는 사망을 말한다."라고 정의하고 있는데(법 제5조 제1호), 산업안전보건법상의 산업재해의 정의와 표현만 다를 뿐 내용적으로는 동일하다고 할 수 있다.

---

10 전부개정 산업안전보건법에서는 보호 대상을 '근로자'에서 '노무를 제공하는 자'로 확대하였다. 그러나 법의 보호범위 안으로 실제 새롭게 들어온 자는 노무를 제공하는 자 모두가 아니라, 9개 직종의 특수형태근로종사자(법 제77조)(2023년 10월 현재는 14개 직종)와 배달종사자(법 제78조), 가맹점 사업자(제79조)에 불과하다 [2020. 3. 31. 현장실습생(제166조의2)도 보호 대상으로 추가되었다]. 그리고 법 본문의 대부분의 규정[안전조치(제38조), 보건조치(제39조) 등]에서 근로자만을 보호 대상으로 하고 있는 점을 고려할 때, 본 조항은 상징적인 성격이 다분하다. 따라서 이하에서는 특별한 경우를 제외하고는 산업안전보건법의 보호 대상에 대해 '근로자'라는 용어를 사용하기로 한다.

## 6. 절대안전은 존재하지 않는다: 리스크(위험성)는 제로일 수 없다

많은 사람들은 안전이라 하면 리스크는 전혀 존재하지 않고 위해·손실을 받을 위험은 없다고 생각할지 모르지만, 그렇지 않다는 것을 이해할 필요가 있다.

예를 들어 커터칼을 생각해 보자. "커터칼은 안전한가, 위험한가?"라고 물으면 대부분의 사람이 "위험하다."라고 대답할 것이다. 왜냐하면 잘못하여 손을 베이는 경우도 있고 흉기로 사용되는 경우도 드물지 않기 때문이다. 우리들은 이러한 것을 경험을 통해 알고 있기 때문에 "커터칼은 안전하다고는 할 수 없다."라고 생각하고 있는 것이다.

그럼에도 불구하고, 우리들은 일상적으로 커터칼을 사용하고 있다. 커터칼이 하나도 없는 사업장은 아마도 없을 것이다. 그럼, 위험한 물건인 커터칼이 왜 널리 일반적으로 사용되고 있는 것일까? 왜 문구점뿐만 아니라 철물점, 대형마트, 편의점에서까지 구입하는 것이 가능할까?

이것은 부주의하여 손이 베일 리스크와 자재를 자르는 등 조리에 사용하는 장점을 상호 비교하여 장점이 크다고 판단하고 있기 때문이다. 어느 정도 리스크가 남아 있어도 그것을 상회하는 메리트가 있다고 생각하는 것이다. 그래서 잘못하여 커터칼로 손이 베여도 커터칼을 생산하는 제조자에게 클레임을 걸거나 판매점에 불평을 하는 사람은 없다.

이와 같이 어떤 것에도 리스크가 남아 있기 마련이다. 이것을 잔류리스크라고 한다. 이 정도의 리스크는 관리하거나 주의함으로써 어떻게든 안전을 확보할 수 있다고 생각하면 안전하다고 간주할 수 있는 것이다. 그러나 이것이 모든 사람에게 동일하게 적용되는 것은 아니다. 예컨대, 유아에게는 안전하다고 말할 수 없다.

그리고 공장 등에서도 사람이 조작을 잘못하거나 기계·설비에 고장이 나면, 큰 부상, 큰 사고로 발전할 가능성이 있다. 따라서 안전을 확보하기 위하여, 사람이 실수하지 않도록 주의를 기울이고 정성 들여 기계조작의 교육훈련을 실시하는 것이다. 기계·설비는 가급적 파손되지 않도록, 고장이 발생하지 않도록 기술적인 관리시스템 등을 도입함으로써 리스크를 감소시킬 필요가 있다.

그러나 교육훈련을 반복하면 인간은 절대 실수하지 않게 될까? 유감스럽지만, 그렇지 않다고 말하지 않을 수 없다. 실제로는 옛날부터 "인간은 실수하는 동물이다(To err is human)."라고 말해져 왔다. 잘못을 저지르는 것은 인간에게 예사로운 일이고, 인간의 특성 중 하나라고 볼 수 있다. 따라서 업무 또는 작업에서도 "절대로 실수하여서는 안 된다."라고 하는 것은 무리한 이야기이고, "사람은 절대로 실수하지 않는다."라는 명제도 성립하지 않는다.

한편, 고장 나지 않는 기계의 설계, 제조는 가능할까? 인간에게 수명이 있는 것처럼 기계·설비에도 수명이 있다. 부품이 고장 나기도 하고 성능이 저하되기도 하며, 마모되기도 한다. 방치하면 기계는 언젠가 고장 나 사용할 수 없게 된다. 나아가 인간의 돌연사처럼 부품도 갑자기 고장 나 쓸 수 없는 것이 되어 버리는 경우도 있다. 즉, 절대로 고장 나지 않는 기계·설비를 만드는 것은 불가능하다는 것이다.

무언가의 기능을 하고 있는 것에는 반드시 리스크가 존재한다. 리스크를 이용한 안전의 정의에서 설명한 바와 같이, '널리 수용 가능한 리스크'는 무시하여도 문제가 없지만, 드문 빈도로 발생하는 리스크가 있을 수 있다. '허용 가능한 리스크'에서는 향수(享受)할 혜택과 이해득실을 저울질할 리스크가 존재한다.

안전이란 절대안전을 의미하는 것이 아니라, 리스크라는 '크기'의 개념을 도입하여 그것이 허용할 수 있는 데까지 낮게 억제되어 있는 상태를 의미한다. 다시 말해서, 안전이라고 하여도 항상 리스크가 남아 있다는 것을 인정하여야 한다.

인간은 실수하는 것이 당연하고 기계·설비는 고장 나는 것이 당연하다고 하면, 위험을 수반하는 일은 무서워서 할 수 없는 것일까? 그렇지는 않다. 지혜를 짜내고 궁리를 해서 안전을 확보하는 의의가 여기에 있다.

인간이 안전을 위하여 교육훈련을 받고 안전과 관련된 업무를 하는 사람으로서 안전에 대한 책임감과 윤리관을 갖는 것은 당연하지만, 그렇다고 하더라도 인간은 실수하는 법이다. 따라서 인간이 실수를 저지르지 않는 방안을 고안하는 한편, 실수하더라도 문제가 발생하지 않는 기계·설비, 공법 등을 설계 단계에서부터 반영하는 것이 필수적이다.

예를 들면, 사람이 손을 넣어서는 안 되는 위험한 곳에는 처음부터 손이 들어가지 않도록 하거나, 사람이 실수하더라도 재해에 말려들지 않도록 하는 'Fool Proof' 설계도 그러한 방법의 하나이다.

안전과 관련된 사람에게 있어 유념하여야 하는 매우 중요한 대전제는 '기계는 고장 나기 마련'이고, '인간은 실수하기 마련'이라는 것이다. 이것은 자연스러운 것이고, 어떠한 의문의 여지도 없는 당연한 것이다. 처음부터 이 전제에 서서 안전관리를 하여야 한다는 것을 잊어서는 안 된다.

요컨대, 사람이 조금 실수하더라도, 기계·설비에 다소의 문제가 발생하더라도 큰 사고에 이르지 않도록 하는 방안을 강구하는 것이 안전 확보를 위하여 매우 중요하다.

## 7. 리스크란 어떤 의미인가

리스크에서 '확률'이라고 하는 것은 사고가 발생하는 빈도에 해당하고, 통상 수치로 표현된다. 가능성이라는 용어를 사용하기도 한다. 사고가 일어날 확률은 단위시간당 몇 번의 비율로 사고가 일어날지를 나타내는 경우가 많지만, 1만 번 사용하였을 때 몇 번의 비율로 사고가 발생할지를 나타내는 경우도 있다(이 경우도 1만 번당, 100만 번당 등 여러 가지 단위를 사용할 수 있다).

수학적인 표현으로 말하면, 어떤 것을 1시간 사용하였을 때 10만 번에 1번의 비율로 사고가 일어날 확률은 $10^{-5}$/시로 표시한다. 이를 하나의 공장에 적용하면, 한 공장에서 어떤 기계를 계속 사용할 경우, 1일 8시간 일한다고 가정하였을 때 약 34.2년에 1번의 비율로 사고가 발생하는 정도를 나타낸다. 이것이 적은지 많은지의 판단은 사람, 대상 및 경우에 따라 다르다.

그런데 확률이 $10^{-5}$/시라고 해도, 이것은 10만 시간에 1번밖에 일어나지 않는다거나 반드시 1번 일어난다는 것을 의미하는 것은 아니다. 과거의 통계로 보아 그렇다는 것일 뿐이고 실제로는 사고가 내일 일어날지도 모르는 것이다.

수치가 주어졌다고 하여 반드시 미래가 명확하게 되는 것은 아니다. 주사위를 던지면 홀수의 눈이 나올 확률은 2분의 1이라는 수치가 명확하더라도, 홀수가 나올지 아닐지는 던져 보지 않으면 알 수 없는 것과 마찬가지이다. 확률에 근거한 불확정성의 이 같은 성질에 주의할 필요가 있다.

### (1) 리스크는 확률과 중대성의 조합

리스크의 구성요소인 '확률'과 '중대성'에도 크기의 개념이 들어가 있는데, 중요한 것은 이들의 '조합'에 있다. 리스크는 확률과 중대성을 고려하여 결정된다는 의미이다.

$10^{-5}$/시의 확률로 '실명(失明)'하는 사고가 발생할 가능성이 있다고 할 때, 이 좋지 않은 장래의 가능성을 리스크라고 하고, 리스크의 크기는 이 조합으로 결정된다.

예를 들면, 실명이라고 하는 상해에 관하여, A기계로는 확률이 $10^{-5}$/시(10만 시간에 1번)이고, B기계로는 $10^{-4}$/시(1만 시간에 1번)라고 가정하면, B쪽이 A보다 리스크가 크다고 판단할 수 있다.

그렇다면, A기계(실명의 확률이 $10^{-5}$/시)와 '사망'사고가 그것의 100분의 1인 $10^{-7}$/시의 확률로 발생할 가능성이 있는 C기계를 비교하면 어느 쪽의 리스크가 얼만큼 더 클까?

실명(중대성)과 $10^{-5}$/시(확률)의 조합으로 리스크의 크기를 결정하고, 사망(중대성)과 $10^{-7}$/시의 조합으로 구성되는 리스크의 크기를 정한 후, 각각의 리스크의 크기를 비교하여 어느 쪽의 리스크가 더 큰지 판단한다. 여기에서도 리스크의 크기를 정의하려면 가치관이 들어가 있어 사람에 따라 시간과 경우에 따라 다르고, 일반적으로는 일률적으로 결정될 수 없다.

확률의 수치를 결정하려면 데이터의 축적이 필요하고, 새로운 것, 지금까지 사용경험이 적은 것에 대해서는 정확한 수치를 찾을 수 없다. 그리고 중대성의 수량화도 일반적으로는 쉽지 않다. 나아가 조합에 의해 리스크의 수치를 결정하는 데에도 곤란한 면이 있다. 이처럼 산업안전분야에서 리스크의 크기를 결정하는 것은 쉬운 일만은 아니다. 게다가 이 판단에는 가치관이 수반되므로 사람과 상황에 따라 다를 수 있다. 각 기업에서 사업장의 특성을 고려하여 적절한 방법을 개발·적용하는 것이 필요하다.

## (2) 리스크는 금액으로 계산·비교하는 경우가 있다

보험 등에서 리스크의 계산은 상당히 명쾌하고 단순하게 이루어진다. 과거의 데이터가 풍부하게 있기 때문에, 보험회사가 질병, 상해, 장해 등에 관한 확률을 상세하게 조사하여 이에 대한 데이터를 보유하고 있다.

중대성에서는 실명(失明)은 얼마라는 식으로 모두 금액으로 환산하고 있다. 사망은 실명의 몇 배의 중대성인지도 금액을 통해 결정된다. 나아가 조합은 곱셈으로 결정된다. 이렇게 하면 리스크는 모두 금액으로 계산할 수 있고, 모두 리스크를 비교하는 것이 가능하다.

예컨대, 앞의 예에서 $10^{-4}$/시의 확률로 실명되는 B기계는 $10^{-5}$/시의 확률로 실명되는 A기계보다 확률로만 보면 10배의 리스크를 가지고 있고, 사망이 실명보다 100배의 보험금을 지불한다고 정해져 있으면, A기계는 $10^{-7}$/시의 비율로 사망하는 C기계와 동일한 리스크가 된다.

이와 같이 중대성을 금액으로 해석하고 조합을 곱셈으로 해석하면 리스크의 단위는 금액이 된다. 그러면 우리 주위의 리스크 모두를 비교할 수 있다.

그러나 산업안전에 관해서는 그렇게 간단하지는 않다. 통상 상해, 사망을 금액으로 환산하는 것에는 심리적 저항감이 높은 경우도 있기 때문이다. 따라서 확률을 그대로 리스크로 해석하는 것에는 주의가 필요하다. 산업안전분야에서 어떻게 리스크의 크기를 결정할 것인지는 뒤에서 자세히 다루기로 한다.

---

### 보론 · 안전과 안심은 다르다

안전과 유사한 말에 '안심'이라는 말이 있다. 안전과 안심은 짝(pair)으로 이용되는 경우도 많고, 안전과 안심을 동일한 용어로 생각하고 있는 사람도 많다. 양자는 밀접한 관계에 있지만, 본질적으로는 상당히 다른 개념이다. 안전은 과학기술을 이용하여 완성해 가는 측면이 강하고, 그 평가도 객관적·수량적인 접근방법을 지향하여 발전하여 왔다. 반면에 안심은 주관적인 판단이 중심을 이루고, 개인에 따라 느끼는 방법이 크게 다르다. 안심은 신뢰한다고 하는 인간의 마음과 강하게 관련된 것이다.

안전이라는 것이 안심에 크게 공헌하는 것은 틀림없는 사실이지만, 안전하더라도 안심할 수 없는 예, 거꾸로 안심하고 있지만 실은 안전하지 않은 예도 있다. 예를 들면, 유전자조작식품은 전자의 예, 자동차는 후자의 예에 해당한다고 할 수 있다.

안전을 안심으로 연결시키려면 어떤 것이 필요할까. 예를 들면, 안전이 어떤 구조로 실현되고 있는가, 최악의 경우에는 어떤 위험이 발생하는가와 같은 정보가 공개되는 것, 잔류위험성에 대한 합의, 납득이 얻어지는 것 등을 들 수 있다. 이것은 리스크 커뮤니케이션(risk communication)이 안전과 안심을 연결하는 키포인트(key point)라는 것임을 보여 준다.

리스크라고 하는 과학적인 개념을 대화라고 하는 인간적인 행동을 통하여 호소하고 서로 납득하는 행위야말로 안전과 안심을 결부시키는 가교역할을 하는 것은 아닐까. 어떤 것을 너무 무서워하지 않거나 지나치게 무서워하는 것은 쉽지만, 정당하게 무서워하는 것은 상당히 어렵다. 리스크를 냉정하게 판단하고 이를 받아들일지 여부를 결정하기 위해서는 과학기술에 대한 소양(literacy)과 안전에 대한 기초지식을 습득할 필요가 있다.

이를 위해서도 각 분야의 안전을 포괄하는 접근방법을 확립하는 한편, 안전과 안심을 연결시키는 기준을 제시하는 것이 사회적으로 필요하다.

---

**참고 · 안전 · 안심의 방정식**

안전하다고 해도 일반인 · 작업자는 만든 조직·사람을 신용하지 않으면 안심하지 않는다. 일반인·작업자는 안전의 구조를 잘 모르기 때문에 안심을 요구하는 것이다. 안전한 것(상태)을 만든 후 안심하고 사용하거나 일하도록 하기 위해서는 제품을 만들거나 작업조건을 조성한 조직·사람이 어떻게 일반인 · 작업자한테 신뢰받느냐가 중요하다.

안전과 안심을 연결하는 것은 신뢰이다. 안전과 신뢰의 곱셈이 안심으로 이어진다. 아래 방정식에서 안심은 0과 1의 중간값을 취한다. 안전이 1, 즉 완벽하더라도 신뢰가 0이면 안심으로는 이어지지 않는다. 안심이 1보다 작은 것은, 안심이 1이 되면 전적으로 안심하여 오히려 위험이 생기기 때문이다. 조금 위험성이 있는 것을 자각하고 있을 필요가 있다.

$$안전 \times 신뢰 = 안심 < 1$$

그림 1.1.2 안전 · 안심의 방정식

안심으로 이어지기 위해서는 안전한 것(상태)을 만들고 이용자(고객) · 작업자와 리스크 커뮤니케이션을 도모하여 신뢰를 얻는 것이 필요하다. 국가와 조직은 안전을 안심으로 연결시키는 신뢰를 형성하기 위하여 좋은 정보도 나쁜 정보도 숨기지 않고 개시(開示)하여 일반인 · 작업자에게 알리는 것이 중요하다. 신뢰를 낳는 것은 정보의 공개성과 투명성이다.

# Ⅱ. 안전의 기초 및 안전을 둘러싼 개념

## 1. 안전의 기초

### (1) 왜 안전은 기업활동의 근간인가

"안전은 기업활동의 근간이다.", "우리 회사는 안전을 경영의 기반으로 하고 있다." 등 기업의 안전이념에는 대부분 안전이 모든 것에 우선한다고 표현되어 있다. 그러나 왜 안전이 모든 것에 우선하여야 할까, 왜 안전제일인지에 대하여 명확히 설명이나 교육을 받은 적이 있는가? 또는 왜 안전제일인지를 동료들과 서로 이야기한 적이 있는가? 사장 또는 부장, 과장이 그렇게 말하고 있기 때문이 아니라, 근로자 자신이 동료 등에게 납득할 수 있도록 설명할 수 있는가?

많은 사람들은 "안전은 안전부서에서 하는 것이다. 우리는 생산에 충실하면 된다.", "안전이라고 하는 것은 현장이 하는 것이다. 설계부서에 소속된 사람은 설계에 대한 전문성으로 회사에 기여를 한다."는 식으로 생각하는 경향이 강하고, 부서 내 회의에서 이야기된 안전실적의 이야기, 사고·재해 등에는 다른 사람의 일인 양 거의 관심을 갖지 않는 사람이 많다. 이런 사람들에게 왜 안전이 중요한지를 설명할 수 있는가?

기업존립의 이념은 기업에 따라 여러 관점과 역사가 있지만, 최종적으로는 어떤 가치를 창조하고 사회에 공헌하는 데 있다. 사회는 유형무형의 그 가치를 향유하고 있는데, 그 가치를 창출하고 있는 공장이 안전에 문제를 가지고 있거나 사고·재해, 환경문제를 일으키게 되면, 사회는 이에 대해 가만히 있지 않는다. 지역사회에서도 기업을 경영하는 데 많은 어려움이 수반된다. 종업원의 입장에서도 노동의 대가로 얻어지는 생활의 양식(糧食)이 생명과 건강을 담보로 하고 있으면 수지가 맞는다고 할 수 없다. 공장은 안전 확보를 전제로 가치를 창출하는 것이 기업의 목표에도, 지역과 종업원의 행복에도, 나아가 사회의 요청에도 부응하는 것이 된다.

그런데 공장에서 안전이 확보됨으로써 성립하는 이 바람직한 사이클은 한번 사고가 발생하면 와해될 수 있다. 생산차질에 의한 경제적 손실이면 몰라도 종업원의 부상, 생명에 관계되는 인적 피해, 사고·재해, 지역에 미치는 물적 피해, 환경오염 등은 불안, 불신, 거절, 적대의식 또는 정보화시대 특유의 평판(reputation) 피해 등 기업의 사회적인 신용의 실추로 연결된다. 그뿐만 아니라 제품공급이 막히는 것과 같은 큰 사고라면 상품유통에 미치는 영향은 심대하고, 영업기회의 상실, 결과적으로는 해당 사업으로부터 철수, 심지어 경영을 좌우하는 문제가 될 수 있다. 이와 같이 안전이 상실되었을 때의 영향을 생각하면, 안전의 확보가 기업존립의 대전제가 되는 것을 알 수 있다. 특히, 그 최전선에 있는 공장의 경우, 안전은 문자 그대로 공장경영에서 가장 중요한 사항이다. 즉, 공장이 사회와 공존하기 위해서는 안전의 확보가 무엇보다 중요하고, 이것은 한번 사고가 발생하면 어떻게 되는지를 생각하면 용이하게 상상할 수 있다.

한편, 우리 주위에는 많은 사람들이 일하고 있다. 사무실에서 일하는 사람, 기계를 조작하는 사람, 차를 운전하는 사람, 고온환경하에서 작업하는 사람 등 일하는 환경도 다양하지만, 많은 사람들이 제일선에서 위험과 맞닥뜨리면서 일하고 있다. 일하는 사람들이 생명, 건강에 피해를 입는 것은 인도적인 견지에서 볼 때도 있어서는 안 되는 일이다. 사람의 소중한 생명과 건강이 손상되어서는 안 된다는 '인간존중의 사상'은 안전제일의 정신과 일맥상통한다. 사람의 생명은 지구보다 중요하고, 사람에 따라 그 중요성이 달라지지 않는다. 위험작업이 많은 제일선에서 일한다고 해서 부상을 입어도 어쩔 수 없다고 생각하는 것은 있을 수 없다. 재해가 발생하면 현장부터가 "재해는 불가피한 것이다."라고 숙명처럼 받아들이는 풍조가 있는데, 이런 생각은 하루빨리 "재해는 있어서는 안 되는 것"이라는 인식으로 바뀌어야 한다.

사고·재해를 일으키지 않겠다는 열의와 신념, 신중, 냉정, 지식에 근거한 의사결정의 지속에 의해 비로소 안전제일은 성립되어 갈 수 있다. 모든 상황에서 안전을 기본전제로 생각하고 그것을 실천하는 것이 습관화되어 있는 것이 안전제일의 모습이다. 장시간 사고·재해가 일어나지 않았다고 하여 내일의 무사고·재해를 보증하는 것은 아니다. 내일도 긴장감을 가지고 안전제일의 의식을 계속 가지는 것이 필요하다.

이와 같은 생각을 기초로 직장의 동료, 부하 그리고 간부와 '왜 안전이 기업경영의 근간인지, 왜 안전제일인지, 우리들은 그것을 올바르게 이해하고 있는지, 어떻게 실천하여야 하는지' 등의 문제를 진지하게 논의하는 기회를 갖는 것이 반드시 필요하다.

## (2) 안전과 생산의 일체화

### 1) 작업에 안전을 반영하는 것

종종 "안전 때문에 일을 할 수 없다.", "바빠서 안전을 생각할 여유가 없다."라는 말을 자주 듣는다. 그러나 안전과 일상의 일은 별개가 아니다. 즉, 안전과 생산은 양립(兩立)한다. 작업현장에서의 안전의 실패, 즉 산업재해의 발생은 생산과정에서 발생하는 것이고, 안전은 다름 아닌 생산과정에서 이행되는 것이다. 따라서 안전과 생산을 구분해서는 안전을 확보할 수 없다.

현장에서의 최우선 과제는 보다 좋은 작업을 실현하는 것이다. 좋은 작업이란, 일련의 동작을 착실하게 실천하는 것이 자연스럽게 안전하고 효율적인 생산으로 연결되는 작업을 가리킨다. 다시 말해서, 안전을 반영한 생산이 좋은 작업이라고 할 수 있다.

일에 바쁠수록 순간적인 판단도 무디어진다. 일을 안전하면서 효율적으로 진행하기 위해

그림 1.2.1 안전과 생산의 관계

서는 안전을 생산의 원점으로 생각하고 작업 속에 안전을 생산과 일체의 것으로 반영하여 일상적 업무로 추진해 가는 것이 필요하다. 이러한 접근이야말로 안전제일을 실천하는 일이다.

### 2) PDCA를 돌리는 것

다른 회사를 능가하기 위하여 생산성을 올리거나 다른 회사에 뒤지지 않는 품질을 확보할 때에는 사장 또는 공장장의 지시하에 회사 전체적으로 문제해결을 위하여 노력한다. 계획을 수립하고(Plan), 실행하고(Do), 그 결과를 평가하며(Check), 이를 토대로 개선한다(Act). 일련의 체계적인 조치로 문제해결을 도모해 간다. 각각의 구성원에 대해 역할이 정해지고 각자 목표를 가지고 행동을 한다.

품질, 비용 등에 대해서는 각자의 행동목표를 설정하고, PDCA를 돌리며, 해결에 임한다. 그에 반해, 안전에 대해서는 재해가 발생하고 나서 그 뒤처리에 쫓기는 식이 되기 십상이다.

안전에 대해서도 생산과 함께 경영관리의 하나의 중요한 구성요소로서 직장의 결점·잠재 위험을 인식하여 개선계획을 수립하고 실행하며 그 결과를 평가하고 평가결과를 개선으로 연결시키는 것, 즉 PDCA를 돌리는 것이 기본이 되어야 한다.

## 2. 위험의 분류

사고·재해의 배후에 있는 위험에는 많은 종류가 있고 그 분류도 획일적이지는 않지만, 대체로 다음과 같이 구분할 수 있다. 위험의 분류를 이해하여 두는 것은 산업안전보건법을 해석하고 위험성평가(risk assessment)를 실시하는 경우에도 필수불가결하다.

## (1) 기계적 위험[11]

기계·기구, 설비에 의한 위험을 일반적으로 기계적 위험이라고 하는데, 그 범위는 상당히 넓다. 기계 등에는 각각 특유의 작업부분, 즉 작업점이 있다. 작업점에서 정해진 일이 이루어지도록 원동기에 발생한 힘을 직접적으로 또는 샤프트, 벨트 등의 동력전달장치를 매개로 작업점에 힘을 공급하고 있고, 작업을 하기 위하여 원동기에서 발생한 힘을 작업점에서 필요한 회전운동, 왕복운동 등으로 전환하는 부수적인 운동부분도 있다.

기계적 위험에서는 기계의 작업점 및 동력전달부분의 기계적 운동범위 내에 근로자 신체의 일부가 들어갈 수 있는 '접촉적 위험'(끼임, 감김, 베임 등)이 가장 많고, 기타 가공물의 비래(날아옴), 낙하, 기계류에서의 추락 등 '기계류에 의한 물리적 위험', 그라인더의 연삭숫돌, 예불기(bush cutter)의 날붙이 파손, 보일러·압력용기의 파열, 크레인 지브(jib)의 절손(折損) 등의 '구조적 위험' 등이 있다.

표 1.2.1 기계적 위험의 분류(예)

| 위험의 종류 | 사고유형 | 위험이 많은 기계의 예 |
|---|---|---|
| 접촉적 위험 | 협착(끼임), 감김 | 원동기, 동력전달기구, 공작기계, 엘리베이터 등 |
| | 베임, 마찰 | 공작기계, 식품기계, 동력공구 등 |
| | 충돌, 격돌 | 건설기계, 크레인, 하역운반기계 등 |
| 기계류에 의한 물리적 위험 | 비래(날아옴), 낙하 | 금속공작기계, 건설기계, 크레인(건설기계 비해당) 등 |
| | 추락, 전락(轉落)[12] | 하역운반기계 등 |
| 구조적 위험 | 파열 | 보일러, 압력용기, 배관 등 |
| | 파괴 | 고속회전기계 등 |
| | 절단 | 와이어로프 등 |

## (2) 화학적 위험

폭발성 물질, 발화성 물질, 인화성 물질, 산화성 물질, 가연성 가스 또는 분진 등은 화재·폭발·누출 등의 위험성이 크고, 종종 피재자를 발생시키거나 공장시설 등을 파괴하는 등 중대한 재해·사고를 일으킨다. 화학적 위험에 해당하는 물질로는 다음과 같은 종류가 있다.

① 폭발성 물질: 가연물질이면서 산소공급물질이고, 가열, 충격, 마찰 등에 의해 다량의 열과 가스를 발생시켜 격렬한 폭발을 일으키는 물질을 말한다.

② 발화성 물질: 통상의 상태에서도 발화하기 쉽고, 물과 접촉하여 가연성 가스가 발생하여 발열·발화하는 물질로서 공기와 접촉하여 발화하는 물질을 말한다.

---

11 이것을 물리적 위험으로 명명하고 뒤의 작업장소에 의한 위험을 이 물리적 위험에 포함하는 식으로 분류할 수도 있다.

12 이것을 뒤의 작업장소에 의한 위험에 따른 사고 유형에 포함하는 식으로 분류할 수도 있다.

③ 인화성 물질: 불을 발생시키기 쉬운 액체이고, 그 액체표면에서 증발한 가연성 증기와 공기의 혼합기(混合氣)에 무언가의 점화원이 작용하면 폭발할 위험성이 있는 물질을 말한다.

④ 산화성 물질: 단독으로는 발화·폭발의 위험은 없지만 가연성 물질, 환원성 물질과 접촉하는 경우에는 충격, 점화원에 의해 발화·폭발을 일으키는 물질을 말한다.

⑤ 가연성 가스·분진: 공기 중 또는 산소 중에서 어떤 일정한 범위의 농도에 있을 때에, 점화원에 의해 발화·폭발을 일으키는 물질을 말한다.

그 밖의 화학적 위험으로는 약상(藥傷), 중독 등의 생리적 위험도 있는데, 양자를 포함하여 화학적 위험이라고 한다.

표 1.2.2 화학적 위험의 분류(예)

| 위험의 종류 | 위험 물질의 예 |
|---|---|
| 화재·폭발·누출 위험 | 폭발성 물질: 초산에스테르류, 니트로화합물, 유기과산화물 등 |
| | 발화성 물질: 알칼리금속, 인 및 인화합물, 셀로이드, 카바이드 등 |
| | 산화성 물질: 염소산염류, 과염소산염류, 무기과산화물 등 |
| | 인화성 물질: 가솔린, 메탄올 등 |
| | 가연성 물질: 수소, 아세틸렌, 메탄 등 |
| | 가연성 가스: 알루미늄, 유황, 석탄, 소맥분 등 |
| 생리적 위험 | 부식성 액체: 강염산, 가성소다용액, 크레졸 등 |
| | 극독물: 시안화수소, 비화수소, 암모니아 등 |

## (3) 전기, 열 등 에너지 위험

### 1) 전기적 위험

전기, 열 등 에너지에 의한 위험에는 전격(감전)과 발열·발화에 의한 위험이 가장 일반적이다. 전기실의 수전반, 전기기계기구의 단자 등의 노출된 충전부분, 전기기계기구의 절연부, 배선의 절연피복이 손상되어 누전되고 있는 곳에 신체의 일부가 접촉되는 것에 의한 감전, 아크용접의 아크에 의한 눈장해위험, 전기기계기구 등의 가열, 누전에 의한 화재·폭발 분위기가 형성되어 있는 장소에서의 전기스파크, 정전기 방전에 의한 화재·폭발 등이 있다.

### 2) 열, 기타 위험

열, 기타 에너지 위험에는 용융고열물 등에 의한 화상위험 외에도 보일러의 증기, 화학설비·건조설비, 기타의 고온물체에 의한 화상위험이 있다. 또한 방사선의 대량 피폭위험, 레이저광선에 의한 눈장해위험 등도 있다.

표 1.2.3 에너지 위험의 분류(예)

| 위험의 종류 | 사고유형 | 위험원의 예 |
|---|---|---|
| 전기적 위험 | 전격 | 전기기계기구, 송배전선, 배선 등 |
| | 가열 | |
| | 발화 | 전기스파크, 정전기방전 등 |
| | 눈장해 | 아크 등 |
| 열, 기타 위험 | 화상 | 화염, 용해고열물, 보일러, 화학설비·건조설비, 기타 고온물체 등 |
| | 방사선장해 | $\alpha \cdot \beta \cdot \gamma \cdot X$선, 중성자선 등 |
| | 눈장해 | 레이저광선 등 |

## (4) 작업적 위험

### 1) 작업방법에 의한 위험

굴착, 채석, 하역, 벌목 등의 작업에서는 그 작업방법을 잘못하여 재해로 연결되는 위험을 초래하는 경우가 많다. 그 위험의 예로는 다음과 같은 것이 있다.

① 토사의 굴착, 채석 작업에서는 토사, 암석의 붕괴, 굴착한 장소·부근의 지하매설물, 옹벽의 손괴 등

② 하역작업에서는 하적단의 붕괴, 화물의 낙하 등

③ 벌목작업에서는 넘어지거나 구르는 나무 등

이와 같은 작업방법으로부터 발생하는 위험은 건설업, 육상·항만하역업, 운수업, 임업 등 옥외산업에 많지만, 공장에서도 기계 등의 조립, 해체, 수리, 제품의 운반 등에서 발견된다.

표 1.2.4 작업적 위험(예)

| 위험의 종류 | 사고유형 | 위험한 작업, 장소의 예 |
|---|---|---|
| 작업방법적 위험 | 추락, (기계의) 전도 (넘어짐) | 건축작업, 토목작업, 운반작업, 기계의 설치·철거작업 등 |
| | 비래(날아옴), 낙하 | 건축작업, 토목작업, 벌목·집재(集材)작업, 토목채취작업 등 |
| | 충돌, 격돌 | 운송작업, 하역작업 등 |
| | 협착(끼임), 감김 | 제조작업, 운반작업, 토목작업 등 |
| 작업장소적 위험 | 추락 | 작업발판, 비계, 지붕, 각립비계 등 |
| | (사람의) 전도 | 옥외통로, 작업발판, 작업장소 등 |
| | 붕괴, 낙하물에 맞음 | 재료 두는 곳, 토석채취현장, 갓길 등 |
| | 충돌, 격돌 | 하역현장, 도로 위 등 |

### 2) 작업장소에 의한 위험

상술한 기계적 위험, 화학적 위험, 에너지 위험, 작업방법에 의한 위험을 방지하더라도, 작업장소 그 자체가 위험하여 재해가 발생하기도 한다. 그 대표적인 것은 중력에 의해 발생하는 위험으로 추락, 붕괴, 도괴 등이 있다. 또한 일반 작업장소에서는 근로자가 작업을 행하는 주변의 정리·정돈이 부적절하였던 것에 의한 위험 등이 상당히 많은데, 이것들도 작업장소에 의한 위험이라고 할 수 있다.

### (5) 행동적 위험

행동적 위험에는 안전장치를 무효로 하는 행동, 안전장치를 작동하지 않는 행동, 위험한 상태를 만드는 행동, 보호구·복장이 부적절한 행동, 위험한 장소 등에 접근하는 행동, 잘못된 자세·동작 등이 있다.

### (6) 시스템적 위험

생산현장에서는 자동화, 고도화된 시스템이 수없이 도입되어 있는데, 그 경우에도 기계·설비와 그것을 조작하는 근로자가 일정한 환경 속에서 시스템으로 기능하고 있는 형태가 일반적이다. 그리고 그 시스템은 점점 고도화, 복잡화되고 있고, 시스템의 한 요소가 고장 나거나 조작의 잘못 등이 있으면 그 결과가 증폭되어 큰 사고·재해로 발전하는 예가 적지 않은데, 이러한 것은 시스템적 위험이라고 말할 수 있다. 이 위험은 기술이 발전됨에 따라 증가할 것으로 예측된다.

## 3. Hazard와 리스크 및 위험과 안전

### (1) Hazard와 리스크

인간생활, 사회활동, 산업활동에는 여러 가지 위험이라고 생각되는 행위나 상태 등, 즉 hazard가 존재한다. 앞에서 설명한 기계적 위험, 화학적 위험, 전기적 위험 등 각종 위험이 존재하고 있는 것이 이 hazard에 해당한다. Hazard를 우리말로 번역하면 위험의 잠재적 근원, 위험원, 위험요인, 유해·위험요인 등 여러 가지로 표현할 수 있다. 재해(위해)와의 관계로 표현하면, 재해의 씨앗에 해당한다.

그리고 리스크는 hazard에 의해 출현하는 '위해의 발생확률'과 hazard에 의해 출현하는 사건(event)의 결과에 해당하는 '위해의 크기(중대성 또는 심각성)'의 곱으로 표현된다. 재해(위해)와의 관계로 표현하면, 재해의 싹에 해당한다.

우리는 이러한 리스크 사회 속에서 생존하면서 인간생활, 사회활동, 산업활동을 행하고 있고, 항상 리스크와 마주하고 있으며, 리스크 제로의 상태는 있을 수 없다. 일찍이 우리나라에서는 절대안전이라고 하는 용어가 자주 사용되어 왔다. 이 말은 안전 확보를 위하여 최선을 다한다는 의미에서 지금까지 안전 확보에 공헌하여 왔다. 그러나 절대안전이라는 단어는 완전히 안전한 것이라는 착각에 빠지거나 절대안전이라는 단어하에서는 안전상의 문제가 있어도 지적하기 어려운 분위기가 될 우려가 있다. 리스크가 크든 작든 존재한다는 것을 이해하고, 그것을 어떻게 감소시켜 나갈 것인지를 생각하여야 한다. 이러한 접근이 안전화로 연결된다고 말할 수 있다.

화학물질을 취급하는 경우에 화학물질의 제조부터 수송, 저장, 소비, 폐기에 이르는 생애주기(lifecycle)에서 폭발, 화재 등이 발생할 수 있는 물리적 hazard, 사람의 건강에 영향을 주는 건강 hazard, 환경에 영향을 주는 환경 hazard가 있다. 그리고 폭발·화재·누출의 리스크, 건강피해의 리스크, 환경영향의 리스크는 크든 작든 존재하고, 그 정도는 화학물질의 종류와 취급환경조건에 따라 달라진다는 것을 생각해 둘 필요가 있다.

### (2) 위험과 안전

어떤 리스크에 대하여 그 리스크 수준(R)을 허용할 수 없을 때 이를 위험이라고 하고, 개인, 조직 또는 사회가 노력함으로써 이 리스크 수준을 허용할 수 있는 수준 이하로 감소시키는 것이 가능하게 되면 이를 안전이라고 한다.

허용할 수 있는 리스크 수준은 편익과 리스크 간의 균형의 관점에서 일정한 편익이 있기 때문에 이 정도의 리스크는 허용하여도 무방하다고 생각하는 리스크 수준을 의미한다. 이 리스크 수준에 대하여 허용하는 것이 많은 사람에 의해 이해될 수 있는 경우 이를 '사회적 허

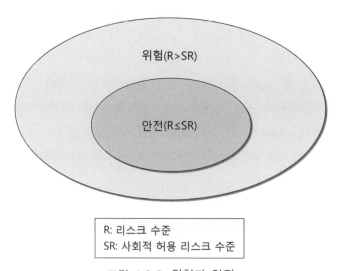

R: 리스크 수준
SR: 사회적 허용 리스크 수준

그림 1.2.2 위험과 안전

용 리스크 수준(SR)'이라고 말할 수 있다.

일반적으로 리스크를 저감하기 위해서는 저감대책에 요구되는 투자가 필요하다. 그리고 그 투자는 당연히 수익자가 부담하게 된다. 리스크 수준이 낮은 것보다 좋은 것은 없지만, 리스크 수준을 저감하기 위해서는 수익자가 그것에 상응하는 부담을 해야 하므로 리스크 수준의 감소를 위하여 투자를 무작정 많이 하는 것이 좋다고 말할 수는 없다. 따라서 일반적으로는 편익을 생각하여 이 정도의 리스크라면 수용하여도 무방하다고 말하게 되는 것이다.

그림 1.2.2는 위험과 안전에 대한 접근방법을 제시한 것이다. 우리의 주변에 항상 존재하는 리스크를 개인, 조직 또는 사회가 노력하여 허용할 수 있는 리스크 수준까지 감소시킴으로써 위험한 상태에서 안전한 상태로 만드는 것이 가능하다는 것을 의미하고 있다. 안전한 상태는 자연스럽게 얻어지는 것이 아니라, 개인, 조직 또는 사회가 다 같이 노력하는 것에 의해 비로소 획득할 수 있게 된다.

### (3) 위험과 안전의 사이

일상생활의 다양한 체험에서 사람들은 어디까지 안전하고 어디부터 위험한지를 암묵적으로 인식하고 있는 경우도 있지만, 그 의미를 제대로 이해하고 있지 않은 경우도 많다. 예를 들면, 종합건강진단에서 채취된 다양한 데이터 등이 그 전형이다. 진단결과에는 그 범위의 수치라면 그런대로 건강하고, 이것 이상이면 요주의라는 코멘트가 따르지만, 그 의미를 정확하게 이해하려면 전문의한테 듣거나 전문서의 공부가 필요하다.

사람들이 생각하는 위험과 안전 사이에는 차이(gap)가 있다. 사물의 위험, 안전을 판단할 때 누구나가 인정하는 위험과 안전 사이에는 어느 쪽으로도 결정하기 어려운 영역(불안한 영역)이 있다. 즉, 만인이 안전하다고 간주하는 영역과 반대로 만인이 위험하다고 간주하는 영역 사이에는 불안한 영역이 있다. 이것을 그림으로 제시하면 그림 1.2.3과 같다.

여기에서 이 불안한 영역을 생각하는 방법은 다음 2가지로 구분할 수 있다.

A: 위험이 검출되지 않으면 안전하다(위험검출형).

B: 안전을 확인하지 않으면 위험하다(안전확인형).

이 2가지 사고방식은 실제 사람들 사이에서 여러 문제에 대한 안전성 평가에 있어 의견이 나누어지는 이유이기도 하다. 특히, 원자력발전 추진파와 반대파의 논쟁에서 전형적으로 보여지고, 식품안전, 지구온난화를 위한 탄산가스 배출억제에 대한 시비에서의 대립에서도 발견된다. 급속히 진보하는 과학기술의 산물인 제품응용이 다양한 사회문제, 환경문제를 일으키고 있는 오늘날 '예방원칙(precautionary principle)'[13]과 같이 위험을 한정함으로써 안전

---

13 구미를 중심으로 받아들여져 오고 있는 개념으로서, 화학물질, 유전자조작 등의 신기술 등에 대하여 사람의 건강, 환경에 중대하고 불가역적인 영향을 미칠 우려가 있는 경우, 과학적으로 인과관계가 충분히 증명되지 않는 상황에서도 규제조치를 가능하게 하는 접근방법이다.

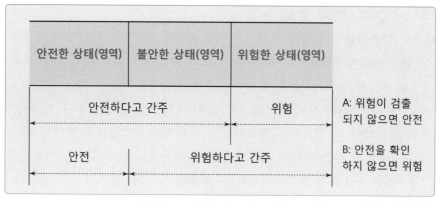

그림 1.2.3 위험과 안전의 사이

성을 낙관시하는 A(위험검출형)보다는, 안전에 대하여 신중한 B(안전확인형)가 사회적으로 널리 받아들여지고 있다. 이에 대한 상세한 설명은 제1장 Ⅳ. 3에서 후술하기로 한다.

심리적인 리스크 인지는 사람에 따라 다르다. 이러한 불안의 정도를 어떻게 취급할지가 큰 문제이다. 그러나 여기에서 심리적인 문제에는 들어가지 않기로 하고, 절대안전은 리스크가 0, 절대위험은 리스크가 1이라고 보아 아래 그림 1.2.4에서 나타내듯이 안전의 좌측에서 위험의 우측까지 리스크는 직선적으로 상승한다고 가정하자. 그러면, 리스크는 이론적으로 그림의 좌측에서 우측 방향으로 대별하여, ⅰ) 무시 가능한 리스크[14], ⅱ) 널리 수용 가능한 리스크, ⅲ) 수용 가능한 리스크, ⅳ) 수용(허용) 불가능한 리스크로 구분할 수 있을 것이다.

이와 같은 리스크 수용(허용)의 구분 실례는 IEC(International Electrotechnical Commission: 국제전기기술위원회), ICRP(International Commission on Radiological Protection: 국제방사선방호위원회) 등 여러 국제기관에서 제시하고 있다. 거기에서는 수용(허용) 불가능한(unacceptable =intolcrablc) 영역과 널리 수용 가능한(broadly acceptable) 영역의 사이(중간) 영역에 ALARP (as low as reasonably practicable)=ALARA(as low as reasonably achievable) 영역 또는 허용

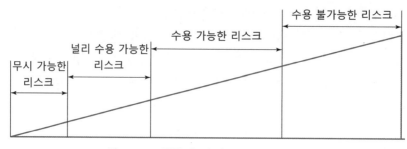

그림 1.2.4 위험과 안전의 사이와 리스크

---

14 무시 가능한 리스크는 별도로 분리하지 않고 널리 수용 가능한 리스크에 포함시키기도 한다.

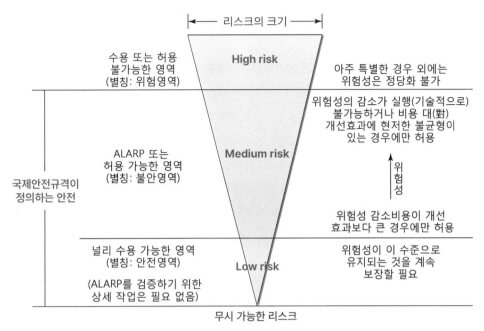

그림 1.2.5 당근(carrot) 다이어그램: 리스크 수용(허용)의 구분

가능한(tolerable) 영역이라는 개념을 사용하고 있다. 이 영역은 리스크 감소가 바람직한 영역, 구체적으로 말하면 리스크 감소의 비용과 편익을 고려하여 합리적으로 실행 가능한 경우에는 리스크를 감소시켜야 하는 영역에 해당한다. 국제안전규격에서는 (학문적으로는) 널리 수용 가능한 영역과 ALARP 영역을 통틀어 수용(허용) 불가능한 위험성이 없는, 즉 안전한 상태라고 한다.

## 4. 안전관리

안전관리(safety management)란 '바람직한 목표'를 안전목표(safety goal)로 설정하고, 그 안전목표를 달성하기 위한 적절한 '방법·수단'을 정하여 그것을 실행해 가는 동적 활동이다. 이 안전관리는 협의로는 사고·재해가 발생하지 않도록 사전에 대처(예방)하는 활동을 의미하지만, 광의로는 이것뿐만 아니라 작업·운영 중에 발생한 사고·재해를 다시 평상 상태로 회복시키는 활동에까지 미친다. 즉, 광의의 안전관리에는 발생가능성이 있는 사태(위기)를 발생시키지 않기 위한 활동인 리스크(위험)관리(risk management)[15]뿐만 아니라, 이미 발생한 사태(위기)로부터 받는 부(負)의 영향을 최소한으로 억제하고 그 상태에서 신속하게

---

15 ISO Guide 73에서는 risk management를 "리스크(위험)에 관하여 조직을 지휘하고 컨트롤하는 조정된 활동"이라고 정의하고 있다(ISO Guide 73: 2009, Risk management – Vocabulary 2.1.)

탈출하여 평상시의 상황으로 회복시키기 위한 활동인 위기관리(crisis management)도 포함된다.[16]

안전관리를 협의이든 광의이든 이와 같이 생각하면, 안전관리라는 개념은 제어(control)라고 하는 개념 그 자체라고 이해할 수 있다. 제어의 개념은 '어떤 대상물을 목적에 적합하도록 일정한 방법에 따라 통제하고 조정하는 것'이다. 즉, 안전관리는 제어 가능한 조직(시스템)에서 각종 활동을 통제하고 조정하여 리스크가 존재하는 해당 조직의 안전을 실현·확보해 가는 것이라고 말할 수 있다. 이와 같이 안전의 실현·확보의 기초는 안전관리라고 하는 제어에 있다. 이것은 '안전관리가 안전의 기본'이라는 의미이다. 즉, 안전이라고 하는 상태는 안전관리에 의해 달성·유지되는 것이다. 그리고 이를 위한 구조가 안전관리 조직(organization) 및 방식(arrangement)이다. 안전관리에 대한 상세한 내용은 다음 절에서 후술한다.

---

### 참고 · 리스크관리와 위기관리

리스크관리(risk management)와 위기관리(crisis management)를 동일한 의미로 생각하고 혼용하여 사용하는 경향이 있는데, 이는 잘못된 것이다. 리스크관리가 '예방'하는 것인 데 반해, 위기관리는 '대응(대책)'하는 것을 가리킨다. 이 리스크관리와 위기관리를 포괄하는 개념이 안전관리(safety management)이다.[17]

리스크관리는 상정되는 리스크가 '발생하지 않도록' 그 리스크의 원인이 되는 사상(事象)의 방지대책을 마련하고 실행에 옮기는 것이다. 리스크관리에서는 상정되는 모든 리스크를 철저하게 찾아내어 그 리스크가 발생하면 어떠한 영향이 있는지를 분석한다. 그리고 각각의 리스크에 대하여 발생을 억지하기 위한 방안을 검토하고, 영향도의 크기에 따라 우선순위를 매겨 리스크 방지방안을 실행한다. 즉, 궁극적인 리스크관리는 상정되는 리스크를 미리 억제하는 것이라고 말할 수 있다.

반면, 위기관리는 위기가 발생하는 경우에 그 부정적 영향을 최소한으로 함과 아울러 신속하게 위기상태를 탈출·회복하는 것이 기본이다. 사고·재해가 발생하고 나서 취해야 할 최선의 행동을 하는 것이 위기관리이다. 물론 방지할 수 있는 위기이면 그 발생을 방지하는 것이 바람직하지만, 자연재해, 외부요인에 의한 인적 사고·재해 등에는 스스로의 노력으로 방지할 수 없는 것도 많이 있다. 위기관리에서도 리스크관리와 동일하게 일어날 수 있는 위기, 그것에 동반되는 리스크를 리스트업(list up)하는 것이 필수적이다.

위기관리의 큰 특징은 '위기가 발생하였을 때에 무엇을 어떻게 하면 그 영향(피해)을 최소화할 수 있는가(減災)', '위기로부터 조기에 회복하기 위해서는 무엇을 하면 좋은가'라는 것이 검토

---

16 논자에 따라서는 리스크관리를 위기관리까지를 포괄하는 안전관리 개념과 동일한 의미로 사용하기도 한다.
17 리스크관리는 협의로는 위기사태(사고·재해)를 발생시키지 않기 위한 (예방)관리를 의미하고, 광의로는 위기사태(사고·재해)를 발생시키지 않기 위한 (예방)관리임과 동시에 위기가 발생한 후의 (대처)관리이기도 하다. 이러한 의미의 리스크관리는 안전관리와 사실상 동일한 의미를 가진다. 다만, 이 책에서는 리스크관리를 협의의 의미로 사용하고 있다.

의 중심이 된다는 점이다. 즉, 위기는 '언젠가 반드시 발생한다'고 하는 대전제에 서서 검토를 하는 것이 위기관리의 제일보이다.

요컨대, 사고·재해가 발생하지 않도록 사고·재해의 예방의 관점에서 리스크의 감소를 도모하는 것이 리스크관리이고, 사고·재해 발생 후 피해 최소화(확대 방지)의 관점에서 리스크의 감소를 도모하는 것이 위기관리이다.

## 5. 불안전상태와 불안전행동

기계·환경 등의 물적인 것에 이상·결함 등이 생겨 사고 또는 재해로 연결될 위험이 있는 상태를 '불안전상태'(물적 원인이라고도 한다), 사람이 위험한 것에 접근 또는 접촉하는 등 사람의 행동 측면에 나타나는 결함을 '불안전행동'(인적 원인이라고도 한다)으로 구분하여 재해요인의 중요한 요소로 제시하고 있다. 이는 재해발생의 '직접원인'에 해당한다.

재해가 발생하였을 때에는 우선적으로 현장의 상황을 빠짐없이 조사하여 어떠한 불안전상태 또는 불안전행동이 재해로 연결되었는지를 정확하게 파악하는 것이 중요하다. 그리고 이들 불안전상태, 불안전행동을 배제하는 것은 당연히 필요하지만, 이들의 요인이 된 사항을 규명하는 것이 더욱 중요하다. 재해원인을 배제하기 위해 필요한 것이 회사의 안전보건관리이다.

표 1.2.5 불안전상태의 분류항목

| 1. 물(物) 자체의 결함<br>• 설계 불량, 공작의 결함<br>• 노후·피로·사용한계<br>• 고장 미수리, 정비 불량 | 5. 작업환경의 결함<br>• 환기의 결함<br>• 기타 작업환경의 결함 |
|---|---|
| 2. 방호조치의 결함<br>• 방호 부재·불충분<br>• 접지 또는 절연 부재·불충분<br>• 차폐 부재·불충분<br>• 구간·표시의 결함 | 6. 부외적(部外的), 자연적 불안전상태<br>• 부외의 물 자체의 결함, 부외의 방호장치의 결함, 부외의 물건 두는 방법·작업장소의 결함, 부외의 작업환경의 결함<br>• 교통의 위험<br>• 자연의 위험 |
| 3. 물건의 적치방법, 작업장소의 결함<br>• 통로의 미확보<br>• 작업장소의 공간 부족<br>• 기계 등 배치의 결함<br>• 물건 두는 방법의 부적절<br>• 물건 쌓는 방법의 결함<br>• 물건을 기대어 세우는 방법의 결함 | 7. 작업방법의 결함<br>• 부적당한 기계·장치·도공구의 사용<br>• 작업절차의 잘못<br>• 기술적·육체적 무리<br>• 안전의 불확인 |
| 4. 보호구·복장 등의 결함<br>• 신발·보호구·복장을 지정하고 있지 않음<br>• 장갑의 사용금지를 하고 있지 않음 | 8. 기타 및 분류 불능<br>• 기타의 불안전상태<br>• 분류 불능 |

표 1.2.6 불안전행동의 분류항목

| | |
|---|---|
| 1. 안전장치의 무효화<br>• 안전장치를 임의로 해체함, 무효로 함<br>• 안전장치의 조정을 잘못함<br>• 기타 방호물을 없앰 | 7. 보호구, 복장 등의 결함<br>• 보호구를 사용하지 않음<br>• 잘못된 보호구의 선택 및 사용방법<br>• 불안전한 복장 |
| 2. 안전조치의 불이행<br>• 불의의 위험에 대한 조치의 불이행<br>• 기계·장치 등을 불의로 움직임<br>• 신호·확인 없이 차를 움직임<br>• 신호 없이 물건을 움직이거나 놓음<br>• 기타 | 8. 위험장소에의 접근<br>• 움직이고 있는 기계, 장치 등에 접근하거나 접촉함<br>• 매달린 짐에 접촉하거나 밑으로 들어가거나 접근함<br>• 유해·위험한 장소에 들어감<br>• 확인 없이 무너지기 쉬운 물건에 접근하거나 접촉함<br>• 불안전한 장소에 올라감 |
| 3. 불안전한 방치<br>• 기계·장치 등의 운전상태에서 자리를 이탈<br>• 불안전한 상태로 방치함<br>• 공구, 용구, 재료, 부스러기 등을 불안전한 장소에 놓음 | 9. 기타 불안전행위<br>• 도구 대신에 손 등을 이용함<br>• 짐의 중간 빼기, 밑의 빼기를 함<br>• 확인하지 않고 다음 동작을 함<br>• 손으로 건네는 대신에 던짐<br>• 뛰어내리거나 뛰어오름<br>• 쓸데없이 뜀<br>• 장난질, 지나친 장난 |
| 4. 위험한 상태를 만듦<br>• 짐 등을 과도하게 쌓음<br>• 조합하여 위험한 것을 뒤섞음<br>• 불안전한 것으로 바꿈 | 10. 운전의 실패(탈것)<br>• 스피드를 너무 냄<br>• 기타 불안전행위 |
| 5. 기계, 장치 등의 소정 외의 사용<br>• 결함 있는 기계·장치, 공구, 용구 등을 사용함<br>• 기계·장치, 공구, 용구 등의 선택을 잘못함<br>• 기계·장치 등을 지정 외의 방법으로 사용함<br>• 기계·장치 등을 불안전한 속도로 움직임 | 11. 잘못된 동작<br>• 짐 등을 과하게 듦<br>• 잘못된 물건 지지 방법<br>• 붙잡는 방법이 확실하지 않음<br>• 물건을 밀거나 당기는 방법의 잘못<br>• 오르거나 내려가는 방법의 잘못 |
| 6. 운전 중의 기계, 장치 등의 청소, 주유, 수리, 점검 등 | 12. 기타 및 분류 불능<br>• 기타의 불안전행동<br>• 분류 불능 |

# Ⅲ. 안전관리란 무엇인가

## 1. 안전관리의 개념

안전관리는 일반적으로 사업활동에 수반하는 재해의 근절을 기대하고 조직이 행하는 합리적이고 조직적인 일련의 대책을 말한다. 실제로 어떤 형태로 추진하는 것인지를 관리라는 관점에서 생각해 보자.

'…관리'라고 불리는 것은, 예컨대 경영관리, 인사관리, 품질관리, 정보관리, 환경관리, 위기관리와 같이 여러 가지가 있다. '…관리'의 종류는 시대와 함께 점점 증가하고 있다. 사회가 성장하고 복잡화됨에 따라 단순하게는 대응할 수 없는 과제가 많아지고 있는 점, 그리고 무슨 일에 대해서도 요구되는 수준이 고도화하고 있고 체계적으로 대처하지 않으면 요구에 응할 수 없게 되고 있는 점 등으로 인해 관리하여야 할 대상이 증가하고 있는 것이다.

관리하는 것을 일반적으로 정의해 보면, "무언가의 목적의 달성을 위하여 관련된 사항을 체계적으로 컨트롤(제어)해 가는 것"이라고도 말할 수 있다. 즉, 무언가 관리의 대상이 되는 것이 사람, 물체, 제도, 기준 등 여러 가지 요인이 상호 관련된 결과로서 초래되는 경우에, 요구되고 있는 목적을 달성하기 위하여 관계되는 사람, 물체 등의 요인을 제어하고 필요한 상태로 되도록 해 가는 것이다. 예를 들면, 품질관리로 말하면, 품질의 수준을 일정 이상으로 유지할 목적으로, 품질의 결정에 관여하는 원재료의 질, 가공설비의 정도(精度), 가공방법, 작업자의 기술, 제품의 검사방법 등 여러 사항에 대하여 각각의 소정의 요건을 충족하기 위하여 필요한 수단을 강구하고, 컨트롤해 가는 것이다.

이 '관리'를 5W1H로 생각해 보면, 관리의 목적(무엇을 위하여), 관리의 주체(누가), 관리의 대상(무엇을), 관리의 방법(언제, 어디에서, 어떻게 할지)이라는 요소로 구성되어 있다고 생각된다. 안전관리에서의 이들 요소를 생각하는 것을 통해 안전관리의 모습을 볼 수 있다.

## 2. 안전관리의 목적

안전관리의 목적은 앞에서 언급한 정의 중에서 서술되어 있는 것처럼 "사업활동에 수반하는 재해의 근절을 기대하는 것"이라고 말할 수 있다.

무언가의 사업을 행하는 것은 사람이 움직여 물체를 가공하거나 이동시키는 것이고, 그곳에서는 큰 에너지의 소비가 이루어진다. 보일러의 폭발사고, 자동차의 충돌사고 등처럼 재해는 본래 제어되어야 할 에너지가 컨트롤(제어)을 잃는 것에 의해 발생하는 것이고, 사업이 행해지면, 거기에는 필연적으로 에너지의 소비라는 위험성이 생긴다. 그 위험성을 낮는 요인의 제어가 불충분하면 결과로서 재해가 발생하고 사람이 부상을 입거나 물체가 손상된다. 안전관리는 이와 같은 제어의 불충분에 의한 재해의 방지를 목적으로 하는 것이다.

## 3. 안전관리의 주체

'관리'는 관련된 여러 사항을 제어하는 것에 의해 목적을 달성하는 것이므로, 관리의 주체는 그와 같은 제어를 제어할 수 있는 의사, 권한, 능력을 가지고 있는 자이어야 한다. 기업에서 경영 전반에 대해 총괄적인 권능을 가지는 것은 최고경영진이고, 최고경영진이 안전관리의 최종주체이다. 산업현장에서의 구체적인 안전관리는 관리자, (현장)감독자, 작업자 등 관계자가 각각의 역할분담에 따라 실시하는 것이지만, 그것을 궁극적으로 관리하는 것은 최고경영진이다. 최고경영진에게 안전관리를 실시할 의지가 없으면 현장에서 안전관리는 실시되지 않는다. 최고경영진의 의지는 안전관리의 충분조건은 아니지만 필요조건이라고 할 수 있다.

## 4. 안전관리의 대상

안전관리의 대상이 되는 것은 '안전'에 영향을 미치는 사항이고, 안전의 실현을 위하여 제어를 요하는 사항이다.[18] 구체적으로는 재해의 요인이 되는 불안전상태와 불안전행동의 발현에 관련된 사항, 나아가 그 배경요인이 되는 안전관리활동에 관련된 사항이고, 이것을 4M이라는 관점에서 정리하면, 작업자의 능력 등(Man), 기계·설비 등(Machine), 작업방법·정보 등(Media) 및 안전관리조직, 안전관리계획 등(Management)이다.

사업의 운영에 의해 무언가의 위험이 생기는 것이기 때문에, 이 제어의 대상은 사업활동에 관련된 사항 모두라는 시각도 있을 수 있지만, 너무 넓게 파악하게 되면 구체적인 대책으로 무엇이 어떻게 중요한 것인지 판별할 수 없고, 중요한 점을 놓치거나 불필요한 것에 힘을 쏟게 될 우려도 있다.

여기에서는 안전의 개념에 대하여 쉽게 말하면 "위험이 없는 상태"로 이해된다. '안전'은 그것 자체로 존재하는 것이 아니라, '위험'이 존재하지 않은 것에 의해 생기는 개념이라고

---

18 하인리히는 "재해예방은 과학이자 예술이다(science and art)."라고 하면서, 재해예방은 무엇보다도 제어(control), 즉 근로자의 작업, 기계의 성능 및 물리적 환경의 제어를 의미하고, 제어가 불안전한 상태와 환경의 개선뿐만 아니라 방지를 의미하기 때문에 '제어'라는 용어를 의도적으로 사용한다고 설명하고 있다(Industrial Accident Prevention - A Safety Management Approach, 5th ed., 1980, p. 4). 하인리히가 재해예방에 'art'라는 말을 사용한 이유는, art가 경험과 교육에 기반한 판단(judgement), 창의성(creativity) 및 인간의 상호작용(human interaction)의 의미를 포함하고 있기 때문이다[AIHA(American Industrial Hygiene Association), The Profession of Industrial Hygiene. Available from: URL: https://aiha-ab.com/industrial-hygiene/ 참조]. 이런 점에서 art는 technic, skill과는 다른 의미를 가지고 있다고 할 수 있다(Oxford Advanced Learner's Dictionary 참조).

할 수 있다. 그렇다면, 특정할 수 없는 '안전'보다 특정할 수 있는 '위험'을 관리하는 편이 알기 쉽다. 즉, 안전관리에서의 제어의 대상은 사업의 운영에 수반하여 발생하는 위험에 관련되는 사항이고, 생각할 수 있는 위험을 파악하고, 그 위험이 생기지 않도록 관계사항을 제어해 가는 것이 안전관리이다. 위험을 파악하고 그 중대성을 평가하는 것에 의해 구체적 대책의 우선도를 결정할 수 있으며 합리적인 안전관리가 가능해진다.

## 5. 안전관리의 방법

안전관리로서 실제의 현장에서의 실시사항은, 예컨대 기계의 노출된 운영부분에의 덮개의 설치, 작업자에 대한 안전교육, 작업표준의 작성·주지 등이고, 이들 조치에 의해 사람, 물체를 제어하게 된다. 즉, 기계의 덮개에 의해 접촉의 우려가 있는 운동부분을 격리하여 위험부분을 제어하거나, 작업자의 안전교육, 작업표준의 설정에 의해 사람의 행동을 제어하는 것이다.

여기에서 말하는 제어는, 개념적으로 정리하면, 기준의 설정과 그 기준에의 적합이라고 할 수 있다. 즉, 개별사항에 대하여, 요구되고 있는 안전의 내용, 수준에서 구체적인 기준을 설정하고, 그 사항이 설정한 기준을 충족하도록 여러 조치를 강구해 가는 것이다. 작업자가 기구를 조작하는 작업을 예로 들면, 작업자의 조작미스에 의한 사고를 일으키지 않도록, 조작자에게 필요한 지식·기능의 수준을 기준으로 설정하여 작업자가 그 지식·기능의 수준에 도달하도록 교육을 실시하거나, 이상을 발생시키지 않는 조작방법의 룰을 작업표준으로 정하여 작업자에게 그것을 준수하게 하는 것이다. 이 제어의 실시가 안전대책, 안전활동이고, 그 기술이 안전기술이다. 인적 요인과 같이 기준의 설정이 곤란한 것도 많지만, 합리적으로 '관리'하기 위해서는 이 기준의 설정과 기준에의 적합이라는 '제어'의 관점이 중요하다.

한편, 이와 같은 구체적인 개별대책을 추진하는 데 있어서, 각각이 따로따로 즉흥적인 생각으로 행해져서는 관리하고 있다고는 말할 수 없고, 충분한 성과를 올릴 수 없을 것이다. 목적의 달성을 위해서는, 구체적인 목표를 설정하고, 그 목표를 향하여 여러 활동을 체계적이고 계획적으로 실시해 갈 필요가 있다. 이 계획성은 기업운영의 효율화라고 하는 측면에서도 불가결한 것이다.

그리고 동시에 그와 같은 계획의 작성, 실시에 있어서는 관계자의 역할분담을 명확히 하여 두는 것, 즉 안전보건관리시스템이 구축되어 있는 것이 필요하다. 안전관리는 최고경영진을 주체로 하여 실시하는 것이지만, 구체적인 전개는 부하에게 권한을 분담하고 조직적으로 행하게 된다. 이 체제가 약하면 현장에서의 구체적인 안전활동이 계획대로는 진행되지 않을 것이다.

나아가, 안전관리로 실시된 대책이 평가되지 않으면 다음 대책으로 이어지지 않고, 결과적으로 충분한 성과를 올릴 수 없게 된다. 기업에 있어서 효과의 평가는 성과를 거두는 측면에서도 중요하다. 이를 위해서는 계획의 진행에 맞추어 실시사항이 계획대로 행해지고 있는지, 목적에 맞는 효과를 올리고 있는지를 목표와의 조회 등에 의해 평가하고, 불충분하면 수정해 나가지 않으면 안 된다.

이상의 것을 종합해 보면, 안전관리란 재해의 절멸을 목적으로 최고경영진이 제시한 방침 하에 구체적인 목표와 실시사항을 정한 계획을 수립하고, 실시를 위한 조직을 정비하며, 구체적으로 개별 대책사항을 실시하고, 동시에 그 결과를 평가하여 계획에 피드백해 가는 과정으로 추진해 가는 것이라고 할 수 있다.

ISO 45001의 안전보건관리시스템은 최고경영진이 방침을 제시하고, 그것에 따라 계획을 수립하며, 그리고 이를 이행하고, 실시상황을 점검하며, 나아가 필요한 개선을 하는, 이른바 P-D-C-A의 사이클로 되어 있다. 이상과 같이 안전관리는 체계적으로 추진할 필요가 있는 것이다.

# Ⅳ. 산업안전의 기본원칙

## 1. 산업재해 방지의 기본

### (1) 안전활동의 일상화

공장 안을 이동하고 있을 때 통로에 못이 떨어져 있으면 이것을 주워 쓰레기통에 버리고 주변에도 못이 떨어져 있는지 확인한다. 통로 바닥에 물이 고이기 쉬워 미끄러질 우려가 있는 경우에는 제안을 하여 작업장 개선으로 연결시킨다. 이러한 활동이 우리들의 안전에 관한 일상적인 역할이어야 한다. 작은 요인이더라도 이를 간과하면 위험요인에 대한 시각이 무르게 되어 보다 위험한 요인을 간과하게 된다.

재해가 발생하기 전에 직장에 잠재하는 위험을 발견하여 배제하는 선제적인 자세와 활동이 재해방지의 대원칙이며 일상적 안전보건활동의 모습이어야 한다.

잠재하는 위험을 잘 찾아내기 위해서는 기계·설비, 작업환경에 관한 위험감수성과 안전교육, 안전의식 등이 필요하다. 나아가 재해가 발생하였을 때에만 일시적으로 주의를 환기시키는 것이 아니라, 안전한 상태를 유지하기 위한 활동이 일상적으로 이루어질 필요가 있다.

### (2) 아차사고로부터 배운다

우리는 회사나 가정에서, 또는 도로를 걷다가 부상을 입을 뻔했던 경우에 맞닥뜨리는 경우가 종종 있다. 깜짝 놀라거나 순간적으로 섬뜩하였던 '아차사고' 체험에 해당한다. 다행히 많은 경우는 부상을 입지 않고 끝난다.

산업안전의 개척자인 하인리히는 '중상(major injury)[19] 1건에 대하여 경상(minor injury)[20] 29건, 재해로 연결되지 않은 사고(no injury accident)가 300건 발생하고 있다'는 결론, 즉 '하인리히의 법칙(Heinrich's Law)'이라고 알려진 개념을 발표하였다. 중상 1건의 배후에는 300건이나 되는 무상해사고(아차사고)가 있다는 분석결과이다. 이것은 동일한 사고에 부닥치더라도 다행히 부상을 면하는 경우가 있지만, 큰 부상으로 연결되는 경우도 있다는 것을 말해준다. 다시 말하면, 무상해사고(아차사고)와 중상을 초래한 사고가 위험성의 크기(위험도)에 있어서는 아무런 차이가 없다는 것을 나타낸다. 그리고 아차사고의 단계에서 사고원인을 근절하는 것이 재해방지에 효과적이라는 것을 시사하고 있다.

---

19  하인리히에 의하면, major injury는 사망, 절단 등의 중대재해만을 가리키는 것은 아니고 응급처치(first aid)를 초과하는 치료가 요구되는 부상을 가리킨다.
20  하인리히에 의하면, minor injury는 응급처치만으로 치료되는 재해를 가리킨다.

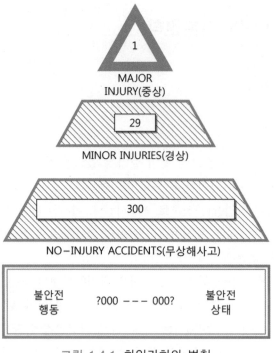

그림 1.4.1 하인리히의 법칙

아차사고는 재해의 전조이자 경고이다. 이러한 전조, 경고가 어떠한 상황에서 발생하였는지, 어떻게 대응하여야 하는지를 확인하여, 바로 조치·개선을 행하는 것이 사고, 나아가 재해의 발생을 방지하기 위한 기본원칙이다.

사고·재해비율에 관한 하인리히의 연구는 버드, Tye/Pearson, 영국 HSE 등에 의해 이어졌다. 이러한 연구에서 얻을 수 있는 주요한 결론은 다음과 같다.

- 부상을 동반하는 사고(injury incidents)는 부상을 동반하지 않는 사고(non-injury incidents)보다 적게 발생한다.
- 손실을 초래하는 모든 사고들 간에는 일관된 관계가 있다.
- 부상을 동반하지 않는 사고는 부상을 동반하는 사고가 될 수도 있었다. 각 사고의 결과는 대부분 우연에 의해 결정된다.

종합적으로 말하면, 사고의 결과는 보통 결과의 전체범위에 걸쳐(사망에서부터 물적 손해, 아차사고에 이르기까지) 무작위적으로 분포하기 때문에, 우리는 부상을 초래하는 것과 그렇지 않은 것을 유용하게 구별할 수 없다. 따라서 잘못 진행되고 있는 것에 대한 정보의 근원으로서의 모든 사고를 살펴보는 것이 중요하다. 부상 기록에만 의존하면, 우연히 심각한 결과를 초래한 일부 사고만을 주목하게 된다. 각 사고는 그것의 원인에 관한 정보를 제공할 수있다. 연구를 신체적 부상을 초래하는 사고들로 제한하는 것은 시스템과 관리실패에 대한 더 많은 정보를 얻을 기회를 놓치게 한다. 이 때문에 우리의 예방노력은 손실예방 전체를 겨냥할 필요가 있다.[21]

### (3) 과거의 재해로부터 배운다

현실적으로 발생한 재해사례를 분석하고 거기에서 교훈을 도출하여 현장에 적용하는 것은 재발방지에 불가결한 수단임과 동시에 동종·유사재해 방지의 가장 효과적인 수단이다. 따라서 재해를 방지하기 위해서는 과거에 발생한 재해를 철저하게 분석하는 것이 필수적이다. 재해는 우리가 느끼지 못하는 사이에 스며든 직장의 약점을 드러내기 때문이다.

새롭게 기계·설비를 설치하고, 그것을 위한 작업절차를 정할 때 우리들은 올바르고 위험이 없는 상태로 하기 위하여 노력한다. 그러나 어딘가에서 누락이 있는 경우도 있을 수 있다. 다른 회사에서 중대재해 등이 발생한 경우, 특히 우리 회사와 동일하거나 유사한 설비를 사용하고 동일하거나 유사한 것을 만들고 있는 곳의 재해일 경우, 그 원인을 알게 되면 우리 회사에서도 동일하거나 유사한 위험성이 있다는 것을 알 수 있게 되고, 나아가 신속하게 개선할 수 있다.

재해는 있어서는 안 되는 고통스러운 일이지만, 동시에 우리들에게는 없는 지혜, 깨닫지 못한 사항을 가르쳐 주는 귀중한 정보이다.

### (4) 실질적 원인을 제거한다

"그는 그 장소에 있어 전적으로 '우연히' 재해에 말려들었다. 재난이다. 방법이 없었다.", "어제의 재해는 작업자의 '부주의' 때문에 발생하였다. 조회에서 모두에게 주의를 환기하고 감독자의 감독을 강화하자!" 이런 접근방식으로는 재해의 실질적 원인을 제거할 수 없을 것이다.

먼저, 재해 발생 시 현장에서 상황을 조사하고 관계자에게 이야기를 들으며 사실 확인을 해야 한다. 그리고 재해에 관련된 사실을 찾아낸다. 다음으로, 재해원인을 확정하고 유사재해의 재발방지대책을 수립한다. 그러나 불행하게도 완전히 동일한 재해는 아니더라도 유사재해가 발생한다. 이는 실질적인 원인을 제거하지 않았기 때문일 가능성이 높다.

품질관리에서도 안전관리에서도 하여야 할 것은 동일하다. 현상제거에 머물지 않고 진짜 원인을 찾아내어 그것을 제거하는 것이 재해의 반복을 피하기 위한 원칙이다. 현상을 제거하기보다 근본원인을 제거하여야 한다.

---

21  Allan St. John Holt and Jim Allen, *Principles of Health and Safety at Work*, 8th ed., Routledge, 2015,  p. 12.

## 2. 재해원인분석의 기본적 접근방법

### (1) 버드의 신도미노론

재해발생의 원인구조에 대해서는 예전부터 여러 가지 제안이 있어 왔다. 지금까지는 걸핏하면 인간이 가지고 태어난다거나 그 후의 환경에 의해 만들어진 바람직하지 않은 성격, 인적 결함이 불안전상태, 불안전행동을 초래하므로 강제, 교육 등에 의해 이를 배제하는 것이 주축이었다. 현장점검은 부주의에 의한 행동과 상태를 시정·배제하는 의미가 강하였다.

그 후 재해현장에서의 인간의 행동이 어떤 것에 의해 초래되는지 등의 인간심리에 대한 연구의 발전에 병행하여 새로운 손실인과모델(Loss Causation Model)로서 버드(그리고 저메인)의 신도미노론이 널리 지지받게 되었다.

버드의 신도미노론에 의하면, 사고의 직접원인인 불안전행동, 불안전상태의 배후에는 대부분 그 원인에 해당하는 기본원인이 존재하고, 나아가 불완전행동, 불완전상태를 좀 더 근본적으로 해결하기 위해서는 제어(관리)의 부족에까지 거슬러 올라갈 필요가 있다.

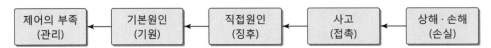

주: 1) 기본원인
　　　① 개인적 요인: 지식기능의 부족, 부적당한 동기부여, 육체적·정신적 문제 등
　　　② 업무적 요인: 설비의 결함, 부적절한 작업절차, 부적당한 기기의 사용방법 등
　　 2) 제어(관리): 징후(직접원인)로부터 기본원인을 파악하고 이것을 지속적으로 제어한다.

그림 1.4.2 버드의 신도미노론

손실인과모델은 오늘날 안전업계에서 가장 널리 사용되고 있고, 버드와 저메인이 그들의 이론을 설명하기 위해 사용하는 용어 또한 광범위하게 사용되고 있다.

---

**[재해사례]** 손이 스크루(screw)에 말려 들어가는 사고　　

■ 발생상황

대형마트에서 아르바이트를 하던 여성이 남성 직원과 함께 고기를 저미는 작업을 하고 있었다. 육만기(meat chopper)는 상부의 호퍼(hopper)에 고기를 투입하면, 고기는 자체의 무게로 밑으로 떨어진 후 스크루에 의해 눌린 후 칼로 절단되어 측방의 압출구로 나오게 되어 있었다.

고기를 굵직하게 저미는 최초의 작업은 남성 직원이 담당하였고, 피재자는 굵게 잘린 고기를 얇게 베는 작업을 담당하였다. 어느 날 굵게 잘린 고기를 호퍼에 투입하였는데, 고기가 호퍼에서 막혀 스크루에 도달하지 않았다. 그래서 피재자가 맨손으로 고기를 스크루 쪽으로 밀어 넣다가 오른손이 그만 스크루에 말려 들어갔다. 호퍼의 입구는 성인 남성의 손은 들어가지 않지만, 체구가 작은 여성의 손은 들어갈 수 있는 크기였다.

■ 발생원인

① 투입한 고기를 스크루에 밀어 넣을 때 막대기를 사용하지 않고 손으로 하였다.
② ①의 작업방법을 아르바이트 여성에게 가르쳐 주지 않았다.
③ 호퍼 입구의 크기가 몸집이 작은 여성의 손이 들어갈 수 있을 정도로 컸다.

그림 1.4.3 손이 스크루에 말려 들어감

이 재해사례의 연쇄구조를 조사해 보면 그림 1.4.4와 같다.

불안전상태, 즉 '손이 들어가는 상태'를 없애면 불안전행동, 즉 '손을 넣는 일'은 없다. 육만기(meat chopper)에 방호설비를 추가 설치하는 것이 최초의 대책이다. 그러나 그것만으로

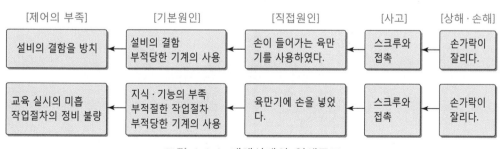

그림 1.4.4 재해사례의 연쇄구조

는 이 기계에서의 재해는 방지할 수 있을지 모르지만, 주변 기계에서 재해가 발생할 가능성이 남는다.

기본원인을 제거하기 위한 제어(관리), 즉 '기계의 구입 또는 사용 시에 위험성을 파악하고 설비의 결함을 방치하지 않기 위한' 구조가 없었던 것이 실질적인 요인이라고 말할 수 있다.

나아가, 여성은 이 작업의 위험성, 작업방법에 대해 적절한 교육을 받지 않았다. 어느 시기에 어떤 교육을 할지를 정하고 작업절차를 체구가 작은 여성의 안전을 고려한 내용으로 하는 등의 조치를 하는 것이 급선무이다.

### (2) 4M방식

재해방지대책을 잘 수립하기 위해서는 우선적으로 올바른 재해원인분석방법을 선정할 필요가 있다. 재해원인분석방법으로 널리 사용되고 있는 것은 미국 NTSB(National Transportation Safety Board: 연방교통안전위원회)에서 채택하고 있는 '4가지의 M'에 의한 재해원인분석방법이다.

[4M방식]

① 사고 또는 안전에 중대한 관계가 있는 사항 모두를 시계열적으로 찾아낸다(Sequence of Events).
② ①에서 파악된 여러 사항을 '4가지의 M'의 어느 것에 해당하는지 검토한다(4M's).
  • Man: 인적 요인          • Machine: 기계·설비적 요인
  • Media: 작업·환경적 요인     • Management: 관리적 요인
③ 사고를 구성한 여러 요인 중 주요한 것으로 압축하여 기술한다(Probable Cause).

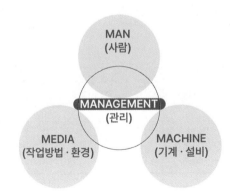

그림 1.4.5 4M에 의한 안전관리의 전체상

②의 단계에서 4가지의 M으로 분류하고, 그 다음 4가지 M 각각을 세분화하여 분류하면 비로소 어디에 문제가 있고, 각각의 사항에 대하여 누가 어떤 대책을 취해야 하는지가 뚜렷이 드러나게 된다.

4가지 M의 주요한 내용을 제시하면 다음과 같다.

표 1.4.1 산업재해의 요인 4M

| | |
|---|---|
| Man (사람) | ① 심리적 요인: 장면(場面)행동[1], 망각, 주연적(周緣的) 동작[2], 걱정(고민)거리, 무의식 행동, 무딘 위험감각, 지름길반응, 생략행위, 억측판단, 착오 등<br>② 생리적 요인: 피로, 수면부족, 신체기능의 부족, 알코올, 질병, 고령 등<br>③ 직장적(職場的) 요인: 직장의 인간관계, 리더십, 팀워크, 커뮤니케이션 등 |
| Machine (기계·설비) | ① 기계·설비의 설계상의 결함<br>② 위험방호(가드, 보호장치, 원재료 등)의 불량<br>③ 본질안전화의 부족(인간공학적 배려의 부족)<br>④ 점검·정비의 불량<br>⑤ 표준화의 부족<br>⑥ 작업발판·작업장 등의 구조 불량 등 |
| Media (작업·환경) | ① 작업정보의 부적절<br>② 작업자세, 작업동작의 결함<br>③ 작업계획·작업방법의 부적절<br>④ 작업공간의 불량<br>⑤ 작업환경조건의 불량<br>⑥ 보호구 사용의 부적절 등 |
| Management (관리) | ① 안전보건관리조직의 결함<br>② 안전보건방침의 불비(不備)<br>③ 안전보건규정(규칙)·매뉴얼의 불비·불철저<br>④ 안전관리계획의 불량<br>⑤ 안전보건교육의 부족<br>⑥ 부하에 대한 지도·감독의 부족<br>⑦ 인력 배치의 부적절<br>⑧ 건강관리의 불량<br>⑨ 자율안전보건활동의 추진 불량 등 |

주: 1) 장면(場面)행동: 사람은 돌발적으로 위기적 상황에 직면하면, 그것에 의식이 집중하여 다른 사항을 의식하지 못하고 분별없이 행동하는 경우가 있는데, 이와 같이 어떤 방향으로 강한 요구가 있으면 그 방향으로 직진하는 것을 장면행동이라고 한다. 예를 들면, 통신주 작업을 위해 작업차 운행 중 차량 내부로 곤충이 유입되어 순간적 자기방어(반사신경) 동작에 의한 전방주시 미흡으로 도로변 전주에 부딪치어 충돌하는 사고가 이것에 해당한다.
2) 주연적(周緣的) 동작: 사람은 어떤 것을 의식의 중심에서 생각하면서 동작을 하고 있지만, 도중에 일상적인 습관동작을 의식의 한쪽 구석(주연)에서 하는 경우가 있다. 예를 들면, 철골 위에서 아크용접을 하고 있는 작업자는 빈번하게 신체의 방향을 바꾸거나 일어서거나 하면서 작업을 수행하는 경우가 많은데, 이와 같은 주연적 동작은 거의 의식하지 않은 채 이루어지기 때문에 주변의 추락위험을 알아차리지 못할 수 있다.

다음 사례를 통해 4M의 재해원인분석방법을 좀 더 알아보자.

**[재해사례]** | 맨홀작업 중 교통사고로 인한 재해　

■ 발생상황

　주택이 밀집되어 있는 길가 중앙에 위치한 맨홀 내에서 작업자가 케이블 작업을 마친 뒤, 맨홀 밖으로 나오는 순간 지나가는 차량의 범퍼에 머리를 부딪혀서 맨홀 바닥으로 추락하는 사고가 발생했다. 다행히 안전모를 착용하고 있어 머리를 크게 다치지 않았으나, 주변에 동료가 자리를 비운 사이에 사고가 발생하여 사고 발생 후 20여 분 이후에나 피해 작업자를 인근 병원으로 이송할 수 있었으며, 오른쪽 발목이 골절되어 입원 치료를 하게 되었다.

　이 재해사고에 대해 4M 재해원인분석방법으로 원인을 파악해 보자.

■ 4M에 의한 재해원인분석방법

1. 사고발생의 시간적 순서
- 맨홀 내부작업 종료 후 작업자가 맨홀에서 나오기 전에 위험표시판을 철거
- 작업을 감시하고 있던 동료가 잠시 자리를 비움
- 작업자가 케이블 작업을 마치고 맨홀 밖으로 올라오는 상황에서 차량과 충돌함
- 작업자는 맨홀 바닥으로 추락했으나, 바로 병원으로 이송되지 못함

2. 4M
- Man(인적 요인) : 맨홀에서 나오는 순간 차가 지나갈 수 있다는 생각을 하지 못한 무딘 위험 감각
- Media(작업·환경적 요인) : 맨홀에서 나오기 전에 위험표시판 철거, 맨홀 외부에 있던 감시인이 자리를 비움
- Management(관리적 요인) : 안전절차서의 미흡, 맨홀작업에 대한 안전교육 미비

3. 재해의 원인
　맨홀작업에 대한 작업계획이 부적절하여 맨홀에서 나오기 전에 위험표시판을 철거하는 일과 맨홀 외부에 있던 감시인이 자리 비우는 일이 발생하였고, 안전절차서에 맨홀작업에 대한 위험요인과 안전상 유의사항이 상세하게 작성되어 있지 않았으며, 맨홀작업 전에 안전수칙에 대한 안전교육 또한 제대로 이루어지지 않았음. 전반적으로 회사(사업장)에서 안전관리활동이 충분히 이루어지지 않고 있었던 것이 근본적인 원인이라고 할 수 있음

　4M 분석방법을 앞에서 설명한 버드의 모델과 대비하여 제시하면 그림 1.4.6과 같다.

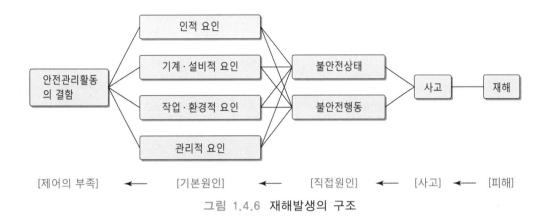

[제어의 부족]　←　　　[기본원인]　←　　　[직접원인]　←　　[사고]　←　　[피해]

그림 1.4.6 재해발생의 구조

이 그림에 따르면, 재해를 초래하는 사고는 직접적 원인인 불안전상태, 불안전행동에 의해 야기되고, 이것들은 기본적 원인인 인적, 기계·설비적, 작업·환경적, 관리적 요인(4M요인)에 의해서 초래되며, 이들 4M요인은 궁극적으로 안전관리활동의 결함이 그 원인이라고 할 수 있다. 이 그림은 앞에서 설명한 버드의 그림과 동일한 구조이고, 기본적 원인을 4가지의 요인으로 나눔으로써 본질의 해명을 좀 더 쉽게 하고 있다.

재해발생요인이 이 4가지 요인으로 이루어져 있는 것으로 보는 것이 바람직하기 때문에, 재해방지대책도 이 4가지 측면에서 수립하여 추진하는 것이 효과적이고 바람직하다.

## 3. 산업안전 확보전략

안전을 확인할 수 있는 조건하에서만 운전을 하는 방법(안전확인형 접근방법)이야말로 가장 확실한 안전대책이다. 이와 같이 하면, 위험한 조건하에서 기계·설비를 운전하는 일은 없을 것이므로 생각하지 않은 문제가 발생할 가능성이 대폭 줄어든다.

안전확인형 접근방법은 위험을 발견한 경우에만 기계·설비의 운전을 정지시키는 방법(위험검출형 접근방법)과 비교하여, 위험을 미처 생각하지 못했거나 깜박 간과한 경우, 과신한 경우 등에 특히 효과를 발휘한다. 안전을 확인할 수 없게 된 경우에는 신속하고 확실하게 기계·설비를 정지시키는 Fail Safe의 원리를 적용하고 있기 때문이다.

그리고 위험검출형과 안전확인형은 보호장치가 고장 났을 때에도 안전성이 크게 달라진다. 예컨대, 표 1.4.2의 (a)는 위험검출형의 일례인 반사형 안전장치이다. 이 장치는 투광기로부터 발광한 빛이 위험구역에 존재하고 있는 인체에 의해 반사되어 수광기에 도달하고 기계·설비의 운전정지신호를 발생시킨다. 이때 투광기가 고장 나면, 위험구역에 작업자가 있음에도 불구하고 작업자로부터의 반사광을 검출할 수 없게 되어 기계·설비를 정지시킬 수 없게 되는 문제가 발생한다. 이렇게 되면 중대재해가 발생할 수도 있다.

표 1.4.2 위험검출형과 안전확인형의 비교

| 구분 | (a) 반사형(위험검출형의 예) | (b) 투과형(안전확인형의 예) |
|---|---|---|
| 장치의 형태 | | |

이에 반해, 표 1.4.2의 (b)는 안전확인형의 일례인 투과형 보호장치이다. 이 장치는 투광기로부터 발생한 빛이 수광기에 도달할 때에 기계·설비의 운전허가신호를 발생시킨다. 인체가 빛을 차단하여 수광기에 빛이 도달하지 않게 된 때에는, 기계·설비의 운전허가신호가 발생하지 않아 기계·설비는 정지하게 된다. 그리고 투광기가 고장 나면 인체가 빛을 차단한 것과 동일한 상태가 되어 기계·설비는 운전을 정지하게 되고, 이에 따라 작업자의 안전을 확보할 수 있다.

## 4. 산업안전관리의 기본원칙

### 1) 산업안전관리에서는 최고경영자의 자세가 중요하다

안전관리에서는 최고경영자의 자세(commitment)가 중요하다는 원칙은 안전제일의 기원으로 유명한 미국 US Steel의 게리(Elbert H. Gary) 사장의 경영철학을 통해 명백히 알 수 있다. 게리 사장은 당시 회사에서 산업재해가 다발하고 있던 것을 매우 우려하여 '안전제일(Safety First), 품질제이(Quality Second), 생산제삼(Production Third)'을 경영방침으로 내걸고 안전을 가장 우선시하였다. 그 결과 산업재해가 감소하였을 뿐만 아니라 품질, 생산성도 크게 향상되었다. 최고경영자의 자세에 따라 기업의 안전성적이 크게 변화된다는 것을 설득력 있게 보여 준 실례이다.

### 2) 계획, 설계, 제조 등의 상위단계에서의 대책을 중시한다

우리나라에서의 산업재해 예방대책은 현장의 우수한 작업자의 기능, 주의력에 의존하여 실시하는 관리적 대책이 중심을 이룬다. 이에 반해, 유럽 등에서는 기계·설비의 설계·제조자가 중심이 되어 설비적 대책을 실시하는 것을 통해 위험성 감소를 지향하고 있다. 이것은 기계·설비의 위험성을 가장 잘 알고 있는 것은 설계·제조자이고, 이 단계에서의 대책이 가장 효과적이며 대책 비용도 가장 적게 들어가게 된다는 사고에 기초하고 있다.

### 3) 휴먼에러의 배후에 잠재하는 근본적 원인을 중시한다

우리나라에서는 산업재해의 원인을 사람의 실수(휴먼에러)로 파악하고 교육훈련을 강화하는 대책이 일반적이다. 그러나 휴먼에러가 원인이라고 생각되는 경우라도, 그 배후에는 사람의 실수를 유발하는 설비대책의 잘못 등이 잠재하고 있는 경우가 많다. 즉, 휴먼에러의 배후에 잠재하는 근본적 원인을 중시한 대책이 필요하다.

### 4) 사람은 실수하고 기계·설비는 고장 등 장애를 일으킨다는 것을 전제로 대책을 수립한다

우리나라에서는 기계·설비의 신뢰성 향상, 작업자에 대한 교육훈련 강화에 의해 산업재해를 감소시키는 것이 일반적이다. 그러나 본래 사람은 실수하고 기계·설비는 고장 등 장애를 일으키는 것이며, 이들의 발생을 전제로 한 대책이 중요하다. 이 경우에 필요한 것이 Fail Safe(기계·설비의 고장 등이 대상), Fool Proof(사람의 실수가 대상) 등의 안전대책이다.

### 5) 안전한지, 위험한지 모르는 것은 모두 위험으로 간주한다

재해예방대책의 과정에서 때로는 안전한지, 위험한지 모르는 것에 맞닥뜨리는 경우가 있다. 이와 같은 때는 이것을 위험으로 간주하여 문제를 처리하여야 한다('위험추정의 원칙'). 동일한 접근법으로서 환경분야에는 '예방원칙(precautionary principle)'이 있다. 이것은 "과학적으로 인과관계가 충분히 증명되지 않은 상황에서도 의심스러운 것은 규제한다."는 방법이다. 품질분야에서도 "양품인지 불량품인지 알지 못하는 것은 불량품으로 간주한다."는 관점이 있다. 위험추정의 원칙은 품질·안전·환경 각 분야를 관통하는 보편적인 관점이다.

### 6) 절대안전은 곤란하고 리스크는 반드시 잔류한다는 것을 고려한다

우리나라에서는 "산업재해는 본래 있어서는 안 된다."는 관점에서 무재해의 이념하에 절대안전이 추구되어 왔다. 이에 반해, 유럽에서는 절대안전의 실현은 곤란하다는 관점에서 리스크(risk)의 개념이 발전하여 왔다. 'Risk Zero', '무재해'라는 선언을 하기보다는, 잔류리스크를 명확히 한 후에 사용자 등 관계자에게 적절한 정보를 제공하고 잔류리스크에 대한 관리적 대책(작업절차 작성, 교육훈련 실시 등), 보호구 사용 등의 조치를 명확히 하는 것이 중요하다. 이 경우에는 잔류리스크는 최후까지 관리한다는 관점이 동시에 필요하다.

# V. 안전 확보를 위해 필요한 것

많은 사고의 직접적 원인은 현장에 종사하는 자의 실패이다. 기계·설비의 설계, 유지관리에 불비(不備)가 있거나 룰이 지켜지지 않거나 공정, 기계·설비에 관한 충분한 지식이 없거나 또는 잊어버리는 등 "사람은 실수한다." 또는 "사람은 보고 싶지 않은 것은 보이지 않는다."가 그대로 현실이 되고 있다. 물론 사람이 실수하거나 기계가 고장 나더라도 본질적으로 사고를 일으키지 않는 Fool Proof, Fail Safe와 같은 기계·설비(하드웨어)적 방법은 존재하고, 기계·설비 설계 시에는 이러한 본질안전화를 고려하는 것이 중요하지만, 여기에서는 소프트웨어 면에서 안전을 확보하기 위해 필요한 요소에 해당하는 사항을 중심으로 설명하기로 한다.[22]

## 1. 앎(知)의 사슬

### (1) 지식

생산에 종사하려면 생산공정, 생산기계·설비에 관한 지식이 있어야 한다. 자신이 담당하는 기계·설비에서는 무엇을 원료로 하여 어떤 공정을 거쳐 제품을 얻고 있는지, 각 공정에서는 어떤 사용·운전조건에서, 어떤 방법으로 행하고 있는지, 취급하는 온도·압력, 사용되고 있는 용매, 촉매 등에 대해서도 알아야 한다. 그리고 원료·제품을 포함한 각 물질의 물성, 특히 독성, 가연성, 산화성, 반응성, 부식성 등은 종사하는 자기 자신을 포함한 동료의 안전을 위해서도 필수적인 지식이다. 그리고 생산공정을 구성하고 있는 기계·설비에 대해서도 지식이 필요하다. 기동, 정지, 조정과 같은 운전방법은 물론 각각의 기계·설비는 어떤 구조로 되어 있고, 각 공정에서 어떤 역할을 담당하고 있는지, 감시 포인트는 무엇인지, 왜 그곳이 감시 포인트인지 등 이러한 지식이 없으면 기계·설비의 사용은 불가능하다. 즉, 생산에 착수할 수 없다. 따라서 담당하는 공정의 작업공정도, 기기목록, 운영매뉴얼 등에 대해서는 최소한의 지식으로 이해하고 있을 필요가 있다.

이러한 최소한의 필요 지식으로 기계·설비를 기동할 수 있게 되었다고 가정하자. 그 후의 상태가 매뉴얼에 적혀 있는 것과 조금 달랐을 때 또는 매뉴얼대로의 조작이 실패하였을 때, 다음에 어떻게 해야 하는지는 매뉴얼에 적혀 있지 않은 경우가 많다. 그래서 매뉴얼밖에 모르는 신규자에게는 설령 사소한 사항이라도 매뉴얼에 적혀 있는 것으로부터 벗어난 기계·설비에 대해 어떻게 대처하여야 하는지에 대한 지식은 없다. 이것은 매우 걱정스러운 일이다.

---

22 하드웨어 면에서 안전을 확인하는 방법에 대해서는 뒤에서 설명하기로 한다.

기계·설비는 생물이고 사소한 조건의 차이로 동일한 절차에 대하여 항상 같은 응답을 하는 것은 아니기 때문이다. 예컨대 온도의 상승방법이 조금 늦거나 빠르거나 하는 것은 쉽게 일어날 수 있는데, 그것에 놀라 당황하면 안전을 확보하는 것이 곤란해진다.

따라서 각 공정의 작업절차가 왜 이렇게 되어 있는가?, 그것에 영향을 주는 인자(因子)에는 어떤 것이 있고, 그것은 어떻게 현상으로 나타나는가?, 그리고 그것은 중대한 일인가?, 가만히 안정되는 것을 기다리면 되는 일인가? 등을 가려낼 수 있는 지식이 필요하게 된다. 현재의 매뉴얼에는 선배들의 실패경험, 성공경험 그리고 이론적 배경이 들어가 있다. 이러한 매뉴얼의 행간의 숨은 뜻까지 알고 지식으로 갖추는 것은 공장의 안전을 도모하기 위한 필수조건이다.

개발단계, 시작(試作)단계 등을 알고 있는 베테랑은 매뉴얼에 적혀 있지 않은 영역에 대해서도 알고 있거나 경험한 적이 있지만, 매뉴얼만 배운 신규자에게는 매뉴얼상의 절차 이외의 것은 정보가 없는 공백영역일 수밖에 없다. 예전에는 이러한 매뉴얼에 적혀 있지 않은 것을 알고 있는 것이 선배라는 생각에서 각자가 '자신의 지식'으로 끼고 있었던 면도 있었다. 그러나 지금은 시대가 다르다. 지식을 혼자서만 알고 있는 것은 안전 측면에서 볼 때 '악'이라고 생각하여야 한다.

공정, 기계·설비 등의 설계에는 설계자의 사상이 들어가 있다. 연구 단계 또는 기계·설비 설계의 단계에서 조작·운전의 이탈, 이상 시를 상정한 대책, 안전을 확보하기 위한 대책이 여러 군데에 포함되어 있다. 기계·설비를 사용할 때에는 설계사상을 충분히 음미하여 포함되어 있는 대책을 충분히 기능하게 하는 것이 요구되는데, 최근의 사고사례를 보면 설계사상과 관련된 정보의 계승이 불충분하였거나 이 설계사상이 현장에서 충분히 활용되지 않은 사례가 발견된다. 설계사상이 실제로 활용되기 위해서는 기계·설비의 사용현장에 이를 올바르게 설명하고 이해하고 반영하는 것에 대해 납득을 얻는 것도 설계부서의 중요한 일일 것이다.

기술부서가 공정에 잠재하고 있는 리스크를 파악하지 못한 것이 사고의 원인이 되는 경우도 있다. 예를 들면, 화학반응에는 부반응이 으레 따르기 마련이고 목적성분 외의 것은 매체에 의한 반응의 선택, 정제공정에서 제거되는 것이 일반적인데, 부반응, 부생물의 생성조건, 거동에 대한 연구가 불충분하고, 이들이 가지고 있는 리스크에 대하여 정밀하게 조사하여 리스크 회피의 수단을 현장에 제시해야 하는 기술부서의 책임이 다해지지 않은 것이 사고의 원인이 된 사례가 있었다. 이 사례에서는 기술부서가 취급물질의 위험성·유해성, 공정의 특성, 관련기계·설비의 특수성 등을 충분히 검증하여 정리하고, 이를 안전운전을 위한 기초정보로서 운전부서에 전달했어야 했다.

지식, 규정은 흔히 자신들의 지금까지의 경험, 식견, 실패체험의 교훈 등을 토대로 올바르다고 생각하는 것의 축적에 의해 만들어진 것이라고 할 수 있다. 어떤 의미에서는 매우 일방적인 관점에서 자기 본위의 가치관으로 정해진 것이다. 이것들의 관점에서 보면 사고 등이 발생하는 일은 있을 수 없는 것으로 보이지만, 보이지 않는 부분, 알아차리지 못한 것 등 다른 각도에서 보면 아직 취약한 부분이 있을 수 있다. 이러한 관점을 시사하는 것이 실패사례이다. 직접적으로는 자신의 회사의 사고사례이고, 나아가서는 다른 회사의 사고사례가 이에 해당한다. 이 사고사례를 검토하고, 자신들의 기계·설비에 치환하여 검증하여 보는 것이 사고방지에는 물론 기계·설비의 안전성의 향상을 위하여 필수적이다.

이와 같이 사고사례로부터 얻어진 지식이 가미됨으로써 사고를 일으키지 않기 위한 지식은 더욱 강한 것이 될 수 있다. 사고사례는 최강의 교육자료로서, 이것이 가미된 지식이야말로 현장에서 필요로 하는 지식이다.

### (2) 지혜

지식은 중요하다. 그러나 현장에서 일어나는 것 모두에 대해 몸에 지닌 지식만으로 해석하거나 대처할 수 있는 것은 아니다. 현장은 살아 있다. 그래서 일어나는 것은 항상 무언가의 응용문제라고 생각하여야 한다. 알고 있는 대로, 조사한 대로 사고가 발생하는 것은 아니다. 그래서 몸에 지닌 지식을 베이스로 하여 상상하고 예측할 수 있는 힘, 즉 지식을 응용하는 지혜를 발휘할 필요가 있다. 공정에 관련된 지식, 기계·설비에 관련된 지식, 설비 개방 시에 얻은 견문, 공사에서 보거나 확인한 것 등을 종합적으로 바라보고 상상력을 작동시키는 지혜를 갖추는 것이 필요하다.

안전관리에서는 재해를 사전에 예측하고 회피하는 프로세스가 반드시 필요하다. 이를 위해 직장에서는 발생 가능성이 있는 재해를 미리 상정하고 그것을 회피하는 대책이 실시된다. 그러나 이상적으로는 모든 것을 예상하고 판정하여야 하지만, 복잡한 대상의 경우 모든 것을 예측하는 것이 사실상 불가능하다. 예상 밖의 사건을 우연히 만났을 때 빨리 그 사건을 이해하고, 배경과 이유를 살필 수 있는 역량 그리고 그것에 신속하고 적절하게 대처할 수 있는 역량을 가지고 있는 것도 현장에서의 중요한 기술력이라 할 수 있다.

### (3) 감수성과 호기심

현장에서는 무언가 문제가 있을 때 이것을 미리 알아차리는 감수성도 매우 중요하다. 현장 순찰 시에 이상한 냄새를 느끼고 미량의 누출을 발견한 사례, 평상시와 다른 회전기의 소리를 알아차리고 트러블(이상)을 미연에 방지할 수 있었던 사례 등 예리한 감수성 덕분에 현장에서 도움을 받는 경우가 적지 않다. 이러한 감수성은 무언가의 경험에 입각하고 있는 경우가 많지만, 단순히 경험만은 아니다. 경험을 지식과 조합하여 어느 정도 보편적인 공통되는 기초지식으로 익히게 되었을 때, 경험한 것과 동일한 사건뿐만 아니라 공통적인 요소를 포함하고 있는 다른 사건까지도 알아차리거나 문제라고 생각할 수 있게 된다.

예를 들면, 정상운전 시에는 그다지 크지 않은 진동이 기동 시, 정지 시에는 매우 커질 가능성이 있다고 생각하는 것과 같은 상상력은 경험과 지식이 어우러져 현장에서 유효한 힘으로 발현된 것이다. "예민한 감수성을 가지고 있다."라는 말을 자주 듣게 되는데, 이것은 가지려고 생각하는 것만으로 가질 수 있는 것은 아니다. 이 감수성을 높일 수 있는 것은 경험 외에 역시 지식이고, 지혜이며, (지적) 호기심이다.

일상적으로 현장순찰을 하는 경우에도, 만연히 (의식 없이) 순찰기록부의 체크란을 채우는 자세가 아니라, "여느 때와 다른 것은 없는가", "오늘의 운전상태라면 이곳은 보통 때보다 부하가 높은데…"와 같은 호기심을 항상 가지고 있는 것이 사소한 이상, 변화를 알아차리는 감수성이 된다. 이러한 의미에서는 가능한 경우 이따금씩 패트롤 경로를 바꾸어 보는 것도 보통과는 다른 시각으로 현장을 보는 기회가 될 수 있다. 관리직도 현장을 순찰할 때에는 이러한 호기심을 갖는 것이 필요하다. 예를 들면, 정리정돈이 유지되고 있는지를 관리직의 눈으로 확인하는 것도 중요한데, "왜 이곳 바닥이 오늘은 젖어 있는가? 무언가가 흐른 게 아닌가?", "보통 때는 아무것도 없는 곳에 그리스건(grease gun)이 방치되어 있다. 윤활에 문제 있는 회전기가 있는 것은 아닐까?"라는 의문을 가지고 현장을 보는 것이 필요하다.

## 2. 현장력

현장에서 사고를 방지하고 안전을 확보하는 것은 경험 외에 지식과 그것에 의해 뒷받침된 지혜, 그리고 그것을 항상 발휘하는 감수성이다. 이것을 한 단어로 합친 것이 현장력이다. 즉, 현장력은 경험을 바탕으로 '현장에서 일어나는 여러 사건에 대하여 망라적으로 모든 것을 생각하고 상상력과 지혜의 사슬로 즉시 결정하는 힘'이라고 할 수 있다. '망라적으로 모든 것을 생각한다.'는 것은 지금까지 익힌 지식, 경험을 총동원하여 기계·설비, 장치 등에서 무엇이 일어나고 있는지를 상상하고, 이것들이 무언가 문제를 일으키고 있는지, 정상적으로 작동하고 있는지를 판단하며, 미리 불측의 사태를 초래할 가능성의 유무, 큰 트러블로 발전될 가능성의 유무를 판단하는 것이다. '즉시 결정하는 힘'이란 현상의 파악과 그 판단하에서 다음으로 취하여야 할 행동을 신속하게 결정하는 역량을 말하는 것으로서, 자신이 가지고 있는 지혜를 총동원하여 언제라도 현장에서 판단하고 대처할 수 있는 능력을 가지는 것이다.

이러한 현장력은 학습, 교육의 반복과 훈련을 통해 몸에 익힐 수 있다. 훈련은 이른바 시나리오 훈련방식 외에 상정 외의 사건에 맞닥뜨리더라도 무엇이 중요한지, 무엇을 우선해야 할지를 판단할 수 있고 생각할 수 있는 힘을 습득하는 방식으로도 실시할 필요가 있다. 시나리오를 완벽하게 짠다고 해도 시나리오대로 진행되지 않기 때문이다.

그리고 현장력이 유지·강화되기 위해서는 무엇이든 말할 수 있고 들을 수 있으며 서로 이야기할 수 있는 커뮤니케이션이 좋은 분위기가 조성되어 있어야 한다. 이를 통해 비로소 자유롭게 후배(부하)가 선배(상사)에게 의문점을 묻고, 선배(상사)는 경험을 말하며, 후배(부하)의 육성에 배려하고, 여러 가지 과제를 전원이 납득할 때까지 의논하며, 그 결과를 공유할 수 있게 된다. 이러한 환경 속에서 선인(先人)들의 지혜·경험, 기술계승, 동료의 실패·성공체험 등 현장력의 자양분이 되는 많은 것을 배울 수 있게 된다. 그리고 이러한 뒷받침이 있는 현장은 높은 수준의 현장력에 의해 안전이 확보되고 있는 곳이라고 말할 수 있다.

## 3. 경험할 수 없는 사건에 대한 대응

### (1) 지식네트워크

직접적으로 경험할 수 없는, 알 기회가 적은 것을 보충하려면, 그 지식, 사건 등을 스스로 체험하지 않아도 듣거나 읽어서 알 기회, 가능하면 접촉할 기회를 주는 수밖에 없다. 선배의 수고, 실패를 정리한 기술전승DB, 공정에 관련된 기술정보, 다른 공장과 회사의 사고정보 등은 그와 같은 정보가 풍부하게 정리되어 있어 좋은 교재가 될 수 있다. 확실히 기술전승DB 등에 적혀 있는 것은 귀중한 정보이고, 실패의 프로세스, 선배가 실패하지 않도록 주의하였던 포인트, 표준작업절차(SOP)의 배경 등이 적혀 있어 읽으면 많은 공부가 된다.

그러나 위 DB 등을 읽더라도 적혀 있는 것의 귀중함, 중요성은 읽는 사람에게 바로 이해가 되는 것은 아니다. 위 DB 등에 적혀 있는 것은 귀중한 정보이지만, 현장작업의 점(點) 또는 선(線)에 지나지 않는다. 이것을 면(面)으로 하려면, DB 등에 적혀 있는 것과 매일 행하고 있는 현장작업 간의 관계를 보충·확충함으로써 적혀 있는 것이 읽는 사람 자신들의 일상업무와 깊은 관계가 있다는 것을 깨닫도록 하여야 한다. 이것은 관리직과 선배사원의 중요한 일이다. 일상업무에 관련되고 도움이 된다는 것을 깨닫게 되면, DB 등의 정보는 듣는 사람의 지식으로 확실히 결합되어 갈 것이다.

### (2) 백문불여일견

경험할 수 없는 것은 읽거나 들어 메시지를 얻을 수 있다. 그러나 현장감까지는 전달되지 않는다. 기술전승DB의 약점의 하나가 여기에 있다. 선배가 자신이 저지른 실패를 아무리 남겨 주어도 그것을 읽고 "무서웠다", "소스라치게 놀랐다", "큰 사고가 일어날 뻔했다"와 같은 긴박한 감각까지는 전달되지 않는다.

생명줄에 실제로 매달려 보게 하거나, 정전기 발화의 실험을 눈앞에서 보이거나, 내압이 걸린 배관플랜지의 볼트를 느슨하게 할 경우 위험물질에 폭로되는 것을 경험하게 하는 등 최근에 많은 공장에서 도입되고 있는 다양한 체험훈련은 듣거나 읽음으로써 알게 된 현상을 머리만으로 이해하는 것이 아니라, 실제 체험을 통해 공포, 고통, 격렬함을 신체로도 느끼게 하는 것으로서 지식의 한층 확실한 습득을 지향한 교육이다.

도면에서 아무리 해도 자신이 취급하고 있는 기계·설비의 내부가 어떻게 되어 있는지 보는 것은 불가능하다. 그런데 예컨대 개방주기가 길어 실제로는 좀처럼 볼 수 없다는 사실이, 특히 입사한 지 얼마 되지 않은 세대에서 증가하고 있다. 이것이야말로 확실히 백문이 불여일견에 해당하는 전형이다. 약간 무리를 해서라도, 예컨대 플랜트가 개방되었을 때에 교육차원에서 견학하게 하는 것이 바람직하다. 그리고 지방의 공장에서 정기수리가 있으면 출장을 가서라도 보도록 하는 것이 필요하다. 이를 통해 지금까지 귀로만 배웠던 지식은 현물을 본 경험 위에 성립되는 살아 있는 지식이 된다. 기계·설비의 각종 트러블, 기계·설비의 손상 또는 사고는 가능한 한 견학하게 하고 실제 장소를 체험하게 하여야 한다. 기계·설비 전체가 정지되고 여기저기에서 분해점검이 이루어지며 검사·수리 후 다시 조립하여 개시하는 대규모 정기수리에서도 배울 것이 많이 있다. 신규플랜트의 건설과 같은 경험은 아니더라도 그것에 조금이라도 근접한 견문을 갖게 하는 기회는 신경을 써서 찾아보면 사내에 어느 정도는 존재할 것이다. 그것을 실제로 자신의 눈으로 보거나 소리를 듣는 경험은 무엇으로도 대신하기 어려운 귀중한 교육이 될 것이다.

### (3) 사고사례는 최강의 교육자료

사고사례는 우리들에게 많은 것을 가르쳐 준다. 교육이라는 측면에서도 사고로부터 배우는 것이 많다. 즉, 사고사례는 사고방지를 위한 보고(寶庫)에 해당한다. '유사한 사고가 자신들의 현장에서도 일어날 수 있다'는 관점, '발생사고와 연관된 설비의 특성에 대한 정보를 자신들의 현장에서 이미 알고 공유하고 있었는가?'라는 관점, '사고정보에서 알게 된 맹점을 자신들의 공장에 반영하였을 때 자신들의 안전관리시스템도 동일한 맹점을 가지고 있는 것은 아닐까' 하는 관점 등으로 자신들의 공장, 시스템 또는 지식을 점검하는 것이 살아 있는 교육이 된다.

특히 자신들의 현장에서 발생한 사고는 몇 번이라도 반추할 가치가 있다. 왜냐하면 동일한 사고를 반복하지 않기 위한 교육적 의미에서도 당연하지만, 사고는 매일 자신들이 취급하고 있는 그리고 자신들이 가장 자세하게 알고 있어야 하는 작업의 배후(이면)에 잠재하는 리스크가 모습을 드러낸 사건으로서 그 재발방지대책은 자신들을 지킨다고 하는 명확한 목표를 가지고 있는 사고예방을 위한 최고의 학습교재가 되기 때문이다.

## 1. 안전문화란

최근 대형사고의 재발방지대책에는 반드시라고 말할 정도로 '안전문화의 조성'이라는 말이 자주 거론된다. 현장력을 육성하기 위해서는 현장에 안전문화가 침투하거나 구축되는 것이 필요하다. 안전문화는 안전을 무엇보다도 우선하는 것이 최고경영자부터 제일선의 작업자까지 기업 전체의 행동원리로 확립되어 있는 상태라고 할 수 있는데, 그것을 지향하는 기업 현장에서 조성하여야 하는 안전문화란 도대체 어떤 것인가? 안전문화가 조성되어 있는 기업 현장이란 어떠한 상태를 가리키는 것일까?

안전문화라는 말이 일반적으로 사용되기 시작한 것은 1986년 체르노빌 원자력발전소 사고 직후 작성된 국제원자력기구(IAEA)의 국제원자력안전자문단(International Nuclear Safety Advisory Group: INSAG)[23] 보고서(1986년)[24]에서 '안전문화'란 말을 처음으로 사용하면서 원자력발전소의 대형사고를 방지하기 위해서는 '안전문화의 고양'이 가장 중요하다는 결론을 내렸을 때부터라고 말해지고 있다.

그 후 ILO(International Labour Organization: 국제노동기구)는 1997년에 발전도상국을 포함한 지속가능하고 공평한 성장을 위해서는 세계에서 합의한 기술, 품질기준, 관리 등을 조화시킨 '안전문화'가 필요하다고 표명하였고, 또 ILO의 OSHMS 가이드라인(ILO-OSH 2001) 인사말에서도 안전문화의 용어가 사용된 바 있다.

그러나 안전문화에는 여전히 모호한 측면이 있고, 그 개념에 대해 국제적으로 합의가 이루어져 있다고 말하기는 어렵다. 그런 만큼 안전문화를 구체화하려는 노력이 뒤따르지 않으면 안전문화는 자칫 의식개조론으로 흐르거나 메아리 없는 공허한 외침으로 끝날 수도 있다. 안전문화의 콘텐츠를 채우는 작업이 중요한 이유가 여기에 있다.

보통 우리들은 무엇인가를 의식한 순간에 그 무언가에 대해 접근할 건지, 멀어질 건지, 무시할 건지 등의 대응을 판단한다. 즉, 의식하는 것이 다음의 행동, 자기방위의 단서가 된다. 안전도 동일하다. 의식한 순간에 위험수준은 훨씬 저하된다. 즉, 안전의 반대는 무의식이라고 할 수 있다. 그렇다면 위험의 요소를 놓치지 않고 알아차리는 그러한 감수성이 넘치는 것이

---

23 INSAG의 현재 명칭은 원래 명칭에서 '자문(advisory)'을 뺀 국제원자력안전자문단(International Nuclear Safety Group)이지만, 약어는 그대로 사용되고 있다.

24 *Summary Report on the Post-Accident Review Meeting on the Chernobyl Accident*(Safety Series No. 75 -INSAG-1). 이 보고서는 1988년에 발행된 *Basic Safety Principles for Nuclear Power Plants*(Safety Series No. 75-INSAG-3)로 발전되었다. INSAG는 1991년의 INSAG-4(Safety Culture)를 통해 안전문화의 개념을 더욱 체계적으로 제시하였고, 2002년의 INSAG-15에서 안전문화의 핵심 이슈를 제시하였다.

야말로 안전문화가 정착되어 있는 상태라고 할 수 있다.

안전문화는 한마디로 '지키는 것', '의식하는 것', '전하는 것', '바꾸는 것'이라는 4가지 요소로 집약할 수 있다. 안전문화에 관한 문헌에 설명되어 있는 안전문화의 개념은 대략적으로 다음과 같이 정리될 수 있다.

먼저, 룰(rule)을 '지키는' 문화가 정착되어 있어야 한다. 아무리 우수한 룰이라도 지키지 않으면 아무 소용이 없다. 이를 위해서는 납득할 수 있는 최고경영자의 방침에 의해 왜(why) 룰을 지켜야 하는지가 이해되는 것이 전제가 된다. 이 최고경영자의 방침은 위에서 그저 바라보는 시선이나 레토릭(rhetoric)이 아니라, 최고경영자 자신이 선두에 서고 전원이 실천하기 위해 노력하는 그러한 것이 아니면, 전원이 납득하여 룰을 지키는 마음의 공유로 연결되지 않는다. 물론 지키지 않는 룰은 없애거나 수정하는 용기도 필요하다.

두 번째는 이상함이나 위험함을 '의식하는(깨닫는)' 감수성이 전원에게 가득 차 있어야 한다. 회사에서 상식으로 통하는 것이 실제는 비상식인 경우도 얼마든지 있을 수 있으므로, 이상함을 의식하고 그것을 말하는 용기, 의식할 때 왜 이렇게 되어 있는지를 생각하는 습관 등이 몸에 배어 있는 것이 필요하다. 의식하기 위해서는 지식이 필요하고, 이를 위해서는 교육, 학습이 필요하다. 이것은 "아는 만큼 느끼고, 느낀 만큼 보인다."라는 말과 일맥상통한다.

세 번째는 '전하는' 것이 습관화되어 있어야 한다. 의식한 것을 전하는 자세, 지적·제안된

그림 1.6.1 안전문화

것을 진지하게 받아들이는 자세가 당연하게 여겨지는 것이 중요하다. 이것이 되지 않으면 애써 의식한 것도 중도에서 멈추어 버린다. 아차사고 발굴활동도 활발히 제안되는 것뿐만 아니라 그것을 다 함께 생각하는 습관의 정착까지가 요구된다.

네 번째는 '바꾼다(변한다)'고 하는 적극적이고 유연한 분위기이다. 의식한 것이 전해져 모두가 납득이 되면, 그 다음에 변화하는 것을 통해 진보가 이루어지고, 이것이 한층 심화된 의식을 낳는 토양이 되며, 그 반복에 의해 안전문화가 진전되어 간다.

결국, 안전문화가 조성되어 있는 상태란 모든 구성원이 항상 안전이 제일이라고 생각하고 그 판단을 실천하는 습관이 생활화되어 있는 상태를 말한다. 다시 말해서, 직장의 일상에 습관으로, 조금 어렵게 말하면 안전제일이 행동규범으로 정착되어 있고, 이것을 누구나 당연한 것으로 생각하고 있는 상태를 의미한다. 안전문화가 침투되어 있는 상태에서는 안전을 확보하기 위한 지혜, 정보 등을 공유할 수 있는 커뮤니케이션과 대응이 철저하게 이루어진다.

안전문화는 "안전을 모든 것에 우선하여 생각하고 실천한다."는 점에서 이제까지 100년 이상 계속되어 온 '안전제일'의 이념과 일맥상통한다. 즉, 안전제일의 이념은 '안전문화'로 계승되어 진화하고 있다고 말할 수 있다(그림 1.6.1 참조).

## 2. 안전문화의 발전모델과 유형

### (1) 안전문화의 발전모델

듀퐁(DuPont)의 브래들리(Vernon Bradley, DuPont Discovery Team의 한 명)는 1994년에 안전문화 발전단계를 그림 1.6.2(Bradley Curve)로 나타내었다(Johan Westhuyzen, "Relative Culture Strength: A Key to Sustainable World-Class Safety Performance").

이 그림에서 '조건 반응직 단계'란 한마디로 본능에 의존한 안전 상태를 의미한다. 이 단계에서는 경영층이 안전에 별 관심이 없고 안전부서에서만 안전을 중시하는 가운데 최소한의 법규만을 준수하는 것에 만족하는 상태이다. 이런 상태에서는 무재해 목표는 불가능하다는 것이 지배적인 믿음이며 무의식적 불안전 단계이다.

'의존적 단계'에서는 경영진이 안전을 중시하면서 규정과 절차에 의한 안전관리를 위해 노력한다. 규정과 절차가 갖추어져 있고 교육, 감사, 홍보를 포함한 다양한 안전프로그램이 실시된다. 이런 프로그램들은 다분히 강압적인 성격과 제재(징계)에 의존하는 성격을 갖는다. 이 단계에서 안전은 절차서와 규칙, 관리감독에 크게 의존한다. 불안전을 의식하는 것이 가능하다.

'독립적인 단계'는 '의존적 단계'에서 한 단계 발전하여 직원 개인의 책임감에 바탕을 둔 안전수준이다. 안전절차·수칙과 안전하게 일하는 것에 대한 의지가 충분히 갖추어진 상태이

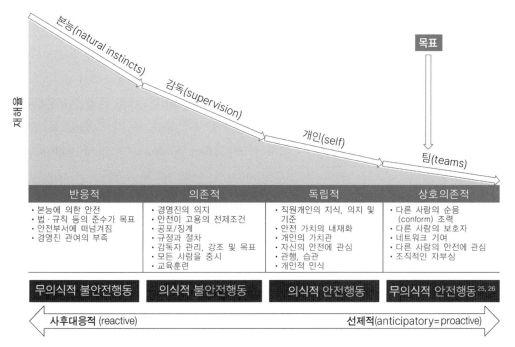

본능(natural instincts)

감독(supervision)

개인(self)

목표

팀(teams)

재해율

| 반응적 | 의존적 | 독립적 | 상호의존적 |
|---|---|---|---|
| • 본능에 의한 안전<br>• 법·규칙 등의 준수가 목표<br>• 안전부서에 떠넘겨짐<br>• 경영진 관여의 부족 | • 경영진의 의지<br>• 안전이 고용의 전제조건<br>• 공포/징계<br>• 규정과 절차<br>• 감독자 관리, 강조 및 목표<br>• 모든 사람을 중시<br>• 교육훈련 | • 직원개인의 지식, 의지 및<br>기준<br>• 안전 가치의 내재화<br>• 개인의 가치관<br>• 자신의 안전에 관심<br>• 관행, 습관<br>• 개인적 인식 | • 다른 사람의 순응<br>(conform) 조력<br>• 다른 사람의 보호자<br>• 네트워크 기여<br>• 다른 사람의 안전에 관심<br>• 조직적인 자부심 |

| 무의식적 불안전행동 | 의식적 불안전행동 | 의식적 안전행동 | 무의식적 안전행동 [25, 26] |
|---|---|---|---|

사후대응적 (reactive)          선제적(anticipatory=proactive)

그림 1.6.2  안전문화 발전모델(Bradley Curve)

다. 이 단계에서는 지속적인 개선을 위해 역량을 배양하고 기존의 관행을 끊임없이 개선할 것을 요구받는다. 의식적 안전이 가능하다.

끝으로 '상호의존적 단계'는 바로 앞의 두 단계의 강점을 바탕으로 하고 거기에 팀워크의 강점과 동료 간의 긍정적인 상호지적을 통해 개인의 안전수준을 한층 높이는 단계이다. 훌륭한 관리시스템과 안전의식을 바탕으로 동료의 안전까지 배려하는 문화가 정착된다. 구성원들은 높은 주인의식을 가지고 부서의 안전성과에 대해 책임(의식)을 공유하고 무재해 실현의 자신감이 높아진다.

---

25  미국의 안전심리학자인 겔러(E. Scott Geller)에 따르면, 사람들이 안전한(올바른) 습관을 발전시킬 때에는 흔히 '무의식적 불안전행동(unconscious incompetence) → 의식적 불안전행동(conscious incompetence) → 의식적 안전행동(conscious competence) → 무의식적 안전행동(unconscious competence)' 과정을 겪는다고 한다(E. S. Geller, *The Psychology of Safety Handbook*, CRC Press, 2001, pp. 145-147).

26  이 의식 단계 구분은 세계적인 베이스 기타리스트 앤서니 웰링턴(Anthony Wellington)이 악기를 마스터하기 위해서 거쳐야 한다고 주장한 4단계 의식(awareness)을 안전문화 발전 모델에 적용한 것이다. 그는 기타를 마스터하기까지 의식이 4단계를 거친다고 설명한다. 첫 번째 '무의식적 무지(Unconscious Not Knowing)' 단계는 자신이 무엇을 모르는지 모르는 단계이다. 두 번째 '의식적 무지(Conscious Not Knowing)' 단계에서는 자신의 부족한 지식을 깨닫게 된다. 세 번째 '의식적 지식(Conscious Knowing)' 단계에서는 상당 정도의 지식을 터득하였음에도 자신의 실력을 끊임없이 객관화해 점검한다. 마지막 '무의식적 지식(Unconscious Knowing)' 단계는 지식이 완전히 자신의 것으로 체화된 상태로서 숨을 쉬듯 자연스럽게 즐기면서 연주하는 단계이다.

## (2) 안전문화의 유형

미국의 저명한 사회학자인 웨스트럼(Ron Westrum)은 안전문화를 세 종류로 분류하였는데, ⅰ) 창조적(generative) 또는 고신뢰(HRO) 안전문화, ⅱ) 관료적(bureaucratic) 또는 타산적(calculative) 안전문화, ⅲ) 병적(pathological) 안전문화가 그것이다. 이들 유형을 구별하는 가장 큰 차이는 각 조직이 안전 관련 정보를 취급하는 방식에 있다. 좀 더 구체적으로 말하면, 나쁜 소식을 전달하는 사람을 어떻게 취급하는가이다(Ron Westrum, "Cultures with requisite imagination").

- **창조적(또는 고신뢰) 안전문화**: 심화학습에 의해 특징지어진다. 이 조직에서는 소속된 개인과 그룹이 관찰하고 문의하고 결론을 주지하는 것이 장려되며, 관찰은 시스템의 중요한 측면을 포함하고, 적극적으로 상급경영진(higher management)의 주의를 환기시킨다.
- **관료적(또는 타산적) 안전문화**: 대부분의 조직은 위에서 제시한 양 조직 사이의 어딘가에 속할 것이다. 이 조직에서는 정보제공자를 배제한다고는 말할 수 없지만, 새로운 아이디어는 종종 문제가 된다. 작업자 측의 업무수행의 변동을 제한하기 위하여 관리적 통제에 강하게 의존하는 '규칙(절차) 중시(by-the-book) 조직'이 되는 경향이 있다. 안전관리는 전체적이기보다는 개별적인 경향이 있다. 광범위한 시스템적 개혁보다 국소적인 공학적 개선을 선호한다.
- **병적 안전문화**: 내부고발자의 입을 틀어막고 중상하고 무시한다. 조직은 집단책임을 회피하며, 실패를 처벌하고 은폐하는 한편, 새로운 아이디어의 제안을 단념시키고 규제자를 한 보 정도만 앞서가려고 한다.

웨스트럼은 세 유형의 조직문화를 조직이 안전 관련 정보를 처리하는 방식에 따라 다음과 같이 설명하기도 한다.[27]

표 1.6.1 조직의 안전 관련 정보 처리 방법

| 병적 문화 | 관료적 문화 | 창조적 문화 |
|---|---|---|
| • 알고 싶어 하지 않는다.<br>• 메신저(경고신호 제공자)는 '제거'된다.<br>• 책임이 회피된다.<br>• 중개(가교)역할(bridging)이 좌절된다. | • 찾아내지 않아도 된다.<br>• 메신저가 찾아오면 듣는다.<br><br>• 책임이 공유되지 않고 구분된다.<br>• 중개역할이 허용되지만 소홀히 된다. | • 정보를 적극적으로 찾는다.<br>• 메신저는 훈련되고 보상받는다.<br><br>• 책임이 공유된다.<br>• 중개역할이 보상된다. |

(계속)

---

27 Ron Westrum, "Culture with requisite imagination" in John A. Wise, V. David Hopkin and Paul Strager(eds), *Verification and Validation of Complex Systems: Human Factors Issues*, Springer-Verlag, 1992, pp. 401-416.

| 병적 문화 | 관료적 문화 | 창조적 문화 |
|---|---|---|
| • 실패는 제재를 받거나 숨겨진다. | • 실패는 부분적 개선으로 이어진다. | • 실패가 광범위한 개혁으로 이어진다. |
| • 새로운 아이디어는 적극적으로 배척된다. | • 새로운 아이디어가 종종 문제를 생기게 한다. | • 새로운 아이디어는 환영받는다. |

## 3. 안전문화의 구성요소

영국의 사회심리학자 리즌(James Reason)은 자신의 저서 『Managing the Risks of Organizational Accidents』(1997)에서 "안전문화는 조직이 붕괴될 고비에 놓여 있는 상황에서 기성품으로 갑자기 출현하는 것이 아니다. 정확히 말하자면, 그것은 실질적이고 철저한 조치를 지속적이고 성공적으로 적용함으로써 점진적으로 나타나는 것이다. 이것에는 한 점의 의문도 없다."라고 역설하고 있다.[28]

리즌은 이 책에서 안전문화의 조성은 집단학습의 한 과정이고, 안전문화는 '정보에 입각한 문화(informed culture)'라고 보면서, 안전문화가 4종류의 세부문화, 즉 보고하는 문화, 공정한 문화, 유연한 문화, 학습하는 문화로 구성된다고 보고 있다.[29]

리즌은 정보에 입각한 문화(안전문화)에 대해 다음과 같이 설명한다. "나쁜 결과가 발생하고 있지 않은 상태에서 올바른 종류의 데이터를 수집하는 것이 지능적이고(intelligent) 신중한(respectful) 경계상태를 지속하여 가는 최선의(아마도 유일한) 방법이다. 이것은 시스템의 중대한 징조에 대한 정기적이고 선제적인(proactive) 점검으로부터 얻어지는 정보뿐만 아니라 사고(incident), 아차사고(near-miss)로부터 얻어지는 정보를 수집·분석하고 배포하는 안전정보시스템(safety information system)을 구축하는 것을 의미한다. 이들 활동 모두가 '정보에 입각한 문화(informed culture)'를 구성한다고 말할 수 있다. 정보에 입각한 문화에서는 시스템을 관리·운영하는 사람들이 시스템 전체로서의 안전성을 결정하는 인적·기술적·조직적·환경적 요인들에 대한 최신 지식을 갖추고 있다. 가장 중요한 점에서 정보에 입각한 문화가 바로 안전문화이다."

따라서 회사 내부의 안전정보뿐만 아니라 사외의 안전정보도 수집하고 수집한 안전정보를 분석하는 한편, 이 분석한 안전정보를 사내에 발신하여 사고·재해예방, 재발방지에 적극적으로 활용하여 가는 것이 매우 중요하다고 주장한다.

---

28 James Reason, *Managing the Risks of Organizational Accidents*, Ashagate, 1997, p. 192.

29 이하는 주로 James Reason, *Managing the Risks of Organizational Accidents*, Ashagate, 1997, pp. 195-196 을 참조하였다. 안전문화의 구성요소에 대한 상세한 설명은 정진우, 『안전문화: 이론과 실천』, 교문사, 2023 참조.

### ① 보고하는 문화(Reporting Culture)

리즌은 보고하는 문화를 "모든 안전정보시스템은 위험요인과 직접 접촉하는 종업원의 적극적인 참가에 결정적으로 의지한다. 이것을 달성하기 위해서는 종업원들이 자신들의 에러, 아차사고를 보고하려는 조직적 분위기, 즉 '보고하는 문화'를 구축하는 것이 필요하다."고 한다.

이 보고하는 문화가 기능하기 위해서는 종업원이 징계처분을 걱정하지 않고 스스로의 에러, 아차사고를 용이하게 보고할 수 있는 분위기를 조성하는 한편, 보고자의 비밀성 또는 익명성을 확보하고, 보고에 의해 회사가 무언가의 조치를 취하는 것을 보고자에게 신속하게 피드백할 필요가 있다고도 설명하고 있다.

### ② 공정한 문화(Just Culture)

효과적인 보고문화는 조직이 비난과 제재를 어떻게 다루느냐에 달려 있다. "비난하지 않는 문화(no blame)는 가능하지도 않고 바람직하지도 않다. 인간의 불안전행동의 극히 일부는 언어도단적 행위(예컨대, 약물남용, 터무니없는 불복종, 사보타지 등)이고 제재를 정당화한다. 때로는 엄한 제재가 필요하다. 모든 불안전행동을 무턱대고 허용하는 것은 종업원의 눈에는 신뢰성이 부족한 것으로 비친다. 보다 중요한 것은 자연적 정의(당연한 이치)에 반하는 것처럼 보일 것이다. 필요한 것은 '공정의 문화'이고, 그것은 안전에 관련된 필수적인 정보의 제공이 장려되고, 때로는 보상되는 신뢰 분위기이다. 그러나 허용할 수 있는 것과 허용할 수 없는 행동의 경계가 어디에 있는지에 대해서도 사람들은 명확히 이해하고 있어야 한다."고 설명한다.

바꿔 말하면, 공정문화는 의도하지 않은 에러와 그것에 근거한 불안전한 행동은 징계하지 않고, 그리고 금지사항으로 주지되어 있는 것임에도 불구하고 의도적인 위반행위, 중과실에 의한 에러를 저지르는 것은 징계 대상으로 하는 한편, 그 판단이 흔들림 없이 실행되는 것을 요구한다.

### ③ 유연한 문화(Flexible Culture)

유연한 문화와 관련하여, 리즌은 "건강·안전·환경문제에서 선두를 달리고 있는 고신뢰조직(HRO)은 신속한 운영(대응) 또는 어떤 종류의 위험에 직면하였을 때, 스스로의 조직을 재구축하는 능력을 가지고 있다. '유연한 문화'는 여러 형태를 취하지만, 많은 경우 긴급 시에는 종래의 계층적 형태에서 수평적인 전문직 형태로 이행하고, 이 전문직 형태에서는 일시적으로 통제가 현장의 직무전문가로 위임되었다가 긴급사태가 해소되면 전통적인 관료적 형태로 돌아간다. 이러한 순응성은 위기에 준비된 조직에 불가결한 특징이고, 작업자 및 아주 특별히 제일선의 감독자의 기술, 경험, 능력을 존중하는 것에 결정적으로 의존하고 있다. 존중은 조직 차원에서 교육훈련에 대한 다대한 투자를 하여야만 얻어질 수 있다."라고 설명하고 있다.

기업에서의 일상업무를 대상으로 생각해 보면, 현장작업과 같이 시시각각 변화하는 외적요인에 대하여 종업원이 임기응변에 대응하여 그 일을 무난하게 해내는 능력 등도 유연한 문화와 일맥상통하는 것이다. "군사를 기르는 것은 1,000일이고 군사를 쓰는 것은 한순간이다." 라는 말 또한 유연한 문화를 강조하는 것이다.

홀나겔(Erik Hollnagel)이 제안하는 리질리언스(resilience)라는 개념에는 재난이 발생하였을 때의 의료기관이나 구급대원이 취하는 긴급대응(임기응변적 대응)도 포함되어 있는데, 이것 역시 유연한 문화와 밀접한 관련이 있다.

④ 학습하는 문화(Learning Culture)

리즌은 학습하는 문화에 대해 "안전정보시스템으로부터 올바른 결론을 도출하는 의지(willingness)와 역량(competence), 그리고 중요한 개혁이 필요할 때 이를 실시하는 의지"라고 설명하고 있다.

학습하는 문화는 회사가 사내외의 사고·재해사례로부터 배우고 동종·유사사고·재해가 발생하지 않도록 예방대책을 강구함과 아울러, 종업원이 회사의 규칙(룰), 작업기준을 배우고 바른 작업행동으로 살려 가는 것을 요구한다.

## 4. 안전문화의 항목

안전문화는 조직의 안전확보를 위한 안전기반을 활성화·보강하고 그 안전기반이 본래의 기능을 발현할 수 있도록 하는 것으로서 조직구성원의 행동, 조직활동 및 사업장환경 등의 베이스가 되는 것이다.

안전문화에 대해 그간에 제시된 개념 및 여러 연구성과를 기초로 안전문화의 항목을 구체적으로 정리하면 표 1.6.2와 같이 8개 요소로 구성되어 있다고 할 수 있다.

최고경영진에게는 거버넌스(governance)를 통한 안전이념의 명확화와 주지에 의한 리더십이 가장 중요하다. 그리고 최고경영자를 비롯한 각 구성원의 안전확보에 대한 책임(의식)과 안전관리·활동에 대한 자율적·적극적 관여(참가)가 필수불가결하다.

현장에서는 안전의 중요성을 이해하고 안전화를 향한 주체적 노력을 하는 데 있어서의 동기부여(motivation)와 각자의 잠재적 위험의 인식·발견노력의 계속에 의해 위험감지능력(위험감수성)을 향상시키고 이를 행동에 반영하는 위험인식(awareness), 그리고 안전에 대한 체계적·계획적인 학습(learning)의 지속이 중요하다.

그리고 현장에서의 안전화를 향한 주체적 노력을 효과적으로 할 수 있는 안전환경의 구축을 위한 자원관리(resource management), 작업관리(work management)가 필요하다.

또한 최고경영자부터 현장에 이르는 조직 내의 종적 커뮤니케이션, 안전부서뿐만 아니라 현업부서, 지원부서까지를 포함하는 횡적 커뮤니케이션 및 사업장 밖(규제자, 동종업종 타사, 협력회사)과의 커뮤니케이션 등도 중요하다.

**표 1.6.2 안전문화의 항목**

| 거버넌스<br>(governance) | 조직 내 안전우선의 가치관 공유와 조직관리, 규정 준수, 안전대책의 적극적인 리더십 발휘<br>• 안전이념·방침의 명확한 표현<br>• 안전에 관한 역할과 책임의 명확화<br>• 안전관리부서·담당자의 지위·권한의 강화<br>• 안전리더십의 발휘<br>• 협력사로의 위탁[내부의 상주업체, 외부의 유지보수(공사)업체]의 적정화<br>• 전사적(全社的) 안전감사(auditing)의 실시<br>• 안전실적·안전활동의 모니터링·평가<br>• 법령 준수 |
|---|---|
| 책임·관여<br>(committment) | 경영진으로부터 관리·감독자, 일반 직원 및 협력회사 직원에 이르는 각 구성원의 안전확보에 대한 책임(의식)과 안전관리·활동에 대한 자율적·적극적 관여<br>• 안전이념·방침의 주지 철저<br>• 안전목표 달성을 위한 이행계획의 책정<br>• 전원참가 안전활동의 제도화<br>• 경영진에 의한 전원참가 안전활동의 장려 |
| 자원관리<br>(resource<br>management) | 안전확보를 위한 인적·물적·자금적 자원관리와 배분, 일과성이 아닌 적정한 관리 (management)에 근거한 실시<br>• 적정인원의 배치 　　　　　　• 비용 삭감 시 안전 측면의 검토·확인<br>• 협력회사와 실효적 관계의 구축 |
| 작업관리<br>(work<br>management) | 안전관리에 관한 방법·실시요령 등의 명확화<br>• 안전작업절차서(Safe Operating Procedure: SOP) 작성<br>• 위험성평가 실시규정(매뉴얼) 작성<br>• 작업허가서(permit to work) 발행<br>• 일상적 안전활동방법 매뉴얼화 |
| 동기부여<br>(motivation) | 조직 차원에서 의욕을 북돋우는 것: 적극적이고 활기 있는 직장환경 조성, 안전성 향상의 노력 촉진, 직장 및 직무의 만족도 향상<br>• 전문가·기술자의 처우와 직무만족도의 향상<br>• 만족감 향상의 조사<br>• 협력회사의 직무만족감의 향상 |
| 학습<br>(learning) | 안전중시의 실천조직으로서 필요한 지식, 배경정보의 이해, 실천능력의 획득과 전승을 위한 자율적이고 적절한 관리에 기초한 지속적인 조직적 학습, 체계적·계획적인 안전교육, 전승(傳承)제도, 리스크정보의 수집·공유 등<br>• 지속적·조직적 학습 　　　　• 체계적·계획적 안전교육<br>• 기술전승의 제도적인 정비·실시 　• 리스크정보의 수집·분석 및 활용·공유 |
| 위험인식<br>(awareness) | 각 구성원의 직무·직책에서의 잠재적 위험의 인식·발견노력의 계속에 의한 위험감지능력(위험감수성)의 향상과 행동에의 반영<br>• 위험성평가(risk assessment)의 실시 　• 사고·트러블 사례의 수집<br>• 긴급대응계획의 정비 　　　　• 긴급대응훈련의 실시<br>• 인간공학의 이해 촉진 　　　　• 부적합 관리체제의 정비 |
| 커뮤니케이션<br>(communication) | 조직 내 및 조직 간(동종업종 타사, 협력사, 규제자) 상하좌우의 의사소통, 정보공유, 상호이해의 촉진, 특히 마이너스 정보(사고·재해 등의 정보)의 공유<br>• 직원 간 교류, 직장·회사 간 교류, 협력사·행정기관과의 신뢰성 향상<br>• 직원·이해관계자와의 협의와 이들에 대한 자료접근 또는 정보제공의 확실화 |

# Ⅶ. 산업재해의 원인분석과 활용

## 1. 재해조사의 목적

산업재해 방지에 있어서의 기본적인 자세는 선제적(proactive)이고 전원참가의 활동을 활발하게 행하며, 동종·유사재해의 재발방지와 나아가 재해의 미연방지를 철저히 하는 것이다. 재해사례가 말해 주고 있듯이, 직장에서 발생하는 많은 재해는 지금까지 여러 번에 걸쳐서 경험한 적이 있는 동종·유사재해가 차지하고 있다. 따라서 재해가 발생한 때에는 발생원인의 규명에 힘쓰고 동종·유사재해의 발생 방지에 도움이 되는 적절한 대책을 마련하여 실시하는 것이 우선적 과제라고 말할 수 있다. 산업재해는 단일 원인에 의해 발생하는 예는 드물고, 대부분의 경우에 몇 개의 요인이 복잡하게 얽히어 재해원인을 구성한다. 재발방지를 위한 효과적인 대책을 도출하기 위해서는, 재해의 발생상황을 여러 각도에서 조사·분석하고 배후에 있는 사실과 문제점을 정확하게 파악한 후에 재해의 실질적인 원인이 어디에 있는지를 찾아내는 엄격성이 요구된다.

사고·재해조사(이하에서는 '재해조사'라 한다)는 조사하는 것 자체가 목적이 아니고, 책임을 추궁하는 것도 목적이 아니다. 산업재해의 발생과정과 그 원인을 규명함으로써 동종·유사재해를 미연에 방지하기 위한 대책을 강구하여 수립하는 것을 목적으로 한다.

"재해로부터 안전을 배우지 말라."는 말은 재해가 일어나고 나서야 비로소 안전의 중요성을 깨닫는 '소 잃고 외양간 고치는 자세'를 경계하는 말이지만, 실제로 발생한 재해로부터의 정보를 귀중한 교훈으로 삼아 겸허하게 배우고 동종·유사재해의 재발방지를 위하여 이를 최대한 활용하는 자세는 무엇보다 중요하다고 할 수 있다.

기업이 실시하는 재해조사 결과에 따라서는 사업장의 책임자 또는 관리·감독자 등이 회사 내부적으로 책임을 지는 일도 많기 때문에, 관리적 요인(조직적 요인)보다도 근로자의 행위에 주목한 요인에 중점을 두는 조사로 편중되는 경우가 적지 않다고 말할 수 있는데, 재해조사는 항상 공평하고 냉정한 태도로 실시하는 것이 중요하다.

설령 기업의 규정 등에 근거하여 책임추궁이 이루어지는 경우가 있다고 하더라도, 그것은 재발방지대책이 실시된 후에 행해져야 하고 조사의 초기단계부터 그러한 의식으로 임하는 것은 피하여야 한다. 조사를 지시하는 자(최고경영자)는 이 점을 충분히 인식하는 것이 필요하다.

이와 같이 재해조사의 목적은 '누가' 재해를 일으켰는지보다는 '무엇이' 원인이 되어 재해가 발생하였는지를 명확히 하는 것이라는 점을 정확히 인식하여야 한다.

## 2. 재해조사의 원칙

### (1) 조사 전의 대응

#### 1) 피재자(被災者)의 구출, 연락, 안전확인

사고·재해에 의한 피해는 화재·폭발에 의해 공장이 거의 없어지는 경우, 일시에 여러 명의 사상자가 발생하는 경우, 유해·위험한 물질이 공장 밖으로까지 확산하는 경우와 같이 피해가 대규모인 경우가 있는가 하면, 1 m 미만의 높이에서 추락하는 경우, 숫돌의 파편 등이 날아오는 경우, 손가락에 상처를 입는 경우, 출입문에 부딪치는 경우와 같이 부상이 가벼운 경우 등 여러 가지 형태가 있다.

재해가 발생한 경우에는 먼저 (필요한 경우에) 보호장구를 갖추어 피재자를 구출하고 응급적으로 조치를 취하는 것이 첫 번째로 할 일이다. 그리고 사망재해 등 중대재해에 대해서는 사업장의 책임자와 지방고용노동관서, 경찰서, 소방서 등 관계행정기관 등에 바로 연락하여야 한다.

재해조사는 피재자를 구출한 후에 착수한다. 재해조사에 착수하기 전에 유해가스·증기 등이 남아 있을 위험, 건물·토사가 붕괴할 위험 등 2차 재해의 우려가 없는지 등을 확인하여야 한다.

#### 2) 현장의 보존

재해조사는 관계자로부터 의견청취 등을 포함하여 정확하게 실시할 필요가 있다. 이를 위해서는 현장으로부터 입수되는 정보가 매우 중요하고, 생산을 재개하여야 하는 등의 문제도 있지만 재해조사가 종료될 때까지 현장을 보존해 둘 필요가 있다.

현장보존과 병행하여 가급적 많은 현장촬영, 스케치를 하여 두면 나중의 원인규명에 도움이 되는 경우가 많다. 그리고 행정기관 등으로부터 재해조사·수사를 위하여 일정기간의 현장보존 또는 출입금지를 지시받는 경우도 있는데, 이와 같은 경우에 고의적으로 현장을 훼손하거나 바꾸면 그 자체가 법적으로 문제가 될 수 있고, 또 그러한 자세로는 진실의 해명이 불가능하다.

### (2) 조사체제

#### 1) 개요

사고·재해의 피해규모·정도가 작은 경우에는 해당 작업장의 책임자에 의한 피해자 및 관계자로부터의 사건청취와 현장확인으로 조사를 종료하는 경우도 있지만, 중대한 경우에는 안전보건부서의 주관(책임)하에 발생현장의 관리·감독자, 관계근로자, 관계기술부서의 책임자, 노동조합 등이 참가하여 실시할 필요가 있다.

기술의 진보 등에 동반하여 과거에 경험한 적이 없는 새로운 유형의 재해, 복잡한 재해가 발생하는 경우도 있다. 이와 같은 경우에는 전문적인 지식을 가지고 있는 자로 폭넓게 조사 팀을 구성하거나 사안에 따라서는 외부의 전문가를 처음부터 포함하는 체제를 구축하는 것도 필요하다.

### 2) 조사담당자

조사는 안전보건부서[산업재해의 원인조사는 산업안전보건법에서 안전·보건관리자의 주요한 직무의 하나로 규정되어 있다(시행령 제18조, 제22조)]가 주관하되 사실관계 파악에 대해서는 라인 관리·감독자와 관계근로자가 긴밀하게 협력하는 식으로 실시하는 것이 바람직하다. 조사를 담당하는 자는 재해의 단서, 진행상황, 원인 등에 대해 정확하고 공평하며 객관적으로 파악, 검토하는 것이 가능한 자인 동시에, 생산공정 등에도 정통하고 당해 사업장의 작업 전반, 현장의 관계자 등을 잘 알고 있는 자로 구성될 필요가 있다.

그러나 이들 요건을 갖춘 자가 항상 있다고는 할 수 없어 조사를 지원할 사람을 뽑는 인선에 곤란한 경우도 있지만, 조사의 초기단계에서는 사실관계를 정확하게 파악하는 것이 제일이므로 전문적인 지식을 가지고 있는 것에 반드시 연연해 할 필요는 없다.

### 3) 조사의 종합지휘

사회적으로 주목되는 큰 사고·재해의 경우에는 기업·사업장이 행하는 조사와 병행하여 지방고용노동관서, 경찰서, 소방서 등 행정기관의 조사·수사가 이루어진다. 그리고 보도기관이 정보를 요구하면서 현장에 몰려오는 경우도 많고, 사태의 수습으로 혼란스러운 상황에서 혼란을 가중시키는 경우도 있다.

사업장으로서는 이들 기관에 적절하게 대응을 하는 것도 중요하므로, 이들 기관에 대해 원인조사의 체제로 대응할 것인지, 별도의 체제(보도대응체제)로 대응할 것인지의 판단이 필요하다.

조사(긴급 시 대응)의 총책임자로서는 최고경영자의 적극적인 의지와 지시하에 특별한 일이 없는 한 안전보건관리책임자가 맡게 되는 것이 일반적인데[산업재해의 원인조사에 대한 총괄관리는 산업안전보건법에서 안전보건관리책임자의 주요한 직무로 규정되어 있다(제15조)], 그의 총괄지휘하에서 조사가 체계적으로 이루어지도록 하는 것이 중요하다.

그리고 외부에 대한 대응의 정도, 사고·재해의 규모 등에 따라서는 주야에 걸쳐 조사 등이 이루어지는 경우도 있고 상당히 많은 인원이 필요한 경우도 있다.

### (3) 조사의 실시요령

조사의 원활하고 신속한 처리와 보고를 행하기 위해서는 미리 조사의 실시요령 등을 정해 두는 한편, 조사를 담당하는 자 및 사고·재해 시에 소집의 가능성이 있는 자에 대하여 교육 훈련을 실시하여 둘 필요가 있다.

#### 1) 조사실시요령 작성

재해조사는 상기의 (1), (2)의 원칙적인 사항을 포함한 재해조사실시요령을 자체적으로 마련하여 이에 따라 진행한다. 조사결과의 보고양식은 4M에 따른 보고양식을 정해 두면, 조사의 초기단계에서 재해의 배경요인까지 누락 없이 조사할 수 있다.

#### 2) 조사의 범위

조사는 사고·재해의 진실규명을 위하여 실시하는 것이므로, 피해가 가벼운 정도의 재해 이외에는 상당한 범위와 깊이가 필요하다.

이를 위해서는 사고·재해가 발생한 현장은 물론 대상이 되지만, 기계·설비의 구조, 재료 결함이 직접원인이 되는 경우에는 기계·설비의 구입·검수부서, 보전·검사부서, 때로는 기계 등의 유통·판매업자에 대해서까지 조사의 범위를 넓힐 필요가 있다.

그리고 구내에서 업무의 일부를 도급받아 작업을 한 협력업체의 근로자가 관계하고 있는 경우에는 해당 협력회사도 조사 대상이 되어야 할 것이다.

나아가 본사가 작성한 안전보건관리규정, 작업지시서 등이 사고·재해의 원인에 관계하는 경우도 있는데, 이 경우에는 본사의 관계부서에 대해서도 주저 없이 당연히 조사의 대상으로 하여야 한다.

#### 3) 사정청취

조사의 정확성을 기하기 위해서는 현장조사 외에 관계자로부터 사정청취에도 가급적 조속히 착수하는 것이 필요하다.

큰 사고·재해의 경우에는 발생 직후의 현장이 혼란스럽고 직접 관계자도 일의 중대성 때문에 몹시 놀라 평정을 잃을 수 있어 발생 전후의 상황을 정리하여 이야기할 수 없는 경우가 많지만, 마음이 안정되더라도 시간의 경과와 함께 기억이 희미해져 가므로, 가급적 신속하게 관계자로부터 사정을 청취하는 것이 바람직하다.

이 경우 직접 관계자는 그 후에 생각되는 책임추궁 등을 의식하여 사실과는 다른 것을 진술하는 경우도 있으므로, 사고·재해의 진실규명을 위한 사정청취이지 책임추궁을 위한 것은 아니라는 것을 이해시키고 협력을 얻는 것이 중요하다.

그리고 사정을 청취한 복수의 관계자의 이야기가 일치하지 않는 경우도 적지 않은데, 최초부터 무리하게 일원화하는 것을 피하고 나중에 재확인 등을 한다는 자세로 사정청취를 하는 것이 중요하다.

피재자의 상해의 정도가 낮은 경우에는 그 근로자로부터 직접 청취하게 되는데, 이 경우도 정신적 측면을 포함한 회복의 정도를 충분히 파악하면서 협력을 얻는 것이 중요하다.

사고·재해 규명에 필요하다고 생각되는 재료, 화학약품 등에 대해서도 가급적 신속하게 확보·채취하여 필요한 실험·분석을 하게 하는 것도 잊어서는 안 된다.

### 4) 조사 등에 필요한 기자재의 준비

조사는 조사자의 안전을 확보하면서 행하는 것이 중요하고, 조사 중의 환경변화 등에 의한 만일의 사고·재해에 대비하여 손전등, 휴대전화, 피재자의 반출용 들것, 안전모, 산소 봄베(Bombe), 방진마스크·방독마스크 등 호흡용 보호구, 자동심장충격기(AED), 작업환경측정용 기기, 계측·필기용구 등을 소정의 장소에 보관하고 항상 사용할 수 있는 상태로 관리하여 두는 것이 필요하다.

### (4) 기본원인의 추구(追究)

조사결과에 의해 직접원인인 불안전상태, 불안전행동에 대해서는 비교적 용이하게 확정하는 것이 가능하지만, 기본원인인 '4개의 M'에 대해서는 바로 정확한 판단이 항상 가능한 것은 아니다.

조사를 담당한 자의 안전과 건강에 대한 이해도, 사고·재해의 메커니즘에 대한 지식의 정도 등에 따라 의견이 상당히 한쪽으로 쏠리는 경우도 있고, 인적 요인만이 강조되고 그 이외의 요인이 지적되지 않는 예, 거꾸로 기계·설비의 요인만이 강조되고 인적 요인은 거의 언급하지 않는 예 등도 있다.

이와 같은 일을 피하기 위해서는 불안전상태와 불안전행동의 각각에 대하여 개별적으로 기본원인을 검토하는 것이 필요하고, 예컨대 다음과 같은 사항을 확인하는 것이 바람직하다.

기계·설비의 결함, 안전장치의 불비가 직접원인이라고 확정된 경우(불안전상태)

- 담당자에게 기계 등에 관한 지식이 없어서 안전장치 등의 고장을 전혀 알아차리지 못했다(인적 요인).
- 특정의 부품이 마모되어 정상적으로 작동되지 않았다(기계·설비적 요인).
- 고장을 표시하는 램프가 잘 보이지 않는 장소에 있었다(작업·환경적 요인).
- 점검기준에 불비가 있었다(관리적 요인).

작업절차를 준수하지 않은 것이 직접원인이라고 확정된 경우(불안전행동)

- 직장 전체가 룰에 무관심하였다(인적 요인).
- 절차에 따르면 기계의 조작을 하기 어려웠다(기계·설비적 요인).
- 작업공간이 좁아 절차대로 작업하기가 어려웠다(작업·환경적 요인).
- 라인관리자가 안전의 지도를 하고 있지 않았다(관리적 요인).

이와 같이 조사를 진행하더라도 기본원인을 명확하게 판단할 수 없는 경우도 있다. 그때에는 생각할 수 있는 범위의 가설을 세워 그중에서 합리성이 없는 것, 발생확률이 매우 낮은 것 등을 소거한 다음, 합리성이 높은 것, 발생확률이 높은 것 등으로 압축하는 식으로 가능성의 유무를 판단할 수 있을 때까지 파고들어 가는 방법도 있다.

이 방법에 의한 경우에는 상당한 시간을 요하게 되는데, 명확하게 원인이 규명되지 않은 채 생산을 재개하기로 결정하는 것은 동종·유사재해가 반복될 가능성도 있다. 그리고 최초부터 가설을 세워 조사를 진행하면 비교적 결과를 내기 쉽지만, 올바르지 않은 잘못된 조사 결과가 될 우려가 있으므로 주의할 필요가 있다.

### (5) 보고내용

조사가 종료된 것에 대해서는 그 결과를 보고서로 요령 있게 정리하여 회사(사업주) 등에 보고하게 된다. 사고·재해의 내용에 따라서는 개요와 상세로 나누어 작성하는 경우도 있다.

보고서의 정리는 5W1H(Who, When, Where, Why, How, What) 원칙에 따라 행하면 알기 쉽다. 이 요령으로 정리할 때에 내용적으로 어려운 것은 왜(Why), 어떻게 해서(How), 무엇을 하였는가(하지 않았는가)(What)인데, 원인의 확정과 크게 관련된 내용이기 때문에 정확하게 기재하여야 한다.

조사의 범위가 넓고 여러 가지 정보가 많은 경우에는 정리하는 것이 용이하지 않지만, 일정한 대략적인 내용을 초안으로 작성한 후 여러 명이 각각의 정보·사실과 대조하면서 확인해 가면 비교적 정리하기가 쉬워진다. 그리고 혼자서 정리하면 전체의 균형을 잃는 경우가 있고, 수치 계산이 필요한 경우에는 신중하게 체크할 필요가 있다.

보고서에는 일반적으로 동종·유사재해의 방지대책을 기재하는데, 역시 5W1H를 사용하여 ① 누가, ② 언제까지, ③ 어디를, ④ 이러한 이유로, ⑤ 어떻게, ⑥ 무엇을 한다는 식으로 정리하는 것이 바람직하다.

## 3. 재해조사의 절차

### (1) 사실의 확인(제1단계)

사고·재해의 조사는 피해자, 목격자, 근처에 있던 근로자 등으로부터의 사정청취에 의해 사고·재해가 발생하기 조금 전 또는 당일의 작업개시(때로는 전날 등) 시부터 재해발생 시까지의 경과 중 사고·재해와 관계가 있었던 모든 사실을 명확하게 밝힌다.

이 사실에는 사고·재해가 발생하고 나서 응급적으로 취한 조치를 포함하는 것이 중요하다 (대규모 사고·재해의 대부분은 응급조치의 부적절이 관련되어 있다). 그리고 사고·재해 중에는 2차적으로 발생한 것도 적지 않으므로 그것에 대해서도 사실을 확인한다.

이 사실 확인을 위한 조사항목으로서는 다음과 같은 것이 있다.

## 1) 인간에 관한 사항

- 작업의 내용, 단독·공동작업 여부, 피재자 및 공동작업자의 성명, 성별, 연령, 직종, 소속, 경험 및 근속 연수, 자격·면허 등의 유무와 종류
- 불안전행동의 유무: 피재자, 공동작업자, 목격자, 동료, 책임자 등으로부터의 사정청취에 의해 판단
- 건강상태, 근무상황(휴일·시간외 근무 등)

최근에는 단독으로 이루어지는 감시·순시작업, 통신주작업 등에서 재해를 입는 예도 많아지고 있으므로 피재자 등 사람에 대하여 폭넓은 범위의 조사가 필요한 경우도 있다.

## 2) 기계·설비에 관한 사항

- 레이아웃(layout), 작업에 관련된 기계·설비, 치공구, 안전장치, 위험방호설비, 물질·재료, 화물, 작업용구, 보호구, 복장 등
- 불안전상태의 유무(관계자로부터의 사정청취 및 운전기록 등으로부터 판단)

## 3) 작업·환경에 관한 사항

- 명령·지시·연락의 상황(유무와 내용), 사전협의의 상황, 작업자세, 인원배치, 순서, 작업방법, 작업조건, 작업절차, 작업장소의 환경(온도, 소음, 작업공간 등)
- 기상 등의 조건(기후, 바람, 기온·온도, 회오리바람 등)
- 작업지시, 작업절차 등에 대한 문서의 유무와 내용

## 4) 관리에 관한 사항

책임자의 작업개시 전의 지시, 작업 중의 지휘·감독의 유무, 교육훈련의 상황, 순시·점검·확인의 상황, 연락·보고의 요령 등

## 5) 조사·기재 시의 유의사항

수집한 정보에 대해서는 5W1H의 원칙에 의해 그리고 시계열적으로 정리한다. 조사에서

명백히 밝혀진 사실은 객관적으로 그대로 기재하는 것이 중요하다. 그리고 지시사항 등에 대해서는 책임자의 설명과 작업자 측의 설명이 엇갈리는 경우가 적지 않은데, 초기의 단계에서는 무리하게 일원화하지 않고 차이가 있는 대로 기재한다(차이의 포인트는 메모해 둔다).

이상의 많은 조사항목은 주로 사고·재해가 발생하였던 현장에서 조사·파악할 수 있는 사항이지 사무실에서 조사하여 판명될 수 있는 것은 아니므로, 조사담당자는 직접 현장에 가 자신의 눈과 귀로 현장을 확인한다.

물론 최종적으로는 현장사무실 등에 있는 서류, 자료도 확인해야겠지만, 우선은 현장을 확인하는 것이 필요하다. 그리고 조사결과의 객관성을 유지하기 위해서는 현장조사를 단독으로 하지 않고 복수로 실시하는 것이 바람직하다.

### (2) 직접원인과 문제점의 확인(제2단계)

이 단계에서는 제1단계 조사에서 얻어진 사실로부터 직접원인(불안전상태, 불안전행동)을 확정하는 한편, 직접원인과 관련된 사내기준 등[30]과의 대조 확인, 설명의 불일치 등 남아 있는 문제점의 정리, 추가조사 등을 행한다.

#### 1) 불안전상태의 유무의 확인

불안전상태의 유무의 확인은 표 1.2.5에서 제시한 항목 또는 사내에서 정한 체크리스트에 근거하여 실시한다.

체크리스트 등에 없는 사항이 나오는 경우도 적지 않은데, 그 경우에도 불안전상태로 지적할 수 있는 것은 반드시 기재해 둔다.

#### 2) 불안전행동의 유무의 확인

불안전행동의 유무의 확인은 표 1.2.6에서 제시한 항목 또는 사내에서 정한 체크리스트에 근거하여 실시한다.

체크리스트 등에 없는 사항이 나오는 경우에도 불안전행동으로 지적할 수 있는 것은 불안전상태와 동일하게 반드시 기재해 둔다.

### (3) 기본원인과 근본원인의 결정(제3단계)

이 단계는 불안전상태, 불안전행동의 배후에 있는 기본원인을 4M방식에 의해 분석하여 결정하기 위한 단계로서, 이 단계에서는 사고·재해원인의 최종적인 확정작업에 들어

---

30 사내기준 등이란 산업안전보건법 등의 관계법규, 회사의 안전보건관리규정, 설비기준, 작업매뉴얼, 작업절차서, 직장규율 등을 말한다.

간다.[31]

여기에서는 기본원인을 찾는 것의 중요성을 제시하기 위하여 벨트컨베이어에서 운송 중인 부품에 의해 손가락에 상처를 입은 사례에 대하여 설명한다.

① 벨트컨베이어에서 운송 중인 기계부품에 이상이 발견되어 이를 제거하려고 급하게 손을 내밀었다가 부품의 예리한 부분에 의해 손가락에 상처를 입었다.

② 작업절차서에서 작업의 룰은 "운송 중의 물건을 제거할 때에는 반드시 동력을 차단하고 행할 것"이라고 정해져 있었다.

③ 재해조사 결과, 이 재해의 직접원인은 "작업자의 룰 위반에 의한 불안전행동과 부품의 위험부분의 무(無)방호에 의한 불안전상태"라고 보고되었다.

④ 현장을 조사한 결과, 작업자의 근처에는 벨트컨베이어의 비상정지용 스위치가 없었다(기계·설비적 요인).

"벨트컨베이어에서 운송 중인 물건을 제거할 때에는 반드시 동력을 차단하고 행할 것"이라는 룰은 알고 있었지만, 긴급한 경우(이 사례의 경우, 여기에서 제거하지 않으면 부품은 다음 장소에서 포장되어 버린다)에는 준수되지 않는 경우도 있었다.

⑤ 관리·감독자는 작업자가 룰을 준수하지 않는 경우에도 묵인하고 있었고 엄격함이 없었다(관리적 요인).

⑥ 이들 결과를 종합하여, 이 재해의 기본원인은 "기계·설비적 요인 및 관리적 요인 2가지에 있다."고 결정하였다.

이상의 설명을 상세히 살펴보면, ③의 내용과 ⑥의 내용이 전혀 다르다는 것을 알 수 있다. 유의하여야 할 점은, ③의 직접원인에 대한 분석이 잘못된 것은 아니므로 직접원인에 해당하는 것을 개선할 필요는 있겠지만, 재발방지대책 수립 시 ③의 직접원인에 대한 대책만으로는 동종·유사재해가 재발할 가능성이 높다는 점이다.

제3단계에서는 재해의 직접원인이 된 불안전상태·불안전행동을 발생시킨 기본원인(4M)과 그것을 해결하기 위한 근본원인(기본원인의 더 한층 배후에 있는 원인이라고 할 수 있다)

---

31 4M방식에 따라 관리상의 문제(관리적 요인)를 확인할 때에는 작업의 지휘·감독, 관리·작업기준의 작성·준수, 교육훈련 등 현장의 관리적인 측면에 문제가 있었는지 여부에 대해 상세하게 확인을 할 필요가 있는데, 이 중 관리·작업기준의 준수를 확인하는 방법의 예를 제시하면 다음과 같다.
① 기준을 준수한 경우
 • 관리·감독자가 그 직책, 권한으로 보아 관리기준을 준수하였는데, 왜 사고·재해가 발생하였는가, 그 이유는 무엇인가(기준의 불비 등)
 • 작업자가 기준을 준수하였는데, 왜 사고·재해가 발생하였는가, 그 이유는 무엇인가(기준이 작업에 맞지 않는 등)
② 기준을 준수하지 않은 경우
 • 관리·감독자는 왜 기준을 준수하지 않았는가(작업에 맞지 않는 기준, 작업능률의 저하 등)
 • 작업자는 왜 기준을 준수하지 않았는가[부지(不知), 작업능률의 저하 등]

을 밝히는 것이 중요하다.

위의 사례에 대하여 말하면, 비상정지용 스위치를 벨트컨베이어 가까이에 설치하고 있지 않았던 것은 직장을 안전하게 만들려는 분위기가 전혀 없었기 때문이고, 관리·감독자가 그다지 엄격하게 관리하고 있지 않았던 것은 자신의 일(역할)에 진지하게 임하지 않았던 것이 배후에 있는 문제점으로 분석되므로, 각각에 대하여 대책이 마련될 필요가 있다.

이 사례에서는, 룰에서 "벨트컨베이어에서 운송 중인 물건을 제거할 때에는 반드시 동력을 차단하고 행할 것"이라고 되어 있었는데, 그 룰이 준수되고 있는지 여부를 타자가 확인하는 시스템이 있었는지, 그리고 그 룰이 준수되는 물리적 환경(스위치가 근처에 있는지 여부)과 직장 분위기가 있었는지 여부에 대해서도 조사단계에서 확인하는 것이 필요하다.

많은 경우, 사내기준, 작업절차 등은 작성되기만 하면 그대로 운용될 것이라고 생각하는 경향이 있지만, 실제 작업은 그것에 따르지 않고 수행되는 경우도 적지 않다는 것을 알고 있으면, 문제점의 적출에 도움이 되는 경우가 많다.

제2단계와 제3단계에서의 직접원인과 기본원인의 분석개념을 폭발재해 사례로 제시하면 그림 1.7.1과 같다.

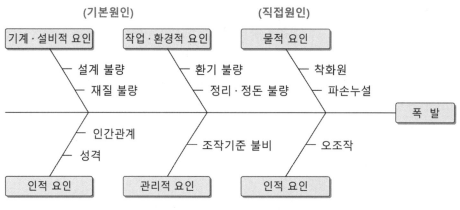

그림 1.7.1 폭발재해의 직접원인, 기본원인의 분석 예

## (4) 대책의 수립(제4단계)

조사는 대책의 수립에서 최종국면을 맞이하게 되는데, 이 경우 유의사항은 다음과 같다.

### 1) 산업안전보건위원회에서의 심의
동종·유사재해를 방지하기 위하여 필요한 사항은 대책을 수립하여도 그것이 사고·재해 발생현장은 물론 사업장(기업) 전체에 받아들여지지 않으면 의미가 없다.

이를 위해서는 실효성 있는 구체적인 대책을, 예컨대 안전담당부서와 생산담당부서에서 작성하여 산업안전보건위원회에서 심의하는 것이 바람직하다. 중대재해에 관한 사항은 산업안전보건법상 산업안전보건위원회의 필수적 심의·의결사항이기도 하다(제19조 제1항).

이 경우의 실효성 있는 대책이란 현장에서 단순히 실현 가능하다는 의미가 아니라, 위험성평가를 실시하여 허용 가능한 위험 범위 내이어야 한다는 것을 의미한다.

### 2) 우선순위의 결정

사고·재해의 내용에 따라서는 재발방지를 위하여 필요한 대책이 많은 경우가 있다. 모든 대책은 가급적 신속하게 실시하는 것이 가장 바람직하지만, 개선에 시간이 걸리는 대책이 포함되는 경우도 있으므로 우선순위를 명확히 할 필요가 있다.

### 3) 실시계획의 수립

우선순위가 결정되면 다음에는 개선의 실시계획을 수립하게 되는데, 이 계획에는 대책의 내용별로 실시부서, 기한, 실시항목, 실시방법 등을 명확히 포함하고, 그것의 확인방법, 확인자의 평가방법(현장확인 등)도 명확히 해 두는 것이 중요하다. 특히, 이 실시하는 대책에 대한 평가를 적절히 하지 않으면 조사단계에서 노력하여 온 것이 결실을 맺지 못하고 헛일이 되어 버린다.

그리고 대책을 실시하는 경우, 동종재해에만 착목하면 바로 근처에 있는 작업 등에서 사고·재해가 발생할 수 있으므로 대책의 검토단계에서는 대상기계·작업 등에 있어 개선의 폭(범위, 계통 등)을 넓혀 검토하는 것이 바람직하다. 또한 수립한 대책은 유사한 기계를 사용하거나 유사한 작업을 하고 있는 사업장 내의 모든 작업장, 나아가 기업 전체에 주지를 철저히 하는 것이 중요하다.

## 4. 간단한 사안의 원인조사

사고·재해의 원인은 원칙적으로 지금까지 설명한 절차에 따라 명확하게 해 나갈 필요가 있지만, 그 규모, 피해의 정도가 작은 경우에는 비교적 빨리 전모를 파악하는 것이 가능하다.

이 경우에는 제1단계에서 제4단계까지 단번에 정리하는 것이 가능하게 되는데, 5W1H의 원칙만은 벗어나지 않도록 하여야 한다.

그리고 아차사고 사례에 대해서도, 사고·재해방지를 위한 귀중한 자료이므로, 원인규명을 행하는 한편 4M, 5W1H의 방식으로 실시하는 것이 바람직하다.

# VIII. 사업주 등의 안전보건책임

산업재해가 발생하거나 산업안전보건법을 위반한 경우 등에는 해당 기업은 형사적 책임, 민사적 책임, 행정적 책임, 사회적 책임 등 다양한 책임을 묻게 될 수 있다.

## 1. 형사적 책임

일반적으로 사업장에서 발생한 재해에 의해 근로자가 사망하거나 부상을 입으면 산업안전보건법 위반 또는 형법 위반(업무상과실치사상죄)의 혐의로 수사가 이루어지는데, 이러한 사태에 이르게 된 것은 회사에 있어서 큰 문제이다.

사업장 안전보건관리책임을 지는 최고경영자, 각급 관리자 등은 이들 위반에 관련된 수사 과정에서 사업장 안전보건에 관련된 법령의 존재, 내용 등을 몰랐다고 변명하더라도 벌칙의 적용에서 벗어나는 것은 불가능하다. 따라서 산업안전보건법령 등 사업장 안전보건계법규, 관련 행정규칙 및 유권해석(행정해석), 판례 등에 대해 관보, 인터넷, 안전보건단체의 신문·월간지, 정부기관의 설명회에의 출석 등을 통해 관련정보의 수집과 그 내용의 이해를 위해 노력하는 것이 필요하다.

### (1) 산업안전보건법 위반의 수사

산업안전보건법은 사업주에 대하여 산업재해 방지조치를 의무화하고 있다. 산업재해의 발생 유무를 불문하고 이를 태만히 하면 형사책임이 물어질 수 있다. 업무상과실치사상죄에 대해서는 산업재해가 발생한 경우에 비로소 수사의 대상이 되지만, 산업안전보건법 위반에 대해서는 산업재해가 발생한 경우는 물론 산업재해가 발생하지 않은 경우에도 법령에 규정되어 있는 사항으로서 위반 시 형사처벌이 수반되는 조치에 태만하면 수사의 대상이 될 수 있다.

근로감독관은 사업장에 출입하여 관계자에게 질문을 하고, 장부, 서류, 그 밖의 물건의 검사 및 안전·보건감독을 하며, 검사에 필요한 한도에서 무상으로 제품, 원재료 또는 기구를 수거할 권한을 가지고 있다(산업안전보건법 제51조 제1항).

감독(점검)을 실시하여 산업안전보건법 위반 상태를 발견하면, 위반사항의 내용에 따라 시정을 권고하거나 행정지도를 하는 경우도 있으며, 위반사항이 중대한 경우에는 바로 수사에 들어가기도 한다. 이 중 시정권고 또는 행정지도 조치는 행정관으로서 행하는 것이고, 수사는 특별사법경찰관으로서 행하는 것이다.

사망재해가 발생하는 등 심각한 문제가 있는 것으로 판단되는 경우에는 감독을 실시하게 되는데, 이때에는 근로감독관의 권한행사 중 하나인 특별사법경찰관의 자격으로 바로 수사에 들어가게 된다. 감독의 대상이 되는 것에 대해서는 여러 케이스를 생각할 수 있는데, 예를 들면 다음과 같다.

① 산업재해가 발생한 경우
- 근로자가 사망하거나 다수의 부상자가 발생한 경우
- 과거에 산업재해가 발생한 사업장으로서 법령에 규정되어 있는 조치를 충분히 강구하고 있지 않은 등 안전보건상태가 좋지 않은 것으로 판단되는 경우 등

② 산업재해가 발생하지 않은 경우
- 사상재해는 아니지만 큰 사고가 발생한 경우
- 산업재해가 발생한 것은 아니지만, 재해발생위험이 높다고 판단되는 경우
- 위험한 기계·설비 등에 대해 시정명령, 사용·작업중지명령 등을 수령한 사업장에서 이 명령에 반하여 작업을 계속하는 경우
- 근로자 등으로부터 산업안전보건법 위반에 대하여 처벌을 요구하는 고소 또는 고발이 있는 경우 등

### (2) 업무상과실치사상죄의 수사

형법 제268조에서는 업무상과실치사상죄를 규정하고 있고, 재해에 의해 근로자 등이 사망하거나 부상을 입은 사실이 있으면, 위법한 행위를 실행한 개인들(공범이 성립하기도 한다)[32]에 대해 산업안전보건법 위반죄 수사와 병행하여 일반경찰관에 의한 업무상과실치사상죄 수사가 이루어진다.

하나의 재해에 대해 지방고용노동관서(특별사법경찰관)와 경찰서(일반경찰관) 양 기관에서 동시에 수사가 이루어져 법위반이 확인되면 검찰에 송치(법위반이 악질적인 경우 등에는 구속수사를 하기도 한다)된다. 항상 양 기관 모두가 검찰에 송치하는 것은 아니고, 어느 한 기관만 송치하는 경우도 있고, 어느 법에 대해서도 위반사항이 없으면 두 기관 모두 송치하지 않는 경우도 있다. 송치된 사건에 대해 검찰에서는 법적 책임의 유무(기소 여부)를 판단하기 위하여 조사를 하고 그 결과에 따라 필요한 경우 기소를 하게 된다.

1개의 행위가 산업안전보건법 위반죄와 업무상과실치사상죄 2개에 해당하는 경우(상상적 경합 또는 관념적 경합)에는 이 중 중한 죄에 대하여 정한 형으로 처벌한다(형법 제40조 참조).

---

32 형법상 업무상과실치사상죄의 경우에는 위반행위자 개인만 처벌 대상자가 되고, 양벌규정에 의해 위반행위자 개인이 아닌 사업주(법인 자체 또는 개인경영자)가 처벌되는 일은 없다. 우리나라 형법은 자연인이 아닌 법인 또는 법인격 없는 단체를 처벌하는 규정을 두고 있지 않다.

## (3) 산업안전보건법 위반죄 처벌 대상자

산업안전보건법 위반으로 형사처벌의 대상이 되는 자는 다음과 같다.

### 1) 위반행위자

산업안전보건법 위반에 대해서는 먼저 위반행위자(위반행위 실행자)가 처벌 대상자가 된다(산업안전보건법 제167조 내지 제172조). 사업장에서 사업주를 위하여 행위하는 직책에 있는 자(공장장, 부장, 과장 등)가 위반의 내용 및 직무의 내용, 직책의 정도에 따라 대상이 된다. 그리고 한 사람만이 아니고 여러 명이 실행행위자가 될 수도 있다. 법인(회사)의 경우 최고책임자인 대표이사도 행위자로서 수사의 대상이 될 수 있다.

### 2) 사업주

산업안전보건법에서는 많은 규정이 사업주(법인 또는 개인경영자)의 의무로 되어 있지만, 그 위반에 대해서는 실행행위자에 대해서 먼저 법위반 여부에 대한 수사가 이루어지고, 실행행위자에게 위반이 있는 경우에는 사업주(법인회사: 법인, 개인회사: 개인경영자)에 대해서도 벌칙이 적용(양벌규정)된다(산업안전보건법 제173조). 다만, 사업주가 해당 위반행위를 방지하기 위하여 해당 업무에 관하여 상당한 주의와 감독을 게을리하지 아니한 경우에는 사업주에 대한 벌칙의 적용이 면제될 수 있다(산업안전보건법 제173조 단서).

사업주가 어디까지 조치를 실시하면 벌칙의 적용이 면제되는가에 대해서는 각각의 사안의 내용, 판사의 판단 등에 따라 다르지만, 일반적으로 말하면 사업주(실제로는 대표이사)가

- 유해·위험한 상태, 작업의 실태를 몰랐다.
- 안전보건을 담당하는 자에게 주의하도록 하였다.
- 작업자에게 주의하여 작업을 하도록 하였다.
- 법령을 준수하도록 지시하였다.

등과 같은 조치를 한 것만으로는 면제되지 않고, 법위반을 방지하기 위한 조치(대책)에 대하여 구체적인 지시·지도·교육 등을 한 것이 필요하다.

예를 들어 추락방지조치에 대해서 보면

- 사내의 안전보건관리규정 등에서 난간의 설치기준을 정하고 안전대의 사용방법 등을 구체적으로 제시하는 것
- 작업자를 대상으로 추락예방 안전교육을 체계적으로 실시하는 것
- 작업개시 전에 감독자를 배치하고, 작업방법·절차를 결정하며, 필요한 안전대의 준비 등을 하는 것

등이 회사의 제도로 정해져 있는 것, 나아가 안전담당이사 등을 지명하여 안전업무를 총괄하

는 업무를 하도록 하는 것, 최고경영자 스스로 직장순시를 행하고 산업재해 방지에 대해 구체적으로 지시를 하는 것, 안전관리의 상황을 정기 또는 수시로 보고하게 하는 구조를 두는 것 등이 필요하다.

### 3) 양도·제공자 등

산업안전보건법 위반의 벌칙 대부분은 사업주를 위하여 행위하는 자 및 사업주(양벌규정)에게 적용되는 경우가 많지만, 기계·설비, 물질 등을 양도·제공(제조·수입자, 유통업자 등) 또는 대여하는 자도 산업안전보건법상의 기준을 준수할 의무가 있기 때문에, 이것을 위반하는 경우에는 벌칙의 대상이 된다(산업안전보건법 제80조, 제84조, 제89조, 제111조, 제115조 등 참조).

### 4) 벌칙의 내용

행정상의 의무위반에 대한 제재로서 형벌이 이용되는 경우 행정형벌이라고 한다. 산업안전보건법 제167조 내지 제173조에서는 동법의 위반에 대한 형벌, 즉 행정형벌을 경중에 따라 다음과 같이 7가지로 구분하여 규정하고 있다.

① 7년 이하의 징역 또는 1억 원 이하의 벌금(결과적 가중처벌)(제167조)
② 5년 이하의 징역 또는 5,000만 원 이하의 벌금(제168조)
③ 3년 이하의 징역 또는 2,000만 원 이하의 벌금(제169조)
④ 1년 이하의 징역 또는 1,000만 원 이하의 벌금(제170조)
⑤ 1,000만 원 이하의 벌금(제171조)
⑥ 500만 원 이하의 벌금(제172조)
⑦ 양벌규정(제173조)

①의 결과적 가중처벌은 사업주의 안전조치의무(제38조)와 보건조치의무(제39조) 또는 도급인의 안전조치·보건조치의무(제63조) 위반으로 인하여 산업재해가 발생하고, 그 산업재해로 인하여 근로자가 사망한 경우에 적용된다. 이 처벌은 사업주의 안전·보건조치의무 위반과 근로자의 사망 결과 사이에 그 인과관계가 인정되는 경우에 한하여 성립한다.

### 5) 벌칙이 없는 조문

산업안전보건법에는 벌칙이 없는 규정도 일부 있는데, 그것을 위반하더라도 벌칙이 부과되지는 않는다. 그러나 벌칙 없이 지도·권고의 대상으로 하고 있는 규정도 과거의 산업재해에 근거하여 동종·유사재해의 방지를 위하여 불가결한 사항을 규정하고 있으므로, 사업주는 벌칙이 있는 규정과 동일하게 조치하는 것이 바람직하다.

벌칙이 있는 규정과 관련된 산업재해가 발생하여 피의자가 된 경우, 사업장으로서는 벌칙이 없는 규정을 포함하여 평상시부터 안전관리에 진지하게 노력하여 온 점이 있다고 하면 정상 참작되어 유리하게 작용할 수 있다.

나아가 민사상의 손해배상청구가 제기된 경우, 벌칙이 수반되어 있지 않은 규정에 대해서도 쟁점이 될 수 있으므로, 해당 규정의 취지에 따라 사전에 정확하게 조치하여 둘 필요가 있다.

표 1.8.1 산업안전보건법 위반죄와 업무상과실치사상죄 비교

| 구분 | 산업안전보건법 위반죄 | 업무상과실치사상죄(형법) |
|---|---|---|
| 범죄의 성격 | 고의범(대부분 미필적 고의범) | 과실범 |
| 범죄 구성요건 | 산업안전보건기준 위반<br>(사상자 발생과 무관)<br>단, 사망에 이르게 한 경우에는 가중처벌(결과적 가중범) | 과실(주의의무 위반)<br>+ 사상자 발생 |
| 처벌 대상 | 개인(위반행위자) +<br>사업주(법인 또는 개인경영주) | 개인(위반행위자) |

## (4) 중대재해처벌법 위반죄 처벌 대상자

중대재해처벌법(중대재해 처벌 등에 관한 법률) 제정에 따라 개인사업주 또는 법인·기관의 경영책임자 등[33]에 해당하는 자가 실질적으로 지배·운영·관리하는 사업 또는 사업장에서 일정한 안전보건조치의무(제4조, 제5조, 제9조 제1항 내지 제3항)[34]를 위반하여 종사자[35]를 중대산업재해[36]에 이르게 하거나 원료나 제조물, 공중이용시설 또는 공중교통수단의 이용자나 그 밖의 사람을 중대시민재해[37]에 이르게 한 경우에는, 개인사

---

33 다음 어느 하나에 해당하는 자를 말한다. i) 사업을 대표하고 사업을 총괄하는 권한과 책임이 있는 사람 또는 이에 준하여 안전보건에 관한 업무를 담당하는 사람, ii) 중앙행정기관의 장, 지방자치단체의 장, 지방공기업법에 따른 지방공기업의 장, 공공기관의 운영에 관한 법률 제4조부터 제6조까지의 규정에 따라 지정된 공공기관의 장.

34 i) 재해예방에 필요한 인력 및 예산 등 안전보건관리체계의 구축 및 그 이행에 관한 조치, ii) 재해 발생 시 재발방지 대책의 수립 및 그 이행에 관한 조치, iii) 중앙행정기관·지방자치단체가 관계 법령에 따라 개선, 시정 등을 명한 사항의 이행에 관한 조치, iv) 안전·보건 관계 법령에 따른 의무이행에 필요한 관리상의 조치

35 i) 근로기준법상의 근로자, ii) 도급, 용역, 위탁 등 계약의 형식에 관계없이 그 사업의 수행을 위하여 대가를 목적으로 노무를 제공하는 자, iii) 사업이 여러 차례의 도급에 따라 행하여지는 경우에는 각 단계의 수급인 및 수급인과 가목 또는 나목의 관계가 있는 자를 말한다.

36 산업안전보건법 제2조 제1호에 따른 산업재해 중 다음 어느 하나에 해당하는 결과를 야기한 재해를 말한다. i) 사망자가 1명 이상 발생, ii) 동일한 사고로 6개월 이상 치료가 필요한 부상자가 2명 이상 발생, iii) 동일한 유해요인으로 급성중독 등 대통령령으로 정하는 직업성 질병자가 1년 이내에 3명 이상 발생.

37 특정 원료 또는 제조물, 공중이용시설 또는 공중교통수단의 설계, 제조, 설치, 관리상의 결함을 원인으로 하여 발생한 재해로서 다음 어느 하나에 해당하는 결과를 야기한 재해를 말한다. 다만, 중대산업재해에 해당하는 재해는 제외한다. i) 사망자가 1명 이상 발생, ii) 동일한 사고로 2개월 이상 치료가 필요한 부상자가 10명 이상 발생, iii) 동일한 원인으로 3개월 이상 치료가 필요한 질병자가 10명 이상 발생.

업주 또는 경영책임자 등에 대해 1년 이상의 징역 또는 10억 원 이하의 벌금을 부과하거나 징역과 벌금을 병과할 수 있다(제6조, 제10조).

요컨대, 중대재해처벌법상 개인사업주 또는 경영책임자 등에 대한 처벌요건은 안전보건조치의무 위반[고의범(미필적 고의범 포함)] + 중대재해(중대산업재해 또는 중대시민재해) 발생이다. 이와 같이 '기본범죄행위 → 중한 결과의 발생'의 구조로 되어 있는 범죄를 결과적 가중범이라고 한다.

산업안전보건법과 중대재해처벌법의 결과적 가중범이 성립되기 위해서는, 객관적 구성요건으로 ① 고의(미필적 고의 포함)의 기본범죄행위(산업안전보건법: 제38조, 제39조, 제63조의 안전보건조치의무 위반행위, 중대재해처벌법: 제4조, 제5조, 제9조의 안전보건조치의무 위반행위)가 있을 것, ② 중한 결과(산업안전보건법: 사망, 중대재해처벌법: 중대재해)가 발생할 것, ③ 기본범죄행위와 중한 결과 사이에 상당인과관계가 있을 것을 필요로 하고, 주관적 구성요건으로 중한 결과(중대재해)의 발생에 대하여 과실(예견가능성)이 있어야 한다.

그리고 행위 당시의 구체적 사정에 비추어 보아 구성요건에 해당하고 위법한 행위를 한 사람이 위법행위 대신에 적법행위로 나아갈 것을 기대할 수 없는 경우(기대가능성이 없는 경우)에는 책임이 조각되어 면책된다. 기대가능성은 '유무'의 판단뿐만 아니라 '정도'의 판단도 있을 수 있는 개념이다. 기대가능성의 '강약'은 행위자 개인에 대한 책임을 무겁게 하거나 감경시킴으로써 법관의 양형에 직접 영향을 주게 된다.

개인사업주 또는 경영책임자 등이 그 법인 또는 기관의 업무에 관하여 일정한 안전보건조치의무를 위반하는 행위를 하면, 양벌규정에 따라 위반행위자(개인사업주 또는 경영책임자 등)를 벌하는 외에 그 법인 또는 기관에게 사망에 이른 중대재해(중대산업재해, 중대시민재해)의 경우에는 50억 원 이하의 벌금형을, 사망에 이르지 않은 중대재해의 경우에는 10억 원 이하의 벌금형을 부과한다(제7조 및 제11조 본문). 다만, 법인 또는 기관이 해당 위반행위를 방지하기 위하여 해당 업무에 관하여 상당한 주의와 감독을 게을리하지 아니한 경우에는 벌칙의 적용이 면제될 수 있다(제7조 및 제11조 단서).

## 2. 민사적 책임

우리나라에서는 산업재해를 입은 근로자에 대해서는 산업재해보상보험법에 근거하여 각종의 보상이 이루어지고 있고, 그 보상액은 국제적으로 보아도 낮은 수준이라고 보기 어렵다.

그러나 동일한 산업재해에 대하여 유족 등의 입장에서는 법적 보상으로는 불충분하다고 생각하여 사업주 등에게 법적 보상으로는 보전(보상의 대상)이 되지 않는 손해(재산적 손해, 정신적 손해)의 보전(추가 배상)을 청구하는 경우가 적지 않고, 이에 대해 합의가 이루어지지지 않아 민사적으로 손해배상청구소송을 하는 사안이 증가하는 경향에 있다. 그리고 판결에서는 상당히 높은 고액의 것도 나오고 있으므로, 기업경영에도 크게 영향을 줄 수 있다.

## (1) 민사적 책임의 근거

근로자에게 재해가 발생한 경우에 피재근로자 또는 유족이 사업주 등에게 민법상의 손해배상책임을 묻는 법적 구성으로는 다음과 같은 4가지가 있다.

① 사업주 등이 고의 또는 과실로 근로계약의 부수적 의무로서의 안전배려의무(보호의무)를 다하지 못하여 근로자에게 재해가 발생한 경우의 채무불이행책임[38](민법 제390조)

② 고의 또는 과실로 인한 위법행위로 재해를 발생시킨 경우에 사용자가 부담하는 불법행위책임(민법 제750조)

③ 공작물(기계·설비, 제조물) 자체의 설치·보존상의 하자(결함)에 의하여 재해가 발생한 경우에 점유자 또는 소유자가 부담하는 공작물책임(민법 제758조)

④ 타인을 사용하여 어느 사무에 종사하게 한 자(사용자)로서 그와 사용관계에 있는 피용자가 그 사무집행에 관하여 제3자에게 재해를 발생시킨 경우에 부담하는 사용자책임[39](민법 제756조)

우리나라에서는 종래에 근로자에 대한 사업주 등의 민사책임을 묻는 경우 불법행위책임을 근거로 하는 것이 일반적이었다. 그러나 최근에는 안전배려의무 위반(채무불이행책임)을 기초로 손해배상청구를 하거나 불법행위로 인한 손해배상과 채무불이행(안전배려의무 위반)으로 인한 손해배상을 경합적으로 청구하는 것이 일반적이다. 이 안전배려의무는 근로계약에 수반하는 신의칙상(민법 제2조)의 부수적 의무로서, 사업주 등에게 보호의무 또는 안전배려의무가 있다는 점에 대해서는 다툼이 없다.

## (2) 소송이 제기되는 자

안전배려의무 위반, 불법행위 등으로 소송이 제기되는 자는 먼저 사업주, 대표이사가 대상이 되는 경우가 많지만, 공장장, 사업소장과 같은 직무에 있는 자, 기타 관리감독의 입장에 있는 자도 그 대상이 될 가능성이 있다. 특히, 건설공사 등과 같이 중층하청구조에서 작업을 하고 있는 경우에는 원청 사업주, 현장책임자 등도 대상이 될 수 있다.

---

38 채무자에 해당하는 사업주 등의 고의나 과실 없이 이행할 수 없게 된 때에는 그러하지 아니하다(민법 제390조 후단).

39 사용자가 피용자의 선임 및 그 사무감독에 상당한 주의를 한 때 또는 상당한 주의를 하여도 손해가 있을 경우에는 그러하지 아니하다(민법 제756조 후단).

## (3) 안전배려의무

### 1) 안전배려의무의 개념

안전배려의무는 사용자(사업주)가 근로자에게 부담하는 근로계약(고용계약)상의 의무로서, 근로자가 노무제공을 위해 시설(장소), 설비 또는 기계·기구 등을 사용하거나 사용자의 지시 하에 노무를 제공하는 과정에서 근로자의 생명, 신체 등을 위험으로부터 보호하도록 배려하여야 할 의무이다.

즉, "사업주가 근로자를 채용할 때에 당해 근로자의 생명과 건강을 유지하기 위하여 주의의무를 다하면서 근로하게 한다."는 것이 암묵적인 계약내용으로 되어 있고, 이 안전배려의무에 위반하여 재해를 입게 한 경우에는 채무불이행책임이 발생한다는 법리이다.

### 2) 안전배려의무의 내용

판례는 안전배려의무에 대해 "근로자가 노무를 제공하는 과정에서 생명, 신체, 건강을 해치는 일이 없도록 물적 환경 정비와 인적 조치를 하는 등 필요한 조치를 강구할 의무"라고 보고 있다. 실제의 소송에서는 개별적이고 구체적인 안전배려의무의 내용이 인정되고 있다. 그 내용은 지금까지의 판례, 학설을 토대로 다음과 같이 분류될 수 있다.

**설비·작업환경 정비**

① 시설, 기계·설비의 안전화 또는 작업환경의 개선대책을 강구할 의무, ② 안전한 기계·설비, 원재료를 선정(구입)할 의무, ③ 기계·설비에 안전장치를 설치할 의무, ④ 근로자에게 적합한 보호장비를 지급할 의무

**인적 조치**

① 감시인을 배치하는 등 관리감독을 철저히 할 의무, ② 충분한 안전보건교육을 실시할 의무, ③ 산업재해 피재자, 질병유소견자 등 건강상태가 좋지 않은 자에 대해 치료를 받게 하게 하는 등 적절한 건강관리나 업무경감 등을 행하고, 필요에 따라 배치전환을 할 의무, ④ 유해·위험업무를 유자격자, 특별교육 이수자 등의 적임자로 하여금 담당하게 할 의무

### 3) 안전배려의무의 책임

안전배려의무는 재해발생을 미연에 방지하기 위하여 물적·인적 관리를 다할 의무로서 결과책임은 아니다. 따라서 산업재해가 발생한 경우라도 사회통념상 상당하다고 생각되는 방지수단을 다하였으면 안전배려의무 위반에 근거한 손해배상책임은 면제된다. 즉, 문제가 된 재해에 대해 예견가능성이 없었다는 것, 예견가능성이 있었더라도 사회통념상 상당한 조치를

취하였다면 안전배려의무 위반은 아니다. 그러나 법원에 의한 예견가능성 또는 위험회피(재해방지)조치에 관한 판단은 일반적으로 사업주 측에 대해 엄격하게 판단되고 있다.

### 4) 안전배려의무의 구체적 내용

사업장에 종업원 일반에 대한 안전보건관리체제가 구축되어 있다고 하더라도, 예컨대 정신적으로 심하게 압박받고 있던 특정 개인에 대한 중대한 산업보건문제에 대응이 적절히 이루어지지 않았다고 하면, 사업장에 일반적·획일적 제도를 구축·운영한 것만으로는 근로자의 건강에 대한 안전배려의무를 충분히 이행하고 있다고는 말할 수 없을 것이다.

'종업원 일반'에 관한 작업환경을 일정한 수준으로 유지하였더라도, 그것만으로는 기업이 종업원에게 안전배려의무를 충분히 다하였다고 간주되는 것은 아니며, 예컨대 정신적으로 상당한 압박(pressure)을 받고 있는 '특정' 근로자에 대해서는 '특별한' 배려조치를 확보하는 것이 요구된다. 즉, 특별한 위험에 있는 근로자에 대해서는 특별한 배려조치가 요구된다. 이 의미에서 '특정' 근로자에 대한 법령 등의 준수까지가 요구되는 것이다. 기업은 건강관리, 근로시간관리에 대해 일반적인 지침을 제시하여 근로자를 전체적으로 지도하는 한편, 근로자 '개개인'의 일하는 모습에도 충분한 주의를 기울여 근로자 모두의 건강하고 안전한 작업이 관철되도록 노력할 필요가 있다.

안전배려의무의 구체적 내용은 근로자의 직종, 근로내용, 근로제공장소 등 안전배려의무가 문제 되는 당해 구체적 상황 등에 따라 달라진다. 따라서 근로자의 위험이 특별한 위험에 이른 단계에서는 사용자의 고도의 법적 책임을 긍정하여야 할 것이다. 즉, 사용자는 특별한 위험 단계에 이른 근로자에 대해서는 본인의 신청, 의사의 지시 유무 등에 관계없이 질병방지 및 악화회피의 의무를 진다. 이때 특별한 위험의 유무는 근로자의 연령, 업무상황, 작업시간, 심신의 건강상태 등을 감안하여 판단하여야 한다.

일반적 안전보건관리조치로서 사업장에 제도·체제를 만드는 것도 중요하지만, 무엇보다 그것을 실질적으로 기능하게 하는 것이 중요하다. 따라서 사업장에 관리제도의 설계(구축)는 되어 있었지만, 그 이행이 실제로는 형해화되어 있었다면 안전배려의무의 준수가 불충분하다고 판단될 것이다.

### 5) 산업안전보건법과 안전배려의무의 관계

산업안전보건법의 의무와 안전배려의무는 각 의무의 성격이 다르다. 사업주에게 산업안전보건법 위반이 있다고 하더라도, 그것은 국가와의 관계(산업안전보건법의 의무는 사업주, 근로자가 국가에 대하여 지는 공법상의 의무이다)에서 위반이 있는 것으로서, 사업주가 근로자와의 관계(근로계약관계)에서 '바로(직접적으로)' 안전배려의무(민법상의 의무) 위반이 있다고 평가되는 것은 아니다.

그러나 학설·판례에 따르면, 사업주는 산업안전보건법과 안전배려의무의 관계에 대하여 다음과 같이 이해하고 대응할 필요가 있다.

① 사업주의 산업안전보건법상 조치의무는 일부를 제외하고는 모두 안전배려의무의 내용이 된다.

② 산업안전보건법의 내용을 충족하고 있어도 상황에 따라서는 산업안전보건법의 내용보다도 고도의(산업안전보건법의 내용을 상회하는) 안전배려의무가 있다.

③ 산업안전보건법에서 규정하고 있지 않은 사항에 대해서도 안전배려의무 위반이 될 여지가 있다.

구체적으로 보면, 사업주가 안전배려의무를 다하기 위해서는 산업안전보건법에서 벌칙이 수반되어 있는 사항뿐만 아니라, 벌칙이 수반되어 있지 않은 사항에 대해서도 안전보건조치를 할 필요가 있고, 나아가 안전보건 확보에 필요하다고 생각되는 정부의 유권해석, 사내규정(안전보건관리규정) 등에 대해서도 조치하여 두는 것이 필요하다.

미국에서는 행정기관의 감독 시에 법정사항을 위반하고 있는 것이 판명된 경우 또는 산업재해가 발생한 경우에, 사업주가 책임에서 벗어나기 위해서는 안전보건관리규정에 관하여 다음과 같은 사항에 대하여 입증하는 것이 필요한 것으로 되어 있는데, 참고할 만하다고 생각된다.

① 직장의 위험방지를 위하여 사업주가 사내 안전보건관리규정 등을 작성하고 있다.

② 사내 안전보건관리규정은 종업원에 철저하게 주지되고 있다.

③ 사업주는 규정위반을 발견하기 위한 구체적인 시스템을 운영하고 있다(최고경영자의 정기적인 순회점검, 점검매뉴얼의 작성과 점검요령의 교육 등).

④ 위반이 발견된 경우, 사업주는 유효한 시정조치(징계)를 실시하고 있다.

### (4) 근로자의 책임

산업재해는 근로자가 준수하여야 하는 것을 행하지 않았기 때문에 발생하는 경우도 있다. 이 경우에는 민법 제396조의 과실상계규정(채무의 불이행에 관하여 과실이 있었을 때에는 법원은 그것을 고려하여 손해배상의 책임 및 그 금액을 정한다)에 따라 그 손해의 발생에 대해 (피재)근로자도 책임의 일부분을 지게 된다(불법행위 시에는 민법 제763조). 그러나 이 경우에도 일차적으로는 사업주가 산업재해 방지를 위한 의무를 충분히 다하였는지 여부에 따라 판단이 좌우되는 경우가 많다.

### (5) 징벌적 손해배상

중대재해처벌법이 제정됨에 따라, 개인사업주 또는 경영책임자 등이 고의 또는 중대한 과실로 이 법에서 정한 의무를 위반하여 중대재해(중대산업재해, 중대시민재해)를 발생하게 한 경우, 해당 개인사업주, 법인 또는 기관은 중대재해로 손해를 입은 사람에 대하여 그 손해액의 5배를 넘지 아니하는 범위에서 배상책임을 진다. 다만, 법인 또는 기관이 해당 업무에 관하여 상당한 주의와 감독을 게을리하지 아니한 경우에는 그러하지 아니하다(제15조).

## 3. 행정적 책임

기업이 산업안전보건법을 위반하거나 작업장에 산업재해 발생의 위험이 있으면 과태료 부과를 비롯하여 다양한 행정적 조치가 내려질 수 있다. 행정적 조치는 형사처벌(형사적 책임)이나 민사배상(민사적 책임)과는 별도로서 병행적으로 문제 될 수 있다.

과태료는 산업안전보건법 위반에 대하여 행정목적을 달성하기 위한 행정질서벌로서 행정적 제재이자 경제적 제재에 해당한다(산업안전보건법 제175조 참조). 과태료의 부과 대상자는 원칙상 질서위반행위를 한 자이다. 그런데 법인의 대표자, 법인 또는 개인의 대리인·사용인 및 그 밖의 종업원이 업무에 관하여 법인 또는 그 개인에게 부과된 법률상의 의무를 위반한 때에는 법인(법인회사의 경우) 또는 그 개인(개인회사의 경우)에게 부과한다(질서위반행위규제법 제11조 제1항).

그리고 사업장에 산업재해 발생 위험이 있는 경우에는 해당 사업장의 개별적 위험상황에 따라 시정(개선)명령, 작업중지명령, 사용중지명령, 대체명령, 안전보건개선계획수립명령, 안전보건진단명령, 보고·출석명령 등 행정명령(행정처분)이 내려질 수 있다(산업안전보건법 제53조 제1항·제3항, 제47조, 제49조, 제155조 제3항 참조). 이것은 응보적 목적이 아니라 위험한 안전보건상태를 해소하기 위한 목적으로 부과되는 것이다.

한편 산업안전보건법상의 일정한 의무 위반에 대해서는, 당해 의무 위반으로 인한 경제상의 이익을 박탈하기 위한 취지로 그 이익에 따라 행정상의 제재금으로서의 과징금을 부과하는 경우도 있다(산업안전보건법 제161조). 또한 변형된 과징금 형태로서 업무정지처분에 갈음하여 과징금을 부과할 수 있는 것으로 규정하고 있기도 하다(산업안전보건법 제160조).

사업주 또는 도급인이 안전보건조치의무를 위반하여 동시에 2명 이상의 근로자가 사망(재해가 발생한 때부터 그 사고가 주원인이 되어 72시간 이내에 2명 이상이 사망)하는 재해나 중대산업사고(누출·화재·폭발)[40]가 발생한 경우, 사업주가 시정조치명령(산업안전보건법 제53조 제1항) 또는 작업중지명령(산업안전보건법 제53조 제3항)을 위반하여 근로자가 업무로 인하여 사망한 경우에는 영업정지[41] 또는 입찰참가자격의 제한[42]의 대상

---

40 산업안전보건법 시행령 제43조 제3항.

41 건설산업기본법 제82조 제1항(제7호)에서는 고용노동부장관이 국토교통부장관(시·도지사에게 위임)에게 산업안전보건법에 따른 중대재해(동시에 2명 이상의 근로자가 사망하는 재해)를 발생시킨 건설업자에 대하여 영업정지를 가할 것을 요청한 경우, 시·도지사는 6개월 이내의 기간을 정하여 그 건설업자의 영업정지를 명하거나 영업정지를 갈음하여 1억 원 이하의 과징금을 부과할 수 있도록 규정하고 있으나, 건설산업기본법 제84조(영업정지 등의 세부 처분기준) 및 동법 시행령 별표 6(영업정지 및 과징금의 부과기준)(제80조 제1항 관련) 2(개별기준). 가. 12)에서는 영업정지(사망자 수에 따라 3~5개월)만을 하도록 규정하고 있다.

이 된다(산업안전보건법 제159조 및 동법 시행규칙 제238조 참조).

건설업체[43]의 경우, 산업재해 발생률(사고사망만인율) 불량업체, 산업재해 발생 보고의무 위반업체 등은 공사 실적액의 감액(3~5%),[44] 공공공사 입찰참가자격 사전심사(PQ: Pre-Qualification) 시 상대적 불이익[45][46][47][48][49]을 각각 받게 된다(산업안전보건법 제8조 제1항 및 동법 시행규칙 제4조 제1항 제6호·제7호 참조).[50]

산업안전보건법은 근로자의 생명과 건강을 규제하는 법이라는 특징을 가지고 있어, 문제(산업재해)가 발생하기 전에 미리 일정한 조치(안전보건조치)를 취하도록 명령하는 행정처분이 상대적으로 많이 발달되어 있다.

## 4. 사회적 책임

사업장에서 중대사고의 발생, 화재·폭발, 위험물의 누출, 장시간·과중노동 등으로 근로자

---

42 국가를 당사자로 하는 계약에 관한 법률 제27조 제1항 제8호(1~2년), 지방자치단체를 당사자로 하는 계약에 관한 법률 제31조 제1항 제9호(5개월~1년 7개월) 및 공공기관의 운영에 관한 법률 제39조 제2항(2년 이내).

43 종합공사를 시공하는 업체의 경우 사고사망자 수와 산업재해 발생 보고의무 위반건수에는 해당 업체로부터 도급을 받은 업체(그 도급을 받은 업체의 하수급인을 포함한다)의 사고사망자 수와 산업재해 발생 보고의무 위반건수를 합산한다[산업안전보건법 시행규칙 별표 1(건설업체 산업재해발생률 및 산업재해 발생 보고의무 위반건수의 산정 기준과 방법)(제4조 관련) 제3호 가목 1), 제6호 나목].

44 평균재해율(시공능력 평가 연도 직전 연도 중에 고용노동부장관이 산정한 건설업자의 평균재해율)의 1배 이상 2배 이내의 재해를 발생시킨 건설업자에 대해서는 최근 3년간 건설공사실적의 연차별 가중평균액의 3%에 해당하는 금액을 감액하고, 평균재해율의 2배를 초과하여 재해를 발생시킨 건설업자에 대해서는 최근 3년간 건설공사실적의 연차별 가중평균액의 5%에 해당하는 금액을 감액한다[건설산업기본법 제23조 및 동법 시행규칙 별표 1(제23조 제2항 관련) 제1호 라목 (5)].

45 최근 3년간 고용노동부장관이 산정한 사고사망만인율(사고사망자 수/상시 근로자 수×100)의 가중평균이 평균사고사망만인율의 가중평균 이하이거나 가중평균을 초과한 업체에 대해 PQ 시 최대 ±1.0점까지 가감점이 부여된다[입찰참가자격사전심사요령(기획재정부 계약예규) 별표 2(제6조 제5항 제1호의 경우에 적용), 3(제6조 제5항 제2호의 경우에 적용)]. 조달청 입찰참가자격사전심사기준(조달청지침) 별표 3 신인도 평가(제6조 관련)에서는 입찰참가자격사전심사요령(기획재정부 계약예규)을 근거로 평점(배점)을 등급에 따라 구체적으로 정하고 있다. 이 입찰참가자격 사전심사요령의 법적 근거는 국가를 당사자로 하는 계약에 관한 법률 시행령 제13조 및 국가를 당사자로 하는 계약에 관한 법률 시행규칙 제23조 및 제23조의2이다.

46 (과태료 처분을 받은) 산업재해 발생 보고의무 위반에 대해 PQ 시 최대 −2.0점까지 감점이 부여된다[입찰참가자격사전심사요령 별표 2, 3].

47 건설업체의 산업재해 예방활동 실적평가 점수에 따라 PQ 시 최대 +1.0점까지 가점이 부여된다[입찰참가자격사전심사요령 별표 2, 3].

48 최근 1년 동안 산업안전보건법 제72조 제3항 및 제5항에 따른 산업안전보건관리비 사용의무를 위반하여 목적 외 사용금액이 1,000만 원을 초과하거나 사용내역서를 작성·보존하지 아니한 자에 대해 (과태료처분을 받은) 횟수에 따라 PQ 시 최대 −1.0점까지 감점이 부여된다[입찰참가자격사전심사요령 별표 2, 3].

49 최근 1년 동안 산업안전보건법령 위반으로 동일 현장에서 벌금 이상의 행정형벌을 2회 이상 받은 자에 대해 행정형벌 횟수에 따라 PQ 시 최대 −1.0점까지 감점이 부여된다[입찰참가자격 사전심사요령 별표 2, 3].

50 건설기술진흥법 제53조(건설공사 등의 부실측정) 및 동법 시행령 별표 8(건설공사 등의 벌점관리기준)(제87조 제5항 관련)에 따라 건설사업자 등이 건설공사현장 안전관리대책을 소홀히 한 경우에는[제5호 가목 11)] 일정한 벌점이 부과되도록 되어 있다.

의 안전과 건강이 손상받는 일이 발생한 경우에는, 기업에 큰 경제적 손실이 발생할 뿐만 아니라, 인근지역주민에 직간접적으로 손해, 불안을 야기하고, 매스컴 등 사회로부터 혹독한 책임추궁을 받으면서 사회적 이미지(평판)가 실추되는 손상을 입게 된다. 기업이 이처럼 중대사고 등으로 인하여 평판에 손상을 입게 되는 것은 기업에 안전보건에 관한 사회적 책임이 있기 때문이다.

기업은 2010년 11월에 국제규격으로 된 ISO 26000에도 규정되어 있는 기업의 사회적 책임(Corporate Social Responsibility: CSR)의 관점에서도 안전보건대책에 만전을 기함으로써 사회로부터 신뢰받는 안전하고 쾌적한 기업이 되는 것을 점점 더 강하게 요구받고 있다.

최근에는 재무적 지표로만 기업을 평가하는 종전과 달리 기업의 비재무적 요소인 환경(environment), 사회(social), 지배구조(governance)를 뜻하는 'ESG'가 강조되고 있는바, 안전은 이 중 '사회'의 중요한 내용을 구성하고 있다. 지속 가능한 발전을 위한 기업과 투자자의 '사회적 책임'이 중요해지면서 세계적으로 많은 금융기관이 ESG 평가 정보를 활용하고 있다. 영국(2000년)을 시작으로 스웨덴, 독일, 캐나다, 벨기에, 프랑스 등 여러 나라에서 연기금을 중심으로 ESG 정보공시의무 제도를 도입했다. 유엔은 2006년 출범한 유엔책임투자원칙(UNPRI)을 통해 ESG 이슈를 고려한 사회책임투자를 장려하고 있다. 사회책임투자란 사회·윤리적 가치를 반영하는 기업에 투자하는 방식이다.

산업안전보건법에서는 고용노동부로 하여금 산업재해가 많이 발생하는 기업 등 산업안전보건에 문제가 있는 기업으로서 다음 어느 하나에 해당하는 사업장(산업안전보건법 시행령 제10조)을 관보, 일간지 또는 인터넷 등에 게재하는 방법으로 일반에 널리 공표하도록 한편(산업안전보건법 제10조 제1항), 일정한 사업장[51]의 도급인이 사용하는 근로자와 수급인(하수급인을 포함한다)이 사용하는 근로자가 같은 장소에서 작업을 하는 경우에는 도급인의 산업재해 발생건수 등에 수급인의 산업재해 발생건수 등을 포함하여 공표하도록 함으로써(산업안전보건법 제10조 제2항) 산업안전보건에 대한 기업의 사회적 책임을 유도하고 있다.

① 산업재해로 인한 사망자(사망재해자)가 연간 2명 이상 발생한 사업장

② 사망만인율(연간 상시 근로자 1만 명당 발생하는 사망재해자 수의 비율)이 규모별 같은 업종의 평균 사망만인율 이상인 사업장

③ 법 제44조 제1항 전단에 따른 중대산업사고가 발생한 사업장

④ 법 제57조 제1항을 위반하여 산업재해 발생 사실을 은폐한 사업장

⑤ 법 제57조 제3항에 따른 산업재해의 발생에 관한 보고를 최근 3년 이내 2회 이상 하지 않은 사업장

---

51 제조업, 철도운송업, 도시철도운송업, 전기업으로서 도급인이 사용하는 상시 근로자 수가 500명 이상이고 도급인 사업장의 사고사망만인율보다 관계수급인의 근로자를 포함하여 산출한 사고사망만인율이 높은 사업장(산업안전보건법 시행령 제12조).

## Ⅸ. 안전을 위한 기술

### 1. 기술로 안전을 확보한다

여기에서는 안전을 실현하기 위한 기술의 기본적 접근과 기술적 측면을 알아보도록 한다. 이 기술은 우리 주위에 있는 시스템 제품 중에 활용되어 리스크를 경감시키는 데 도움이 되고 있다.

안전과 건강은 인간의 영원한 염원이다. 그러나 현실에서는 작업현장에서 사고가 일어나고 있고 인간의 바람은 이루어지지 않고 있다. 지금까지의 노동현장에서는 안전확보를 위한 많은 노력이 계속되어 왔고, 안전을 실현하기 위한 많은 접근방식과 기술을 개발해 왔다.

그 기본은 먼저 기계·설비가 잘못되지 않도록 하고, 즉 착오 없이 설계되고 고장 나지 않도록 하고 교육훈련 등을 통해 인간이 실수하지 않도록 하는 것이다. 그러나 기계·설비의 고장을 없애고 인간이 절대로 실수하지 않도록 하는 것은 현실적으로 불가능하다. 리스크는 항상 존재하고, 절대안전은 존재하지 않는다.

"기술로 안전을 지킨다." 이것이 안전확보의 첫 단계이다. 인간이 주의하여 위험을 회피하려고 하기 전에, 기계·설비 측에서 기술적으로 안전을 확보하여야 한다는 것이다. 이것이 안전학(安全學)이 주장하는 중요한 포인트의 하나이다.

그러나 기계·설비는 장해가 발생할 수 있고, 성능이 저하되기도 한다. 특히 방치하면 언젠가 망가지기 마련이다. 이 때문에 가급적 망가지기 어려운 신뢰도 높은 부품류를 사용하거나, 고장 나지 않도록 튼튼한 구조로 만들거나 또는 보수점검을 하여 미리 이상한 부품을 교체하는 접근방식이 취해지고 있다.

나아가, 컴퓨터로 감시하고 이상할 때에는 교체 또는 정정하거나 경보를 발하는 접근방식도 있다. 단, 이 경우 안전장치의 역할을 하고 있는 컴퓨터도 고장 날 수 있고, 소프트웨어에는 버그(bug)가 으레 따르기 마련이라는 것을 잊어서는 안 된다.

### 2. 안전을 위한 기술: Fool Proof, Fail Safe 등

#### (1) 휴먼에러와 Fool Proof

인간은 실수하기 마련이라고 말해지곤 한다. 피곤하면 주의력이 떨어지고, 이것이 실수를 범하는 것으로 연결된다. 따라서 기술적으로 설계단계에서 "인간은 실수한다."는 인간의 특성을 고려해 놓으면, 휴먼에러의 상당부분은 회피할 수 있을 것이다.

인간과 기계·설비의 인터페이스 설계에는 직감적으로 사용하기 쉬운 설계, 오(誤)사용을 방지하는 설계, 조금만 잘못된 정도라면 허용하는 설계 등이 있지만, 실수를 일으키지 않는 설계, 실수하면 다음으로 진행되지 않는 설계 등의 관점도 있다.

Fool Proof는 안전을 중시한 후자의 생각에 기초하고 있다. Fool Proof를 직역하면, "바보(fool)라고 하더라도 방지한다(proof)."는 뜻인데, 의역하면 "잘 이해하지 못하고 있는 사람이 취급하여도 안전하다."는 의미이다.

Fool Proof의 설계는 우리 주변에서 자주 사용되고 있다. 예를 들면, 전지박스의 형상 등은 Fool Proof의 대표적인 예이다. 플러스 측의 튀어나온 형상이 꼭 들어맞는 형태로 되어 있어, 플러스극과 마이너스극을 거꾸로 하면 들어가지 않도록 되어 있다.

이 외에도, Fool Proof의 예는 많이 있다. 전기의 배선 착오를 방지하기 위하여 접속하여야 할 배선의 색깔을 구분하는 것은 사람이 착오를 일으키지 않도록 하기 위한 것이다. 그리고 접속구의 형상을 특정의 것이 아니면 접속할 수 없도록 하는 것은 잘못된 접속을 할 수 없는 구조로 하기 위한 궁리로서, 이 또한 인간의 실수를 방지하는 방안의 한 예이다.

공작기계의 로봇이 작동하고 있을 때 사람이 그 가동범위에 들어가려고 할 경우, 안전울에 열쇠가 채워져 안으로 들어갈 수 없도록 하는 구조는 사람이 없을 때만 로봇이 작동되도록 하는 일종의 Fool Proof로서 인터록(interlock)이라고 한다. 사람이 로봇의 가동범위에 있는 한 로봇의 전원이 들어오지 않는 구조도 인터록의 일종이다.

문을 닫지 않으면 전원이 들어오지 않는 전자레인지, 기어를 파킹(parking)에 놓지 않으면 엔진이 시동되지 않는 자동차, 출입문이 닫히지 않는 한 움직이지 않는 엘리베이터 등도 인터록의 예에 해당한다.

## (2) 기계는 고장 나기 마련이다

기계·설비는 고장 등 장해가 발생한다는 전제하에서 안전을 확보하는 접근방법의 대표적인 것이 Fail Safe와 Fault Tolerance이다. Fail Safe란 실패(fail)하더라도 안전(safe)하다는 것을, Fault Tolerance는 결함(fault)이 있더라도 허용(tolerance)한다는 것을 각각 의미한다.

기계·설비가 고장 나더라도, 조작미스, 오조작 등에 의해 문제가 발생하더라도, 어쨌든 안전만은 확보하려고 하는 것이 Fail Safe이고, 가능한 한 기계·설비의 올바른 기능을 유지하는 것을 통해 안전을 확보하려고 하는 것이 Fault Tolerance이다. Fail Safe가 '안전성'을 목표로 하고 있는 데 반해, Fault Tolerance는 '신뢰성'을 목표로 하고 있다.

안전성과 신뢰성은 상호 깊은 관계에 있지만, 실은 다른 개념이다. 안전성은 인간에 위해가 가해지지 않도록 하는 것을, 신뢰성은 기계·설비의 올바른 기능을 유지하는 것을 각각 목표로 하고 있기 때문이다.

일반적으로 신뢰성이 올라가면 안전성이 올라간다고 생각하지만, 신뢰성을 낮춤으로써 안전성이 올라가는 경우도 있다. 예를 들면, 고속열차(KTX)를 생각해 보자. 무언가의 장애가 발생하고 안전성을 확인할 수 없는 경우, 열차를 정지해 버리면 사람을 운반하는 기능은 상실되어 신뢰성은 내려가지만 탈선 등을 하여 사람이 부상을 입는 일은 발생하지 않기 때문에 안전성은 확보된다고 말할 수 있다.

대부분의 경우, 사소한 정도라면 안전이 확인되지 않더라도 문제가 없으므로 운행하는 것을 계속함으로써 신뢰성을 유지하고 있다. 이를 통해 효율(신뢰성)은 올라갈지 모르지만, 어떤 결과가 발생할는지는 알 수 없다. 이와 같이 안전성과 신뢰성은 대립하는 개념이 되는 경우도 있다.

## (3) 쉽게 망가지지 않는 것을 만든다: Fault Avoidance

신뢰성을 높이는 가장 좋은 방법은 고장 나지 않는 고신뢰의 부품을 만드는 일일 것이다. 이것을 Fault Avoidance라 한다. 요컨대, 쉽게 망가지지 않는 것을 만드는 것이다.

쉽게 망가져서는 매우 곤란한 것이 있다. 예를 들면, 우주선의 부품이 그 전형이다. 지구에서 멀리 떨어져서 임무를 행하는 우주선에서는 부품의 매우 높은 신뢰성이 요구된다. 간단히 부품교환, 수리를 행하는 것이 불가능하기 때문이다. 부품의 고장은 임무수행에 방해가 될 뿐만 아니라, 유인(有人) 비행의 경우는 우주비행사의 안전과도 직결되기 때문에 보다 정밀도 및 내구성이 높은, 신뢰할 수 있는 부품이 필수불가결하다.

우주선의 부품 이외에도, Fault Avoidance는 고도의 정밀기기인 의료기계, 고장이 중대한 사고로 직결되는 자동차 브레이크 등 여러 가지 부품에 이용되고 있다.

## (4) 문제가 발생하여도 기능수행을 가능하게 한다: Fault Tolerance

부품이 고장 나지 않도록 하려면, 고신뢰의 부품을 사용하여 처음부터 문제가 발생하지 않도록 하는 것(Fault Avoidance)이 중요하다. 그러나 부품은 언젠가는 고장 난다. 그래서 1개나 2개의 부품, 서브시스템이 고장 나더라도, 다른 부품, 서브시스템이 이것을 대신하여 본래의 기능을 유지하는 다중계(multiplex system)의 사고방식이 생기게 되었다. 이것을 Fault Tolerance라고 한다.

A가 고장 나더라도 B로 커버한다. 만약 B도 고장 난다면 C로 커버한다는 접근방식이다. 이것이 Fault Tolerance의 접근방식이다. 다중계에 의해 신뢰도를 높이고, 결과적으로 안전성을 유지하려고 하는 것이다.

이와 같은 접근방식, 아이디어는 대수롭지 않은 기계를 비롯하여 중요한 기계·설비, 사회조직, 생체에 이르기까지 어디에서도 볼 수 있고, 기본적으로 용장성(redundancy) 또는 다중장치를 이용하여 이것을 실현하고 있다.

조금 더 엄밀하게 말하면, 시스템 내에 결함(fault)이 존재하더라도, 즉 기능을 수행할 수 없게 된 부품, 서브시스템 등이 존재하더라도, 이것을 견디어 내거나 허용함으로써 시스템 전체로서의 요구기능의 수행을 가능하게 하는 것이다.

즉, Fault Tolerance에서의 tolerance는 견디어 낸다, 허용한다는 의미를 가지고 있기 때문에 Fault Tolerance란 fault에 견디어 낸다, fault를 허용한다는 것을 의미한다.

Fault Tolerance라는 개념은 기본적으로 매우 소박한 것으로서, 어떤 일이 있어도 안전성을 확보하기 위해 계속 가동해야 하는 경우에 시스템을 구성하고 있는 일부에 문제가 발생하더라도 다른 부분이 그 문제를 커버함으로써 시스템으로서 정상적으로 기능하게 하는 것이다.

부하를 복수의 시스템으로 분산하여 처리하는 부하(負荷)분산이 Fault Tolerance의 한 예이다. 예컨대, A, B, C라고 하는 3개의 루트로 신호가 흐르는 시스템의 경우, A라는 루트가 멈추어도 B, C의 루트는 살아 있으므로 신호가 멈추는 일은 발생하지 않는다. 단, 구성시스템의 장해는 기능저하를 초래할 우려가 있다. 그러나 속도가 늦어지더라도, 시스템 전체의 기능정지는 되지 않는다. 분산에는 이러한 부하분산 이외에도 위험분산, 지역분산, 기능분산 등이 있다.

### (5) 안전 측(側)과 위험 측(側)의 사고방식

기계·설비에 고장 등 장해가 발생하는 것은 불가피하다고 생각하면서 장해의 발생을 인정한 후에 장해가 발생하더라도 안전이 확보되도록 하는 접근방법이 있다.

안전의 세계에서 장해가 발생하더라도 괜찮다는 접근방법은 장해가 발생하였을 때 항상 안전 측이 되도록 하는 사고방식이다. 가장 전형적인 기술이 Fail Safe, 즉 상해가 발생하더라도(Fail), 안전(Safe)하도록 하는 기술이다.

기계·설비는 장해가 발생하기 마련이다. 장해의 발생은 인정하지만, 그것이 항상 안전 측으로 장해가 발생하도록 구조적으로 만드는 것이 안전성 설계의 기본이다. 예를 들면, 멈추고 있는 것이 안전 측이라면, 고장 날 경우 멈추게 하는 것이 안전 측의 기술적 대응이고(안전 측의 상태≒기능정지), 이것이 Fail Safe의 기본적 사고방식이다.

Fail Safe의 예로는, 넘어지면 자동적으로 소화(消火)하는 석유스토브, 제어장치가 정전되면 제어봉이 자체의 무게로 낙하하여 핵반응을 정지시키는 원자로, 기계의 출입금지용 적외선 센서가 파손된 경우 사람을 감지한 것과 동일하게 정지하는 기계, 열차가 신호지시 속도를 초과하거나 신호체계를 무시하고 운행할 경우 자동으로 열차를 정지 또는 감속하게 하는 장치(Automatic Train Stop: ATS), 정전 등에 의해 차단기가 작동되지 않게 되더라도 중력에 의해 차단막대가 내려간 상태로 멈춰 있는 건널목, 과전류가 흐르면 기판이 파손되는 것을 방지하기 위해 스스로 타버리는 전기회로 퓨즈 등이 있다.

### (6) Fault Tolerance와 Fail Safe

앞에서 Fail Safe와 Fault Tolerance에 대해서 설명하였지만, Fail Safe와 Fault Tolerance 는 근본적으로 다른 개념이다. 때때로 신문보도 등에서는 다중계(multiplex system)에 근거한 안전장치[엄밀하게는 다중(多重)에 기초한 고신뢰장치라고 할 수 있다]를 잘못 알고 Fail Safe라고 부르는 경우가 있다. 그러나 이것은 Fault Tolerance이고, Fail Safe라고 부르는 것은 잘못이다.

기계·설비를 구성하는 부품에 장해가 발생하더라도 기계·설비의 상황이 안전 측이 되도록 장치로서 반영하고 있는 Fail Safe와, 기능을 가급적 유지하는 것을 통해 안전을 확보하려고 하는 신뢰성(Fault Tolerance)은 각각 확정론과 확률론에 근거한 안전성의 입장이라고 말할 수 있지만, 전자 쪽이 훨씬 높은 안전성을 갖는다는 것을 이해할 필요가 있다.

Fail Safe라는 접근방법은 안전을 확인할 수 없는 한 위험 가능성이 있는 본래의(편리하고 효율적인) 기능을 실행시키지 않거나, 역으로 본래의 기능을 실현하는 중에도 안전이 확인되지 않게 되면 그 기능을 멈추게 하여 안전을 확보한다고 하는 사고방식으로 연결된다. 그렇다면, 이 발상은 이른바 '안전확인형' 접근방법과 일맥상통하는 것이라고 할 수 있다. 산업현장에서 사용되고 있는 방호장치의 대부분이 Fail Safe의 접근방법을 적용한 것이다.

한편, Fault Tolerance의 경우에는 다중계(multiplex system)라는 장치를 도입하고 있는데, 각 서브시스템의 독립성이 보장되어 있으면 높은 신뢰도를 얻을 수 있다.

요컨대, 인명을 책임지는 분야에서는 먼저 Fail Safe의 입장에서 시스템을 생각하여야 한다. 아무리 해도 안전 측을 찾아낼 수 없는 경우, Fail Safe를 실현할 수 없는 경우, 또는 Fail Safe가 비용적으로 실현 곤란한 경우 등에 비로소 Fault Tolerance에 의한 방법을 검토할 필요가 있다.

## 3. 안전기술의 미래 전망

### (1) 안전기술의 현재와 미래

과학기술에서 인간의 행복을 실현하려고 할 때 가장 심각하게 고려하여야 하는 문제의 하나가 안전이다. 인간의 행복의 실현을 위하여 구축·제조한 인공물에 의해 고장, 실수 등이 원인이 되어 인명을 잃거나 상해를 입는 일은 있어서는 안 되는 것이다. 이것을 방지하기 위한 과학기술이 안전기술이다.

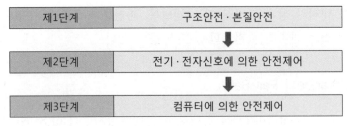

| 제1단계 | 구조안전 · 본질안전 |
| --- | --- |
| 제2단계 | 전기 · 전자신호에 의한 안전제어 |
| 제3단계 | 컴퓨터에 의한 안전제어 |

그림 1.9.1 인공물에서의 안전기술의 변천

지금까지 각 분야에서 많은 안전기술이 축적되고 발전하여 왔지만, 거기에는 기술적으로 공통된 접근방식이 존재한다. 예를 들면, 앞에서 설명한 Fail Safe, Fool Proof, Fault Tolerance 외에도, 어떤 조작(조건)이 완료(충족)되지 않는 한 위험을 수반하는 것 같은 동작은 허가하지 않는 인터록(interlock) 기술, 위험한 기계·설비와 인간을 격리하고 위험한 곳을 울로 둘러싸는 안전방호기술 등은 어떤 분야에도 적용 가능한 공통기술이다.

이와 같은 각종의 안전기술이 개발되어 온 경위를 조망해 보면, 인공물에서의 안전기술의 변천은 다음과 같은 시간적 단계의 분류를 할 수 있다(그림 1.9.1 참조).

기계·설비의 재료·구조에 안전을 반영해 넣는 기술 및 처음부터 위험원(hazard, 재해의 잠재적 근원, 위험요인, 유해·위험요인이라고도 한다)이 존재하지 않도록 설계하는 기술, 즉 구조안전과 본질안전의 기술이 제1단계이다.

제2단계는 전기·전자신호를 이용한 안전제어기술의 출현이다.

그 다음으로 컴퓨터를 도입하여 안전을 실현하려고 하는 단계가 제3단계이며, 현재의 안전기술의 개발은 이 제3단계에 들어와 있다. 이 제3단계에서는 인터넷 기술, 특히 IoT[Internet of Things: 사물과 사물의 인터넷에 의한 결합(사물인터넷)]에 관련된 기술이 많이 도입될 것이다.

현시점에서 인공물의 안전확보는 기계·설비 측에서 제공되는 기술이 우선적이고, 그 다음으로 이용자가 안전에 주의하여 사용하는 단계(step)로 구성되어 있다고 볼 수 있으며, 이 순서로 리스크에 대응하여야 한다고 말해지고 있다.

설계자가 아무리 안전하게 설계·제조하더라도 반드시 리스크는 남는다. 이 잔류리스크에 대해서는 경고·주의표시를 하거나 올바른 사용방법을 제시하는 등 사용상의 정보를 제공하고, 마지막으로 잔류리스크의 취급을 이용자에게 맡긴다. 여기까지가 설계자가 기술의 면에서 행하여야 할 안전확보이고, 그 다음에는 사용상의 정보에 따라 이용자가 주의하여 사용하는 것이 올바른 대응의 순서이다.

인간이 주의하기 전에, 먼저 기계·설비 측에서 안전을 실현하라고 하는 것이 현재의 안전에 대한 기본적인 사고방식이다. 그리고 안전기술 그 자체는 기계·설비의 안전화·고도화와 함께 사용하는 인간의 가치관도 반영하는 방향으로 변천하여 왔다.

이 방향에 따르면, 앞으로의 안전기술은 기술적 측면뿐만 아니라 인간의 특성, 가치관이라고 하는 인간적 측면을 고려하고, 최종적으로는 안전문화를 조성하는 방향으로 진행되어 갈 것이다.

이 점을 감안할 때, 향후의 안전기술은 종합화·시스템화와 마주 대하여야 한다. 유해·위험요인의 경우 지금까지는 주로 기계·설비 내의 고장, 인간의 과오 등을 대상으로 해 왔지만, 앞으로는 인간의 의지·의도가 개입된 악의도 위험원으로 고려하여야 할 것이다.

이와 같이 안전기술은 앞으로 휴먼에러는 물론, 인간의 의지·의도, 사회제도 등과의 융합화의 방향을 생각하여야 할 것이다. 시스템, 인간, 환경이 각각의 특징을 살리고 역할을 다하면서, 협조하여 전체적으로 안전을 확보하는 시대가 되어야 할 것이다. 역할분담에 의한 안전의 실현으로부터 그것을 전제로 하여 상호 협조에 의한 안전(협조안전)으로 향할 것이다.

### (2) 인간과 기술, 시스템의 상호관계

과학은 축적이 가능하기 때문에 더욱 진보하는 것이 항상 가능하다. 그리고 아는 것을 즐기는 것이 인간의 본성이라는 것을 생각하면, 앞으로도 과학은 계속 진보해 갈 것임이 틀림없다. 그러나 과학의 진보의 성과가 반드시 인류의 행복에 연결될 것이라고는 소박하게 믿을수 없는 시대가 되었다.

기술이 행복의 실현에 활용되기 위해서는 인간의 입장에서 과학이 진보의 방향성을 제어하고, 그 성과를 어디까지 받아들일지를 판단하여야 한다. 비근한 일례로 인터넷에서 몇백만통의 메일을 한 번의 클릭으로 세계 속에 발신할 수 있는 기술은 편리하고 효율적이라고 하여 허용되어도 좋은 것일까? 프라이버시, 외설, 중상 등의 내용을 포함하는 경우는 인터넷 이용을 제한하는 기술의 개발이 요구된다.

정치에서 이것들을 정보의 관리와 감시의 도구로 이용하기 시작하고 있다. 발신자, 관리자의 윤리관에만 맡길 수 없다. 유감스럽지만 인간의 고의, 악의는 피하기 어렵고, 앞으로는 인간의 악의도 위험원으로 생각하지 않을 수 없을 것이다.

한편, 스마트 그리드(smart grid)라고 불리는 지능형 전력망이 많은 발전소, 풍력·태양광 발전소 등과 연결되고, IT기술을 이용하여 효율적이고 편리한 분산형 거대에너지 수신형시스템으로 기획되고 있다.

여기에서는 하나의 문제와 부정이 네트워크 전체의 장해로 확산될 가능성이 있고, 에너지가 큰 만큼 대참사로 될 가능성을 포함하면서 진행되고 있다. 다른 많은 거대시스템도 동일하다.

어디까지의 편리함과 불편함, 효율과 비효율 그리고 리스크를 허용할 것인지가 중요한 판단 포인트가 되고 있다. 이 문제는 확실히 안전의 문제 그 자체이고, 리스크는 제로가 될 수는 없지만, 큰 리스크는 허용하지 않는, 즉 어디까지 하면 안전한가라는 문제이다.

우리들은 진보하는 과학기술을 인간의 행복을 위하여 인간이 사용하는 시스템에서 어떤 식으로 어디까지 실현할 것인지 그 가치판단을 요구받고 있는 것이다.

### (3) 사회 전체적으로 안전을 확보하는 시대

적극적이고 전향적인 꿈을 가진 과학의 탐구 그리고 인류의 지속가능성 및 인간의 행복의 실현을 고려한 기술·시스템의 도입, 이 2가지의 균형을 취할 수 있는 과학기술의 모습을 지향하여야 할 것이다.

현대에는 기술·시스템이 거대화·복잡화되어 전체 모습이 잘 보이지 않게 되고 예견 불가능한 리스크가 존재할 가능성이 커지고 있다. 그리고 하나의 사고, 실패, 예견 불가능성이 재기 불능의 결말을 초래할 가능성이 커져 왔다.

지금까지의 기술, 시스템은 사고로부터 배우고 사고라는 불행의 축적으로 안전기술이 실현되고 안전확보의 접근방식이 확립되어 왔다. 그러나 거대하고 복잡한 시스템이 재기 불능의 결말을 초래할 위험성이 높아진 현재는 대형사고가 일어나서는 안 되는, 그것이 허용되지 않는 시대를 맞이하고 있다.

이를 위해서는 기술자가 자신의 전문분야의 안전에 대하여 깊이 알고, 리스크를 미리 판단하여 허용 가능한 지점까지 리스크를 저감하는 위험성평가(risk assessment) 등의 안전의 공통기법을 숙지하고 있어야 한다. 그뿐만 아니라, 안전에 관하여 자연과학, 사회과학, 인간과학을 아울러 종합적이고 통합적인 관점에서 조망하는 관점이 필수가 되고 있다.

향후에는 과학기술적으로 리스크가 불확실한 것은 이를 적용할 때까지 시간을 둔다고 하는 예방원칙(precautionary principle)의 접근방식이 점점 중요해질 것이다.

앞으로의 과학기술자, 특히 안전에 관여하는 기술자는 전 세계를 그리고 관련 있는 전 분야를 포괄적으로 조망하여 그중에서 자신의 분야를 깊게 추구하는 자세를 가져야 한다.

한편, 우리 시민들은 안전을 절대개념으로 접근하지 말고 작은 리스크는 허용한다는 냉정하고 합리적인 판단을 하는 안전문화를 육성해 갈 필요가 있다. 매스컴을 포함하여 과실사고에 대한 히스테릭한 범인 찾기, 책임추궁은 안전에 역효과를 초래할 수 있고 대형사고를 잉태하는 것으로 연결될 수도 있다.

행정은 모든 것을 통제관리하는 것은 불가능하다는 것을 깨닫고, 민간부문의 자율적인 활동을 어떻게 활성화하고 촉진할 것인지에 관하여 깊이 고민하여야 할 것이다. 안전은 사회 전체적으로 만들어 가는 것 외에는 달리 방법이 없다.

## 4. 기계와 인간의 관계

안전을 확보하는 데 있어 기계·설비와 인간의 미묘한 관계에 대하여 생각해 보자.

정형적인 조작, 운전이라면 인간에 맡기기보다는 컴퓨터에 내장된 기계·설비에 안전의 확보를 맡기는 쪽이 신뢰성이 높은 것은 사실이다. 기계·설비의 신뢰성은 인간의 신뢰성에 비하여 훨씬 높다고 알려져 있기 때문이다.

그러나 하여야 할 것이 사전에 알려져 있고 대응이 명확한 경우에는 그렇다고 할 수 있지만, 최초의 상황, 상정 외의 상황 등에 봉착하였을 때의 대응은 인간에 맡길 수밖에 없다. 이와 같은 경우에는 인간의 냉정함과 유연함으로 상황을 고려한 판단이 필요하다. 특히, 위기상태의 경우야말로 현장에서의 경험, 지혜가 중요하다.

통상은 열차, 비행기는 자동운전에 맡기는 쪽이 안전할지 모르지만, 여차할 때에는 인간이 관여하고 판단할 수밖에 없다. 따라서 그와 같은 때를 상정하여 안전의 확보에 관한 교육훈련을 해나가는 것이 중요하게 된다.

그러나 최후의 여차할 때에는 인간에 맡겨야 할 것인지, 기계에 맡겨야 할 것인지에 대한 논쟁이 예전부터 있어 왔다.

비행기의 조종을 예로 들면, 최후는 기계 등에 맡기지 말고 인간인 조종사에게 맡겨야 한다고 하는 보잉사(Boeing)의 사상이 있는가 하면, 패닉에 빠진 인간의 판단력은 매우 빈약하게 되는 경우가 많으므로 위험상태가 되었을 때에는 인간인 조종사에게 맡기지 않고 기계의 판단에 맡기는 쪽이 보다 안전하다고 하는 에어버스사(Airbus)의 사상이 있다.

조종사의 의사와 비행기의 (자동운전의) 판단이 달라 그 차이가 원인이 되어 실제로 추락 사고가 발생한 예도 있다. 기계에 맡겨야 할 것인가, 인간에게 맡겨야 할 것인가, 그것은 상황에 따라, 환경에 따라, 조건에 따라 다를 것이다.

그러나 항상 어떤 경우에도 인간이 판단하지 않을 수 없는 경우가 있을 수 있다는 사실을 유념해 둘 필요가 있다. 그와 같은 경우를 상정하고 교육, 훈련 등을 통하여 항상 인간의 대응능력을 높여 놓지 않으면 안 된다. 비행기, 열차에서 자동운전에 맡기기만 하면 솜씨가 둔해지므로 가끔은 자동운전 스위치를 끄고 직접 운전하는 경우가 있다고 조종사 또는 열차 운전사로부터 가끔씩 듣곤 한다.

# 기계·설비의 개선

산업현장에서 사용되는 기계·설비에는 여러 가지 종류가 있지만, 이들 기계·설비에 의한 산업재해를 방지하기 위해 산업안전보건법에서는 리스크가 높은 기계·설비를 대상으로 하여 일정한 안전기준을 충족하여야 한다는 것, 기계·설비 사용 시에 근로자의 위험을 방지하기 위한 필요한 조치를 강구하여야 한다는 것 등을 규정하고 있다.

그러나 이것들은 한정적으로 열거된 일부 기계·설비에 지나지 않는 점, 사업장 내에서 사용되는 기계·설비는 여러 방면에 걸쳐 있는 점 등으로 판단하건대, 산업안전보건법에 규정된 세부적인 안전기준을 상회하여, 기계·설비에 관한 국제기준을 토대로 다종다양한 기계·설비에 폭넓게 적용할 수 있는 안전기준을 자율적으로 도입하여 적용할 필요가 있다.

일반적으로 끼임(협착) [52]이라는 사고유형으로 대표되는 기계·설비에 의한 재해의 특징은 기계·설비의 에너지가 크므로 사망재해, 신체의 일부 절단·좌멸(挫滅: 꺾여 뭉그러짐) 등 장해가 남는 심각한 재해로 연결되기 쉽다.

그러나 위해의 발생 프로세스로 볼 때, 설계·제조단계에서 보호조치(기계·설비의 위험부분을 없애거나 위험부분에 접근하지 않아도 되도록 하는 등)를 실시하면, 재해의 리스크를 확실하게 감소시키는 것이 가능하다. 설령 위험부분이 있더라도, 설계·제조단계에서 적절하게 접근을 방지하는 조치, 접근한 경우는 기계·설비를 정지하는 조치 등을 실시하면 동일하게 위해의 발생 가능성을 감소시키는 것이 가능하다.

기계·설비에 대하여 설계·제조단계에서 적절하게 강구된 보호조치는 그 효과가 확실하고 지속된다. 반대로, 설계·제조단계에서 보호조치가 강구되어 있지 않은 기계·설비에 대해 나중에 조치를 실시하는 것은 개조하는 데 제약이 커 비용도 많이 들게 된다. 따라서 기계·설비의 설계·제조단계에서부터 리스크를 감소시키는 것이 효과적이고, 또한 그것이 산업재해 방지를 위한 중요한 과제이기도 하다.

## 1. 기계·설비 안전화의 대전제

기계·설비의 안전화에 대한 대전제는 다음 3가지이다.

> • 인간은 실수한다.
> • 기계·설비는 고장 난다.
> • 절대안전은 존재하지 않는다.

---

52 고용노동부 산업재해 분류기준에서는 끼임(협착), 감김을 합하여 '끼임'이라고 표현하고 있다.

이 전제하에서 기계·설비의 리스크를 저감하기 위해서는, 즉 기계·설비의 안전화를 도모하기 위해서는 다음의 원칙을 우선적으로 적용할 필요가 있다.

- 본질안전의 원칙 ⇒ 위험원을 제거하거나 사람에게 위해를 미치지 않을 정도로 리스크를 저감한다.
- 격리의 원칙 ⇒ 사람과 기계·설비의 위험원이 서로 접근·접촉할 수 없도록 한다.
- 정지의 원칙 ⇒ 일반적으로 기계·설비는 멈추고 있으면 위험하지 않게 되므로 기계·설비를 정지상태로 한다.

### (1) 인간은 실수한다

사람이 주의할 수 있는 것은 자신이 의식하고 있을 때에 한한다. 게다가 사람의 주의력은 그만큼 오랫동안 지속되지 않는다. 열심히 하고 있어도 본인의 의도에 반하여 결과적으로 실패하는 경우가 있다.

이와 같은 휴먼에러를 방지하는 방안으로는 여러 가지가 고안되어 있다. 인간공학원칙의 준수, 수동제어장치의 적절한 배치 등으로 실수를 적게 하는 방법이 나와 있고, 표시·표식·경고도 효과가 있다. 인간의 행동에 관해서도 '지적호칭(指摘呼稱)' 등 실수를 적게 하는 방법이 고안되어 실행되고 있다. 그러나 실수를 하는 것 자체가 인간의 특성이므로 실수를 적게 할 수는 있어도 완전하게는 방지할 수 없다. 따라서 '인간은 실수를 한다'는 것을 인식하고 인간이 실수하더라도 그것이 치명적인 것이 되지 않도록 기계·설비로 뒷받침한다는 접근방식이 중요하다. '사람에게 의존하는 안전'은 효과는 있어도 한계가 있으므로, 보다 신뢰성이 높은 '기계·설비에 맡기는 안전', '기계·설비에 의지하는 안전'으로 하는 쪽이 훨씬 효과적이고 확실하다.

### (2) 기계·설비는 고장 난다

기계·설비가 고장 나는 확률은 사람이 실수하는 확률보다 훨씬 낮다. 그러나 고장 나지 않는 기계·설비는 없다는 것을 인식하고, 고장 나기 어렵도록 하며, 나아가 고장 나더라도 안전 측으로 고장 나도록 할 필요가 있다(Fail Safe, 비대칭고장모드). 시스템을 이중화, 용장화(冗長化)함으로써 고장 나더라도 기능을 잃지 않도록 하는 것도 필요하다.

### (3) 절대안전은 존재하지 않는다

합리적으로 실현 가능한 허용(수용)할 수 있는 수준으로까지 리스크를 저감한다. 아무리

리스크를 감소시키더라도 '잔류리스크'가 제로로 되지는 않는다(즉, 절대안전은 존재하지 않는다). 리스크는 어떤 형태로든 반드시 남아 있기 마련이고, 그것을 방심하지 않고 끝까지 (추적)관리한다는 관점이 필요하다.

## 2. 기계·설비 안전대책의 종류

기계·설비 안전대책은 ⅰ) 본질적인 안전대책(안전기술), ⅱ) 격리·정지에 의한 안전대책(안전기술), ⅲ) 관리에 의한 안전대책(안전기술)으로 구분할 수 있다. 그리고 ⅰ) → ⅱ) → ⅲ)의 순위로 안전대책을 적용하는 것에 의해 적절한 리스크 저감을 달성할 수 있다.

### (1) 본질적 안전대책(안전기술)

'본질적 안전대책(안전기술)'이란 설비, 작업방법 등의 근본적 개선에 의해[안전방호장치(가드, 보호장치)를 사용하지 않고 설계를 변경하거나 운전특성을 변경하는 방법에 의해] 위험원을 제거하거나 위험원과 관련된 리스크를 저감하는 것을 말한다. 이것의 구체적인 예로는, 레이아웃 변경에 의한 위험한 작업의 근절, 제조라인의 근본적 개선에 의한 위험한 기계·설비의 철거 등과 같이 위험원을 제거하는 조치와 위험원을 제거할 수는 없어도 사람에게 위해를 주지 않을 정도로 힘, 에너지를 적게 함으로써 위해의 우려가 없게 하는 힘, 에너지 제한조치 등이 있다. 본질적 안전기술이 가장 우선도가 높은 기술이라는 것은 명백하다.[53]

### (2) 격리·정지에 의한 안전대책(안전기술)

현실에서는 본질적 안전기술만으로 반드시 적절한 리스크 저감을 달성할 수 있는 것은 아니다. 따라서 차선책으로 '격리와 제어에 의한 안전기술'에 의해 리스크 저감을 도모하는 것이 필요하다. 격리·제어에 의한 안전기술은 '공학적 대책'에 해당한다.

#### 1) 격리에 의한 안전대책(안전기술)

'격리에 의한 안전대책(안전기술)'은 인간과 기계·설비의 위험원이 서로 접근·접촉할 수 없도록 하는 것으로서, 재해의 발생 프로세스에서 말한 '공간적으로' 겹치는 것을 방지하는 것이고, 리스크의 큰 감소효과가 있다. 사람이 위험구역으로 들어올 수 없도록 격리하는(가

---

53 이는 경험적으로 볼 때 잘 설계된 안전방호장치조차도 고장 나거나 (누군가에 의해) 위반될 수 있고 (그것에 대한) 사용상의 정보가 지켜지지 않을 수 있는 반면, 본질적 안전대책(안전기술)은 기계의 특성에 내재된 보호조치가 변함없이 유효할 것이기 때문이다[ISO 12100: 2010(Safety of machinery – General principles for design – Risk assessment and risk reduction) 6.2.1].

드 등으로 보호하는) 것이 이에 해당한다.

### 2) 정지에 의한 안전대책(안전기술)

일반적으로 기계·설비가 작동하고 있을 때는 사람에게 위해를 주는 에너지를 가지고 있으므로, 기계·설비를 정지상태(에너지 공급을 차단하고 내부의 잔류에너지를 방출)로 하면, 사람에게 위해를 주지 않을 것이다. '정지에 의한 안전대책(안전기술)'은 기계·설비를 정지상태로 함으로써 안전을 확보하는 것이다. 재해의 발생 프로세스로 말하면, 사람과 위험원이 '시간적으로' 겹치는 경우에는 위험원을 일시적으로 정지하여 사람과 '시간적으로' 겹치는 것을 방지하는 것이다.

### (3) 관리에 의한 안전대책(안전기술)

실제 현장에서는 본질적 안전대책(안전기술)과 격리·정지에 의한 안전대책(안전기술)의 적용이 곤란한 작업이 매우 많다. 이와 같은 작업에 대해서는 숙련된 작업자의 기능과 주의력에 의존하여 기계·설비를 운전하면서 신중하게 작업을 진행해 나가는 수밖에 없다. 이때 필요한 것이 '관리에 의한 안전대책(안전기술)'이다.

## 3. 본질적 안전설계방안 [54]

여기에서 설명하는 '본질적 안전설계방안'은 기본적으로는 앞에서 설명한 '본질적 안전대책(안전기술)'에 해당한다. 본질적 안전설계방안의 본질은 적절한 설계에 의해 위험원을 제거하거나 위험원과 관련된 리스크를 저감하는 것이다. 이 방안 중에는 적절한 설계에 의해 위험원을 제거하는 것을 목적으로 하는 방안(본 절의 (1)~(12) 참조)뿐만 아니라, 사람이 위험원에 노출되는 기회를 줄임으로써 리스크를 저감하는 것을 목적으로 하는 방안(본 절의 (13)~(15) 참조)도 있다.

이 중 전자의 방안은 확실히 본질적 안전대책(안전기술)에 해당하지만, 후자의 방안은 격리·정지에 의한 안전대책(안전기술)도 포함하고 있는 점에 유의할 필요가 있다.

양자는 일반적으로 리스크 저감효과가 다르다. 예를 들면, 설비, 작업방법의 근본적 개선에 의해 위험원을 제거하면 재해의 발생은 생각하기 어려운 반면, 자동화라고 하는 리스크 저감방안으로는 트러블 처리 등을 할 때에 사람이 개입하는 경우가 있기 때문에 재해의 가능성은 여전히 남아 있다. 따라서 기업에서는 양자의 차이를 인식한 후에 적절한 방안을 채택할 필요가 있다.

---

54  이 부분은 주로 ISO 12100: 2010 6.2를 참조하였다.

이들 방안은 기계·설비의 설계·제조단계에서 실시하는 것으로서 충분한 안전성을 확보할 수 있을 뿐만 아니라, 상대적으로 저렴한 비용으로 실시할 수 있는 이점도 있다. 따라서 기업에서는 생산라인의 계획단계에서 이들 방안을 고려한 계획을 수립하는 것이 바람직하다.

## (1) 기하학적 요인의 고려

사람과 기계·설비의 공간적 관계를 적절하게 설계함으로써 산업재해의 발생을 방지한다. 구체적으로는 다음과 같은 방안이 해당된다.

① 제어위치에서 사람의 작업구역, 위험구역을 직접 눈으로 확인할 수 있도록 한다. 구체적으로는 사각(死角)이 없어지도록 기계·설비의 형상을 궁리한다. 거울을 배치하여 사각을 직접 확인할 수 있도록 하는 등의 방안을 생각할 수 있다.

② 협착할(끼일) 우려가 있는 부분은 인체가 들어갈 수 없도록 좁게 하거나 또는 끼일 우려가 없을 정도로 넓게 한다.

③ 사람이 도달할 수 없을 만한 장소에 위험구역을 설치한다. 구체적으로는 바닥면으로부터의 위험구역의 높이는 2.5 m(낮은 리스크의 경우) 또는 2.7 m(큰 리스크의 경우) 이상으로 설정한다.

④ 예리한 각부, 단부, 돌출부 등을 두지 않도록 한다. 구체적인 방안으로는 돌기물은 제거하고, 단부는 구부리며, 각부는 둥그스름하게 하는 것을 생각할 수 있다.

## (2) 물리적 측면의 고려

기계·설비가 발생하는 힘 등을 제한함으로써 산업재해의 발생을 방지한다. 구체적으로는 다음과 같은 방안이 해당된다.

① 가동부가 발생시키는 힘을 인체에 위해가 미치지 않을 정도로 제한한다[예: 자동차, 차량 등의 자동개폐문의 협압력(挾壓力)을 일정치 이하로 제한하는 방법 등].

② 가동부가 가지는 운동에너지를 인체에 위해가 미치지 않을 정도로 제한한다[예: 산업용 로봇을 구동하는 원동기의 정격 출력[55]을 일정치 이하로 제한하는 방법, 산업용 로봇의 매니퓰레이터(manipulator)의 동작속도를 일정치 이하로 제한하는 방법 등].

이 외에 소음, 진동, 위험물질, 방사선 등의 발산(방출)의 제한도 물리적 측면의 고려에 해당한다.

---

55 어떤 장비의 출력을 나타낼 때 안전하게 내보낼 수 있는 출력의 상한선을 의미한다. 단위는 와트(W)이다.

## (3) 기계·설비에 관한 일반적 기술지식의 고려

기계적 응력(stress)[56], 재료 및 그 특성 등을 고려함으로써 산업재해의 발생을 방지한다. 구체적으로는 다음과 같은 방안이 해당된다.

① 기계적 응력의 고려: 적절한 강도계산 등에 의해 기계·설비의 각 부분에 생기는 응력을 제한한다. 그리고 안전판＝안전변(safety valve)[57] 등의 과부하방지기구에 의해 기계·설비의 각 부분에 생기는 응력을 제한한다. 나아가, 응력변동이 있는 부분의 피로강도, 회전요소의 정적·동적 균형 등의 고려에 의해 과도한 기계적 응력이 발생하지 않도록 한다.

② 재료 및 그 특성의 고려: 기계·설비에 생기는 부식, 경년변화(經年變化: 재료의 성질이 시간의 경과와 함께 서서히 변화하는 현상), 마모, 연성, 취성(脆性: 물질에 변형을 주었을 때 깨지기 쉬운 정도), 독성, 인화성 등을 고려하여 재료를 선택한다.

③ 발산(방출)치의 고려: 소음, 진동을 발생시키지 않는 기구를 채용한다. 이것이 곤란할 때는 설치장소의 이동, 울타리의 설치 등에 의해 소음의 전파를 억제하거나 개구부의 위치, 방향의 조정 등으로 소음의 방출을 억제한다. 그리고 전리방사선, 레이저광선 등의 방사출력을 기계·설비가 기능을 수행하는 최저수준으로 제한한다.

## (4) 본질적으로 안전한 재료·물질, 기술의 채용

본질적으로 안전한 재료·물질, 기술을 채용함으로써 산업재해의 발생을 방지한다. 구체적으로 다음과 같은 방안이 해당된다.

① 화재, 폭발 등의 우려가 있는 물질은 원칙적으로 채용하지 않는다. 부득이하게 사용하는 경우에는 가급적 소량의 사용으로 그친다.

② 가연성 가스, 액체 등에 의해 화재, 폭발 등의 우려가 있는 경우에는, 발화점보다 충분히 낮은 온도로 유지하거나 기계·설비의 과열을 방지하거나 또는 폭발 가능성이 있는 농도가 되는 것을 방지하는 등의 구조로 한다.

③ 폭발성 분위기에서 사용하는 기계·설비에 대하여, 본질적으로 안전한 방폭구조의 전기설비 등을 사용한다.

---

56  재료에 압축, 인장, 굽힘, 비틀림 등의 하중(압력)을 가했을 때, 그 외력에 저항하여 재료 내부에 생기는 내력을 가리킨다. 재료에 응력이 생기면 재료의 강도 저하나 파손으로 이어진다. 응력은 외력이 증가함에 따라 증가하지만 이에는 한도가 있어서 응력이 그 재료 고유의 한도에 도달하면 외력에 저항할 수 없게 되어 그 재료는 마침내 파손된다. 응력의 한도가 큰 재료일수록 강한 재료라고 할 수 있으며, 또 외력에 의해 생기는 응력이 그 재료의 한도 응력보다 작을수록 안전하다고 할 수 있다.

57  압력용기, 관로 등을 과도한 압력으로부터 보호하기 위해 최고압력을 제한하는 밸브를 가리킨다. 사용하는 기기류에 따라 허용되는 최대압력이 다르고, 최대압력이 되면 자동적으로 밸브가 열리면서 공기 등을 배출하여 압력을 감소시킨다.

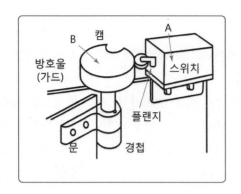 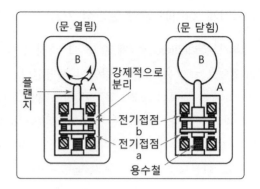

그림 1.10.1 인터록식 가드를 적용한 스위치의 예

④ 유해성이 없거나 적은 재료, 물질을 사용한다.

### (5) 확실한 기계적 작용(positive mechanical action)

기계부품을 직접 접촉시켜 접점을 강제적으로 분리하는 등의 작용을 통해 산업재해의 발생을 방지할 수 있다. 예컨대 가드에 캠(cam)을 직접 연결하는 방식으로 설치하여 가드를 열었을 때 캠의 작용(회전)에 의해 스위치의 접점을 강제적으로 분리하는 구조로 함으로써 기계를 확실하게 정지시킬 수 있다. 용수철에 의해 접점을 분리하는 방식으로는 용수철의 파손, 탈락 등에 의해 접점이 확실하게 분리되지 않아, 가드가 열렸음에도 기계 운전이 정지되지 않는 경우가 있기 때문에, 이와 같은 방식이 마련되어 있다. 이와 같이 동일한 스위치라도 그 사용방식에 따라 안전하게도 위험하게도 될 수 있다는 것을 이해할 필요가 있다.[58]

인터록용 스위치의 접점을 강제적으로 분리하는 기구(인터록식 가드를 적용한 스위치)가 이상에서 설명한 확실한 기계적 작용의 구체적인 예에 해당한다. 이 기구는 Fail Safe의 원점이기도 하기 때문에 안전기술의 활용에 있어서는 그 구조를 충분히 이해하고 있을 필요가 있다.

### (6) 안정성

기계·설비에 충분한 안정성을 갖게 함으로써 기계의 전도(顚倒) 등을 방지한다. 구체적으로는 다음과 같은 점을 고려할 필요가 있다.

① 외력의 작용[지진발생 시에 작용하는 힘, 풍하중(바람으로 인하여 구조물의 외면에 작용하는 하중), 사람, 물체가 충돌하였을 때 발생하는 힘 등]

---

58 스위치를 커버로 완전히 덮어 특수한 공구를 사용하지 않으면 커버를 열 수 없는 구조로 할 수 있다. 이와 같이 사람에 의한 보호장치 등의 의도적인 무효화를 방지하는 기술을 Tamper Proof라고 한다.

② 기계·설비의 운동에 의해 발생하는 힘
③ 사람의 조작에 의해 가해지는 힘
④ 기초의 형상 치수
⑤ 부하를 포함한 중량분포
⑥ 전도(顚倒) 모멘트를 발생시킬 수 있는 기계·설비의 부품, 기계 자체 또는 기계에 장착된 요소의 운동에 의한 동적인 힘
⑦ 진동
⑧ 무게중심의 변동
⑨ 기계·설비를 이동시킬 때의 주행노면, 설치면의 상태(경사, 요철 등) 등

## (7) 보전성

사람에 의한 보전(유지보수)작업을 안전하고 용이하게 실시할 수 있도록 기계·설비의 오조작 등을 방지한다. 구체적으로는 다음과 같은 점을 고려할 필요가 있다.
① 접근성의 확보
② 인체 치수의 고려
③ 취급의 용이성
④ 특수한 공구와 장비의 수의 제한

## (8) 인간공학적 원칙의 준수

사람의 신체적 부담의 경감, 오조작의 방지 등을 인간공학적 관점에서 충분히 검토함으로써 산업재해의 발생을 방지한다. 구체적으로 다음과 같은 점을 고려할 필요가 있다.
① 정신적 또는 신체적 스트레스의 감소
② 인터페이스의 명확화
③ 스트레스가 큰 자세, 동작 등의 회피
④ 인체의 신체구조를 배려한 조작반의 최적설계
⑤ 소음·진동·온열의 영향의 회피
⑥ 작업리듬을 자동운전의 사이클에 무리하게 맞추지 않음
⑦ 적절한 조명의 채용
⑧ 수동제어기의 적절한 선정과 배치
⑨ 지시기·다이얼·표시유닛 등의 최적의 선정과 배치

### (9) 전기적 위험원의 방지

감전, 전자노이즈(noise)에 의한 기계·설비의 오동작 등에 대한 대책을 실시함으로써 산업 재해를 방지한다. 이 중 감전에 대한 방안에서는 직접 접촉과 간접 접촉의 차이를 이해하는 것이 매우 중요하다.

직접 접촉이란 인체가 충전부에 직접 접촉하는 것을 말한다. 이때의 방안으로는 손이 닿지 않는 위치에 충전부를 배치하는 것, 파괴하지 않고는 제거할 수 없는 전열물로 완전히 덮는 것 등이 있다.

간접 접촉이란 단락, 누전 등 전기적 이상 때문에 충전상태가 된 도전성부분에 인체가 접 촉되는 것을 말한다. 이때의 방안으로는 이중절연구조, 강화절연구조의 기기를 사용하는 것, 도전성부분을 보호본딩(bonding)회로에 접속한 후에 절연불량 등이 발생한 경우에 전원을 자동차단하는 기기를 설치하는 것 등이 있다.

### (10) 공압·액압설비의 위험원의 방지

공압 및 액압(유압, 수압 등)설비에서는 잔압에 의해 기계·설비의 가동부분이 불의(不意)에 기동하거나 압력의 이상상승에 의해 고압유체가 분출되거나 하여 예상하지 않은 산업재해가 발생하는 경우가 있다. 이와 같은 재해를 방지하기 위해서는 다음과 같은 방안이 필요하다.

① 최대정격압력을 초과하지 않기 위한 방안(압력제한장치의 사용)
② 서지압력(surge pressure), 압력 등의 상승·저하의 방지
③ 위험한 유체의 분출의 방지
④ 공기탱크(air receiver), 축압기(hydraulic accumulator) 등의 규칙에의 적합
⑤ 파이프, 호스의 보호
⑥ 동력차단 시 축압기의 감압
⑦ 잔압(殘壓)의 배출 등

### (11) 제어시스템에의 본질적 안전설계방안의 적용

기계·설비의 안전확보를 위하여 설치되는 제어시스템에서는 제어시스템의 부적절한 설계, 고장 등에 의해 정지 중인 기계·설비가 갑자기 기동하거나 운전 중인 기계·설비가 멈추지 않는 경우 등이 있다. 이와 같은 상황이 발생하면 바로 중대한 재해가 될 가능성이 있다. 따라서 다음과 같은 방안을 실시하여 산업재해의 발생을 방지한다.

① 기계·설비의 기동은 제어신호 에너지가 낮은 상태에서 높은 상태로의 변화에 의할 것,
기계·설비의 정지는 제어신호 에너지가 높은 상태에서 낮은 상태로의 변화에 의할 것

② 내부동력원의 기동, 외부동력원으로부터의 동력공급의 개시만으로 기계·설비가 갑자기 운전을 개시하지 않을 것

③ 동력원으로부터의 동력공급의 중단, 보호장치의 작동 등에 의해 기계·설비가 운전을 정지한 경우에는, 기계·설비가 운전 가능한 상태로 복귀한 때라도 재기동 조작을 하지 않으면 운전이 개시되지 않을 것

④ 프로그램 가능한 제어장치에서는 고장 또는 과실에 의한 프로그램 변경을 용이하게 할 수 없을 것

⑤ 전자노이즈 등에 의한 기계·설비의 오동작과 함께, 오동작을 일으키는 다른 기계·설비로부터의 불필요한 전자에너지의 방사를 방지하는 조치가 강구되어 있을 것

## (12) 안전기능의 고장확률의 최소화

안전상 중요한 기구, 제어시스템에서는 고장에 의한 영향을 최소화하기 위하여 다음과 같은 방안을 강구할 필요가 있다.

① 부품 및 요소에는 신뢰성이 높은 것을 사용할 것

② 비대칭고장특성을 갖춘 요소를 사용할 것

③ 요소를 용장화(다중방호, defences in depth)하는 동시에 자동감시를 사용할 것

②의 비대칭고장특성이란, 안전 측(일반적으로는 기계·설비가 정지하는 측)으로 고장 날 확률이 위험 측(일반적으로 기계·설비가 정지하지 않는 측)으로 고장 날 확률보다 현저히 높은 특성을 말한다. ③의 용장화란, 복수의 요소를 둠으로써 일부의 요소에 고장이 생기더라도 다른 요소로 기능을 유지하는 구조를 말한다. 그리고 자동감시란 자기진단(self check) 기능을 갖도록 하여 고장·이상 등을 정기적·자동적으로 감시하는 기능을 말한다.

## (13) 설비의 신뢰성 개선에 의한 위험원의 노출기회 제한

설비 자체 또는 설비를 구성하는 요소의 신뢰성 개선에 의해, 사람이 트러블(이상)처리 등을 위하여 위험구역에 들어가는 빈도를 감소시킨다. 이를 통해 사람에 의한 위험원에의 노출기회를 감소시킨다. 구체적으로는 산업용 로봇을 이용한 반송(搬送)시스템의 신뢰성을 개선함으로써 로봇의 가동범위 내에서의 트러블(이상)처리작업을 근절하는 방안 등이 해당된다.

## (14) 공급·배출작업의 기계화 및 자동화에 의한 위험원에의 노출기회 제한

기계·설비에의 가공물의 반입(공급), 배출(꺼냄) 또는 가공작업을 자동화 또는 기계화함으로써 사람이 기계·설비의 운전 중에 위험원에 접근할 필요를 없애거나 빈도를 현저하게 감

소시킨다. 이를 통해 사람이 위험원에 노출되는 기회를 감소시킨다. 구체적으로는 프레스 기계의 금형 내에 재료를 자동적으로 공급 또는 배출하는 장치를 설치하는 방안 등이 해당된다.

### (15) 설정 및 보전의 작업위치를 위험구역 밖으로 하는 것에 의한 위험원에의 노출기회 제한

설정 및 보전의 작업위치를 위험구역 밖으로 설정함으로써 사람에 의한 위험원에의 노출기회를 감소시킨다. 구체적으로는 산업용 로봇의 교시(教示)를 위험구역 밖에서 행하는 작업 등이 해당된다.

## 4. 안전방호장치 및 부가보호방안[59]

### (1) 안전방호장치

본질적 안전설계방안에 의해 위험원을 합리적으로 제거할 수 없거나 리스크를 충분히 감소시킬 수 없는 경우에는 안전방호장치를 사용한다.[60] 안전방호장치(가드 또는 보호장치)는 단독으로 또는 조합하여 사용한다.

안전방호장치는 대별하여 다음 2가지 원칙이 제시되고 있다.

① 가드의 설치에 의하여 사람과 위험원을 공간적으로 구분한다(격리의 원칙).

② 보호장치의 설치에 의해 사람과 위험원을 시간적으로 구분한다(정지의 원칙).

여기에서 주의해야 할 것은 가드, 보호장치를 장착하는 것에 의해 새로운 위험원이 발생할 우려가 있으므로 이를 충분히 음미할 필요가 있다는 점이다. 새롭게 발생하는 위험원의 예는 다음과 같다.

- 가드의 구조에 의한 위험원: 예리한 끝부분, 상해를 야기할 수 있는 모서리부분, 상해를 입힐 수 있는 재료 등
- 가드의 동작에 의한 위험원: 절단, 압착, 끼임을 야기할 수 있는 가동부, 상해를 입힐 수 있는 가드의 낙하 등

### 1) 가드에 의한 안전방호

안전방호에 사용하는 가드의 구체적인 종류에는 다음과 같은 것이 있다.

---

59 이 부분은 주로 ISO 12100: 2010 6.3을 참조하였다.

60 가드나 보호장치를 사용한다고 무조건 안전방호장치로 분류되는 것은 아니다. 본질적 안전설계방안에 해당하는 원리·기법을 가드나 보호장치에 적용하는 경우는 본질적 안전설계방안으로 분류된다.

### 가. 고정식 가드

고정식 가드란 일반적으로 울, 덮개 등으로 불리고 있는 것으로 다음과 같은 종류가 있다.

#### ① 포위형

기계·설비의 위험원을 완전히 둘러쌈으로써 인체가 위험원에 접근하는 것을 방지하는 가드이다. 회전축, 톱니바퀴, 벨트, 체인 등의 가드가 있다.

#### ② 거리형

기계·설비의 위험원을 둘러싸는 것은 아니지만, 위험원으로부터의 거리를 확보함으로써 인체가 위험원에 접근하는 것을 방지하는 가드이다. 로봇의 울, 터널가드(터널이 충분한 길이를 가지고 있기 때문에 손을 넣어도 위험원에 도달하지 않는 구조의 가드) 등이 있다.

### 나. 가동식 가드

가동식 가드란 사람의 손, 동력(중력, 용수철 등을 포함한다)에 의해 개폐하는 구조의 가드로서 다음과 같은 종류가 있다.

#### ① 동력작동형

동력에 의해 작동하는 가드이다.

#### ② 자기폐쇄형

가공물이 통과한 후에 자동적으로(중력, 용수철 또는 기타의 외력 등에 의해) 폐쇄위치로 복귀하는 가드이다. 절단기, 휴대용 접촉예방장치 등이 있다.

#### ③ 제어형

사람이 가드를 닫을 때까지 기계·설비가 작동하지 않고 가드를 닫으면 기계·설비가 자동적으로 작동을 개시하는 가드이다.

### 다. 조절식 가드

조절식 가드는 작업자의 조작에 따라 보호하는 길이, 보호위치 등을 변경할 수 있는 가드이다.

### 라. 인터록식 가드

인터록식 가드란 가드를 닫지 않는 한 기계·설비가 작동하지 않고 기계·설비의 작동 중에 가드를 열면 바로 기계·설비의 작동이 정지하는 가드이다.

### 마. 가드 잠금기능이 있는 인터록식 가드

가드 잠금기능이 있는 인터록식 가드는 가드를 잠그는 기구(전자식, 기계식 등)가 설치되어 있는 것이다. 가드가 닫히어 잠겨 있지 않는 한 기계·설비가 작동하지 않으며, 기계·설비가 정지하지 않는 한 가드의 잠금이 해제되지 않고 가드가 열리지 않는 방식의 가드이다.

## 2) 보호장치에 의한 안전방호

보호장치는 가드 이외의 안전방호물로 정의되는데, 이것의 구체적인 예로는 광선식, 레이저식, 양수조작식, 매트식 등의 장치가 있다. 사람의 접근을 검지(檢知)하여 기계·설비를 정지시키는 (정확하게는 사람이 존재하지 않을 때에만 기계·설비의 작동을 허가하는) 것이다. 이들 보호장치는 전기제어를 수반하는 것이 대부분이다. 이하에서는 이들 장치에서 공통적으로 주의하여야 할 사항을 설명한다.

### 가. 보호장치의 안전거리

광선식 안전장치 등의 보호장치에서는 사람이 광선을 차광하고 나서 기계·설비가 정지하기까지 일정 시간이 필요하다. 이때 인체가 더 이동하여 버리면, 기계·설비가 정지하기 전에 인체가 기계·설비의 가동부와 접촉할 가능성이 있다. 따라서 이와 같은 일이 없도록 기계·설비 가동부의 위험구역과 광선식 안전장치의 설치장소를 소정의 거리 이상으로 떨어뜨릴 필요가 있다. 이 경우 보호장치에서 위험구역까지의 최소거리가 안전거리이다.

실제 현장에서는 작업을 용이하게 하기 위하여 종종 안전거리를 소정의 수치보다 짧게 설정하고 있다. 그러나 안전을 확실하게 실현하기 위해서는 보호장치로부터 위험구역까지의 거리를 확실히 안전거리 이상으로 떼어 놓을 필요가 있다. 그리고 광선식 안전장치 이외의 다른 보호장치(예컨대, 압력검지용 매트스위치, 양수조작식 안전장치 등)에 대해서도 안전거리를 설정할 필요가 있다.

### 나. 보호장치의 고장대책

현실의 시스템에서는 보호장치가 고장 났을 때 바로 기계·설비를 정지시켜 작업자의 안전을 확보하는 구조가 필요하다. 보호장치에 대한 고장대책의 구분, 수준을 제시한 것이 안전성능에 관한 지표인 카테고리(category), SIL(Safety Integrity Level), PL(Performance Level)이다.

이 중 카테고리는 고장대책의 기술구분을 제시한 것으로서 카테고리 B, 1, 2, 3, 4로 구분된다. 카테고리 B가 기본안전원칙, 카테고리 1이 고신뢰화, 카테고리 2가 시동 시 또는 정기적 자동감시, 카테고리 3, 4가 용장화(冗長化)와 용장계(冗長系)의 출력결과의 불일치(장해) 검출이다. 이것은 ISO 12100 등의 규격에 근거한 '기계안전' 분야에서 고장대책의 기술구분을 제시하는 지표로서 오랫동안 이용되어 왔다.

이에 대해, SIL은 안전 정합성(整合性) 수준이라고 불리는 것으로 단위시간당 위험 측 고장의 발생확률 등으로 안전성을 평가한다. 이것은 IEC 61508 등의 규격에 근거한 '기능안전' 분야에서 이용되어 왔다.

이와 같이 종래는 기계안전과 기능안전에서 고장대책에 관한 지표가 별도로 운용되어 왔다. 그러나 기계안전과 기능안전의 평가지표가 다른 것은 번거롭다고 생각하여, 양쪽 분야에서 통일적으로 이용할 수 있는 고장대책의 종합적인 평가지표가 고안되었다. 이것이 PL로서, 안전성능이 높은 순으로 e부터 a까지의 단계로 되어 있다.

현재 이들 지표는 혼재하여 사용되고 있지만, 최종적으로는 PL로 통일되어 갈 것으로 생각된다.

### (2) 부가보호방안

'부가(附加)보호방안'은 본질적 안전설계방안, 안전방호장치와 같이 위험원에 대한 직접적인 보호조치는 아니지만, 위해가 발생하려고 하는 상황에서 이를 회피할 수 있도록 하는 것, 피해가 발생하기 전에 구조할 수 있도록 하는 것 등의 부차적인 방법으로 위해의 발생을 방지하기 위한 보호방안이다. 구체적인 방법은 다음과 같다.

① 비상정지기능을 부가하는 것. 비상정지장치는 다음과 같은 요건을 갖출 것
　　ⅰ) 명료하게 눈으로 확인할 수 있고, 바로 조작 가능한 위치에 필요한 수만큼 설치되어 있을 것
　　ⅱ) 조작된 경우, 기계·설비의 모든 운전모드에서 다른 기능보다도 우선적으로 실행되고, 리스크를 증가시키는 일 없이 가능한 한 신속하게 기계·설비를 정지할 수 있을 것
　　ⅲ) 해제될 때까지 정지명령을 유지하고 정해진 해제조작이 이루어진 때에 한해 해제가 가능할 것
　　ⅳ) 해제되어도 그것에 의해 바로 재기동하는 일이 없을 것
② 기계·설비에의 끼임 등에 의해 속박된 근로자의 탈출 또는 구조를 위한 조치를 가능하게 하는 것
③ 기계·설비의 동력원을 차단하기 위한 조치 및 기계·설비에 축적·잔류한 에너지를 제거하기 위한 조치를 가능하게 하는 것

## 5. 사용상의 정보내용 및 제공방법[61]

사용상의 정보는 기계·설비를 안전하게 사용하기 위하여 제조(설계)·수입을 하는 자로부터 기계·설비를 사용하는 사업주에게 제공되는 것이다.

---

61 이 부분은 주로 ISO 12100: 2010 6.4를 참조하였다.

기계·설비의 리스크 저감은 본질적 안전설계방안, 안전방호장치와 같은 설비 측면에서의 보호방안에 의해 행하는 것이 원칙이고, 근로자의 지식의 정도, 숙련도, 주의력 등의 여하에 관계없이 확실하게 안전이 확보되도록 할 필요가 있다. 그러나 현실적으로는 기술적 또는 경제적으로 제약이 있거나, 설치 시의 조건 등 불확정적인 요소가 있는 등의 이유에 의해, 제조자(설계자)·수입자가 모든 리스크에 대해 설비적인 방안에 의해 적절한 정도까지 리스크를 저감하는 것은 상당히 곤란하다. 이와 같은 형태로 남은 리스크를 더욱 저감하기 위해서는, 기계·설비의 사용사업주에게 보호방안을 실시하도록 하는 것, 기계·설비를 사용하는 근로자 등이 적정한 방법에 의해 사용할 수 있도록 하는 것 등이 필요하다. 이를 위해서는, 제조(설계)·수입을 하는 자로부터 당해 기계·설비의 사용에 대해 필요한 정보가 제공되는 것이 불가결하다.

이 정보에 대해서는, 단순히 기계·설비의 사용방법에 한하지 않고, 기계·설비의 리스크 등에 관한 정보도 아울러 제공하는 것이 기계·설비에 의한 산업재해를 방지하기 위해 필요하다. 구체적으로는 경고표시, 경보 등을 기계·설비 본체에 설치·부착하거나 취급설명서 등의 문서 형태로 제공한다.

## (1) 사용상의 정보내용

사용상의 정보내용에는 다음에 정하는 사항 및 기타 기계·설비를 안전하게 사용하기 위하여 통지 또는 경고하여야 할 사항을 포함하는 것이 필요하다.

① 제조 등(설계, 제조, 개조 또는 수입)을 행하는 자의 명칭 및 주소
② 형식 또는 제조번호 등 기계·설비를 식별하기 위한 정보
③ 제조의 사양 및 구조에 관한 정보
④ 기계·설비의 사용 등에 관한 정보
   ⅰ) 의도하는 사용의 목적 및 방법(기계·설비의 보수점검 등에 관한 정보를 포함)
   ⅱ) 운반, 설치, 시운전 등 사용 개시에 관한 정보
   ⅲ) 해체, 폐기 등 사용 정지에 관한 정보
   ⅳ) 기계·설비의 고장, 이상 등에 관한 정보(수리 등을 한 후의 재기동에 관한 정보)
   ⅴ) 합리적으로 예견 가능한 오사용 및 금지된 사용(방법)
⑤ 안전방호 및 부가보호방안에 관한 정보
   ⅰ) 목적(대상이 되는 위험원)
   ⅱ) 설치위치
   ⅲ) 안전기능 및 그 구성

⑥ 기계·설비의 잔류리스크 등에 관한 정보

   ⅰ) 제조 등을 행하는 자에 의한 보호조치로 제거 또는 감소할 수 없었던 리스크

   ⅱ) 특정 용도 또는 부속품의 사용에 의해 생길 우려가 있는 리스크

   ⅲ) 기계·설비를 사용하는 사업주가 실시하여야 할 안전방호, 부가보호방안, 근로자교육, 개인보호구의 사용 등의 보호조치의 내용

   ⅳ) 의도하는 사용에서 취급되거나 방출되는 화학물질의 물질안전보건자료

## (2) 사용상의 정보제공방법

사용상의 정보제공방법은 다음에 정하는 방법, 기타 적절한 방법으로 하는 것이 필요하다. 표식, 경고표시 등의 첨부를 다음에 정하는 방법으로 한다.

① 위해가 발생할 우려가 있는 장소 근처에 있는 기계·설비의 내부, 측면, 상부 등의 적절한 곳에 부착되어 있을 것

② 기계·설비의 수명이 다할 때까지 명료하게 판독 가능할 것

③ 용이하게 벗겨져 떨어지지 않을 것

④ 표식 또는 경고표시는 다음과 같은 요건을 갖출 것

   ⅰ) 위해의 종류 및 내용이 설명되어 있을 것

   ⅱ) 금지사항 또는 조치(작위)사항이 지시되어 있을 것

   ⅲ) 명료하고 바로 이해할 수 있을 것

   ⅳ) 재차 제공하는 것이 가능할 것

## XI. 일상생활에서의 안전습관화

### 1. 일상과 일의 관계

사람은 무언가 마음에 걸리는 일이 있으면 일에 집중할 수 없는 경우가 있다. 가정에서의 생활, 회사 출퇴근, 휴일을 보내는 방법 등 모두 직장의 안전과 관계를 가지고 있다. 직장의 안전을 위해서는 마음을 상쾌하게 하고 맡은 일에 정성을 쏟는 것이 필요하다.

직장에서 발생하는 재해 중에는 그 원인이 외부의 생활에서 그대로 반입되는 경우가 많이 있다. 가정에서의 다툼, 통근 도중에서의 말썽, 불쾌한 일 등을 그대로 직장에 가지고 가면 실수, 트러블, 나아가 재해를 일으키는 씨앗이 될 수 있다.

시간에 여유가 있어도 집을 나갈 때 항상 몸에 걸치는 물건이 안 보이거나 신고 갈 신발에 문제가 있거나 가족과 언쟁을 하여 기분 나쁜 상태로 집을 나서거나, 도중의 탈것에서 걱정될 만한 일이 발생하는 경우, 그것을 생각하면서 직장에 들어서면 작업 중에도 걱정이 되어 동료와의 의사소통이 나쁘게 되거나 주의력이 둔해져 재해를 일으키기 쉽게 된다.

그렇다고 하여 재해를 발생시키지 않기 위해 모든 일을 단념하고 걱정을 하지 않는다고 하는 것은 현실적으로 있을 수 없는 일이다. 구더기 무섭다고 장을 담그지 않는 것은 현명하지 못한 일이기 때문이다.

그렇다면 어떻게 하여야 할까? 직장과 동일하게 가정에서도 신변을 확실하게 정리정돈하고 청결을 항상 유지하는 등 생활리듬이 깨지지 않도록 하는 것, 근심거리는 혼자서 떠안고 있지 않고 가족, 친구, 주위사람 등과 상담하여 가급적 조속히 해결해 가는 것이 중요하다. 또 폭음·폭식, 밤늦도록 자지 않는 일을 하지 않는 것도 필요하다.

### 2. 바로 안전인간이 될 수 없다

우리들은 다양한 일상생활에서 위험과 맞닥뜨리는 경우가 적지 않다. 그런데 안전을 의식하지 않고 행동하는 사람이 직장에 들어가 바로 안전인간으로 변신하는 것은 쉽지 않다. 직장에서 안전인간이 되려면 가정을 비롯한 일상생활에서도 위험회피 행동의 습관화가 필요하다.

#### (1) 가정안전

##### 1) 가정에서도 안전을 화제로 삼는다
안전하고 건강한 생활을 지내기 위하여 필요한 기본교육에 대해서는 교육부의 학교안전교육의 실시기준(학교안전교육 실시 기준 등에 관한 고시)에서 정하고 있고(표 1.11.1 참조), 직장에서도 안전교육이 의무화되어 있는 만큼, 많은 사람들은 어떠한 형태로든 안전교육을 받아 본 경험이 있을 것이다.

그러나 그 지식 등이 기억에서 사라져 있는 경우, 일상생활 속에서 활용되지 않는 경우가 많으므로 지금까지 학습한 것을 돌이켜 생각하고, 사고·재해 등이 보도된 것을 계기로 가정생활, 사회생활 속에서 안전을 화제로 삼는 것이 바람직하다.

표 1.11.1 학교안전교육의 요점

| 구분 | 안전교육의 요점 |
|---|---|
| 유치원 | • 위험한 장소, 사물을 알 수 있도록 한다.<br>• 교통안전의 습관을 몸에 익히게 한다.<br>• 재해 시에 적절한 행동을 취하도록 훈련을 실시한다. |
| 초등학교 | • 생애를 통해 건강·안전한 생활을 보내기 위한 기초를 기른다.<br>• 심신의 건전한 발달, 건강의 유지증진 등에 대해 관심을 높인다. |
| 중학교 | • 생애를 통해 스스로의 건강을 적절하게 관리하고 개선해 가는 자질, 능력을 기른다.<br>• 자연재해, 교통사고에 의한 상해는 인적 요인, 환경적 요인 등이 관련되어 발생한다는 것을 이해시킨다.<br>• 응급처치에 의해 상해의 악화를 방지할 수 있다는 것을 가르친다. |
| 고등학교 | • 개인 및 사회생활에서의 건강·안전에 대한 이해를 심화시킨다.<br>• 직업병, 산업재해의 방지는 작업형태, 작업환경 등의 변화를 토대로 한 건강관리, 안전관리가 필요하다는 것을 가르친다. |

## 2) 가정에서 안전점검을 실시한다

안전관리의 기본 중 하나는 안전점검이다. 평상시 가정에서도 표 1.11.2에서 제시하는 것 같이 가스·전기에 관한 사항 등에 대해 점검의 습관화를 해 두는 것이 중요하다. 그리고 이 점검사항(예)은 사무실, 공장, 학교의 실험실 등에서도 필요하다.

표 1.11.2 가정에서의 안전점검사항(예)

| 구분 | 점검사항 |
|---|---|
| 가스·환기관계 | • 가스 냄새가 나지 않는지<br>• 가스난로, 스프레이 등을 사용할 때 환기팬을 돌리고 있는지<br>• 사용 후, 자기 전, 외출 시에 가스 개폐장치를 잠그고 있는지<br>• 가스기기의 점화스위치를 끌 때, 스위치가 도중에 멈추는 경우는 없는지<br>• 어린이가 가스기기의 점화스위치, 연소부분을 만질 우려는 없는지<br>• 가스누출경보기, 긴급차단장치는 있는지 |

(계속)

| 구분 | 점검사항 |
|---|---|
| 전기관계 | • 코드, 콘센트, 플러그가 뜨겁지는 않은지<br>• 코드가 구부러져 있는 부분, 서로 얽혀 있는 부분은 없는지<br>• 코드의 심선이 보이는 부분은 없는지<br>• 전기기기는 접지되어 있는지<br>• 누전차단기[62]는 작동하고 있는지<br>• 콘센트, 멀티탭에 먼지가 쌓여 있지는 않은지<br>• 플러그가 느슨하여 흔들리지는 않는지<br>• 전기용량을 무시한 채 문어발 배선을 하고 있지는 않은지<br>• TV의 뒷면 등에 먼지가 부착되어 있지는 않은지 |
| 계단관계 | • 올라가거나 내려갈 때 넘어진 적은 없는지<br>• 디딤판의 폭은 좁지 않은지<br>• 디딤판이 미끄러지기 쉽지는 않은지, 미끄럼방지 조치는 하고 있는지<br>• 뛰어 올라가거나 내려가지는 않는지<br>• 계단에 난간은 설치되어 있는지 |

## (2) 일상생활에서 안전행동을 실천한다

사고·재해정보, 일상생활에서 체험한 아차사고 사례는 효과적으로 활용하는 것이 중요하고, 습관화한 안전행동은 직장에서의 재해방지로도 연결된다.

다음에서는 일상생활의 안전행동으로 습관화할 필요가 있는 대표적인 사례를 제시한다.

### 1) 출근 등은 여유를 가지고

아침 출근 시에 역을 향하여 또는 역의 계단을 하이힐로 달려가는 사람을 자주 볼 수 있다. 하이힐은 힐의 높이 때문에 발걸음이 불안정한 신발이고, 게다가 뛰어가는 것은 그 자체가 위험한 행동이다.

급하게 가다 보면 전도(넘어질)의 위험이 높아지고, 전도되면 염좌가 발생하거나 머리부터 떨어져 큰 부상을 입을 우려가 있다. 이것은 사무실의 계단을 오르고 내려갈 때 등에도 동일하다.

출근시간대에 인신사고 등 때문에 전철이 20분 정도 늦는 경우도 드물지 않으므로, 목적지에 도착해야 하는 시간보다 30분 정도의 여유를 가지고 행동을 개시하는 것이 바람직하다. 출근 등의 시간에 여유를 가지는 것은 직장의 안전행동의 기본이기도 하다.

### 2) 역의 홈에서

전철의 발차 직전에 뛰어들어 문에 끼이고 끌려가 부상을 당하거나 사망하는 일이 가끔

---

62 누전차단기는 차단기에서 나가는 전류와 들어오는 전류를 실시간 비교하여 두 값의 차이가 발생하면 전류가 정상회로에서 누설된 것으로 판단하여 전원을 차단하는 보호장치이다.

매스컴에 보도되는 일이 있다. 무리한 승차는 절대로 피하여야 한다. 그리고 문은 닫힌 상태에서도 간극(쿠션부분)이 있어 끼인 채로 발차하거나 도어와 안전문(스크린도어) 사이에 갇힌 상태로 발차하는 경우 또는 센서의 고장으로 사람이나 물체가 끼인 것을 감지하지 못하는 경우가 있을 수 있다는 것을 알아 둘 필요가 있다.

스크린도어가 설치되어 있지 않은 홈에서는 열차가 접근하고 있을 때에 플랫폼 안전선의 외측을 걷는 것, 전차가 멈추기 전에 도어에 접근하는 것도 위험한 행위이다. 홈의 가장 앞에서 전철을 기다리고 있을 때, 어떤 이유로 뒤에서 밀리는 바람에 선로로 추락하는 경우도 있다.

### 3) 에스컬레이터, 엘리베이터에서

에스컬레이터에서는 계단에 신발이 끼이거나 굴러 넘어지거나 급정지·역주행에 의해 넘어지는(앞 또는 뒤로) 등의 재해가 발생하고 있다.

에스컬레이터에서는 핸드폰 등을 하면서 이동하거나 뛰어 올라가거나 내려가는 것은 피하고, 이용 시에는 오른쪽에 서서 표시된 계단의 안전범위에 발을 딛고 손은 긴급 시에 대비하여 핸드레일을 가볍게 잡는 것을 습관화할 필요가 있다.

엘리베이터는 문이 막 닫힐 때에 뛰어 들어가는 사람을 위하여 문을 손으로 대고 있는데, 위험한 행위이다. 뛰어들어 타는 것은 절대로 피하고, 다음 엘리베이터를 기다리는 여유를 갖는 것이 필요하다.

그리고 엘리베이터가 도착하지 않았는데도 문이 열리는 경우가 있을 수 있으므로, 엘리베이터의 도착을 확인하고 나서 탑승하도록 한다. 그리고 엘리베이터 앞에서는 장난치거나 기대서는 안 된다. 엘리베이터 출입문이 이탈되어 엘리베이터 통로로 추락할 수 있다.

엘리베이터의 케이지(car)와 탑승구의 바닥이 일치하지 않고 단차가 있는 상태로 정지하는 경우가 있다. 이 경우는 와이어로프가 늘어나 있거나 조정이 제대로 되어 있지 않을 가능성이 있으므로, 엘리베이터에 탑승하는 것을 피하고 설비관리자에게 바로 알리는 것이 필요하다.

## 3. 교통안전

### (1) 안전운전을 철저히 한다

자동차 사회에서 사람들은 회사의 업무로서 자동차 운전을 하기도 하지만 출퇴근 시에도 자가용차를 이용하는 사람들이 많아 교통재해는 매일처럼 발생하고 있다. 따라서 교통재해 방지는 산업재해의 방지와 더불어 국민적 과제라고 할 수 있다.

표 1.11.3 **교통재해 발생현황(2022년)**

| 구분 | 발생자·건수 |
|---|---|
| 사망자수 | 2,735명 |
| 부상자수 | 281,803명 |
| 사고건수 | 196,836건 |

출처: 도로교통공단 교통사고분석시스템(경찰DB: 국가공식통계)

통근 시의 교통재해를 분석한 결과(도로교통공단 교통사고분석시스템)에 의하면, 많은 교통재해는 법규위반에 기인하는 경향이 있다. 가해운전자의 경우는 안전운전 불이행, 안전거리 미확보, 신호 위반, 교차로 운행방법 위반, 중앙선 침범 등의 법규위반이 많고, 피해운전자의 경우에는 안전운전 불이행, 신호 위반, 교차로 운행방법 위반, 안전거리 미확보, 중앙선 침범 등의 법규위반이 많다. 그리고 보행자의 경우는 무단횡단, (횡단보도에서의) 신호의 무시, 갑자기 뛰어나옴 등이 많은 비중을 차지하고 있다.

자동차를 운전하는 사람은 이와 같은 교통재해의 특징을 인식하고, 통근 시는 물론 업무차 운전하는 경우, 레저로 운전하는 경우 등에도 속도규제의 준수, 휴대전화의 사용금지 등 교통법규를 준수하는 것을 습관화하여야 한다.

### (2) 교통재해에서 운전자 미스(실수)의 특징

운전자는 '인지', '판단(예측)', '조작'이라는 절차로 자동차를 운전하고 있다. '인지'란, 운전자 주위의 교통상황을 인식하는 것으로서 위험성, 이상상태 등을 파악하는 것이다. '판단(예측)'이란, 인지한 결과에 대하여 어떠한 행동을 취할 것인가의 결정을 하는 것이다.

그 판단에 따라 운전행동을 하는 것을 '조작'이라고 한다. 교차점에는 현시점에서 위험은 보이지 않지만, 모퉁이에서 사람이 뛰어나올지 모른다고 하는 방어운전을 하기 위한 예측도 판단에 포함된다.

사고(충돌)에 관여한 당사자를 당사자 A, 사고(충돌)의 상대방을 당사자 B라고 하자. 미스의 횟수에 있어 당사자 A(충돌자)는 1인당 약 3건, 당사자 B(충돌 상대방)는 1인당 약 2건을 한다고 한다. 즉, 사고를 회피할 수 있는 기회가 당사자 A는 약 3회, 당사자 B는 약 2회라고 할 수 있다.

### (3) 인지 미스: 멍함, 잘못된 믿음이 주된 요인

당사자 A의 인지 미스에서 가장 많은 것은 '교차직진자', 즉 교차로에서 횡의 도로에 있는 차량 또는 사람을 보지 못하여 충돌사고로 연결되는 미스와 좌회전 차량과 직진 차량의 충돌로 연결되는 미스이다. 미스를 범하게 된 요인으로는 '멍함', '잘못된 믿음'이 모든 대상에 공통적으로 많고, '보려고 생각하면 보였을 건데, 보지 않은' 미스이다.

'잘못된 믿음'에 의한 인지 미스는 "교차하는 길에는 일시정지 표지가 있고, 항상 상대방의 차가 일시정지할 것이다."라고 생각하거나 "교통량이 적은 도로니까 거의 차가 오지 않을 것이다."라고 생각하였기 때문에 안전을 확인하지 않은 경우이다.

다음으로, 건물, 수목 등의 가림 때문에 보이지 않았다, 비, 안개 등 때문에 보이지 않았다 등의 '전망 불량'이 많은데, '보려고 해도 보이지 않은' 미스라고 할 수 있다.

인지 미스를 저지르게 된 특이요인에 해당하는 '졸음', '음주'는 주로 '차선 벗어남'의 주된 요인이 되고 있고 차량단독사고, 정면충돌 등의 중대한 사고로 연결되므로, 특히 주의할 필요가 있다.

### (4) 판단(예측) 미스: 잘못된 믿음이 주된 요인

당사자 A의 가장 많은 판단(예측) 미스는 '교차로'를 인지하였음에도 불구하고, 상대방이 보이지 않아 "교차로에는 누구도 없을 것이다."라고 생각하는 것이다. 이것도 교차로 충돌로 연결되는 미스이다. 교차로를 인지한 시점에서 "교차로에는 누구도 없을 것이다."가 아니라, "교차로에는 누군가가 있을지도 모른다."라는 안전지향의 판단(예측), 이른바 방어운전을 유념함으로써 '교차 직진자'에 대한 인지 미스를 상당히 회피할 수 있다.

중요한 것은, 요인이 무엇이든 어떤 것에 대해 인지 미스를 하였더라도 다른 대상을 보고 '인지할 수 없었던 대상'의 존재를 예측하는 습관과 능력이 필요하다.

판단 미스를 하게 된 요인은 동일하게 '잘못된 믿음'이 많다. "자신 쪽의 길이 우선도로이기 때문에 상대는 나오지 않을 것이다." 또는 "자신 쪽의 신호가 초록색이기 때문에 상대는 나오지 않을 것이다."와 같이 굳게 믿어 버리는 경우이다.

당사자 B의 가장 많은 판단(예측) 미스는 '교차로'를 보았을 때 "나의 진로를 방해하는 자는 없을 것이다."라고 생각하는 것이고, 두 번째는 '신호'를 보았을 때 "다른 사람은 신호를 무시하는 일은 없을 것이다."라고 생각하는 것이다. 미스를 하게 된 요인은 '잘못된 믿음'이 대부분이다. 신호 등의 규칙에 따라 운전하는 사람만 있는 것이 아니라는 사실을 인식하고 방어운전에 유의할 필요가 있다.

### (5) 조작 미스: 당황, 패닉, 잘못된 믿음이 주된 요인

조작 미스는 많이 발생하지는 않지만, 미스의 대부분은 핸들조작의 미스이고, 이 미스를 하게 된 요인은 운전기량 부족, 당황, 패닉, 음주, 운전조작에 대한 과신, 졸림 등이다.

## (6) 정리

① 운전자 미스의 종류는 인지단계, 판단(예측)단계 순으로 많고 조작단계는 적다.

② 운전자 미스의 수는 당사자 1인당 2~3건이고, 바꾸어 말하면 사고를 회피할 수 있는 기회는 2번 이상 있다고 말할 수 있다.

③ '교차 직진자'를 간과하는 경우가 많고, 그 이유는 '멍함'이라고 하는 운전에 대한 집중도의 저하, 누구도 나올 리가 없다고 하는 '잘못된 믿음' 때문인 확인 불충분, 다음으로 가옥이나 다른 차의 가림, 기후 불량에 의한 '전망 불량'이다. 즉, '보려고 했더라면 보였을 텐데, 보지 않았던' 미스, '보려고 했어도 보이지 않은(전망 불량)' 미스 순이다.

④ '교차로' 그 자체를 간과하는 경우는 적고, '교차로'를 인지한 때에 "교차로에는 누구도 있지 않았을 것이다."가 아니라 "교차로에는 누군가가 있을지도 모른다."라고 하는 안전지향의 판단(예측), 이른바 방어안전에 유의하는 것에 의해 '교차 직진자'에 대한 인지 미스를 회피할 수 있다고 생각되는 사례가 적지 않다.

⑤ 이상의 운전자 미스를 방지하기 위해서는
- 운전할 때에는 운전에 집중하는 것
- 신호, 일시정지 등이 있는 교차로에서 자신이 우선하는 것이 명백하더라도 반드시 다른 차를 확인하는 것
- 전망이 나쁜 경우에는 누구도 있지 않을 것 같은 교차로에서도 "누구도 없다."라고 생각하는 것이 아니라, "보이지 않더라도 누군가가 있을지도 모른다."라고 하는 방어안전을 하는 것

등에 중점을 둔 교육이 필요하다.


## 4. 걷기운동

유산소운동은 지방연소효과가 있고, 건강을 유지하기 위해서라도 실천하여야 할 운동이다. 걷기운동은 천천히 시간을 들여 가면서 체내로 산소를 받아들이는 유산소운동이다. 몸 상태에 맞춘 목표를 정하고 즐기면서 자신의 페이스로 지속할 수 있는 것이 큰 매력이다. 습관이 되면 우리들의 생명유지장치라고도 할 수 있는 심폐기능, 뇌를 비롯하여 내장, 근육, 나아가 정신까지 단련 또는 향상시킬 수 있다.

유산소운동 중에서 걷기운동은 가장 가볍게 할 수 있고, 신체에의 부담·충격도 적으며, 안전하다. 그리고 스포츠 중에서 가장 인기가 높고 실제 행하고 있는 사람이 많은 운동이다.

## (1) 특징

① 걷기운동은 간편하게 언제, 어디에서라도 행할 수 있다.
② 간편하기 때문에 계속하기 쉬운 운동이다.
③ 특별한 기술이 필요 없다.
④ 신체에의 부담이 적다.
⑤ 운동강도가 그다지 높지 않고 신체에 안전하다.
⑥ 운동을 멀리하고 있던 사람, 중년의 사람 등도 행할 수 있다.
⑦ 남녀노소를 묻지 않는다. 연령·성별에 관계없이 폭넓은 층에서 누구라도 가능하다.

## (2) 걷기운동의 효과

### ① 심폐기능이 높아진다

걷기운동에 의해 심장 박동 수가 증대하고 체내에 산소를 받아들이는 능력이 증가하여, 심장·폐의 기능을 높일 수 있다. 일상생활에서도 쉽게 숨이 차거나 녹초가 되지 않게 된다.

### ② 뼈가 강화된다

걷기운동에 의해 뼈에 자극을 줌으로써 그 결과 뼈를 강화하는 효과가 있다. 뼈는 칼슘의 섭취뿐만 아니라 자극을 주는 것에 의해 강화된다. 걷는 것에 의해 뼈에 칼슘이 흡수되어 튼튼해진다.

### ③ 근력의 저하를 방지한다

걷기에 의해 근육에 자극을 주고, 하반신의 근력이 붙는다. 고령자도 하반신의 근력저하를 방지하는 것이 가능하다.

### ④ 혈액순환이 좋아진다

걷기운동에 의해 혈관이 자극되어 혈액순환이 좋아진다. 신체 중에 혈액의 흐름이 좋아지고, 모세혈관도 발달한다. 걷기운동에 의해 근육을 움직여 펌프처럼 순환시키는 효과가 있다.

### ⑤ 지구력이 강화된다

걷기운동에 의해 지구력이 강화된다. 일상에서도 쉽게 피곤해지지 않고 신체를 건강하게 할 수 있다.

### ⑥ 스트레스 해소에 도움이 된다

적당한 운동은 스트레스를 해소하는 데 도움이 된다. 혈액순환이 좋아지고 뇌가 자극되어 자율신경의 밸런스가 좋아진다. 특히 걷기운동은 주위의 경치를 즐기면서 행하는 것이 가능하고, 한층 스트레스 해소에 도움이 된다. 걷기운동은 습관이 되면 즐거운 것이라는 것을 실감할 수 있고, 심신 모두에 생기를 불어넣는다.

⑦ 뇌의 활성화

걷기운동에 의해 뇌에 산소를 받아들여 뇌의 움직임을 활발하게 할 수 있다. 걷기운동을 하면 신경전달물질, 이른바 뇌 호르몬이 분비되기 때문이다.

⑧ 다이어트 효과

걷기운동은 지방을 에너지로 사용하므로, 지방을 연소시킬 수 있어 다이어트 효과를 가져온다. 특히 걷기운동과 같이 비교적 가벼운 부하로 장시간 계속되는 운동은 지방이 주로 에너지로 사용된다.

### (3) 1일 1만 보의 실천

하루의 일상생활에서 걷는 평균이 4,000~6,000보 전후라고 말해지고 있다. 1일 1만 보 걸으려면 의식적으로 조금 더 많이 걷는 행동을 취할 필요가 있다. 엘리베이터를 이용하지 않고 계단을 걷는 것, 근처의 쇼핑을 자동차를 이용하지 않고 걸어가는 것, 빈 시간을 이용하여 조금 걷는 등 자투리시간이라도 활용하여 걷는 것을 의식적으로 행할 필요가 있다.

자신의 생활 중 가능한 범위에서 걷는 것을 늘려 가면 건강에도 좋고 생활에도 활력이 생길 것이다. 매일 1만 보라는 접근이 부담스럽다면 1주에 7만 보라는 생각으로 접근하는 것도 무방하다. 걷는 것을 습관화하면 여러 가지 면에서 좋은 결과를 가져올 수 있다는 점을 명심하자.

### (4) 생활습관병의 예방

걷기운동에 의해 비만, 운동부족이 원인이 되는 생활습관병을 예방할 수 있다. 걷기운동을 계속하면 혈액순환이 좋아지고, HDL 콜레스테롤[63]이 증가하고 동맥경화 등이 예방된다.

## 5. 전도방지

추락은 일반적으로 사람이 고저차가 있는 곳을 이동하는 것을 말하고, 실내외의 통로와 같이 거의 고저차가 없는 곳 또는 고저차가 있어도 계단과 같은 곳에서 넘어지는 것을 전도라고 부른다. 전도는 보행 중, 계단 승강(昇降) 시와 같은 일상생활에서 누구나 경험할 수 있는 재해유형에 해당한다.

---

63 조직이나 혈관 내에 있는 잉여의 콜레스테롤을 간으로 옮겨다 주어 동맥경화를 예방해 주므로 좋은 콜레스테롤이라고 한다.

이 전도에 의한 재해는 산업재해 발생건수로 보면 가장 많이 발생하고, 특히 사무실과 같은 곳에서는 산업재해의 대부분이라고 말해도 좋을 정도의 비율을 차지하고 있다. 피해의 정도는 경미한 것이 많지만, 부딪힌 대상물, 신체의 부딪힌 곳에 따라서는 생명을 잃는 경우도 있으므로 결코 경시하는 일 없이 전도재해에 대한 대책을 마련할 필요가 있다.

## (1) 보행 중의 전도방지

### 1) 바닥면의 미끄럼

인간의 보행행위는 그 사람에 적합한 보폭과 리듬으로 이루어지는데, 보행 시에 바닥면에 가해지는 힘은 바닥면에 수직으로 작용하는 힘과 수평으로 작용하는 힘으로 나뉜다.

무게 $W$인 어떤 물체가 있을 경우, 마찰력은 $F = \mu W$로서 접촉면을 수직으로 누르는 힘 $W$에 비례한다(비례정수 $\mu$는 마찰계수로 마찰계수가 낮으면 미끄러지거나 넘어지게 된다). 거기에 수평력 $H$가 작용하여 $F = \mu W < H$이게 되면, 당해 물체는 $H$방향으로 미끄러진다.

보행에 의해 무게중심의 이동이 일어나는데, 미끄러짐이 발생하면 무게중심의 위치가 전후좌우 어느 쪽인가로 기울어지고, 신체가 기울어지기 때문에 전도하게 된다.

미끄럼을 방지하는 효과로서 작용하는 것은 신발바닥과 바닥마감재 간에 생기는 마찰인데, 전도는 대부분의 경우 발꿈치가 바닥에 닿는 순간에 발생한다. 지면에 닿은 발이 바닥에 가하는 수평력을 바닥의 마찰력이 다 지탱하지 못하고 미끄러져 전도가 발생하는 것이다.

바닥면의 미끄럼 정도는 마감재 자체의 성질 외에 바닥면의 요철, 경사, 물, 기름 등의 존재가 영향을 미치므로 통로 등에 대해서는 이것들을 검토하여, 미끄러짐 또는 걸려 넘어짐에 의한 전도방지를 도모할 필요가 있다. 그리고 바닥면의 마감재가 도중에 변하는 경우에는 바닥으로부터 받는 감촉이 달라지고, 보폭, 보행의 리듬이 달라져 전도할 수 있다.

그리고 걸려 넘어짐에 대해서는, 평면에서 발생하는 경우에는 전도로 끝나지만, 높은 곳(비계 위 등)의 경우에는 추락이 되어 큰 피해로 연결될 수 있으므로, 걸려 넘어짐이나 미끄러짐의 위험이 없도록 할 필요가 있다.

### 2) 신발과 미끄러짐

신발이 미끄러지기 쉬운지 여부는 바닥재료에 대한 마찰계수를 측정하면 알 수 있는데, 건조한 리놀륨 바닥에 대한 마찰계수는 고무바닥 신발 > 가죽바닥신발 > 스키화 > 군화 순이라고 말해지고 있다. 따라서 작업자의 신발로는 안전화, 고무바닥신발 등 신발바닥의 마찰계수가 큰 것이 바람직하다. 여성의 하이힐은 사무실 등을 포함하여 작업 중의 신발로는 적합하지 않다.

## 3) 바닥면의 단차

바닥에서 20 cm 높이까지의 단차는 발을 걸치기 쉽지만, 40 cm 이상이 되면 발을 걸치기 어렵다. 내려가는 곳의 단차가 3 cm 이하이면 발을 힘차게 내딛어도 넘어지지 않지만, 6 cm를 넘으면 넘어질 위험이 있다고 말해지고 있다. 올라가는 곳의 단차의 경우에는 3 cm에서도 걸려 넘어질 수 있으므로, 1.5 cm 이상의 단차가 있는 경우에는 색을 칠해 눈에 띄도록 하는 것이 바람직하다.

## (2) 계단에서의 전도방지

계단에서의 전도재해는 사무실 등에서 많은데, 다음과 같은 특징이 있다.

① 계단을 내려갈 때의 재해가 많고, 특히 여성들에게서 많이 발생한다.
② 연령별로는 젊은 여성에게 많다. 이것은 하이힐을 신고 있었던 것이 배경에 있다.
③ 재해의 정도가 경미하지만은 않고, 15~30일 정도의 휴업을 필요로 하는 것도 상당수 있고, 1개월 이상의 휴업, 나아가 사망을 초래하는 경우도 종종 발생하고 있다.
④ 사망원인의 대부분은 머리의 부딪힘에 의한 것이다.
⑤ 급하게 올라가거나 내려가는 것이 재해의 주요원인으로 작용한다.
⑥ 계단의 바닥면이 물, 눈, 모래, 기름 등 때문에 미끄러지기 쉬운 상태로 있는 것도 재해 원인으로 작용한다.
⑦ 계단의 기울기가 급할수록 재해 발생 가능성이 높다.

계단의 안전을 확보하기 위한 조건은 다음과 같다.

① 기울기는 약 30~35도가 좋다.
② 계단(디딤판, 챌면)의 치수가 계단의 일부분에서 다르게 되어 있는 것은 위험을 초래할 수 있다.
③ 계단참이 없는 계단보다 있는 계단 쪽이 안전하다.
④ 계단표면은 쉽게 미끄러지지 않는 것이 바람직하다.
⑤ 난간은 양측에, 적어도 한쪽에는 반드시 설치한다. 높이는 바닥면으로부터 90 cm 이상으로 한다(산업안전보건기준에 관한 규칙 제13조, 제30조).
⑥ 계단의 폭은 1 m 이상으로 한다(산업안전보건기준에 관한 규칙 제27조 제1항).
⑦ 계단, 계단참에는 물건 등을 놓지 않는다(산업안전보건기준에 관한 규칙 제27조 제2항).
⑧ 물, 기름, 모래 등은 청소하여 제거한다.
⑨ 조명은 75럭스 이상의 조도를 확보한다(산업안전보건기준에 관한 규칙 제21조).
⑩ 계단을 오르거나 내려가는 일이 많은 여성은 하이힐 착용을 금지한다.

# XII. 안전 실천의 입문

## 1. 첫마디

몸도 마음도 안전하고 건강하게 일할 수 있다는 것은 인간으로서 최상의 행복이다.

직장의 모든 사람은 생활의 많은 부분을 직장에서 지내게 된다. 직장생활을 중심으로 장래에 대한 희망, 자신의 인생설계에 대하여 여러 가지 꿈을 가지게 된다. 이러한 생활의 기반이 되는 직장에서 쾌적한 생활을 영위하기 위하여 가장 기본이 되는 것이 바로 일하는 현장에서의 매일매일의 안전과 건강이다.

이와 같이 삶의 보람이자 터전이 되는 직장에서 다치거나 질병에 걸리는 것은 자신에게나 가족에게 그리고 회사에도 큰 불행이 아닐 수 없다.

### (1) 안전한 생산이란

생산이라는 것은 기계, 공구를 사용하여 원료, 재료를 가공하고 새로운 가치를 만들어 내는 것이다. 물품의 가치를 창출하는 일은 중요한 일이다. 따라서 직장인 모두에게 요구되고 있는 것은 생산활동의 일익을 담당하고 주어진 일에 열심히 전념하는 것이다.

생산이라고 하는 일에 종사하는 자로서 알아 두어야 하는 것에는 원료, 재료의 취급방법, 기계를 다루는 방법, 공구의 사용방법, 도면을 보는 방법, 납기를 준수하는 것 등 여러 중요한 것이 많이 있지만, 그중에서도 가장 중요한 것은 안전하게 생산하는 것이다. 직장에서 생산을 담당하는 자로서 가장 먼저 유념하여야 할 것은 안전보건이라고 하는 것이다. 안전보건이란 인간을 중심으로 이해하면 정해진 대로 작업을 행한다고 하는, 어찌 보면 간단한 것이다.

그런데 작업현장에서는 작업을 잘 알지 못하거나 타성에 젖기도 하고, 시간에 쫓겨 너무 바쁘게 일을 하기도 하며, 또는 잠깐 방심을 하거나 조심을 하지 않아, 결국 안전보건이 지켜지지 않는 경우가 종종 발생한다.

아무리 베테랑이라도 마음가짐이 느슨해지거나 안전의식에 빈틈이 생기면 뜻밖의 실수와 재해가 발생할 수 있다는 점에 유의하여야 한다. 실제 발생한 사망사고 중에도 작업경력이 20년 이상인 베테랑이 포함되어 있는 경우가 적지 않다.

### (2) 안전은 실행이 중요

하나를 듣고 하나를 알고, 열을 듣고 열을 아는 것은 그다지 어려운 일이 아니다. 그러나 중요한 것은 실행이다. 단지 알고 있는 것만으로는 전혀 도움이 되지 못한다. 안전보건에 대하여 여러 가지 지식을 갖는 것도 중요하지만, 지위고하를 막론하고 이것을 실제로 이행하는 것이 더욱 중요하다. 알면서도 행하지 않는 것은 모르는 것보다 오히려 못하다.

## 2. 작업에 대한 마음가짐

튼튼한 몸과 밝은 마음으로 일에 임한다. 작업 중에는 한눈팔지 않고 일의 뒷마무리는 확실하게 한다.

직장인은 모두 직장에서 재해가 어떻게 일어나는지에 대해 막연히는 알고 있을지 모르지만, 계속하여 안전하고 건강하게 일을 해 나가기 위해서는 어떻게 하여야 할지를 확실히 인식하고 있어야 한다.

첫째, 규칙적이고 바른 생활을 토대로 건강한 신체와 밝은 마음을 가질 필요가 있다. 몸 상태가 좋지 않거나 마음에 흐트러짐이 있을 때에는 부상, 사고를 일으키기 쉽다. 일하는 사람에게 있어 '건강한 신체'와 '일에 흥미를 갖는 것'이 최고의 자본이다. 평상시에 수면부족, 운동부족, 과식, 동료와의 옥신각신 등이 없도록 유의한다.

둘째, 작업을 시작하게 되면 쓸데없는 것을 생각하거나 한눈팔지 않고 자신의 일에 전력을 기울여야 한다. 물론 일을 시작하기 전에는 복장, 공구 등에 잘못된 점은 없는지, 부족한 것은 없는지를 점검하여야 한다.

셋째, 일하는 방법, 기계, 공구의 사용방법에 대해서는 배운 방법을 반드시 준수하여야 한다. 제멋대로 판단하는 것이 잘못의 시작이다. 조금이라도 이상하다는 생각이 들면, 즉시 자신의 상사에게 소상하게 묻고 잘 파악한 후에 작업하여야 한다. 잘 알지 못하는 기계, 일에는 절대 손을 대서는 안 된다. 옆에서 보고 재미있을 것 같다고 생각하거나 다른 사람이 손쉽게 하고 있다고 생각하고 잠깐 흉내를 낸다는 것이 큰 부상으로 연결된 예가 적지 않게 발생하고 있다.

지나치게 겁쟁이가 되는 것도 안 되겠지만, 대수롭지 않게 여기고 당치 않은 일을 하는 것이 가장 위험하다. 올바른 지식을 몸에 익히고, 교육받은 안전한 방법을 준수하면서 일을 하는 것이 중요하다.

넷째, 작업종료 신호나 벨이 울릴 때까지는 작업시간이라는 것을 잊어서는 안 된다. "조금만 지나면 끝이다."라는 해이한 마음가짐으로 사고를 일으킨 예가 많다. 작업복을 벗기 전까지 방심은 금물이다.

다섯째, 일이 끝나면 반드시 뒷정리를 하는 습관을 들인다. 사용한 기계·공구의 점검과 손질, 주위의 정리정돈, 불끄기를 확실히 하고, 아무리 급해도 콕·나사를 조이는 것을 잊어버리거나 용기의 뚜껑을 연 채로 두는 일이 없도록 한다.

## 3. 일과 안전의 관계

안전하게 일을 하는 것이 수지맞는 일이다. 다른 회사보다 좋은 물건을 저렴하게 시장에 내놓기 위해서는 원가를 싸게 하여야 한다. 원가를 낮추기 위해서는 비효율을 줄이지 않으면 안 된다. 빨리 끝나기만 하면 된다는 생각으로 무리를 하거나 위험한 방법으로 작업을 하여 재해를 일으키게 되면, 사람의 생명을 잃거나 부상을 당하여 본인이 고통을 겪을 뿐만 아니라 가족, 주위사람에게 걱정을 끼치기도 하고, 재료, 설비에도 손해를 끼치게 되어 비효율이 발생하게 된다.

### (1) 안전한 일은 생산·능률에도 중요

모두가 건강하고 부상을 입지 않고 매일 쾌적하게 일하는 것은 작업자 모두의 행복이라는 점은 말할 필요도 없지만, 생산·능률을 올리고 좋은 물건을 만드는 데에도 커다란 역할을 한다는 점도 잊어서는 안 된다.

재해 때문에 작업자가 휴무를 하게 되면, 그 사람이 사용하고 있는 기계·설비는 작동시킬 수 없고, 능률은 그만큼 떨어지게 된다. 생산을 위한 설비를 놀려 두는 것은 낭비이다. 또는 숙련자가 휴무를 하여 미숙한 사람이 대신 일을 하게 되어 결과가 좋지 않지 않게 되면, 제품의 품질에도 결함이 생길 수 있다.

많은 공장에서는 주로 컨베이어 시스템에 의해 생산이 이루어진다. 하나의 공정이 20개의 작업으로 나누어져 있고 그것이 완성된 물품으로 만들어지는 경우를 생각하면, 그 하나하나의 작업을 담당하는 작업자 중 누군가가 다쳐 쉬게 될 경우 새로운 사람으로 보충될 때까지 전체의 일을 멈추어야 한다. 그동안은 생산이 멈추게 됨으로써 능률이 뚝 떨어지게 된다.

이러한 것을 생각하면, 재해가 얼마나 큰 손실을 주는지를 알 수 있다. 재해를 방지하는 것, 즉 안전한 일은 생산·능률 측면에서 보더라도 중요한 것이다.

### (2) 무리, 낭비, 결함을 없애자

일을 순서 바르게 막힘없이 진행해 나가기 위해서는 위험이 없는 설비로 안전한 작업을 하여야 한다. 안전한 작업이란 무리를 하지 않고 낭비가 없이 결함이 없는 일을 하는 것이다.

아무리 사소한 것이라도 부상의 원인이 될 만한 것은 전부 제거하고 안전하게 일할 수 있는 직장을 모두가 함께 만들어 간다고 하는 마음가짐을 오늘부터 모두가 가지기를 바란다.

## 4. "재해 가능성 제로"는 있을 수 없다

어떠한 작업에 종사하든 "자신만은 예외일 것이다."라는 보증은 없다.

어떠한 직장이라도 작업에 잠재하는 위험성과 유해성은 반드시 있기 마련이고, 재해를 입을 가능성이 제로라고는 결코 말할 수 없다. 사망하거나 다친 사람은 가족에게 있어서는 '더할 나위 없이 소중한 사람'이다. 그리고 생산활동 중에서는 귀중한 노동력이라는 것도 잊어서는 안 된다.

한 사람의 피재(被災)는 정도에 따라서는 주위에 커다란 영향을 미치고 본인에게와 마찬가지로(경우에 따라서는 그 이상으로) 큰 고통을 초래하기도 한다.

직장에서의 안전관리활동은 이러한 불행한 사태를 초래하기 전에 안전과 건강을 선취(先取)하기 위해 필요한 노력이다. 어떤 노력을 해도 일하는 사람 자신이 "수동적인 자세" 또는 "어쩔 수 없이 한다."는 마음으로 하게 되면 효과를 기대할 수 없다.

산업재해 예방은 "현장 한 사람 한 사람이 주역"이다. 이러한 의식이 없으면 겉모양뿐인 관리활동이 되고, 오히려 재해가 발생할 가능성이 높아진다.

직장에서 일하는 사람에게 먼저 요구되는 것은 안전에 대한 의식, 자각이다. 그러나 그것이 실제의 작업행동으로 연결되어 살아 꿈틀거리는 것이 되기 위해서는 안전에 대한 '기본수칙'이라든가 '기초지식'을 습득해 두는 것이 필요하다.

아무리 마음이 적극적이고 긍정적이라도 어디에 관심을 갖고 무엇에 어떻게 대처할지를 알고 있지 않으면 모처럼의 안전의식도 겉돌게 되거나 빗나갈 수 있다.

## 5. 재해는 왜 발생하는가

재해는 반드시 발생하는 원인이 있기 때문에 발생하는 것이다.

어느 누구도 좋아서 재해를 입는 사람은 없다. 그러나 여러분들도 통근 도중이나 운동장, 가정 등에서 재해를 입은 경험이 있을 것이다. 하물며 직장에서는 여러 가지 익숙하지 않은 기계를 취급하거나 위험한 장소에서 일을 하는 경우도 있고, 나아가 재해를 일으키기 쉬운 작업에 종사하는 경우도 있어 재해를 입을 확률이 높다고 할 수 있다.

재해를 방지하기 위하여 안전의 기본을 확실히 익혀 실행하고 건강한 몸으로 일하는 것이 자기 자신의 행복이자 사회인의 한 사람으로서의 책임이기도 하다는 것을 잊어서는 안 된다.

### (1) 재해는 '초래되는 것'

지금까지의 오랜 경험과 많은 재해사례로부터, 재해는 발생하는 것이 아니라 초래되는 것이라고 말해지고 있다.

재해를 입은 원인을 조사해 보면, 기계·설비 등의 사물의 '불안전한 상태'와 작업자의 '불안전한 행동'(동작)이 서로 관련되어 발생하고 있는 경우가 대부분이다.

예를 들어 어느 근로자가 공장 내의 통로를 달려가고 있었는데, 그곳에 가로질러 설치되어 있던, 임시작업을 위한 에어호스에 발이 걸려 넘어지는 바람에 다리에 타박상을 입었다고 가정하자. 이 경우 통로 바닥에 에어호스가 놓여 있었다고 하는 '불안전한 상태'와 달리고 있었다고 하는 '불안전한 행동'이 서로 얽혀 재해가 초래된 것이다.

이와 같은 '불안전한 상태'와 '불안전한 행동'을 없앨 수 있으면 재해는 방지할 수 있다.

## (2) 재해의 직접적 원인과 간접적 원인

재해를 초래하는 것에 '직접적 원인'과 '간접(기본)적 원인'이 있다. 즉, 앞에서 설명한 에어호스에 걸려 넘어진 사고의 경우, 걸렸다고 하는 직접적 원인(불안전한 행동)을 초래한 배경에는 수면부족으로 머리가 멍해져 통로를 뛰어서는 안 된다는 안전수칙을 그만 잊어버린 간접(기본)적 원인도 작용하였을 것이다.

한편, 통로바닥에 에어호스를 설치한 것의 또 다른 간접적 원인으로, 단시간의 임시작업이라고 하여, 에어호스를 사람들이 안전하게 그 밑을 지나갈 정도의 높이로 매달아 고정하는 것을 태만히 한 것도 생각할 수 있다.

이상을 정리해 보자.

① 재해는 직접원인에 의해 발생한다.

② 직접원인을 조사하면, 그 배경에는 간접원인이 내재되어 있다.

따라서 재해를 방지하기 위해서는, 재해의 직접원인은 말할 것도 없고, 간접원인도 최대한 제거하여야 한다.

### 1) 재해의 직접적 원인

재해는 불안전한 상태, 불안전한 행동(동작) 또는 그 2가지가 원인으로 작용한다. 그렇다면 불안전한 상태, 불안전한 행동이라는 것은 어떤 것일까.

### 가. 불안전한 상태

'불안전한 상태'라고 하는 것은 설비 등에 물적인 결함이 있거나 통로에 재료가 두어져 있거나 또는 작업장이 난잡한 것과 같이 위험한 상태를 말한다. 일차적으로 이와 같은 불안전한 상태를 만들지 않도록 하고, 그것을 발견하면 바로 시정하도록 유의하여야 한다.

'불안전한 상태'를 예시하면 다음과 같다.

- 방호장치에 결함이 있다.
- 물건을 두는 방법, 작업장소가 안전하지 않다.
- 작업환경에 결함이 있다.
- 보호구, 복장 등에 결함이 있다.
- 작업방법에 결함이 있다.

### 나. 불안전한 행동

'불안전한 행동'을 한마디로 말하면, 안전을 위하여 정해진 규칙(룰)을 지키지 않는 행동, 상식적으로 생각할 때 당연히 해서는 안 되는 행동을 말한다. 가깝다고 하여 통로가 아닌 곳을 지나가거나 급하다고 하여 달려가는 행동 등이 그 예이다.

'불안전한 행동'을 예시하면 다음과 같다.

- 안전장치 등을 무효로 한다.
- 안전장치를 사용하지 않는다.
- 불안전하다는 것을 알면서 방치한다.
- 위험한 상태를 만든다.
- 기계·설비 등을 지정용도 외로 사용한다.
- 기계·장치 등의 청소, 수리, 점검 등을 태만히 한다.
- 위험한 장소에 접근한다.
- 보호구, 복장을 착용하지 않는다.
- 운전을 잘못한다.
- 잘못된 작업동작을 한다.

### 2) 재해의 간접적 원인

작업자가 불안전한 행동을 하는 것은 안전한 행동에 대해 모르거나 안전한 행동을 할 수 없는 것 또는 알고 있는데 하지 않는 것 등이 그 원인으로 작용하고 있다. 불안전한 상태 역시 기계의 설계가 부적절하였거나 유지관리를 제대로 하지 않았거나 또는 동료가 잘못된 조작을 한 것 등이 그 배경으로 자리 잡고 있다. 이와 같이 직접적 원인을 만든 것을 간접(기본)적 원인이라고 한다.

이와 같이 재해의 원인은 표면(외양)에 나타난 것뿐만 아니라, 그 이면에도 여러 가지가 내재(잠복)되어 있다는 사실을 간과해서는 안 된다. 간접(기본)적 원인으로는, 일반적으로 인적 요인(Man), 기계적 요인(Machine), 작업적 요인(Media), 관리적 요인(Management)이 제시되고 있다.

## 6. 지도·교육을 받을 때 주의사항

안전보건은 작업에 종사하는 자가 항상 유념하여야 하는 기초적인 것이다. 그런 만큼 안전보건에 대한 올바른 지식과 기능을 충분히 이해하여 익히는 것이 필수불가결하다. 직장에서 취급하는 기계, 원재료 등의 유해·위험성, 올바른 취급방법 또는 작업절차 등에 대하여 지도·교육을 받을 때 특히 주의하여야 하는 사항은 다음과 같다.

**진지한 자세로 배운다.**
쓸데없는 것을 생각하고 있거나 마지못해서 하는 수동적 자세로는 배운 것을 제대로 습득할 수 없다. 주의력을 집중하고 진지한 마음가짐을 갖는 것이 중요하다.

**모르는 것은 거리낌 없이 질문하고 알 때까지 묻는다.**
학교에서는 배운 것을 전부 몰라도 문제는 그다지 발생하지 않을 수 있지만, 직장에서는 배운 것을 토대로 '작업'을 하기 때문에, 만약 충분히 알지 못하는 상태에서 일을 하면, 사고를 일으켜 자기 자신뿐만 아니라 직장의 동료, 선배, 상사에게 폐를 끼치게 된다. 따라서 모르는 것은 몇 번이라도 질문한다. 알 때까지 질문하는 것은 결코 부끄러운 것이 아니다.

**배운 것은 전부 기억한다, 반복연습을 태만히 하지 않는다.**
직장에서는 여러분들이 배운 것을 모두 알았다고 생각하고 작업을 하게 할 것이다. 따라서 하나의 작업에 대하여 배운 것은 모두 자신의 것으로 해두어야 한다. 그리고 올바르고 무리 없이 작업이 가능할 때까지 몇 번이라도 반복하여 연습하는 것이 안전한 작업의 토대가 된다. 이를 위해서는 하나하나의 작업절차를 배운 대로 반복하여 연습하는 것이 필요하다.

**안전한 작업방법을 습득한다.**
머릿속에서는 "잘 알았다", "전부 외웠다", "작업이 쉬운 것 같다"는 생각이 들어도, 실제로 작업을 해보면 좀처럼 잘 진행되지 않는 경우도 적지 않다. 실제로 일을 할 때에도 모르는 것은 선배, 상사에게 자주 물어 안전하고 올바른 작업방법이 빨리 몸에 배어야 한다. 특히 안전의 급소에 해당하는 것은 철두철미하게 몸에 배이도록 한다.

# 7. 안전의 룰

일하는 현장에서 사고·재해가 일어나지 않도록 하기 위해서는 법률상의 규정, 직장의 규칙을 준수하고 이것을 실천하는 활동을 착실하게 실행하는 것이 일에 관계되는 모든 사람에게 요구된다. 안전의 룰(rule)을 무시하는 것은 치명적인 결과로 연결된다. 이 점은 과거의 많은 재해사례가 말해 주고 있는 귀중한 교훈이다.

## (1) 기본적 룰

안전의 룰은 단순히 자신의 몸만을 지키기 위한 것이라고 생각하는 경향이 있는데, 그것은 잘못된 생각이다. 안전의 룰 중에는 직장 전체의 안전을 지키기 위한 것이 많다. 설령 개인을 위한 룰이라 하더라도, 예컨대 보호구 착용이라 하더라도 이런 룰을 누군가가 지키지 않으면 차츰 많은 사람이 지키지 않게 될 것이다. 안전의 룰은 다른 룰과 마찬가지로 모두가 일치하여 준수하여야 한다. 단 한 사람의 비준수도 허용되어서는 안 된다.

올바른 작업절차를 준수하여야 한다. 자기 멋대로의 행동은 금물이다. 절차를 준수하지 않으면 사고뿐만 아니라 눈에 보이지 않는 악영향을 심신(心身)에 끼칠 수 있다.

위험물 접촉을 방지하거나 유해물을 제거하는 장치는 반드시 올바르게 이용하여야 한다. 안전덮개를 열어 놓은 채로 작업을 하거나 안전장치의 작동을 정지시킨 채 작업을 해서는 안 된다. 그리고 기계·설비 또는 환경의 상태에 이상을 느끼면 바로 상사에게 보고해야 한다.

정해진 작업복 등을 올바르게 착용하여야 한다. 작업용 복장은 작업내용, 환경조건에 따라 정해져 있다. 보호구는 귀찮다고 벗어서는 안 된다. 보호구 착용이 의무화되어 있는 작업에 위험이 눈에 보이지 않는다고 하여 괜찮을 거라고 판단하고 착용하지 않은 채 작업하는 것은 철모를 쓰지 않고 전쟁터에서 싸움을 하는 것과 마찬가지이다.

위험한 장소에는 임의대로 출입해서는 안 된다. 위험한 상태는 그 장소를 관리하고 있는 사람 외에는 잘 모르는 경우가 많다.

## (2) 법령을 준수하자

근로자의 안전보건에 대하여 사업주가 최저기준으로 준수하여야 하는 것이 산업안전보건법령에 규정되어 있다. 산업안전보건법령은 근로자의 안전보건의 유지·증진을 목적으로 하는 법령이다. 산업안전보건법령을 준수하지 않을 때의 벌칙(형사처벌, 과태료)도 법률에 규정되어 있다.

산업안전보건법령은 산업안전보건법과 동법 시행령(대통령령), 동법 시행규칙(고용노동부령) 외에 고용노동부령으로 산업안전보건기준에 관한 규칙, 유해·위험작업 취업제한에 관한 규칙으로 구성되어 있다. 그리고 이 법령의 위임을 받아 약 60개의 고시가 제정되어 있다.

유해·위험의 방지기준으로 정해져 있는 산업안전보건법령의 각 조항은 "피재자(被災者)의 피로 쓴 문자이다."라는 말이 역설하고 있듯이, 근로자의 재해를 실례로 하여 교훈으로 만들어진 중요하고 보편적인 최저기준으로 규정된 것이라는 점을 이해할 필요가 있다.

산업안전보건법령에는 사용자뿐만 아니라 근로자에 대해서도 준수하여야 하는 의무가 정해져 있다. 사용자에게는 안전하게 작업하게 할 의무가 있고, 근로자에게는 사용자의 조치에 따라 안전하게 작업할 의무가 있다. 예를 들면, 사업주에 대하여 위험한 기계에 안전조치를 하는 것을 의무 지우고 있고, 근로자에 대해서는 이러한 조치에 협력하여야 한다고 정하고 있다. 안전조치를 제멋대로 해체하거나 무효화하여서는 안 된다. 보호구에 대해서도 근로자에게 착용의무가 규정되어 있다. 근로자가 법령을 준수하지 않으면 산업안전보건법에 의해 소정의 과태료를 부과받을 수 있다.

## (3) 회사의 안전규칙을 준수하자

국가에서 정한 법령 외에 각 회사(직장)에서는 각 작업장의 상황, 작업내용을 고려하여 안전상 준수하여야 하는 점을 회사의 안전규칙(rule)으로 정하고 있다.

안전이라고 하는 것은 안전하기 위하여 필요한 약속을 준수하는 것이기도 하다. 정해진 것, 즉 룰은 반드시 준수하는 것이 필요하다. 산업재해는 대부분 사용자가 룰을 준수하지 않거나 사용자와 근로자 서로가 준수하지 않아 발생하고 있다.

회사의 안전규칙 역시 우리 회사 또는 다른 회사의 선배들이 피를 흘리거나 생명을 잃은 수많은 경험과 희생으로부터 탄생된 것이다. 또다시 동일하거나 유사한 재해가 발생하지 않도록 하기 위한 룰인 것이다.

회사의 안전규칙을 위반하면, 법령에 의한 처벌과는 별개로 회사 내 사규에 의해 징계(제재)를 받을 수도 있다. 이러한 제재를 떠나, 룰을 지키지 않는 자는 직장에서 일할 자격이 없다고 할 수 있다.

# 제 2 장

# 안전관리의 기초

# 산업재해 발생현황 및 예방조직

## 1. 산업재해 발생현황(2022년 말 기준)

### (1) 전체 산업재해 발생현황

#### 1) 업종별

산업재해 발생을 업종별로 보면, 기타의 사업(48,704명, 37.4%)에서 가장 많이 발생하고 있고, 그 다음으로는 제조업(31,554명, 24.2%), 건설업(31,245명, 24.0%), 운수창고통신업 12,468명(9.6%), 광업 3,873(3.0%) 순으로 발생하고 있다. 제조업의 경우 기계기구·비금속 광물제품·금속제품 제조업(14,616명), 화학 및 고무제품 제조업(3,363명), 식료품 제조업(3,344명) 순이고, 기타의 사업은 도소매·음식·숙박업(21,325명), 전문·보건·교육·여가관련서비스업(10,318명), 시설관리 및 사업지원서비스업(9,701명), 국가 및 지방자치단체의 사업(5,191명) 순이다. 기타의 사업, 제조업, 건설업 3개 업종에서 산업재해의 85.5%가 발생하고 있다.

산업재해로 인한 사망자는 건설업(539명, 24.2%)에서 가장 많이 발생하고 있다. 다음으로 제조업(506명, 22.8%), 기타의 사업(482명, 21.7%), 광업(453명, 20.4%) 순으로 발생하고 있다. 건설업, 제조업, 기타의 사업 3개 업종에서 사망재해의 68.7%가 발생하고 있다.

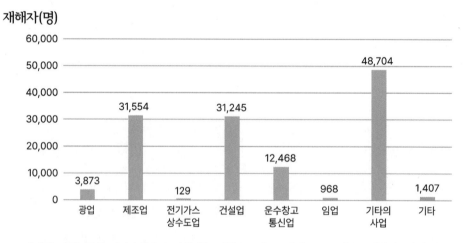

재해자(명)

- 기타의 사업: 통상 서비스업으로 지칭되는 업종으로서, 구체적으로는 건물종합관리, 위생 및 유사서비스업, 전문기술서비스업, 기타의 각종 사업(음식 및 숙박업, 각종 사무소 등), 보건 및 사회복지사업, 교육서비스업, 도·소매업 및 소비자용품수리업, 부동산업 및 임대업, 오락·문화 및 운동관련사업, 국가 및 지방자치단체의 사업 등
- 기타: 어업, 농업, 금융보험업

사망자(명)

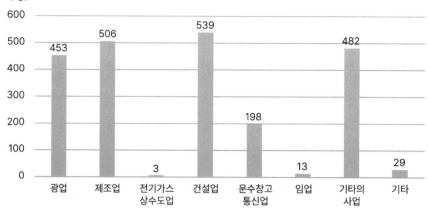

## 2) 규모별

산업재해는 5~49인 사업장(52,690명, 40.4%)에서 가장 많이 발생하고 있고, 그 다음으로 5인 미만 사업장(38,432명, 29.5%), 100~299인 사업장(12,878명, 9.9%), 50~99인 사업장(9,958명, 7.6%), 1,000인 이상 사업장(8,252명, 6.3%), 300~999인 사업장(8,138명, 6.2%) 순으로 발생하고 있다. 50인 미만 사업장에서 전체 산업재해의 69.9%가 발생하고 있다.

산업재해로 인한 사망자 역시 5~49인 사업장(800명, 38.9%)에서 가장 많이 발생하고 있고, 그 다음으로 5인 미만 사업장(572명, 25.7%), 300~999인 사업장(286명, 12.9%), 100~299인 사업장(256명, 11.5%), 50~99인 사업장(184명, 8.3%), 1,000인 이상 사업장(125명, 5.6%)에서 발생하고 있다. 50인 미만 사업장에서 전체 사망재해의 61.7%가 발생하고 있다.

재해자(명)

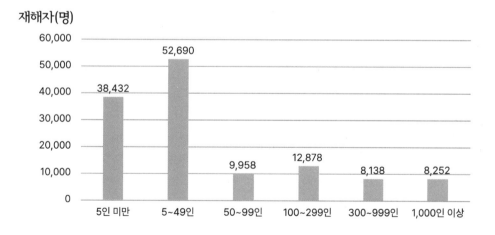

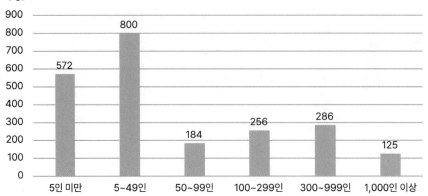

### 3) 재해유형별

산업재해는 넘어짐(25,084명, 19.2%), 업무상질병(23,134명, 17.7%), 떨어짐(14,387명, 11.0%), 끼임(13,368명, 10.3%) 순으로 많이 발생하고 있고, 그 다음으로 절단·베임·찔림(10,514명, 8.1%), 부딪힘(9,283명, 7.1%), 물체에 맞음(8,252명, 6.3%) 순으로 발생하고 있다. 넘어짐, 업무상질병, 떨어짐, 끼임이 전체 산업재해의 58.3%를 차지하고 있다. 업무상질병을 제외하면, 넘어짐, 떨어짐, 끼임이 전체 산업재해의 40.5%를 차지하고 있다.

산업재해로 인한 사망자는 뇌심질환(486명, 21.9%), 진폐(472명, 21.2%), 떨어짐(322명, 14.5%), 부딪힘(92명, 4.1%), 끼임(90명, 4.0%), 교통사고(79명, 3.6%) 순으로 많이 발생하고 있고, 그 다음으로 기타(63명, 2.8%), 물체에 맞음(57명, 2.6%), 깔림·뒤집힘(53명, 2.4%) 순으로 발생하고 있다. 뇌심질환, 진폐, 떨어짐이 전체 사망재해의 57.6%를 차지하고 있다.

- 떨어짐: 높이가 있는 곳에서 사람이 떨어짐(구 명칭: 추락)
- 넘어짐: 사람이 미끄러지거나 넘어짐(구 명칭: 전도)
- 깔림·뒤집힘: 물체의 쓰러짐이나 뒤집힘(구 명칭: 전도)
- 부딪힘: 물체에 부딪힘(구 명칭: 충돌)
- 물체에 맞음: 날아오거나 떨어진 물체에 맞음(구 명칭: 비래·낙하)
- 무너짐: 건축물이나 쌓여진 물체가 무너짐(구 명칭: 붕괴·도괴)
- 끼임: 기계·설비에 끼이거나 감김(구 명칭: 협착)

재해자(명)

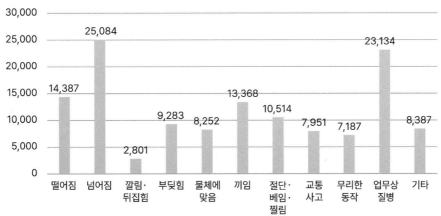

• 기타: 무너짐, 화재·폭발·파열, 감전, 이상온도접촉, 빠짐·익사, 화학물질누출, 체육행사 등

사망자(명)

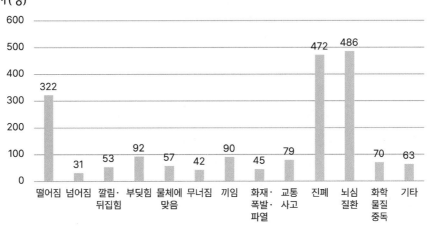

• 화학물질 중독: 유기화합물 중독, 기타 화학물질 중독
• 기타: 감전, 이상온도접촉, 빠짐·익사, 화학물질누출, 산소결핍, 절단·베임·찔림, 동물상해, 직업성 암,
  세균·바이러스, 정신질환 등

## (2) 사고재해 발생현황

### 1) 업종별

사고성 산업재해는 기타의 사업(42,089명, 39.3%), 건설업(27,432명, 25.6%), 제조업(23,764명, 22.2%)에서 많이 발생하고 있다. 그 다음으로 운수창고통신업(11,591명, 10.8%), 기타(1,156명, 1.1%), 임업(928명, 0.9%), 광업(148명, 0.1%), 전기·가스·증기 및 상수도사업(105명, 0.1%) 순이다. 제조업의 경우 기계기구·비금속광물제품·금속제품 제조업(10,984명), 식료품 제조업(3,032명), 화학 및 고무제품 제조업(2,635명) 순이고, 기타의 사업은 도소

매·음식·숙박업(18,749명), 시설관리 및 사업지원서비스업(8,725명), 전문·보건·교육·여가 관련서비스업(8,403명), 국가 및 지방자치단체의 사업(4,424명) 순이다. 건설업과 제조업에 서 사고성 산업재해의 47.8%, 기타의 사업에서 사고성 산업재해의 39.3%가 발생하고 있다.

산업재해 중 사고성 사망재해는 건설업(402명, 46.0%)에서 가장 많이 발생하고 있고, 그 다음으로 제조업(184명, 21.1%), 기타의 사업(150명, 17.2%), 운수창고통신업(104명, 11.9%), 광업(12명, 0.9%), 임업(11명, 1.3%), 기타(9명, 1.4%) 순이다. 사고성 사망재해의 약 46.0%가 건설업에서 발생하고 있다. 건설업과 제조업에서 사고성 사망재해의 67.0%가 발생하고 있다.

**재해자(명)**

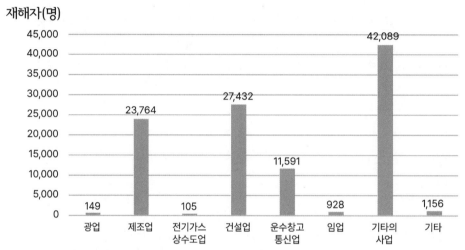

- 기타의 사업: 통상 서비스업으로 지칭되는 업종으로서, 구체적으로는 건물종합관리, 위생 및 유사서비스 업, 전문기술서비스업, 기타의 각종 사업(음식 및 숙박업, 각종 사무소 등), 보건 및 사회복지사업, 교육 서비스업, 도·소매업 및 소비자용품수리업, 부동산업 및 임대업, 오락·문화 및 운동관련사업, 국가 및 지방자치단체의 사업 등
- 기타: 어업, 농업, 금융보험업

**사망자(명)**

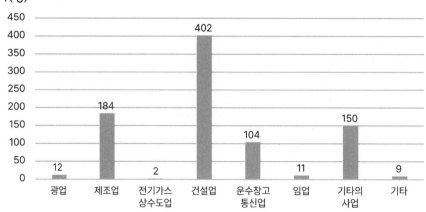

## 2) 규모별

사고성 산업재해는 5~49인 사업장(45,231명, 42.2%)에서 가장 많이 발생하고 있고, 그 다음으로 5인 미만 사업장(34,557명, 32.2%), 100~299인 사업장(9,530명, 8.9%), 50~99인 사업장(7,935명, 7.4%), 1,000인 이상 업장(5,660명, 5.3%), 300~999인 사업장(4,301명, 4.0%) 순으로 많이 발생하고 있다. 50인 미만 사업장에서 전체 사고성 산업재해의 74.4%가 발생하고 있다.

산업재해 중 사고성 사망재해는 5~49인 사업장(365명, 41.8%)에서 가장 많이 발생하고 있고, 그 다음으로 5인 미만 사업장(342명, 39.1%), 100~299인 사업장(71명, 8.1%), 50~99인 사업장(49명, 5.6%), 300~999인 사업장(28명, 3.2%), 1,000인 이상 사업장(19명, 2.2%) 순으로 많이 발생하고 있다. 50인 미만 사업장에서 전체 사고성 사망재해의 80.9%가 발생하고 있다.

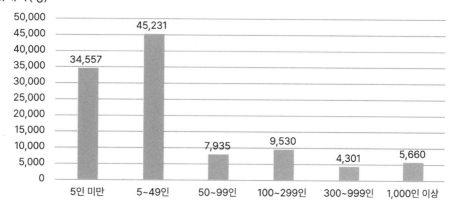

재해자(명)

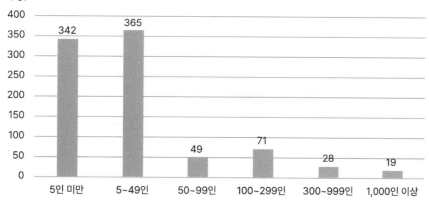

사망자(명)

### 3) 재해유형별

사고재해의 발생유형을 보면, 넘어짐(25,084명, 23.4%)이 가장 많이 발생하고 있고, 다음으로 떨어짐(14,387명, 13.4%), 끼임(13,368명, 12.5%)이 많이 발생하고 있으며, 이어서 절단·베임·찔림(10,514명, 9.8%), 부딪힘(9,283명, 8.7%), 물체에 맞음(8,252명, 7.7%) 순으로 많이 발생하고 있다. 넘어짐, 떨어짐, 끼임이 사고재해의 49.3%를 차지하고 있다.

사고성 사망재해의 발생유형을 보면, 떨어짐(322명, 36.8%)이 압도적으로 많은 비중을 차지하고 있고, 그 다음으로 부딪힘(92명, 10.5%), 끼임(90명, 10.3%), 교통사고(79명, 9.0%), 기타(62명, 7.1%)가 많고, 물체에 맞음(57명, 6.5%), 깔림·뒤집힘(53명, 6.1%), 화재·폭발·파열(45명, 8.2%) 등이 뒤를 잇고 있다. 떨어짐, 부딪힘, 끼임이 사고성 사망재해의 57.7%를 차지하고 있다.

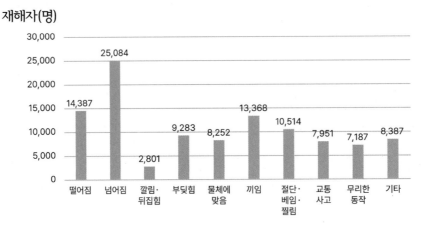

재해자(명)

• 기타: 무너짐(466), 화재·폭발·파열(505), 감전, 이상온도접촉, 빠짐·익사, 화학물질누출, 산소결핍, 체육행사 등(7,416)

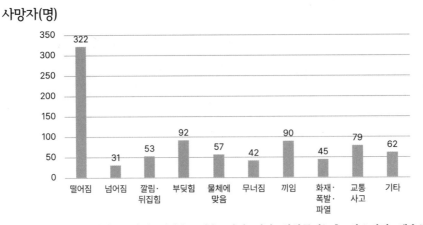

사망자(명)

• 기타: 절단·베임·찔림(2), 감전, 이상온도접촉, 빠짐·익사, 화학물질누출, 산소결핍, 체육행사 등(60)

### (3) 질병재해 발생현황

#### 1) 업종별

질병자는 제조업(7,790명, 33.7%), 기타의 사업(6,615명, 28.6%), 건설업(3,813명, 16.5%), 광업(3,724명, 16.1%) 순으로 많이 발생하고 있다.

산업재해 중 질병 사망자는 광업(441명, 32.7%), 기타의 사업(332명, 24.6%), 제조업(322명, 23.9%), 건설업(137명, 10.2%) 순으로 많이 발생하고 있다.

**질병자(명)**

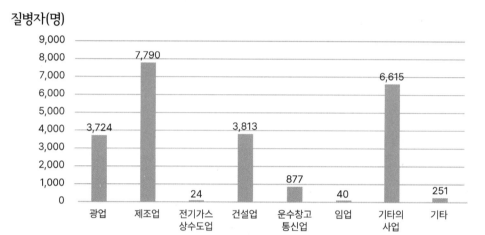

- 기타의 사업: 통상 서비스업으로 지칭되는 도·소매업, 보건 및 사회복지사업, 음식·숙박업 등
- 기타: 어업, 농업, 금융보험업

**사망자(명)**

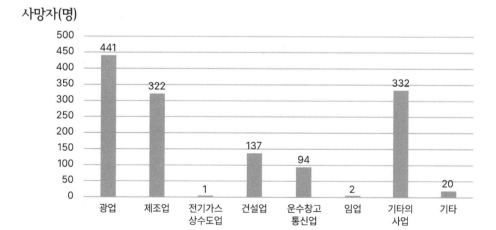

#### 2) 규모별

질병자는 5~49인 사업장(7,459명, 32.2%)에서 가장 많이 발생하고 있고, 그 다음으로는 5인 미만 사업장(3,875명, 16.8%), 300~999인 사업장(3,837명, 16.6%), 1,000인 이상 사업장

(2,592명, 11.2%) 순으로 많이 발생하고 있다.

　　산업재해 중 질병사망자도 5~49인 사업장(435명, 32.2%)에서 가장 많이 발생하고 있고, 그 다음으로는 300~999인 사업장(258명, 19.1%), 5인 미만 사업장(230명, 17.0%), 100~299인 사업장(185명, 13.7%) 순으로 많이 발생하고 있다.

질병자(명)

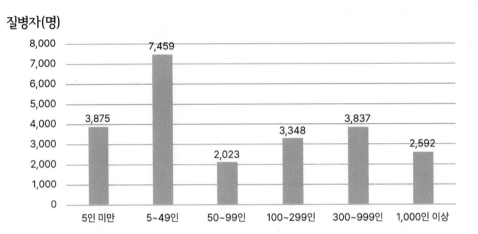

사망자(명)

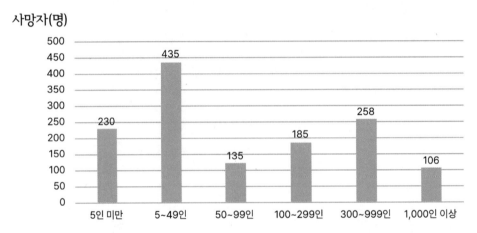

### 3) 질병유형별

　　질병유형별로는 신체부담작업[1](6,629명, 28.7%)이 가장 많고, 그 다음으로 난청(5,376명, 2.32%), 요통(5,091명, 23.2%), 기타(3,180명, 13.7%), 진폐(1,207명, 5.2%), 뇌심질환(480명, 2.1%) 순이다.

　　산업재해 중 질병사망자의 유형을 보면 뇌심질환(486명, 36.0%)이 가장 많고, 그 다음으로 진폐(472명, 35.0%), 기타(312명, 23.1%), 기타 화학물질 중독(59명, 4.4%) 순이다.

---

1　신체에 부담을 주는 작업에 의한 근골격계질환을 가리키는 것으로서 요통은 제외된다. '신체부담작업'이라는 현재 명칭은 바람직하지 않고 다른 유형과 마찬가지로 질환명으로 바꿀 필요가 있다.

**질병자(명)**

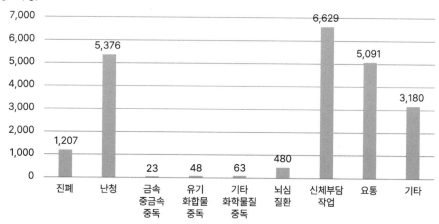

- 요통: 만성적 요통(2,001), 사고성 요통(3,090)
- 기타: 직업병 기타(물리적 인자, 이상기압, 진동장해, 직업성 암, 직업성 피부질환 등)(2,494), 작업관련성 질병 기타(간질환, 정신질환 등)(461), 근골격계질환 기타(225)

**사망자(명)**

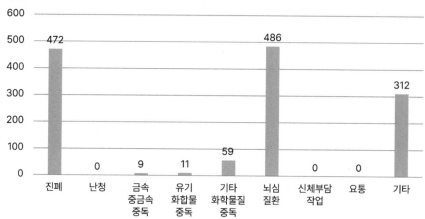

- 기타: 직업병 기타(물리적 인자, 이상기압, 진동장해, 직업성 암, 직업성 피부질환 등)(258), 작업관련성 질병 기타(간질환, 정신질환 등)(54), 근골격계질환 기타(0)

■ 산업재해 통계 산출의 대상
- 매년 1월부터 12월까지 근로자(산업재해보상보험법 적용 근로자)가 업무와 관련하여 사망 또는 4일 이상의 요양을 요하는 부상을 입거나 질병에 걸려 근로복지공단으로부터 산업재해보상이 승인된 재해[2]

---

2 공무원 재해보상법, 군인 재해보상법, 선원법, 어선원 및 어선 재해보상보험법, 사립학교 교직원 연금법에 따라 재해보상이 되는 경우에는 산업재해 통계 산출의 대상에서 제외된다.

■ 용어 정의
- 재해자 수: 업무상 사고 또는 질병으로 인해 발생한 사망자와 부상자, 이환자를 합한 수
- 사망자 수: 업무상 사고 또는 질병으로 인해 발생한 사망자 수
  ※ 사망자 수에는 사업장외 교통사고(운수업, 음식숙박업은 포함), 체육행사, 폭력행위, 출퇴근에 의한 사망, 사고발생일로부터 1년 경과 사고사망자 제외[산업재해통계업무처리규정(고용노동부 예규)]
- 사고사망자 수: 업무상 사고로 인해 발생한 사망자 수
  ※ 사고사망자에는 사업장 외 교통사고(운수업, 음식숙박업은 포함), 체육행사, 폭력행위, 출퇴근에 의한 사망, 사고발생일로부터 1년 경과 사고사망자 제외[산업재해통계업무처리규정(고용노동부 예규)]
- 질병사망자 수: 질병으로 인해 발생한 사망자 수
- 질병자 수: 업무상 질병으로 인해 발생한 사망자와 이환자를 합한 수

## 2. 산업재해 발생과 방지 자세

각 기업에서는 사업장별로 우리나라에서 어떤 산업재해가 어떻게, 어디에서 발생하고 있는지를 면밀하게 살펴보고, 이를 참고하여 자신의 사업장의 특성에 맞는 재해방지계획과 대책을 수립하는 것이 필요하다. 설령 자신의 사업장에서 오랜 기간 재해가 발생하지 않고 있더라도, 우리나라의 전체적인 산업재해 발생 동향과 자신의 사업장이 속해 있는 동종업종, 동종규모의 산업재해 발생확률을 살펴보면, 자신의 사업장의 산업재해 발생위험을 잠재적으로나마 대략적으로 가늠할 수 있다.

개별 사업장으로 보면 동종업종 동종규모의 평균재해율과는 달리 일정 기간 동안 재해가 발생하지 않는 사업장도 적지 않다. 무재해가 계속되다 보면 안전의식이 약해져 위험이 존재함에도 불구하고 불안진행동이 취해질 가능성이 높아진다. 재해가 발생하지 않고 있다고 하여 사업장이 안전하다고 생각하는 경향이 있는데, 이것은 잘못된 생각이다. 실제로는 정도 차이가 있겠지만 어느 직장이든 잠재위험성이 존재하기 마련이기 때문이다. 어떻게 보면 오랫동안 재해가 발생하지 않았다는 것은 재해가 없어졌다는 것을 의미하는 것이 아니라, 확률적으로 보면 역설적으로 재해의 발생이 언제라도 발생할 수 있는 위험한 상태에 있다는 것을 의미한다고 할 수도 있는 것이다.

따라서 자신의 사업장에서 오랫동안 재해가 발생하지 않았다고 하여, 자만심에 빠지거나 위험감수성이 무디어지는 일이 있어서는 안 될 것이다. 사업장 차원에서는 구성원들이 이러한 잘못에 빠져 나태해지지 않도록 지속적인 모니터링을 실시할 필요가 있다.

우리나라 전체적으로 보면 안전의식이 향상되고는 있지만, 많은 사업장에서는 안전기준을 지키는 것이 형식에 그치고 실제로는 안전기준을 무시하는 풍토가 여전히 뿌리 깊다. 그리고

안전기준을 지키지 않고 일을 문제없이 하는 것이 오히려 베테랑이라는 분위기가 남아 있는 직장도 있다.

아차사고는 유해·위험요인을 찾아내기 위한 유효한 방법이지만, 작업자가 위험이라고 인식하지 않아 유해·위험요인으로 찾아낼 수 없거나 찾아내더라도 이를 유효하게 활용하지 않는 사업장 또한 적지 않다.

최근에 많이 사용되고 있는 산업용로봇, NC기계 등 자동기계는 작업자가 기계의 동작을 예측하지 못하거나 정지하고 있다고 생각한 것이 갑자기 움직여 충돌(부딪힘), 끼임 등의 재해를 일으키는 경우가 많다. 그리고 기계·설비의 취급작업에 있어서는 끼임의 위험이 있는 곳이 덮개, 가드 등으로 방호되지 않은 채 방치되어 있는 것, 운전을 정지하지 않은 상태에서 트러블 처리를 행하는 것에 의한 산업재해가 끊이지 않고 발생하고 있다.

무재해가 오랫동안 지속되었더라도 유해·위험요인을 찾아내는 것을 태만히 하는 등 안전보건관리를 소홀히 하면 예기치 않은 큰 사고·재해로 연결될 수 있다. 큰 사고·재해가 그간에 안전성적이 좋지 않았던 사업장에서만 발생하는 것은 아니다. 우수하였던 안전성적을 거두어 왔던 사업장에서도 확률은 낮지만 이따금 큰 사고·재해가 발생하기도 한다.

앞으로의 안전보건활동의 목표는 안전문화의 창조와 정착에 두어야 한다. 이를 위하여 직장의 전원이 안전보건활동에 적극적으로 참가하여 안전이 존중되는 사풍(社風)을 조성하는 데 노력하여야 한다. 설령 무재해 직장, 작업이라 하더라도 사업장 전체적으로 예민한 위험 감수성 능력을 계속적으로 유지·확보하고, 이를 바탕으로 유해·위험요인을 찾아내어 확실하게 제거 또는 감소시켜 나가는 일을 지속적으로 추진하는 것이 중요하다.

## 3. 안전보건관리조직

안전보건관리조직은 안전보건활동의 기본으로서 컴퓨터로 말하면 하드웨어, 즉 기기(機器)에 해당된다. 안전보건관리조직이 정비되어 있지 않거나 그 정비가 불충분하면 아무리 우수한 소프트웨어가 있더라도 산재방지활동 운영에 지장이 생긴다. 안전보건관리조직은 최고경영자가 표명하는 안전보건방침에 근거하여 안전보건목표·안전보건계획을 설정·작성하고 이를 계획적·계속적으로 추진하기 위한 출발점이다. 안전보건관리조직은 기업, 사업장 전체 수준에서만 구축되어 있으면 되는 것이 아니라, 각 부서 차원에서도 실태 등에 맞는 안전보건관리조직이 구축되어 있을 필요가 있다.

사업장 규모와 업종에 따라 다소 다르지만, 사업장에 산업안전보건법에 의해 안전보건관리조직으로서 안전보건관리책임자, 안전보건총괄책임자, 관리·감독자, 안전관리자, 보건관리자 등의 선임과 산업안전보건위원회의 설치, 안전보건관리규정 작성이 산업안전보건법에서 의무 지워져 있다. 그런데 정작 중요한 것은 안전보건관리조직의 설치(선임, 지정) 자체가 아니라, 이 안전보건관리조직이 실질적으로 기능하고 있는지, 그리고 라인의 관리·감독자가 안전보건활동을 가장 중요한 일로 파악하고 안전보건스태프가 CEO의 신뢰를 얻고 있는 등 각각의 위치에서 주어진 역할에 전문성과 의욕을 가지고 안전보건활동을 하고 있는지 여부이다.

안전보건관리조직의 구축은 산재방지활동을 조직적, 계획적, 계속적, 안정적으로 추진하고 리스크를 제로에 근접시키기 위하여 반드시 필요한 것이다. 안전보건관리조직이 실질적으로 확립되고, 그것을 운영하는 관계자 전원(全員)의 의지에 의해 지지를 받아 생동하여야만, 진정한 의미에서 안전보건관리조직이 구축되어 있다고 말할 수 있다.

산업안전보건법에서는 사업주로 하여금 사업장 안전보건관리조직의 형식을 갖추고 그 역할과 기능을 다하도록 하는 것을 '안전보건관리체제'라고 규정하고 있다(제2장 참조).

### (1) 최고경영자

최고경영자는 경영권과 인사권이라는 절대적인 힘을 가지고 있다. 따라서 최고경영자가 스스로의 말과 행동을 보이는 경영이념 등이 기업문화(사풍)의 형성에 미치는 영향력은 매우 크다. 최고경영자는 '안전과 건강의 확보'가 사업 발전의 기본이고, 사업활동의 활성화의 중요한 부분이라는 것을 각종 회의, 연말연시의 인사 등 기회가 있을 때마다 발언하고, 그 말을 문서로도 전원에게 주지시키는 것이 중요하다. 최고경영자는 "안전제일", "안전과 건강의 확보가 가장 중요하다.", "안전은 모든 것에 우선한다." 등의 슬로건을 경영방침으로 밝히는 동시에, 진심으로 안전과 건강의 확보에 대하여 스스로가 모든 책임을 지고 있다는 자세와 각오로 평상시부터 안전과 건강의 확보에 높은 관심을 가지고 리더십을 발휘하여야 한다.

최고경영자는 안전과 건강의 확보가 사업의 수행에 불가결의 것이라는 것을 믿고, 안전보건방침, 안전보건목표, 안전보건계획을 결정하는 한편, OSHMS의 구축 및 운영, 수정에 대해 지휘를 한다. 현실적으로는 최고경영자가 사업장의 구체적인 안전보건활동까지 지휘하는 것은 곤란하므로, 최고경영자를 대신하여 산재방지활동을 추진·관리하는 안전보건관리 담당이사를 선임하고 각급 관리·감독자, OSHMS의 담당자, 안전보건스태프 등을 지명하여 그 자에게 권한을 부여하고 책임 있는 안전보건활동을 추진하게 한다.

또한 최고경영자는 각 부서에 부서별 안전보건활동의 상황, 산업재해 발생상황, 안전보건순찰의 실시상황 등에 대하여 보고하도록 하고 필요한 지시를 하는 한편, 근무평가 항목 중에 안전보건활동에 관한 항목을 반영하여야 한다. 이와 같이 "종업원의 안전과 건강의 확보는 경영의 기본이다."라는 것을 다양한 형태로 제시함으로써, 최고경영자가 종업원의 안전과 건강의 확보를 경영이념의 핵심으로 삼고 있다는 것이 전원에게 이해될 수 있도록 하여야 한다.

현장에서는 생산성의 향상, 품질관리, 비용관리에 대한 관심은 높지만, 안전과 건강의 확보는 최고경영자가 솔선하여 반복적으로 지시하지 않으면 언젠가는 잊어버리고 만다. 최고경영자의 평상시의 강력한 의사가 사업장의 안전보건활동을 지탱한다.

## (2) 안전보건스태프

CEO는 안전보건부서를 품질관리부서와 마찬가지로 조직도상에서 CEO의 강력한 스태프로서의 위상을 갖도록 하여 안전보건스태프가 안전보건활동에 관하여 'CEO의 측근'으로 보다 높은 수준의 활약을 할 수 있도록 그 장을 제공하고 관계자들로부터 '안전보건스태프의 지시는 CEO의 지시'로 간주되도록 하여야 한다.

한편, 안전보건스태프는 CEO의 신뢰를 얻을 수 있도록 노력하고 안전보건의 프로로서 강한 책임감과 열의를 가지며 박력 있는 안전보건활동을 전개하여야 한다. CEO가 안전보건스태프를 어디까지 신뢰하는지, 그것에 안전보건스태프가 어디까지 답할 수 있는지가 산재방지활동 활성화의 큰 포인트이다. OSHMS의 도입을 통해 안전보건스태프가 CEO로부터 직접적으로 안전보건활동에 관한 의견을 요구받는 기회가 증가하는 것은 안전보건스태프에게 있어서는 일의 큰 보람이 된다. 안전보건스태프는 안테나를 높이 세워 많은 정보를 수집하고, 그것을 가공하여 관계자에게 제공하는 동시에, 높은 직업의식을 가지고 라인의 관리·감독자와 유기적인 연계를 통해 안전보건활동과 관련된 역할을 다함으로써 보다 안전하고 쾌적한 직장 만들기에 진력하는 것이 필수불가결하게 요구된다.

## (3) 관리자

### 1) 간부직(임원급)

최고경영자가 안전보건활동 추진에 강한 의사를 가지고 있어도 간부직이 최고경영자의 뜻을 받아 진심으로 안전보건활동에 노력하지 않는 한, 최고경영자의 안전보건활동에 대한 열의가 하부의 조직에 전달되지 않고, 결과적으로 현장의 안전보건활동은 고조되지 않는다. 최고경영자의 의사가 간부직에 전달되지 않는 것은 최고경영자와 간부직의 의사소통 부족, 최고경영자의 진의를 가늠하는 것의 곤란, 최고경영자가 안전보건활동에 대한 이해도가 낮거나 일에 쫓겨 일 이외의 것에 관심을 보이지 않는 것 등이 그 원인으로 지적된다. 최고경영자는 안전보건활동에 열의가 있는데 간부직은 열의가 낮은 경우에, 최고경영자는 그 간부직에 대하여 안전보건활동은 경영의 핵심이라는 것을 확실히 설명하고 안전보건활동의 노력 실적 또한 간부직의 중요한 직무평가의 항목이라는 것을 전달하여 이해시킬 필요가 있다.

간부직 스스로는 근무현장에서의 산업재해 발생의 경험 또는 안전보건활동의 성공사례의 체험 등을 통해 안전보건활동에 대한 열의를 가지고 있는데, 최고경영자가 안전보건에 대한 관심이 낮은 경우에, 간부직은 안전보건활동의 활성화가 직장의 양호한 인간관계 만들기, 커뮤니케이션의 향상, 생산능률의 향상, 모럴(moral)의 고양, 산업재해에 의한 손실의 감소, 기업 이미지의 제고, 기업의 사회적 책임(CSR)에 좋은 영향을 미치는 것 등에 대하여 실례를 제시하는 방법 등을 통해 최고경영자의 이해를 얻도록 노력한다.

최고경영자가 안전보건관리의 중요성을 이해하고 있는 상태에서 간부직에게 실질적인 권한을 부여하면서 실무 지휘를 맡기면, 그 간부직의 지시가 최고경영자의 의사가 되고 안전보건활동이 활성화될 수 있다. 사고·재해가 자사에서 발생한 경우뿐만 아니라 동종업종의 다른 회사에서 발생한 경우에도, 이런 때에는 최고경영자가 일반적으로 사고·재해사례와 개선대책에 귀를 기울이게 되므로, 그 기회를 잘 포착하면 안전보건활동의 활성화에 효과적일 것이다.

간부직은 자사의 과거 재해사례, 다른 회사의 재해사례 등을 깊이 있게 조사하고 자신이 직간접적으로 경험한 아차사고 체험을 돌이켜 생각하는 등 현장과 교감하고 현장에 기초를 두어야 안전보건활동에 진심으로 노력하는 열의를 가질 수 있게 되고, 중간관리직, 현장감독자, 작업자에게 안전보건활동에 관한 실질적인 지휘를 할 수 있게 된다. 간부직은 안전보건활동이 사업활동의 토대라는 것을 충분히 이해한 상태에서 자신의 관리하에 있는 부서의 안전보건활동에 직접적인 책임을 갖고 "자신의 부하는 결코 재해가 발생하지 않도록 하겠다, 건강장해자가 나오지 않겠다."는 결의를 하는 것이 중요하다.

## 2) 중간관리직(부·과장급)

최고경영자, 간부직은 경영 전체를 총괄하면서 근로자의 직장생활을 책임지는 입장에 있어 대체로 막연하게나마 안전보건활동에 관심을 가지고 있다. 현장감독자는 직접적으로 생산활동에 종사하고 있어 평상시에 위험한 일을 실제 경험하거나 경험할 수 있기 때문에, 이론적인 면에서 볼 때는 안전보건활동에 대한 관심이 높은 편이다. 그러나 중간관리자는 현장감독자와 같이 직접적으로 위험에 접하여 일을 하고 있지 않은 경우가 많고, 최고경영자, 간부직과 같이 경영 전체를 조망하는 입장에 있지 않기 때문에, 일반적으로 안전보건에 대한 관심보다도 생산목표의 달성을 최우선하는 경향이 있다. 현장 근로자에 대해서는 일상작업에 있어 최고경영자, 간부직의 의향보다도 직속 상사의 의향이 큰 영향력을 갖고 있다. 특히, 중간관리직의 생각, 가치관에 따라 직장의 분위기가 크게 달라진다. 안전하고 밝은 직장이 되는 것도, 위험하고 어두운 직장이 되는 것도 중간관리직의 생각과 가치관에 의해 크게 좌우된다.

중간관리직은 그 직장의 안전보건활동에 직접적인 책임을 가지고 있는 것을 깊게 인식하고, 자신의 관리하에 있는 직장에서는 관계법령의 위반 등이 없는지, 부적절한 관행은 없는지, 근로자의 적정배치나 예산배분에 문제가 없는지 등의 조사를 하고, 그 문제점을 명확히 하여 보다 높은 안전보건수준의 달성을 지향하여야 한다.

중간관리직은 자신의 부하직원 중에서 산업재해가 결코 발생하지 않도록 하겠다는 각오와 불안전한 상태가 있으면 즉시 개선을 하고 불안전한 행동을 하고 있는 근로자는 묵인하지 않겠다는 신념을 가지고 행동하여야 한다. 중간관리직이 안전보건활동에 열심히 노력하면 현장감독자, 근로자의 사기가 올라가고, 결과적으로 생산성과 품질도 향상된다. 중간관리직은 안전보건활동의 매너리즘화를 방지하고 안전보건활동의 활성화를 스스로의 일의 중심에 두어야 한다. 그리고 중간관리직은 안전보건활동 실시상황의 총괄, 간부직에게 안전보건활동의 보고 그리고 안전보건활동에 대하여 근로자가 자유롭게 의견을 개진할 수 있는 기회의 제공 등의 역할을 하여야 한다.

### (4) 현장감독자

현장감독자는 부하를 직접 지휘·감독하고 작업에 책임을 갖고 있는 입장에 있으므로 부하에 대하여 지시한 일에 대해서는 부하의 안전보건을 확보할 책임이 있다. 즉 현장감독자는 자신이 담당하는 부서의 안전보건상태를 정확하게 파악하고 일을 추진하는 데 있어 안전보건에 관한 문제가 발생하지 않도록 하여야 한다.

현장감독자의 안전보건활동의 적부(適否)는 사업장의 안전보건수준을 결정한다고 해도 과언이 아니다. 현장감독자 중에는 근로자를 한데 모으는 사람이 있는가 하면 그 반대의 사람도 있다. 현장감독자를 중심으로 한데 모이는 작업장은 각자의 의사소통도 잘되어 안전보건활동도 활발하고 좋은 성과를 올린다. 통합이 되지 않는 작업장은 특정의 근로자가 비공식적인 형태로 리더십을 행사하고 있는 경우도 있고, 리더십 부재의 작업장도 있다. 일을 하다가 자신이 재해를 입어도 좋다, 건강이 훼손되어도 좋다고 생각하는 사람은 아무도 없다. 누구라도 안전하고 건강한 직장생활을 보내기를 원한다.

현장감독자는 자신의 행동이 그 작업장의 안전보건활동에 큰 영향을 미친다는 것을 자각할 필요가 있다. 현장감독자는 자신의 휘하에 있는 근로자에게 "결코 산업재해가 발생해서는 안 된다."고 하는 강한 의지와 열의를 가지고, 다른 부문에서의 사고·재해사례, 아차사고사례 등의 안전보건정보를 근로자에게 제공하는 한편, 근로자로부터 유해·위험요인의 정보제공이 있었던 경우에는 관계자 등에게 적극 알린다.

사회의 여러 문제에 대해 활발히 토론하다 보면 상호 간의 의견 차이가 있어 불쾌한 기분이 되거나 사이가 벌어지는 경우도 있지만, 안전과 건강의 문제는 활발히 토론하면 할수록 사이가 좋아지고, 상호 간의 의사소통이 원활하게 된다. "현장감독자가 우리의 안전과 건강을 배려하고 있다."는 것이 근로자들에게 이해되면, 근로자들의 현장감독자에 대한 신뢰가 높아지고 결과적으로 생산성의 향상도 기대할 수 있다.

## Ⅱ. 불안전행동의 방지방법

일본의 산업재해 통계에 따르면, 휴업 4일 이상 재해의 직접적 원인으로만 볼 때, 불안전상태에 의한 것이 약 80%, 불안전행동에 의한 것이 약 90%, 양자가 결합되어 발생한 것(불안전상태가 있고 불안전행동이 있었던 것)이 약 80%라고 분석되고 있다(일본 후생노동성, 『노동재해통계』, 각 연도). 그리고 산업재해가 가장 많이 발생하는 건설업의 휴업 4일 이상 재해자를 불안전상태와 불안전행동의 측면에서 분석한 자료에 의하면, 불안전상태만에 기인한 재해가 약 1.0%, 불안전행동만에 기인한 재해가 약 0.3%, 불안전상태와 불안전행동의 조합에 기인한 재해가 약 98%, 어느 쪽도 아닌 재해가 약 0.5%인 것으로 분석되고 있다(일본 후생노동성, 『노동재해통계』, 각 연도). 이러한 통계로 볼 때, 불안전행동은 산업재해에 밀접한 원인으로 작용하고 있다는 것을 알 수 있다.

이러한 불안전행동에 의한 재해는 많은 현장에서 쉽게 발견할 수 있다. 불안전행동은 크게 휴먼에러(human error)와 위반(violation)행동으로 대별되는데, 2가지에 의한 재해는 일반적으로 '행동재해'로 이해되고 있다.

불안전행동 중 휴먼에러는 쉽게 말해서 '의도하지 않은 결과를 발생시키는 인간의 행동'이라고 이해되고 있는데, 인간은 원래 에러를 범하기 쉬운 동물이라고 말해지고 있다. 그리고 위반행동은 위험 무시, 규칙 위반 등 위험하다는 것을 알면서 행하는 행동을 가리킨다. '일을 빨리 끝내고 싶다', '스릴을 즐기고 싶다' 등의 생각에 충동되어 위반행동을 해 버리는 일이 종종 발생한다.

휴먼에러와 위반행동에 의한 재해의 발생을 비교하면, 위반행동에 의한 것이 휴먼에러에 의한 것보다 1.5배 더 발생하는 경향이 있다고 한다.

## 1. 휴먼에러

휴먼에러는 '의도하지 않은 인간의 행동'으로 다음 5가지로 분류된다.[3]

① 부주의: 정신은 있으나 어떤 물적인 면에 집중하지 않는 것 또는 그렇게 하는 심리적인 능력을 가지고 있지 못한 상태를 말한다.

② 착각: 감각자극의 양, 질, 또는 시간적·공간적 배치에 관하여 객관적 사실과 일치하지 않는 감각이 일어나는 현상을 말한다. 예를 들면, 같은 길이의 선분이 상황에 따라서는 달라 보인다(착시현상).

③ 판단·결정 미스: 잘못 말하거나 잘못 생각하거나 잘못 기억하는 일을 말한다.

---

3 휴먼에러의 분류는 이 외에도 다양한 방식으로 이루어지고 있다.

④ 조작·동작 미스: 잘못 행위하는 일을 말한다.

⑤ 인지(인식)·확인 미스: 잘못 보거나 잘못 듣는 일을 말한다.

이들 휴먼에러를 없애는 것은 불가능하지만, 줄이는 것은 가능하다. 휴먼에러를 방지하는 기본적인 접근방법은 다음 2가지이다.

① 휴먼에러에는 전조(前兆)가 있으므로 전조 단계에서 방지한다.

② 휴먼에러에는 배후요인이 있으므로 배후요인을 줄인다.

## (1) 휴먼에러에는 전조가 있다

휴먼에러는 전조 없이는 일어나지 않는다고 해도 과언이 아니다. 휴먼에러에는 규칙성이 있고, 재발의 예측이 가능한 형태를 취한다. 우리가 현장에서 몇 번이나 경험하고 있듯이, 동일한 상황에서 이 작업자가 동일한 에러를 일으키는 경우가 많다. 공구를 안이한 방법으로 사용하다가 손을 베이거나 가반식(可搬式) 작업대에서 정면을 보면서 만연히(의식 없이) 내려오다가 미끄러져 추락하기도 한다.

## (2) 휴먼에러의 배후요인과 대응방안

휴먼에러를 일으키기 쉬운 다양한 요인이 있다. 휴먼에러의 배후요인이라고 하는 것이다. 휴먼에러의 배후요인으로 Man(사람), Machine(기계·설비), Media(작업·환경), Management(관리) 등 4개의 M이 제시되고 있다. 이들 배후요인을 제거함으로써 휴먼에러(일부는 위반에도 해당한다)를 방지할 수 있다. 휴먼에러의 배후요인과 이에 대한 대응방안(예)은 다음과 같다.

<table>
<tr><td>배후요인(4M)</td><td>대응방안(예)</td></tr>
<tr><td>

Man(사람)

작업자
- 생리적인 것: 수면부족, 피로, 질병
- 심리적인 것: 걱정거리
- 작업에의 적응: 지식과 기능 부족

현장
- 커뮤니케이션이 나쁨
- 인간관계가 좋지 않음

</td><td>

Man(사람)
- 위험예지활동(훈련)
- 작업개시 전 회의[TBM(Tool Box Meeting)[4] 등]
- 지적호칭
- 안전보건교육의 실시
    채용 시 교육(건설업 기초안전보건교육)
    작업내용 변경 시 교육
    특별교육 등
- 건강진단의 실시
- 건강관리의 충실
- 의사소통이 좋은 현장환경
- 상호 간의 주의 촉구

</td></tr>
</table>

---

4 TBM에 대한 자세한 내용은 '제4장 XI. 자율안전활동'에서 설명하기로 한다.

| 배후요인(4M) | 대응방안(예) |
|---|---|
| **Machine(기계·설비)**<br>• 적절한 기계·설비를 사용하지 않음<br>• 기계·설비의 결함<br>• 정비·점검의 부족 | **Machine(기계·설비)**<br>• 사용하기 쉽고 안전한 기계·설비의 사용<br>• 본질안전화의 추진<br>• 정비·점검의 충실 |
| **Media(작업·환경)**<br>• 4S(정리·정돈·청소·청결)·5S (정리·정돈·청소·청결·습관)가 나쁨<br>• 통로, 작업장소, 물건 두는 방법 등이 나쁨<br>• 소음, 환기, 진동, 분진 등의 작업환경이 나쁨<br>• 작업 간의 연락조정이 나쁨<br>• 정보의 전달이 나쁨 | **Media(작업·환경)**<br>• 4S·5S 활동의 실시<br>• 작업환경의 개선<br>• 작업공정회의의 실시<br>• 보고·연락·상담의 충실 |
| **Management(관리)**<br>• 규칙이 있지만 지켜지지 않고 있음<br>• 매뉴얼, 작업절차서가 현장의 실태에 맞지 않거나 정비되어 있지 않음<br>• 교육훈련이 부족함<br>• 안전점검, 안전순찰이 부족함<br>• 관리·감독자의 지도·감독이 부족함 | **Management(관리)**<br>• 규칙 위반을 하지 않도록 함<br>• 매뉴얼, 작업절차서를 현장의 실태에 맞게 하고 항상 열람할 수 있도록 함<br>• 안전미팅의 확실한 실시<br>• 교육훈련의 철저<br>• 관리·감독자의 능력 향상 |

## (3) 휴먼에러의 요인

어떤 경우에 행동특성인 미스, 부주의가 발생하는지를 생각해 보자.

### 1) 외적 요인

미스, 부주의가 발생하기 쉬운 환경 측의 요인으로서 다음과 같은 예를 들 수 있다.

① 사물, 사건이 애매할 때

② 사물, 사건은 명확하더라도 유사한 게시내용이 나란히 있어 착오를 일으키기 쉬운 상황에 있을 때

③ 작업이 절박한 상황일 때

④ 작업이 너무 단조로울 때

⑤ 작업이 너무 복잡할 때

⑥ 작업장의 분위기가 느슨할 때

⑦ 방해를 받고 있을 때

⑧ 평상시와 환경이 다를 때

### 2) 내적 요인

미스, 부주의를 쉽게 일으키는 인간 측의 요인으로는 다음과 같은 예를 들 수 있다.

① 무언가 강한 욕망이 있을 때

② 감정이 고조되어 있을 때

③ 과거의 경험에서 추측해 버릴 때

④ 질병, 피로, 술에 취함, 걱정, 초조 등과 같이 심신이 이상상태에 있을 때

⑤ 서투름, 미경험, 지식부족 등이 있을 때

⑥ 무언가가 강한 관심을 끄는 것이 별도로 있을 때

⑦ 제멋대로의 판단으로 대수롭지 않게 보았을 때

⑧ 주의력의 저하, 한계

⑨ 걱정거리가 있을 때

⑩ 좋지 않은 인간관계에 있을 때

## (4) 작업자의 성격

휴먼에러를 일으키기 쉬운 타입이 있다는 사고방식은 그 기준이 명확한 것도 아니고 사고예방에 그다지 유용한 것은 아니지만, 작업현장에서 작업자의 성격(특성)을 알아 두는 것은 작업자의 안전을 확보하기 위해 필요하다는 점은 부정할 수 없다.

아무래도 활동적인 성격, 충동적인 성격, 걱정이 없는 성격이 비활동적인 성격, 소소한 일까지 걱정하는 성격, 숙려형보다 휴먼에러를 일으킬 가능성이 높을 것이다. 관리·감독자는 평상시에 작업자의 성격을 파악하여 두고, 지도·지시 등을 할 때 이를 참고하는 것이 지도·지시 등의 효과성뿐만 아니라 작업자의 사고·재해예방을 위해서도 필요하다고 할 수 있다.

## (5) 조작·동작 미스 재발방지를 위한 교육

조작·동작 미스를 한 작업자에 대한 교육은 이들 작업자가 작업절차를 어느 정도 알고 있었는지에 따라 지식교육 → 기능교육 → 태도교육의 순으로 교육하는 것이 필요하다.

작업자가 작업절차를 '알고 있었는지'(지식), '절차대로 작업할 수 있었는지'(기능), '작업절차를 지킬 생각이 있었는지'(태도)를 잘 조사한 후에, 지식, 기능 또는 태도를 교육하는 것

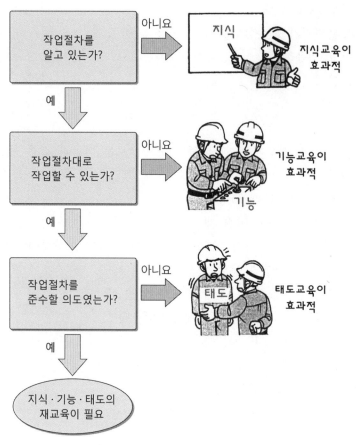

그림 2.2.1 조작·동작 미스와 교육

이 효과적이다.

### (6) 의식레벨과 에러의 발생

인간의 의식레벨인 '의식 phase'는 phase 0부터 phase Ⅳ까지 5단계로 나눌 수 있다. 에러의 발생률은 작업을 하고 있는 사람의 의식 phase에 따라 다르다. 대뇌생리학의 연구에서 밝혀진 인간의 의식 phase와 에러의 발생률은 표 2.2.1과 같다(橋本邦衛, 『安全人間工学』).

이 표에서 의식 phase에 따라 에러의 발생이 크게 다르다는 것을 알 수 있다. Phase Ⅲ의 경우에 에러의 발생률이 가장 낮으므로, phase Ⅲ의 상태에서 작업을 계속하면 에러를 줄이는 것이 가능하다. 그러나 이 phase Ⅲ 상태는 단시간밖에 지속되지 않고, 언제라도 긴장을 푼 phase Ⅱ, 과도하게 긴장한 phase Ⅳ로 이행하여 버릴 수 있다. 역시 인간은 주의를 집중하여 장시간 작업을 하는 것은 불가능하다고 말할 수 있다.

표 2.2.1 의식레벨의 단계

| Phase | 의식모드 | 주의의 작용 | 생리상태 | 신뢰성 |
|---|---|---|---|---|
| 0 | 무의식, 실신 | zero | 수면, 뇌발작 | 0 |
| I | 과소긴장(subnormal), 의식 모호 | inactive | 피로, 단조, 졸림, 취중 | 0.9 이하 |
| II | 정상, 편안함(relaxed) | passive, 마음의 내부로 행함 | 안정상태, 휴식 시, 정상 작업 시 | 0.99~0.99999 |
| III | 정상, 명석함(clear) | active, 적극적임, 시야범 위도 넓음 | 적극적 활동 시 | 0.999999 이상 |
| IV | 과다긴장(hypernormal), 흥분됨 | 일점에 집중, 판단 정지 | 긴급방위(防衛)반응, 당황 → 패닉(panic) | 0.9 이하 |

## (7) 필요시 의식레벨을 올려 휴먼에러를 방지한다

인간은 에러를 저지르지만, 단시간은 에러의 발생을 줄이는 것이 가능하다. 평상시 작업할 때는 phase II 의 상태에서 편안하게 작업을 하고, 집중할 필요가 있을 때에는 지적호칭을 하거나 말 주고받기 등을 하여 phase III로 전환하면 에러에 의한 사고·재해를 줄일 수 있다.

따라서 작업자에 대해 필요에 따라 phase II 로부터 phase III로 전환할 수 있는 방법을 훈련하여 두는 것이 필요하다. 그러나 phase III는 고무줄이 팽팽하게 당겨져 있는 것과 같은 상태이므로 장시간 계속되는 것은 불가능하다. 장시간 계속되면 너무 늘어나 원래의 상태로 돌아오지 않게 된다.

## (8) 허드슨강의 기적 - 기장은 phase III의 상태를 유지하면서 조종

2009년 1월 15일 미국 뉴욕의 라과디아(LaGuardia) 공항에서 노스캐롤라이나로 출발 예정인 US 에어웨이즈 1549편이 이륙한 지 2분 후에 충분한 고도를 확보하지 못한 상태에서 새떼와 충돌하는 바람에 양쪽 엔진 모두가 멈추는 사태로 인해 위기를 맞게 된다.

당시 승객 150명과 승무원 5명을 태운 항공기는 자칫하면 뉴욕 시가지로 추락할지도 모를 긴박한 상황이었다. 이러한 상황에서 체슬리 설렌버거(Chesley Sullenberger) 기장은 관제탑의 회항이나 인근의 비상 활주로 불시착 유도에도 불구하고 비행기를 활공 상태(무동력 하강비행)로 조종하여 한겨울의 차디찬 허드슨강에 안정적으로 착륙을 하였다.

기장은 전혀 발생한 적이 없는 처음 겪는 위급한 상황에서도 phase III의 상태를 유지하면서 적절한 상황판단과 정확한 조종을 한 것이다. 만약 기장이 phase IV의 패닉(panic) 상태에 빠졌더라면 대형 참사가 되었을 것이다.

## (9) 의식 phase는 오전이 높다

의식 phase는 오전 중이 높고 안정되어 있지만, 오후에는 저하된다. 의식 phaseⅢ의 시간대를 길게 가질 필요가 있는 작업은 오전 중에 행하는 것이 바람직하다.

오후에 phaseⅢ의 상태가 필요한 작업이 있을 때는 오후 맨 처음에 하는 것이 바람직하다. 오후의 시작시간대는 phaseⅢ이 유지되기 쉬운 상태에 있기 때문이다.

## (10) 상호계발형 안전관리의 실천

현장 안전관리의 상태에는 여러 가지 패턴이 있다. Dupont Bradley Curve(Model)를 이용하여 그중에서 대표적인 것을 제시하면 표 2.2.2와 같다.

표 2.2.2 현장 안전관리의 유형

|  | 반응형 | 의존형 | 독립형 | 상호계발형 |
|---|---|---|---|---|
| 특징 | 사고·재해가 발생하고 나서 비로소 행동함 | 안전기준은 있지만, 지시를 하여야 잘 지킴 | 작업자가 자율적으로 안전활동에 참가하고 있음 | 상호 간에 주의·지적을 하고 잘 받아들임 |
| 관리·감독자 | 법령만 지키고 있으면 충분. 재해는 운이 나빠 발생한다고 생각함 (피재자의 탓) | 재해가 발생할지 발생하지 않을지 모름. 내 지시를 따라 줄 테니 재해는 방지할 수 있음 | 안전활동의 주체는 작업자, 관리·감독자는 코치역할을 하지만, 전체에 관한 것에 대해서는 관리·감독자가 적극적으로 나섬 | 작업자가 행하고 있는 안전하고 좋은 방법을 칭찬하고, 좋은 것은 회사 전체적으로 수평 전개함 |
| 작업자 | 자신만큼은 재해를 입지 않을 것이라 생각함 | 안전기준 등에 문제가 있지만, 지금까지 재해가 발생하지 않았으니까 괜찮을 거라 생각함 | 안전기준, 작업절차서의 작성·개정 요청이 오면 적극적으로 참가. 자신이 담당하는 영역의 안전작업을 위해 많은 관심을 가지고 있음 | 안전기준의 책정, 작업절차서의 작성·개정을 요청하고 그 과정에 적극적으로 참가. 안전작업을 위해 능동적으로 논의를 하고, 동료들의 지적도 솔직하게 받아들임 |
| 불안전상태 | 시정 없음 | 누군가가 고칠 것이라 생각함 | 자신과 관계있는 곳만 고침 | 적극적으로 진언함 |
| 불안전행동 | 시정 없음 | 누군가가 주의를 줄 것이라 생각함 | 자신만큼은 하지 않도록 함 | 자신뿐만 아니라 동료와 상호 간에 서로 주의 |

휴먼에러에 의한 재해 방지를 위해서는 '상호계발형'의 안전관리 상태를 지향하면서 적극적인 노력을 추진할 필요가 있다.

"주의하겠다."라고 생각하여도 그 긴장상태를 계속할 수 있는 것은 10~15분이 한계라고도 말해지고 있다. 작업에 집중하면 할수록 자신의 주변이 보이지 않게 된다.

모든 것에 대하여 관리가 미치지 못하는 것이 현실이다. 휴먼에러를 없애는 노력을 끊임없이 해 나가야겠지만, 이 경우 기본적으로 '작업자는 실수를 범하기 마련이다'라는 사실을 전제로 한 안전관리가 필요하다는 것을 유념할 필요가 있다.

## 2. 위반행동

### (1) 위반행동에는 '가볍게 보는 것'과 '지름길·생략'이 있다

위반행동은 '위험하다' 또는 '해서는 안 된다'는 것을 알면서 하는 행동이다. 바꾸어 말하면, '스스로 위험하다고 알고 있으면서 하는 위험행위', '현장의 규칙 위반의 행동'을 가리키고, 그중 많은 것이 산업재해로 연결되고 있다.

위반행동의 배경에는 크게 '가볍게 보는 것'(위험경시, 익숙해짐 등)과 '지름길·생략' 등 2가지가 있다.

불안전행동에 의한 산업재해 중 가볍게 보는 것(위험경시, 익숙해짐 등)이 약 50%로 가장 많은 비중을 차지하고 있다. 이것에 지름길·생략에 의한 산업재해 약 20%를 합하면, 이 2가지 요인에 기인하는 산업재해가 불안전행동에 의한 산업재해의 70%를 차지한다(일본 건설노무안전연구회 편, 『건설업에서의 휴먼에러 방지대책사례집』, 2012년). 이 2가지 요인을 없애는 것이 불안전행동에 의한 산업재해의 대폭적인 감소로 연결된다는 것을 알 수 있다.

### (2) 누구라도 위반할 수 있다

무의식적 에러가 아니라 위험을 인식하면서도 굳이 규칙을 위반하는 행동을 하는 경우가 있다. 예를 들면, 전철에서는 시간에 간신히 대어 승차하는 것은 위험하기 때문에 이것을 금지하고 있는데도 적지 않은 사람들이 닫히기 시작한 문으로 돌진하는 행동을 자주 볼 수 있다.

여러분들 중에도 마음이 찔리는 분이 많이 있을 거라고 생각한다. '안전인간'이라고 불릴만한, 항상 주의 깊은 사람도 시간이 없거나 초조한 상태인 경우 또는 기분이 뒤틀려 있는 등의 경우에는 여느 때와 다른 판단을 하고 마는 경우가 있다.

야구경기로 말하면 도루 성공과 도루 실패라고 말할 수 있는데, 그것을 가르는 것은 '세이프'와 '아웃'의 결과론이다. 이것이 개인의 작은 영향으로 끝나는 경우는 꾸지람 정도로 끝날 일이지만, 타인의 생명을 맡는 일을 하는 운전수 또는 위험한 직종에 종사하고 있는 자가 그러한 행동을 하여 그 행동의 결과가 아웃인 경우는 심각한 재해로 연결될 것이다.

문제는 왜 그러한 행동을 하는가(판단을 잘못하는가)라는 점에 있다. 판단을 그르치는 이

유를 생각해 보면,

① 리스크가 주관적으로 작은 경우(이 정도로는 부상을 입지 않는다)

② 성공하였을 때의 이익이 큰 경우(시간을 아낄 수 있다, 비용을 절약할 수 있는 등)

③ 리스크를 회피하는 것의 단점이 큰 경우(비용이 많아진다, 시간이 많이 걸린다 등)

등의 항목을 생각할 수 있다. 이것 모두 심정적으로는 이해되는 부분이 없지 않을 것이다.

그러나 심정적으로 이해할 수 있다는 것으로는 문제해결이 되지 않는다. 그럼, 어떻게 하면 좋을까. 행동을 하기 전에 행동의 결과가 가져올 수 있는 최악의 상황을 생각해 보는 것, 이것이 안전의 포인트이다.

### (3) 규칙을 지키지 않는 이유

현장에는 많은 규칙(법을 포함한다)이 있다. 규칙 중에서 많은 것은 과거의 재해, 쓰라린 경험에 의해 만들어진 것이다. 그러나 이러한 것을 교훈 삼아 정해진 규칙들이 왜 작업자들에 의해 지켜지지 않는 것일까. 주로 다음과 같은 이유를 들 수 있다.

① 규칙을 이해하거나 납득하고 있지 않다.

② 정해진 내용에 무리가 있다.

③ 다른 사람이 지키고 있지 않다.

④ 규칙에 위반하는 것을 죄악으로 느끼고 있지 않다.

⑤ 위반에 대해 제재가 이루어지지 않는다.

⑥ 리스크가 큰 상황을 컨트롤할 수 있다고 과신하고 있다.

⑦ 규칙 위반이 좋지 않은 결과로 연결될 가능성을 과소평가하고 있다.

⑧ 자신의 규칙 위반이 심한 것이라고 생각하고 있지 않다.

규칙을 시키지 않는 이유는 위와 같이 여러 가지가 있을 것이지만, 가장 큰 이유는 본인이 이해하거나 납득하고 있지 않기 때문이지 않을까. 특히 미숙한 초심자의 경우에는 쓰라린 경험을 직접적으로 또는 근처에서 경험한 적이 없고, 규칙의 내용이 다른 사람의 일처럼 생각되기 쉽다. 따라서 본인이 이해하거나 납득할 때까지 서로 이야기를 나누거나 설명하는 것이 필요하다. 인간은 본래 미스를 하고, 잊어버리며, 생략하는 동물이다.

인간이 다른 동물과 다른 점은, 지혜가 있기 때문에 본능적으로 보다 용이하게 하기 위하여 "지름길행위를 하자.", "생략하자."고 생각하기도 한다는 것이다. 그러한 욕구가 발명·발견, 효율화로 연결되는 경우도 있지만, 큰 사고·재해를 발생시키기도 한다.

## (4) 규칙 위반을 잘하는 자

경험적으로 볼 때, 사업장에서 규칙 위반을 잘하는 경향이 있는 자는 대체로 다음과 같은 사람이다.

① 젊은 남성
② 자신의 기능을 높이 평가하고 있는 사람
③ 경력이 길어(경험이 많아) 작업에 익숙한 사람
④ 다른 사람의 생각, 결과에 대한 부정적인 예측 등에 거의 얽매이지 않는 사람

## 3. 불안전행동의 방지방안

휴먼에러와 위반행동을 없애거나 줄이기 위해서는 휴먼에러와 위반을 현상적으로 접근할 것이 아니라, 그 배경적 요인에 주목하여 다음과 같은 사항을 현장에서 실행하는 것이 필요하다.

### (1) 제1단계: 본질적 안전에 의한 위험원 배제·대체

위험원을 제거하거나 힘·에너지가 위해를 주지 않을 정도로 그 리스크를 적게 함으로써 작업자가 에러를 저지르거나 위반을 하더라도 재해로 연결되지 않도록 한다. 이것의 예로는 다음과 같은 것을 들 수 있다.

① 예리한 단부를 둥글게 한다.
② 기계에 신체의 일부가 끼이는 것을 방지하기 위하여 끼일 위험이 있는 부분을 신체의 일부가 들어갈 수 없을 정도로 좁게 하거나 끼이는 일이 없을 정도로 넓게 한다.
③ 감전을 방지하기 위하여 저전압(24 V 등) 기기를 사용한다.
④ 전리방사선, 레이저광선 등의 방사출력을 기계가 기능을 달성하는 최저수준으로 제한한다.

리스크를 대폭적으로 감소시킬 수 있는 공법·작업방법을 도입하여 작업자가 에러를 저지르거나 위반할 소지를 없애거나 줄인다. 이러한 방법의 예로는 고소(高所)작업을 적게 하는 방법으로 다음과 같은 것을 생각할 수 있다.

① 철골을 공장에서 가공하거나 지상에서 조립(地上組立)하는 방법
② 배관·전기설비를 공장에서 유닛화하는 방법
③ 내화피복, 도장 등을 지상에서 시공하는 방법

작업자가 에러를 저지르거나 위반을 하더라도 재해로 연결되지 않도록 위험하거나 유해한 재료·물질을 사용하지 않거나 소량 사용한다. 이를 통해 작업에 사용하는 재료·물질의 무위

험화 또는 무해화를 추진한다. 이 방안의 예로는 다음과 같은 것이 있다.

① 난연성 재료를 사용한다.

② 기계 각 부분의 온도상승을 제한한다.

③ 가연성 가스 등이 폭발범위의 농도가 되지 않도록 한다.

④ 유기용제도료를 사용하지 않고 수성도료를 사용한다.

⑤ 메탄올을 사용하지 않고 에탄올을 사용한다.

⑥ 가열아스팔트방수를 하지 않고 시트방수를 한다.

이상의 방안 외에도, 작업자가 에러, 위반을 하더라도 안전을 확보할 수 있는 수단의 예로는 다음과 같은 것이 있다.

① 이동식크레인의 안전장치

② 중량초과일 경우 안전장치가 작동하여 멈추는 장치

③ 매달린 화물이 일정 높이 이상으로 올라가지 않도록 하는 권상방지장치

## (2) 제2단계: 설비·장치에 의한 안전확보

제1단계의 조치를 하더라도 남는 리스크에 대해서는 리스크의 크기에 대응한 보호장치, 가드 등의 설비·장치에 의해 안전을 확보한다. 설비·장치로 리스크를 감소시킬 수 있는 방안으로는 다음과 같은 예를 들 수 있다.

① 감전방지용 누전차단장치의 사용

② 크레인의 과부하방지장치의 부착

③ 작업구역의 출입금지 울타리의 설치

④ 오작동방지 레버잠금장치

⑤ 개구부 추락방지용 울, 덮개 등의 설치

## (3) 제3단계: 리스크정보 및 커뮤니케이션에 의한 안전확보

### 1) 리스크정보

앞에서 설명한 상위단계의 수단을 강구하는 것이 곤란한 경우 또는 강구하더라도 리스크가 남는 경우에 대해서는 작업절차, 안전지시, 표시 등에 의해 작업자에게 리스크정보를 제공하고 이것을 준수하도록 함으로써 리스크를 회피하는 것이 필요하다.

그리고 지시·전달된 사항을 확실히 실행하게 하기 위한 교육훈련, 순찰·감시를 한다. 정보 자체로는 리스크를 감소시키는 수단이 되지 않는다. 이 정보가 안전대책으로 효과를 발휘하기 위해서는 올바른 이해와 실천이 전제가 된다. 이를 위해서는 교육·지도의 강화를 도모하고 순시·감시에 의해 확실히 전달·수용되도록 한다.

## 2) 직장 내 커뮤니케이션의 활성화

커뮤니케이션이란 '의미, 감정을 주고받는' 행위이다. 작업현장에서는 직종, 때로는 회사가 다른 많은 작업자가 위험작업에 종사하고 있으므로, 커뮤니케이션을 잘하는 것은 불안전행동 방지를 위해서도 매우 중요한 일이다.

재해의 상당 부분은 커뮤니케이션 부족에 의한 것이라고 말해지고 있는데, 커뮤니케이션 부족의 큰 요인으로서는 '작업 전의 협의 불충분', '확인 부족'의 2가지를 들 수 있다. 작업 전의 충분한 협의와 확인을 함으로써 많은 불완전행동을 방지할 수 있음을 유념할 필요가 있다.

## (4) 안전활동 실시

안전활동을 사업장 차원에서 조직적으로 추진하는 것도 작업자의 에러와 위반을 줄이는 데 많은 도움이 될 수 있다. 작업자의 에러와 위반을 줄이는 효과가 있는 안전활동으로는 다음과 같은 것을 생각할 수 있다.

① 위험성평가
② 위험예지활동(훈련)
③ 작업 전 회의(TBM 등)
④ 안전미팅
⑤ 지적호칭
⑥ 4S(5S)활동
⑦ 아차사고 보고(발굴)활동

**안전위생보호구**

## 1. 보호구의 개요

### (1) 보호구는 왜 필요한가

개인용보호구(일반적으로 보호구라고 한다)란 근로자가 유해 또는 위험한 작업에 종사할 때에 착용하는 것으로서, 신체를 상해 또는 건강장해로부터 보호하기 위한 용구를 말한다. 상해를 대상으로 하는 것을 안전보호구라 하고, 건강장해를 대상으로 하는 것을 위생보호구라 한다.

직장에는 부상, 건강장해로 연결되는 많은 유해·위험요인이 있다. 이들 유해·위험요인에 대하여 안전울, 안전장치, 국소배기장치 등의 여러 대책이 강구되고 있지만, 그럼에도 불구하고 모든 것을 완전히 억제하는 것은 곤란하다.

보호구는 이와 같은 경우, 유해·위험요인에 대한 방파제가 되어 작업자를 보호하여 준다. 그러나 그것은 어디까지나 보호구를 올바르게 착용하는 것이 전제이고, 올바른 선택과 착용이 중요한 열쇠가 된다.

보호구는 크게 안전보호구와 위생보호구로 구분된다.

### (2) 보호구의 종류

#### 1) 안전보호구의 종류

안전보호구는 근로자의 안전과 건강을 보호하기 위하여 이용되는 기구의 총칭이다. 주된 안전보호구에는 머리: 안전모, 눈: 보안경, 귀: 귀마개, 손: 보호장갑, 발: 안전화, 추락: 안전대, 감전: 절연용 보호구 등이 있다.

#### 2) 위생보호구의 종류

위생보호구는 유해물질의 흡입에 의한 건강장해를 방지하기 위해 방진마스크, 방독마스크, 송기마스크, 공기호흡기 등의 호흡용 보호구, 피부접촉에 의한 경피(經皮)흡수·피부장해 등을 방지하기 위한 불침투성의 화학보호복, 화학보호장갑, 눈 장해를 방지하기 위한 보호안경, 유해광선을 차단하기 위한 차광보호구 등이 있다.

이들 위생보호구에 대해 물질의 물리화학적 성질, 유해성의 정보, 작업환경측정의 결과, 작업시간, 건강진단 결과 등의 정보를 참고하여 적정한 선택을 하는 것이 중요하다.

## 3) 신체부위별 보호구의 종류

표 2.3.1 신체부위별 보호구 종류

| 신체부위 | 보호구 종류 |
|---|---|
| 머리 보호구 | 안전모, 방한모, 보호모 |
| 눈 및 안면 보호구 | 보안경(차광, 일반), 보안면(용접, 일반), 보호마스크 |
| 청력 보호구 | 귀마개, 귀덮개 |
| 호흡용 보호구 | 방진마스크, 방독마스크, 송기마스크, 공기호흡기 |
| 손 보호구 | 안전장갑, 절연장갑, 화학보호장갑, 방한장갑, 방열장갑, 방진장갑, 보호앞치마 |
| 신체 보호구 | 방열복, 방열두건, 화학보호복, 방한복 |
| 안전대 | 벨트식 안전대, 그네식 안전대 |
| 발 보호구 | 안전화, 절연화, 정전기 안전화, 방한화, 절연장화, 화학보호장화, 신발덮개, 보호신발 |

## (3) 보호구의 일반적 요건

보호구는 제조사의 노력으로 그 기능, 성능이 시간이 지남에 따라 개량되는 한편, 보호구 규격의 국제적인 정합성 등이 도모되어 온 결과, 점점 우수한 것이 제공될 수 있게 되었다. 그러나 보호구 그 자체의 성능 등이 향상되어도 사용하는 단계에서 올바르게 착용·관리되지 않으면, 그 효과가 발휘되지 않게 되므로 다음과 같은 점에 유의하여 적정한 선정과 사용을 위해 노력하여야 한다.

### 1) 밀착성

방진마스크, 방독마스크는 작업자의 얼굴에 맞지 않으면, 면체와 작업자의 안면 접촉면에서의 누출(흡입)이 발생하고, 유해한 가스·분진 등에 노출되게 된다.

보안경에 대해서도 사람의 얼굴이 좌우대칭은 아니므로, 안경테의 각도와 길이를 조절할 수 있는 것이 아니면 맞지 않는다.

### 2) 보호 대상물과의 적합성

방독마스크는 노출되는 화학물질의 종류에 적합한 것을 사용하지 않으면, 그 효과가 없게 되므로 반드시 작업장소의 작업내용, 가스·증기의 종류에 적합한 정화통을 선정하는 것이 필요하고, 사전에 사용장소에 대한 정보수집을 하는 것이 필요하다.

특히, 방독마스크와 방진마스크의 차이를 관리·감독자는 물론 착용하는 작업자에게도 교육하여 두는 것이 필요하다(방독마스크를 착용하여야 할 곳에서 방진마스크를 착용하고 있는 사례도 있다). 보호장갑, 화학용보호복 등에 대해서도 동일하다.

### 3) 경량화 및 착용성

작업자가 마스크를 착용하고 작업하는 것을 생각하면, 가급적 경량화된 것, 착용이 용이한 것이 요구되고, 디자인·색채에 대해서도 배려가 필요하다.

또한 보호구는 개인이 착용하는 것이므로 공용(共用)하는 것이 가능하더라도 상시 사용하는 것에 대해서는 개인용으로 하는 것이 바람직하다.

### (4) 보호구에 대한 접근방법

안전관리에 있어 리스크 감소대책의 일환인 보호구의 위상을 명확히 할 필요가 있다. 리스크 감소대책은 일반적으로 다음과 같은 순서로 검토한다.

① 위험한 작업의 폐지·철거, 보다 유해성이 없는 물질로의 대체 등(본질적 대책)
② 방폭구조화, 안전장치의 이중화, 설비의 밀폐화, 국소배기장치의 설치 등(공학적 대책)
③ 매뉴얼 정비, 출입금지조치, 노출관리, 작업방법·작업자세의 관리, 작업시간의 제한, 교육훈련 등(관리적 대책)

그럼에도 불구하고 남는 리스크에 대해서는 보호구의 착용에 의해 감소시켜 나간다. 한편 리스크 감소조치에서의 보호구의 위상은 선행적인 조치를 강구하는 것이 곤란한 경우에 이용되는 보조적이고 임시적인 대책(최후수단)이다. 즉, 선행적인 조치를 일차적으로 취해야 하고 보호구의 사용은 이차적인 것으로 생각해야 한다[5](산업안전보건기준에 관한 규칙 제31조 참조).

그러나 사업장 중에는 중소규모의 사업장을 중심으로 경제적·기술적인 이유 등에 의해 상위의 대책, 특히 생산기술적인 대책(본질적 대책, 공학적 대책)을 강구하는 것이 곤란한 경우가 적지 않아, 보호구는 지금도 중요한 리스크대책이 되고 있다. 그리고 예컨대 콘크리트를 부수는 작업의 경우는 90 dB을 초과하는 강렬한 소음에 노출되지만, 현재 시점에서는 소음을 크게 저감시키는 유효한 방법은 없어, 이와 같은 작업에서는 귀마개 등을 사용하는 것에 의해 난청 등의 장해를 방지하는 것이 필요하다. 한편, 대기업에서는 생산기술적인 대책을 보완하는 방안으로서 보호구를 병용하는 예도 적지 않다. 이와 같은 보호구는 유해·위험요인으로부터 작업자를 보호하기 위하여 작업자가 착용방법 등을 습득함으로써 비로소 그 효과를 발휘할 수 있다.

---

5  임시작업과 같이 완전한 환경개선대책이 곤란한 경우, 환경관리 면에서의 대책을 취하더라도 유해물의 발산원에 근접하여 행하는 작업, 이동작업 등 충분한 노출제어가 곤란한 경우 등에 대해서만 보호구의 사용을 생각해야 한다.

## 2. 보호구의 관리

안전보건관리의 기본은 직장의 유해·위험요인을 제거하는 것이므로 안이하게 보호구에 의존하는 것은 경계하여야 한다. 그러나 수없이 존재하는 유해·위험요인, 긴급 시의 조치를 생각하면 역시 보호구는 중요한 수단이라는 것을 부정할 수는 없다.

### (1) 보호구의 성능을 안다

보호구, 특히 위생보호구는 근로자에게 장착의 부담을 주게 되므로, 근로자를 교체하여 1인당 작업시간을 단축하는 것도 필요하다. 그리고 작업성을 나쁘게 하는 경우도 있으므로 어디까지나 노출방지대책의 기본적인 접근방식에 기초하여, 보호구는 보조적인 수단 또는 최종적인 수단이라고 생각하여야 한다.

보호구는 그 종류에 따라 성능이 다르다. 따라서 보호구의 선정에 있어서는 먼저 보호구의 성능을 아는 것이 필요하다. 예를 들면, 절연용 보호구라도 견딜 수 있는 전압은 종류에 따라 다르고, 방진마스크에서도 종류에 따라 사용할 수 있는 농도가 다르다. 따라서 보호구의 성능을 모른 채 사용하는 것은 위험을 수반한다는 점에 주의할 필요가 있다.

### (2) 적정한 보호구를 선택한다

유해성·위험성의 종류, 정도 등에 따라 적절한 보호구를 선택하여야 한다. 따라서 작업에 복수의 유해성·위험성이 있는 경우에는 각각의 성질에 따라 보호구를 선택하여야 한다. 예를 들면, 철탑, 전주(電柱), 통신주 등 높은 곳에서 감전위험이 있는 작업을 할 때에는 절연용보호구(안전장갑, 안전화), 안전모, 안전대가 필요하다.

그리고 복수의 유해물질이 혼재하고 있거나 작업장에 산소결핍의 위험이 있는 경우에는 통상의 방독마스크는 사용할 수 없고, 신선한 공기가 공급되는 송기마스크, 공기호흡기가 아니면 사용할 수 없다.

### (3) 보호구를 지급한다

선택한 보호구를 작업자에게 지급한다. 보호구의 지급은 동시에 근무하는 근로자의 수 이상으로 비치하는 것이 필요하다.

### (4) 올바른 착용방법을 교육한다

보호구를 지급해도 그것이 올바르게 사용되지 않으면 의미가 없다. 안전모의 턱끈도 졸라

매고 있지 않거나 틈새가 있는 방독마스크를 착용해서는 매우 위험하다. 직장에서 교육훈련을 행함으로써 보호구를 올바르게 착용하는 방법을 습득하게 할 필요가 있다.

### (5) 착용상황을 관리한다

교육하였다고 하여 끝난 것은 아니다. 수시로 보호구 착용상황을 체크할 필요가 있다. 예컨대 안전대의 경우, 높은 곳에서 작업을 할 때뿐만 아니라 높은 곳으로 승강, 이동할 때에도 착용하도록 하여야 한다. 이와 같은 경우의 착용방법에 대해 궁리를 하여 항상 안전대를 착용할 수 있도록 할 필요가 있다.

보호구의 착용이 소홀히 되는 최대의 원인은 관리·감독자의 눈감아주기이고, 바꿔 말하면 묵인에 있으므로, 미착용의 경우는 그때마다 주의를 주고 착용하도록 지도할 필요가 있다.

### (6) 보호구의 성능을 점검한다

보호구의 효과는 그 성능이 유지되고 올바르게 착용됨으로써 발휘될 수 있다. 그런데 보호구는 신품의 성능이 아무리 우수하더라도 사용에 동반하여 손상, 마모 등이 발생하고 경년(經年) 변화에 의한 열화 등도 발생하며, 그 사용기간에는 한도가 있다. 그리고 사용하지 않아도 일정한 기한이 지나면 성능이 저하되어 간다.

따라서 보호구의 성능을 유지하기 위하여 보호구를 상시적으로 점검하여 이상이 있는 것은 수리하거나 다른 것으로 교환해 주는 등 항상 양호한 상태로 유지하는 보수관리가 필요하다(산업안전보건기준에 관한 규칙 제33조 제1항 참조). 작은 손상이 치명적인 것이 될 우려도 있고, 사용 전의 점검이 반드시 필요하다. 제조사가 장려하는 내용기간 전이라 하더라도 사용방법, 보관방법 등이 적절하지 않은 경우에는 경신할 필요가 생긴다. 그리고 돌발사태에 대비하여 예비품도 준비해 둘 필요가 있다.

방진마스크는 막힐 경우 호기(呼氣: 날숨)저항이 증가하여 힘들어질 수 있는 점을 고려하여, 정기적으로 필터의 더러워짐을 점검하고 더러워졌다면 교환할 필요가 있는바, 방진마스크의 필터를 언제나 교환할 수 있도록 충분한 양을 갖추어 두어야 한다(산업안전보건기준에 관한 규칙 제33조 제2항 참조). 그리고 방진마스크는 코의 옆, 아래턱의 밑에서 외기(外氣)가 들어오지 않도록 착용하고, 면체를 아래로 하여 청결한 장소, 전용의 보관고에 보존하여야 한다.

방독마스크의 경우 정화통은 대응하는 가스 등에 따라 구분하여 사용하지 않으면 효과가 발휘되지 않는다. 그리고 정화통의 효력(수명)은 작업환경 중의 유해한 가스농도 및 보관방법의 양부(良否)에 따라 파과(破過)시간이 달라지므로, 미리 제조사에 교체시기 등을 확인하여 둘 필요가 있다. 그리고 사용하지 않아도 일정한 기한이 도래하면 교체가 필요하다.

### (7) 적절하게 보관한다

보호구가 항상 양호한 상태로 사용될 수 있도록 하기 위해서는 보관방법도 중요한 열쇠가 된다. 일반적 원칙으로서는 방독마스크 등의 보호구는 습기, 먼지가 들어가지 않는 보관고(保管庫)에 넣어 두고 바로 사용할 수 있도록 표시하여 두는 것이 필요하다. 그리고 방독마스크의 정화통은 사용 시 이외에는 뚜껑을 달아 열화를 방지할 필요가 있다.

### (8) 적법한 제품의 제조 및 사용

산업안전보건법 제83조(안전인증), 제89조(자율안전확인의 신고)에 따라 일정한 보호구는 안전인증을 받거나 자율안전확인신고를 하여야만 제조·수입, 유통이 허용되는 만큼, 사업주는 안전인증을 받지 아니하거나 자율안전확인신고를 하지 아니한 보호구를 사용하거나 안전인증·자율안전기준에 적합하지 아니하는 보호구를 사용하여서는 아니 된다(산업안전보건기준에 관한 규칙 제36조 참조).

## 3. 보호구의 착용에 대한 법규제

보호구 지급 및 착용지시는 산업안전보건법 제38조(안전조치) 및 제39조(보건조치)에서 근로자의 위험 또는 건강장해를 방지하기 위하여 사업주가 강구하여야 할 조치 중의 하나로 규정되어 있고, 근로자는 사용자로부터 보호구의 착용을 지시받았을 때에는 이를 착용할 의무가 있다(산업안전보건법 제40조, 산업안전보건기준에 관한 규칙 관계조항 참조).[6]

그리고 관리감독자의 직무의 하나로 '보호구의 점검과 그 착용·사용에 관한 교육·지도'라는 규정을 둠으로써 간접적으로도 보호구의 착용을 의무화하고 있는 점에 유의할 필요가 있다(산업안전보건법 제16조 및 시행령 제15조 제1항 제2호 참조).

산업안전보건기준에 관한 규칙에서는 사업주에게 특정한 유해·위험한 작업을 하는 근로자에 대하여 다음과 같이 그 작업조건에 맞는 보호구를 지급하고 착용하도록 하여야 한다고 규정하고 있다.

표 2.3.2 보호구의 착용 대상 작업

| 작업내용 | 착용 보호구 | 근거 |
|---|---|---|
| • 물체가 떨어지거나 날아올 위험 또는 근로자가 떨어질 위험이 있는 작업 | 안전모 | 제32조 |
| • 높이 또는 깊이 2 m 이상의 떨어질 위험이 있는 장소에서 하는 작업 | 안전대 | |

(계속)

---

6 이를 위반하는 근로자에게는 300만 원 이하의 과태료가 부과된다(산업안전보건법 제175조 제6항 제3호).

| 작업내용 | 착용 보호구 | 근거 |
|---|---|---|
| • 물체의 낙하·충격, 물체에 끼임, 감전 또는 정전기의 대전에 의한 위험이 있는 작업 | 안전화 | 제32조 |
| • 물체가 흩날릴 위험이 있는 작업 | 보안경 | |
| • 용접 시 불꽃이나 물체가 흩날릴 위험이 있는 작업 | 보안면 | |
| • 감전 위험이 있는 작업 | 절연용 보호구 | |
| • 고열에 의한 화상 등의 위험이 있는 작업 | 방열복 | |
| • 선창 등에서 분진이 심하게 발생하는 하역작업 | 방진마스크 | |
| • −18℃ 이하인 급냉동어창에서 하는 하역작업 | 방한모, 방한복, 방한화, 방한장갑 | |
| • 노출 충전부가 있는 맨홀, 지하실 등의 밀폐 공간에서의 전기작업<br>• 이동 및 휴대장비 등을 사용하는 전기작업<br>• 정전 전로 또는 그 인근에서의 전기작업<br>• 충전 전로 인근에서의 차량, 기계장치 등의 작업 | 절연용 보호구 | 제323조 |
| • 인체에 대전된 정전기에 의한 화재 또는 폭발이 있는 경우 | 정전기 대전방지용 안전화, 제전복(除電服) | 제325조 |
| • 유기화합물 취급 특별장소에서 단시간 동안 유기화합물을 취급하는 작업 | 송기마스크(설비 대체용) | 제424조 |
| • 유기화합물을 넣었던 탱크[유기화합물의 증기가 발산할 우려가 없는 탱크는 제외] 내부에의 세척 및 페인트칠 업무<br>• 유기화합물 취급 특별장소[차량, 선박, 탱크, 터널과 갱, 맨홀, 피트, 덕트, 수관(水管), 수로 등 통풍이 불충분한 장소]에서 유기화합물을 취급하는 업무 | 송기마스크 | 제450조 제1항 |
| • 밀폐설비나 국소배기장치가 설치되지 아니한 장소에서의 유기화합물 취급업무<br>• 유기화합물 취급 장소에 설치된 환기장치의 기류가 확산될 우려기 있는 물체를 디루는 유기화합물 취급업무<br>• 유기화합물 취급장소에서 유기화합물의 증기발산원을 밀폐하는 설비[청소 등으로 유기화합물이 제거된 설비는 제외]를 개방하는 업무 | 송기마스크 또는 방독마스크 | 제450조 제2항 |
| • 피부 자극성 또는 부식성 관리 대상 유해물질을 취급하는 경우 | 불침투성 보호복, 보호장갑, 보호장화 | 제451조 제1항 |
| • 관리 대상 유해물질[유기화합물, 금속류, 산·알카리류, 가스상태 물질류 등]이 흩날리는 업무 | 보안경 | 제451조 제2항 |
| • 허가 대상 유해물질을 제조하거나 사용하는 작업을 하는 경우 | 방진마스크 또는 방독마스크 | 제469조 |
| • 허가 대상 유해물질을 취급하는 경우 | 불침투성 보호복, 보호장갑, 보호장화 | 제470조 |

(계속)

| 작업내용 | 착용 보호구 | 근거 |
|---|---|---|
| • 석면 해체·제거작업에 근로자를 종사하는 경우 | 방진마스크(특등급), 송기마스크, 전동식호흡보호구, 고글형 보안경, 전신 보호복, 보호장갑과 보호신발 | 제491조 |
| • 금지유해물질을 취급하는 경우 | 불침투성 보호복, 보호장갑, 방진마스크 또는 방독마스크 | 제510조 |
| • 금지유해물질을 취급하는 경우 | 별도 정화통이 있는 호흡용 보호구 | 제511조 |
| • 소음작업, 강렬한 소음작업, 충격소음 작업에 근무하는 경우 | 청력보호구 | 제516조 |
| • 진동작업에 근무하는 경우 | 진동보호구(방진장갑 등) | 제518조 |
| • 다량의 고열물체를 취급하거나 매우 더운 장소에서 작업하는 근로자 | 방열장갑, 방열복 | 제572조 |
| • 다량의 저온물체를 취급하거나 현저히 추운 장소에서 작업하는 근로자 | 방한화, 방한모, 방한장갑, 방한복 | 제572조 |
| • 분말 또는 액체 상태의 방사성물질에 오염된 지역에서 작업을 하는 경우 | 호흡용보호구, 보호복, 보호장갑, 신발덮개, 보호모 | 제587조 |
| • 환자의 가건물을 처리하는 작업 | 보호앞치마, 보호장갑, 보호마스크 | 제596조 |
| • 혈액이 분출되거나 분무될 가능성이 있는 작업 | 보안경, 보호마스크 | 제600조 |
| • 혈액 또는 혈액오염물을 취급하는 작업 | 보호장갑 | 제600조 |
| • 다량의 혈액이 의복을 적시고 피부에 노출될 우려가 있는 작업 | 보호앞치마 | 제600조 |
| • 밀폐공간작업 전 산소·유해가스 농도 측정<br>• 탱크·보일러 또는 반응탑의 내부 등 통풍이 불충분한 장소에서 용접을 하는 경우<br>• 지하실이나 맨홀의 내부 또는 그 밖에 통풍이 불충분한 장소에서 가스를 공급하는 배관을 해체하거나 부착하는 작업을 하는 경우<br>• 밀폐공간에서 위급한 근로자를 구출하는 작업을 하는 경우 | 공기호흡기 또는 송기마스크 | 제619조의2<br>제629조<br>제634조<br>제643조 |
| • 분진작업에 종사하는 근로자 | 호흡용 보호구 | 제617조 |
| • 밀폐공간 종사 근로자가 산소결핍증이나 유해가스로 떨어질 위험이 있을 경우 | 안전대나 구명밧줄, 공기호흡기 또는 송기마스크 | 제624조 |
| • 공기정화기 등의 청소와 개·보수작업을 하는 경우 | 보안경, 방진마스크 | 제654조 |

## 4. 주요 보호구와 선정·사용상의 유의사항

### (1) 머리 보호구

안전모는 인체의 중추기능이 집중되어 있는 머리를 보호하는 모자로서 국제적으로는 보호모라고 표현하고 있다. 안전모에는 사람의 추락, 물건의 낙하(떨어짐)·비래(날아옴), 감전의 위험을 방지하는 3종류가 있다(산업안전보건기준에 관한 규칙 제32조 참조).

안전모를 착용하지 않은 채 사람의 머리가 약 1 m의 높이로부터 단단한 평면 위로 떨어지면 두개골 골절을 일으킬 위험이 있다. 머리는 특히 중요한 부분이고, 외부로부터의 충격에 대하여 약한 부분이기 때문에, 추락 등의 위험이 있는 장소에서는 머리를 보호할 필요가 있다. 안전모는 머리를 돌기물로부터 보호하고, 낙하물, 전도 시의 충격을 흡수하며, 머리에 대한 타격을 현저히 적게 하는 역할을 한다.

한편, 절연용 안전모는 머리를 통한 통전(通電)을 방지하고 비래·낙하물 등으로부터 머리를 보호하는 것으로서, 모체(母體)에는 전기절연성이 높은 플라스틱 등이 사용된다.

### (2) 눈 및 안면 보호구

안면 중 눈은 물체를 보는 중요한 기관으로서 항상 외계에 노출되어 있고 대상물을 주시하는 역할을 담당하고 있고, 그 구조는 매우 섬세하고 정교하다. 생리적으로 외계로부터의 비래물, 눈부신 빛에 대해서는 눈꺼풀을 닫는 보호기능이 갖추어져 있지만, 이 기능만으로는 눈을 보호할 수 없으므로 일반보안경, 차광보안경, 보안면 등에 의해 눈의 상해를 방지하는 것이 필요하다.

일반보안경은 그라인더작업에서의 불꽃 또는 미세한 분진, 절삭작업의 파편가루, 용제취급에서의 약액(藥液)의 비말(飛沫) 등의 비산물로부터 눈을 보호하는 것으로, 재질이 유리인 것과 플라스틱인 것이 있다.

그리고 가스, 아크에 의한 용접·용단작업 또는 로전(爐前)작업 등에서는 유해한 광선으로부터 눈을 보호하기 위하여 차광보안경, 용접용보안면 등의 차광보호구가 사용된다.

### (3) 안전대

안전대는 토목·건설작업, 주상(柱上)·철탑 위에서의 공사, 조선소 등 높이 또는 깊이 2 m 이상의 추락할 위험이 있는 장소 및 이것에 준하는 장소에서 추락을 방지하기 위하여 널리 사용되고 있다.

안전대는 신체를 지지하는 요소와 구조물 등 걸이설비에 연결하는 요소로 구성되는데, 신체를 지지하는 요소에 따라 벨트식과 그네식으로 구분된다.

안전대를 사용할 때에는 다음 사항을 유의할 필요가 있다.

① 벨트는 가급적 허리뼈의 가까운 곳으로서 추락 시 빠지지 않을 위치에 확실하게 착용한다.

② 버클은 올바르게 사용하고, 벨트 끝은 벨트구멍에 확실하게 통하게 한다.

③ 로프(죔줄)의 길이는 충격흡수장치, 훅 등 연결부품을 포함하여 2 m 이내로 하고, 추락 거리를 로프의 길이보다 짧게 할 필요가 있다.

④ 착용 후 지상에서 각각의 사용상태에 체중을 실어 각부에 이상이 없는지를 점검한다.

⑤ 로프를 설치하는 부분은 작업에 지장이 없는 한 가급적 상방으로 하고 만일의 경우의 추락거리를 짧게 한다. 그리고 로프를 설치하는 부분의 위치는 벨트 높이보다 다소 높게 한다.

⑥ 로프를 설치하는(거는) 대상물은 빠지거나 벗겨질 우려가 없는 것으로서 추락 시의 충격력에 충분히 견딜 수 있는 것으로 한다.

⑦ 로프는 절단될 것 같은 예리한 각 등에 직접 접촉하지 않도록 한다.

⑧ 안전대 및 부속설비의 이상 유무를 작업시간 전에 점검한다(산업안전보건기준에 관한 규칙 제44조 제2항).

### (4) 발 보호구

재료의 가공작업, 조립작업, 화물의 하역작업 등에서는 취급하는 물건을 잘못하여 떨어뜨리는 것에 의한 발의 상해가 적지 않다. 이것을 방지하기 위해서는 재료 공급방법의 자동화, 운반작업의 기계화 등을 추진할 수 있지만, 이것이 곤란한 경우도 있어 안전화의 착용이 필요하다. 그리고 건설공사, 해체공사 등에서의 발바닥 찔림에 의한 상해를 방지하기 위해서도 안전화를 착용할 필요가 있다.

또한 유해물질 등을 취급하는 작업에서 발을 보호하기 위한 안전화, 정전기가 발생할 우려가 있는 장소에서의 정전기 대전(帶電) 방지기능이 있는 안전화, 전기공사 등에서의 절연기능이 있는 안전화 등도 발을 보호하기 위하여 개발되어 사용되고 있다.

### (5) 신체 보호구

신체 보호구로서는 고열작업용 방열복, 화학물질이 피부를 통하여 인체에 흡수되는 것을 방지하기 위한 화학물질용 보호복, 정전기 대전 방지용 작업복, 화재 시 탈출 등에 사용하는 방화복 등이 있다.

### (6) 호흡용 보호구

작업환경에는 분진, 흄, 미스트, 유해가스 등의 유해물질이 발생하는 경우가 있고, 산소결핍(산소농도가 18% 미만)이 되는 경우도 있다.

이와 같은 때에는 적절한 호흡용 보호구를 착용하는 것이 필요하다. 호흡용 보호구는 작업자가 있는 환경 중의 공기를 정화하여 사용하는 여과식과 공기가 외부로부터 또는 착용자가 휴대하는 산소펌프 등으로부터 공급받는 급기식으로 크게 구분된다. 여과식은 방진마스크와 방독마스크, 전동식 호흡보호구로, 급기식은 송기마스크와 공기호흡기로 각각 나누어진다.

방진마스크는 착용자의 자기폐력(肺力)에 의해 흡인한 작업환경 중의 입자상 물질을 여과재로 포집하고, 착용자가 청정한 공기를 흡입하는 것이 가능한 호흡용 보호구로서, 호흡용 보호구 중에서 가장 많이 사용되고 있다. 방독마스크는 착용자의 자기폐력에 의해 흡인한 작업환경 중의 유해가스를 제거하고 착용자가 청정한 공기를 흡입하는 것이 가능한 호흡용 보호구이다. 전동식 호흡보호구는 착용자의 자기폐력이 아니라, 휴대하고 있는 전동팬에 의해 환경 중의 공기를 흡인하고, 공기 중의 유해물질을 필터에 의해 제거한 후 착용자에게 송풍하는 호흡용 보호구이다.

송기마스크는 착용자가 작업하고 있는 환경 외의 공기를 호스로 면체를 통하여 착용자에게 공급하는 구조의 호흡용 보호구이다. 공기호흡기는 착용자가 휴대하는 고압공기용기로부터의 압축공기를 공급변을 통해 면체를 통하여 착용자에게 공급하는 구조로 되어 있다.

여과식에는 공기, 산소를 공급하는 기능은 없으므로, 작업환경 중의 대기에 산소가 부족하면 착용자는 매우 위험한 상태가 된다. 그리고 유해가스의 농도가 높은 경우에는 충분히 제거할 수 없는 경우도 있다. 따라서 여과식은 작업환경 중의 산소농도가 18% 미만인 경우, 유해가스 등의 농도가 그 호흡용 보호구의 능력을 초과하는 경우 또는 환경에 대한 정보를 얻을 수 없는 긴급사태의 경우에는 사용하여서는 안 된다.

급기식은 작업환경과 다른 환경의 공기, 산소 등의 호흡 가능한 가스를 공급하는 방식이므로, 설령 작업환경 중의 산소농도가 부족하더라도 효과적이다.

# Ⅳ. 안전보건교육

## 1. 안전보건교육의 개요

### (1) 의의 및 필요성

#### 1) 의의

산업재해의 요인으로는 인적 요인과 물적 요인을 생각할 수 있다. 안전보건교육은 이 중 인적 요인과 관계가 깊은 것으로서 인적 요인의 문제를 해결하기 위한 것이다. 이 인적 요인과 관련하여 안전관리를 실질적으로 추진하기 위한 입장에서 불안전행동을 일반적으로 다음과 같이 구분하여 설명한다.

① 작업상 위험에 대한 지식 부족에 의한 불안전행동

② 안전하게 작업을 수행하는 기능 미숙에 의한 불안전행동

③ 안전에 대한 태도 불량(의욕 부족)에 의한 불안전행동

④ 인간의 특성으로서의 에러에 의한 불안전행동

실제로 발생한 많은 재해를 분석하면, "기계·설비의 조작방법·작업절차를 잘 몰랐다.", "화학물질 등의 유해·위험성을 몰랐다.", "관리·감독자로 지정되었지만, 한 명의 작업자로서만 작업을 하였다.", "공동작업자의 자격·기술을 몰랐다.", "관리·감독자로부터 특별한 지시가 없었다." 등 안전보건교육에 관련되는 것이 매우 많다.

인적 요인의 문제를 해결하기 위해서는 기업 각층의 관계된 사람들이 대응하여야 한다. 인적 요인의 문제를 해결하기 위한 안전보건교육 역시 그 대상자는 근로자뿐만 아니라 경영자, 관리자, 기술자를 포함한 기업 각층의 사람들이어야 한다.

안전보건교육을 인간의 학습 면에서 생각하면, 학습 배경에는 실패에 대한 반성이 있다. 물론 학습에는 경험하지 않은 것에 대한 예측과 추리로부터의 학습도 있지만, 학습의 상당부분은 실패에 대한 학습이다. 사람은 과거의 쓰라린 경험에서 이를 피하기 위하여 무엇을 하여야 할 것인지의 대응에 기초하여 행동한다.

안전보건을 뒷받침하는 과학기술과 조직구성원 행동의 기본적 룰(rule)이 되고 있는 법령 등은 과거의 실패와 성공, 특히 실패로부터 얻은 지식의 집대성이다.

종업원을 지휘·감독하는 위치에 있는 자와 안전보건스태프 등은 지휘고하를 막론하고 선배들의 귀중한 체험과 지속적인 개선 노력을 통해 얻어진 '피와 땀의 결정(結晶)'이라 할 수 있는 지식·기능·태도(의욕)를 안전보건교육을 통해 배우고 계승·발전해 가는 책무를 지고 있다.

## 2) 필요성

생산기술, 기계·설비의 고도화가 진행되는 오늘날에는 작업자의 조작, 기계·설비의 보전, 트러블의 처리 등이 적절하게 이루어지지 않으면, 품질·생산성이 확보되지 않을 뿐만 아니라, 사업의 운영에 막대한 지장을 초래하는 대형사고·재해로 발전되기도 한다는 것을 많은 사례가 보여 주고 있다. 게다가 최근 증가하고 있는 도급(아웃소싱), 파견 등 고용구조의 다양화는 재해발생 가능성을 증폭시키는 요인으로 작용하고 있다.

산업안전보건법에서는 사업주가 신규채용자, 유해·위험업무종사자 등에게 미리 필요한 안전보건교육을 실시할 것을 의무화하고 있지만, 사업주는 법정교육뿐만 아니라 사업장의 구체적인 수요를 기초로 추가적인 안전보건교육을 계획적이고 효과적으로 실시할 필요가 있다.

한편, 안전장치의 설치, 배치의 변경 등 기계·설비의 안전화로 어느 정도의 불안전상태는 제거할 수 있지만, 비정상(abnormal)작업 시의 불안전한 동작, 순식간의 잘못된 판단·행동 등을 방지하기 위해서는 안전보건교육의 역할이 중요하다고 말하지 않을 수 없다. 예를 들면, 가동 중의 기계가 멈추어 수리를 위하여 기계 속에 손을 넣었을 때에 기계가 갑자기 작동하는 바람에 손이 끼이는 사고가 종종 발생하고 있는바, 이러한 사고를 방지하기 위해서는 사전에 안전보건교육을 실시하는 것 또한 반드시 필요하다.

직장에서 일하는 사람은 성별, 연령, 경험 등이 다종다양하고, 일이 요구하는 능력과 일하는 사람의 능력의 차이에 의해 재해가 발생하고 있는 것을 생각하면, 그 다양성과 차이를 감안한 안전보건교육의 중요성은 분명해 보인다.

## (2) 안전보건교육의 목적과 역할

안전보건교육의 목적은 직장에서 일하는 작업자, 라인관리·감독자, 안전보건스태프에게 각 직제(職制)에서 요구되고 있는 재해방지에 대한 능력을 부여하고 향상시키는 것이다.

기업활동의 모든 면에서, 관리활동은 경영철학(이념)에 의해 책정된 경영방침에 근거하여 이루어진다. 안전보건관리활동 역시 기업의 안전보건경영방침에 기초하여 이루어진다. 안전보건교육은 안전보건관리활동이 안전보건경영방침에 따라 원활하게 현장에 정착되도록 하기 위한 수단이라 할 수 있다. 다시 말해서, 안전보건교육의 역할은 인간존중, 안전제일로 대표되는 안전보건의 기본원리를 제일선인 작업장에 착실하게 실천·정착시키는 것이어야 한다.

한편, 많은 기업에서 재해, 사고를 없애기 위하여 작업자의 안전보건에 대한 '의욕'이 강조되고 있다. 그런데 작업자의 이러한 '의욕'은 어디에서 나오는 것일까. 이것은 안전보건의 책임을 지는 최고경영자가 근로자에게 요구하기 전에, 틀에 박힌 말이 아니라 '자신의 언어'로 말하는 것, 그리고 부하에게 안전보건에 대한 결의와 방향을 '선두에 서서 책임 있는 행동'으로 보이는 것(시범)에서 일차적으로 나온다고 말할 수 있다. 그리고 최고경영자에 의해 제시된 이러한 안전보건에 대한 철학과 신념은 역시 안전보건교육 등을 통해 종업원에게 이해·침투되어야 비로소 현장에서 실천될 수 있다.

## 2. 안전보건교육체계의 구축

사업장 안전보건교육체계의 구축은 안전보건관리조직(체제)의 활성화를 도모하고, 사업주가 안전보건관리책임을 다하는 데 있어 필수요건이라고 할 수 있다. 그 체계는 '계층별 교육'과 '생애주기에 따른 교육'이라는 2가지 관점에서 생각할 필요가 있다.

종업원은 기업에 있어 귀중한 경영자원의 하나이다. 따라서 생애주기에 따른 교육은 기업경영의 중요한 기둥이라 할 수 있다. 이를 충족하기 위해서는 법적 요청에 의해 실시하여야 하는 교육을 비롯하여, 기업 수요에 의한 교육이 필요하다. 아래 표 2.4.1에서 제시되고 있는 것처럼, 기업·사업장 차원에서 종업원을 대상으로 어느 시기에 무엇을 교육할지에 대해 계획적으로 추진하는 체계를 구축하여야 한다.

아울러, 사업장 차원의 안전보건관리를 추진하기 위하여 계층별로 요구되는 직무에 입각한 계층별 교육체계의 구축이 필요하다. 계층별로 요구되는 책무는 다르고, 따라서 안전보건교육의 목적, 포인트도 당연히 다르다. 계층별로 요구되는 교육 대상자로는 관리자, 감독자, 작업자, 신입사원, 안전보건스태프 등이 있다.

### (1) 관리자 교육

관리자의 조직에서의 역할과 기능은 기획입안과 그 관리이다. 안전보건관리에 대해 말하면, 조직구성원의 안전보건직무가 확실하고 원활하게 실시되도록 하는 역할과 기능이 요구된

표 2.4.1 생애주기를 통한 안전보건교육(예시)

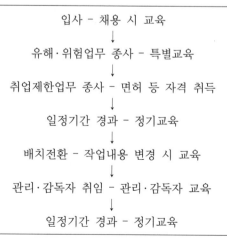

입사 - 채용 시 교육
↓
유해·위험업무 종사 - 특별교육
↓
취업제한업무 종사 - 면허 등 자격 취득
↓
일정기간 경과 - 정기교육
↓
배치전환 - 작업내용 변경 시 교육
↓
관리·감독자 취임 - 관리·감독자 교육
↓
일정기간 경과 - 정기교육

다. 따라서 관리자 교육의 목적은 안전보건관리를 추진하는 체계 만들기에 필요한 기본적 지식을 부여하는 것이 그 중심이 된다.

관리자에게 필요한 교육내용은 대체로 다음과 같은 것을 제시할 수 있다.

① 계층별로 안전보건직무의 실천이 가능한 체계를 만들기 위한 접근방식과 요건

② 직장의 문제·과제를 효과적이고 계획적으로 해결하기 위한 안전보건관리계획 수립의 원칙과 요건

③ 재해발생 시의 대응요건

특히, ②의 안전보건관리계획은 현장관리의 기본으로서 관리계획은 사업주의 의향을 토대로 관리자의 이념, 의지를 구체적으로 반영하는 매우 중요한 포인트라고 할 수 있다.

### (2) 감독자 교육

감독자는 제일선에서 부하를 직접 지휘·감독하는 자라고 정의할 수 있다. 물리적으로 현장에 상주하는 입장에 있고, 작업장의 안전보건을 확보하는 요체이다. 따라서 감독자의 적절한 지도의 모습이 산업재해 방지의 성공에 크게 영향을 미친다. 산업안전보건법 제29조에서 감독자 대상 교육의 실시가 법적으로도 별도로 의무화되어 있고, 교육내용과 교육시간이 명확하게 규정되어 있는 것도 그 중요성 때문이다. 감독자의 조직에서 기대되는 역할과 기능을 구체적으로 보면 다음과 같다.

① 작업장에서의 불안전행동, 불안전상태를 없애고, 직장의 이상(異常)을 조기에 발견하며, 선취적(先取的)인 안전을 추진하는 것(징후관리)

② 감독자는 작업자와 라인관리자/안전·보건관리자를 연결하는 역할을 하고, 라인관리자/안전·보건관리자의 의향을 작업자에게 지시·전달하며, 작업자의 의향을 라인관리자/안전·보건관리자에게 전달하는 '정보의 교통정리' 역할을 함으로써 올바르고 징확하게 '정보를 관리하는 것'(정보관리)

이 2가지의 역할과 기능을 확실하게 수행하는 역량을 쌓기 위하여 필요한 교육내용으로는 다음과 같은 것을 제시할 수 있다.

첫째는 감독자로서 직장에서 발생하는 여러 가지 문제를 하나씩 해결하는 구체적 수단에 대한 이해를 심화시키고 문제해결능력의 향상을 지향하는 내용이다.

둘째는 직장에서 발생하는 수많은 여러 가지 문제를 효율적·계획적으로 해결하기 위한 집단적·개인적 대응방법에 대한 이해를 심화하고, 감독자로서 요구되는 리더십 능력의 향상을 지향하는 내용이다.

### (3) 일반근로자 교육

일반근로자를 대상으로 한 교육은 산업안전보건법 제29조에 정해져 있는 정기적으로 실시하는 교육, 작업내용이 변경되었을 때 실시하는 교육, 유해·위험업무 종사자에 대한 특별교육 등이 있다. 그리고 법적인 강제는 없지만, 사업장의 독자적인 수요에 입각한 교육도 추가적으로 이루어질 필요가 있다.

일반근로자는 직접 현장에서 종사하는 입장에 있으므로, 작업 시에 주의하여야 할 점, 즉 작업관리가 교육의 포인트가 된다.

① 올바른 안전작업방법을 몸에 익히는 것
② 작업시작 시에 정확한 안전점검을 행하는 것
③ 이상 시, 트러블 시의 적절한 대응을 하는 것
④ 법규 및 사규 등에서 정하고 있는 규칙(룰)을 지키는 것

### (4) 신입사원 교육

신입사원에 대한 안전보건교육은 '채용 시의 교육'의 형태로 산업안전보건법령에 의무화되어 있다. 그런 만큼 신입사원 교육 시 기본적으로 산업안전보건법령에 정해져 있는 교육내용을 포함하여야 한다. 신입사원에 대해서는 일반적으로 다음과 같은 4단계의 교육이 이루어질 필요가 있다.

① 입사 후 각 작업장에 배속되기 전에 안전에 관련된 공통적인 기초사항에 대하여 강의를 중심으로 행하는 교육
② 작업장에 배치된 후 앞으로 하게 될 업무에 대하여 안전보건의 확보에 필요한 사항의 교육
③ 입사 후 3개월 정도 경과되고 나서 직장의 모습, 업무개요를 파악한 후에 실시하는 지도
④ 한 사람의 몫을 할 때까지의 사후관리

### (5) 안전보건스태프 교육

사업장에서 어느 부서에 소속되어 있든지 간에 안전·보건관리자, 현업부서의 안전담당자도 중요한 교육 대상자가 된다. 안전보건스태프에 대한 교육의 목적, 포인트는 당연히 스태프의 역할과 기능에 입각하여야 한다. 사업장에서 스태프와 라인의 관계는 여러 가지 접근방식이 있지만, 안전보건관리상 스태프의 라인(line)에 대한 지원기능은 기본적으로 불가결하다.

이 점을 감안하여 안전·보건관리자에 대해서는 안전보건교육(신규·보수교육)이 기본적인 내용을 중심으로 산업안전보건법령에 의무화되어 있다. 하지만 사업주는 안전·보건관리자에

한정된 법정교육을 받게 하는 것만으로 그쳐서는 안 되고, 안전보건스태프로서의 역할을 제대로 수행하는 데 초점을 맞추어 안전보건스태프 개개인의 역량에 적합한 교육이 이루어지도록 할 필요가 있다. 다시 말해서, 안전보건스태프에 대해 교육계획을 입안할 때에는, 사업장에서의 각 안전보건스태프의 역할과 기능을 충분히 검토한 후에 이를 반영하는 것이 필요하다.

안전관리자 및 보건관리자의 직무는 산업안전보건법 시행령 제18조 및 제22조에 규정되어 있지만, 일반적인 안전보건스태프의 역할과 기능을 정리하면 다음과 같다.

① 재해예방을 목적으로 한 안전보건관리체제의 구축을 도모해야 한다. 구체적 기능으로는
- 라인의 책임하에 확실하게 재해방지를 지향하는 안전보건관리의 라인화(line化) 추진을 도모하기 위하여 그 원리, 접근방법에 대한 이해를 심화시키고 그 추진의 구체적인 체제를 기획하는 것
- 사업주의 이념(방침)을 토대로 안전보건관리방침의 수립능력을 높이고, 기업(사업장)의 안전보건상의 문제점을 전반적으로 정리하며, 계획적·효율적으로 해결하는 기능을 확립하는 것
- 라인의 문제점, 라인의 수준을 평가하는 제3자 평가기능을 확립하고, 활동실적 등에 대해 비주얼(visual)화를 도모하며, 라인 간의 경쟁원리를 작동하게 함으로써, 라인의 수준 향상을 도모하는 것 등이 있다.

② 재해방지대책에 대한 총괄적 추진을 도모해야 한다. 사업장의 리스크에 대응한 대책, 즉 재해방지대책의 추진을 기획·조정한다.
- 일반적으로 라인부서에 있어서는 제조비용의 절감이 지상과제이다. 따라서 재해방지의 노력은 라인의 책임하에 추진되어야 하지만, 재해방지대책의 검토·확인은 스태프의 중요한 역할의 하나이다.

③ 정보수집기능을 들 수 있다. 정부, 업계, 전문기관, 학계 등의 안전보건에 대한 정보를 수집하고, 수집된 정보를 이해하기 쉽게 가공하여 최고경영자를 포함한 라인부서에 제공한다.

## 3. 안전보건교육의 원칙 및 실시방법

### (1) 안전보건교육의 원칙

사업장에서 교육계획을 입안하고 실시하기까지의 흐름을 정리하면, 그림 2.4.1과 같이 4가지의 검토과제(교육수요, 교육목적, 교육목표, 교육수단)로 분류할 수 있다.

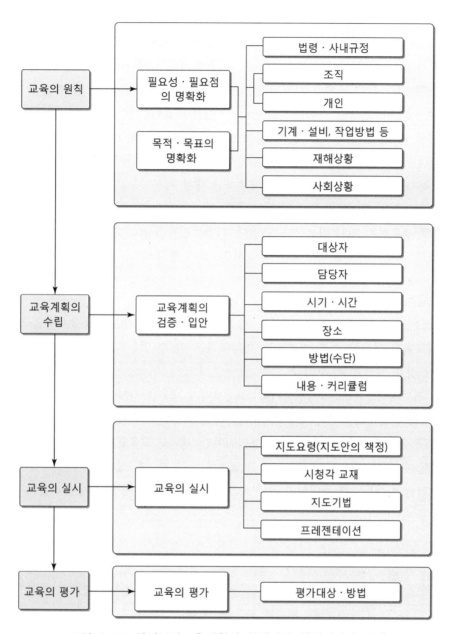

그림 2.4.1 안전보건교육계획의 입안에서 실시까지의 절차

제일 먼저 교육수요를 파악하는 것이 필요하다. 어떤 업무이든 수요가 없는 곳에서는 아무리 계획을 잘 수립하여 실시하더라도 그 효과는 기대할 수 없다. 두 번째로, '목적 - 목표 - 수단'의 관계를 명확히 하는 것도 필수조건이다. 이 2가지는 모든 업무에 대해 말할 수 있는 것으로서 사업장의 안전보건교육에 대해서도 동일하게 적용될 수 있다.

## 1) 교육수요

일반적으로 안전보건교육의 중요성, 필요성이 많이 강조되고 있지만, 동시에 안전보건교육을 실시해 나가는 데 있어서의 문제점으로 '시간이 없다', '예산이 없다' 등의 의견도 자주 제기된다. 왜 이와 같은 문제가 지적되는 것일까? 직장에서의 교육수요를 확실히 파악하고 직장의 특성에 맞춰 가능한 계획을 수립한다면 '시간이 없다', '예산이 없다'는 등의 말은 단순한 변명일 수도 있다. 그렇다면 어떻게 교육수요를 파악하고 명확히 할 수 있을까?

교육수요는 일차적으로 법규제에서 시작된다. 예를 들면, 산업안전보건법에 정해진 유해·위험업무 종사자에 대한 특별교육, 신규채용자에 대한 채용 시 교육 등이 이것에 해당된다. 그러나 교육수요는 법령상의 관점뿐만 아니라, 조직, 개인, 작업방법, 기계·설비, 재해상황 등을 토대로 검토하는 것이 필요하다. 요컨대, 안전보건관리상의 문제점·약점을 분석하고 그 원인과 배경 등을 찾아 교육수요를 파악하는 것이 중요하다.

## 2) 교육목적

교육목적은 표 2.4.2에서 볼 수 있듯이 지식교육, 기능교육, 태도교육 3가지로 정리할 수 있다. 지식교육은 모르는 것을 해결하고, 기능교육은 할 수 없는 것을 해결하며, 태도교육은 하지 않는 것을 해결하는 것이다.

교육은 '가르치다', '기르다(성장시키다)'라는 2가지 내용을 가지고 있다. '기르다(성장시키다)'는 교육을 받음으로써 수강자가 바람직한 방향으로 변하는 것을 의미한다. 따라서 교육의 결과로 직장의 상태·수준이 변화·향상되어야만 비로소 교육효과가 생기고 교육을 한 것이라고 말할 수 있다. 여기에 실무교육과 학교교육의 큰 차이가 있다. 어쨌든 교육목적·목표는 '지식·기술의 습득', '행동변화의 기대', '직장의 상태·수준 향상의 기대'라는 3가지 관점에서 생각할 수 있다.

표 2.4.2 지식·기능·태도교육

| 구분 | 종류 | 내용 | 포인트 |
|------|------|------|--------|
| 능력개발 | 지식교육 | • 취급하는 기계, 설비의 구조, 기능, 성능의 개념 형성<br>• 유해물의 성질과 취급방법 이해<br>• 재해발생의 원리 이해<br>• 안전관리, 작업에 필요한 법령, 규정, 기준 이해 | 알아야 할 것의 개념 형성을 도모한다. |
| | 기능교육 | • 작업방법, 기계, 장치, 계기류의 조작방법을 몸에 익히는 것<br>• 점검방법, 이상 시의 조치를 몸에 익히는 것 | 실기를 중심으로 실시한다. |
| 인간형성 | 태도교육 | • 안전작업에 대한 자세, 마음가짐을 몸에 익히는 것<br>• 직장규율, 안전규율을 몸에 익히는 것<br>• 의욕 진작 | 가치관 정립의 교육으로서, 올바른 자세 형성을 위한 태도변화를 도모한다. |

### 3) 교육목표

목적이 결정되면, 그 다음에는 목표를 검토하게 된다. 목표란 도달하여야 할 수준, 기대하는 수준이고, 요컨대 '도달하고 싶은 바람직한 모습'이다. 일반적으로 목표를 설정하기 위해서는 그림 2.4.2와 같이 도달하여야 할 수준과 함께 현상의 수준을 명확히 하는 것이 필요하다. 2개의 수준을 파악하는 것을 통해 ⅰ) 문제점을 명확히 하는 것, ⅱ) 정확한 수단을 선택하는 것, ⅲ) 달성도를 평가하는 것이 명확하게 된다. 이상의 내용은 일반적인 목표에 대한 접근방법이지만, 안전보건교육의 목표에 대해서도 동일하게 적용된다.

목표가 구체적으로 결정되면, ⅰ) 무엇을 가르치고 싶은지, 교육이 왜 필요한지를 명확히 하고 교육하는 측과 평가하는 측의 의도를 명확히 하는 것이 가능해지며, ⅱ) 커리큘럼, 교재, 지도법 등을 정할 수 있고, ⅲ) 수강자 한 사람 한 사람이 도달하여야 할 달성수준을 명확히 하고 교육의 평가가 가능해진다.

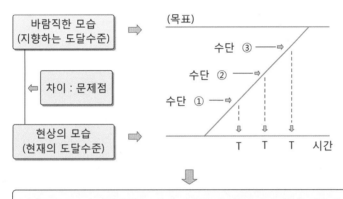

그림 2.4.2 목적 - 목표 - 수단의 관계

### 4) 교육수단

교육수단에서는 교육목적·목표에 맞는 정확한 커리큘럼은 무엇인지, 어떠한 교육방법이 적절한지가 문제 된다. 특히, 교육방법의 선정은 '단순히 듣기만 한 것은 잊는다, 본 것은 기억한다, 실천한 것은 이해할 수 있다.'라는 교육특성을 고려하는 것이 필요하다.

## (2) 안전보건교육의 실시방법

안전보건교육을 실시하는 방법에는 강의법(OFF-JT법), OJT법, 토의법, 문제해결법 등 많은 방법이 존재한다. 이하에서는 주요한 교육방법에 대하여 설명한다.

## 1) 강의방식(OFF-JT) 교육

수많은 교육방식 중 가장 일반적으로 채용되고 있는 것이 강의방식의 교육이다. 이 방식은 한 번에 많은 사람에게 지식을 부여하는 것이 가능하고, 다른 방법과 비교하여 언제라도 어디에서도 비교적 용이하게 행할 수 있으며, 수고와 시간이 다른 방법보다 적게 드는 등의 장점이 있다.

일반적으로 강사의 수준이 높고 수강자의 수준 또는 경험이 적은 경우에는 강의방식을 택한다. 반면, 수강자의 수준 또는 경험이 많은 경우에는 토의방식 등 다른 방법을 택한다.

그러나 강사가 일방적으로 설명하기 쉽다는 점, 수강자가 기본적으로 수동적 입장에 놓여질 수 있는 점, 수강자의 현장실태 또는 실행과 결부되지 않을 위험성이 있는 점, 수강자의 수준에 따라 이해도에 편차가 발생할 가능성이 있는 점, 강의 후에 평가 등을 하지 않으면 수강자의 이해도에 대해 파악하는 것이 어려운 점 등의 결점도 발생하기 쉽다. 따라서 강사는 미리 수강자의 수준, 업무의 범위 등의 정보를 구체적으로 파악하고 수강자가 실감할 수 있는 강의를 하는 것에 유의하여야 한다.

최근에는 파워포인트, CD, 동영상, 애니메이션 등을 활용하는 것도 많아지고 있는데, 재해 사례 등은 인터넷을 통하여 볼 수 있으므로, 이것들을 강의의 주제·성격에 따라 충분히 활용하는 것이 바람직하다.

강의형식이라 하더라도 중간에 질문의 시간을 두어 대화형식으로 하는 것도 효과적이다.

## 2) OJT방식 교육

OJT는 현장의 작업에 대하여 숙련되어 있지 않은 신규채용자 등에 대하여 각각의 작업장에서 실무적인 교육을 실시하는 것이다. 이 교육은 수강자가 일을 하면서 지도자의 행동을 어떤 의미에서는 모방하는 것이고, 시행착오를 반복하면서 자신의 작업에 필요한 지식, 기능 등을 몸에 익혀 가는 실무적인 교육으로서 그 효과도 크며, 지도자에게도 스스로의 지도능력을 알 수 있고 자기계발의 기회도 된다.

OJT방식에 의한 교육은 신규채용자 외의 자에 대해서도 기계·설비의 변경, 작업요령, 절차의 변경 등이 있는 경우에 실시하게 되는데, 일정한 직장 경험을 축적한 자인 경우에는 그 경험도 존중하면서, 보다 좋은 작업, 안전한 작업의 실시에 대한 적극적인 발언, 행동을 유도한다.

그리고 강의(OFF-JT), OJT에 의한 교육방식은 많은 사업장에 정착되어 있는데, 생산기술이 고도화, 복잡화하고, 그것에 수반하여 작업내용, 작업방법의 변화도 큰 시대에는 어떤 방식으로 하든지, 그 교육목적, 수강자의 지식·기능수준 등에 따라 양자를 유기적으로 조합하여 효과적으로 실시할 필요가 있다.

또한 안전보건교육을 실시하더라도 집합교육 등의 경우에는 수강자의 이해도가 다르고,

교육받은 내용을 시간의 경과와 함께 잊어버리게 되므로, 현장에서 교육효과를 확인하고 필요에 따라서는 follow up(추후 지도)을 위한 교육을 실시한다.

### 3) 토의방식에 의한 교육

이 방식에 의한 것으로는 소수에 의한 토의, 심포지엄, 패널 토론(panel discussion), 브레인스토밍(brainstorming) 등이 있는데, 직장에서 근로자를 대상으로 하는 것으로는 소수에 의한 토의방식이 많다.

이 방식은 강사가 관장할 수 있는 범위라고 말해지는 7~8명 정도를 하나의 그룹으로 하여, 참가자가 현장의 실태에 입각한 주제에 대하여 토론을 진행하는 방식으로서, 강사로부터 수강자에 대한 질문 또는 그 역으로 수강자로부터 강사에 대한 질문, 수강자 간의 의견교환이 자유롭게 이루어질 수 있으므로, 각각의 수강자가 가지고 있는 정보, 지식, 경험, 의견 등을 서로 내어 다면적인 학습이 가능한 점, 자율적·주체적인 참가에 의해 자기계발이 가능한 점, 연대감·동료의식·경쟁심·상호자극 등 상호계발이 가능한 점, 수강자 간, 수강자와 강사 간에 상호이해, 공통이해가 생겨 납득하에 대책이 정리될 수 있는 점, 정리된 대책이 현장에서도 실행에 옮겨지기 쉬운 점 등의 장점이 있다.

이 방식에서는 시간이 걸리는 점, 강의의 목표가 명확하지 않으면 시간에 비해 효과가 적은 점, 강의를 충분히 리드할 수 있는 강사가 필요한 점 등의 난점도 있지만, 교육효과가 크기 때문에, 교육 대상자에 따라서는 가급적 도입하는 것이 바람직하다.

미국의 광고대리점의 부사장이었던 오스본(Alex Faickney Osborn)이 개발한 브레인스토밍은 다음 4가지의 기본원칙하에 집단적으로 토의하는 방식이다. 온화한 분위기 속에서 상상력을 발휘하여 창의적인 사고를 신장시키는 것에 좋은 방법이라고 말해지고 있다.

① 비판금지: 제시된 의견에 대하여 비판을 하지 않는다.
② 자유분방: 아이디어는 자유분방한 것일수록 환영한다.
③ 양(量)의 확보: 아이디어의 수는 많으면 많을수록 좋다.
④ 통합개선: 자신의 아이디어를 타인의 아이디어와 조합한다.

### 4) 문제해결방식에 의한 교육

이 교육방식은 토의방식을 더욱 발전시킨 것이라고 말할 수 있는데, 참가자가 자신이 품고 있는 문제 등을 서로 제출하고, 의견교환을 통하여 문제점의 해결방법을 정리해 가는 것이다. 문제점의 추출 → 사실의 확인 → 원인의 배경 → 대책의 결정과 같은 순서로 해결을 도모해 가는 방식이다.

이 방식은 토의방식과 마찬가지로 시간이 길게 소요되는 난점은 있지만, 문제의식과 해결책이 하나의 세트가 되어 이루어지는 점 외에, 문제점에 대한 통찰력의 훈련, 해결책의 구체적 기술의 향상 등에 큰 장점이 있다.

이 방식은 다음의 절차로 토의가 진행된다.

① 토의집단의 전원(약 6명)이 각자 토의주제를 1개 또는 2개 제출한다.

② 주제 후보를 몇 개로 압축한다(공통적으로 토의할 수 있거나 공통된 문제의식이 있는 것으로).

③ 각 주제별로 해당 주제에 대하여 그 원인과 생각되는 구체적 현상을 모두 낸다.

④ 원인을 분류한다(4M으로 분류하면 대책을 정할 때 용이하다).

⑤ 분류한 원인에 대하여 대책을 서로 낸다(생각할 수 있는 모든 것을).

⑥ 대책을 부서에서 가능한 것과 사업장 전체에서 가능한 것으로 구분하여 정리한다.

이 방식을 간략화한 것은 작업개시 전 회의방식(TBM 등)으로 이루어지는 경우도 있는데, 이 경우의 대책은 당일 바로 가능한 것만으로 좁혀지는 경우가 많아, 모처럼 발언하여도 반영되지 않을 수 있으므로 남겨진(유보된) 대책을 어떠한 절차로 해결할지를 정하여 두는 한편 그에 대한 검토결과를 알려 줄 필요가 있다.

## 4. 안전보건교육의 절차

직장의 안전보건관리를 추진하기 위한 방법으로서, P(계획) - D(실행) - C(평가) - A(개선)의 사이클이 강조되고 있다. 당연히 안전보건교육에도 이 사이클을 적용하는 것이 필요하다.

### (1) 교육수요의 파악

재해방지의 예방능력을 높이기 위하여 어떤 교육이 필요한지 찾아내는 것으로부터 시작한다. 과거에 발생한 재해, 아차사고, 안전보건점검·안전보건순찰 결과 등이 교육수요의 판단 시 기초자료가 된다.

### (2) 교육계획의 수립

#### 1) 안전보건교육계획의 목적

안전보건교육계획의 목적은 직장의 안전보건 수요에 따른 교육계획을 수립하여, 재해예방의 효과를 올리는 것에 있다. 교육계획의 좋고 나쁨이 직장에 존재하는 불안전요소 증감에 영향을 미친다.

안전보건교육계획을 작성하는 부차적인 목적은 계획을 작성하는 과정에서 과거에 실시한 교육의 결점, 직장의 안전보건관리의 불비(不備) 등이 드러나게 되므로, 이것을 통해 관리·감독자, 안전보건부서 등이 교육을 포함한 안전보건관리의 실태를 정확하게 인식할 수 있도록 하는 것에 있다.

### 2) 안전보건교육계획의 내용

안전보건교육은 계획의 수립 대상에 따라 연간 계획 또는 중장기 계획으로 수립하고, 일반적으로 6W1H의 원칙에 따라 구체적인 계획을 수립한다.

① Why

교육을 실시하기 전에 그 수요(신규채용 예정, 유해·위험업무 종사 예정) 또는 필요사항을 명확하게 파악하고 목적·목표를 정한다.

② What

교육의 수요·목적·목표를 토대로 하여 어떤 커리큘럼으로 실시할지를 정하여야 한다. 커리큘럼은 교육의 수요·목적·목표가 명확해지면 이를 토대로 자연스럽게 결정할 수 있다.

법령에 정해져 있는 것에 대해서는 당연히 법령에 정해져 있는 것을 토대로 실시하여야 하고, 법령에 구체화되어 있지 않은 사항, 사업장 특유의 사항 등을 추가하는 경우에는 교육계획에서 이를 명확히 정한다.

③ When

교육시기에 대해서는 법령에서 정하고 있는 것(신규채용 시, 작업전환 시, 유해·위험업무에 종사 시 등)도 있지만, 사업장 특유의 것으로서 수시로 실시하여야 하는 경우에 강사문제를 고려하여 교육수요를 토대로 미리 연간 교육계획으로 명시하여 놓는 것이 바람직하다.

④ Where

교육내용 등에 비추어 기업 내의 강의실, 회의실 또는 연수원, 호텔 중 어디에서 하는 것이 좋을지를 미리 명확히 해 둔다.

⑤ Who

교육의 강사는 특히 중요한 위치를 점하고 있으므로, 대상으로 하는 교육의 종류에 따라 지식, 기술, 교육기법 등에 우수한 적임자를 선정하거나 미리 양성한다.

공통지식, 전문지식 등의 경우 안전보건전문기관 등에 위탁하는 형태로 교육을 실시하는 것이 필요한 경우도 있지만, 교육은 어디까지나 수강자가 소속하는 사업장에서 근로자 등의 안전과 건강을 확보하기 위하여 실시하는 것이므로, 각 사업장의 작업실태에 맞는 교육을 사업장 중심으로 실시하는 것이 좀 더 적합한 경우도 있다.

⑥ Whom

법령에서 정하고 있는 것 중 신규채용자에 대해서는 대상자가 자연스럽게 정해지지만, 특별교육 등에 대해서는 바로 그 업무에 종사하는 자가 아닌 자도 포함하여 예비적으로 교육해 두는 경우도 있다. 그리고 대상자가 다수가 되는 경우도 있으므로, 각각의 교육에 대하여 연간 실시할 수 있는 회수와 업무의 사정 등을 포함하여 종합적으로 검토하여 대상자를 결정한다.

⑦ How

효과적으로 교육을 실시하기 위해서는 그 교육방법의 선택이 중요하다. 대상자의 수준도 고려하면서 이론, 실기, 토의 중의 어느 하나 또는 그 조합으로 실시하는 것을 검토하여 결정한다.

### (3) 교육의 실시

재해가 발생하기 전에 직장에 존재하는 재해로 발전할 우려가 있는 위험원(유해·위험요인)을 찾아내어 제거하는 능력을 높이고, 업무가 요구하고 있는 능력과 업무를 하는 사람의 실제능력의 차이를 메운다는 관점에서 안전보건교육을 실시한다.

수강생이 교육의 목적과 필요성을 이해하더라도, 교육방법이 적절하지 않으면 수강생은 강사의 이야기 속으로 들어오지 않는다. '교육을 받는 자가 내용을 이해할 수 없는 것은 교육방법에 문제가 있다'는 것을 강사는 강하게 의식할 필요가 있다. 강사가 교육을 실시할 때의 유의사항은 표 2.4.3과 같다.

표 2.4.3 안전보건교육 실시 시의 유의사항

---

① 상대방의 입장에서 가르칠 것
② 교육내용은 구체적일 것
③ 상대방에게 배우려고 하는 의욕을 생기게 할 것
④ 쉬운 것부터 어려운 것으로 진행할 것
⑤ 수강생이 머리를 쓰게(생각을 하게) 할 것

---

### (4) 교육효과의 확인(평가)

안전보건교육은 지식 등의 부여로 끝나는 것이 아니라, 부여된 지식, 기능이 제일선의 현장에서 활용되는 것이 중요하다. 안전보건교육을 담당하는 자는 이 점을 충분히 인식하고, 교육을 받는 자가 당해 교육이 자신의 업무에 불가결한 것이라는 것을 이해하도록 유도하지 않으면, 모처럼의 교육이 겉돌게 되므로 항상 교육의 효과를 파악하여 교육이 충실하게 되도록 유념할 필요가 있다. 즉, 직장의 안전보건을 확보하는 데 있어 교육이 충분하게 그 역할을 다하고 있는지를 확인하고, 교육의 효과를 파악하여 효과가 있는 것으로 확인된 것에 대해서는 이를 지속시키고, 개선이 필요하다고 판단되는 것에 대해서는 강사에게 피드백하거나 교재를 개정하는 등 보완을 한다.

이를 위해서는 사업장을 순회하거나 관리·감독자와의 대화를 통해 수강자가 어느 정도 이해하고 있는지, 교육 후에 행동의 변화가 일어났는지, 직장의 분위기에 변화가 생겼는지 등에 대하여 교육효과를 파악하여, 필요한 경우에는 사후지도의 기회를 마련하는 것, 강사에게 피드백하는 것, 교재 개정을 하는 것 등에 노력해야 한다. 표 2.4.4는 안전보건교육효과를 지속시키는 포인트를 정리한 것이다.

표 2.4.4 안전보건교육효과를 지속시키는 포인트

① 현장감독자, 선배가 모범을 보인다.
② 올바른 작업방법이 몸에 익혀질 때까지 끈기 있게 지속적으로 지도하고 습관화시킨다.
③ 안전보건업무에 잘 협력하고 자기계발을 할 때, 좋은 제안을 하였을 때 등에는 칭찬을 한다.
④ 불안전한 작업방법을 발견하면, 바로 시정하도록 한다. "이 정도쯤이야.", "나중에 하면 되지."라고 넘어가지 않는다.
⑤ 불안전한 작업방법을 발견하면, 그 시정만으로 그치지 않고, 왜 불안전행위가 발생하였는지를 규명한다. 그것이 교육의 불충분에 의한 것일 때는 재교육한다.

# 5. 안전보건교육의 소재

산업재해가 자주 발생하고 있거나 아차사고 사례가 많이 보고되는 사업장에서는 자신의 사업장에서 발생한 이른바 '사례로 배우는' 방식의 교육을 실시하는 것이 가장 설득력이 있고 수강자도 자신과 관련이 깊은 문제로 진지하게 청취하며 적극적으로 의견을 내는 것으로 연결될 수 있다. 그런데 최근에 사업장 단위에서는 산업재해의 발생빈도가 낮아, 이 방법을 사용할 수 있는 사업장이 그렇게 많지는 않은 상태이다.

따라서 교육의 담당자·강사는 자신의 사업장의 기계·설비, 작업 등과 유사한 자사의 타사업장, 나아가 타사의 재해사례, 아차사고 사례 등의 교육소재를 모든 수단을 구사하여 수집하고, 이것을 가공하여 교육의 소재(素材)로 만들 필요가 있다.

한편, 교육을 할 때는 원활하게 이루어지는 방법을 가르치는 것 외에 실패하는 이치·이유를 아울러 가르칠 필요가 있다. 아니, 오히려 후자의 효과가 좀 더 크다. 실패하지 않으면 수강자가 수용의 바탕으로서 체감·실감을 얻을 수 없으므로 다른 기업(사업장)의 실패사례라도 그것을 적극적으로 수집할 필요가 있다. 실패정보는 많이 있지만, 이것이 지식으로 활용될 수 있도록 가공되지 않거나 그 정보를 전달하는 방법이 좋지 않아 귀중한 정보가 활용되지 않고 실패의 반복이 되어 버리는 경우가 적지 않다.

많은 사람이 일상의 작업에서 실패를 경험하므로, 이것을 교육의 소재로서 사용하는 것도 하나의 착안점이라고 할 수 있다.

산업안전보건기준에 관한 규칙 등에서 규정되어 있는 재해방지를 위한 각종의 구체적인 조치는 실패가 발전하여 재해에 이른 사례 등을 토대로 정해진 것이 대부분인데, 실패 등의 배후요인을 파악·활용하는 것이 중요하다.

그리고 재해사례를 입체적으로 나타낸 3D 영상과 많은 감각기능을 사용하여 재해의 가상 체험(Virtual Reality: VR)을 할 수 있는 시스템도 개발되어 있으므로, 이를 재해 체험을 하기 어려운 시대의 교육소재로 채택하는 것도 효과적이다.

## 6. 안전보건교육의 일반적 유의사항

기업(사업장)에서의 안전보건교육의 목적은 여러 가지 입장의 근로자가 안전하고 건강한 작업을 행하기 위한 능력 육성과 그 향상에 있다. 지금까지 말한 것 외에, 안전보건교육을 실시하기 위해서는 다음과 같은 점에 유의할 필요가 있다.

### (1) 교육목적의 올바른 이해

교육목적은 사업장에서 시급한 해결이 요구되는 과제·단점과 연결되는 것이다. 법령에 규정되어 있기 때문에 마지못해 실시한다는 자세로 임하여 추상적이고 일반적인 교육으로 끝나는 사례도 많이 발견된다. 그런데 이와 같은 접근으로는 수강자가 진지하게 수강하는 것이 현실적으로 무리이다. 먼저 교육을 준비하는 측에서 교육목적을 올바르게 정립하고 이해하는 것이 선결조건이다.

### (2) 실태에 맞는 교재 준비

교육교재의 내용이 교육담당자의 경험에 너무 치우쳐 있거나 다른 회사의 것을 모방하거나 또는 시중에 있는 것을 안이하게 사용하는 경우가 적지 않다. 그러나 이런 교재로는 해당 사업장에서 필요로 하는 내용(실태)에 맞지 않는 것이 될 가능성이 크다.

교재·자료는 다른 회사의 것, 시판 중에 있는 것 등은 어디까지나 참고로 하고 사업장의 실태에 맞는 사례 등을 반영하여 독자적으로 개발하는 것이 바람직하다. 또한 생산시스템의 변화, 법령 개정 등에 맞추어 개정하는 것도 필요하다.

### (3) 적임강사 섭외

교육을 행하는 강사로 라인의 관리·감독자가 담당하는 경우도 적지 않은데, 일에 대해서는 전문가이지만 안전보건교육 강사로서는 지식·경험이 충분하지 않은 경우도 있다. 그리고 조직변경, 순환인사 등으로 교육을 담당하게 된 직후와 같은 때에는 안전보건에 관한 지식이 충분하지 않은 경우도 적지 않다.

강사로서는 사업장 내외를 불문하고 해당 분야의 전문가로 평가받고 있는 사람을 강사로 하는 것이 바람직하다. 그리고 장기적인 관점에서 계획적으로 사내강사를 양성하는 것이 필요하다.

### (4) 그룹화

교육 대상자의 경험, 학습능력이 상당히 다른 경우에는 교육계획을 수립하는 단계에서 지식, 경험이 다른 수준에 있는 자를 별도로 그룹화하여 교육을 실시하도록 배려하면 교육효과의 측면에서 효과적이다.

그리고 일정한 수준에 있는 자에 대한 교육으로는 토의방식 또는 문제해결방식을 채용하는 것이 효과적이다.

### (5) 사무직 교육

인간은 웬만큼 학습하더라도 자신이 그렇다고 생각하는 것 외에는 진심으로는 하지 않으려는 성향을 가지고 있다. 따라서 교육에는 최초의 동기부여가 중요하다. 그리고 법령에서 강제하고 있다고 해도, 사업장 규정에 정해져 있다고 해도, 수강자는 쉽게 흥미를 보이지 않는 경우도 많다는 것을 알고 있을 필요가 있다.

특히, 신규채용자 중에서 산업재해에 맞닥뜨릴 위험이 거의 없는 부서에 배치되는 것으로 결정되어 있는 경우에는, 일반적인 교육내용으로는 흥미를 갖지 않는 것이 현실이다.

교육 대상자가 사무직 중심인 경우에는, 넘어짐, 굴러 떨어짐, 감전, 교통사고 등의 위험과 눈피로, 요통 등의 건강장해 그리고 직무스트레스, 휴먼에러 등의 사례를 포함하여 기본적인 안전보건지식을 전달하는 것이 효과적이다.

# V. 비정상작업의 안전

## 1. 비정상작업과 안전

건설업뿐만 아니라 제조업에서의 산업재해 중 상당히 높은 비율의 재해가 기계·설비의 보전(保全)작업(유지보수작업), 트러블 처리작업 등 이른바 비정상작업(非定常作業, abnormal = non-routine work)에서 발생하고 있다.

생산의 기계화·자동화가 아무리 진전되더라도 사업장에서의 유지보수작업 등 비정상작업은 필요불가결한 것이고, 지금뿐만 아니라 앞으로도 안전관리의 중점 대상의 하나가 될 것이다.

업종에 관계없이 작업의 형태는 일반적으로 '정상작업'과 '비정상작업'으로 대별된다. 비정상작업은 건설현장, 화학설비, 철강생산설비, 자동차산업을 비롯하여 모든 업종에서 일상적으로 또는 간헐적으로 이루어지고 있으므로, 모든 기업(사업장)에서는 비정상작업에서의 사고·재해방지를 위하여 적극적으로 노력할 필요가 있다.

### (1) 정의

비정상작업의 정의에 대해서는 확정적인 것은 없지만, 일반적으로는 목적으로 하는 제품의 제조과정에서 생산라인을 임시로, 일시적으로 또는 일정기간 정지하여 비정기적인 작업, 트러블 처리작업 또는 보전적 작업 등을 실시하는 것을 가리킨다.

비정상작업에는 미리 예정하여 행하는 '계획적 비정상작업'과 돌발적으로 발생하여 긴급하게 대처하여야 하는 '긴급작업'이 있다. 건설업은 대부분 계획적 비정상작업으로 구성되어 있다.

비정상작업은 대체로 시금까시의 경험, 지식, 정보가 부족하거나 활용되기 어려운 경향이 있다.

각각의 작업에 대응하는 방법에 따라 정상작업과 계획적 비정상작업, 긴급작업 3가지로 구분하여 각각의 작업 형태를 정의하면 표 2.5.1과 같다.

보전적 작업 중 일반적으로 유지보수(보전)라고 불리는, 간헐적으로 일정한 기간에 걸쳐 실시하는 설비의 수리, 개조, 검사 등은 전형적인 비정상작업으로서 작업 그 자체는 설비공사적인 것[7]이 많고, 도급계약 등에 의해 외부의 공사업체(협력업체)가 그 작업을 행하는 경

---

7 산업안전보건법(제2조 제10호)에 따르면, '건설공사'란 다음 어느 하나에 해당하는 공사를 가리킨다.
   가. 건설산업기본법 제2조제4호에 따른 건설공사[토목공사, 건축공사, 산업설비공사, 조경공사, 환경시설공사, 그 밖에 명칭과 관계없이 시설물을 설치·유지·보수하는 공사(시설물을 설치하기 위한 부지조성공사를 포함한다) 및 기계설비나 그 밖의 구조물의 설치 및 해체공사 등을 말한다. 다만, 다음 각 목의 어느 하나에 해당하는 공사는 포함하지 아니한다.]
   나. 전기공사업법 제2조제1호에 따른 전기공사
   다. 정보통신공사업법 제2조제2호에 따른 정보통신공사

우에도 산업안전보건법(제5장 제2절 도급인의 안전조치 및 보건조치)에서 도급을 주는 사업주에게 도급 시에 다양한 안전보건조치를 하도록 하는 등 협력업체를 포괄하는 총괄적 안전보건관리를 하도록 요구하고 있다.

표 2.5.1 **작업의 형태**

| 작업의 형태 | | 정 의 |
|---|---|---|
| 정상작업 | | 대체로 동일한 작업방법에 의해 일상적·반복적으로 행하는 작업(작업빈도는 10일에 약 1회 이상을 목표로 함) |
| 비정상 작업 | 계획적 비정상작업 | 반복적으로 행하지만 작업빈도가 적은 작업과 작업별로 작업방법이 다른 작업으로서 예정하여 행하는 작업(작업빈도는 10일에 약 1회 미만을 목표로 함) |
| | 긴급 작업8 | 돌발적으로 발생하는 이상사태로서 바로 대처하여야 하는 작업(바로 대처하지 않아도 되는 작업은 계획적 비정상작업이 됨) |

주: 1) 작업의 형태는 작업절차서를 정하고 있는지 여부에 관계없이 구분한다.
   2) 정상작업과 계획적 비정상작업의 구분을 10일에 1회 정도의 작업빈도를 기준으로 하는 것은 작업방법을 익혀 습관으로 습득되는 작업빈도를 감안한 것이다. 따라서 설비의 정기점검과 같은 반복성이 있는 작업이라도 작업빈도가 낮으면 계획적 비정상작업으로 구분한다.
   3) 계획적 비정상작업은 미리 작업의 일시, 방법 등을 정하여 행하는 작업이므로 돌발적인 고장 등이라도 바로 대처하지 않아도 무방한 작업은 이것에 포함된다. 따라서 계획적 비정상작업에는 기계의 수리(정비)·개조·검사(점검)·해체, 라인작업에서의 보수작업, 시운전 외에 작업빈도가 적은 급유, 정기분해점검 등이 해당한다. 공사별로 방법이 다른 설비, 구축물의 건설공사 등도 계획적 비정상작업이다.

표 2.5.2 **비정상작업의 종류(예)**

| 종류 | 작업의 종류 |
|---|---|
| 화학설비 | • 보전적 작업: 부정기작업, 정기적(긴 주기)으로 행하는 설비의 개조·수리·청소·점검·검사 등의 작업<br>• 이상(트러블)처리작업: 이상·부조(不調)·고장 등의 운전상의 트러블 대처작업<br>• 이행작업: 원료·제품 등의 변경작업 또는 개시(시동)·개조·일시정지(shut down) 등의 이행작업<br>• 시행(試行)작업: 시운전·시작(試作) 등 결과를 예측하기 어려운 작업 |
| 철강생산 설비 | • 보전적 작업: 부정기작업, 정기적(긴 주기)으로 행하는 설비의 개조·수리·청소·점검·검사 등의 작업<br>• 이상(트러블)처리작업: 설비운전 중의 제품불량·이상·부조·고장 등의 트러블 대처작업<br>• 설비의 개시(회복)작업: 설비의 설치·개조·휴지(休止) 후의 통상운전까지의 이행작업<br>• 시작(試作)·연구개발작업: 제품개발·설비개발 등을 목적으로 한 시작(試作) 또는 연구<br>• 설비의 신설·개조작업: 설비의 설치·개조의 작업 |
| 자동생산 시스템 | • 보전적 작업: 부정기작업, 정기적(빈도가 낮음)인 보전작업, 생산변환·설비개시(회복) 시의 조정·시운전작업<br>• 이상(트러블)처리작업: 운전 중에 발생하는 이상·고장 등의 처리작업(복귀작업을 포함) |

---

라. 소방시설공사업법에 따른 소방시설공사
마. 문화재수리 등에 관한 법률에 따른 문화재수리공사
8 비계획적 비정상작업이라고도 한다.

## (2) 비정상작업의 위험과 재해

생산시스템의 자동화, 고도화는 근로자와 기계·설비의 접촉기회와 노동부하를 대폭적으로 감소시키고 산업재해 방지의 측면에서도 상당한 기여를 하고 있지만, 고도화된 생산시스템, 기계·설비라 하더라도 트러블 처리, 일정기간마다의 검사·점검, 보수 등은 피할 수 없고, 이들 비정상작업(21세기에는 이것이 정상작업으로 자리매김하게 될 만큼 많은 비중을 차지할 것으로 생각된다)에서의 산업재해 방지가 향후의 큰 과제가 되고 있다.

그리고 생산설비의 고도화는 운전작업에 종사하는 자의 감소 등에 의한 위험원과의 접촉기회 감소 등의 효과를 가져오지만, 다른 한편으로는 생산라인 전체에 정통한 자의 감소를 초래하고, 이상·트러블 시의 적절하고 신속한 처리 등의 측면에서 원활함을 결하는 것도 우려되고 있다.

산업계에서는 업종을 불문하고 이론적·경험적으로 볼 때 비정상작업에서의 산업재해 발생비율이 정상작업에서의 산업재해의 그것보다 높다는 것은 널리 알려져 있다. 그러나 실제에서는 비정상작업에 대한 예방대책은 의외로 미흡한 상태이다.

이는 일반적인 시스템뿐만 아니라 자동화·고도화된 시스템을 받아들이고 있는 시스템이라 하더라도 비정상작업에 주목하여 그 재해방지에 적극적으로 노력할 필요가 있다는 것을 시사하고 있다.

이들 비정상작업에서는 한정된 기간·시간 중에 다른 기업의 많은 근로자에 의한 혼재작업, 부적절한 가설기자재, 수리용 기계의 사용 등에 의한 위험의 우려도 많다. 특히, 이상처리작업 또는 고장설비의 복구, 부품교환 등 보전적(保全的) 작업과 같은 비정상작업에서는 시간적 여유가 없고, 작업의 진행에 동반하여 상황이 달라지는 경우도 많으며, 사전에 충분한 검토를 하는 것이 곤란한 경우가 적지 않다. 객관적으로 보아도 정상작업보다 비정상작업에서 산업재해가 발생할 위험이 높다.

화학설비에서는 그 특성상 폭발·화재, 가스중독, 고온물·위험물과의 접촉 등이 다른 분야에 비해 상대적으로 많은 비중을 차지하지만, 절대적인 건수로 보면 끼임재해, 추락(사람이 떨어짐)재해, 전도(넘어짐)재해가 더 많이 발생하고 있다.

철강생산설비에서는 끼임재해, 추락재해, 비래(날아옴)·낙하(물체가 떨어짐)[9]재해가 많은 비중을 차지하고, 철강업의 특징이라고 할 수 있는 고온물과의 접촉재해도 많지는 않지만 이따금씩 발생하고 있다.

화학설비와 철강생산설비에서 끼임재해, 추락·전락재해가 많이 발생하는 것은 대형의 제조설비의 개수공사 등에서 비계를 조립하는 등 건설공사 성격의 보전(유지보수)작업이 많은 것이 원인이라고 생각한다.

---

9 고용노동부 산업재해 분류기준에서는 비래(날아옴)와 낙하(물체가 떨어짐)를 합하여 '물체에 맞음'이라고 표현하고 있다.

① 화학설비

- 식물유 제조공장에서 기계의 고장과 운전미스로 급정지한 유출기 내부의 원료를 인력으로 배출 중 용제에 인화하여 폭발하였다.
- 고밀도 폴리에틸렌(HDPE) 원료를 저장하는 사일로(저장조)에 맨홀을 설치하기 위한 용접 작업 중 사일로 내에서 가연성 물질인 플러프 분진이 폭발하였다.
- 황산제조공정의 열교환기에 축적된 불순물을 제거하고 보수하는 작업에서 열교환기의 파이프를 용단(溶斷)할 때에 이산화탄소, 수은 등의 유해물질을 흡입하였다.
- 폐수처리장 시설 확충을 위해 저장조 상부에 설치된 펌프 용량을 늘리는 용접작업을 하는 과정에서 저장조 내부의 잔류가스에 용접 불티가 반응하여 폭발하였다.
- 질산탱크의 맨홀 플랜지를 갱신하기 위하여 잔류하고 있던 질산을 가설 호스와 펌프로 빈 드럼통에 송입(送入)하였을 때, 다량으로 퇴적되어 있던 알루미늄분진에 용단불꽃이 들어가 폭발하였다.
- 냉각수펌프 출구배관에 여과기(strainer) 설치작업 중 근접한 탱크의 맨홀에서 암모니아 가스가 분출하자 순간 당황하여 작업가대(架臺)에서 뛰어내리다가 부상을 입었다.
- 냉각시설인 열교환기 청소를 마친 뒤 시설을 조립하고 점검(에어누출 여부 등 테스트)하는 작업을 하던 중 폭발사고가 발생하였다.

② 철강생산설비

- 전로 안에서 보수작업을 하던 중 시운전을 하기도 전에 주입된 아르곤 가스로 인해 산소농도가 떨어져 질식사하였다.
- 고로 삽입 하부호퍼 내 라이너 교체작업을 위해 7명이 작업하던 중 고로가스가 유입하여 4명은 자력으로 호퍼 밖으로 탈출하였지만 남은 3명이 사상하였다.
- 전로 가스배관 하부에 맨홀을 설치하는 작업 중 2명이 근처에 있는 수봉변(water sealed valve)에 전락(轉落)하여 익사하였다.
- 소결현장에서 철 구조물 해체작업 중 철 구조물이 쓰러지면서 1명의 노동자가 현장에서 사망하였다.
- 전로제강공장에서 작업자가 150 ton 크레인 전원공급 개선공사를 하던 중 6,600 V 고압전선에 접촉되어 감전돼 10 m 아래로 추락해 사망하였다.
- 코크스 공장의 설비공사장에서 가스관 교체공사를 하다 암모니아 가스가 폭발해 인부들이 그 자리에서 숨졌다.
- 공기 중의 산소와 질소, 아르곤 가스 등을 분리해 파이넥스 공장에 보내는 역할을 하는 설비인 산소콜드타워에서 설비와 기기 점검과정에서 질소 때문에 질식하여 사망하였다.

### ③ 자동생산시스템

- 반송용 컨베이어 내의 체인구동부에서 파손이 있어 이상한 소리가 나 기계를 정지하지 않은 채 파손부를 확인하려고 왼손을 넣었을 때, 체인과 스프로켓(sprocket) 사이에 협착되어 큰 부상을 입었다.
- 로봇용접기의 용접화구(welding tip) 연마작업을 하기 위하여 문의 안전플러그를 뽑지 않은 채 비상정지버튼을 누르고 물품반입구를 통해 안으로 들어왔다. 그때 다른 작업자가 비상정지를 해제하고 로봇을 기동시키는 바람에 가공 대상물과 스폿건(spot gun) 사이에 흉부가 협착되어 사망하였다.
- 타이어조립공정의 체인이 끊어져 자동운전 상태에서 안전커버를 벗기고 수리하고 있을 때, 다른 작업자가 물품을 검출하는 광전관을 차단하는 바람에 컨베이어가 움직여 오른손이 협착되어 큰 부상을 입었다.
- 운송용의 슬랫 컨베이어(slat conveyor)가 정지하여 안전플러그를 뽑고 안전울 내로 들어가 수리를 끝낸 다음 울 내에서 안전플러그를 꽂고 공동작업자에게 운송라인의 재기동을 지시하였다. 그 후에 컨베이어로 향하여 오던 트래버서(traverser)의 부품에 작업복이 걸려 지주와의 사이에 흉부가 협착되어 사망하였다.

### ④ 전자업체

- 반도체 제조시설 건설과정에서 설치공사 중이던 '유기성분 처리시스템'의 연소실을 내부점검하던 중 작업자 3명이 질소에 의한 질식으로 사망하였다.
- 대형 TV용 액정표시장치(LCD) 패널을 만드는 장소의 내부장비를 유지보수(점검)하는 과정 중 질소가스에 의한 질식으로 사망하였다.

## 2. 비정상작업의 재해방지대책

비정상작업에서의 사고·재해방지를 위해서는 사업주 측에서 비정상작업이 일반적으로 시간적·장소적 제약이 있는 상태에서 작업을 수행함에 따라 이에 동반하는 위험성이 정상작업보다 오히려 크다는 점을 충분히 인식하고, 비정상작업에 관계하는 여러 회사를 포괄한 종합적·총괄적인 안전보건관리를 행할 필요가 있다.

이를 위해서는 산업안전보건법에 규정되어 있는 관계사항을 준수하는 것과 아울러, 사고·재해사례, 아차사고사례 등의 수집과 적절한 대응조치를 행할 필요가 있다.

## (1) 안전보건관리체제

### 1) 기계·설비 소유자에 의한 작업관리

기계·설비를 소유하는 사업주가 스스로 비정상작업을 수행하는 경우에는 당연히 법령에서 당해 사업주에게 요구하고 있는 안전보건관리체제하에서 안전보건관리를 행하지 않으면 안 된다.

이 경우, 새로운 제품의 개발에 동반하는 설비의 신설·개수(改修), 개시(회복)·시행(試行) 작업 등에서는, 보전담당부서 외에 연구개발·설계부서, 생산관리부서 등 통상은 그다지 안전보건관리에 관계하지 않는 자(때로는 설계·작업의 일부를 담당하는 다른 회사의 전문기술자를 포함한다)의 현장작업이 적지 않으므로, 작업계획의 작성단계에서 총괄 책임자를 정하고, 그 자의 직접 지휘하에 전체 안전보건관리를 행할 필요가 있다.

한편, 단시간에 이루어지는 이상(트러블)처리작업의 경우에는, 통상의 제조계획 속에서 직제에 의한 지시하에 이루어지게 되는데, 라인의 책임자는 생산설비의 '반복적인 단시간의(일시적인) 트러블' 등을 당연한 일로 여기고 경시하는 안전보건관리를 해서는 안 된다.

### 2) 도급인으로서의 작업관리

기계·설비의 개수(改修)공사 등이 업무도급의 형태로 실시되는 경우에는 총괄적 안전보건관리체제하에서 관리를 행하여야 한다(산업안전보건법 제62조). 이와 같은 형태에서의 공사에서는 여러 회사의 근로자가 시간적·공간적으로 혼재하여 작업을 하는 경우가 많고, 그리고 단기간 또는 임시적인 작업이기 때문에 비계 등의 가설기자재, 반입기계 등이 제대로 갖추어 있지 못한 경우가 적지 않을 수 있으며, 수급인(협력업체)이 생산설비에 잠재하는 유해·위험성에 대하여 상세한 정보를 가지고 있지 않은 경우가 많으므로, 도급인은 수급인에 대해 안전보건정보의 제공, 지도·지원 등 도급작업의 진행관리를 충분히 배려하는 것이 필요하다.

그리고 제조업 등 많은 업종에서는 기계·설비의 개수공사 이외의 경우에 업무도급의 형태로 도급인 사업주의 구내에 상주하면서 혼재작업을 하고 있는 관계수급인이 비정상작업에 종사하는 경우가 적지 않다. 이와 같은 경우에도 총괄적 안전보건관리체제하에서 도급인 사업주를 중심으로 작업에 관한 협력 및 조정 등을 실시하는 것이 중요하다.

비정상작업이 화학설비 중에서 이루어지는 경우에는 화학물질에 의한 장해, 화재·폭발을 방지하기 위하여 도급인(발주자) 등으로부터 화학물질의 명칭과 그 유해·위험성, 유해·위험한 작업에 대한 안전보건상의 주의사항, 사고가 발생한 경우에 필요한 조치의 내용 등의 정보를 문서로 관계수급인에게 제공하는 것이 의무 지워져 있다(산업안전보건법 제

65조 제1항).[10]

이상과 같은 형태의 작업에서는 도급인과 수급인 간의 협력·조정이 특히 중요하다. 도급인 측에서는 관계부서 상호조정을 도모하면서 정기·수시회의 등을 통해 관계수급인 및 그 작업자에의 적절한 지시와 총괄적인 작업관리를 행할 수 있는 체제를 구축·운영할 필요가 있다(산업안전보건법 제64조 참조).

### (2) 위험성평가와 본질적 대책

#### 1) 위험성평가

화학설비 등에서는 설비의 정지 후에 압력용기, 배관 등에 유해·위험한 물질이 잔존하고 있을 가능성이 높고, 개수(改修)작업(비정상작업) 중에 중독증상을 보이거나 화재·폭발에 의해 중대한 피해를 입는 경우가 있다.

그리고 철강생산설비 등에서 설비의 일부를 개수하는 작업(비정상작업)과 같은 경우에는, 배관 등을 통해 인접하는 별도의 계통에서 유해물질의 회류(回流), 누출이 있어 피해를 입는 경우도 적지 않다. 이러한 사례 외에도, 비정상작업의 작업형태가 매우 다양한 만큼, 추락, 협착, 감전 등 다양한 사고의 위험이 여러 곳에 존재하고 있다.

따라서 비정상작업에 대한 위험성평가 시에는, 이와 같은 위험을 고려하여 직영작업의 경우에는 사업주 스스로, 도급작업의 경우에는 도급인과 수급인이 공동으로 위험성평가를 실시하고, 이것에 대응한 적절한 대책을 반영하는 것이 필요하다(산업안전보건법 시행령 제53조 제1항 제1호 참조).

화학물질을 사용하는 경우에는 사용하고 있는 물질안전보건자료(Material Safety Data Sheets: MSDS) 등에 의해 유해·위험정보를 수집함과 아울러, 관계작업자에 대한 정보제공, 필요한 호흡용 보호구 등의 준비도 잊어서는 안 된다.

#### 2) 일시적 트러블 등의 배후요인에 대한 본질적 대책

2차 대전 후 미국에서 개발되어 일본에서 더욱 발전된 후 우리나라에 도입된 전사적(전원 참가) 생산보전인 TPM(Total Productive Maintenance)은 설비의 관리 불충분이 고장, 트러블, 일시적 트러블 등이 되어 표면화되고, 비정상작업의 실시, 제품의 불안정으로 연결되는 것을 감안하여, 설비의 예방보전에 만전을 기하는 것을 목적으로 한 것이다.

TPM에서 가장 중요하게 여기는 것은 설비의 고장, 일시적 트러블이고, TPM의 과제는 이

---

10 질식 또는 붕괴의 위험이 있는 작업으로서 ⅰ) 산소결핍, 유해가스 등으로 인한 질식의 위험이 있는 장소로서 산업안전보건기준에 관한 규칙 별표 18에 따른 밀폐공간에서 이루어지는 작업, ⅱ) 토사·구축물·인공구축물 등의 붕괴 우려가 있는 장소에서 이루어지는 작업에 대해서도, 도급인은 해당 작업 시작 전에 수급인에게 안전보건에 관한 정보를 문서로 제공하여야 한다.

들 사상(事象)의 발생을 억제하기 위해 발생원 대책을 충분히 수립하여 이행하는 것이다.

즉, 설비의 고장, 일시적 트러블에 대한 당면의 대응에 머무르지 않고, 잠재하는 본질적인 문제점을 해명하는 것이 중요하며, 이와 같은 사상이 다발하고 있는 직장에서는 단시간 회복에 노력하는 것도 물론 중요하지만, 시간적 여유를 가지고 그 배후요인의 검토와 대책 실시를 충분히 하는 것이 필요하다.

요컨대, TPM은 비정상작업에서의 안전보건관리의 기본적인 접근방법과도 일치하는 것이다.

### (3) 작업계획의 수립과 실시

#### 1) 연락·조정의 철저

비정상작업에서도 작업내용, 사용기계, 가설기자재, 작업자수, 작업절차를 명확히 하는 것이 중요하다. 생산라인의 관리자(또는 도급인) 등이 수립한 종합적인 유지보수계획 등에 근거하여 각각의 작업을 담당하는 부문에서는 수급인(하수급인) 등을 포함한 작업계획을 작성할 필요가 있다.

그리고 각각의 작업담당부서의 책임자는 작업계획의 진척상황을 확인하는 한편, 함께 설치되어 있는 설비 또는 동일한 라인의 운전관리부서 등과 긴밀한 연락·조정을 하면서 매일매일의 작업계획의 미세조정을 하고, 조정된 작업계획의 내용을 TBM 등에서 관계작업자에게 철저히 알리는 것도 잊어서는 안 된다.

#### 2) 작업에의 입회 및 확인

비정상작업에서 화기를 사용하는 작업, 고소작업, 중량물을 취급하는 작업, 다른 계통에서 유해한 가스·증기 등의 누출·혼입(混入) 가능성이 있는 작업 등이 있는 경우에는 앞에서 설명한 연락·조정의 조치를 하는 한편, 원칙적으로 작업지휘자 또는 입회자(감시자)를 배치하여 작업 지휘 및 안전 확인을 행하게 한다.

작업지휘자 등은 점심시간, 휴게시간, 작업종료시간에 작업자수를 확인하는 한편, 단독으로 작업을 하고 있는 자 등이 소정의 시간에 돌아오지 않는 경우의 확인(점호 등)방법 등도 미리 정해 놓을 필요가 있다.

#### 3) 작업절차서의 작성 등

임시작업, 단시간작업에 대해서는 작업절차서가 없는 채 작업이 진행되고 있는 경우가 많은 것이 현실인데, 임시작업, 단시간작업이라 하더라도 반복되는 작업에 대해서는 정상작업으로 분류하고 작업절차서를 작성하는 것이 바람직하다.

그리고 작업절차서를 작성하기 어려운 이상(트러블)처리작업 등에 대해서는 작업자가 독자적인 판단으로 작업하지 않도록 하고, '(라인을) 멈춘다, (관리·감독자를) 부른다, (판단을 받을 때까지) 기다린다'의 원칙을 준수하도록 하며, 반드시 책임자의 지시를 받도록 한다.

비정상작업에 종사하는 작업자 전원에 대해서는 작업절차의 철저한 준수를 포함하여 작업현장의 상황에 따라 적절한 안전보건교육을 실시할 필요가 있다.

도급작업의 도급인은 관계수급인 등이 실시하는 안전보건교육에 대하여 필요한 자료·정보의 제공과 교육장소의 제공 등의 지원을 행한다(산업안전보건법 제64조 제1항 제3호). 비정상작업의 작업절차서에 대한 상세한 내용은 후술한다.

### (4) 기타

#### 1) 작업환경의 측정 등

화학설비의 비정상작업과 같이 유해한 가스·증기에 노출될 가능성이 있는 작업에서는 당일의 작업개시 전에 그리고 수시로 작업환경측정기기에 의해 작업장소의 유해·위험성의 유무를 확인하는 것이 필요하다. 그리고 작업장소에는 필요한 측정기기를 비치하고 그 기기를 조작할 수 있는 자를 배치하는 것이 필요하다.

그리고 그와 같은 기기, 사람이 배치되어 있지 않은 때에 이상한 냄새 등을 느낀 경우에는, 작업자는 먼저 그 장소에서 안전한 장소로 피난하고, 작업책임자에게 연락하는 한편, 그 지시에 따라 작업환경의 측정을 실시하여 유해·위험의 우려가 없는 것을 확인한 후에 작업을 재개한다.

#### 2) 소화기 등의 설치

비정상작업에서는 아크용접, 가스용단·용접 등의 작업도 많다. 화기를 사용하는 작업장소의 근처에는 바로 사용할 수 있는 소화기 등을 준비하여 두고 미리 소화훈련도 실시한다. 그리고 소화에 대해서는 물을 뿌림으로써 피해가 확대되거나 새로운 반응이 생겨 폭발 등으로 발전하는 경우도 있으므로, 소화 대상물에 적합한 소화기를 선정한다.

도급계약 등으로 작업을 하고 있는 경우에는 소화기·AED 등의 준비를 도급인, 수급인 중 어느 한쪽이 할 것인지, 공동으로 할 것인지에 대해 미리 협의한다.

#### 3) 긴급상황 시 대응훈련 등

비정상작업 시작 전에 폭발·화재 등의 긴급상황이 발생한 경우에 대비하여, 피난방법, 연락방법, 구급처치요령 등을 정해 놓는 한편, 관계작업자에게 철저히 주지시키고 필요한 훈련을 실시한다.

특히, 동료에게 이상이 있을 때에 순간적으로 구조에 뛰어들어 산소결핍증, 황화수소중독,

일산화탄소 등의 급성중독, 화상 등의 2차 재해를 입는 예가 적지 않으므로, 구조에 들어가기 전에 판단, 연락, 구조 등의 방법에 대해 반복하여 교육훈련을 실시한다.

그리고 작업장소의 근처에는 예상되는 재해에 대응한 호흡용 보호구, 구조용 사다리·로프, 들것 등을 준비해 둔다.

## 3. 비정상작업의 작업절차서

매일 결정된 장소에서 동일한 작업을 반복하고 있는 정상작업은 작업절차서를 작성하기 쉬워 비교적 작업절차서가 마련되어 있고, 기계·설비, 원재료의 변경이 없는 한 작업절차서에 따라 작업을 계속할 수 있다.[11] 그러나 고장 난 기계·설비의 수리, 복구작업, 부품교환 등의 보전작업, 즉 비정상작업은 시간적 여유가 없고 작업의 진행에 따라 상황이 달라지는 (작업내용이 그때그때의 상황에 따라 달라지는) 경우도 많기 때문에, 사전에 충분한 검토를 하는 것과 작업절차서를 작성하는 것이 곤란하다.[12] 그리고 비정상작업은 곧 돌발적 또는 임시의 작업이므로, 작업절차서를 만들어도 도움이 되지 않는다고 생각하는 경우가 많다.

그러나 비정상작업이라고 하더라도 주기적으로 행해지는 점검, 조정, 주유, 검사와 같은 작업, 또는 고장이 발생하기 쉬운 기계·설비의 특정 부위의 수리작업 등(계획적 비정상작업)은 미리 작업절차서를 작성해 두는 것이 가능하고, 이와 같은 비정상작업이 발생한 경우에 작업절차서를 활용하는 것도 가능하다.

따라서 비정상작업이라도 미리 작업절차서를 작성하여 준비해 둘 수 있는 것과 작업절차서를 준비해 둘 수 없는 것으로 나누어 그 대응방안을 생각하여야 한다.

### (1) 어느 정도 사전에 준비할 수 있는 비정상작업(계획적 비정상작업)

점검, 조정, 주유, 검사 등과 같이 일정한 주기로 이루어지는 작업 또는 고장이 발생하기 쉬운 기계·설비의 특정 부위의 수리작업 등에 대해서는 전회(前回)의 작업을 참고로 어느 정도 사전준비가 가능하다. 이와 같은 경우에는 기본적으로 정상작업과 동일하게 요소작업으로 분해하여(요소작업을 골라내어) 정상작업에서 사용하고 있는 작업절차서를 이용할 수 있는 경우가 많다. 그리고 각각의 특수한 작업별로 전회(前回)의 상황을 기초로 작업절차서를 만드는 것도 가능하다. 이와 같은 경우에 주의할 사항은 다음과 같다.

① 안전장치의 작업 전 기능점검(확인), 작업장소 출입금지조치(안전울 설치, 주의표지 설치 등), 기계·설비의 오조작·오동작의 방지조치 등을 급소에 넣는다.

---

11 그래서 정상작업에서는 사고·재해의 발생을 미연에 방지하는 것이 용이하며 재해발생 건수가 많지 않다.
12 그래서 비정상작업이 정상작업보다 재해가 발생하는 비율이 훨씬 높다.

② 작업자의 배치인원 등의 기준을 작업절차서의 작성과 함께 명확히 해 둔다.

미리 비정상작업에 대한 작업절차서를 작성해 놓은 후 실제로 비정상작업이 발생한 경우 작업절차서를 현상에 맞도록 수정하여 대응하는 것이 필요할 수 있다. 작업절차서를 미리 작성해 놓으면 제로베이스에서 작업절차서를 작성하는 것보다 훨씬 신속한 대응이 가능하다.[13]

### (2) 예기치 않은 고장 등의 복구, 보수 등 비정상작업(비계획적 비정상작업)

예기치 않은 고장, 부품교환 등의 작업은 미리 작업절차서를 작성해 두는 것이 곤란하다. 이와 같은 경우는 설비의 정지기간을 가능한 한 짧게 하기 위하여 바로 복구, 보수 등의 작업에 착수하는 경우가 적지 않다. 그런 만큼 자칫하면 준비 부족에 의한 예상하지 못한 사태가 발생하여 결과적으로 큰 재해를 초래할 수 있다.

이와 같은 비정상작업에 대해서는 사안별로 대응하게 되는데, 다음과 같은 절차를 밟아 대응하면 적절한 조치가 가능하다.

① 관계자가 모여 어떤 고장 등이 발생하고 있는지 사실을 확인한다.

② 대응책을 협의하여 작업 진행방법의 흐름도(flow chart)를 작성한다. 이 흐름도는 작업절차서에 준하는 것이 사용하기 쉽고 실천적이다. 그리고 복수의 작업자가 혼재하여 작업하는 경우는 연락·조정을 충분히 하는 것이 중요하다. 특히, 상하작업, 복수의 작업자가 동시에 작업하는 경우는 위험이 배로 증가하는 만큼, 어느 쪽이 먼저 작업을 진행할지를 당사자 간에 잘 조정한다.

③ 자신의 일의 범위가 결정되면, 작업의 흐름 중에서 어떤 요소적인 작업에서 위험이 커질지를 평가한다.

④ 큰 위험이 예상되는 요소작업에 대해서는 TBM에서 대략적인 작업분해와 안전의 급소를 생각하면서 작업방법, 안전대책을 협의하고 작업자에게 각각의 작업을 지시한다.[14]

⑤ 감독자는 비정상작업의 현장을 중점적으로 순시한다.

⑥ 위험이 예상되는 작업에서는 감독자 자신이 입회하여 직접 지시·지휘하는 것도 필요하다.

---

13 작업의 진행에 따라 상황이 달라지는(작업내용이 그때그때의 상황에 따라 달라지는) 비정상작업(예: 트러블 처리작업)의 경우, 어느 정도 사전에 준비할 수 있는 비정상작업(계획적 비정상작업)이라 하더라도 작업을 할 때마다 매번 위험성평가를 하는 것은 현실적으로 곤란하고 그렇게 할 만한 실익도 거의 없다. 따라서 이러한 비정상작업은 작업방법 또는 작업절차가 변경되지 않는 한 해당 비정상작업의 계획수립 등의 단계에서 위험성평가를 한 번 (충실하게) 실시하는 것으로 족하고 실제 작업 전에는 작업절차서, TBM 등으로 대응하는 것이 바람직하다.

14 비계획적 비정상작업의 경우에는 미리 작업절차서를 마련하는 것이 사실상 불가능하고 해당 작업 전에 위험성평가를 실시하는 것의 현실성과 실익이 없어 TBM 실시로 족하다고 할 수 있다.

# Ⅵ. 건설업 기초안전보건

건설업은 전체 사망재해의 약 30%를 차지하고, 특히 사고성 사망재해의 약 50%를 차지할 정도로 중대재해가 많이 발생하고 있다. 건설업에는 건설산업기본법상의 건설공사[15] 외에 전기공사업법에 따른 전기공사, 정보통신공사업법에 따른 정보통신공사, 소방시설공사업법에 따른 소방시설공사, 문화재 수리 등에 관한 법률에 따른 문화재 수리공사가 포함된다.

## 1. 건설업의 특징

### (1) 고위험·비정상작업이 많음

건설현장은 고소작업, 중장비 사용 등 위험성이 높은 작업이 많이 존재하고, 거의 모든 작업이 작업상황이 자주 변동되는 비정상(abnormal)작업으로 구성되어 있어 재해발생 가능성이 높은 대표적인 업종에 해당한다.

### (2) 중층하도급구조

건설업의 특색의 하나로 원청과 하청, 재하청 등으로 구성된 중층하도급구조가 있다. 토목공사는 비교적 협력사수가 적지만, 건축공사는 필요한 공사의 종류가 많은 경우가 적지 않고 협력사수가 많은 경우가 보통이다. 그렇다 보니 복수의 사업주에 의한 여러 직종의 작업자들이 혼재되어 작업을 하게 된다.

### (3) 옥외형 산업

건설업은 기본적으로 옥외형 산업이다. 그 때문에 기후변화에 의한 건강장해, 천재지변 등의 영향을 받기 쉬운 특징이 있다. 여름철에 많은 열중증은 대부분이 건설업에서 발생하고 있다. 태풍, 지진은 물론 최근에는 게릴라성 호우에 의한 사망재해도 발생하고 있고, 토석류에 의한 재해도 적지 않다.

---

15 토목공사, 건축공사, 산업설비공사, 조경공사, 환경시설공사, 그 밖에 명칭과 관계없이 시설물을 설치·유지·보수하는 공사(시설물을 설치하기 위한 부지조성공사를 포함한다) 및 기계설비나 그 밖의 구조물의 설치 및 해체공사 등을 말한다. 다만, 다음 각 목의 어느 하나에 해당하는 공사는 포함하지 아니한다.
　가. 전기공사업법에 따른 전기공사
　나. 정보통신공사업법에 따른 정보통신공사
　다. 소방시설공사업법에 따른 소방시설공사
　라. 문화재 수리 등에 관한 법률에 따른 문화재 수리공사

## (4) 단품생산[유기(有期)사업]

건설업은 단품생산이기 때문에 개별현장마다 공법, 공사내용, 작업환경 등이 다르다. 또 동일한 건설현장에서도 매일 작업이 변화한다. 그리고 공사에 정해진 기한이 있기 때문에 건설현장에서 발생한 다양한 안전보건정보(재해·아차사고사례)가 당해 건설현장의 공사기간에서는 유효하더라도 공사의 완성과 함께 건설현장이 없어지기 때문에 당해 건설현장에서는 활용하는 의미가 없다. 그리고 이 데이터를 다른 건설현장에서 활용하려고 해도 그대로 활용하는 것이 어려운 것이 일반적이다. 이것이 건설현장에서 반복해서 동종·유사재해가 발생하고 있는 요인의 하나가 되고 있다. 따라서 본사가 정보를 수집·분석 및 집약화(데이터베이스화)할 필요성이 크다.

## (5) 발주자와의 대응이 있음

건설공사는 발주조건에 얽매이기 때문에 유효한 안전보건조치를 실현하기 위해서는 안전경비, 공기의 문제도 발생한다. 또 발주자의 사정에 의해 공사가 정체되거나 작업을 변경하는 경우도 있다. 이 때문에 공기, 발주금액에서 발주자의 이해가 중요하다. 이 외에 건축물의 개축력(改築歷) 등 발주자 외에는 알 수 없는 안전보건정보 등도 존재하므로, 시공자가 발주자로부터 이것을 입수할 수단이 필요하다.

## (6) 빠듯한 공기

건설공사에 종사하고 있는 기업은 모두 빠듯한 공사기간에 쫓기는 경우가 많다. 예를 들면, 아파트 건축공사의 경우 착공 시에 입주일이 정해져 있고, 상업시설일 경우 오픈일이 정해져 있는 것이 통상적이다. 이 때문에 공기가 늦어지면 발주자로부터 상당한 불이익을 받을 수 있다.

공사의 진척상황은 때로는 기후에 좌우된다. 그리고 큰 재해가 발생하면 공사의 재해가 늦어지는 경우도 있다. 공기가 늦춰지지 않는 경우에는 지연을 만회하기 위하여 상당한 무리를 하는 경우도 있어 재해로 연결되기 쉽다.

## (7) 1인 사업주(자)가 많음

건설업에서 하청을 사용하거나 하청이 재하청을 사용하는 경우에 주의하여야 하는 것은 1인 사업주(자)이다. 1인 사업주(자)라 함은 근로자를 고용하고 있지 않은 사업주이다. 사장 겸 근로자라고 할 수 있는데, 엄밀히 볼 때 근로자가 아니기 때문에, 산업안전보건법이 적용되지 않아 재해방지에 대한 책임이 매우 미약하고, 산업재해를 입더라도 산재보험이 적용되지 않는다. 건설업에는 수많은 직종이 관여되어 있기 때문에, 대부분의 건설현장에서는 정도 차이는 있지만 이러한 1인 사업주(자)가 작업에 종사하고 있는 경우가 많다.

### (8) 선판매 후생산 구조

건설업은 '선판매 후생산' 구조를 가진 대표적인 수주(受注)산업으로 '선생산 후판매' 구조를 가진 제조업 등 다른 산업에 비해 생산 전(설계) 단계의 결정이 생산(시공) 단계에 미치는 영향이 매우 크다. 즉, 건설사업은 발주자가 필요로 하는 시설물(생산물)을 원하는 기간과 비용 내에서 시공자가 생산과정을 거치는 구조로서 발주 단계의 결정이 시공과정에 미치는 영향은 클 수밖에 없다. 또한 비건설업은 사업주가 제품의 계획·설계주체와 생산주체가 대부분 동일하나, 건설업은 사업의 계획주체는 발주자, 설계주체는 설계자, 시공주체는 시공자로 서로 다르다.

## 2. 건설기계 재해방지대책

### (1) 개요

산업안전보건기준에 관한 규칙(제196조)에 의하면, 차량계 건설기계란 건설기계 중 동력원을 사용하여 특정되지 아니한 장소로 스스로 이동할 수 있는 건설기계로서 별표 6에서 정한 기계를 말한다. 그리고 건설기계관리법에서는 건설기계의 안전을 위하여 소정의 건설기계에 대하여 그 등록·검사·형식승인 및 건설기계사업과 건설기계조종사면허 등에 관한 사항을 정하고 있는데, 동법에서 말하는 건설기계에는 산업안전보건기준에 관한 규칙상의 차량계 건설기계가 대부분 포함되어 있다.

표 2.6.1 차량계 건설기계(산업안전보건기준에 관한 규칙 별표 6)

① 도저형 건설기계(불도저, 스트레이트도저, 틸트도저, 앵글도저, 버킷도저 등)
② 모터그레이더
③ 로더(포크 등 부착물 종류에 따른 용도 변경 형식을 포함한다)
④ 스크레이퍼
⑤ 크레인형 굴착기계(크램쉘, 드래그라인 등)
⑥ 굴삭기(브레이커, 크러셔, 드릴 등 부착물 종류에 따른 용도 변경 형식을 포함한다)
⑦ 항타기 및 항발기
⑧ 천공용 건설기계(어스드릴, 어스오거, 크롤러드릴, 점보드릴 등)
⑨ 지반 압밀침하용 건설기계(샌드드레인머신, 페이퍼드레인머신, 팩드레인머신 등)
⑩ 지반 다짐용 건설기계(타이어롤러, 매커덤롤러, 탠덤롤러 등)
⑪ 준설용 건설기계(버킷준설선, 그래브준설선, 펌프준설선 등)
⑫ 콘크리트 펌프카
⑬ 덤프트럭
⑭ 콘크리트 믹서 트럭
⑮ 도로포장용 건설기계(아스팔트 살포기, 콘크리트 살포기, 아스팔트 피니셔, 콘크리트 피니셔 등)
⑯ 제1호부터 제15호까지와 유사한 구조 또는 기능을 갖는 건설기계로서 건설작업에 사용하는 것

## (2) 운전자격

건설기계관리법상 건설기계를 조종하려는 사람은 시장·군수 또는 구청장에게 건설기계조종사면허를 받아야 한다. 다만, 다음 건설기계를 조종하려는 사람은 도로교통법 제80조에 따른 운전면허를 받아야 한다(건설기계관리법 제26조 제1항).

① 덤프트럭        ② 아스팔트 살포기

③ 노상 안정기      ④ 콘크리트 믹서 트럭

⑤ 콘크리트 펌프     ⑥ 천공기(트럭 적재식을 말한다)

## (3) 검사의 실시

건설기계관리법상 건설기계의 소유자는 해당 건설기계에 대하여 다음의 구분에 따라 국토교통부장관이 실시하는 검사를 받아야 한다(건설기계관리법 제13조).

① 신규 등록검사: 건설기계를 신규로 등록할 때 실시하는 검사

② 정기검사: 건설공사용 건설기계로서 3년의 범위에서 국토교통부령으로 정하는 검사유효기간이 끝난 후에 계속하여 운행하려는 경우에 실시하는 검사와 대기환경보전법 제62조 및 소음·진동관리법 제37조에 따른 운행차의 정기검사

③ 구조변경검사: 제17조에 따라 건설기계의 주요 구조를 변경하거나 개조한 경우 실시하는 검사

④ 수시검사: 성능이 불량하거나 사고가 자주 발생하는 건설기계의 안전성 등을 점검하기 위하여 수시로 실시하는 검사와 건설기계 소유자의 신청을 받아 실시하는 검사

## (4) 안전한 작업방법

산업안전보건법상 차량계 건설기계의 사용상의 위험방지조치에는 사전조사, 작업계획서 작성 등 작업에 착수하기 전에 실시하여야 할 사항과 신호, 전락 등의 방지, 접촉의 방지 등 실제로 차량계 건설기계를 사용하는 단계에서 유의하여야 할 사항 등이 있다.

### 1) 사용 전 준수사항

차량계 건설기계의 전락(轉落), 지반의 붕괴 등으로 인한 근로자의 위험을 방지하기 위하여 차량계 건설기계를 이용하여 작업을 할 때에는 미리 해당 작업장소의 지형 및 지반상태를 조사한 후에 그 결과를 기록·보존하고, 조사결과를 고려하여 작업계획서를 작성하여 그 계획에 따라 작업을 하도록 한다. 작업계획서에는 다음 사항을 반영한다(산업안전보건기준에 관한 규칙 제38조 제1항).

① 사용하는 차량계 건설기계의 종류 및 성능

② 차량계 건설기계의 운행경로

③ 차량계 건설기계에 의한 작업방법

작성한 작업계획서의 내용은 해당 근로자에게 알려야 한다(산업안전보건기준에 관한 규칙 제38조 제2항).

### 2) 사용 중 준수사항

#### 가. 신호

차량계 건설기계의 운전에 대하여 유도자를 배치하는 경우, 일정한 신호방법을 정하고 유도자에게 당해 신호방법에 따라 신호하도록 한다. 운전자는 신호방법이 정해진 경우 이를 준수한다(산업안전보건기준에 관한 규칙 제40조).

#### 나. 제한속도의 지정 등

차량계 건설기계(최대제한속도가 시속 10 km 이하인 것은 제외한다)를 사용하여 작업을 하는 경우 미리 작업장소의 지형 및 지반 상태 등에 적합한 제한속도를 정하고, 운전자로 하여금 준수하도록 한다. 그리고 운전자는 제1항과 제2항에 따른 제한속도를 초과하여 운전해서는 아니 된다(산업안전보건기준에 관한 규칙 제98조).

#### 다. 전조등의 설치

차량계 건설기계에 전조등을 갖춘다. 다만, 작업을 안전하게 수행하기 위하여 필요한 조명이 있는 장소에서 사용하는 경우에는 그러하지 아니하다(산업안전보건기준에 관한 규칙 제197조).

#### 라. 낙하물 보호구조

암석이 떨어질 우려가 있는 등 위험한 장소에서 차량계 건설기계[불도저, 트랙터, 굴착기, 로더(loader), 스크레이퍼, 덤프트럭, 모터 그레이더, 롤러, 천공기, 항타기 및 항발기로 한정한다]를 사용하는 경우에는 해당 차량계 건설기계에 견고한 낙하물 보호구조를 갖춘다(산업안전보건기준에 관한 규칙 제198조).

#### 마. 전도·전락(轉落)의 방지

차량계 건설기계를 사용하여 작업할 때에 그 기계가 넘어지거나 굴러떨어짐으로써 근로자가 위험해질 우려가 있는 경우에는 유도하는 사람을 배치하고 지반의 부동침하 방지, 갓길의 붕괴 방지 및 도로 폭의 유지 등 필요한 조치를 한다(산업안전보건기준에 관한 규칙 제199조).

#### 바. 접촉의 방지

차량계 건설기계를 사용하여 작업을 하는 경우에는 운전 중인 해당 차량계 건설기계에 접촉되어 근로자가 부딪칠 위험이 있는 장소에 근로자를 출입시키지 아니한다. 다만, 유도자를 배치하고 해당 차량계 건설기계를 유도하는 경우에는 그러하지 아니하다. 차량계 건설기계의 운전자는 유도자가 유도하는 대로 따른다(산업안전보건기준에 관한 규칙 제200조).

### 사. 차량계 건설기계의 이송

차량계 건설기계를 이송하기 위하여 자주 또는 견인에 의하여 화물자동차 등에 싣거나 내리는 작업을 할 때에 발판·성토 등을 사용하는 경우에는 해당 차량계 건설기계의 전도 또는 전락에 의한 위험을 방지하기 위하여 다음 각 호의 사항을 준수한다(산업안전보건기준에 관한 규칙 제201조).

① 싣거나 내리는 작업은 평탄하고 견고한 장소에서 할 것
② 발판을 사용하는 경우에는 충분한 길이·폭 및 강도를 가진 것을 사용하고 적당한 경사를 유지하기 위하여 견고하게 설치할 것
③ 마대·가설대 등을 사용하는 경우에는 충분한 폭 및 강도와 적당한 경사를 확보할 것

### 아. 승차석 외의 탑승금지

차량계 건설기계를 사용하여 작업을 하는 경우 승차석이 아닌 위치에 근로자를 탑승시키지 아니한다(산업안전보건기준에 관한 규칙 제202조).

### 자. 사용의 제한

차량계 건설기계를 사용하여 작업을 하는 경우 그 차량계 건설기계가 넘어지거나 붕괴될 위험 또는 붐·암 등 작업장치가 파괴될 위험을 방지하기 위하여 그 기계의 구조 및 사용상 안전도 및 최대사용하중을 준수한다(산업안전보건기준에 관한 규칙 제203조).

### 차. 주 용도 외의 사용 제한

차량계 건설기계를 그 기계의 주된 용도에만 사용한다. 다만, 근로자가 위험해질 우려가 없는 경우에는 그러하지 아니하다(산업안전보건기준에 관한 규칙 제204조).

### 카. 붐 등의 강하에 의한 위험 방지

차량계 건설기계의 붐·암 등을 올리고 그 밑에서 수리·점검작업 등을 하는 경우 붐·암 등이 갑자기 내려옴으로써 발생하는 위험을 방지하기 위하여 해당 작업에 종사하는 근로자에게 안전지주 또는 안전블록 등을 사용하도록 한다(산업안전보건기준에 관한 규칙 제205조).

### 타. 수리 등의 작업 시 조치

차량계 건설기계의 수리나 부속장치의 장착 및 제거작업을 하는 경우 그 작업을 지휘하는 사람을 지정하여 다음 사항을 준수하도록 한다(산업안전보건기준에 관한 규칙 제206조).

① 작업순서를 결정하고 작업을 지휘할 것
② 안전지주 또는 안전블록 등의 사용상황 등을 점검할 것

### (5) 항타기 및 항발기

차량계 건설기계의 일종인 항타기 및 항발기에 대한 안전대책은 작업단계에 따라 다음과 같이 별도로 상세하게 규정하고 있다.

① 사용 전 준수사항: 작업 전 조사, 작업계획서 작성 및 작업계획서의 근로자에게 주지 (산업안전보건기준에 관한 규칙 제38조 제1항·제2항)
② 조립·해체·변경 및 이동작업 시 준수사항: 작업방법·절차 수립 및 근로자에게 주지, 작업지휘자 지정(산업안전보건기준에 관한 규칙 제38조 제3항, 제39조 제2항)
③ 사용 중 준수사항: 신호, 제한속도의 지정 등, 권상기에 쐐기장치 또는 역회전 방지용 브레이크 부착, 권상기가 들리거나 미끄러지거나 흔들리지 않도록 설치, 조립·해체 시 점검, 무너짐의 방지, 이음매가 있는 권상용 와이어로프의 사용금지, 권상용 와이어로프의 안전계수·길이 등, 널말뚝 등과의 연결, 도르래의 부착 등, 사용 시의 조치 등, 말뚝 등을 끌어올릴 경우의 조치, 항타기 등의 이동, 가스배관 등의 손상 방지(산업안전보건기준에 관한 규칙 제40조, 98조, 제207조부터 제221조까지)

## 3. 건설업 산업재해발생률(사고사망만인율)

건설산업기본법 제23조에 따라 국토교통부장관이 시공능력을 고려하여 공시하는 건설업체(시공능력평가액 순위 1,000대 업체)에 대해서는 i) 시공능력 평가 시 공사 실적액을 감액할 때, ii) 입찰참가업체의 입찰참가자격 사전심사(PQ) 시 가감점을 부여할 때, 다음과 같은 방법에 의해 산출한 산업재해발생률(사고사망만인율)에 따른다(산업안전보건법 시행규칙 제4조, 별표 1 참조).

### (1) 사고사망만인율 산출방법

건설업체의 산업재해발생률은 다음의 계산식에 따른 사고사망만인율로 산출한다.

$$사고사망만인율 = \frac{사고사망자\ 수}{상시\ 근로자\ 수} \times 10,000$$

## (2) 사고사망자 수 산출방법

1) 사고사망자 수는 사고사망만인율 산정 대상 연도의 1월 1일부터 12월 31일까지의 기간 동안 해당 업체가 시공하는 국내의 건설현장(자체사업의 건설현장은 포함한다)에서 사고사망 재해로 승인된 근로자 수를 합산하여 산출한다. 다만, 승인된 질병사망자 중 물리적 인자 및 세균·바이러스에 기인한 질병사망자는 포함한다.

① 건설산업기본법 제8조에 따른 종합공사를 시공하는 업체의 경우에는 해당 업체의 소속 사고사망자 수에 그 업체가 시공하는 건설현장에서 그 업체로부터 도급을 받은 업체 (그 도급을 받은 업체의 하수급인을 포함한다)의 사고사망자 수를 합산하여 산출한다.

② 건설산업기본법 제29조 제3항에 따라 종합공사를 시공하는 업체(A)가 발주자의 승인을 받아 종합공사를 시공하는 업체(B)에 도급을 준 경우에는 해당 도급을 받은 종합공사를 시공하는 업체(B)의 사고사망자 수와 그 업체로부터 도급을 받은 업체(C)의 사고사망자 수를 도급을 한 종합공사를 시공하는 업체(A)와 도급을 받은 종합공사를 시공하는 업체(B)에 반으로 나누어 각각 합산한다. 다만, 그 산업재해와 관련하여 법원의 판결이 있는 경우에는 산업재해에 책임이 있는 종합공사를 시공하는 업체의 사고사망자 수에 합산한다.

③ 제73조 제1항에 따른 산업재해조사표를 제출하지 않아 고용노동부장관이 산업재해 발생연도 이후에 산업재해가 발생한 사실을 알게 된 경우에는 그 알게 된 연도의 사고사망자 수로 산정한다.

2) 둘 이상의 업체가 국가를 당사자로 하는 계약에 관한 법률 제25조에 따라 공동계약을 체결하여 공사를 공동이행 방식으로 시행하는 경우 해당 현장에서 발생하는 사고사망자 수는 공동수급업체의 출자 비율에 따라 분배한다.

3) 건설공사를 하는 자(도급인, 자체사업을 하는 자 및 그의 수급인을 포함한다)와 설치, 해체, 장비 임대 및 물품 납품 등에 관한 계약을 체결한 사업주의 소속 근로자가 그 건설공사와 관련된 업무를 수행하는 중 사망한 경우에는 건설공사를 하는 자의 사고사망자 수로 산정한다.

4) 사고사망자 중 다음의 어느 하나에 해당하는 경우로서 사업주의 법 위반으로 인한 것이 아니라고 인정되는 재해에 의한 사망자는 사망자 수 산정에서 제외한다.

① 방화, 근로자 간 또는 타인 간의 폭행에 의한 경우

② 도로교통법에 따라 도로에서 발생한 교통사고에 의한 경우(해당 공사의 공사용 차량·장비에 의한 사고는 제외한다)

③ 태풍·홍수·지진·눈사태 등 천재지변에 의한 불가항력적인 재해의 경우

④ 작업과 관련이 없는 제3자의 과실에 의한 경우(해당 목적물 완성을 위한 작업자 간의 과실은 제외한다)

⑤ 그 밖에 야유회, 체육행사, 취침·휴식 중의 사고 등 건설작업과 직접 관련이 없는 경우

## (3) 상시 근로자 수 산출방법

위 환산재해율 계산식에서 상시 근로자 수는 다음과 같이 산출한다.

$$상시\ 근로자\ 수 = \frac{연간\ 국내공사\ 실적액 \times 노무비율}{건설업\ 월평균임금 \times 12}$$

1) '연간 국내공사 실적액'은 건설산업기본법에 따라 설립된 건설업자의 단체, 전기공사업법에 따라 설립된 공사업자단체, 정보통신공사업법에 따라 설립된 정보통신공사협회, 소망시설공사업법에 따라 설립된 한국소방시설협회에서 산정한 업체별 실적액을 합산하여 산정한다.

2) '노무비율'은 고용보험 및 산업재해보상보험의 보험료징수 등에 관한 법률 시행령 제11조 제1항에 따라 고용노동부장관이 고시하는 일반 건설공사의 노무비율(하도급 노무비율은 제외한다)을 적용한다.

3) '건설업 월평균임금'은 고용보험 및 산업재해보상보험의 보험료징수 등에 관한 법률 시행령 제2조 제1항 제3호 가목에 따라 고용노동부장관이 고시하는 건설업 월평균임금을 적용한다.


# 4. 산업안전보건관리비 및 기초안전보건교육

## (1) 산업안전보건관리비[16]

### 1) 의의

'산업안전보건관리비' 제도는 건설업·선박건조업 등 유해·위험업종에서 도급금액 또는 사업비 중 일정금액을 안전관리자 인건비, 안전시설비·기술지도비 등 재해예방활동에만 사용하도록 함으로써 해당 업종에서의 안전보건관리를 활성화하고 체계적으로 수행할 수 있도록 하기 위한 제도이다.

### 2) 산업안전보건관리비 계상의무

건설공사[17] 발주자가 도급계약을 체결하거나 건설공사의 시공을 주도하여 총괄·관리하는 자(건설공사 발주자로부터 건설공사를 최초로 도급받은 수급인은 제외한다)[18]가 건설공사 사업계획을 수립할 때에는 고용노동부장관이 정하여 고시하는 바에 따라 산업재해예방을

---

16 산업안전보건관리비 제도는 선진외국에서는 찾아볼 수 없는 우리나라만의 독특한 법제도로서 산업안전보건관리 소요비용을 산업안전보건관리비로 협소하게 생각하게 하는 등 그 실효성에 많은 의문이 제기되고 있다.

17 건설공사의 정의는 산업안전보건법 제2조 제11호에 규정되어 있고, 건설공사의 종류 예시는 건설업 산업안전보건관리비 계상 및 사용기준(고시) 별표 5에 제시되어 있다.

18 자기공사자(건설업체가 다른 자로부터 발주받지 않고 자체공사를 하는 자, 즉 건설공사를 자체사업으로 하는 자)를 가리킨다[건설업 산업안전보건관리비 계상 및 사용기준(고시) 제2조 제11항 제3호].

위한 산업안전보건관리비를 도급금액 또는 사업비에 계상하여야 한다(산업안전보건법 제72조 제1항).

선박의 건조 또는 수리를 최초로 도급받은 수급인 또한 사업계획을 수립할 때에는 고용노동부장관이 정하여 고시하는 바에 따라 산업안전보건관리비를 사업비에 계상하여야 한다고 규정하고 있으나(산업안전보건법 제72조 제4항), 하위규정에서 정하고 있는 바가 없어(즉, 산업안전보건관리비에 대한 고시가 제정되어 있지 않아) 실제로는 운영되고 있지 않다.[19]

### 3) 산업안전보건관리비 사용기준

고용노동부장관은 산업안전보건관리비의 효율적인 사용을 위하여 다음 사항을 정할 수 있다(산업안전보건법 제72조 제2항).

① 사업의 규모별·종류별 계상기준
② 건설공사의 진척 정도에 따른 사용비율 등 기준
③ 그 밖에 산업안전보건관리비의 사용에 필요한 사항

이에 따라 건설업 산업안전보건관리비 계상 및 사용기준(고시)에서 건설업의 산업안전보건관리비 계상 및 사용기준을 상세히 규정하고 있다.

#### 가. 적용범위

건설업 산업안전보건관리비 계상 및 사용기준(고시)은 산업안전보건법 제2조 제11호의 건설공사 중 총공사금액 2천만 원 이상인 공사에 적용한다. 다만, 다음 어느 하나에 해당되는 공사 중 단가계약에 의하여 행하는 공사에 대하여는 총계약금액을 기준으로 적용한다(고시 제3조).

① 전기공사업법 제2조에 따른 전기공사로서 저압·고압 또는 특별고압 작업으로 이루어지는 공사
② 정보통신공사업법 제2조에 따른 정보통신공사

#### 나. 계상의무 및 기준

건설공사 발주자가 도급계약 체결을 위한 원가계산에 의한 예정가격을 작성하거나, 자기공사자가 건설공사 사업계획을 수립할 때에는 산업안전보건관리비를 다음과 같이 계상하여

---

19 전부개정 산업안전보건법에서는 조선업에 대해서도 산업안전보건관리비 제도를 적용하는 것으로 입법화되었으나(제72조 제4항), 최초로 도급하는 자(발주자)가 아닌 선박의 건조 또는 수리를 최초로 도급받은 수급인(조선소)을 의무주체로 하고 있어 건설업과의 형평성에도 맞지 않고 동 제도의 본래의 취지에서도 많이 벗어나 있다.

야 한다(고시 제4조 제1항).

① 산업안전보건관리비 대상액(재료비＋직접노무비)이 5억 원 미만 또는 50억 원 이상인
경우에는 대상액에 별표 1(공사종류 및 규모별 산업안전보건관리비 계상기준표)에서
정한 비율을 곱한 금액

② 산업안전보건관리비 대상액(재료비＋직접노무비)이 5억 원 이상 50억 원 미만인 경우
에는 대상액에 별표 1에서 정한 비율을 곱한 금액에 기초액을 합한 금액

③ 대상액이 명확하지 않은 경우에는 도급계약 또는 자체 사업계획상 책정된 총공사금액
의 10분의 7에 해당하는 금액을 대상액으로 하고 ①, ②에서 정한 기준에 따라 계상

다만, 발주자가 재료를 제공하거나 일부 물품이 완제품의 형태로 제작·납품되는 경우에
는 해당 재료비 또는 완제품의 가액을 대상액에 포함하여 산출한 산업안전보건관리비와 해
당 재료비 또는 완제품 가액을 대상액에서 제외하고 산출한 산업안전보건관리비의 1.2배에
해당하는 값을 비교하여 그중 작은 값 이상의 금액으로 계상한다(고시 제4조 제1항 단서).

발주자는 고시 제4조 제1항에 따라 계상한 산업안전보건관리비를 입찰공고 등을 통해 입
찰에 참가하려는 자에게 알려야 한다(고시 제4조 제2항).

발주자와 산업안전보건법 제69조에 따른 건설공사도급인 중 자기공사자를 제외하고 발주
자로부터 해당 건설공사를 최초로 도급받은 수급인(도급인)은 공사계약을 체결할 경우 고시
제4조 제1항에 따라 계상된 산업안전보건관리비를 공사도급계약서에 별도로 표시하여야 한
다(고시 제4조 제3항).

고시 별표 1의 공사의 종류는 고시 별표 5(건설공사의 종류 예시표)의 건설공사의 종류
예시표에 따른다. 다만, 하나의 사업장 내에 건설공사 종류가 둘 이상인 경우(분리발주한 경
우를 제외한다)에는 공사금액이 가장 큰 공사종류를 적용한다(고시 제4조 제4항).

발주자 또는 자기공사자는 설계변경 등으로 대상액의 변동이 있는 경우 고시 별표 1의3
에 따라 지체 없이 산업안전보건관리비를 조정 계상하여야 한다. 다만, 설계변경으로 공사
금액이 800억 원 이상으로 증액된 경우에는 증액된 대상액을 기준으로 제1항에 따라 재계
상한다(고시 제4조 제5항).

<공사종류 및 규모별 산업안전보건관리비 계상기준표(고시 별표 1)>

| 공사종류＼대상액 | 5억 원 미만 | 5억 원 이상 50억 원 미만 | | 50억 원 이상 | 보건관리자 선임 대상 건설공사 |
|---|---|---|---|---|---|
| | | 비율(X) | 기초액(C) | | |
| 일반건설공사(갑) | 2.93% | 1.86% | 5,349천 원 | 1.97% | 2.15% |
| 일반건설공사(을) | 3.09% | 1.99% | 5,499천 원 | 2.10% | 2.29% |
| 중건설공사 | 3.43% | 2.35% | 5,400천 원 | 2.44% | 2.66% |
| 철도·궤도신설공사 | 2.45% | 1.57% | 4,411천 원 | 1.66% | 1.81% |
| 특수 및 기타 건설공사 | 1.85% | 1.20% | 3,250천 원 | 1.27% | 1.38% |

## 다. 사용기준

도급인과 자기공사자는 산업안전보건관리비를 산업재해 예방 목적으로 사용기준에 따라 사용하여야 한다. 기본적인 사용기준에 대해서는 고시 제7조 제1항에서 상세하게 정하고 있다.

도급인 및 자기공사자는 다음 어느 하나에 해당하는 경우에는 산업안전보건관리비를 사용할 수 없다(고시 제7조 제2항).

① (계약예규)예정가격작성기준 제19조 제3항 중 각 호(단, 제14호는 제외한다)에 해당되는 비용

② 다른 법령에서 의무사항으로 규정한 사항을 이행하는 데 필요한 비용

③ 근로자 재해예방 외의 목적이 있는 시설·장비나 물건 등을 사용하기 위해 소요되는 비용

④ 환경관리, 민원 또는 수방대비 등 다른 목적이 포함된 경우

다만, 위 기준에도 불구하고 다음 어느 하나에 해당하는 경우에는 산업안전보건관리비를 사용할 수 있다(고시 제7조 제2항 단서).

① 건설기술진흥법 제62조의3에 따른 스마트 안전장비 구입·임대 비용의 5분의 1에 해당하는 비용. 다만, 고시 제4조에 따라 계상된 산업안전보건관리비 총액의 10분의 1을 초과할 수 없다(고시 제7조 제1항 제2호 나목).

② 용접작업 등 화재 위험작업 시 사용하는 소화기의 구입·임대비용(고시 제7조 제1항 제2호 다목)

③ 중대재해 목격으로 발생한 정신질환을 치료하기 위해 소요되는 비용(고시 제7조 제1항 제6호 나목)

④ 감염병의 예방 및 관리에 관한 법률 제2조 제1호에 따른 감염병의 확산 방지를 위한 마스크, 손소독제, 체온계 구입비용 및 감염병병원체 검사를 위해 소요되는 비용(고시 제7조 제1항 제6호 다목)

⑤ 산업안전보건법 제128조의2 등에 따른 휴게시설을 갖춘 경우 온도, 조명 설치·관리기준을 준수하기 위해 소요되는 비용(고시 제7조 제1항 제6호 라목)

⑥ 산업안전보건법 제36조에 따른 위험성평가 또는 중대재해 처벌 등에 관한 법률 시행령 제4조 제3호에 따라 유해·위험요인 개선을 위해 필요하다고 판단하여 산업안전보건법 제24조의 산업안전보건위원회 또는 산업안전보건법 제75조의 노사협의체에서 사용하기로 결정한 사항을 이행하기 위한 비용. 다만, 고시 제4조에 따라 계상된 산업안전보건관리비 총액의 10분의 1을 초과할 수 없다(고시 제7조 제1항 제9호).

도급인 및 자기공사자는 고시 별표 3에서 정한 공사진척에 따른 산업안전보건관리비 사용기준을 준수하여야 한다. 다만, 건설공사발주자는 건설공사의 특성 등을 고려하여 사용기준을 달리 정할 수 있다(고시 제7조 제3항).

〈공사진척에 따른 산업안전보건관리비 사용기준(고시 별표 3)〉

| 공정률<br>(기성공정률) | 50퍼센트 이상<br>70퍼센트 미만 | 70퍼센트 이상<br>90퍼센트 미만 | 90퍼센트 이상 |
| --- | --- | --- | --- |
| 사용기준 | 50퍼센트 이상 | 70퍼센트 이상 | 90퍼센트 이상 |

도급인 및 자기공사자는 도급금액 또는 사업비에 계상된 산업안전보건관리비의 범위에서 그의 관계수급인에게 해당 사업의 위험도를 고려하여 적정하게 산업안전보건관리비를 지급하여 사용하게 할 수 있다(고시 제7조 제5항).

### 4) 목적 외 사용금지 등

건설공사 도급인[20] 또는 선박의 건조 또는 수리를 최초로 도급받은 수급인은 산업안전보건관리비를 산업재해 예방 외의 목적으로 사용하여서는 아니 되며(산업안전보건법 제72조 제5항), 건설공사 도급인은 산업안전보건관리비를 계상·사용기준(산업안전보건법 제72조 제2항)에 따라 사용하고, 고용노동부령이 정하는 바에 따라 그 사용명세서를 작성·보존하여야 한다(산업안전보건법 제72조 제3항).

건설공사 도급인은 도급금액 또는 사업비에 계상된 산업안전보건관리비의 범위에서 그의 관계수급인에게 해당 사업의 위험도를 고려하여 적정하게 산업안전보건관리비를 지급하여 사용하게 할 수 있다(산업안전보건법 시행규칙 제89조 제1항).

건설공사 도급인은 해당 건설공사의 금액[고용노동부장관이 정하여 고시하는 방법(고시 제3조)에 따라 산정한 금액[21]을 말한다]이 4천만 원 이상인 때에는 그 사용명세서를 매월(건설공사가 1개월 이내에 종료되는 경우에는 해당 건설공사가 끝나는 날이 속하는 달을 말한다) 작성하고, 발주자는 도급인이 다른 목적으로 사용하거나 사용하지 않은 산업안전보건관리비에 대하여 이를 계약금액에서 감액조정하거나 반환을 요구할 수 있다(고시 제8조). 건설공사 종료 후 1년 동안 보존해야 한다(산업안전보건법 시행규칙 제89조 제2항).

### (2) 기초안전보건교육

건설업의 사업주 또한 근로자를 채용할 때 채용 시 안전보건교육을 실시하여야 한다(산업안전보건법 제29조 제2항). 다만, 건설 일용근로자를 채용할 때 그 근로자에 대하여 고용노

---

20 여기에서의 건설공사 도급인은 건설공사 발주자로부터 해당 건설공사를 최초로 도급받은 수급인 또는 건설공사의 시공을 주도하여 총괄·관리하는 자(자기공사자)를 가리킨다(산업안전보건법 제69조 제1항 및 건설업 산업안전보건관리비 계상 및 사용기준 제4조 제1항 참조).

21 원칙적으로 당해 건설공사의 총공사금액을 기준으로 하되, 전기공사로서 저압, 고압 또는 특별고압 작업으로 이루어지는 공사와 정보통신공사 중 단가계약에 의하여 행하는 공사에 대하여는 총계약금액을 기준으로 한다.

동부장관에게 등록한 기관(건설업 기초안전보건교육기관)이 실시하는 기초안전보건교육을 이수하도록 한 경우에는 그러하지 아니하다. 그리고 건설 일용근로자가 그 사업주에게 채용되기 전에 건설업 기초안전보건교육을 이수한 경우에도 그러하지 아니하다(산업안전보건법 제31조 제1항).

2012년 1월 26일 이전에는 개별 건설현장에서 일용근로자를 채용할 때마다 1시간 이상 실시하도록 되어 있던 '채용 시 안전보건교육'이 (건설)업종 차원에서 4시간 이상 실시하도록 하는 '기초안전보건교육'으로 변경되었다.

기초안전보건교육에 소요되는 비용은 그 부담 주체에 대해 산업안전보건법령에 대해 특별히 규정하고 있지 않지만, 원칙적으로 일용근로자를 채용하는 건설업 사업주가 부담하는 것이 바람직하고 동 비용(교육비, 출장비, 수당)은 산업안전보건관리비에서 사용할 수 있다[건설업 산업안전보건관리비 계상 및 사용기준(고시) 제7조 제1항 제5호]. 교육내용 및 시간은 다음과 같다(산업안전보건법 시행규칙 별표 5 제2호).

| 구분 | 교육내용 | 비고 |
|------|---------|------|
| 공통 | 산업안전보건법 주요 내용(건설 일용근로자 관련 부분) | 1시간 |
| | 안전의식 제고에 관한 사항 | |
| 교육 대상별 | 작업별 위험요인과 안전작업 방법(재해사례 및 예방대책) | 2시간 |
| | 건설 직종별 건강장해 위험요인과 건강관리 | 1시간 |

건설업 기초안전보건교육을 하려는 기관은 인력·시설·장비 등의 요건(시행령 별표 10)을 갖추어 고용노동부장관에 등록하여야 한다(산업안전보건법 제33조 제1항 및 시행령 제40조).

그런데 기초안전보건교육은 건설현장에 범용적으로 적용될 수 있는 공통교육을 중심으로 이루어지기 때문에 현장의 구체적인 상황을 반영하는 데는 한계가 있는 만큼, 각 건설현장에서는 작업 시행 전에 당해 현장의 구체적인 유해·위험요인을 반영하는 안전보건교육을 추가적으로 실시하도록 하는 것이 바람직하다.

# 물질안전보건자료 및 경고표시

## 1. 물질안전보건자료

### (1) 취지

산업안전보건법상의 물질안전보건자료(MSDS) 제도는 위험 또는 건강장해를 초래할 우려가 있는 화학물질에 관한 위험성 또는 유해성 등의 정보를 해당 화학물질을 취급하는 근로자에게 제공하는 것을 주된 목적으로 하고 있다.[22]

화학물질에 의한 산업재해는 여전히 많이 발생하고 있고, 이것을 방지하기 위해서는 산업현장에서 화학물질 등의 위험성 또는 유해성 등의 정보를 확실하게 전달하고, 그 정보를 토대로 위험 또는 건강장해 방지를 위한 조치를 적절하게 강구할 필요가 있다. 이를 위하여 산업안전보건법 제111조에서는 화학물질 등에 의한 근로자의 위험 또는 건강장해의 방지에 도움이 되도록 하기 위해 화학물질 등을 양도하거나 제공할 때에 그 위험성 또는 유해성 등에 관한 사항이 양도 또는 제공받는 상대방에게 정확한 내용으로 확실하게 통지되도록 의무화하고 있다.

화학물질 또는 이를 함유한 혼합물(mixture)로서 유해인자의 유해성·위험성 분류기준(산업안전보건법 제104조 참조)에 해당하는 것(MSDS대상물질)을 양도[23]하거나 제공[24]하는 자는 주로 일반소비자의 생활용으로 제공되는 제제 등 대통령령으로 정하는 것을 제외하고, 이를 양도받거나 제공받는 자에게 MSDS를 작성하여 제공하여야 한다(산업안전보건법 제111조 제1항). MSDS대상물질을 제공하거나 제공하는 자는 MSDS의 기재사항 중 일정한 사항이 변경된 경우에는 이를 MSDS에 반영하여 MSDS대상물질을 양도 또는 제공받는 자에게 제공하여야 한다(산업안전보건법 제111조 제2항 및 제3항).

### (2) MSDS 작성 및 정부 제출

MSDS대상물질을 제조하거나 수입하려는 자는 MSDS를 작성하여 고용노동부장관에게 제

---

22  국제적으로는 2003년에 사람의 건강 확보의 강화 등을 목적으로 화학물질의 위험성 및 유해성을 인화성, 폭발성, 발암성 등 약 30개 항목으로 분류한 후에 위험성·유해성의 정도에 따라 해골, 불꽃 등의 표장(標章)을 부착하고 취급상의 주의사항 등을 기재한 문서(MSDS)를 작성·교부할 것을 내용으로 하는 '화학물질의 분류 및 표시에 관한 세계조화시스템(GHS)'이 UN(국제연합)에 의해 권고되었다.

23  유상·무상을 불문하고 소유권의 이전을 동반하는 행위를 가리킨다.

24  소유권을 유보한 채로 '건네는(넘기는)' 사실행위를 의미한다. 제공의 예로는, 물품의 도장 수리의 경우에 그 물품의 소유자가 수리 공장에 도료를 인도(引渡)하고, 그 도료를 수리에 사용할 것을 요청하는 경우의 인도 등이 있다.

출하여야 한다(산업안전보건법 제110조 제1항).

그리고 MSDS대상물질을 제조하거나 수입하려는 자는 MSDS대상물질을 구성하는 화학물질 중 유해인자의 유해성·위험성 분류기준에 해당하지 아니하는 화학물질의 명칭 및 함유량을 고용노동부장관에게 별도로 제출하여야 한다. 다만, 다음 어느 하나에 해당하는 경우는 그러하지 아니하다(산업안전보건법 제110조 제2항).

① 제1항에 따라 제출된 물질안전보건자료에 이 항 각 호 외의 부분 본문에 따른 화학물질의 명칭 및 함유량이 전부 포함된 경우

② 물질안전보건자료대상물질을 수입하려는 자가 물질안전보건자료대상물질을 국외에서 제조하여 우리나라로 수출하려는 자(이하 "국외제조자"라 한다)로부터 물질안전보건자료에 적힌 화학물질 외에는 제104조에 따른 분류기준에 해당하는 화학물질이 없음을 확인하는 내용의 서류를 받아 제출한 경우

MSDS대상물질을 제조하거나 수입한 자는 MSDS 기재사항 중 i) 제품명(구성성분의 명칭 및 함유량의 변경이 없는 경우로 한정한다), ii) MSDS대상물질을 구성하는 화학물질 중 유해인자의 유해성·위험성 분류기준에 해당하는 화학물질의 명칭 및 함유량(제품명의 변경 없이 구성성분의 명칭 및 함유량만 변경된 경우로 한정한다), iii) 건강 및 환경에 대한 유해성, 물리적 위험성이 변경된 경우 그 변경사항을 반영한 MSDS를 고용노동부장관에게 제출하여야 한다(산업안전보건법 제110조 제3항).

단, i) 다음에 열거하는 화학물질 또는 혼합물, ii) 그 외의 화학물질 또는 혼합물로서 일반소비자의 생활용으로 제공되는 것(일반소비자의 생활용으로 제공되는 화학물질 또는 혼합물이 사업장 내에서 취급되는 경우를 포함한다)은 MSDS대상물질에서 제외되어 있고, 따라서 MSDS의 작성 및 제출 대상이 아니다(산업안전보건법 제110조 및 동법 시행령 제86조).

1. 건강기능식품에 관한 법률 제3조 제1호에 따른 건강기능식품 2. 농약관리법 제2조 제1호에 따른 농약 3. 마약류 관리에 관한 법률 제2조 제2호 및 제3호에 따른 마약 및 향정신성의약품 4. 비료관리법 제2조 제1호에 따른 비료 5. 사료관리법 제2조 제1호에 따른 사료 6. 생활주변방사선 안전관리법 제2조 제2호에 따른 원료물질 7. 생활화학제품 및 살생물제의 안전관리에 관한 법률 제3조 제4호 및 제8호에 따른 안전확인대상생활화학제품 및 살생물제품 중 일반소비자의 생활용으로 제공되는 제품 8. 식품위생법 제2조 제1호 및 제2호에 따른 식품 및 식품첨가물 9. 약사법 제2조 제4호 및 제7호에 따른 의약품 및 의약외품 10. 원자력안전법 제2조 제5호에 따른 방사성물질 11. 위생용품 관리법 제2조 제1호에 따른 위생용품 12. 의료기기법 제2조 제1항에 따른 의료기기 12의2. 첨단재생의료 및 첨단바이오의약품 안전 및 지원에 관한 법률 제2조 제5호에 따른 첨단바이오의약품 13. 총포·도검·화약류 등의 안전관리에 관한 법률 제2조 제3항에 따른 화약류 14. 폐기물관리법 제2조 제1호에 따

른 폐기물 15. 화장품법 제2조 제1호에 따른 화장품과 화장품에 사용하는 원료 16. 제1호부터 제15호까지의 규정 외의 화학물질 또는 혼합물로서 일반소비자의 생활용으로 제공되는 것(일반소비자의 생활용으로 제공되는 화학물질 또는 혼합물이 사업장 내에서 취급되는 경우를 포함한다) 17. 고용노동부장관이 정하여 고시하는 연구·개발용 화학물질 또는 화학제품(이 경우 법 제110조 제1항부터 제3항까지의 규정에 따른 자료의 제출만 제외된다) 18. 그 밖에 고용노동부장관이 독성·폭발성 등으로 인한 위해의 정도가 적다고 인정하여 고시하는 화학물질[25]

MSDS대상물질을 제조하거나 수입한 자는 MSDS 기재사항 중 ⅰ) 제품명(구성성분의 명칭 및 함유량의 변경이 없는 경우로 한정한다), ⅱ) MSDS대상물질을 구성하는 화학물질 중 제141조에 따른 분류기준에 해당하는 화학물질의 명칭 및 함유량(제품명의 변경 없이 구성성분의 명칭 및 함유량만 변경된 경우로 한정한다), ⅲ) 건강 및 환경에 대한 유해성, 물리적 위험성이 변경된 경우 그 변경 사항을 반영한 MSDS를 고용노동부장관에게 제출하여야 한다(산업안전보건법 제110조 제3항 및 동법 시행규칙 제159조 제1항). MSDS대상물질을 제조하거나 수입하는 자는 위 변경사항을 반영한 MSDS를 지체 없이 산업안전보건공단에 제출해야 한다(산업안전보건법 시행규칙 제159조 제2항).

한편, 국외제조자는 고용노동부령으로 정하는 요건을 갖춘 자를 선임하여 물질안전보건자료대상물질을 수입하는 자를 갈음하여 다음 업무를 수행하도록 할 수 있다(산업안전보건법 제113조 제1항).

① MSDS의 작성·제출(제110조 제1항 또는 제3항 참조)

② 유해인자의 유해성·위험성 분류기준에 해당하지 아니하는 화학물질의 명칭 및 함유량(제110조 제2항 본문 참조), 또는 MSDS에 적인 화학물질 외에는 유해인자의 유해성·위험성 분류기준에 해당하는 화학물질이 없음을 확인하는 내용의 서류(제110조 제2항 제2호 참조)의 제출

③ 대체자료 기재 승인(제112조 제1항 참조), 유효기간 연장승인(제112조 제5항 참조) 또는 이의신청제(제112조 제6항 참조)

국외제조자에 의해 선임된 자는 고용노동부장관에게 MSDS를 제출하는 경우 그 MSDS를

---

25 ⅰ) 양도·제공받은 화학물질 또는 혼합물을 다시 혼합하는 방식으로 만들어진 혼합물. 다만, 해당 혼합물을 양도·제공하거나 제19조에 따른 화학물질 중에서 최종적으로 생산된 화학물질이 화학적 반응을 통해 그 성질이 변화한 경우는 제외한다. ⅱ) 완제품으로서 취급근로자가 작업 시 그 제품과 그 제품에 포함된 물질안전보건자료대상물질에 노출될 우려가 없는 화학물질 또는 혼합물(다만, 산업안전보건기준에 관한 규칙 제420조 제6호에 따른 특별관리물질이 함유된 것은 제외한다)[화학물질의 분류·표시 및 물질안전보건자료에 관한 기준(고시) 제3조].

해당 MSDS대상물질을 수입하는 자에게 제공하여야 한다(산업안전보건법 제113조 제2항).

### (3) 제공의무자

MSDS를 제공하여야 할 자는 MSDS대상물질을 '양도하거나 제공하는 자'이다. 이 입장에 있는 자는 경고표시제도와 동일하게 당해 물질의 제조자, 수입업자, 판매업자에 관계없이 모두 의무자이다(산업안전보건법 제111조 제1항). MSDS대상물질이 유통과정에서 소정의 표시가 된 용기로부터 다른 용기로 분할되어 양도 또는 제공되는 경우에는 다른 용기로 분할하여 양도 또는 제공하는 자가 MSDS 제공의무자가 된다.

MSDS 기재사항 중 고용노동부령이 정하는 사항이 변경된 경우에는, MSDS대상물질을 제조하거나 수입한 자는 이를 양도받거나 제공받은 자에게 변경된 MSDS를 제공하여야 한다(산업안전보건법 제111조 제2항). MSDS대상물질을 양도하거나 제공한 자(MSDS대상물질을 제조하거나 수입한 자는 제외한다)는 변경된 MSDS를 제공받은 경우 이를 MSDS대상물질을 양도받거나 제공받은 자에게 제공하여야 한다(산업안전보건법 제111조 제3항).

MSDS 제공 대상은 MSDS대상물질이므로 MSDS대상물질이 아닌 화학물질 또는 혼합물은 MSDS의 제공 대상이 아니다.

### (4) 기재사항

MSDS 작성 시 기재되어야 할 항목은 총 16개로서 다음과 같다(산업안전보건법 제110조 제1항, 동법 시행규칙 제156조 제1항).[26]

① 제품명 ② MSDS대상물질을 구성하는 화학물질 중 유해인자의 유해성·위험성 분류기준에 해당하는 화학물질의 명칭 및 함유량 ③ 안전 및 보건상의 취급 주의 사항 ④ 건강 및 환경에 대한 유해성, 물리적 위험성 ⑤ 물리·화학적 특성 ⑥ 독성에 관한 정보 ⑦ 폭발·화재 시의 대처방법 ⑧ 응급조치 요령 ⑨ 그 밖에 고용노동부장관이 정하는 사항[27]

### (5) 비공개(영업비밀) 승인

영업비밀과 관련되어 MSDS대상물질을 구성하는 화학물질 중 유해인자의 유해성·위험성

---

26 화학물질 중에는 독성 등의 정보가 불충분한 것도 있으므로, MSDS를 과신하는 일이 없도록 주의할 필요가 있다.

27 회사에 관한 정보, 누출사고 시 대처방법, 노출방지 및 개인보호구, 안정성 및 반응성, 환경에 미치는 영향, 폐기 시 주의사항, 운송에 필요한 정보, 법적규제 현황, 그 밖의 참고사항[화학물질의 분류·표시 및 물질안전보건자료에 관한 기준(고시) 제10조].

분류기준에 해당하는 화학물질의 명칭 및 함유량을 MSDS에 적지 아니하려는 자는 고용노동부장관에게 신청하여 승인을 받아 해당 화학물질의 명칭 및 함유량을 대체할 수 있는 명칭 및 함유량(대체자료)으로 적을 수 있다(산업안전보건법 제112조 제1항). 다만, 근로자에게 중대한 건강장해를 초래할 우려가 있는 화학물질로서 ⅰ) 산업안전보건법 제117조에 따른 제조 등 금지물질, ⅱ) 산업안전보건법 제118조에 따른 허가 대상 물질, ⅲ) 산업안전보건기준에 관한 규칙 제420조에 따른 관리 대상 유해물질, ⅳ) 산업안전보건법 시행규칙 별표 21의 작업환경측정 대상 유해인자, ⅴ) 산업안전보건법 시행규칙 별표 22의 특수건강진단 대상 유해인자, ⅵ) 화학물질의 등록 및 평가 등에 관한 법률 시행규칙 제35조 제2항 단서에서 정하는 화학물질은 그러하지 아니하다[화학물질의 분류·표시 및 물질안전보건자료에 관한 기준(고시) 제16조].

고용노동부장관은 승인 신청을 받은 경우 고용노동부령으로 정하는 바에 따라 화학물질의 명칭 및 함유량의 대체 필요성, 대체자료의 적합성 및 물질안전보건자료의 적정성 등을 검토하여 승인 여부를 결정하고 신청인에게 그 결과를 통보하여야 한다(산업안전보건법 제112조 제2항). 승인의 유효기간은 승인을 받은 날부터 5년이다(산업안전보건법 제112조 제4항).

### (6) MSDS의 작성방법

MSDS대상물질을 제조·수입하려는 자가 물질안전보건자료를 작성하는 경우에는 그 물질안전보건자료의 신뢰성이 확보될 수 있도록 인용된 자료의 출처를 함께 적어야 한다(산업안전보건법 시행규칙 제156조). 그리고 MSDS는 한글로 작성하는 것을 원칙으로 하되, 화학물질명·외국기관명 등의 고유명사는 영어로 표기할 수 있으며, 실험실에서 시험·연구목적으로 사용하는 시약으로서 MSDS가 외국어로 작성된 경우에는 한국어로 번역하지 아니할 수 있다. 다만 실험실에서 시험·연구목적으로 사용하는 시약으로서 물질안전보건자료가 외국어로 작성된 경우에는 한국어로 번역하지 아니할 수 있다[화학물질의 분류·표시 및 물질안전보건자료에 관한 기준(고시) 제11조 제1항 및 제2항].

MSDS의 세부작성방법·용어 등 필요한 사항은 화학물질의 분류·표시 및 물질안전보건자료에 관한 기준(고시) 제11조에 규정되어 있다. 각 작성항목은 빠짐없이 작성하여야 하지만, 부득이하게 어느 항목에 대해 관련 정보를 얻을 수 없는 경우에는 작성란에 "자료 없음"이라고 기재하고, 적용이 불가능하거나 대상이 되지 않는 경우에는 작성란에 "해당 없음"이라고 기재한다[화학물질의 분류·표시 및 물질안전보건자료에 관한 기준(고시) 제11조 제7항].

### (7) 제공방법

MSDS를 제공하는 경우에는 MSDS시스템 제출 시 부여된 번호를 해당 물질안전보건자료에 반영하여 MSDS대상물질과 함께 제공하는 방법 외에, 다음 어느 하나에 해당하는 방법으로 MSDS를 제공할 수 있다. 이 경우 MSDS대상물질을 양도하거나 제공하는 자는 상대방의 수신 여부를 확인하여야 한다[산업안전보건법 시행규칙 제160조 제1항 및 화학물질의 분류·표시 및 물질안전보건자료에 관한 기준(고시) 제13조 제1항].

① 등기우편
② 정보통신망 이용촉진 및 정보보호 등에 관한 법률 제2조 제1항에 따른 정보통신망 및 전자문서(물질안전보건자료를 직접 첨부하거나 저장하여 제공하는 것에 한한다)

동일한 상대방에게 같은 MSDS대상물질을 2회 이상 계속하여 양도하거나 제공하는 경우에는 해당 MSDS대상물질에 대한 MSDS의 변경이 없는 한 추가로 MSDS를 제공하지 않을 수 있다. 다만, 상대방이 MSDS의 제공을 요청한 경우에는 그렇지 않다(산업안전보건법 시행규칙 제160조 제2항).

## (8) 주지(周知)내용·방법

산업안전보건법 제114조 제1항에서는 근로자가 취급하는 물질의 성분, 그 건강 유해성 및 물리적 위험성, 취급상 주의하여야 할 사항 등을 당해 근로자에게 사전에 알리지 않아 발생할 수 있는 산업재해를 방지하기 위하여, 당해 물질의 건강 유해성 및 물리적 위험성 등에 관한 사항을 근로자에게 게시 또는 비치의 방법에 의해 주지시키는 것을 의무화하고 있다.

MSDS대상물질을 취급하려는 사업주는 MSDS를 다음 어느 하나에 해당하는 장소 또는 전산장비에 MSDS대상물질을 취급하는 작업장 내에 이를 취급하는 근로자가 쉽게 볼 수 있는 장소에 게시하거나 갖추어 두어야 한다(산업안전보건법 제114조 제1항, 동법 시행규칙 제167조 제1항).

① MSDS대상물질을 취급하는 작업공정이 있는 장소 ② 작업장 내 근로자가 가장 보기 쉬운 장소 ③ 근로자가 작업 중 쉽게 접근할 수 있는 장소에 설치된 전산장비

## (9) 근로자에 대한 교육

사업주는 ⅰ) MSDS대상물질을 제조·사용·운반 또는 저장하는 작업에 근로자를 배치하게 된 경우, ⅱ) 새로운 MSDS대상물질이 도입된 경우, ⅲ) 유해성·위험성 정보가 변경된 경우에는 작업장에서 취급하는 MSDS대상물질의 MSDS에서 아래에 해당하는 내용(산업안전보건법 시행규칙 별표 5)을 근로자에게 교육하여야 한다. 이 경우 교육받은 근로자에 대해서는 해당 교육시간만큼 산업안전보건법 제29조에 따른 안전보건교육을 실시한 것으로 본다

(산업안전보건법 제114조 제3항 및 동법 시행규칙 제169조 제1항).

> ① MSDS대상물질의 명칭(또는 제품명) ② 물리적 위험성 및 건강 유해성 ③ 취급상의 주의 사항 ④ 적절한 보호구 ⑤ 응급조치요령 및 사고 시 대처방법 ⑥ MSDS 및 경고표시를 이해하는 방법

사업주는 MSDS의 교육을 하는 경우에 유해성·위험성이 유사한 MSDS대상물질을 그룹별로 분류하여 교육할 수 있고(산업안전보건법 시행규칙 제169조 제2항), MSDS의 교육을 실시한 때에는 교육시간 및 내용 등을 기록하여 보존하여야 한다(산업안전보건법 시행규칙 제169조 제3항).

### (10) 작업공정별 관리요령 게시

MSDS대상물질을 취급하려는 사업주는 MSDS대상물질을 취급하는 작업공정별로 MSDS대상물질의 관리요령을 게시하여야 한다(산업안전보건법 제114조 제2항). 관리요령에는 ⅰ) 제품명, ⅱ) 건강 및 환경에 대한 유해성, 물리적 위험성, ⅲ) 안전 및 보건상의 취급주의 사항, ⅳ) 적절한 보호구, ⅴ) 응급조치 요령 및 사고 시 대처방법을 포함하여야 한다. 작업공정별 관리요령을 작성할 때에는 MSDS에 적힌 내용을 참고하여야 한다(산업안전보건법 시행규칙 제168조 제2항). 그리고 작업공정별 관리요령은 유해성·위험성이 유사한 물질안전보건자료대상물질의 그룹별로 작성하여 게시할 수 있다(산업안전보건법 시행규칙 제168조 제3항).

### (11) 대체자료 정보의 제공

다음 어느 하나에 해당하는 자는 근로자의 안전 및 보건을 유지하거나 직업성 질환 발생 원인을 규명하기 위하여 근로자에게 중대한 건강장해가 발생하는 등 고용노동부령으로 정하는 경우[28]에는 물질안전보건자료대상물질을 제조하거나 수입한 자에게 제1항에 따라 대체자료로 적힌 화학물질의 명칭 및 함유량 정보를 제공할 것을 요구할 수 있다. 이 경우 정

---

28  ⅰ) 산업안전보건법 제112조 제10항 제1호 및 제3호에 해당하는 자가 물질안전보건자료대상물질로 인하여 발생한 직업성 질병에 대한 근로자의 치료를 위하여 필요하다고 판단하는 경우, ⅱ) 산업안전보건법 제112호 제10항 제2호에서 제4호까지의 규정에 해당하는 자 또는 기관이 물질안전보건자료대상물질로 인하여 근로자에게 직업성 질환 등 중대한 건강상의 장해가 발생할 우려가 있다고 판단하는 경우, ⅲ) 산업안전보건법 제112호 제10항 제4호에서 제6호까지의 규정에 해당하는 자 또는 기관(제6호의 경우 위원회를 말한다)이 근로자에게 발생한 직업성 질환의 원인 규명을 위해 필요하다고 판단하는 경우 중 어느 하나에 해당하는 경우를 말한다(산업안전보건법 시행규칙 제165조).

보 제공을 요구받은 자는 고용노동부장관이 정하여 고시하는 바에 따라 정보를 제공하여야
한다(산업안전보건법 제112조 제10항).

① 근로자를 진료하는 의료법 제2조에 따른 의사
② 보건관리자 및 보건관리전문기관
③ 산업보건의
④ 근로자대표
⑤ 제165조 제2항 제38호에 따라 제141조 제1항에 따른 역학조사(疫學調査) 실시 업무를
　　위탁받은 기관
⑥ 산업재해보상보험법 제38조에 따른 업무상질병판정위원회

## 2. 경고표시

### (1) 취지

경고표시 제도는 i ) 근로자가 취급하는 물질의 유해성·위험성, 취급상의 주의사항 등을
사전에 알지 못하여 발생하는 폭발, 화재, 중독 등의 사고·재해를 방지하고, ii ) 유해물질의
인체에 미치는 영향 및 초기 증상의 불분명 때문에 당해 유해물질의 폭로에 대한 처치 시기
를 놓치는 것을 방지하기 위해, MSDS대상물질의 양도 또는 제공 시에 용기 및 포장에 그
명칭, 유해·위험문구, 예방조치 문구 등을 표시하여야 한다는 내용을 정한 것이다. 산업안
전보건법은 제115조에서 경고표시 제도를 규정하고 있다.

물질안전보건자료 제도가 사업주에 의한 근로자의 건강장해 및 위험 방지조치를 적절하게
하도록 하기 위해 '상세한' 정보를 제공하는 것 등을 목적으로 하여 정한 것인 반면, 경고표
시 제도는 근로사에게 '필요 최서한'의 유해성·위험성 등의 정보를 알리는 것을 목적으로
한다.

### (2) 경고표시 의무자

MSDS대상물질을 담은 용기 및 포장에 대한 경고표시를 하여야 하는 자는 원칙적으로 경
고표시 MSDS대상물질을 '양도하거나 제공하는 자'이다(산업안전보건법 제115조 제1항). 이
와 같은 지위에 있는 자는 당해 물질의 제조자, 수입업자, 판매업자에 관계없이 모두 의무자
이다. 단, 동일한 MSDS대상물질의 용기 및 포장이 유통되고 2 이상의 자가 의무자로 되어
있는 경우, 선차(先次)의 의무자가 소정의 경고표시를 하였으면, 후차(後次)의 의무자가 중복
하여 경고표시를 할 필요는 없다. 따라서 제1차적으로는 MSDS대상물질의 제조자 또는 수
입자가 경고표시 의무자로 된다.

MSDS대상물질을 취급(사용·운반 또는 저장)하고자 하는 사업주는 용기에 이미 경고표시가 되어 있는 등 고용노동부령으로 정하는 경우[29]를 제외하고는 작업장에서 사용하는 MSDS대상물질을 담은 용기에 경고표시를 하여야 한다(산업안전보건법 제115조 제2항).

따라서 MSDS대상물질을 사용·운반 또는 저장하고자 하는 사업주는 경고표지의 유무를 확인하여야 하고[화학물질의 분류·표시 및 물질안전보건자료에 관한 기준(고시) 제5조 제5항], 화학물질 양도·제공자가 경고표시를 하지 않은 경우에는 이를 이행토록 요청하여 경고표지가 부착되도록 하여야 하며[화학물질의 분류·표시 및 물질안전보건자료에 관한 기준(고시) 제5조 제5항 및 제6항 참조], 경고표시된 용기에서 다른 용기로 소분(小分)하여 취급하는 등의 경우에는 스스로 경고표시를 할 의무가 있다[산업안전보건법 제115조 제2항, 동법 시행규칙 제170조 제4항, 화학물질의 분류·표시 및 물질안전보건자료에 관한 기준(고시) 제5조 제5항 참조].

### (3) 경고표시의 내용

경고표지에는 MSDS대상물질의 명칭, 그림문자, 신호어, 유해·위험 문구, 예방조치 문구, 공급자 정보가 모두 포함되어야 한다. 구체적으로 경고표지에 포함되어야 할 사항은 다음과 같다(산업안전보건법 시행규칙 제170조 제2항).

① 명칭: 제품명

② 그림문자: 화학물질의 분류에 따라 유해·위험의 내용을 나타내는 그림

③ 신호어: 유해·위험의 심각성 정도에 따라 표시하는 '위험' 또는 '경고' 문구

④ 유해·위험 문구: 화학물질의 분류에 따라 유해·위험을 알리는 문구

⑤ 예방조치 문구: 화학물질에 노출되거나 부적절한 저장·취급 등으로 발생하는 유해·위험을 방지하기 위하여 알리는 주요 유의사항

⑥ 공급자 정보: MSDS대상물질의 제조자 또는 공급자의 이름 및 전화번호 등

경고표지의 그림문자, 신호어, 유해·위험 문구, 예방조치 문구, 경고표시 기재항목의 작성 방법에 관하여 구체적인 내용은 화학물질의 분류·표시 및 물질안전보건자료에 관한 기준(고시) 제6조(별표 2) 및 제6조의2에서 정하고 있는바, 이를 소개하면 다음과 같다.

① 그림문자는 별표 2에 해당되는 것을 모두 표시한다. 다만 다음 각 호의 어느 하나에 해당되는 경우에는 이에 따른다.

    1. "해골과 X자형 뼈"와 "감탄부호(!)"의 그림문자에 모두 해당되는 경우에는 "해골과

---

29  i) 산업안전보건법 제115조 제1항에 따라 MSDS대상물질을 양도하거나 제공하는 자가 MSDS대상물질을 담은 용기에 이미 경고표시를 한 경우, ii) 근로자가 경고표시가 되어 있는 용기에서 MSDS대상물질을 옮겨 담기 위하여 일시적으로 용기를 사용하는 경우 중 어느 하나에 해당하는 경우를 말한다(산업안전보건법 시행규칙 제170조 제4항).

X 자형 뼈" 그림문자만을 표시한다.

2. 부식성 그림문자와 피부자극성 또는 눈 자극성 그림문자에 모두 해당되는 경우에는 부식성 그림문자만을 표시한다.

3. 호흡기 과민성 그림문자와 피부 과민성, 피부 자극성 또는 눈 자극성 그림문자에 모두 해당되는 경우에는 호흡기 과민성 그림문자만을 표시한다.

4. 5개 이상의 그림문자에 해당되는 경우에는 4개의 그림문자만을 표시할 수 있다.

② 신호어는 별표 2에 따라 "위험" 또는 "경고"를 표시한다. 다만, MSDS대상물질이 "위험"과 "경고"에 모두 해당되는 경우에는 "위험"만을 표시한다.

③ 유해·위험 문구는 별표 2에 따라 해당되는 것을 모두 표시한다. 다만, 중복되는 유해·위험문구를 생략하거나 유사한 유해·위험 문구를 조합하여 표시할 수 있다.

④ 예방조치 문구는 별표 2에 해당되는 것을 모두 표시한다. 다만 다음 각 호의 어느 하나에 해당되는 경우에는 이에 따른다.

1. 중복되는 예방조치 문구를 생략하거나 유사한 예방조치 문구를 조합하여 표시할 수 있다.

2. 예방조치 문구가 7개 이상인 경우에는 예방·대응·저장·폐기 각 1개 이상(해당문구가 없는 경우는 제외한다)을 포함하여 6개만 표시해도 된다. 이때 표시하지 않은 예방조치 문구는 MSDS를 참고하도록 기재하여야 한다.

MSDS대상물질의 내용량이 100 g 이하 또는 100 ml 이하인 경우에는 경고표지에 명칭, 그림문자, 신호어 및 공급자 정보만을 표시할 수 있다[화학물질의 분류·표시 및 물질안전보건자료에 관한 기준(고시) 제6조 제2항]. 그리고 MSDS대상물질을 해당 사업장에서 자체적으로 사용하기 위하여 담은 반제품용기에 경고표시를 할 경우에는 유해·위험의 정도에 따른 "위험" 또는 "경고"의 문구만을 표시할 수 있다. 다만, 이 경우 보관·저장장소의 작업자가 쉽게 볼 수 있는 위치에 경고표지를 부착하거나 MSDS를 게시하여야 한다[화학물질의 분류·표시 및 물질안전보건자료에 관한 기준(고시) 제6조 제3항].

### (4) 경고표시의 방법

경고표지는 MSDS대상물질 단위로 작성하여 MSDS대상물질을 담은 용기 및 포장[30]에 붙이거나 인쇄하는 등의 방법으로 유해·위험정보가 명확히 나타나도록 하여야 한다(산업안전보건법 시행규칙 제170조 제1항). 용기 및 포장에 경고표지를 부착하거나 경고표지의 내용

---

30 예외 없이 용기와 포장 모두에 경고표시를 하도록 규정하고 있는 것은 과잉규제의 측면을 가지고 있다. 용기에 넣고 포장하여 양도·제공하는 경우에는 그 용기에만 경고표시를 하더라도 무방한 것으로 규정하는 것이 합리적이고 보편적이다.

을 인쇄하는 방법으로 표시하는 것이 곤란한 경우에는 경고표지를 인쇄한 꼬리표를 달 수 있다[화학물질의 분류·표시 및 물질안전보건자료에 관한 기준(고시) 제5조 제4항].

경고표지의 양식과 규격은 화학물질의 분류·표시 및 물질안전보건자료에 관한 기준(고시) 제7조 별표 3에서, 경고표지의 색상은 동 고시 제8조에서 각각 상세하게 규정하고 있다. 그리고 경고표지는 취급근로자가 사용 중에도 쉽게 볼 수 있는 위치에 견고하게 부착하여야 한다[화학물질의 분류·표시 및 물질안전보건자료에 관한 기준(고시) 제8조 제4항].

MSDS대상물질을 양도하거나 제공하는 자가 MSDS대상물질을 담은 용기에 이미 경고표시를 하거나, 근로자가 경고표시가 되어 있는 용기에서 MSDS대상물질을 옮겨 담기 위하여 일시적으로 용기를 사용하는 경우에는 경고표시를 하지 아니할 수 있다(산업안전보건법 제115조 제2항 및 동법 시행규칙 제170조 제4항). 또 다음 어느 하나에 해당하는 표시를 한 경우에는 경고표시를 한 것으로 본다(산업안전보건법 시행규칙 제170조 제1항).

① 고압가스 안전관리법 제11조의2에 따른 용기 등의 표시
② 위험물 선박운송 및 저장규칙 제6조 제1항 및 제26조 제1항에 따른 표시(동 규칙 제26조 제1항에 따라 해양수산부장관이 고시하는 수입물품에 대한 표기는 최초의 사용사업장으로 반입되기 전까지만 해당한다)
③ 위험물안전관리법 제20조 제1항에 따른 위험물의 운반용기에 관한 표시
④ 항공안전법 시행규칙 제209조 제6항에 따라 국토교통부장관이 고시하는 포장물의 표기(수입물품에 대한 표기는 최초의 사용사업장으로 반입되기 전까지만 해당한다)
⑤ 화학물질관리법 제16조에 따른 유해화학물질에 관한 표시

한편, 용기 및 포장에 담는 방법 외의 방법[31]으로 MSDS대상물질을 양도하거나 제공하는 경우에는, 이를 양도·제공받는 상대방이 당해 물질의 명칭 등을 알고 적절한 조치를 취하는 것이 필요하다. 이 때문에 산업안전보건법에서는 용기 및 포장에 담는 방법 외의 방법으로 MSDS대상물질을 양도하거나 제공하는 경우에는, '경고표시 기재항목을 적은 자료'를 MSDS대상물질을 양도하거나 제공하는 때에 함께 제공하여야 한다고 규정하고 있다. 다만, 경고표시 기재항목이 MSDS에 포함되어 있는 경우에는 MSDS를 제공하는 방법으로 해당 자료를 제공할 수 있다[산업안전보건법 제115조 제1항 단서 및 화학물질의 분류·표시 및 물질안전보건자료에 관한 기준(고시) 제9조 제1항].

동일한 상대방에게 같은 MSDS대상물질을 2회 이상 계속하여 양도하거나 제공하는 경우에는 최초로 제공한 '경고표시 기재 항목을 적은 자료'의 기재내용의 변경이 없는 한 추가로 해당 자료를 제공하지 아니할 수 있다. 다만, 상대방이 해당 자료의 제공을 요청한 경우에는 그러하지 아니하다[화학물질의 분류·표시 및 물질안전보건자료에 관한 기준(고시) 제9조 제2항].

---

31 파이프라인에 의한 수송, 탱크로리에 의한 수송 등을 말한다.

그리고 해당 MSDS대상물질의 용기 및 포장에 한글로 작성한 경고표지(같은 경고표지 내에 한글과 외국어가 함께 기재된 경우를 포함한다)를 부착하거나 인쇄하는 등 유해·위험 정보가 명확히 나타나도록 하여야 한다. 다만, 실험실에서 시험·연구목적으로 사용하는 시약으로서 외국어로 작성된 경고표지가 부착되어 있거나 수출하기 위하여 저장 또는 운반 중에 있는 완제품은 한글로 작성한 경고표지를 부착하지 아니할 수 있다[화학물질의 분류·표시 및 물질안전보건자료에 관한 기준(고시) 제5조 제1항].

아울러 국제연합(UN)의 위험물 운송에 관한 권고(RTDG)에서 정하는 유해성·위험성 물질을 포장에 표시하는 경우에는 위험물 운송에 관한 권고(RTDG)에 따라 표시할 수 있고[화학물질의 분류·표시 및 물질안전보건자료에 관한 기준(고시) 제5조 제2항], 포장하지 않는 드럼 등의 용기에 국제연합(UN)의 위험물 운송에 관한 권고(RTDG)에 따라 표시를 한 경우에는 경고표지에 해당 그림문자를 표시하지 아니할 수 있다[화학물질의 분류·표시 및 물질안전보건자료에 관한 기준(고시) 제5조 제3항].

# Ⅷ. 고령자의 안전과 건강관리

## 1. 개요

### (1) 고령자의 급속한 증가

우리나라는 고령사회를 맞이하여 고령자의 비중이 급속도로 늘어나고 있다. 우리나라는 전 세계 국가들 중 고령화 속도가 가장 빠른데, 1980년 65세 이상 인구가 3.8%에 불과했지만, 2000년 '고령화 사회'(65세 이상 인구 7% 이상)로 진입했고, 2017년 8월에는 마침내 14.0%를 넘어 '고령사회'에 들어섰다. 2026년에는 '초고령사회'(65세 이상 인구 20% 이상)가 되고, 2050년에는 35.9%까지 급상승할 것으로 전망되고 있다.

이와 같이 장래의 고령화 비율을 생각하면 우리들은 고령자를 다루기 어려운 자로 피하거나 소극적으로 대할 것이 아니라, 오히려 작업현장의 중요한 노동력으로 활용하는 방법을 강구하는 것이 현실적이고 바람직할 것이다.

### (2) 고령근로자란

몇 세 이상을 고령자(고령근로자)라고 할 것인지에 대해서는 일률적으로 확정하여 말할 수는 없지만, 우리나라 '고용상 연령차별금지 및 고령자고용촉진에 관한 법률'에서는 55세 이상인 사람(근로자)을 고령자(고령근로자), 50세 이상 55세 미만인 사람(근로자)을 준고령자(준고령근로자)라고 규정하고 있다(제2조 제1~2호).

산업안전보건법에서는 고령자에 대해 취업제한을 하고 있지는 않지만, 고령이 되면 신체기능의 저하는 피할 수 없으므로 현장의 작업환경을 고려하여 위험작업에 대해 연령제한을 두고 있는 현장도 존재한다.

### (3) 고령근로자의 재해비중

고령자의 증가에 따라 노동인구(15세 이상 취업자)에서 차지하는 고령근로자(55~79세 취업자)의 비율도 급속도로 증가하고 있다. 고용근로자 전체 중 55세 이상의 고령근로자가 차지하는 비율은 2013년에 22.5%이었던 것이 2023년에는 31.6%로 점차 증가하고 있다. 즉, 2013년: 22.5% → 2014년: 23.5% → 2015년: 24.1% → 2016년: 25.2% → 2017년: 36.4% → 2018년: 27.4% → 2019년: 28.3% → 2020년: 29.3% → 2021년: 30.0% → 2022년: 30.8% → 2023년: 31.6%(통계청, 경제활동인구조사 고령층 부가조사 결과).

이와 같은 상황에서, 전체 재해자 중 55세 이상 고령근로자가 차지하는 비중이 2015년에 약 40%를 차지하게 되었고, 게다가 이 비율은 매년 증가하는 추세를 보이고 있다(2012년: 31.6% → 2013년: 34.6% → 2014년: 36.5% → 2015년: 39.7%, 2016년: 41.8% → 2017년: 44.4% → 2018년: 44.9% → 2019년: 45.3% → 2020년: 46.2% → 2021년: 47.4%)(고용노동부, 『산업재해 현황분석』). 결국, 고령자의 재해를 줄이지 않고는 전체 재해를 줄이는 것이 어려운 상황이 되었다고 할 수 있다.

고령사회에서는 고령근로자가 그 활력을 잃지 않고 그 능력을 충분히 발휘하는 것이 필요하고, 이와 같은 직장을 만들어 가는 것이 본인을 위해서뿐만 아니라 당해 직장, 나아가 사회 전체의 활력을 유지해 나가기 위하여 중요한 일이라고 할 수 있다.

## 2. 고령근로자의 기능수준

20~24세 또는 기능이 최고치를 보이는 때를 100으로 하여, 55~59세의 고연령자의 여러 기능이 어느 정도인지를 제시하고 있는 것이 아래 표이다. 가령에 의한 신체기능의 저하는 개개의 기능에 따라 차이가 있다.

이것에 의하면, 기능 저하가 큰 것은 평형·감각기능, 병저항력·회복력, 정신·지능기능 중 학습능력·기억력, 운동기능의 일부 등이고, 나머지 것은 극단적인 저하는 없다. 그리고 기능

표 2.8.1 고연령자(55~59세)의 각종 기능수준[32]

| | 항목 | 지수 | | 항목 | 지수 |
|---|---|---|---|---|---|
| 근력 | 악력 | 75 | 정신·지능기능 | 분석·판단력 | 77 |
| | 굴완력 | 80 | | 계산력 | 76 |
| | 배근력 | 75 | | 비교변별력 | 63 |
| | 신각력(伸脚力) | 63 | | 학습능력 | 59 |
| | 지구력 | 82 | | 기억력 | 53 |
| 관절가동도 | 견관절 | 70 | 운동·동작조절기능(속도) | 전신도약반응 | 85 |
| | 척주측굴 | 85 | | 타점속도 | 83 |
| | 척주전굴 | 82 | | 동작속도 | 85 |
| 평형·감각기능 | 평형기능 | 48 | | 단일반응속도 | 77 |
| | 청력 | 44 | | 순발반응 | 71 |
| | 박명(薄明)순응도 | 36 | | 운동조절능력 | 59 |
| | 시력 | 63 | | 글자를 베껴 쓰는 속도 | 57 |
| 병저항력·회복력 | 야근 후 체중회복력 | 27 | | | |
| | 병저항·회복력 | 68 | | | |
| | 상병휴업을 적게 하는 능력 | 66 | | | |

---

32  大関親, 『新しい時代の安全管理のすべて(第7版)』, 中央労働災害防止協会, 2020, p. 815 참조.

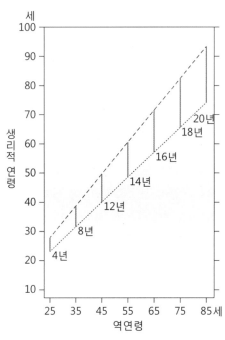

그림 2.8.1 가령에 의한 역연령과 생리적 연령의 개인차[33]

저하는 개인차가 크고 고(高)연령이 되면 될수록 그 차는 커진다고 말해지고 있다.

한편, 역(歷)연령(생년월일에 의한 연령)과 생리적 연령의 관계를 조사한 결과에 따르면(그림 2.8.1), 25세의 역연령에서는 그 차이가 4세(23~27세), 역연령 55세에서는 14세(48~62세), 65세에서는 16세(57~73세)나 되고, 가령과 함께 확대되는 경향에 있다. 따라서 가령에 동반하는 심신기능의 저하를 논하는 경우에는, 평균치가 아니라 개인에 착목하는 것이 바람직하다.

일반적으로 고령자는 신체적·정신적 기능의 쇠퇴에 의해 젊은 사람보다도 사고를 당할 가능성이 높다고 생각되고 있다. 그러나 젊은 사람은 무모한 행동을 하는 경향이 있고 단독사고도 많지만, 고령자는 동작속도는 느리더라도 착실한 행동경향을 보이고 안전하다고 말해지는 경우도 있다. 고령자는 젊은 사람보다도 사고를 당하기 쉽고 위험한 것인가, 아니면 안전한 것인가. 지금까지의 연구사례를 보더라도 양쪽의 입장이 각각 주장되고 있는 것 같다.

## 3. 가령(加齡)에 동반하는 심신의 변화

고령근로자는 장년에 걸쳐 배양된 풍부한 기능을 가지고 있는 한편, 가령에 동반하여 신체

---

33  大関親, 『新しい時代の安全管理のすべて(第6版)』, 中央労働災害防止協会, 2014, p. 816 참조.

기능은 저하하여 간다. 고령근로자의 신체기능 저하의 특징을 이해하고 대응방안을 세우는 것이 중요하다. 여기에서는 노동과 밀접한 관계를 가지는 기능을 중심으로 설명한다.

## (1) 신체기능의 변화

### 1) 가령과 체력

체력은 '육체적 활동을 할 수 있는 몸의 힘'이라고 정의된다. 신체기능 면에서 노동과 관련하여 중요한 것은 행동체력, 특히 근력, 민첩성, 평형성, 지구성, 유연성이다.

'근력'은 20대를 피크로 매년 근량이 감소하지만, 이 변화는 자각하기 어려워 주의가 필요하다. 특히 체간(體幹: 머리의 정중선에서부터 시작하여 가슴의 중심부를 지나 생식기까지 이어지는 선으로 인체의 중심선)과 하지, 특히 복근·대퇴사두근의 근력이 현저히 저하된다. 이와 같이 근력은 일어서는 동작, 보행동작 등의 노동·생활장면에서의 활동능력의 저하에 영향을 미치고, 전도(넘어짐) 및 중량물 운반 시의 리스크, 산업재해 발생률과 밀접하게 관련된다.

'민첩성'은 20대 이후 연령과 함께 반응시간이 늦어지고, 남성보다도 여성 쪽이 반응지체의 진행이 빠른 특징이 있다. 노동과 관련해서는 특히 전도 시의 반사적 대응과 관련된 능력이기 때문에 중요하다.

'평형성'은 남녀 모두 20대 중반을 경계로 가령에 동반하여 저하된다. 가령에 따라 자세를 유지하는 반사기능이 저하되고, 직립자세의 유지, 자세변화에 대한 적응능력이 저하하기 때문에 전도(넘어짐)하기 쉽다고 말해지고 있다.

'전신 지구성'을 결정짓는 것은 최대산소섭취량이다. 건강한 일반 성인남성의 경우는 40대에서 17%, 60대에서는 약 28% 저하하는 것으로 알려져 있다. 여성은 50대 이후부터 최대산소섭취량의 저하율이 남성에 비해 크게 되는 경향이 제시되고 있다.

'유연성'은 남녀 모두 10대 후반에 피크를 맞이하는데, 그 후 가령에 의한 영향은 그다지 보이지 않는 것이 특징이다.

### 2) 가령과 시기능

시기능도 노동과 밀접한 관계를 가진다. 특히 40대 후반부터 시기능의 저하는 현저하게 나타난다. 정지시력은 45세 이후 75세까지는 서서히 하강하고, 60세를 초과하면 시력이 더욱 저하된다. 단, 멀리 보는 5 m 시력에 대해서는 가령에 의한 영향이 거의 없다고 알려져 있다. 한편, 동체시력(움직이는 물체를 분별하는 능력)은 45세 이후 가속도적으로 저하된다. 자동차운전, 움직임이 있는 대상물의 감시작업 등에 대해서는 고령근로자에 대한 대응이 필요하다.

가령에 따라 콘트라스트 감도(contrast sensitivity: 물체의 배경으로부터 두드러지지 않는 물체를 피검사자가 뚜렷하게 식별해서 볼 수 있도록 하는 능력)도 저하한다. 낮은 조도·콘트라스트 환경하에서는 70대 이상의 시력이 현저히 저하하지만, 높은 조도·콘트라스트 환경하에서는 연령 간의 현저한 차이는 인정되지 않는다.

그 밖에 가령에 동반하는 노안의 영향, 시야 저하 외에 색각의 변화, 명순응·암순응 등의 과제도 있다. 밝은 데에서 어두운 곳으로 눈을 이동하여 10초 후에 독해할 수 있는 문자의 크기는 고령자는 젊은 사람의 약 2배의 크기가 필요하다.

## (2) 정신기능의 변화

정신기능이란 지각, 기억, 지능, 판단 등 신경중추의 종합적인 작용을 가리킨다. 정신기능 중에서도 가령과 함께 저하하는 것은 감각기능으로부터 기억으로 정보를 보내는 '인지기능'이라고 말해지고 있다. 이 인지기능은 정신기능 중에서도 노동과 밀접한 관련을 갖는다고 생각되기 때문에, 인지기능의 저하는 직장생활의 관점에서 중요하다고 할 수 있다.

'인지기능'이란 오감(시각·청각·후각·미각·촉각)을 통하여 외부로부터 들어온 정보를 통해 사물, 자신이 놓여 있는 상황을 인식하거나, 언어를 자유롭게 구사하거나, 계산하거나, 무언가를 기억 또는 학습하거나, 문제해결을 위하여 깊게 생각하는 등 사람의 이른바 지적 기능을 총칭한 개념이다.

인지기능은 30대 전반부터 저하하기 시작한다. 특히 가령과 함께 저하를 하는 것은 주의력, 집중력, 단기기억력, 학습력, 문제해결력 등이다. 주의력과 관련해서는 선택적 주의능력, 주의 배분에 관한 능력이 가령에 따라 저하된다. 이 능력의 저하에 의해 나이가 들면 주의가 산만해지기 쉬워진다. 기억에는 새로운 것을 머리에 새기는 기명력, 조금 전의 것을 기억하는 단기기억, 예전의 것에 대한 기억인 장기기억 등이 있는데, 가령과 함께 저하되는 것은 이 중 기명력(새로운 경험 소재를 머리에 새기는 능력), 단기기억이다.

고령근로자는 인지기능을 비롯한 정신기능이 저하되기 때문에, 일반적으로 고령근로자에게 있어서는 새로운 업무는 받아들이기 어렵고 서투르다. 이 때문에 새로운 업무를 담당하게 하거나 현장에 신기술을 도입하거나 배치전환을 하는 것이 고령자에게 있어서는 큰 스트레스가 될 수 있다는 것을 염두에 두어야 한다.

앞으로 노동현장에서 인지기능을 비롯한 정신적 기능을 필요로 하는 작업, 정신적 부하가 높은 작업도 증가할 것으로 예상된다. 따라서 고령근로자 대책은 고령근로자의 가령과 함께 저하되는 정신기능의 능력을 어떻게 보충하고 향상시키는 능력을 어떻게 활용할 것인지가 중요한 전략이 되어야 할 것이다.

## 4. 고령근로자의 특유한 기능

고령자는 심신의 기능 저하가 있는 것으로부터 직무에의 적성이 한정되는 것만 강조되는 경향이 있다. 그러나 실은 고령자는 평균적으로 보면 표 2.8.2와 같은 능력을 젊은 근로자와 비교하여 보다 많이 가지고 있는 경향이 있다. 즉, 가령과 함께 향상되는 정신기능도 있다. 이것들은 오랜 기간의 경험으로 배양된 지식과 기술 등이다.

일반적으로 고령자는 현재에 이르기까지의 체험을 통하여, 예컨대 ① 지금까지 경험한 각종 생산상의 트러블과 그 대처방법에 대한 지식이 있고, ② 여차할 때에 상담할 수 있는 인맥, 동료와의 연계가 풍부하며, ③ 미스를 저지르기 쉬운 포인트를 알고 있어 적정한 주의력의 배분, 앞으로 어느 정도의 작업시간을 필요로 하는지 등에 대한 예상을 할 수 있다.

고령자는 많은 일에 경험이 풍부하므로, 사안의 특징은 무엇인가, 본질은 무엇인가, 전체적으로 추이는 어떻게 되어 왔는가 등에 대해서도 직감적으로 이해할 수 있다. 그리고 현실에서는 장기간 근무하여 온 고령자가 전직하는 사례는 적기 때문에, 조직을 잘 이해하고 있고 조직에 충실하다고 말할 수 있다.

고령자의 배치를 고려할 때에는 이와 같은 과거의 경험, 지식 등이 그대로 기여할 수 있는 직무가 최적이라고 말할 수 있다. 그리고 고령자 혼자서 일하는 것보다는 젊은 근로자와 짝 (pair)이 되어 같이 일하도록 하는 쪽이 각자의 특유의 기능을 상호보완적으로 발휘하도록 하는 데 기여할 수 있을 것이다.

이와 같이 고령근로자는 일반적으로 풍부한 지식과 경험을 가지고 있고, 판단력, 통찰력

표 2.8.2 고령자가 가지고 있는 우수한 능력

- 예전 것을 잘 알고 있다.
- 경험이 풍부하고 일에 대한 노하우가 많다.
- 인맥이 넓다.
- 다른 사람의 잘못을 잘 알아차린다.
- 인내심이 강하다.
- 신중하고 사려 깊다.
- 무리를 하지 않는다.
- 침착함이 있다.
- 물정에 어두운 행동을 하지 않는다.
- 일에 헌신한다.
- 충성심이 있다.
- 조직인으로서의 행동을 취한다.
- 판단력, 통찰력이 좋다.
- 본질을 간파하는 능력이 있다.
- 전체적인 맥락을 이해하고 있다.
- 화제가 풍부하다.

등을 갖추고 있는 경우가 많다고 볼 수 있다. 그러나 다른 한편으로 고령자의 특성상 책임감이나 일을 잃는 것에 대한 우려 때문에, 가령에 동반하는 신체기능의 저하가 나타나고 있음에도 불구하고, 업무수행 과정에서 무리를 하는 등 산업재해 발생으로 연결되는 불안전행동을 할 가능성도 아울러 가지고 있다.

## 5. 고령근로자의 산업재해 방지방안

고령근로자를 상정한 산업재해 방지대책은 지금까지 이루어져 온 일반적인 대책과 전혀 다른 것은 아니다. 일반적 대책은 그대로 고령근로자에게 있어서도 유효하다. 따라서 고령근로자 대책을 실시하기에 앞서 기본적 안전보건대책이 이루어지고 있는지를 확인하고 그 충실을 도모하는 것이 중요하다. 그 위에 고령근로자의 가령에 동반하는 기능저하에 대한 대응을 추진하고, 나아가 고령근로자의 특성을 배려한 대책을 실시하는 것이 요구된다.

이하에서는 산업재해 방지의 기본적 대책과 개별대책에 대하여 설명하기로 한다.

### (1) 안전보건관리조직, 안전보건관리규정, 작업절차의 개선

조직에서 안전보건대책을 추진하는 데 있어서 최고경영자의 안전보건 확보에 대한 의지와 이해에 근거한 안전보건관리조직의 구축은 매우 중요하다. 최고경영자의 관심이 있고 안전보건관리조직이 구축됨으로써 비로소 안전관리자, 관리·감독자 등이 그 직무를 완수할 수 있고, 안전보건관리규정, 작업절차 등이 내실 있게 작성되어 실질적으로 운영될 수 있다. 고령근로자에 대한 대응방안으로는 그 신체기능의 특징을 반영하여 안전보건관리규정, 작업절차 등을 정비하는 한편 고령근로자를 배려한 안전보건관리를 하는 것이 필요하다.

### (2) 안전보건교육의 실시

안전보건교육은 근로자에게 산업재해 방지의 필요성, 산업재해 방지를 위하여 필요한 사고방식, 지식, 작업방법, 구체적 주의사항, 가령에 의한 영향 등을 전달하기 위해 필수적이다. 고령근로자는 이해, 납득에 시간이 걸리는 경우도 있으므로, 교육내용, 교육방법 등에 대한 별도의 궁리가 필요하다.

### (3) 산업재해 재발방지대책 및 활동

고령근로자 산업재해가 발생한 경우에는 발생상황을 확인하고, 그 원인과 대책을 검토하고 신속하게 개선을 하는 한편 재발방지에 최선을 다한다. 동종업종 다른 회사의 재해사례도 동일하게 검토하고 재해요인을 최소화한다. 그리고 고령근로자의 산업재해 방지를 위하여 각 사업장에서 실천하고 있는 소집단 안전활동, 아차사고 발굴활동을 통해서도 고령근로자에 관한 안전과제를 골라내어 대응을 하는 것이 필요하다. 고령근로자의 아차사고는 젊은 근로자와는 다른 패턴을 보일 수 있어 주의를 요한다. 그리고 고령근로자에게는 개선제안을 하도록 유도할 필요가 있다. 그들은 지금까지의 경험 등으로부터 안전보건수준 향상에 기여하는 능력이 우수하므로 적극 활용할 필요가 있다.

### (4) 기능·지식을 살리는 직무배치

직무배치를 할 때에는 고령근로자 개인의 자질·적성·업무경험·기능·지식 등을 고려한다. 특히, 고령근로자의 직무전환 시에는 지금까지의 지식·경험을 활용할 수 있도록 배려하고, 변경 시 교육 등으로 원활한 배치·전환이 될 수 있도록 한다.

### (5) 특정 안전보건대책

#### 가. 전도방지대책

사고유형별로 가장 많은 산업재해는 전도재해이다. 연령대로 보면, 50세 이상의 근로자가 재해를 입는 비율이 높고, 고령근로자의 특징적인 재해 중 하나이다. 그리고 고령근로자는 전도한 경우 골절하기 쉬워 재해로 연결될 가능성이 크고 재해의 정도도 크기 쉽다(휴업일수가 장기화되기 쉽다). 전도의 많은 원인은 걸려 넘어짐, 미끄러짐이고, 몸의 무게중심이 급히 이동하는 때에 몸의 균형을 잃는 것에 의해 발생한다. 전도 방지를 위하여 걸려 넘어짐의 원인이 될 수 있는 물건의 철거, 도로상 단차(段差)의 제거, 슬로프(경사면)로의 개수, 미끄러지기 어려운 바닥재의 선택, 논슬립(non-slip) 신발의 착용, 정리정돈, 바닥면의 기름·물의 닦아 내기, 난간 설치 등의 대책이 요구된다.

#### 나. 추락방지대책

추락은 산업재해의 원인 중 항상 상위에 있고, 산업재해 사망사고의 약 38%(2016년 말 기준)를 차지하고 있다. 특히 고령근로자의 경우 신체기능의 특성상 추락에 의한 산업재해가 많다. 고소작업 중에 몸의 무게중심을 급히 이동한 경우에 피재하는 경우가 많고, 일단 발생하면 중대재해가 될 가능성이 크므로 방지대책에 만전을 기할 필요가 있다. 고령근로자는 평형기능이 저하되어 균형이 잘 취해지지 않아 추락할 우려가 크므로 고소작업에서는 특히 배려할 필요가 있다. 예를 들면, 고소작업용에 작업발판을 설치하거나 개구부 주변에 울타리를 설치하는 등의 대책에 추가하여, 고소작업자(대)의 활용, 고소작업의 지상작업으로의 변환, 사다리의 계단으로의 변환 등을 검토한다.

### 다. 작업자세의 개선

부자연스러운 작업자세로 행하는 작업은 근피로(muscle fatigue)를 초래하고 요통 등을 일으킨다. 그리고 자연스러운 작업자세로부터 다음 행동으로 이동하는 때의 무리한 동작 등이 재해원인이 될 우려도 있다. 이와 같은 동작은 자신의 동작의 반동에 의해 생기는 전도(넘어짐), 추락 등의 원인이 되는 경우도 있다. 몸의 유연성이 저하된 고령근로자에게는 무리한 작업자세는 부담이 되므로, 작업자세의 개선(예: 허리를 구부리지 않아도 되는 작업자세), 높이 조정이 가능한 작업대·의자의 채용, 작업방법·절차의 개선 등을 할 필요가 있다. 이와 같은 개선은 작업을 안전하고 편하며 쉽게 할 수 있게 하므로 모든 근로자로부터 환영을 받고 생산성의 향상으로도 연결된다.

### 라. 중량물 취급방법의 개선

고령근로자는 취급하는 짐이 너무 무거우면, 비틀거리거나 짐을 떨어뜨릴 우려가 있다. 운반거리가 길면 재해, 요통의 원인이 되므로, 필요에 따라 개선할 필요가 있다. 예를 들면, 운반차를 활용하여 인력운반을 적게 하고, 운반물을 고령근로자에게 적합한 중량, 크기로 하는 등의 개선을 행한다. 그리고 운반거리를 가급적 짧게 하는 등의 레이아웃 변경, 운반의 기계화도 효과적이다.

### 마. 과중노동에 의한 건강장해 방지

시간외·휴일노동시간이 증가할수록 과중노동에 의한 건강장해가 발생할 위험이 높아지므로, 각 사업장에서는 과중노동에 의한 건강장해 방지를 노력할 필요가 있다. 특히 고령근로자의 경우, 뇌심혈관질환 등에 이환되는 사람이 증가하는 경우도 있고, 그 건강장해 방지를 위해 더욱 많은 노력이 요구되고 있다.

### 바. 건강의 유지증진

회사 차원에서는 건강진단 등에 의해 건강상태를 파악하고 적절한 사후조치에 노력하는 한편, 고령근로자 자신이 스스로 건강관리, 건강증진에 노력하고, 건강 확보와 동시에 가령에 따른 노동적응능력의 유지·향상에 노력하는 것이 요구된다.

## (6) 신체기능 저하에 대한 대응

### 가. 평형기능

가령과 함께 떨어지는 평형기능에 대해서는 고소작업, 계단의 시설개선으로 충분히 대응할 수 있다. 중요한 것은 다소 평형기능이 떨어지고 있는 고령자가 균형을 잃더라도 바로 대응할 수 있는 시설을 완비하면 충분히 고령자의 기능을 보완할 수 있다.

시설의 완비라고 하면 대단한 것으로 느끼는 경향이 있는데, 난간, 계단 등을 여유 있게 만들거나 사다리·각립비계(A형 사다리)·발판의 사용방법·작업절차를 교육하는 등으로 충분히 대응할 수 있다. 게다가 이들 조치는 고령자뿐만 아니라 젊은 근로자를 포함한 모든 근로자의 안전 확보에도 불가결한 조치이다.

### 나. 시청각기능의 보조

앞에서 살펴본 바와 같이 시력, 청각 등의 감각기능과 그것에 의한 인지·판단기능은 가령과 함께 저하된다. 이것의 저하는 행동을 할 때의 상황파악, 판단 등에 지장을 초래하고, 재해 등으로 연결될 우려가 있으므로 고령근로자의 시청각 특성을 이해하고 이에 대한 대책을 강구할 필요가 있다.

예를 들면, 눈금을 판단하는 능력은 가령과 함께 떨어지므로 눈금표시를 디지털화하는 방법이 있고, 작은 게시·표시는 잘못 읽히기 쉬우므로 게시·표시문자의 확대도 효과적이며, 색깔 구분으로 알기 쉽게 하거나 주의 표시의 위치를 보기 쉽게 하는 것도 시각기능의 감퇴를 커버하는 데 도움이 된다. 그리고 원근을 번갈아 보는 작업은 하기 어려워서 결과적으로 간과, 오인을 조장하므로 시선이동은 적게 할 수 있도록 궁리한다. 또한 잘못 보는 일 등이 생기지 않도록 작업장소, 통로 등에서 적절한 조도·콘트라스트의 확보에 유의하고, 피로·재해의 방지를 위하여 조명의 큰 명암차를 개선할 필요가 있다. 한편, 고령자와의 의사소통 시 큰 목소리로 말하는 등 연락전달의 방법을 고령자를 배려하는 방식으로 개선하거나, 청각으로부터 시각으로 신호를 전환하는 것 등도 효과적인 대책이 된다.

### 다. 순발능력·전신운동능력

순발능력·전신운동능력 중에서 가장 문제되는 것은 순발력이다. 이 순발력의 감퇴가 끼임재해의 다발로 연결되고 있다.

그러나 이 재해방지에 대해서는 덮개, 가드 등의 설치라고 하는 단순하고 많은 비용이 들어가지 않는 대책이 있다. 게다가 그 대책은 젊은 근로자에게도 효과적이다. 고령근로자의 전신운동능력의 감퇴에 대해서는 직장에서 전신적인 육체노동 자체가 많이 줄어들었기 때문에 앞의 대책을 취한다면 안전을 확보할 수 있을 것이다.

그리고 어디에서나 필요한 물품 운반작업, 화물 하역작업 등에 대해서도 보조기계·공구의 채용, 복수인에 의한 작업으로의 작업방법 개선을 통해 충분히 대응할 수 있다.

### 라. 작업부담 면에서의 배려

강한 근육 또는 장시간에 걸쳐 근육을 요하는 작업은 피하도록 하고, 발돋움을 하거나 허리·무릎을 구부리는 등 부자연스러운 자세의 작업은 적게 할 필요가 있다. 그리고 고령근로자 개인의 신체기능에 맞추어 보조기계·공구를 활용할 수 있도록 하는 것이 필요하다.

### 마. 소결

대국적으로 보면, 가령에 동반하여 체력은 감퇴하지만, 발현의 패턴은 각 능력에 따라 다르다. 그러나 가령에 의해 모든 신체의 기능이 동일하게 저하되는 것이 아니라, 가령 영향이 현저하게 나타나는 기능과 가령 영향이 적은 기능이 존재하는 점, 그리고 의식적인 트레이닝, 운동습관에 의해 체력 감퇴의 진행을 늦출 수 있는 점을 고려할 때, 개인차가 매우 큰 것이 신체기능의 특징이라고 할 수 있다. 따라서 획일적으로 생각하는 것이 아니라, 가령 영향은 평균적인 경향으로 보고 개개인의 신체기능을 적절하게 평가하는 것이 중요하다.

## (7) 정신기능의 저하에 대한 대응

고령근로자의 인지기능, 특히 기억력, 학습능력 등 가령으로 인하여 저하한 기능에 대한 대책으로서 이들 기능의 저하가 새로운 지식, 기술을 배우는 것, 새로운 환경에 적응하는 것의 곤란으로 연결된다는 점을 이해하고 작업관리상의 고려를 하는 것이 필요하다.

예를 들면, '고령근로자를 배치'할 때는 다음 사항을 고려한다.
① 작업에 착수하기 전에 계획이 수립되는 작업으로 한다.
② 작업내용을 명확히 하여 구체적인 지시를 하도록 한다.
③ 고도의 주의, 집중력이 필요한 작업은 단시간만 종사하게 한다.
'새로운 작업·공정에 배치'를 할 때는 다음 사항을 고려한다.
① 젊은 근로자보다 긴 교육훈련기간을 둔다.
② 가능한 한 정형적인 작업절차에 따르는 업무에 배치한다.
③ 구체적으로 작업절차를 그림·문자 등으로 보이고, 실제로 실시하는 것을 보고 확인한다.
④ 작업설계는 여유시간을 넣어 설계한다.
'작업스피드·내용'을 설정할 때는 다음과 같은 사항을 고려한다.
① 재빠른(순간적인) 반응을 필요로 하는 작업을 없앤다.
② 그때마다 다른 정보(숫자·문자)를 기억하여야 하는 작업을 적게 한다.
③ 작업의 스피드는 때때로 고령근로자가 한숨 돌릴 수 있을 정도의 여유를 갖게 한다.
④ 고령근로자가 자신의 스피드로 작업을 할 수 있도록 한다.
기억력·학습능력의 감퇴는 게시·표시방법을 조금 개선하면 대응할 수 있다. 문자를 크게 하거나 색깔구분으로 알기 쉽게 하거나 주의표시의 위치를 보기 쉽게 함으로써, 가령에 따른 감퇴분을 충분히 커버할 수 있을 뿐만 아니라, 이들 조치가 젊은 근로자의 안전의 확보에도

충분히 효과를 가진다.

## (8) 고령근로자의 특성에 따른 대응

고령근로자의 신체능력과 정신기능이 저하됨에도 불구하고, 고령근로자의 작업효율 그 자체의 저하는 경험이 말해 주듯이 그렇게 큰 것은 아니라고도 말할 수 있다. 고령자의 경험·지식과 정신적인 면에서 강점에 의해 능력을 충분히 보완할 여지가 있기 때문이다. 대책 여하에 따라 고령자는 젊은 근로자와 동일하게 또는 그 이상으로 효율적이고 안전하게 작업을 함으로써 기업의 발전에 기여할 수 있고 현실적으로 기여하고 있다.

고령근로자의 신체능력 등은 개인차가 크고, 교육기능, 직무내용에 대해서는 때로는 고령근로자 한 사람 한 사람을 상정한 개별검토, 개별대응이 요구된다. 고령근로자를 직무전환할 때의 도입교육에서는 지금까지의 경험 등을 염두에 두고 개별적으로 지도하도록 유의할 필요가 있다. 그리고 교육 중에는 가령에 동반하는 체력·신체기능의 저하를 의식하지 않고 예전의 감각대로 행동하면 결과적으로 무리한 행동이 될 수 있으므로, 지금까지의 경험, 자신(과신)이 화근이 되지 않도록 무모한 행동을 삼가도록 지도한다. 고령근로자는 베테랑으로서의 숙달·부주의 등 때문에 불안전행동이 많은 경향이 있으므로 주의환기를 반복하여야 한다. 그리고 생산시스템을 작업자의 부담을 적게 하고 한층 일하기 쉬우며 안전한 것이 되도록 작업을 개선하는 것이 바람직하다.

한편, 고령근로자는 직장 내에서 젊은 근로자들과 유리(遊離)되거나, 직장에 대한 불만, 노후의 불안 등이 있으면 완고하고 옹고집이 되는 경향이 있다. 그 결과, 무리한 행동을 취하고 산업재해의 원인이 되는 경우도 있다. 고령근로자가 희망을 가지고 밝게 의욕적으로 일할 수 있도록 세심한 배려가 필요하다.

다음으로, 고령근로자의 재해예방을 위하여 개선을 필요로 하는 주된 작업은 다음과 같다.

① 계단의 승강이 많은 높은 곳에서의 작업
② 전도의 우려가 있는 작업
③ 중량물의 운반작업
④ 체력, 지구력이 강하게 요구되는 작업
⑤ 급격한 동작을 필요로 하는 작업
⑥ 부자연스러운 작업자세(예: 허리를 반쯤 구부린 자세, 위를 보는 자세에서의 작업)를 장시간 필요로 하는 작업
⑦ 항상 시점이 원근으로 갑자기 변화하는 작업
⑧ 낮은 조도하에서 지각이 요구되는 작업
⑨ 복잡한 작업(복잡한 작업, 작업에 관한 정보가 복잡한 작업)

⑩ 동작의 속도와 정확성이 특히 요구되는 작업

⑪ 미세한 것의 식별작업이 요구되는 작업

⑫ 시간에 쫓기는 작업(벨트컨베이어 흐름작업 등)

⑬ 야간근무를 포함한 교대작업

⑭ 고·저온, 고습, 소음, 고·저압하에서의 작업

산업재해 방지에 있어서는 먼저 일반적인 기본적 대응을 추진하고, 그 위에 고령근로자의 저하된 기능을 커버하는 대책과 고령근로자의 특징적 재해요인을 제거하는 대책을 실시한다. 이를 통해 안전하게 안심하고 의욕적으로 일할 수 있는 작업환경 만들기를 구축할 필요가 있다. 그리고 고령근로자의 능력개발, 건강관리 등을 충실하게 함으로써, 고령근로자가 습득하거나 지니고 있는 풍부한 기술, 지식, 경험 등의 지적 기능이 심신 기능의 저하를 보완하면서, 보다 오랫동안 일할 수 있도록 하는 것이 요구된다.

가령과 함께 향상되는 능력을 살리는 방법으로는, 예컨대 각각의 다양한 경험을 기업의 재산으로 생각하는 것이 중요하다. "1인의 고령근로자가 죽으면 하나의 도서관이 없어진다." "고령근로자는 과거, 현재, 미래의 중개자이다." 이것은 2002년 4월 코피아난 UN사무총장이 한 말인데, 고령근로자의 경험, 지식은 당해 기업에 있어서 큰 재산이다. 따라서 이 재산을 젊은 근로자에게 승계하고 카운슬러·멘토로서의 역할을 담당하는 식으로 활용하는 것이 중요하다.

고령자의 신체기능의 감퇴는 어디까지나 평균치이다. 고령자가 생애현역으로 활동하려고 하면, 신체능력의 감퇴경향을 충분히 자각하고 스스로도 적극적으로 노력할 필요가 있다.

# 제 3 장

# 안전관리기법

## 1. 안전보건경영시스템이란

안전보건경영시스템[2](Occupational Safety and Health Management System,[3] 이하 'OSHMS'으로 약칭)이란, 사업주가 근로자의 협력하에 산업재해 방지활동에 관한 방침, 목표의 달성을 위하여 PDCA[Plan(계획) – Do(실시) – Check(평가) – Act(개선)]의 사이클을 나선형으로 돌리면서, 계속적으로 자율적인 안전보건관리를 일상업무 속에서 행함으로써 사업장의 산업재해의 방지를 도모함과 아울러 근로자의 건강증진 및 쾌적한 작업환경 조성의 촉진을 도모하는 것이다.

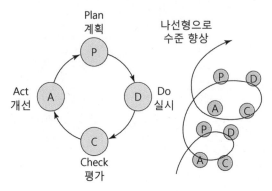

그림 3.1.1 PDCA 사이클

OSHMS는 1990년대부터 유럽에서 추진되어 온 것으로서, 특히 영국에서는 국제적인 논의를 시작하기 전부터 이에 대한 규격화 작업을 개시하였다.

OSHMS는 1990년 중반에 ISO[4](International Organization for Standardization: 국제표준화기구)가 ISO 9000(품질), ISO 14000 시리즈(환경)에 이어, ISO 18000 시리즈로서 ISO 규격화하는 것을 제기한 것이 발단이 되어 국제적으로 논의하게 되었다. 그러나 ISO 규격화 시도는 회원국들의 의견 차이와 ILO의 반대로 3차례에 걸쳐 보류되었다.

---

1 안전보건경영시스템에 대한 상세한 설명은 정진우, 『안전보건관리시스템(2판)』, 교문사, 2023을 참조하기 바란다.
2 Occupational Safety and Health Management System의 번역어로서, 안전보건관리시스템, 안전보건관리체제, 안전보건관리체계로도 변역될 수 있다.
3 Occupational Health and Safety Management System(OHSMS)이라고 하기도 하며, 양자의 의미는 동일하다.
4 ISO는 동등하다는 의미를 가지고 있는 그리스어 'ISOS'에서 유래되었고, International Organization for Standardization의 약칭은 아니다.

그 사이(2001년)에 ILO가 OSHMS 가이드라인(ILO-OSH 2001)을 제정·공표하였고, ISO 규격 제정 전까지는 이 가이드라인이 국제규격으로서는 유일한 기준으로 되어 있었다. 그리고 민간기구 차원에서는 영국 BSI(British Standards Institution)를 중심으로 OHSAS (Occupational Health and Safety Assessment Series) 18001을 제정하였고, 그간 이것이 국제적으로 점차 많이 보급되어 왔다. 그러다가 ILO와의 합의를 바탕으로 2013년 10월에 마침내 ISO에서 OSHMS를 ISO 규격으로 만들기로 결정(합의)하였고, 우여곡절 끝에 2018년 3월 정식으로 규격(ISO 45001)을 제정하여 공표하기에 이르렀다. 그리고 2023년 2월 ISO 4500 요구사항의 이행방법에 도움을 주기 위한 목적으로(이행방법 가이드) ISO 45002 (Occupational health & safety management systems−General guidelines for the implementation of ISO 45001:2018)가 제정·공표되었다.[5]

## 2. OSHMS의 의의 및 도입 필요성

### (1) OSHMS의 의의

OSHMS를 도입하는 의의(효과)는 '안전과 경영의 일체화', '본질안전화를 위한 노력', '자율적인 활동의 촉진' 등을 추진함으로써 안전보건수준을 향상시키는 것이라고 할 수 있다.

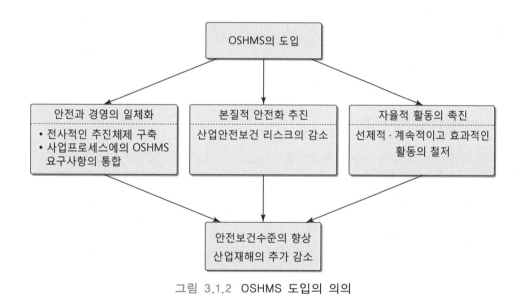

그림 3.1.2 OSHMS 도입의 의의

---

5 ISO 45001 Annex A(Guidance on the use of this document)는 요구사항의 의미를 이해하는 데 도움을 주기 위한 목적(해석 가이드)을 가지고 있다.

### (2) OSHMS의 도입 필요성

우리나라에서는 1981년에 산업안전보건법이 제정된 영향 등으로 사업장의 안전보건관리 조직이 구축되고 충실해지는 한편, 지금까지 산업재해가 지속적으로 감소하여 왔다. 그러나 장기적으로는 산업재해의 발생건수는 감소하고 있지만, 여전히 많은 근로자가 재해를 입고 있고, 재해예방 선진국에 비해 높은 사망재해 발생률을 보이고 있으며, 다음과 같은 안전보건상의 문제가 지적되고 있다.

① 장년(長年)의 안전보건 노하우를 축적한 사람들의 퇴직 등에 의해 안전보건에 관한 지식, 노하우가 원활하게 승계되지 않고, 자칫하면 사업장의 안전보건수준이 저하되어 산업재해의 발생으로 연결되지 않을까 하는 우려가 있다.

② 무재해를 계속하고 있는 사업장의 경우, 일정 기간 산업재해가 발생하지 않았을 뿐이고, 산업재해의 '리스크가 없는' 사업장이라는 것을 의미하는 것은 아니며, 산업재해의 리스크는 여전히 잠재하고 있다.

③ 법령으로 정하는 구체적인(specific) 기준만으로는 다양화되고 복잡해지고 있는 유해·위험요인에 대해 능동적으로 대처하는 데 한계가 있다.

이러한 문제점이 지적되는 가운데 앞으로 산업재해를 한층 감소시키기 위해서는, 사업장에서 생산관리, 품질관리, 기타의 관리와 일체가 된 PDCA라고 하는 일련의 과정을 정하고, 그 과정이 선제적이고 계속적으로 실시될 수 있는 구조를 만들어 법적 기준을 상회하는 내용으로 적절하게 실시하는 것이 중요하다.

## 3. OSHMS의 구성

### (1) 안전보건방침의 표명

OSHMS에서는 먼저 사업주의 최고경영자가 안전보건방침을 표명하는 것으로 하고 있다. 이 방침에는 사업주의 안전보건에 대한 자세, 이념과 함께 중요과제에 대한 노력이 제시되는 것이 중요하다. "안전보건이란 생산성, 품질유지 다음으로 생각하면 된다."라는 것이 아니라, "안전보건은 생산과 일체이다." 등으로 기본적인 생각을 제시하는 것이 중요하다. 이 표명에 대해서는 사업장의 규모, 사업내용, 기업문화(사풍), 지금까지의 안전보건활동의 실적, 안전보건수준, 안전보건계획의 진척상황, 산업재해의 발생상황 등의 실태를 토대로 하여야 하고, 관계자 전원에게 주지시킬 필요가 있다.

## (2) 근로자 의견의 반영

안전보건은 기업경영의 일부이고, 안전보건수준의 향상을 위하여 OSHMS를 운용해 가는 것은 당연히 사업주의 책임이다. 그러나 그 운용에는 근로자의 참가, 협력이 불가결하고, 그 의견을 듣는 것은 기본적인 사항이다. 후술하는 안전보건목표의 설정 및 안전보건계획의 작성, 실시, 평가 및 개선에 있어서는 근로자의 의견을 반영하는 절차를 정하는 한편, 이 절차에 근거하여 근로자의 의견을 반영하는 것이 필요하다.

## (3) 추진체제의 구축

OSHMS는 사업장의 최고경영자로부터 작업자에 이르기까지 모든 사람이 참가하여 추진하는 것이다. 사업장에서 그 사업을 총괄하는 자 및 생산·제조부문, 안전보건부문 등에서의 부장, 과장, 계장, 직장 등의 관리·감독자를 시스템 각급 관리자(OSHMS를 담당하는 자)로 정하여 추진하는 것이 효과적이다.

50인 미만 사업장에서도 그 조직 중에 각 담당자의 역할과 권한을 정하고, 주지하며 경영자로부터 작업자에 이르기까지 전원참가로 추진하는 것이 바람직하다.

그리고 리스크의 제거, 감소를 위해서는 설비개선비용을 비롯하여 비용이 수반되므로 예산의 확보도 중요하다.

## (4) 문서 및 기록의 보존

### 1) 문서화

안전보건활동의 추진방법 등 중요한 사항에 대하여 문서화해 두는 것이 필요하다. 이것은 절차 등을 명문화함으로써, 시스템 각급 관리자의 인사이동이 있어도 후임자에게 그 내용이 확실하게 계승되도록 하고, 결정된 것을 확인하고 실시할 수 있도록 한다. 그리고 문서에 의해 과거의 실패, 성공 등을 알 수 있고 현재와 미래에 대한 교훈이 된다.

사회적으로 계약서를 중요시 여기는 선진외국과 이심전심으로 일을 처리하는 우리나라 간의 차이가 문서화라는 면에 강하게 나타나고 있다. 시스템의 실시, 운용, 감사 등에 관하여 필요한 사항을 모두 문서화하는 것에 익숙해질 필요가 있다.

문서는 문서관리의 절차에 따라 보관, 개정, 폐기가 확실하게 이루어져 항상 최신의 문서를 열람할 수 있도록 한다. 문서화하여야 할 것은 다음과 같다.
① 안전보건방침
② 안전보건목표
③ 안전보건계획

④ 시스템 각급관리자의 역할, 책임 및 권한

⑤ OSHMS의 절차

   1. 안전보건목표의 설정 및 안전보건계획의 작성 등을 할 때 근로자의 의견을 반영하는 절차

   2. 문서를 관리하는 절차

   3. 위험성평가 절차

   4. 법령 등에 근거하여 실시하여야 할 사항 및 위험성평가 결과에 따라 위험 및 건강장해를 방지하기 위하여 필요한 조치를 정하는 절차

   5. 안전보건계획을 적절하고 계속적으로 실시하는 절차

   6. 안전보건계획을 적절하고 계속적으로 실시하기 위하여 필요한 사항을 근로자, 관계수급인(협력사), 기타 관계자에게 주지시키는 절차

   7. 안전보건계획의 실시상황 등의 일상적 점검 및 개선을 실시하는 절차

   8. 산업재해 발생원인의 조사, 문제점의 파악 및 개선을 실시하는 절차

   9. 시스템감사를 실시하는 절차

### 2) 기록의 보존

기록은 OSHMS의 운용 궤적을 기록한 것으로서, 일상적인 점검·개선, 시스템감사, OSHMS의 재검토(수정) 시의 중요한 자료가 된다. 어떤 기록을 어느 정도의 기간 동안 사업장에 보관할 것인지, 또는 작업장에 보관할 것인지를 사전에 구분하여 어떤 방법으로, 누가 책임을 지고 보관할 것인지의 룰(rule)을 정해 둘 필요가 있다.

### (5) 위험성평가

작업장에 잠재해 있는 유해·위험요인을 파악하고 그 위험성의 크기를 추정하며, 위험성의 감소를 검토하여 필요한 조치를 하는 위험성평가는 OSHMS의 중요한 구성요소이다.

위험성평가는 기계, 설비, 원재료 등의 신규도입, 변경 시 등뿐만 아니라, 작업장의 안전보건수준을 계속적으로 향상시키기 위하여 매년 1회 이상 정기적으로 행하고, 유해·위험요인을 찾아내어 개선을 도모해 가는 것이 중요하다.

근로자의 안전과 건강을 확보하기 위하여 단순히 "산업안전보건법령을 준수하면 된다."고 하는 것만으로는 충분하지 않다는 것은 물론이거니와, 나아가 사업주가 근로자의 안전과 건강 확보에 가능한 한 노력하여야 한다는 것은 사회의 당연한 요청이 되고 있다. 이러한 요청에 부응하기 위해서 사업주는 실행 가능한 한 사업장의 안전보건수준을 최대한으로 높일 수 있는 방법을 반영한 안전보건관리를 행할 필요가 있다. 이것을 실현하기 위한 유력한 방법의

하나가 위험성평가이다.

현재 많은 사업장에서는 직장에 존재하는 유해·위험요인을 찾아내고, 사전에 안전보건대책을 세우기 위하여 안전보건순찰, 안전보건진단, 위험예지활동, TBM, 아차사고 발굴활동 등이 이루어지고 있다. 위험성평가는 이들 경험적인 활동과 비교하여, 체계적이고 논리적으로 추진하는 점에 특징이 있다.

## (6) 안전보건목표의 설정

안전보건목표의 설정은 그 달성수단이 명확하고, 달성도를 평가할 수 있는 것이 중요하다. 이를 위하여 '완전 무재해의 달성', '기계·설비의 본질안전화의 철저'라는 슬로건이 아니라, 구체적으로 정하는 것이 필요하다. 안전보건방침에 근거하여 위험성평가의 실시결과, 과거의 안전보건목표의 달성상황, 안전보건수준, 산재발생현황 등의 실태를 토대로 간결하고 알기 쉬우며 실현가능성이 높은 목표(목표가 너무 높거나 낮지 않은 것)이면서 가급적 수치화된 것을 설정한다.

표 3.1.1 안전보건목표의 예

| 목표달성의 평가가 곤란한 예 | 구체성이 불충분한 예 | 좋은 예 |
|---|---|---|
| 기계·설비 안전화의 추진 | 프레스기계의 본질안전화를 실시 | 프레스기계 모두(10대)를 자동화한다. |
| 작업관리의 충실 | 비정상작업에서의 작업절차서의 발행에 의한 재해예방 | 비정상작업에서의 작업절차서의 발행을 100%로 한다. |
| 작업환경의 개선 | 소음발생기계 커버의 설치 등 | 소음발생기계의 커버 설치 등으로 전역에 걸쳐 85dB 이하로 한다. |
| 안전보건교육의 충실 | 안전보건관리시스템 교육의 실시 | 안전보건경영시스템 교육을 감독자 20명 전원에게 실시한다. |

## (7) 안전보건계획의 작성 및 실시

### 1) 안전보건계획의 작성

안전보건계획은 안전보건방침, 안전보건목표를 달성하기 위한 구체적 방안을 제시하는 실시계획이다. 안전보건계획에는 다음 사항이 포함되어 있을 필요가 있다.

① 위험성평가에 따른 근로자의 위험 및 건강장해를 방지하기 위해 필요한 조치

② 산업안전보건법령, 사업장 안전보건관리규정 등에 근거한 실시사항

③ 위험예지활동, 아차사고 발굴활동, 4S활동, 안전개선제안, 안전순찰 등의 일상적 안전활동에 관련된 사항

④ 안전보건교육에 관련된 사항

⑤ 기타(지난번 PDCA에서의 반성 등에 근거한 사항, 실시사항의 담당부서 및 연간·월간 일정 등)

⑥ 안전보건계획의 재검토(수정)에 관한 사항

## 2) 안전보건계획의 실시

안전보건계획에 근거한 활동 등을 실시하는 데 있어서는 구체적 내용의 결정방법, 경비의 집행방법 등 절차를 정하여 둘 필요가 있다. 이를 이행하는 과정에서는 근로자, 관계협력사, 계약업체 등 외부 관계자의 이해와 협력이 필요하기 때문에, 그 실시, 운용에 필요한 사항에 대해서 이들 관계자에게 주지하는 절차를 정하고 이 절차에 근거하여 주지한다. 또한 이 계획은 관계자 전원이 누구라도 간단하게 입수할 수 있어야 한다.

## (8) 조달(구매)

조달(구매)과 관련해서는 다음을 위한 절차를 확립하는 것이 필요하다.

① 작업장에 도입하기 전에 구입한 물품, 원재료, 기타 상품 및 관련서비스와 연관된 잠재적 안전보건위험을 확인하고 평가하는 것

② 잠재적 안전보건 위험을 컨트롤하기 위해 구입하는 공급품, 장비, 원재료, 기타 상품 및 관련서비스에 대한 요건을 마련하는 것

③ 구입되는 생산품, 장비, 원재료, 기타 상품 및 관련서비스가 조직의 안전보건요건에 부합하도록 하는 것

④ 장비, 설비 및 물질 등이 작업자의 사용 전에 적절한 것인지를 검증하는 것

## (9) 도급작업 관련 안전보건 확보

도급인은 다음 작업으로부터 발생하는 유해·위험요인을 파악하고 전달하며, 유해·위험요인에 따른 리스크를 평가하고 관리하기 위한 절차를 마련하여야 한다.

① 도급인의 근로자에 대한 관계수급인의 활동과 작업

② 관계수급인의 근로자에 대한 도급인의 활동과 작업

③ 사업장 내의 다른 이해관계자에 대한 관계수급인의 활동과 작업

④ 관계수급인의 근로자에 대한 수급인의 활동과 작업

도급인은 수급인을 포함하여 리스크를 가장 잘 파악하고 평가하며 관리할 수 있는 자에게 권한을 위임할 수 있다. 이 위임이 도급인 자신의 근로자의 안전보건에 대한 그의 책임을 제거하는 것은 아님에 유의하여야 한다.

도급인은 도급인의 OSHMS가 관계수급인과 그 근로자에 의해 충족(이행)되도록 하기 위

한 절차를 마련하고 유지하여야 한다. 이 절차는 관계수급인의 선정을 위한 산업안전보건기준을 포함하여야 한다.

그리고 도급인은 관련된 당사자들의 안전보건책임을 명확하게 규정하는 계약을 통하여 관계수급인의 활동을 조정할 수 있다. 그리고 도급인은 직접적인 계약요건뿐만 아니라, 과거의 안전보건실적, 안전교육 또는 안전보건능력을 고려하는 계약체결기제(contract award mechanism) 또는 사전심사기준을 포함하여 관계수급인의 안전보건성과 관리를 위한 다양한 수단을 사용할 수 있다.

도급인과 관계수급인의 관계는 다양하고 복잡할 수 있으며, 다양한 형태와 수준의 리스크를 포함할 수 있다. 도급인이 이 관계를 관리하는 방법은 제공되는 서비스와 파악된 리스크의 성격에 따라 다양할 수 있다.

조정(coordination)의 정도는 계약조건, 유해·위험요인과 리스크의 성격, 사업의 유형과 크기 등의 요인에 따라 달라야 한다. 조정하는 방법을 정할 때, 도급인은 그 자신과 관계수급인 간의 유해·위험요인의 정보제공, 위험구역에의 작업자 접근의 통제, 비상상태에서 준수하여야 할 절차 등을 고려하여야 한다.

관계수급인이 OSHMS를 구축하고 있지 않으면, 도급인은 관계수급인이 그(관계수급인)의 활동을 도급인의 OSHMS 과정과 어떻게 조정할 것인지를 구체화하여야 한다.

도급인은 예컨대 다음 사항을 증명함으로써 관계수급인들이 그들의 작업을 진행하기 전에 당해 작업을 수행할 수 있다는 것을 증명하여야 한다.

① 안전보건실적 기록이 만족스러움
② 작업자들의 자격, 경험, 능력기준이 구체화되어 있음
③ 교육, 기타 작업자의 요구사항이 이행되었음
④ 자원, 장비 및 작업자 준비사항이 적절하고 작업수행 준비가 되어 있음

관계수급인 등에게 재해정보, 리스크에 관한 정보(위험성평가 실시결과, 아차사고정보 등) 등을 제공하는 것이 필요하다. 그리고 언제(어떤 기회에), 누가, 누구에게, 어떠한 자료를 제공하였는지에 대한 기록이 있거나 이를 설명할 수 있는 것이 필요하다.

## (10) 긴급상황에의 대비 및 대응

긴급(비상)상황이란, 갑자기 또는 예기치 않게 발생하는 것으로서 나쁜 결과를 피하기 위해 신속한(즉각적인) 조치가 요구되는 위험하거나 중대한 사건 또는 상황을 가리킨다. 긴급상황 발생 시에 피해를 최소로 막고 확대를 방지하기 위한 조치를 신속하고 정확하게 조치할 수 있도록 하기 위하여, 잠재적 긴급상황에 대비하고 대응하기 위하여 필요한 프로세스를 구축하고 이행·유지할 필요가 있다. 사업장에서는 그 입지, 업무내용 등

에 따라 긴급상황을 구체적으로 규정해 둘 필요가 있다.

이 긴급상황 대응 매뉴얼에는 다음 사항이 포함되어 있을 필요가 있다.

① 계획적인 대응을 위한 교육훈련(training), 연습(exercising) 실시

② 계획적인 대응능력의 주기적인 테스트

③ 소화 및 피난의 방법

④ 피재한 근로자의 구호방법

⑤ 소화설비, 피난설비 및 구조기자재의 배치

⑥ 긴급상황 발생 시의 각 부서 및 지휘명령계통

⑦ 긴급연락처

⑧ 상정되는 2차 재해 및 그 방지대책 등

## (11) 일상적인 점검, 개선 등

안전보건계획을 원활하게 운영하기 위해서는 안전보건계획의 실시상황에 대해 일상적으로 점검·평가를 행하고, 파악한 문제점에 대하여 개선을 행하는 것이 필요하다.

### 1) 일상적인 점검의 빈도

일상적인 점검은 반드시 매일 행할 필요는 없고, 계획기간 중의 단락별로 실시한다. 사업장의 상황, 점검 대상에 맞추어 개선의 실시내용, 방법 등도 생각하면 어느 정도의 시간을 요하므로 점검기간을 충분히 검토하는 것이 바람직하다.

### 2) 일상적인 점검, 개선 등의 실시자

일상적인 점검, 평가, 개선은 안전보건개선계획의 실시항목의 담당부서에서 행하는 것이 기본이지만, 안전보건부서 또는 안전보건스태프가 안전보건계획의 전체적인 추진과 도달도(달성도)를 파악하는 것이 필요하다.

### 3) 일상적인 점검, 개선 등의 절차

점검의 결과, 문제점이 발견된 경우, 그 원인을 조사하여 개선을 실시하는 절차를 정하고, 그것에 근거하여 실시하는 것이 중요하다.

일상적인 점검·개선의 절차에는 점검의 담당부서, 점검의 빈도, 문제 발견 시 원인조사 담당부서, 조사방법, 개선대책에의 대응 등을 포함할 필요가 있다.

## 4) 파악한 문제의 개선

안전보건계획은 생산계획의 변경, 생산방법, 인원구성의 변화 등에 수반하여 변경이 필요한 경우가 있다. 그리고 안전보건목표·계획의 달성이 곤란해진 경우, 진행관리가 예정대로 나아가지 못하게 된 경우에 설정한 안전보건목표·계획이 지나치게 높았는지, 그것을 달성하기 위한 방법에 무리가 있었는지 등의 문제점을 조기에 명확하게 하고, 그 문제점을 개선한다. 그렇게 함으로써, 당초의 안전보건목표·계획의 달성을 기하고, 다음 연도의 안전보건목표·계획의 설정 및 전개로 연결될 수 있다.

이를 위해 적어도 분기별(가능하면 월별)로 점검하고, 문제점이 있으면 개선한다. 또 평상시 반드시 행해지고 있는 법정점검, 4S(정리, 정돈, 청소, 청결) 등 종래 일상적으로 습관화되어 있는 안전보건활동에 관한 사항에 대해서도 안전보건계획에 포함하여, 이들에 대해서도 점검 시에 확실하게 대상으로 한다.

## (12) 산업재해 발생원인의 조사

### 1) 재해조사

산업재해가 발생한 경우에는 그 재해 등의 조사를 행하고 문제점을 파악하여 대책을 정하고 개선을 행할 필요가 있다.

재해조사에서는 산업재해에 직접 관계된 하드웨어 측면, 소프트웨어 측면뿐만 아니라 안전보건관리활동, OSHMS의 결함 등의 배경요인을 명확히 하여, 유사재해의 발생을 예방하는 것이 중요하다. 산업재해의 현상 측면만을 파악하고, 단순히 '깜박 실수이다', '조작 미스이다' 또는 '안전장치가 유효하게 작동하지 않았다' 등 표면적인 결론을 내리고 결말을 내서는 안 된다. 즉, 재해조사는 산업재해의 현상 측면의 요인을 조사하는 데 그치는 것이 아니라, 관리적인 원인까지 파고 들어가 분석하여 근본적인 원인을 밝혀내어 구체적인 대책을 마련하는 것이 무엇보다 중요하다.

### 2) 유사재해의 방지

재해조사가 어느 정도 진전된 시점 또는 재해조사 결과가 정리된 시점 등 적절한 시기에 재해발생원인과 그 재발방지대책의 전체 내용을 모든 종업원에게 알리고, 유사재해가 발생할 가능성은 없는지를 전사적으로 재점검하며, 가능성이 인정되면 위험한 장소를 특정하여 그 개선을 요구하는 한편 전원의 안전의식을 높인다.

사업장 전체의 노력으로서는 재해조사 결과가 충분히 심의되어 OSHMS의 도입, 운용 등을 포함하여 근본적인 안전보건대책이 강구될 필요가 있다. 유사재해의 방지를 위한 개선이 확실하게 실시되기 위해서는 그 실시책임자가 선임되어 개선방법, 개선결과의 확인, 개선의 평가 등을 행할 절차를 정하고, 이 절차에 근거하여 필요한 개선 등을 추진할 필요가 있다. 개선은 직접적 원인, 기본적 원인에 대한 설비개선, 매뉴얼 등의 수정뿐만 아니라, 관리적 원인을 밝히기 위해 끝까지 캐어 들어가고, 관리적인 문제가 있는 경우에는 조직적인 개선을 하는 것이 중요하다.

### (13) 시스템 감사

OSHMS가 적절하게 실시되고 있는지를 평가하기 위하여 시스템 감사를 실시할 필요가 있다. 시스템 감사는 연 1회 이상 그리고 안전보건계획 기간 중에 적어도 1회는 실시하는 것이 필요하다.

시스템 감사는 안전보건방침, 안전보건목표의 달성상황, 안전보건에 관련된 법령, 기준, 작업규정 등이 준수되고 있는지 등 OSHMS하에서 이루어지는 조치가 적절하게 실시되고 있는지, 안전보건활동이 적절하게 실시되고 있는지, 안전보건활동의 결점, 우수한 점 등에 대하여, 문서, 기록의 조사, 작업장의 시찰, 관계자와의 면접 등에 의해 실시평가를 하는 것이다.

### (14) OSHMS의 재검토

시스템감사의 결과를 토대로 OSHMS를 재검토(수정)한다. OSHMS을 추진하는 노력을 하고 있는데도 안전보건목표가 달성되지 않거나 안전보건계획이 제대로 이행되지 않거나 또는 산업재해가 다발하는 경우 등에는 OSHMS의 운용방법, 현장에의 침투도, 일상적인 안전보건활동의 내용 등에 무언가의 문제를 가지고 있다고 보아야 한다.

이를 위하여 시스템감사의 결과, 나아가 재해조사의 결과, 위험성평가의 결과 등에서 OSHMS의 결함이 판명된 경우, 최고경영자에 의한 OSHMS의 재검토(수정)가 제안 또는 지시된 경우 등에는 OSHMS를 적절하게 재검토(수정)할 필요가 있다.

그리고 사업장의 안전보건수준의 향상 상황, 사회환경의 변화 등을 고려하여 사업주 스스로가 시스템의 타당성 및 유효성을 평가하고, 그 결과를 토대로 필요한 수정을 행하는 것도 필요하다. 사전에 OSHMS의 정기적인 재검토를 스케줄에 넣어 두면, 그 재검토(수정)가 용이하게 된다. 수정된 OSHMS는 바로 전원에게 주지하는 것이 중요하다.

이상이 OSHMS의 개요이다. 그 포인트를 정리하면, 일반적으로 다음 4가지가 제시된다.

① 전사적(全社的)인 추진체제를 갖출 것

② 위험성평가를 실시할 것

③ PDCA 사이클의 자율적인 시스템을 갖출 것

④ 절차화, 문서화 및 기록화할 것

OSHMS는 현재 대기업을 중심으로 도입되어 구축되고 있지만, 앞으로 보다 많은 기업에 널리 보급되어 정착되는 것이 기대된다.

## 4. OSHMS와 그간의 안전보건관리·활동의 관계

### (1) OSHMS와 종래의 안전보건관리

OSHMS와 종래의 안전보건관리 간의 관계는 다음과 같은 3가지 사항으로 요약할 수 있다.

① OSHMS는 사업장 안전보건관리를 내실화하기 위한 2개의 축[6] 중의 하나인 자율적인 안전보건관리(활동)의 촉진수단에 해당하는 것으로서, 기본적으로 산업안전보건법의 목적 또는 틀(frame) 안에 있다고 할 수 있다.

② OSHMS는 사업주를 정점으로 하는 산업안전보건법에 근거한 안전보건관리체제를 기반으로 하여 노·사 일체의 전사적인 노력을 정하고 있다.

③ OSHMS는 종래의 안전보건관리(활동)의 연장선상에 있다.

OSHMS가 종래의 안전보건관리와 다른 점은 새롭게 위험성평가 실시에 의한 위험성 감소에 중점을 둔 점, 시스템감사라고 하는 지금까지 없었던 확인(check)기능을 작동하게 함으로써, 안전보건수준의 향상이 보다 확실하게 이루어지도록 한 점이다.

### (2) OSHMS와 일상적 안전보건활동의 일체적 운용

OSHMS는 체계적이고 효과적이고 자율적 안전보건을 위한 '관리의 방법'이고, 일상적 안전보건활동은 인간존중의 기본이념에 근거하여 무재해를 궁극적인 목표로 하여 직장의 위험과 문제점을 전원 참가를 통해 해결해 나가고 안전과 건강을 선취(先取)해 나감으로써 밝고 생동감 넘치는 직장풍토 조성을 기대하는 활동이다. 이와 같이 OSHMS와 일상적 안전보건활동에는 각각의 특징(장점)이 있으므로, 이 양자의 특징(장점)을 최대한 살려 일체적으로 운용하는 것이 바람직하다.

즉, OSHMS라고 하는 '관리방법'이 적절하고 효과적으로 기능하기 위해서는 일상적 안전보건활동을 가미·반영하는 것이 필요하다. 그리고 일상적 안전보건활동을 실시하고 있는 사업장이 OSHMS를 도입하면, 일상적 안전보건활동의 추진에 '관리방법'이 확립되고 계속적이고 안정적인 일상적 안전보건활동의 전개를 기대할 수 있다. 이와 같이 사업장에서 OSHMS와 일상적 안전보건활동의 양자를 일체적으로 운용할 수 있으면, 양자의 장점이 살아나 안전보건수준이 한층 향상되는 것으로 연결된다.

---

6 하나는 구체적 법적 기준이고 또 다른 하나는 자율적 안전보건관리(활동)이다.

## Ⅱ. 위험성평가[7]

## 1. 위험성평가의 개요

### (1) 취지

산업재해는 장기적으로는 감소하고 있지만, 여전히 많은 근로자가 산업재해를 입고 있고, 한 번에 2명 이상 사망하는 대형재해도 빈번하게 발생하고 있다. 그리고 우리나라를 대표하는 기업에서도 누출, 폭발, 화재 등의 중대재해가 지속적으로 발생하고 있다. 이들 재해의 요인으로서는 위험성평가(risk assessment)의 불충분, 최고경영자의 노력의 부족, 지식·경험의 미흡 등이 지적되고 있다.

생산공정의 다양화, 복잡화가 진전되는 한편 새로운 기계설비·화학물질이 도입되고 있고, 사업장 내 유해·위험요인이 다양화되며 그 파악이 곤란해지고 있는 상황에서는, 단순히 법령에 규정된 세부적·기술적인 안전보건기준을 준수할 뿐만 아니라, 자율적인 노력에 의한 안전보건관리수준의 향상이 불가결하다. 위험성평가는 이 향상을 위한 유력한 방법이다.

이러한 필요에 따라 기업이 자율적으로 안전보건수준을 향상시키기 위하여 유해·위험요인을 파악하고 각각의 리스크를 추정·결정하며, 이것에 근거하여 리스크 감소조치를 실시하는 방법으로 위험성평가를 도입하게 되었다.

우리나라에서는 2013년 6월 산업안전보건법을 개정하여 제41조의2(위험성평가)[8]를 구체적 의무의 형태로 신설하고, 건설물, 기계·기구, 설비, 원재료, 가스, 작업 등의 유해·위험요인(hazard)을 파악하는 한편, 그 결과에 따라 필요한 안전보건조치를 하도록 규정하였다.

### (2) 위험성평가란

위험성평가란

① 사업장의 모든 유해·위험요인을 파악(적출)하고,

② 각 유해·위험요인의 리스크(위험성)를 추정하며 리스크의 허용 여부를 결정한 후,

③ 리스크가 큰 것부터 감소조치를 강구한다

고 하는 일련의 조치를 체계적으로 추진하는 자율적이고 선제적인 안전보건관리방법을 말한다.

---

7  위험성평가에 대한 자세한 설명은 정진우, 『위험성평가 해설』, 개정증보 제4판(보정), 중앙경제, 2023을 참조하기 바란다.

8  현재는 산업안전보건법 제36조(위험성평가의 실시)에 규정되어 있다.

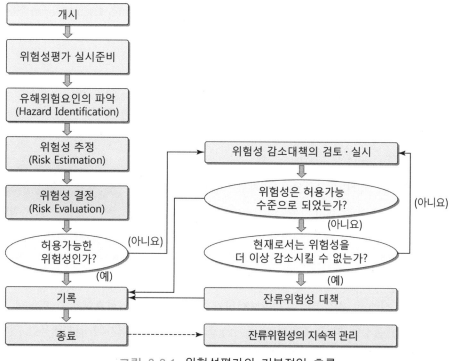

그림 3.2.1 위험성평가의 기본적인 흐름

위험성평가는 대략적으로 다음과 같은 5가지 단계(step)로 진행된다. ① 사업장의 유해·위험요인을 적출(파악)한다(유해·위험요인 파악)(1단계), ② 유해·위험요인별로 리스크를 추정한다(위험성 추정)(2단계), ③ 리스크의 허용 여부를 판단하고 우선도 설정 및 리스크 감소조치를 검토한다(위험성 결정)(3단계), ④ 리스크 감소조치를 실시한다(위험성 감소대책)(4단계), ⑤ 위험성평가 실시내용을 기록한다(기록)(5단계).

이론적으로는 위험성평가를 3단계까지로 보는 것이 일반적이지만, 5단계까지의 일련의 작업을 합하여 위험성평가로 파악하는 관점이 직장에서 이해하기 쉽고 수용되기도 용이하다.

### (3) 위험성평가 탄생배경

위험성평가의 원형은 1980년대에 유럽에서 다발한 화학플랜트 등의 중대재해를 방지하기 위한 방안으로 고안되었다. 위험성평가의 정의 역시 1980년에 확립되었는데, 대체로 "잠재하는 유해·위험요인의 체계적인 사전 리스크 추정(중대성과 가능성이라는 측면에서 평가) 및 이에 근거한 우선도의 합리적인 뒷받침"이라고 말할 수 있다.

그 후 EC(당시 1993년 이후에는 EU)의 가맹국이 가맹국들의 안전보건 확보와 그 수준 향상을 위하여 '직장에서의 근로자의 안전과 보건의 개선을 촉진하는 조치(위험성평가를 포함한다)'를 채택하였다. 이것에 의해 가맹국들은 1992년 중에 필요한 법률, 규칙 등을 정비하고,

1996년까지 시행하게 되었다. 그리고 EU의 통일규격인 EN(Europäische Norm, European Standards)에 위험성평가가 추가됨으로써 위험성평가가 EU 각국에 보급되어 갔다.

## 2. 위험성평가의 실시방법 및 효과

### (1) 위험성평가의 실시방법

#### 1) 관련 법령 및 고시

사업주는 건설물, 기계·기구, 설비, 원재료, 가스, 증기, 분진, 근로자의 작업행동 또는 그 밖에 업무로 인한 유해·위험요인을 찾아내어 부상 또는 질병으로 이어질 수 있는 위험성의 크기가 허용 가능한 범위인지를 평가하여야 하고, 그 결과에 따라 이 법과 이에 따른 명령에 의한 조치를 하여야 하며, 근로자에 대한 위험 또는 건강장해를 방지하기 위하여 필요한 경우에는 추가적인 조치를 하여야 한다(산업안전보건법 제36조 제1항).

위험성평가를 실시한 사업주는 ⅰ) 위험성평가 대상의 유해·위험요인, ⅱ) 위험성 결정의 내용, ⅲ) 위험성 결정에 따른 조치의 내용, ⅳ) 그 밖에 위험성평가의 실시내용을 확인하기 위하여 필요한 사항으로서 고용노동부장관이 정하여 고시하는 사항을 3년간 기록·보존하여야 한다(산업안전보건법 제36조 제3항, 동법 시행규칙 제37조).

산업안전보건법 제36조 제4항에 따라, 유해·위험요인을 찾아내어 위험성을 결정하고 조치하는 방법, 절차, 시기, 그 밖에 필요한 사항을 정하기 위하여 사업장 위험성평가에 관한 지침(고시)이 제정되어 있다.

#### 2) 실시시기

위험성평가는 최초평가 및 수시평가, 정기평가로 구분하여 실시하여야 한다. 이 경우 최초평가 및 정기평가는 전체 작업을 대상으로 한다.

수시평가는 다음 ①~④ 어느 하나에 해당하는 계획의 실행을 착수하기 전에 실시하는 것으로서 위험성평가의 본질에 해당한다. 다만, ⑤에 해당하는 경우에는 사고·재해가 발생한 작업을 대상으로 작업을 재개하기 전에 실시할 필요가 있다.

① 사업장 건설물의 설치·이전·변경 또는 해체
② 기계·기구, 설비, 원재료 등의 신규 도입 또는 변경
③ 건설물, 기계·기구, 설비 등의 정비 또는 보수(주기적·반복적 작업으로서 이미 위험성평가를 실시한 경우에는 제외)
④ 작업방법 또는 작업절차의 신규 도입 또는 변경
⑤ 중대산업사고 또는 산업재해(휴업 이상의 요양을 요하는 경우에 한정한다)의 발생

⑥ 그 밖에 사업주가 필요하다고 판단하는 경우

위험성평가는 한 번으로 모든 리스크를 파악하고 리스크 감소조치를 할 수 있는 것은 아니다. 위험성평가를 실시한 후 일정한 기간이 경과하고, 기계·설비 등의 기간 경과에 의한 성능 저하, 근로자 교체 등에 수반하는 안전보건과 관련되는 지식·경험의 변화, 안전보건과 관련된 새로운 지식의 습득 등이 있는 경우 등 사업장의 리스크에 변화가 생기거나 생길 우려가 있는 경우에는 추가적으로 위험성평가를 실시하는 것이 바람직하다.

### 3) 정보수집

#### 가. 유해·위험요인에 관한 자료의 파악

사업장 위험성평가를 실시하는 경우에는 먼저 유해·위험요인에 관한 정보를 가급적 많이 수집하는 것이 제일보(第一步)이다. 사업장의 유해·위험요인 파악을 위해 필요한 자료로서는 다음과 같은 것을 제시할 수 있다.

① 작업표준, 작업절차서, 작업계획서 등
② 기계·설비 등의 사양서, 취급설명서, 레이아웃 등 주변의 환경
③ MSDS
④ 사고·재해사례(자사, 타사 및 외국의 사례), 재해통계
⑤ 아차사고사례(자사 및 타사의 사례)
⑥ 위험예지활동, TBM, 안전순찰(외부전문가에 의한 것을 포함한다) 등 안전보건활동의 결과(기록)
⑦ 건강진단결과
⑧ 작업환경측정결과
⑨ 고객 등으로부터의 클레임, 각종 트러블 사례
⑩ 사업의 일부 도급의 경우에는 도급인 사업주가 실시한 위험성평가 결과
⑪ 기타 위험성평가의 실시에 있어 참고가 될 국내외 자료 등

이 중 사고·재해사례, 아차사고사례 등은 위험성평가 실시 대상으로 최우선으로 고려하여야 한다. 그리고 이들 자료는 위험성평가를 실시할 때 필수적으로 필요한 것이므로 평상시에 잘 정리해 두어야 한다. 자료의 리스트를 작성해 두면 편리하다.

#### 나. 유해·위험요인의 확인

사업장의 유해·위험요인에는 어떤 것이 있는지를 항상 확인해 둘 필요가 있다. 업무내용, 사용하고 있는 기계·설비, 화학물질, 작업환경 및 수집한 정보에서 유해·위험요인을 찾아내어 정리해 두는 것이 필요하다.

**다. 유해·위험요인 정보입수 시 유의사항**

새로운 기계·설비를 도입하는 경우에는 그 기계·설비의 제조자 또는 수입자로부터 설계·제조단계의 위험성평가 결과를 입수하여 참고할 필요가 있다. 그리고 도급인 사업장에서 도급작업을 할 때에는 도급인 사업주로부터 위험성평가에 필요한 자료를 사전에 입수하여 참고로 한다.

## 4) 실시절차

**가. 1단계: 유해·위험요인 파악**

(가) 유해·위험요인의 분류

미리 정해진 유해·위험요인 분류기준에 따라 작업장에 신규로 도입하거나 작업장에서 현재 사용하고 있는 기계·설비, 화학물질, 작업환경, 작업방법 등에서 위험한(불안전한) 상태, 작업자의 불안전한 행동, 작업자의 특성 등에 주목하여 산업재해의 발생원인이 되는 유해·위험요인을 명확히 한다.

유해·위험요인 파악(hazard identification)은 작업절차서, 작업표준 등을 활용하여 실시한다. 작업절차서, 작업표준 등이 없는 경우에는 작업별로 작업 개요를 기재한 것을 사용하거나 작업절차를 써내도록 한다. 이때 실제의 작업을 잘 관찰하는 것도 중요하다. 현장에서는 작업절차서 등과 다른 방법으로 작업이 이루어지거나 소음, 공간의 협소 등의 환경요인 등은 작업절차서 등에는 없기 때문이다.

실시자는 작업의 상황을 가장 잘 알고 있는 현장감독자와 작업자가 중심이 되고, 누락을 방지하기 위하여 복수의 자가 실시하는 것이 바람직하다. 그리고 필요에 따라 사용되고 있는 기계·설비에 정통한 스태프 등 전문지식을 가진 자, 과장 등의 관리자가 참가하는 것도 효과적이다.

표 3.2.1 유해·위험요인의 분류(예)

---

1. 기계·설비에 의한 위험요인
2. 폭발성 물질, 발화성 물질, 인화성 물질, 부식성 물질, 산화성 물질, 황산 등에 의한 위험요인
3. 전기, 열, 기타 에너지(아크 등 광에너지) 등에 의한 위험요인
4. 작업(굴삭작업, 채석작업, 하역작업, 벌목작업, 철골조립 등)방법에서 발생하는 위험요인
5. 작업장소(추락 우려가 있는 장소, 토사 등의 붕괴 우려가 있는 장소, 미끄러질 우려가 있는 장소, 발이 걸려 넘어질 우려가 있는 장소, 채광·조명 등의 영향에 따른 위험성이 있는 장소, 물체가 낙하할 우려가 있는 장소 등)에 관계되는 위험요인
6. 작업행동 등에서 발생하는 위험요인
7. 원재료, 가스, 증기, 분진, 산소결핍공기, 병원체, 배기, 배액, 잔재물 등에 의한 유해요인
8. 방사선, 고온, 저온, 초음파, 소음, 진동, 이상기압, 적외선, 자외선, 레이저광선 등에 의한 유해요인
9. 작업행동 등(계기감시, 정밀공작작업, 중량물취급작업, 작업자세, 작업양태에 의해 발생하는 요통, 경견완증후군 등)에서 발생하는 유해요인
10. 기타의 유해·위험요인

---

(나) 유해·위험요인 표현방법

유해·위험요인은 '~로 인하여(~할 때) ~하여 ~(사고유형)이 되다.'로 표현한다. 하나의 예를 제시하면 그림 3.2.2와 같다. 이것은 '사고에 이르기까지의 예상되는 경로(프로세스)'를 명확히 한 것이다.

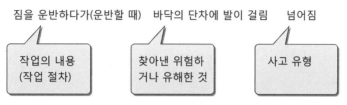

그림 3.2.2 유해·위험요인 표현방법(예)

(다) 유해·위험요인 파악 시 유의사항
① 감독자의 주관하에 해당 작업장의 근로자가 참여하여 실시한다(산업안전보건법 제36조 제2항 참조).
② 필요에 따라 스태프 등 전문지식을 가지고 있는 사람에게 지원을 의뢰한다.
③ 지금까지의 재해, 사고, 아차사고를 참고로 한다.
④ 자사의 작업자는 물론 파견·도급작업자의 의견도 활용한다.
⑤ 작업자의 피로 등 부가적 영향을 생각한다.

나. 2단계: 리스크 추정
(가) 리스크의 크기

리스크는 일반적으로(ISO 45001, ISO/IEC Guide 51, ILO-OSH 2001 등 국제기준에서) 유해·위험요인에 의한 [재해(피해)의 중대성]×[재해(피해)의 (발생)가능성]의 조합으로 나타내는데, 2가지 요소(중대성, 가능성) 모두 고려요인이 많으므로, 구체적인 작업에 들어가기 전에 각 요소에 대한 상세한 고려요인을 미리 준비하는 것이 필요하다.

예를 들면, 재해(피해)의 중대성은 재해(피해)를 입는 신체부분이 어디인지, 재해(피해)의 강도는 어느 정도인지(치료기간, 후유장해 유무), 재해자(피해자)가 1명인지, 여러 명인지와 같은 요소에 의해 좌우되고, 재해(피해)의 발생가능성은 위험한 사건의 발생확률, 유해·위험요인에 노출(접촉)되는 빈도와 시간, 위험한 사건이 발생한 때에 재해(피해)를 회피·제한하는 능력 등에 의해 영향을 받으므로, 이것들을 감안하면서 리스크의 크기(위험도)를 정하여야 한다.

그러나 이상의 고려요인이 절대적인 것이라고 말할 수는 없으므로 국내외에서 행해지고 있는 선진적인 방법을 조사·참고하여 각 사업장에 적합한 것을 지표(고려요인)로 삼을 필요가 있다.

(나) 리스크 추정의 3가지 방법

리스크 추정(risk estimation)의 방법에는 매트릭스(행렬) 방법, 분기(分岐) 방법, 수치화 방법이 있다.

① 매트릭스(행렬) 방법

매트릭스(행렬) 방법은 재해의 중대성과 재해의 발생가능성을 상대적으로 척도화하여 이것을 종축과 횡축으로 하는 방법으로서, 미리 중대성과 가능성의 정도에 따라 위험성이 할당된 표를 사용하여 위험성을 추정하는 방법이다. 리스크의 크기를 한눈에 알 수 있어 편리하다는 장점이 있다.

표 3.2.2 매트릭스 방법

| 중대성 / 가능성 | 치명적 (사망) | 중대 (휴업 1월 이상) | 중정도 (휴업 1월 미만) | 경미 (휴업 없음) |
|---|---|---|---|---|
| 상당히 높음 | V | IV | IV | III |
| 비교적 높음 | IV | IV | III | II |
| 약간 높음 | IV | III | II | II |
| 낮음 | III | II | II | I |
| 매우 낮음 | I | I | I | I |

② 분기 방법

2개로 분기(分岐)해 가는 방법이므로 누구라도 비교적 간단하게 할 수 있는 장점이 있다. 단, 2자 택일로 분기해 가므로, 밀도 높은 분석은 기대하기 어렵다. 리스크 그래프에 의한 방법이라고도 한다.

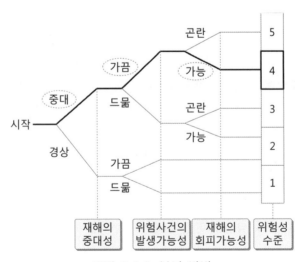

그림 3.2.3 분기 방법

③ 수치화 방법

수치화 방법을 이용하는 리스크 추정은 리스크 크기의 구체적인 추정치가 수치로 제시되기 때문에 누구라도 알기 쉽고 리스크 감소의 우선도가 명확하게 되는 장점이 있다. 일반적으로는 리스크의 크기가 명확하게 나타나는 수치화 방법이 많이 이용되고 있다.

추정은 보통 '재해의 중대성'과 '재해의 (발생)가능성'을 가지고 행하지만, '재해의 (발생)가능성'을 '위험상태의 (발생)빈도'와 위험상태 발생 시 '재해의 (발생)가능성'으로 나누는 방법, 즉 '빈도'를 추가하여 행하는 방법도 있다. 이것은 '빈도'를 추가함으로써 보다 적절한 추정을 할 수 있을 것으로 생각되기 때문이다.

중대성, 가능성, 빈도는 각각 3~5등급으로 나누는 것이 일반적이다. 등급이 많은 쪽이 상세한 분석이 가능하지만, 그만큼 복잡하게 된다. 따라서 사업장에 맞는 등급 구분을 하는 것이 바람직하다.

재해의 중대성과 재해의 가능성 2가지로 리스크를 추정하는 방법을 예시하면 다음과 같다.

• 리스크 점수 = 재해의 중대성의 점수 + 재해의 가능성의 점수

〈재해의 중대성(예)〉

| 치명상 | 중상 | 경상 | 경미 |
|---|---|---|---|
| 30점 | 20점 | 7점 | 2점 |

〈재해의 가능성(예)〉

| 매우 높음 | 비교적 높음 | 가능성 있음 | 거의 없음 |
|---|---|---|---|
| 20점 | 15점 | 7점 | 2점 |

〈리스크 점수와 리스크 수준(예)〉

| 리스크 점수 | 리스크 수준 |
|---|---|
| 30점 이상 | 중대한 문제가 있음 |
| 21~29점 | 문제가 있음 |
| 10~20점 | 다소 문제가 있음 |
| 10점 미만 | 거의 문제가 없음 |

재해의 중대성, 재해의 가능성, 위험상태의 빈도 3가지로 리스크를 추정하는 방법을 예시하면 다음과 같다.

• 리스크 점수 = 재해의 중대성의 점수 + 재해의 가능성의 점수 + 위험상태의 빈도의 점수

〈재해의 중대성(예)〉

| 치명상 | 중상 | 경상 | 경미 |
|---|---|---|---|
| 10점 | 6점 | 3점 | 1점 |

〈재해의 가능성(예)〉

| 매우 높음 | 비교적 높음 | 가능성 있음 | 거의 없음 |
|---|---|---|---|
| 6점 | 4점 | 2점 | 1점 |

〈위험상태의 빈도(예)〉

| 빈번 | 가끔 | 거의 없음 |
|---|---|---|
| 4점 | 2점 | 1점 |

〈리스크 점수와 리스크 수준(예)〉

| 리스크 점수 | 리스크 수준 |
|---|---|
| 14~20점 | 중대한 문제가 있음 |
| 9~13점 | 문제가 있음 |
| 5~8점 | 다소의 문제가 있음 |
| 3~4점 | 거의 문제가 없음 |

지금까지 설명한 3가지의 리스크 추정방법 중 각각의 사업장에 맞는 것을 선택하여 실시하는 것이 바람직하다.

(다) 리스크 추정 계산

수치화 방법에서 리스크의 크기는 2가지 요소(중대성, 가능성)의 조합 또는 3가지 요소(중대성, 가능성, 빈도)의 조합으로 나타낸다. 조합의 방법에는 가산법(덧셈법)과 승산법(곱셈법)이 있다.

〈가산법의 예〉

$$평가점수 = 중대성 + 가능성 + 빈도$$
$$= 3점 + 4점 + 4점 = 11점$$

| 평가점수 | | 리스크 수준(내용) | 리스크 감소조치 |
|---|---|---|---|
| 14~20점 | Ⅳ | 중대한 문제가 있음 | 바로 작업중지 또는 개선함 |
| 9~13점 | Ⅲ | 문제가 있음 | 신속하게 개선함 |
| 5~8점 | Ⅱ | 다소 문제가 있음 | 계획적으로 개선함 |
| 3~4점 | Ⅰ | 거의 문제가 없음 | 상황(필요)에 따라 개선함 |

가산법의 이점은 수치가 커지지 않기 때문에 계산하기 쉽다. 단, 추정점수가 작기 때문에 평가점수의 편차는 작아진다. 이에 반해, 승산법은 수치가 커지고 계산하기 어렵다는 불편함은 있지만, 평가점수에 편차가 커져 차이를 판단하기가 쉬워진다.

승산법은 추정을 2가지 요소(중대성, 가능성)의 조합으로 실시하는 경우에 많이 이용된다.

(라) 리스크 추정 시 유의사항

① 미리 정한 판단기준으로 리스크를 추정한다.

② 구체적으로 누가 어떻게 재해를 입을 것인지를 예측하여 추정한다.

③ 과거의 재해가 아니라 현시점에서의 최악의 상황을 상정하여 중대성을 추정한다. 단, 극단적인 케이스는 상정하지 않는다.

④ 유해성이 입증되지 않는 경우라도, 일정한 근거가 있는 경우에는 그 근거에 기초하여 추정한다.

⑤ 직접 작업하는 작업자뿐만 아니라, 관계하는 작업자도 검증에 포함시킨다.

⑥ 다수결이 아니라, 충분히 의논하여 추정한다.

### 다. 3단계: 리스크 결정 - 허용 가능 여부 판단, 우선도 설정 및 리스크 감소조치의 검토·결정

(가) 리스크의 허용 가능 여부 판단

리스크 결정(risk evaluation)은 해당 리스크가 수용(허용) 가능한지[acceptable(tolerable)] 여부를 판단하는 단계로서, 이 단계 역시 위험성평가에서 매우 중요한 부분이다. '수용(허용)가능한 리스크(크기)' 여부의 판단은 어떤 리스크(유해·위험요인)가 안전한지 그렇지 않은지, 즉 어떤 리스크(유해·위험요인)에 감소조치가 필요한지 여부를 판정하는 것이기 때문에 어려운 부분이기도 하다.

어떤 사람은 괜찮다고 하지만 어떤 사람은 안 된다고 말하고, 어떤 회사에서는 괜찮지만 이 회사에서는 안 된다고 하는 것이 발생할 수 있다. 따라서 수용(허용) 가능 여부의 판단이 자의적이 되지 않도록 회사 자체 기준을 미리 설정하는 것이 필요하다.

추정된 리스크 수준이 허용 가능하다고 판단되면, 기존의 안전조치를 유지하는 것 외의 새로운 안전조치는 하지 않는다는 판단(결정)을 하여도 무방하므로, 잔류위험성은 이 정도 존재한다는 것을 명기하고 종료절차에 들어간다. 리스크 수준이 허용할 수 없다(안전하지 않다)고 판단되면, 허용되는 안전한 수준까지 리스크를 감소시키는 대책을 수립·실시하는 절차에 들어간다. 그런데 대책을 실시할 필요성이 있어도 부득이한 사정에 의하여 바로 조치할 수 없는(적절한 조치를 유예하는) 경우도 있을 수 있는데, 이 경우에는 잠정적인 조치를 취함과 동시에 적절한 조치를 바로 실시할 수 없는(리스크를 그대로 유지하게 된) 이유를 작업자 및 관계자에게 주지·설명하고 기록해 두어야 한다.

표 3.2.3 위험성 결정방법(예)

| 위험성(크기)의 범위 | 위험성 수준(내용): 허용 여부 | 감소조치 추진방법 |
|---|---|---|
| 14~20점 (고위험성) | IV(안전보건상 중대한 문제가 있음): 허용 불가능 | 신속하게 개선 |
| 9~13점 (중고위험성) | III(안전보건상 문제가 있음): 허용 불가능 | 가급적 빨리 개선 |
| 5~8점 (중위험성) | II(안전보건상 다소의 문제가 있음): 허용 불가능 | 계획적으로 개선 |
| 3~4점 (저위험성) | I(안전보건상 문제가 거의 없음): 허용 가능 | 필요에 따라 개선 |

(나) 리스크 감소를 위한 우선도 설정

리스크 결정의 일부인 '리스크 감소를 위한 우선도 결정'의 목적은 리스크 추정결과(추정된 리스크 수준)에 기반하여 리스크 감소를 위한 우선도를 결정하는 것이다.

리스크 감소를 위한 우선도 결정방법은 리스크 수준이 높은 것부터 검토 대상으로 하는 것을 기본으로 하여, '리스크 감소조치 추진방법'(리스크 감소를 위한 조치기준)의 형태로 미리 정해 두어야 한다. 우선도(리스크 감소조치 추진방법)는 3~5등급으로 하는 것이 일반적이다.

(다) 리스크 감소조치의 검토·결정

리스크 감소조치[risk reduction(treatment)]의 검토는 아래 그림의 우선순위에 따라 행하되, 다음 사항에 유의할 필요가 있다.

- 법령에 정해져 있는 사항은 최우선으로 확실하게 조치를 한다.
- 안이하게 관리적 대책, 개인용보호구의 착용에 의존해서는 안 되고, ①의 위험한 작업의 폐지·변경 등의 본질적 대책과 ②의 공학적 대책을 먼저 검토하고, ③ 및 ④의 대책은 그것의 보완적 조치라고 생각해야 한다. ③ 및 ④만의 조치를 취하는 것은 ① 및 ②의 조치를 강구하는 것이 매우 곤란한 경우에 한한다.
- 예컨대 기계·설비의 교체·개선에는 상당한 비용을 요하기 때문에, 하드(hard) 면의 개선보다 소프트(soft) 면의 개선으로 경도되거나, 리스크 추정 시에 이 점이 잠재적으로 영향을 미쳐 리스크 수준을 낮게 판정하는 일이 있어서는 안 된다.
- 사망재해, 중대한 질병을 초래할 우려가 있는 경우로서 적절한 리스크 감소조치를 강구

하는 데 시간을 요하는 경우에는, 그때까지 방치하지 말고 잠정적인 조치를 신속하게 강구할 필요가 있다.

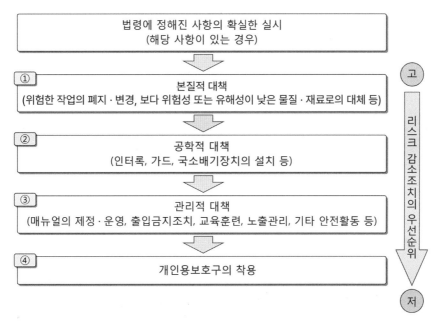

그림 3.2.4 리스크 감소조치의 검토

### 라. 4단계: 리스크 감소조치의 실시

위험성평가에서 실시할 감소조치가 결정되면, 실시 담당자는 감소조치 실시를 위한 계획 (스케줄, 역할분담 등)을 구체적으로 정하고 그 계획에 따라 실시한다. 감소조치 실시 후에는 확인(파악)된 유해·위험요인에 대하여 재차 리스크 추정, 리스크 결정을 하고, 리스크 감소의 효과를 확인하는 동시에 작업성, 생산성, 품질에 미치는 영향을 확인한다.

리스크 감소조치 실시 후에도 리스크 수준이 허용할 수 없는 수준인 경우에는 한 번 더 리스크 감소조치를 수립하여 개선할 필요가 있다. 또한 감소조치 실시 후에 새로운 유해·위험요인이 발생하고 있지 않은지를 확인하는 것도 중요하다. 새로운 리스크가 발생한 경우에는 그 리스크를 추정하고, 만약 허용 가능하지 않은 리스크인 경우에는 새롭게 발생한 유해·위험요인에 대해서도 리스크 감소조치를 수립하여 이행하여야 한다.

### 마. 5단계: 기록의 작성

위험성평가를 실시하면 그 기록을 남기는 것이 중요하다. 작업자가 보기 쉽도록 기록하고, 그 이후의 위험성평가에 반영할 필요가 있다.

위험성평가를 실시하고 조치를 강구하더라도 유해·위험요인이 모두 없어지는 경우는 드물다. 대부분의 경우, 잔류리스크가 남아 있다. 직장의 유해·위험요인은 기술혁신, 원재료의 개량에 의해 변화한다. 따라서 잔류리스크에 대해서도 끝까지 추적관리할 필요가 있다. 기록을 확실히 해 놓으면, 적절한 대응을 용이하게 할 수 있다.

〈기록·보존사항〉

> [시행규칙 제37조, 사업장 위험성평가에 관한 지침(고시) 제14조 제1항]
> ① 위험성평가 대상의 유해·위험요인
> ② 위험성 결정의 내용
> ③ 위험성 결정에 따른 조치의 내용
> ④ 위험성평가를 위해 사전 조사한 안전보건정보
> ⑤ 그 밖에 사업장에서 필요하다고 정한 사항

### (2) 위험성평가의 효과

위험성평가를 실시하고 효과적으로 운용하면 다음과 같은 효과를 기대할 수 있다.
① 리스크에 대한 인식을 공유하고 노하우를 승계할 수 있다.
② 직장의 유해·위험요인을 적출할 수 있고 적절한 대책이 가능하게 된다.
③ 안전보건대책이 합리적인 우선순위로 결정될 수 있다.
④ 기계·설비, 물질 등의 본질안전화를 기대할 수 있다.
⑤ 리스크가 일정한 수준에 달할 때까지 위험성평가를 반복함으로써 안전한 직장을 달성할 수 있다.
⑥ 비용 대 효과의 관점에서 합리적인 대책을 실시할 수 있다.

## 3. 위험성평가와 위험예지활동 비교

종래 많은 사업장에서 위험예지활동, 아차사고 보고활동, 안전순찰, 안전점검 등의 일상적 안전활동을 통해 생산현장에서의 유해·위험요인 파악이 일반적으로 이루어지고 있다. 이들 활동은 그 운용방법에 따라서는 유해·위험요인을 발견하고, 발견된 유해·위험요인에 대한 리스크를 추정하며, 그에 대한 안전대책을 검토하여 실시하는 위험성평가로서의 측면을 가지고 있는 경우도 있다.

그러나 오늘날은 위험성평가의 방법·절차가 명확하게 확립됨에 따라, 이들 활동과 위험성평가는 다른 것이라는 생각이 일반적이다. 여기에서는 이들 활동 중 위험성평가와 가장 가까운 방법이라고 생각되는 위험예지활동을 예로 들어 위험성평가와의 차이점, 보완성에 대하여 설명한다.

## (1) 위험예지활동과 위험성평가의 절차

위험예지활동의 4라운드법과 위험성평가의 기본적인 절차는 다음과 같다.

표 3.2.4 위험성평가와 위험예지활동의 절차

| 위험성평가의 절차 | 위험예지활동의 절차 |
|---|---|
| 절차 1  유해·위험요인의 파악 | 제1라운드  현상파악<br>어떤 위험(유해·위험요인)이 잠재하고 있는가? |
| 절차 2  리스크 추정(우선도 설정) | 제2라운드  본질추구<br>이것이 위험의 포인트이다. |
| 절차 3  위험성 결정 | 제3라운드  대책수립<br>당신이라면 어떻게 할 것인가? |
| 절차 4  리스크 감소조치의 실시 | 제4라운드  목표설정<br>우리들은 이렇게 한다. |

위험예지활동과 위험성평가는 매우 비슷한 구조로 되어 있는데, 2가지 모두 유해·위험요인을 찾아내고 대책을 강구하여 실시하는 흐름(절차)으로 구성되어 있다.

제1단계는 2가지 모두 유해·위험요인을 파악하는 단계로서 동일하다. 즉, '~로 인하여(~할 때) ~하여 ~(사고유형)이 된다'라는 유해·위험요인의 파악방법이 동일하다. 따라서 종래 위험예지활동이 실시하여 온 사업장에서는 비교적 용이하게 위험성평가를 실시할 수 있을 것이다.

제2단계는 리스크의 크기를 판단하는 작업을 한다. 위험성평가에서 리스크의 추정은 사업장(기업)에서 설정한 기준에 입각하여 이루어진다. 한편, 위험예지활동의 본질추구는 작업자들 간 합의에 기초하여 이루어진다.

제3단계와 제4단계는 리스크를 감소시키기 위한 대책을 강구하여 실시하는 단계이다. 위험성평가는 추정된 리스크의 수준(크기)에 따라 우선순위에 근거하여 조치를 실시해 나간다. 위험예지활동에서는 작업자들이 스스로 할 수 있는 대책을 강구하여 실행으로 옮겨 간다.

## (2) 위험성평가와 위험예지활동의 차이

위험성평가와 위험예지활동은 위에서 살펴본 것처럼 유사한 점도 있지만 실시자, 목적, 시기, 실시방법 등에서 아래 표와 같이 다른 점 또한 많이 가지고 있다. 따라서 위험성평가를 도입한다고 해서 위험예지활동을 실시하는 의미가 없어지는 것은 아니다. 위험성평가의 도입은 위험예지활동의 활성화로 연결되고, 또 위험예지활동이 위험성평가의 내실화에 기여할 수 있으므로 각각의 방법의 이점을 살리는 방식으로 병행하여 실시하는 것이 바람직하다.

위험성평가는 매일 실시하는 것은 아니지만, 위험예지활동은 매일 또는 작업 때마다 실시

표 3.2.5 위험성평가와 위험예지활동의 차이

| 구분 | 위험성평가 | 위험예지활동 |
|---|---|---|
| 접근방식 | 사업주책임＋자율안전활동 | 자율안전활동 |
| 누가<br>(실시자) | • 작업자, 감독자, 관리자, 스태프(전문지식을 가지고 있는 자) | • 작업자, 감독자 |
| 무엇을<br>(목적) | • 주로 설비 면의 대책 | • 주로 행동 면의 대책 |
| 언제<br>(실시시기) | • 기계·설비, 원재료, 작업방법의 신규도입, 변경 시<br>• 작업계획(시공요령서), 작업절차 등 작성 시<br>• 유사 산업재해 재발방지대책 수립 시 | • 매일 작업시작 전 |
| 어떻게<br>[실시(추정)<br>방법] | • 추정방법을 설정·이용하여 리스크를 추정하는 등 과학적·조직적으로 실시 | • 리스크를 느낌(감)으로 추정하는 등 경험을 살려 즉단즉결(卽斷卽決) |

하는 것이고 어느 하나가 다른 하나를 대체하는 것은 아니며, 각각의 활동을 상호 보완하는 관계라고 생각하여야 한다.

예를 들면, 위험성평가에 의해 관리적 대책의 대상이 된 것 및 잠정조치를 취하지 않을 수 없는 것에 대해서는 매일의 위험예지활동의 대상으로 삼아 안전을 확보한다. 거꾸로 위험예지활동에서 중대한 리스크가 발견된 경우, 이것은 위험성평가의 대상으로 삼는다.

위 표에서 위험성평가와 위험예지활동의 차이점을 제시하였지만, 위험예지활동은 매일의 작업 중에서 실천해 가는 안전보건활동이고, 위험성평가는 조직적으로 형성된 구조에 따라 실시되는 것(일반적으로는 연간 안전보건계획에 관련되어 실시되는 것)이다.

위험예지활동을 활성화하기 위하여 위험성평가의 기법을 받아들인 '위험성평가 위험예지활동'을 보급하여 가면, 위험성평가와 어울려 직장의 안전보건관리가 더욱 향상되어 갈 것이라고 생각한다. 종래의 위험예지활동이 '위험성평가 위험예지활동'으로 진화함으로써 대책이 필요한 리스크가 명확하게 되고, 효과적인 위험예지활동을 실시할 수 있게 된다.

지금까지의 위험예지활동은 '느낌(감)'과 '경험'만으로 유해·위험요인을 찾아내고 그 크기를 추정하여 왔지만, '위험성평가 위험예지활동'에서는 유해·위험요인 적출(파악)방법에 따라 유해·위험요인을 찾아내고, 리스크 추정방법에 따라 정확한 리스크의 크기(위험도)를 추정하는 것이 가능하게 된다.

그리고 추정된 리스크 중 위험도가 높은 것에 대해서는 그날의 행동목표를 정하여 실행함으로써 확실하게 재해의 싹을 잘라 내는 것이 가능하게 된다.

# Ⅲ. 화학물질의 위험성평가

## 1. 화학물질의 안전한 취급의 필요성

화학물질(혼합물, 제조중간체를 포함한다)의 종류는 방대하고 직장에서 이용되는 것도 다양하다. 보건관리상 특히 주의가 필요한 물질로 '법령에서 구체적으로 취급규제가 있는 물질', '법령에서 유해·위험성에 대한 정보제공이 필요하다고 되어 있는 물질' 등이 있다. 단, 이들 물질은 화학물질 전체에서 보면 일부에 지나지 않는다. 신규로 화학물질이 계속적으로 개발되거나 유용한 물질이 끊임없이 새롭게 이용되고 있는 것은 틀림없는 사실이다.

유해성에 관한 식견도 점점 높아지고, 종래는 파악하지 못하고 있던 건강상의 영향이 새롭게 판명되는 경우도 있다. 화학물질에 대한 지금까지의 과학적 지견(知見)을 바탕으로 법령 등에 근거하여 유해한 화학물질의 관리를 확실하게 행하는 것에 추가하여, 규제 대상이 되고 있지 않은 화학물질이더라도 기본적인 취급사항을 철저히 파악하여 관리하는 것이 필요하다.

화학물질 위험성평가를 실시하여 필요한 대책을 실시하는 것도 불가결하지만, 1회 실시한 위험성평가 결과가 재검토되지 않은 채 그것으로 끝나지 않도록 주의할 필요가 있다. 상태는 시시각각 변화한다. 설비 측면의 대책이 당초는 완벽하였더라도 설비는 열화(劣化)하기 마련이고 손상을 입는 경우도 있다. 위험성평가 결과를 활용하는 한편, 다양한 변화를 전제로 한 정확한 운용이 필요하다.

MSDS 정보는 중요하지만 정보량이 많고 일반인이 이해하는 것이 어려운 전문용어도 많이 사용되고 있다. 대부분의 MSDS에는 취급자의 건강에 관한 사항뿐만 아니라, 생태독성, 잔류성·분해성, 생체축적성, 토양 중의 이동성, 오존층 유해성, 폐기상의 주의사항 등도 기재되어 있다. 직장에서 활용하기 위해서는 내용을 이해하기 쉽게 정리할 필요가 있다. 화학물질의 성상, 반응성 등도 확인하여 안전한 취급으로 연결시키는 것이 중요하다.

화학물질의 용기, 포장에 명칭, 인체에의 영향, 저장·취급상의 주의사항 등의 표시(경고표시)가 의무화되어 있는 물질의 경우, 주의사항에 모든 물질에 대해 유사하게 적용되는 내용이 기재되어 있거나 유사한 물질인데도 제공자에 따라 표현이 다르거나 하여 판단이 어려운 경우도 있다.

MSDS, 경고표시의 정보 등을 활용하여 실제 작업에서의 대응방법을 작업절차서 등에 명기하여 안전하게 작업할 수 있도록 하여야 한다. MSDS도 경고표시도 화학물질을 제공하는 자의 의무를 다하기 위하여 상세한 사항이 기재되어 있으므로, 화학물질을 사용하는 측에서는 MSDS, 경고표시를 참고하여 위험성평가를 실시하고, 그 결과를 토대로 직장에서 적절한 대응이 이루어지고 있는지를 확인하여 화학물질이 안전하게 취급될 수 있도록 하는 것이 필요하다.

## 2. 화학물질의 위험성 추정

이하에서 설명하는 건강에 해로운 화학물질에 대한 위험성 추정은 화학물질 자체의 특성에 특화된 위험성 추정으로서 (앞에서 설명한) 작업활동을 기반으로 하는 일반 위험성평가의 위험성 추정의 일부분으로 행해질 수 있다.

화학물질에 의한 건강장해의 위험성은 '유해성의 정도(유해성 수준)'와 '노출의 정도(노출수준)'를 각각 고려하여 추정한다. 일반적으로 위험성은 '재해의 중대성'과 '발생가능성'의 함수로 표현되지만, 화학물질에 의한 건강장해 방지와 관련된 위험성은 대체로 '유해성의 정도'와 '노출의 정도'의 함수로도 표현된다(위험성＝유해성의 정도×노출의 정도). '유해성의 정도'가 '재해의 중대성'에 해당하고, '노출량의 정도'가 '재해의 발생가능성'에 해당한다.

### (1) 정량적 방법(측정에 의한 방법)

직업성 노출기준이 설정되어 있는 화학물질에 대한 위험성 추정은 근로자의 노출량(노출농도)을 측정하고, 이것을 직업성 노출기준과 비교하여 실시한다. 즉, 공기 중 농도를 작업환경측정기준에 따라 실시한 작업환경측정결과(8시간 가중평균농도)와 직업성 노출기준을 비교하여 위험성 추정을 한다. 이때, 측정 시에 측정오차 등의 변동요인이 존재하므로 안전율을 고려할 필요가 있다. 즉, 측정한 근로자의 노출농도와 직업성 노출기준의 비율로 위험성 허용 여부를 단순히 판단하는 것은 적절하지 않다.

이 방법이 화학물질에 대한 건강장해 측면에서의 원칙적인 위험성 추정방법이고, 다른 위험성 추정방법보다도 장려되고 있다.

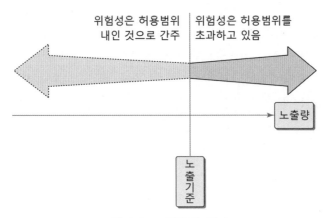

그림 3.3.1 정량적 평가

## (2) 반(半)정량적 방법(추정에 의한 방법)

### 1) 반정량적 평가 Ⅰ: 간이측정

이 방법은 직업성 노출기준이 설정되어 있고, 간이측정에 의한 노출농도 측정치(실측치)가 있는 경우에 적용한다.

작업환경측정기준을 따르지 않는 공기 중 농도의 측정(검지관, 가스검지기 등 간이측정기에 의한 간이측정)에 의해 얻어진 수치를 여러 개의 농도폭(밴드)으로 구분하여 '노출의 정도(농도)'를 추정한다. 작업(접촉)시간·빈도에 의한 보정을 가하여 '노출의 정도(농도)'를 최종적으로 추정한다. 다음으로, 직업성 노출기준을 등급구분하여 '유해성의 정도(수준)'로 한다. '노출의 정도(수준)'와 '유해성의 정도(수준)'로부터 매트릭스표(행렬표)를 이용하여 위험성의 수준을 추정(위험성 추정)한다.

### 2) 반정량적 방법 Ⅱ: 취급수량 및 직업성 노출기준

이 방법은 직업성 노출기준이 설정되어 있지만 이것과 직접 비교할 수 없는 작업환경측정치, 개인노출농도 등의 노출농도 측정치(실측치)가 없는 경우에 적용한다. 즉, 직업성 노출기준이 설정되어 있는 물질이지만 정밀도가 높은 실측치가 없거나 고도의 노출추정모델에 의해 노출농도를 추정할 수 없는 물질에 대하여 적용한다.

화학물질의 취급량, 비산성·휘발성, 작업장의 환기상황, 작업(접촉)시간 등을 이용하여 근로자의 노출농도(8시간 작업 시의 평균농도)를 추정하고 얻어진 결과를 몇 개의 등급(밴드)으로 구분된 밴드폭에 적용하여 '노출의 정도(수준)'를 표현한다. 이 추정방법은 영국 HSE의 COSHH Essentials(Control of Substances Hazardous to Health Essentials), ILO의 Control Banding[9]을 준거로 한다. 다음으로 직업성 노출기준을 일정한 밴드로 구분하고 '유해성의 정도(수준)'로 한다. 그리고 '노출의 정도(수준)'와 '유해성의 정도(수준)'로부터 매트릭스표(행렬표)를 이용하여 위험성의 수준을 추정(위험성 추정)한다.

### 3) 반정량적 방법 Ⅲ: 취급수량 및 GHS 분류구분

이 방법은 직업성 노출기준이 설정되어 있지 않고 작업환경측정치 등의 노출농도 측정치(실측치)가 없는 경우에 적용한다. 이 방법에서는 직업성 노출기준 대신에 GHS 분류(유해성 분류 및 구분)를 이용한다.

---

9 Control Banding은 영국 HSE가 인적·경제적으로 여유가 없는 중소기업을 위하여 개발한 화학물질의 간이(簡易) 위험성평가 방법이다. 그 후 ILO가 발전도상국의 중소기업을 대상으로 유해한 화학물질로부터 근로자의 건강을 보호하기 위해 간단하고 이해하기 쉬우며 실용적인 화학물질 위험성평가 방법으로 개량한 것으로서, 위험성 감소조치를 촉진하는 것에 주안점이 있다.

위의 반정량적 평가 Ⅱ와 동일하게 화학물질의 취급량, 비산성·휘발성, 작업장의 환기상황, 작업(접촉)시간 등을 이용하여 근로자의 노출농도를 추정하고, 얻어진 결과를 몇 개의 등급(밴드)으로 구분된 밴드폭에 적용하여 '노출의 정도(수준)'를 표현한다.

그 다음으로, 단일제품 및 혼합물(제제)의 GHS분류결과로부터 유해성을 특정하고, 유해성 항목별로 유해성 수준을 구한다. 이 경우 유해성 항목 중에서 가장 큰 유해성 수준을 단일제품 및 혼합물의 '유해성의 정도(수준)'로 한다.

이것은 영국 HSE의 COSHH Essentials, ILO의 Control Banding을 준거로 한다. 그리고 '노출 정도(수준)'와 '유해성 정도(수준)'로부터 매트릭스표(행렬표)를 이용하여 위험성의 수준을 추정(위험성 추정)한다.

### (3) 정성적 방법(미리 척도화한 표를 사용하는 방법)

이 방법은 반정량적 평가 Ⅲ과 마찬가지로 직업성 노출기준이 설정되어 있지 않고 작업환경측정치 등의 노출농도 측정치(실측치)가 없는 경우에 적용한다. 이 방법은 위에서 설명한 정량적 평가와 반정량적 평가와 달리 근로자의 '노출농도'를 측정하거나 추정하지는 않기 때문에 정성적 평가로 분류된다.

한편, 유해성의 강도(중대성)에 의해 여러 단계로 유해성 수준(레벨)을 구분하고, 취급량, 비산성·휘발성, 작업시간·빈도 등으로 노출의 정도(수준)를 추정(노출 수준 구분)한 후, 매트릭스표를 이용하여 위험성을 추정하는 방법이다.

이 방법은 유해성의 등급구분에 GHS 분류(유해성 분류 및 구분)를 이용하는 점과 노출의 대소(大小)를 판정하는 데에 화학물질 등의 취급량, 휘발성·비산성, 작업(접촉)시간 등의 등급구분을 이용하는 점에서는 영국 HSE의 COSHH Essentials, ILO의 Control Banding 방법과 유사하지만, 노출농도를 측정하는 방법은 아니므로 이들 방법과는 전혀 다른 방법에 해당한다. 이하에서는 그 일례를 제시한다.

#### 1) 화학물질에 의한 유해성 수준(HL)의 구분

화학물질에 대해서 MSDS, GHS(Globally Harmonized System of Classification and Labelling of Chemicals)[10] 등을 참고로 하여 유해성 수준을 부여한다. 유해성 수준 구분은 유해성을 A부터 E의 5단계로 구분한 다음 표와 같은 예를 기초로 한다.

이 표는 ILO가 공표하고 있는 Control Banding에 준거하고 있고, S는 피부 또는 눈 접촉

---

10 GHS(화학물질의 분류 및 표시에 관한 세계조화시스템)는 화학물질의 유해·위험성의 분류기준 및 표시방법에 관한 국제기준으로서, 2008년까지 세계적 실시를 목표로 하여 2003년 7월에 국제연합(UN)의 권고로 채택되었다. 화학물질을 일정한 기준에 따라 분류하고, 그 결과를 라벨, MSDS에 반영하여 재해방지 및 사람의 건강, 환경의 보호에 기여하기 위한 시스템이다.

표 3.3.1 GHS 구분에 의한 유해성 수준(HL) 결정표

| 유해성 수준(HL) | | GHS 유해성 분류 및 구분 |
|---|---|---|
| 최대 | E | • 생식세포 변이원성: 구분 1A, 1B, 2<br>• 발암성: 구분 1A, 1B<br>• 호흡기 과민성: 구분 1 |
| 대 | D | • 급성독성: 구분 1, 2<br>• 발암성: 구분 2<br>• 특정표적장기 독성(반복 노출): 구분 1<br>• 생식독성: 구분 1A, 1B, 2 |
| 중 | C | • 급성독성: 구분 3<br>• 피부 부식성: 구분 1A, 1B, 1C<br>• 눈에 대한 심한 손상/눈 자극성: 구분 1<br>• 특정표적장기 독성(1회 노출): 구분 1<br>• 피부 과민성: 구분 1<br>• 특정표적장기 독성(1회 노출): 구분 1<br>• 특정표적장기 독성(반복 노출): 구분 2 |
| 소 | B | • 급성독성: 구분 4<br>• 특정표적장기 독성(1회 노출): 구분 2 |
| 최소 | A | • 급성독성: 구분 5<br>• 피부 자극성: 구분 2, 3<br>• 눈에 대한 심한 손상/눈 자극성: 구분 2<br>• 특정표적장기 독성(1회 노출): 구분 3<br>• 흡인호흡기 유해성: 구분 1, 2<br>• 기타 그룹으로 분류되지 않은 분체(粉體), 액체 |
| S<br>(피부 또는 눈 접촉) | | • 급성독성(경피): 구분 1, 2, 3, 4<br>• 피부 부식성/자극성: 구분 1, 2<br>• 눈에 대한 심한 손상/눈 자극성: 구분 1, 2<br>• 피부 과민성: 구분 1<br>• 특정표적장기 독성(1회 노출)(경피만): 구분 1, 2<br>• 특정표적장기 독성(반복 노출)(경피만): 구분 1, 2 |

에 의한 유해성 수준을 가리킨다. 예를 들면, GHS에서 급성독성으로 분류되고, 그 구분이 3인 화학물질은 이 표에 대입시키면 유해성 수준 C가 된다.

## 2) 노출 수준(EL)의 추정

작업환경 수준(ML)을 추정하고, 거기에 작업상황으로서 작업시간·빈도 수준(FL)을 조합하여 노출 수준(EL)을 추정한다. (가)~(다)의 3단계를 거쳐 노출 수준(EL)을 추정하는 구체적인 예를 다음에 제시한다.

## 가. 작업환경 수준(ML)의 추정

화학물질의 제조·취급량, 휘발성·비산성의 성상(性狀), 작업장의 환기상황 등에 따라 점수를 부여하고, 그 점수를 가감한 합계를 다음 표에 대입시켜 작업환경 수준을 추정한다. 근로자의 의복, 손과 발, 보호구에 화학물질에 의한 오염이 보이는 경우에는 1점을 더하는 수정을 추가하여 다음과 같은 식으로 종합점수를 산정한다.

A(제조·취급량 점수)+B(휘발성·비산성 점수)−C(환기 점수)+D(수정 점수)

여기에서, A부터 D까지의 점수를 부여하는 방법은 다음과 같다.

① A: 제조·취급량 점수

| 구분 | | 기준 |
|---|---|---|
| 3 | 대 | ton, kl 단위로 재는 정도의 양(대량) |
| 2 | 중 | kg, l 단위로 재는 정도의 양(중량) |
| 1 | 소 | g, ml 단위로 재는 정도의 양(소량) |

② B: 휘발성·비산성 점수

| 구분 | | 기준 |
|---|---|---|
| 3 | 고 | 끓는점 50℃ 미만(고휘발성)/미세하고 가벼운 분진이 발생하는 물질(고비산성) |
| 2 | 중 | 끓는점 50~150℃(중휘발성)/결정성 물질, 입상(粒狀), 즉시 침강하는 물질(중비산성) |
| 1 | 저 | 끓는점 150℃ 초과(저휘발성)/작은 구형, 박편 모양, 덩어리 형태(저비산성) |

③ C: 환기 점수

| 구분 | | 기준 |
|---|---|---|
| 4 | 매우 양호 | 원격조작·완전밀폐 |
| 3 | 양호 | 국소배기 |
| 2 | 보통 | 전체환기·옥외작업 |
| 1 | 미흡 | 환기 없음 |

④ D: 수정 점수

| 구분 | | 기준 |
|---|---|---|
| 1 | 오염 | 근로자의 의복, 손과 발, 보호구에 평가 대상인 화학물질에 의한 오염이 보이는 경우 |
| 0 | 비오염 | 근로자의 의복, 손과 발, 보호구에 평가 대상인 화학물질에 의한 오염이 보이지 않는 경우 |

표 3.3.2 작업환경 수준(ML) 추정기준(예)

| 작업환경 수준(ML) | 최고(a) | 고(b) | 중(c) | 저(d) | 최저(e) |
|---|---|---|---|---|---|
| A+B−C+D | 6, 5 | 4 | 3 | 2 | 1~(−2) |

### 나. 작업시간·빈도 수준(FL)의 추정

근로자가 해당 작업장에서 화학물질에 노출되는 연간 작업시간을 고려하여 다음과 같이 빈도를 추정한다.

표 3.3.3 작업시간·빈도 수준(FL)의 구분(예)

| 작업시간·빈도 수준(FL) | 최상(ⅴ) | 상(ⅳ) | 중(ⅲ) | 하(ⅱ) | 최하(ⅰ) |
|---|---|---|---|---|---|
| 연간 작업시간 | 400시간 초과 | 100~400 시간 | 25~100 시간 | 10~25 시간 | 10시간 미만 |

### 다. 노출 수준(EL)의 추정

(가)에서 추정한 작업환경 수준(ML)과 (나)에서 추정한 작업시간·빈도 수준(FL)을 다음 표에 대입시켜 노출 수준(EL)을 추정한다.

표 3.3.4 노출 수준(EL)의 구분 결정(예)

| ML＼FL | 최고(a) | 고(b) | 중(c) | 저(d) | 최저(e) |
|---|---|---|---|---|---|
| 최상(ⅴ) | Ⅴ | Ⅴ | Ⅳ | Ⅳ | Ⅲ |
| 상(ⅳ) | Ⅴ | Ⅳ | Ⅳ | Ⅲ | Ⅱ |
| 중(ⅲ) | Ⅳ | Ⅳ | Ⅲ | Ⅲ | Ⅱ |
| 하(ⅱ) | Ⅳ | Ⅲ | Ⅲ | Ⅱ | Ⅱ |
| 최하(ⅰ) | Ⅲ | Ⅱ | Ⅱ | Ⅱ | Ⅰ |

### 3) 위험성 추정

앞의 1)에서 구분한 유해성 수준(HL) 및 2)에서 추정한 노출 수준(EL)을 조합하여 위험성을 추정한다.

하나의 예를 제시하므로 다음과 같다. 수치가 클수록 위험성 감소조치의 우선도가 높음을 나타낸다.

표 3.3.5 위험성 추정(예)

| 노출 수준(EL) 유해성 수준(HL) | V | IV | III | II | I |
|---|---|---|---|---|---|
| E | 5 | 5 | 4 | 4 | 3 |
| D | 5 | 4 | 4 | 3 | 2 |
| C | 4 | 4 | 3 | 3 | 2 |
| B | 4 | 3 | 3 | 2 | 2 |
| A | 3 | 2 | 2 | 2 | 1 |

# Ⅳ. 안전보건관리규정

## 1. 안전보건관리규정의 의의

기업(사업장)의 안전보건수준을 높여 나가기 위해서는 안전보건활동을 체계적으로 실시하는 것이 중요하다. 안전보건활동이 사업운영의 룰(rule)로서 확실히 이루어지기 위해서는 취업규칙과 같이 안전보건에 관한 일정한 기준인 관리규정을 정하여, 안전보건에 관한 책임의 소재와 권한을 명확히 하고 그것에 근거하여 각종의 안전보건활동을 추진할 필요가 있다.

이 안전보건관리규정에 대해서는 산업안전보건법(제20조)에서 그 작성방법 등을 기업의 자율에 일임하지 않고 일정한 틀(기준)을 정하고 있다. 즉 안전보건관리규정에 대한 최저기준을 정하고 있는 것이다.

안전보건관리규정은 기업·사업장 전체의 안전보건관리에 관한 매뉴얼이라고도 부를 수 있는 것으로서, 실제 많은 기업·사업장에서는 안전보건매뉴얼, 안전보건관리규칙, 안전보건관리기준 등이라고도 부르고 있다.

안전보건관리규정의 작성 목적은, 예컨대 "이 규정은 산업재해 예방을 위한 관리책임체제의 명확화 및 재해예방기준의 확립, 자율적 활동의 촉진에 의해 안전과 건강을 확보하고 쾌적한 작업환경의 형성을 촉진하는 것을 목적으로 한다."라는 식으로 규정하는 것이 바람직하다.

기업·사업장에서는 품질 및 생산성의 향상 등과 아울러 생산·서비스활동 등의 원동력이 되는 근로자의 안전과 건강의 확보, 증진을 행하는 것이 중요하다는 인식하에 안전보건관리규정을 기업행동규범의 하나로서 자리매김할 필요가 있다.

### (1) 규정 작성의 필요성

#### 1) 안전보건의 확보와 안전보건관리규정

#### 가. 자율적 안전보건대책의 추진과 안전보건관리규정

근로자의 안전 확보와 건강의 유지·증진을 도모하는 것이 기업활동의 기본이라는 인식이 최근에 와서는 경영자, 근로자를 비롯하여 많은 기업 관계자에게 점점 확산되고 있다.

그간 우리나라에서는 기업의 노·사를 비롯하여 안전보건관계 행정기관, 안전보건전문가 등의 계속된 노력의 결과, 고도경제성장기와 비교하면 산업재해가 많이 감소하였지만, 새로운 생산시스템, 신기술·신공법·신원재료의 도입 등에 의한 새로운 유형의 재해를 포함하여 여전히 매년 많은 근로자가 산업재해로 사망·부상하거나 질병에 걸리는 상황이 계속되고 있고, 하나의 사고로 다수의 사망자가 나오는 대형재해도 많이 발생하고 있다. 또한 산업재해에 이르지 않았지만 작업 중의 아차사고 사례 등에서 볼 수 있듯이 직장에는 아직 많은 유해·위험요인이 잠재하고 있는 것도 주지의 사실이다.

산업재해를 미연에 예방하고 사업장의 안전보건수준을 향상시키는 것을 목적으로 1981년에 제정된 산업안전보건법령에서는 사업주에게 안전보건관리체제의 구축을 비롯하여 각종 안전보건교육의 실시, 유해·위험한 기계 등의 안전장치, 국소배기장치의 설치, 일반건강진단, 유해한 업무에 종사하는 자에 대한 특수건강진단의 실시, 작업환경의 개선 등 많은 의무 부과를 하고 있다.

그러나 생산시스템, 기계의 진보가 현저한 가운데 새롭게 발생하는 문제의 해결을 포함하여 법령에 모든 대책을 망라하여 규정하는 것은 어렵고, 최저기준으로 법령에 규정된 세부적·기술적 사항을 준수하는 것만으로는 다양한 원인에 의해 발생하는 산업재해를 충분히 예방하는 것이 불가능하므로, 사업주의 자율적인 안전보건대책의 충실이 불가결하다. 안전보건관리규정은 이 자율적인 안전보건대책의 구체화의 하나라고 할 수 있다.

### 나. 산업재해 예방과 안전보건관리규정

산업재해의 직접적인 원인으로서는 여러 물적 조건(일반적으로 불안전상태라고 한다)에 의한 것과 여러 인적 조건(일반적으로 불안전행동이라 한다)에 의한 것이 있다는 것은 일반적으로 알려져 있지만, 산업재해는 단일의 원인으로 발생하는 경우는 적고, 불안전상태와 불안전행동의 조합, 또는 그 배경에 있는 여러 가지 기본요인이 복잡하게 관련되어 발생하는 경우가 대부분이다.

산업재해의 배경요인에 대해서는 여러 가지 접근방법이 있지만, 예를 들어 앞에서 설명한 4M방식에 의하면, 사고·재해의 기본요인에는 Man적 요인(에러를 일으키는 인적 요인), Machine적 요인(기계의 결함, 고장 등의 물적 요인), Media적 요인(작업의 정보, 방법, 환경 등의 요인), Management적 요인(관리상의 요인)이 있고, 그 근원에는 안전보건관리활동의 결함이 있다고 되어 있다.

따라서 이들 요인(원인)에 의해 발생하는 산업재해를 미연에 방지하기 위해서는 과거의 산업재해를 교훈으로 삼아 산업안전보건법 등에서 규정하고 있는 여러 사항을 준수하는 것은 물론, 직장에 잠재하는 이들 요인(원인)을 일상의 안전보건활동 중에서 노·사가 협력하여 파악하고, 나아가 이를 제거하는 적절한 안전보건대책을 실시해 가는 시스템을 구축하는 것이 중요한데, 사업장에서 작성하는 안전보건관리규정은 그 일환이라고 할 수 있다.

또한 사회적으로 주목받는 커다란 사고·재해가 발생한 경우 그 원인 중 하나로 작업절차의 불비, 정해진 절차에 의하지 않는 작업의 실시, 관리·감독자의 직무불이행 등이 제시되는 경우가 많은데, 안전보건관리규정은 이러한 원인을 미리 배제하는 기본이 되는 것이고, 또한 안전작업절차서 작성의 근거도 되는 것이다.

## 2) 산업안전보건법 등과 안전보건관리규정

### 가. 법적 근거

상시근로자 100명 또는 300명 이상을 사용하는 사업장의 사업주는 안전보건관리규정을 작성하여 각 사업장의 근로자가 쉽게 볼 수 있는 장소에 게시하거나 갖추어 두고, 이를 근로자에게 널리 알려야 한다(산업안전보건법 제25조, 제34조). 산업안전보건법에 의해 안전보건관리규정을 취업규칙과 별도로 마련하도록 되어 있는 사업장에서 안전보건관리규정은 취업규칙의 부속규정이라고 할 수 있다.

그리고 근로기준법 제93조에서는 상시 10인 이상의 근로자를 사용하는 사용자로 하여금 '안전과 보건에 관한 사항'을 반드시 포함하여 취업규칙을 작성하고 행정관청(관할지방고용노동관서)에 제출하도록 규정하고 있다. 다시 말해서, 근로자의 '안전과 보건에 관한 사항'이 취업규칙의 필수적 기재사항으로 되어 있다. 따라서 안전보건관리규정을 별도로 작성하도록 의무화되어 있지 않은 사업장에서도 안전보건에 관한 사항을 어떤 형태로든 취업규칙에 포함하여[취업규칙의 세칙(일부)으로] 규정하여야 한다.

### 나. 안전보건관리규정에 포함할 사항

산업안전보건법(제25조)과 산업안전보건법 시행규칙 [별표 3(제25조 제2항 관련)]에서는 안전보건관리규정에 포함되어야 할 세부적인 내용을 다음과 같이 규정하고 있다.

---

**1. 총칙**
가. 안전보건관리규정 작성의 목적 및 적용범위에 관한 사항
나. 사업주 및 근로자의 재해예방책임 및 의무 등에 관한 사항
다. 하도급 사업장에 대한 안전·보건관리에 관한 사항

**2. 안전보건관리조직과 그 직무**
가. 안전보건관리조직의 구성방법, 소속, 업무분장 등에 관한 사항
나. 안전보건관리책임자(안전보건총괄책임자), 안전관리자, 보건관리자, 관리·감독자의 직무 및 선임에 관한 사항
다. 산업안전보건위원회의 설치·운영에 관한 사항
라. 명예산업안전감독관의 직무 및 활동에 관한 사항
마. 작업지휘자 배치 등에 관한 사항

---

3. 안전·보건교육

가. 근로자 및 관리·감독자의 안전·보건교육에 관한 사항

나. 교육계획의 수립 및 기록 등에 관한 사항

4. 작업장 안전관리

가. 안전보건관리에 관한 계획의 수립 및 시행에 관한 사항

나. 기계·기구 및 설비의 방호조치에 관한 사항

다. 근로자의 안전수칙 준수에 관한 사항

라. 위험물질의 보관 및 출입제한에 관한 사항

마. 중대재해 및 중대산업사고 발생, 급박한 산업재해 발생의 위험이 있는 경우 작업중지에 관한 사항

바. 안전표지·안전수칙의 종류 및 게시에 관한 사항과 그 밖에 안전관리에 관한 사항

5. 작업장 보건관리

가. 근로자 건강진단, 작업환경측정의 실시 및 조치절차 등에 관한 사항

나. 유해물질의 취급에 관한 사항

다. 보호구의 지급 등에 관한 사항

라. 질병자의 근로금지 및 취업제한 등에 관한 사항

마. 보건표지·보건수칙의 종류 및 게시에 관한 사항과 그 밖에 보건관리에 관한 사항

6. 사고조사 및 대책수립

가. 산업재해 및 중대산업사고의 발생 시 처리절차 및 긴급조치에 관한 사항

나. 산업재해 및 중대산업사고의 발생원인에 관한 조사 및 분석, 대책 수립에 관한 사항

다. 산업재해 및 중대산업사고의 기록·관리에 관한 사항

7. 위험성평가에 관한 사항

가. 위험성평가의 실시 시기 및 방법, 절차에 관한 사항

나. 위험성 감소대책 수립 및 시행에 관한 사항

8. 보칙

가. 무재해운동 참여, 안전보건 관련 제안 및 포상·징계 등 산업재해 예방을 위하여 필요하다고 판단하는 사항

나. 안전보건 관련 문서의 보존에 관한 사항

다. 그 밖의 사항

사업장의 규모·업종 등에 적합하게 작성하며, 필요한 사항을 추가하거나 그 사업장에 관련되지 않은 사항은 제외할 수 있다.

### 다. 안전보건관리규정의 활용

산업안전보건법에서는 일정한 사업장을 대상으로 안전보건관리규정의 작성을 요구하고 있고 여기에 포함시켜야 할 항목을 규정하고 있지만, 안전보건관리규정은 기본적으로 사업장의 적정한 안전보건관리 및 수준 향상을 위한 자율적 관리기준으로서의 성격을 가지고 있다.

따라서 각 사업장에서는 세부적인 사항에 대해서 산업안전보건법상의 기본사항을 토대로 당해 사업장의 특성과 실정을 고려하여 안전보건관리규정의 취지에 적합한 내용으로 자체적으로 정하여야 한다.

산업안전보건법에 의해 안전보건관리규정의 별도 작성이 의무화되어 있지 않은 사업주의 경우에는 안전보건에 관한 사항을 취업규칙에 포함하여 충실히 정하는 것이 바람직하다.

### 라. 산업안전보건위원회 등의 심의·의결

안전보건관리규정이 사업장의 특성과 실정을 고려해야 하고, 안전수칙 준수에 있어 근로자 측도 이행주체인 만큼, 본 규정의 작성·변경 시 근로자의 의견수렴(청취)은 매우 중요하다. 이러한 취지로 산업안전보건법에서는 산업안전보건위원회의 설치의무가 있는 사업장을 대상으로 안전보건관리규정의 작성 및 변경에 관한 사항에 대하여 동 위원회에서 심의·의결하도록 규정하고 있고(제24조 제2항), 근로자참여 및 협력증진에 관한 법률에서는 노사협의회 설치의무가 있는 사업장(상시근로자 30명 이상의 사업장)을 대상으로 안전, 보건, 그 밖의 작업환경개선과 근로자의 건강증진에 관한 사항을 노사협의회의 협의사항으로 규정하고 있다(제20조 제1항 제4호).

즉, 산업안전보건위원회 설치의무가 있는 사업장에서는 안전보건에 관한 사항에 대하여 근로자 측과 심의·의결을, 동 의무가 없는 사업장으로서 노사협의회 설치의무가 있는 사업장은 근로자 측과 협의를 실시하여야 한다.

## (2) 규정 작성의 효과

### 1) 사업주의 자세의 명확화

안전보건관리규정은 사업주가 작성하는 것으로서 그 내용에는 기업으로서 단순히 산업안전보건법령의 준수에 머무르지 않고 좀 더 높은 안전보건수준을 지향하는 자세·방침과 사업장의 특징에 맞는 실시사항이 포함되므로, 안전보건의 중요성과 회사의 노력하는 자세가 구체적으로 근로자 등에게 전달되게 된다. 즉, 안전보건관리규정에 의해 안전보건 확보가 품질 확보, 생산성 향상과 동일하거나 그 이상의 수준으로 중요하다는 것이 문서로 명확하게 될 수 있다.

또한 안전보건관리규정 등의 문서에 의해 명확하게 된 안전보건에 관한 기업방침은 기업의 사회적 이미지 향상으로 연결되는 것 외에, 사고·재해가 발생하여 형사적(형사적 책임), 민사적(민사적 책임) 또는 행정적(행정적 책임)으로 문제가 된 경우의 설명(소명)자료가 될 수도 있다.

## 2) 근로자의 협력의무의 명확화

근로자는 기업활동 과정에서 당연히 기업의 경영방침에 따라 일상업무를 수행하게 된다. 그런데 품질의 확보, 생산성 향상 등과 비교하면, 안전보건에 관해서는 자신의 직무에서 어떠한 역할을 부여받고 있고 목표를 향해 어떤 구체적인 활동을 하여야 할지를 충분히 인식하고 있지 않은 경우가 많다.

산업안전보건법 제6조에서는 근로자의 일반적인 준수의무가, 동법 제40조에서는 사업주가 행한 조치에 대한 구체적인 준수의무가 규정되어 있지만,[11] 산업안전보건법의 많은 조문은 사업주의 의무로 규정되어 있기 때문에, 근로자는 안전보건을 스스로의 일로 생각하지 않고 적극적으로 노력하는 자세가 결여될 수도 있다.

이때, 안전보건관리규정을 통해 근로자가 산업안전보건법상의 내용은 물론이고 안전보건 관리규정 자체의 내용을 준수하지 않는 경우에는 제재(징계)받을 수 있다는 것이 구체적으로 제시되므로 안전보건이 근로자 자신과도 밀접하게 관련되어 있다는 것을 강하게 인식할 수 있게 된다. 또한 안전보건관리규정의 작성·운영을 통하여, 노·사가 일체가 되는 분위기를 조성하는 것도 가능하게 된다.

## 3) 직제 역할의 명확화

사업장에서 안전보건활동을 적절하게 추진하기 위해서는 직장의 생산활동, 서비스활동 등에 부수하여 발생하는 안전보건상의 과제에 대응한 각종의 대책을 조직적·계속적으로 이행하는 것이 필요하고, 이를 위해서는 수평적·수직적으로 직제에서의 각자의 역할을 명확히 하는 것이 중요하다.

산업안전보건법에서도 안전보건관리체제의 정비를 비롯하여 각종의 안전보건대책의 조직적인 노력을 규정하고 있지만, 안전보건관리규정에서는 법령에서 정해진 사항에 추가하여 구체적인 사업장의 조직체제, 직제의 역할 등이 명시되므로, 조직을 구성하는 각자가 안전보건에 관하여 어떠한 책임과 권한이 있는지를 자각할 수 있게 된다.

## 4) 구체적인 실시사항의 명확화

산업재해 예방을 위해 사업주가 실시하여야 할 조치에 대해서는, 산업안전보건법령에서

---

11 근로자의 구체적인 의무는 법 제25조의 위임을 받아 고용노동부령인 산업안전보건기준에 관한 규칙에서 규정하고 있다.

상당히 구체적으로 규정되어 있지만, 법령의 성격상 모든 업종, 작업 등을 포괄하는 표현으로 규정되어 있다.

그러나 각 회사·사업장은 생산시스템, 기계 또는 작업방법 등의 면에서 개별적인 특징을 가지고 있으므로, 안전보건에 관한 조치도 그 실태에 맞춰 이행할 필요가 있다.

안전보건관리규정에서는 법령에 규정되어 있는 사항 중 회사·사업장에 관련된 사항을 구체적으로 제시하는 것은 물론, 회사·사업장 차원에서 그 수준을 상회한 또는 특징적인 안전보건대책 등도 제시하게 되므로 노·사의 실시사항이 명확하게 된다.

## 2. 안전보건관리규정의 작성절차

안전보건관리규정은 조직체제, 근로자의 준수사항을 문서화하는 것에 머무르지 않고 이것을 확실히 준수·이행하도록 함으로써 산업재해·사고의 예방과 안전보건수준의 향상을 도모하는 것을 목적으로 한다. 이 목적을 충분히 살리기 위해서는 안전보건관리규정의 작성단계에서부터 다음과 같은 점을 고려하는 것이 바람직하다.

### (1) 기업방침의 결정

#### 1) 안전보건방침의 표명

사업장의 안전보건활동은 노·사의 협조하에 추진하는 것이 기본이지만, 먼저 회사 차원에서 안전보건관리를 어떻게 구축하고 추진해 나갈 것인지에 관한 방침이 명확하게 표명되어야 한다.

이 경우 "안전보건은 모든 것에 우선한다."라는 식의 추상적인 것이 아니라 안전보건은 기업경영의 기반, 기업존속의 기반이라는 것, 근로자의 안전보건 확보는 최고경영자의 가장 중요한 책무라는 것, 안전보건은 생산과 일체인 것 등이 기업방침으로서 구체적으로 제시되는 것이 바람직하다.

#### 2) 안전보건관리규정의 위상의 결정

안전보건관리규정에 대해서는 회사에서의 여러 규정과 어떤 식으로 관련지을 것인지를 정할 필요가 있다.

사업장의 전체적인 안전작업절차서 또는 작업절차·작업방법 등 개별적인 작업에 관한 규정은 안전보건관리규정의 세칙(細則)적인 위상을 가지고 있다고 할 수 있다. 그리고 OSHMS를 구축·운영하고자 하는 사업장의 경우, 이 시스템에 관한 규정도 안전보건관리규정 중에 포함하여 일체적으로 추진해 가는 것이 바람직할 것이다.

또한 전국에 여러 개의 사업장을 가지고 있는 회사의 경우에는 산업안전보건법의 적용단위가 사업장인 만큼 사업장(공장, 지점 등)별로 각각의 사업장의 특징에 따라 사업장별 안전보건관리규정을 별도로 작성할 필요가 있다.

### (2) 잠재하는 문제점의 파악과 정리

#### 1) 관계 법정사항의 적출

안전보건관리규정에는 회사·사업장 차원에서 안전보건의 확보를 위하여 필요한 실시사항을 가능한 한 구체적으로 포함하는 것이 바람직하다. 많은 경우 안전보건관리규정 내용의 중심이 되는 것은 산업안전보건법, 사업장 안전보건관계법에 규정되어 있는 사항 중 당해 회사·사업장에 관련된 사항이다.

이를 위해 먼저 산업안전보건법, 기타 사업장 안전보건관계법(건설산업기본법, 고압가스안전관리법, 화학물질관리법, 소방시설 설치·유지 및 안전관리에 관한 법률, 도로교통법, 전기사업법 등)에 규정되어 있는 사항 중 회사·사업장에 관련된 부분을 적출하여 기계별, 유해·위험물별, 작업별 등으로 분류·정리하는 작업이 필요하다.

#### 2) 사고·재해사례의 파악과 분석

안전보건관리규정을 작성·개정할 때 중요한 정보 중 하나는 회사에서 발생한 사고·재해의 파악과 그 분석결과이다.

사망재해, 중대재해, 휴업일수가 큰 재해에 대해서는 관계행정기관에 의한 조사 외에 회사 차원에서도 자세히 조사하여 그 원인분석을 하고 있는 경우가 많은데, 휴업을 동반하지 않는 재해, 휴업이라 하더라도 그 기간이 짧은 재해, 통원으로 끝난 재해, 인명피해는 없었지만 물적 피해를 초래한 사고 등에 대해서는 충분한 조사·분석을 하지 않는 경우가 많다.

그러나 가벼운 정도의 재해, 물적 재해만을 수반한 사고라 하더라도 회사 내의 각 작업장에서 공통적으로 발생할 수 있는 것, 중대재해를 초래할 뻔한 경상, 물적 사고 등도 적지 않으므로, 사고·재해정보는 가벼운 정도의 재해, 위험사고(dangerous occurrence)까지를 포함할 필요가 있다. 그리고 이 사고·재해정보를 동종·유사의 사고·재해를 예방하기 위한 기초자료로는 물론 안전보건관리규정을 작성할 때의 기초자료로 활용하는 것이 중요하다.

한편, 회사 차원에서 공통적인 대책, 예를 들면 안전보건교육, 기계의 안전화, 작업환경개선 등에 관한 기본사항은 본 규정 중에 포함하고, 개별적인 문제에 대한 대응에 대해서는 세칙 등에 포함하는 것이 바람직하다.

### 3) 아차사고사례의 파악과 분석

다행히 사고·재해에는 이르지 않았지만, 작업 중에 가슴이 철렁하였거나 깜짝 놀란 경험을 가지고 있는 근로자가 매우 많다. 잘 알려져 있는 하인리히의 1:29:300의 법칙은 330건의 재해(사고)를 분석한 결과, 1건의 중한 재해의 배후에는 29건의 경상, 그리고 300건의 무상해사고, 나아가 300건의 무상해사고(아차사고를 포함한다)의 배후에는 수천 건의 불안전행동, 불안전상태가 있었다는 이론인데, 산업재해를 예방하기 위해서는 300건의 무상해사고도 무재해를 지향하는 데 있어서 귀중한 정보로 활용할 필요가 있다는 것을 시사한다.

많은 사업장에서는 아차사고 보고(발굴)제도를 갖추고 이것을 분석·검토하여 안전보건대책에 도움을 얻고 있는데, 안전보건관리규정을 작성·개정하는 경우에도 상기 사고·재해사례의 분석결과와 아울러 아차사고 분석결과를 활용하는 것이 바람직하다.

사내에 아차사고 보고(발굴)제도가 없는 사업장에서는 안전보건관리규정을 작성하거나 개정하는 기회 등을 이용하여 그간의 아차사고를 보고(발굴)하도록 하고 이를 통해 정보를 수집할 필요가 있다.

### 4) 외부전문가에 의한 안전보건점검 등

작업장에 잠재하는 유해·위험요인의 파악에는 재해·사고분석, 아차사고분석 등이 유효하지만, 회사의 자체 조사·분석만으로는 원인·요인의 판단이 편협되거나 엄격하지 않은 경우도 있으므로, 외부의 안전보건전문가에 의한 안전보건점검, 재해·사고의 분석, 문제점의 지적과 분석방법의 지도 등을 받는 것도 유효하다.

또한 지방고용노동관서의 근로감독관 등으로부터 지도·감독 시에 지적·지도받은 사항도 회사의 문제점이라 할 수 있으므로 법위반의 부분은 신속하게 개선하여 보고하는 한편, 지적사항의 개선내용을 당해 사업장뿐만 아니라 동일 기업의 다른 사업장에도 수평적으로 전달하고, 나아가 안전보건관리규정의 작성·개정 시에 활용하는 것이 바람직하다.

### 5) 인터넷 등의 활용

우리나라의 산업재해가 전체적으로는 감소하고 있고, 개별회사 단위에서 보면 몇 년간 산업재해를 경험하고 있지 않은 곳도 많아지고 있지만, 지금도 산업재해의 내용을 보면 새로운 생산시스템, 신기술, 신원재료 등이 원인이 되고 있는 것보다도 과거에 발생한 사례와 유사한 재해가 압도적으로 많다.

따라서 회사에서 발생한 사례는 아니지만, 동종·유사업종의 다른 회사, 유사한 기계·작업에서 발생한 재해·사고는 많은 참고를 하여야 하고, 그 정보수집의 하나로서 인터넷을 이용하는 것이 유효하다.

## (3) 안전보건관리규정안의 작성

### 1) 안전보건관리규정 초안의 작성

사업장의 규모가 크고 설치되어 있는 기계, 작업의 종류 등이 많은 경우에는 안전보건대책의 전부를 망라하면 안전보건관리규정이 방대한 양의 규정이 되는 경우도 있으므로, 사업장 내의 모든 부서, 많은 근로자에게 공통되는 것 등을 본문으로 하고, 특정 작업장에 관한 것, 특정 기계 및 작업에 관한 것 등은 세칙(별도규정)으로 하는 방법이 있다. 이 경우 본문과 세칙의 관계를 알기 쉽게 제시해 둘 필요가 있다.

### 2) 근로자의 의견 등 청취

안전보건관리규정은 기본적으로는 사업주가 정하는 것이지만, 그 준수(실행)를 확실한 것으로 하기 위해서는 초안의 단계에서 근로자의 의견을 청취하고, 지금까지의 좋은 관행(TBM, 위험예지활동 등)은 모두 반영되도록 배려할 필요가 있다.

이 경우 형식적인 의견청취로 끝나지 않도록 검토를 위하여 필요한 기간을 부여하고 초안의 내용·배경 등에 대해서 구체적으로 설명하는 노력도 필요하다.

또한 초안 작성의 단계에서 근로자의 의견을 반영하기 위하여 초안 작성 그룹에 작업요령과 안전보건에 밝은 현장근로자를 참가시키는 것 등도 하나의 방법이다.

## (4) 산업안전보건위원회 심의·의결

안전보건관리규정의 작성·변경에 관해서는 산업안전보건위원회에서 심의·의결하는 것이 산업안전보건법 제24조 제2항에 규정되어 있으므로, 정식의 안전보건관리규정으로 결정(변경)되기 전에 산업안전보건위원회에 부의하는 것이 필요하다.

산업안전보건위원회에서 심의·의결을 한다고 하는 것은 그 결과를 사업주가 실시하는 여러 대책에 반영하게 한다는 취지이므로, 회의 결과를 안전보건관리규정(안)에 반영해 나간다는 자세가 필요하다.

## (5) 최고경영자의 결재와 주지 철저 및 준수의 확인

규정(안)에 대하여 산업안전보건위원회에서 심의·의결을 종료하면, 정식 안전보건관리규정으로 결정하기 위하여 사내에 정해져 있는 절차에 따라 CEO의 결재를 얻게 된다. 결재가 종료되면, 정식의 안전보건관리규정이 완성되고 종업원 등 관계자에게 배포하여야 하는데, 단순히 배포뿐만 아니라 설명회 등을 통하여 그 내용에 대한 주지를 철저히 하는 것이 중요하다.

그리고 세칙에 대해서도 동일하게 주지를 철저히 할 필요가 있는데, 종업원 등이 바로 볼 수 있도록 보관하고, 그 장소를 표시하며 또는 인터넷 등에서 열람할 수 있도록 조치해 두는 것이 필요하다. 또한 정해진 사항이 실제 작업 등에서 철저하게 준수되고 있는지를 확인하는 것이 중요하다.

### (6) 안전보건관리규정의 개정

사업장의 생산시스템, 설치되어 있는 기계 등은 일정한 기간을 경과하면 변경되는 경우가 많은데, 안전보건관리규정은 이들 상황의 변화에 맞추어 필요한 개정을 하는 것을 잊어서는 안 된다. 이를 위해서는 설계부문, 생산관리부문 등과 안전보건관리부문 간의 정기·수시의 정보교환, 협의 등이 필요하다.

다음과 같은 경우에는 조기에 안전보건관리규정을 개정하는 것이 바람직하다.
① 사업장 안전보건관계법령의 제·개정이 있었던 경우
② 자사 및 동일업종의 다른 회사에서 중대한 사고·재해가 발생한 경우
③ 아차사고사례, 안전개선제안이 있었던 경우
④ 기업·사업장의 조직개편, 생산라인의 배치변경 등이 있었던 경우
⑤ 작업장에서 내용의 부적절 등의 의견이 제출된 경우
⑥ 안전보건관리규정 작성으로부터 일정한 기간이 경과한 경우
⑦ 행정기관(지방노동관서 등)으로부터 시정지도·명령 등이 있었던 경우

## 3. 안전보건관리규정의 작성방법

### (1) 본문과 세칙

안전보건관리규정에 포함되어야 할 내용은 크게 운영에 관한 규정과 작업에 관한 규정으로 구분할 수 있다.

운영에 관한 규정은 기업·사업장 전체의 안전보건관리에 관한 규정으로서, 그 대상으로는 OSHMS의 구축·운영[안전보건관리방침, 안전보건관리조직, 안전보건관계자(공장장, 안전·보건관리자, 관리·감독자 등)의 직무, 위험성평가 실시 등], 규정류의 관리(체계 등), 일상적 안전보건활동, 산업안전보건위원회 설치·운영, 안전보건교육(종류, 시기·시간, 내용, 담당부서 등), 기계 보수관리(대상기계와 검사·점검기간·내용, 담당부서 등), 재해·사고조사(조사절차·방법, 실시자, 재발방지대책 등), 긴급 시의 대응(대상이 되는 재해의 종류, 긴급연락망, 소화·피난방법·장소, 구급조치, 피난·구급훈련 등), 사내하청업체 안전보건관리(안전보건협의회 및 구성원, 협의사항, 개최시기, 순찰, 작업자의 자격 등) 등이 포함된다.

작업에 관한 규정은 실제의 작업에 대한 기준이 되는 규정으로서, 그 대상으로는 유해·위험물질관리(화학물질 등의 유해·위험성 조사, 관리요령, MSDS, 폐기물의 처리요령 등), 작업관리(관리하는 작업의 종류, 자격자의 배치, 현장감독자의 직무 등), (안전)작업절차(매뉴얼)의 작성·운영(작업절차의 작성절차·방법, 교육방법, 담당부서 등), 보호구·안전장치(보호구가 필요한 작업의 종류, 필요한 보호구·안전장치 및 관리요령, 구입절차), 사내 공사(공사개시절차, 금지·허가사항, 자격자의 신고, 반입기계의 점검 등) 등이 포함된다.

이 운영에 관한 규정과 작업에 관한 규정은 해당 부분에서 세칙 등의 형태로 보다 상세한 규정을 두는 경우도 있다.

안전보건관리규정의 전체 구성은 기업·사업장의 업종, 규모 등에 따라 달라질 수 있다. 특히, 제조업 등 공업적인 업종에서는 사용하는 기계, 작업장에 잠재하는 위험유해요인, 산업안전보건법 등에 규정되어 있는 사항도 많으므로, 다른 업종의 것과 비교하면 규정에 상당히 많은 것을 반영할 필요가 있다. 그 때문에 본문에 모든 내용을 담게 되면 방대한 규정이 될 수 있으므로 본문 규정에서는 기본적인 것만을 정하고 구체적인 내용은 세칙 등으로 따로 정하는 것이 일반적이다.

### (2) 법정사항과 안전보건관리규정

안전보건관리규정은 산업안전보건법 등에 규정되어 있는 사항의 나열만으로는 불충분하고(법정사항은 규정에 포함하지 않더라도 당연히 실시하여야 한다), 규정을 준수하는 것에 의해 법정사항의 준수와 기업(사업장)에 특유한 과제도 해결할 수 있는 형태로 구체적으로 구성하는 것이 바람직하다. 즉, 안전보건관리규정은 법정사항보다 넓고 높은 수준에서 정하는 것이 일반적이고 바람직하다.

## V. 재해예방과 커뮤니케이션

## 1. 커뮤니케이션

### (1) 커뮤니케이션이란

커뮤니케이션이란 의미, 감정을 주고받는 것이다. 일방통행으로는 정보가 흐를 뿐이고 커뮤니케이션이라고 할 수 없다. 주고받기 때문에 커뮤니케이션이라고 하는 것이다.

직장에서 요구되는 커뮤니케이션 능력이란 보다 좋은 것을, 보다 효율적으로, 보다 안전하게 일을 수행하는 하나의 수단으로서, 일에 관련되는 여러 가지 정보를 다이내믹하게 수집하고 그것을 잘 활용하여 관련된 사람들을 효율적으로 그리고 원활하게 움직이는 대인능력이라고 할 수 있다.

관리·감독자 간, 작업자 간, 또는 관리·감독자와 작업자 간 트러블이 발생하였을 때 "조금 더 커뮤니케이션을 했더라면 좋았을 걸."이라고 후회하는 말을 자주 듣곤 한다. 평상시부터 조직 구성원 상호 간의 커뮤니케이션에 유의하여 감정적으로 공감할 수 있는 부분을 늘리고 약간의 차이가 있더라도 바로 회복할 수 있는 신뢰관계를 구축해 놓는 것이 필요하다.

커뮤니케이션은 단순히 정보의 전달로만 이해되어서는 안 되고, 의미와 감정을 세트로 한 전달이라고 생각되어야 한다. 사람과 사람의 관계를 분위기 좋게 해 나가는 것도 커뮤니케이션의 큰 목적이기 때문에, 일을 수행하는 과정에서 정보뿐만 아니라 감정 면에 대해서도 배려할 필요가 있다. 인간은 감정의 동물이라고 한다. 일의 정보를 주고받는 과정에서 감정 면에서의 신뢰관계도 소중하게 가꿈으로써, 일이 원활하게 굴러가고, 산업재해 예방활동도 활성화될 수 있다.

직장에서의 커뮤니케이션의 흐름은 크게 다음과 같은 3가지로 구성된다. 이 3가지 흐름의

표 3.5.1 커뮤니케이션의 흐름

| 흐름 | 실시항목 | 커뮤니케이션 상대 |
|---|---|---|
| 하향식 흐름<br>(top down) | 지시, 지휘, 명령, 교육 등 의사전달 | • 공장장 등 관리자로부터 감독자에게<br>• 감독자로부터 부하 종업원에게<br>• 원청 관리자로부터 협력업체 감독자에게 |
| 상향식 흐름<br>(bottom up) | 보고, 연락, 상담, 제안, 고충 등 의견개진 | • 부하 종업원으로부터 감독자에게<br>• 감독자로부터 공장장 등에게<br>• 협력업체 감독자로부터 원청 관리자에게 |
| 횡적(수평적) 흐름 | 다른 동료직원과의 연락조정 등 연계, 공동보조 | • 다른 동료직원과<br>• 연계·공동작업하는 다른 직원과 |

커뮤니케이션이 활발하고 원활하게 이루어지는 현장을 만드는 것이 산업재해 예방에도 기여할 수 있다.

### (2) 커뮤니케이션 시 고려사항

#### 1) 하나의 사실에 대해 다른 견해

커뮤니케이션에서는 하나의 사실에 대하여 발신자와 수신자가 반드시 동일한 이해를 한다고는 말할 수 없다.

예를 들면, A종업원이 생각하고 있는 덕트(duct)의 형태(정방형, 正方形)와 B종업원이 생각하고 있는 덕트의 형태(장방형, 長方形)가 다르다는 것이 종종 발견된다. A종업원은 덕트의 형태를 정면에서 본 판단으로 정방형일 것이라 생각하고 이야기하고 있는 것에 대하여, B종업원은 이 형태를 측면에서 본 판단으로 장방형일 것이라 생각하고 이야기하면, 당연히 불일치가 생기게 된다.

스스로 감지하고 있는 사실이 절대적으로 올바른 것이라고 생각하지 않고, 상대방의 이야기를 잘 들으면, 이와 같은 커뮤니케이션의 미스는 방지할 수 있다.

#### 2) 생각의 전달방법과 수용방법

커뮤니케이션에서는 자기 자신의 마음속에 있는 의식과 생각을 파악하고 나서 상대방의 마음속에 있는 의식과 생각을 발견하여 끌어내고, 그 다음 상호 간의 마음과 마음이 서로 통하는 상태로 가져가는 것이 필요하다. 먼저 상대방을 이해하도록 노력하고, 그 후에 상대

상대방의 이야기를 잘 들으면 커뮤니케이션의 미스를 방지할 수 있다.

그림 3.5.1

방으로부터 자신에 대해 이해를 얻도록 하는 것이 좋다.

생각을 전할 때와 받아들일 때에는 인간 대 인간으로 대등한 관계라는 점에 유의하여야 한다. 윗사람에게는 비굴하고 부하에게는 거만해서는 안 된다. 그리고 커뮤니케이션을 할 때는 상대방의 입장에서 생각하거나 상대방을 배려하는 마음과 성실한 태도로 대하는 것이 필요하다. '서로의 입장과 사고방식의 차이점을 이해'하는 것이 정확하고 원활하게 생각을 전하고 받아들이는 기초가 된다.

자신의 생각이 잘 전달되지 않거나 잘못 전달되어 재해로 이어지는 경우도 적지 않다. 이로 인하여 실제 사망재해가 발생한 사례를 소개한다. 대형마트에서 무빙워크를 점검하던 협력업체 직원 2명이 지하 1층 무빙워크 위아래에 각각 따로 위치하고 있는 상태에서, 위쪽 작업자가 기계의 작동을 알리기 위해 "업(up)"이라고 외쳤지만 아래쪽 작업자가 이 말을 듣지 못했다. 정지된 무빙워크 위에 서 있던 아래쪽 작업자는 기계가 작동되자 균형을 잃고 넘어졌다. 이 작업자가 넘어진 곳은 무빙워크의 길 역할을 하는 팔레트가 돌아가는 피트 안이었다. 피재자는 피트 안의 기계 사이에 몸이 끼어 사망하였다.

한편, 사람은 자신을 이해하여 주는 사람에 대하여 마음을 연다. 상대방의 태도가 마음에 걸릴 때에는 상대방을 비판하기 전에 그러한 태도를 취하게 하는 원인이 자신에게 있는 것은 아닌지 자문하여 보는 것도 필요하다. 그리고 상대방의 감정, 원망(願望), 잠재의식, 이해 수준 등 상대방의 마음속을 서로 응시하면서 커뮤니케이션을 하여야 한다.

### 3) 커뮤니케이션의 채널

커뮤니케이션은 1명의 상대방에 대하여 1개의 채널을 가지게 된다. 따라서 커뮤니케이션의 채널은 커뮤니케이션을 하는 사람의 수에 따라 결정된다.

1명의 감독자는 각 부하와의 1개의 커뮤니케이션 채널을 가지고 있다. 그런데 커뮤니케이션의 채널은 부하의 수가 증가하면 급격히 증가한다. 부하가 3인인 경우의 커뮤니케이션의 채널 수는 모두 6개이다. 그런데 부하가 9명이 되면 45개로 증가한다. 이 경우에 감독자가 직접 관여하는 커뮤니케이션의 채널 수는 9개이기 때문에, 나머지 36개는 감독자가 전혀 관여하지 않는 채널이다.

그러나 자신이 관여하지 않는 곳에서의 채널에 대해서도 관심을 가지고 정보를 수집해 두는 것이 필요하다.

### 4) 플러스 감정(효과)의 중요성에 대한 이해

대상이 되는 사람에게 자신이 생각하고 있는 것을 제시하고 상대방에게 이것을 이해시켜 자신이 기대하는 행동을 하게 하는 경우, 반드시 상호 간의 '감정의 교류'가 발생하고, 상호 간의 인간관계, 신뢰관계로부터 플러스의 감정도 마이너스의 감정도 발생한다.

- 논리·이치의 일변도 → 일방적인 밀어붙임 → 마이너스의 감정 → 마이너스의 효과 → 목적 미달성
- '마음속에 있는' 배려, 보살핌 → 협력·지원의 마음(상호이해) → 플러스의 감정 → 플러스의 효과 → 목적 달성

그림 3.5.2

## 2. 커뮤니케이션의 방법

### (1) 원활한 커뮤니케이션의 전제

① 정보를 발신하는 측은 목적, 조건 등을 구체적으로 발신한다.
- 5W1H 방식을 유념한다.

---

- 그 목적은 무엇인가(무엇을 할 것인가)(What)
- 언제(까지) 할 것인가(When)
- 왜 할 것인가(그것은 필요한가)(Why)

- 누가 할 것인가(Who)
- 어디에서 할 것인가(Where)
- 어떤 방법으로 할 것인가(How)

---

- 도면, 사진을 이용하여 구체화한다. 언어는 불완전한 도구로서 착각, 오해를 일으키기 쉽다.

② "당신과 나는 기본적으로는 의견이나 생각이 일치한다."는 생각이 들도록 자연스럽게 유도한다.

- 일치점을 하나씩 쌓아 가면, 이쪽의 페이스로 이야기를 진행해 갈 수 있는 이점이 있다. → 최근의 화제, 뉴스, 예능, 스포츠 등
- 정보의 발신자와 수신자에게 공통의 영역이 많을수록 정보는 정확하게 전달된다.

③ 이야기는 일방적이 아니라 의견, 생각 등을 듣는 것에 유의하면서 함께 생각하고 좋은 방법을 정해 간다.
- 남의 이야기를 잘 듣는 사람이 이야기하는 것도 잘한다.
- 상대방의 이야기를 부정하거나 야단치는 것은 최대한 삼간다.
- 상대방의 마음을 받아들이고 공감을 보임으로써 본심을 토로하기 쉬운 분위기를 만든다.

④ 작업자 개개인의 '마음'을 알려는 노력을 지속적으로 한다.
- 사람은 각자의 욕구의 내용, 만족도, 단계가 많이 다르다. 따라서 개개인의 욕구의 내용, 만족도 및 단계를 간파하고 보다 좋은 방향으로 유도해 간다.

## (2) 커뮤니케이션을 잘하기 위한 방안

커뮤니케이션을 할 때, 다음과 같은 5가지 방안을 유념하여 두면 커뮤니케이션을 원활하게 할 수 있다.

### 1) 상대방이 말하고 싶어 하는 것을 확실하게 파악한다

커뮤니케이션을 원활하게 하기 위해서는 먼저 상대방이 말하고 싶은 것을 정확하게 파악하는 것이 필요하다. 그리고 상대방이 다 말하지 않거나 못한 것을 추측하여 "말씀하고자 하는 것은 ……입니까?"라는 식으로 묻거나 확인하면 커뮤니케이션에 효율적이다. 상대방은 자신이 말하고 싶은 것을 확실히 이해하여 주었다고 생각하여 대화가 잘 진전되어 갈 수 있다.

### 2) 상대방의 말을 도중에서 가로막지 않는다

상대방의 말이 길어지면 도중에 끼어들고 싶은 법이다. 상대방은 자신이 길게 이야기하고 있다고는 생각하지 못하기 때문에, 말하는 것을 방해받으면 감정이 상하고 만다.

커뮤니케이션은 감정의 주고받음이기 때문에, 상대방의 감정이 상해서는 커뮤니케이션에 장애가 된다. 상대방의 이야기를 가만히 참고 최후까지 듣는 것이 원활한 커뮤니케이션으로 연결된다.

### 3) 상대방의 숙련도에 맞춘다

커뮤니케이션은 일의 숙련도가 동일한 경우에는 간단하게 이루어질 수 있다. 그러나 숙련도의 정도가 크게 다른 경우에는 커뮤니케이션을 하는 것이 어려워진다.

예를 들면, 다른 업종으로부터 전직하여 온 작업자와 베테랑의 작업자가 일에 관하여 협의를 하는 경우에는 커뮤니케이션 장해가 발생한다. 베테랑 쪽은 이 정도의 것은 알 것이라고 생각하고 생략하여 말하는 방법을 취하면, 전직하여 온 작업자는 무엇을 말하는지 확실하게 알지 못하게 된다. 베테랑 작업자는 상대방이 이해하기 쉽도록 상대방을 배려하여 설명하여야 한다.

관리·감독자 역시 작업자의 지식, 기능, 경험에 맞추어 상대방이 알기 쉽게 지도·지시 등을 하는 것이 중요하다.

### 4) 상대방을 배려하고 좋은 인간관계를 형성한다는 생각을 한다

커뮤니케이션은 캐치볼을 하듯이 상대방이 받기 쉬운 볼(언어)을 던지는 것이다. 상대가 받아 주는 것에 감사해 하고, 상대방에게 이해하기 쉬운 발신(發信)을 하는 것이 중요하다.

상대방과 좋은 커뮤니케이션을 하기 위해서는, 확실하게 분명한 목소리로 발언하는 등 발성(發聲)의 테크닉을 갖추고, 호흡을 크게 한 다음 약간 천천히 이야기함으로써 상대방에게 편안한 느낌을 갖도록 하며, 전달하고 싶은 포인트를 변화와 리듬을 주면서 설명하는 것이 바람직하다.

그리고 직장에서는 2명 이상의 사람이 관련되므로 필연적으로 상호 간의 의사소통과 감정의 교류가 큰 요소를 차지하기 때문에, 평상시부터 좋은 인간관계의 형성이 매우 중요하다. 따라서 직장 내에서 커뮤니케이션을 할 때는 상호 간에 좋은 인간관계를 형성한다는 마음가짐을 갖는 것이 필요하다.

### 5) 반복적으로 접촉하면 호의도가 높아진다

사람은 반복하여 접촉하면 호의도와 인상이 좋아지는 효과가 나타난다. 이것은 폴란드 출신의 미국의 심리학자인 로버트 자이안츠(Robert Bolesław Zajonc)의 이론으로 '단순접촉효과'라고 불린다. CM(광고)에 자주 나오는 상품에 점점 좋은 인상을 갖게 되는 것도 이러한 예에 해당한다. 관리·감독자는 신규로 작업자를 받아들였을 때에는 이 효과를 활용하여 가급적 접촉의 기회를 많이 가질 필요가 있다.

작업자도 관리·감독자를 여러 번 반복하여 접하는 사이에 관리·감독자의 인간적 측면을 알게 되고, 이에 따라 관리·감독자에게 점점 호감을 갖게 된다.

## (3) 원활한 커뮤니케이션을 위한 테크닉

"이 사람은 지금 어떤 기분 상태일까", "상대방은 어떻게 느끼고 있을까" 하고 상대방이 생각하고 있을 것에 호기심을 갖는 것이 필요하다. 상대방의 입장, 생각에 바짝 다가가는 기분과 자세가 커뮤니케이션에는 불가결하다.

커뮤니케이션을 원활하게 하기 위한 테크닉으로는 pacing(어조, 목소리의 톤 등을 상대방에게 맞추는 것), mirroring(몸짓, 손짓 등을 상대방에게 맞추는 것), backtracking(상대방의 키워드를 반복하는 것)의 3가지가 있다.

상대방의 입장, 기분에 바짝 다가가기 위해 이들 테크닉을 구분하여 적절하게 사용하면 커뮤니케이션에 여러 가지로 도움이 된다. 그리고 3가지 테크닉을 동시에 사용함으로써 보다 효과를 높일 수 있다.

---

### 1. Pacing
상대방의 어조, 목소리의 톤, 스피드 등에 맞추어 응답을 하는 것으로, 상대방과의 신뢰관계를 구축하기 위하여 사용되는 커뮤니케이션 스킬의 하나이다.

구체적으로는, 이야기하는 스피드를 상대와 동일하게 하는 것, 호흡을 맞추는 것이다. 이를 통해, 상대방에게 "자신과 동일하다."는 느낌을 갖게 할 수 있고 신뢰감을 제고할 수 있다.

### 2. Mirroring
상대방과 자신의 자세, 표정, 몸짓·손짓이 거울에 비추고 있는 것처럼 자연스럽게 대면하고 있는 상태를 말한다. 이 방법 역시 상대방과의 신뢰관계를 구축하기 위하여 사용되는 커뮤니케이션 스킬의 하나이다.

구체적으로는, 이야기하고 있을 때 상대방의 거울이 되도록 몸동작을 하는 것을 말한다. 즉, 상대방의 동작에 대하여 마치 거울처럼 자신의 동작을 맞추는 방법이다. 이를 통해 상대방은 당신에게 친근감을 갖게 되고 상대방과 신뢰관계를 구축하는 것이 용이하게 된다.

### 3. Backtracking
상대방이 한 말을 따라(반복하여) 사용하는 방법이다. 가능하면 상대방이 자주 사용하는 키워드를 건네면 효과적이다. 이 방법은 상대방이 한 말을 따라 사용함으로써 상대방으로부터 공감을 얻으려고 하는 커뮤니케이션 스킬이다.

---

## (4) 신체적 커뮤니케이션의 활용

### 1) 커뮤니케이션은 말뿐만 아니라 몸으로 한다
말로만 무언가를 전하려고 할 것이 아니라, 몸 전체를 사용하여 표현하면 서로의 몸이 반향을 일으켜 '커뮤니케이션이 확실하게 이루어진다'는 것을 실감할 수 있는 경우가 많다.

원래 커뮤니케이션은 신체적 커뮤니케이션을 기본으로 하여 이루어지는 측면이 크다. 원숭이 등의 동물을 보면, 신체적 커뮤니케이션만으로 의사, 감정의 주고받음이 이루어진다는 것을 알 수 있다. 우리들도 가급적 몸 전체를 사용하여 소리를 울리는 그러한 커뮤니케이션을 할 필요가 있다.

### 2) 언어 이외의 커뮤니케이션

커뮤니케이션은 언어로 행해진다고 생각하고 있는 사람이 많지만, 미국의 심리학자인 앨버트 머레이비언(Albert Mehrabian)에 의하면, 커뮤니케이션에서의 언어(verbal)의 영향도는 불과 7%에 지나지 않고, 어조(말투, voice)가 38%, 보디랭귀지와 같은 시각적 지각(visual perception)이 55%의 영향을 미친다고 한다(7-38-55 rule, 머레이비언의 법칙 또는 3V의 법칙).

커뮤니케이션에 대한 영향력을 구체적으로 정리하면 다음과 같다.

① 언어정보(verbal): 말의 내용, 언어 그 자체의 의미 → 7%

② 청각정보(vocal): 목소리의 질, 속도, 크기, 어조 → 38%

③ 시각정보(visual): 겉보기, 표정, 태도, 시선 → 55%

이것으로부터 알 수 있듯이, 인간은 언어 이외의 수단인 표정, 손짓, 몸짓 또는 목소리의 상태라고 하는 몸을 사용한 커뮤니케이션을 활용하고 있는 것이다.

크레인의 신호 등은 손짓, 몸짓이 중심이 되어 이루어지고 있다. 악수를 하거나 어깨를 서로 두드리는 것도 몸을 사용한 커뮤니케이션이다.

### 3) 오감을 통하여 커뮤니케이션을 한다

사람은 언어보다 오감(시각, 청각, 촉각, 후각, 미각)을 통해 커뮤니케이션을 하고 있다.

오감의 커뮤니케이션 중 큰 역할을 하고 있는 것은 시각이다. 복장의 흐트러짐도 없고 안전대, 안전화, 안전모 등의 보호구를 확실하게 착용하고 있는 사람과의 커뮤니케이션에서는 첫인상에서 "철저한 사람이네. 신뢰할 수 있는 사람이군."이라고 생각하는 법이다.

시각을 통한 커뮤니케이션의 중요성을 인식하고, 남의 눈에 비치는 모습에 유의할 필요가 있다.

### 4) 신체로 나타내는 커뮤니케이션의 4원칙

커뮤니케이션을 원활하게 하기 위한 몸에 대한 4가지 원칙은 ① 눈을 보기, ② 미소 짓기, ③ 고개 끄덕이기, ④ 맞장구치기이다. 이 4가지 원칙하에 커뮤니케이션을 하면 좋은 분위기를 자아낼 수 있다.

## 가. 눈을 본다

눈 맞춤(eye contact)을 잘 이용할 필요가 있다. 상대방의 눈을 보고 이야기하는 것은 당연한 것이지만, 의외로 잘 이루어지지 않는다. 눈을 보고 이야기하면 쑥스러워하거나 위압을 느끼게 하는 것은 아닐까 하고 생각하는 사람도 있다.

감정의 주고받음은 눈과 눈이 마주쳤을 때 시작된다. 커뮤니케이션할 때는 상대방을 주시한다는 느낌보다는 상대방이 말하는 것을 "받아들이고 있습니다."라는 느낌으로 상대방의 눈을 보는 것이 바람직하다.

축구선수도 패스를 할 때, 받을 때 미리 눈을 마주치고 커뮤니케이션을 하기 때문에 원활하게 패스가 이루어지는 것이다.

인간의 희노애락의 감정을 가장 잘 나타내는 것이 눈이다. 아무런 말을 하지 않아도 눈빛만으로 상대방의 감정을 알 수 있다. 눈빛은 말로 설명하는 것과 동일하게 상대방에게 기분을 전달할 수 있다고 하는 것도 이런 이유 때문이다. 눈에는 언어 이상으로 본심이 나타난다고 한다. 눈은 커뮤니케이션에서 중요한 역할을 하고 있는 것이다.

- 지그시 바라본다……사랑, 적의, 두려움이라고 하는 고도로 적극적이고 감정적인 심리 상태를 나타낸다.
- 눈을 돌리다……수줍음, 거만 등을 나타낸다.

## 나. 미소 짓는다

가볍게 미소 짓는 것은 상대방을 받아들이고 있다는 사인이다.

자신이 받아들여지고 있다는 것을 알게 되면 이야기가 더욱더 순조롭게 되고 고조되어 간다. 미소 짓는 것은 몸 전체가 느긋하고 편안할 때 자연스럽게 나오는 법이다. 커뮤니케이션을 원활하게 하기 위해서는 릴랙스(relax)에도 유의할 필요가 있다.

## 다. 고개를 끄덕인다

고개를 끄덕이는 것은 "당신의 이야기를 잘 듣고 있습니다."라는 사인이다. 상대방의 인격에 대해 긍정적이라는 것을 상대방에게 전하는 것이 고개를 끄덕이는 것이다. 고개를 끄덕일 때는 상대방의 이야기에 맞추어 강약을 섞어 가며 고개를 끄덕이면 커뮤니케이션의 큰 힘이 된다.

고개를 끄덕이는 것이 서투른 사람은 다음 2가지 방법을 시도할 필요가 있다. 첫 번째는 자신의 호흡에 맞추어 숨이 끊어질 때 고개를 끄덕이는 방법이다. 숨을 내쉬면서 머리를 낮추어 가는 방법이다. 또 하나는, 상대방의 숨이 끊어지는 때에 맞추어 고개를 끄덕이는 방법이다. 상대방이 한차례 이야기를 끝내고 숨을 끊는 시점에서 고개를 끄덕이도록 하는 것이다.

### 라. 맞장구를 친다

맞장구를 치는 것은 상대방의 이야기에 동의하는 의사를 표시하는 표현이다. "네", "음", "아하" 등으로 표현하고, 상대방의 이야기에 모두 동의할 필요는 없다. 맞장구를 치는 것은 이야기의 흐름을 좋게 하기 위한 윤활유라고 생각하면 된다. 이야기의 템포, 흐름 등을 좋게 하는 것이 맞장구를 치는 것의 큰 역할이다.

## 3. 커뮤니케이션을 활용한 산업재해 방지 및 커뮤니케이션의 효과

### (1) 커뮤니케이션을 활용한 산업재해 방지의 포인트

커뮤니케이션을 잘함으로써 산업재해를 방지할 수 있다. 관리·감독자를 비롯하여 조직의 구성원들은 커뮤니케이션을 활용한 아래와 같은 산업재해 방지의 5개의 포인트를 살려 자기와 관계가 깊은 곳부터 산업재해 방지를 도모해 갈 필요가 있다.

### 1) 자신이 먼저 인사를 한다

하나의 공장에는 우리 회사의 작업자들 외에 상주하는 협력회사의 작업자, 납품사의 직원 등도 일하고 있는 경우가 많다. 아침인사는 물론이거니와, 작업 중에 통로, 작업장소 등에서 마주칠 때에는, 자신이 먼저 인사를 하면 직장을 밝고 활기차게 하는 효과도 있고 인간관계도 원활해진다.

그리고 인사가 기분 좋게 이루어지는 현장은 안전의 기본인 연락조정도 원활하게 이루어지는 경향이 있다.

### 2) 계기를 만들어 인간관계의 폭을 넓힌다

직장에서는 작업회의, 안전회의, TBM, 협의체회의 등 회의에 나가는 경우가 많다. 이러한 기회를 이용하여 커뮤니케이션을 통해 인간관계의 폭을 넓히고 많은 사람들과의 신뢰관계를 구축해 두면, 일도 안전활동도 순조롭게 진행될 수 있다.

### 3) 남의 이야기를 잘 듣는다

사람은 기분 좋게 이야기할 수 있는 상대방에게 호감을 갖는 법이다. 자신의 이야기를 3할 정도 하고 상대방의 이야기가 7할 정도가 되도록 배려하면, 인간관계가 원만하게 이루어지는 법이다.

관리·감독자는 직책의 특성상 작업자에게 지시를 하는 경우가 많이 있는데, 지시하는 것 뿐만 아니라 작업자로부터 요망, 제안 등을 잘 청취하는 것도 팀워크와 안전을 유지하기 위한 필수불가결한 요소이다. 안전활동은 상명하달식(top down) 커뮤니케이션뿐만 아니라 하의상달식(bottom up) 커뮤니케이션이 병행되어야 한다.

### 4) 서로 양보하는 자세를 갖는다

부피가 큰 자재를 운반하고 있을 때 누군가 통로를 열어 주거나 하면 기쁜 일이다. 현장은 서로 양보하는 정신이 없으면 원활하게 운영되지 않는다. 서로 양보하는 자세를 항상 가지고 양보할 수 있는 곳에서는 양보하는 것이 필요하다. 상호 간의 양보가 잘 이루어지고 있는 현장은 일이 순조롭게 진행되고, 여유가 있는 생산활동을 할 수 있으며, 이것은 안전활동의 활성화로도 연결된다.

### 5) 상담을 요청한다

사람은 다른 사람으로부터 상담요청을 받으면 "나에게 뭔가를 도움 받으려고 하는구나." 라고 생각하면서 자신을 신뢰하고 있다는 신호로 받아들인다. 예를 들면, "이번에 맨홀작업을 하려고 하는데, 귀 부서에서 지난주 맨홀작업을 했더라고요."라고 말하면서 상담을 요청하면 대부분의 사람은 뭐라도 도움을 주려고 생각하기 마련이다. 상담을 요청하면 상담의 상대방으로부터 안전에 대한 정보도 얻을 수 있고, 나아가 신뢰관계를 심화시킬 수도 있다.

### (2) 커뮤니케이션의 효과

커뮤니케이션이 좋은 직장은 재해방지의 효과를 비롯하여 다음과 같은 여러 가지 효과를 기대할 수 있다.
① 에러가 줄어들고 사고·재해를 줄일 수 있다.
② 인간관계가 좋아진다.
③ 직장의 스트레스가 줄어든다.
④ 일이 원활하게 진행된다.
⑤ 직장이 밝아지고 의욕이 높아진다.
따라서 좋은 커뮤니케이션을 유지함으로써 활기 있고 안전하며 쾌적한 직장을 조성할 필요가 있다.

# 제 4 장

# 현장 안전관리

## 1. 정리정돈

"안전은 정리정돈으로부터"라고 말해질 정도로 직장의 정리정돈은 중요하다. 직장에서 발생한 여러 가지 재해를 잘 조사해 보면 정리정돈 상태가 불량한 것이 원인으로 작용한 경우가 많다. 그리고 잘 정리정돈된 직장은 기분이 상쾌하고, 일도 즐거우며, 게다가 일도 원활하게 진행할 수 있다.

정리란 필요 없는 물건을 치우는 것이고, 정돈이란 물건을 정해진 장소에 사용하기 좋도록 말끔하고 올바르게 두는 것이다.

작업이 끝났을 때는 물론 작업 중에도 항상 자신의 주위를 깨끗이 정리정돈하고 청결한 상태를 유지하도록 유념하여야 한다.

### (1) 정리정돈을 잘하는 방법

① 먼저 어지르지 않도록 유의하고, 어질러지지 않도록 궁리한다.
② 필요 없는 물건은 바로 치우고, 물건을 두는 방법이나 쌓는 방법에 문제가 있는 것이 발견되면 즉시 바로잡는다.
③ 정해진 장소(두어야 할 곳)에 물건을 놓는다.
④ 올바르게 두는 방법, 안전하게 쌓는 방법으로 한다.
⑤ 수시로 청소하고 청결하게 한다.

### (2) 물건을 쌓는 방법

① 모양이 갖추어진 물건은 가지런히 쌓는다.
② 바로 사용할 예정인 물건은 다른 물건의 밑에 쌓아 놓지 않는다.
③ 무거운 물건부터 가벼운 물건 순으로, 큰 물건부터 작은 물건 순으로 쌓는다.
④ 높이는 밑바닥 폭의 약 3배 이하로 한다.
⑤ 긴 물건은 옆으로 뉘어 쌓는다.
⑥ 안정감이 좋지 않은 물건은 뉘어 둔다. 기대어 세운 때에는 묶어 둔다.
⑦ 구르는 물건에는 반드시 고임목을 놓는 등 제동을 걸어 놓는다.
⑧ 부서지기 쉬운 물건은 별도의 장소에 쌓는다.

## (3) 물건의 정리방법

① 출입이 많은 물건은 바로 나가기 쉬운 곳에 놓는다.
② 작은 볼트·너트류는 치수별로 넣어 둔다.
③ 타기 쉬운 물건, 발화하기 쉬운 물건 등 위험한 물건은 별도로 정리하여 보관한다.
④ 품명, 수량을 알 수 있도록 확실히 표시하여 정돈한다.

## (4) 기타 정리정돈 방법

① 재료, 공구 등을 벽, 기둥, 기계 등에 기대어 세워 놓지 않는다. 어쩔 수 없이 기대어
   세워 놓아야 할 때는 넘어지지 않도록 철사 등으로 묶는다.
② 선반 등 높은 곳에 물건을 둘 때에는, 진동, 충격 등으로 떨어지지 않도록 궁리한다.
③ 높은 곳에 물건을 둔 채로 방치하지 않는다.
④ 폐품, 파쇄(파철), 기름걸레 등은 가급적 빨리 작업장에서 제거하고, 정해진 장소 또는
   용기에 구별하여 처리한다.
⑤ 배전반, 소화기, 소화전 등의 주위, 또는 출입구, 계단, 비상구 근처에는 물건을 두지 않
   는다. 비상시에 재해를 크게 하는 원인이 되기 때문이다.
⑥ 재료, 제품, 쓰레기 등이 통로로 비어져 나오지 않도록 한다. 어쩔 수 없이 임시로나마
   통로로 비어져 나오는 경우에는 통행자의 주의를 끌기 위하여 표지판, 기타의 표시를
   한다.
⑦ 통로에는 대차(臺車), 기타 운반용구를 둔 채로 방치하지 않는다.
⑧ 통로, 작업바닥은 항상 청소한다. 특히 넘어지거나 발바닥이 찔려 부상을 입는 일이 없
   도록 기름이 흘러 있거나 쇳조각 등이 바닥에 떨어져 있으면 바로 제거한다.
⑨ 추운 겨울에는 얼음이 얼어 미끄러지기 쉬우므로 통로에 물을 뿌리지 않는다.
⑩ 전등, 유리창은 자주 닦아 둔다.

직장은 모두가 매일 일을 하는 장소, 즉 일터임과 동시에 1일 24시간 중 약 3분의 1 이상
을 지내는 생활의 장이기도 하다. 수면시간을 제외하면, 가정보다도 직장에서 지내는 시간이
더 긴 만큼 이 직장을 항상 깔끔히 정리정돈하고 깨끗이 청소하며 기분 좋게 일을 할 수 있
도록 하는 것은 중요한 일이다.

그러나 우리들은 자칫하면, 가정은 아름답게 살기 좋은 환경으로 해야겠다고 생각하는 반
면, 직장은 어지럽혀 있는 것이 당연하다는 생각을 하는 경향이 없지 않아 있다. 이것은 크
게 잘못된 생각이고, 어지럽혀 있는 난잡한 장소에서는 일을 훌륭하게 수행할 수 없다. 직장
은 여러분들의 가정의 응접실과 같은 정도로 잘 정리하고 정돈하며 청소하고 청결하게 하는
것이 반드시 필요하다.

## 2. 통행

교통사고는 여전히 다발하고, 사상사고의 뉴스가 보도되지 않는 날은 하루도 없을 정도이다. 동일한 사고는 도로 위에서만이 아니라 공장, 사업장 구내의 통로에서도 일어나기 쉽다. 이것은 공장 내로의 트럭의 출입이 많아졌을 뿐만 아니라, 지게차, 축전지차(battery car), 기타 운반차가 많이 이용되게 되었기 때문이다.

그리고 이들 운반차와는 관계없이 통행 중에 걸려 넘어지거나 물건에 부딪혀 부상을 입는 예가 매우 많다. 통로는 항상 정리하고, 물건을 두지 않도록 하며, 또 통행의 규칙을 확실히 지키는 것이 중요하다.

구내를 통행할 때의 주의사항은 다음과 같다.

① 통행은 원칙적으로 대면교통(對面交通: 사람은 좌측, 차는 우측)[1]을 장려한다.
② 양손을 주머니에 넣고 걷는 것은, 순간적으로 동작을 취하기 어렵게 되므로 위험하다. 특히 겨울철에는 손을 넣기 쉬우므로 주의한다.
③ 통행은 반드시 정해진 통로로 다닌다. 통로가 아닌 길을 질러가거나 빠져나가지 않는다.
④ 설령 통로상이라고 하더라도 크레인 등에 의해 물품을 들어 올리고 있을 때, 통로상에서 작업을 하고 있을 때, 또는 화물을 싣고 있는 동안 등은 그곳을 피해서 지나간다.
⑤ 작업장 내를 통행할 때는 발밑, 주위의 작업에 주의하고, 뛰어서는 안 된다.
⑥ 출입구, 모퉁이 등에서는 반대편에서 어떤 것이 뛰어나올지 모르므로 충분히 주의한다. 특히 서두를 때에는 더욱더 그렇다.
⑦ 통로를 가로지를 때에는 일단 멈추어 서서 좌우를 확인한다.
⑧ 레일, 앵글, 둥근 목재, 풀어진 짐 등의 위는 걷지 않는다.
⑨ 계단을 오르거나 내려갈 때에는 뛰어서는 안 된다.
⑩ 짐을 가지고 있는 자 및 운반차에는 길을 양보한다.
⑪ 구내에서는, 특별히 허가받은 통로 이외는 자전거를 타고 통행해서는 안 된다.

이러한 사항은 구내에만 적용되는 것은 아니다. 집 안, 도로 등에서도 중요한 사항이다. 일상생활 속에서도 항상 유의하여야만 비로소 작업장에서의 안전이 실천될 수 있을 것이다.

## 3. 복장

우리들의 복장은 원래 더위, 추위로부터 체온을 유지하고 건강을 지키기 위한 것이었지만, 점차 스타일에 관심이 기울어지게 되었다. 그러나 직장에서의 복장은 스타일 등보다도 일하

---

1 보도와 차도의 구별이 없는 도로에서 보행자와 차량이 마주 보며 통행하는 교통방식을 말한다.

기 쉽고, 재해로부터 몸을 보호하는 것이라는 점을 첫째로 생각할 필요가 있다. 이것을 잊어 버렸기 때문에 넥타이가 선반에 말려들어 큰 부상을 입거나 여성작업자가 모자를 쓰지 않은 채 작업을 하다가 머리카락이 기계의 샤프트(shaft, 축)에 말려 들어가게 되는 재해가 발생하고 있다. 즉, '멋진 스타일'은 직장에서는 위험한 복장인 경우가 많다.

그리고 머리, 허리에 수건을 늘어뜨리거나 상의의 단추를 푼 채 작업하는 등 단정하지 못한 복장은 부상의 원인이 된다.

일을 할 때에는 머리 위에서 발끝까지 말쑥하게 하고 작업에 맞는 복장을 하면, 작업을 하기에 편하고 부상을 입을 우려도 없다.

복장은 자기 자신의 문제이고 스스로 할 수 있는 것이기 때문에 항상 올바른 복장을 하도록 유의할 필요가 있다.

### (1) 작업복

① 작업복은 몸에 딱 맞는 것을 입고, 상의의 기장이 너무 길지 않은 것, 몸통 둘레가 너무 큰 것은 입지 않는다.

② 상의의 소매, 바지의 옷자락이 길면 기계에 말려 들어가거나 물건에 걸려 위험하므로, 소맷부리, 바지의 옷자락은 확실히 졸라맨다.

③ 상의의 단추를 풀거나 머리, 허리 등에 수건을 늘어뜨리는 등 단정하지 않은 복장은 말려 들어가기 쉬워 위험하다. 넥타이도 늘어뜨려서는 안 된다.

④ 작업복의 타진 곳, 찢어진 곳은 기계에 걸리기 쉬우므로 바로 수선한다.

⑤ 작업복은 그때그때 세탁하여 항상 청결하게 한다. 특히 기름이 밴 작업복은 불이 붙기 쉬워 위험하므로 더러워지면 바로 세탁하여 기름을 제거한다.

⑥ 아무리 더운 때, 더운 장소에서도 맨몸으로 일을 하는 것은 절대로 해서는 안 된다. 반라(半裸)의 상태로 작업을 하다가 화상을 입거나 용접작업 중 용접봉에 닿아 감전한 예가 많이 있다.

⑦ 주머니에 날카로운 물건이나 발화하기 쉬운 것을 넣어 두지 않는다. 라이터, 성냥 또는 칼, 드라이버 등 뾰족한 물건을 주머니에 넣어 두어, 넘어지거나 부딪혔을 때 자신이 부상을 입거나 동료에게 부상을 입히는 일이 자주 있다. 특히 가솔린, 화약류 등을 취급하는 직장에 깜박하여 라이터, 성냥 등을 가지고 들어오는 바람에 큰 사고를 일으킨 예가 있으므로 충분히 주의를 기울인다.

⑧ 작업복에 부착된 유해물질을 작업장 밖까지 가지고 나가지 않도록 하기 위하여 건강에 나쁜 영향을 미칠 것 같은 물질을 취급하는 작업은 물론 그 외의 작업에서도 작업복과 통근복은 가급적 다르게 한다. 작업복 그대로 귀가하지 않도록 한다.

## (2) 신발

① 일반적으로 샌들과 같은 벗겨지기 쉬운 것, 미끄러지기 쉬운 신발은 바람직하지 않다. 특히 높은 장소에서의 작업, 무거운 물건을 운반하는 작업 등에는 금물이다. 그리고 바닥이 찔릴 위험도 있으므로, 신발은 가죽신발이 가장 좋고, 즈크화 등 회사에서 정한 것 이외의 신발은 사용하지 않는다.

② 무거운 것을 취급하는 작업에서는 발부리가 견고한 철판 등으로 방호한 안전화를 사용한다.

③ 기름이 배기 쉬운 직장, 감전하기 쉬운 직장 등에서는 각각 적합한 안전화를 이용한다.

④ 구두 바닥에는 구두징을 박지 않는다. 구두징을 박으면 철판, 타일, 계단 등을 걸을 때에 미끄러지기 쉬워 위험하다. 게다가 바닥의 못, 돌 등에 부딪혀 불꽃이 생기는 경우도 있으므로, 유증기 등 폭발하기 쉬운 물질이 발산되는 직장에서는 사용하지 않는다.

⑤ 위험물 등을 취급하는 직장에서는, 정전기의 스파크에 의한 폭발, 화재 등의 위험이 있으므로, 도전성이 있는 신발을 사용한다.

## (3) 모자

기계의 주위에서 작업을 하는 경우에는, 반드시 모자를 쓰고, 머리카락을 덮는다.

## (4) 장갑, 앞치마

장갑, 앞치마가 금지되어 있는 작업에서는 절대로 사용하여서는 안 된다. 천공기, 밀링반, 기타 기계를 운전하는 경우에는 장갑을 끼고 있으면 기계의 회전부분에 손이 말려 들어갈 위험이 있다. 장갑을 끼고 일을 하여도 무방한 작업과 끼어서는 안 되는 작업은 구별되어 있을 것이므로, 정해져 있는 규칙을 반드시 지키도록 하여야 한다.

작업을 시작하기 전에 먼저 자신의 복장을 잘 점검하여 확실히 복장을 갖춘 후에 일에 착수하자!

## 4. 보호구

야구를 할 때 포수는 마스크, 프로텍터(포수장비), 렉가드(leg guards)를, 타자는 헬멧 등을 착용하여 부상을 막고 있다. 직장에서도 동일하게 위험을 동반하는 작업을 하는 경우에는 적절한 보호구를 몸에 걸치고 몸을 재해로부터 보호할 필요가 있다. 보호구는 자기 자신을 지키기 위한 것으로 올바르게 확실히 착용하여야 한다.

### (1) 보호구의 종류

① 건설공사의 현장, 조선소의 선대(船臺)[2] 부근처럼 위에서 물건이 떨어질 위험이 있는
장소에서 사용하고 두부의 부상을 방지하기 위한 안전모
② 용접작업, 금속용해작업을 할 때에 유해광선으로부터 눈을 보호하는 차광보안경 또는
연마작업 등을 할 때에 분진으로부터 눈을 보호하는 방진보안경 등의 보안경
③ 유해가스를 막는 방독마스크, 분진을 막는 방진마스크
④ 소음이 심한 직장에서 사용하는 귀마개
⑤ 산, 알칼리 등의 약품을 취급할 때 손을 부식으로부터 보호하는 화학보호장갑
⑥ 무거운 물건을 취급하는 작업 등을 할 때 발의 부상을 막는 안전화
⑦ 단조(鍛造)[3]작업, 용접작업 등을 할 때 발의 화상을 막는 안전화와 다리보호대(leg-guards)
⑧ 고소작업 등을 할 때 추락을 막는 안전대

### (2) 보호구의 착용에 대한 마음가짐

① 보호구를 착용하도록 정해진 작업에서는 반드시 사용한다. 설령 대수롭지 않은 작업이
라도 사용의 게으름은 금물이다.
② 보호구는 완전한 것을 올바르게 확실히 착용한다.
③ 보호구에 익숙해지도록 할 것. 다소의 불편은 감수할 것. 착용하기 불편하다고 하여 착
용하지 않는 것은 잘못이다.
④ 보호구를 제멋대로 개조하거나 그 기능을 손상하는 일을 하여서는 안 된다. 아무리 해
도 착용하기 힘든 경우, 상황이 나쁜 경우 등은 상사에게 보고한다.
⑤ 보호구는 주의를 기울여 취급하고, 항상 청결하게 해 둘 것. 타인의 것을 임의대로 사
용하여서는 안 된다.

## 5. 유해·위험장소 출입

유해하거나 위험한 장소에는 통상 안전보건표지가 설치되거나 부착되어 있다. 그것은 유
해·위험이 눈에 보이지 않거나 사람들이 알아차리지 못하는 경우가 많기 때문이다.

예를 들면, 위를 보고 걷는 사람은 드물다. 따라서 높은 곳에서 수리를 하고 있고, 무언가
가 떨어질 위험이 있더라도, 밑의 통행자가 이를 모르는 것은 어찌 보면 당연하다고 말할 수
있다. 유해한 일산화탄소가스, 산소결핍공기는 무색무취이고, 보통의 대기와 외양상으로는

---

2 배를 건조할 때 선체를 놀려 놓는 대를 말한다.
3 금속을 일정한 온도로 열 압력을 가해 성형하는 작업

다르지 않다. 따라서 표지 등을 통해 알려 줄 필요가 있는 것이다. 다시 말하면, 표지가 있다는 것은 임의적인 판단으로 행동해서는 안 된다는 것을 가리킨다.

자신의 눈에 보이는 주위의 상황, 자신이 직접 느낀 점으로 판단하더라도, 그 판단을 넘는 유해·위험인자가 숨어 있는 경우가 많다. 전기도 눈에 보이지 않는 것의 하나로, 공사 중에 전류가 통하고 있지 않다고 생각하고 있었는데, 전류가 통하는 바람에 감전하여 사망한 예도 있다.

목재를 두는 장소 등이 좁은 곳에 유기용제가 두어져 있는 경우, 눈에 보이지 않는 용제의 증기로 충만하기 쉽다. 용제의 증기는 낮은 농도에서도 냄새가 나지만, 시간이 지나면 후각이 마비되어 방심하는 일이 발생하게 된다. 생명에 관계되는 경우도 있으므로 주의하여야 한다.

산소결핍장소 등은 뜻밖의 곳에서 맞닥뜨린다. "움푹 들어간 곳은 모두 산소결핍에 조심하라."라는 말이 있을 정도이다. 금속의 녹, 어디에도 있는 세균류, 식물, 곡류 등은 공기 중의 산소를 빨아들일 위험이 있기 때문에, 직장 안에서도 뜻밖의 곳이 산소결핍 등의 위험을 안고 있을 가능성이 있다.

요컨대, 출입금지의 표시가 있는 곳에서는 물론, 자신이 알지 못하는 장소에는 함부로 들어가서는 안 된다.

점검, 순찰, 수리 등을 위하여 유해·위험장소에 들어가는 경우도 있다. 그 경우에도 무단(無斷)으로 혼자서 들어가는 것은 금물이다. 다른 사람의 감시를 받도록 하고, 이상이 있을 때 도움을 받을 수 있도록 조치한 후에 들어갈 필요가 있다.

물론 유해가스, 산소결핍의 위험이 있는 장소는 산소농도의 측정(작업환경측정)을 실시하고 들어가야 하는 경우가 많다. 어쨌든 겉보기만으로는 모르기 때문에 충분한 주의와 필요한 보호장비를 착용하고 들어간다. "지난번에는 괜찮았으니까.", "느낌상 괜찮을 것 같으니까."와 같은 생각은 치명적인 결과를 초래할 수 있다.

## 6. 재해가 발생하면

직장 사람들은 모두 사망이나 부상이 발생하지 않도록 여러 가지로 궁리하고 나름대로 노력하고 있다. 그럼에도 불구하고 사망이나 부상이 완전히 발생하지 않는 것은 아니다.

만일 재해가 발생한 경우, 그 대처가 적절하지 않으면 돌이킬 수 없는 일이 발생할 수 있다. 따라서 재해가 일어난 경우에 어떻게 하면 좋을지를 평상시부터 유의하고 있어야 한다. 특히 일어나기 쉬운 것을 다음에 열거해 본다.

① "불이야."라는 소리에 많은 사람들이 부랴부랴 달려 나갔지만, 그 직후에 큰 폭발이 발생하여 많은 사상자가 발생하였다.

② 밀폐공간 속에서 중독된 동료를 구하려고 보호구를 착용하지 않은 채 급하게 들어갔다가, 자신도 함께 중독되었다.

③ 감전된 동료를 구하려고 하다가, 당황하여 동료의 몸에 닿는 순간 자신도 동일하게 감전되었다.

④ 손가락에 가시가 찔린 정도의 가벼운 부상이어서 치료를 받지 않고 있었는데, 그 후에 상처가 악화되었다.

⑤ 눈에 티끌이 들어간 것을 아마추어적 조치로 끝내는 바람에, 안구에 심한 상처를 입었다.

이와 반대로, 재해가 일어나기 전에 알아차림으로써 피해를 모면한 사례, 재해가 일어났을 때의 대처가 적절하여 생각지 않게 목숨을 건진 사례도 적지 않다.

토사붕괴의 우려를 경계하고 있었기 때문에, 그 전조를 빨리 발견할 수 있었고, 이에 따라 작업자를 피난시켰다. 그 후에 큰 토사붕괴가 발생하였지만, 모두 무사하였다.

재해가 발생한 경우에는 다음 사항을 준수하여야 한다.

① 당황하지 말고 호흡을 가다듬는 등 침착하게 대응한다.

② 경솔한 행동을 하지 않는다.

③ 신속하게 사실에 입각하여 정확하게 상사에게 전한다.

④ 선배, 상사의 지시에 따른다.

⑤ 다행히 부상을 입지 않은 것도, 사소한 부상이라도 상사에게 보고한다. 절대 숨겨서는 안 된다.

당황하면, 생각지 않은 것이 계속하여 발생하는 경향이 있다. 먼저 "당황하지 말고, 신속하게" 상사 등의 지시에 따르는 것이 중요하다.


# 7. 응급처치

부상을 목격하면 당황해 버리는 사람이 많다. 특히 피를 보면 냉정하게 판단하는 것이 어렵게 되고, 응급처치의 절차를 잘못하면 구할 수 있는 생명도 구할 수 없게 되기도 한다. 응급처치도 일의 절차와 동일하게 정해진 절차를 준수하는 것이 요구된다. 이를 위해서는, 평상시부터 올바른 지식과 절차를 몸에 익혀 두어야 한다.


## (1) 평상시의 유의사항

① 직장의 설비, 기타 상황을 잘 이해해 둔다.

② 자동심장제세동기 등 구급용구가 있는 장소를 확실히 기억해 둔다.

③ 구급함 등은 항상 잘 정리해 둔다.

④ 부상자가 발생한 때의 연락방법을 정확하게 이해하여 둔다.

⑤ 자동심장제세동기의 사용방법, 심폐소생법(가슴압박과 인공호흡), 외상의 응급처치 등 기본적인 응급처치에 대해서는 몸에 완전히 익혀질 때까지 확실하게 학습하여 둔다.

### (2) 응급처치에서의 일반적 주의사항

① 침착하고 냉정하게 그리고 재빨리 피재자에게 소리를 지르는 등 반응을 확인한다.

② 혼자서 처치하지 말고 큰 소리로 외쳐 직장사람을 모은다.

③ 누군가 오면 그 사람에게 119 통보와, 근처에 자동심장제세동기가 있으면 그것의 준비를 부탁한다.

④ 피재자를 함부로 움직이지 않는다. 의식이 없다고 하여 큰 소리를 질러 가며 지나치게 몸을 흔들어서는 안 된다.

⑤ 피재자가 심장정지되어 있을 때에는 가슴압박 30회와 인공호흡 2회의 조합을, 자동심장제세동기가 도착하거나 구급대가 올 때까지 연속적으로 반복한다. 자동심장제세동기가 도착하면 바로 사용하고 그 음성메시지의 지시에 따른다.

⑥ 응급처치는 의사의 조치를 받을 때까지의 일시적인 조치로서 치료와는 다르다. 의사의 수진이 늦어지거나 치료에 방해가 되는 처치를 하거나 응급처치만으로 끝나게 해서는 안 된다.

# II. 관리·감독자의 위상과 마음가짐

## 1. 관리·감독자란

관리·감독자는 '관심을 가지고 두루 살펴 지시하거나 관리·감독하는 입장의 사람'을 말한다. 이들은 부하 작업자를 지휘·명령하고 작업의 품질, 비용, 납기, 효율, 안전보건 등에 대해 책임을 다하는 중요한 직책을 맡고 있다. 야구나 축구 감독과 비슷한 입장에 있다고 말할 수 있다. 최근에는 부하 작업자 외에도 협력회사 작업자, 파견근로자가 증가하고 있어 그 관리에는 상당한 지식, 경험, 기능, 능력이 요구된다.

관리·감독자는 관리·감독자로 한 단어로 표현하는 경우가 많지만, 엄밀히 말하면 관리자와 감독자는 완전히 다른 것이다.[4]

관리·감독자 중 관리자(manager)란 일반적으로 조직에서 간부직에 있는 사람으로서 다수의 부하 직원에 대한 지휘·감독과 인사고과, 업무분장 등에 관한 권한을 갖고 있는 자로서 공장장·부장·과장 등이 이에 속한다. 조직의 방침을 음미하고 구체화하여 자기 자신의 업무계획을 작성하고 부하에게 지시하는 자를 가리키고, 최고경영자, 상급관리자(경영자), 중간관리자로 구분할 수 있다.[5] 그리고 감독자(supervisor)는 부하(일선작업자)를 직접 지휘·감독하는 계장·직장·반장 등 현장을 숙지하고 있는 위치에 있는 자로서 상사(관리자)의 업무계획을 받아 부하와 함께 작업장의 실정에 맞는 구체적 활동을 전개하고 부하의 활동상황을 관찰하면서 마음을 쓰는 자라고 할 수 있다. 그러나 일정한 직급이나 직책에 따라 일률적으로 관리자 또는 감독자가 되는 것은 아니고, 어느 누가 관리자인지 감독자인지는 그가 실제 수행하는 역할과 부여받은 권한을 토대로 판단되어야 한다. 부서장의 명칭이 과장, 차장, 팀장이라 하더라도 경영조직에서 생산과 관련되는 업무와 그 소속 직원을 직접 지휘·감독하는 일을 한다면 그는 감독자에 해당할 것이다.

관리·감독자에 대하여 산업안전보건법령에서는 어떻게 규정하고 있을까. 산업안전보건법 제16조에서는 "사업장의 생산과 관련되는 업무와 그 소속 직원을 <u>직접</u> 지휘·감독하는 직위에 있는 사람"(밑줄은 필자)으로 정의하고 있고, 산업안전보건기준에 관한 규칙 제35조 제1항에서는 "건설업의 경우 <u>직장·조장 및 반장</u>의 직위에서 그 작업을 <u>직접</u> 지휘·감독하는 관리감독자"(밑줄은 필자)라고 규정하고 있다.

---

4 관리란 관할(管轄)하여 처리하는 것을 말한다. '管'이란 문호를 개폐하는 열쇠를 의미하고, '轄'은 차의 바퀴가 빠지는 것을 방지하는 쐐기를 의미한다. 감독이란 주의하여 살펴 지도하거나 단속하는 것을 말한다.
5 관리자에서 경영자를 분리하여 경영자, 상급관리자, 중간관리자로 구분하기도 하고, 하급(초급)관리자를 별도로 두는 경우도 있다.

여기에서 '생산'이란 사전적 의미로 볼 때 재화와 서비스를 만드는 활동을 의미한다. 따라서 생산은 물건을 제조하는 것만이 아니라 서비스를 하는 것도 포함하므로, 제품을 직접 생산하는 업무는 물론 제품생산을 위한 원재료를 운반하는 부서, 생산기기 등을 관리하는 지원부서도 포함되고, 제조업에만 해당하는 것이 아니라 모든 업종에 적용된다.

그리고 '생산과 관련되는 업무와 그 소속 직원을 직접 지휘·감독하는 자'란 실무에서 현장감독자 또는 일선감독자라고 일컫는 자로서 영어의 supervisor, foreman에 해당한다. 요컨대, 감독자는 부하 작업자를 직접 지휘·감독하는 일선의 책임자로서 직장, 조장, 반장, 라인장, 파트장 등 여러 가지 명칭으로 불리고 있다. 일찍이 하인리히가 안전관리의 키맨(key man)이라고 지칭한 자는 이들 감독자에 해당하는 자들이다.

따라서 관리자에 해당하는 자는 산업안전보건법 제16조에서 말하는 관리·감독자에는 해당되지 않는다. 그렇다면 산업안전보건법에서 관리자에게는 아무런 역할이 주어져 있지 않은 것일까. 그렇지 않다. 관리자는 스스로 근로자로서 사업주에 의한 법적 보호 대상이기도 하고, 다른 한편으로는 법에서 관리자에게 별도로 명시적 의무가 규정되어 있지 않더라도 사업주를 대리하는 자(사업주로부터 위임을 받은 자)로서 당연히 사업주의 법적 의무를 대신 이행하기도 하여야 한다.

## 2. 관리·감독자의 역할과 책임

산업안전보건법에서 많은 의무는 사업주에게 부과되어 있다. 산업안전보건법은 많은 조문이 사업주가 '하여야 할 것' 또는 '하여서는 안 되는 것'에 대하여 정하고 있다. 즉, 사업주책임으로 되어 있다. 이 경우 사업주란 누구를 가리키는 것일까. 산업안전보건법에서는 사업주란 "근로자를 사용하여 사업을 행하는 자"라고 정의하고 있다. 구체적으로 말하면, 법인회사의 경우에는 법인 그 자체이고, 개인회사인 경우에는 개인경영주를 말한다.

사업주책임은 사업주에게 부과되어 있지만, 법인회사이든 개인회사이든, 사업주가 산업안전보건법에 규정되어 있는 구체적인 의무를 직접 이행하는 것은 불가능하거나 곤란하다. 사업주로부터 의무이행의 위임을 받은 공장장, 부장, 과장, 현장감독자 등 이행보조자를 통해그의 의무가 이행되는 것이 일반적이다. 특히 법인회사인 경우, 행위능력이 없는 회사가 산업안전보건법에 규정되어 있는 구체적인 의무를 직접 이행하는 것은 불가능하다.

예를 들면, 산업안전보건법 제38조 제3항에서 "사업주는 근로자가 추락할 위험이 있는 장소 등에서 작업을 할 때 발생할 수 있는 산업재해를 예방하기 위하여 필요한 조치를 하여야 한다."고 되어 있고, 그 조항의 위임을 받아 산업안전보건기준에 관한 규칙 제42조에서는 "사업주는 근로자가 추락하거나 넘어질 위험이 있는 장소(작업발판의 끝·개구부 등을 제외한다) 또는 기계·설비·선박블록 등에서 작업을 할 때에 근로자가 위험해질 우려가 있는 경우 비계를 조립하는 등의 방법으로 작업발판을 설치하여야 한다."고 되어 있다.

사업주인 회사가 작업발판을 설치하는 것이 가능할까. 회사는 작업발판을 설치하는 것이 불가능하다. 회사를 대신하여 실제 행위를 할 수 있는 자가 필요하다. 사업장에서 그 역할을 담당하는 자가 관리·감독자이다. 관리·감독자는 사업주의 행위자 또는 대행자라고 할 수 있다.

관리·감독자는 회사가 사업주책임으로서 행하여야 할 작업현장에서의 위험방지조치를 '사업주책임의 행위자'로서 실시하여야 한다. 이것이 관리·감독자의 '사업주책임의 행위자의 의무'라는 것이다. 이 의무를 위반한 경우, 산업안전보건법 위반의 형사책임을 묻게 된다. 그리고 관리·감독자가 업무상과실 또는 중대한 과실로 인하여 사람을 사상에 이르게 한 경우, 즉 산업재해, 특히 중대한 재해가 발생한 경우에는 형법의 업무상과실치사상죄가 성립한다.

관리·감독자(의 위반행위)와 관련된 형사처벌은 주로 산업안전보건법 제167조와 제168조에 규정되어 있다. 제168조에 해당하는 경우(안전보건조치기준 등을 위반한 경우)에는 5년 이하의 징역 또는 5천만 원 이하의 벌금에 처해지고, 제167조의 벌칙에 해당하는 경우(안전보건조치기준을 위반하여 근로자를 사망에 이르게 한 경우)에는 7년 이하의 징역 또는 1억 원 이하의 벌금에 처해진다. 그리고 형법의 업무상과실치사상죄에 해당하면 5년 이하의 금고 또는 2천만 원 이하의 벌금에 처한다.

자영업체를 제외하곤 기업은 권한의 위임이라는 원리에 따르지 않을 수 없다. 이에 따라 사업주의 법적 의무는 사업주가 직접 이행하는 것이 아니라 관리자, 감독자 등을 통해 이행하게 된다. 그 결과, 관리자, 감독자에게는 설령 법에서 명시적으로는 의무가 부과되어 있지 않더라도, 이와 관계없이 각자의 업무영역에서만큼은 사업주의 법적 의무가 그대로 자신의 의무가 되기 때문에, 사업주를 대리하여 사업주의 법적 의무를 이행하여야 한다. 따라서 관리·감독자가 자신의 업무영역에서 산업안전보건법에 규정된 사업주의 의무를 이행하지 않으면 위반행위자로 처벌될 수 있다. 산업재해, 특히 중대한 재해가 발생한 경우 관리·감독자가 형법상 업무상과실치사상죄의 위반행위자로 처벌되는 것도 그들이 사업주를 대리하여 일정한 역할을 하는 위치에 있기 때문이다.

## 3. 관리·감독자의 업무

회사의 업무를 원활하게 하기 위하여 회사에서는 사내규정으로 업무분장을 명확하게 정하고 있다. 관리·감독자가 행하여야 할 안전보건업무에 대해서도 안전보건관리에 관한 사내규정의 일종인 안전보건관리규정 등에서 명확하게 정할 필요가 있다. 일반적으로 관리·감독자가 수행하여야 하는 안전보건업무로는 다음과 같은 것이 있다.[6]

---

6  산업안전보건법 시행령 제15조에 규정되어 있는 관리·감독자(엄밀히 말하면 감독자)의 업무는 관리·감독자

① 작업절차서 작성 및 이의 작업자에의 주지와 준수 지도

② 작업자의 능력, 성격, 자격 등을 고려한 적정배치

③ 작업에 대한 지휘·감독

④ 작업기계·설비 및 작업환경(장소)의 점검과 보수관리

⑤ 작업복, 보호구 및 방호장치의 점검과 그 착용·사용에 관한 지도

⑥ 정리·정돈의 확인

⑦ 안전보건에 관한 교육훈련의 실시

⑧ 작업환경측정이 필요한 작업에 대한 측정결과의 파악

⑨ 작업자의 건강관리의 촉진

⑩ 이상 시, 재해발생 시의 조치에 대한 작업자에의 주지

⑪ 작업자의 안전의식의 고양

⑫ 위험성평가의 실시

⑬ 일상안전활동의 실시

⑭ 관리자와 작업자 간의 연락·조정의 정확한 실시: 관리자의 지시·명령, 연락사항을 정확하게 부하 작업자에게 전달, 현장의 실상과 현장작업자의 의향을 관리자에게 신속·정확하게 보고(감독자에 한한다)

## (1) 일상의 관리·감독업무

관리·감독자로서 일상의 관리·감독업무는 '계획', '본작업', '마무리' 3가지 단계로 구분된다. 작업현장에서는 "준비 8할에, 작업 2할"이라는 말이 있다.[7] 계획(준비)의 좋고 나쁨이 작업 대부분의 성과를 결정한다는 것을 충분히 이해하고 일상의 관리·감독업무에 임할 필요가 있다.

## (2) 계획 단계의 관리·감독업무

계획 단계의 관리·감독업무는 다음과 같다.

① 작업을 달성하기 위하여 작업개시부터 작업종료까지의 작업절차를 정한다.

② 작업절차를 정할 때는 '안전', '품질', '공기', '비용', '환경'의 기준을 충족하고 있는지를 생각하여야 한다.

---

가 담당하는 본래의 업무 중 특히 중요한(대표적인) 업무라고 할 수 있는 것을 한정적으로 규정한 것이라고 보아야 한다.

7 "준비에 실패하는 것은 실패를 준비하는 것이다."라는 벤저민 프랭클린(Benjamin Franklin)의 말과 유사한 의미이다.

③ 작업내용에 따라 작업자를 적정배치한다. 작업자의 안전, 건강과 보람을 충분히 배려한다.

④ 기계, 설비 및 공구는 적절한 것이 준비되어 있는지 확인한다.

⑤ 작업 전 미팅과 위험예지활동(훈련)을 실시하여 작업의 급소와 안전보건 실시항목을 주지시키고 확인한다.

⑥ 다른 회사와 필요한 연락·조정을 한다.

### (3) 본작업 단계의 관리·감독업무

본작업 단계의 관리·감독업무는 작업장을 순회하여 다음 작업을 실시한다.

① 작업절차대로 작업이 진행되고 있는지 확인한다.

② 작업절차가 준수되고 있지 않을 때는 지도하고 시정한다.

③ 위험예지활동에서 결정한 안전의 행동목표가 준수되고 있는지 확인한다.

④ 보호구, 기계 및 공구가 올바른 방법으로 사용되고 있는지 확인한다.

⑤ 건강상태에 대해 관심을 가지고 두루 살핀다.

### (4) 마무리 단계의 관리·감독업무

마무리 단계의 관리·감독업무는 다음과 같다.

① 일의 완성상태를 확인한다.

② 정리정돈을 한다.

③ 문단속, 불의 뒤처리를 확인한다.

④ 다음 날의 준비상황을 확인하고, 수정이 필요한 때는 고친다.

⑤ 관계부서에 보고한다.

## 4. 관리·감독자에게 필요한 능력

관리·감독자에게 요구되는 능력은 다음과 같은 6가지로 정리할 수 있다.

① 업무에 필요한 지식과 기능

② 현장에서 발생하는 일상의 문제를 해결하는 능력

③ 리더십

④ 커뮤니케이션 능력

⑤ 부하를 육성하는 능력

⑥ 창의력을 끌어내는 능력

기업에서는 관리·감독자들이 관리·감독자로서의 역할을 충실히 수행할 수 있도록 이러한 능력을 갖출 수 있는 여건을 마련해 주고, 관리·감독자들도 스스로 이러한 능력을 갖추도록 준비하여야 한다.

## (1) 업무에 필요한 지식과 기능

관리·감독자가 업무에 대해 작업자보다 우수한 지식과 기능을 갖고 있지 않으면 지시·명령을 하더라도 작업자는 잘 따르지 않을 수 있다. 작업자는 관리·감독자가 일에 대한 전문적 역량을 갖추고 일하는 모습에 있어서도 모두의 모범이 되는 것을 기대하고 있기 때문이다.

관리·감독자는 평상시부터 일에 진지하게 임하고 끊임없이 일에 대한 지식과 기능을 연마하는 한편, 새로운 시공방법, 기계·설비가 개발된 경우에는 솔선하여 습득하고 지식과 기능 수준을 올리는 것이 요구된다. 이를 위해서는 전문기관, 업종별 단체 등이 실시하는 교육훈련에 참가하여 새로운 지식과 기능을 습득하는 것도 필요하다.

그리고 관리·감독자로서 작업자로부터의 요청, 고민거리 등에 대응할 수 있도록 폭넓은 지식을 갖도록 노력하여야 한다. 작업자에게는 작업자들로부터 신뢰를 얻고 있는 관리·감독자가 있으면 그가 하는 방법을 받아들여 자신의 것으로 만드는 일상적인 노력을 하는 것이 요구된다.

## (2) 현장에서 발생하는 일상의 문제를 해결하는 능력

현장에서 문제는 일상적으로 발생한다. 이 문제들을 어떻게 솜씨 있게 해결하는지가 관리·감독자의 중요한 업무이다. 다음과 같은 문제해결 4단계법을 사용하면 어렵지 않게 요령껏 문제해결을 할 수 있다.

표 4.2.1 문제해결 4단계법

| 단계 | 내용 |
|---|---|
| 제1단계: 사실을 확인한다. | • 사실을 파악하고 무엇이 문제인지를 명확하게 한다.<br>• 사실을 파악하는 것은 매우 중요하다. 사실 파악을 잘못하면 올바른 해결방법은 절대 나올 수 없다. |
| 제2단계: 문제를 분석한다. | • 사람, 기계·설비, 작업, 관리 4가지 항목의 어느 것이 기준에서 벗어났는지를 분석한다.<br>※ 기준이란 법령, (회사 내) 작업절차, 작업현장의 룰(rule) 등을 말한다. |
| 제3단계: 대책을 검토한다. | • 가급적 많은 안을 낸다.<br>• 좋은 안이 나오지 않을 때는 전혀 다른 관점에서 생각해 본다. |
| 제4단계: 대책을 실시한다. | • 최량의 대책을 선택하여 실시한다. |

① 사실의 확인

운반통로에 단차(段差)가 있다.
대차가 넘을 수 있는 높이인가?

② 문제의 분석

단차를 넘을 때에
짐이 떨어지거나 대차가
전도되지 않을까?
단차가 없는 상태로 대차를
끌고 가는 것이 현장의
룰로 정해져 있다.

③ 대책의 검토

• 별도의 통로를 생각한다.
• 단차를 없앤다.

별도의 통로로 가면 시간이 너무 걸려
단차를 없애는 대책을 채택한다.

OK!

④ 대책의 실시

상급자에게 보고하고 지시를
받아 단차를 없앤다.

그림 4.2.1 문제해결 사례

문제해결의 구체적인 예로 운반통로에서 계단(단차)을 발견하였을 때의 문제해결은 그림 4.2.1과 같이 한다.

## (3) 리더십

그룹을 통합하여 리더로서 힘을 발휘하는 것이 리더십이다. 리더십은 관리·감독자가 되고 나서 바로 발휘할 수 있는 것은 아니다. 부하가 관리·감독자를 리더로서 인정하고 따르려고 하는 마음이 강할 때 비로소 리더십이 성립하는 것이다.

부하들이 호감을 갖는 것만으로는 부족하다. 부하로부터 신뢰를 받아야 비로소 리더로서 인정받았다고 할 수 있다. 부하로부터 호감을 얻는 것은 물론 좋은 것이지만, 부하의 신뢰를 얻어야 비로소 리더십을 발휘할 수 있게 된다. 관리·감독자는 리더십을 발휘하려고 노력하고 확실히 행동으로 표현함으로써 그 지위가 리더십과 연결될 수 있다.

리더십을 발휘하기 위해서는 다음 사항에 유의하여 작업자의 마음을 잡을 수 있도록 행동하는 것이 중요하다. 이들 사항을 실천하면, 리더십은 자연스럽게 발휘될 수 있다.

[리더십을 발휘하기 위해 유의해야 할 사항]

---

1. 자신의 생각을 명확하게 제시한다.

    자신의 방침을 3개 정도로 정리하여 기회가 있을 때마다 작업자에게 반복하여 전한다.

2. 부하의 역할분담을 명확하게 정한다.

3. 문제가 발생하더라도 당황하지 않고 과감하게 해결을 위하여 노력한다.

    앞에서 설명한 문제해결 4단계법(사실의 확인, 문제의 분석, 대책의 검토, 대책의 실시)을 참고하여 문제를 요령 있게 해결한다.

4. 부하 일에 적극적인 참가를 요구하고 한 사람 한 사람의 공헌을 인정한다.

    관리·감독자가 혼자서 할 수 있는 일의 양은 한정되어 있다. 작업자가 일해 줌으로써 중요한 일이 가능해지는 것이다. 작업자의 공헌에 감사하는 마음이 필요하다.

5. 성과에 대하여 감사의 마음을 표현하고 다 같이 기쁨을 공유한다.

6. 항상 마음에 조금의 여유를 갖고 있다.

    관리·감독자가 바쁜 것처럼 보이면, 작업자는 전달하고 싶거나 물어보고 싶은 것이 있어도 이를 주저하게 된다. 작업자로부터의 정보는 귀중한 것이므로, 이와 같은 상황은 피하여야 한다. 바쁜 와중에도 여유를 보임으로써 작업자가 말을 꺼내기 쉽도록 하는 것이 필요하다.

---

### (4) 커뮤니케이션 능력

커뮤니케이션이란 의미, 감정을 주고받아 서로의 신뢰관계를 구축하려고 하는 것이다. 관리자와 감독자 간, 감독자와 작업자 간에 좋은 커뮤니케이션이 구축되어 있으면, 안전은 물론 품질, 공기 등의 면에서도 좋은 일을 할 수 있다.

감독자의 경우, 커뮤니케이션에서 가장 많은 것은 작업자와의 커뮤니케이션이다. 작업자와의 커뮤니케이션에서 주의하여야 하는 것은 상대방의 숙련도에 맞추어 커뮤니케이션을 하는 것이다.

관리자는 경영진과 감독자 간의 가교역할을, 감독자는 관리자와 작업자 간의 가교역할을 각각 수행하는 자로서, 각각의 관계자들과의 커뮤니케이션이 매우 중요하다.

특히, 감독자는 작업자와의 보고·연락·상담에 심혈을 기울여 좋은 커뮤니케이션 관계를 유지하는 것이 중요하다. 보고·연락·상담을 할 때에는 5W1H(언제, 어디에서, 누가, 무엇을,

왜, 어떻게)에 유의하는 것이 중요하다. 특히 언제(타이밍)는 매우 중요하다.

커뮤니케이션에 대해서는 커뮤니케이션을 잘 진행하기 위한 원칙과 기법이 있으므로, 이것을 습득하여 좋은 커뮤니케이션을 할 수 있도록 유의할 필요가 있다.

### (5) 부하를 육성하는 능력

안전을 확보하고 일과 품질의 향상을 지향하기 위해서는 작업자의 지식, 기능, 일에 대한 태도를 향상시켜 가는 것이 중요하다. 작업자가 육성되면 육성될수록 감독자의 일은 하기 수월해지고, 당연한 것이지만 안전도 생산성도 향상된다.

작업자를 육성하는 것에는 시간이 걸리는 것을 각오하고 노력하여야 한다. "차분하게 육성하면 크게 성장한다."고 자신에게 타이르고 끈기 있게 육성하면 좋은 결과를 기대할 수 있다. "곡물을 기르는 것은 일년지계(一年之計)이고, 나무를 기르는 것은 십년지계(十年之計)이며, 사람을 기르는 것은 백년지계(百年之計)이다."라고 말해지고 있다. 사람을 육성한다는 것은 긴 시간이 걸린다는 가르침이다.

가르쳐 육성한 작업자가 제 몫을 할 수 있게 되고 훌륭하게 성장해 가는 것을 보는 것은 즐겁고 보람 있는 일이다. 부하를 육성하는 기쁨을 느끼면서 작업자를 기르는 일에 매진할 필요가 있다.

작업자 중 차기 감독자를 육성하는 것도 감독자의 중요한 일이다. 자신을 대리할 것으로 예상되는 작업자를 선정하여 감독자로서의 업무를 대행하게 하고 감독자의 일을 가르치는 것이 중요하다. 예를 들면, TBM을 주재해 보도록 하거나 작업공정회의에 대신 참가하도록 하는 것이다. 계획적으로 조금씩 감독자의 업무를 습득하게 하여 역량을 갖춘 차기 감독자를 키워 보도록 하자.

그림 4.2.2 인재의 육성

## (6) 창의력을 끌어내는 능력

창의력은 새로운 것, 아이디어를 창출하거나 창안하는 능력이다. 이 능력은 누구나 갖추고 있는 것으로서, 기분, 감정, 몸의 상태에 따라 달라지는 바가 크다. 따라서 관리·감독자에게는 부하가 가지고 있는 창의력을 이끌어 내고 일의 개선·개량을 추진하는 것이 요구된다.

### 1) 창의력을 발휘하기 쉬운 직장 분위기를 조성한다

관리·감독자는 작업, 그룹활동을 통하여 작업자가 창의력을 발휘하기 쉬운 분위기 조성을 항상 염두에 두는 것이 필요하다.

① 자유로운 발상이 나올 수 있는 직장 분위기를 만든다. 이를 위해서 관리·감독자는 여유를 가지고 부하들을 관용으로 대하여야 한다.

② 팀 단위로 노력하기 위한 과제를 가진다.

③ 아이디어를 경쟁하게 한다. 직장의 문제점, 과제 등을 작업자, 그룹에게 던져 주고 아이디어를 경쟁적으로 내게 한다.

### 2) 작업자에게 문제의식을 갖게 하고 창의력을 북돋운다

관리·감독자는 작업자에게 끊임없이 문제의식을 갖도록 하는 한편, 창의력을 기르고 발휘하게 하는 것이 바람직하다. 이를 위해서는 다음 사항을 염두에 두면서 의식적으로 노력하는 것이 필요하다.

① 누구라도 창의적인 생각이 가능하다는 것을 이해시키고 자신감을 갖게 한다.

② 익숙한 것, 매너리즘에서 벗어나 전혀 다른 관점에서 사물을 바라보게 한다.

③ 제안된 아이디어는 마이너스적인 것이 아니라면 모두 받아들인다. 자신의 아이디어가 받아들여지면 자신감으로 연결되고, 창의적인 궁리와 생산적인 의욕을 더욱 자극하게 된다.

# Ⅲ. 근로자의 마음가짐

## 1. 안전을 위한 일상의 기본적인 대응

### (1) 일과 안전

제조업, 건설업, 농림수산업, 운수업 등 모든 산업에 유해·위험요인이 존재하고, 그것이 사고·재해를 일으키게 된다. 많은 기업에서는 '안전제일'의 슬로건을 내걸고 작업을 하고 있는 것도 그만큼 안전이 중요하다는 생각을 하고 있기 때문이다.

사람은 안전을 확보하지 않으면, 생존하기 어렵고 행복한 인생을 보낼 수 없다. 사람이 각자의 일터에서 일상적으로 문제없이 삶을 영위하고 행복하게 지내기 위한 필수조건이 안전이라고 할 수 있다.

만약 당신이 직장에서 부상을 입어 며칠간 어쩔 수 없이 휴업을 하게 되면, 당신의 일을 누군가가 대신 하여야 하고, 그렇게 되면 일의 순서와 방법을 변경하여야 하는 상황이 발생할 수 있다. 그 결과, 작업이 계획대로 진행되지 않고, 능률이 떨어지거나, 납기에 맞추지 못하거나, 커다란 낭비 등이 생길 수도 있다. 그리고 가족, 주변사람에게 심려를 끼치게 된다.

일을 하는 데 있어 선결조건이 '안전'한 작업을 하는 것임을 명심할 필요가 있다. 일을 하기에 앞서 우선적으로 안전을 생각하는 것이야말로 사업주뿐만 아니라 근로자에게 있어서도 절대조건이 되어야 한다. 산업안전보건법(제31조, 제31조의2 등)에서 근로자에 대한 다양한 안전보건교육을 의무화하고 있는 것도 이 때문이다.

### (2) 안전력을 높인다

안전을 확보하기 위해서는 많은 사람들의 노력, 축적된 노하우가 필요하다. 현장의 모든 사람의 안전수준(레벨)에 의해 안전의 실적이 변화한다. 안전의 수준이란 안전력이 얼마나 높은지에 따라 결정된다.

안전을 확보하기 위한 지식, 안전을 확보하기 위한 의식, 그것에 기반한 행동, 이른바 '안전의 지식·의식·행동'이 안전력이라고 하는 것으로서, 이것이 높은지 낮은지에 따라 안전의 수준이 달라진다. 그런 만큼 우리 각자가 안전력을 높이기 위하여 지속적으로 노력하는 것이 중요하다.

### (3) 인사 및 보고·연락·상담

직장에서는 매일 아침 조회 또는 TBM과 같은 작업 전 회의 등을 통해 작업지시 등을 하는 경우가 많다. 또는 매일의 상세한 작업협의 등이 없이 출근하자마자 바로 사무작업을 하는 업무도 있을 것이다.

어떠한 경우라도 직장의 상사는 부하직원의 매일의 건강상태가 어떠한지를 신경 쓸 필요가 있다. 출근, 퇴근 시의 인사는 부하직원의 건강상태를 확인할 수 있는 기회이기도 하다. 직원관리의 기본은 '아침 점검'이라는 점에 착안하여, 아침 출근하였을 때의 인사에서부터 당일의 부하직원의 몸상태 등을 확인할 필요가 있다. 따라서 근로자 각 개인도 모든 기본은 인사로부터 시작된다는 점을 이해하고, 밝은 인사를 주고받을 필요가 있다.

모든 회사는 각 회사 나름의 독자적인 문화가 있는 법이다. 따라서 근로자가 그 속에서 원활한 적응뿐만 아니라 안전한 직장생활을 하기 위해서는 보고, 연락, 상담이라는 기본적인 사항에 충실하여야 한다.

어느 정도의 자기재량이 있는 업무라 하더라도, 어디까지 업무가 추진되고 있는지, 무언가 곤란한 점은 없는지 등이 명확하게 되어 있지 않으면, 생각지 않은 사고로 연결될 수 있다. 예를 들면, 기계에 문제가 있는데도 "조금 있으면 작업이 끝나니까."라고 생각하고, 누구에게도 연락하지 않은 채 작업을 계속하다가 부재(部材)를 망가뜨리고 마는 것과 같은 일이 실제로 발생하기도 한다. 그리고 납품전표를 잘못하여 다른 업자에게 발송하는 일도 발생한 적이 있다.

어쨌든 간에 "이것은 문제가 있다."고 하는 정보는 신속하게 보고하고, 상담하며, 필요한 부서에 연락하는 것이 무엇보다도 중요하다.

## 2. 안전작업을 위한 자세

### (1) 안이한 생각, 잘못된 생각 및 주의력 저하의 경계

자동차 운전면허를 취득하여 도로 위를 주행하는 최초의 시기는 누구라도 다소 긴장하는 법이다. 그런데 운전에 점점 익숙해지면 그에 따라 여유가 생긴다. 게다가 운전기간이 길어짐에 따라 긴장감이 없어지고 금지되어 있는 휴대전화를 하면서 운전하는 일도 생겨난다. 다른 행동을 하면서 운전을 하는 것은 사고의 원인이다. 운전이 무사히 끝나면 그것이 악습관으로 연결될 수 있고, 언젠가는 대사고를 일으키는 요인이 될 수 있다.

그리고 스스로 잘못 생각하는 일도 가끔 생긴다. 예를 들면, 밤중에 도로에서 사람을 치는 일이 종종 발생하는데, 이것은 "이러한 밤중에 사람은 보행하지 않을 것이다."라는 잘못된 믿음에 의한 주의력 저하가 하나의 원인이 되기도 한다.

하루 종일 높은 주의력을 지속적으로 유지하면서 일을 하는 것은 불가능한 일이다. 그러나 주의력이 떨어져 있으면 실수를 범하기 쉬워진다. 건강상태가 나쁘거나, 질병을 앓고 있거나, 피로가 축적되거나, 걱정거리가 있는 것 등도 주의력 저하의 원인이다. 위험작업을 시작할 때에는 의식상태를 점검하여 주의력이 저하되어 있으면 의식레벨을 phase Ⅲ의 상태로 전환시켜 놓아야 한다.

## (2) 작업에 대한 올바른 자세[8]

직장인은 모두 직장에서 재해가 어떻게 일어나는지에 대해 막연히는 알고 있을지 모르지만, 계속하여 안전하고 건강하게 일을 해 나가기 위해서는 어떻게 하여야 할지를 확실히 인식하고 있어야 한다.

첫째, 규칙적이고 바른 생활을 토대로 건강한 신체와 밝은 마음을 가질 필요가 있다. 몸 상태가 좋지 않거나 마음에 흐트러짐이 있을 때에는 부상, 사고를 일으키기 쉽다. 일하는 사람에게 있어 '건강한 신체'와 '일에 흥미를 갖는 것'이 최고의 자본이다. 평상시에 수면부족, 운동부족, 과식, 동료와의 옥신각신 등이 없도록 유의한다.

둘째, 작업을 시작하게 되면 쓸데없는 것을 생각하거나 한눈팔지 않고 자신의 일에 전력을 기울여야 한다. 물론 일을 시작하기 전에는 복장, 공구 등에 잘못된 점은 없는지, 부족한 것은 없는지를 점검하여야 한다.

셋째, 일하는 방법, 기계, 공구의 사용방법에 대해서는 배운 방법을 반드시 준수하여야 한다. 임의대로 판단하는 것이 잘못의 시작이다. 조금이라도 이상하다는 생각이 들면, 즉시 자신의 상사에게 소상하게 묻고 잘 파악한 후에 작업하여야 한다. 잘 알지 못하는 기계, 일에는 절대 손을 대서는 안 된다. 옆에서 보고 재미있을 것 같다고 생각하거나 다른 사람이 쉽게 하고 있다고 생각하고 잠깐 흉내를 낸다는 것이 큰 부상으로 연결된 예가 적지 않게 발생하고 있다.

지나치게 겁쟁이가 되는 것도 안 되겠지만, 대수롭지 않게 여기고 당치 않은 일을 하는 것이 가장 위험하다. 올바른 지식을 몸에 익히고, 교육받은 안전한 방법을 준수하면서 일을 하는 것이 중요하다.

넷째, 작업종료 신호나 벨이 울릴 때까지는 작업시간이라는 것을 잊어서는 안 된다. "조금만 지나면 끝이다."라는 해이한 마음가짐으로 사고를 일으킨 예가 많다. 작업복을 벗기 전까지 방심은 금물이다.

다섯째, 일이 끝나면 반드시 뒷정리를 하는 습관을 들인다. 사용한 기계·공구의 점검과

---

8 이 부분은 독자들의 편의를 위하여 이 책의 '제1장 Ⅻ. 2. 작업에 대한 마음가짐'과의 중복을 무릅쓰고 서술하기로 한다.

손질, 주위의 정리정돈, 불끄기를 확실히 하고, 아무리 급해도 콕·나사를 조이는 것을 잊어버리거나 용기의 뚜껑을 연 채로 두는 일이 없도록 한다.

## 3. 안전작업을 위한 기본적 접근방법

### (1) 기본사항

작업 중의 많은 재해는 직접적으로는 작업의 서투름, 방심 등 때문에 발생하는 경우가 많다. 이와 관련하여 안전작업을 위해서는 기본적으로 다음 사항을 준수할 필요가 있다.
① 지도원, 선배의 가르침에 따라 안전한 작업방법과 직장환경을 빨리 익힌다.
② 주어진 기계·설비와 자재의 기능과 올바른 취급방법을 조속히 익힌다.
③ 다른 사람의 기계와 자재에는 손을 대지 않는다. 호기심과 무리가 돌이킬 수 없는 사고를 일으키는 경우가 있다.
④ 모르는 것은 사소한 것으로 생각되는 것이라도 지도원, 선배한테 물어본다. 자의적인 판단은 금물이다.
⑤ 모든 기계와 자재는 사용 전에 점검한다.

### (2) 작업복장

작업복은 직종에 따라 다르다. 일의 수행을 편하게 하고, 온도, 열로부터 신체를 보호하며, 나아가 재해로부터 신체를 보호한다. 식품공장에서는 머리카락이 식품에 들어가지 않도록 모자를 쓰고, 마스크를 하며, 얇은 장갑을 착용하고, 전신을 하얀색의 상하가 연결된 옷(jump suit)으로 덮고, 하얀 장화를 쓰는 스타일을 취한다.
기계가 이동하는 장소에서는, 의복이 롤러에 말려 들어가거나 수건이 샤프트에 말려드는 사고가 많이 발생하고 있다.
건설현장에서는 땀을 흘리는 여름철에도 긴 소매의 옷이 유니폼으로 되어 있다. 이것은 맨살을 덮어 감전재해를 방지하기 위한 것이다.

### 1) 작업복
① 작업복은 항상 청결한 것을 착용한다.
② 작업복은 신체에 맞는 것을 입고, 너무 크거나 작지 않아야 한다.
③ 기계 등에 말려들거나 물건에 걸리지 않도록 소매, 바지자락 등은 단추를 채우거나 단단하게 맨다.
④ 단추에 해당하는 것은 모두 확실하게 채운다.

⑤ 더운 시기, 장소의 작업에서도 맨몸으로 작업하지 않는다.

⑥ 작업복의 주머니에는 일에 필요한 것 외에는 넣지 않는다.

⑦ 기름, 유해물이 작업복에 부착하는 경우도 있으므로, 작업복으로 출퇴근하지 않는다.

### 2) 신발

각각의 직종에 따라 신발도 다르다. 따라서 지정된 신발을 신어야 한다.

샌들 등은 미끄러지기 쉽고 벗겨지기 쉽다. 중량물이 발에 떨어질 수 있는 경우는 발부리를 단단한 철판으로 덮은 안전화를 신는다. 그리고 감전방지용, 유기용제 등으로부터 보호하는 장화 등이 있다.

### 3) 모자

식품위생, 공장 등에서 기계에 머리카락이 말려 들어가지 않도록 모자를 쓴다. 그리고 비래(날아옴), 낙하(물체가 떨어짐)로부터 머리를 보호하는 안전모가 있다.

### 4) 장갑

장갑은 손을 보호하는 것이지만, 고온, 저온으로부터 손을 보호하는 것, 감전방지용, 약품으로부터 손을 보호하는 것, 재단기, 칼 등으로부터 손을 보호하는 것, 진동기계로부터 손을 보호하는 것, 오염, 미끄럼으로부터 손을 보호하는 것 등이 있다. 작업에 맞는 장갑을 착용한다.

그리고 장갑을 끼어서는 안 되는 작업도 있다. 천공기, 밀링머신, 기계를 운전하는 경우, 회전하는 기계를 점검하거나 보수하는 경우는 손이 말려 들어갈 위험이 있으므로 사용할 수 없다.

## (3) 정리·정돈·청소·청결

정리·정돈·청소·청결의 일본어 두문자를 따서 4S라고 말한다. 4S운동은 안전의 기본 중의 기본이다. 안전은 먼저 정리·정돈·청소·청결부터라고 말해지고 있다. 정리·정돈·청소·청결과 관련하여 기본적으로 유의하여야 할 사항으로는 다음과 같은 것이 있다.

### 1) 정리·정돈·청소·청결의 기본

① 더럽히지 않을 그리고 흩뜨리지 않을 생각을 한다.

② 도구 등은 사용하면 그대로 방치하지 않는다.

③ 정리정돈하는 습관을 몸에 익힌다.

④ 필요하지 않은 것은 버리고 남겨 두지 않는다.

⑤ 정품, 정량, 정치(定置)를 준수한다.

⑥ 항상 청소하고 청결을 유지한다.

## 2) 물건을 두는 방법

① 큰 것을 아래에, 작은 것을 위에 놓는다.

② 무거운 것을 아래에, 가벼운 것을 위에 놓는다.

③ 사용빈도가 높은 것을 앞에, 낮은 것을 뒤에 놓는다.

④ 형태가 동일한 것을 가지런히 쌓아 놓는다.

⑤ 형태가 다른 것은 형태가 갖추어진 상자 등에 수납한다.

⑥ 안정감이 나쁜 것은 횡으로 하고, 구르는 것은 쐐기를 물린다.

⑦ 파손하기 쉬운 것, 세워 놓지 않으면 안 되는 것은 표시를 하여 별도로 둔다.

## 3) 물건의 수납방법

① 자주 사용하는 것은 제일 먼저 꺼내기 쉬운 장소에 수납한다.

② 품명, 수량을 명시한다.

③ 자잘한 물건 등은 상자에 분류하여 수납한다.

④ 위험물, 유해물 등은 구획된 별실 등에 보관하고, 책임자가 열쇠를 관리한다.

⑤ 선반 등에 수납하는 경우는 무거운 것을 아래에, 가벼운 것을 위에 놓는다.

## (4) 안전통행

공장의 구내, 건설현장에는 안전통로가 설치되어 있다. 흰색 또는 황색의 선을 그어 명시하거나 울타리로 통행장소와 작업장소를 구분하는 등의 조치를 취하여야 한다. 공장, 현장에는 기자재 반입·반출, 제품의 이동, 반출 등 많은 차량이 이동하고 있다. 운반용뿐만 아니라, 차량계건설기계 등도 많이 이동하고 있다.

이것들과의 접촉에 의해 협착되거나(끼이거나) 말려 들어가거나 치이는 사고·재해가 많이 발생한다. 그리고 기계, 자재 등 생산에 필요한 것이 많이 존재한다. 이것들의 배치에도 산업재해의 방지, 점검의 용이성 또는 피로의 경감 등을 고려하여야 한다. 기계 간 또는 기계와 다른 설비 간에 설치되는 안전통로는 폭을 80 cm 이상으로 하는 것이 바람직하다.

통행, 통로의 유의사항은 다음과 같다.

① 통로에는 자재, 장해물을 두지 않는다.

② 적당한 밝기를 유지한다.

③ 통로면은 걸려 넘어짐, 미끄러짐 등의 위험이 없도록 한다.

④ 출입구, 비상구를 표시한다.

⑤ 통로 이외의 지름길, 가로지르는 길 등으로 가지 않는다.

⑥ 크레인작업 등의 경우 신호수의 지시에 따른다.

⑦ 통로를 횡단하는 경우, 출입구, T자로 등은 일단 멈추어 서서 좌우를 확인한다.

⑧ 주머니에 손을 넣고 보행하는 것은 삼간다.

⑨ 계단을 올라가고 내려갈 때는 난간을 이용한다.

## (5) 올바른 작업방법

Q, C, D, H, S를 실행하는 것이 필요하다. Q는 Quality로서 품질을 확보하는 것, C는 Cost로서 원가를 지키는 것, D는 Delivery로서 기간을 지키는 것, H는 Human으로서 인간관계를 좋게 하는 것, S는 Safety로서 안전하게 작업하는 것이다. 이 중에서도 작업하는 데 있어서 가장 주의하여야 하는 것은 '안전'하게 작업하는 것이다.

작업현장에서는 작업에 잠재하는 낭비, 결함, 무리를 없애고 품질을 확보하면서 효율적이고 안전하게 작업하는 것이 요구된다. 이를 위해, 작업현장에는 작업이 빠르게, 값싸게, 좋게 그리고 안전하게 이루어질 수 있도록 작업절차서(작업표준)가 만들어져 있다. 특히, 유해·위험한 작업에는 안전하게 작업하기 위한 절차가 반드시 반영되어 있어야 한다.

작업절차서는 작업에 수반하는 위험을 예지(豫知)하여 안전한 작업이 가능하도록 하는 한편, 품질, 원가, 공기를 확보하기 위한 것이다. 작업절차를 준수하여 작업하면, 사고가 일어나거나 부상·질병을 입는 일이 없도록 만들어져야 한다.

작업절차서는 절차(step)와 급소(point) 등으로 구성되어 있다. 급소는 단위(요소)작업의 각 단계(절차)에 수반하는 위험 등에 대한 가장 중요한 주의사항을 나타내는 것이다.

작업절차서를 확실히 몸에 익혀 작업을 올바르게 할 수 있도록 하는 것은 안전관리의 기본적인 요구사항이다.

## (6) 안전·보건표지

위험물, 유해물, 위험한 장소, 유해한 장소 등이 일목요연하면, 그러한 곳에 일부러 접근하는 사람은 없을 것이라고 생각된다. 그러나 눈에 보이지 않는 것이 많이 있다. 유독한 약품, 증기, 유독가스, 전기, 가연성물질, 산소결핍공기 등이 있다. 도시가스 등도 무색무취하다. 가스누출이 발생하더라도 알기 어렵기 때문에 냄새를 나게 하여 가스누출을 알 수 있도록 할 필요가 있다.

## 〈안전·보건표지의 종류와 형태(산업안전보건법 시행규칙 별표 6)〉

그리고 작업하는 사람, 종업원에 위험한 것, 해서는 안 되는 것 등을 안전표지로 주의를 환기시키고 있다.

안전표지의 ⅰ) 종류와 형태, ⅱ) 용도, 설치·부착장소, 형태 및 색채(색도기준, 용도), ⅲ) 기본모형은 산업안전보건법 제37조에 따라 동법 시행규칙 별표 7, 별표 8, 별표 9에 각각 통일적으로 정해져 있다. 안전표지는 작업자 등이 보기 쉬운 장소, 필요한 장소에 설치하거나 부착하도록 되어 있다. 잘 확인하여 표지의 지시에 따라야 한다.

---

※ 비고: 아래 표의 각각의 안전·보건표지(28종)는 다음과 같이 산업표준화법에 따른 한국산업표준 (KS S ISO 7010)의 안전표지로 대체할 수 있다.

| 안전·보건표지 | 한국산업표준 | 안전·보건표지 | 한국산업표준 |
|---|---|---|---|
| 102 | P004 | 302 | M017 |
| 103 | P006 | 303 | M016 |
| 106 | P002 | 304 | M019 |
| 107 | P003 | 305 | M014 |
| 206 | W003, W005, W027 | 306 | M003 |
| 207 | W012 | 307 | M008 |
| 208 | W015 | 308 | M009 |
| 209 | W035 | 309 | M010 |
| 210 | W017 | 402 | E003 |
| 211 | W010 | 403 | E013 |
| 212 | W011 | 404 | E011 |
| 213 | W004 | 406 | E001, E002 |
| 215 | W001 | 407 | E001 |
| 301 | M004 | 408 | E002 |

---

## (7) 안전장치의 유효한 유지

작업자는 소속장, 관계직제, 안전관리자, 기타 안전관계자의 필요한 지도에 따르는 한편, 안전규칙, 기타 재해방지에 관한 규정 및 주의사항을 준수하고 직장의 안전을 유지·확보하는 데 노력하여야 한다.

특히, 원동기, 동력전달장치, 기계·설비 및 공구 등은 작업 전에 반드시 점검하고, 이상의 유무를 확인하여야 한다. 이상이 있는 경우에는 바로 책임자에게 보고하고 이상이 해제되고 나서 작업을 하는 것이 필요하다.

그리고 안전장치, 덮개, 울 등은 그것을 설치한 이유, 효과 등을 잘 이해하여 유효하게 활용하고 자기판단으로 안전장치 등을 해체하거나 배치를 바꾸어서는 안 된다. 또한 그 효과를 감쇄시키는 조치를 하지 않는 것이 필요하다. 나아가, 안전장치 등의 불량을 발견한 때는 신속하게 작업을 중지하고 책임자에게 알려야 한다.

책임자의 허가를 얻어 일시적으로 안전장치를 수리하기 위하여 해제하는 경우에는, 다른 작업자가 알 수 있도록 표시를 하고, 수리완료 후에는 신속하게 재설치를 하는 등 안전장치의 유효한 유지를 확보하는 것이 필요하다.

지시받은 보호구는 안전화, 안전모, 안전대, 공기호흡기 등 그 종류에 관계없이 확실하고 정확하게 착용(사용)하여야 한다.

추가적으로, 기계의 청소, 손질 등은 확실하게 운전을 중지하고 나서 행하고, 귀찮거나 바쁘다고 하여 절차를 생략하는 일은 엄하게 삼가야 한다.

### (8) 치공구 취급작업의 기본

치공구는 제조현장뿐만 아니라 업종을 불문하고 다양한 장소에서 널리 사용되고 있다. 치공구(治工具)를 취급할 때는 다음 사항에 유의할 필요가 있다.

① 작업에 맞는 적절한 것을 선택하고, 다른 용도의 치공구 또는 크기가 맞지 않는 것, 임시변통의 것은 사용하지 않는다.

② 불량품, 부적합한 것은 사용하지 않는다.

③ 치공구를 가지고 다니면서 사용하는 경우에는 걸려 넘어짐, 낙하(물체가 떨어짐) 등을 방지하기 위하여 공구함에 수납하여 사용하고, 사용 후에는 항상 소정의 장소에 정리정돈하며, 사용 중에 기름 등으로 더럽혀진 경우에는 청소한 후에 보관한다.

④ 치공구는 주의 깊게 취급하고, 기계, 작업발판, 비계, 통로의 끝 등에서 물체가 떨어짐으로써 다른 작업자에게 부상을 입히는 원인이 되는 일은 하지 않아야 한다.

### (9) 물체의 설치·제거작업

① 물체에 손이 협착되지(끼이지) 않도록 주의한다. 가공물이 예리한 경우 등 부상을 입을 우려가 있는 경우에는 직접 손으로 하지 않도록 한다.

② 불안정한 것은 확실하게 고정한 후에 가공하는 등 작업양태를 미리 확인하고 필요한 자재를 갖춘 후에 작업을 행한다.

③ 양중기를 사용하여 작업을 할 때는 와이어로프, 체인블록(chain block), 섬유벨트 등 달기구(hoisting accessory, 크레인에 달려 있는 보조기구)가 하중에 견딜 수 있는지 등을 확인한 후에 작업을 하는 한편, 파단(破斷)되지 않는 기재(機材)인지 여부, 손모(損耗) 상태 등도 미리 점검하여 둔다.

# Ⅳ. 점검

## 1. 점검의 의의

산업재해는 법령의 기준, 규격 및 안전한 작업방법에 적합하지 않았기 때문에 발생하는 경우가 많고, 이러한 부적합이 사전에 발견되어 개선되었더라면 많은 재해는 미연에 방지할 수 있었다고 생각된다.

안전보건점검은 직장의 기계·설비, 작업방법 등에 문제가 없는지 여부를 체크하는 것이다. 안전보건점검을 실시할 때에는 작업장의 사정에 가장 정통하고 문제를 꿰뚫어볼 수 있는 감독자 및 작업자 자신이 행하는 것이 가장 효과적이다.

### (1) 기계·설비, 공구의 점검

기계·설비, 공구 등은 처음에는 정상이더라도 시간의 결과와 함께 재료의 변화, 마모, 강도·정밀도의 저하 등이 발생하게 된다. 이러한 노후화, 기계·설비의 파손, 오작동 등은 재해의 발생으로 연결되므로, 재해가 발생하고 나서가 아니라 평상시에 이상이 없는지를 체크하고 발견한 이상에 대해서는 필요한 시정조치를 취하는 것이 중요하다.

### (2) 정리·정돈의 점검

정리·정돈상태가 나쁘면 발이 걸려 넘어지는 사고(전도), 물체가 날아오거나(비래) 떨어지는(낙하) 사고의 원인이 될 뿐만 아니라, 불안전상태가 간과되거나 작업효율, 안전의식의 저하를 초래하여 재해로 연결되므로, 조속히 이상을 발견하고 적절한 조치를 취하여야 한다.

### (3) 작업방법의 점검

작업방법과 관련해서는 안전작업을 위한 작업표준, 작업절차 등을 정하고 작업자에게 주지한 후에 작업을 행하게 되는데, 한 번의 주지만으로는 충분하지 않으므로, 작업자가 기능으로 습득할 때까지 지도·교육을 반복하여야 한다. 작업자가 작업표준, 작업절차 등에 따른 작업을 하고 있는지를 체크할 때에는 일상적으로 작업자의 행동을 확인하도록 하고, 정해진대로 실행하고 있지 않으면 그 자리에서 지적하고 시정하도록 지도하는 것이 필요하다.

안전보건점검에서 기계·설비, 공구의 불안전상태, 작업자의 불안전행동을 발견하기 위한 포인트는 다음과 같다.

표 4.4.1 점검의 주요 목적

| 계층별 구분 | | 주요 목적 |
|---|---|---|
| 스태프 (staff) | 안전보건팀장 | 안전보건관리상황의 파악, 전문적인 지도, 전문적인 문제해결 |
| | 안전관리자 | 안전보건활동상황의 파악, 문제점의 지적과 지도, 시정조치의 확인 |
| 라인 (line) | 관리·감독자 | 작업장의 안전보건상황의 파악과 지시사항의 이행 확인, 교육·지도와 시정 후의 확인, 안전보건활동의 추진 |
| | 작업자 | 담당설비·기기, 공·도구, 보호구 등의 기능 체크, 작업환경 및 정리정돈의 상황 파악 |
| 기타 | 협력사와 합동 | 협력사의 지도·육성, 협력체제의 긴밀화, 협력사 의식의 향상, 협력사와의 의사소통 |
| | 특정자격자에 의한 검사 | 법규에 정해진 특정기계·설비의 안전검사 등 |

① 기계·설비, 공구의 각 부분이 양호한 상태로 보존되고 있는가?

② 유해·위험물질이 안전보건상 적절하게 취급되고 있는가?

③ 안전장치, 보호구 등이 확실하게 사용되고 있는가?

④ 통로, 바닥, 계단이 안전한 상태로 있는가?

⑤ 조명, 환기 등의 작업환경조건이 적절한 상태에 있는가?

⑥ 작업자는 작업절차를 지키고 있는가?

안전보건점검은 기계·설비 등의 강도·성능, 작업방법 등을 체크하는 것이라고 이해되는 경우도 있지만, 그것은 좁은 이해이다. 안전보건점검은 기계·설비 등의 불안전상태, 작업자의 불안전행동만을 확인하는 것은 아니다. 재해의 기본원인에는 인적 요인, 기계·설비적 요

그림 4.4.1 관리·감독자의 점검 목적

인, 작업·환경적 요인 외에 관리적 요인이 있고, 안전보건점검에서는 이들 모두에 대하여 체크할 필요가 있다. 특히 관리상의 결함은 불안전상태, 불안전행동의 배후에 있기 때문에, 표면적인 확인으로는 간과되는 경향이 있다. 보이는 것뿐만 아니라, 본질적인 개선을 도모하기 위해서라도 배후에 있는 관리상의 결함을 항상 의식하여야 한다.

효과적인 안전보건점검을 실시하기 위해서는 그 목적, 대책에 따라 점검자, 점검방법을 정하여야 한다.

## 2. 점검의 종류

### (1) 일상점검

#### 1) 작업시작 전 점검

작업시작 전 점검은 그날의 작업이 안전하게 이루어질 수 있는지를 일에 착수하기 전에 체크하는 것으로 안전보건점검 중에서도 가장 중요한 의미를 가지고 있다. 유해·위험한 기계·설비뿐만 아니라 해머, 스패너와 같은 수공구에 이르기까지 이를 사용하기 전에 주로 육안 및 단시간의 작동시험 등에 의해 행하는 점검을 말한다. 작업시작 전 점검은 기계·설비, 공구를 사용하기 전에 기본적으로 작업자가 주체가 되어 실시한다.

산업안전보건기준에 관한 규칙에서는 제35조(관리감독자의 유해·위험방지업무 등)를 비롯하여 많은 곳에서 특정작업에 대해 사업주에게 작업시작 전 점검을 실시하도록 규정하고 있고, 산업안전보건법 시행령에서도 감독자[9]의 일반적 직무의 하나로 기계·기구 또는 설비의 안전·보건점검 및 이상 유무의 확인, 작업복·보호구 및 방호장치의 점검 등을 실시하도록 규정하고 있는 만큼(제15조), 감독자는 어떤 형태로든 작업시작 전 점검을 실시하여야 한다.

#### 2) 작업 중 점검

관리·감독자, 특히 감독자는 근로자의 작업상황, 작업행동을 수시로 점검·감시하고, 불안전상태, 불안전행동을 발견한 경우에는 작업을 중단하고 대책을 강구하여야 한다. 산업안전보건기준에 관한 규칙에서도 여러 곳에서 특정 작업에 대해 사업주에게 수시로 작업 중 점검을 실시하도록 규정하고 있고, 특히 산업안전보건법 시행령에서는 감독자의 일반적 직무의 하나로 기계·기구 또는 설비의 안전·보건점검 및 이상 유무의 확인, 작업복·보호구 및 방호장치의 점검을 실시하도록 규정하고 있는 만큼(제15조), 감독자는 어떤 형태로든 작업 중

---

9 산업안전보건법령에서는 '관리감독자'라고 표현하고 있지만, 여기에서 관리감독자란 업무가 그 소속 직원을 '직접' 지휘·감독하는 직위에 있는 사람을 가리키므로(법 제16조 제1항, 산업안전보건기준에 관한 규칙 제35조 제1항), 실제에 있어서는 관리자를 제외한 감독자만을 의미한다.

점검을 실시하여야 한다.

### 3) 기계·설비 반입 시 점검

관리·감독자는 협력사 등이 운반기계, 아크용접기, 전동공구류, 가설기자재 등을 작업현장에 반입하는 때에는 해당 기계·설비의 사용 전 점검을 실시하고 이상이 없는 것을 확인하고 나서 사용하도록 하여야 한다.

## (2) 정기점검

### 1) 정기자율점검

정기자율점검은 산업안전보건기준에 관한 규칙에 따라 고소작업대(제186조), 건축물의 내화구조(제270조), 급성독성물질을 취급 저장하는 설비의 연결부분(제299조 제2호), 흙막이 지보공(제347조), 고압작업설비(제551조), 잠수작업설비(제552조), 아세틸렌용접장치·가스집합용접장치의 안전기, 관리 대상 유해물질 취급장소·설비, 허가 대상 유해물질 취급장소의 국소배기장치 등(별표 2 제6호, 제7호, 제15호, 제16호)에 대하여 일정 기간을 정하여 외관, 구조 및 기능의 점검, 각부의 검사 등을 실시하는 것을 말한다.

### 2) 안전검사

전문지식, 기술을 가지고 있는 사람에 의한 검사가 필요한 산업안전보건법상 안전검사가 의무화된 기계·설비(산업안전보건법 시행령 제78조) 등에 대하여, 고용노동부로부터 안전검사업무를 위탁받은 안전검사기관(산업안전보건법 제96조), 사업장 내 유자격자(산업안전보건법 제98조 제1항), 고용노동부에 의해 지정받은 자율안전검사기관(산업안전보건법 제98조 제4항)이 아니면 실시할 수 없는 검사이다. 안전검사 대상 기계·설비의 실시주기는 다음과 같다.

① 크레인(이동식크레인은 제외한다), 리프트(이삿짐운반용 리프트는 제외한다) 및 곤돌라: 사업장에 설치가 끝난 날부터 3년 이내에 최초 안전검사를 실시하되, 그 이후부터 2년마다(건설현장에서 사용하는 것은 최초로 설치한 날부터 6개월마다)

② 이동식크레인, 이삿짐운반용 리프트 및 고소작업대: 자동차관리법 제8조에 따른 신규등록 이후 3년 이내에 최초 안전검사를 실시하되, 그 이후부터 2년마다

③ 프레스, 전단기, 압력용기, 국소배기장치, 원심기, 화학설비 및 그 부속설비, 건조설비 및 그 부속설비, 롤러기, 사출성형기, 컨베이어 및 산업용 로봇: 사업장에 설치가 끝난 날부터 3년 이내에 최초 안전검사를 실시하되, 그 이후부터 2년마다(공정안전보고서를 제출하여 확인을 받은 압력용기는 4년마다)

### 3) 기타 정기점검

법정 점검 외에 위험의 방지에 있어 중요한 기계·설비에 대해서는 사업장 차원에서 정기 점검을 실시하는 대상을 자율적으로 정하여 둘 필요가 있다.

### (3) 임시점검

#### 1) 사고·재해발생 후의 점검

사고 또는 산업재해가 발생한 경우, 그 재발방지를 위하여 발생상황을 조사하고 그 원인을 분석한다. 그 결과를 토대로 동일하거나 유사한 원인으로 사고, 산업재해가 발생할 우려가 있는지 여부에 대한 점검을 실시할 필요가 있다. 예컨대, 산업안전보건기준에 관한 규칙에서는 사업주에게 송기설비의 고장이나 그 밖의 사고가 발생한 경우에는 송기설비의 이상 유무, 잠함 등의 이상 침하 또는 기울어진 상태 등을 점검하도록 규정하고 있다(제554조).

#### 2) 악천후 등 후의 점검

폭풍, 폭우, 폭설 등의 악천후 또는 중진(中震: 진도4) 이상의 지진 후에는 크레인, 곤돌라, 리프트, 비계, 굴착장소 등에 대해 점검을 하는 것이 필요하다. 비계에서 작업 양중기를 사용하는 작업의 경우에는 산업안전보건기준에 관한 규칙에서 점검이 명시적으로 의무화되어 있다(제58조, 제141조).

#### 3) 시정명령 등에 의한 점검

이 점검은 사업장을 감독한 근로감독관 등으로부터 법령 위반에 대해 시정(개선)명령을 받은 경우, 직장의 안전진단을 의뢰한 외부의 전문가로부터 지적을 받은 경우, 같은 회사의 다른 사업장, 다른 회사에서 동종의 기계·작업에 의한 산업재해가 발생한 경우, 산업안전보건위원회가 아차사고사례보고 등에 근거하여 심의한 결과 점검이 필요하다고 의결한 경우 등에 실시하는 임시점검을 말한다.

#### 4) 안전순찰

안전순찰은 최고경영자, 안전보건관리책임자(안전보건총괄책임자), 안전관리자 등이 정기적 또는 수시로 재해방지를 위한 최저기준에 해당하는 산업안전보건법령 및 설비안전, 위험물관리, 소방 등에 관한 법령, 그리고 기업·사업장의 내부규정 등의 준수상태를 순찰방법에 의해 점검하는 것을 말한다.

#### 5) 전문가에 의한 진단

직장순찰이 주로 내부의 장에 의해 실시되는 것에 반해, 전문가에 의한 진단은 보다 전문적인 지식, 기술, 경험 등을 가진 외부의 전문가에 의뢰하여 잠재적인 위험의 유무, 안전관리의 적부 등을 종합적으로 진단받는 경우를 말한다. 이 진단은 스스로의 사업장에서는 알아차리지 못하고 있는 문제점을 파악할 수 있는 장점 외에, 안전관리방법·대책에 대한 새로운 정보 등을 얻을 수 있는 장점도 있다.

본사의 안전스태프 등이 소속 사업장에 대해 종합적·전문적인 진단, 평가를 행하는 경우에는 안전진단 또는 안전감사라고 부르는 경우도 있다.

## 3. 점검 시의 유의사항

### (1) 점검계획 수립

효과 있는 안전보건점검을 실시하기 위해서는 미리 점검계획을 수립하여 둘 필요가 있다. 그리고 점검계획은 연간을 통틀어 법령에 정해져 있는 것을 포함하여 사업장 전체에 대해 실시하도록 작성하는 것이 바람직하다. 점검실시계획을 작성할 때는 다음과 같은 사항을 고려한다.

① 언제, 누가, 어떤 범위를 어떻게 실시할 것인가?
② 누가 기록할 것인가, 결과를 어떻게 처리·활용할 것인가, 기록은 어디에서 누가 보존할 것인가?
③ 무엇을 중점사항으로 할 것인가, 점검표(체크리스트)는 어떤 종류로 할 것인가?
④ 결과를 어떻게 정리하고 검토는 어떻게 할 것인가?
⑤ 대책은 어떤 절차로 결정할 것인가, 대책은 누가 실시할 것인가?
⑥ 시정의 확인은 누가 어떤 시점에서 어떻게 실시할 것인가?

점검결과 및 개선상황 등에 대해서는 사업장의 최고책임자에게 보고하는 시스템을 명확히 하는 것이 중요하고, 이것을 통해 최고책임자의 안전에 대한 인식을 높이는 것이 가능하다.

### (2) 점검표(체크리스트) 작성

점검 누락을 발생시키지 않으면서 한정된 시간 내에 효율적인 점검을 행하기 위해서는 점검계획에 따른 점검표(체크리스트)를 작성하여 점검을 실시할 필요가 있다. 그리고 점검자의 주관에 의해 지적, 평가, 지도내용이 크게 달라지지 않도록 하기 위해서도 점검표를 작성하여 활용하는 것이 바람직하다.

점검표는 그 작성 시에 관계자의 의견을 청취하고 우선순위를 정한 후에 법령에 정해져 있는 사항은 물론 기계·설비 등의 특징, 작업내용, 과거의 점검결과 등을 참고하여 사업장에 맞는 것을 작성하여야 한다. 그리고 점검표는 점검결과, 재해발생, 법령개정 등에 의해 적시에 수정하는 것도 필요하다.

산업안전보건전문기관에서 제공되는 점검표, 다른 기업 또는 사업장의 것을 활용하는 경우도 있는데, 이것들은 일반적·표준적이거나 해당 기업·사업장에 맞는 것이므로, 어디까지나 참고하는 것으로만 그치고 독자적인 것을 작성하는 것이 중요하며 처음부터 완벽한 것을 추구하기보다는 경험을 쌓아 가면서 수정·보완해 나가는 것이 바람직하다.

점검표를 작성할 때의 요점은 다음과 같다.

① 점검의 시기와 빈도: 연, 월, 매주, 매일, 작업 중, 수시 등

② 점검의 실시자: 최고경영자, 안전관리자, 라인의 관리자·감독자, 작업자 등

③ 점검의 대상: 기계·설비, 전기설비, 위험물, 유해물질, 작업방법 등

④ 점검방법: 육안, 판단기준과의 대조 확인, 정밀점검의 실시 등

⑤ 점검장소: 사업장 전반, 사업장 일부, 위험장소, 유해물질취급장소 등

⑥ 점검에서 이용하는 기자재 등: 카메라, 측정기기, 라이트, 점검표 등

점검표는 항목이 너무 많으면 체크가 산만해지므로 일상점검용, 정기점검용, 임시점검용 또는 대상기계별 등으로 구분하면 사용하기 쉽고, 결과의 정리, 결과에 근거한 지시·지도, 보존 시에도 편리하다.

## (3) 점검자 교육

점검자는 해당 기계·설비를 잘 알고 있고 애착을 가지고 있는 것이 바람직하다. 점검자가 점검 대상의 정상상태를 파악하고 이상을 분별하는 판단력, 직감, 요령을 체득하여 이상 시 어떤 현상이 되는지, 어떤 영향을 미치는지 등을 이해하고 있는 것이 필요하다.

특히, 작업시작 전 점검에서는 매일 동일한 것을 반복하므로 점검을 생략하는 경향이 있다. 관계가 깊은 사례 등을 소개하여 점검이 얼마나 중요한 일인지를 평상시에 잘 설명하여 납득시키는 한편, 이따금씩 관리·감독자가 동행하여 확인하는 것도 필요하다.

촉진(觸診), 청진(聽診)과 같이 사람의 오감으로 실시하는 항목에 대해서는 정상 및 이상 시의 미묘한 감각을 습득하기 위한 훈련이 충실하게 제공되도록 하여야 한다.

## (4) 점검 시 안전확보

점검작업은 통상 작업에 비해 위험도가 높다. 점검 중에는 기계·설비의 가동 중에 실시하는 점검도 있다. 그리고 점검의 실시자가 기계·설비의 기능, 동작, 작업내용, 절차 등에 반드시 정통하다고는 말할 수 없고, 통상 작업에서는 가지 않는 회전부분에 접근하거나 작업발판이 불안전한 곳에 가기도 한다. 게다가 대부분의 경우 1인 작업으로 이루어진다.

한편, 점검은 베테랑인 작업자가 실시하는 경우가 많은데, 숙달되어 있음으로써 오히려 불

안전행동이 발생하기도 하고, 생각지 않은 것으로부터 위험한 상태가 되는 경우도 있다.

　정밀한 점검을 실시하기 위해 대상범위의 동력원, 전원을 차단하는 경우에는 차단범위가 확실하게 차단되었는지를 확인한다. 도중에 기능점검 등을 위하여 전원을 재투입하는 경우의 절차를 명확하게 정해 두는 한편, 다른 자에 의한 잘못된 투입을 금지하기 위한 조치(스위치·키의 관리, 투입금지의 표시 등)를 확실히 한다.

　관리·감독자는 점검자가 정확하게 목적업무를 수행하면서 안전대 등의 보호구를 확실하게 착용하는 등 작업자에게 모범이 되는 행동을 함은 물론, 점검 시 주변 안전에 충분한 주의를 하면서 점검을 실시하도록 지도할 필요가 있다.

### (5) 시정결과 확인

　지적한 사항에 대해서는 적절하게 시정되고 있는지를 확인한다.

### (6) 안이한 타협은 하지 않는다

　점검에 의한 지적사항에 예컨대 안전장치의 미사용이 있는 경우가 있는데 그 미사용의 이유가 "안전장치를 사용하면 작업하기 어렵다."인 경우에는 안전장치의 개량을 도모하여야 하고 안이하게 안전장치의 미사용을 용인해서는 안 된다.

그림 4.4.2 안이한 타협은 금물

## 4. 점검결과와 개선조치

　점검은 점검 그 자체가 목적이 아니고, 점검결과 필요한 조치를 취하여 정상상태로 되돌려

놓는 것이 목적이다. 따라서 안전보건점검이 단순한 지적만으로 끝나서는 소기의 목적을 달성할 수 없다. 문제점의 보고가 있는 사항은 상황을 조사하여 대책을 취하는 한편, 문제점의 원인을 분석하여 중요한 사항에 대해서는 재발방지를 위한 계획적인 개선을 행하지 않으면 안 된다. 점검 후의 개선조치가 적절하게 이루어지지 않으면, 점검의 효과성이 감소할 뿐만 아니라 직장의 안전관리수준의 정체를 초래할 수 있다.

관리·감독자는 점검결과 보고를 바로 훑어보고 확인하여야 한다. 산업안전보건기준에 관한 규칙에서도 감독자로 하여금 점검결과 이상이 발견되면 즉시 수리하거나 그 밖에 필요한 조치를 하도록 규정하고 있다(제35조 제3항).

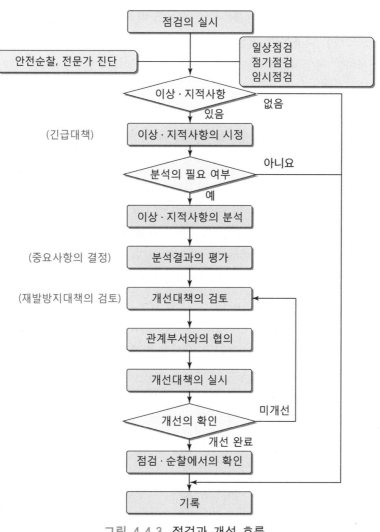

그림 4.4.3 점검과 개선 흐름

# V. 지시·보고방법

## 1. 지시 및 보고의 의미

지시란 상사가 부하에 대하여 행하는 작업의 할당, 안전 등에 대한 주의사항과 금지사항을 가리킨다. 지시는 부하의 동기부여, 즉 의욕을 이끌어 내는 것을 생각하면서 행하는 것이 중요하다. 따라서 지시의 내용과 상대방에 따라 시간·장소의 선정, 말투 등 지시방법을 배려할 필요가 있다.

현장에서 일하는 작업자는 관리·감독자의 지시에 따라 작업을 하여야 한다. 그 지시가 적절하고 안전을 고려한 내용이면, 작업효율이 향상되고 안전한 작업이 가능하게 된다. 그러나 그 지시가 엉성하면 작업자들은 자의적으로 판단하고 생각지 않은 부상을 입거나 쓸데없는 일을 하게 된다.

지시는 한 사람 한 사람의 지식·기량·능력에 따라 구체적으로 하는 것이 중요하고, 결정한 작업내용에 따라 정해진 작업방법·절차, 안전대책 등을 한 사람 한 사람에게 지시하여야 한다.

보고란 '고(告)하여 알게 하는 것'이다. 작업은 지시로 시작하여 보고로 완료한다고 한다. 작업의 결과 여하에 관계없이 반드시 보고가 이루어져야 한다. 관리·감독자는 상급자에게 보고하는 입장과 하급자로부터 보고를 받는 2가지 입장이 있다. 이들 2가지 입장에 있어서의 보고하는 방법을 확실하게 습득해 놓을 필요가 있다.

관리·감독자는 관리·감독업무를 원활하게 하기 위하여 '지시'와 '보고'의 중요성을 인식한 후에 적절한 지시의 방법과 보고의 방법을 습득하여 활용할 필요가 있다.

지시와 보고라는 2가지의 관리·감독업무는 동전의 양면과 같은 관계에 있다. 지시를 하면 반드시 보고를 하도록 하여야 한다. 그리고 지시를 받으면 반드시 보고를 하는 관계가 되어야 한다.

지시만 하고 마는 것은 가장 경계하여야 하는 것이다. 보고를 요구하지 않으면 작업자는 관리·감독자의 지시사항을 소홀하게 여기게 된다.

## 2. 지시의 방법

### (1) 지시방법의 의의

관리·감독자는 작업자에게 적절하게 지시하여 기대한 대로 결과를 낼 수 있도록 하는 것이 필요하다. 그런데 관리·감독자가 지시하더라도 기대한 대로 결과가 얻어지지 않는 경우가 있다. 그 원인을 조사하면 지시의 방법이 불충분한 경우가 적지 않다. 따라서 관리·감독자는 반드시 지시방법을 습득해 놓는 것이 중요하다.

지시할 때에는 안전을 모든 것에 우선하게 하여야 한다. 지시가 지켜지고 있지 않은 것을 발견하면 간과하지 않고 반드시 지시를 지키게 한다. 지시를 지키지 않으면 작업을 하지 못하게 하거나 현장에서 퇴장시키는 등 엄한 조치도 때로는 필요하다. 이를 통해 안전지시, 정해진 기본 룰을 지키는 것은 당연하다고 하는 좋은 긴장감이 현장에 조성된다. 이런 곳에서는, 예컨대 안전대를 착용하지 않거나 안전고리를 제대로 연결하지 않는 작업자는 나오지 않을 것이다.

한편, 위험한 작업의 경우에는 안전에 대한 지시를 하는 것뿐만 아니라 현장에서 작업에 입회하는 것이 필요하다. 현장에서는 실제로 작업을 보고 있지 않으면 어디에 위험이 있는지를 정확하게 알 수 없는 경우도 있다. 특히 위험한 작업 또는 처음으로 하는 작업의 경우 등에는 안전지시를 한 자가 현장에서 작업에 직접 입회하는 것도 필요하다.

지시를 하였는데도 문제가 발생한 경우에는 다음과 같은 문제가 있지는 않은지 확인할 필요가 있다.

① 상대방 능력의 문제: 하는 방법을 모른다, 기능적으로 불가능하다, 충분한 시간이 없다, 상대방의 역량으로는 도저히 할 수 없는 문제가 있다.

② 태도, 가치관의 문제: 의욕이 없다, 자신의 방법이 옳다고 생각한다, 그것이 그렇게 틀리다고 생각하지 않는다, 스스로는 지시대로 하고 있다고 생각한다.

③ 관리의 문제: 상대방이 자신만 무리한 일을 요구받고 있다고 생각한다, 상대방과 인간관계가 좋지 않다(함께 하고 싶지 않다, 조직에 반발하고 있다 등).

④ 개인적인 문제: 걱정거리가 있다, 많이 피곤하다, 건강상의 문제가 있다.

이러한 문제는 평상시부터 잘 관찰하여, 왜 그렇게 되고 있는지 원인을 잘 파악한 후에 대처를 하여야 한다.

## (2) 지시의 시기

관리·감독자가 지시를 하는 시기는 다음과 같다.

"감독자는 작업의 시작과 끝은 일하지 말라."는 말이 있듯이, 감독자는 작업의 시작과 끝은 지시를 통해 작업자를 확실하게 독려하는 역할을 하여야 한다. 특히 작업시작 전 회의에서 알기 쉽게 지시하는 것이 중요하다.

| 지시의 시기 | 지시의 내용 |
|---|---|
| 작업시작 전 회의 | 작업장소, 작업절차·방법, 작업배치, 다른 일과의 관련성, 안전지시사항 등을 작업자에게 철저히 주지시킨다. |
| 현장점검·순시 | 불안전상태의 개선과 불안전행동의 방지 지시, 작업 중에 문제점이 있으면 작업자와 이야기를 하고 개선사항을 지시한다. |
| 작업 중 | 작업 중에 작업상황에 따라 작업자에게 안전지시를 한다. 작업 중 지시는 주로 감독자에 의해 이루어진다. |
| 작업 종료 후 | 당일 작업에서의 반성할 점, 문제점 등의 해결방안 등을 이야기하고, 개선 내용을 지시한다. 그리고 잘 이루어진 것은 칭찬한다. |

### (3) 지시할 때의 유의사항

관리·감독자는 책임자이다. 따라서 관리·감독자에게 있어 지시는 매우 중요하다. 관리·감독자는 이 점을 자각하고 적절하게 지시하도록 노력하여야 한다. 그리고 관리·감독자는 안전 확보에 대한 의지, 부하를 재해로부터 지킨다는 의식을 항상 가지고, 생산과 안전은 일체라는 것을 인식한다.

따라서 작업자에게 지시할 때는 다음의 유의사항을 확실히 몸에 익혀 실행에 옮길 필요가 있다.

### 1) 지시내용은 구체적으로 알기 쉽게

관리·감독자의 지시가 구체적이지 않은 경우에는 작업자에게 지시가 잘 전달되지 않을 때가 많다. 지시할 때는 먼저 자신이 '무엇을 지시하고 싶은지'를 생각해야 한다. 자신의 의사, 생각이 정리되어 있지 않으면 작업자를 혼란스럽게 할 수 있다. 이런 상태로 지시를 해서는 안 된다. 자신이 지시하고자 하는 것이 확실해지고 나서 지시를 할 필요가 있다.

지시는 구체적이고 알기 쉽게 하여야 한다. 예를 들면, 단순히 개인보호구를 착용하라고 할 것이 아니라, 아크용접작업은 분진이 비산하므로 전동팬이 있는 호흡용 보호구를 착용하고 작업을 하라고 지시해야 한다.

천편일률적인 지시, 애매한 지시를 없애기 위해 5W1H(누가, 언제, 어디에서, 무엇을, 왜, 어떻게)를 하나씩 생각하여 지시를 하면 지시가 누락되는 것 없이 명확하게 되고 작업자도 납득하기 쉬울 것이다. 특히, 지시에는 '누가(Who)'라는 주어를 붙이는 것이 중요하다. 이를 통해 실시자가 명확하게 됨으로써, 실시자는 일에 대한 책임이 생기고 지시를 지켜야겠다는 의식이 높아진다. 그리고 지시를 할 때는 작업절차서의 안전수칙 또는 안전상의 유의사항도 활용하는 것이 바람직하다.

정확성, 엄밀성이 요구되는 것, 안전상 특히 중요한 포인트 등은 상대방에게 메모를 하게 하여 잊지 않도록 하는 것이 중요하다. 그리고 지시내용에 따라서는 스스로의 경험담, 실패담을 섞어 지시에 대한 작업자의 준수 의지를 높일 필요가 있다.

### 2) 작업자의 지식, 기능, 경험 등을 고려한다

작업자의 역량에 맞는 지시를 하는 것이 중요하다. 지식, 기능 수준(레벨)이 낮은 작업자에 대해서는 왜 지켜야 하는지를 포함하여 쉬운 표현을 사용하여 그들의 수준에서도 이해할 수 있도록 자세하고 친절하게 지시를 한다. 한편, 베테랑 작업자에게는 가능한 한 일방적인 안전지시를 하는 것은 삼가고, 의견을 들으면서 지시의 내용을 확정해 가는 것이 효과적이다.

가급적 일반적으로 사용하고 있는 말로 지시를 하고, 알기 어려운 전문·기술용어는 삼가는 것이 바람직하다. 다른 업종에서 전직해 온 지 얼마 안 된 작업자에게 전문용어를 사용하면서 지시를 하면 제대로 전달이 되지 않을 것이다.

작업자의 안색을 보면 지시를 이해하고 있는지 여부를 알 수 있다. 작업자가 잘 이해하지 못하겠다는 표정을 보이는 경우에는 좀 더 알기 쉬운 내용으로 바꿀 필요가 있다.

### 3) 도면, 삽화 등을 사용한다

조금 어렵다고 생각되는 지시를 할 때에는 도면, 삽화를 사용하면 작업자의 이해를 얻기 쉽다. 도면, 삽화를 보면서 지시를 받으면, 배경 지식이 없어도 이해하는 것이 수월할 뿐만 아니라 기억도 오래간다.

작업절차서, 지시서를 제시하면서 설명을 하면 관리·감독자 입장에서도 작업의 집중도를 높이는 등 지시하는 것이 좀 더 효과적이게 된다.

### 4) 한번 지시한 것은 안이하게 바꾸지 않는다

한번 지시한 것은 작업이 완료될 때까지는 안이하게 변경하지 않는 것이 필요하다. 지시를 안이하게 변경하면 작업자는 지시를 의심의 눈으로 듣게 되고, 관리·감독자와의 신뢰관계에 이상이 생기게 된다.

무언가의 어쩔 수 없는 사정에 의해 변경을 하지 않을 수 없는 경우에는 작업자에게 불가피한 사정, 변경의 이유와 변경 후의 계획을 설명하고 작업자의 납득을 얻은 후에 새로운 지시를 내린다.

### 5) 작업자가 이해하였는지를 확인한다

지시는 작업자에 전달하고 이해되어야 비로소 지시라고 말할 수 있다. 지시한 대로의 효과가 나오지 않는 큰 이유 중의 하나는 지시가 충분히 이해되지 않았기 때문이다.

지시를 내리면서 상대의 반응(표정 등)으로 이해도를 확인하여 불충분하다고 생각되면, 시간이 걸리더라도 반복하여 지시를 한다. 그리고 작업자가 지시내용을 잘 이해·납득하고 있는지를 복창, 질문 등을 통해 확인할 필요가 있다. 사람은 '오른쪽'이라고 말해도 '왼쪽'이라고 생각해 버리는 경우가 있다. 실제로 이와 같은 잘못된 생각에 의한 재해가 적지 않게 발생하고 있다.

작업자의 이름을 기억하여 작업자의 이름을 부르면서 지시를 하고 대답을 하게 한다. 인간에게는 약속을 지키는 본능이 있기 때문에, 지시를 지킨다는 의사표시로서 "예"라고 대답을 하게 하는 것은 지시의 이행에 효과적이다.

### 6) 지시가 작업에서 준수되고 있는지를 확인한다

지시한 내용·사항이 작업에서 준수되고 있는지를 확인하는 것이 중요하다. 지시만 하고 방치하는 것은 금물이다. 지시가 준수되고 있지 않을 때는 지시의 내용이 작업자에게 이해되고 있는지를 확인한 후에, 이해되고 있지 않을 때는 작업자가 이해할 수 있는 지시로 변경할 필요가 있다. 숙련 작업자가 지시를 준수하고 있지 않을 때는 그 이유를 잘 파악한 후에(지시 자체에 문제가 있을 수도 있다) 합당하게 대응하는 것이 중요하다.

### 7) 지시는 확실하게 전달한다

지시는 작업자에게 확실하게 전달하지 않으면 도움이 되지 않는다. 애매한 지시는 사고·재해로 연결될 수 있다. 애매한 지시 중 하나의 예로서 단순히 "발밑을 주의해라."라고 하면, 그 지시하고자 하는 바가 통로를 걸을 때인지, 작업하는 장소인지가 사람에 따라 받아들이는 내용이 다른 것을 들 수 있다.

한편, 작업에 쫓기면서 지시를 해서는 안 된다. 여유를 가지는 것이 중요하다. 작업에 쫓기면서 하는 지시는 소요시간이 짧고 내용의 구체성이 결여되기 쉬우며, 일방적인 지시가 되어 버리고 상대방의 의견을 듣지 못하는 경향이 있다. 여유를 가지고 지시할 수 있는 궁리가 필요하다.

### 8) 3현(現)주의

가급적 실제로 작업하는 장소에서, '현지(現地), 현물(現物), 현상(現狀)'을 보고 듣고 접촉하면서 지시를 하는 것이 바람직하다(3현주의). 매일 변하는 현장의 실태를 보는 것이 가장 중요하기 때문이다. 항상 현장에 나갈 필요가 여기에 있다.

### 9) 소수에게 그리고 간결하게

지시는 가급적 소수의 사람에 대하여 한다. 상대방이 많으면 지시가 전달되기 어렵고, 지시를 지켜야겠다는 의지가 약해져 버린다. 어쩔 수 없이 많은 수의 작업자에게 지시를 하는 경우에는 원활하게 전달되도록 지시내용을 압축하여 간결하게 할 필요가 있다.

## 10) 안전을 중심으로

안전을 모든 것에 우선시킨다. 안전지시를 따르지 않는 작업자를 발견하면 끈기 있게 반복하여 지시를 한다. 안전지시를 따르지 않는 상황에 여러 번 직면하였을 때는 엄한 태도로 임하거나 제재(징계)를 하는 것도 필요하다.

위험한 작업, 최초의 작업 등의 경우에는 안전지시뿐만 아니라 현장에서 작업에 입회하는 것도 필요하다.

그리고 현장이 당초의 상황과 다른 경우에는 일단 작업을 중지하고 작업자 전원을 모아 놓고 작업 의논을 하여 안전지시를 하고 나서 작업을 재개한다. 작업상황이 변경된 경우 일하는 작업자 전원이 새로운 리스크를 확인하고 공유하는 것은 매우 중요하다. 갑자기 작업상황, 작업내용 등이 변경된 작업은 비계획적 비정상작업(abnormal work)이라고 부르는데, 이 비계획적 비정상작업에서 사고·재해가 빈발하고 있다.

### (4) 지시가 능숙한 관리·감독자가 되기 위해서는

관리·감독자는 평상시부터 지시가 능숙한 사람이 되도록 노력하여야 한다. 지시가 능숙한 관리·감독자의 지표로는 다음과 같은 것을 생각할 수 있다.

① 지시가 원활하게 받아들여지는 분위기를 조성한다.
② 분명한 목소리로 또박또박 지시를 한다.
③ 애매한 표현을 피하고 작업자의 기량에 맞추어 구체적으로 알기 쉽게 표현한다.
④ 작업의 진행상태와 작업자의 배치상황을 확실하게 파악한다.
⑤ 작업의 기한을 명확하게 전달한다.
⑥ 부하 작업자의 지식, 기능, 경험은 물론 성격, 연령, 자격 등을 머리에 넣어 둔다.
⑦ 작업자의 마음을 이해하여 지시를 한다. 작업자는 자신의 능력을 인정받고 싶어 하는 욕구를 가지고 있다. 작업자가 스스로 자랑으로 생각하고 있는 기능을 간파하여 '작업자의 기능의 프라이드'를 이끌어 낸다.
⑧ 현장의 작업지시가 매너리즘에 빠지지 않도록 하는 등 항상 작업자의 안전의식을 높이는 궁리가 필요하다.
⑨ 자신만은 괜찮을 것이라는 잘못된 생각을 제거하고, 사고가 발생하게 되면 많은 사람에게 폐를 끼치고 책임이 미치게 된다는 점 등을 가르친다.

## 3. 보고의 방법

상급자에게 보고할 때의 유의사항으로는 다음과 같은 것이 있다.

### (1) 지시한 사람에게 보고한다

보고는 지시를 한 사람에게 한다. A관리자로부터 지시를 받았는데, 현장에서 B와 마주쳤다고 하여 B관리자에게 보고하는 식으로 지시를 받은 사람과 다른 사람에게 보고하는 것은 보고의 기본을 일탈하는 것이다. 보고는 반드시 지시를 받은 사람에게 하여야 한다.

### (2) 결론부터 먼저

보고 시 결론부터 먼저 말한다. 지시를 한 사람은 지시의 결과가 어떻게 되었는지를 알고 싶은 것이다. 결론 이외의 것은 지시한 상대방이 듣고 싶어 하는 것을 확인하면서 순서 있게 보고하는 것이 바람직하다.

### (3) 타이밍에 맞게

언제 보고할 것인지 보고하는 타이밍도 생각할 필요가 있다. 지시한 사람이 바라는 타이밍에 보고하는 것이 가장 바람직하다. 지시한 사람이 업무에 매우 바쁠 때, 중요한 일을 하기 직전의 시간 등은 피하여야 한다. 상대방의 모습을 살피면서 적당한 시기에 보고하는 것이 중요하다.

### (4) 사실을 있는 그대로 보고한다

억측이 아니라 사실을 중심으로 정확하게 보고하고, 애매하고 불투명한 말은 가급적 사용하지 않는 것이 바람직하다. '아마도', '어쩌면' 등의 말은 보고 자체와 보고자의 신뢰감을 떨어뜨리고, 보고를 받는 자가 정확하게 판단하는 데 걸림돌이 될 수 있다. 긴급한 상황인 경우에는 1차 보고에서 모든 것을 정확하게 보고하는 데 한계가 있을 수 있기 때문에, 후속 보고를 통하여 보충적인 사실을 신속하게 보고한다.

### (5) 나쁜 정보를 먼저

상사, 원청사 등이 나쁜 정보를 빨리 포착하게 되면 적당한 해결방법을 그만큼 빨리 강구할 수 있을 것이다. 나쁜 정보는 상사, 도급인(원청사) 등에게 보고하기 어려운 것이 사실이긴 하지만, 그렇다고 보고를 하지 않거나 늑장보고를 하는 것은 사태를 악화시킬 수 있다. 나쁜 정보는 가능한 한 빠르게 보고하는 것이 여러 가지 면에서 바람직하다.

### (6) 5W1H를 활용한다

5W1H는 보고에서도 기본적으로 따라야 할 방법이다. 누가, 언제, 어디에서, 무엇을, 왜, 어떻게 되었는지를 순서 있게 보고하는 것이 보고받는 입장에서 누락 없이 정확하게 이해하고 판단하는 데 도움이 된다.

### (7) 메모, 도면 등을 사용한다

메모, 도면 등을 사용하면 솜씨 있게 보고할 수 있다. 사진, 삽화를 활용하여 보고하는 것도 효과적이다. 산업안전보건문제는 그 특성상 전문적·기술적인 내용이 많고 발생하는 상황들이 다양하여 보고를 받는 측에서는 상세한 설명이 뒷받침되지 않으면 바로 이해하는 데 어려움이 있다. 따라서 보고를 하는 상대방의 쉽고 빠른 이해를 위해서는 가능한 한 메모, 도면, 사진, 삽화 등의 보조자료를 적극 활용하는 것이 바람직하다.

## 4. 보고받는 방법

부하직원으로부터 보고를 받을 때의 유의사항에는 다음과 같은 것이 있다.

### (1) 듣기 거북한 정보도 경청한다

나쁜 정보는 누구라도 듣고 싶지 않은 것이지만, 나쁜 정보는 빨리 파악하고 대처하지 않으면 최악의 결과를 초래할 수 있다. 관리·감독자는 작업자가 나쁜 정보를 보고하기 쉽도록 평상시 배려를 해 두는 것이 필요하다. 그리고 작업자가 나쁜 정보를 보고할 때, 관리·감독자는 작업자를 책망하는 듯한 표정을 짓지 않고 작업자의 책임을 추궁하지 않는 것이 중요하다. 이러한 태도를 취하면 작업자로부터 나쁜 정보가 올라오지 않게 된다.

작업자가 나쁜 정보를 전해 오는 경우에는 차분하고 냉정하게 작업자의 보고를 최후까지 듣는 것이 필요하다. 도중에 "도대체 왜 그런 일이 생긴 거야."와 같은 투로 말을 하게 되면, 사실 그대로 보고되지 않을 수 있다.

### (2) 아무리 바빠도 듣는 자세가 필요하다

아무리 바쁠 때라도 이야기를 듣는 자세가 필요하다. 작업자는 관리·감독자의 상황을 직접적으로 또는 간접적으로 보거나 듣고 있다. 보고하는 타이밍도 작업자 나름대로 성의껏 판단한 것이다.

작업자가 보고하러 온다면 설령 바쁘더라도 먼저 이야기를 들으려고 하는 자세를 보이는 것이 중요하다.

그리고 작업자가 이야기를 하기 시작하면 그것을 막는 듯한 언사는 하지 않고, 개요를 들은 후에 지금은 급한 일 때문에 시간이 없으니까 "○○시에 보고를 받겠다."라고 전하고 다시 보고를 받는 자세가 바람직하다.

### (3) 작업자가 보고하기 쉬운 태도와 포즈를 취한다

작업자가 보고하러 왔을 때 가급적 마음 편한 태도를 보이는 것이 바람직하다. 그리고 작업자가 자신이 생각하고 있는 것, 실시하고 있는 것 등에 대해 말을 꺼내기 쉽도록 "지금은 시간이 괜찮다."라는 포즈를 보이는 것도 중요하다.

### (4) 작업자가 생각하도록 하는 것도 중요하다

작업자로부터의 보고는 작업의 실시상황 보고라든가 완료 보고가 많지만 작업의 실시방법, 안전노력에 관한 것도 있다. 이와 같은 보고사항에 대해서는 작업자도 생각하도록 하기 위하여 바로 결론을 내지 말고 작업자에 "어떻게 하면 좋을까.", "좋은 방법은 없을까."와 같이 물어 작업자에게 생각하도록 함으로써 작업자를 육성해 나가는 것도 필요하다. "물고기를 잡아 주기보다는 물고기를 잡는 방법을 가르쳐 주어야 한다."는 탈무드의 가르침은 작업자로부터 보고를 받을 때에도 그대로 적용된다.

# VI. 지도·교육방법

## 1. 지도·교육의 목적과 의의

　지도란 "어떤 방향으로 향하도록 가르쳐 이끄는 것"이고, 교육이란 "가르쳐 기르는 것"이다. 작업자를 지도·교육하는 것이란 "작업자를 바람직한 자세(목표)를 향해 가르치고 기르는 것"이라고 할 수 있다. 가르치는 것만으로는 '지도·교육'을 하였다고 할 수 없다. 가르치는 것이 현장에서 바람직한 모습의 상태로 실천할 수 있을 때 비로소 '지도·교육'을 한 것이 된다.

　지도·교육의 내용은 지식, 기능, 태도의 3가지로 구분된다. 작업자의 '모른다'(지식 부족), '할 수 없다'(기능 부족), '하지 않는다'(나쁜 태도), 이 3가지 문제를 해결하기 위해서는 지도·교육을 하는 것이 기본이다.

　지도·교육은 '물고기를 잡아 주는 것이 아니라, 물고기를 잡는 방법을 가르치는 것'이라고 할 수 있다. 부하에게 안심하고 일을 맡길 수 없다는 고민을 자주 듣게 된다. 그러나 부하에게 맡기지 않고 자신이 직접 해서는 점점 바빠지고 일이 진척이 되지 않게 되며 작업장 전체를 조망할 수 없어 사고·재해가 발생하는 원인이 될 수도 있다.

　직장의 지도·교육은 실제 작업현장에서 1대1로 지도하는 이른바 OJT에 의해 이루어지는 경우도 많은데, 이것은 단순히 "남이 하는 것을 보고 흉내 내는 것"은 아니다. 부하의 지도·교육이 관리·감독자의 중요한 업무라는 것은 말할 필요도 없는데, 효과적으로 추진하려면 계획적으로 순서를 밟는 것이 필요하다.

| 모른다<br>(지식 부족) | 지식교육<br>(머릿속에) | • 취급하는 기계·설비의 구조, 기능, 성능 등<br>• 재료·원료의 위해위험성<br>• 재해발생의 원인과 올바른 작업·취급방법<br>• 안전보건에 관한 법규, 규정, 기준 등 |
|---|---|---|
| 할 수 없다<br>(기능 부족) | 기능교육<br>(솜씨 연마) | • 작업하는 방법, 조작방법, 점검 및 이상 시의 조치 등<br>• 작업의 기초가 되는 기능, 기술력의 향상 |
| 하지 않는다<br>(나쁜 태도) | 태도교육<br>(마음가짐) | • 작업장의 위험의 종류와 크기를 가르치고, 안전하게 작업을 하려고 하는 의욕(동기), 마음가짐을 가지게 하는 것<br>• 직장규율, 안전규율을 습득하게 하는 것 |

　지도·교육을 하여도 여전히 이전과 동일하게 위험한 작업방법, 룰을 무시하는 행동을 계속한다면 지도·교육에 효과가 있었다고 말할 수 없다. 지도·교육 역시 효과를 거두어야 한다. 효과가 있는 지도·교육을 실시하려면 뒤에서 설명하는 방법(3. 지도·교육의 방법)으로 진행하는 것이 필요하다.

## 2. 지도·교육의 원칙과 조건

### (1) 지도·교육의 원칙

이하에서는 지도·교육을 실시할 때 유념하여야 할 '지도·교육의 원칙'을 소개한다.

### 1) 상대방의 입장에서 구체적인 지도를 한다

관리·감독자의 수준이 아니라 상대방의 입장, 능력에 맞춘 지도를 행할 필요가 있다. 자신은 알고 있어도 상대방은 모르고 있는 경우가 많다. 지도하는 쪽에서는 당연한 것일 수 있지만, 상대방에게는 처음인 경우가 많다는 것을 관리·감독자는 인식할 필요가 있다. 그리고 실제의 작업에 맞추어 구체적인 지도를 실시하는 것이 중요하다.

### 2) 한 번에 하나씩 지도한다

인간은 한 번에 많은 것을 외우고 익히는 것이 불가능하다. 한 번에 하나씩 지도하면 이해, 습득이 용이해진다. 한 번에 많은 것을 가르치려고 하면 무리가 생기고 상대방은 이해하기 어려워진다. 포인트를 좁혀 확실하게 가르치는 쪽이 효과를 올릴 수 있다.

### 3) 과도한 충고·자만은 삼가야 한다

관리·감독하는 입장의 사람 중에는 자신의 경험을 뽐내며 자랑하거나 공연한 참견, 과대한 충고를 하는 사람이 있다. 자신의 자랑을 늘어놓는 것은 듣는 입장의 사람에게는 오히려 제멋대로 하고 싶다는 생각이 들게 한다. 그리고 그런 사람과의 인간관계는 "딱 질색이다."라고 생각하는 경향이 있다. 따라서 과도한 자만·충고는 좋은 인간관계를 유지하기 위해 절대로 해서는 안 되는 것이다.

### 4) 실패담은 역으로 공감과 친근감을 끌어낸다

자만감과는 반대로 실패담을 이야기하는 것은 부하에게 크게 공감을 불러일으킨다. 특히, 주변의 재해사례, 아차사고는 상대방의 이해를 돕고 강한 인상을 주어 기억에 오래 남게 하는 효과가 있다. 관리·감독자라도 실패하는 경우도 있다고 이야기하면, 일부러 관리·감독자가 자신의 부끄러운 일을 부하들에게 공개적으로 말해 준다고 느껴, 부하들은 그 관리·감독자에게 친근감을 느끼고, 그것만으로 부하들은 감동하여 동일한 실수를 하지 않겠다고 다짐을 하게 하는 효과를 거둘 수 있다. 이는 좋은 인간관계를 형성하는 데에도 중요하다.

요즘 세상은 자신을 다른 사람보다 눈에 띄게 하려는 사람이 많다. 눈에 띄는 것을 하여 자신이 훌륭하다고 뽐내는 경우가 많다. 그러나 겸허한 태도, 말투가 부하의 공감을 불러일으킨다는 것을 명심할 필요가 있다.

## 5) 쉬운 것부터 어려운 것으로, 전체에서 부분으로 지도한다

상대방의 습득 정도에 맞추어 조금씩 수준을 높여 가는 것이 바람직하다. 처음부터 어려운 이야기를 하면 상대방은 이해할 수 없어 배우는 것을 포기할 수도 있다. 작업자가 이해하고 납득하였는지를 확인하면서 점점 수준이 높은 내용으로 옮겨 가야, 작업자에게 있어서는 배우는 기쁨, 성취도가 자극·격려가 되고 본인의 자신감으로도 연결될 수 있다. 먼저 전체상을 인식하게 하고 그 다음에 담당하는 부분을 파악하게 하는 것이 효과적이다.

## 6) 동기부여를 중요하게 여긴다

가르친 것에 대해 왜 그렇게 하지 않으면 안 되는 것인지, 그렇게 하면 어떤 효과가 있는지 등 그 이유, 목적 및 중요성을 설명하고 납득시키는 것이 중요하다. 그렇지 않으면 깜박 잊음, 착각, 누락 등을 일으키고 만다. 특히, 급소에 대해서는 왜 이것이 급소인지 그 이유를 이해시키면 두 번 다시 잊어버리지 않고 실행되는 효과를 거둘 수 있다.

그리고 스스로 배우고 싶다는 마음과 의욕을 갖도록 하는 것이 가장 중요하다. 억지로 떠맡기거나 무리하게 하도록 하면, 작업자의 마음속에서는 해당 지도·지시를 받아들이지 않는다.

## 7) 반복·체험·오감을 활용한다

습관화될 때까지 몇 번이고 끈기 있게 말해 알아듣도록 하거나 시범을 보이거나 직접 해보도록 하는 것이 필요하다. 예를 들면, 실제로 작업자를 건설기계의 운전석에 타게 하고 사각지대를 알도록 체험하게 한다. 직접 체험하는 것은 가장 인상을 남기게 하는 수단이다. 한 번 듣는 것만으로는 90% 잃어버린다고 한다. 체험을 통해 습득한 지식, 기능은 좀처럼 잊어버리지 않는 법이다.

한편, 오감(시각, 청각, 후각, 미각, 촉각)을 충분히 작동하도록 하여 기억에 오래 남도록 하는 방법을 활용할 필요가 있다. 그리고 관계가 깊은 재해 사례, 아차사고 사례는 강한 인상을 주어 상대방에게 이해하기 쉽고 기억에 오래 남게 하는 효과가 있다.

## 8) 유머를 중요하게 생각한다

인간관계에 있어 중요한 것은 밝고 유머가 있는 것이다. 딱딱하고 재미없는 것만 노하우라고 말하고 자기만족에 빠지는 것은 인간관계에 있어 바람직한 것이 아니다. 인간관계는 밝고 즐거운 것이 베스트이고, 웃음소리도 필요하다. 속담에 '소문만복래(笑門萬福來)'라는 말이 있듯이, 밝은 직장과 좋은 인간관계도 웃음을 통해 들어온다.

관리·감독자와 같이 지도하는 입장에 있는 사람은 작업장을 어떻게 밝게 할 것인지를 항상 고민하여야 한다. 그런 만큼 관리·감독자는 부하 직원을 배려하는 수단의 하나로 유머를 중요하게 생각할 필요가 있다.

### 9) 장해를 제거한다

작업자들의 의욕이 상실되어 있거나 불평불만을 많이 가지고 있거나 또는 열등감을 가지고 있으면, 그 이유를 신속히 파악하여 이를 해소시켜 나가는 것이 중요하다.

### (2) 지도·교육의 조건

지도·교육을 효과적으로 진행하기 위해서는 지도·교육을 하는 자가 다음과 같은 지도·교육의 조건을 충분히 이해한 후에 지도·교육에 임하는 것이 중요하다.

| 제1조건 | 가르치는 내용을 잘 알아야 한다. | 잘 알지 못하는 것을 가르치는 것은 불가능하다. |
|---|---|---|
| 제2조건 | 가르치는 기법을 숙달하고 있어야 한다. | 지도내용에 따라 강의, 토의, 역할연기 등 가르치는 기법을 조합하여 실시한다. |
| 제3조건 | 가르치는 것에 열정을 가지고 있어야 한다. | 상대를 어느 수준까지 가르치고 싶다고 하는 목표를 꼭 달성하려는 열정이 필요하다. |

이 3가지 조건을 충족하는 최적임자는 그 직무의 관리·감독자, 그중에서도 감독자이다. 이 3가지 조건을 충족하기 위해서는 다소의 준비가 필요하지만, 관리·감독자가 반드시 적극적으로 도전해 볼 필요가 있다.

## 3. 지도·교육의 방법

### (1) 지도·교육의 기회

관리·감독자는 작업의 지휘감독의 모든 기회를 통하여 지도·교육에 노력하여야 하지만, 특히 다음과 같은 경우는 지도·교육을 반드시 실시할 필요가 있다.
① 작업에 관한 기능, 지식이 부족하다고 판단될 때이다.
② 신규로 채용되거나 배치전환자가 배속되어 새로운 업무를 맡아 일할 때 또는 작업자가 줄어들었을 때이다.
③ 일상업무 중에서 일의 성과가 나쁘거나 위험한 작업, 룰(rule)의 무시 등 불안전행동이 발견된 경우이다. 이와 같은 작업자 한 사람 한 사람을 대상으로 하여 지도·교육을 할 필요가 있는 경우에는 개인면접 등을 실시한다. 그리고 그 경우에는 지도·교육이 필요

하다는 것을 그 이유와 함께 설명하고, 본인의 이해를 얻음과 함께 지도·교육을 받고 싶다고 하는 마음이 들도록 하는 것이 중요하다.

④ 작업방법, 작업장소에 변경이 있는 때 또는 새로운 설비가 도입된 때이다.

⑤ 사고·재해가 발생하였을 때이다.

관리·감독자는 각 작업마다 산업안전보건법 등에서 법적인 자격·면허·경험, 특별교육 등을 요구하는지를 파악하여야 한다. 유해·위험작업에 종사하게 하는 경우에는 자격·면허·경험을 가지고 있는 자에게 해당 작업을 하게 하거나 특별교육을 실시할 필요가 있다. 업무범위에 어떤 유해·위험작업이 있고 유자격자를 몇 명이나 필요로 하는지 등을 파악하는 한편, 요구되는 지도·교육의 내용을 조사한다.

관리·감독자는 이와 같이 다종다양한 지도·교육의 필요성을 항상 파악해 두도록 유의하여야 한다. 이를 위해서는 일상업무 중에서 작업계획을 수립할 때, 조회에서 지시를 할 때, 현장을 순시할 때, 보고를 받을 때, 점검기록을 조사할 때 등 모든 것이 지도·교육의 필요성을 파악하는 기회라고 생각하고 꼼꼼하게 기록할 필요가 있다.

## (2) 지도·교육의 절차

관리·감독자가 지도·교육을 행하는 경우, 가급적 효율적이고 효과적인 방법으로 행하는 것이 중요하다. 일반적으로 지도·교육은 다음과 같은 절차(6단계)로 이루어진다.

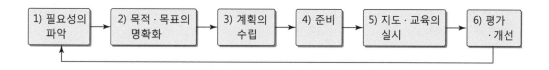

### 1) 필요성의 파악

위에서 설명한 지도·교육의 기회가 다종다양한 지도·교육의 필요성을 파악하는 것에 해당한다.

### 2) 목적·목표의 명확화

필요성이 파악되면 자동적으로 지도·교육의 목적이 명확하게 되는 경우가 많다. 그러나 목표의 경우는 반드시 명확한 것은 아니다. 예를 들면 다음과 같다.

① 자격을 필요로 하는 경우는 취득하는 것이 목표이고, 용접기능의 습득인 경우는 습득하는 기능수준을 목표로 정하면 된다.

② 그러나 '예의범절 갖추기', '의욕 고양'과 같은 태도교육의 경우는 무언가의 교육을 실시하는 것만으로 끝내 버리는 경우가 적지 않다.

③ 지도·교육의 목적은 상대방을 '육성하는 것'에 있으므로, '어느 수준까지 기르고 싶은가' 하는 목표를 명확하게 설정할 필요가 있다. 예를 들어 '예의범절 갖추기' 지도·교육의 경우는 목적을 좀 더 구체화하여 "인사를 확실히 할 수 있도록"으로 하게 되면, 목표를 "현재 50%밖에 안 되는 출근과 퇴근 시의 인사를 100% 할 수 있도록 한다."로 정하는 것이 가능할 것이다.

이 목적·목표를 명확히 정하는 것은 다음 순서인 '계획의 수립' 절차, 나아가 최후의 '평가' 절차에서도 필요하다.

## 3) 계획의 수립

목적·목표가 명확하게 되면 그것을 달성하기 위한 계획을 수립한다. 계획은 5W1H를 적용하여 구체적으로 내용을 정한다. 이들 내용을 하나의 표로 정리한 것을 커리큘럼이라고 한다.

작업자 한 사람 한 사람을 대상으로 하는 경우에는 이와 같은 것이 아니라 관리·감독자의 수첩에 메모하는 식으로 작성하는 경우도 있지만, 형식은 어쨌거나 5W1H의 각각을 확실하게 제시하는 것이 바람직하다. 개인이 대상이라고 하여 즉흥적인 생각으로 계획을 수립해서는 교육의 효과를 기대할 수 없다.

## 4) 준비

계획에 근거하여 준비하는 단계이다. 준비의 충실도가 결과를 크게 좌우하는 것은 다른 일의 경우와 동일하다.

먼저, 자료, 교재 등을 준비한다. 전문기관에서 개발된 자료, 시중에 판매되고 있는 교재 등을 이용하고, 나아가 신변의 사고·재해사례, 관련된 잡지 등에 나오는 정보를 활용하면 효과적이다.

지도·교육을 하는 자는 '지도·교육안'을 준비할 필요가 있다. 지도안은 지도·교육의 내용을 '도입', '제시(설명)', '적용(토의를 하게 한다)', '확인'의 4단계로 나누어, 각각의 요점과 방법, 자료, 시간배분을 상세하게 제시하는 것으로서, 이것을 만듦으로써 지도·교육의 전체적인 구상을 다듬는 것, 준비와 실시를 실수 없이 진행하는 것, 실시 후의 반성(평가) 및 수정을 하는 것 등에 이용할 수 있다.

[지도·교육안(예)]

1. 과목: 안전모
2. 목표: 안전모에 관한 지식을 이해시킨 후 올바른 착용방법을 습득시킨다.
3. 시기: 현장 배치 직후

4. 대상: 신입사원 3~5명

5. 장소: 현장 또는 교육장

6. 소요시간: 30~45분

7. 자료: 안전모, 교재, 사내규정, 질문의 예와 회답의 요지

| 지도단계 | 요점 | 방법 | 교재 | 시간 |
|---|---|---|---|---|
| 도입 | 1.1 안전모의 필요성<br>  (1) 작업모와의 차이<br>  (2) 재해사례<br>1.2 안전모에 관한 법규, 사내규정의 개요 | 1.1 구두설명과 프레젠테이션 등<br>1.2 사내규정이 배포 | 1. 사내규정<br>2. 프레젠테이션용 소프트 등 | 5분 |
| 제시<br>(설명) | 2.1 안전모의 종류·구조·기능<br>2.2 안전모의 재질·강도·내구성<br>2.3 안전모의 각부의 명칭<br>2.4 점검방법<br>  (1) 모체 (2) 내장 (3) 턱끈<br>2.5 사내규정의 상세<br>  (1) 보관 (2) 교환<br>  (3) 착용의무(업무, 시간, 장소) | 2.1~2.4 현물, 프레젠테이션 등에 의한 설명<br>2.5 강의 | 1. 현물<br>2. 프레젠테이션용 소프트 등<br>3. 사내규정 | 10<br>~<br>15분 |
| 적용<br>(실연)<br>(실습) | 3.1 안전모 착용방법<br>  (1) 좋은 예 (2) 나쁜 예<br>3.2 질문을 하고 중요한 점을 정리한다.<br>  (1) 왜 안전모가 필요한가?<br>  (2) 모체에 흠집이 생기면 어떻게 하여야 하는가?<br>  (3) 완충재가 벗겨지면 어떻게 하여야 하는가?<br>  (4) 모체와 머리의 간격은 어느 정도가 좋은가?<br>  (5) 모체에 구멍을 내거나 색을 칠해도 좋은가? | 3.1 실연(實演)해 보인 후 전원에게 착용하게 한다.<br>3.2 질문방법<br>  (1) 전체 질문<br>  (2) 지명 질문<br>  (3) 릴레이식 질문 | 1. 현물<br>2. 질문의 예와 회답의 요지 | 15<br>~<br>20분 |
| 확인 | 4.1 질문을 받아 의문점을 해결한다.<br>4.2 향후 실천사항 및 유의사항을 강조한다.<br>  (1) 완전한 것을 올바르게 확실하게 착용할 것<br>  (2) 항상 청결하게 유지하고 취급은 조심스럽게 할 것<br>  (3) 손상되거나 문제가 있을 때는 바로 보고하고 완전한 것으로 교체받을 것 | 4.1 때로는 되질문을 한다.<br>4.2 판서한 후 기록하게 한다. | | 5분 |

### 5) 지도·교육의 실시

지도·교육을 실시하는 단계에서는 '좋은 지도·교육방법'으로 가르친다. '좋은 지도·교육방법'은 4단계법이 효과적이다. ① '도입, 동기부여'의 단계, ② '제시(설명)하거나 시범을 보이는' 단계, ③ '적용 또는 실습(하게 하는)' 단계, ④ '확인 또는 가르친 후를 보는' 단계의 4단계를 순서대로 진행하여 가는 것이 효과적인 지도·교육방법이다. 이것은 OJT로 기능, 태도를 가르칠 때에도, 강의실에서 지식을 전달할 때에도 동일하다.

제1단계는 '도입, 동기부여'의 단계이다.

먼저 인사와 편안한 대화로 허물없는 분위기를 만든다. 다음으로, 앞으로 가르칠 내용과 스케줄을 간단하게 설명한 후, 그 내용이 배우는 상대방에게 얼마나 중요하고 의미가 있는지를 이야기하고, 배우고 싶은 마음이 들게 한다. 나아가 질문을 하고 지금까지 말한 내용에 대하여 알고 있는 정도를 확인한 후 다음 단계로 들어간다.

제2단계는 '제시(설명)하거나 시범을 보이는' 단계이다.

하나씩 구분하여 설명하거나 시범을 보임으로써 상대방을 납득시킨다. 중요한 포인트는 급소로 채택하여, 왜 이것이 급소에 해당하는지를 설명하여 기억하게 한다. 상대방이 이해하였는지를 확인하면서 진행하고, 이해가 불충분하다고 생각하면 반복하여 설명한다.

제3단계는 '적용 또는 실습(하게 하는)' 단계이다.

설명한 것, 해 보인 것을 상대방이 습득하는 단계이기 때문에, 기능의 습득이면 습관적으로 가능할 때까지 실제로 하게 하여 습득시킨다. 지식의 습득이면 토의 주제를 주고 토의하게 하고 토의 과정에서 습득한 것을 확인한다. 물론 잘못된 절차, 불충분한 이해가 있으면 수정하여야 한다.

제4단계는 '확인 또는 가르친 후를 보는' 단계이다.

가르친 것이 작업현장에서 실제로 올바르게 이루어지고 있는지를 확인하는 단계이다. 기능의 습득이면 실제 작업에 대하여 일의 솜씨가 어떤지를 본다. 지식의 습득이면 보고서, 기록의 작성방법 등을 통해 올바르게 이해하고 있는지를 확인한다. 이 단계에서 만약 불충분한 점이 있으면 사후지도를 한다.

이와 같이 4단계법에 따라 지도·교육을 실시하면 소기의 효과를 기대할 수 있을 것이다.

### 6) 평가·개선

지도·교육의 여섯 번째 단계는 지도·교육효과의 평가 및 개선이다. 지도·교육에 의해 상대가 어떻게 변하였는지를 확인하는 것이 지도·교육의 평가이다.

평가의 목적은 시험 등으로 학습정도를 파악하고, 합격·불합격 판정을 하며, 사후지도의 필요성과 교육의 효과를 체크하는 한편, 강사와 교육을 계획한 측의 반성과 향후계획에의 반영 등을 확인하는 것에 있다.

평가의 방법은 가르치는 내용에 따라 다르다. 예를 들면, 기능을 가르치는 경우에 실제로 작업을 하게 하여 솜씨를 보는 것으로 평가할 수 있고, 지식을 가르치는 경우에는 필기시험에 의해 어느 정도 이해하였는지를 알 수 있다. 그러나 태도를 가르치는 경우에는 어떤 평가방법이 적당할까? 가장 일반적으로 사용되는 평가방법은 설문조사이다. 그 외에 리포트를 제출하게 하는 방법, 실제의 작업현장에서 어떻게 작업태도가 바뀌었는지를 관찰하는 방법 등이 있다.

이와 같은 방법을 조합하여 최적의 평가방법을 취할 수 있다. 지도·교육에 의해 이만큼의 효과가 있었다고 정량적으로 설명할 수 있는 것을 얻을 수 있으면, 가르치는 측과 배우는 측 쌍방에게 향후의 격려·자극이 되고, 상호 간에 향상심을 높이는 것이 가능하다.

가르친 대로 실행되지 않거나 이해가 불충분하고 잘못된 방법으로 하고 있는 작업자 등을 발견한 경우에는 바로 시정하도록 하고 적정한 방법을 가르쳐야 한다. 그리고 지도·교육계획을 수정하여 효과를 보다 올릴 수 있는 지도·교육방법 개선을 모색할 필요가 있다.

### (3) 꾸짖는 방법

지도·교육을 행하는 중에 잘못을 고치도록 하기 위하여 꾸짖는 일이 발생한다. 우수한 작업자를 육성하기 위해서는 꾸짖는 것에도 효과적인 방법이 필요하다.

① 꾸짖는 것과 화내는 것은 차이가 있다는 점에 유의한다.
- 꾸짖는 것: 상대방의 성장을 위하여 애정을 담아 말한다.
- 화내는 것: 자신의 치미는 화 때문에 미움을 담아 말한다.

② 먼저 칭찬하고 나서 꾸짖는다. 2번 칭찬하고 1번 꾸짖는 기분으로 꾸짖는다. 칭찬할 때는 모두가 있는 데에서 한다.

③ 꾸짖을 때는 본인에게 직접적으로 한다. 그리고 꾸짖을 때는 많은 사람이 있는 곳에서 하는 것은 바람직하지 않다. 많은 사람 앞에서 꾸지람을 받을 경우, 당사자는 수치스러운 마음을 강하게 느끼게 되고, 이것은 상호불신의 씨앗이 된다.

④ 마음이 차분하게 가라앉았을 때 적당한 장소를 택하여 겸허한 태도로 꾸짖는다.

⑤ 꾸짖어야 할 때는 진지하게 성심성의를 가지고 꾸짖는다.

**적정배치**

## 1. 적정배치란

### (1) 적정배치의 중요성

적정배치란 작업자를 배치하는 데 있어서 그 작업을 필요로 하는 특성과 작업자가 가지고 있는 특성을 잘 맞추어 일을 할당하는 것이다. 주어진 작업조건에 대하여 작업자가 가지고 있는 지식, 경험, 기능, 체력 등 각각의 특징을 살려 작업을 할당하고 일이 효율적으로 진행되도록 하는 것이 중요하다.

따라서 관리·감독자는 인간의 욕구, 행동, 의욕, 보람, 만족감에 대하여 지식과 이해를 바탕으로 부하직원 한 사람 한 사람의 개인차를 생각하여 인력운영을 할 때 비로소 의욕이 왕성하며 안전하고 쾌적한 직장 만들기가 가능하다는 것을 명심할 필요가 있다.

### (2) 적정배치의 목적

적정배치의 목적은 작업 측면에서 보면 생산성의 향상, 품질의 향상, 비용의 절감 등을 들 수 있고, 안전보건 측면에서 보면 산업재해, 직업병 발생의 방지, 개별 작업자의 건강관리, 건강증진 등을 들 수 있다.

이와 같은 2가지 측면에 모두 합치하여 배치가 된 것이 아니라, 어느 한 측면에서만 배치가 이루어진다면 이것을 적절한 배치라고 보기는 어렵다. 모든 면에서의 목적에 합치한 배치가 바람직하다.

### (3) 적정배치의 방법

적정배치에서 고려하여야 하는 것은 작업의 특성과 작업자의 특성을 파악하는 것이다. 적정배치란 이 2가지의 요소를 어떻게 잘 맞출 것인가이다.

관리·감독자는 작업자가 배치된 작업장에서 무리 없이 일을 잘하고 있는지 등 일에의 적응성을 평상시에 세심하게 관찰하는 것이 중요하다.

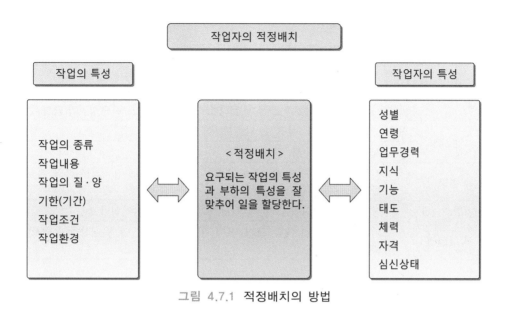

그림 4.7.1 적정배치의 방법

## 2. 작업의 특성 파악

작업의 특성에는 작업의 종류, 작업내용, 작업의 질·양, 작업기한(기간), 작업조건, 작업환경 등이 있으므로 작업에 요구되고 있는 조건을 잘 파악하여 두지 않으면 안 된다. 그리고 법정 자격·면허 등이 필요한 작업인지 여부도 충분히 파악하여 두어야 한다. 특히, 유해·위험작업 등의 자격·면허 등이 필요한 작업에 대해서는 해당 작업자가 자격·면허 등을 취득하고 있는지를 반드시 확인하여야 한다.

산업안전보건법에서는 법정 요건으로서 자격을 요하는 업무, 면허를 요하는 업무, 교육 이수가 필요한 업무, 경험이 필요한 업무, 특별교육이 필요한 업무 등이 있다(제140조, 제29조 제3항). 담당하고 있는 작업에 대하여 어떤 법정 자격이 필요한지 평상시에 숙지해 두는 것이 필요하다.

또한 산업안전보건법에서는 잠함 또는 잠수작업 등 높은 기압에서 하는 작업에 종사하는 근로자에게는 1일 6시간, 1주 34시간을 초과하여 근로하게 하여서는 안 된다고 규정하고 있다(제139조 제1항).

그리고 근로기준법에 의하면, 사용자는 임신 중이거나 산후 1년이 지나지 아니한 여성(임산부)과 18세 미만자를 도덕상 또는 보건상 유해·위험한 사업(업무)에 사용하지 못하고, 임산부가 아닌 18세 이상의 여성을 제1항에 따른 보건상 유해·위험한 사업 중 임신 또는 출산에 관한 기능에 유해·위험한 사업에 사용하지 못하며(제65조), 여성과 18세 미만인 자를 갱내(坑內)에서 근로시키지 못한다(제72조).

또한 동법에 의하면, 사용자는 임산부와 18세 미만자를 고용노동부장관의 인가를 받지 아

표 4.7.1 작업의 특성

| 항목 | | | 내용 |
|------|------|------|------|
| 작업의 종류 | 형태 | | 정상작업인가/비정상작업인가, 유해·위험작업인가<br>단독작업인가/공동작업인가, 정지감시작업인가/이동작업인가<br>육체적으로 힘든 작업인가/경도(輕度)의 작업인가, 지속적인가/단발적인가 |
| | 내용 | 질 | 중요도, 긴급성, 복잡성, 난이도, 기술수준 |
| | | 양 | 제품·재료의 수량, 중량, 크기 |
| 작업조건 | | | 작업시간, 작업자세, 작업강도, 작업빈도, 작업의 지속성, 시간외작업, 휴일작업, 판단력·주의력을 요하는 작업 |
| 기한(기간) | | | 장기인가/단기인가, 표준적인 납기인가/특급의 납기인가 |
| 작업환경 | | | 기온, 온도, 소음, 채광, 조명, 유해·위험물질 취급작업, 옥내작업·옥외작업, 고소작업 |

니하고는 오후 10시부터 오전 6시까지의 시간 및 휴일에 근로시키지 못하고, 18세 이상의 여성의 경우에는 오후 10시부터 오전 6시까지의 시간 및 휴일에 근로시키려면 그 근로자의 동의를 얻어야 한다(제70조).

따라서 연소자 또는 여성, 특히 임산부를 사용하고자 하는 관리·감독자는 어떤 업무가 어떻게 사용 금지·제한되어 있는지를 숙지하고 있어야 한다.

## 3. 작업자의 특성 파악

부하의 연령, 업무경력, 자격 등은 평상시에 잘 파악해 둘 필요가 있다. 이들 사항은 매일 변화하는 것이 아니라, 이른바 고정적인 특성이라고 할 수 있으므로 확실히 기억해 두는 것이 중요하다.

그러나 부하의 지식, 기능, 태도, 체력, 심신상태는 변화해 가는 것이므로, 확실히 관리하는 것이 필요하다. 특히 건강상태는 매일 변화하고 산업재해로도 연결되기 쉬우므로 충분한 배려가 필요하다. 이들 항목에 대하여 부하의 개인기록표를 작성하여 정리해 두는 것이 도움이 된다.

기계화, 자동화, IT화 등의 발달에 의해 일, 직업생활에서 강한 불안, 고민, 스트레스가 있다고 느끼는 근로자의 비율이 증가하고 있다. 관리·감독자는 평상시부터 부하와의 커뮤니케이션에 유념하면서 업무상의 고민, 인간관계의 트러블 등을 듣고, 문제가 발생하기 전에 미리 손을 쓸 필요가 있다. 그리고 직장, 업무에 대한 요망도 평상시에 상세하게 들어 두는 것이 필요하다.

표 4.7.2  작업자의 특성

| 작업자의 개인특성 | 내용 |
|---|---|
| 성별 | 남성, 여성 |
| 연령 | 고령자, 연소자 |
| 경력연수 | 긴가, 짧은가 |
| 지식 | 작업에 관한 지식의 정도 |
| 기능 | 작업에 관한 기능의 정도 |
| 태도 | 협력적인가<br>열의를 가지고 작업에 임하고 있는가<br>룰을 지키고 있는가 |
| 체력 | 육체노동 가능 여부 |
| 건강상태 | 기초질환 유무<br>심신의 상태 |
| 자격 | 면허, 기능교육 수료, 특별교육 등 |

[개인기록표의 예]

| 개인기록표 | | | | |
|---|---|---|---|---|
| 작업장명 | | | | |
| 성  명 | | | 생년월일 | |
| | | | 입사연월일 | |
| 업무력 | | | | |
| 자  격 | 취득연월일 | 명칭·종류 | 지  식 | |
| | | | 기  능 | |
| | | | 태  도 | |
| | | | 체  력 | |
| | | | 건강상태 | |
| | | | 인  품 | |
| | | | 재해경험 | |
| | | | 요망사항 | |

# 4. 적정배치를 위한 고려사항

## (1) 일하는 보람을 갖게 한다

사람은 일을 통하여 사회 그리고 가정과도 연결된다. 또한 일을 통하여 가족, 동료 등으로부터 인정받고 싶어 하고 자신의 인생의 목적과 목표를 달성하고 싶다는 희망을 갖게 된다.

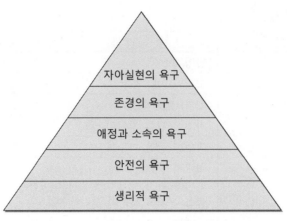

그림 4.7.2 매슬로우의 인간 욕구 5단계

　현장에서는 작업자 한 사람 한 사람이 "이 일을 하고 싶다."고 생각하고 있지만 작업자가 하고 싶다고 바라는 일에 항상 배치할 수는 없다. 그러나 관리·감독자는 항상 작업자 한 사람 한 사람이 바라고 있는 일을 파악하고, 가급적 그 바람이 이루어질 수 있도록 하는 것이 필요하다.

　미국의 심리학자 매슬로우(A. H. Maslow)는 인간의 욕구를 5단계로 표시한다. 이 그림에서 생리적 욕구, 안전의 욕구[10]는 낮은 위치에 있고, 최상위의 위치에는 스스로에게 적합한 일을 함으로써 인간으로서 실현할 수 있는 자기 나름대로의 최상의 인간이 되려는 '자아실현의 욕구'가 있다. 관리·감독자는 부하에게 일하는 보람을 갖게 할 수 있는 적정한 배치에 항상 신경을 쓸 필요가 있다.

## (2) 업무시작 시 건강체크

　매일 건강상황을 체크하는 것은 안전보건 측면에서도 매우 중요한 일이다. 예를 들면, 위험한 작업의 경우에는 전날 밤늦도록 일을 한 사람, 과음을 하여 몸의 상태가 좋지 않은 사람, 평상시 고혈압 증상이 있는 중고령자 등에 대해서는 업무시작 시의 건강체크를 통해 그 날의 작업배치를 검토할 필요가 있다.

　관리·감독자, 특히 작업자와 가장 가까이 있는 감독자는 작업자의 자세, 동작, 안색, 눈, 목소리에 대하여 평상시의 모습과 뭔가가 다른 점이 있는지를 직접 확인한다.

　이와 같은 확인은 아침뿐만 아니라 오후 작업을 시작할 때, 일을 끝내 귀가할 때 등에도 실시할 필요가 있다. 이를 통해 이상을 조기에 발견할 수 있고, 대응을 신속하게 취하여 트

---

10 여기에서 말하는 안전의 욕구는 사업장의 안전관리를 위하여 스스로의 행동을 규율하고 규칙을 준수하는 등 조직으로서 바람직한 안전수준을 달성하려는 능동적인 욕구라기보다는 방어적이고 자기본위적인 결핍 욕구 (deficiency needs)이다.

러블을 최소화할 수 있다.

## (3) 적정배치를 위한 조건과 대책

작업자를 적정하게 배치하려고 할 때는 인적 측면 및 물적 측면에서 배려하여야 할 조건과 대책이 있다.

인적 요인으로서는 작업자의 근로능력으로 본 경우의 정신·신체적 특성의 미숙 외에, 나이가 듦에 따라 발생하는 능력의 저하 또는 특정의 작업자가 가지는 능력적 결함 등에 대한 배려가 필요하다. 이것들은 작업절차의 검토, 교육지도, 작업 중의 지도·감독, 작업조건의

표 4.7.3 적정배치를 위한 조건과 대책

| 대상 | | 조건 | 대책 |
|---|---|---|---|
| 지식 부족, 기능 미숙자 | | 교육훈련을 한다. | 위험작업은 피한다. |
| 시력, 청력이 좋지 않은 자 | | 안경, 보청기 등을 확실히 착용한다. | 현장작업은 피한다. |
| 기계·설비상의 결함 | | 점검을 확실히 실시한다. | 신속히 개선한다. |
| 고민, 불만이 있는 자, 의욕이 없는 자 | | 상담을 한다. | 고민하지 않거나 불만을 제기하지 않도록 배치한다. 경우에 따라서는 배치전환을 한다. |
| 유해·위험작업 | | 자격·면허, 기능교육, 특별교육이 요구된다. | 업무에 필요한 요건을 확인하고 안전에 철저하도록 한다. |
| 고령근로자 | | 움직임이 둔하다. 피로의 회복이 늦다. | 지도적 작업 또는 경(輕)작업에 배치한다. |
| 젊은 근로자 | | 장래성을 고려한다. | 안전교육을 특별히 배려한다. |
| 여성·연소근로자 | | 관계법령에 의해 별도로 보호되고 있다. | 작업시간·내용을 고려한다. |
| 계절근로자 | | 작업자들의 집단적 특성(중고령자, 아르바이트생 등)을 이해한다. | 지도·교육에 안전을 기한다. |
| 재해 발생 가능성이 높은 자 | 신규입사자, 배치전환자 | 작업자 개인의 역량(수준)을 파악한다. | 법정교육, OJT를 면밀하게 실시한다. |
| | 경마·경륜광, 포커광, 신체상태가 좋지 않은 자, 매사에 신경질적인 자, 기력이 약한 자, 과거에 재해를 일으킨 자, 정신적으로 불안정한 자 | 작업자 개인의 특성을 세심하게 관찰한다. | 충분히 상의하여 현상 파악 및 개선에 노력하도록 한다(경우에 따라서는 배치전환을 한다). |
| 건강진단 결과 요주의자 | 특히 고혈압, 고지혈증, 당뇨 등 기초질환이 있는 자 | 개인별 건강상태 및 업무적합성 평가를 한다. | 의사, 사업장 보건관리자 등의 지시에 따른다. |

개선, 환경조건의 개선 등과의 관계 속에서 해결해 간다.

물적 요인으로서는 기계·설비의 결함, 유해물 억제장치의 결여·결함 등을 들 수 있다. 기계·설비에 대해서는 구조·강도, 기능, 조작성, 신뢰성, 보수성 등에 착목하여 점검·개선하여야 한다. 유해물 억제장치에 대해서는 유해요인의 억제·배제를 위한 성능이 환경조건에 따른 적절한 장치인 것이 필요하다.

어쨌든 적정배치란 작업자의 배제가 아니라 활용이라는 관점에서 진행되어야 한다.

### (4) 배치 시 취약계층별 배려사항

#### 1) 연소자와 여성에 대한 배려

연소자와 여성에게는 법령에 정해진 취업제한(사용금지)이 있다. 법령 위반이 되는 작업에 배치하지 않도록 이들 법령을 염두에 두고 연소자와 여성의 작업배치를 하여야 한다.

그리고 법령상의 사용금지 등의 규정을 고려하는 것 외에 연소자는 경험이 부족한 경향이 있고, 여성, 특히 임산부는 고유의 신체적 특성이 있는 만큼 위험성평가를 통해 이들에 대해서는 개개인의 특성을 충분히 고려하여 작업에 배치할 필요가 있다.

#### 2) 고령자에 대한 배려

직장에서 고령자의 비율이 크게 증가하고 있다. 고령근로자는 일반적으로 풍부한 지식과 경험을 가지고 있고, 판단력과 통솔력을 갖추고 있는 경우가 많다. 그러나 다른 한편으로는 고령화와 함께 신체기능이 저하되기 때문에 작업능률, 산업재해 등의 측면에서 배려가 필요하다. 따라서 고령자에게는 고령자에 맞는 작업을 하도록 배치하여야 한다.

#### 3) 장해 등이 있는 작업자에 대한 배려

장애인, 상병에 의한 요양 후 직장복귀자, 건강상 문제가 있는 자 등 근로능력에 어떤 핸디캡을 가지고 있는 작업자에 대해서는 이들이 일을 용이하게 할 수 있는 작업환경, 작업조건, 작업설비 등을 강구하는 한편, 이들이 배치한 작업장소에서 무리 없이 작업을 하고 있는지 계속적으로 유의하는 것이 중요하다.

#### 4) 외국인근로자에 대한 배려

건설현장, 요식업, 영세소규모 제조업을 비롯하여 많은 업종에서 외국인근로자의 비중이 크게 늘어나고 있다. 외국인근로자는 언어의 차이(곤란)에 의한 커뮤니케이션의 부족과 안전보건정보 입수(入手)의 핸디캡 등으로 인하여 내국인근로자에 비해 산업재해의 발생위험이 상대적으로 높다고 할 수 있다. 따라서 관리·감독자는 외국인근로자를 작업에 배치할 때는 그 전후로 외국인근로자의 특성과 취약점을 충분히 고려하여 특별히 배려할 필요가 있다.

### 가. 언어의 문제

체류하고 있는 외국인근로자 중에는 한국어가 부자연스럽지 않고 능숙한 사람도 적지 않지만, 직장에서 사용하는 용어에는 기술용어, 안전보건에 관한 독특한 용어도 많아, 이들 용어를 잘 이해할 수 있는 자는 많지 않다. 따라서 작업을 직접적으로 지도하는 자가 모국어에 뛰어난 작업자의 경우를 제외하고는 작업지시, 안전에 관한 의사소통이 충분히 이루어지기 어렵다는 전제하에 작업지시, 의사소통 등을 하는 것이 필요하다.

### 나. 일의 분담

우리나라 직장에서는 기능에 관하여 베테랑이 관리적 업무로 직무를 전환하거나 자신의 업무에 여유가 생겼을 때에 다른 자의 업무를 적극적으로 도와주는 관습이 있지만, 아시아지역을 포함하여 외국에서는 이와 같은 것은 거의 없고 각자가 근로계약으로 약속한 업무에 전념하는 것이 일반적이다. 관리·감독자는 자신의 부서에 외국인근로자가 있는 경우에는, 작업할 때뿐만 아니라 안전보건관리를 할 때에도 외국인근로자의 이러한 문화, 관습을 충분히 고려할 필요가 있다.

### 다. 관리·감독자의 노력

직장에서의 작업은 관리·감독자의 지시하에 질서정연하게 이루어지는 것이 국경을 초월한 원칙이므로, 외국인근로자에 대해서도 작업의 지시가 정확하게 전달되고 그에 따라 작업이 진행되어야 한다. 이를 위해서는 언어의 문제를 포함하여 작업을 지휘하는 관리·감독자 스스로의 노력이 중요하고, 안전보건확보를 위한 조치에 대해서도 왜 필요한 것인가를 충분히 설명하여 납득시키는 것이 필요하다.

특히 우리나라의 산업안전보건법령에는 우리나라 근로자라 하더라도 이해하기 어려운 규정(조문)이 상당히 있는 점을 고려하여, 관리·감독자는 그 의미를 스스로 이해하고 그 이유를 알기 쉽게 설명하려는 노력이 필요하다.

### 라. 교육훈련

생활습관, 노동관행 등이 다른 외국인에 대하여 우리나라의 안전활동, 관행, 법규제의 내용 등을 이해시키는 것은 어려운 문제이다. 국경을 초월하여 교육훈련이 안전확보의 기본이라는 것에는 차이가 없다. 가능한 한 외국인근로자의 모국어에 의한 교육훈련을 치밀하게 실시하는 것이 바람직하다.

우리나라에서도 외국인근로자가 많아지고 있는 점을 감안하여 각종 외국어에 의한 교육교재가 개발되어 있지만, 아직 기본적인 내용으로 한정되어 있다. 외국인근로자가 상대적으로 안전보건에 취약한 사업장에 많이 종사하고 있는 점을 고려하여, 앞으로 통역을 통한 교육훈련기법, 실제로 종사하는 작업에 관한 모국어로 된 상세한 교재 등의 다양한 개발이 기대된다.

### 5) 전직자 등 신규채용자에 대한 배려

최근에는 예컨대 제조업, 서비스업에서 건설업으로 업종을 이동하여 일하는 전직자들이 적지 않다. 이들은 해당 업종에서는 처음으로 일하기 때문에 작업내용에 적합한지 여부는 일을 하고 나서 비로소 판단할 수 있고, 작업내용, 특히 유해·위험작업에 적합하지 않은 자도 적지 않다.

전직자 등 신규채용자는 일을 하게 된 업종에 대해 전혀 모르는 만큼, 이들을 어떻게 작업에 배치할 것인지는 관리·감독자에게는 고민스러운 부분이고, 또 충분히 유의하여야 할 부분이기도 하다. 이들에 대해서는 채용 시 교육 등을 통해 시간을 들여 현장작업의 내용·특성과 사업장 안전보건의 기본을 가르치는 것이 반드시 필요하다.

그리고 채용된 후 얼마간은 불안전행동이 없는지, 출입금지장소·위험장소에 가까이 가지 않는지 등을 항상 체크하는 한편, 현장감독자의 지시를 잘 받들고 스스로의 판단만으로 행동하지 않도록 수시로 지도하는 것이 필요하다. 경우에 따라서는 새로운 업무로 배치전환을 하는 것도 필요하다. 물론 일을 통해 가르치는 것(OJT)도 중요하다.

한편, 이들을 현장에 배치할 때는 감독자 스스로가 이들과 짝을 이루는 것이 바람직하고, 그렇지 않으면 베테랑과 짝을 이루게 할 필요가 있다.

### 6) 파견근로자에 대한 배려

우리나라의 고용형태는 큰 변화를 겪고 있다. 고도경제성장 시대에는 많은 회사가 정규직근로자를 고용하고 있었지만, IMF 구제금융 이후 파견근로자 등 비정규직근로자의 비율이 지속적으로 증가하고 있다. 파견근로자는 비정규직근로자 중에서도 고용형태가 종전의 정규직근로자와는 많이 달라 안전보건 측면에서 각별히 유의할 필요가 있다.

#### 가. 근로자파견의 구조

근로자파견이란 파견사업주와 사용사업주 간의 근로자파견계약에 근거하여 파견사업주가 자신이 고용하는 근로자를 사용사업주의 지휘명령하에서 사용사업주를 위하여 일하게 하는 것을 말한다. 즉, 근로자파견이란 파견법(파견근로자보호 등에 관한 법률)에 의해 인정된 근로자의 고용형태에서 파견사업주·사용사업주·파견근로자 사이에 성립하는 다음과 같은 간접고용관계이다.

파견근로자를 받아들이는 사용사업주는 외부의 인재를 활용할 수 있다. '업무의 급증·급감에 유연하게 대응할 수 있다', '간접비를 포함한 인건비의 억제 등을 도모할 수 있다' 등의 장점이 있다.

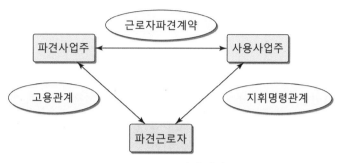

그림 4.7.3 **근로자파견의 구조**

## 나. 파견근로자의 안전보건관리에 대한 책임

파견근로자는 사용사업주의 사업장에서 이 회사의 담당자의 지휘명령하에서 근로하게 되지만, 한편으로는 파견사업주인 파견회사 고용계약을 체결하고 있으므로, 안전보건 적용에 대해서는 사용사업주와 파견사업주 쌍방이 관련되어 있다.

근로기준법 및 산업안전보건법에는 사업주가 고용하는 근로자에 대한 조치의무가 정해져 있다. 파견근로자에 대해서는 고용계약이 파견사업주와 체결되어 있기 때문에, 근로기준법 및 산업안전보건법상의 조치의무는 파견사업주가 지게 된다. 이 때문에 파견근로자를 받아들이고 직접 작업의 지휘명령을 하고 있는 사용사업주에 대해서는 이들 법률이 정하고 있는 조치의무가 부과되지 않게 된다.

그래서 파견법에서는 사용사업주가 사업주로서 책임을 지는 것이 합리적이라고 생각되는 법률에 대해 '특례적용'을 규정하고 있다(제34조, 제35조). 특례적용의 대상으로 되어 있는 법률은 산업안전보건법, 근로기준법이다.

파견근로자가 실제로 일하는 장소는 파견사업주의 관리가 미치지 않는 장소인 경우가 많다. 파견근로자의 안전보건을 확보하기 위해서는 실제로 지휘명령을 하고, 작업환경, 작업에 책임을 지는 사용사업주가 사업주로서 책임을 져야 하는 경우가 많이 있을 것이다.

이 점을 감안하여, 파견법의 적용특례 조항에서는 기본적으로 사용사업주를 산업안전보건법의 사업주로 보고 있다(제35조 제1항). 다만, 일부 규정[산업안전보건법 제5조, 제132조 제2항 단서, 제132조 제4항(작업장소의 변경, 작업의 전환 및 근로시간의 단축의 경우로 한정한다), 제157조 제3항]을 적용할 때는 파견사업주 및 사용사업주를 공동으로 산업안전보건법의 사업주로 보고 있다(제35조 제2항).

# 작업절차서

## 1. 작업절차서의 중요성

### (1) 작업절차서란

작업절차서는 등산할 때 사용하는 지도와 같은 것으로서 현장에서 작업할 때의 지침서에 해당한다. 작업에서 발생하는 안전보건, 품질, 능률의 문제를 제거하여 안전하고 정확하게 그리고 능률적으로 작업을 하기 위한 가장 바람직한 순서와 요령(급소)을 제시한 문서이다. 즉, 작업절차서는 안전보건·품질·생산(능률)의 측면에서 본 가장 합리적인 작업방법을 제시한 것이다.

제일선 현장에서 안전한 작업을 확보하기 위한 절차서는 안전보건에 국한하여 작성되는 경우도 있는데, 이런 경우 작업절차서는 안전작업절차서, 안전수칙, 안전작업기준, 안전작업표준, 안전작업매뉴얼 등 여러 가지 명칭으로 사용되고 있다.[11]

작업절차서는 양식이나 작성방법에 있어 법정서식이 있는 것은 아니라서 기업·사업장에 따라 여러 가지이다. 어떤 명칭을 사용하더라도 안전하고 올바른 작업이 능률적으로 이루어질 수 있는 작업절차와 절차별 작업상의 유의사항 등을 기재한 것이면 모두 작업절차서라 할 수 있다.

요컨대, 작업절차서는 작업의 안전화 등을 도모하기 위하여 단위작업 또는 요소작업별로 사용재료, 사용기계·설비, 사용도·공구, 개별 작업자가 하여야 할 동작, 작업상의 유의사항, 이상발생 시의 조치 등을 내용으로 한 작업안내서라고 할 수 있다.

작업절차서는, 기술표준, 작업표준과 관련하여 말하면, 이 표준들을 실제 작업에서 실현하기 위한 구체적인 이정표가 되는 것으로서, 그 요건은 다음과 같은 것이라고 말할 수 있다.

① 기술표준, 작업표준과 모순되지 않는다.
② 절차에 따라 작업하면, 사고·재해는 발생하지 않는다.
③ 안전하게, 올바르게, 빠르게, 피로하지 않게 할 수 있는 것으로서, 작업능률, 품질의 향상에도 도움이 된다.

### (2) 작업절차서는 왜 필요한가

기계·설비를 다루는 작업환경에서 일하는 작업자는 기계·설비에는 없는 기억, 판단 등과

---

11 산업안전보건법령에 규정되어 있는 표현 중 작업절차(서)에 해당하는 단어로는 작업절차 외에 작업계획서, 작업방법, 작업순서 등이 있다.

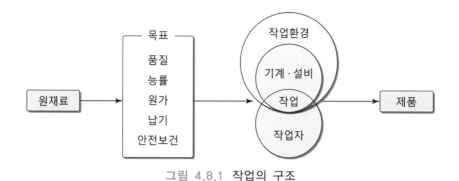

그림 4.8.1 작업의 구조

같은 고도의 능력을 가지는 반면, 감정, 피로와 같은 마이너스적인 면도 가지고 있다. 따라서 작업의 흐름과 내용을 안전보건의 관점에서 검토하고 필요한 조치를 취하는 것이 필요하다.

작업현장에 미숙련작업자 또는 파견근로자 등 작업이 익숙하지 않은 자가 배치되는 경우, 작업절차서가 없으면 관리·감독자가 무엇을 어떻게 교육 및 지도·감독해야 할지 알기 어렵고, 배치된 사람도 일을 어떻게 해야 할지 이해하기 어려울 것이다. 그리고 새로운 기계·설비, 재료를 사용하는 경우에도 작업절차서는 불가결한 것이다.

제품, 서비스를 목표대로 만들기 위해서는 '품질', '능률', '원가', '납기' 등을 작업 중에 반영하여 추진해 가는 것이 필요하다. 이를 위하여 많은 기업에서는 '기술표준', '작업표준' 등의 표준류를 이미 만들어 사용하고 있는데, 이와 같은 경우에는 작업절차서를 작성할 때 이 표준류를 참고하거나 활용하는 것이 효과적이다.

| 기술표준 | 품질에 영향을 미친다고 생각되는 기술적 요인에 대하여 공정사양서, 제조규격 등의 형태로 그 요구조건을 규정하는 것으로서 작업표준의 기초가 되는 것 |
| --- | --- |
| 작업표준 | 기술표준의 요구조건을 만족시킴과 동시에, 품질, 능률, 원가, 납기의 관점에서 공정 또는 단위작업별로 사용재료, 사용설비, 작업자, 작업조건, 작업방법, 작업관리, 이상 시의 조치 등을 규정한 것 |

## 2. 작업절차서의 작성방법

### (1) 누가 만드는가

작업절차서는 관리·감독자, 정확히 말하면 감독자가 중심이 되어 작성하되, 이를 준수하여야 할 부하 작업자를 반드시 참여시켜 이들의 의견을 충분히 수렴하여 작성한다. 관리·감독자가 책상에서 혼자서 만든 것은 실제 작업에는 활용이 되지 않을 가능성이 크다. 작업에 종사하는 사람이 납득한 후에 실행하는 것이 필요하고, 이를 위해서라도 작성단계에서 작업자의 참여가 요구되는 것이다.

그리고 이 작업절차서를 상급자에게 보고하여 결재를 받은 후 안전보건부서에 제출하여 확인을 받는다. 이렇게 작성된 작업절차서는 작업장에 게시 또는 비치하여 작업자가 언제라도 필요한 때에 볼 수 있도록 하여야 한다.

작업절차서는 관리·감독자가 작업자에 대한 관리·감독을 할 때 중요한 기준이 되기도 한다. 관리·감독자는 작업절차서가 확실하게 현장에서 실행되도록 지도·교육함과 아울러, 때때로 작업상황을 조사하여 절차서대로 작업이 이루어지고 있는지를 확인하는 것도 필요하다.

산업안전보건법 시행규칙(제26조 제1항 별표 5)에서 관리·감독자의 교육내용의 필수항목으로 '표준안전 작업방법 및 지도요령에 관한 사항'을 규정하고 있는데, 이 표준안전작업방법이 작업절차(서)에 해당한다. 따라서 관리·감독자를 대상으로 작업절차서에 관한 사항을 반드시 교육할 필요가 있다.

### (2) 작업절차서 작성 시 유의사항

작업절차서를 작성할 때는 다음과 같은 사항에 유의하여야 한다. 이것은 작업절차서를 개정할 때도 고려되어야 한다.

① 작업자들이 보기 쉽고, 읽기 쉽고, 알기 쉬운 것이어야 한다. 그림, 사진, 도표 등을 활용하는 것도 바람직하다. 수치로 나타낼 수 있는 것은 수치로 표현하면 명확하게 된다. 예를 들면, "잠깐 동안 식혀서"라고 표현하기보다도 "약 3분간 식혀서"라고 하는 방법이 알기 쉽다.

② 실제로 현장에서 그 작업을 하는 사람 모두가 실행할 수 있는 내용이어야 한다.

③ 사고·재해 등 과거의 실패에 대한 반성이 반영되어 있어야 한다. 동일하거나 유사한 재해는 반복되어서는 안 된다. 이를 위해서는 재발방지대책을 절차에 확실하게 반영하는 것이 필요하다.

④ 법령 또는 사내기준에 위반되지 않아야 한다.

⑤ 이상 시의 조치에 대해서도 정해 놓는다. 기계·장치 등의 가동 중에 이상한 소음·진동이 발생하거나 온도가 상승하거나 유독가스가 새는 일이 발생할 수 있다. 이와 같은 이상 시에는 적절하고 신속한 대응이 요구된다. 초기대응의 좋고 나쁨이 그 후의 사고·재해의 중대화로 연결될지 여부를 결정하게 되기 때문에, 이상이 발생한 경우에 대한 기본적인 대응절차를 정해 두는 것이 필요하다.

### (3) 대상작업

작업절차서는 작업 전반에 대하여 작성하는 것이 바람직하다. 작성의 순서는 유해·위험도가 높은 작업, 품질 등에서 고도의 요구가 있는 작업 등을 우선으로 하는 것이 일반적이다.

그리고 산업안전보건법령에서 작업절차서를 작성하도록 의무화되어 있는 작업에 대해서는 작업 전에 반드시 작성하도록 한다. 현재 산업안전보건기준에 관한 규칙에서는 여러 작업을 대상으로 작업절차서에 해당하는 작업계획, 작업방법, 작업순서를 수립 또는 결정하도록 하는 의무가 규정되어 있다.

### (4) 작업의 분류

작업은 다음 요령으로 분류한다. 먼저 '작업절차서를 작성하는 대상작업'을 결정한다. 먼저 이들 작업을 '공정(공종)'으로 리스트업(list up)하여 정리하고, 다음으로 그 공정(공종)을 구성하는 '단위작업'으로 구분한다. 그 다음에 단위작업을 구성하는 작업소단위들 중에서 안전보건, 품질, 능률 등의 점에서 보아 중요한 작업소단위들을 '요소작업'으로 골라낸다. 각각의 요소작업을 구성하는 주된 절차는 작업을 진행하는 데 있어서의 작업자의 주된 작업행동을 가리킨다. 요소작업을 기초로 작업절차서를 작성하는 일례를 다음에 제시한다.

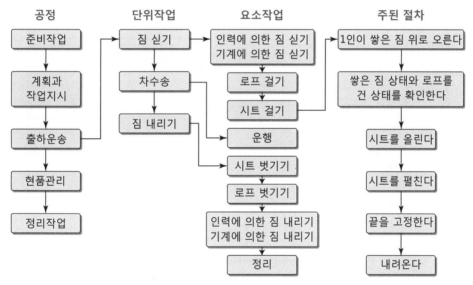

그림 4.8.2 제품의 창고 출하·운송작업

사업장에 따라서는 작업절차서라고 쓰여진 것이 없는 경우도 있지만, 절차 그 자체는 있을 것이다. 따라서 현재 하고 있는 작업의 절차를 써내는 것부터 시작하면 작업의 분류가 용이하게 진행될 수 있다.

### (5) 주된 절차의 검토

관리·감독자는 실제 작업을 면밀히 분석하여 다음의 작업분해서에 주된 작업절차(step)를 작성한다. 주된 작업절차가 완성되면 다음 사항들에 대해 검토한다.

① 절차의 수가 너무 많은 것은 아닌지

② 불필요한 절차는 없는지

③ 안전보건, 품질, 능률에 문제는 없는지

④ 작업절차는 시계열적으로 올바르게 되어 있는지

⑤ 동작의 속도는 적정한지

⑥ 작업대, 공구 등은 사용하기 쉬운지

⑦ 리스크는 감소되어 있는지

⑧ 작업자세에 무리는 없는지

[작업분해서의 예]

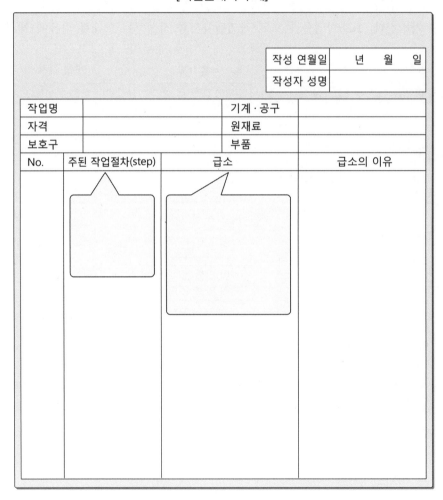

### (6) 급소를 결정한다

급소란 각각의 '주된 절차'에서 '어떤 식으로 할까'의 내용을 제시하는 것으로서 각각의 주된 절차의 '가장 중요한 항목'을 나타내는 것이다. 다음의 3가지가 포인트이다.

① 안전보건: 이것을 지키지 않으면 부상을 입거나 질병에 걸릴 우려가 있는 것
② 품질(정확성): 이것을 지키지 않으면 작업한 것이 쓸모없게 되어 버리는 것
③ 능률(생산): 요령 등이라고 불리는 것으로서 일을 하기 쉽게 하고 효율이 확보되는 중요한 점

달리 말하면, 급소는 '안전보건, 품질(정확성), 능률(생산)'의 각 항목을 충족시키기 위한 '작업행동의 포인트'이다. 작업자가 잘 알 수 있도록 작업자가 일상적으로 사용하고 있는 용어로 요점을 집어넣는 것이 중요하다.

### (7) 급소의 이유

급소의 이유에는 '왜 그것이 급소인가'를 기입한다. 안전보건의 급소에 대해서는 '이것을 지키지 않으면 어떤 위험이 있다'는 것을 구체적으로 기입하는 것이 바람직하다.

## 3. 작업절차서의 정리 및 교육

### (1) 작업절차서의 정리

관리·감독자는 완성된 작업절차서를 상사에게 제출한다. 제출된 작업절차서는 각각의 기업의 규정에 따라 결제되지만, 결제를 받은 작업절차서에 대해서는 이용하기 쉽도록 정리번호 등을 붙여 정리·보관하고 안전보건관리부서 등에 등록해 두어야 한다. 그리고 부서의 정리번호 등이 정해져 있는 경우는 그 룰(rule)에 따라 처리할 필요가 있다.

[정리항목의 예]

| |
|---|
| ① 정리번호 |
| ② 작업분류번호 |
| ③ 제정 연월일 |
| ④ 개정 연월일 |
| ⑤ 작업장명 |
| ⑥ 작업명 |
| ⑦ 작성자 |

정리·보관이 확실하게 되어 있으면, 신규작업자 등에게 작업절차서를 가르칠 필요가 생겼을 때 또는 작업절차서의 개정이 필요하게 되었을 때 등에 바로 작업절차서를 꺼내어 활용할 수 있다.

### (2) 작업절차서의 교육

작업절차서는 실제로 작업장소에서 실행됨으로써 비로소 그 목적을 달성할 수 있다. 이것이 실행되기 위해서는 현장의 작업자를 대상으로 작업절차서의 내용을 교육하는 것이 필요하다.

#### 1) 신규작업자에 대한 교육

신규작업자가 갑자기 숙련을 요하는 작업, 위험도가 높은 작업을 담당하는 일은 없을 것이다. 그런데 직장에 이전부터 있던 사람들의 입장에서 보면 상식으로 판단할 수 있을 것 같은 초보적인 작업을 하는 중에 신규작업자가 부상을 입는 경우가 적지 않다. 이와 같은 단순한 작업에서는 '눈동냥'으로 작업을 익히게 하는 경우가 많고, 신규작업자도 "이 정도의 것을 가지고 이것저것 질문을 하면 폐를 끼치는 거겠지."라고 생각하고, 올바른 작업방법을 이해하지 않은 채 그만 잘못된 작업방법을 익혀 버리고 마는 경우가 있다.

작업절차서를 토대로 교육을 실시하면 작업절차서의 사용방법도 습득하고, 가르치는 사람에 의한 개인차도 없어지며, 이후의 교육도 효과적으로 실시할 수 있을 것으로 기대할 수 있다.

#### 2) 베테랑작업자에 대한 교육

베테랑작업자는 작업장의 중심이 되어 작업을 하는 사람들이다. 자신들의 일하는 방법에 긍지와 자신감을 가지고 있다. 이 같은 사람들의 작업수행방법을 변화시키는 것은 그 나름대로의 궁리가 필요하다. 어떤 문제가 발생하여 그 작업의 절차를 바꾸고 싶을 때는 작업분해 단계에서부터 베테랑작업자를 참여시켜 함께 작업절차서를 작성하고 다른 멤버의 교육까지 담당하도록 할 필요가 있다.

## 4. 작업절차서의 개정: 작업방법의 개선

관리·감독자는 항상 작업이 계획대로 진행되고 있는지를 파악하여야 하는 임무를 맡고 있다. 따라서 작업절차서대로 작업이 진행되고 있는지 작업장을 순회하고 지도·감독할 필요가 있다. 그리고 관리·감독자는 평상시부터 작업절차서에 관한 정보를 수집하고 보다 좋은 작업절차를 작성하여 그 활용을 지향하여야 한다. 개선이 이루어지지 않는 작업절차서는 올바른 작업을 진행하는 데 있어 지장을 준다.

직장에서는 예정대로 일이 진행되지 않는 경우도 적지 않다. 재료의 지연, 기계·설비의 트러블, 정리·정돈의 잘못 등에 의해 예기치 않은 일이 발생하기도 하고, 품질, 능률에 문제가 발생하거나 재해의 리스크가 높아지기도 한다.

관리·감독자는 안전보건, 품질, 능률 등에 문제가 생기고 있지 않은지 유념을 하고, 발견한 경우에는 바로 시정을 위한 개선조치를 행하여야 한다.

### (1) 작업방법을 개선하는 목적

관리·감독자는 매일 행하고 있는 정상적인(normal) 작업이라도, 보전작업과 같은 비정상적인 작업(abnormal)이라도 그것이 최량의 작업방법으로 이루어지고 있는지 항상 문제의식을 가지고 있어야 한다.

재해의 원인을 조사하면 직접적으로는 80% 이상에서 불안전행동이 관여하고 있고, 왜 그러한 불안전행동이 이루어지고 있는지를 생각하면 교육의 실시, 설비의 개선과 함께 작업방법의 개선이 요구된다.

나아가, 기술의 진보, 합리화에 의한 조직의 변화, 작업자의 고령화 등 작업요인, 작업형태, 작업상황의 변화에 따라 작업방법을 개선하여 '보다 안전하게', '보다 정확하게', '보다 능률적으로' 할 수 있는 작업방법으로 만들어 가는 것은 관리·감독자의 중요한 업무이자 부하의 능력을 최대한 발휘하게 하는 방법이기도 하다.

작업방법을 개선하는 목적은 다음과 같다.

① 사고·재해를 미연에 방지한다.

직장에서 발견한 불안전행동은 바로 그 자리에서 시정하는 것이 필요하지만, "왜 이러한 위험한 행동을 하고 있을까"라고 그 배경을 깊이 생각하면, 그곳에 작업절차의 개선 필요성이 보이게 된다.

② 종업원들의 의욕을 이끌어 낸다.

매일 작업하면서 평상시 상태가 좋지 않다고 느꼈던 것이 개선되면, 지금까지 습관적으로 해 온 작업 중에서도 좀 더 잘할 수 있는 방법은 없을까 하고 의욕이 생기게 되고, 직장의 분위기도 한결 좋게 되는 한편, 작업자들의 동기부여도 높아지며, 나아가 보다 많은 개선으로 연결되어 가게 된다.

③ 작업방법의 개선은 작업능률, 품질의 향상으로 연결된다.

작업방법에는 문제가 생기기 마련이다. 이것을 간과하면 점점 악화되어 가므로 조기에 손을 쓰는 것이 필요하다. 그리고 작업이 보다 안전하게, 보다 하기 쉬워지면 당연히 작업능률도 품질도 향상된다. 이와 같은 구체적인 효과가 얻어지면 직장의 안팎에서도 인식되어 점점 개선의욕이 올라가게 될 것이다.

이와 같은 목적을 달성하기 위해서는 평상시부터 항상 문제의식을 가지고 있는 것이 중요하다. "어딘가 모르게 잘 진행되지 않는다.", "어떻게 하면 더 좋아질 수 있을까" 등과 같은 문제의식을 계속 가지지 않고는 작업개선은 있을 수 없다.

## (2) 작업방법 개선을 추진하는 4단계법

### 1) 작업방법 개선의 대상작업

먼저 개선을 필요로 하는 작업을 선정하여야 한다. 사고·재해가 발생한 작업, 아차사고 발굴활동에서 적출된 문제 있는 작업, 작업방법, 기계·설비, 원재료에 변경이 있는 작업은 물론이고, "아무리 해도 하기 어렵다", "지시가 철저하지 못하다", "무리한 자세라 피곤하다" 등과 같은 아직 확실히 나타나고 있지 않은 문제점도 발굴할 필요가 있다.

이를 위해서는 현장순찰, 지휘·감독, 작업장 안전보건회의, 안전보건일지의 기록, 점검기록, 그리고 휴게시간의 대화 등을 활용하여 작업방법의 현재적·잠재적 문제를 능동적으로 발굴하는 것이 중요하다.

[개선을 필요로 하는 작업의 예]

---

① 재해·사고(아차사고 포함)가 발생한 작업
② 작업방법, 기계·설비, 원재료에 변경이 있는 작업
③ 작업절차서에서는 반드시 지켜야 하는 것으로 되어 있지만, 작업자에 의해 지켜지지 않는 작업
④ 품질, 능률에 문제가 있는 작업
  • 작업에 수고가 너무 많이 든다.
  • 부적합품이 많이 발생하고 있다.
  • 비용이 높다.
  • 기다리는 시간이 많다.
⑤ 일련의 공정 중에서 지연이 눈에 띄는 작업
⑥ 피로가 심한 작업
  • 작업자세에 무리가 있다.
  • 신체에 대한 부담이 크다.
  • 긴장하는 시간이 길다.
⑦ 작업환경이 나쁜 작업
  • 유해물, 유해가스, 분진, 소음, 온도 등의 조건이 나쁜 작업
  • 조명, 환기 등의 조건이 나쁜 작업
⑧ 재해의 리스크가 높은 작업
  • 기계·설비에서 끼임의 위험이 있는 작업
⑨ 작업자로부터 고충이 많은 작업
  • 작업자가 피하거나 하고 싶어 하지 않는 작업

---

## 2) 작업방법 개선의 4단계법

작업방법의 개선에는 다음과 같은 4단계법을 활용하면 효과적으로 추진할 수 있다.

| 제1단계: 현상분석 | • 작업을 절차별로 분해하여 현상을 파악한다.<br>• 작업을 상세한 절차로 분해하고, 그 절차를 진행하기 위한 조건을 모두 골라낸다. |
|---|---|
| 제2단계: 문제점의 발견 | • 어디에 문제점이 있는지, 개선의 힌트를 파악하는 단계이다.<br>• 절차별로 절차를 진행하기 위한 조건을 잘 읽고 5W1H를 이용하여 문제점을 찾아낸다. |
| 제3단계: 개선책의 검토 | • 개선의 힌트를 구체적인 개선방법으로 전개하는 단계이다.<br>• 위의 결과를 토대로 브레인스토밍(brainstorming)법을 활용하여 개선점을 생각한다. |
| 제4단계: 개선책의 실시 | • 원활하게 이행으로 옮겨 가기 위한 절차를 구체화한다.<br>• 개선을 위한 새로운 방법을 실시한다. |

### 가. 현상분석

작업을 상세하게 관찰하여 절차(step)별로 분해한다. 절차를 분해할 때 작업의 절차를 하나씩 골라내어 간다. 표현은 '작업의 목적'이 아니라 '행동(동작) 그 자체'를 적는다. 예를 들면, '나사를 풀다'가 아니라 '드라이버를 시계방향으로 돌린다'고 표현한다. 이 경우 현지에서 현상을 확인하고 현장에서 실제작업을 하면서 하나씩 하나씩 적어 가는 것이 바람직하다.

다음으로, 각 절차별로 그 절차를 진행하기 위한 조건을 찾아낸다. 이 조건은 '작업절차의 작성방법'에서 급소로 채택한 '안전보건', '정확성(품질)', '능률'이 중요한 힌트가 된다. 나아가, 작업자세, 작업량, 빈도, 거리 등도 고려할 필요가 있는 중요한 항목이다. 이 조건으로 골라낸 항목이 제2단계 이후의 주역, 즉 개선의 착안점이 된다.

### 나. 문제점의 발견

분석한 절차(step)에 대하여 5W1H법으로 개선의 힌트(문제점)를 찾아낸다.

① 왜 그것이 필요한가(Why).

② 무엇을 할 것인가(What).

③ 어디에서 하는 것이 좋은가(Where).

④ 언제 하는 것이 좋은가(When).

⑤ 누가[누구에게] 하는 것이 좋은 것인가(Who)[Whom]

⑥ 어떤 방법이 좋은가(How).

이 경우 법령, 사내기준에서 벗어나 있는 것이 있으면 당연히 문제이고, 그 외에 현재 발생하고 있는 부적합, 불편 등 문제로 연결되는 것은 모두 찾아내는 것이 바람직하다.

## 다. 개선책의 검토

5W1H로 찾아낸 문제점을 '제거한다(불필요한 작업을 없앤다)', '결합한다(몇 개의 요소작업을 하나로 통합한다)', '바꾼다(순서를 교체한다)', '간단하게 한다'라는 4가지 항목에 비추어 개선책을 검토한다.

개선책은 검토에 참가하는 작업자의 상상력을 자극하여 좋은 착상을 낳는 것이 중요하다. 이와 같은 발상을 낳는 방법의 하나로 브레인스토밍 방법이 있다.

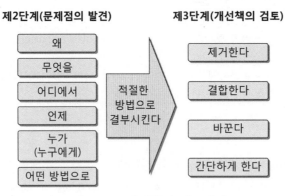

그림 4.8.3 개선책의 검토방법

## 라. 개선책의 실시

개선책의 실시를 위해서는 그 분위기를 만드는 것도 중요한 점을 감안하여, 개선책은 상사, 부하, 관계자의 이해를 얻은 후에 실시한다. 그러나 익숙해진 방법을 변화시키는 것에는 저항이 많은 법이다. 따라서 그 개선이 획기적인 것일수록 저항이 강해지는 것을 충분히 인식해 두어야 한다.

개선결과는 작업절차서에 반영하여 실제 작업에서 사용되도록 강구하는 것이 중요하다.

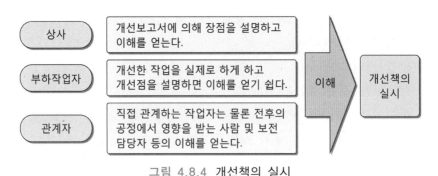

그림 4.8.4 개선책의 실시

**이상 및 산업재해 발생 시의 조치**

## 1. 이상 시의 조치

직장에서의 이상상태를 조기에 발견하여 적절한 조치를 취함과 함께 동일한 종류의 이상이 두 번 다시 발생하지 않도록 재발방지대책을 강구하는 것이 '이상 시의 조치'의 목적이다.

이상을 조기에 알아차리고 신속하고 적절하게 대응하는 것이 중요하다. 이를 위해서는 매일 작업을 통하여 작업자의 행동, 작업절차 또는 기계, 설비, 작업환경의 상태를 주의하여 살피고 그것을 확인하는 능력이 요구된다.

### (1) 이상(異常)이란

'이상(異常)'을 국어사전에서 찾아보면 "정상적인 것과 다른 것", "신체, 정신, 기계 등의 기능이나 활동이 원활하지 못함"의 의미를 가지고 있고, 정상의 반대어로 되어 있다. 즉, '이상'이란 '정상'으로 진행하고 있던 것이 지장을 초래하기 시작한 상태를 말한다. '정상'을 찾아보면, "특별한 변동이나 탈이 없이 제대로인 상태"라고 설명되어 있다.

그렇다면 노동환경을 논하는 경우, 이상상태의 일반적인 정의를 내리기는 쉽지 않지만, 직

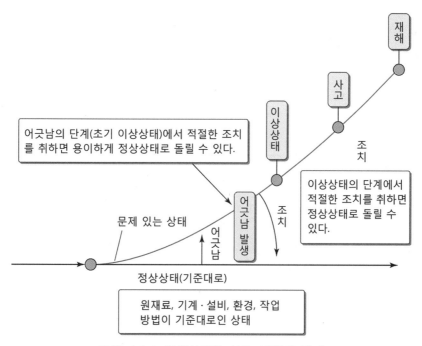

그림 4.9.1 이상상태와 사고·재해의 관계

장에서의 작업환경, 작업설비, 작업방법 및 작업자의 행동이 '일정한 기준으로부터 어긋난 상태'(초기 이상상태+이상상태)라고 할 수 있다. 예를 들면, 모터가 이상음을 내기 시작했다든지 회전축이 조금 약간 흔들리기 시작했다고 하는 상태이다.

정상으로 작동하고 있던 것이 이상한 작동을 하기 시작하였을 때가 이상이다. 이러한 이상의 판단은 정상의 범위(일정한 기준)를 알고 있으면 용이하게 된다. 일정한 기준이란 법규, 기술지침, 사내규정, 작업계획, 작업명령, 작업표준, 작업절차서 및 직장의 관행 등을 말한다.

'일정한 기준으로부터 어긋난 상태', 즉 초기 이상상태를 방치하면, 기준과의 어긋남이 커져 이상상태가 되고, 나아가서는 사고·재해로 연결될 우려가 있다. 그리고 사고·재해는 어느 날 갑자기 발생하는 것이 아니라, 반드시 무언가의 전조(초기 이상)가 있고, 이것을 방치하면 '이상'으로 나타나게 된다.

## (2) 이상의 예

'이상'의 상태는 여러 가지이지만, 초기의 이상상태를 방치하여 위험한 이상으로 진행한 사례가 많이 있다. 예를 들면, 가설 작업발판의 난간 클램프가 느슨해져 있었는데, '기준으로부터 벗어난 이상상태'라고 알아차리고 수리를 하지 않은 관계로 추락재해로 발전해 버린 사례가 있다. 이 초기 이상상태인 '어긋남'을 '전조'로서 간과하지 않고 발견·대처(조치)하는 것이 중요하다.

이 초기 이상상태(기계·설비, 작업환경, 행동, 관리)의 종류를 제시하면 다음과 같은 것이 있다. 업종별로 다종다양한 이상상태가 있지만, '자신의 담당구역에서의 이상은 무엇인지'를 찾아내도록 항상 유의하여야 한다.

표 4.9.1 이상상태의 종류

| 종류 | 이상항목 |
|---|---|
| 기계·설비의 이상 | 운전 중의 기계의 이상한 소리, 진동, 열, 속도 등 |
| | 기기류의 이상한 흔들림 |
| | 조작 중 기기류의 이상한 움직임 |
| | 장치·기기의 안전장치의 파손, 기능저하 |
| | 방호덮개, 울, 가설물 등의 결함·제거 또는 이동한 채로의 방치 |
| | 방호덮개, 울, 가설물 등의 손상 |
| | 경보기의 작동 불량 |
| | 기구·공구·도구류의 파손, 마모 |
| | 환기장치의 성능 저하 |
| | 정전, 단수 |

(계속)

| 종류 | 이상항목 |
|---|---|
| 작업환경의 이상 | 작업장에서의 이상한 악취, 분진·가스·연기 등의 발생, 산소결핍상태 |
| | 조도의 부족 |
| | 자연환경의 이상(지진, 강풍, 폭우, 낙뢰, 이상출수, 토사붕괴) |
| | 취급화학물질 등의 누수, 누출, 넘쳐흐름 |
| 작업자의 행동의 이상 | 작업절차대로 작업하고 있지 않음 |
| | 부적당한 기계·장비, 공구·도구를 사용하고 있음 |
| | 고장 난 작업설비를 그대로 사용하고 있음 |
| | 운전하면서 기계의 청소, 주유 등을 하고 있음 |
| | 안전장치를 벗기거나 무효로 하고 작업하고 있음 |
| | 필요한 보호구를 사용하지 않고 작업하고 있음 |
| | 불안정하거나 무리한 자세로 또는 위험한 곳에서 작업하고 있음 |
| | 신호·유도가 정해진 방법으로 이루어지고 있지 않음 |
| | 통로에 물건을 두고 있음 |
| | 물건을 높이 쌓아 올려놓고 있음 |
| | 안전대를 착용하도록 지시되고 있는 장소에서 안전대를 착용하고 있지 않음 |
| | 몸 상태가 나쁨(동작이 느리고 미스가 많음) |
| 관리의 이상 | 작업시작 전 점검을 하지 않은 채 작업을 개시하였음 |
| | 부품의 지연 등에 의해 작업절차를 수정하여야 하는데, 그대로 작업을 진행하였음 |
| | 관계자와의 연락조정에 미스가 있었음 |
| | 작업의 위험성 또는 유해성을 주지시키지 않았음 |
| | 공동작업에서 통제가 이루어지고 있지 않은 작업을 하고 있음 |

## (3) 이상의 발견과 조치

### 1) 이상의 조기 발견

이상은 조기에 발견하면 할수록 정상으로 돌아가는 것이 용이하고 큰일로 번지는 것을 방지할 수 있다. 사업장에서는 이상의 조기발견을 위하여 다음과 같은 조치를 취하여야 한다.

첫째, 작업장을 끊임없이 순회하고, 문제가 없는지를 확인하며, 이상을 발견한 경우에는 바로 적절한 조치를 취하여야 한다.

둘째, '작업자에게 어떤 것이 이상한지'를 잘 가르쳐 둔다. 정상상태의 판단기준은 정량적·객관적(계기류에 의한 디지털표시 등)인 것이 좋고, 허용범위를 알기 쉽게 현장에 명시해 두는 것이 바람직하다. '이상한 상태'를 느끼는 방법이 작업자에 따라 다르면 대응에 일관성이 없게된다. 그 때문에 미리 작업자에게 "이상이란 이러한 상태를 말한다."라고 제시하여 구체적으로 가르칠 필요가 있다. 작업자는 이를 토대로 이상상태를 발견하는 것이 가능해진다.

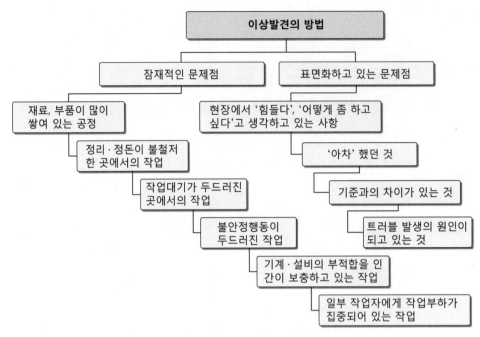

그림 4.9.2  이상발견의 방법

셋째, 정상상태의 판단기준을 정량적·객관적(숫자)으로 제시할 수 없는 것은 이상한 상태의 실례를 '보이고, 듣게 하고, 만지게 하여' 몸으로 느끼게 하는 것이 필요하다. 운전 중의 기계가 발하는 이상한 냄새, 열 등에서 '이상한 상태'를 발견해 내는 것은 어려운 일이기 때문이다.

한편, 이상을 발견한 경우의 조치와 관련해서는 이상의 종류 및 그 정도에 따라 등급을 구분하고, 그에 따른 조치방법을 철저히 하는 것이 중요하다. 그리고 발견한 이상에 대하여 취하여야 할 조치를 알 수 없는 때에는 관리·감독자에게 반드시 연락하도록 규정해 둔다.

### 2) 이상을 발견한 경우의 조치

이상을 조기에 발견하고 신속하게 조치를 강구함으로써 사고·재해를 미연에 방지할 수 있다. 관리·감독자의 경우 이상을 발견하거나 보고를 받으면 미리 결정된 절차에 따라 적절하게 조치를 강구하여야 한다.

① 이상을 정확하게 확인·파악한다.

이상이 어느 부분에서 발생하고, 어느 단계인지, 시간적 여유가 있는지 등을 5W1H를 활용하여 정확하게 파악하고, 긴급연락을 할지, 응급조치를 할지, 경우에 따라서는 대기를 할지를 판단하는 것이 중요하다.

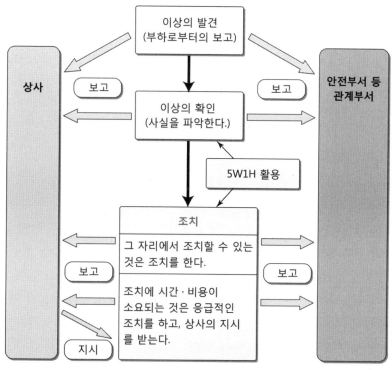

그림 4.9.3 이상 시의 조치

② 이상을 처리(조치)한다(응급조치를 포함한다).

"이상은 사고·재해 발생 전에 발생하는 현상이다."라는 생각하에 어떤 작은 것도 간과하지 않고, 적절하게 처리하여야 한다. 그리고 아차사고 보고는 현장의 이상(異常)정보원에 해당하는 것이므로 신속하게 처리함과 동시에, 그 내용을 모든 작업자에게 주지시키고, 보고자에게 회답할 필요가 있다.

위험한 이상상태에서는 누구라도 당황하기 마련이고, 그 결과 상황에 적합한 복구조치가 이루어지기 어렵게 된다. 따라서 작업절차·방법에 대하여 평소의 판단력에 이상이 발생하고 사고·재해로 확대하는 예가 많다. 시간적 여유가 있으면 충분한 협의를 행한 후에 대처할 수 있지만, 판단·조치에 긴급을 요하는 사태에서는 인간의 약점이 나타나기 십상이다.

그 주된 것을 예로 들면 다음과 같다.

① 당황하면 머리가 혼란스러워지고 생각이 정리되지 않는다.
　• 되어 가는 대로(주먹구구식으로) 작업을 진행한다.
② 특정의 것에 주의력을 빼앗겨 주의력이 배분되지 않는다.
　• 하나의 것에 주의를 하고, 위험한 다른 것에 주의가 미치지 않는다.
③ 사실을 확인하지 않고 감(느낌)으로 작업을 진행한다.
　• 감이 들어맞지 않으면 위험하다.

'어떤 이상상태에서도 자기를 객관적 입장에 놓고 보는' 냉정함이 요구되지만, 쉽지만은 않다. 그러나 훈련에 의해 그것에 가까이 가는 것은 가능하다. 작업자와 관리·감독자가 이상 시의 판단과 조치를 용이하고 적절하게 할 수 있도록 '이상 시의 조치기준(매뉴얼)'을 작성하여 두고, 평상시부터 미리 유사체험 등의 훈련을 실시해 놓으면, 만일의 경우에 대응을 잘 못할 가능성을 최소화할 수 있다.

### 3) 이상 시의 대피조치

이상 시의 대피조치는 정확한 통보와 확실한 대피를 얼마나 빨리 행할 수 있는지가 포인트이다. 이상 시에서의 대피는 관리·감독자가 지휘를 하여야 한다.

한편, 화재가 발생하면 "비상구를 1개소밖에 몰랐다." 또는 "최초에 대피하는 사람을 따라 행동하였다."와 같은 말을 자주 듣는데, 이상 시 대피할 때의 상황(특징)을 정리하면 다음과 같다.

① 대피할 때에는 대피가 순식간에 벌어지는 일이고 전체의 상황을 모르기 때문에 불안이 앞선다.
② 익숙한 출입구로 대피하는 경향이 있다.
　• 가장 잘 알고 있는 비상구로 간다.
　• 눈에 보이는 출입구로 간다.
　• 자신이 들어왔던 출입구로 간다.
　• 밝은 장소로 간다.
③ 누군가가 최초로 행동하면 그것에 따라 일제히 움직이기 시작하는 집단심리의 경향이 있다.

이와 같이 이상 시의 행동은 얼마나 불안정한지를 알 수 있다. 따라서 관리·감독자는 먼저 자기 자신이 당황하거나 동요해서는 안 되고, 사전에 정해진 방법과 당시의 상태를 잘 판단하여 신속하게 유도하는 것이 중요하다.

사업장에서는 작업자들이 적절하고 신속하게 행동하는 것이 무엇보다 중요하다는 점을 고려하여, 다음과 같은 사항을 반영하여 미리 어떻게 할 것인지를 대피기준(매뉴얼)으로 정해 놓고, 이 기준(매뉴얼)에 따라 평상시에 작업자들에게 대피훈련을 실시해 두어야 한다. 그리고 야간의 대피는 주간보다도 많은 배려가 필요하다.

① 출입구, 통로, 계단 등에 물건을 놓지 않는다.
② 대피의 신호 및 지휘자를 정해 놓는다.
③ 유도방법을 정해 놓는다.
④ 자연환경의 변화에 대하여 방호조치를 하는 외에 작업중지기준 등을 정해 놓는다.
산업안전보건법에서는 산업재해가 발생할 급박한 위험이 있을 때(비상시) 즉시 작업을 중

지시키고 근로자를 작업장소에서 대피시키는 등 안전보건에 관하여 필요한 조치를 하도록 규정하고 있다(제51조).

### 4) 긴급조치와 교육훈련

유해·위험가스의 공급배관, 컨베이어라인, 탱크 등에서 이상이 발생하고 사고·재해로 발전할 우려가 있는 경우에는 긴급조치로서 공급의 정지, 전원차단, 대피 등의 조치를 신속하게 취하여야 한다. 긴급조치에 대해서는 신속하고 정확하게 행할 수 있도록 교육훈련에 의해 관계자에게 미리 그 절차, 방법을 숙지시켜 두는 것이 필요하다. 아래와 같은 사항에 대해서는 그림 등을 이용하여 알기 쉽게 기재하고 관련 장소에 표시해 둔다.

① 배관, 전원계통도
② 밸브, 콕 등의 위치 및 조작방법
③ 전원의 차단방법(비상정지버튼의 위치, 조작방법)
④ 비상경보장치의 종류, 위치와 사용방법
⑤ 긴급 시의 연락처와 연락방법

재해발생 시의 긴급조치를 신속하고 정확하게 행할 수 있도록 평상시에 필요한 훈련을 해 둔다.

### 5) 이상 처리 후의 조치

이상상태는 사고·재해와 동일하게 원인을 규명하고 확실한 재발방지대책을 취함으로써, 동종의 이상사태를 반복하지 않도록 해야 한다.

---

**참고 · 사업장 차원의 긴급대책**

- 응급사태 발생 시 냉정한 대응이 좀처럼 되지 않는다. 하지만 이와 같은 경우라도 사전에 룰을 정해 놓으면 대응하기 용이해진다. 무엇을 어디까지 할 것인지를 사전에 생각하여 매뉴얼을 만들어 놓는 것이 바람직하다. 매뉴얼에는 종업원의 역할·담당 등을 명확히 하고 외부의 의료기관, 전문가의 이용을 포함한 연락체제를 구축해 놓을 필요가 있다.
- 룰을 만들어 놓아도 연락수단이 없으면 긴급연락을 할 수 없는 것처럼, 필요한 물품이 없으면 룰대로 대처할 수 없어 실제로 행하려고 하는 사업장 수준에서의 대응이 곤란해진다. 따라서 사업장 차원의 사전 준비가 반드시 필요하다.
- 종업원들을 대상으로 훈련을 실시하고 이들이 제 역할을 다할 수 있는 상태로 조치해 놓지 않으면 만일의 사태가 발생한 경우에 사업장 수준에서의 대응이 불가능해진다. 1회만 훈련을 해서는 요령습득이 잘 되지 않으므로 반복적으로 훈련을 실시하는 것이 중요하다.

## 2. 산업재해 발생 시의 조치

산업재해는 언제 발생할지 알 수 없다. 발생이 예측되는 것이라면 그 나름대로의 대응이 취해질 것이지만, 유감스럽게도 산업재해는 시기, 장소, 대상자를 가리지 않고 발생한다. 따라서 산업재해가 언제 발생하든지 적절한 대응이 취해질 수 있도록 준비해 두어야 한다. 특히, 현장에 상주하는 감독자는 산업재해가 발생하였을 때에 가장 먼저 달려가 신속하게 적절한 대응을 하여야 한다.

최근에는 전체적으로 산업재해가 감소하고 있어 실제로 산업재해를 경험한 적이 없는 사람이 많아지고 있다. 그 때문에 실제 중대재해를 처음으로 경험하면 몹시 놀라 정확한 판단을 할 수 없게 될 우려가 있다.

따라서 직장의 '산업재해 발생 시의 역할분담표'를 만들고 재해발생 시에 '누가, 무엇을, 어떻게 할 것인가'를 정하여 두는 것이 중요하다. 즉, 산업재해 발생 시의 조치를 적정하고 신속하게 행하기 위하여 '재해발생 시의 조치기준(매뉴얼)'을 정해 둔다. 그리고 평상시부터 작업자를 대상으로 이에 대해 교육훈련을 실시해 두는 것이 필요하다.

### (1) 산업재해 발생 시의 대응

산업안전 분야에서는 일반적으로 사람의 피해가 수반되는 것을 '재해'라고 하고, 사람의 피해가 수반되지 않는 것을 '사고'라고 한다. 이 중 산업재해 발생 시의 대응은 재해의 크기에 따라 다르다. 여기에서는 산업재해 발생 시 지방고용노동관서에 대한 대응을 중심으로 설명한다.

| 참고 • 사고와 산업재해  |
| --- |

- 사고: 당면하는 사상(事象)의 정상적인 진행을 지지 또는 방해하는 시건
- 산업재해: 근로자가 업무에 관계되는 건설물·설비·원재료·가스·증기·분진 등에 의하거나 작업 또는 그 밖의 업무로 인하여 사망 또는 부상하거나 질병에 걸리는 것(산업안전보건법 제2조 제1호)

① 사업주는 산업재해가 휴업 3일 미만인 경우에는 지방고용노동관서에 산업재해조사표를 제출할 필요는 없지만,[12] ⅰ) 사업장의 개요 및 근로자의 인적사항, ⅱ) 재해발생의

---

12 사고·재해가 발생한 경우, 산업안전보건법 외에 화학물질관리법, 소방기본법 등에도 신고 또는 통보의무가 규정되어 있는 점에 유의하여야 한다. 예를 들면, 화학물질관리법에서는 해당 화학물질을 취급하는 자는 화학사고가 발생하면 즉시 관할 지방자치단체, 지방환경관서, 국가경찰관서, 소방관서 또는 지방고용노동관서에 신고하여야 한다고 규정하고 있고(제43조 제2항), 소방기본법에서는 화재 현장 또는 구조·구급이 필요한 사고 현장을 발견한 사람은 그 현장의 상황을 소방본부, 소방서 또는 관계 행정기관에 지체 없이 알려야 한다고 규정하고 있다(제19조 제1항).

일시 및 장소, ⅲ) 재해발생의 원인 및 과정, ⅳ) 재해 재발방지계획을 기록·보존하여
야 한다(산업안전보건법 시행규칙 제72조).

② 사업주는 산업재해로 사망재해가 발생하거나 3일 이상의 휴업이 필요한 부상 또는 질
병(중상재해)[13]이 발생한 경우에는 해당 산업재해가 발생한 날로부터 1개월 이내에 산
업재해조사표(산업안전보건법 시행규칙 별지 제30호 서식)를 작성하여 지방고용노동
관서에 제출하여야 한다(산업안전보건법 시행규칙 제73조 제1항).

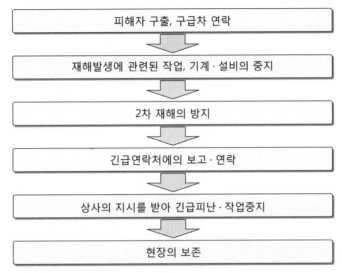

그림 4.9.4 사망 등 중대재해에의 대응과 지방노동관서에의 보고

③ 중대재해가 발생한 사실을 알게 된 경우에는 지체 없이 ⅰ) 발생 개요 및 피해 상황,
ⅱ) 조치 및 전망, ⅲ) 그 밖의 중요한 사항을 관할 지방고용노동관서에 전화, 팩스 또
는 그 밖의 적절한 방법으로 보고하여야 한다(산업안전보건법 시행규칙 제67조).

**참고 · 중대재해란[14]**

중대재해란 다음 어느 하나에 해당하는 재해를 말한다(산업안전보건법 시행규칙 제3조).
• 사망자가 1명 이상 발생한 재해
• 3개월 이상의 요양이 필요한 부상자가 동시에 2명 이상 발생한 재해
• 부상자 또는 직업성 질병자가 동시에 10명 이상 발생한 재해

---

13 3일 이상의 휴업이 필요한 정도의 재해는 중상재해에 해당한다고 보아야 한다. 우리 사회에서는 사망이나 영
  구장해가 남는 재해 등만을 중상재해로 보는 생각이 광범위하게 존재하는데, 잘못된 편견이라고 생각한다.
14 산업안전보건법령에서 정하고 있는 중대재해의 정의는 이론적으로 합의되거나 학문적으로 정립된 것은 아니
  며 정책적 필요에 의해 정한 것이다.

## (2) 산업재해 발생 시의 기본적인 유의사항

① 피재자의 구출을 최우선으로 한다(인명존중).
- 응급조치
- 구급차의 연락

② 재해발생과 관련된 작업 또는 기계·설비는 바로 정지시키고 현장에 대해 출입금지조치를 한다.

③ 폭발, 화재 등에 기인한 피해가 확대되는 것을 방지하고 구출 시를 포함한 2차 재해의 발생을 방지한다.

④ 미리 정해져 있는 긴급연락처, 즉 상사, 관계부서(관계자), 관계기관에 긴급히 연락·보고를 한다. 예컨대, 경비부서에 연락이 지연된 경우에는 구급차가 도착해도 경비가 재해사실을 알지 못하고 있어 올바른 대응이 취해지지 않고, 입구에서 실랑이가 벌어지기도 한다. 이와 같은 일이 발생하지 않도록 산업재해가 발생한 경우의 '긴급연락처'를 직장에 게시해 둘 필요가 있다.

⑤ 산업재해의 영향이 큰 경우에는 상사의 지시에 따라 긴급피난, 비상정지 등의 조치를 취한다.

⑥ 재해원인규명을 위하여 현장보존에 최대한 노력한다. 큰 사고가 아닌 한 경미한 산업재해는 지방노동관서에서도 경찰서에서도 현장에 나오지 않지만, 사망 등의 중대재해의 경우는 두 군데 모두 조사, 사정청취, 수사를 위하여 현장에 반드시 나온다. 이 경우 만약 현장을 보존하지 않고 상황이 산업재해 발생 시와 달라져 있으면 증거인멸을 의심받게 되는 등 문제를 일으키게 되므로 주의하여야 한다. 산업안전보건법 제26조 제5항에 따르면, "누구든지 중대재해 발생현장을 훼손하여 중대재해 원인조사를 방해하여서는 아니 된다."고 규정하고 있다.

⑦ 동종·유사재해를 발생시키지 않기 위해서라도 재해조사와 원인분석을 반드시 행하고 안전대책을 강구한다.

⑧ 사고, 아차사고와 같은 인적 피해를 동반하지 않는 사건이라도 위 ⑦에 준하는 원인조사를 행하고 안전대책을 강구한다.

## (3) 재해조사 및 대책의 수립·실시

산업재해가 발생하면 사업장에서는 지방노동관서, 경찰 등과 별개로 자체적으로 재해조사를 실시하게 되는데, 이 재해조사는 동종·유사재해를 두 번 다시 반복하지 않도록 하기 위해 원인과 문제점을 분석하고 재발방지대책을 수립하기 위해 실시하는 것이다. '누가 재해를 일으켰는가(책임)'를 묻는 것이 아니라, '왜, 무엇이 원인으로 작용하여 발생하였는가, 어떻게 하면 방지할 수 있을까'라는 관점에서 행하는 것이라는 점을 충분히 인식하여야 한다.

산업재해는 대부분 사람, 기계·설비, 작업·환경, 관리 등 복수의 요인이 관련되어 발생한다. 동일·유사재해를 다시 발생시키지 않기 위해서는 재해발생 메커니즘을 잘 이해한 후에, 재해가 왜 발생하였는지, 그 요인을 가급적 많이 수집하고 진상을 파악한 후에 분석할 필요가 있다.

작업자의 부주의로 정리된 재해가 나중에 가서 "실은 기계의 조작을 하기 어려웠던 것이 실제의 원인이었다."고 분석되는 사례도 있으므로 안이하게 작업자의 부주의로 처리하는 것이 아니라, 사실을 잘 파악하는 것이 무엇보다 중요하다. 그리고 분석할 때에는 감(느낌), 경험으로 행하는 것이 아니라, 가급적 많은 관련 사실을 수집하여 과학적으로 행하는 것이 중요하다.

## 3. 응급처치

부상을 목격하면 당황해 버리는 사람이 많다. 특히 피를 보면 냉정하게 판단하는 것이 어렵게 된다. 응급처치의 절차를 잘못하게 되면 구할 수 있는 생명도 구할 수 없게 되기도 한다. 응급처치도 일의 절차와 동일하게 정해진 절차를 준수하는 것이 요구된다. 이를 위해서는 평상시부터 올바른 지식과 절차를 몸에 익혀 두어야 한다.

응급처치는 당해 현장에 있는 자가 바로 대처하는 것이 바람직하다. 이를 위하여 종업원에게 필요한 교육을 해 두어야 한다. 어디에나 올바르게 응급처치를 지도할 수 있는 유자격자가 항상 있는 것은 아니므로, 누구라도 최소한 것은 알아 둘 필요가 있다. 최근에는 자동심장제세동기(AED)가 보급되어 있으므로 반드시 구비하여 둘 필요가 있다.

### (1) 평상시 유의사항

① 응급처치는 평상시 상정하고 있지 않은 것이 발생한 것에 대해 순간적으로 행하는 처치로서, 실수는 허용되지 않기 때문에 평상시의 훈련이 중요하다. 이론교육뿐만 아니라 실습도 필요하다.
② 직장의 설비, 기타 상황을 잘 이해해 둔다.
③ 비상구뿐만 아니라 자동심장제세동기 등 구급용구가 있는 장소를 확실히 기억해 둔다.
④ 구급함 등은 항상 잘 정리해 둔다.
⑤ 부상자가 발생한 때의 연락방법을 정확하게 이해하여 둔다.
⑥ 자동심장제세동기의 사용방법, 심폐소생법(가슴압박과 인공호흡), 외상의 응급처치 등 기본적인 응급처치에 대해서는 몸에 완전히 익혀질 때까지 확실하게 학습하여 둔다.

## (2) 응급처치에서의 일반적 주의사항

① 침착하고 냉정하게 그리고 재빨리 피재자에게 소리를 지르는 등 반응을 확인한다.

② 혼자서 처치하지 말고 큰 소리로 외쳐 직장사람을 모은다.

③ 누군가 오면 그 사람에게 119 통보와, 근처에 자동심장제세동기가 있으면 준비를 부탁한다.

④ 피재자를 함부로 움직이지 않는다. 의식이 없다고 하여 지나치게 몸을 흔들어서는 안 된다.

⑤ 피재자가 심폐정지되어 있을 때에는 가슴압박(심장마사지) 30회와 인공호흡 2회의 조합을, 자동심장제세동기가 도착하거나 구급대가 올 때까지 연속적으로 반복한다. 인공호흡은 그 실시가 망설여지는 경우에는 생략해도 무방하다. 자동심장제세동기가 도착하면 바로 사용하고 음성메시지의 지시에 따른다.

⑥ 응급처치는 의사의 조치를 받을 때까지의 일시적인 조치로서 치료와는 다르다. 의사의 수진이 늦어지거나 치료에 방해가 되는 처치를 하거나 응급처치만으로 끝나게 해서는 안 된다.

⑦ 피를 보면 당황하는 경우가 많으므로, 처치 절차를 잘못하지 않도록 출혈의 정도에 대한 판단을 철저히 할 필요가 있다.

## (3) 외상에 대한 응급처치

### 1) 골절

• 골절이 있는 경우에는 타올 등에 얼음을 넣어 그곳에 댄다. 직접 얼음으로 차게 하지 않는다.

• 타올 등으로 감쌀 때 약하게 맨다(붓게 되면 자연적으로 타이트해진다).

• 골절부위가 조금 높게 되도록 타올 등을 밑에 깐다.

• 골절이 있다고 생각되는 경우에는 그것만으로 끝나지 않고 출혈, 신경장해 또는 감염 등이 발생할 가능성에도 주의할 필요가 있다.

### 2) 출혈

• 출혈에 대한 응급처치는 압박지혈이 최우선이다. 가제, 타올로 위에서부터 강하게 묶는다.

• 주의하여야 할 것은 내장출혈, 뇌출혈과 같은 보이지 않는 부위의 출혈이다. 상처가 있으면 어딘가를 부딪혔을 가능성이 있다는 사실에 유의하여야 한다.

## 3) 화상

- 화상에 대해서는 흐르는 물에 차갑게 하는 것이 가장 올바른 방법이다. 최소한 30분 정도(기름이 원인이면 좀 더 연장) 필요하다.
- 의복은 무리하게 벗기지 않는다. 무리하게 벗기면 피부가 그대로 벗겨질 수 있으므로 무리하지 말고 차갑게 한다.
- 기도의 화상은 나중에 기도폐색을 동반하는 질식으로 발전할 위험이 있다. 그리고 화상의 범위가 넓은 경우도 긴급상황이다. 이러한 경우에는 병원에 연락을 취하는 것을 우선해야 한다.
- 화상 당시에는 괜찮았다 하더라도 나중에 화상의 정도가 감염, 염증 등으로 심해지는 경우도 있다.

# X. 현장이 요구하는 창의적 발상

## 1. 창의적 발상의 방법

### (1) 창의적 발상이란

창의적 발상이란 경험, 기능, 지식을 살려 사고·재해 방지에 대하여 새로운 관점, 방법을 생각해 내고 효율이 좋은 방법을 짜내어 활용해 가는 것으로서, 새로운 가치 있는 것을 도출하는 창조성을 개발하고 육성하기 위해 필요하다.

창조성의 개발은 다음 3가지의 능력으로 구성되어 있다.

① 사고력: 이론적으로 이치를 쫓아 생각하는 힘

② 응용력: 발상을 전환하는 힘

③ 표현력: 생각을 언어, 문장, 그림, 행동 등으로 전달하는 힘

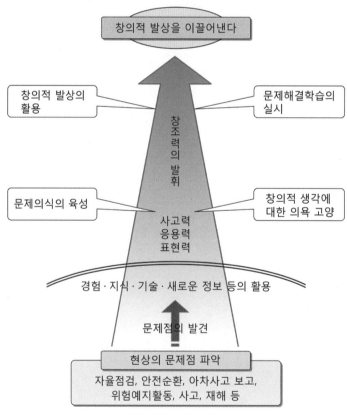

그림 4.10.1 창의적 발상을 도출하는 방법

## (2) 창의적 발상의 필요성

창의적 발상은 작업자가 직장에서 체험한 것 또는 지금까지의 인생경험에서 몸에 익힌 지식, 기능, 태도 등을 기초로 하여 기계·설비, 작업절차 등의 개선제안을 하는 것이다. 작업자로부터 산업재해 방지에 대한 창의적 발상을 이끌어 내려면 관리·감독자가 중심이 되어 직장의 창의적 발상을 촉진하는 분위기를 조성하고 작업자의 창조력을 키워 나가는 것이 필요하다.

## (3) '안전'을 좌우하는 창의적 발상

관리·감독자가 안전보건에 관하여 실시해야 할 직무에는 '작업자로부터 안전에 대한 창의적 발상을 이끌어 내어 재해를 방지한다는 사항'이 있다. 작업자로부터 창의적 발상을 이끌어내는 것은 재해를 미연에 방지하는 효과를 기대할 수 있을 뿐만 아니라, 작업자의 안전의식의 향상과 함께 창조력을 키울 수 있다.

이를 위해서는 관리·감독자로서 다음의 3가지 사항에 대한 배려를 잊어서는 안 된다.
① 평상시 작업자에게 문제의식을 갖게 하고 창의적 발상을 할 수 있는 분위기 조성을 하는 것
② 문제해결은 일차적으로 작업자 스스로 모색하도록 맡기더라도, 곤란한 경우에는 적절한 조언을 하는 배려를 할 것
③ 창의적 발상에 의해 제안된 아이디어를 존중하고, 안전대책에 활용하도록 하며, 작업자가 누구라도 참가할 수 있다는 것을 이해시키고, 참가의식을 높이도록 노력할 것

## (4) 창의적 발상을 이끌어 내는 기본적 마음가짐

작업자로부터 창의적 발상을 이끌어 내기 위해서는 평상시부터 작업자의 창조력을 육성해 가는 것이 필요하다. 먼저, 관리·감독자가 중심이 되어 창의적 발상을 창조하는 분위기를 만드는 노력이 중요하다.

창조력을 육성하는 분위기 만들기의 일환으로, 관리·감독자는 현장에서 사용하고 있는 안전일지나 현장에서 이루어지고 있는 안전순찰, 자율점검 등에서 드러난 문제점을 자료로 사용할 필요가 있다.

작업자에게 자료를 제시하면서 이에 대한 설명을 하여 문제의식을 갖게 하고, 나아가 문제를 해결하기 위한 '주제'를 제시하면서 "어떻게 하면 좋을까?"를 생각하여 좀 더 효과적인 창의적 발상을 제안받는다. 그리고 그 제안된 것이 좋은 효과를 낼 것으로 생각되는 경우에는 '칭찬하는' 것을 잊지 않도록 하는 것이 중요하다.

표 4.10.1 창조력을 발휘하기 위한 능력과 관리·감독자의 마음가짐

| | 능력 | 마음가짐 |
|---|---|---|
| 1. 문제발견력 | 문제의식을 가지고 작업으로부터 문제점을 발견하는 능력 | 현실의 업무로부터 문제점을 발견하는 능력으로서, 현상을 개혁하여 보다 좋은 상태로 하고 싶다는 의식이 문제의식이고, 이 문제의식이 문제를 발견하는 능력으로 발전한다. |
| 2. 사고력 | 예전 것을 버리고 새로운 것을 받아들이는 유연한 능력 | 현실에 적용되고 있는 시스템, 구조의 이론에 얽매이지 않고, 다면적인 사고를 가지고 현실의 시스템, 구상을 재고하는 능력을 기른다. |
| 3. 응용력 | 기초지식을 활용하여 그것을 응용할 수 있는 능력 | 기초지식을 현실의 직무에 활용하고, 그 지식에 의해 직무를 개혁하는 능력을 기른다. |
| 4. 공상력 | 새로운 힌트에 따라 새로운 아이디어를 낼 수 있는 능력 | 이론적 사고를 넘어, 신선한 감수성으로 대상을 조망하고 꿈과 감수성으로 새로운 것을 산출하는 능력을 기른다. |
| 5. 완성력 | 새로운 아이디어의 것을 사용할 수 있도록 정리·종합하는 능력 | 아이디어를 시공, 작업절차, 기술, 시스템으로 표현할 수 있는 능력을 기른다. |
| 6. 구성력 | 아이디어를 내어 그것을 조립해 나가는 능력 | 창조란 기존의 사물, 생각 등의 조합을 의미하는바, 이 조합능력을 기른다. |

창조력을 육성하기 위해서는 6가지의 능력(문제발견력, 사고력, 응용력, 공상력, 완성력, 구성력)이 필요하다고 말해진다. 이를 위하여, 관리·감독자는 평상시부터 작업자의 창조력을 육성하기 위하여 다음과 같은 점에 유의하여야 한다.

① 구체적인 '과제', '자료'를 제시하고 문제의식을 갖게 한다.

② 사물을 전혀 다른 각도에서 바라보는 연습을 한다.

③ 창의적 발상이 누구라도 가능하다는 자신감을 갖게 한다.

④ 어떤 창의적 발상에 대해서도 '칭찬하는' 것을 잊지 않는다.

⑤ 창의적 발상에 대한 의욕을 높이기 위하여 다각도로 배려한다.

## 2. 창의적 발상의 활성화 방안

### (1) 분위기 조성

#### 1) 조직·그룹의 활성화

직장의 창조활동을 높이는 분위기를 조성하기 위해서는 관리·감독자가 부하의 창조성을 육성하는 것에 대한 관심을 강하게 갖는 것이 필요하고, 직장에 창조적 분위기를 조성하려는 노력이 관리·감독자에게 반드시 있어야 한다.

이와 함께, 조직과 그룹 차원에서 창의적 발상이 활성화되기 위해서는 다음과 같은 3가지

의 제도적 수단이 필요하다.

### 가. 목표에 대한 달성도의 평가

현재 직장에서 실시하고 있는 여러 활동(예컨대, 안전순찰, 아차사고 보고, 안전일지 작성 등)을 통하여 드러난 문제점을 정리·파악하고, 자료를 시각적으로 호소(appeal)하는 형태로 정리한다. 시각화가 가능하면 목표수준을 명확히 할 수 있고, 자연스럽게 평가도 가능하게 된다. 평가가 불가능한 활동은 반드시 매너리즘화를 초래한다. 조직, 그룹의 활성화를 위해서는 여러 활동을 평가하여야 하고, 수정하여야 할 사항이 있다면 수정을 하고 개선을 도모한다.

### 나. 경쟁원리의 작동

개인 또는 그룹에 대하여 노동능력에 부합한 문제점을 과제로서 부여하고 생각하도록 하여 해결을 도모하고, 개선제안을 하도록 함으로써 경쟁원리가 작동하는 환경을 조성한다.

### 다. 성과의 명확화

창의적 발상에 대한 심사제도를 만들고, 좋은 생각, 제안을 확실하게 실행함과 아울러 표창을 하고, 창의적 발상을 하도록 다양하게 자극을 주는 것이 필요하다.

### 2) 개인의 활성화

관리·감독자는 직장의 분위기 조성과 동시에 작업자의 노동능력을 높이면서 위에서 언급한 창조력을 육성하기 위한 6가지의 능력을 기르는 것이 요구된다. 그러나 이들 능력을 모두 갖추고 있는 자는 현실적으로 적기 때문에, 3~4명이 그룹이 되어 집단사고로 개선제안을 하면 독창성이 발휘되어 이러한 능력을 발휘할 수 있게 될 것이다.

한편, 다음은 작업자 한 사람 한 사람의 창조력을 높이기 위한 구체적인 개별지도의 관점이다.

① 항상 문제의식을 갖도록 한다. 현상에 만족하고 있어서는 새로운 발상은 나올 수 없다.

② 누구라도 창의적 발상이 가능하다는 것을 격려하고, 각자에게 창의적 발상에 대한 자신감을 갖게 한다.

③ 전혀 다른 각도에서 사물을 바라보도록 지도하고 격려한다.

④ 아무리 작은 아이디어라도 받아들이고 그 공을 칭찬한다. 그것이 본인의 자신감으로 연결되고 창의적 발상에 대한 의욕을 강화시키게 된다.

## (2) 구체적인 방법

구체적으로 어떤 경우에 작업자로부터 의견을 제출받거나, 사물에 대해 생각하게 하거나, 그 계기를 만들 것인지, 그 구체적인 방법에 대한 예를 이하에 제시한다. 관리·감독자는 이들 방법을 상황에 맞추어 실시하는 한편, 작업자의 관심을 높여 작업자가 안전활동에 적극적으로 참가하고 흥미를 가질 수 있도록 노력하는 것이 필요하다.

### 1) 제안제도

제안제도는 종업원으로부터 창의적 발상을 제안받아 채용된 제안의 효과가 크면 제안자에 대하여 포상을 하는 제도이다. 이전부터 널리 행해져 오고 있는 것으로서 창의적 발상을 이끌어 내는 대표적인 방법의 하나이다.

원래 능률향상 또는 품질개선 등을 목적으로 한 것이지만, 종업원의 의식향상에 효과적이어서 안전관리 분야에도 도입되게 되었다.

---

**[제안 우수사례 1] 색깔구분에 의한 사용공간의 구분**

지금까지는 안전통로와 중기·크레인의 작업공간 등을 동일한 색의 안전삼각뿔로 구분하고 있었기 때문에 안전통로와 작업공간의 구분을 식별하기 어려웠다.

따라서 색채효과를 이용하여 시각에 의한 주의환기를 촉진하기 위하여 3색의 안전삼각뿔을 사용하여 공간을 아래와 같이 구분하였다.

① 청색삼각뿔: 안전통로

② 적색삼각뿔: 중기, 크레인의 작업반경 내 출입금지구역

③ 황색삼각뿔: 자재 두는 곳

■ 개선효과

3색 안전삼각뿔에 의한 색채효과로 안전구역, 위험구역 등을 명확히 식별할 수 있고, 안전하고 정연한 작업환경이 되었다.

---

**[제안 우수사례 2] 점자블록시트를 이용한 이동식작업대 단부의 주의환기**

작업 중에 열중하고 있어도 이동식작업대의 단부에 있다는 것을 알 수 있도록 시트형태의 점자블록을 부착하였다.

■ 개선효과

안전화를 신고 있어도 발바닥에서 점자블록의 요철을 느낄 수 있기 때문에 추락재해 방지에 효과가 있었다. 그리고 작업자의 평판도 양호하였다.

---

백호(굴삭기) 운전자에게 안전운전의 책임을 자각시키기 위한 목적으로 '나의 안전선언' 카드를 작성하였다. 카드에는 얼굴사진과 성명, 운전자 자신의 안전선언을 기입하도록 하였다. 이 카드를 외부에서 볼 수 있도록 운전석 창에 게시함으로써 다른 작업자에게 운전자 자신의 안전서약을 선언하도록 하였다.

■ 개선효과

운전자의 안전의식이 향상되고, 지금까지 보인 백호 운전에 따르는 작업반경 내 출입, 엔진 키를 꽂아 둔 채 내리는 것 등의 불안전행동을 줄일 수 있었다.

## 2) 안전미팅에 의한 동기부여

당일의 작업을 개시하기 전에 실시하는 안전미팅(safety meeting) 시에 개별작업자들이 안전과 관련하여 알고 있거나 알게 된 사항에 대하여 편한 마음으로 서로 이야기함으로써 작업방법·내용 등이 개선되는 계기가 된다. 의식적으로 안전의 개선에 관한 사항을 서로 이야기하도록 하면 작업자의 안전에 대한 관심을 높이고 재해방지에도 큰 효과를 올릴 수 있다.

[사례]

어떤 도로공사현장에서 작업개시 전에 실시한 안전미팅을 통해 안전삼각뿔(road cone)만을 나란히 세워 놓고 있던 것을 불안정하다고 생각하고 연결봉을 개량하여 안전삼각뿔을 고정시킴으로써 보행자들이 도로로 확실하게 인식하고 안전하게 통행하게 되었다. 이것은 훌륭한 창의적 발상의 효과라고 할 수 있다.

## 3) 아이디어를 낳는 브레인스토밍

브레인스토밍은 단시간에 하나의 문제에 대하여 검토하고 많은 창의적 발상과 아이디어를 이끌어 내는 방법이다. 제시된 창의적 발상, 아이디어를 조합함으로써 문제점을 개선하고 효과를 올릴 수 있는 점에 특징이 있다.

브레인스토밍은 몇 명의 멤버가 편안한 분위기 속에서 공상(空想)·연상(聯想)의 연쇄반응을 일으키면서 자유분방하게 창의적 발상, 아이디어를 서로 제시하는 것을 원칙으로 하는 것으로서, 다음 4가지 항목만큼은 이해하고 있어야 한다.

① 비판금지: 비판을 하지 않고 서로 논의하지 않는다.

② 자유분방: 홀가분한 분위기에서 자유롭게 발언하고 기발한 의견을 환영한다.

③ 대량생산: 무엇이라도 좋으니까 계속해서 발언한다.

④ 편승가공: 타인의 발언에 편승하여 남을 추종하는 발언도 환영한다.

브레인스토밍이라고 하면 뭔가 어려운 것처럼 받아들여지는 경향이 있지만, 중요한 것은 중지를 모아 조금이라도 좋은 대책을 제시하여 실천으로 연결시키는 점에 포인트가 있다. 브레인스토밍은 어느 현장이라도 가능하다.

### 4) 창의적 발상을 연마하는 위험예지활동

위험예지활동은 현장·작업에 잠재하는 유해·위험요인(hazard)을 사전에 찾아내어 그것의 제거·감소대책을 강구해 가는 활동으로서, 위험예지훈련 후에 작업현장을 대상으로 유해·위험요인을 적출하고 개선하기 위하여 창의적 발상을 이끌어 냄으로써 재해방지로 연결해 간다.

### 5) 아차사고 체험의 지혜로의 발전

작업자 모두가 현장에서 작업 중에 또는 일상생활에서도 철렁하거나 깜짝 놀란 체험을 누구라도 가지고 있을 것이다. 아차사고 발굴활동은 이러한 아차사고 체험을 계기로 하여 서로 이야기하고 생각하는 과정을 거치면서 창의적 발상을 통해 유해·위험요인을 제거하거나 개선함으로써 재해방지에 효과를 올리는 방법이다.

---

[사례]

어떤 비계공이 작업 중에 스패너를 잘못하여 떨어뜨렸을 때 깜짝 놀란 경험에서 지혜를 짜내어 생각한 것이 '낙하방지용 공구 홀더'라고 말해지고 있다. 이와 동일하거나 유사한 예는 주위에서 쉽게 찾아볼 수 있다.

---

## 3. 관리·감독자의 창의적 발상에 대한 접근방법

### (1) 창의적 발상을 활용하는 포인트

지금까지 창의적 발상을 이끌어 내는 여러 가지 방법을 배워 왔다. 기업의 구성원들은 이 창의적 발상을 활용하여 산업재해의 원인을 분석하고 재해방지에 노력할 필요가 있다.

특히, 관리·감독자는 창의적 발상을 이끌어 내는 방법을 적극적으로 활용하여 작업방법, 기계·설비, 보호구 등과 작업환경을 개선하고 재해를 방지하며 안전에 대한 의식고양에 노력하여야 한다. 그리고 작업자로부터 제안 받은 창의적 발상은 적극적으로 활용하도록 노력하는 것이 중요하다.

관리·감독자는 창의적 발상을 제안한 작업자의 동반자이자 지원자로서, 조직의 상급자, 원청사 등에 안전에 노력하는 자세를 적극 알리는 것도 그의 직무로서 중요한 것이다.

제안된 창의적 발상 중에는 채택되지 않는 제안도 있지만, 관리·감독자는 제안자에 대하여 채택되지 않은 이유를 설명함으로써 앞으로도 의욕을 가지고 제안하도록 배려하는 것이 필요하다.

제안된 창의적 발상이 안전활동에 적극적으로 활용되면, 이는 제안자를 비롯한 많은 작업자의 자신감과 의욕을 제고시키고 '안전'에 대한 참가의식을 높이는 것으로 연결된다.

[사례] 가까운 곳에서 효과를 거둔 창의적 발상

종래는 통로로 정한 장소의 바닥면에 '작업통로'라고 쓰여 있을 뿐이었다. 공사가 진행됨에 따라 페인트가 벗겨지고 그 장소에 자재를 두거나 하여 통로로서의 역할을 하지 못하는 경우가 종종 있었다. 그래서 궁리한 끝에 통로를 쉽게 확인할 수 있도록 통로로 정해진 장소에 매트를 깔았다.

이렇게 하였더니 통로구분이 명확하게 되었다. 매트는 벨트컨베이어의 폐자재를 재활용하거나 값이 저렴한 카펫을 구입하여 깔았다.

이 창의적 발상은 종업원들에게 심리적인 영향을 미쳐, 그 이후로 통로 위에 물건을 두지 않게 되는 효과를 거두게 되었다.


[사례] 어떤 관리자의 이야기

많은 종업원을 상대로 '안전관리'를 철저히 하는 것은 쉬운 일이 아니다. 안전상의 지시를 입이 닳도록 반복하여도 작업자들이 좀처럼 귀를 기울이지 않는 경우가 적지 않다. 작업자들이 스스로 안전활동에 노력하도록 할 수 없을까 하고 이전부터 오랫동안 생각해 왔다.

선취적 안전으로서 지금까지 보편적인 안전활동기법이라고 할 수 있는 TBM(Tool Box Meeting), 아차사고 발굴활동, 지적(指摘)활동 등을 실시하는 한편, 작업방법, 기계·설비, 보호구, 작업환경 등을 개선하는 제안제도를 운영함으로써 창의적 발상을 작업자와 함께 하면서 꾸준히 실천해 왔다.

좋은 결과가 이른 시일 안에 쉽사리 얻어지지는 않았지만, 조금씩이나마 작업자 한 사람 한 사람이 '안전'에 주의하는 의식이 강해지고 조직 전체의 '안전수준'도 착실히 향상되는 것을 보면서, 한편으로는 보람을 느끼고 다른 한편으로는 창의적 발상의 중요성을 새삼 자각하고 있다.


## (2) 관리·감독자 자신의 상상력 발휘를 위한 일상적 유의사항

관리·감독자를 맡고 있는 자는 작업자들에게만 창의적 발상을 제시하도록 하지 말고, 자신도 아래 제시하는 사항에 대하여 평상시에 적극적으로 실천할 필요가 있다.

① '왜'라는 의식을 항상 갖는다.
② 지식을 넓히고 정보를 수집한다.
③ 창조의 체험을 쌓는다.
④ 자신을 궁지에 몰아넣어 본다.
⑤ 새로운 것에 관심을 갖는다.
⑥ 실패를 두려워하지 않는다.
⑦ 목표를 명확히 한다.
⑧ 문제를 한정한다.
⑨ 다른 사람의 아이디어를 빌린다.

# XI. 자율안전활동

산업현장의 안전수준을 끌어올리는 방안에는 여러 가지가 있지만, 대별하면 하향식(top down) 안전활동과 상향식(bottom up) 안전활동으로 구분할 수 있다. 우리나라의 산업현장은 이 2가지 안전활동 모두에 있어 많은 문제를 안고 있다. 여기에서는 후자인 상향식 안전활동에 해당하는 현장 차원의 일상적 안전활동에 초점을 맞추어 설명하고자 한다.

안전은 이따금씩 실천하는 것이 되어서는 안 된다. 그리고 안전부서에서만 하는 것은 더더욱 아니다. 생산부서가 중심이 되어 생산과 안전을 녹여 생산활동에 안전을 반영하여야 한다. 이를 위해서는 안전활동이 일상적으로 추진되어야 한다.

일상적 안전활동으로 국제적으로 많이 알려져 있는 것으로는 위험예지활동, TBM, 아차사고 발굴활동, 4S(5S)운동, 안전개선제안활동, 안전당번제, 안전점검 등이 있다. 그런데 우리나라에서는 일부 고위험업종을 제외하고는 대기업에서조차도 이 일상적 안전활동이 거의 전개되지 않고 있거나, 일부 전개된다 하더라도 그 취지와 달리 부실하게 전개되는 경우가 대다수이다.

그런데 이러한 일상적인 안전활동이 충실하게 이루어지지 않고는 근로자의 안전의식을 고양시키는 것이 사실상 어렵고 위험성평가와 같은 자율적 안전관리의 토양도 조성되기 어렵다. 다시 말해서, 일상적 안전활동의 추진 없이 근로자의 안전의식을 끌어올리는 것은 씨를 뿌리지 않고 곡식을 거두려고 하는 것이나 진배없다고 할 수 있다.

## 1. 자율안전활동의 의의

일상적 안전활동은 (당초의 의도대로) 내실 있게 추진된다면 사업장의 안전을 확보하는 데 있어 다음과 같은 특징과 효과가 있는 것으로 알려져 있다. 그리고 소요비용이 많이 들지 않기 때문에 의지만 있다면 중소기업에서도 용이하게 도입할 수 있는 장점을 가지고 있다.

### (1) 전원이 참가한다

많은 사업장에서는 안전조회, 안전회의, 지적호칭, 4S운동, 위험예지활동, TBM 등 여러 가지 안전활동이 어떤 형태로든 자율적으로 도입되어 있을 것이다. 이 안전활동은 품질관리활동, 무결점운동 등의 작업장 수준의 참가활동의 연장선에서 개발된 것으로 집단주의적 발상과 행동을 특징으로 한다.

대부분의 사고·재해는 작업장에서 발생하고 있는 점을 감안하면 생산활동의 수준에서 사고·재해의 방지를 도모하는 것이 기본이다. 따라서 전원이 참가하는 형태의 작업장 안전활동이 전원의 이해하에 효과적으로 기능하면, 안전관리의 실효가 기대되는 우수한 방법의 하나라고 말할 수 있다.

안전활동은 먼저 기업·사업장의 라인(계선) 책임하에서 이루어지는 관리사항이라는 것을 명확히 하는 것이 중요하고, 거기에 작업장의 한 사람 한 사람이 그 취지를 이해하고 전원이 적극적으로 참가하는 것이어야 한다.

그리고 실효성 있는 안전활동이 되도록 하기 위해서는, 안전을 위하여 해결하거나 추진하여야 하는 과제에 대하여 중지를 모으는 형태로 추진되는 것, 한 사람 한 사람의 창의적 발상을 이끌어 내는 '생각하는 안전'으로서의 참가활동이 되도록 하는 것이 중요하다.

또 구성원들에게 작업장 안전활동이 체화(습관화)되도록 하기 위해서는 작업장의 누구라도 작업장 안전활동의 의미를 알기 쉽게 이해할 수 있도록, 그리고 즐겁게 참가할 수 있도록 하는 것이 필요하다.

**참고 · 전원참가로 문제 해결을**

작업장의 위험을 없애기 위해서는 어떻게 하면 좋을까? 그것은 최고경영자만의 힘으로 가능한 것이 아니라, 모든 계층과 부서(all levels and functions)의 한 사람 한 사람이 일치협력하여 각각의 입장, 임무를 통해 적극적으로 실천하는 것에 의해 비로소 가능하게 된다. 라인(line), 스태프(staff) 구분할 것 없이 일하는 전원이 항상 안전을 자기 자신의 문제로 의욕을 가지고 진지하게 받아들여야 한다. 위에서 밀어붙이는 것이 아니라, 솔선하여 안전규칙을 준수하고 스스로의 책무를 다하며 모두가 안전을 선취(先取)해 가는 전원참가의 직장풍토를 조성해 가는 것이 필요하다.

### (2) 문제의식을 갖는다

작업장에서 일하는 자는 일에 관한 것, 안전에 관한 것에 대하여 항상 이것으로 충분한가, 무언가 문제가 발생하고 있지 않은가 하는 문제의식을 갖는 것이 필요하다.

기계·설비에 대하여 이상한 소리가 나면, "나사가 풀렸나", "기름이 떨어졌나", "베어링이 마모되었나", "과부하인가" 등 몇 가지의 의문이 생기는데, 잘 조사해 보면 의외의 곳에서 문제점이 발견되는 경우가 있다. 그것도 작업장의 한 사람 한 사람이 문제의식을 갖고 있어야만 찾아낼 수 있다.

### (3) 관리·감독자가 솔선한다

작업장에서의 안전활동은 전원참가로 이루어져 한 사람 한 사람의 문제의식 등을 이끌어

내는 것이 중요하지만, 가장 중요한 것은 활동의 중심이 되는 관리·감독자 자신이 매너리즘에 빠지지 않고 항상 자신이 담당하는 작업장의 문제점을 예리하게 관찰하며, 그 정보를 가진 후에 작업자의 의견을 이끌어 내는 노력을 게을리하지 않는 것이다.

즉, 생산활동이 라인에서 진행되는 것과 마찬가지로 안전활동도 라인의 관리활동의 일환으로 이루어지는 것이라는 것을 관리·감독자가 자각하고 노력하며 창의적 발상을 하는 것이 필요하다.

### (4) 중점을 정한다

작업장의 많은 안전활동이 매너리즘화하고 작업자로부터의 평판도 좋지 않으며 리더의 구호만으로 공전하는 경우가 많다. 이와 같은 현상을 방지하기 위해서는 관리·감독자의 역할이 중요한데, 채택하는 중점사항을 그때그때 또는 일정기간마다 바꾸어 실시하는 것이 효과적이고, 중점사항은 일상의 본래 업무와 관련짓는 것도 필요하다.

문제해결방식으로 안전활동을 추진하는 경우에는 소수의견, 당장 해결로 연결시키는 것이 곤란한 제안 등에 대하여 그 후의 처리절차 등을 명확히 해 두는 것도 중요하다.

## 2. 주요 자율안전활동

사업장 또는 작업장 차원에서 실시하고 있는 안전활동에는 여러 가지가 있는데, 그중에서 주요한 것을 중심으로 소개하면 다음과 같다.

### (1) 4S활동

"안전은 4S에서 시작하여 4S로 끝난다."라고 말해질 정도로 안전 확보의 기본적 수단으로서 오래전부터 중시되어 왔고, 많은 사업장에서의 안전활동으로서 실천되어 왔다. 생산시스템이 근대화되고, 기계·설비가 더욱 고기능화, 정밀화, 고속화하는 오늘날에도 이 4S활동은 안전활동의 기본으로서 계속되어 가야 할 것이다.

#### 1) 4S의 의미

4S의 의미는 설명할 필요가 없을 정도로 많은 관계자에게 알려져 있지만, 일반적으로는 정리, 정돈, 청소, 청결의 일본어 두문자를 딴 것으로 호칭하고 있다. 최근에는 습관을 추가한 5S활동을 하는 사업장도 있다.

'정리'란 작업에 필요한 것과 불필요한 것을 분류하고, 불필요한 것은 일정한 장소에 모아폐기하거나 필요하게 될 때까지 놓아두는 것을 말한다. 따라서 정리를 잘하기 위해서는 분류

(선별)의 방법, 이동·운반의 방법, 통로의 확보와 보전, 두는 장소의 확보, 폐기(처분)의 방법 등에 대해서도 기준을 정해 놓을 필요가 있다.

'정돈'이란 사물을 두는 방법의 질서를 유지하면서 재사용이 편리하도록 소정의 장소에 보관하는 기능을 갖추는 것을 말한다. 따라서 정돈에 중요한 것은 꺼내기 쉬운 것, 두어져 있는 물건이 이동하기 쉬운 것, 보관 중에 물건이 손상되지 않도록 하는 것이다. 그리고 꺼내기 쉽도록 하기 위해서는 물건의 종류별로 정리해 두는 것, 꺼내는 빈도가 높은 물건, 작은 물건은 앞에 두는 것 등의 배려가 필요하다.

'청소'란 단순한 청소가 아니라 정리·정돈을 마무리하는 역할을 하는 것이다. 즉, 정리·정돈이 나쁜데 주변만을 청소한다고 해서 청소한 것이 되지는 않는다. 기계·설비, 치공구, 작업용구로부터 통로, 작업바닥에 이르기까지 정리정돈을 한 후 깨끗하게 청소하여 쓰레기, 부스러기, 먼지를 충분히 제거하는 것을 말한다.

'청결'이란 생산과정에서 발생하는 기름, 물, 분진, 연기, 가스, 유기용제, 증기 등에 의한 작업장소의 오염을 방지하고 환경을 아름답게 유지하는 것을 말한다. 이것들에 대해서는 누출, 발산을 방지하는 것은 물론, 작업장의 벽, 바닥, 기계·설비 등의 색채관리를 행하는 것도 청결 유지에 효과가 있다.

### 2) 4S의 효과

4S는 안전관리의 기본적인 활동으로서 행해지는 것이지만, 품질관리, 설비보전에서도 중요한 위치를 차지하고 있다.

정밀기계부품, 전자기기는 쓰레기, 먼지, 머리카락 등으로도 불량제품의 원인이 될 수 있고, 정리·정돈이 나쁜 공장에서는 부품 조립의 잘못, 제품 출하의 잘못도 일어날 수 있는 등 4S가 품질 등에 큰 영향을 준다.

그리고 부품, 공구를 찾는 시간이 길어지거나 통로에 불요품 등이 방치되어 있어 통행하는 데 시간이 들어서는 능률을 해치게 된다.

### 3) 4S가 추진하는 의미

4S를 효과적으로 추진하기 위해서는 다음 사항을 고려할 필요가 있다.
① 최고경영자가 강한 관심을 갖는다.
② 4S의 의의와 효과를 작업장에서 공유한다.
③ 작업장별로 4S의 구체적인 기준을 만든다.
④ 각자가 분담하는 역할을 정한다.
⑤ 관리·감독자는 기준대로 4S가 확보되어 있는지 상시 확인한다.
⑥ 일상업무에 4S가 확보되도록 한다.

## (2) (안전)조회

(안전)조회는 대부분의 사업장에서 매일 아침 작업 개시 전에 이루어지는데, 마음가짐을 사적인 시간에서 일하는 시간으로 바꾸는 데 매우 유효한 수단이자 그날 안전작업의 각오를 하는 장이 되기도 한다.

일반적으로는 조회를 하는 단위(작업장 단위 또는 건설현장 단위)에서 그날의 작업내용과 작업에 수반하는 안전보건상의 유의점에 대하여 작업장(현장)의 책임자 등이 지시하는 장으로서 활용되는 경우가 많다.

그러나 단시간에 이루어지기 때문에 너무 상세하게 전하는 것은 곤란하고, 아침조회 후에 작업단위별로 TBM 등에서 보다 구체적인 협의가 이루어지므로, 조회에서는 훈시적인 것보다 당일 작업에 관한 포인트를 사례 등을 섞어 지시하는 것이 효과적이다.

그리고 이 조회의 장은 체조와 작업자의 복장, 보호구, 건강상태 등의 확인(점검)의 장으로서도 이용되는데, 건강상태, 그중에서도 피로의 상황(수면의 상황 등), 음주의 영향 등에 대하여 확인하는 것이 중요하다. 이를 위해서는 관리·감독자가 이것들을 예리하게 관찰하거나 대화를 통해 간파하는 능력을 몸에 익히도록 노력할 필요가 있다.

이 조회의 장에서 작업자에게 짧은 스피치를 행하도록 하는 경우도 있는데, 작업자의 참가의식을 배양하고, 형식적인 조회가 되지 않기 위해서도 유효한 방법이다.

## (3) 위험예지활동[15]

위험예지활동은 1970년대에 일본에서 개발된 기법으로서, 작업장의 소단위로 현장의 작업, 기계·설비, 환경을 보면서 또는 도해를 사용하면서 작업 중에 잠재하는 위험(요인)의 적출과 대책에 대하여 서로 이야기하는 것을 말한다. 이것을 평상시 훈련 형식으로 실시하는 것은 '위험예지훈련'으로 부르기도 한다.

위험에 대한 감수성을 높이고 집중력·해결의욕의 향상을 도모하며 작업을 안전하게 수행하는 능력을 높이기 때문에 재해예방에 많은 효과가 있는 것으로 평가되고 있다.

작업에 착수하기 전에 다음과 같은 순서와 요령으로 실시한다.

① 1라운드: 작업장, 작업의 어디에 위험이 있는가(현상파악)
② 2라운드: 위험의 포인트는 무엇인가(본질추구)
③ 3라운드: 당신이라면 어떻게 할 것인가(대책수립)
④ 4라운드: 우리 모두 이렇게 하자(목표설정)

---

15 위험예지가 훈련 형식으로 이루어질 경우 '위험예지훈련'이라고 부르고, 활동 형식으로 이루어질 경우 '위험예지활동'이라고 부른다. 위험예지활동이 효과적으로 이루어지려면 위험예지훈련이 필수불가결하다. 따라서 위험예지훈련과 위험예지활동은 양자택일의 관계가 아니라 상호보완적 관계라고 할 수 있다.

위험예지활동을 실시하는 경우에는 다음과 같은 점에 유의할 필요가 있다.

① 감독자들에 대하여 리더로서의 연수를 행한다.

② 작업자에 대해서는 매일의 회의에서 단시간에 행할 수 있도록 훈련한다(모두가, 빠르게, 올바르게 행하는 것이 목적이므로 교육훈련을 충분히 행할 필요가 있다).

③ 도해에서는 작업장의 실태에 맞는 것, 가능하면 아차사고사례를 사용한다[이미 만들어진 시트(sheet)로는 실감이 나지 않는 경우도 있다].

④ 특히, 수시작업, 비정상작업(abnormal work) 등의 경우 사전 작업회의 때 실시한다.

이 위험예지활동은 작업 개시 전에 그날의 작업에 대하여 단시간으로 실시하는 경우가 많으므로, 그다지 상세한 검토는 곤란하고 모두의 합의로 정하는 대책의 목표도 바로 가능한 것으로 낙착되는 경우가 많아진다.

그러나 각자로부터 나온 위험요인 및 대책 중에는 기계·설비의 개선 등 근본적인 검토가 필요한 것도 있으므로, 이와 같은 중요한 사항에 대해서는 반드시 메모로 남기고, 별도로 안전보건회의, 산업안전보건위원회 등에서 상세히 검토하여 대책을 강구하는 것이 필요하다. 이렇게 하는 것은 모두의 적극적인 발언, 제안을 유도하는 효과로 연결되기도 한다. 즉, 4M 대책의 시작점이라는 위상을 부여해 두는 것이 필요하다.

그리고 이 위험예지활동은 초기 단계에서는 여러 사람이 하는 팀(소집단) 위험예지활동으로부터 시작하였지만, 사람 수가 많으면 시간도 길어지므로 최근에는 단시간(원포인트) 위험예지활동, 1인 위험예지활동 등의 방법이 개발·도입되어 있다.

위험예지활동은 재해예방을 하는 데 있어 이것만으로는 한계가 있지만, 일상작업에 정착시키는 것을 통해 특히 불안전행동 방지에 많은 도움을 줄 수 있다.

### (4) TBM

TBM(Tool Box Meeting)은 1960년대 미국의 건설업에서 시작된 것으로, 아침 작업을 시작하기 전에, 오후 작업을 시작하기 전 또는 비정상작업을 시작하기 전에 안전문제 의논·확인 등을 위하여 '작업현장'에서 개최하는 회의를 말한다. 작업장의 소단위 조직(그룹)이 단시간에 작업의 범위, 방법, 안전포인트 등을 상의한다.

건설현장, 조선소, 제철소 등 고위험 사업장에서는 작업자의 복장, 보호구, 건강상태 등의 확인(점검)과 작업지시가 TBM 절차의 일부에 포함되어 이루어지기도 한다.

TBM을 추진할 때의 유의사항은 다음과 같다.

① 주제의 목적을 명확히 한다.

• 대화가 추상적이 되지 않도록 주제를 좁히고 문제의 배경을 확실히 한다.

② 주제에 대하여 전원에게 발언하게 한다.

- 리더는 전원이 발언하도록 리드하고 각자가 생각하고 있는 것을 파악한다. 전원이 대등한 입장에서 협의하는 것이 중요하고, 리더는 발언자에 대하여 교육적인 지도, 강요 등은 하지 않는다.

③ 결론을 재촉하지 않고 문제를 좁힌다.

- 지루하게 이야기하는 것도 좋지 않지만, 시간에 쫓긴 나머지 결론을 너무 서두르면 유효한 대책은 나오지 않는다. 필요에 따라 미리 적절한 결론을 준비해 두는 것도 리더의 중요한 역할이다.

④ 의논의 내용과 결과를 기록한다.

- 의논의 내용과 결과는 반드시 정리한다. 사용한 차트, 자료 등도 보관한다. 말만으로는 실천의 단계에서 말썽이 일어났을 때 수습이 어렵게 된다. 그리고 발언내용 중 행동목표에 포함되지 않았지만 중요한 것은 리더가 메모해 둔다.

⑤ 결정사항의 실천상황은 사후관리한다.

- 결정된 것이 실제로 이행되었는지 사후관리할 수 있는 구조를 만들고 운영한다. 사후관리 없는 활동은 활동을 하지 않는 것과 다르지 않다.

⑥ 새로운 문제점에 대하여 해결책을 찾아낸다.

- 의논 또는 이행 결과에 의해 새롭게 문제로 처리하여야 할 사항에 대해서는 다음번의 주제로 선정하여 해결책을 검토한다.

## (5) 안전순찰

안전순찰(패트롤)은 사업장 전역 또는 단위작업장별로 기계·설비 등의 물적 조건, 작업방법, 작업환경 등의 유해·위험요인의 적출·지도를 행하고, 부적합부분을 시정할 목적으로 실시하는 것이다.

이 안전순찰에서 유의하여야 할 점은 그때뿐인 지적만으로 끝내지 않고 문제점의 배후요인, 기본적인 원인을 나중에라도 추적·조사분석하여 본질적인 해결로 연결시키는 것이다. 안전순찰은 정기적(특수사정이 있을 때는 임시적)이고 계획적으로 실시하지만, 항상 동일한 멤버로 동일한 작업장을 동일한 방법으로 하는 것은 매너리즘에 빠질 우려가 있고, 종래의 고정관념에 사로잡혀 큰 위험을 놓치는 경우도 있다.

따라서 현장의 생각을 바꾸기 위해서는 본사의 안전보건순찰, 사업장 외 안전보건전문가에 의한 순찰, 다른 작업장 멤버에 의한 상호 안전보건순찰 등을 실시하여 새로운 눈으로 보도록 하는 것도 필요하다.

안전보건순찰용의 점검표(checklist) 활용은 상당히 효율적이지만, 점검표에 너무 얽매이면 유효한 안전보건순찰이 불가능하다. 점검표는 안전보건순찰을 실시하기 전에 잘 읽어 이해해 두고, 현장의 안전보건순찰에서는 점검표에 기본적으로는 따르면서도 그 점검표에 구속받지는 않으면서 현장에 잠재하는 근본적인 위험을 발견하여 그것의 시정을 지도한다. 안전보건순찰 결과는 작업장별로 순찰대장 등에 기록하고 다음 순찰에 참고한다. 이 순찰 결과를 정리한 것은 산업안전보건위원회에서 충분히 심의하여 작업장 개선을 추진하는 데 활용하고, 필요한 경우에는 안전보건목표, 안전보건계획, OSHMS 운영 등에도 활용한다.

## (6) 아차사고 보고제도

작업자가 경험한 아차사고 사례가 보고되는 것은 사고·재해의 미연방지의 관점에서 크게 환영되어야 하는 것이지만, 작업자에게 있어서는 그다지 명예로운 것이 아니고, 때로는 정해진 작업절차서에 따라 작업을 하지 않은 것이 원인이 되어 아차사고에 이른 경우도 있다.

아차사고 보고제도를 계속적으로 유지하고 유효하게 활용하기 위해서는 어떠한 배경이 원인으로 작용하여 아차사고가 발생하였건 간에 결코 작업자를 책망하여서는 안 된다. 예를 들면, 작업절차서대로 작업을 하지 않은 것이 원인이었다고 하더라도, 그것이 개인만의 문제가 아니라 절차서 그 자체에 문제가 있는 경우, 다른 사람도 동일하게 절차에 따르고 있지 않은 경우 등에는 보고된 아차사고는 오히려 절차서 수정의 좋은 기회로 삼아야 한다.

아차사고 보고제도에 대해서는 특별히 정해진 방법은 없지만, 다음과 같은 단계로 진행하는 것이 바람직하다.

- 제1단계: 아차사고 정보의 파악(가급적 많은 정보를 파악한다)
- 제2단계: 문제점의 분석(수집된 정보에 대해 다각적으로 분석한다)
- 제3단계: 대책의 방침의 결정(기존의 대책을 개선하거나 새로운 대책을 수립한다)
- 제4단계: 실시계획의 수립(결정된 대책의 실시절차 등을 정한다)
- 제5단계: 계획의 실시(대책을 실시한다)
- 제6단계: 실시결과의 확인과 평가(대책이 계획대로 행하여졌는지 여부를 확인하고 대책이 적절하였는지 여부를 평가한다)

이와 같은 단계를 밟는 것은 아차사고를 해당 작업장의 문제로 처리하는 것에 그치지 않고, 사업장의 안전제도로 정착시키며, 나아가 보고하는 것이 불명예스러운 것이 아니라고 설득하는 의미에 있어서도 중요하다.

아차사고로 보고된 사례에 대해서는 사내게시판, 사내보, 내부전산망 등을 통하여 다른 작업장, 동일 기업의 다른 공장 등에도 귀중한 정보로서 제공하는 시스템을 만들어 나가는 것이 바람직하다.

## (7) 안전제안(개선제안)제도

개선제안제도는 1800년대 후반에 미국에서 "종업원의 아이디어를 삽니다."라는 형식으로 시작되었고, 우리나라의 벤치마킹 대상이 된 일본에서는 1950년대에 자동차회사가 '창의적 발상 제도'로서 도입하였다. 오늘날 우리나라에서도 적지 않은 기업이 실시하고 있고, 표창제도의 운영과 맞물려 작업장 개선에 상당한 성과를 올리고 있는 것으로 분석된다.

우리나라에서는 개선제안을 품질관리활동의 일환으로 행해지고 있는 경우, 품질·능률·비용·안전 등을 종합적으로 실시하고 있는 경우가 많지만, 안전제안제도를 별도로 운영하고 있는 곳도 있다.

안전제안(개선제안)제도가 성공할 것인지는 사업장에 무수하게 존재하는 위험(유해·위험요인)을 알아차릴 수 있는지, 위험을 알아차리면 개선제안을 하는지에 달려 있다. 먼저, 위험을 알아차리려면 그 사람의 열의, 위험의 감수성, 체험, 재해사례의 지식, 안전보건교육의 정도 등에 의해, 위험을 알아차린 후 개선제안을 하려면 개선제안의 장려 정도에 의해 각각 크게 좌우된다.

안전제안제도는 중지를 모아 안전에 관한 여러 조건이 개선될 수 있다는 직접적 효과가 있을 뿐만 아니라, 그 외에 교육적인 효과로서 다음과 같은 것을 기대할 수 있다.
① 생각하는 습관 만들기
② 문제의식의 향상
③ 일에 관한 주체적 의식의 양성
④ 상사와 부하 간 대화의 촉진
그리고 인간관계의 효과로서 다음과 같은 것을 기대할 수 있다.
① 상사와 부하 간 대화, 의사소통의 촉진
② 횡적 커뮤니케이션의 확대
③ 작업장 내 협력의 촉진, 작업장의 분위기 활성화
이와 같이 안전제안활동을 적극적으로 운영하고 제안이 채용과 실현으로 연결되어 가면, 작업장의 안전보건수준 등이 향상될 뿐만 아니라 제안을 생각하는 단계에서 사람과 작업장의 질이 높아지는 큰 효과가 있다.

안전제안활동을 활성화하기 위한 유의사항으로서는 다음과 같은 것이 있다.
① 제안을 적극적으로 할 수 있는 분위기를 조성하는 것이 중요하다.
② 메모 정도의 간단한 제안방식도 병행한다.
③ 처음부터 제안내용(질)의 장벽을 높게 하지 않는다.
④ '그룹제안'과 개선의 전제가 되는 '과제제안'도 대상으로 한다.
⑤ 쓰는 것이 서투른 근로자도 용이하게 제출할 수 있도록 간단하게 기입할 수 있는 제안

양식으로 한다.

⑥ 개선제안에 대해 일정 기간 내에 채택 여부를 결정하고, 채택한 것은 가급적 빨리 실시하며, 채택되지 않은 것에 대해서는 그 이유를 설명한다.

⑦ 채택된 제안에 대해서는 표창한다. 사업장(또는 기업) 차원의 표창기준, 심사요령·기준을 마련하여 명확히 밝힌다. 그리고 특허 등의 대상이 된 경우의 처리요령도 정해 둔다.

⑧ 관리·감독자가 적극적으로 노력하고, 부하의 발상(發想)과 착안사항이 더욱 발전되도록 지도한다.

제안된 것에 대해서는 채택된 것, 채택되지 않은 것으로 구분하고 각각을 분류하여 정리해 둘 필요가 있다. 분류기준(항목)으로서 인적 대책, 기계적 대책, 작업방법·환경적 대책, 관리적 대책의 4M방식 등을 활용하면, 향후에 활용하거나 종합적인 대책에 반영하는 데 효과적이다.

## (8) 지적호칭

지적호칭(指摘呼稱)은 작업행동의 요소요소에서 자신이 확인하여야 할 대상을 향해 팔을 펼쳐 확실히 손가락으로 가리키면서 "○○ 좋아!"라고 분명한 목소리로 호칭하여 확인하는 것을 통해 작업을 안전하고 실수 없이 추진해 나가기 위해 실시하는 것이다.

### 1) 지적호칭의 효과

철도, 제철소, 건설현장 등을 비롯하여 많은 곳에서 오래전부터 실시하여 오고 있는 '지적호칭(指摘呼稱)'은 작업자의 불안전행동의 방지에 효과가 있다고 말해지고 있다.

지적호칭에 필요한 시간은 불과 1~2초이고, 긴급사태에의 대응으로 초를 다투는 특수한 케이스는 별론으로 할 경우, 통상의 작업에서는 시간적 손실도 없고 작업자 개인으로도 행할 수 있는 특징이 있다.

지적호칭은 작업자의 착각, 오조작 등을 방지하고 작업의 정확도를 높이는 것이라고 말해지는데, 그 이유는 다음과 같다.

① 지적을 하는 것은 '자기'와 '대상'의 결합도를 높인다. 즉, 자기의 일부인 손가락 끝을 가능한 한 대상(호칭의 목적으로 하는 대상)에 접근시킴으로써 단순히 시각만으로 파악하는 것보다도 스스로를 대상에 적극적으로 지향시킬 수 있으므로, 대상과의 결합이 긴밀하게 되고 인지의 정확도가 높아진다.

② 지적호칭을 하면, '대상'을 파악할 때에 시각뿐만 아니라 손가락으로 가리키는 것에 의한 운동지각, 발성에 의한 근육지각, 청각 등의 여러 기능이 참가하므로, 인지의 확실도가 향상된다.

③ 근육운동을 동반하는 행동으로서 의식에 강하게 각인된다.

④ 지적호칭의 근육운동에 동반되는 자극은 대뇌변연계를 자극하여 흥분수준(level)을 높이고 그것에 의해 대뇌피질의 활성수준(level)이 높아지며, 주의력이 가장 잘 작동하는 의식단계(phase Ⅲ)로 용이하게 전환하는 것이 가능하게 된다.

일본의 (재)철도종합기술연구소가 확인의 방법과 잘못의 발생률의 관계에 대하여 실험한 결과(1994년)에 의하면, 대상물을 보기만 하는 경우와 비교하여, 대상물을 보고 '호칭'만 하는 경우, 대상물을 보고 '지적'한 경우, 대상물을 보고 '지적'과 '호칭'을 한 경우의 순서로 작업의 정확도가 높아지는(잘못의 발생률이 감소하는) 것이 확인되었고, 게다가 지적호칭하는 것에 의한 시간적인 지연은 통계적으로 의미 있는 차이가 발견되지 않는다는 것이 명확하게 제시되었다.

이 실험에 의하면, '지적과 호칭을 하는 경우'의 잘못의 발생률이 '대상물을 보기만 하는 경우'에 비하여 약 6분의 1 이하가 된다는 것이 제시되고 있다.

## 2) 실시상의 유의사항

작업장에 지적호칭을 도입하는 경우에는 다음과 같은 점에 유의하는 것이 필요하다.

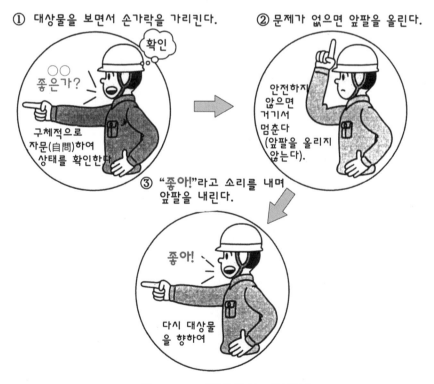

그림 4.11.1 지적호칭의 기본절차

① 작업장의 전원이 지적호칭을 행할 대상작업, 실시요령 등을 토의한다.

② 전원이 확실하게 실시하는 것을 약속한다.

③ 처음에는 사업장(또는 기업) 차원에서 캠페인 등을 실시하고 도입을 어필한다.

④ 눈으로 본 대상을 지적하고 "○○의 ○○ 좋아!"라고 명료하게 호칭한다. 소리는 크게 하는 것이 좋다.

⑤ 처음에는 쑥스럽다는 등의 이유로 하지 못하는 경우도 있다. 관리·감독자의 솔선수범이 절대로 필요하다.

⑥ 실시하지 않는 작업장이 있으면, 그것은 관리·감독자의 책임이라는 것을 미리 명확하게 해 둔다.

이와 같은 것에 유의하여 도입하더라도 1인 작업 등의 경우에는 지적의 방향이 목적물에 정확하게 향하지 않거나 목소리가 작은 경우 등이 있으므로, 때때로 작업자 전원에 대한 실시요령의 확인과 관리·감독자의 순회지도 등이 필요하다.

물론 지적호칭이 안전의 모두는 아니며, 그 실시의 전제로 기계·설비대책, 작업방법·환경대책, 관리대책 등이 실시되어 있는 것이 필요하다.

지적하여 부적합이 발견된 경우에는 다음 작업단계로 진행하는 것을 중지하고 부적합을 시정할 필요가 있다. 예를 들면, 각종의 기계·설비에 설치되어 있는 안전장치에 대해서는, 설치되어 있는 것을 보고 "좋아!"를 할 것이 아니라 정상으로 기능하는 것을 확인하고 "좋아!"를 하여야 한다.

### (9) 지적제창, 터치 앤드 콜

지적제창(指摘提唱)은 리더가 슬로건 등의 대상에 대해 '○○ 좋아!'라고 선창하고, 계속하여 멤버 전원이 그 대상을 손가락으로 가리키면서 제창함으로써, 목표에 기합을 일치시키고 팀의 일체감·연대감을 높이는 것을 노리는 기법이다.

터치 앤드 콜(Touch and Call)은 팀 전원이 손을 잡거나 스크럼을 짜거나(어깨동무를 하거나) 하여 리더의 리드로 슬로건 등을 제창한다. 전원이 스킨십을 도모하고 팀의 일체감·연대감을 높임과 아울러 무의식적으로도 안전행동을 취할 수 있는 사람 만들기를 노리는 기법이다.

## 3. 자율안전활동의 활성화 방안

자율안전활동은 산업현장의 안전을 확보하기 위한 풀뿌리 안전활동에 해당한다. 이러한 안전활동이 당초의 취지에 따라 현장에서 뿌리를 내리고 활성화되기 위한 방안으로는 다음과 같은 것이 제언될 수 있다.

먼저, 자율안전활동의 하나하나가 사업장 전체의 안전관리 중에서 어떻게 자리매김되어 있고, 무엇을 목적으로 하고 있는지, 누가 중심이 되어 실시하고, 각각의 역할은 무엇인지, 그리고 이것을 평가하는 시스템은 있는지 등을 명확히 해 두는 것이 중요하다. 이것이 애매한 채로 강제화되면 자율안전활동은 금세 매너리즘에 빠지고 효과도 기대할 수 없게 된다.

둘째, 자율안전활동이 충실하게 추진되기 위해서는 추진필요성, 추진방법·요령 등을 담은 매뉴얼이 작성되어 구성원에게 충분히 주지되고 항상 열람 가능하여야 한다. 지금까지 자율안전활동이 제대로 이루어지지 않은 원인의 하나로 안전활동을 실시하는 것에만 급급하고 그것의 준비사항에 해당하는 매뉴얼이 부재한 것을 들 수 있다.

셋째, 자율안전활동을 계속 하다 보면 매너리즘에 빠져 형식화되기 싶다. 이를 방지하기 위해서는 안전부서 등에서 자율안전활동의 추진상황을 지속적으로 모니터링(평가)하고 그 결과를 피드백하는 형태로 반영하는 것이 필요하다.

넷째, 자율안전활동은 현장감독자를 중심으로 수행되는 만큼 현장감독자의 역할이 중요하다. 따라서 현장감독자의 기능과 역할에 대한 충분한 교육이 이루어져야 한다. 즉, 현장감독자의 역할이라 하면 본래 업무의 수행 외에 근로자에 대한 지도·감독·지시·교육인 만큼, 이에 대한 요령을 습득할 수 있는 기회를 적극적으로 제공할 필요가 있다.

다섯째, 정부에서는 자율안전활동이 활성화될 수 있도록 효과적인 기법을 개발하여 기업체를 대상으로 다양한 방법으로 홍보·보급할 필요가 있다. 그리고 전국 단위로 우수사례 경진대회 개최를 제도화하는 등 자율안전활동이 사업장에서 활성화되기 위한 여건(분위기)을 적극적으로 조성하고 우수사례를 발굴하여야 한다. 그리고 각종 행·재정적 지원사업과 연계하여 기업들이 자율안전활동을 도입·운영하도록 적극적으로 유도할 필요가 있다.

요즘 우리사회에서는 안전문화라는 말이 사람들의 입에 널리 오르내리고 있다. 그런데 이 안전문화는 어느 날 갑자기 하늘에서 툭 떨어지는 것이 아니다. 자율안전활동이 밑바탕이 되지 않고는 사업장의 안전문화 조성은 신기루 잡는 일이 될 수 있다. 자율안전활동이야말로 사업장에 안전문화를 조성해 나가기 위한 첫걸음이라는 사실을 명심할 필요가 있다.

## 4. 관리활동이 자율안전활동에 의한 참가를 필요로 하는 이유

일하는 사람들의 안전과 건강의 확보는 사업주에게 부과된 법적 책임이자 도덕적 책임이기도 하다. 그 책임을 다하기 위해, 회사가 기계·설비를 비롯하여 작업환경의 안전화를 도모하고 안전에 관한 규칙, 작업표준 등을 갖추며 안전교육을 실시하는 등 관리활동을 추진하는 것이 기본적인 대전제이다.

위로부터의 관리활동을 철저히 하고 본격적으로 추진해 가기 위해서는, 그와 같은 회사

측의 대책과 더불어 작업자 한 사람 한 사람이 의욕적으로 문제의 해결에 나서는 것이 필요하다. 즉, 관리활동에 추가하여 일하는 사람들의 자주성·자발성을 살린 자율안전활동을 촉진하는 것(관리활동에 자율안전활동의 에너지를 일체로 조합시켜 추진하는 것)이 요구된다. 이것은 안전뿐만 아니라 작업개선·품질향상 등 직장의 모든 문제 해결에 공통적인 것이다.

### (1) 선제적 안전

안전은 선제적이어야 한다. 이를 위해서는 먼저 현장 제일선에서 바른 정보가 신속하게 올라오는 직장풍토와 정보시스템을 확립하는 것이 필요하다. 작업자가 아니면 발견할 수 없는 위험이 많이 있고, 그 정보를 작업자 자신이 그리고 작업장의 소집단이 적극적으로 제공하는 것에 의해 비로소 안전을 선취하는 것이 가능하다.

### (2) 의욕문제 해결

무재해로 나아가기 위해서는 작업자가 안전의 문제를 스스로의 문제로 파악하고 '의욕'을 가지고 진지하게 대처하는 직장풍토를 조성하는 것이 불가결하다. 자신들의 작업장을 다 함께 진단하고 서로 협의하여 공통의 문제의식에 입각하여 그것을 전원의 협동노력으로 자주적으로 해결하려고 하는 것, 이른바 작업장 차원의 '참가'―자율안전활동의 활성화―가 없으면 의욕문제를 해결할 수 없다.

### (3) 작업자의 의식

최근 작업자는 참가하는 것을 의식적 또는 무의식적으로 요구하고 있다. 위에서 요구하기 때문에 어쩔 수 없이 하는 것이 아니라, 작업장의 문제에 대해 스스로 생각하고 모두가 협의하여 목표를 설정하거나, 모두의 창의적 발상으로 해결해 가는 것을 바라고 있다. 따라서 직장풍토를 작업자의 욕구의 변화에 따라 목표추구형의 자율적·창조적인 것으로 바꾸어 나가고, 그 가운데에서 자주적 '참가'를 적극적으로 촉진하는 한편 '참가'의 에너지를 살려 나가는 것이 경영에 요청되고 있고, 이 의미에서 '참가'는 관리의 중요한 과제라고 할 수 있다.

## 5. 산재예방에 대한 동기부여 및 자율안전활동

### (1) 산재예방에 대한 동기부여

산업재해의 방지를 도모하기 위해서는 산업재해 방지에 대한 작업자의 관심을 높이고 작업자가 자율적으로 안전보건을 생각하고 그것을 실행에 옮기도록 하는 것이 중요하다.

관리·감독자는 작업자들이 지금까지 배워 온 작업방법·기계설비·작업환경의 현상 및 작업자에 대한 지도·감독방법 등에 대하여 문제점은 없는지를 항상 생각하고, 작업자에게 자신의 작업장에 대하여 지속적으로 관심을 갖도록 하는 것이 작업장의 리더로서 중요하다.

이를 위해서는, 작업장의 문제점을 해결하기 위하여 현재의 작업방법·기계설비·작업환경의 리스크 감소대책 등을 실시하기 위한 안전보건계획의 책정도 중요하지만, 문제해결의식의 향상을 지향하고 정확한 동기부여를 도모하는 것 또한 매우 중요하다. 동기부여에는 외적인 것과 내적인 것이 있다.

① 외적 동기부여
- 보여 준다. ⇒ 포스터, 사진 등을 보거나 슬라이드, 동영상, 유튜브, DVD 등을 시청한다.
- 이야기한다, 가르친다. ⇒ 안전훈화(訓話), 강연, 안전회의 등을 실시한다.
- 칭찬한다, 제재한다. ⇒ 경진대회상, 무재해기록상, 개선제안상 등을 수여한다. 룰(rule) 위반의 원인을 명확히 하고 룰을 지키게 한다. 룰 위반자에 대해 제재를 한다.

② 내적 동기부여
- 아차사고·재해사례를 활용한다. ⇒ 강하게 영향을 미칠 수 있는 아차사고·재해사례를 활용한다.
- 자존감을 높인다. ⇒ 베테랑, 선배로서의 자긍심을 살린다. 책임감과 주인의식을 갖게 한다.

## (2) 자율안전활동의 추진방법

자율안전활동이 활성화되면 될수록 작업자는 직장에 있는 현실적 또는 잠재적인 문제점, 부적합한 점을 많이 발견할 수 있게 된다. 나아가, 많은 문제점을 추출·발견하면 할수록 이를 효율적으로 해결하기 위하여 계획의 수립이 필요하게 되는데, 그 계획이 안전보건계획이다. 따라서 관리·감독자는 안전보건계획을 충분히 이해하고 확실하게 추진하는 능력을 갖추어야 한다.

### 1) 안전보건계획은 전원참가로 추진

안전보건계획은 직장의 문제를 해결하는 구조(P-D-C-A)를 만든 다음, 전원이 참가할 수 있도록 역할분담을 명확히 하고, 직장의 소집단활동(그룹활동) 등도 활용하여 조직활동의 일환으로서 추진하여야 한다.

안전보건계획에 작업자 한 사람 한 사람이 참가함으로써 다음과 같은 기쁨, 효과를 낳는 것을 기대할 수 있는 동시에, 새로운 활동에 대한 '동기부여'로도 연결된다.

① 부상, 질병으로부터 몸을 지키는 기쁨 ⇒ 자기방위

② 집단의 일원으로서 인정받는 기쁨 ⇒ 집단참가

③ 자신의 의견을 피력할 수 있는 기쁨 ⇒ 자기주장

④ 역할을 분담하여 체험할 수 있는 기쁨 ⇒ 역할의식

⑤ 서로 이야기함으로써 좀 더 공부할 수 있는 기쁨 ⇒ 자기계발

### 2) 안전보건계획 추진 시 관리·감독자의 유의사항

자율안전활동은 특히 감독자가 중심이 되어 추진하게 되는데, 그 대표적인 것으로 개선제
안활동, 안전미팅, 위험예지활동, TBM, 아차사고 발굴활동 등이 있다. 이들 활동은 직장의
안전보건문제를 해결하기 위하여 기본적으로 4단계(사실의 확인 - 문제점의 추출 - 원인의 확
정 - 대책의 수립과 실시)의 절차를 밟아 추진하는 것으로서, 전원이 참가하는 작업장 중심의
활동이다.

관리·감독자가 자율안전활동에 의해 안전보건계획을 추진할 때에 유의하여야 할 사항은
다음과 같다.

① 작업자의 활동 참가는 여러 가지 효과를 낳는 만큼, 작업자의 욕구가 어디에 있는지를
   잘 파악할 것

② 활동내용의 직장 내에서의 가치, 위상 등 그 수요를 명확히 할 것

③ 활동은 계획적으로 실시하고 활동성과를 반드시 평가할 수 있도록 도달해야 할 목표수
   준을 명확히 할 것

④ 활동성과의 평가가 불가능한 활동은 반드시 매너리즘화를 초래한다는 것을 이해할 것

⑤ 좋은 팀워크 만들기에 노력할 것

⑥ 자기계발에 노력할 것

# XII. 안전시공 사이클 활동

## 1. 안전시공 사이클 활동이란

현장에서의 산업재해를 방지하기 위하여 시공과 안전관리에 대해 원청과 하청이 각각의 역할을 정하고, 매일, 매주, 매월의 안전관리의 기본적인 실시사항을 정형화하며, 그 내용의 개선과 충실을 도모하면서 계속적인 안전관리활동을 전개함으로써, 산업재해 방지에 기여하고자 하는 것이 '안전시공 사이클 활동'이다.

안전시공 사이클 활동의 목적은 다음과 같다.

① 시공과 안전의 일체화를 도모한다.

② 원청사와 협력사 간 또는 협력사들 간 협력관계를 원활하게 한다.

③ 안전활동을 습관화하여 모두의 안전의식을 높인다.

④ 안전의 부적합을 시정하고 선제적인 안전을 실천한다.

⑤ 공사의 안전을 위해 필요한 사항을 관계자 간에 연락·조정한다.

최근 대규모 건설현장에서는 이 안전시공 사이클 활동을 실시하는 곳이 다소 있지만, 모든 건설현장에서는 이 활동을 기본적인 안전활동으로 반드시 도입하여 실시할 필요가 있다.

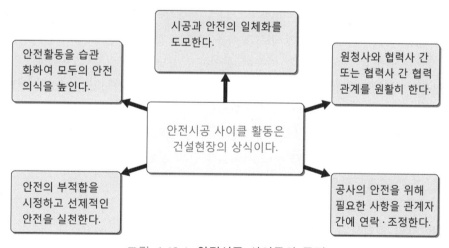

그림 4.12.1 안전시공 사이클의 목적

### (1) 안전을 위한 필수적 활동

건설현장은 여러 직종의 하청업체, 재하청업체가 혼재하여 공사를 하기 때문에 상하작업을 동시에 하거나 위험한 장소를 모른 상태에서 작업을 하다가 부상을 입기 쉽다. 따라서 원청사와 모든 협력사가 매일 일의 진행방법과 작업을 안전하게 추진하는 방법에 대하여 서로 충분히 연락·조정하지 않으면 재해를 방지할 수 없을 뿐만 아니라 작업을 효율성 있게 추진할 수 없다.

안전시공 사이클 활동은 각 협력사가 진행하는 시공에 안전관리를 계획적으로 반영하는 활동이다. 올바른 절차로 안전하게 공사를 추진하기 위하여 공사에 관련되는 다른 회사 사람들과의 일체감을 높이면서 공사에 대해 상호 간에 연락·협력하는 기본적이면서 중요한 활동이다.

## (2) 적극적인 참가의 필요

안전시공 사이클 활동을 추진하는 방법에 대해서는 건설현장마다 원청사로부터 지시, 요청이 있는 것이 통상적이다. 원청사로부터 지시가 있으면, 그 지시에 따라야 한다.

건설현장에서는 각 업체가 상호 간의 연락·협력을 통해 공사를 원활하게 진행하여야 하기 때문에, 원청사를 중심으로 각 협력사가 적극적으로 참가하여 안전시공 사이클 활동을 효과적으로 추진하는 것이 중요하다.

따라서 원청사는 협력사가 안전시공 사이클 활동에 능동적인 자세를 가지도록 추진여건을 조성하고, 협력사는 협력사라고 하여 수동적으로만 대응하지 말고 건설적인 의견을 적극적으로 내면서 원청사에 적극 협력할 필요가 있다. 안전시공 사이클 활동은 원청사의 경우 "본사로부터 지시를 받았으니까 운영해야 한다.", 협력사의 경우 "원청사로부터 지시를 받았으니까 대응하여야 한다."라는 자세로 형식을 갖추는 것만으로는 효과가 없다. 원청사의 지도를 받으면서 상호 간에 정성을 기울여 협의하고 상담을 하는 것이 중요하다.

건설현장은 여러 건설업체가 혼재하여 공사를 하는 경우가 많으므로, 서로가 연락·협력에 충분히 유의하고 상호조정하는 것이 필요하다.

각 협력사는 정해진 결정, 지시받은 것을 반드시 메모하고 작업자에게 주지하여 실천하도록 하여야 한다. 각 협력사는 "안전시공 사이클 활동의 실천은 자신들이 주역이다."라는 주인의식을 가지고 적극적으로 참가하는 것이 요구된다.

## (3) 원청사와 협력사의 유기적인 협력

건설현장에서 원청사가 중심이 되어 실시하는 안전시공 사이클 활동은 안전조회로부터 시작하는 '매일' 실시하는 활동이 기본이다. 그 외에 '매주' 행하는 것(매주 안전시공 사이클 활동)과 '매월' 행하는 것(매월 안전시공 사이클 활동)이 있다.

건설현장마다 공사의 규모, 내용, 원청사의 생각에 따라 안전시공 사이클 활동의 추진방법이 다른 경우가 있다. 추진방법에 대해서는, 협력사 측에서 원청사의 방침과 생각을 잘 들

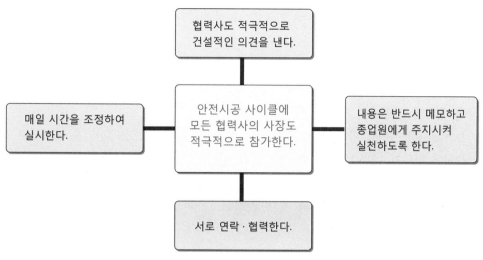

그림 4.12.2 안전시공 사이클의 내용

고 원청사와 유기적으로 협력하여 자신의 회사는 어떤 활동을 하여야 하는가를 확인하고 확실하게 실시하는 것이 중요하다.

안전시공 사이클 활동이 이루어지고 있는 건설현장에서는 다음과 같은 안전활동이 이루어지고 있다.

표 4.12.1 안전시공 사이클 활동에 포함되는 안전활동

| 종류 | 안전활동 |
|---|---|
| 매일 실시하는 것 | ① 안전조회<br>② 작업시작 전 반별 미팅<br>③ 작업시작 전 점검<br>④ 작업 중의 순회점검 및 지도·감독<br>⑤ 안전공정회의<br>⑥ 정리·정돈·청소<br>⑦ 현장 확인 및 작업종료 시 미팅 |
| 매주 실시하는 것 | ① 합동 순회점검<br>② 안전공정회의<br>③ 일제 정리·정돈·청소 |
| 매월 실시하는 것 | ① 합동 순회점검<br>② 안전보건협의회<br>③ 월례점검 |

## 2. 일일 안전시공 사이클 활동

일일 안전시공 사이클 활동은 건설현장의 1일의 작업을 안전하게 실시하기 위하여 조회, 작업개시 전 회의(TBM)부터 작업종료 시의 확인까지 단계적으로 이루어지는 순회점검, 회의 등을 포함한 안전관리 사이클 활동을 말한다.

일일 안전시공 사이클 활동 외에, 주간점검, 주간안전회의, 주간일제점검을 사이클로 하는 주간 사이클 활동과 안전보건협의회, 정기점검, 안전보건교육을 사이클로 하는 매월 사이클 활동도 실시되고 있다. 여기에서는 건설현장의 안전보건활동의 기본이라고 할 수 있는 일일 안전시공 사이클 활동을 설명하는 것으로 한다.

### (1) 안전조회

매일 실시하는 안전조회는 원청사 종업원과 2차 협력사도 포함한 모든 협력사의 종업원이 참가하는 형태로 당해 현장의 마당(비 올 때는 현장의 건물 내, 도로공사 등 광범위한 경우는 공구별 휴게실 등)에서 일제히 실시하는 것이 보통이다.

안전조회는 하루의 출발이다. 작업을 개시하기 전에 전원이 당일의 안전작업에 대한 마음을 일치시키고 각오를 하는 중요한 자리이다. 매일 아침 작업시작 전에 현장의 전원이 모여 체조, 원청사 현장소장의 인사, 전날의 점검 등의 결과 전달과 안전대책 지시, 당일의 작업내용, 위험작업 등의 설명, 신규 입장자의 소개, 개인용 보호구·복장 등의 상호확인·점검, 현장감독자에 의한 건강상태 점검, 안전구호 제창 등의 순으로 10~15분 정도의 시간으로 실시하는 것이 보통이다.

### (2) 작업시작 전 반별 미팅

안전조회가 끝나면 각 작업현장에 가서 작업반별로 반의 책임자가 작업지시를 한 후 모두가 TBM을 실시한다. 시간은 숙달정도, 작업내용 등에 따라 다소 다르지만 통상 10~15분 정도 소요된다.

예전에는 조회를 한 장소에서 작업지시를 하거나 TBM을 하는 상황이 자주 보였지만, 최근 들어 자신들이 일하는 작업현장에서 현물을 보면서 작업지시를 하거나 TBM을 하는 모습을 보이는 것은 바람직한 현상이다.

현장의 상황은 매일 변화하므로 작업현장을 보지 않고 작업지시를 하면 지시한 내용을 구체적으로 인식하기 어렵다. 그리고 현물을 보지 않고는 TBM을 통해 위험을 예지(豫知)하려고 해도, 그날의 현장의 상황에 맞는 중요한 위험을 간과하기 쉽다.

## 1) 작업내용, 안전지시 등의 전달

작업현장에서는 멤버가 빠짐없이 모였는지를 재확인한 후, 전날 실시한 안전공정회의를 토대로 작성한 작업지시서를 보면서 작업의 내용·절차와 각자의 역할분담, 작업상의 주의사항, 안전상의 주의사항, 다른 협력사와의 작업 간의 연락·조정사항 등에 대하여 구체적으로 설명, 지시(이미 설명, 지시를 한 경우에는, 특히 중요한 포인트를 재확인한다)한 후, 작업자에게 "○○○씨, 알았습니까?"라고 묻고, 설명·지시한 내용의 포인트를 복창하게 하는 등 설명·지시한 것이 상대방에게 확실하게 전달되었는지를 확인한다.

## 2) TBM

대규모 건설현장에서는 직종그룹(반)별로 매일 작업 전에(오전, 오후) TBM을 하는 것이 보편화되어 있는데, 중소건설현장에서도 TBM의 실시를 습관화할 필요가 있다.

TBM은 협력사의 반 책임자(반장)가 리더가 되어 모두가 참여(발언)하는 방식으로 실시하는 것이 중요하다. 그리고 TBM은 화이트보드 등에 기입하면서 행하는 것이 바람직한데, 어려운 표현은 가급적 피하고 위험포인트, 준수사항을 모두가 이해할 수 있는 쉬운 표현으로 간결하게 메모하는 것이 좋다.

TBM은 금일의 작업 전체에 대하여 행하는 것이 아니라, 문제가 있을 수 있는 작업에 대하여 작업절차를 확인하면서, 작업에 수반하여 생길지도 모르는 위험을 예지하여 안전하게 작업하는 방법을 정하는 것이 중요하다.

이하에서는 TBM의 추진방법을 순서에 따라 설명하기로 한다.

### 가. 어떤 위험이 있는지 서로 생각한다

리더는 처음에 말을 잘하는 사람을 지명하여 발언하도록 하고, 다음으로 발언이 적은 사람도 지명하거나, 아니면 전원에 대하여 차례차례 발언하도록 하거나 하는 식으로, 구성원들이 자유롭게 스스로 생각하여 발언할 수 있도록 분위기를 조성한다. 여기에서 중요한 것은 모두가 발언할 기회를 가질 수 있도록 진행하는 것이다. 그리고 발언된 위험요인은 간결하게 표현하되 모두 번호를 매겨 화이트보드에 적는다.

모두가 위험예지를 하는 방법에 익숙해지면, 위험요인을 찾아내는 단계에서 잘 생각하면서 의미가 있는 위험요인만을 제시하게 될 것이므로, 제시되는 위험요인은 4~5개 정도가 되는 것이 보통이다.

### 나. 중요한 위험요인으로 압축한다

제시된 여러 개의 위험요인 중에서 특히 중요한 위험요인이라고 생각되는 것을 모두의 합의를 통해 1~2개(많아도 3개)로 압축하여 번호에 ○표시를 한다. 실천할 것을 많이 결의하더라도 막상 실천하지 않으면 의미가 없기 때문에, 중요한 위험요인으로 압축하는 것이다.

### 다. 안전한 작업을 위하여 어떻게 할지를 이야기한다

압축된 중요요인에 대하여 어떻게 할지를 전원이 함께 이야기하여 구체적인 대책을 수립한다. 리더는 안전하고 현실적인 방법을 생각하도록 유도할 필요가 있다.

### 라. 구체적인 행동목표를 정하여 제창한다

참여자 모두가 서로 협의하여 앞 단계에서 수립된 대책 중에서 실천할 항목(중점실시항목)을 정하여 언더라인을 치는 등의 방식으로 표시를 하고, 이것을 행동목표로 정한 다음, 모두가 지적(指摘) 제창하거나 터치 앤드 콜(touch and call)을 하는 것으로 마무리한다.

### 마. 기록을 남긴다

TBM활동은 화이트보드에 메모하면서 실시한다. 작업이 종료될 때까지는 지우지 않고, 언제라도 볼 수 있도록 작업현장에 게시해 두는 것이 필요하다.

## (3) 작업시작 전 점검

가설물, 건설현장에 반입되고 있는 기계·기구, 도공구 등은 사용 중에 결함이 생기는 경우가 자주 있다. 건설현장에서는 동일한 작업장에서 복수의 협력사 직원이 작업하므로, 깨닫지 못하는 사이에 작업장의 상태가 변하는 것이 보통이다.

그리고 야간, 휴일의 강우, 강풍 등에 의해 불안전한 상태가 되어 있는 경우도 있다. 예를 들면, 토목공사 진행 중 밤중에 호우가 있었으면, 지반이 약해져 토사붕괴를 일으키는 등의 위험이 발생하는 경우가 있으므로 작업시작 전에 점검하여야 한다. 이동식크레인을 사용하는 경우에 아웃트리거를 사용하는 장소의 지반이 약해져 있지 않은지 등의 점검도 하여야 한다.

따라서 건설현장에서는 사용하는 기계·기구, 도공구뿐만 아니라, 가설물, 현장의 상황 등에 대해서도 매일 안전점검하는 것이 작업을 안전하게 진행하기 위해 필수적이다. 이 점검은 2차, 3차 등의 협력사라 하더라도 기계·기구 등을 사용하거나 작업하는 측의 사람이 하여야 한다.

점검에 의해 발견된 부적합한 곳을 개선하지 않고 그대로 방치하고 있는 상태가 자주 발견된다. 그런데 점검은 불안전한 상태를 없애기 위하여 행하는 것이므로 부적합한 사항을 발견하면 바로 개선하는 것이 중요하다. 바로 개선할 수 없는 경우에는 당장의 안전한 작업을 위해 어떻게 하면 좋을지를 생각하여 대책을 수립하여야 한다.

이것을 매일 반복하여 실시해 가면, 건설현장의 재해요인이 제거되거나 감소되고 건설현장의 산업재해 예방이 효과적으로 도모될 수 있다. 작업자의 안전의식 고양과 안전수준 제고에도 도움이 된다.

## (4) 작업 중 순회점검 및 지도·감독

작업 중에 원청사의 현장소장, 담당자 등이 순회점검과 지도·감독을 실시하지만, 협력사에서는 원청사에게만 맡겨서는 안 되고 자주적으로 소장이 책임감을 가지고 지도·감독하고 팀장 등도 현장감독자로서의 임무를 다하여야 한다.

작업의 흐름 속에서 불안전한 상태, 불안전한 행동이 있으면 바로 시정하여야 한다. 위험한 작업을 할 때는 특히 정성 들여 체크하고, 위험한 경우는 작업을 중지시키고 시정하여야 한다.

지도한 사항 중에서 중요한 것은 '안전일지'에 기록하여 보존할 필요가 있다. 원청사 현장소장이 순회점검을 하는 경우는 협력사 소장이 입회하여 지도를 받도록 하고, 협력사에서 원청사에 요청사항이 있으면 건의하도록 한다.

## (5) 안전공정회의

건설현장에서는 각 협력사의 작업예정을 알고, 상하작업, 혼재작업에 의해 위험이 생기지 않도록 조정하는 것이 중요하기 때문에, 매일 일정한 시각에 원청사 소장과 각 협력사 소장이 현장사무소 등에 모여 서로 작업 간의 연락·조정을 포함하여 공사의 안전시공 등에 대하여 협의를 하는 '안전공정회의'를 하는 것이 중요하다.

안전공정회의에서는 당일 작업의 진행상황 확인 및 문제점 처리, 익일의 작업예정과 안전지시사항 전달, 혼재작업에서의 각 작업 간 연락·조정, 유해·위험작업에 대한 안전보건대책의 검토와 지시, 순찰에서의 지도, 지도사항에 대한 시정·지시, 협력사로부터의 요구사항에 대한 검토와 조치 등에 대하여 협의를 한다.

안전공정회의에 결석하면 다른 회사의 작업예정을 알지 못하기 때문에 서로의 일이 원활하게 진척되지 않을 뿐만 아니라, 원청사와 다른 협력사에게 의견을 말할 수도 없게 된다.

안전공정회의는 서로 작업 간의 연락·조정을 하는 것이 주된 목적이므로 형식, 장소에 구애할 필요는 없다. 시간은 20~30분이라도 좋고, 장소도 건설현장의 사무소, 휴게실을 사용할 수 없으면 작업현장에서 하더라도 무방하다.

매일의 안전공정회의를 통해 익일 작업이 질서정연하게 이루어질 수 있으므로 안전 측면뿐만 아니라 공사를 원활하게 진행할 수 있고, 일의 능률을 올리는 데에도 많은 도움이 된다.

### (6) 정리·정돈·청소

매일의 작업종료 전 10분간은 뒷정리를 하는 시간으로 정하고 모든 협력사가 일제히 정리·정돈·청소를 하는 것이 많은 건설현장에서 이루어지고 있다. 매일의 뒷정리를 세심하게 계속하지 않으면 작업장이 점점 어지럽혀지고 시간이 지날수록 뒷정리를 하는 것이 어려워진다.

뒷정리는 익일의 작업을 안전하고 하기 쉽게 하기 위하여 중요한 것이다. 사용한 기계·기구, 도공구 등은 깨끗하게 닦아 정해진 장소, 도공구함 등에 수납한다. 사용하는 자재의 정돈은 자재별로 두고 사용한 양을 확인한다. 그리고 부족하지 않은지, 너무 많지는 않은지 등의 보고도 하게 한다.

높은 곳에 있는 물건은 강풍 등으로 날아가거나 떨어지지 않도록 결속하고, 남은 것은 그날 중에 내려놓을 필요가 있다.

건설현장은 같은 장소에서 여러 가지 직종의 협력사 사람들이 일을 하고 있으므로, 특히 하나의 일을 마치면 그때마다 정돈하는 것이 중요하다.

### (7) 현장 확인 및 작업종료 시 미팅

#### 1) 현장 확인(작업종료 전 점검)

정리·정돈·청소가 끝나면 각 협력사는 정리·정돈·청소의 상황과 아울러 다음 사항에 대하여 확인한다. 특히, 용접 등 화기의 뒷마무리, 전원스위치의 상황, 제3자(통행인 등) 재해 방지대책에 대해서는 정성을 들여 점검할 필요가 있다.

- 정리·정돈·청소
- 전원스위치 등의 상황
- 휴게소, 대기소 등의 스토브의 소화
- 문단속
- 제3자 재해 방지대책
- 피트 내부 등의 불의 뒷마무리
- 중기(重機) 열쇠
- 소등
- 잠금
- 강우, 강풍 등에 대비한 재해방지대책의 상황 등

#### 2) 작업종료 시 미팅

매일 작업종료 시 미팅이 이루어지는 현장은 대부분 모두의 안전의식이 높고 현장안전활동이 활발하게 이루어지고 있는 훌륭한 현장이다. 각 회사별로 종업 시 미팅을 하는 것이 안전시공 사이클 활동 중에 포함되는 것이 맞지만, 많은 현장에서는 종업 시 미팅을 실시하지 않고 있는 것이 현실이다.

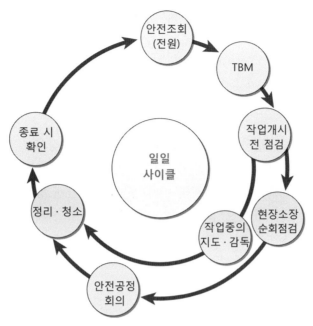

그림 4.12.3 일일 안전시공 사이클 활동(예)

작업이 종료되면 각 회사별로 회의실, 휴게소 등에 모두 모여 몇 분 정도라도 노고를 치하하고 하루의 반성할 점, 개선사항 등을 이야기하는 것이 필요하다.

### (8) 작업종료 시의 확인

원청사 직원(담당자)은 협력사(현장감독자)로부터 작업종료 보고를 받은 후, 작업장소 및 기자재·공도구의 정돈상황, 남아 있는 자재의 정리상황, 설비 등의 설치상황, 작업환경의 상황, 화기의 뒷정리, 전원의 차단상황, 소등 등을 확인한다.

## 3. 매주 안전시공 사이클 활동

### (1) 합동 순회점검

주간의 순회점검은 매일의 점검에서 놓치고 있는 것은 없는지, 중대한 재해가 될 위험은 없는지를 체크하기 위하여 필요하다. 따라서 매일의 점검항목에서 눈이 가기 어려운 곳을 중점적으로 점검하는 것이 중요하다.

매주 1회 이상 원청사 담당자와 협력사 팀장 등이 현장의 기계·설비 등의 상황, 작업방법 등에 대하여 패트롤을 실시하는 방식으로 안전확인을 한다. 흙막이 지보공, 건설현장에 반입되어 설치되어 있는 설비, 건설기계, 각종 기기 등에 대하여 점검을 할 대상물 및 점검자, 점검항목, 판정기준 등의 점검요령과 점검표를 정하여 미리 정한 요일에 일제히 점검할 필요가 있다.

### (2) 안전공정회의

주 1회 요일, 시간 등을 정하여 정기적으로 실시한다. 주간공정의 설명, 다음 주의 진행상황에 따른 직종 간의 작업(공사)조정, 다음 주의 공사의 포인트 협의, 다음 주의 중점실시사항의 확인, 다음 주의 위험작업과 대책의 주지·협의, 교육훈련 등 행사의 설명, 현장감독자·작업자로부터의 제안·의견, 작업장 순회점검 결과의 보고와 시정, 절차변경 협의, 작업환경의 확인 등을 실시한다.

### (3) 일제 정리·정돈·청소

주 1회 요일, 시간 등을 정하여 작업종료 전 점검을 실시하기 전에 공사계획에 따른 작업의 흐름을 생각하여 통로 확보, 담당구역의 기자재의 정리·정돈, 현장주변의 환경 정리 등을 실시한다.

## 4. 매월 안전시공 사이클 활동

### (1) 합동 순회점검

매월 1회 이상 원청사의 현장소장·담당자와 협력사의 현장소장·현장감독자가 함께 현장의 기계, 환경, 작업방법 등(기계 등의 설치상황, 기자재의 사용상황, 작업환경의 상황, 보호구·안전대의 착용상황, 복장, 작업방법, 안전표시·게시 등)에 대하여 안전보건 확인과 지도를 한다.

### (2) 안전보건협의회(재해방지협의회)

원청사 현장소장이 의장이 되어 매월 1회 안전보건협의회(재해방지협의회)를 개최한다. 협의회에서는 다음과 같은 사항에 대하여 보고 및 검토를 하는 것이 보통이다.

- 월간 공사진척상황의 확인과 문제점
- 금후의 공정과 안전 측면에서 주의하여야 하는 것
- 각 직종 간의 연락·조정
- 발생한 재해의 재발방지대책
- 안전통계의 보고, 다른 회사의 재해사례로부터의 교훈
- 안전순찰에서 지적된 문제점에 대한 개선방법
- 발주자, 관청으로부터 지시받은 사항의 설명과 대책
- 원청사의 본사로부터 지시받은 사항의 주지
- 다음 1개월간의 안전중점실시사항의 결정
- 각사의 안전상의 문제점에 대한 조정
- 각 협력사로부터 제안받은 사항, 기타 문제점
- 협의회에 앞서 출석자에 의해 실시된 합동점검에서의 지적사항의 협의 및 대책 검토 등

협의회에서 협의한 요점은 원청사가 기록하고 복사본을 출석자에게 배포하는 것이 일반적이지만, 각 협력사 소장 자신도 반드시 기록하고, 필요한 사항은 각 협력사 직원 모두에게 주지하여야 한다.

### (3) 월례점검(정기자율검사)

매일 실시하는 작업시작 전 점검에서는 상세한 부분까지 점검할 수 없으므로, 주된 기계·설비별로 점검하는 사람을 정해 놓고, 점검표, 체크리스트 등을 사용하여 매월 정기적으로 일제히 상세한 점검을 할 필요가 있다.

월례자율점검(검사)의 대상은 주로 기계·설비 등이고, 법령에 규정된 검사항목을 중심으로 하여 정기적으로 점검한다. 내실 있는 점검을 위해서는 미리 점검(검사)방법, 판단기준 및 점검자(검사자) 등을 정해 놓고, 점검자를 대상으로 잘 교육하여 두는 것이 필요하다.

건설현장에서 많이 사용되는 기계·설비 등의 예로는 크레인, 이동식크레인, 건설용리프트, 엘리베이터, 차량계건설기계, 고소작업차, 로더, 절연덮개, 활선작업용장치·기구 등이 있다.

산업재해의 방지는 앞으로도 '인명존중'의 기본이념을 커다란 기둥으로 하여 회사가 중심이 되어 추진하는 것에 변함은 없지만, 근로자는 스스로는 물론 공동으로 작업을 행하고 있는 동료의 안전과 건강을 확보하기 위하여 산업안전보건법, 회사가 정한 안전보건관리규정, 안전작업절차서 등을 잘 이해하고 그것을 확실하게 준수하여 안전하고 위생적인 작업을 행할 의무('준수의무'라고 한다)가 있다.

## 1. 근로자의 준수의무

### (1) 근로자와 안전보건

근로자는 안전과 건강에 있어 보호 대상이면서 의무주체이기도 한 이중적 지위를 가지고 있다.

근로자는 재해가 남의 일이라고 생각하여서는 안 되고, 재해발생의 구조, 불안전행동의 원인, 회사의 안전관리의 내용 등을 올바르게 이해한 후에, 사고·재해방지대책을 실천하는 한편, 기술·기능과 안전수칙을 아울러 전승받고 전승해 나갈 필요가 있다.

근로자는 근무를 계속해 나가는 과정에서 커리어업(career up)[16]을 도모해 나가게 되는데, 어떤 직무, 어떤 직책에 있어서도 안전과 건강의 확보가 기본이라는 것을 잊어서는 안 되고, 자신의 지휘하에 있는 자를 포함하여 안전과 건강의 실현에 노력하는 것이 필요하다.

근로자는 사업주의 조치에 대한 협조를 떠나 자신의 안전은 자신이 지킨다는 마음가짐이 필요하다. 물론 사업주에게도 안전에 대한 의무는 부과되어 있지만, 작업자가 '자기 자신과 나아가 동료를 위하여 안전수칙을 지킨다'고 하는 책임의식을 가지는 것이 중요하다.

안전은 사업주가 하는 것이고 근로자에게는 의무와 책임이 없다고 생각하고 있는 근로자가 의외로 많다. 작업자뿐만 아니라 관리·감독자 중에서도 동일하게 생각하고 있는 사람이 있다.

이 점을 감안하여 산업안전보건법에서는 근로자에게도 분명히 의무를 부과하고 있다. 근로자가 산업안전보건법(제40조)에 정해져 있는 준수사항을 위반하면 해당 근로자에게 300만 원 이하의 과태료를 부과하도록 하는 벌칙까지 규정하고 있다(법 제175조 제6항 제3호).

---

16 보다 높은 자격·능력을 익히는 것, 경력을 높이는 것을 말한다.

## (2) 사업주의 조치에 따른 근로자의 준수의무

근로자는 사업주가 강구하는 조치에 따라 필요한 사항을 준수할 의무가 있다. 근로자는 자신의 안전뿐만 아니라 동료의 안전과 건강을 지키는 중요한 의무를 지고 있다. 실정법상의 의무 여부와 관계없이 사업주가 강구하는 조치에 따라 근로자가 준수하여야 할 기본적인 의무는 다음과 같다.

### 1) 안전장치를 해체하거나 정지시키지 않을 의무

근로자는 안전장치 등을 제거하거나 그 기능을 상실하게 하는 행위를 해서는 안 되고 안전장치 등에 대하여 불안전상태를 발견한 경우는 신속하게 그 사실을 사업주에게 신고하여야 한다.

### 2) 안전조치 실시의무

고소작업차, 차량계건설기계의 붐 등을 올린 상태로 그 아래에서 수리·점검 등의 작업을 하는 경우에 근로자는 안전조치를 하여야 한다.

### 3) 신호에 따를 의무

근로자, 운전자는 크레인·이동식크레인·건설용리프트 등의 작업, 차량계건설기계·항타기의 운전 등을 할 때 신호에 따라야 한다.

### 4) 유도자의 유도에 따를 의무

차량계건설기계, 차량계하역운반기계 등의 운전자는 갓길 등의 전락(轉落)위험이 있는 장소에서 작업하는 경우, 작업자가 기계에 접촉할 위험이 있는 장소에서 운전하는 경우 등에는 유도자의 유도에 따라야 한다.

### 5) 출입금지장소에 들어가지 않을 의무

근로자는 가스, 증기 또는 분진을 발산하는 유해한 장소, 유해물을 취급하는 장소, 탄산가스농도가 1.5%를 초과하는 장소, 산소농도가 18%에 미달되는 장소 등에 함부로 들어가서는 안 된다.

### 6) 화기 사용 금지의무 및 화재 방지의무

근로자에게는 작업상황에 따라 화기 사용 금지의무와 화기사용장소의 화재 방지의무가 있다.

### 7) 위험행동금지 준수의무

근로자의 위험행동방지의무는 높은 곳(3 m 이상)으로부터 물체를 투하하는 것의 금지, 승강설비가 아닌 곳으로 승강하는 것의 금지 등이 있다.

### 8) 보호구 착용의무

근로자가 지켜야 할 중요한 의무로서 보호구의 착용의무가 있다. 근로자는 작업상황에 따라 안전모, 안전대, 보안경, 보호장갑, 귀마개, 호흡용 보호구 등을 착용하여야 한다.

### 9) 무면허·무자격운전의 금지의무

면허, 자격 등이 필요한 업무에 대해서는 면허, 자격 등을 가지고 있는 자가 아니면 해당 업무에 종사하여서는 안 된다.

### 10) 이동식크레인, 차량계건설기계 등의 운전자의 안전의무

이동식크레인, 차량계건설기계 등을 운전할 때는 제한속도의 준수의무, 운전석으로부터 이탈하는 경우의 조치의무 등이 있다.

## (3) 근로자가 준수하여야 할 법적 의무

### 1) 근로자가 준수하여야 할 산업안전보건법상의 의무

직장의 안전보건을 확보하기 위하여 산업안전보건법 등 다수의 법률이 있지만, 법률이라는 말을 들으면 처음부터 어렵다고 생각하고 거부반응을 보이는 사람도 적지 않다. 그러나 법률(관련 법규명령을 포함한다)의 내용은 과거의 많은 소중한 희생을 교훈으로 하여 정해진 최저기준으로서의 룰(rule)에 해당하므로, 다양한 방식으로 그 내용을 학습하고 확실하게 준수해 가는 것이 필요하다.

근로자의 재해예방을 위한 대표적인 법인 산업안전보건법에서는 근로자 스스로의 안전을 확보하도록 하기 위해 근로자가 준수하여야 할 의무로서 다음과 같은 사항을 규정하고 있다.

① 사업주가 강구하는 조치에 따라 필요한 사항을 준수할 의무(산업안전보건법 제40조)
② 산업재해가 발생할 급박한 위험으로 인하여 작업을 중지하고 대피하였을 때 지체 없이 그 사실을 바로 그 상급자에게 보고할 의무(산업안전보건법 제52조 제2항)
③ 방호조치를 해체하려고 하거나 방호조치 해체 사유가 소멸된 경우, 방호조치의 기능이 상실된 것을 발견한 경우에는 상응하는 안전보건조치를 할 의무(산업안전보건법 제80조 제4항 및 동법 시행규칙 제99조 제1항)

④ 기계·기구 및 설비의 대여를 받은 자가 주지시키는 사항을 준수할 의무(산업안전보건법 제81조 및 동법 시행규칙 제102조)

⑤ 사업주가 실시하는 건강진단을 수진(受診)할 의무(산업안전보건법 제133조)

⑥ 안전보건관리규정과 공정안전보고서의 내용을 준수할 의무(산업안전보건법 제27조, 제46조 제1항)


## 2) 산업안전보건기준에 관한 규칙과 근로자의 의무

산업재해 방지의 구체적 사항을 정한 산업안전보건기준에 관한 규칙에서도 산업안전보건법 제40조(근로자의 안전조치 및 보건조치 준수)의 위임을 받아 근로자가 준수하여야 할 의무를 구체적으로 정하고 있는데, 이에 해당하는 내용을 발췌하면 다음과 같다.

### [산업안전보건기준에 관한 규칙상의 근로자의 의무]

제32조(보호구의 지급 등) ② 사업주로부터 제1항에 따른 보호구를 받거나 착용지시를 받은 근로자는 그 보호구를 착용하여야 한다.

제40조(신호) ② 운전자나 근로자는 제1항에 따른 신호방법이 정해진 경우 이를 준수하여야 한다.

제98조(제한속도의 지정 등) ③ 운전자는 제1항과 제2항에 따른 제한속도를 초과하여 운전해서는 아니 된다.

제99조(운전위치 이탈 시의 조치) ② 차량계 하역운반기계 등, 차량계 건설기계의 운전자는 운전위치에서 이탈하는 경우 제1항 각 호의 조치를 하여야 한다.

제172조(접촉의 방지) ② 차량계 하역운반기계 등의 운전자는 제1항 단서의 작업지휘자 또는 유도자가 유도하는 대로 따라야 한다.

제183조(좌석 안전띠의 착용 등) ② 제1항에 따른 지게차를 운전하는 근로자는 좌석 안전띠를 착용하여야 한다.

제200조(접촉 방지) ② 차량계 건설기계의 운전자는 제1항 단서의 유도자가 유도하는 대로 따라야 한다.

제245조(화기사용 장소의 화재 방지) ② 화기를 사용한 사람은 불티가 남지 않도록 뒤처리를 확실하게 하여야 한다.

제317조(이동 및 휴대장비 등의 사용 전기작업) ② 제1항에 따라 사업주가 작업지시를 하면 근로자는 이행하여야 한다.

제344조(운반기계 등의 유도) ② 운반기계 등의 운전자는 유도자의 유도에 따라야 한다.

제375조(굴착기계 등의 유도) ② 굴착기계 등의 운전자는 유도자의 유도에 따라야 한다.

제438조(사고 시의 대피 등) ③ 근로자는 제2항에 따라 출입이 금지된 장소에 사업주의 허락

없이 출입해서는 아니 된다.

제446조(출입의 금지 등) ③ 근로자는 제1항 또는 제2항에 따라 출입이 금지된 장소에 사업주의 허락 없이 출입해서는 안 된다.

제447조(흡연 등의 금지) ② 근로자는 제1항에 따라 흡연 또는 음식물의 섭취가 금지된 장소에서 흡연 또는 음식물 섭취를 해서는 아니 된다.

제450조(호흡용 보호구의 지급 등) ⑤ 근로자는 제1항, 제2항 및 제4항에 따라 지급된 보호구를 사업주의 지시에 따라 착용하여야 한다.

제451조(보호복 등의 비치 등) ④ 근로자는 제1항 및 제2항에 따라 지급된 보호구를 사업주의 지시에 따라 착용하여야 한다.

제457조(출입의 금지) ③ 근로자는 제1항 및 제2항에 따라 출입이 금지된 장소에 사업주의 허락 없이 출입해서는 아니 된다.

제458조(흡연 등의 금지) ② 근로자는 제1항에 따라 흡연 또는 음식물의 섭취가 금지된 장소에서 흡연 또는 음식물 섭취를 해서는 아니 된다.

제469조(방독마스크의 지급 등) ③ 근로자는 제1항에 따라 지급된 방독마스크 등을 사업주의 지시에 따라 착용하여야 한다.

제470조(보호복 등의 비치) ② 근로자는 제1항에 따라 지급된 보호구를 사업주의 지시에 따라 착용하여야 한다.

제491조(개인보호구의 지급·착용) ② 근로자는 제1항에 따라 지급된 개인보호구를 사업주의 지시에 따라 착용하여야 한다.

제492조(출입의 금지) ② 근로자는 제1항에 따라 출입이 금지된 장소에 사업주의 허락 없이 출입해서는 아니 된다.

제493조(흡연 등의 금지) ② 근로자는 제1항에 따라 흡연 또는 음식물의 섭취가 금지된 장소에서 흡연 또는 음식물 섭취를 해서는 이니 된디.

제505조(출입의 금지 등) ③ 근로자는 제1항 및 제2항에 따라 출입이 금지된 장소에 사업주의 허락 없이 출입해서는 아니 된다.

제506조(흡연 등의 금지) ② 근로자는 제1항에 따라 흡연 또는 음식물의 섭취가 금지된 장소에서 흡연 또는 음식물 섭취를 해서는 아니 된다.

제510조(보호복 등) ③ 근로자는 제1항에 따라 지급된 보호구를 사업주의 지시에 따라 착용하여야 한다.

제511조(호흡용 보호구) ② 근로자는 제1항에 따라 지급된 보호구를 사업주의 지시에 따라 착용하여야 한다.

제516조(청력보호구의 지급 등) ③ 근로자는 제1항에 따라 지급된 보호구를 사업주의 지시에 따라 착용하여야 한다.

제542조(화상 등의 방지) ④ 근로자는 고압작업장소에 화기 등 불이 날 우려가 있는 물건을 지니고 출입해서는 아니 된다.

제550조(출입의 금지) ② 근로자는 제1항에 따라 출입이 금지된 장소에 사업주의 허락 없이 출입해서는 아니 된다.

제569조(출입의 금지) ② 근로자는 제1항에 따라 출입이 금지된 장소에 사업주의 허락 없이 출입해서는 아니 된다.

제572조(보호구의 지급 등) ③ 근로자는 제1항에 따라 지급된 보호구를 사업주의 지시에 따라 착용하여야 한다.

제575조(방사선관리구역의 지정 등) ③ 근로자는 제2항에 따라 출입이 금지된 장소에 사업주의 허락 없이 출입해서는 아니 된다.

제587조(보호구의 지급 등) ③ 근로자는 제1항에 따라 지급된 보호구를 사업주의 지시에 따라 착용하여야 한다.

제590조(흡연 등의 금지) ② 근로자는 제1항에 따라 흡연 또는 음식물의 섭취가 금지된 장소에서 흡연 또는 음식물 섭취를 해서는 아니 된다.

제596조(환자의 가검물 등에 의한 오염방지조치) ② 근로자는 제1항에 따라 지급된 보호구를 사업주의 지시에 따라 착용하여야 한다.

제597조(혈액노출 예방 조치) ③ 근로자는 제1항에 따라 흡연 또는 음식물 등의 섭취 등이 금지된 장소에서 흡연 또는 음식물 섭취 등의 행위를 해서는 아니 된다.

제600조(개인보호구의 지급 등) ② 근로자는 제1항에 따라 지급된 보호구를 사업주의 지시에 따라 착용하여야 한다.

제601조(예방 조치) ③ 근로자는 제1항 제1호에 따라 지급된 보호구를 사업주의 지시에 따라 착용하여야 한다.

제617조(호흡용 보호구의 지급 등) ③ 근로자는 제1항에 따라 지급된 보호구를 사업주의 지시에 따라 착용하여야 한다.

제622조(출입의 금지) ② 근로자는 제1항에 따라 출입이 금지된 장소에 사업주의 허락 없이 출입해서는 아니 된다.

제623조(감시인의 배치 등) ② 제1항에 따른 감시인은 밀폐공간에 종사하는 근로자에게 이상이 있을 경우에 구조요청 등 필요한 조치를 한 후 이를 즉시 관리감독자에게 알려야 한다.

제624조(안전대 등) ③ 근로자는 제1항에 따라 지급된 보호구를 착용하여야 한다.

제629조(용접 등에 관한 조치) ② 근로자는 제1항 제2호에 따라 지급된 보호구를 사업주의 지시에 따라 착용하여야 한다.

제634조(가스배관공사 등에 관한 조치) ② 근로자는 제1항 제2호에 따라 지급된 보호구를 사업주의 지시에 따라 착용하여야 한다.

> 제635조(압기공법에 관한 조치) ③ 근로자는 제2항에 따라 출입이 금지된 장소에 사업주의 허락 없이 출입해서는 아니 된다.
>
> 제639조(사고 시의 대피 등) ③ 근로자는 제2항에 따라 출입이 금지된 장소에 사업주의 허락 없이 출입해서는 아니 된다.
>
> 제643조(구출 시 공기호흡기 또는 송기마스크의 사용) ② 근로자는 제1항에 따라 지급된 보호구를 착용하여야 한다.
>
> 제654조(보호구의 지급 등) ③ 근로자는 제1항에 따라 지급된 보호구를 사업주의 지시에 따라 착용하여야 한다.

최근 많은 회사가 도입하고 있는 OSHMS, 위험성평가에 대해서도 근로자가 그 의의(필요성, 효과 등)를 충분히 이해하고 적극적으로 참가하는 것이 요구되고 있다.

## 2. 직장의 유해·위험요인의 파악 및 사내규정의 준수

### (1) 직장의 유해·위험요인을 안다

#### 1) 직장에 있는 유해·위험요인

직장에는 환경, 작업의 종류, 원재료 등으로 피해를 입을 우려가 있는 요인이 상당히 잠재하고 있다.

회사는 위험성평가 등을 실시하여 유해·위험요인을 파악하고 파악된 각 유해·위험요인에 대한 위험성 크기(수준)에 따른 대책의 수립·실시를 기본으로 생각하여야 한다. 그러나 법률에 정해진 최소한의 대책조차 이행하고 있지 않는 회사, 대책이 불충분한 회사가 적지 않다.

회사의 안전보건조치가 부족하더라도 근로자는 실제로 재해피해를 입는 사람은 자신이라는 생각하에 자신의 작업에 대해 유해·위험요인의 유무를 체크하고, 유해·위험요인에 해당하는 사항이 있을 때에는 즉시 또는 작업시작 전 회의, 안전개선제안 등 다양한 루트를 통해 회사에 적극적으로 건의·요구하는 자세가 필요하다.

이들 유해·위험요인 배제의 책임이 근로자가 소속되어 있는 회사가 아니라 도급인(원청업체), 사용업체(파견근로자의 경우)에 있는 경우도 있으므로, 그 경우에는 근로자가 소속되어 있는 수급인(협력업체), 파견업체 등 적당한 루트를 통해 개선(배제)의 의견을 말하는 것이 필요하다.

#### 2) 아차사고는 유해·위험요인 파악의 보고

과거에는 아차사고 사례를 상사에게 보고하면, '본인의 부주의'에 의해 발생하였다고 치부하는 경우가 많았지만, 오늘날에 와서는 아차사고 사례는 재해를 입은 사례와 함께 직장에 잠재하는 유해·위험요인을 파악하는 보고(寶庫)라는 인식이 점점 확산되고 있다. 즉, 아차사고 사례의 배경에는 근로자의 부주의가 원인인 불안전행동도 있지만, 그것뿐만 아니라 사용하고 있는 기계 등의 결함, 회사가 지시하고 있는 작업방법·절차 등에 무리가 있는 경우도 다수 있다.

특히, 이 아차사고 사례는 안전순찰, 정례 산업안전보건위원회 등에서는 얻을 수 없는 안전작업을 위한 '살아 있는 정보'이므로, 회사는 가급적 많이 수집하여 위험성평가, 직장의 작업환경개선, 안전보건교육 등에 활용하는 것이 중요하다. 회사 차원에서 아차사고 체험을 수집하는 활동을 적극적으로 행하고 있는 곳도 적지 않다.

근로자는 자신이 체험한 아차사고 사례(어디에서, 어떤 위험을 만났는가)를 메모해 두는 습관을 몸에 붙이고, 직장에서 실시하는 TBM(Tool Box Meeting), 위험예지활동, 직장간담회 등에서 그 체험을 적극적으로 보고하는 것이 중요하다.

### (2) 사내규정의 준수

많은 회사에서는 작업을 안전하고 확실하며 효율적으로 하기 위하여 사업장의 구체적인 실정을 반영한 안전보건에 관한 사내규정(안전보건관리규정 또는 취업규칙)을 정하고 있다. 근로자 역시 사업장 안전보건의 한 주체로서 이 사내규정에서 정하고 있는 내용 중 자신에 해당되는 사항을 준수할 의무가 있다.

근로자 중에는 사내규정대로 작업하면 작업하기 어렵다는 등의 이유로 제멋대로 생략하는 자, 자신의 경험·기능이 올바르다고 과신하고 절차를 생략하는 자도 있지만, 사내규정의 목적과 효과를 충분히 이해하고 회사가 정한 규정에 따라 안전하고 올바른 작업을 행하는 것이 필요하다.

이 사내규정은 안전, 건강을 확보할 수 있고 작업성이 좋은 것을 작성하는 것이 포인트이고, 근로자는 작성과정에 참여하여 경험(체험)에 근거한 의견을 말하는 것, 시행(試行, trial)에 적극적으로 참여하는 것이 기대되고 있다. 그리고 작업절차서에 기재되어 있는 안전보건의 급소, 작업성 등에 의문을 느낀 경우에는 직장의 회의 등에서 솔직하게 의견교환을 하고 수정을 건의하는 것도 필요하다.

사내규정에 반하면, 사내규정에 정해져 있는 징계규정에 의해 경고, 출근정지, 감급, 해고 등의 처분을 받는 경우가 있다.

## 3. 안전장치·보호구의 사용

안전장치는 기계 등에 의한 재해방지에 불가결한 것으로서, 근로자는 이것을 임의적으로 제거하는 행위 등을 절대로 해서는 안 된다. 유해한 분진, 가스, 증기 등이 있는 장소에서 방진마스크 등의 호흡용 보호구의 착용 또한 건강장해를 방지하기 위하여 불가결한 것으로서, 근로자는 이를 확실하게 착용하여야 한다.

### (1) 안전장치는 해체하지 않는다

생산기계를 비롯하여 일상생활에서 사용되는 자동차, 가전제품 등에는 설계단계에서 많은 안전기능이 내장되어 있다. 그러나 오래된 기계 등에는 안전기능[17]이 내장되어 있지 않은 것도 있다. 이 경우에는 당해 기계 등을 사용하기 전에 안전장치를 추가적으로 설치(방호조치)하여야 하고, 근로자가 이를 임의적으로 제거하는 것, 기능을 상실하게 하는 것은 엄격하게 금지하여야 한다.

이러한 점을 고려하여, 산업안전보건법 시행규칙(제48조)에서도 방호조치에 대한 근로자의 준수사항으로 다음과 같은 사항을 규정하고 있다.

① 방호조치를 해체하려는 경우: 사업주의 허가를 받아 해체할 것
② 방호조치를 해체한 후 그 사유가 소멸된 경우: 지체 없이 원상으로 회복시킬 것
③ 방호조치의 기능이 상실된 것을 발견한 경우: 지체 없이 사업주에게 신고할 것

그리고 안전장치도 일반 기계·설비 등과 동일하게 고장, 기능의 저하 등을 피할 수 없으므로, 근로자는 그날의 작업시작 전에 테스트 버튼 등에 의해 정상적으로 기능하는지 여부에 대한 점검을 행하는 것이 필요하다.

### (2) 안전인증·자율안전확인품 여부를 확인한다

기계·기구·설비, 방호장치, 보호구는 그 구조와 성능을 확보·유지하는 것이 중요하다. 산업안전보건법에서는 안전인증기준 또는 자율안전확인기준을 정하고, 이 기준을 충족하는 제품 이외의 것의 사용은 금지하고 있다.

근로자는 작업에 사용하고 있는 것이 안전인증기준 또는 자율안전확인기준을 충족하고 있는지를 제품의 안전인증 표시(산업안전보건법 시행규칙 제114조) 또는 자율안전확인 표시(산업안전보건법 시행규칙 제121조)를 통해 확인할 필요가 있다.

그리고 기계·기구·설비 중에는 안전인증 또는 자율안전신고 대상은 아니지만, 안전확보

---

17 산업재해 등을 방지하기 위해 기계에 내장된 제어시스템, 안전장치 등을 말한다.

를 위하여 일정한 방호조치를 하도록 요구되는 것이 있는바(산업안전보건법 제80조), 근로자는 해당 방호장치가 되어 있는지 여부를 확인할 필요가 있다.

## 4. 직업성 질병 대책의 준수

직장에는 유해물질, 유해에너지, 무리한 작업자세 등의 유해요인이 적지 않다. 그런데도 유해요인은 눈에 잘 보이지 않고 덜 즉각적이고 발생할 확률이 낮아 관심을 갖지 않거나 못하는 경우가 많다.

근로자는 건강장해 방지를 위하여 회사가 실시하고 있는 대책의 내용을 잘 이해하고, 그것을 확실하게 준수하면서 작업을 행할 의무가 있다. 특히 직업성 질병의 60% 이상이 요통 등 근골격계질환인 점을 감안하여, 고연령 근로자는 물론 젊은 연령층의 근로자도 단순반복작업 또는 인체에 과도한 부담을 주는 작업(중량물을 취급작업 등)을 할 때에 충분히 주의할 필요가 있다.

이하에서는 직업성 질병 예방을 위해 근로자가 준수하여야 할 대표적인 사항을 설명하는 것으로 한다.

### (1) 유해성을 확인한다

화학물질 등에 의한 건강장해 방지에 대해서는 산업안전보건법에 많은 규정이 있지만, 유해한 분진, 가스, 증기 등과 접촉하거나 흡입하는 것은 근로자 자신이므로, 직장에서 사용하고 있는 물질의 위험성·유해성을 스스로 확인하는 것이 필요하다.

확인방법으로는 화학물질 취급설명서에 해당하는 MSDS와 화학물질의 용기 등에 의무화되어 있는 경고표시를 활용한다. ⅰ) 화학물질 제조·수입자가 MSDS를 화학물질 사용업체에 교부(양도·제공)하는 것, ⅱ) 화학물질 사용업체에게 작업장 내에 취급근로자가 쉽게 볼 수 있는 장소에 MSDS를 게시·비치하는 것과 경고표시를 하는 것이 각각 의무화되어 있으므로(산업안전보건법 제111조, 제114조, 제115조), 근로자는 MSDS 및 경고표시의 유무 및 내용을 확인하고, 취급상의 주의사항 등을 준수하는 것이 필요하다. 그리고 MSDS 및 경고표시가 없거나 내용이 누락되어 있는 경우에는 상사에게 보고하는 것도 필요하다.

- MSDS 기재항목: ① 화학제품과 회사에 관한 정보, ② 유해성·위험성, ③ 구성성분의 명칭 및 함유량, ④ 응급조치요령, ⑤ 폭발·화재 시 대처방법, ⑥ 누출사고 시 대처방법, ⑦ 취급 및 저장방법, ⑧ 노출방지 및 개인보호구, ⑨ 물리화학적 특성, ⑩ 안정성 및 반응성, ⑪ 독성에 관한 정보, ⑫ 환경에 미치는 영향, ⑬ 폐기 시 주의사항, ⑭ 운송에 필요한 정보, ⑮ 법적규제 현황, ⑯ 그 밖의 참고사항(16가지)

- 경고표지 기재항목: ① 명칭, ② 그림문자, ③ 신호어, ④ 유해·위험문구, ⑤ 예방조치 문구, ⑥ 공급자 정보(6가지)

그리고 유해물질과 인체의 관련성은 대체로 다음과 같다.

- 물질의 상태: 기체(염소, 일산화탄소 등), 액체(유기용제 등), 고체(연, 카드뮴 등)
- 인체에 들어가는 경로: 경기도(經氣道) 노출(코), 경구(經口) 노출(입), 경피(硬皮) 노출(피부)
- 증상: 급성중독, 만성중독, 발암, 알레르기 등의 건강장해

## (2) 국소배기장치·호흡용 보호구를 사용한다

직업성 질병을 방지하기 위해서는 근로자의 건강에 유해한 물질은 사용하지 않는 것이 가장 바람직하다. 그러나 현실적으로는 사용하지 않을 수 없는 경우도 있는 점을 감안하여, 차선책으로서 유해한 물질을 사용하고 있는 작업환경을 개선하는 것이 필요하다.

이를 위한 대책으로는 직장 전체를 환기하는 전체환기장치도 있지만, 그것보다는 유해물질을 발산하는 장소에 국소배기장치를 설치하여 근로자가 유해물질에 노출(흡입 등)되는 것을 확실하게 방지하는 것이 효과적이다.

이를 위하여, 산업안전보건법에서는 각종의 유해물질을 취급하는 작업장소에는 노출을 방지하기 위하여 국소배기장치 등을 설치하고(산업안전보건기준에 관한 규칙 제422조, 제453조 제2항, 제480조 제1항, 제499조 제2항), 그 성능을 유지하는 것을 의무지우고 있는바(산업안전보건기준에 관한 규칙 제429조, 제454조, 제480조 제2항, 제500조), 근로자는 그 장치를 반드시 가동한 상태에서 작업하는 것이 필요하다.

그리고 유해물질 취급작업 등에 대해서는 유해물질의 흡입에 의한 건강장해, 급성중독을 방지하기 위하여 호흡용 보호구를 지급하여 착용하도록 하는 의무를 지우고 있고(산업안전보건기준에 관한 규칙 제450조 제1항·제2항·제4항, 제469조 제1항, 제491조 제1항), 근로자는 이들 보호구를 확실하게 착용할 의무가 있다(산업안전보건기준에 관한 규칙 제450조 제5항, 제469조 제3항, 제491조 제2항). 가스·증기의 분위기 속에서 '방독마스크'가 아니라 '방진마스크'를 사용하거나 '1회용 마스크'를 반복 사용하는 등의 잘못된 사용을 하지 않는 것이 중요하다.

## (3) 건강진단을 받는다

건강진단은 근로자의 건강에 이상 징후가 있는지를 확인하는 것으로, 산업안전보건법에서는 사무직에 종사하는 근로자(공장 또는 공사현장과 같은 구역에 있지 아니한 사무실에서 서무·인사·경리·판매·설계 등의 사무업무에 종사하는 근로자를 말하며, 판매업무 등에 직

접 종사하는 근로자는 제외한다)에 대해서는 2년에 1회 이상, 그 밖의 근로자에 대해서는 1년에 1회 이상 건강진단(일반건강진단)을 실시하는 의무(산업안전보건법 시행규칙 제197조 제1항) 외에, 유해한 업무에 종사하고 있는 근로자에 대한 특수건강진단 등을 실시하는 의무를 사업주에게 부과하고 있다(산업안전보건법 시행규칙 제201조 내지 제206조 참조).

근로자는 사업주가 실시하는 건강진단을 반드시 받아야 하지만, 사업주가 지정한 건강진단기관에서 진단받기를 희망하지 아니하는 경우에는 다른 건강진단기관으로부터 이에 상응하는 건강진단을 받아 그 결과를 증명하는 서류를 사업주에게 제출할 수 있다(산업안전보건법 제133조).

유해환경, 유해물질을 취급하는 작업 등으로 신체에 이상을 느낀 경우에는 바로 회사에 신고하고 의사의 진단 등을 받는 것이 직업성 질병의 미연방지를 위하여 필요하다.

PC(Personal Computer) 등을 사용하는 VDT(Visual Display Terminals)작업이 일반사무실뿐만 아니라 생산현장의 사무실, 제어실(control room) 등에서도 상태화되어 있다. 이 VDT작업에서는 눈피로, 목·어깨·팔·손 및 허리부분 등의 근골격계증상, 스트레스증상이 발생하는 경우가 있다. 근로자는 VDT 수진(受診), 회사가 실시하는 건강상담 활용, 직장체조를 하는 것 등이 필요하다.

## 1. 올바른 작업

일하는 방법이라고 하는 것은 장기간의 경험, 실패의 반성, 많은 검토 등이 누적되어 온 것이다. 그중 많은 것은 한 사람만의 생각으로 만들어진 것이 아니다. 그것을 제멋대로 바꾸면 재해를 일으키는 원인이 된다. 물론 매너리즘은 개선을 방해한다. 일하는 방법을 개선하는 것도 필요하다. 그러나 개선은 지금까지의 일하는 방법에 숙련된 연후의 개선이어야 하고, 왜 이와 같은 방식으로 하고 있는지 그 이유를 아는 것이 중요하다.

먼저 자신의 일을 정해진 대로 완전히 마스터하는 것이 필요하다. 정해진 일의 방식을 올바르게 준수할 수 있게 된 후에 개선을 생각하는 단계로 나아갈 수 있다. 그러나 그 단계가 되어도, 일하는 방식은 자신만의 생각으로 바뀌는 것이 아니다. 제안이라는 형태로 의견을 말하고, 다른 사람들이 찬성하여야 비로소 개선제안이 실행으로 옮겨지게 된다.

작업의 제일보(第一步)는 결정된 절차에 의한 작업의 실행과 작업방식의 숙련이다.

일을 간단하게 말하면, 사람과 물건의 관계로 성립된다. 재료, 도구, 설비라는 물건과 인간의 행동으로 일이 진행된다. 더 자세히 말하자면, 도구, 설비 등의 물건만으로는 아무리 안전과 보건에 만전을 기하더라도, 사람의 행동에 문제가 있으면 재해가 발생하게 되고 건강도 지킬 수 없다.

재해의 원인을 분석하면, 작업자의 불안전한 행동이라고 하는 것이 종종 문제 된다. 그중 많은 것은 정해진 작업절차가 지켜지지 않은 것이다. 그리고 일부의 불안전행동은 비상식적인 행동, 다른 것에 주의를 빼앗긴 주의 부족 등의 형태로 나타난다.

자신의 체력을 과신하는 경우도 있다. 젊은 시절에 자주 스포츠를 하던 사람이 나이가 들어서 운동부족이 되는 경우가 있다. 그것을 까맣게 잊고 과거의 체력만을 생각하여 예전과 동일하게 무거운 것을 들거나 다소 무리한 동작을 하다가 허리를 다치는 경우가 이따금 발견된다. 운동하지 않으면 민첩성도 떨어진다. 자신의 체력을 무시한 행동은 재해의 씨앗이 된다. 그러나 회사에서 정한 작업절차를 지키고 있으면 그러한 일은 발생하지 않을 것이다.

작업절차란 작업내용을 주된 절차(단계)로 분해한 후, 작업을 진행하기 위해 가장 바람직한 순서로 나열한 다음, 이들 각 절차(단계)별로 안전·품질·생산의 급소를 부가한 것이다. 다시 말해서, 작업절차는 작업의 올바른 진행방법의 순서로서 절차와 급소로 구성되어 있는데, 절차는 작업흐름을 의미하고, 급소는 작업요령 또는 주의사항을 의미한다.

올바른 작업은 피로와도 많은 관계가 있다. 불량한 자세, 동작은 피로로 연결된다. 어깨, 팔에 결림이 발생하거나 허리가 아프게 된다. 이것을 그대로 방치하면, 나쁜 습관으로 몸에 배어 버린다. 결국은 만성적인 몸의 결림, 통증 등을 일으킨다. 올바른 작업으로 습관으로 몸에 익히는 것이 중요하다.

## 2. 안전장치

위험한 기계·설비에는 사고를 방지하기 위한 안전장치가 설치되어 있어 안심하고 작업할 수 있도록 하고 있다.

안전장치 중에는 프레스 기계의 안전장치, 보일러의 안전변(安全弁)[18]과 같이 기계적인 작동에 의해 안전을 확보하는 것과 기어, 그라인더 등의 기계·설비의 바깥쪽에 덮개, 가드를 설치하여 작업자를 방호하는 것이 있다. 2가지 모두 안전하게 작업하기 위하여 절대적으로 불가결한 것이다.

안전장치는 제거하거나 무효화하거나 또는 제멋대로 위치를 바꾸거나 개조해서는 안 된다. 작업에 다소 불편하다고 하여 그라인더의 덮개를 벗기거나 프레스기계의 안전장치를 작동하지 않도록 한 상태에서 작업을 하는 바람에 큰 부상을 입는 사고가 자주 발생하고 있다.

또 크레인에는 과부하방지장치가 설치되어 있는데, 조금이라도 많은 짐을 들어 올리려고, 그 장치의 작동을 정지한 상태로 작업하는 모습이 실제로 가끔 발견된다. 그 결과, 크레인이 넘어져 작업자뿐만 아니라 부근을 통행하고 있는 사람도 재해를 입는 일이 발생하기도 한다.

작업의 성질에 따라서는, 안전장치가 설치되어 있으면 무언가 모르게 작업하기 어렵다고 느껴지는 경우도 있을 수 있다. 그리고 사람에 따라서는, "이렇게 성가신 것은 제거해 버리자!" 등과 같이 터무니없는 생각을 하는 사람도 있을 것이다.

그러나 어딘가 불편하다고 하여 호랑이나 사자의 우리를 열어 놓고 일을 해야겠다고 이렇게 무모한 생각을 하는 사람은 아마도 없을 것이다. 모든 사람의 몸을 지키고 작업을 안전하게 하기 위한 안전장치라는 것을 생각하면, 자주 점검하고 소중하게 사용하도록 유의하여야 한다.

안전장치가 설치되어 있는 이유를 잘 이해하고, 또 그 성능을 충분히 인식한 후에 유효하게 그것을 사용한다. 안전장치가 설치되어 있다고 하여 어떠한 사용방법으로 사용해도 절대 안전이 보장되는 것은 아니므로 주의가 필요하다.

안전장치를 사용하는 것이 아무래도 사정이 좋지 않은 경우에는, 상사에게 의견을 제시하고 그 지시를 받도록 한다. 절대로 임의대로 안전장치를 제거하거나 무효화해서는 안 된다.

수리 때문에 또는 긴급 시 등에 상사의 허가를 받아 안전장치를 제거한 경우에는, 수리 또

---

18 압력을 가진 기계에 위험을 막기 위하여 장치된 변으로 위험압력에 도달하면 개방되어 압력을 분출시켜 기기를 보호하는 장치.

는 긴급사태가 종료되면 곧바로 원래의 위치(장소)에 다시 설치한다. 이것은 제거한 자의 책임이다.

안전장치가 파손되거나 고장 난 경우는 바로 상사에게 보고하여 지시를 받아 바로 고치도록 한다.

안전장치를 설치하고 싶은 곳이 있는 경우에는, 상사에게 보고한다. 그리고 안전장치는 직장에서 궁리와 연구를 거듭하여 보다 안전하고 사용하기 쉬운 것으로 한다.

매일 아침 작업에 착수하기 전에 안전장치를 점검하여 문제가 없다는 것을 확인한 후에 작업에 들어간다.

## 3. 위생설비

건강에 영향을 미치는 작업에도 안전장치와 동일하게 건강을 지키기 위한 각종의 설비가 설치되어 있고, 이것은 그 장소의 작업자뿐만 아니라 직장 전체의 환경을 지키는 것이라는 점을 이해할 필요가 있다.

직장에 있는 건강 확보를 위한 설비는 다종다양하고, 유해가스·분진 등이 발산하지 않도록 하는 밀폐설비부터, 분진 등이 비산하지 않도록 물을 뿌리는 장치, 유해가스·분진으로 오염된 공기를 발산원에서 흡인하여 옥외로 배출하는 국소배기장치, 그리고 건물 전체의 공기를 교체하여 넣는 전체환기장치 등 여러 가지가 있다.

유해물질의 가스, 증기, 분진 등이 발산하지 않도록 밀폐하고 있는 설비의 문, 뚜껑(cover)을 연 채로 놓아두어서는 안 된다. 잠깐 열어 놓는다는 것을 그만 계속 열어 놓거나, 점검 등을 위해 연 다음에 닫는 것을 잊어버리는 경우가 있다.

밀폐설비의 틈에도 주의하여야 한다. 설비를 난폭하게 취급하면 틈이 생기기 쉽다. 그리고 틈이 생긴 것을 알고 있으면서 방치하는 일이 있어서도 안 된다.

유해한 것으로부터 작업자를 격리하고 있는 경우에도, 밀폐설비와 동일하게 주의가 필요하다. 격리된 장소에 가스, 분진 등이 침투하지 않도록 내부를 양압(陽壓)으로 하고 있는 곳에서 함부로 창문을 열면 효과가 없게 된다.

국소배기장치가 설치되어 있더라도, 송풍기(fan)를 회전시키지 않거나 댐퍼(damper)로 덕트(duct)의 공간을 좁혀 버리면 도움이 되지 않는다. 작업자도 성능의 저하에 주의하여야 한다. 장치의 흡입구에 손을 갖다 대면 공기의 흐름을 감지할 수 있다. 흡입후드의 위치, 형상 등을 임의대로 바꾸어 버리거나 발산원(發散源)과 후드(hood) 사이에 얼굴을 집어넣은 채 작업을 하면, 유해한 가스 등을 흡입하게 되므로 피하여야 한다.

전체환기장치의 배기구 주변에 물건을 놓거나 하는 사람이 있다. 심한 경우에는 드럼통 등을 세워놓기도 한다. 전체환기장치는 배기구 주변에 아무것도 없는 것을 전제로 하여 설계되어 있으므로, 별 생각 없이 물건을 놓아두면 성능을 발휘하지 못하게 된다.

위생설비를 충분히 활용하기 위해서는, 그곳에서 작업하는 사람들의 궁리·고안(考案)도 필요한 경우가 많다. 다 함께 유효한 활용을 검토하면 도움이 된다.

각종 위생설비는 모두 다 그 작동을 충분히 유지하는 것이 중요하고 사용방법의 좋고 나쁨이 성능에도 영향을 미친다. 따라서 직장의 모든 사람은 그 상태에 항상 주의를 기울이지 않으면 안 된다.

## 4. 작업시작 전 점검

재해를 미연에 방지하기 위해서는 작업을 시작하기 전에 점검을 충분히 하는 것이 중요하다. 재해의 싹을 사전에 잘라 내어 버리는 것이다.

작업시작 전 점검이라고 해도 여러 방면에 걸쳐 있는데, 점검하여야 할 사항은 다음과 같다.

① 관리 측면: 작업계획, 작업방법, 직종 간 조정, 이상 시의 조치 등

② 인적 측면: 자격, 기능, 지식, 건강상태, 작업복장 등

③ 물적 측면: 기계, 설비, 공구, 재료 등

④ 환경 측면: 작업장소, 유해물질, 온도, 습도, 조명, 환기 등

이와 같은 점검을 행하는 경우에는 체크리스트(checklist)를 사용하면 간편하면서도 매일 동일하게 하는 것이 가능하다.

이 경우, 단순히 법령에 정해진 항목만이 아니라 최저기준인 법령을 조금이라도 상회하는 기준을 자체적으로 설정하여 운영하는 것이 바람직하다.

작업시작 전 점검으로서 앞에서 열거한 사항 중 물적 측면, 특히 기계·설비의 점검은 가장 중요하고, 산업안전보건법령에서도 작업시작 전 점검의 실시를 의무 지우고 있는 기계·설비가 다수 있다.

예를 들면, 지게차의 경우 다음 항목에 대하여 점검을 하도록 규정되어 있다.

① 제동장치 및 조종장치 기능의 이상 유무

② 하역장치 및 유압장치 기능의 이상 유무

③ 바퀴의 이상 유무

④ 전조등·후미등·방향지시기 및 경보장치 기능의 이상 유무

이 외에 작업시작 전 점검이 의무화되어 있는 기계·설비 중 대표적인 것은 다음과 같다.

① 프레스·전단기

② 크레인

③ 이동식 크레인

④ 리프트

⑤ 곤돌라

⑥ 차량계 건설기계

⑦ 고소작업대

⑧ 공기압축기

⑨ 구내운반차

⑩ 화물자동차

⑪ 컨베이어

이들은 일례에 지나지 않는다. 먼저 자신의 직장에는

① 법령에 관계하는 기계·설비가 있는지

② 있는 경우에는, 그것은 어떤 기계·설비인지

③ 필요한 점검사항은 무엇인지

등을 항상 염두에 두고 있어야 한다.

작업시작 전 점검에서 이상이 발견된 경우에는 신속하게 상사에게 보고하고 보수를 확인한 후에 작업하여야 한다.

## 5. 운반 중의 재해

일반적으로 위험하지 않은 것을 안전이라고 한다. 무거운 물건을 들어 올려 운반할 때에 주위사람들로부터 자주 "괜찮겠어요?"라는 말을 듣는다. 이것은 바꿔 말하면 "안전하겠어요?"라는 질문을 받는 셈이다. 이때 우리들이 "문제없어요."라고 말하면, 이것은 "안전합니다."라는 것을 의미한다.

이송, 하역 등을 포함하는 운반작업에 많은 사람이 관심을 가지고 있다는 것은 운반작업 중에 재해가 얼마나 많은지를 간접적으로 말해 주는 것이다.

직장에서 물건의 이동은 일상적으로 이루어진다. 작업에는 반드시 운반이라는 요소가 있고, 그것 때문에 사고·부상이 많이 발생한다.

그럼, 운반작업 중에는 어떤 원인이 재해를 초래하는지를 알아보자. 대체로 다음에 열거하는 원인이 2개, 3개 겹쳐 재해가 발생한다.

① 들기 어려운 물건이었다.

② 혼자 들기에는 무거운 것인데 무리를 하여 혼자서 들었다.

③ 무리하게 많이 들었다.

④ 무거운 물건을 확실하게 들지 않았다.

⑤ 통로가 좁고 장해물이 있다.

⑥ 통로가 어둡고 높이 차를 알기 어려웠다.

⑦ 통로의 구획이 불명확하였다.

⑧ 통로의 바닥이 울퉁불퉁하여 발이 걸려 넘어졌다.

⑨ 너무 많이 들어 앞이 보이지 않았다.

⑩ 재료를 확실히 묶지 않은 채 들어 올렸다.

⑪ 급히 부랴부랴 운반하였다.

일반운반작업 중에 발생하는 주요한 재해는 다음과 같다.

① 짐(화물) 사이에 손이 끼인다.

② 짐을 발 위에 떨어뜨린다.

③ 짐에 주의를 빼앗겨 통로에서 발이 걸려 균형을 잃고 넘어진다.

그리고 하역작업 중에 발생하는 주요한 재해는 다음과 같다.

① 짐이 떨어지거나 무너져 그 밑에 깔린다.

② 짐을 포개어 쌓을 때, 손발이 끼인다.

③ 짐을 들어 올릴 때 무리를 하여 허리를 다친다.

이와 같은 것은 누구라도 알고 있으면서 그만 깜박하는 경우가 있고, 이것이 불안전한 행동으로 연결됨으로써 재해를 일으키게 된다.


## 6. 올바른 운반방법

운반 중의 재해는 왜 발생하는가. 그것은 물건을 취급하거나 운반하는 기회가 많고, 누구라도 간단하게 할 수 있는 작업이며, 그렇다 보니 이를 가볍게 생각하여, 안전한 방법의 궁리가 충분하지 않기 때문이다.

직장에서 일하고 있는 사람들은 일반적으로 부상은 주의력이 부족한 사람들이 입는 것이고, 자신은 괜찮을 것이라고 굳게 믿으면서, 자신이 불안전한 행동을 하고 있는 것을 깨닫지 못하는 사람이 많다.

직장에서 일하는 모든 사람이 한 명도 빠짐없이 불안전한 행동을 하지 않게 될 때, 비로소 불안전한 행동에 기인하는 재해를 방지하는 것이 가능하다.

인력운반, 기계운반에 대하여 생각해 보자.


### (1) 인력운반

인력으로 짐을 운반할 때의 부상을 방지하기 위해서는, 짐을 들어 올리는 방법과 운반방법의 올바른 행동을 익혀, 그것을 습관으로 삼아야 한다.

인력으로 운반하는 무게에는 한도가 있다. 대체로 체중의 35~40%까지의 무게라고 말해지고 있다. 다음에 제시하는 중량을 기준으로 하면 바람직하다.

남……약 20~25kg       여……약 15kg까지

그리고 갈고랑이, 지레, 디딤널 등 보조구의 올바른 사용방법도 조속히 터득하여 안전한 작업을 하여야 한다.

### 1) 물건을 들어 올리는 방법

무거운 물건을 들어 운반하거나 무리한 자세로 운반하면 허리, 팔 등을 다친다.

물건을 들을 때에는 팔만의 힘으로 무거운 물건을 들거나 허리만의 힘으로 무거운 물건을 들면, 관절에 무리가 온다. 무거운 물건은 몸의 무게중심에 실어야 한다. 다음으로, 다리에 중심을 두고, 물건을 몸에 밀착시키고 나서, 등뼈를 꼿꼿이 세운 상태에서 다리의 굽힘과 폄으로 들어 올리도록 한다. 무리라고 생각하는 물건은 운반용 기계를 이용하여야 한다.

### 2) 염좌를 일으키기 쉬운 자세

염좌(관절을 삠)란 관절의 주변조직을 다치는 것으로 무리한 자세 등도 원인이 된다. 치료가 늦어지는 것이 특징이다.

염좌는 관절이 굳어진 고령자에게 많지만, 젊은 사람이라도 무리한 자세를 취하면 관절을 뺀다. 한번 관절을 삐면 반복되는 상황이 발생할 수 있다.

중량물을 손으로 운반하는 경우, 도중에 몸의 방향을 변경할 때에는, 반드시 발을 바꾸어 밟는 장소를 바꾼다. 그렇지 않으면 발을 삘 뿐만 아니라 물건을 떨어뜨리거나 발이 걸려 넘어지는 등의 위험이 수반된다.

### 3) 물건을 내려놓을 때

① 물건을 내려놓을 때에는, 거칠게 하지 말고 차분하게 내려놓는다. 물건을 던지듯이 내려놓으면 반발로 되튀어 위험하다. 또한 물건을 망가뜨릴 우려도 있다.

② 나중의 작업 등을 생각하여 불편하게 두거나 쌓지 않도록 한다.

③ 쓰러지지 않도록, 무너지지 않도록 높게 쌓지 않는다. 일시적으로 둔다고 하여 엉성하게 쌓아 놓지 않는다.

④ 크고 무거운 물건을 받침대 위에 내려놓을 때에는, 물건의 한쪽 끝을 받침대에 걸치고, 배나 팔로 민다. 손가락이 잘리거나 하는 것을 방지하기 위해서이다.

⑤ 무거운 물건을 어깨에서 내려놓을 때에는 허리를 낮추어 내려놓는다. 무리라고 생각할 때는 도움을 요청한다.

## 4) 안고 나르기

물건을 안고 운반하는 경우에는, 그 물건에 가려져 발밑이 보이지 않게 되거나, 발이 걸려 넘어지거나 또는 계단에서 떨어질 우려가 있다. 적당한 양으로 나누거나 앞이 보이도록 몸의 방향을 바꾸어 운반한다.

## 5) 메어 나르기

짐을 메어 나르는 경우에는, 머리 위가 잘 보이지 않는다. 그리고 몸을 자유롭게 구부릴 수 없으므로, 미리 장해물의 유무, 건물의 출입구를 조사해 둔다. 머리에 멘 물건이 장해물 등에 부딪혀 부상을 입거나 물건을 깨뜨리거나 하는 예도 적지 않게 발생한다.

## 6) 긴 물건의 운반

긴 물건을 어깨에 메고 운반하는 경우에는, 전방의 끝이 자신의 신장보다 약간 높은 위치가 되도록 메고, 모퉁이 등에서는 통로의 벽 등에 부딪치지 않도록 주의를 요한다.

내려놓을 때에는 차분하게 내려놓는다. 던져서 내려놓으면 생각하지 않은 방향으로 굴러가거나 부상을 입는 일이 발생할 수 있다. 불가피하게 던져 내려놓는 경우에는 주위의 작업자에게 소리를 지르고, 그 사람들이 멀리 물러간 것을 확인한 후에 던진다.

## 7) 공동운반

① 인력(人力)으로 두 사람 이상이 함께 행하는 운반작업은 체력, 신장 등이 너무 차이가 나지 않는 사람들끼리 조를 짜서 행한다. 자칫 체력이 부족하거나 키가 작은 사람 쪽으로 중량이 쏠릴 수 있기 때문이다.

② 포개어 쌓아 운반하는 경우에는 짐이 무너지는 것을 방지하기 위하여 로프 등을 쳐서 행한다.

③ 누가 리더인지를 정해 놓고, 반드시 리더의 지시에 따라 호흡을 맞추어 작업한다.

④ 운반 중에는 호흡을 맞추기 위하여 반드시 구호를 외치도록 한다. 그리고 내려놓을 때에는, 서로 소리를 내면서 박자를 맞추는 것이 필요하다.

## 8) 보조구의 사용방법

운반을 효율적으로 수행하기 위하여 적당한 보조구를 이용한다. 보조구는 항상 점검·정비하여 둔다. 올바른 사용방법을 취하지 않으면 큰 사고를 일으킬 우려가 있다.

### 가. 갈고랑이

① 사용하기 전에 고장 난 부분이 없는지를 반드시 점검한다.

② 갈고랑이로 물건의 내용물 또는 자루 등을 망가뜨리거나 상처 내지 않도록 주의한다.

③ 물건에 갈고랑이를 거는 경우에는, 반드시 튼튼한 밧줄 등의 부분에 건다. 거는 방법이 약하게 되어 있으면, 물건을 끌어당길 때에 몸의 균형을 잃을 수 있다.

### 나. 지레

① 지레에는 철제, 목제의 것이 있는데, 사용하기 전에 반드시 강도를 생각하여 손상, 흠집 등이 없는지를 조사한다.

② 지레를 사용하여 물건을 올리거나 움직이는 경우, 깊지 않게 넣으면 힘의 절약은 되겠지만 빠지기(벗어나기) 쉬우므로 조심한다.

③ 지레의 사용방법의 기본을 터득하고, 이것을 확실하게 준수하는 것이 중요하다.

### 다. 디딤판

① 충분히 튼튼한 것을 사용하고, 깨지거나 썩지 않은 안전한 것인가를 확인한다.

② 폭은 적어도 50 cm이고, 미끄럼막이 괴목이 있는 것으로 한다.

③ 사용하는 경우에는, 판 자체가 미끄러져 빠지거나 튀어 오르지 않도록 확실하게 고정되도록 설치한 후에 사용한다.

### (2) 기계운반

운반용 기계에는 동력으로 움직이는 크레인, 호이스트, 지게차, 컨베이어 등, 인력으로 움직이는 대차, 손수레 등이 있다.

① 차의 적재량에 따라 짐을 쌓고, 절대 과적하지 않도록 한다.

② 유도자, 신호수의 지시에 따른다.

③ 가급적 무게중심을 낮게 하고, 짐이 한쪽으로 쏠리지 않도록 주의한다.

④ 구르기 쉬운 것, 쓰러지기 쉬운 것에는 쐐기, 받침, 지주(버팀대) 등을 이용하고, 운반 중에 떨어지지 않도록 로프 등으로 확실히 고정한다.

⑤ 손수레는 앞에서 끌지 말고 반드시 뒤에서 밀어서 간다.

## 7. 수공구

해머, 정, 스패너, 렌치, 줄, 드라이버, 칼, 도끼 등을 총칭하여 수공구라고 부른다. 누구라도 사용할 수 있는 도구이지만, 이들 수공구에 의한 부상은 의외로 많다. 그리고 수공구를 효율적으로 안전하게 잘 다루기 위해서는 올바른 사용방법을 익혀 두어야 한다.

수공구에 의한 부상을 방지하기 위한 일반적인 수칙을 다음에 제시한다.

① 사용하기 전에 반드시 점검하고, 불량한 것은 절대로 사용하지 않는다.

② 사용하고 있는 동안에 부서지거나 구부러지는 경우가 있는데, 불량공구는 바로 교체하도록 한다.

③ 수공구는 일정하게 정해진 장소에 두고 작업장에 흩뜨려 놓지 않도록 한다.

④ 기계의 위 등 떨어지기 쉬운 장소에 두어서는 안 된다.

⑤ 기름이 배어 있는 경우에는 깨끗이 닦아 내고 나서 사용한다.

⑥ 수공구에는 각각의 용도가 정해져 있고, 그 크기도 여러 가지이다. 바른 공구를 선택하여 사용하도록 한다.

⑦ 공구를 치울 때에는, 사용한 공구의 종류와 수를 확인하고, 상태가 좋지 않은 것을 확인한 다음, 앞의 ③에서 설명한 것처럼 정돈하여 둔다.

일반적으로 자주 사용되는 공구에 대해 점검방법과 사용수칙은 다음과 같다.

## (1) 해머

① 쐐기가 없는 것, 머리가 빠질 것 같은 것, 자루(손잡이)가 부러질 것 같은 것, 한쪽이 닳은 것은 사용하지 않는다.

② 장갑을 낀 채 해머를 휘두르지 않는다.

③ 좁은 장소에서 사용할 때는 주위의 물건에 부딪치지 않도록 주의한다.

④ 해머는 갑자기 강하게 치지 말고, 처음에 가볍게 잘 맞는지를 보면서 점점 힘을 가해 간다.

⑤ 담금질이 된 단단한 것을 단단한 해머로 치면 깨져 파편이 날라올 위험이 있다.

⑥ 구부러진 재료, 받침대에 맞지 않는 것을 강하게 내리치면, 세차게 되튀어 생각하지 않은 부상의 원인이 된다.

⑦ 해머는 사용 중에 그때그때 점검한다.

## (2) 정

① 정과 해머는 균형이 맞는 크기의 것을 사용한다.

② 정의 머리의 깔쭉깔쭉한 부분은 떼어 낸다.

③ 깎아 내는 작업에는 반드시 보호안경을 착용한다.

④ 깎아 낸 조각이 날아오는 방향에 주의하여 자신뿐만 아니라 타인에게도 부상을 입히지 않도록 주의한다.

⑤ 정으로 재료를 자르는 경우에는, 자르는 것이 끝날 때에 조각이 강하게 날아오지 않도록 힘을 약하게 하면서 차분하게 자른다.

### (3) 스패너, 렌치

① 스패너는 너트에 잘 맞는 것을 사용한다.
② 스패너, 렌치는 조금씩 힘을 주고, 만약 벗어난(빗나간) 경우에도 반동으로 흔들리지 않을 자세를 취하고 작업을 한다. 특히 높은 곳에서는 추락의 위험이 있으므로 주의를 기울인다.
③ 스패너와 렌치는 반드시 자기의 바로 앞 쪽으로 끌어당기는 식으로 사용한다. 장소의 사정으로 부득이하게 미는 경우에는 손바닥으로 미는 방식으로 힘을 준다.
④ 스패너와 렌치의 입이 너무 크다고 하여 철판, 못을 물려 사용하는 따위의 것을 하여서는 안 된다.

### (4) 줄

① 줄은 치수가 맞는, 흠집이 없는 완전한 자루를 끼워 사용한다.
② 흠집(금간 데)이 있는 줄은 작업 중에 부러질 수 있으므로 절대 사용해서는 안 된다.
③ 줄은 부러지기 쉬우므로 절대 쳐서는 안 된다.
④ 줄 가루가 눈에 들어가 부상을 입을 우려가 있으므로 가루를 입으로 불어 날려서는 안 된다.

### (5) 드라이버

① 드라이버의 자루가 파손되어 있는 것은 사용 중에 자루가 망가져 손바닥을 다칠 위험이 있으므로 사용하지 않는다.
② 드라이버의 끝이 무디어져 둥그스름해진 것은 사용하지 않는다.
③ 전기회로의 주위에서 작업을 하는 경우에는, 절연한 자루가 달려 있는 것을 사용한다. 그리고 드라이버 등으로 검전(檢電)[19]하여서는 안 된다.

### (6) 칼붙이

도끼, 손도끼, 칼 등의 칼붙이는 항상 예리하게 해 두는 것이 중요하다. 잘 들지 않는 칼붙이는 작업의 능률이 나쁠 뿐만 아니라 위험하다.

---

19 송전선로 등의 전기 회로의 전기의 가압의 유무를 검출하는 것을 말한다.

## 8. 감전의 방지

감전재해는 과거와 비교하면 많이 감소한 재해이지만, 사망의 위험성이 높다. 감전사고는 신체가 땀으로 젖거나 맨살을 드러내기 쉬운 여름철에 많이 발생한다. 그리고 감전에 의해 사망하는 재해를 조사해 보면, 아크용접작업 중 전도성이 높은 철골에 접촉한 것, 비계 위에서의 작업, 금속봉 운반작업 등을 하다가 고압선에 접촉한 것, 전기드릴 등 가반식(可搬式) 전동기기, 이동벨트컨베이어 등의 누전에 의한 것 또는 배선, 스위치에 의한 것 등이 많이 발생하고 있다.

이와 같은 재해의 대부분은 전기에 관한 지식의 부족과 잘못된 취급이 원인이 되고 있고, 안전교육 등을 통해 올바른 지식을 가지고, 세심한 주의를 기울여 올바른 취급을 하면 감전 재해를 방지하는 것이 가능하다.

전기에 의한 재해에는, 직접 전기에 접촉하여 발생하는 재해(고압의 경우는 접근하는 것만으로 감전한다) 외에, 아크, 스파크 및 전열에 의한 전기화상 또는 전기화재, 그리고 전기용접 등의 아크에 의한 전기성 안염(眼炎) 등이 있다. 이 중 가장 많은 것은 감전이다. 손발이 땀으로 젖어 있거나 발밑이 눅눅한 상태에서는 220 V 이하의 전등선에서도 감전하여 사망하는 경우가 있으므로 충분히 주의를 기울여야 한다.

## 9. 전기재해 방지수칙

### (1) 일반수칙

① 전기의 개로(開路), 폐로(閉路)를 확실히 전달하고, 작업 중에는 표찰 등으로 명시한다.
② 위험표찰, 위험램프 등 위험표시가 있는 장소에는 함부로 근접하거나 손을 대거나 해서는 안 된다. 그리고 관계자 이외의 자는 변전소, 전기시험실 등에 들어가지 아니한다.
③ 취급책임자 이외는 스위치, 변압기, 전동기 등의 전기기계·장치에 손을 대지 않는다.
④ 전등의 코드를 못, 금속에 걸지 않는다.
⑤ 땀이나 물로 젖은 손, 맨발 등의 상태로 직접 전기기기, 배선 등에 접촉해서는 안 된다. 발밑이 젖어 있을 때, 징을 박은 구두를 신고 있을 때 등도 위험하다.
⑥ 전구에 종이, 수건 등을 감싸서는 안 된다.
⑦ 전기기계의 청소는 스위치를 끄고 정전상태에서 실시한다.
⑧ 수선은 반드시 전기전문가에게 의뢰한다.
⑨ 피복절연전선이라도 고열, 습기 등으로 절연불량이 되어 있는 경우가 있으므로 주의한다.
⑩ 전기코드는 지면에 늘어뜨려 놓거나 웅덩이에 접촉되게 해서는 안 된다.

⑪ 전기를 취급하는 경우는 감전방지용의 보호구를 착용한다.

⑫ 전기기구에는 반드시 접지선을 접지한다.

## (2) 스위치의 취급수칙

① 스위치의 커버를 열어 놓은 채로 놓아서는 안 된다. 감전의 우려가 있고, 퓨즈가 끊어진 경우 화상을 입거나 화재를 일으킬 위험도 있다.

② 스위치함의 내부 또는 근처에 물건을 놓지 않는다.

③ 퓨즈는 규정 이외의 것을 사용하지 않는다. 퓨즈의 설치는 전기담당자에게 의뢰한다.

④ 스위치의 개폐는 오른손으로 하고, 왼손은 다른 것, 특히 금속에 접촉하는 일이 없도록 한다.

⑤ 스위치의 개폐는 정성 들여, 완전하게 실시한다. 그렇지 않으면, 스파크(spark)로 화상을 입거나 진동 등으로 뜻하지 않게 스위치가 켜지거나 꺼질 우려가 있다.

⑥ 작업종류 후에는 반드시 스위치를 꺼 둔다. 또 정전 시에는 전기기계의 스위치를 반드시 꺼 둔다.

⑦ 스위치를 켜는 경우에는, 그 때마다 작동하는 기계 주위의 안전을 잘 확인하고, 신호, 연락 등을 충분히 하고 나서 행한다.

⑧ "위험표시", "고장수리 중" 표찰이 걸려 있는 스위치에는 절대로 손을 대서는 안 된다.

## (3) 접지

전기드릴 등의 전동공구, 가반식 전동기기는 반드시 접지를 한다. 접지하지 않고 운전을 하면, 공구의 케이스, 모터의 프레임에 누전한 경우, 감전사할 수 있다. 특히 전동공구는 손에 들고 작업하므로 감전할 위험이 크기 때문에 주의하여야 한다.

## (4) 기타 전기재해 방지수칙

① 고압전선, 변압기 등 고압전기설비에는 접근하지 않는다. 고압선 근처에서 작업하거나 금속 파이프, 앵글 등 긴 물건을 취급할 때에는 신체, 파이프 등이 고압충전부분에 접촉되지 않도록 충분히 주의한다.

② 전기기기, 배선 등으로 감전, 발화 등의 사고가 발생한 경우에는 다음과 같이 조치한다.
- 먼저, 스위치를 끈다. 스스로 끌 수 없는 경우에는 전기담당자에게 연락한다.
- 감전재해에서 바로 스위치를 끌 수 없는 경우에는, 마른 목재, 죽봉 등으로 충전부와 피재자를 떼어 낸다.

# 10. 화재의 방지

화재는 옛날부터 대표적으로 무서운 것 중의 하나이다. 직장에서 일하는 자는 누구나 모두 자신의 직장에서 절대로 화재가 발생하지 않도록 주의하여야 한다.

화재는 ⅰ) 산소(공기), ⅱ) 가연물, ⅲ) 점화원이라는 3가지 요소가 있을 때 발생한다. 따라서 화재가 발생하지 않기 위해서도, 화재를 소화하기 위해서도 이 3가지 요소 중 어느 하나를 제거하면 된다는 것을 기억해 둘 필요가 있다.

일반적으로 발생하는 화재는 먼저 점화원이 있고, 주변의 물체에 인화하여 타는 면적이 넓어져 마침내 화재가 된다. 따라서 화재가 일어나지 않도록 하기 위해서는 타기 쉬운 물체의 근처에서 점화원을 만들지 않는 것, 점화원을 접근시키지 않는 것이 원칙이다.

화재도 부상과 마찬가지로 거의 모든 화재는 정해진 것을 지키지 않아 발생한다.

## (1) 화기(火氣)엄금

① "화기엄금"의 표시가 있는 장소에서는 화기(불 및 불이 되는 것)를 일절 사용해서는 안 된다.

② 임의대로 화기를 사용해서는 안 된다. 작업상 필요하다고 생각할 때에도 상사와 협의(상담)한다.

③ 작업 중에는 화재를 일으키기 쉬운 것, 예컨대 라이터, 성냥과 같은 것을 가지고 다니지 않도록 한다.

## (2) 화기관리

① 지정된 장소가 아닌 곳에서는 흡연하여서는 아니 된다.

② 난방용 스토브, 점심시간, 귀사 시에 등 작업장으로부터 나갈 때에는 완전히 소화(消火)하여야 한다.

③ 기름이 밴 걸레, 톱밥, 셀룰로이드 등은 자연적으로 발화하는 경우가 있으므로 정해진 용기에 넣어 반드시 뚜껑을 덮어 보관한다.

④ 톱밥, 대팻밥, 솜 등 타기 쉬운 것은 정해진 장소에 둔다.

⑤ 눋은 냄새가 나거나 타는 냄새가 날 때 또는 연기를 발견하였을 때 등 화재의 위험을 느끼면 바로 상사에게 보고한다.

### (3) 소화기구

① 소화기를 두는 장소에는 표시판이 달려 있을 것이다. 여러분들은 모두 그 장소를 알고 있어야 한다.
② 소화기는 즉시 사용할 수 있도록 그 성능과 취급방법을 충분히 알고 있어야 한다.
③ 소화기, 방수용 수조, 양동이 등의 소화기구는 정해진 장소에서 임의대로 옮겨서는 안 된다.
④ 소화기구의 주변은 항상 깨끗이 정돈하고 다른 물건을 부근에 두지 않는다.

### (4) 화재가 일어났을 때

① 화재를 발견하면 큰 소리로 주변에 알린다. 자신 혼자서 소화하려고 생각해서는 안 된다.
② 화재의 보고는 가장 민첩하여야 한다. 긴급연락의 요령을 잘 이해하여 둔다.
③ 감전을 방지하기 위해 부근의 스위치를 바로 끈다.
④ 119구급대가 올 때까지는 상사의 지휘에 따라 소화에 임한다.
⑤ 위험물에 의한 화재, 부근에 위험물이 있는 경우에는, 관리책임자의 지휘를 받아 소화 작업을 행한다.
⑥ 전기가 꺼져 있는지 어떤지를 모르는 경우에는, 물, 포말소화기 등을 사용하여서는 아니 된다.
⑦ 유류(油類)의 화재에는 정해진 소화기를 사용한다. 소화기를 바로 쓸 수 없는 경우에는, 톱밥, 모포 등으로 덮고 그 위에서 물을 끼얹는다.
⑧ 용기 내의 기름이 타고 있을 때에는, 철판 등으로 뚜껑을 덮거나 톱밥을 던져 넣는 것이 바람직하다. 모래를 넣으면 기름이 흘러넘칠 수 있고, 오히려 불이 타는 기세가 강해질 수 있다.

## 11. 위험물질의 취급

보통의 가연물보다도 화재의 위험도가 높은, 폭발성 물질, 산화성 물질, 발화성 물질, 인화성 물질 및 가연성 가스 등을 합쳐 위험물질이라고 부르고 있다.
위험물질에 대해서는 법령에 재해를 방지하기 위하여 여러 가지 사항이 규정되어 있다.

### (1) 폭발성 물질

열을 가하거나 충격을 주거나 마찰함으로써 발화하고 폭발하는 위험한 성질을 가지는 물질로서, 화약, 다이너마이트 등이 이것에 해당한다.

화학적으로 어려운 이름의 물질이 여러 가지 있지만, 여러분의 직장에서 사용되는 화학품의 이름과 그 표시는 기억해 두고, 그것이 어떤 곳에서 사용되는지 알도록 하여야 한다.

### (2) 산화성 물질

이 물질 자체는 불연성이지만, 반응성이 강하여 가열, 충격, 마찰 등으로 분해되어 산소를 방출하기 쉽다. 그리고 가연물이 근처에 있으면 격렬하게 연소하여 폭발하는 경우가 있다.

### (3) 발화성 물질

발화성 물질에는, 황린, 적린과 같이 대기에 접하면 위험한 물질과 카보나이트, 금속나트륨과 같이 물에 젖으면 위험한 물질이 있다. 이들 물질도 배운 대로 취급하는 것이 중요하다.

### (4) 인화성 물질

가솔린, 시너 등은 통상 액체이지만, 그 증기가 인화하여 폭발하기 쉬운 성질이 있다. 사소한 부주의로 화재, 폭발을 일으키는 예가 많다.

### (5) 가연성 가스

석탄가스, 아세틸렌, 프로판가스 등의 가스는 연소하기 쉬울 뿐만 아니라, 공기와 일정한 비율로 혼합하면 점화원에 의해 폭발하는 성질이 있다.

이들 물질은 조금이라도 취급방법을 잘못하면 큰 사고가 되므로, 정해진 룰을 반드시 지키도록 한다.

그리고 유류가 들어가 있는 빈 드럼통에 화기를 가까이하여 폭발한 예, 스토브, 화톳불에 세정유의 나머지를 부어 폭발한 예, 도장한 직후의 방에서 화기를 사용하다 폭발한 예 등이 많으므로, 배운 것은 잘 기억해 두고 위험한 행동은 절대 하여서는 안 된다.

## 12. 유해물질의 취급

유해물질은 생산현장뿐만 아니라 사무직장에서 사용되는 사무기기 등에도 들어가 있는 경우가 있다. 대부분 소량으로는 바로 질병에 걸리는 경우는 적기 때문에, 안이한 마음으로 사용하기도 한다. 많은 유해물질은 잘 보이지 않기 때문에 알아차리지 못하지만, 오랫동안 취급하면 건강에 영향을 미칠 우려가 있다.

직장에서는 매일 동일한 것을 취급하는 경우가 많다. 매일 취급하지 않아도 매일 일하고 있는 직장이 오염되어 있으면 오랫동안 건강을 해치게 된다. 유해물질의 취급에는 다음과 같은 세심한 주의가 필요하다.

① 유해물질을 비산시키거나 누출시켜서는 안 된다. 세정유, 기계유를 예사롭게 바닥에 흘리는 사람이 있는데, "이 정도는 괜찮겠지."라는 마음을 가져서는 안 된다.

② 유해물질이 들어 있는 용기(들어가 있었던 빈 통도 포함)는 확실히 밀폐하여 유해물질을 내뿜거나 가스가 발생하지 않도록 한다.

③ 유해물질을 임의대로 꺼내지 않는다.

④ 유해물질의 취급은 소정의 보호구를 착용하고 맨손으로 만지는 일이 없도록 한다.

⑤ 작업복은 눈에 보이지 않아도 오염되어 있다고 생각하여야 한다. 작업복을 입은 채 귀가하여서는 안 된다.

⑥ 국소배기장치, 전체환기장치, 보호구는 정해진 대로 사용한다. 자신의 임의적인 판단으로 정해진 사용방법 이외의 방법으로 사용하여서는 안 된다.

⑦ 유해물질을 취급한 경우에는, 작업종료 후의 청소 시 특별히 세심한 주의를 기울인다.

⑧ 유해물질의 표시 등이 부착되어 있거나 게시되어 있는지 확인한다.

⑨ 유해물질의 표시 등은 임의대로 이동시키거나 더럽히거나 또는 다른 장해물로 인해 보이지 않게 되지 않도록 주의한다.

유해물질에 대해서는 그 성상(性狀)을 잘 아는 것을 통해 건강에의 영향을 방지하는 방법도 잘 이해할 수 있게 된다. 이를 위해서는 충분한 지식이 필요하다.

유해물질에 의해 건강이 손상되는 많은 사례는 그 유해성 등의 성상을 모르고 취급하는 것이 원인이 되고 있다.

따라서 산업안전보건법령에서는 유해물질(위험물질 포함)에 대해서는 그 물질을 다른 기업에 넘길 때에 유해성·위험성 등의 필요한 정보를 문서로 통지하여야 한다고 되어 있다. 또한 유해물질에 대해서는 그 용기·포장에 필요한 정보를 표시하는 것이 정해져 있다.

경고표지에 다음과 같은 정보가 모두 포함되어야 한다.

① 명칭

② 그림문자

③ 신호어

④ 유해·위험 문구

⑤ 예방조치 문구

⑥ 공급자 정보

이 통지하는 문서를 국제적으로는 물질안전보건자료(MSDS)라고 부르고 있다. 경고표시는 용기·포장에 직접 인쇄하거나 표시사항을 인쇄한 라벨을 붙이는 방법을 취하므로, 필요최소한의 것이 기재되어 있지만, MSDS는 문서이므로 보다 상세한 내용이 기재되어 있다.

가까운 예로 설명하면, 약(藥)의 세계에서도 이러한 것이 이미 이루어지고 있다. 약의 병, 상자에는 용법, 주의사항이 기재되어 있다. 이것이 표시이다. 그 병, 상자 속에는 보다 상세한 용법, 주의사항이 쓰여 있는 설명서가 동봉되어 있다. 이것이 문서, 즉 MSDS에 해당한다. 이것과 동일한 것으로 이해하면 된다.

화학물질은 국제적으로 유통되고 있어, 유해성(위험성)의 종류·구분과 그 정도, 표장 등은 세계 공통의 기준이 정해져 있다. 표장 등은 세계 속의 누가 보더라도 알 수 있도록 고안되어 있다.

# 제 5 장

# 근로자 보건관리

## 1. 피로와 휴양

사람이 행동하면 피로가 생기기 마련이다. 움직이지 않는 것도 하나의 행동인데, 움직이지 않아도 피로해진다. 피로해지면 행동이 느려지고 주의도 산만하게 되기 때문에 일에도 실수가 생길 위험이 높아진다.

하루의 피로를 다음 날까지 가지고 가면, 피로가 겹치고 재해의 원인이 되기도 한다. 나아가 피로가 쌓이면, 건강에도 영향을 미친다. 따라서 피로는 가급적 빨리 없애고 체력을 회복시켜야 한다. 피로를 없애는 것이 휴양인데, 휴양이라고 하면 몸을 단지 쉬게 하면 된다고 생각하는 경향이 있다. 그러나 그것은 잘못된 생각이고, 몸을 움직이는 체조도 피로회복법의 하나이다.

너무 움직이지 않아도 움직일 때처럼 피곤해진다. 피곤하다고 하는 느낌은 비슷하다. 그러나 너무 움직이지 않아 피곤해진 것이기 때문에, 몸을 더 쉬게 하면 피로는 회복되지 않는다.

예전에는 몸을 심하게 움직이는 작업이 많았다. 그러나 현대는 다르다. 생활이 편리해져, 몸을 움직이기보다 머리를 사용하는 쪽이 많아졌다.

동적인 행동보다 정적인 행동으로, 전신적인 움직임보다 국부적인 움직임으로, 신체적인 부담보다 정신적인 부담으로, 피로의 원인도 변해 왔다. 피로회복의 방법도 달라지는 것이 당연하다.

피곤하다는 느낌만으로 단지 쉬는 것이 아니라, 왜 피곤한지를 생각해 보자. 교육으로 장시간 앉아 있어도 피곤할 것이다. 그것은 계속 앉아 있은 채로 머리를 사용하였기 때문에 피곤해진 것이다. 사정이 그렇다면 움직이지 않으면 안 된다.

일에서도 그렇다. 일에서의 행동과 반대의 행동이 피곤을 없앨 수 있다. 계속 앉아 있었다면 서고, 움직이지 않았다면 체조나 운동을 한다. 복근을 사용하지 않았다면 복근을 움직이는 것이 필요하다. 휴식을 취한다고 하여 책을 읽는다면, 점점 피곤이 쌓일 것이다. 너무 움직이지 않아 피곤해도 움직이는 것이 싫어질 수 있다. TV 시청 또는 등걸잠[1] 등만으로는 피로는 회복되지 않는다.

휴일은 단지 몸을 쉬게 하게 하는 날만은 아니다. 일이 없다는 것이다. 귀중한 인생에서 자신을 위하여 유용하게 활용하는 날이다. 단지 빈둥빈둥 지내기에는 아까운 날이다.

자신의 삶의 보람으로서 무언가 취미를 갖도록 하자. 24시간의 생활리듬은 휴일에도 흐트러뜨려서는 안 된다. 자기 자신을 위해 지내는 방법을 생각하지 않으면 휴일의 다음 날에 일이 힘들어지고, 나아가 재해를 일으키기 쉽다.

---

1 옷을 입은 채 아무 데나 쓰러져 자는 잠을 말한다.

## 2. 질병에 대한 주의

질병에는 원인이 있는데, 그중 많은 것은 예방할 수 있다고 한다. 감기와 같은 것도 건강에 주의하여 생활하면 예방할 수 있는 질병이다.

그런데도 질병에 걸리면 그것은 어쩔 수 없는 것이라고 하면서 오히려 주위의 동정까지도 끌려고 하는 사람이 있다. 본래, 작업과 무관한 질병, 즉 개인의 잘못된 생활습관이나 관리에 의해 걸린 개인적인 질병은 부끄러워해야 할 일이다. 그렇다고 하여 질병에 걸린 사람을 꾸짖으라는 말은 아니다. 질병에 걸리지 않도록 노력을 기대하는 것이다.

만일 질병에 걸리면 주위에 폐를 끼치지 않는 것이 필요하다. 무리를 하여 출근하는 바람에 질병을 악화시키면, 자기 자신뿐만 아니라 주위에까지 폐를 끼치게 될 수 있다. 조속히 의사의 진단을 받아 전문적인 진단에 따른 지시에 따라야 한다.

건강진단은 중요하지만, 매일 실시할 수 있는 것은 아니다. 따라서 일상적 건강체크는 본인 자신이 하지 않으면 안 된다. 이상 시에는 반드시 자신의 몸상태를 점검할 필요가 있다. 기계와 동일하게, 작업을 시작할 때의 점검은 자신의 몸에 대해서도 필요하다.

① 전날의 피로가 남아 있는가?
② 몸에 평상시와는 다르게 열은 많지 않은가?
③ 어딘가 아픈 곳은 없는가?
④ 일어나고 나서 머리가 무겁게 느껴지거나 현기증 등은 없는가?
⑤ 세면 시에 거울에서 안색에 보통 때와 다른 면은 없는가?
⑥ 소변 또는 변에 이상은 없는가?
⑦ 가벼운 체조를 해 보고, 몸에 움직임의 이상한 부분, 저림은 없는가?
⑧ 식욕은 어떠한가?
⑨ 기타 병적인 자각증상은 없는가?

이상의 건강체크에서 보통과 다른 부분이 있으면, 출근하고 나서 상사에게 신고하고 상의한다. 자기 임의대로 판단해서는 안 된다. 작업 중에 몸에 이상이 생겨도 빨리 신고하여야 한다. 다른 사람에게 피해를 줄 수 있고, 사고의 원인이 되는 경우도 있다.

## 3. 정신건강

최근 경제·산업구조, 노동환경이 변화하고 있는 가운데 일, 직업생활에 관한 강한 불안, 고민, 스트레스를 느끼고 있는 근로자의 비율이 높아지고 있다. 특히 성과주의가 중심적 인사노무관리가 되어 이 문제가 커지고 있다. 그 때문에 직장에서도 근로자의 마음의 건강을 지키기 위한 정신건강 대책의 필요성이 높아지고 있다.

정신건강 대책에는 "자기관리" 외에, "직장의 관리감독자에 의한 관리", "직장 내 보건전문가에 의한 관리", "사업장 외부자원에 의한 관리" 등 여러 가지 방식이 있을 수 있다.

여기에서는 여러분 모두와 직접 관계가 되는 "자신의 건강은 자신이 지킨다."고 하는 "자기관리"에 대한 이해를 심화시키기로 한다. 자기관리를 위해서는, 여러분들이 자기 자신의 스트레스를 자각하는 것, 이것에 대응하기 위한 자발적인 건강상담 등이 필요하고, 나아가 스트레스를 예방하는 방법도 몸에 익히지 않으면 안 된다. 그리고 그것을 실천하는 것이 중요하다.

스트레스는 반드시 유해한 것만은 아니고, 적당한 스트레스는 마음을 다잡고 일의 능률도 향상시킨다. 그러나 스트레스가 커지면, ⅰ) 초조, 불안 등의 심리 면에서의 변화, ⅱ) 불면, 식욕부진 등의 몸상태 면에서의 변화, ⅲ) 작업능률의 저하, 알코올 의존 등의 행동 면의 변화 등이 나타나는 경우가 있다. 이러한 경우, 조기에 자신이 스트레스 상태에 있는 것을 깨닫는 것이 중요하다. 그리고 도를 넘은 스트레스는 마음, 몸에 손상을 주고 에러를 유발하는 원인이 되기도 하므로 적절히 대처하여야 한다.

스트레스는 직장에서의 인간관계의 트러블, 업무내용의 급격한 변화, 그리고 가정, 친구관계의 트러블 등 여러 계기(원인)에서 유발된다. 이 중 업무상의 스트레스에는 여러 가지가 있는데, 직장의 인간관계, 일의 질 문제(예: 경험, 지식이 충분하지 않은 상태에서 새로운 일을 터득하고 있어야 하거나 어려운 일을 능숙하게 하여야 하는 경우), 일의 양 문제(예: 일을 시간 내에 처리할 수 없는 경우), 그 외에 직장에서의 지위 또는 역할의 변화, 배치전환, 일의 적성의 문제 등도 스트레스의 원인이 된다.

직장의 인간관계에서 걱정되는 것이 있으면 싫다고 생각하고(심리적 반응), 싫다고 생각하는 사람과 이야기한 후에는 가슴이 두근거리기도 하며(생리적·신체적 반응), 담배를 피우는 횟수가 증가하기도 한다(행동적 반응). 그리고 걱정거리가 있는데, 이것이 용이하게 해결되지 않는 등 그와 같은 상황이 장기간 계속되거나 매우 큰 것이면, 질병, 장해에 이르게 된다.

자신이 스트레스 상태에 있는 것을 깨닫게 되면, 상사 등과 자발적인 상담을 하는 것이 좋은 대응이다. 그리고 스트레스의 정도를 조사하는 조사표 등도 공표되어 있으므로 사용하기를 권한다. 회사에서는 심리상담 창구가 설치되어 경우도 있으므로, 스트레스 상태에 있을 때에는 주저하지 말고 활용하여 자기관리에 도움이 되도록 한다.

스트레스의 대응에는 평상시의 예방이 중요하다. 예방에는 스트레칭, 자율훈련법 등의 이완법의 실천이 효과적이고, 이를 습득해 둘 필요가 있다. 그리고 규칙 바른 생활을 위해 노력하고 수면을 충분히 취하는 것, 친한 사람과 교류하는 시간을 갖는 것, 업무 중에 잠깐 휴식을 취하는 것, 일과 관계없는 취미를 갖는 것 등도 스트레스에 능숙하게 대처하기 위한 방법이다.

이들 스트레스 대응법에 대해서는 회사, 외부기관에 의한 교육이 이루어지고 있으므로, 적극적으로 참가하여 익혀 두도록 하자.

# Ⅱ. 근로자의 건강에 영향을 미치는 요인

근로자의 건강장해는 대체로 직업병, 작업관련질환, 개인적 질병 3가지로 구분된다.

① 직업병: 작업적 원인이 유일 또는 유력한 발병요인인 질병

② 작업관련질환: 개인적 요인과 작업적 요인이 복합적으로 작용하여 발생하는 질병[작업적 요인이 건강장해의 발증요인 또는 증악(악화)요인의 하나라고 추정되는 질병]

③ 개인적 질병: 근로자의 개인적인 요인에 의해 발생하는 질병

③ 개인적 질병에는 ⅰ) 혈우병, 진행성 근지스트로피 등의 '유전병'과 같이 그 건강장해가 근로자 개인의 생물학적 요인에 의해 생기는 것과 ⅱ) 건강장해의 원인으로 외부환경요인(물리적, 화학적, 생물학적, 심리·사회적)이 관여하고 있지만 그 외부환경요인이 작업과는 무관한 것이 있다. ② 작업관련질환에는 ⅰ) 작업이 발증·증악(악화)요인으로 작용하는 근골격계질환과 ⅱ) 과로, 스트레스가 발증·증악(악화)요인으로 작용하는 심장질환(협심증, 심근경색, 부정맥 등)·뇌혈관질환(뇌출혈, 뇌경색) 등의 뇌심혈관질환, 정신질환(심신증, 우울증 등)이 포함된다.

표 5.2.1 근로자 건강장해의 기본적 분류

| 분류 | | 개별질병 |
|---|---|---|
| 직업병 | 급성질병 | 일산화탄소중독, 산소결핍증, 유기용제중독, 열중증 등 |
| | 만성질병 | 금속중독, 진폐, 유기용제중독 등 |
| 작업관련질환 | 근골격계질환 | 요통(서서 하는 작업 등), 견경완증후군(VDT작업 등) 등 |
| | 과로·스트레스성 질환 | 심장질환(협심증, 심근경색, 부정맥 등), 뇌혈관질환(뇌출혈, 뇌경색), 정신질환(심신증, 우울증 등) |
| 개인적 질병 | 생활습관병 | 순환기계질환 등 |

건강장해의 발생요인은 다양하지만, 일반적으로 물리적 요인, 화학적 요인, 생물학적 요인, 심리·사회적 요인 4가지로 분류된다. 이하에서는 이 4가지 요인의 개요와 그것에 의해 초래되는 건강장해에 대하여 설명한다.

## 1. 물리적 요인

물리적 요인은 유해에너지가 건강에 악영향을 미치는 것이고 물리적 요인에 의한 건강장해로 온열환경에 의한 열중증, 소음에 의한 난청, 요통 등이 대표적이다(표 5.2.2 참조). 이 중 직장에서 쉽게 볼 수 있는 심한 더위, 소음, 요통에 대하여 설명한다.

표 5.2.2 물리적 요인과 건강장해

| 물리적 요인 | 구체적 작업 | 건강장해 |
|---|---|---|
| 온열습도조건 | 금속의 용해, 용융, 주조, 열처리, 하계의 옥외작업 | 열중증 |
| | 냉장고, 냉동고 내의 작업, 동계의 옥외작업 | 동상 |
| 채광, 조명 | 너무 밝은 조명, 너무 어두운 조명 | 눈의 장해 |
| 유해광선 | 용접작업(자외선), 로전(爐前)작업(적외선) | 눈의 장해 |
| | 레이저광선을 사용하는 작업 | 눈의 장해 |
| 전리방사선 | 비파괴검사, 의료상의 진료, 치료 | 방사선장해 |
| 소음 | 소음을 발하는 기계의 조작, 단조(鍛造)작업 | 청력장해 |
| 초음파 | 초음파를 이용한 용착(溶着)작업 | 두통 |
| 이상기압 | 잠수, 잠함, 압기(壓氣)공사* | 고기압장해 |
| 진동 | 체인 톱(chain saw) 등의 진동공구를 사용하는 작업 | 진동장해 |
| 허리에의 부하 | 중량물운반, 간병작업, 자동차운전 | 요통 |

* 압기공사: 하천바닥, 기타 지하수가 많은 개소를 굴착하는 경우에, 굴착하는 개소에 압축공기를 송기(送氣) 해서 지하수를 배제하면서 작업을 추진하는 굴착공사

## (1) 열중증(온열질환)

고온다습한 환경하에서 작업하면 체온이 상승하고 체온을 조절하는 뇌의 중추가 작동하여 피부의 혈관을 확장하고 발한(發汗) 증가로 대처하려고 하지만, 고온이 그 조절기능을 초과 하거나 조절중추에 변조(變調)가 생기면 생명의 위험을 동반하는 상태가 된다.

이와 같은 증상을 총칭하여 열중증(heat stroke, 熱中症) 또는 온열질환(溫熱疾患)이라고 한다. 즉, 열중증이란 무더위로 인해 발생하는 질병을 일컫는 것으로서, 주로 햇볕이 뜨거운 낮 시간에 야외에서 발생하며 열로 인해 호흡이 빨라지는 등 전조 증상을 보이는 경우가 많 다. 열실신(열허탈), 열경련, 열탈진, 열사병(일사병), 열부종 등이 대표적인 열중증에 해당한 다. 이에 대하여 설명하면 다음과 같다.

### 1) 열실신(열허탈)

열실신(열허탈)은 피부에 혈액이 괴고 순환혈액이 감소하여 순환부전(가벼운 쇼크)을 나타 내는 것으로, 두통, 현기증, 이명, 혈압저하, 실신 증상을 보인다. 맥박은 빠르지만 체온의 상 승은 없다. 시원한 장소에서 안정을 취한다.

### 2) 열경련

혈액 중의 상대적인 염분(나트륨 등) 농도의 부족이 원인이다. 대량으로 땀을 흘려 수분과 염분이 상실되었는데 식염수 보충 없이 물만 마실 때 발생하기 쉽다. 통증이 수반된 근육경

련이 발생하는데, 많은 경우 하지의 장딴지로부터 시작된다. 체온은 정상이다. 식염수, 스포츠드링크(이온음료) 등을 섭취하고 시원한 곳에서 안정을 취한다.

### 3) 열탈진

열탈진은 열경련보다 조금 더 심각한 상황으로서 고온다습한 환경에서의 작업 또는 격렬한 운동으로 발생한다. 과도한 발한과 피부혈관 확장으로 혈장량과 심박출량이 저하되면서 전신순환혈액량이 줄어든 저체액성 쇼크상태를 말한다. 열탈진의 발생은 신체 내의 체온조절 중추가 파괴되기 시작했다는 것을 의미하는 것으로, 열탈진이 발생하기 전에 항상 열경련이 먼저 오는 것은 아니다. 제대로 치료하지 않으면 열사병으로 진행된다. 열탈진의 증상으로는 극도의 피로, 전신 무력감, 두통, 현기증, 오심, 구토, 시각혼탁, 갈증, 창백하고 축축한 피부, 빈맥, 빈 호흡(과다호흡), 혈압저하 등이 나타난다. 초기 처치 시에 그늘지고 시원한 곳으로 옮겨 하지를 거상하여(들어 올려) 눕히고 충분한 수분보충을 한다.

### 4) 열사병

열사병은 열조절 중추의 기능 변조에 의한 것으로서 발한이 정지되고 체온은 40℃ 이상이 되며 중추신경계 기능을 잃게 된다. 또 의식장해(혼수상태)에 빠지고 헛소리를 하게 된다. 콩팥, 간 장해 등이 생기고 혈액순환에 장애를 일으키기도 한다.

통풍이 잘되는 시원한 장소로 옮긴다. 증상이 심할 때는 옷을 벗기고 열을 방출시킨다. 물에 적신 목욕타올 등으로 몸을 덮고 전신을 차갑게 한다. 옷, 부채로 부채질하거나 선풍기, 에어컨 등으로 시원하게 하는 것도 좋다. 목, 옆구리 밑, 다리의 허벅지 윗부분 등 두터운 혈관이 있는 부분에 물, 아이스팩을 대는 방법이 효과적이다. 응급처치 후 바로 구급요청을 하고, 일각이라도 빨리 의사의 조치를 받는다.

### 5) 일사병

일사병은 심박출(1분 동안 심실에서 뿜어져 나가는 혈액의 양)을 유지할 수 없으나(심박동이 빨라진다) 중추신경계 이상은 없고 체온이 40℃ 이하이다. 실신할 수 있으나 즉시 정상적인 정신상태로 돌아온다. 약간의 정신 혼란이 있을 수 있으나 30분 이내에 회복된다. 오심(구토), 복통, 두통이 나타나기도 하고 땀을 많이 흘린다. 일사병이 발현되었을 때 신속하게 처치하지 않으면 열사병으로 발전될 수 있다.

일상병 증상이 나타나면 시원한 곳에서 휴식하게 하고 충분한 음료를 마시게 하며 젖은 수건, 아이스팩 등을 이용하여 체온을 낮추는 처치를 한다. 또 옷을 벗기고 몸이 편안해지도록 한다. 열사병과는 달리 후유증은 남지 않는다.

표 5.2.3 **열사병과 일사병의 차이**

| 구분 | 열사병 | 일사병 |
|------|--------|--------|
| 체온 | 40℃ 이상 | 40℃ 이하 |
| 정신상태 | 비정상 | 정상 |
| 호흡 | 느리거나 빠른 호흡 | 정상 또는 빠른 호흡 |
| 순환계 | • 저혈압과 빠른 맥박<br>• 심하거나 중간 정도의 탈수 | • 정상 혈압과 빠른 맥박<br>• 약간의 또는 중간 정도의 탈수 |
| 피부 | 뜨겁고 건조하거나 땀이 나기도 함 | 땀을 많이 흘림 |
| 기타 | 근육통, 구역질, 급성신부전, 간기능 부전, 혈액순환 장애, 횡문근융해증 | 오심(구토), 복통, 두통, 피로 |

이상의 증상 외에, 고온하에서 작업을 계속한 경우에는 노곤함, 구역질, 무기력이 동반된다. 이것을 열피로라고 한다. 시원한 장소로 옮겨 편안한 자세로 발을 높여 반듯이 누인다. 의식이 있으면 수분 보충을 위하여 식염수, 스포츠드링크를 준다. 의식이 희미하고 피부도 차갑고 쇼크가 있는 경우는 바로 구급요청하거나 의료기간에 보낸다.

열중증의 발생기제 및 증상과 분류를 그림 5.2.1에 나타내었다.

고열작업장을 평가하는 지표 중 가장 보편적으로 사용하는 지표인 WBGT[2](열중증 예방을 위한 지표)의 지수가 28℃ 이상인 상태에서는 모든 생활활동에서 열중증을 일으킬 위험성이 있으므로 엄중히 경계할 필요가 있다.

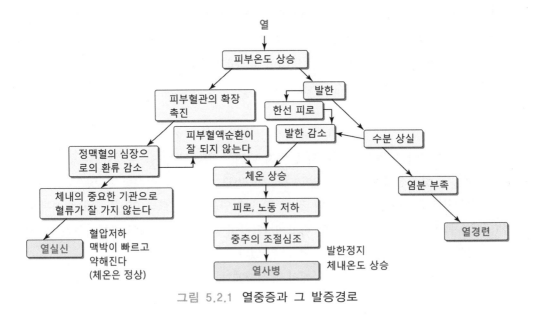

그림 5.2.1 **열중증과 그 발증경로**

---

2 기온, 습도, 바람, 복사열을 가미한 열중증 예방을 위한 지표로서 Wet Bulb Globe Temperature(습구·흑구온도)의 약칭이다.

## (2) 소음에 의한 난청

통상 직장에는 소음을 발생시키는 기계, 작업 등이 있다. 이와 같은 소음에 노출되는 것에 의한 장해가 소음성 난청이다. 일시적인 노출에 의해 발생하는 난청은 회복할 수 있는 것도 있고, 청각의 피로현상이라고 이해된다.

그러나 장기간에 걸쳐 큰 소음에 노출되면, 영구적인 소음성 난청이 발생한다. 주파수 4,000 Hz 부근의 청력이 최초로 저하되고, 그 후 고음역(高音域), 중음역(中音域)이 침범된다. 한편, 통상의 대화음역은 500 Hz에서 2,000 Hz 정도이므로 초기에는 청력 저하가 자각되지 않는다. 그러나 청력 저하가 이 음역까지 진행되면 대화에 지장이 생긴다. 소음성 난청은 소음수준(레벨)이 높을수록, 노출시간이 길수록, 주파수가 높을수록 발생하기 쉬우므로, 다음과 같은 대책이 필요하다.

- 소음의 음압수준을 낮춘다.
- 노출시간을 짧게 한다.
- 주파수를 낮춘다.

영구적인 난청은 현 단계에서는 유효한 치료방법이 없으므로, 등가소음레벨(equivalent sound level)[3]로 상시 85 dB 이상인 옥내작업장에 대해서는 구체적인 대책을 강구할 필요가 있다.

강렬한 소음(등가소음레벨 90 dB 이상)을 발하는 옥내작업장에 대해서는 청력보존 프로그램을 수립하여 실행할 필요가 있다(산업안전보건기준에 관한 규칙 제517조).

일상생활에서 발생하는 소음레벨과 그것의 구체적인 예를 제시하면 다음과 같다.

표 5.2.4 소음레벨의 기준

| 대화가 이루어지는 기준 | 청각적 기준 | 소음레벨 | 소음의 구체적 예 |
|---|---|---|---|
| 불가능 | 청력기능에 장해 | 120 dB | • 비행기의 엔진 근처<br>• 근처의 낙뢰 |
| | | 110 dB | • 자동차의 경적(바로 근처) |
| 거의 불가능 | 매우 시끄러움 | 100 dB | • 전차가 지나갈 때의 철교 밑<br>• 지하철의 구내 |
| | | 90 dB | • 노래방 소리(점포 내부 중앙)<br>• 개가 짖는 소리(바로 근처) |

(계속)

---

3 소음이 시간에 따라 변동하는 상황에서 단일 수치로는 음압을 읽기가 어렵기 때문에, 적분형 소음계를 사용하여 소음수준이 항상 변동하는 소음(변동소음)이 소음수준이 변동하지 않는 소음으로 바뀌었을 때의 소음수준을 측정하는데, 이 소음수준을 등가소음수준이라고 한다.

| 대화가 이루어지는 기준 | 청각적 기준 | 소음레벨 | 소음의 구체적 예 |
|---|---|---|---|
| 큰 소리로 0.3 m 이내에서 가능 | 시끄러움 | 80 dB | • 주행 중인 전철 내부<br>• 구급차의 사이렌(바로 근처)<br>• 게임장 내부 |
| 큰 소리로 1 m 이내에서 가능 | | 70 dB | • 고속주행 중인 자동차 내부<br>• 시끄러운 사무실 안<br>• 매미 우는 소리(바로 근처) |
| 큰 소리로 3 m 이내에서 가능 | 보통 | 60 dB | • 주행 중인 자동차 내부<br>• 보통의 대화<br>• 백화점 내부 |
| 보통 소리로 3 m 이내에서 가능 | | 50 dB | • 가정용 에어콘의 실외기(바로 근처)<br>• 조용한 사무실 안 |
| 보통 소리로 10 m 이내에서 가능 | 조용함 | 40 dB | • 한적한 주택가의 낮<br>• 도서관 안 |
| 5 m 앞의 속삭이는 소리가 들림 | | 30 dB | • 심야의 교외<br>• 속삭이는 소리 |
| | 매우 조용함 | 20 dB | • 나뭇잎이 서로 부딪치는 소리<br>• 눈 내리는 소리 |

## (3) 요통

직장에서 요통은 제조업, 운수교통업뿐만 아니라 소매업과 같은 제3차 산업에서도 많이 발생하고 있다.

요통의 발생이 비교적 많은 작업은 i) 중량물취급작업, ii) 노인요양시설, 중증심신장애아시설 등 간병작업, iii) 허리 부분에 과도한 부하가 걸리는 입식작업(서서 하는 작업), iv) 허리 부분에 과도한 부하가 걸리는 좌식작업(앉아서 하는 작업), v) 장시간의 차량운전 작업 등이다.

직장에서의 요통예방대책으로는 일반적으로 다음과 같은 내용이 제시되고 있다.

표 5.2.5 **직장에서의 요통예방대책**

---

■ **작업환경관리**
• 근육, 골격계의 활동상태를 양호하게 유지하기 위하여 작업장 내의 온도관리, 작업자의 보온에 노력한다.
• 작업 중의 넘어짐, 걸려 넘어질 뻔함 등에 의해 허리 부분에 순간적으로 과도한 힘이 걸리는 것을 피하기 위하여 적절한 조명 및 작업바닥면을 확보한다.
• 부자연스러운 작업자세, 동작을 피하기 위하여 작업공간을 충분히 확보한다.
• 적절한 작업위치, 작업자세, 높이 등을 확보할 수 있도록 설비의 배치 등을 고려한다.

■ **작업관리**
• 허리 부분에 과도한 부담이 걸리는 작업에 대하여 기계화, 자동화 등에 의한 부담의 경감을 도모한다.
• 허리 부분에 부담이 걸리는 허리를 반 정도 구부린 자세, 비틂, 전굴(前屈), 후굴(後屈), 틀어서 방향을 바꿈 등의 부자연스러운 자세, 급격한 동작을 가급적 취하지 않도록 한다.

(계속)

- 차량 운전의 경우 시간마다 휴식을 취한다. 운전석에 앉았을 때의 자세를 등·허리 부분을 바짝 붙이는 형태로 유지하고, 무릎은 가볍게 구부려 브레이크 페달을 강하게 밟아 넣을 수 있는 위치로 한다.

■ 건강관리
- 중량물취급작업, 간병작업 등 허리 부분에 심한 부담이 걸리는 작업에 상시 종사하는 작업자에 대하여 배치 전 및 정기적으로 요통의 건강진단을 실시하고, 예방을 포함한 건강 확보의 관점에서 작업을 시작할 때, 작업시작 전 등에 행하는 체조, 요통예방체조를 실시한다.

## 2. 화학적 요인

현재 우리나라에서 사용되고 있는 물질 수는 45,000여 종이라고 말해지고 있고, 나아가 매년 신규로 수백 종류의 화학물질이 생산되고 있으며, 특히 최근에는 사용량이 적은 신규화학물질의 종류가 증가하고 있다.

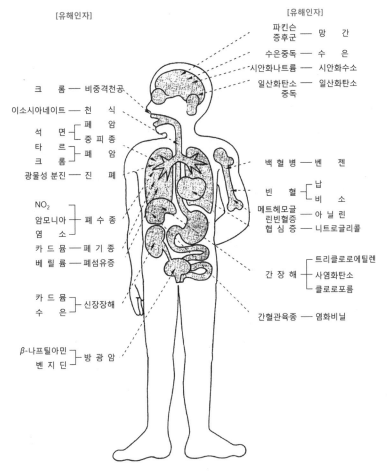

그림 5.2.2 직장에서 발생할 수 있는 화학적 요인에 의한 건강장해

화학물질, 즉 화학적 요인에는 유기용제, 금속, 분진(광물성), 약물, 농약, 알코올, 흡연, 식품첨가물 등이 있다.

화학물질은 유익한 반면 위험성, 유해성을 가지고 있는 것도 많고, 그 취급에 의해 작업자의 건강에 영향을 미치는 경우가 있기 때문에, 적절한 관리를 하는 것이 반드시 필요하다.

화학물질의 유해성으로서는 생체에 대하여 중독, 알레르기, 발암성 등이 있는데, 이를 그림으로 나타내면 그림 5.2.2와 같다.

그리고 직장에서 화학물질의 노출경로는 다음과 같은 3가지가 있다.

- 작업환경 중의 가스, 증기, 분진을 흡수하는 경기도(經氣道) 노출
- 피부·눈에 접촉하는 것에 의해 흡수되는 경피(經皮) 노출
- 유해물질에 오염된 것이 입을 거쳐 몸 안으로 들어가는 경구(經口) 노출

이를 그림 5.2.3에 상세하게 나타내었다.

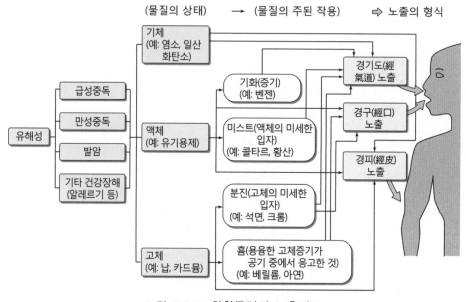

그림 5.2.3 화학물질의 노출경로

여기에서는 화학적 요인 중 치명적인 재해로 연결되기 쉬운 산소결핍증 등, 분진장해, 유기용제중독에 대하여 설명한다.

### (1) 산소결핍증 등

산소결핍증(산소농도가 18% 미만의 공기를 흡입하는 것에 의해 생기는 증상), 일산화탄소 중독, 황화수소 중독과 같이 사망재해로 직결되는 급성질병을 예방하는 대책은 사업장에서

매우 중요한 과제이다. 이 급성질병을 방지하기 위한 기본은 산업안전보건기준에 관한 규칙에서 정하는 사항을 확실하게 준수하는 것이다. 그리고 다음에 제시하는 6개 항목을 작업 시에 반드시 실시·확인하는 것이 필요하고, 특히 감독자에 의한 산소 등의 농도 측정과 환기가 가장 중요하다. 또한 6개 항목을 실천하기 위한 체제(측정기의 정도관리, 보호구의 관리, 구급체제, 교육체제 등)를 직장 내에 구축해 두는 것이 필요하다.

표 5.2.6 산소결핍증 등 대책의 원칙

| |
|---|
| ① 작업시작 전 회의 |
| ② 산소, 황화수소 등의 농도 측정 실시 |
| ③ 환기의 실시 |
| ④ 보호구의 착용 |
| ⑤ 감시인 지정 |
| ⑥ 특별교육 실시 여부 확인 |

특히, 산소결핍증에서는 다음에 제시하는 특수한 작업에서의 위험방지대책이 필요하다.

표 5.2.7 산소결핍 위험장소에서의 작업과 위험방지조치(예)

| 특수한 작업의 종류 | 위험방지대책의 내용 |
|---|---|
| 수도 등의 굴착 | 보링(boaring) 등에 의한 조사, 메탄 등의 가스의 처리방법, 굴착의 시기·순서 등을 정하여 작업한다. |
| 지하실 등의 탄산가스 소화설비 | 핸들 등이 용이하게 작동하지 않도록 한다. 함부로 작동시키는 것을 금지한다. |
| 냉장고, 냉동실 등 밀폐하여 사용하는 설비 | 출입구의 문, 뚜껑이 닫히지 않도록 조치한다. 내부에서 용이하게 열 수 있는 구조로 하거나 통보장치를 마련한다. |
| 탱크의 내부 등 통풍이 나쁜 장소에서의 아르곤, 탄산가스를 사용하는 용접 | 산소농도를 18% 이상으로 유지하도록 환기한다. 공기호흡기를 사용한다. |
| 특수한 지층 등에 접하고 있는 지하실 등에서의 작업 | 산소공기의 누출방지를 위한 누출장소의 폐색(閉塞) 또는 산소결핍공기를 직접 외부로 방출하는 등의 조치를 한다. |
| 분뇨 등 부패 또는 분해되기 쉬운 물질이 들어가 있는 설비 | 산소결핍공기가 충만되어 있다고 생각하고, 외부의 정상적인 공기에 의한 치환(환기), 측정, 감시 등을 실시한다. |

* 위 표의 내용 이외에도 산소결핍의 위험이 있는 구체적인 특수작업이 있다. 밀폐된 피트, 맨홀 등의 내부는 산소결핍공기로 채워져 있다고 생각하고, 내부에 들어가는 경우에는 사전에 측정과 환기를 반드시 실시하는 한편 감시인을 두고 작업을 할 필요가 있다.

## (2) 분진장해

진폐는 오래전부터 알려져 있는 대표적인 직업병임에도 불구하고, 최근에도 진폐 및 진폐

합병증의 업무상질환자 수는 여전히 많은 상태이다. 이와 같은 분진에 의한 장해를 방지하는 대책으로는, 첫째, 분진 발산과 확산을 감소시키고 호흡용 보호구를 사용하는 것 등에 의해 분진에의 노출을 감소시키기 위한 대책, 둘째, 분진작업 종사 근로자에 대한 건강관리가 중요하다. 분진이 발생하는 직장에서는 먼저 발산을 감소시키고 작업자에의 노출을 감소시키는 것이 필요하다.

직장에서의 일반적인 분진대책은 표 5.2.8에 제시되어 있다.

**표 5.2.8 직장에서의 분진대책**

- 분진 발생이 적은 생산공정, 작업방법 등으로의 개선 및 원재료의 변경
- 밀폐화, 국소배기장치 또는 압인환기장치(push-pull ventilation)의 설비, 습식화 등 특정 분진발생원에 대한 대책
- 특정 분진작업 이외의 분진작업을 행하는 옥내작업장에서의 전체환기장치의 설치 등의 대책
- 분진을 가능한 한 흡입하지 않기 위한 방진마스크의 착용, 작업절차의 개선
- 작업환경측정에 근거한 작업환경의 평가 및 평가결과에 근거한 적절한 사후조치의 실시
- 분진작업에 종사하는 근로자에 대한 유해성 등의 주지
- 국소배기장치의 사용 전 검사 및 정기적인 안전검사
- 퇴적분진에 의한 2차적 발산방지를 위한 청소의 실시
- 분진작업장 이외의 장소에의 휴게시설의 설치
- 진폐의 조기 발견과 진전 정도를 파악하고, 진전 방지에 기여하기 위한 건강진단의 실시

### (3) 유기용제중독

유기용제란 다른 물질을 녹이는 성질을 가지고 있는 유기화합물의 총칭이다. 많은 직장에서 도장, 세정, 인쇄 등의 작업에 폭넓게 사용되고 있다. 유기용제는 상온에서 액체이지만, 일반적으로 증발하기 쉽고 증기가 되어 작업자의 호흡기로 흡수된다. 그리고 기름을 녹이는 성질에 의해 피부로 흡수되는 용제도 있다. 유기용제의 고농도 증기를 흡입하면, 중추신경이 작용을 받아 '급성중독'을 일으킨다. 또한 저농도라 하더라도 장기간 흡입하면 간장, 조혈기 등에 작용하여 '만성중독'을 일으키는 등의 성질을 가지고 있어 각별한 주의가 필요하다.

최근 유기용제에 의한 급성중독의 발생사례를 보면, 그 대부분이 메탄올, 트리클로로에틸렌(TCE), 톨루엔, 크실렌 등을 취급할 때 통풍이 불충분한 장소에서 가공, 도장, 세정 등의 업무에 수반하여 발생하고 있다. 그 원인은 국소배기장치 등의 불비(不備), 호흡용 보호구의 미사용, 감독의 미흡, 작업자에 대한 교육의 미실시 또는 부족 등이 지적되고 있다.

## 3. 생물학적 요인

생물학적 요인에의 노출로 인한 대표적인 건강장해로는 세균, 바이러스, 곰팡이, 진드기, 분진(동물성, 식물성) 등에 의한 감염성 질환, 호흡기계 과민성질환 등이 있다.

### (1) 감염성 질환

감염은 생물학적 유해인자가 인체 내에 들어와 번식하여 질병을 일으키는 것으로, 미생물로 오염된 음식이나 음용수, 호흡분비물, 동물배설물 접촉, 곤충이나 동물을 매개로 한 접촉 등에 기인한다.

### (2) 호흡기계 과민성질환

호흡기계 질환은 생물학적 유해인자에 의한 가장 일반적인 질환이다. 천식, 비염, 폐렴 등 대부분이 과민성 반응에 기인하는 질환이다. 과민성질환을 초래하는 인자들은 곰팡이나 박테리아 유기체 자체, 포자, 세포산물 등이다.

생물학적 유해인자에 노출되는 주된 대상자는 병원 등에서 일하는 의사, 간호사, 응급구조사 등 보건의료종사자, 실험실에서 근무하는 연구원 등 연구종사자, 농림업에 종사하는 야외작업자 등이 있다.

## 4. 심리·사회적 요인

기계화, OA화, 로봇의 도입 등 직장의 노동양태가 크게 변화하고 있다. 합리화, 구조조정의 진전으로 인간관계의 복잡성도 커지고 있다. 예를 들면, 사무직 직장에서 컴퓨터화, OA화에 의해 일정한 자세로 장시간 반복작업하는 것에 의한 정적 근육노동이 증가하고 정신적 피로도가 높아지며 스트레스가 증대되는 등 새로운 건강문제가 생겨나고 있다. 매일의 피로가 회복되면 문제가 없지만, 축적되고 만성피로상태가 되면, 안정(眼精)피로[4](VDT 작업 등), 요통(서서 하는 작업 등), 경견완증후군, 심신증 등 여러 가지 형태로 직업성 질환으로 발전되고 표면화하게 된다.

직장에서의 스트레스 관련 질환으로는 다음과 같은 것이 제시되고 있다.

---

4 눈을 계속 쓰는 일을 할 때 눈이 느끼는 증세로서, 정상인이라면 눈이 별로 피로하지 않을 정도의 사용에서도 쉽게 눈에 피로를 느끼며, 전액부(前額部: 얼굴 옆면/볼따귀의 위)의 압박감·두통·시력장애·복시(複視)를 일으키고, 심할 때는 오심·구토까지도 일으킨다.

표 5.2.9 직장에서의 스트레스 관련 질환

| | | |
|---|---|---|
| 1. 위·십이지장궤양 | 10. 갑상선 기능항진증 | 19. 원발성녹내장 |
| 2. 궤양성 대장염 | 11. 신경성 식욕부진증 | 20. 원형탈모증 |
| 3. 과민성 장증후군 | 12. 편두통 | 21. 메니에르병(Meniere's disease) |
| 4. 신경성 구토 | 13. 근긴장성 두통(筋緊張性頭痛) | 22. 임포텐츠(impotenz) |
| 5. 본태성 고혈압증(本態性高血壓症) | 14. 서경(書痙) | 23. 갱년기장해 |
| 6. 협심증·심근경색 | 15. 경성사경(痙性斜頸) | 24. 심신증 |
| 7. 뇌출혈·뇌경색 | 16. 관절류마치 | 25. 신경증(우울증) |
| 8. 과환기 증후군(過換氣症候群) | 17. 요통증 | 26. 자율신경실조증 |
| 9. 기관지천식 | 18. 경경완증후군 | 27. 기타 |

직장의 정신건강관리를 생각할 때, 종래의 정신장해자에의 접근방법을 중심으로 한 정신보건대책뿐만 아니라, 폭넓게 직장 전체의 정신건강도를 높이고 밝고 즐겁고 활기 있는 직장을 형성해 가는 노력이 필요하다. 이를 위해서는 관리·감독자부터 '경청의 태도'와 '공감적 이해'가 가능하여야 하고 직장의 전원으로부터 신뢰를 받을 수 있도록 노력하여야 한다.

## 1. 근로자 건강관리의 개요

근로자들이 수진하는 건강진단은 크게 근로자이면 누구나 다 받는 일반건강진단과 유해한 업무에 종사하는 자를 대상으로 하는 특수건강진단으로 구분된다. 건강진단은 근로자가 평소에 알아차리지 못하고 있는 질병을 조기에 발견하고, 발견한 그 질병을 빠른 시일 안에 치료하기 위한 것이라고 생각하는 사람이 많다. 물론 이것도 중요한 목적의 하나이지만, 이것 이외에 다른 중요한 목적도 있다.

예를 들면, 감염증을 발견하는 것은 해당 근로자가 아닌 다른 근로자가 감염되는 것을 방지하기 위해 필요하다. 사람에게 전염되지 않는 다른 질병에서도 건강진단은 작업과의 관계에서 질병의 악화를 방지하기 위해 중요하다. 헤드폰으로 높은 음량의 음악을 장시간에 걸쳐 듣는 사람에게 난청이 많이 발견되는데, 거기에 직장의 소음이 겹쳐지면 점점 귀가 들리지 않게 될 우려가 있고, 빈혈, 신장병, 간장병 등의 증세가 있는 상태에서 유해물질 등을 취급하는 작업에 종사하고 있으면 질병이 악화될 우려가 있기 때문에, 조기발견·치료 외에 작업에 주의하기 위해서도 건강진단이 필요하다. 나아가, 질병만이 아닌 건강상태의 관찰도 중요하다. 건강을 지키기 위해서는 심신의 상태를 계속적으로 경과(經過)관찰함과 아울러 잘 기록해 두는 것도 필요하다. 평소의 몸 상태를 알고 있으면 질병의 조기발견도 하기 쉽다.

건강진단을 할 기회를 놓치면 그만큼 계속적인 기록에 공백이 발생하므로, 이를 방지하기 위해서는 건강진단을 제때에 받아야 한다. 더구나 자신은 건강하기 때문에 괜찮다고 하여 건강진단을 받지 않는 것은 있을 수 없는 일이다. 질병은 자각할 수 없는 경우도 많고, 질병이 없어도 건강상태를 기록해 두는 것은 중요하기 때문이다.

건강진단에서 이상이 없는 것으로 나왔다고 해서 건강한 것으로 자신해서는 안 된다. 이상이 없다는 것은, 건강진단에서 검사한 항목에서만 이상이 없었다는 것 또는 그 시점에서는 이상이 없었다는 것에 지나지 않기 때문이다.

건강진단은 단순히 현재의 상태만을 보여 줄 뿐 미래를 예측하는 것은 아니다. 현재는 이상이 없어도 불건강한 생활을 하다 보면 향후에는 이상이 생길 수 있다. 따라서 건강진단을 통해 건강상태의 경과를 관찰하여 건강의 변화를 아는 것이 필요하다. 특히 고혈압이나 당뇨 등 대사증후군과 관련된 수치들의 경우 면밀한 관찰을 통해 생활습관개선 등을 통한 예방과 관리에 힘써야 한다.

건강진단 결과, 정밀검사가 필요하다는 의견이 제시되기도 하는데, 당황할 필요는 없다. 이상이 있는지 없는지 모르기 때문에 정밀검사를 하는 것이다. 그러나 정밀검사를 받지 않고 방치해서는 안 된다. 이상이 있을지도 모르기 때문이다.

근로자의 건강관리를 위해서는 건강진단의 정확한 실시에 추가하여, 그 결과에 근거한 사후조치의 실시가 중요하다. 근로자에게도 자율적인 건강관리의 노력이 요구된다.

한편, 건강진단은 일차적으로 개별근로자에 대하여 건강상태를 조기에 발견·파악하고 적절한 건강관리를 해 나가기 위해 필요하지만, 근로자의 건강상황으로부터 직장의 유해인자를 발견하고 그 개선을 도모해 가기 위해서도 중요하다.

이를 위하여, 산업안전보건법 제8장 제2절에서는 사업주에게 각종의 건강진단의 실시와 이에 따른 건강관리를 의무화하고 있다.

근로자에 대한 건강진단 종류에는 건강진단의 실시시기 및 대상을 기준으로 일반건강진단, 특수건강진단, 배치 전 건강진단, 수시건강진단 및 임시건강진단 등 5가지가 있다(산업안전보건법 제129조 내지 제131조).

## 2. 산업안전보건법상 근로자 건강관리제도

### (1) 근로자 건강진단의 종류·실시시기 및 대상

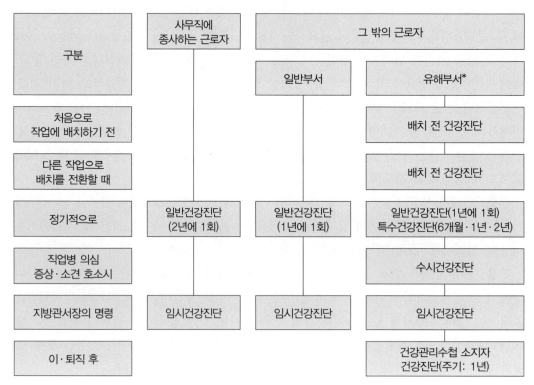

\* 유해부서: 특수건강진단 대상 유해인자(181종)에 노출되는 업무

그림 5.3.1 근로자건강진단 종류별 대상, 시기 및 주기 비교

## 1) 일반건강진단

일반건강진단은 상시 사용하는 근로자의 건강관리를 위하여 사업주가 주기적으로 실시하는 건강진단을 말한다. 사업주는 상시 사용하는 근로자 중 사무직에 종사하는 근로자[공장 또는 공사현장과 같은 구역에 있지 아니한 사무실에서 서무·인사·경리·판매·설계 등의 사무업무에 종사하는 근로자를 말하며, 판매업무 등에 직접 종사하는 근로자는 제외한다(시행규칙 제197조 제1항)]에 대해서는 2년에 1회 이상, 그 밖의 근로자에 대해서는 1년에 1회 이상 주기적으로 일반건강진단을 실시하여야 한다.

다만, 사업주가 다음 어느 하나에 해당하는 법령의 규정에 따라 일반건강진단에 준하는 건강진단을 실시한 경우, 그 건강진단을 받은 근로자는 산업안전보건법에 따른 일반건강진단을 실시한 것으로 본다(산업안전보건법 제129조 제1항 단서, 동법 시행규칙 제196조).

① 국민건강보험법에 따른 건강검진
② 선원법에 따른 건강진단
③ 진폐의 예방과 진폐근로자의 보호 등에 관한 법률에 따른 정기건강진단
④ 학교보건법에 따른 건강검사
⑤ 항공안전법에 따른 신체검사
⑥ 그 밖에 일반건강진단의 검사항목을 모두 포함하여 실시한 건강진단

## 2) 특수건강진단

특수건강진단은 ⅰ) 직업병 발생 원인이 되는 유해인자(산업안전보건법 시행규칙 별표 22에서 정하는 특수건강진단 대상 유해인자)에 노출되는 업무(특수건강진단 대상 업무)에 종사하는 근로자, ⅱ) 근로자 건강진단 실시하는 결과 직업병 유소견자로 판정받은 후 작업전환을 하거나 작업장소를 변경하여 해당 판정의 원인이 된 특수건강진단 대상 업무에 종사하지 아니하는 사람으로서 해당 유해인자에 대한 건강진단이 필요하다는 의사의 소견이 있는 근로자를 대상으로 실시하는 건강진단을 말한다(산업안전보건법 제130조 제1항). 특수건강진단의 구체적인 대상 여부는 사업주가 물질안전보건자료 또는 작업환경측정 결과 등을 토대로 결정한다.

사업주는 특수건강진단 대상 업무에 종사하는 근로자에 대해서는 특수건강진단 대상 유해인자별로 정한 시기 및 주기에 따라 특수건강진단을 실시하여야 한다. 다만, 사업주가 다음 어느 하나에 해당하는 건강진단을 실시한 경우에는 그 건강진단을 받은 근로자에 대해 해당 유해인자에 대한 특수건강진단을 실시한 것으로 본다(산업안전보건법 제130조 제1항 단서, 동법 시행규칙 제200조).

① 원자력안전법에 따른 건강진단(방사선)
② 진폐의 예방과 진폐근로자의 보호 등에 관한 법률에 따른 정기건강진단(광물성 분진)

③ 진단용 방사선 발생장치의 안전관리규칙에 따른 건강진단(방사선)

④ 그 밖에 다른 법령에 따라 특수건강진단의 검사항목을 모두 포함하여 실시한 건강진단 (해당하는 유해인자만 해당한다)

산업안전보건법 시행규칙 별표 22에서는 특수건강진단 대상 업무와 관련되는 유해인자 181종을 상세히 규정하고 있다.

[특수건강진단 대상 유해인자(시행규칙 별표 22)]

| | 특수건강진단 대상 유해인자 | 분류 | 종류 |
|---|---|---|---|
| 1 | 유기화합물 | 화학적 인자 | 109종 |
| 2 | 금속류 | 화학적 인자 | 20종 |
| 3 | 산 및 알칼리류 | 화학적 인자 | 8종 |
| 4 | 가스상태 물질류 | 화학적 인자 | 14종 |
| 5 | 시행령 제88조에 따른 허가 대상 유해물질 | 화학적 인자 | 12종 |
| 6 | 금속가공유 | 화학적 인자 | 1종 |
| 7 | 분진 | 분진 | 7종 |
| 8 | 물리적 인자 | 물리적 인자 | 8종 |
| 9 | 야간작업 | 야간작업 | 2종 |
| | | | 181종 |

특수건강진단은 배치 전 건강진단(해당 작업에 배치하기 전에 실시)을 실시하고 나서 유해인자별로 정해져 있는 시기에 첫 번째로 실시하고, 이후에는 정해져 있는 주기에 따라 정기적으로 실시한다(산업안전보건법 시행규칙 제202조 제1항, 제204조 참조).

다만, 다음 어느 하나에 해당하는 근로자에 대하여는 관련 유해인자별로 다음 회에 한하여 특수건강진단 실시주기를 1/2로 단축하여야 한다(산업안전보건법 시행규칙 제202조 제2항).

① 작업환경측정 결과 노출기준 이상인 작업공정에서 해당 유해인자에 노출되는 모든 근로자

② 특수, 수시 또는 임시건강진단 실시결과 직업병 유소견자가 발견된 작업공정에서 해당 유해인자에 노출되는 모든 근로자. 다만 고용노동부장관이 정하는 바에 따라 특수건강진단·수시건강진단 또는 임시건강진단을 실시한 의사로부터 특수건강진단 주기를 단축하는 것이 필요하지 않다는 소견을 받은 경우는 제외한다.

③ 특수 또는 임시건강진단 실시결과 해당 유해인자에 대하여 특수건강진단 실시주기를 단축해야 한다는 의사의 판정을 받은 근로자

[유해인자별 특수건강진단 시기 및 주기(시행규칙 별표 23)]

| 구분 | 특수건강진단<br>대상 유해인자 | 시기<br>배치 후 첫 번째<br>특수건강진단 | 주기 |
|---|---|---|---|
| 1 | NN-디메틸아세트아미드<br>N,N-디메틸포름아미드 | 1개월 이내 | 6개월 |
| 2 | 벤젠 | 2개월 이내 | 6개월 |
| 3 | 1,1,2,2-테트라클로로에탄<br>사염화탄소<br>아크릴로니트릴<br>염화비닐 | 3개월 이내 | 6개월 |
| 4 | 석면, 면 분진 | 12개월 이내 | 12개월 |
| 5 | 광물성 분진<br>나무 분진<br>소음 및 충격소음 | 12개월 이내 | 24개월 |
| 6 | 제1호부터 제5호까지의 규정의 대상 유해인자를 제외한<br>별표 22의 모든 대상 유해인자 | 6개월 이내 | 12개월 |

### 3) 배치 전 건강진단

배치 전 건강진단은 특수건강진단 대상 업무에 종사할 근로자에 대하여 배치예정업무에 대한 적합성 평가를 위하여 실시하는 건강진단으로서(산업안전보건법 제130조 제2항), 해당 작업에 배치하기 전에 실시하여야 하고, 사업주는 특수건강진단기관에 해당 근로자가 담당할 업무나 배치하려는 작업장의 특수건강진단 대상 유해인자 등 관련정보를 미리 알려 주어야 한다(산업안전보건법 시행규칙 제204조).

다만, 최근 6개월 이내에 해당 사업장 또는 다른 사업장에서 해당 유해인자에 대한 '배치 전 건강진단에 준하는 건강진단'을 받은 경우는 배치 전 건강진단이 면제된다(산업안전보건법 제130조 제2항 단서, 동법 시행규칙 제203조). 여기에서 말하는 '배치 전 건강진단에 준하는 건강진단'은 ⅰ) 해당 유해인자에 대한 배치 전 건강진단, ⅱ) 해당 유해인자에 대한 배치 전 건강진단의 제1차 검사항목을 포함하는 특수건강진단, 수시건강진단 또는 임시건강진단, ⅲ) 해당 유해인자에 대한 배치 전 건강진단의 제1차 검사항목 및 제2차 검사항목을 포함하는 건강진단을 말한다(산업안전보건법 시행규칙 제203조 제1호·제2호).

### 4) 수시건강진단

수시건강진단은 특수건강진단 대상 업무로 인하여 해당 유해인자로 인한 것이라고 의심되는 직업성 천식, 직업성 피부염, 그 밖에 건강장해 증상을 보이거나 의학적 소견이 있는 근로자를 대상으로 사업주가 실시하는 건강진단으로서, 해당 근로자의 신속한 건강관리를 위해 실시한다(산업안전보건법 제130조 제3항).

수시건강진단은 수시건강진단 대상 근로자가 직접 또는 근로자대표나 명예산업안전감독
관(산업안전보건법 제23조)이 사업주에게 수시건강진단을 요청하거나, 해당 사업장의 산업
보건의, 보건관리자(보건관리전문기관을 포함한다)가 필요하다고 판단하여 사업주에게 해당
근로자에 대한 수시건강진단을 건의한 때 실시한다(산업안전보건법 제205조 제1항).

사업주는 위에 해당하는 근로자에 대해서는 지체 없이 수시건강진단을 실시해야 한다(산
업안전보건법 시행규칙 제205조 제2항). 다만, 사업주가 수시건강진단의 실시를 서면으로 요
청 또는 건의받았으나, 특수건강진단을 실시한 의사로부터 해당 근로자에 대한 수시건강진
단이 필요하지 않다는 소견(자문)을 받은 경우에는 해당 수시건강진단을 실시하지 아니할 수
있다(산업안전보건법 시행규칙 제205조 제1항 단서).

### 5) 임시건강진단

임시건강진단이란 특수건강진단 대상 유해인자 또는 그 밖의 유해인자에 의한 중독 여부,
질병에 걸렸는지 여부 또는 질병의 발생원인 등을 확인하기 위하여 필요하다고 인정되는 경
우로서 다음 어느 하나에 해당하는 경우에 지방고용노동관서장의 명령에 따라 사업주가 실
시하는 건강진단을 말한다(산업안전보건법 제131조 제1항, 동법 시행규칙 제207조 제1항).

① 같은 부서에 근무하는 근로자 또는 같은 유해인자에 노출되는 근로자에게 유사한 질병
   의 자각 및 타각증상이 발생한 경우
② 직업병 유소견자가 발생하거나 여러 명이 발생할 우려가 있는 경우
③ 그 밖에 지방고용노동관서장이 필요하다고 판단하는 경우

## (2) 건강진단 종류별 실시기관·검사항목 및 실시방법

### 1) 일반건강진단

일반건강진단은 산업안전보건법에 따른 특수건강진단기관 또는 건강검진기본법에 따른
건강검진기관(건강진단기관)에서 실시되어야 한다(산업안전보건법 제129조 제2항).

검사항목은 다음과 같다(산업안전보건법 시행규칙 제198조 제1항).

① 과거병력·작업경력 및 자각·타각증상(시진·촉진·청진 및 문진)
② 혈압·혈당·요당·요단백 및 빈혈검사
③ 체중·시력 및 청력
④ 흉부방사선 간접 촬영
⑤ AST(SGOT) 및 ALT(SGPT), $\gamma$-GTP 및 총콜레스테롤

검사결과 질병의 확진이 곤란한 경우에는 제2차 건강진단을 받아야 하며, 제2차 건강진단

의 범위·검사항목·방법 및 시기 등은 고용노동부장관이 따로 정하여 고시(근로자 건강진단 실시기준)한다(산업안전보건법 시행규칙 제198조 제3항).

### 2) 배치 전 건강진단, 특수건강진단 및 수시건강진단

특수건강진단, 배치 전 건강진단 및 수시건강진단을 수행하려고 하는 경우에는 고용노동부로부터 특수건강진단기관으로 지정받아야 한다(산업안전보건법 제135조 제1항).

검사항목은 제1차 검사항목과 제2차 검사항목으로 구분하며, 유해인자별 세부검사항목은 산업안전보건법 시행규칙 별표 24에서 상세히 규정하고 있다(산업안전보건법 시행규칙 제206조 제1항).

제1차 검사항목은 해당 건강진단 대상자 모두에 대하여 실시하고, 제2차 검사항목은 제1차 검사항목에 대한 검사결과 건강수준의 평가가 곤란하거나 질병이 의심되는 사람에 대하여 고용노동부장관이 정하여 고시(근로자 건강진단 실시기준)하는 바에 따라 실시하되(산업안전보건법 시행규칙 제206조 제3항 본문), 제1차 검사결과 이상소견이 기존에 가지고 있던 비직업성 질환이나 소견으로 인한 것이 명백한 경우 또는 제2차 검사항목 중 제1차 검사결과 신체기관의 이상소견의 원인 및 상태를 파악하는 데 불필요한 검사항목으로 판단되는 경우로서 건강진단을 실시하는 의사가 해당 건강관리 구분상 필요 없다고 판단하는 경우에는 그 사유를 기재하고 제2차 검사항목의 전부 또는 일부를 실시하지 아니할 수 있으며(근로자 건강진단 실시기준 제4조 제3항), 건강진단 담당의사가 해당 유해인자에 대한 근로자의 노출 정도, 병력 등을 고려하여 필요하다고 인정하는 경우에는 제2차 검사항목의 일부 또는 전부에 대하여 제1차 검사항목을 검사할 때에 추가하여 실시할 수 있다(산업안전보건법 시행규칙 제206조 제3항 단서, 근로자 건강진단 실시기준 제4조 제4항).

산업안전보건법 시행규칙 제196조 각 호 및 제200조 각 호에 따른 법령과 그 밖에 다른 법령에 따라 제206조 제1항 및 제2항에서 정한 검사항목과 같은 항목의 건강진단을 실시한 경우에는 해당 항목에 한정하여 같은 조 같은 항에 따른 검사를 생략할 수 있다(산업안전보건법 시행규칙 제206조 제4항).

### 3) 임시건강진단

임시건강진단 역시 특수건강진단기관에서 실시한다. 검사항목은 산업안전보건법 시행규칙 별표 24에 따른 특수건강진단의 검사항목 중 전부 또는 일부와 건강진단 담당의사가 필요하다고 인정하는 검사항목으로 한다(산업안전보건법 시행규칙 제207조 제2항).

## (3) 건강진단 결과의 통보·보고

건강진단기관은 건강진단을 실시한 때에는 그 결과를 근로자 및 사업주에게 통보하고 고용노동부장관에게 보고하여야 한다(산업안전보건법 제134조 제1항).

이에 따라 건강진단기관은 건강진단을 실시한 때에는 그 결과를 고용노동부장관이 정하는 건강진단개인표(근로자건강진단 실시기준 별지 제5호 서식)에 기록하고, 이를 건강진단 실시일부터 30일 이내에 근로자에게 송부하여야 하며(산업안전보건법 시행규칙 제209조 제1항), 건강진단을 실시한 결과 질병 유소견자가 발견된 경우에는 건강진단을 실시한 날부터 30일 이내에 해당 근로자에게 의학적 소견 및 사후관리에 필요한 사항과 업무수행의 적합성 여부(특수건강진단기관인 경우에만 해당한다)를 설명하여야 한다. 다만, 해당 근로자가 소속한 사업장의 의사인 보건관리자에게 이를 설명한 경우에는 그렇지 않다(산업안전보건법 시행규칙 제209조 제2항).

건강진단기관은 건강진단을 실시한 날부터 30일 이내에 해당 건강진단 결과표[5](건강진단 현황, 질병유소견자 현황, 사후관리 현황, 사후관리 소견서)를 사업주에게 송부하여야 한다(산업안전보건법 시행규칙 제209조 제3항).

그리고 특수건강진단기관은 특수·수시·임시건강진단을 실시한 경우에는 건강진단을 실시한 날부터 30일 이내에 건강진단 결과표를 지방고용노동관서장에게 제출하여야 한다(산업안전보건법 제134조 제1항, 동법 시행규칙 제209조 제4항). 다만, 건강진단개인표 전산자료를 산업안전보건공단에 송부한 경우에는 그러하지 아니하다(산업안전보건법 시행규칙 제209조 제4항 단서).

사업주는 일반적으로 일반건강진단 결과표를 제출할 의무는 없으나, 지방고용노동관서장은 근로자의 건강을 유지하기 위하여 필요하다고 인정하는 사업장의 경우, 해당 사업주에 대하여 일반건강진단 결과표(산업안전보건법 시행규칙 별지 제84호 서식)를 제출하게 할 수 있다(산업안전보건법 시행규칙 제199조).

산업안전보건법 제129조 제1항 단서에 따라 건강진단을 실시한 기관은 사업주가 근로자의 건강보호를 위하여 그 결과를 요청하는 경우 고용노동부령(산업안전보건법 시행규칙 제209조 제5항)으로 정하는 바에 따라 그 결과를 사업주에게 통보하여야 한다(산업안전보건법 제134조 제2항).

## (4) 사업주의 의무

### 1) 건강진단 실시 및 사후관리

사업주는 상시 사용하는 근로자의 건강관리를 위하여 일반건강진단을, 특수건강진단 대상

---

5 산업안전보건법 시행규칙 별지 제84호·제85호 서식.

업무에 종사하는 근로자 등에 대하여 특수건강진단을 각각 실시하여야 한다(산업안전보건법 제129조 제1항, 제130조 제1항).

그리고 사업주는 산업안전보건법령 또는 다른 법령에 따른 건강진단결과 근로자의 건강을 유지하기 위하여 필요하다고 인정할 때에는, 작업장소의 변경, 작업의 전환, 근로시간의 단축, 야간근로(오후 10시부터 오전 6시까지의 근로를 말한다)의 제한, 작업환경측정 또는 시설·설비의 설치 또는 개선 등 적절한 조치를 하여야 한다(산업안전보건법 제132조 제4항). 이에 따라 적절한 조치를 하여야 하는 사업주로서 특수건강진단, 수시건강진단, 임시건강진단의 결과 특정 근로자에 대하여 근로금지 및 제한, 작업전환, 근로시간 단축, 직업병 확진 의뢰 안내의 조치가 필요하다는 건강진단을 실시한 의사의 소견이 있는 건강진단 결과표를 송부받은 사업주는 이를 송부받은 날부터 30일 이내에 사후관리 조치결과 보고서(산업안전보건법 시행규칙 별지 제86호 서식)에 건강진단 결과표, 위의 사후관리조치의 실시를 증명할 수 있는 서류 또는 실시계획 등을 첨부하여 관할 지방노동관서에 제출하여야 한다(산업안전보건법 제132조 제5항, 동법 시행규칙 제210조 제3항·제4항).

### 2) 근로자대표 입회 및 설명회 개최

사업주가 건강진단을 실시할 경우 근로자대표의 요구가 있을 때에는 건강진단에 근로자대표를 참석시켜야 한다(산업안전보건법 제132조 제1항). 그리고 사업주는 산업안전보건위원회 또는 근로자대표가 요구할 때에는 직접 또는 건강진단을 실시한 건강진단기관으로 하여금 건강진단결과에 대한 설명하도록 하여야 한다. 다만, 본인의 동의 없이는 개별근로자의 건강진단결과를 공개하여서는 아니 된다(산업안전보건법 제132조 제2항).

### 3) 목적 외 사용 금지

사업주는 건강진단결과를 근로자의 건강보호·유지 외의 목적으로 사용하여서는 아니 된다(산업안전보건법 제132조 제3항).

### 4) 서류보존

사업주는 산업안전보건법 제129조 내지 제131조의 규정에 따른 건강진단에 관한 서류는 3년간 보존하여야 한다[산업안전보건법 제164조 제1항(제7호) 본문]. 그리고 동법 시행규칙 제209조 제3항에 따라 건강진단기관으로부터 송부 받은 건강진단결과표, 법 제133조 단서에 따라 근로자가 제출한 건강진단결과를 증명하는 서류(이들 자료가 전산입력된 경우에는 전산입력된 자료)는 각각 5년간 보존하되(산업안전보건법 제164조 제1항 단서, 동법 시행규칙 제241조 제2항 본문), 고용노동부장관이 정하여 고시(근로자 건강진단 실시기준 제2조 제3호)하는 물질(ⅰ) 산업안전보건법 시행령 제87조의 규정에 따른 제조 등이 금지되는 유해물질, ⅱ) 산업안전보건법 시행령 제84조의 규정에 따른 허가 대상 유해물질, ⅲ) 산업안전보건기준에 관한 규칙 별표 12에 따른 관리 대상 유해물질 중 특별관리물질에 해당하는 물질)을 취급하는 근로자에 대한 건강진단결과의 서류 또는 전산입력자료는 30년간 보존하여야 한다(산업안전보건법 제164조 제1항 단서, 동법 시행규칙 제241조 제2항 단서).

### 5) 건강진단 실시시기의 명시

일반건강진단 또는 특수건강진단을 실시하여야 할 사업주는 건강진단 실시시기를 안전보건관리규정 또는 취업규칙에 규정하는 등 일반건강진단 또는 특수건강진단이 정기적으로 실시되도록 노력하여야 한다(산업안전보건법 시행규칙 제197조 제2항, 제202조 제4항).

## (5) 근로자의 의무

근로자는 산업안전보건법 제129조 내지 제131조의 규정에 따라 사업주가 실시하는 건강진단을 받아야 한다. 다만, 사업주가 지정한 건강진단기관이 아닌 건강진단기관으로부터 이에 상응하는 건강진단을 받아 그 결과를 증명하는 서류를 사업주에게 제출하는 경우에는 사업주가 실시하는 건강진단을 받은 것으로 본다(산업안전보건법 제133조).

## (6) 건강진단에 관한 비밀유지

건강진단을 하는 자는 건강진단을 실시하는 과정에서 알게 된 근로자의 심신의 결함, 기타 비밀을 누설하여서는 아니 된다. 다만 근로자의 건강장해를 예방하기 위하여 고용노동부장관이 필요하다고 인정하는 경우에는 그러하지 아니하다(산업안전보건법 제162조 참조).

이 규정은 건강진단을 실시하는 과정에서 건강진단업무 종사자가 근로자 개인의 질병(력) 등의 프라이버시에 접할 가능성이 높은 점을 감안하여, 개인의 비밀의 존중과의 조화를 도모하고 건강진단의 적정한 실시를 확보하기 위한 목적으로 마련되었다.

## (7) 건강진단·분석능력 평가

고용노동부장관(안전보건공단 산업안전보건연구원장)은 정도관리(精度管理)[6]를 통해 특수건강진단기관의 진단·분석 결과에 대한 정확성과 정밀도를 확보하기 위하여 특수건강진단기관의 진단·분석능력을 확인하고, 특수건강진단기관을 지도하거나 교육할 수 있다. 이 경우 진단·분석능력의 확인, 특수건강진단기관에 대한 지도 및 교육의 방법, 절차, 그 밖에 필

---

6  정도관리란 특수건강진단의 정확성과 신뢰성을 확보하기 위하여 분석·진폐·청력분야에 대한 검사 등 능력을 평가하는 것을 말한다(특수건강진단기관의 정도관리에 관한 고시 제2조 제1항).

요한 사항은 고용노동부장관이 정하여 고시(특수건강진단기관의 정도관리에 관한 고시)한다(산업안전보건법 제135조 제3항).

## 3. 근로자 정신건강의 확보와 과중노동에 의한 건강장해 예방

### (1) 정신건강의 확보

최근 경제·산업구조, 노동환경이 변화하고 있는 가운데 일, 직업생활에 관한 강한 불안, 고민, 스트레스를 느끼고 있는 근로자의 비율이 높아지고 있다. 특히 성과주의 중심적 인사 노무관리가 되어 이 문제가 커지고 있다. 그 때문에 직장에서도 근로자의 마음의 건강을 지키기 위한 정신건강 대책의 필요성이 높아지고 있다.

정신건강관리는 '자기관리' 외에, '라인(사업장의 관리·감독자)에 의한 관리', '사업장 내 산업보건전문가에 의한 관리', '사업장 외부 자원에 의한 관리' 등 4가지의 관리가 계속적이고 계획적으로 이루어지는 것이 중요하다.

#### 가. 자기관리
- 먼저 스트레스를 자각하는 것이 필요하다. 이를 위해서는 근로자 스스로가 스트레스요인에 대한 스트레스반응, 정신건강에 대하여 이해하고, 스스로의 정신건강상태에 대하여 올바르게 인식하도록 하는 한편, 건강상담 요청을 하고 스트레스를 예방하는 방법을 몸에 익혀 그것을 실천하는 등 스트레스의 예방, 경감을 위해 노력한다.
- 사업주는 근로자에게 자기관리에 관한 교육연수와 정보제공 등을 행하고, 정신건강에 관한 이해를 확산시키려는 노력을 전개한다.

#### 나. 라인에 의한 관리
- 근로자와 일상적으로 접하는 관리·감독자는 직장환경 등의 파악·개선, 근로자로부터의 상담요청에 적극적인 대응을 하는 것이 필요하다.
- 사업주는 관리·감독자에 대하여 '라인에 의한 관리'에 관한 교육연수, 정보제공 등을 행한다.

#### 다. 사업장 내 산업보건전문가에 의한 관리
- 사업장 내 산업보건전문가는 자기관리 및 라인에 의한 관리가 효과적으로 실시되도록 근로자 및 관리·감독자에 대한 지원을 행한다. 그리고 정신건강 대책의 실시에 있어 중심적인 역할을 다한다.
- 사업주는 사업장 내 산업보건전문가에 대하여 전문적인 사항을 포함하는 계획연수, 지

식습득 등의 기회를 제공한다. 그리고 정신건강에 관한 방침을 명시하고 실시하여야 할 사항을 지시한다.

### 라. 사업장 외부 자원에 의한 관리

- 정신건강 관리에 관한 전문적 지식, 정보 등이 필요한 경우는 사업장 내 산업보건전문 가가 창구가 되어 적절한 사업장 외부 자원으로부터 정보제공, 조언을 받도록 노력한다. 이 경우, 사업장 외부 자원에 대하여 의존함으로써 주체성을 잃지 않도록 유념한다.
- 사업주는 필요에 따라 근로자를 신속하게 사업장 외 의료기관 등에 소개할 수 있도록 평상시부터 네트워크를 형성하여 둔다.

스트레스는 반드시 유해한 것만은 아니고 적당한 스트레스는 마음을 다잡고 일의 능률도 향상시킨다. 그러나 스트레스가 커지면 i) 초조, 불안 등의 심리 면에서의 변화, ii) 불면, 식욕부진 등의 몸 상태 면에서의 변화, iii) 작업능률의 저하, 알코올 의존 등 행동 면의 변화 등이 나타나는 경우가 있다. 이러한 경우, 조기에 자신이 스트레스 상태에 있는 것을 깨닫는 것이 중요하다. 그리고 도를 넘은 스트레스는 마음과 몸에 손상을 주고 에러를 유발하는 원인이 되기도 하므로 적절히 대처하여야 한다.

스트레스는 직장에서의 인간관계의 트러블, 업무내용의 급격한 변화, 그리고 가정, 친구관계의 트러블 등 여러 계기(원인)에서 유발된다. 이 중 업무상의 스트레스에는 여러 가지가 있는데, 직장의 인간관계, 일의 질 문제(예: 경험, 지식이 충분하지 않은 상태에서 새로운 일을 터득하고 있어야 하거나 어려운 일을 능숙하게 하여야 하는 경우), 일의 양 문제(예: 일을 시간 내에 처리할 수 없는 경우), 그 외에 직장에서의 지위 또는 역할의 변화, 배치전환, 일의 적성의 문제 등도 스트레스의 원인이 된다.

스트레스의 원인이 되는 것을 스트레스 요인이라고 한다. 이것에 의해 우리들의 생체에 스트레스 반응이 생긴다. 예를 들면, 직장의 인간관계에서 걱정되는 것이 있으면 싫다고 생각하고(심리적 반응), 싫다고 생각하는 사람과 이야기한 후에는 가슴이 두근거리기도 하며(생리적·신체적 반응), 담배를 피우는 횟수가 증가하기도 한다(행동적 반응). 그리고 걱정거리가 해결되지 않는 상황이 장기간 계속되거나 걱정거리가 매우 큰 것이면 질병, 장해에 이르게 된다.

자신이 스트레스 상태에 있는 것을 깨닫게 되면, 상사 등과 자발적인 상담을 하는 것이 좋은 대응이다. 그리고 스트레스의 정도를 조사하는 조사표 등도 공표되어 있으므로 사용하기를 권한다. 회사에서는 심리상담 창구가 설치되어 있는 경우도 있으므로, 스트레스 상태에 있을 때에는 주저하지 말고 활용하여 자기관리에 도움이 되도록 한다.

스트레스의 대응에는 평상시의 예방이 중요하다. 예방에는 스트레칭이나 자율훈련법 등 이완법의 실천이 효과적이고, 이를 습득해 둘 필요가 있다. 그리고 규칙적인 생활을 위해 노력하고 수면을 충분히 취하는 것, 친한 사람과 교류하는 시간을 갖는 것, 업무 중에 잠깐 휴식을 취하는 것, 일과 관계없는 취미를 갖는 것 등도 스트레스에 능숙하게 대처하기 위한 방법이다.

이들 스트레스 대응법에 대해서는 회사, 외부기관에 의한 교육이 이루어지고 있으므로, 적극적으로 참가하여 익혀 두는 것이 필요하다.

## (2) 과중노동에 의한 건강장해 예방

다음 어느 하나에 해당하는 원인으로 뇌심혈관질병이 발병한 경우에는 업무상 질병으로 본다[산업재해보상보험법 시행령 별표 3 '업무상 질병에 대한 구체적인 인정 기준'(제34조 제3항 관련)]. 따라서 사업주는 평상시부터 근로자가 다음과 같은 원인에 노출되지 않도록 지속적으로 관리하는 것이 필요하다.

① 업무와 관련한 돌발적이고 예측 곤란한 정도의 긴장·흥분·공포·놀람 등과 급격한 업무 환경의 변화로 뚜렷한 생리적 변화가 생긴 경우

② 업무의 양·시간·강도·책임 및 업무 환경의 변화 등으로 발병 전 단기간 동안 업무상 부담이 증가하여 뇌혈관 또는 심장혈관의 정상적인 기능에 뚜렷한 영향을 줄 수 있는 육체적·정신적인 과로를 유발한 경우

③ 업무의 양·시간·강도·책임 및 업무 환경의 변화 등에 따른 만성적인 과중한 업무로 뇌혈관 또는 심장혈관의 정상적인 기능에 뚜렷한 영향을 줄 수 있는 육체적·정신적인 부담을 유발한 경우

### 1) 시간외·휴일·야간근로시간의 삭감

근로시간이 산업재해보상보험법상 과로의 판단기준인 '발병 전 12주간 주당 평균 60시간, 발병 전 4주간 주당 평균 64시간 초과'가 되면 업무와 뇌·심장질환의 발증 간의 관련성이 강한 것으로 평가된다. 그리고 근로시간이 '발병 전 12주간 주당 평균 52시간 초과'가 되면 업무시간이 길어질수록 업무와 발병과의 관련성이 증가하며, 특히 야간근로를 포함하는 교대제 업무, 휴일이 부족한 업무 등 업무부담 가중요인에 노출되는 업무의 경우에는 업무와 질병 간의 관련성이 강한 것으로 평가된다[뇌혈관 질병 또는 심장 질병 및 근골격계 질병의 업무상 질병 인정 여부 결정에 필요한 사항(고시)]. 따라서 과중노동에 의한 건강장해를 방지하기 위해서는 시간외·휴일근로시간, 야간근로시간이 지나치게 많아지지 않도록 근로시간을 적정하게 관리할 필요가 있다.

## 2) 연차유급휴가의 사용 촉진

사업주는 연차유급휴가를 실시하기 용이한 직장환경 분위기를 조성하는 데 노력하고, 연차유급휴가의 계획적인 실시를 통해 연차유급휴가의 사용을 적극적으로 촉진하는 것이 필요하다.

## 3) 근로자 건강관리에 관한 조치의 철저

### 가. 보건관리자의 선임

근로자의 건강관리를 위하여 사업장에서 자체 선임한 보건관리자 또는 외부 위탁한 보건관리 전문기관 등에게 건강관리에 관한 직무를 적절하게 행하도록 한다. 상시근로자 수 50명 미만의 소규모 사업장에서는 지역별로 설치되어 있는 '근로자 건강센터'를 활용하는 것이 바람직하다.

### 나. 산업안전보건위원회에서의 심의 · 의결

사업장에 설치되어 있는 산업안전보건위원회에서 장시간 근로에 의한 근로자 건강장해 방지대책을 비롯하여 근로자 건강관리에 대하여 적절하게 심의 · 의결을 행할 필요가 있다.

### 다. 건강진단의 실시

사업주는 건강진단을 실시하고, 건강진단 결과에서 일정 항목에 이상 소견이 있는 근로자에 대해서는 정밀건강진단을 받도록 할 필요가 있다.

### 라. 건강진단에 근거한 사후조치의 실시

사업주는 건강진단의 실시결과 이상 소견이 있는 자에 대해서는 해당 근로자의 건강유지를 위하여 건강진단의 실시결과에 따라 필요한 조치를 하여야 한다.

### 마. 장시간근로에 대한 관리 강화

사업주는 근로자의 피로를 축적시키지 않거나 피로를 경감시키는 조치를 적극적으로 할 필요가 있다. 소정 외 근로시간이 많은 근로자에 대해서는 휴가를 부여하는 등 피로회복을 위한 조치를 취하도록 하여야 한다. 소정 외 근로시간이 항상 많은 부서에 대해서는 업무 변경 외에 배치전환을 행하는 등 근로자 개인별 근로시간을 줄이도록 한다. 이것은 인사노무부서와 산업보건부서가 연계하여 대응할 필요가 있으므로, 각각의 책임(권한)과 역할을 명확히 하는 것이 중요하다.

또한 과중노동에 의한 건강장해 방지대책을 효과적으로 실현하기 위해서는 이에 대한 최고경영자의 방침표명이 필요하다.

**작업관리**

## 1. 작업관리의 개요

### (1) 작업관리의 의의

작업관리는 작업환경관리 및 건강관리와 함께 산업보건에 관한 3대 관리의 일환을 이루는 것이다.

작업환경관리를 충분히 하더라도 작업의 종류에 따라서는 충분히 양호한 환경이 되지 않거나 부분적으로 양호하지 않은 환경이 잔존하는 경우가 있다. 그리고 근로자가 종사하는 작업 중에는, 신체의 일부 또는 전신에 커다란 부담이 걸리는 것, 상당한 근력을 요하는 것 등 작업에 수반하는 육체적·정신적 피로가 발생할 우려가 있는 것이 있다. 따라서 근로자가 작업환경, 작업 그 자체에서 과도한 악영향을 받지 않도록 작업을 적절하게 관리하는 것이 필요하다.

유해한 물질, 에너지 등이 사람에 미치는 영향은 작업내용, 작업방법, 작업시간 등에 따라 다르다. 작업관리의 목적은 이들 요인(작업내용·방법·시간 등)을 적절하게 관리함으로써 작업자에게 미치는 부정적인 영향을 적게 하는 것이다.

### (2) 작업관리의 방법

작업관리의 추진방법으로는 작업에 수반되는 유해요인의 발생을 방지·억제하거나 유해요인에의 노출이 적게 되도록 작업절차·방법을 정하는 것, 작업방법의 변경 등에 의해 작업부하·자세 등에 의한 신체에의 악영향을 감소시키는 것, 보호구를 적정하게 이용하고 노출을 적게 하는 것 등이 있다.

작업방법, 작업시간 등을 개선할 때에는 먼저 근로자의 작업양태를 조사하고 대상작업마다 작업부하, 작업절차, 작업자세, 작업시간 등을 검토하는 것이 필요하다.

작업에서의 근로자의 피로 정도를 조사하는 것도 작업방법을 개선하기 위한 포인트의 하나이다. 피로의 요인으로서는 작업강도, 작업의 곤란도, 작업시간, 작업시간대(야간근무, 잔업 등), 영양·수면·휴양방법, 통근의 방법·시간 등 많은 것이 관여하고 있다.

기계화, 자동화에 의해 단순·단조작업, 감시작업 등이 증가하면서 정신적인 피로가 보다 큰 문제가 되고 있다. 또한 신체의 일부, 예컨대 손가락을 많이 사용하는 작업에 의한 국소적인 피로도 문제가 되고 있다.

작업관리를 개선하기 위한 구체적인 방법에는 다음과 같은 것이 있다.

① 작업에 수반하는 유해요인의 발생을 방지·억제하고, 유해물질·에너지 등에의 노출을 적게 하며, 작업부하를 경감하기 위하여 구체적인 작업방법 등을 정하고, 그것에 따라 작업을 실시한다.

② 유해업무 또는 작업자에게 부하가 걸리는 작업 등에 종사하는 시간을 적절하게 관리한다.

③ 작업방법의 변경 등으로 작업의 부하, 자세 등에 의한 신체에의 악영향을 감소시킨다.

④ 중량물의 취급에 의한 요통을 방지하기 위하여 인력으로 취급하는 중량물의 중량에 제한을 둔다.

⑤ 사용하는 기계·기구를 저진동공구로 하는 등 유해에너지 등에의 노출의 억제, 작업부하의 경감화를 행한다.

⑥ 유해물질, 유해에너지 등에의 노출로부터 근로자를 보호하기 위하여 산업위생보호구를 적정하게 착용하도록 한다.

## 2. 작업관리의 주요내용

### (1) 작업과 피로

#### 1) 작업부담의 경감

작업강도, 작업밀도, 작업시간의 길이, 일련연속작업시간의 길이, 작업자세, 주의력의 집중정도, 판단이 필요한 정도 등 작업의 부담과 밀접한 관련이 있는 것의 폭은 상상 이상으로 넓다. 작업부담이 너무 클 경우에는 요통, 경견완증후군 등의 직접적인 건강장해 외에 피로를 유발한다. 따라서 작업부담이 과도하게 커지지 않도록 그 부담을 경감하는 것이 중요하다.

#### 2) 작업습관

발산하기 쉬운 유해물질이 들어 있는 용기에서 내용물을 꺼낸 후에 그 덮개를 잘 닫거나 온도조절을 적정하게 하는 것 등으로 작업환경을 양호하게 관리하면서 작업을 하고, 작업 후에는 피로가 회복되는 적절한 수단을 취하는 등의 작업습관을 통해 피로가 축적되지 않도록 하고 환경도 쾌적하게 유지할 수 있다.

#### 3) IT화 등에 의한 건강영향

산업의 현대화가 진전되면서 많은 사업장에서는 기계화, 자동화, IT화가 진전되고 감시작업이 증가하고 있다. 작업은 단순화, 단조화(單調化)되고 일부 근육에 치우친 작업이 되고 있어, 다른 근육은 그다지 사용하지 않거나 정적인 근수축에 의한 구속(拘束)자세가 지속되는 작업이 많다. 이들 작업이 끝난 후에 적절한 회복수단을 취하지 않으면 어깨 결림, 요통 등의 국소만성피로 등이 남는다. 그리고 검사작업, VDT작업 등도 눈에 부담이 크므로 동일한 배려가 필요하다.

### 4) 축적피로의 영향의 현재화(顯在化)

피로가 축적되어 나타나는 영향으로서 작업능률의 저하, 집중력의 저하, 각성수준의 저하, 정보처리능력의 저하, 업무수행기능의 회복 지연, 의식수준의 저하, 자율신경실조증 및 신경증 경향 등이 보이는 경우가 있다.

몸상태 불량의 호소, 정서 불안, 불면 호소, 경견완증후군의 증가, 눈의 피로, 요통의 증가 등이 표면화되고, 나아가 결근율의 증가로 나타나기도 한다.

### 5) 피로와 휴양

모든 근로자는 어떤 작업에 종사하더라도 그것을 계속하는 것에 의해 피로가 생긴다. 피로는 휴양을 요구하고 있는 상태로서, 피로가 축적되면 작업미스가 증가하고, 결과적으로 생산효율의 저하, 자각·타각증상이 되어 밖으로 드러난다. 1일의 사이클로 회복되지 않고 다음날까지 넘어가면 피로가 축적되어 만성피로, 축적피로가 될 수 있고, 회복까지 한층 긴 휴양기간이 필요하게 되며, 나아가 휴양만으로는 회복할 수 없고 의학적 치료가 필요하게 되는 경우도 있으므로, 피로는 그날 중에 회복시키는 것이 중요하다.

피로와 휴양은 근로자에 의한 개인차, 생활시간차 등도 연관된다. 근로자마다 효과적으로 휴양을 취하는 방법을 궁리하도록 함으로써 근로자 개인의 건강과 기업의 생산성 향상에 도움이 되도록 할 필요가 있다.

피로대책으로는 먼저 피로의 종류에 맞게 휴게시간을 보내는 것이 효과적이다. 피로는 신체적 피로와 정신적 피로, 전신 피로와 국소 피로, 동적 피로와 정적 피로로 분류할 수 있는데, 휴게시간과 휴양 중에는 동일한 분류의 피로를 발생시키는 활동을 피하고, 분류상으로 반대의 활동을 하는 것이 필요하다.

예를 들면, 일반적으로 VDT작업은 정신적 피로, 눈과 손의 동적 피로 및 허리부분의 정적 피로를 유발하므로, 휴게시간에 효과적인 피로회복을 도모하려면 정신을 편안하게 하기 위해서라도 신체활동이 바람직하고, 그 내용은 눈, 손을 별로 사용하지 않으면서 허리 부분을 포함한 전신을 움직이는 스트레칭, 걷기 등이 좋을 것이다. 휴게시간 중에 컴퓨터, 텔레비전을 보거나 하면 근로시간 중의 피로를 조장하게 된다.

일반적으로 반복작업이 많은 작업이면 1시간마다 5~10분의 휴식을 취하는 것이 바람직하고, 근로자의 재량으로 행하는 요소가 큰 가벼운 작업이라 하더라도 연속작업은 2시간 이내로 하고, 일정한 단락을 지어 다른 작업을 조합시키는 쪽이 바람직하다. 그리고 점심시간 등에 15분 정도의 가면(假眠)을 취하는 것이 정신적 작업 등에 효과적인 휴양이 될 가능성도 지적되고 있다.

## (2) 교대근무·야근

사람에게는 대략 24시간에 세트된 고유의 리듬이 있는데, 졸음을 느끼게 하거나 하루의 호르몬을 분비하는 방법을 조절하기도 한다. 야간에 일하는 것은 일반적인 사회생활과 어긋남을 발생시키고 건강상의 영향을 미친다는 연구가 많다. 생체리듬과 작업시간의 부조화가 있으면, 작업 중 미스가 증가하거나 주의력이 저하하여 안전, 생산에 영향을 미칠 뿐만 아니라, 귀가 후의 수면도 옅게 되고 충분한 휴양이 취해지지 않게 되어 순환기질환의 리스크요인이 되는 경우도 있다. 일찍이 야근을 오랫동안 계속하면 익숙해지지 않을까 하고 생각된 적도 있지만, 현재는 이에 대해 부정적인 견해가 적지 않다. 가급적 야근을 짧게 하는 교대조가 편성되도록 근무형태를 생각하는 것이 필요하다.

독일 학자인 루텐프란츠(J. Rutenfranz)는 교대근무·야근의 영향을 최소한으로 억제하기 위하여 다음 표와 같은 제언을 하였다. 실제로는 작업의 성질, 통근수단 또는 휴일의 편성방법 등을 고려한 검토가 필요하다.

표 5.4.1 교대근무·야근에 관한 루텐프란츠의 원칙

---
- 야근은 너무 연속적으로 해서는 안 된다.
- 조조(早朝)근무의 업무시작 시각을 너무 빨리 해서는 안 된다.
- 각 조의 교대시각은 융통성을 갖게 한다.
- 각 조의 길이는 작업의 신체적 및 정신적 부하에 맞추어 정하고, 밤근무는 낮근무, 저녁근무보다도 짧아야 한다.
- 짧은 근무투입간격은 피하여야 한다. 2교대보다는 3교대, 3교대보다는 4교대로 근무투입간격을 넓게 잡는 것이 좋다.
- 교대의 한 주기의 길이는 너무 길지 않은 것이 좋다.
- 연속조업형의 교대제에서는 연휴를 포함한 주말 휴일을 두어야 한다.
- 연속조업형의 교대제에서는 순서를 낮근무→저녁근무→밤근무로 나아가는 정순환으로 하여야 한다.
- 교대순번은 가급적 규칙적으로 배려하여야 한다.
---

이 경우 다음 사항에 유의할 필요가 있다.
① 야근자가 귀가한 후에는 방을 어둡게 하거나 현관의 차임벨을, 전화의 발신음을 작게 하는 궁리를 하고 가족도 협력할 필요가 있다.
② 음주를 통해 잠을 재촉하는 근로자도 있는데, 음주에 의해 오히려 대뇌가 흥분하여 졸리지 않게 되거나, 매일 음주하는 사이에 서서히 음주량을 늘리지 않으면 졸리지 않게 되므로 주의할 필요가 있다.

## (3) 인간공학

쉽게 피로해지지 않는 작업방법, 쾌적하게 작업을 할 수 있도록 하는 연구를 체계적으로 추진하는 학문으로 인간공학이 있다. 작업관리의 개선에는 이 인간공학이 많이 관련되어 있다.

근로자의 체격은 한 사람 한 사람이 다르므로, 어떤 근로자에게 있어 가장 적합한 작업장의 디자인이 다른 근로자에게는 맞지 않는 경우가 있다. 즉, 모든 근로자에게 적합한 디자인이라고 하는 것은 존재하지 않는다. 따라서 근로자가 작업을 개시할 때에 장시간 사용하는 의자, 책상 등은 그 사람에게 적합한 높이, 위치로 조절하고, 작업범위의 도구, 기구도 손이 미치는 범위에 배치하고 나서 작업을 개시하여야 한다. 무리한 자세에 의한 작업이 계속되지 않도록 하여야 한다.

이와 같이 일정한 기구, 기계를 사용하는 작업에 대하여 근로자가 맞추는 것이 아니라, 근로자에게 적합하도록 작업을 디자인하는 접근방식의 공학을 인간공학이라고 한다. 인간공학의 관점에서 디자인된 작업은 근로자에게 작업하기 쉬우므로, 건강장해, 작업미스를 줄이고 생산성을 향상시키는 것을 기대할 수 있다.

예를 들면, ① 자주 사용하는 도구는 가까운 곳에 두고, 그다지 사용하지 않는 것은 정리하여 선반에 둔다, ② 공구의 개량법으로서 손잡이 부분을 구부러진 모양으로 하거나, 잡는 부분은 부드러운 소재로 힘이 들어가기 쉬운 두께로 한다, ③ 의자의 앉는 면은 장시간 앉는 경우 편하게 신발의 뒤축이 바닥에 닿을 높이까지 내리고, 서거나 앉거나 하는 것이 빈번한 작업의 경우는 약간 높은 위치로 조절하도록 한다, ④ VDT작업에서는 화면의 상단 높이와 눈을 거의 수평의 높이로 조절하여 약간 하방을 보는 듯한 각도가 되게 함으로써 안구의 표면적을 줄어들게 하여 안구건조증이 방지되도록 한다.

이와 같이, 작업방법, 작업자세에 대해서는 작업조건에 의해 정해진 것이라고 지레 체념하지 말고, 자신에게 보다 쾌적한 작업이 가능하도록 작업을 개선하려고 노력하는 자세가 중요하다.

## (4) 산업위생보호구

작업장에 유해한 가스, 증기, 분진 또는 소음, 진동 등이 존재하는 경우, 기계·설비의 개선, 작업방법의 변경 등의 개선을 행하여 이들 유해요인을 배제하는 것이 기본이다. 보호구는 부득이 한 경우 보조적 또는 임시적으로 사용하는 것으로서, 보호구의 사용은 어디까지나 2차적인 것이라고 생각하여야 한다. 즉, 작업환경의 정비개선을 우선적으로 행하여야 하고, 작업환경관리 측면에서의 조치를 하더라도, 유해물질의 발산원에 근접하여 행하는 작업, 이동작업 등 충분한 노출의 제어가 곤란한 경우, 임시작업과 같이 완전한 작업환경개선대책이 곤란한 경우에 대해서만 보호구의 사용을 생각하여야 한다.

보호구는 동시에 작업하는 근로자의 수와 동수 이상을 준비하고, 상시 유효하고 청결하게 유지하여 두어야 한다. 호흡용 보호구, 장갑 등을 여러 명이 함께 사용함으로써 근로자에게 질병 감염의 우려가 있는 것은 각자 전용의 것으로 하여야 한다. 그것과 동시에, 보호구는 항상 점검과 손질을 힘써 행하여 충분히 성능을 발휘할 수 있는 상태로 유지하여야 하고, 평소부터 교육훈련을 반복적으로 실시하여 착용의 필요성과 올바른 사용법을 이해시키는 것이 필요하다.

### (5) 작업절차 및 정보제공

작업에 수반되는 유해요인으로부터의 건강장해를 확실하게 예방하기 위하여, 누가 작업을 하더라도 위생적인 작업이 가능하도록 단위작업별로 구체적인 작업절차, 작업포인트 등을 반영한 알기 쉬운 작업절차서 등을 작성해 놓는 것이 필요하다. 그리고 작업자가 작업절차서를 잘 준수하도록 작업자에게 주지·교육하는 한편, 그 내용을 정기적으로 개정할 필요가 있다.

화학물질의 유해성을 근로자가 이해할 수 있도록 물질안전보건자료(MSDS)와 경고표시를 잘 확보하거나 갖추어 작업자들에게 유해성 정보를 적정하게 제공하는 것도 중요하다.

## 3. 작업자세·동작

생산시스템의 기계화, 자동화가 진전되더라도 기계 등 제품, 건설물 등을 설계·계획대로 운영하기 위해서는 생산·작업 자체의 정확한 관리와 아울러, 직접 작업에 관여하는 근로자의 지식·경험 등에 근거한 안전행동이 불가결하고, 이를 위해서는 신체 각 부분의 기능의 특징과 더불어, 작업자세·동작이 불안전행동, 질병에 미치는 영향에 대해서도 이해하여 두는 것이 중요하다.

특히, 직업성 질병의 60% 이상을 차지하고 있는 요통 등 근골격계질환이 최근 복지·의료기관분야에서의 간병·간호업무, 장시간의 차량운전, 건설기계의 운전작업 등에서 증가하는 경향이 있다. 따라서 근골격계질환의 예방을 위해서는 작업자세·동작에 대하여 적절한 대책을 수립하여 실시하는 것이 필요하다.

### (1) 작업자세

#### 1) 손발의 동작

사람의 하지(下肢)는 자세를 유지하고 보행의 역할을 한다. 체간(體幹), 상지(上肢)는 하지(下肢)에 의해 지탱되어 다양한 자세와 동작이 가능하지만, 특히 체간을 구부리거나 비트는 작업에는 서 있는 자세가 적합하다.

상지(上肢)의 관절과 근육은 정교하고 빠른 작업을 하기 위하여 굴곡에 적합한 구조와 기능으로 되어 있다. 그중에서도 손은 복잡교묘하고 자유로운 운동을 할 수 있도록 되어 있다.

사람의 작업에서는 손의 기능에 의한 것이 매우 많은데, 강한 근력을 내어 지속적으로 힘을 유지하는 작업은 힘을 쓰면 손이 헛나가 손가락을 다치기 쉽다. 힘이 들어가는 작업에는 하지의 근육을 이용하고, 상지(上肢)는 도구의 키잡이 역할을 하는 것이 손과 발의 본래의 역할 배분이다.

손의 동작구역은 매우 넓지만, 상지를 빈번하게 수평 이상으로 올리는 작업에서는 관절근이 지속적으로 수축하여 국소피로가 증가한다.

### 2) 서 있는 자세와 앉아 있는 자세

대표적인 작업자세에는 서 있는 자세와 앉아 있는 자세가 있는데, 앉아 있는 것이 반드시 편하다고는 말할 수 없다. 앉아 있는 자세의 경우에, 하지(下枝)는 편하지만, 상체는 서 있는 것보다 부자연스럽다.

그러나 장시간 선 채로 작업을 하고 있으면 하지의 피로가 심해지므로 서서 하는 작업은 공정상 불가피한 경우로 한정하는 것이 바람직하다. 그리고 양자를 조합시켜 의자를 높이고, 서 있는 상태와 앉아 있는 상태의 각각의 이점을 활용하는 작업자세를 활용하는 방법도 있다.

### 3) 작업공간

작업장소가 넓거나 좁은 경우 또는 높거나 낮은 경우 등은 작업의 용이성, 곤란성에 관련됨과 동시에, 행동의 안전에도 관계하므로, 작업 시의 자세를 편하게 취할 수 있는지, 신체의 움직임을 자유롭게 할 수 있는지, 시간이 길어지더라도 정확하게 작업할 수 있는지는 작업공간을 설정하는 데 있어 중요한 사항이다.

특히, 임시의 작업, 비정상작업, 건설공사 등에서는 작업공간이 충분히 취해지지 않는 경우가 많고, 무리한 자세 등에 의한 불안전동작이 되는 경우가 있다.

그리고 실제 작업자세는 서 있는 자세, 허리를 구부리는 자세, 무릎을 구부리는 자세, 무릎으로 서 있는 자세(하나 또는 두 무릎을 지면에 대고 상체를 들고 있는 상태), 바닥에 앉아 있는 자세 등 다양한 자세를 취하게 되는데, 자세가 낮아짐에 따라 안전성은 증가하지만, 동작범위가 좁게 되고 이동을 위하여 일어나는 시간이 필요하게 된다.

### 4) 부자연스러운 작업자세

부자연스러운 자세로 작업을 하면, 불안정한 자세를 유지하기 위하여 불필요한 정적인 노력이 필요하게 되고 피로가 증가하기 쉬워지며 원활한 동작, 안정도가 높은 작업을 하기 어렵게 된다. 특히 위치·자세의 조정을 요하는 노력이 커지고 작업의 진척을 방해하며 작업의 질을 저하시키는 등의 나쁜 영향이 있게 된다.

부자연스러운 자세에서의 작업이 많아지는 대표적인 예의 하나로, 안전대를 착용하면서 작업을 하는 철탑·전주 위에서의 전기공사가 있는데, 피로의 정도를 측정하는 피로검사에 의하면 이 작업에서의 피로는 시간의 경과와 함께 증대하고, 주상(柱上)작업이 1.5시간 이상 지속되면 피로도가 더욱 커진다는 실험결과도 있다.

경제의 국제화가 진행되고 있는 가운데, 사용하고 있는 기계·설비가 수입품인 경우에 부자연스러운 자세로 작업을 하지 않을 수 없는 예도 나오고 있다. 공업화가 현저하게 이루어지고 있는 동남아시아 국가들에서 유럽으로부터 수입한 기계·설비를 사용하는 작업의 경우, 신장·체형 등이 달라 피로도가 심하다는 보고가 있다.

유럽제의 생산시스템을 우리나라에서 그대로 채용하면 요통 등의 근골격계질환이 발생할 위험이 있다. 이 경우에는, 유럽과 우리나라 작업자 간의 신장·체형의 차이 등에 대해 사전에 검토할 필요가 있다. 그리고 한국인과 유럽인은 일상생활을 포함한 생활습관에서도 손·팔 등의 근육의 사용방법이 다르기 때문에(누르는 것과 당기는 것의 차이, 트는 동작, 젓가락과 포크의 차이에 의한 손가락 운동 등), 한국인들의 체형, 생활습관 등을 고려하여 응용·발전시키는 것이 필요하다. 최신예(最新銳)의 기계·설비 등을 수입하여 사용하는 경우에는 항상 이 점을 고려하여야 한다.

## (2) 작업동작

### 1) 작업속도

자동차에 경제적 속도가 있듯이, 많은 작업에도 경제적 속도가 있고 숙련된 작업자는 오랜 기간의 경험에 의해 이 경제적 작업속도를 체득하고 있다.

노동에서의 경제적 작업속도는 축적피로가 되지 않는 범위에서 생산성과 안전성의 확보가 가능한 것이어야 한다.

작업을 하고 있는 시간을 자세하게 보면,

① 동작시간: 작업자의 육체동작이 중심인 시간
② 기계시간: 기계·설비의 가동이 중심인 시간
③ 정신시간: 작업자의 두뇌활동이 중심인 시간

으로 구분할 수 있고, 작업은 이 조합으로 이루어지고 있다. 그런데 일을 재촉받다 보면, 동작시간과 정신시간을 줄이려고 서두르다가 불안전한 동작을 하고 마는 경우가 종종 있다.

기계시간은 미리 기계·설비에 설정된 가동시간이므로, 연속적 가동과 같은 경우에는 작업 도중에 속도조정을 하는 것이 곤란한 경우가 많아, 작업자는 필연적으로 기계·설비의 속도, 템포 등에 맞추지 않을 수 없고, 작업자의 동작과 타이밍이 맞지 않는 경우에는 현저한 피로로 연결될 수 있다.

그리고 생산의 기계화·자동화는 작업자의 노동부담을 현저하게 감소시켜 산업재해의 감소에 크게 공헌하고 있지만, 생산설비의 대형화·고속화 등과 맞물려 산업재해를 입은 경우의 심각도는 오히려 증대시킬 가능성이 높다.

### 2) 작업강도

작업의 강도에 대해 고된 작업, 편한 작업 등이라고 말해지고 있는데, 에너지 소비가 큰 작업은 수없이 존재하고, 이것은 근육에 큰 피로를 줄 뿐만 아니라 정신적 또는 감각적으로도 강한 영향을 준다.

근육에 많은 부담이 걸리는 작업을 8시간 계속한 경우에 해당 작업자의 주의력, 추리판단력, 심신의 조절기능, 의지적(意志的) 동작이 어떻게 변화하는지에 대한 조사에 의하면, 시간 경과와 함께 이들 모두가 저하되고, 특히 주의력에서 그 저하가 현저하다는 것을 보이고 있다(그림 5.4.1 참조).

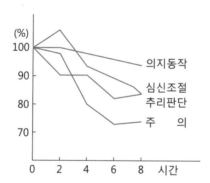

그림 5.4.1 근육에 많은 부담이 걸리는 작업과 정신기능의 변화

### 3) 무리한 동작

미리 위험이 예상되는 작업, 대규모 비정상작업(非定常作業) 등에서는 사전에 작업의 절차 등에 대하여 그 나름대로 상당한 검토가 이루어지고 작업동작도 신중하게 이루어지지만, 일상적으로 반복되는 작업, 임시적인 작업에 대해서는 그다지 위험의식을 갖지 않고 행동하는 것이 일반적이다.

그러다 보니 익숙한 작업에서 왜 그런 행동을 했는지 의아하게 생각되는 불안전행동이 이루어지고, 결과적으로 재해에 이르는 경우가 있다.

### 가. 무리한 힘

작업에 필요한 힘은 작업자의 신체적인 능력을 절대로 초과하지 않는 범위에서 무리 없이

행하는 것이 중요하다. 최대근력의 50%, 30% 무게인 짐을 들게 할 때의 견디는 특성에 대한 조사에 의하면, 1~2분 만에 근육이 통증을 느끼게 된다고 한다.

따라서 근력보다 강한 힘이 필요한 경우에는 힘의 보조장치(예: 윈치, 체인블록 등), 용구(예: 지레, 쇠지렛대 등)를 사용할 필요가 있다.

### 나. 잡는 것 및 트는 것

작업 중에 몇 번이나 여러 가지를 잡거나 트는(돌리거나 작동하게 하는) 동작이 수반되는 경우가 있다. 물건을 잡는 것의 용이성을 좌우하는 것은 물건의 형태와 크기인데, 이것은 조작의 용이성과 낼 수 있는 힘의 크기에 영향을 미친다. 트는 동작은 사람의 습관과도 관계되므로, 손잡이의 위치와 트는 방향은 원활하게 그리고 실수가 없도록 설계할 필요가 있다.

손잡이가 갖추어야 할 조건은 일반적으로 다음과 같은 사항이 제시되고 있다.

표 5.4.2 손잡이가 갖추어야 할 조건

- 촉각에 의해 용이하게 식별할 수 있을 것
- 필요한 조작력에 비추어 적당한 크기일 것
- 미끄러짐이 적은 것일 것
- 손이 벗어날 염려가 없는 것일 것
- 방향성을 한정할 것
- 조작방향 전부에 대하여 검토되어 있을 것
- 손가락을 다치지 않게 하는 것일 것
- 위치에 따라 어느 범위로 작동될 것인지를 알 수 있는 것일 것
- 장갑의 사용도 고려할 것
- 조작하는 것이 위험을 수반하는 경우는 커버 등을 부착할 것

### 다. 당기거나 누르기

전원스위치와 같은 것에는 당기거나 누르거나 돌리는 등 여러 가지 형태가 있고, 보는 것만으로는 그 판별이 되지 않는 것도 있다. 동일 조작반 등에 이와 같은 여러 가지 형태의 스위치가 설치되어 있으면, 착오를 일으키거나 긴급사태 시 에러의 원인이 될 수 있기 때문에, 통일하는 것과 색깔구분 등의 표시를 하는 것이 필요하다. 특히, 기계·설비의 긴급정지용 스위치, 긴급사태 시 조작하는 스위치에 대해서는 이것을 철저히 할 필요가 있다.

### 라. 몸 구부리기 및 넘기

작업 중에 웅크리거나 허리를 반쯤 구부리는 자세는 매우 많은데, 이 동작은 피로하기 쉽고 오랜 기간 이와 같은 동작을 반복하고 있으면, 요통증이 되는 경우도 있다.

아래의 표는 중량물을 운반하는 동작에 따른 허리에 가해지는 힘을 나타내고 있는데, 상상

이상의 힘이 가해지는 것을 보면, 이와 같은 작업의 반복은 피할 수 있도록 작업방법을 개선하는 것이 필요하다는 것을 알 수 있다.

표 5.4.3 중량물을 운반하는 동작에 따른 허리에 가해지는 힘

| 동작 | | | |
| --- | --- | --- | --- |
| 1. 허리를 구부린다 | 0 | (체중$\times\frac{1}{2}$) | (kg) |
| 2. 들어 올린다 | W (kg) | (체중$\times\frac{1}{2}$)+W | (kg) |
| 3. 이동한다 | W (kg) | W | (kg) |
| 4. 놓는다 | W (kg) | (체중$\times\frac{1}{2}$)+W | (kg) |
| 5. 허리를 세운다 | 0 | (체중$\times\frac{1}{2}$) | (kg) |
| | 3W (kg) | (체중$\times$2)+3W | (kg) |

그리고 작업 중의 보행 시에 넘는 동작도 적지 않은데, 발이 걸려 넘어지거나 미끄러지는 등의 원인이 되는 경우가 있다. 이 동작은 보행의 일정한 리듬 도중에 갑자기 무릎을 높게 올리거나 보폭을 크게 하는 동작을 끼워 넣게 되므로 불안전한 동작이 된다. 바닥면에서 20 cm 위치까지는 넘기 쉽지만, 그 이상, 특히 40 cm 이상 되면 넘기 어렵게 된다.

사업장 내에서는 이와 같은 동작을 할 필요가 없게 되도록 작업환경을 개선하는 것이 필요하다. 특히, 회전하고 있는 동력전달장치, 컨베이어벨트 등을 넘는 것을 엄격하게 금지하고, 건널다리 등의 설치가 필요하다(산업안전보건기준에 관한 규칙 제87조, 제195조 참조).

## 1. 작업환경관리의 개요

직장에서 근로자의 건강의 유지증진을 도모하기 위해서는 사업주에 의한 작업환경관리, 작업관리, 건강관리의 3가지의 산업보건관리(근로자의 보건관리)가 적절하게 실시되는 것이 필요하다.

작업환경관리는 작업환경 중 여러 유해요인을 제거하거나 감소시켜 직장에서 일하는 근로자가 유해요인에 폭로되는 가능성을 없애거나 감소시키는 등 양호한 작업환경을 확보하는 것을 목적으로 하는 것으로, 직장에서 근로자의 건강장해를 방지하기 위한 근본적인 대책의 하나이다.

작업환경관리를 추진하는 데 있어서는 먼저 유해요인을 확정하고 그 요인에 대하여 정확한 작업환경측정을 실시하고, 그 결과를 적절하게 평가하는 것이 필요하다. 그리고 그 결과를 토대로 국소배기장치 등 각종 설비의 설치·개선, 적정한 정비를 행하고 양호한 작업환경을 유지해 나가는 것이 필요하다. 또한 이들 설비의 작업 전 및 정기적 점검의 철저한 실시도 양호한 작업환경의 실현과 유지를 위하여 중요하다.

이와 같이, 작업환경관리는 작업환경의 측정 그 자체가 목적이 아니라(즉, 작업환경측정은 작업환경관리의 수단이다), 그 결과의 평가에 근거하여 필요한 조치를 마련하고 양호한 작업환경의 실현과 유지를 위하여 행하는 것이다. 따라서 작업환경측정을 외부의 작업환경측정기관에 위탁하는 경우에도 측정결과를 올바르게 파악하고 이에 따라 적절한 조치를 실시하기 위해서는 작업환경측정기관과 충분한 의사소통을 도모하는 것이 필요하다. 이와 같은 관점에서, 사업주는 사업장에서의 작업내용을 충분히 파악하고 작업환경측정기관에 대하여 측정조건에 관한 필요한 정보를 제공할 수 있는 자로서 작업환경관리에 관한 기초적인 지식을 가지고 있는 자를 사내에 배치하는 것이 바람직하다.

유해화학물질, 유해에너지 등에 근로자가 가급적 노출되지 않도록 하기 위해서는 작업환경의 상태를 정확하게 파악하는 것이 필요한데, 작업환경의 실태를 정확하게 파악하는 것은 직접적으로는 작업환경관리를 하기 위한 불가결한 기초가 되는 것이고, 나아가서는 직장에서의 건강관리의 제일보(第一步)에 해당하는 것이다. 결국, 작업환경의 실태를 정확하게 파악하기 위한 수단인 작업환경측정은 작업환경관리뿐만 아니라 작업관리, 건강관리가 유효하게 이루어지도록 하기 위한 기초가 되는 것이다.

일반적으로 산업위생분야에서 작업환경측정이라고 불리는 것 중에는 ⅰ) 작업환경의 유해성의 정도를 감시하기 위한 정기적인 측정, ⅱ) 건강진단 결과 등으로부터 작업환경의 실태 또는 특정 근로자의 노출량을 재검토할 필요가 생긴 경우에 실시하는 측정, ⅲ) 출입금지 등의 조치를 정하기 위한 측정, iv) 국소배기장치의 성능을 점검하기 위해 실시하는 측정 등이 있다.

## 2. 산업안전보건법상 작업환경관리제도

### (1) 취지

산업안전보건법 제125조에서는 작업환경관리를 할 필요성이 높은 유해한 작업을 하는 일정한 작업장에 대하여 작업환경측정 및 이에 따른 사후관리 등을 의무화하고 있다. 다만, 도급인의 사업장에서 관계수급인 또는 관계수급인의 근로자가 작업을 하는 경우에는 도급인이 그 사업장에 소속된 사람 중 산업위생관리산업기사 이상의 자격을 가진 자로 하여금 작업환경측정을 하도록 하여야 한다(산업안전보건법 제125조 제2항, 동법 시행규칙 제187조).

사업주(보건관리자)는 작업환경측정이 필요한 작업장, 작업환경측정 대상 유해인자 등을 파악하고 작업환경측정의 실시시기 등에 대하여 내부 및 측정기관과 조정하여 둘 필요가 있다. 그리고 사업주(보건관리자)는 작업환경측정기관이 적정한 측정을 할 수 있도록 지원할 필요가 있다.

### (2) 작업환경측정 대상

#### 1) 측정 대상 작업장

사업주가 유해인자로부터 작업환경측정을 하여야 하는 단위는 사업장을 구성하는 각 작업장이다. 작업환경측정 대상 작업장은 산업안전보건법 시행규칙 별표 21의 작업환경측정 대상 유해인자(192종)에 노출되는 근로자가 있는 작업장을 말한다(산업안전보건법 제125조 제1항, 동법 시행규칙 제186조 제1항).

[작업환경측정 대상 유해인자(시행규칙 별표 21)]

| 유해인자 분류 | | 종류 |
|---|---|---|
| 화학적 인자 | 유기화합물 | 114종 |
| | 금속류 | 24종 |
| | 산 및 알칼리류 | 17종 |
| | 가스상태 물질류 | 15종 |
| | 시행령 제88조에 따른 허가 대상 유해물질 | 12종 |
| | 금속가공유 | 1종 |
| | 분진 | 7종 |
| 물리적 인자 | 8시간 시간가중평균 80 dB 이상의 소음 | 1종 |
| | 산업안전보건기준에 관한 규칙 제558조에 따른 고열 | 1종 |
| | | 192종 |

## 2) 측정 대상 제외 작업장

다음 어느 하나에 해당하는 경우에는 작업환경측정을 하지 아니할 수 있다(산업안전보건법 시행규칙 제186조 제1항 단서).

① 산업안전보건기준에 관한 규칙 제420조 제1호에 따른 관리 대상 유해물질의 허용소비량을 초과하지 아니하는 작업장(그 관리 대상 유해물질에 관한 작업환경측정에 한한다)

② 산업안전보건기준에 관한 규칙 제420조 제8호에 따른 임시작업(일시적으로 행하는 작업 중 월 24시간 미만인 작업. 다만, 월 10시간 이상 24시간 미만인 작업이 매월 행하여지는 작업은 제외) 및 동조 제9호에 따른 단시간작업(산업안전보건기준에 관한 규칙 제11장의 규정에 따른 관리 대상 유해물질 취급에 소모되는 시간이 1일 1시간 미만인 작업. 다만, 1일 1시간 미만인 작업이 매일 행하여지는 작업은 제외)을 하는 작업장[고용노동부장관이 고시(작업환경측정 및 지정측정기관 평가 등에 관한 고시 제5조)하는 물질(산업안전보건법 시행령 제88조에 따른 허가 대상 유해물질, 산업안전보건기준에 관한 규칙 별표 12에 따른 특별관리물질)을 취급하는 작업을 하는 경우는 제외한다]

③ 산업안전보건기준에 관한 규칙 제605조 제2호에 따른 분진작업의 적용 제외 작업장(분진에 관한 작업환경측정에 한한다)

④ 작업환경측정 대상 유해인자의 노출수준이 고용노동부장관이 정한 노출기준에 비하여 현저히 낮은 경우로서 고용노동부장관이 정하여 고시하는 작업장[석유 및 석유대체연료 사업법 시행령 제2조 제3호에 따른 주유소. 다만, 다음 어느 하나에 해당하는 경우에는 1개월 이내에 측정을 실시하여야 한다. ⅰ) 근로자 건강진단 실시결과 직업병유소견자 또는 직업성 질병자가 발생한 경우, ⅱ) 근로자대표가 요구하는 경우로서 산업위생전문가가 필요하다고 판단한 경우, ⅲ) 그 밖에 지방고용노동관서장이 필요하다고 인정하여 명령한 경우(작업환경측정 및 지정측정기관 평가 등에 관한 고시 제4조의2)].

## (3) 작업환경측정방법·횟수

### 1) 작업환경측정방법

사업주는 작업환경측정을 할 때 다음 사항을 지켜야 한다(산업안전보건법 시행규칙 제189조 제1항).

① 작업환경측정을 실시하기 전에 예비조사를 실시할 것

② 작업이 정상적으로 이루어져 작업시간과 유해인자에 대한 근로자의 노출정도를 정확히 평가할 수 있을 때 실시할 것

③ 모든 측정은 개인시료 채취방법으로 실시하되, 개인시료 채취방법이 곤란한 경우에는 지역시료 채취방법으로 실시할 것(이 경우 그 사유를 산업안전보건법 시행규칙 별지

제83호 서식의 작업환경측정 결과표에 분명하게 밝혀야 한다)

위의 예비조사를 실시하는 경우에는 다음 각 호의 내용이 포함된 측정계획서를 작성하여야 한다. 단, 측정기관이 전회(前回)에 측정을 실시한 사업장으로서 공정 및 취급인자 변동이 없는 경우에는 서류상의 예비조사만을 실시할 수 있다(작업환경측정 및 지정측정기관 평가 등에 관한 고시 제17조).

① 원재료의 투입과정부터 최종 제품생산 공정까지의 주요공정 도식
② 해당 공정별 작업내용, 측정 대상 공정, 공정별 화학물질 사용실태 및 그 밖에 이와 관련된 운전조건 등을 고려한 유해인자 노출 가능성
③ 측정 대상 유해인자, 유해인자 발생주기, 종사근로자 현황
④ 유해인자별 측정방법 및 측정 소요기간 등 필요한 사항

측정방법 중의 하나인 측정위치에 대해서는 유해인자 형태별로 다음과 같이 규정되어 있다(작업환경측정 및 지정측정기관 평가 등에 관한 고시 제22조, 제24조, 제27조, 제31조).

① 입자상 물질, 가스상 물질: 개인시료채취방법으로 작업환경측정을 하는 경우에는 측정기기를 작업 근로자의 호흡기 위치에 장착하여야 하며, 지역시료채취방법의 경우에는 측정기기를 발생원의 근접한 위치 또는 작업근로자의 주 작업행동 범위의 작업근로자 호흡기 높이에 설치하여야 한다.
② 소음: 개인시료채취방법으로 작업환경측정을 하는 경우에는 소음측정기의 센서 부분을 작업 근로자의 귀 위치(귀를 중심으로 반경 30 cm인 반구)에 장착하여야 하며, 지역시료채취방법의 경우에는 소음측정기를 측정 대상이 되는 근로자의 주 작업행동 범위의 작업근로자 귀 높이에 설치하여야 한다.
③ 고열: 열원마다 측정하되 작업장소에서 열원에 가장 가까운 위치에 있는 근로자 또는 근로자의 주 작업행동 범위에서 일정한 높이에 고정하여 측정한다.

이상의 측정방법 외에, 유해인자별 세부측정방법, 측정결과의 평가 등에 관하여 필요한 사항은 작업환경측정 및 지정측정기관 평가 등에 관한 고시에서 정하고 있다.

## 2) 작업환경측정횟수

작업장 또는 작업공정이 신규로 가동되거나 변경되는 등으로 작업환경측정 대상 작업장이 된 경우에는 그날부터 30일 이내에 작업환경측정을 실시하고, 그 후 반기[7]에 1회 이상 정기적으로 작업환경을 측정하여야 한다(산업안전보건법 시행규칙 제190조 제1항). 다만, 작업환경측정 결과가 다음에 해당하는 작업장 또는 작업공정은 해당 유해인자에 대하여 그 측정일부터 3개월에 1회 이상 작업환경측정을 실시하여야 한다(산업안전보건법 시행규칙

---

7  2020.1.16. 시행규칙 개정 전에는 '6개월'로 규정되어 있었다.

제190조 제1항 단서).

① 작업환경측정 대상 유해인자 중 화학적 인재[고용노동부장관이 고시(작업환경측정 및 지정측정기관 평가 등에 관한 고시 제5조)하는 물질(산업안전보건법 시행령 제88조에 따른 허가 대상 유해물질, 산업안전보건기준에 관한 규칙 별표 12에 따른 특별관리물질)만 해당한다]의 측정치가 노출기준을 초과하는 경우

② 작업환경측정 대상 유해인자 화학적 인재[고용노동부장관이 고시(작업환경측정 및 지정측정기관 평가 등에 관한 고시 제5조)하는 물질(산업안전보건법 시행령 제88조에 따른 허가 대상 유해물질, 산업안전보건기준에 관한 규칙 별표 12에 따른 특별관리물질)은 제외한다]의 측정치가 노출기준을 2배 이상 초과하는 경우

그리고 최근 1년간 작업공정에서 공정 설비의 변경, 작업방법의 변경, 설비의 이전, 사용화학물질의 변경 등으로 작업환경측정결과에 영향을 주는 변화가 없는 경우로서 다음 어느 하나에 해당하는 경우에는 해당 유해인자에 대한 작업환경측정을 연 1회 실시할 수 있다. 다만 고용노동부장관이 정하여 고시(작업환경측정 및 지정측정기관 평가 등에 관한 고시 제5조)하는 물질(산업안전보건법 시행령 제88조에 따른 허가 대상 유해물질, 산업안전보건기준에 관한 규칙 별표 12에 따른 특별관리물질)을 취급하는 작업공정은 그렇지 않다(산업안전보건법 시행규칙 제190조 제2항).

① 작업공정 내 소음의 작업환경측정 결과가 최근 2회 연속 85 dB 미만인 경우

② 작업공정 내 소음 외의 다른 모든 인자의 작업환경측정 결과가 최근 2회 연속 노출기준 미만인 경우

### (4) 작업환경측정자의 자격

작업환경측정의 적정한 실시를 공적으로 담보하기 위하여, 작업환경측정을 할 때에는 당해 사업장에 소속된 사람으로서 산업위생관리산업기사 이상의 자격을 가진 자로 하여금 실시하도록 하거나(산업안전보건법 제125조 제1항, 동법 시행규칙 제187조), 고용노동부장관이 지정하는 작업환경측정기관(지정측정기관)에 위탁하여 실시할 수 있는 것으로 되어 있다(산업안전보건법 제125조 제3항 전단). 이 경우 필요한 때에는 작업환경측정 중 시료의 분석만을 위탁할 수 있다(제125조 제3항 후단).

### (5) 사업주의 의무

#### 1) 작업환경측정 실시

사업주는 작업환경측정 대상 작업장에 대하여 작업환경측정자의 자격을 가진 자로 하여금 작업환경측정을 하도록 하여야 한다(산업안전보건법 제125조 제1항).

작업환경측정은 고용노동부장관이 정하는 작업환경측정기준에 따라 실시하여야 한다. 작업환경측정기준은 작업환경의 객관성 및 공정성을 담보하기 위하여 측정물질마다 시료채취 및 분석의 방법을 정한 것이다. 작업환경측정은 이 기준에 따라 실시되어야 하고, 그 이외의 방법으로 실시한 경우에는 산업안전보건법에 의한 작업환경측정을 실시한 것으로 보지 않는다.

### 2) 작업환경측정결과의 활용방법

작업환경측정은 작업환경이 양호한지 여부를 판정하는 수단이다. 작업환경은 양호한 상태로 유지할 필요가 있고, 측정결과를 평가하여 문제가 있으면 바로 그 원인을 조사하여 적절한 조치를 취하여야 한다. 그리고 측정결과는 그때뿐만 아니라 매회의 측정결과를 계속적으로 기록하여 관리하는 것이 중요하다. 또한 측정결과에 따른 개선 등 관리상황은 산업안전보건위원회에서 심의·의결 등을 하는 것이 필요하다.

작업환경측정 결과에 문제가 없더라도 건강관리, 작업관리는 적절하게 이루어져야 한다. 예를 들면, 맨손으로 재료를 취급하다가 피부로 화학물질이 흡수되는 경우, 측정결과의 평가가 양호하더라도 건강진단 결과에 이상이 나타나는 문제가 발생하기도 한다.

### 3) 사후관리

작업환경측정은 작업환경의 양부(良否)를 판정하고, 그 결과 당해 작업장에서 충분한 작업환경관리가 이루어지고 있지 않다고 판단되는 경우에는 그 원인을 규명하고 필요한 조치를 강구하여 양호한 작업환경을 실현하기 위하여 실시하는 것이다. 따라서 단순히 작업환경측정을 실시한 것만으로는 의미가 없고, 그 결과를 토대로 설비, 작업방법의 개선 등 필요한 조치를 하는 것이 필요하다.

이 점을 감안하여 산업안전보건법에서는 사업주에게 작업환경측정의 결과에 따라 해당 시설·설비의 설치·개선을 하고, 경우에 따라서는 건강진단을 재차 실시하는 등 적절한 조치를 하여야 한다는 것을 의무화하고 있다(산업안전보건법 제125조 제6항 참조).

특히, 노출기준을 초과한 작업공정이 있는 경우에는 해당 시설·설비의 설치·개선 또는 건강진단의 실시 등 적절한 조치를 하고 시료채취를 마친 날부터 60일 이내에 해당 작업공정의 개선을 증명할 수 있는 서류 또는 개선계획을 관할 지방고용노동관서장에게 제출하여야 한다(산업안전보건법 시행규칙 제188조 제3항).

작업환경측정 결과를 활용하는 경우 측정 대상에 따라서는 측정결과로 얻어진 수치 그것만으로는 작업환경의 양부(良否)를 나타내지 않고 있어, 일정한 방법에 의해 평가를 하는 것이 필요하다. 그리고 적절한 작업환경관리를 하기 위해서는 측정결과를 객관적인 기준에 따라 적정하게 평가하고, 그 결과를 토대로 필요한 조치를 하도록 하여야 한다. 이를 위하여,

작업환경측정 및 지정측정기관 평가 등에 관한 고시 제4장 제6절에서 작업환경측정 결과의 평가기준을 정하고 있는바, 이 기준에 따라 평가가 이루어져야 한다.

사업주(보건관리자)는 작업환경측정 평가기준의 의미를 정확하게 이해한 후에 적절한 대책을 수립하여야 한다. 나아가, 측정결과가 작업장의 실태를 정확하게 나타내고 있는지 여부에 대해서도 살펴보는 것이 필요하다. 이를 위해서, 사업주(보건관리자)는 측정결과와 검진결과의 대비, 작업장의 실태, 작업방법 등을 종합적으로 검토하는 것이 필요하다.

### 4) 근로자 주지

작업자가 취급물질의 유해성에 대한 지식을 갖고 유해물질이 발산하지 않을 작업행동을 강구함으로써 유해물질에의 노출을 개선할 수 있다. 예를 들면, 작업 시마다 분진이 발밑에서 흩날리며 날아오르고 있음에도 전혀 개의치 않는 작업행동이 종종 눈에 띄는 경우가 있는데, 이와 같은 작업에서는 물을 뿌리는 등 약간의 궁리를 함으로써 분진의 날아오름에 의한 2차 분진 발생을 없앨 수 있다.

작업환경관리 분야에서 근로자의 올바른 작업행동을 이끌어 내기 위해서는 근로자에게 작업환경상태를 알려 주는 것이 우선적으로 필요하다. 이러한 점을 감안하여, 산업안전보건법에서는 사업주에게 작업환경측정의 결과를 해당 작업장의 근로자(관계수급인 및 관계수급인 근로자를 포함한다)에게 알려 주도록 의무화하고 있다(산업안전보건법 제125조 제6항).

### 5) 측정결과의 보고

사업주는 작업환경측정을 실시한 때에는 산업안전보건법 제125조 제1항에 따라 작업환경측정 결과보고서에 작업환경측정 결과표를 첨부하여 시료채취를 마친 날로부터 30일 이내에 관할 지방고용노동관서장에게 제출(보고)하여야 한다(산업안전보건법 제125조 제5항, 동법 시행규칙 제188조 제1항). 다만, 사업주로부터 작업환경측정을 위탁받은 작업환경측정기관이 작업환경측정을 한 경우에는 그 결과를 고용노동부장관(지방노동관서장)에게 제출한 경우에는 작업환경측정 결과보고를 한 것으로 본다(산업안전보건법 제125조 제5항). 이 경우, 작업환경측정기관은 시료채취를 마친 날부터 30일 이내에 작업환경측정 결과표를 제출하여야 한다(산업안전보건법 시행규칙 제188조 제2항). 기타 작업환경측정 결과의 보고내용 및 절차에 관하여는 작업환경측정 및 지정측정기관 평가 등에 관한 고시에서 정하고 있다.

### 6) 기록·보존

사업주는 작업환경측정 결과를 기록하고 보존하여야 한다(산업안전보건법 제125조 제5항). 작업환경측정 결과의 기록에는 시료채취 시의 작업장 상황에 대한 기록을 동시에 첨부하여 놓는 것이 중요하다. 그것이 없으면 측정치의 변화가 무엇을 의미하는지가 불명확해지기 쉽고, 대책을 수립하는 데 있어 정확한 판단을 하지 못하게 될 수도 있다. 이러한 점을 감안하여 산업안전보건법에 따른 작업환경측정 결과표(별지 제83호 서식)에는 작업환경(작업실태)을 기록하도록 되어 있다.

서류의 보존의 경우 산업안전보건법 제125조에 따른 작업환경측정에 관한 서류는 3년간 보존하여야 하고(산업안전보건법 제164조 제1항 본문), 작업환경측정결과를 기록한 서류는 5년간 보존(전자적 방법으로 하는 보존을 포함한다)하여야 한다(산업안전보건법 시행규칙 제241조 제1항 본문). 다만, 고용노동부장관이 고시(작업환경측정 및 지정측정기관 평가 등에 관한 고시 제5조)하는 물질(산업안전보건법 시행령 제30조에 따른 허가 대상 유해물질, 산업안전보건기준에 관한 규칙 별표 12에 따른 특별관리물질)에 대한 기록이 포함된 서류는 30년간 보존하여야 하는 것으로 규정되어 있다(산업안전보건법 제164조 제1항 단서, 동법 시행규칙 제241조 제1항 단서).

## 7) 근로자 입회 및 설명회 개최

사업주는 근로자대표(관계수급인의 근로자대표를 포함한다)의 요구가 있을 때에는 작업환경측정 시 근로자대표를 참석시켜야 한다(산업안전보건법 제125조 제4항). 그리고 사업주는 산업안전보건위원회 또는 근로자대표의 요구가 있는 경우에는 작업환경측정결과를 직접 설명회 등을 개최하거나 작업환경측정을 실시한 기관으로 하여금 작업환경측정결과에 대한 설명을 하도록 하여야 한다(산업안전보건법 제125조 제7항).

## 8) 작업환경측정·분석능력의 평가

고용노동부장관(안전보건공단 산업안전보건연구원장)은 정도관리(精度管理)[8]를 통해 작업환경측정기관의 측정·분석 결과에 대한 정확성과 정밀도를 확보하기 위하여 작업환경측정기관의 작업환경측정·분석능력을 확인하고, 작업환경측정기관을 지도하거나 교육할 수 있다. 이 경우 측정·분석능력의 확인, 작업환경측정기관에 대한 교육의 방법·절차, 그 밖에 필요한 사항은 고용노동부장관이 정하여 고시(작업환경측정 및 정도관리 등에 관한 고시)한다(산업안전보건법 제126조 제2항).

---

8 정도관리란 작업환경측정·분석결과에 대한 정확성과 정밀도를 확보하기 위하여 작업환경측정기관의 작업환경측정·분석능력을 평가하고, 그 결과에 따라 지도·교육 기타 측정·분석능력 향상을 위하여 행하는 모든 관리적 수단을 말한다(작업환경측정 및 정도관리 등에 관한 고시 제2조 제15호).

## 3. 작업환경관리를 위한 작업환경개선 대책과 추진방법

### (1) 작업환경개선대책

#### 1) 무해·저독성 재료로의 변경(유해성이 없거나 보다 적은 물질로의 대체)

유해환경을 개선하는 경우에 일차적으로 생각하여야 하는 것은 유해물질을 사용하지 않아도 되는 공정으로 변경할 수 없는가 하는 점이다. 현재 사업장에서 사용하고 있는 유해한 물질을 무해한 물질로 대체함으로써 품질이 떨어지거나 생산성이 나빠지는 경우가 자주 있다. 현 상태로 갈 것인가, 대체물로 바꿀 것인가, 사업장에서 의견이 나누어지는 지점이다. 최종판단은 사업장의 최고책임자가 행하게 되지만, 직업성 질병이 발생할 때의 리스크, 인명존중 등을 고려할 때, 가능한 한 유해물질의 사용을 없앤다는 관점에 입각하여야 한다. 그리고 완전히 유해물질을 없애는 것이 곤란한 경우는 양을 줄이거나 유해성이 보다 적은 물질로 대체하는 것도 유효한 수단이다. 이들 수단으로 일시적으로 생산성이 떨어져도 생산방식, 작업방법 등을 궁리하는 것을 통해 회복할 수 있는 경우도 많다.

원재료, 제조공정에서 발생하는 물질 등에 대한 유해성의 유무는 MSDS 등을 통해 사전에 조사하여 파악할 수 있다.

#### 2) 유해물질을 취급하는 설비의 밀폐화 등

유해성이 없거나 적은 대체물로 변경할 수 없는 때에는 당해 설비(발산원)를 밀폐화하는 것이 유해물질의 발산, 비산, 확산을 방지하는 가장 유효한 수단이다(산업안전보건기준에 관한 규칙 제422조 참조). 이 경우 설비의 자동화, 로봇화에 대해서도 병행하여 검토하는 것이 바람직하다. 기계 전체를 박스화하여 둘러싸는 것이 불가능한 경우에는 내부를 음압상태로 함으로써 박스의 외부로 유해물질이 누출되지 않도록 하는 방법도 있다.

#### 3) 국소배기장치의 설치

국소배기장치는 후드(hood)의 가동에 의해 흡인(吸引)덕트(duct)에 흡입기류를 발생시키고, 발산원을 둘러싸거나 발산원의 근처에 설치한 후드에 작업 중에 발생한 유해물질을 흡입시켜 덕트로 보내어, 공기청정장치로 오염물질을 제거한 후 공기를 대기 중에 방출하는 장치이다.

설비, 장치를 밀폐화할 수 없는 경우에, 작업하는 사람의 호흡역(呼吸域)에 유해물이 발산하지 않도록 발산원에서 유해물질을 흡인하여 작업자가 노출되는 것을 방지하기 위한 장치가 국소배기장치이다(산업안전보건기준에 관한 규칙 제422조 참조). 국소배기장치는 유해물질의 성상, 발산의 형태, 작업방법 등을 고려하여 가장 적합한 것으로 하여야 한다. 성능에 대해서는 법령에서 정한 제어풍속 또는 제어농도를 충족하는 것이어야 한다.

### 4) 푸시풀형 환기장치의 설치

푸시풀형(push-pull type, 압인형, 급배기형이라고도 한다) 환기장치는 내뿜는 측의 후드 (push hood)에서 기류를 발생시키고(push) 이를 흡입하는 측의 후드(pull hood)로 흡인(pull) 하는 것으로서, 유해한 증기 등을 일정한 방향의 기류 속에 실어(받아들여) 배기함으로써, 주 변으로의 비산·확산을 억제하는 환기장치이다. 기류의 방향은 하강류(천장 → 바닥), 경사하 강류(천장 → 측벽), 수평류(측벽 → 반대쪽 측벽)가 있다.

푸시풀형 환기장치는 유해물질의 발산면적이 넓어 국소배기장치의 설치가 곤란한 경우에 유효한 장치로서, 자동차의 차체, 항공기의 기체, 선체(船體) 블록(block) 등의 도장부스에 이 용되고 있다(산업안전보건기준에 관한 규칙 제425조 참조). 그리고 대형 도금조, 유기용제에 의한 세정조 등의 개방조에서는 횡방향으로 push공기가 일정하게 흐르고 반대 측에서 공기 를 흡인(pull)함으로써 마치 에어커튼(air curtain)과 같이 공기로 덮개를 한 것과 같은 구조가 푸시풀형 환기장치의 일종으로 사용되고 있다.

### 5) 전체환기장치

유해물질의 발산원이 실내에 넓게 분포되어 있거나 유해물질의 발산원이 이동하는 경우에 는 국소배기장치의 설치가 어렵다. 이러한 상황에서 실내공기 중의 유해물질 농도가 유해한 정도가 되지 않도록 하기 위하여 실내공기를 신선한 공기와 교체할 필요가 있는 경우, 전체 환기장치가 이용된다. 전체환기장치는 유해물질의 취급량이 적은 경우 등에도 사용되지만, 아무래도 유해물질이 일단 확산되어 버리기 때문에 어디까지나 보조수단이지 근본적인 해결 수단이라고는 할 수 없다.

전체환기장치라 하더라도 환기를 위하여 유입하여 오는 공기의 입구의 위치와 작업자의 위치를 적절하게 하면, 작업자가 유해물질에 노출되는 위험성을 대폭적으로 감소시키는 것이 가능하다. 그러나 반대로 이들 위치관계가 좋지 않은 경우에는 역효과가 초래되어 오히려 노 출이 많이 될 수 있다.

### (2) PDCA 사이클에 의한 효과적인 진행방법

작업환경관리에서는 작업환경의 현상을 파악하여 문제가 있으면 바로 작업환경개선을 실 시하여야 한다. 작업환경개선의 기본적 추진방법은 일반적인 관리의 흐름, 즉 PDCA[Plan(계 획) - Do(실행) - Check(평가) - Act(개선)]의 사이클로 추진하는 것이 효과적이다.

## 1) 문제점을 파악한다

직장에서의 작업환경의 현상을 파악하여 문제점을 밝히기 위해서는 작업환경측정, 직장순시, 제안제도 등을 실시하고 활용하는 것이 필요하다.

## 2) 무엇이 원인인지를 안다

문제가 되고 있는 원인을 파악하는 단계이다. 예를 들면, 직장 중의 유기용제의 농도가 고농도인 경우, 그 원인은 다음과 같이 여러 가지로 생각할 수 있다.

① 국소배기장치가 설치되어 있지 않거나 성능이 불충분하였다.
② 유기용제의 발산원과 후드의 위치가 떨어져 있는 등 국소배기장치가 올바르게 사용되고 있지 않았다.
③ 유기용제가 소정의 장소 이외의 장소에서 취급되고 있었다.
④ 유기용제가 넘쳐흐르고 있었거나 용기가 뚜껑이 열린 채 있었다.
⑤ 설비, 국소배기장치에서 유기용제의 증기가 새고 있었다.

원인이 되고 있는 것이 정확하게 판명 나지 않고서는 적절한 작업환경개선은 실시할 수 없다.

## 3) 개선계획을 수립한다

PDCA의 P(계획)의 부분이다. 문제가 되고 있는 원인이 판명되면, 개선계획 수립에 착수한다. 개선계획의 기본은 원칙적으로 다음과 같이 5W1H를 명확히 하는 것이 필요하다.

① What: 무엇을 개선할 것인가? → 대상을 명확히 한다.
② Where: 어디를 개선할 것인가? → 구체적인 장소를 명확히 한다.
③ Why: 왜 개선하는 것인가? → 이유를 명확히 한다.
④ Who: 누가 담당하는가? → 담당자를 명확히 한다.
⑤ When: 언제까지 개선할 것인가? → 시기를 명확히 한다.
⑥ How: 어떻게 개선할 것인가? → 개선방법을 명확히 한다.

## 4) 개선을 실시한다

PDCA의 D(실행)의 부분이다. 이 단계는 당연히 보건관리자만으로는 무리가 있고 기술담당자, 라인의 관리·감독자 등이 참가하는 팀플레이로 하는 것이 중요하다.

## 5) 개선효과를 확인한다

PDCA의 C(평가)의 부분이다. 개선에 의해 양호한 작업환경이 달성되었는가?, 작업의 장해요인이 되고 있지는 않은지 등 새로운 문제가 발생하고 있는가? 등을 평가하고(C), 필요에 따라 개선(A)을 행한다.

## 6) 사전대응의 중요성

지금까지는 작업환경측정 등에서 문제가 발견되었던 경우의 개선이 중심이었지만, 실제로는 새롭게 설비가 도입되어 작업이 개시되기 전에 계획단계에서 대책을 세워 두는 것이 중요하다. 이것은 위험성평가라고 불리는 것으로서, 효과적으로 잘 실시하면 처음부터 양호한 작업환경을 조성하는 것이 가능하다.

# Ⅵ. 작업관련 근골격계질환 예방조치

## 1. 근골격계질환의 개요

작업관련 근골격계질환[9]이라 함은 반복적인 동작, 부적절한 작업자세, 무리한 힘의 사용, 날카로운 면과의 신체접촉, 진동 및 온도 등의 요인에 의하여 발생하는 건강장해로서 목, 어깨, 허리, 팔·다리의 신경·근육 및 그 주변 신체조직 등에 나타나는 질환을 말한다(산업안전보건기준에 관한 규칙 제656조 제2호).

직업병이 일반적으로 단일의 작업적(업무적) 요인(유해요인)에 의해서만 발생하는 것과 달리, 작업관련 근골격계질환은 작업관련 뇌심혈관계질환과 마찬가지로 개인적 요인에 작업적(업무적) 요인이 유발 또는 증악(症惡) 형태로 복합적으로 작용하여 발생하는 것이 일반적이다.[10] 산업안전보건법에서 강제적인 규율 대상으로 하고 있는 것은 작업적(업무적) 요인에 대한 부분이다.

작업관련 근골격계질환이 업무상질병 중 가장 많은 비중을 차지하고 지속적으로 증가함에 따라, 이를 종합적이고 체계적으로 예방하기 위하여 2002년 12월 30일 산안법 개정 시 제24조 제1항 제5호에 동 질환 예방조치의무의 법적 근거를 마련하고, 2003년 8월 18일 산업안전보건기준에 관한 규칙 개정을 통해 구체적인 근골격계질환 예방조치기준을 신설하였다.

이에 따라 사업주는 단순반복작업 또는 인체에 과도한 부담을 주는 작업에 의한 건강장해 예방을 위해 필요한 조치를 하여야 한다(산업안전보건법 제24조 제1항 제5호). 사업주의 구체적인 예방조치의무의 내용은 산업안전보건기준에 관한 규칙 제12장의 제656조부터 제666조에 걸쳐 상세하게 규정되어 있다.

## 2. 근골격계질환 예방을 위한 구체적인 조치기준

### (1) 근골격계부담작업으로 인한 건강장해의 예방

사업주는 근로자가 근골격계부담작업을 하는 경우 3년마다 ⅰ) 설비·작업공정·작업량·작업속도 등 작업장 상황, ⅱ) 작업시간·작업자세·작업방법 등 작업조건, ⅲ) 작업과 관련

---

9 근골격계질환은 개인적 요인에 의해서도 발생하는 경우가 많으므로, 업무적 요인이 작용하여 발생하거나 증악(症惡)된 근골격계질환, 즉 산안법에서 규율 대상으로 하고 있는 근골격계질환에 대해서는 '작업관련 근골격계질환'으로 부르는 것이 타당하다.
10 작업관련 근골격계질환과 작업관련 뇌심혈관계질환과 같이 개인적 요인과 작업적(업무적) 요인이 복합적으로 작용하여 발생하는 질환을 통칭하여 '작업관련성질환'이라고 한다.

된 근골격계질환 징후와 증상 유무에 대한 유해요인조사(정기 유해요인조사)를 실시하여야 한다. 다만, 신설되는 사업장의 경우에는 신설일로부터 1년 이내에 최초의 유해요인조사를 실시하여야 한다(산업안전보건기준에 관한 규칙 제657조 제1항). 그리고 ⅰ) 근골격계질환자가 발생한 경우, ⅱ) 근골격계부담작업에 해당하는 새로운 작업·설비 도입 등의 경우, ⅲ) 근골격계부담작업에 해당하는 업무의 양과 작업공정 등 작업환경을 변경한 경우에는 지체 없이 유해요인조사(수시 유해요인조사)를 실시해야 한다(산업안전보건기준에 관한 규칙 제657조 제2항).

사업주가 유해요인조사를 실시하는 경우에는 근로자와의 면담, 증상설문조사, 인간공학적 측면을 고려한 조사 등 적절한 방법으로 하여야 한다(산업안전보건기준에 관한 규칙 제658조). 위 3가지 항목은 선택적인 사항이 아닌 것으로 해석되고 있다. 따라서 3가지 항목 중 하나라도 빠져 있는 경우에는 유해요인조사를 실시한 것으로 인정받을 수 없다.

한편, 사업주는 유해요인조사 결과, 근골격계질환이 발생할 우려가 있는 경우에 인간공학적으로 설계된 보조설비 및 편의설비를 설치하는 등 작업환경 개선에 필요한 조치를 하여야 한다(산업안전보건기준에 관한 규칙 제659조). 그리고 근골격계부담작업으로 인하여 운동범위 축소, 쥐는 힘의 저하, 기능의 손실 등의 징후가 나타난 경우 사업주는 의학적 조치를 하고, 필요한 경우에는 산업안전보건기준에 관한 규칙 제659조에 따른 작업환경개선 등 적절한 조치를 하여야 한다(산업안전보건기준에 관한 규칙 제660조).

또한 사업주는 근골격계부담작업에 근로자를 종사하도록 할 때 다음 사항 및 유해요인조사와 그 결과, 조사방법 등을 근로자에게 널리 알려 주어야 한다(산업안전보건기준에 관한 규칙 제661조). ⅰ) 근골격계부담작업의 유해요인, ⅱ) 근골격계질환의 징후 및 증상, ⅲ) 근골격계질환 발생시 대처요령, ⅳ) 올바른 작업자세 및 작업도구, 작업시설의 올바른 사용방법, ⅴ) 그 밖에 근골격계질환 예방에 필요한 사항이 그것이다.

한편, 사업주는 사업장이 다음 어느 하나에 해당하는 경우에는 노사협의를 거쳐 근골격계질환 예방관리프로그램을 수립·시행하여야 한다(산업안전보건기준에 관한 규칙 제662조). ⅰ) 근골격계질환으로 요양결정을 받은(업무상 질병으로 인정받은) 근로자가 연간 10명 이상 발생한 사업장, ⅱ) 근골격계질환이 5명 이상 발생한 사업장으로서 발생 비율이 그 사업장 근로자 수의 10% 이상인 사업장, ⅲ) 근골격계질환 예방과 관련하여 노사 간 이견이 지속되는 사업장으로서 고용노동부장관이 필요하다고 인정하여 수립·시행을 명령한 사업장이 그것이다.

근골격계질환 예방관리프로그램은 사업장 여건에 맞게 자체적으로 수립하여 운영하되, 산업안전보건법 제20조에서 정하고 있는 안전보건관리규정의 일부(부속규정) 형식으로 작성·운영하는 것이 바람직하다.

### (2) 중량물을 들어 올리는 작업에 관한 특별조치

사업주는 근로자가 인력으로 들어 올리는 작업을 하는 경우에 과도한 무게로 인하여 근로자의 목·허리 등 근골격계에 무리한 부담을 주지 않도록 최대한 노력하여야 한다(산업안전보건기준에 관한 규칙 제663조).

사업주는 근로자가 취급하는 물품의 중량·취급빈도·운반거리·운반속도 등 인체에 부담을 주는 작업의 조건에 따라 작업시간과 휴식시간 등을 적정하게 배분하여야 한다(산업안전보건기준에 관한 규칙 제664조).

사업주는 근로자가 5 kg 이상의 중량물을 들어 올리는 작업을 하는 경우에 다음과 같은 조치를 하여야 한다(산업안전보건기준에 관한 규칙 제665조).

    ① 주로 취급하는 물품에 대하여 근로자가 쉽게 알 수 있도록 물품의 중량과 무게중심에 대하여 작업장 주변에 안내표시를 할 것

    ② 취급하기 곤란한 물품은 손잡이를 붙이거나 갈고리, 진공빨판 등 적절한 보조도구를 활용할 것

사업주는 근로자가 중량물을 들어 올리는 작업을 하는 경우에 무게중심을 낮추거나 대상물에 몸을 밀착하도록 하는 등 신체의 부담을 줄일 수 있는 자세에 대하여 알려야 한다(산업안전보건기준에 관한 규칙 제666조).

## 3. 근골격계부담작업의 범위[11]

사업주의 근골격계질환 예방의무의 전제가 되는 근골격계부담작업의 범위에 대해서는 산업안전보건기준에 관한 규칙 제656조 제1호에서 작업량·작업속도·작업강도 및 작업장 구조 등에 따라 고용노동부장관이 정하여 고시(근골격계부담작업의 범위 및 유해요인조사 방법에 관한 고시)하도록 규정되어 있다. 본 고시에 따른 '근골격계부담작업'이라 함은 단기간 작업[12] 또는 간헐적인 작업[13]에 해당되지 않는 작업 중에서 다음 각 호의 어느 하나에 해당하는 작업이 주당 1회 이상 지속적으로 이루어지거나 연간 총 60일 이상 이루어지는 작업을 말한다.[14]

---

11  한국산업안전보건공단, 『근골격계질환 예방 업무편람』, 2014, pp. 13-22 참조.
12  '단기간 작업'은 2개월 이내에 종료되는 1회성 작업을 말한다.
13  '간헐적인 작업'은 연간 총작업일수가 60일을 초과하지 않는 작업을 말한다.
14  한국산업안전보건공단, 『근골격계질환 예방 업무편람』, 2014, p. 13. "주당 1회 이상 지속적으로 이루어지거나 연간 총 60일 이상 이루어지는 작업"이라는 표현은 근골격계부담작업 여부를 판단하는 중요한 기준이라고 볼 수 있는데, 법령이나 고시에 아무런 근거를 두고 있지 않고 있고, 단지 아무런 법적 효력을 가지고 있지 않는 한국산업안전보건공단 업무편람에 근거하고 있는바, 입법적으로 정비를 할 필요가 있다.

근골격계부담작업 제1호

하루에 4시간 이상 집중적으로 자료입력 등을 위해 키보드 또는 마우스를 조작하는 작업

주: 1) "하루"란 잔업을 포함하여 1일 동안 행하는 총작업시간을 의미함
  2) "4시간 이상"은 근골격계부담작업을 실제 수행하는 시간만을 의미함
  3) "집중적 자료입력"이란 키보드 또는 마우스를 이용한 동작이 지속적으로 이루어지는 것을 의미함[15] [16]
  4) 키보드 또는 마우스를 조작하는 작업이므로 판매대에서 스캐너를 주로 활용하는 작업은 본 호의 적용대상이 아님

근골격계부담작업 제2호

하루에 총 2시간 이상 목, 어깨, 팔꿈치, 손목 또는 손을 사용하여 같은 동작을 반복하는 작업

주: 1) "총 2시간 이상"은 근골격계부담작업을 실제 수행하는 시간만을 의미함
  2) "같은 동작"은 동작이 동일하거나 다소 차이가 있다 하더라도 동일한 신체부위를 유사하게 사용하는 움직임을 말함

---

15 컴퓨터를 통한 검색이나 해독 작업에서 일어나는 간헐적 입력작업, 쌍방향 통신, 정보 취득작업 등은 포함되지 않는다.
16 근로자가 임의로 자료입력 시간을 조절할 수 있는 경우에는 집중적으로 수행되는 작업으로 보지 아니한다.

하루에 총 2시간 이상 머리 위에 손이 있거나, 팔꿈치가 어깨 위에 있거나, 팔꿈치를 몸통으로부터 들거나, 팔꿈치를 몸통 뒤쪽에 위치하도록 하는 상태에서 이루어지는 작업

주: 1) "팔꿈치를 몸통으로부터 드는 경우"란, 수직상태를 기준으로 위 팔(어깨 – 팔꿈치)이 중력에 반하여 몸통으로부터 전방 내지 측방으로 45도 이상 벌어져 있는 상태를 말함
2) 본 기준의 부담작업의 누적시간은 각 신체부위별 부담 작업시간을 각각 합산한 총누적시간으로 평가하되, 한 작업자세에서 여러 신체부위가 동시에 부담작업에 해당되는 경우에는 그중 하나의 신체부위 작업시간만을 총누적시간에 반영함

지지되지 않은 상태이거나 임의로 자세를 바꿀 수 없는 조건에서, 하루에 총 2시간 이상 목이나 허리를 구부리거나 트는 상태에서 이루어지는 작업

주: 1) "지지되지 않은 상태"란, 목이나 허리를 구부리거나 비튼 상태에서 발생하는 신체부담을 해소시켜 줄 수 있는 부담 신체부위에 대한 지지대가 없는 경우를 의미함
2) "임의로 자세를 바꿀 수 없는 조건"이란 근로자 본인이 목이나 허리를 구부리거나 트는 상태를 취하고 싶지 않아도 작업을 하기 위해서는 모든 근로자가 어쩔 수 없이 그러한 자세를 취할 수밖에 없는 경우를 말함
3) "목이나 허리의 굽힘"은 특별한 사정이 없는 한 수직상태를 기준으로 목이나 허리를 전방으로 20도 이상으로 구부리거나 허리를 후방으로 20도 이상 제치는 경우를 의미함. 단, 무릎을 바닥에 댄 상태에서 허리를 전방으로 굽히거나 바닥에 앞으로 누워 있는 경우에는 허리의 굽힘으로 보지 않음
4) "목이나 허리를 트는 상태"는 특별한 사정이 없는 한 목은 어깨를 고정한 상태에서 5도 이상, 허리는 다리를 고정한 상태에서 20도 이상 좌우로 비튼 상태를 말함

하루에 총 2시간 이상 쪼그리고 앉거나 무릎을 굽힌 자세에서 이루어지는 작업

주: 1) "쪼그리고 앉는 것"은 수직상태를 기준으로 무릎이 발끝보다 앞으로 나오는 자세 이상으로 무릎을 구부린 상태에서 발이 체중의 대부분을 지탱하고 있는 상태를 말함
2) "무릎을 굽힌 자세"는 근로자가 바닥면에 한쪽이나 양쪽 무릎을 댄 상태에서 해당 무릎이 체중의 대부분을 지탱하고 있는 자세를 의미함

하루에 총 2시간 이상 지지되지 않은 상태에서 1 kg 이상의 물건을 한 손의 손가락으로 집어 옮기거나, 2 kg 이상에 상응하는 힘을 가하여 한 손의 손가락으로 물건을 쥐는 작업

주: 1) "지지되지 않는 상태"란 순전히 혼자만의 힘으로 손가락으로 집어 옮기거나 한 손의 손가락으로 물건을 쥐는 것을 말함
2) "2 kg 이상에 상응하는 힘"이란 2 kg(A4용지 약 250매) 이상을 한 손의 손가락으로 쥐는 데 사용하는 힘을 의미함

하루에 총 2시간 이상 지지되지 않은 상태에서 4.5 kg 이상의 물건을 한 손으로 들거나 동일한 힘으로 쥐는 작업

주: 1) "지지되지 않은 상태"란 "순전히 혼자만의 힘으로 물건을 한 손으로 들거나 쥐는 상태"를 말함
2) "4.5 kg의 물체를 한 손으로 드는 것과 동일한 힘"이란 소형 자동차용 점프선의 집게를 한 손으로 쥐어서 여는 정도의 힘에 해당됨

근골격계부담작업 제8호

하루에 10회 이상 25 kg 이상의 물체를 드는 작업

주: 1) 이 기준은 중량물을 중력에 반하여 드는 경우에만 적용되며, 중량물을 밀거나 당기는 작업은 해당되지 않음
2) 근로자 2인 이상이 작업을 같이 하는 경우에는 특별한 사유가 없는 한 작업자 수로 나눈 물체의 무게로 계산함
3) 작업자 2명 이상이 물체를 드는 작업에서 해당 물체의 무게중심이 한쪽으로 치우쳐 있는 등 개별 작업자가 실제 드는 무게에 대하여 노사 간 이견이 있는 경우에는 개별 작업자별로 무게부하를 정밀 측정하여 부담작업 여부를 결정함

근골격계부담작업 제9호

하루에 25회 이상 10 kg 이상의 물체를 무릎 아래에서 들거나, 어깨 위에서 들거나, 팔을 뻗은 상태에서 드는 작업

주: 1) "무릎 아래에서 들거나 어깨 위에서 들거나"는 드는 물체(물체를 잡는 손의 위치)가 무릎 아래 혹은 어깨 위에 있는 상태를 말함
2) "팔을 뻗은 상태"란, 중력에 반하여 팔을 들고 팔꿈치를 곧게 편 상태를 의미함. 단, 중력의 방향으로 팔을 늘어뜨린 상태(중립자세)는 제외함

근골격계부담작업 제10호

하루에 총 2시간 이상, 분당 2회 이상 4.5 kg 이상의 물체를 드는 작업

근골격계부담작업 제11호

하루에 총 2시간 이상 시간당 10회 이상 손 또는 무릎을
사용하여 반복적으로 충격을 가하는 작업

주: "충격을 가하는 작업"이란 근로자가 강하고 빠른 충격을 특정 물체에 전달하기 위하여 손 또는 무릎을 망치
　　처럼 사용하는 작업을 말함

## 4. 근골격계질환 예방조치의무 위반 시 벌칙

산업안전보건법 제39조 제1항 제5호의 규정에 의한 작업관련 근골격계질환 예방조치의무
는 보건상의 조치의무의 하나로서, 사업주가 이를 준수하지 않는 경우에는 산업안전보건법
에 의한 다른 보건상의 조치의무 위반과 마찬가지로 동법 제168조 제1호의 규정에 의하여
5년 이하의 징역 또는 5천만 원 이하의 벌금에 처해진다.

다시 말해서, 작업관련성 질환의 또 하나인 작업관련 뇌심혈관계질환 예방조치의무[17]
의 경우 위반하더라도 처벌규정이 없는 것과 달리, 작업관련 근골격질환의 예방조치의
무는 그 위반 시에 형사처벌(사법처리)의 대상이 된다.

---

17 작업관련 뇌심혈관계질환 예방조치의무는 산업안전보건법 제5조 제1항(제2호)을 법적 근거로 하고 있고,
　구체적으로는 산업안전보건기준에 관한 규칙 제669조에서 사업주에게 직무스트레스에 의한 건강장해 예
　방조치의 일환으로 뇌혈관 및 심장질환 발병위험도를 평가하여 금연, 고혈압 관리 등 건강증진 프로그램
　을 시행하도록 하는 것이 규정되어 있다.

# 제 6 장

# 재해유형별 안전관리

# I. 기계·설비의 위험성 및 안전화

## 1. 기계·설비에 의한 재해의 개요

인간은 도구를 사용하는 것에 의하여 진화하여 왔다. 생산을 비약적으로 증가시킨 것도 기계·설비를 사용하는 것에 의해 대량생산이 가능해지고 나서부터이다. 그러나 기계·설비의 대형화, 복잡화, 다기능화가 진전됨과 함께 여러 가지 형태의 재해가 발생하게 되었다.

사고·재해원인을 4M방식으로 분류하면, 인적 요인, 기계·설비적 요인, 작업·환경적 요인 그리고 관리적 요인이 있는 것에서 알 수 있듯이, 기계·설비는 그 자체가 재해의 중요한 한 원인을 차지하고 있다.

생산시스템의 자동화, 고도화, 다양한 기술의 개발 등이 현저하게 진전되고 있지만, 기계·설비를 많이 사용하는 제조업의 경우 기계·설비와 관련된 산업재해는 전체 사망재해에서 약 40%를 차지하고 있을 정도로 여전히 높은 상태이고, 제3차 산업 등의 분야에서도 각종의 기계·설비의 도입이 현저하게 이루어지고 있는 점으로 보면, 앞으로도 이 비율의 경향은 계속될 것으로 생각된다.

기업의 규모가 작은 사업장에서는 대규모기업과 같이 기계·설비의 근대화 등이 반드시 진전되고 있는 것은 아니기 때문에, 기계·설비와 관련된 재해의 감소추세는 느린 상태이다.

한편, OSHMS의 구축과 적절한 운용, 위험성평가의 충실한 실시 등에 근거한 안전한 기계·설비 등의 제공과 그 적절한 사용의 방향 설정에서 알 수 있듯이, 앞으로 기계·설비와 관련된 산업재해를 확실하게 예방하기 위해서는 산업안전보건법 등의 법정사항을 철저히 준수하는 것만으로는 불충분하다. 그리고 사회적으로 안전선진기업이라고 평가·인식되기 위해서는 국제적으로 일반화되고 있는 기계·설비의 안전화 기준(규격)의 준수를 위한 자율적인 노력을 충실히 하는 것이 중요하다.

기계·설비는 산업재해의 기인물 중에서 여전히 가장 큰 비중을 차지하고 있고, 사망재해, 신체에 장해를 남기는 재해 등 심각한 재해도 적지 않으며, 여전히 산업재해 방지의 중요한 과제로 되어 있다.

재해의 유형으로 보면, 작업점에 협압부, 회전부를 가지고 있는 기계류, 동력전달장치, 단압(鍛壓)기계(금속 재료를 단련하거나 압연하는 등의 방법으로, 금속 재료를 성형·가공하는 데 쓰는 기계를 통틀어 이르는 말이다. 프레스, 압연기, 망치 따위가 있다)[1], 종이가공기계,

---

[1] 끼임재해는 사고재해의 약 13%, 사고사망재해의 약 12%를 차지하고, 제조업의 경우 사고재해에서 약 33%를 차지하고 있다.

인쇄·제본기계 등을 중심으로 오래전부터 현재까지 '끼임'에 의한 것이 많다. '끼임'에 의한 재해에서 많이 발견되는 것은 기계의 회전부에 말려 들어가는 사고이다. 손, 손가락이 직접 말려 들어가는 경우도 있지만, 의복, 보호구가 먼저 말려 들어가 재해로 연결되는 경우도 많이 있다.

그 다음으로, '절단·베임·찔림'에 의한 재해가 많은데, 접합점에 회전부분, 특히 회전하는 날(刀), 톱니를 가지고 있는 기계, 금속가공기계, 목공기계, 식품가공기계 등 외에 동력공구를 사용하는 작업에서 발생하고 있다. '절단·베임·찔림'에 의한 재해는 회전하는 날(刀), 톱니 등에 접촉하는 것에 의해 많이 발생하고 있다.

그리고 건설기계, 하역운반기계, 크레인 등을 사용하는 작업에서는 화물의 낙하(떨어짐), 화물 또는 기계와의 충돌(부딪힘)·협착(끼임) 등이 많은데, 이동식(차량계)의 것에서는 기계 자체의 전도, 작업장소로부터 전락도 많다. 충돌에 의한 재해의 경우에는 크레인, 하역운반기 또는 그것에 매달린 짐, 쌓인 짐 등에 부딪혀 발생하고 있는 예가 많이 발견된다.

이 외에 기계·설비에 의한 것으로는 대부분의 사업장에 사용되고 있는 전기설비(배선을 포함한다)에 의한 전격(감전), 보일러·압력용기·고열로·화학설비에서의 고열부재와의 접촉, 파열, 폭발, 화재 등이 있다.

기계·설비에 의한 재해는 그 건수도 많고 사망재해로 연결되는 경우가 많으므로, 그 안전화는 중요한 과제라 아니할 수 없다.

## 2. 기계·설비재해의 발생 프로세스

'위험원(hazard)'의 정의는 '위해를 일으키는 잠재적 근원'이지만, 산업안전의 입장에서 말하면 '산업재해를 일으키는 잠재적 근원'이다. 아래 그림에서 상승·하강하는 슬라이드 부분이 손을 으깨는 '위험원'의 하나라고 말할 수 있다. 그리고 체인구동장치의 사슬톱니(sprocket: 사슬이나 궤도 등과 맞물려 움직이는 톱니를 가진 바퀴) 사이에 손을 끌어들이는 '위험원'이다.

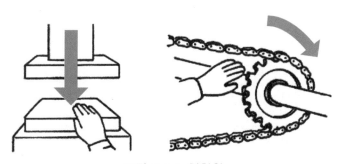

그림 6.1.1 위험원

'위험상태(hazardous situation)'란 위험원에 사람이 노출되는 상황을 말한다. 이것은 으깨짐, 절상(切傷: 베인 상처) 등과 같은 부상을 입을 수 있는 '단기적인 노출'부터 장기간의 분진 흡입 등에 의해 발병하는 것과 같은 '장기간의 노출'까지를 포함한다. 여기에서 '노출'이란 위험원과 사람 사이에 노출을 저지하는 것이 존재하지 않는 상태를 말한다. 즉, 차단하는 것이 없으므로 사람이 위험원에 접근·접촉할 가능성이 있다는 것이고, 현실적으로 접근·접촉하고 있는지는 여기에서 문제 삼지 않는다.

거리적으로 떨어져 있는지 가까운지는 관계없다(물론 정도의 문제이지만). 슬라이드 부분에는 사람이 접근하지 않게 하기 위한 안전울, 가드가 없는 상태 또는 광선식 안전장치 등을 설치하여 사람이 접근하면 슬라이드의 움직임을 바로 정지시키는 것과 같은 수단이 취해져 있지 않은 상태를 말한다. 체인구동장치에서는 울, 덮개가 없는 상태를 가리킨다. 즉, 보호조치가 제대로 갖추어져 있지 않거나 이행되지 않아 사람이 위험원에 접근·접촉할 수 있는 상태를 말한다. '위험상태'에서는 사람이 현실적으로 접근·접촉하고 있는지 여부는 별개의 문제이다.

'위험사건(hazardous event)'이란 '위험상태'로부터 위해에 이르게 하는 사건이다. 위해가 실제로 발생하기 직전의 상태이고, 사람이 실제로 위험구역에 접근하여 위험원(예: 슬라이드 부분, 체인과 사슬톱니 사이)에 손이 들어간 것이 이에 해당한다.

'위해(harm)'란 신체적 상해(부상), 건강장해를 말하는 것으로, 예컨대 슬라이드 부분이 하강하였을 때, 들어간 손을 빼는 것이 늦어 손가락이 으깨진 경우 등의 재해를 말한다. 슬라이드 부분의 하강속도가 빨라 완전히 피할 수 없었던 경우 등 회피에 실패한 경우에 '위해'가 발생한다(그림 6.1.2 참조).

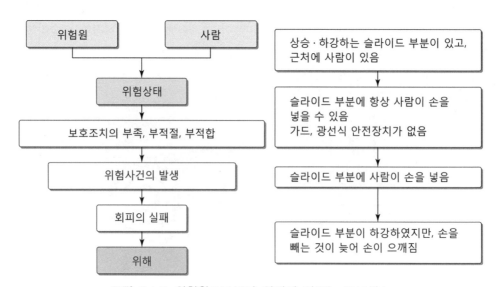

그림 6.1.2 위험원으로부터 위해에 이르는 프로세스

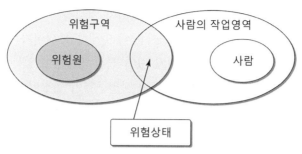

그림 6.1.3  위험원과 위험상태

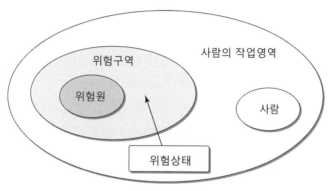

그림 6.1.4  위험구역이 모두 위험상태

차단하는 것이 없는 위험원과 사람의 상호관계에서 서로가 동시에 존재할 수 있는 부분이 있으면 위험상태가 되고, 보호조치의 부족, 부적절, 부적합이 있으면 위험사건으로 발전한다. 실제로 사람이 진입하거나 손을 집어넣거나 하여 위험사건이 발생하게 되고, 나아가 회피에 실패하면 위해까지 발생하는 것이다.

사람과 위험원의 관계를 영역으로 제시하면, '위험원'이 존재하고, 그 위험원의 영향이 미치는 범위(보호되고 있지 않은 가동범위)가 '위험구역'이 된다. 또한 사람이 있고, 그 작업범위(작업영역)가 있다. 위험원이 복수인 경우도 그 영향이 미치는 범위가 위험구역이 된다. 사람이 복수인 경우도 동일하게 작업영역으로 생각하면 된다. 그림 6.1.3에서는 알기 쉽게 하기 위하여 위험원과 사람 각각 하나씩만 표시하고 있다.

사람의 작업영역과 위험구역이 겹치는 부분이 '위험상태' 공간이다. 그림 6.1.3에서 겹쳐 있는 부분이다.

기계·설비에 따라서는 위험원의 가동범위(위험원의 영향이 미치는 범위)의 주변 전체에 사람의 작업영역이 있고 사람이 접근하는 것이 가능한 경우가 있는데, 그 경우는 위험구역이 모두 위험상태가 된다.

공간적으로 겹쳐진 부분에서 사람과 위험원이 시간적으로 겹쳐(동시에) 존재하면 위해가 발생한다. 이 공간에 사람과 위험원이 동시에 존재하지 않도록 하기 위해 보호조치를 강구하는 것인데, 그것이 부족하거나 실패하면 '위험사건'이 발생하고, 나아가 위해로 연결되게 된다.

위험구역이 사람의 작업구역과 크게 떨어져 있어 겹칠 가능성이 없는 경우, 위험상태는 되지 않지만, 위험구역에 사람이 접근할 수 있도록 작업구역이 변경되거나 위험구역의 범위가 확대되는 등의 변경이 있어 위험구역과 사람의 작업영역이 겹칠 가능성이 생기게 되면 위험상태가 된다.

예를 들면, 천장크레인의 트롤리[trolley: 화물을 들어 올리거나 옮기는 훅(갈고리)의 위치를 조정하는 도르래로서, 이 장치를 통해 가설선으로부터 전력을 공급받는다]는 충전부가 드러나는 상태지만, 지상에서 작업하고 있는 작업자는 위험상태는 아니다. 그러나 사람이 트롤리에 닿을 정도의 긴 봉을 가지고 작업하는 것으로 작업내용이 변경되거나 작업데크가 트롤리 근방에 설치되면 위험상태가 된다. 또한 보전작업자가 점검 등으로 트롤리에 접근할 일이 있는 경우는 보전작업에서의 위험구역, 위험상태가 된다.

위해가 발생하는 프로세스에서 '위험원이 없도록 한다', '사람과 위험원이 동일한 공간에 있지 않도록 한다'. '사람과 위험원이 동시에 존재하지 않도록 한다' 등과 같은 일이 가능하면, 위해가 발생하지 않는다고 말할 수 있다. 이것이 소위 '기계·설비의 안전원칙'이다.

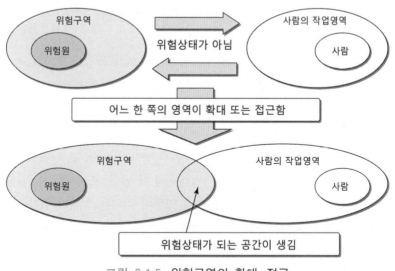

그림 6.1.5 위험구역의 확대·접근

## 3. 기계·설비에 의한 위험

### (1) 불안전상태·불안전행동

기계·설비에 의한 사고·재해의 많은 경우 기계·설비의 불안전상태와 작업자의 불안전행동이 얽혀 발생한다. 이를 방지하기 위해서는 불안전상태의 배제를 우선적으로 행한다는 접근방식으로 추진하는 것이 중요하다.

표 6.1.1 기계·설비의 불안전상태와 작업자의 불안전행동

| 기계·설비의 불안전상태(예) | 작업자의 불안전행동(예) |
|---|---|
| • 기계·설비의 구조 등 본래 기능의(본질적) 결함이 있다.<br>• 안전장치 등의 방호조치의 불비(不備)가 있다.<br>• 기계·설비를 포함한 레이아웃의 불량이 있다. | • 결함, 고장 등이 있는 것을 알면서 사용한다.<br>• 안전장치를 끄고(무효로 하고) 사용한다.<br>• 안전부분의 커버 등 방호조치가 없는 기계·설비를 사용한다.<br>• 기계·설비를 본래의 용도(목적) 이외의 작업에 사용한다.<br>• 기계·설비를 운전상태로 한 채 그 자리(운전석)를 떠난다.<br>• 기계·설비의 운전 중에 주유, 점검·정비작업을 한다.<br>• 근처에 다른 근로자가 있는데 신호, 확인을 하지 않고 기계·설비를 작동한다. |

## (2) 기계·설비에 의한 위험의 종류

기계·설비에 의한 위험의 종류는 크게 나누어 기계적 위험과 비기계적 위험으로 분류할 수 있다.

### 1) 기계적 위험

기계·설비에 의한 위험으로 전형적인 것은 기계적 위험인데, 그 종류에는 다음과 같은 것이 있다.

### 가. 접촉적 위험

기계·설비의 접촉적 위험에는 회전하는 기계, 동력전달장치로 말려 들어감, 왕복운동을 하는 기계 또는 미끄럼운동을 하는 부분 등과 고정부분 간의 협압(狹壓)(프레스기계의 펀치와 받침대 사이 등) 등이 있다.

### 나. 물리적 위험

물리적 위험에는 연삭숫돌의 강도 부족에 의한 파손, 프레스기계 금형의 파손, 가공물·부스러기의 기계로부터의 튐 등이 있다.

### 다. 구조적 위험

구조적 위험에는 설계불량, 기계·설비 등을 구성하는 재료의 열화 등에 의한 파괴·파손 등이 있다.

### 라. 시스템적 위험

시스템적 위험이란 일반적으로는 기계·설비와 사람의 공동동작을 행하는 사람－기계 (man-machine)시스템에서 오조작, 판단미스 등에 의해 위해를 받을 위험을 가리키는데, 그 배경에는 기계·설비의 결함, 작업관리의 부적절 등이 있다.

### 2) 비기계적 위험

기계·설비에 관한 위험으로는 앞에서 설명한 기계·설비의 본래적 위험 외에, 부수적으로 발생하는 다음과 같은 위험(비기계적 위험)이 있다.

### 가. 전기적 위험

기계·설비의 프레임 등으로의 누전에 의한 전격, 제어시스템의 고장 등에 의한 기계·설비의 오작동, 정전기에 의한 폭발위험 등의 전기적 위험이 있다.

### 나. 이온방사 등

방사선물질, 뢴트겐촬영장치, 정전기제거장치 등으로부터 방사되는 이온의 위험성이 이것에 해당한다. 고주파 가열장치, 레이저 가공기계 등으로부터 발생하는 비이온방사선의 위험도 있다.

### 다. 화학적 위험

화학적 위험으로서는 가공재(加工材), 절삭액 등으로부터 나오는 독성위험, 가연성가스·용제·동력원의 연료 등 가연물에 의한 폭발, 화재위험이 있다.

### 라. 기타

프레스기계의 소음·진동, 절삭가공 시의 소음, 압력상승에 의한 용기 등의 파열위험·오작동, 고온부와의 접촉에 의한 화상, 기계·설비를 사용한 작업에 수반되어 발생하는 분진에 의한 폭발위험, 건강장해 등이 있다.

### 3) 자동기계의 위험

우리나라의 급속한 경제발전 배경의 하나로 생산공정의 자동화기술의 개발·도입을 들 수 있다. 자동차산업, 전기기계기구 제조업 등에 넓게 도입된 산업용 로봇은 그 전형적인 예라고 할 수 있다. 그 외에 발전소, 화학공장에서의 공정전체의 자동화, 입체창고 등의 하역운반 작업의 자동화시스템 등이 있다. 자동화는 그 적용영역이 점점 확산되고 복잡화되는 한편, 그것의 고도화(고기능화) 또한 매우 빠른 속도로 진행되고 있다.

이 생산시스템의 자동화는 생산성의 향상, 생력화, 품질 및 정밀도의 향상에 크게 기여하는 점 외에, 작업자의 육체적 부담을 경감시키고, 위험구역에의 접근기회를 감소시키며, 유해환경하에서의 작업을 대체하는 등 안전보건 측면에서도 크게 공헌하여 왔지만, 한편으로 사고·재해에 관하여 다음과 같은 과제도 안겨 주고 있다.

① 제어가 소프트웨어화되었기 때문에 자동기계, 라인이 작업자와 관계없이 작동하는 등 그 움직임을 객관적으로 파악하기 어렵게 된 점

② 자동기계·라인 등이 복잡화·고도화됨으로써 작업자가 조작을 잘못하게 될 가능성이 커지거나 이상 시에 즉응하기 어렵게 된 점

③ 자동기계·라인이 다른 제조사의 많은 부품으로 구성되어 있는 점, 외부의 전문 제조사 등에 의해 조립되어 있는 점 등 때문에 이상이 발생한 경우의 원인 파악이 어려워지고 있는 점

④ 생산라인이 대형화되어 있어 정지한 경우 큰 손실을 입게 되므로, 트러블(이상) 발생 시에 라인의 정지를 하기 어렵게 되어 있는 점

⑤ 트러블 처리의 자동화(로봇화)에 대한 연구도 진행되고 있지만, 지금까지는 사람이 실시하는 것이 중심이고, 트러블 처리작업 시의 안전까지 충분히 고려하고 있는 경우는 드문 점

⑥ 자동기계·라인은 작업의 스킬(skill)을 대행하는 시대에서 정보·사고·판단기능을 지원·대행하는 시대로 접어들고 있지만, 그것을 취급하는 작업자 측의 정보, 사고력, 조작기능은 반드시 충분하지는 않아, 사람-기계시스템에서의 안전을 고려한 설계, 오퍼레이터의 교육훈련 등이 불충분하면 큰 트러블로 발전할 가능성이 높아지고 있는 점

## 4. 안전한 작업설비의 조건 및 작업설비의 안전화

### (1) 안전한 작업설비의 조건

작업설비(기계, 기구, 도구, 공구, 가설물 등)가 다음과 같은 안정성을 갖추도록 확인하거나 유의하는 등의 조치가 필요하다.

## 1) 외관으로 본 안전성

작업자가 접촉할 가능성이 있는 곳에 예리한 각(角), 돌기물이 없는지, 노출된 회전부분은 없는지 등 외관의 안전성을 조사한다.

## 2) 강도로 본 안전성

각 부분, 재료는 충분한 안전율을 가지고 있는지 확인하고, 특히 파손될 경우 큰 위험을 초래할 수 있는 부품에 주의한다.

## 3) 기능으로 본 안전성

해당 작업설비에 부과된 기능을 수행할 때에 작업자가 위험에 노출되는 일은 없는지 확인하고 시운전 때에는 특히 주의한다.

## 4) 조작으로 본 안전성

작업할 때에 무리한 자세를 취하거나 무리하게 힘을 들일 필요는 없는지, 오조작을 일으키지 않도록 고려되어 있는지 등을 확인한다.

## 5) 보전(유지보수)으로 본 안전성

점검, 주유, 부품의 교환·보수 등이 안전하고 쉽게 할 수 있는 구조로 되어 있는지 확인한다.

## 6) 레이아웃으로 본 안전성

완성한 후에 레이아웃(layout)을 변경하는 것은 곤란하다. 부품, 반제품, 불량품 등을 놓는 곳, 부품교환 시의 공간, 안전한 통로는 확보되어 있는지 확인한다.

## 7) 산업위생 측면의 고려

유해한 물질이 누출되어 인체에 노출되거나, 점검·보수 시에 유해물질에 접촉될 수 있는 위험은 없는지 고려한다.

이상의 안전한 기계·설비로서의 조건을 특히 계획·설계의 단계에서 고려하는 것이 필요하다.

## (2) 작업설비의 안전화

작업설비의 안전화를 필요로 하는 예를 제시하면 다음과 같은 것이 있다.

### 1) 기계설비
① 동력전달부분, 기계·설비의 작동부분, 예리한 돌기물 등에는 덮개 등을 설치한다.
② 동력차단장치를 기계·설비마다 설치한다.
③ 기계·설비의 운전을 정지하고 분해, 수리 등을 행하는 경우에 동력차단장치에는 자물쇠를 채우고 표찰 등을 부착한다.
④ 방호조치를 하거나 안전인증 또는 자율안전신고에 합격한 기계·설비, 안전장치 및 보호구를 사용한다.
⑤ 작업장소에는 안전가드, 덮개, 안전울타리, 안전장치, 자동공급장치 등을 설치한다.

### 2) 전기설비
① 충전부분은 절연하거나 방책, 덮개를 설치한다.
② 물 등으로 습윤되어 있는 장소, 철판, 철골 등 통전(通電)하기 쉬운 장소에서 사용하는 전동기계·기구에는 감전방지용 누전차단장치를 설치한다.
③ 모든 전기설비에는 접지를 한다.
④ 정전기를 발생하는 작업설비는 접지에 추가하여 정전기 제거장치를 설치한다.
⑤ 아크용접기에는 자동전격방지장치를 설치한다.

### 3) 폭발·화재의 우려가 있는 설비
① 가연성 가스, 인화성 증기를 취급하는 설비는 이것들이 새지 않도록 하고 착화원을 만들지 않도록 관리를 철저히 한다[방폭구조, 무(無)불꽃공구, 보수작업 등에서의 불꽃관리 등]. 그리고 가연성 가스, 인화성 증기의 누설을 검지하고 경보를 내는 장치, 긴급차단장치를 설치한다.
② 분진폭발의 방지에 대해서는 분진의 비산방지, 습식공법의 채용, 불활성가스에 의한 차단(seal) 등의 대책과 함께 착화원 관리를 철저히 한다.
③ 수증기폭발에 대해서는 용융고온물의 취급장소를 빗물, 지하수가 침입하지 않는 구조로 하는 등 물과 용융고온물의 접촉을 방지한다.
④ 화학물질의 혼합에 의한 위험을 방지한다.

### 4) 운반설비

① 조명설비, 제동장치, 비상정지장치, 경보장치, 권과(卷過)방지장치 등을 설치한다.

② 적정한 와이어로프, 체인, 고리걸이용구를 사용한다.

③ 쌓아 올려놓은 화물의 낙하방지장치 등을 설치한다.

④ 사람과의 접촉방지장치(방호울, 출입구차단장치 등)를 설치한다.

### 5) 비래(날아옴)·낙하(떨어짐), 붕괴(무너짐)·도괴(쓰러짐)의 우려가 있는 장소·설비

### 가. 비래·낙하

① 방호울, 방호망 등을 설치한다.

② 화물 내리기 설비 또는 물체 투하 설비를 설치한다.

③ 공구, 자재 등은 공구주머니, 운반로프 등을 사용하여 운반한다. 승·하강 시 자재·공구 등을 손에 들고 운반하지 않는다.

④ 고소작업대에는 발끝막이판을 설치한다.

### 나. 붕괴·도괴

① 흙막이지보공(支保工), 터널지보공, 옹벽 등을 설치한다.

② 지주, 벽이음, 버팀 등을 설치한다.

③ 방호망을 설치한다.

### 6) 추락재해의 우려가 있는 장소·설비

① 고소작업대, 이동식 틀비계, 개구부, 피트, 기타 추락의 우려가 있는 장소에는 난간, 울타리, 덮개를 설치한다. 이들 조치가 곤란한 경우에는 방호망을 설치하고, 안전대 부착설비를 설치하고 안전대를 착용하게 한다.

② 승강하기 위한 안전한 설비를 설치한다.

③ 비계, 곤돌라, 각립비계(삼각사다리), 이동식 틀비계, 작업구대 등의 구조 및 재료를 적정하게 한다.

④ 철골 건립(세우기)작업에서 줄걸이 탈착용구를 사용[2]하는 등 고소위험작업을 가급적 적게 하는 방법을 채용한다.

⑤ 철탑 트러스트 및 옥탑 바닥의 견고함을 확인한다.

---

2 시스템 훅(system hook)을 사용하면 올라가지 않고 밑에서 셔클을 해체(줄걸이를 탈착)할 수 있다.

# Ⅱ. 기계·설비재해의 방지

## 1. 기계·설비의 생애주기별 재해방지

기계·설비에 의한 위험과 건강장해의 방지를 철저히 하기 위해 기계·설비의 생애주기 (life cycle)에 따른 관리가 필요하다. 이를 위해 산업안전보건법은 기계·설비에 대하여 설계· 제조단계에서부터 사용단계에 이르기까지 다양한 규제를 하고 있다.

먼저, 일정한 유해하거나 위험한 기계·설비(이하 '유해·위험기계·설비'라 한다)에 대하여 설계·제조 당초부터 일정한 기준에 따르도록 하여 불비(不備)한 기계·설비가 사용에 제공되지 않도록 유통되기 전 단계인 설계·제조단계에서 제조자 또는 수입자로 하여금 안전인증을 받거나 (산업안전보건법 제84조) 자율안전확인신고를 하도록 하고 있다(산업안전보건법 제89조).

안전인증 대상 기계·설비를 설치·이전[정치식(定置式)에 한한다]하거나 주요구조부분을 변경하는 경우도 개별 기계·설비의 인증기준에의 적합성을 확인하기 위해 안전인증을 받아야 하는 대상으로 설정하고 있다(산업안전보건법 제84조 및 동법 시행규칙 제107조).

일정한 유해·위험기계·설비에 대해서는 유해·위험 방지를 위한 방호조치를 하지 아니하고는 양도, 대여, 설치 또는 사용에 제공하거나 양도·대여의 목적으로 진열하여서는 아니 된다(산업안전보건법 제80조 제1항). 그리고 동력으로 작동하는 기계·기구로서 작동부분의 돌기부분, 동력전달부분이나 속도조절부분 또는 회전기계의 물림점을 가진 것은 국소적 방호조치를 하지 아니하고는 양도, 대여, 설치 또는 사용에 제공하거나 양도·대여의 목적으로 진열해서는 아니 된다(산업안전보건법 제80조 제2항).

이와 같이 유해·위험기계·설비에 따라 규제를 달리하고 있는 것은 기계·설비의 위험도가 다른 점을 고려한 것이다. 즉, 위험도가 높은 순으로 안전인증 대상 기계·설비, 자율안전확인신고 대상 기계·설비 및 방호조치 대상 기계·설비로 각각 설정하고 있다.

또한 일정한 유해·위험기계·설비를 대여받은 기계·설비로부터 발생하는 산업재해를 예방하기 위하여 당해 기계·설비를 타인에게 대여하는 자와 대여받는 자, 조작하는 자에게 유해·위험의 방지를 위하여 필요한 조치를 각각 하도록 정하고 있다(산업안전보건법 제81조).

한편, 사업주가 유해·위험기계·설비를 설치·이전하거나 주요구조부분을 변경할 때에는 재해발생이 우려되는 기계·설비가 사업장에 설치되거나 근로자의 안전보건에 손상을 가하는 생산(제조)방법·공법, 원재료·제품 취급방법 등이 채용되는 것을 미리 확인하기 위하여 유해·위험방지계획서를 제출하여 심사를 받도록 하고 있다(산업안전보건법 제42조).

일정한 유해·위험설비를 보유한 사업장에 대해서는 유해위험방지계획서에 갈음하여 당해 설비로부터의 위험물질 누출, 화재, 폭발로 인한 중대산업사고를 예방하기 위하여 일정한 유해하거나 위험한 설비를 설치(기존 설비의 제조·취급·저장물질이 변경되거나 제조량·취급량·저장량이 증가하여 산업안전보건법 시행령 별표 13에 따른 유해·위험물질 규정량에 해당하게 된 경우를 포함한다)·이전하거나 주요 구조부분을 변경할 때에는 공정안전보고서를 작성하여 심사를 받도록 하고 있다(산업안전보건법 제44조).

일정한 유해·위험기계·설비를 사용하는 사업주에게는 사용단계(과정)에서 일정한 주기마다 안전성능이 유지되고 있는지 여부를 확인할 수 있도록 일정한 유해·위험기계·설비에 대하여 안전검사기관으로부터 정기적으로 안전검사를 받거나 자율검사프로그램에 따른 안전검사를 실시하도록 하고 있다(산업안전보건법 제99조, 제98조).

나아가, 설계·제조단계에서 안전이 확보된 기계·설비만이 작업현장에서 사용되도록 하기 위해, 기계·설비의 사용사업주에 대하여 산업안전보건법 제80조에 따른 방호조치를 하지 아니하거나 동법 제83조 제1항에 따른 안전인증기준, 제89조 제1항에 따른 자율안전기준 또는 제93조 제1항에 따른 안전검사기준에 적합하지 않은 기계·기구·설비 및 방호장치·보호구 등을 사용해서는 아니 된다고 규정하고 있다(산업안전보건기준에 관한 규칙 제36조).

## 2. 설계·제조단계에서의 기계·설비재해 방지

산업안전보건법에서는 기계·설비의 설계·제조단계에서의 안전성을 확보하기 위하여 안전인증, 자율안전확인신고 및 방호장치 제도를 두고 있다.

### (1) 안전인증 및 자율안전확인신고

안전인증 또는 자율안전확인신고가 필요한 기계·설비, 방호장치, 보호구는 다음과 같다(산업안전보건법 시행령 제74조, 제77조).

표 6.2.1 안전인증 대상품(시행령 제74조)

1. **기계·설비**: ① 프레스 ② 전단기 ③ 절곡기 ④ 크레인 ⑤ 리프트 ⑥ 압력용기 ⑦ 롤러기 ⑧ 사출성형기 ⑨ 고소작업대 ⑩ 곤돌라
2. **방호장치**: ① 프레스 및 전단기 방호장치 ② 양중기용 과부하방지장치 ③ 보일러 압력방출용 안전밸브 ④ 압력용기 압력방출용 안전밸브 ⑤ 압력용기 압력방출용 파열판 ⑥ 절연용 방호구 및 활선작업용 기구 ⑦ 방폭구조 전기기계·기구 및 부품 ⑧ 추락·낙하 및 붕괴 등의 위험 방지 및 보호에 필요한 가설기자재로서 고용노동부장관이 정하여 고시하는 것 ⑨ 충돌·협착 등의 위험 방지에 필요한 로봇 방호장치로서 고용노동부장관이 정하여 고시하는 것
3. **보호구**: ① 추락 및 감전 위험방지용 안전모 ② 안전화 ③ 안전장갑 ④ 방진마스크 ⑤ 방독마스크 ⑥ 송기마스크 ⑦ 전동식 호흡보호구 ⑧ 보호복 ⑨ 안전대 ⑩ 차광 및 비산물 위험방지용 보안경 ⑪ 용접용 보안면 ⑫ 방음용 귀마개 또는 귀덮개

표 6.2.2 자율안전확인 대상품(시행령 제77조)

1. 기계·설비 : ① 연삭기 또는 연마기(휴대형은 제외한다) ② 산업용 로봇 ③ 혼합기 ④ 파쇄기 또는 분쇄기 ⑤ 식품가공용 기계(파쇄·절단·혼합·제면기만 해당한다) ⑥ 컨베이어 ⑦ 자동차정비용 리프트 ⑧ 공작기계(선반, 드릴기, 평삭·형삭기, 밀링만 해당한다) ⑨ 고정형 목재가공용기계(둥근톱, 대패, 루타기, 띠톱, 모떼기 기계만 해당한다) ⑩ 인쇄기
2. 방호장치 : ① 아세틸렌 용접장치용 또는 가스집합 용접장치용 안전기 ② 교류아크 용접기용 자동전격방지기 ③ 롤러기 급정지장치 ④ 연삭기 덮개 ⑤ 목재가공용 둥근톱 반발예방장치 및 날 접촉 예방장치 ⑥ 동력식 수동대패용 칼날 접촉 방지장치 ⑦ 추락·낙하 및 붕괴 등의 위험 방지 및 보호에 필요한 가설기자재(산업안전보건법 시행령 제74조 제1항 제2호 아목의 가설기자재는 제외한다)로서 고용노동부장관이 정하여 고시하는 것
3. 보호구 : ① 안전모(산업안전보건법 시행령 제74조 제1항 제3호 가목의 안전모는 제외한다) ② 보안경(산업안전보건법 시행령 제74조 제1항 제3호 차목의 보안경은 제외한다) ③ 보안면(산업안전보건법 시행령 제74조 제1항 제3호 카목의 보안면은 제외한다)

## 3. 유통단계에서의 기계·설비재해 방지

설계·제조단계에서의 규제를 받는 대상이 아닌 기계·설비 중 일정한 것에 대해서는 양도·대여·설치 등 유통단계에서의 안전성을 확보하기 위하여 다음과 같은 방호조치가 의무지워져 있다.

누구든지 동력으로 작동하는 일정한 기계·기구는 유해·위험 방지를 위한 방호조치를 한 후에 양도, 대여, 설치 또는 사용에 제공하여야 한다(산업안전보건법 제80조 제1항). 방호조치가 필요한 기계·기구와 이것에 설치하여야 할 방호장치는 다음과 같다[산업안전보건법 시행령 별표 20(제70조 관련), 동법 시행규칙 제98조 제1항].

표 6.2.3 방호조치 대상품(시행령 별표 20, 시행규칙 제98조 제1항)

1. 예초기 : 날접촉 예방장치
2. 원심기 : 회전체 접촉 예방장치
3. 공기압축기 : 압력방출장치
4. 금속절단기 : 날접촉 예방장치
5. 지게차 : 헤드가드, 백레스트, 전조등, 후미등, 안전벨트
6. 포장기계(진공포장기, 랩핑기로 한정한다) : 구동부 방호 연동장치

그리고 동력으로 작동되는 기계·기구로서 작동부분의 돌기부분, 동력전달부분이나 속도조절부분 또는 회전기계의 물림점을 가진 것은 일정한 방호조치(국소방호조치)를 한 후에 양도, 대여, 설치 또는 사용에 제공하여야 한다(산업안전보건법 제80조 제2항). 일정한 방호조치로는 다음과 같은 것이 규정되어 있다(산업안전보건법 시행규칙 제98조 제2항).

또한 일정한 기계·설비 등[3]을 타인에게 대여하거나 타인으로부터 대여받을 때 해당하는 자에게 각각 일정한 안전보건조치를 하도록 하는 의무가 부과되어 있다(산업안전보건법 제81조, 동법 시행령 제71조, 동법 시행규칙 제100조부터 제103조까지).

**표 6.2.4 국소방호조치의 내용(시행규칙 제98조 제2항)**

1. 작동부분의 돌기부분[멈춤나사(set screw), 볼트, 키(key) 등]은 묻힘형으로 하거나 덮개를 부착할 것
2. 동력전달부분 및 속도조절부분[플라이휠(flywheel), 원추마찰차, 톱니바퀴, 캠(cam), 피니언(pinion), 풀리(pulley), 벨트, 체인, 크랭크암(crank arm), 슬라이드블록(slide block)]에는 덮개를 부착하거나 방호망을 설치할 것
3. 회전기계의 물림점(롤러나 톱니바퀴 등 반대방향의 두 회전체에 물려 들어가는 위험점)에는 덮개 또는 울을 설치할 것

## 4. 사용단계에서의 기계·설비재해 방지

산업현장에서는 다종다양한 기계가 사용되는 관계로 기계에 의한 재해가 많이 발생하고 있다. 따라서 산업현장의 재해를 줄이기 위해서는 기계에 의한 재해를 감소시키는 것이 필수불가결하다. 여기에서는 산업현장에서 사용하는 기계 중 주로 제조업에서 사용하는 기계를 대상으로 구체적인 재해방지대책의 포인트를 설명하기로 한다.

### (1) 원동기 및 동력전달장치

원동기란 각종 에너지를 기계적인 일로 변환시키는 장치이다. 이것의 구체적인 예로는 전기에너지를 이용하는 모터, 자연에너지를 이용하는 풍차, 수력터빈, 열에너지를 이용하는 내연기관 등이 있다. 그리고 원동기가 발생시키는 동력을 기계의 가동부로 전달하는 장치를 동력전달장치라고 한다. 이것은 클러치, 전달축, 벨트와 풀리(pulley), 톱니바퀴(기어), 체인과 스프로켓(sprocket) 등에 의해 구성된다.

최근 기계에서는 원동기, 동력전달장치를 덮개로 완전히 덮고 있는 것이 일반적이다. 이 때문에 많은 사람들은 이러한 기계에서 재해가 발생하는 일은 없다고 생각하는 경향이 있다. 그러나 실제로는 다음과 같이 재해가 발생하고 있다.

### 1) 보수·점검·수리·청소 등의 작업 시

원동기 및 동력전달장치에 대하여 보수·점검·수리·청소 등의 작업을 행할 때에는 많은 경우 가드를 제거할 필요가 있다. 이때 작업종료 후에 가드를 원래의 상태로 돌려놓지 않으

---

3 해당 조항에서는 건축물도 안전보건조치의 대상으로 규정되어 있다.

면 운전 중인 가동부와 접촉하여 재해에 이를 우려가 있다. 인터록식 가드 등을 이용하여 이와 같은 재해를 방지한다.

### 2) 부적절한 가드의 설치

원동기 및 동력전달장치에 설치되어 있는 가드 중에는 높이, 위험구역으로부터의 거리가 부족한 것이 있다. 또한 가드를 구성하는 망 등의 틈새에 손가락 등이 들어가 위험구역에 도달하는 경우도 있다. 가드의 요건이 충족되도록 하여 이러한 재해를 방지할 필요가 있다.

### 3) 다른 작업자에 의한 기계의 잘못된 기동조작

비교적 대형 원동기, 동력전달장치에서는 작업자의 조작위치와 기계의 가동부가 떨어진 위치에 있는 경우도 있다. 이 경우, 다른 작업자가 잘못하여 기계를 기동하는 문제를 생각할 수 있다. 그래서 록아웃(lock out) 등의 잠금장치를 이용하여 다른 작업자에 의한 잘못된 기동을 방지한다.

이 경우의 대책으로서 "기계를 기동시키지 마시오!" 등의 표시판을 설치하는 방법도 있다. 그러나 이 방법으로는 작업자가 표시판을 간과하거나 표시판이 탈락하는 경우가 있어 확실성이 부족하다. 따라서 가능한 한 록아웃(lock out) 등의 설비대책을 우선하여야 한다.

## (2) 공작기계

### 1) 볼반

볼반(drilling machine)에서는 회전 중인 드릴에 작업자의 손가락, 의복, 장갑 등이 말려 들어가는 재해가 많이 발생하고 있다. 이와 같은 재해를 방지하기 위해 조절식 가드를 사용하는데, 드릴 날의 주변을 신축 가능한 조절식 가드로 덮는 것이다.

재해방지대책 중 주의할 필요가 있는 것은 드릴 날의 회전속도를 변경하기 위해 설치되어 있는 벨트, 풀리에 대한 설비대책이다. 벨트, 풀리에 반드시 덮개를 설치하고, 벨트의 조정을 위하여 덮개를 열었을 때 기계가 작동하지 않도록 인터록용 스위치를 설치할 필요가 있다.

관리적 대책으로는 드릴에 말려 들어가지 않도록 장갑의 사용을 금지하고, 드릴이 탈락하여 날아가지 않도록 척(chuck: 물림쇠)을 확실히 채우고, 절삭분(切削粉)이 눈에 들어가지 않도록 보안경을 사용하고, 가공물이 흔들리지 않도록 만력기로 가공물을 고정하고, 절삭분의 청소 시에 브러시를 사용하는 등의 조치가 필요하다.

벨트의 조정, 교환은 반드시 기계를 정지시킨 상태에서 해야 한다. 드릴의 척(chuck)에 렌치를 꽂은 채 볼반을 기동하면 렌치가 인체로 날아와 매우 위험하다. 이것이 발생하지 않도록 렌치를 소정의 위치에 두지 않으면 전원이 들어오지 않게 하는 인터록 장치 등도 있다.

## 2) 선반

선반에서는 작업자의 손가락, 의복 등이 척(chuck), 부품, 가공물, 치구(治具)의 돌기 등의 회전부분에 말려 들어가거나 가공물이 탈락하여 작업자에게 날아오거나, 절삭분이 눈에 들어가는 등의 재해가 다발하고 있다. 이와 같은 재해를 방지하는 대책으로서 전자잠금기능이 있는 인터록식 가드가 있다.

가공물의 비래(날아옴)에 의한 재해에서는 가공물이 가드를 돌파하여 비래하는(날아오는) 현상이 발견되고 있다. 따라서 가드에는 충분한 강도를 갖게 할 필요가 있다. 특히 주축 회전수가 큰 기계에서는 이 점에 주의해야 한다. 균형이 맞지 않는 가공물을 선반에서 무리하게 가공하려고 하는 사람이 있는데, 이 경우 가공물이 탈락하여 날아오기 쉽게 된다는 점을 알아 두어야 한다.

한편, 선반에서는 준비작업 등을 위하여 가드를 연 상태에서 주축을 저속으로 회전시킬 필요가 있다. 이때 이용할 수 있는 것이 작업자가 버튼을 누르고 있을 때만 가동부가 동작하는 인에이블(enable) 기능[4]이 있는 가동유지(hold-to-run)[5]장치이다. 작업자가 조작하는 의지를 가지고 있는지를 확인하는 것이 인에이블 기능이고, 조작의지를 확인할 수 있는 상태에서 기계에 운전명령을 주는 것이 가동유지장치이다.

실제 재해는 수동으로 조작하는 범용선반(보통선반)에서 많이 발생하고 있다. 이 재해에는 주축에 말려 들어가는 것, 절삭편(切削片)이 날아오는 것 외에, (구식의 선반에 많지만) 작업자가 잘못하여 클러치에 신체를 접촉시키는 바람에 주축이 불의에 기동하는 것, 파이프 등의 장척물(長尺物) 가공 시에 파이프의 한끝을 고정하지 않아 파이프가 흔들려 작업자와 충돌하는 것, 이송기구의 설정을 잘못하여 가공물이 불의에 작동을 하는 것, 운동나사(運動螺絲)에 손가락이 말려 들어가는 것 등이 있다.

이와 같은 재해에 대한 대책으로 절삭분 비산방지용 실드(shield), 척(chuck) 커버, 운동나사 사용의 장척(長尺)가드 등을 생각할 수 있다. 절삭분 비산방지용 실드에서는 모든 비래물을 방지할 수 있는 것은 아니므로 주의할 필요가 있다.

## 3) 플레이너[6]

플레이너(planer)에서는 i) 왕복운동하는 테이블이 인체에 충돌하거나, ii) 테이블과 구조체(벽, 울, 기계의 프레임 등) 사이에 인체가 끼이는 등의 재해가 있다. 이와 같은 재해를 방

---

4 기계의 위험한 움직임을 제어하기 위한 수동제어조작기능을 말한다. 이를 통해 작업자의 의지에 근거하지 않은(예: 오접촉 등) 뜻밖의 기계 기동(起動)을 방지한다.
5 작업자가 장치를 조작하고 있을 때만 기계를 운전하게 하는 조작장치를 말한다.
6 셰이퍼 등으로는 절삭할 수 없는 비교적 큰 공작물을 평활하게 절삭하는 데 사용되는 평면절삭용 공작기계로서 평삭기(平削機) 또는 평삭반이라고도 한다. 가공물은 테이블 위에 부착되어 수평왕복운동을 하며, 절삭공구는 크로스거더(cross girder)를 따라서 가공물과 직각 방향으로 직선적으로 이송하여 절삭한다.

지하기 위해 기계의 설계단계에서 이와 같은 문제가 생기지 않도록 레이아웃하는 것이 필요하다. 구체적으로 기계와 구조체 사이를 (테이블이 신장하였을 때의 최대길이+인체부위별로 압착을 방지하기 위한 최소간격)보다 더 떨어뜨려야 한다.

그러나 기계와 구조체 사이를 떨어뜨리는 대책은 ii)에 대해서는 효과적이지만, i)의 대책으로는 불충분하다. 따라서 i)과 ii)의 양쪽에 대한 효과를 얻을 수 있도록, 테이블이 동작하는 범위 내에의 작업자의 진입을 방지하는 울 등의 설치가 불가결하다. 특히, 사람이 빈번하게 플레이너 안으로 진입하는 경우에는 인터록식의 가드로 할 필요가 있다.

대형 플레이너에서는 작업자가 플레이너 위에 올라가 작업을 하는 경우가 있다. 이와 같은 경우는 다른 작업자가 잘못하여 기계를 기동하지 않도록 록아웃(lockout) 등의 잠금장치를 이용한다.


### 4) 밀링머신[7]

밀링머신(후라이스반)에서는 회전하는 커터에 손가락, 소맷자락 등이 말려 들어가거나 절삭편이 날아와 눈에 들어가는 등의 재해가 발생하고 있다. 이와 같은 재해를 방지하기 위해서는 적절한 가드로 커터를 덮어야 한다.

이 가드는 가공물의 형상에 따라 높이를 조절할 수 있는 기능, 가공의 상황이 잘 보이도록 투명판을 사용한 가시화(可視化), 절삭분의 제거 등을 배려한 구조가 필요하다.


### 5) 연삭기

연삭가공의 특징은 공구인 연삭숫돌이 가공물을 연삭하는 것에 의해 숫돌입자(연마석을 구성하는 입자)가 파쇄, 탈락하고 계속하여 절삭날을 생기게 하는 것이다. 이것을 공구의 자생작용이라고 부른다. 이와 같은 특성은 다른 기계에 없는 것이고, 연삭기(grinder)의 본질적인 위험성이 있다.

연삭기에는 다음과 같은 재해가 발생하고 있다.

① 회전 중의 숫돌이 깨져 파편, 덮개의 파손부분이 인체를 향하여 비래한다(날아온다).
② 회전 중의 숫돌에 인체가 접촉하여 손가락 등이 문질린다.
③ 눈 등에 연삭분이 들어간다.

이 중 ①에서는 사망 등 중대재해가 발생할 우려가 크다. 그 원인으로는 숫돌의 강도부족, 결함(균열)의 존재, 최고사용회전속도를 초과한 숫돌의 사용, 숫돌의 부적절한 설치 등을 생각할 수 있다.

---

7 밀링커터를 회전시켜 평면절삭·홈절삭·절단 등 복잡한 절삭이 가능하며 용도가 넓다.

그러나 인간의 주의력에는 한계가 있고, 100% 깨지지 않는 숫돌을 제작하는 것은 불가능하다. 이 때문에 회전 중의 숫돌이 파괴된 경우에는 그 파편의 비산에 의한 산업재해를 방지하기 위하여 숫돌에 덮개를 설치하는 것이 규정되어 있다(산업안전보건기준에 관한 제122조 제1항).

### (3) 프레스

프레스에 의한 산업재해는 과거와 비교하여 많이 감소하였다. 프레스에 의한 재해 감소의 많은 부분은 확동클러치(positive clutch)식 프레스의 폐기 등에 의한 것이라고 생각된다. 그러나 프레스 가공의 주력을 담당하는 마찰클러치식의 기계프레스, 유압프레스, 프레스 브레이크 등에 의한 재해는 크게 감소하고 있지는 않다.

최근에는 서보프레스(servo press)의 급속한 보급, 대형 유압프레스에서의 사망재해의 다발, 입체적 형상을 갖춘 제품을 굽히는 가공을 하는 2차 가공용 프레스 브레이크의 존재 등 새로운 재해방지기술이 필요한 문제도 존재한다.

이하에서는 프레스에서 특히 중요한 안전대책을 제시한다.

### 1) 노 핸드 인 다이 방식의 도입

'노 핸드 인 다이 방식(no hand in die type)'이란 금형 안으로의 가공재의 공급·배출을 자동화함으로써 손을 금형 내에 집어넣지 않고 가공을 하는 방식을 말한다. 산업안전보건기준에 관한 규칙 제103조에서는 자동화된 방식뿐만 아니라 조금 더 넓은 범위를 '노 핸드 인 다이'로 취급하고 있다.

노 핸드 인 다이 방식은 ① 손이 들어가지 않는 방식, ② 손을 집어넣을 필요가 없는 방식, ③ 손을 집어넣지 않는 방식의 3단계가 있으며, 안전성은 ①, ②, ③의 순서가 된다.

① 손이 들어가지 않는 방식: 안전 울(프레스 작업자의 손가락이 안전 울을 통해서 또는 외측에서 위험한계에 닿지 않는 것이며, 틈새는 8 mm 이하로 되어 있는 것), 안전 금형[상사점(上死點)[8]에서 상형과 하형의 틈새 및 가이드포스트와 부시의 틈새가 8 mm 이하의 것 등 손가락이 금형 사이에 들어가지 않는 것] 등 이들의 성능을 기계 본체에 구조적으로 가지고 있는 전용프레스(특정용도에 한해 사용할 수 있으며 더구나 신체의 일부가 위험한계에 들어가지 않는 동력프레스) 등이 있다.

② 손을 집어넣을 필요가 없는 방식: 자동 송급, 배출기구를 프레스 자체가 가지고 있는 자동프레스(자동적으로 재료의 송급 및 가공 및 제품 등의 배출하는 구조의 기계프레스)가 대표적인 것이며, 자동 송급·배출장치(공업용 로봇을 포함)를 프레스에 부착한

---

8 압축기 및 기관 등 왕복운동 기계에서 실린더 내부의 피스톤 등이 최상부에 올라가 있을 때의 위치를 말한다.

것도 포함된다. 자동 송급·배출장치와 슬라이드의 작동, 전원 등과 인터로크되어 있어야 한다.

③ 손을 집어넣지 않는 방식: 수공구는 손을 집어넣을 필요가 없는 방식의 변형으로 간주되지만, 자동프레스 또는 자동화된 프레스라도 수작업이 수반되는 수공구와는 큰 차이가 있으므로 표현한다면 손을 집어넣지 않는 방식이 된다.

이 방식에서 특히 주의하여야 할 점은 안전울의 취급이다. 기계안전의 관점에서 용이하게 떼어 낼 수 없거나 떼어 냈을 때에는 기계가 기동하지 않는 구조가 필요하다. 수공구의 사용은 달리 적절한 방안이 없을 때의 부득이한 대책인 것에 유의해야 한다.

### 2) 안전장치의 미사용에 대한 대책

'노 핸드 인 다이' 방식이 곤란한 때의 차선책으로서, 안전장치를 사용하는 '핸드 인 다이 방식(hand in die type)'이 있다. 그러나 실제 현장에서는 이 안전장치의 사용을 철저히 할 수 없는 경우도 많다. 이 때문에 프레스에 의한 산업재해의 상당수는 안전장치의 미사용에 의해 발생하고 있다.

이 문제에 대하여 최우선으로 도입하여야 할 대책은 당연한 것이지만 '안전장치를 미사용해야 하는 작업의 근절'이다. 이것을 달성한 후에 안전장치를 미사용으로 할 수 있는 키스위치, 전환스위치 제거를 과감하게 진행하여야 한다.

실제로는 키스위치 등의 제거가 아무리 해도 곤란한 작업이 존재한다. 이때 필요한 것이 관리·감독자에 의한 안전관리의 철저이다. 구체적으로는 전환스위치의 보관 등 관리가 관리·감독자의 직무로 되어 있다(산업안전보건기준에 관한 규칙 별표 2 참조).

### 3) 2차 가공용 프레스 브레이크

프레스 브레이크로 행하는 특히 위험한 작업에 입체적 형상을 갖춘 제품의 굽히는 가공이 있다. 이것을 2차 가공이라고 한다.

이 작업에서는 작업자가 금속판 등을 양손으로 들고 있으면서 금형으로부터 수 cm의 위치까지 손가락을 근접시킬 필요가 있다. 이 경우, 안전장치의 사용은 곤란하다. 왜냐하면, 양수조작식의 제어장치를 사용하더라도 양손은 제품을 들고 있고, 광선식 안전장치를 설치하더라도 제품, 손가락 등이 광축을 차광해 버리기 때문이다. 따라서 이들 문제가 발생하지 않도록 상금형(上金型)의 직하(直下)를 레이저빔으로 감시하는 방식을 적용한다.

### 4) 대형 프레스의 재해방지대책

대형 프레스에서는 작업자가 금형 안에 들어가 있을 때 다른 작업자가 잘못하여 기동버튼을 눌러 사망재해가 발생하는 사례가 있다. 그리고 광선식 안전장치를 설치하고 있었음에도 불구하고, 작업자가 광축과 볼스터(bolster) 사이에 들어가 검지할 수 없었던 사례, 복수의 작업자가 함께 광대한 프레스 가공라인 안에 들어갔다가 일부 작업자가 남겨져 재해를 입은 경우 등도 있다.

이와 같은 재해에 대해서는 레이저식의 에리어센서에 의해 금형 안을 직접 감시하는 방법이 효과적이다. 그러나 이 장치는 평면(2차원)밖에 감시할 수 없기 때문에, 작업자가 에리어센서의 사각(死角)에 존재하거나 하면 검지는 곤란하다.

따라서 안전플러그를 사용한 인터록식 가드와 그 가드의 진입구를 감시하는 감시장치(압력검지매트, 광선식 안전장치 등)를 병용하여 작업자의 진입을 간접적으로 감시하는 방식도 생각할 수 있다. 이 직접감시와 간접감시 중 어느 쪽을 채용할지는 제조라인, 작업의 구체적 상황에 따라 정한다.

### (4) 목재가공용 기계

목재가공용 기계에 의한 재해의 대부분은 톱날, 대패날과의 접촉에 의한 재해이다. 그러나 건수는 적지만 가공 중의 목재가 반발(反撥)하여 인체에 충돌하는 재해도 있다. 이 원인은 톱날이 가공 중인 목재에 의해 단단히 죄어 있어 반발력이 생기기 때문이다. 이 재해는 발생하면 사망재해에 이를 가능성이 높기 때문에 확실한 대책을 실시할 필요가 있다. 구체적인 대책으로는 다음과 같은 것이 있다.

#### 1) 목재의 반발방지장치

목재의 반발을 방지하기 위한 구체적인 대책으로는 분할날, 반발방지 발톱 및 반발방지 롤이 있다. 이 중 분할날은 톱날 두께의 1.1배 이상의 겸(낫) 형식 또는 현수(懸垂)식 물체를 톱 뒷날의 2/3 이상을 덮도록 하여 목재가 톱날을 단단히 죄는 것을 방지한다. 이때 톱날과 분할날의 간격은 12 mm 이내로 할 필요가 있다(위험기계기구 자율안전확인 고시 별표 9 참조).

그리고 반발방지 발톱은 가공재가 반발하려고 하는 경우에 발톱이 판에 파고 들어가 반발을 방지하는 장치이다. 단, 이 장치는 둥근톱의 직경이 405 mm를 초과하는 것에는 적용할 수 없다. 그리고 목재가 두꺼워지면 반발방지 발톱이 밀려 올라가 유효하지 않게 되는 경우가 있다. 따라서 필요에 따라 적당한 길이, 각도 및 열수(列數)의 반발방지 발톱을 설치할 필요가 있다.

반발방지 롤(roll)은 목재가 둥근톱의 톱날 후면에서 들려 올라가지 않도록 롤로 목재를 계속적으로 항상 누르는 것이다. 이 장치는 목재의 역행에 대해서는 효과가 작다는 결점이 있다. 그리고 둥근톱의 직경이 405 mm를 넘는 것에 적용할 수 없는 것은 반발방지 발톱과 동일하다.

### 2) 손가락 등의 접촉방지장치

손가락 등의 접촉방지장치 대책으로는 목재의 송급(送給)의 자동화를 도모하는 것이 기본이 된다. 구체적으로는 재료의 자동공급장치, 자동제어기구를 짜 넣은 기계의 도입 등이 해당한다.

그리고 기계를 전용기와 범용기로 구별하여 가능한 한 전용기의 비율을 늘리는 등의 대책도 생각할 수 있다. 그리고 확실성은 떨어지지만, 톱날·날 근처에 손가락이 들어가지 않는 대책으로 작은 물건을 가공할 때 압목(押木)의 사용 등이 있다. 이러한 대책이 곤란할 때의 차선책으로는 톱날·날의 접촉방지장치가 있다.

## (5) 롤러기

롤러기에는 가공재를 손으로 공급하거나, 롤러기에 부착된 재료를 제거하거나, 롤러기를 청소할 때에 인체가 기계에 말려 들어갈 가능성이 있다.

이에 대한 대책으로는 울, 가드를 설치하여 인체와 롤러 간의 접촉을 방지하는 것이 가장 확실한 방법이다. 그러나 실제로는 청소 등을 위하여 작업자가 롤러기에 접근할 가능성도 생각할 수 있다. 그래서 인터록식 가드를 이용하여 재해를 방지한다.

이때, 롤러기의 회전이 고속인 경우 문을 열었을 때 바로 롤러기가 정지하지 않기 때문에 작업자가 롤러기에 말려 들어갈 우려가 있다. 따라서 전자잠금기능이 있는 인터록식 가드와 회전제로 확인센서를 병용하여, 롤러기의 회전이 정지한 때에 비로소 잠금을 해제하는 방식을 도입하는 것이 필요하다.

## (6) 분쇄기 및 혼합기

분쇄기 및 혼합기에서는 작업자가 트러블처리, 청소 등의 작업 중에 기계의 가동부에 말려 들어가는 재해가 다발하고 있다. 이와 같은 재해를 방지하기 위해서는 인터록식 가드를 설치할 필요가 있다.

문제는 트러블처리, 청소 등에서 기계의 가동부를 작동시켜 행하는 작업이 있는 것이다. 이때의 대책으로 생각할 수 있는 것은 인터록 기능이 있는 가동유지(hold-to-run)장치이다. 단, 이때의 가동부는 통상 운전과는 다른 저속운전으로 할 필요가 있다.

이 경우에 복수의 작업자가 작업을 하면, 기계의 운전 중에 다른 작업자가 잘못하여 가동부에 접근할 우려가 있다. 따라서 여러 명에 의한 작업의 경우는 록아웃(lock out) 등의 잠금장치를 병용하는 것도 필요하다.

그리고 분쇄기, 혼합기에서는 재료의 투입구 등의 개구부에서 작업자가 기계에 전락(轉落)하는 경우가 있다. 이것을 방지하기 위해서는 울 등을 설치할 필요가 있다. 이 울은 재료의 반송 등이 용이하도록 착탈식(着脱式)의 것이 많다. 그러나 착탈식의 울은 일단 떼어 내어지면 원래로 돌아가지 않는 것도 많다. 따라서 울은 용이하게 떼어 낼 수 없는 구조로 하거나, 만일 떼어 냈을 때는 기계가 작동하지 않는 인터록을 설치하는 것이 필요하다.

### (7) 식품기계

식품기계에 의한 산업재해의 대다수가 슬라이서(slicer), 커터(cutter)에 의한 손가락의 절상(베임)과 믹서, 롤에 의한 손가락의 말려 들어감이다. 이들 재해에 대해서는 둥근톱기계, 띠톱기계, 분쇄기·혼합기 및 롤러기의 재해방지대책을 활용할 수 있다.

단, 식품기계에는 안전뿐만 아니라 식품위생에 대해서도 고려할 필요가 있다. 예를 들면, 식품과 접촉하는 부분의 스테인리스화, 돌기(突起) 없는 구조, 세정(洗淨)하기 쉬운 구조 등은 모두 식품위생상의 고려 때문이다. 따라서 가드, 보호장치 등도 당연히 이들 조건을 충족시킬 필요가 있다.

구체적인 대책으로는 운전 중의 가동부에 접촉할 우려가 있을 때 고정식 가드, 인터록식 가드 또는 안전장치를 설치하는 것이다. 이 경우, 가드를 떼어 내면 기계를 운전할 수 없는 것, 인터록식 가드에 설치한 스위치류는 쉽게 무효화할 수 없는 것이 필요하다. 이것의 구체적인 예로 안전스위치가 있다. 이것은 덮개가 완전히 덮여 있고, 덮개는 특수한 공구를 사용하지 않으면 열 수 없는 구조이다.

가동부에 접근하여 청소 등의 작업을 하는 경우에 기계의 운전을 정지할 필요가 있다. 이것이 곤란한 때에는 기계를 수동으로 조작할 수 있는 장치를 설치하거나, 또는 기계의 운전을 저속으로 행하고 작업자가 조작하고 있을 때에 한하여 기계가 운전을 계속하는 가동유지(hold-to-run)장치 등을 설치할 필요가 있다. 단, 가동유지장치를 한 손으로 조작할 때는 재해의 확실한 방지가 곤란하다. 그리고 복수의 작업자가 작업을 할 때는 다른 작업자가 잘못하여 기계를 기동(起動)하는 문제를 생각할 수 있다. 따라서 록아웃(lock out) 등의 잠금장치를 이용하여 다른 작업자에 의한 잘못된 기동을 방지하도록 한다.

### (8) 지게차

지게차에 의한 재해는 지게차의 승강조작 중에 운전자의 인체(머리 등)가 승강부분 등에 끼이거나, 지게차의 주행 중에 화물 등이 시계(視界)를 차단하여 주행 중의 작업자와 충돌하거나, 급선회에 의해 지게차가 전도(顚倒)하거나, 불안정한 화물 적재방법에 의해 적재된 화물이 낙하거나, 수리 중에 포크가 낙하하여 인체에 충돌하는 등의 재해가 다발하고 있다.

이 중 승강부분에 끼이는 등의 재해를 방지하기 위해서는 착화검지장치를 설치하는 것이 필요하다. 이것은 운전자가 좌석에 착석하지 않는 한 지게차의 주행, 포크의 승강을 허가하지 않는 장치이다. 이 장치는 운전자가 이석(離席)하고 있는 경우에 지게차에 의한 무인주행을 방지하는 기능도 겸비하고 있다. 또 브레이크가 걸리지 않은 것을 경고하는 장치 또는 실린더의 위치변경, 카운터 웨이트(counter weight)의 형상변경 등에 의해 전방 및 후방의 시계를 확보하는 대책 등도 실시될 필요가 있다.

지게차는 차량계 하역운반기계(산업안전보건기준에 관한 규칙 제20조 제7호)의 일종으로서 이를 사용할 때는 작업계획서를 작성하고, 작업지휘자를 지정하여 작업계획서에 따라 작업을 지휘하도록 하여야 한다[산업안전보건기준에 관한 규칙 제38조(제1항 제2호), 제39조 제1항].

일부 사업장에서는 지게차 포크 위에 팔레트를 올려 작업발판을 대신하는 등 지게차를 목적 외로 사용하는 경우도 발견되는데, 이와 같은 작업은 작업계획서 작성단계에서 고소작업차 등을 사용하도록 계획하여야 한다. 그리고 화물형태가 일정하지 않은 불안정한 화물의 반송에 대해서는 작업계획서 작성단계에서 전용팔레트를 준비하여야 한다. 또한 창고 등의 비좁은 장소에서의 작업은 작업계획서 작성단계에서 사람과 지게차의 통행로를 구분하고 충분한 조도를 확보하는 등의 대책도 필요하다.

### (9) 컨베이어

컨베이어에 의한 재해의 많은 것은 벨트컨베이어와 풀리 사이에 손가락, 팔, 발 등이 말려들어가는 것에 의해 발생하고 있다. 게다가 이와 같은 곳은 벨트컨베이어 전역에 있기 때문에 적절한 대책의 실시가 쉽지 않은 것이 현실이다.

컨베이어에 대한 대책에서 우선적으로 실시할 필요가 있는 것은 실제로 그 컨베이어가 필요한지에 대한 검토이다. 실제로 레이아웃의 개선 등에 의해 불필요한 컨베이어를 철거한 사례도 많다. 이것은 본질적 안전설계방안에 의한 위험원의 제거에 해당한다.

이 검토에 의해서도 여전히 컨베이어가 필요하다는 결론에 도달하면 비교적 안전한 다른 기계(다른 컨베이어, 반송장치 등)로 바꿀 수 없을까를 검토한다. 이것이 곤란한 경우, 컨베이어의 신뢰도 향상에 의해 위험한 가동부에의 접근작업을 가능한 한 근절하는 대책을 수립한다. 구체적으로는 컨베이어의 신뢰도 향상에 의해 근접작업을 가능한 한 근절하는 한편, 이와 같은 대책을 실시하여도 여전히 문제가 발생하는 곳에 대하여 집중적으로 설비대책을 실시할 필요가 있다. 문제가 발생하는 곳에 인터록식 가드를 설치하여 가드를 열면 바로 기계를 정지시킨다.

그러나 제품의 선별작업 등을 행할 때에는 가드가 방해되기 때문에 인터록식 가드의 운용은 곤란하다. 그래서 와이어식 긴급정지장치를 설치한다. 이때 로프의 조정이 적절하지 않으면 긴급정지장치가 작동하지 않으므로 주의가 필요하다. 그리고 사람이 플레이트 등의 판을 찼을 때 기계가 정지하는 기계식 제동장치 등을 설치한다. 나아가, 적절한 간격을 두고 비상정지버튼을 설치할 필요가 있다.

이들 장치는 사람의 조작에 의해 작동하는 것으로 재해방지대책으로서는 확실성이 부족하다. 따라서 관리·감독자는 특히 재해가 많은 이물질의 제거, 보수·점검, 수리, 청소 등의 작업을 대상으로 작업계획, 작업절차 등을 사전에 준비하고 작업자에게 주지를 철저히 할 필요가 있다.

스크루 컨베이어(screw conveyer)는 일단 재해가 발생하면 중상이 되기 쉬운 경향이 있다. 이 때문에 재료투입구에 터널가드(tunnel guard) 등을 이용하여 대책을 실시한다. 나아가, 스크루 컨베이어에서는 체인과 스프라켓의 접합부분에 확실히 덮개를 설치하는 것이 중요하다. 그리고 의외로 대책이 곤란한 장소에 벨트컨베이어와 롤러컨베이어의 연결부분이 있다. 이 부분은 양자의 간격을 인체가 들어가지 않도록 작게 하는 것이 기본이다. 이것이 곤란할 경우는 인터록식 가드 등의 설치도 생각할 수 있다.

## 1. 추락재해의 방지

추락(떨어짐)재해는 사고사망재해에서 가장 많이 발생하고 있는데, 매년 전체 사고사망재해의 약 35%를 차지하고 있다. 그중에서도 건설업에서 특히 많이 발생하고 있고 건설업 사고사망재해의 50% 이상을 차지하고 있다. 제조업에서는 사고사망재해를 기준으로 보면 끼임(협착)에 이어 많이 발생하고 있고 제조업 사고사망재해의 약 15%를 차지하고 있다.

추락재해가 발생하기 쉬운 장소는 제조업에서는 통로, 계단, 발판 등을 포함한 작업면, 화물자동차 등의 운송기기류, 사다리[9], 각립[10](脚立: A형 사다리, 발붙임 사다리, 삼각 사다리) 등의 고소작업용구 및 건물 등이고, 육상운송·항만하역업에서는 인력에 의한 하역작업, 화물을 쌓거나 무너뜨리는 작업, 검사, 차량정비 등을 하는 곳이다. 건설업에서는 발판이 압도적으로 많고, 그 다음으로 지붕, 옥상, 개구부, 계단 등이 많다.

추락재해의 원인에 대해 살펴보면, 업종에 관계없이 '미끄러져', '발을 헛디뎌' 추락한 경우가 가장 많고, 다음으로 '자신의 동작의 반동으로', '올라가 있던 장소가 흔들리거나 무너져' 등이 그 뒤를 잇고 있다.

추락재해 발생의 직접적인 원인과 관련해서는 다음과 같은 항목이 제시되고 있다.

① 추락의 위험이 있는 고소작업은 임시작업이 많다.

② 작업에 따라 난간을 설치할 수 없는 등 설비 측면의 대책이 곤란한 경우가 있다.

③ 작업형태에 따라서는 통상적인 안전대책으로는 불충분하고 특별한 대책을 생각할 필요가 있다.

④ 비교적 낮은 장소에서의 작업에 대해서는 안전대책이 경시되는 경향이 있다.

⑤ 각립 등의 간이용구로는 안전대책이 불충분한 경우가 있다.

### (1) 추락의 위험성

#### 1) 낙하의 충격

추락이 발생하는 장소는 작업장소와 주위 간의 상대적 위치관계가 다른 곳이지만(높다 또는 낮다, 깊다), 발생건수는 반드시 낙하[전락(轉落: 굴러떨어짐)] 거리가 큰 곳에 많다고는

---

9 사다리는 이동식 사다리와 고정식 사다리로 구분되고, 이동식 사다리는 다시 보통(일자형) 사다리와 A형 사다리(각립)로 구분된다. 이 책에서는 A형 사다리는 '각립'이라는 용어를 사용하기로 한다. 따라서 이 책에서 사다리라 함은 이동식 보통(일자형) 사다리와 고정식 사다리만을 가리킨다.

10 각립비계라고도 한다.

할 수 없다. 그러나 낙하거리가 길면 지면에 충돌하였을 때의 속도가 빠르므로, 일반적으로는 피해의 정도는 낙하거리에 비례하여 커진다.

공중에서 추락할 때 몇 초에 어느 정도의 거리를 낙하하는지, 그리고 낙하속도는 어느 정도가 되는지를 제시한 것이 다음 그림 6.3.1과 그림 6.3.2이다.

공중저항이 없다고 하면, 낙하물의 질량이 달라도 낙하속도는 동일하고, 공기저항이 있어도 2초 이내이면(그림 6.3.1에서 낙하거리로 볼 때 20 m 이내) 그 영향은 무시할 수 있다. 그림 6.3.2로 판단해 보면, 5 m 낙하에서 낙하속도는 시속 약 35 km, 10 m의 낙하에서 낙하속도는 시속 약 50 km, 20 m의 낙하에서는 시속 약 70 km로 지면 등에 충돌하게 된다.

지면 등에 충돌하였을 때 받는 힘은 낙하물의 질량과 낙하속도가 크면 클수록 크고, 이 외에 충격을 받아들이는 데에 요하는 시간이 관계한다. 떨어진 물건이 단단하고 지면도 단단하면 충격은 단시간에 흡수되어 매우 큰 힘이 가해진다. 반대로 무른 물체끼리이면 충격은 약화된다.

그리고 실제로 추락할 경우 떨어지기 시작할 때에 몸의 축(body axis: 신체의 중심라인)에 작용하는 힘의 상태에 따라 몸이 회전하는 경우가 있다. 회전 속도는 떨어지기 시작할 때에 몸의 축에 작용한 힘의 모멘트의 대소(大小)에 의해 정해진다.

이 때문에 동일한 높이에서 추락하더라도 지면의 단단함과 무름의 정도, 지면에 충돌한 신체의 부위, 보호구 착용의 유무 등에 따라 피해의 정도는 달라진다.

이에 대한 실례로 높이 1.5 m의 장소에서 콘크리트 바닥으로 추락하여 사망한 사례, 높이 2 m의 높이에서 지면에 추락하여 사망한 사례가 있는 한편, 높이 10 m, 15 m의 장소에서 콘크리트바닥, 지면에 추락하였어도 휴업재해에 그친 사례가 있다. 그리고 1 m의 장소에서

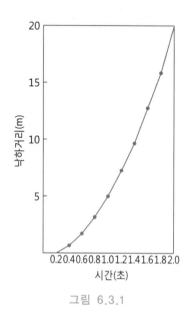

그림 6.3.1

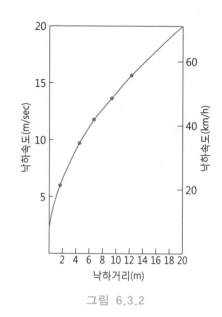

그림 6.3.2

추락했는데도 휴업재해가 된 사례가 있는가 하면, 5 m의 높이에서 추락했는데도 경미한 타박상으로 그친 사례 등이 있다.

이것은 낙하면의 단단함의 정도 외에 낙하 시의 자세와 신체의 충격부위가 피해정도에 영향을 미치기 때문인데, 사망재해의 경우는 머리에 충격을 받은 경우가 압도적으로 많다는 특징이 있다.

### 2) 추락과 작업장소

추락하기 직전의 작업장소는 전술한 바와 같이 다음과 같다.

① 제조업의 경우, 통로, 계단, 발판 등을 포함하는 작업면, 트럭 등 운반기계의 짐 싣는 곳, 사다리·각립 등의 고소작업용구, 건물의 옥상·측면 등이 많다.

② 육상운송·항만하역업의 경우, 트럭의 화물하역장소, 화물을 쌓거나 무너뜨리는 등 화물취급장소 등이 많다.

③ 건설업의 경우, 그 작업의 성격상, 다종다양한 장소·작업을 들 수 있는데, 비계로부터의 추락이 압도적으로 많고, 다음으로 지붕, 옥상, 개구부, 계단 등이 많다.

### (2) 추락재해의 방지대책

추락재해라고 하는 사고의 원인은 의외로 매우 단순하다. 그 대책은 높은 곳에서의 작업을 없애거나 줄이는 본질적인 대책을 원칙으로 하고, 그것이 곤란한 경우에 한해 설비적 대책, 그 다음에 작업행동의 대책을 실시한다고 하는 접근방식으로 추진하는 것이 중요하다.

예를 들면, 일정한 높이의 철골조립 후 바로 커튼월(curtain wall)[11] 등 외벽 설치를 행하는 공법의 채용이 만일의 경우의 추락 거리를 줄이는 것에 공헌하고 있다. 조선업에서는 블록방식에 의한 건조방법으로의 전환, 고소작업차의 채용 등이 추락재해의 감소에 공헌하고 있다.

---

11 건물의 주체구조인 기둥과 보의 골조만으로 건물에 가해지는 수직하중과 바람이나 지진 등에 의한 수평하중을 지지하는 구조에서 벽체는 단순히 공간을 칸막이하는 커튼 구실만 하기 때문에 이때의 벽체를 커튼월이라고 하며, 한국 건축 용어로는 '비내력 칸막이벽'이라고 한다. 외부로부터의 비나 바람을 막고 소음이나 열을 차단하는 구실을 하며 기둥과 보가 외부에 노출되지 않고 유리 등을 사용한 벽면은 근대적인 건축양식으로 특히 외장용(外粧用)으로서 큰 기능을 갖는다. 커튼월은 특히 고층 또는 초고층건축에 많이 사용된다. 높이가 100 m 이상의 건물이면 외부에 비계조립이 어렵기 때문에 미리 공장에서 제작한 외벽 패널을 들어 올려서 붙이는 방법이 많이 쓰인다. 공장에서 제작되기 때문에 대량생산이 가능하고, 패널은 규격화하여 통일되는 것이 특징이며, 이 때문에 건물의 외관도 공업적인 새로운 구성을 보여 준다.

## 1) 고소(高所)에서의 추락재해 방지

추락재해의 방지를 위해서는 추락의 기계화, 공법의 자동화 등을 적극적으로 추진하는 것이 중요하다. 산업안전보건기준에 관한 규칙에 규정되어 있는 다음과 같은 사항에 대해서도 철저히 하는 것이 필요하다.

### 가. 작업발판의 설치 등

근로자가 추락하거나 넘어질 위험이 있는 장소[작업발판의 끝·개구부(開口部) 등을 제외한다] 또는 기계·설비·선박블록 등에서 작업을 할 때에 근로자가 위험해질 우려가 있는 경우 비계(飛階)를 조립하는 등의 방법으로 작업발판을 설치하여야 한다. 이것이 곤란한 경우에는 추락방호망을 설치하여야 한다. 다만, 추락방호망을 설치하기 곤란한 경우에는 근로자에게 안전대를 착용하도록 하는 등 추락위험[12]을 방지하기 위하여 필요한 조치를 하여야 한다(산업안전보건기준에 관한 규칙 제42조).[13]

### 나. 개구부 등의 방호조치

작업발판 및 통로의 끝이나 개구부로서 근로자가 추락할 위험이 있는 장소에는 안전난간, 울타리, 수직형 추락방호망(산업표준화법 제12조에 따른 한국산업표준에서 정하는 성능기준에 적합한 것을 사용해야 한다) 또는 덮개 등(이하 '난간 등'이라 한다)의 방호조치를 충분한 강도를 가진 구조로 튼튼하게 설치하여야 하며, 덮개를 설치하는 경우에는 뒤집히거나 떨어지지 않도록 설치하여야 한다. 이 경우 어두운 장소에서도 알아볼 수 있도록 개구부임을 표시하여야 한다. 난간 등을 설치하는 것이 매우 곤란하거나 작업의 필요상 임시로 난간 등을 해체하여야 하는 경우 추락방호망을 설치하여야 한다. 다만, 추락방호망을 설치하기 곤란한 경우에는 근로자에게 안전대를 착용하도록 하는 등 추락할 위험을 방지하기 위하여 필요한 조치를 하여야 한다(산업안전보건기준에 관한 규칙 제43조).

### 다. 안전대의 부착설비 등의 설치

추락할 위험이 있는 높이 2 m 이상의 장소에서 근로자에게 안전대를 착용시킨 경우 안전대를 안전하게 걸어 사용할 수 있는 설비 등을 설치하여야 한다. 이러한 안전대 부착설비로 지지로프 등을 설치하는 경우에는 처지거나 풀리는 것을 방지하기 위하여 필요한 조치를 하여야 한다. 그리고 사업주는 안전대 및 부속설비의 이상 유무를 작업을 시작하기 전에 점검

---

12 추락에 의한 위험을 방지하는 최후의 수단으로나마 보호구(안전모)가 완전히 배제되지 않도록 하기 위해서는 "추락위험"이라는 표현을 "추락에 의한 위험" 또는 "추락으로 인한 위험"이라는 표현으로 개정할 필요가 있다.
13 작업발판의 설치나 추락방호망의 설치가 필요한 고소작업 높이가 제시되어 있지 않아 매우 낮은 높이에서 작업을 할 경우 구체적으로 어떠한 안전조치를 해야 하는지가 매우 불명확하다.

하여야 한다(산업안전보건기준에 관한 규칙 제44조).

### 라. 악천후 시의 작업금지

달비계(hanging scaffold, suspended scaffold)[14] 또는 높이 5 m 이상의 비계를 조립·해체하거나 변경하는 작업을 할 때, 비, 눈, 그 밖의 기상상태의 불안정으로 날씨가 몹시 나쁜 경우에는 그 작업을 중지시켜야 한다(산업안전보건기준에 관한 규칙 제57조 제1항 제4호).

### 마. 지붕 위에서의 위험방지

근로자가 지붕 위에서 작업을 할 때에 추락하거나 넘어질 위험이 있는 경우에는 다음의 조치를 해야 한다.
① 지붕의 가장자리에 제13조에 따른 안전난간을 설치할 것
② 채광창(skylight)에는 견고한 구조의 덮개를 설치할 것
③ 슬레이트 등 강도가 약한 재료로 덮은 지붕에는 폭 30 cm 이상의 발판을 설치할 것
작업환경 등을 고려할 때 제1항 제1호에 따른 조치를 하기 곤란한 경우에는 제42조 제2항 각 호의 기준을 갖춘 추락방호망을 설치해야 한다. 다만, 사업주는 작업환경 등을 고려할 때 추락방호망을 설치하기 곤란한 경우에는 근로자에게 안전대를 착용하도록 하는 등 추락위험을 방지하기 위하여 필요한 조치를 해야 한다(산업안전보건기준에 관한 규칙 제45조).

### 바. 조명의 유지

근로자가 높이 2 m 이상에서 작업을 하는 경우 그 작업을 안전하게 하는 데에 필요한 조명을 유지하여야 한다(산업안전보건기준에 관한 규칙 제49조).

### 사. 승강설비의 설치

높이 또는 깊이가 2 m를 초과하는 장소에서 작업하는 경우 해당 작업에 종사하는 근로자가 안전하게 승강하기 위한 건설작업용 리프트 등의 설비를 설치해야 한다. 다만, 승강설비를 설치하는 것이 작업의 성질상 곤란한 경우에는 그렇지 않다(산업안전보건기준에 관한 규칙 제46조).

---

14 달비계는 교량공사, 플랜트, 선박 유지보수공사, 철골공사 시 철골의 들보 등에 작업발판을 달아 매는(위에서 달아 내린) 고소작업용 비계를 가리키는바, 외벽도색작업 등 고소로프작업 시 사용하는 작업의자[젠다이, 안장(판)]를 달비계의 일종으로 분류하고 달비계에 관한 규정(산업안전보건기준에 관한 규칙 제63조 제2항, 제64조, 제66조)을 적용하는 것은 상식에 맞지 않는 대단히 잘못된 일이다. 이에 대한 상세한 비판은 정진우, 「고소로프작업 추락사고 방지방안에 관한 연구」, 노동법 포럼, 제34호를 참고하기 바란다.

### 아. 출입금지

추락에 의하여 근로자에게 위험을 미칠 우려가 있는 장소에는 울타리를 설치하는 등 관계 근로자가 아닌 사람의 출입을 금지하여야 한다(산업안전보건기준에 관한 규칙 제20조).

### 자. 울타리의 설치

근로자에게 작업 중 또는 통행 시 굴러떨어짐(전락)으로 인하여 근로자가 화상·질식 등의 위험에 처할 우려가 있는 케틀(kettle, 가열용기), 호퍼(hopper, 깔대기 모양의 출입구가 있는 큰 통), 피트(pit, 구덩이) 등이 있는 경우에 그 위험을 방지하기 위하여 필요한 장소에 높이 90 cm 이상의 울타리를 설치하여야 한다(산업안전보건기준에 관한 규칙 제48조).

### 차. 비계의 작업발판

비계(달비계, 달대비계 및 말비계는 제외한다)의 높이가 2 m 이상인 작업장소에는 다음과 같은 기준에 맞는 작업발판을 설치하여야 한다(산업안전보건기준에 관한 규칙 제56조).
① 작업발판재료는 작업할 때의 하중을 견딜 수 있도록 견고한 것으로 할 것
② 작업발판의 폭은 40 cm 이상으로 하고, 발판재료 간의 틈은 3 cm 이하로 할 것. 다만, 외줄비계의 경우에는 고용노동부장관이 별도로 정하는 기준[15]에 따른다.
③ ②에도 불구하고 선박 및 보트 건조작업의 경우 선박블록 또는 엔진실 등의 좁은 작업 공간에 작업발판을 설치하기 위하여 필요하면 작업발판의 폭을 30 cm 이상으로 할 수 있고, 걸침비계의 경우 강관기둥 때문에 발판재료 간의 틈을 3 cm 이하로 유지하기 곤란하면 5 cm 이하로 할 수 있다. 이 경우 그 틈 사이로 물체 등이 떨어질 우려가 있는 곳에는 출입금지 등의 조치를 하여야 한다.
④ 추락의 위험이 있는 장소에는 안전난간을 설치할 것. 다만, 작업의 성질상 안전난간을 설치하는 것이 곤란한 경우, 작업의 필요상 임시로 안전난간을 해체할 때에 추락방호 망을 설치하거나 근로자로 하여금 안전대를 사용하도록 하는 등 추락위험 방지 조치를 한 경우에는 그러하지 아니하다.
⑤ 작업발판의 지지물은 하중에 의하여 파괴될 우려가 없는 것을 사용할 것
⑥ 작업발판재료는 뒤집히거나 떨어지지 않도록 둘 이상의 지지물에 연결하거나 고정시킬 것
⑦ 작업발판을 작업에 따라 이동시킬 경우에는 위험 방지에 필요한 조치를 할 것

---

15 현재까지 별도로 정하고 있는 기준은 없다.

## 카. 비계 등의 조립·해체

달비계 또는 높이 5 m 이상의 비계를 조립·해체하거나 변경하는 작업을 하는 경우로서 비계재료의 연결·해체작업을 할 때에는 폭 20 cm 이상의 발판을 설치하고 근로자로 하여금 안전대를 사용하도록 하는 등 추락을 방지하기 위한 조치를 하여야 한다(산업안전보건기준에 관한 규칙 제57조 제1항 제5호).

## 타. 이동식 비계

사업주는 이동식 비계를 조립하여 작업을 하는 경우에는 다음 각 호의 사항을 준수하여야 한다(산업안전보건기준에 관한 규칙 제68조).

① 이동식 비계의 바퀴에는 뜻밖의 갑작스러운 이동 또는 전도를 방지하기 위하여 브레이크·쐐기 등으로 바퀴를 고정시킨 다음 비계의 일부를 견고한 시설물에 고정하거나 아웃트리거(outrigger, 전도방지용 지지대)를 설치하는 등 필요한 조치를 할 것

② 승강용사다리는 견고하게 설치할 것

③ 비계의 최상부에서 작업을 하는 경우에는 안전난간을 설치할 것

④ 작업발판은 항상 수평을 유지하고 작업발판 위에서 안전난간을 딛고 작업을 하거나 받침대 또는 사다리를 사용하여 작업하지 않도록 할 것

⑤ 작업발판의 최대적재하중은 250 kg을 초과하지 않도록 할 것

## 2) 사다리·각립에서의 추락재해 방지

사다리[16]·각립[17]은 손이나 팔을 가볍게 사용하는 경작업뿐만 아니라 일시적인 고소작업 또는 높은 곳으로의 승강용으로 사용되는 경우도 많다. 그러다 보니 이것들에서 추락하여 사망하는 사례도 적지 않다. 사다리 각립은 제조·건설업종의 사업장뿐만 아니라 서비스업종의 사업장, 나아가 일반가정에서도 널리 사용되게 되어 주변에서 쉽게 볼 수 있는 것으로서, 그 설치·취급이 간단한 관계로 안이하게 사용하다가 사고·재해로 연결되는 경우가 적지 않다.

각립의 경우 알루미늄 합금제가 많지만, 벌어짐 방지장치, 다리가 구부러진 모양, 발판의 파손 유무 등을 사용하기 전에 점검하는 것이 중요하다.

사다리와 각립은 다음과 같은 요건을 충족하는 것이 필요하다.

---

16 현장에서는 접이식 사다리도 많이 사용되고 있는데, 이것은 A형 사다리로도 일자형 사다리로도 사용되고 있다.

17 현재 산업안전보건기준에 관한 규칙에서는 '각립'에 대한 규정은 별도로 두고 있지 않다. 산업현장과 일상생활에서 광범위하게 사용되고 있는 각립에 대해 사실상 아무런 규제를 하고 있지 않은 것은 심각한 입법적 불비라고 할 수 있다. 고용노동부는 각립에 대해 아무런 법적 근거 없는 지침으로 운영하고 있을 뿐이다.

## 가. 사다리

여기에서 제시하는 사다리 요건은 고정식 사다리와 이동식 사다리[보통(일자형) 사다리] 모두에 대해 적용된다.

- 견고한 구조로 한다.
- 재료는 심한 손상·부식 등이 없는 것으로 한다.
- 발판의 간격은 일정하게 한다.
- 발판과 벽 사이는 15 cm 이상의 간격을 유지한다.
- 폭은 30 cm 이상으로 한다.
- 넘어지거나 미끄러지는 것을 방지하기 위한 조치를 한다.
- 물건을 가지고 승강하지 않는다.
- 사다리식 통로의 기울기는 75도 이하로 한다. 다만, 고정식 사다리식 통로의 기울기는 90도 이하로 하고, 그 높이가 7 m 이상인 경우에는 바닥으로부터 높이가 2.5 m 되는 지점부터 등받이울을 설치한다.
- 사다리의 상단은 걸쳐놓은 지점으로부터 60 cm 이상 올라가도록 한다.
- 사다리식 통로의 길이가 10 m 이상인 경우에는 5 m 이내마다 계단참을 설치한다.
- 지반을 확인하고 나서 설치한다. 미끄럼 방지장치를 설치하고, 사다리를 지지하는 사람을 배치한다.
- 사다리를 뒤로 하여 내려오지 않는다.

## 나. 각립

- 튼튼한 구조로 한다.
- 재료는 심한 손상·부식 등이 없는 것으로 한다.
- 다리와 수평면의 각도를 75도 이하로 하고, 접어 개는 방식의 것은 다리와 수평면의 각도를 확실하게 유지하기 위한 조치를 한다.
- 발판은 작업을 안전하게 하기 위하여 필요한 면적을 가진 것으로 한다.
- 천판(天板: 최상부) 위에서 작업하지 않는다. 그리고 물건을 가지고 승강하지 않는다.
- 몸을 내밀고 작업하지 않는다.
- 각립을 뒤로 하여 내려오지 않는다.
- 작업할 경우에는 손, 발, 무릎 등 신체의 일부를 사용하여 3점 접촉상태를 유지한다.
- 작업대의 설치가 가능한 경우에는 각립 대신에 이동식 작업대를 사용한다.

### 3) 기계·설비에서의 추락재해 방지

크레인을 사용하여 근로자를 운반하거나 근로자를 달아 올린 상태에서 작업에 종사시켜서는 아니 된다. 다만, 크레인에 전용 탑승설비를 설치하고 추락 위험을 방지하기 위하여 다음의 조치를 한 경우에는 그러하지 아니하다(산업안전보건기준에 관한 규칙 제86조 제1항).

① 탑승설비가 뒤집히거나 떨어지지 않도록 필요한 조치를 할 것
② 안전대나 구명줄을 설치하고, 안전난간을 설치할 수 있는 구조인 경우에는 안전난간을 설치할 것
③ 탑승설비를 하강시킬 때에는 동력하강방법으로 할 것

이동식 크레인을 사용하여 근로자를 운반하거나 근로자를 달아 올린 상태에서 작업에 종사시켜서는 안 된다. 다만, 작업장소의 구조, 지형 등으로 고소작업대를 사용하기가 곤란하여 이동식 크레인 중 기중기를 한국산업표준에서 정하는 안전기준에 따라 사용하는 경우는 제외한다(산업안전보건기준에 관한 규칙 제86조 제2항).

내부에 비상정지장치·조작스위치 등 탑승조작장치가 설치되어 있지 아니한 리프트의 운반구에 근로자를 탑승시켜서는 아니 된다. 다만, 리프트의 수리·조정 및 점검 등의 작업을 하는 경우로서 그 작업에 종사하는 근로자가 추락할 위험이 없도록 조치를 한 경우에는 그러하지 아니하다(산업안전보건기준에 관한 규칙 제86조 제3항).

자동차정비용 리프트에 근로자를 탑승시켜서는 아니 된다. 다만, 자동차정비용 리프트의 수리·조정 및 점검 등의 작업을 할 때에 그 작업에 종사하는 근로자가 위험해질 우려가 없도록 조치한 경우에는 그러하지 아니하다(산업안전보건기준에 관한 규칙 제86조 제4항).

곤돌라의 운반구에 근로자를 탑승시켜서는 아니 된다. 다만, 추락 위험을 방지하기 위하여 다음의 조치를 한 경우에는 그러하지 아니하다(산업안전보건기준에 관한 규칙 제86조 제5항).

① 운반구가 뒤집히거나 떨어지지 않도록 필요한 조치를 할 것
② 안전대나 구명줄을 설치하고, 안전난간을 설치할 수 있는 구조인 경우이면 안전난간을 설치할 것

소형화물용 엘리베이터에 근로자를 탑승시켜서는 아니 된다. 다만, 소형화물용 엘리베이터의 수리·조정 및 점검 등의 작업을 하는 경우에는 그러하지 아니하다(산업안전보건기준에 관한 규칙 제86조 제6항).

차량계 하역운반기계(화물자동차는 제외한다)를 사용하여 작업을 하는 경우 승차석이 아닌 위치에 근로자를 탑승시켜서는 아니 된다. 다만, 추락 등의 위험을 방지하기 위한 조치를 한 경우에는 그러하지 아니하다(산업안전보건기준에 관한 규칙 제86조 제7항).

화물자동차 적재함에 근로자를 탑승시켜서는 아니 된다. 다만, 화물자동차에 울 등을 설치하여 추락을 방지하는 조치를 한 경우에는 그러하지 아니하다(산업안전보건기준에 관한 규칙 제86조 제8항).

운전 중인 컨베이어 등에 근로자를 탑승시켜서는 아니 된다. 다만, 근로자를 운반할 수

있는 구조를 갖춘 컨베이어 등으로서 추락·접촉 등에 의한 위험을 방지할 수 있는 조치를 한 경우에는 그러하지 아니하다(산업안전보건기준에 관한 규칙 제86조 제9항).

### (3) 추락재해 방지대책의 사례

[사례 1] 수직사다리 용접 이음부 파단으로 인한 추락

- 발생상황

공장 내에서 전기집진기 상부에 덕트를 연결하기 위해 크레인으로 전기집진기 상단부를 들어 올리는 과정에서 와이어로프에 연결된 샤클이 안전난간대에 걸려 약간 흔들린 상태에서 덕트와 전 기집진기 상부를 연결하기 위해 하청업체 소속 재해자가 18 m 높이에 설치된 수직사다리(길이 4 m) 로 올라가던 중 수직사다리 용접 이음부 파단으로 인해 사다리와 함께 추락하였다.

- 대책

① 사다리는 견고하게 설치하고 스테인리스 재질 등 내식성이 강한 재질로 한다.
② 화학설비의 부속설비인 전기집진기는 외면의 손상, 변형, 부식 및 안전난간대 등의 부식상태 를 점검한다.

[사례 2] 크레인 상부 청소작업 중 추락

- 발생상황

하청업체 소속 재해자가 원청업체의 천장크레인 상부 청소작업을 하기 위해 크레인을 정지시킨 후 작업자 4명이 크레인 거더 위로 올라가 건물 벽에 설치된 압축공기 라인에 에어호스를 연결하 였다. 그리고 나서 전기판넬 등에 쌓인 먼지를 압축공기로 청소한 후 크레인 가동 시 에어호스가 접촉되지 않게 재해자가 에어호스를 정리하던 중 크레인 횡행레일 고정용 클램프에 발이 걸리면서 거더와 거더 사이로 추락하였다.

- 대책

① 크레인 상부 레일·통로에서 보수·점검 및 청소작업 시 기둥과 기둥 사이에는 추락방지용 안전대 부착설비를 설치하고 작업자에게 안전대를 착용하도록 한다.
② 크레인 상부에서 보수·점검 및 청소작업 시 충분한 조도를 유지하고 작업을 실시한다.

■ 발생상황

건물외벽 유리창 청소작업을 하기 위해 작업자 3명이 옥상에 설치되어 있는 달비계용 앙카링 (ankerring) 중 (작업반경을 넓히기 위해) 작업 반대방향의 앙카링에 섬유로프를 고정한 후 옥상상부 송풍기용팬 구동모터 옆으로 로프를 걸쳤다. 그 다음 작업자 1명이 로프를 타고 아래로 내려가 작업하던 중 송풍기용팬 구동모터 V벨트에 접촉되면서 로프가 절단되어 추락하였다.

■ 대책

① 달비계 섬유로프 고정 시 작업방향의 건물 앙카링에 고정하고 섬유로프가 옥상에 설치된 기계·설비 등에 접촉되지 않도록 고정한다.

② 유리청소작업 등 고소작업 시 추락방지를 위한 보조로프(수직구명줄)를 설치한 후 안전대를 걸고 작업하도록 한다.

③ 송풍기 구동용 모터 동력전달용 V벨트 수리·보수 후 반드시 방호덮개는 재부착한다.

## 2. 비래·낙하재해의 방지

사람이 낙차가 있는 높은 곳에서 아래로 떨어지는 것을 추락(사람이 떨어짐)재해라고 하는 것에 반해, 비래(날아옴)·낙하(물체가 떨어짐)[18]재해는 고소 또는 다른 장소로부터 재료, 짐, 공구 등이 날아와 사람이 맞는 것을 말하는데, 건설현장 등에서 매년 많은 재해가 발생하고 있다.

### (1) 비래·낙하의 위험성

비래·낙하는 중력 또는 기계의 가공물 등으로부터 주어진 관성력에 의해 물체가 날아오르거나 튀어 발생한다. 건축공사현장의 발판에서 공구, 재료 등이 낙하하는 것, 크레인의 훅에서 화물이 빠지거나 와이어가 파손되어 화물이 낙하하는 것, 둥근톱기계 등에서 절단 중의 목재 파편이 날아오는 것, 연삭숫돌의 파열된 파편이 날아오는 것, 작업발판 등에서 손에 들고 있던 공구, 짐을 밑으로 떨어뜨리는 것 등이 대표적인 예이다.

대별하면, 작업을 하고 있는 상방에 재료, 짐, 공구 등이 있어 이것이 하방으로 낙하하여 작업자가 맞는 것 또는 상방에 있던 폐자재 등을 하방으로 이동시킬 때에 그 일부가 예정 외

---

18 고용노동부 산업재해 분류기준에서는 비래(날아옴)와 낙하(물체가 떨어짐)를 합하여 '물체에 맞음'이라고 표현하고 있다.

의 장소로 낙하하는 것과, 고속회전하고 있는 기계의 일부 또는 가공물의 일부가 원심력에 의해 비산하여 그것이 작업을 하고 있는 자 또는 부근의 다른 작업자가 맞는 것으로 구분된다.

이와 같은 비래·낙하재해는 모든 작업에서 발현할 가능성이 있고, 사망재해를 기준으로 추락재해, 끼임재해, 충돌재해에 이어 많은 비중을 차지하고 있는 재해의 원인이 되고 있다.

업종별로 보면 업무상 사고재해를 기준으로 건설업에서 가장 많이 발생하고 있고, 임업, 운수·창고 및 통신업, 제조업 중의 기계기구제조업, 금속재료품제조업, 선박건조·수리업, 화학제품제조업, 수송용기계기구제조업, 목재·나무제품제조업에서 많이 발생하는 경향이 있다.

### (2) 비래·낙하재해의 방지를 위한 기본적 접근방법

비래·낙하재해의 재발방지대책은 다음과 같은 3가지 접근방법이 있다.
① 물건을 비래·낙하시키지 않는다.
② 설령 물건을 비래·낙하시켜도 산업재해를 발생시키지 않는다.
③ 물건을 비래·낙하시키는 빈도를 억제한다.

먼저 ① '물건을 비래·낙하시키지 않는 것'을 생각한다. 이것이 가능하면 비래·낙하대책은 불필요해진다. 다음으로, ② '설령 물건을 비래·낙하시켜도 산업재해를 발생시키지 않을 대책'을 생각한다. 주로 설비 측면, 계획 측면의 대책이 된다. 그리고 ②가 도저히 어려운 경우에는, 가능한 한 리스크를 저감시키기 위하여, 비래·낙하의 빈도를 억제하기 위한 대책을 검토한다. 비래·낙하재해의 재발을 방지하기 위해서는 이와 같은 단계적인 검토가 효과적이다.

### (3) 비래·낙하재해의 방지대책

비래·낙하방지의 기본은 물체의 비래·낙하를 저지하는 것과 물체의 낙하위험이 있는 범위로의 출입을 금지하는 것이다. 이를 위해서는 화물, 재료, 공구 등의 취급에 관한 작업절차의 작성과 그 철저, 작업계획의 단계에서 비래·낙하 우려가 있는 범위의 특정, 상하에서 작업을 하는 경우의 연락조정 등을 철저히 하는 것이 중요하다.

#### 1) 높은 곳에서의 비래·낙하방지

높은 곳에서의 비래·낙하에 의한 재해의 많은 것은 건축공사 등에서 발생하고 있는데, 그 배경요인으로서는 상하작업을 동시에 행하고 있는 경우, 위험구역 내에 들어가는 경우 등에 있고, 이것들의 배제를 중심으로 다음과 같은 사항을 철저히 할 필요가 있다.
① 작업계획, 작업절차 속에 비래·낙하의 위험원을 추출하여 방지대책을 반영한다.

② 작업계획을 작성하는 경우에는 상하에서의 작업을 동시에 하는 것을 피하는 것으로 한다.

③ 옥외작업 등에서 악천후 시는 작업을 중지한다.

④ 유자격자가 작업을 한다.

⑤ 작업 간의 연락조정을 긴밀히 하고, 적절한 공정관리를 한다.

⑥ 정기점검, 작업 전 점검 등을 확실하게 한다.

⑦ 양중, 적재, 짐 내리는 작업 등에서는 작업지휘자의 지휘하에 작업을 행한다.

⑧ 기계부품, 부속품은 충분한 강도가 있는 것을 사용한다.

⑨ 크레인 등 규정의 하중을 준수한다.

⑩ 폐자재 등의 투하작업을 없애고, 크레인, 엘리베이터, 건설용 리프트 등을 이용한다. 불가피하게 3 m 이상의 높이에서 물체를 투하하는 경우에는 슈트(chute: 활송장치) 등 적당한 투하설비를 설치하거나 감시인을 배치하는 등 위험을 방지하기 위하여 필요한 조치를 하여야 한다(산업안전보건기준에 관한 규칙 제15조 참조).

그리고 폐기하는 기기·폐자재 등의 중량물을 투하할 때에 사용하던 장갑이 투하물에 걸려 작업자가 물건과 함께 낙하하는 경우도 있으므로, 사용하는 보호장갑에 대해서는 가죽제의 것 등 걸림 등의 위험이 없는 것을 사용하도록 한다.

⑪ 작업자에게 보호구를 착용하도록 한다(산업안전보건기준에 관한 규칙 제32조 제1항 제1호, 제3호 참조).

⑫ 작업장의 바닥, 도로 및 통로 등에서 낙하물이 근로자에게 위험을 미칠 우려가 있는 경우 보호망을 설치하는 등 필요한 조치를 하여야 한다(산업안전보건기준에 관한 규칙 제14조 제1항).

⑬ 작업으로 인하여 물체가 떨어지거나 날아올 위험이 있는 경우 낙하물 방지망, 수직보호망 또는 방호선반의 설치, 출입금지구역의 설정, 보호구의 착용 등 위험을 방지하기 위하여 필요한 조치를 하여야 한다(이 경우 낙하물 방지망 및 수직보호망은 산업표준화법 제12조에 따른 한국산업표준에서 정하는 성능기준에 적합한 것을 사용하여야 한다)(산업안전보건기준에 관한 규칙 제14조 제2항). 낙하물 방지망 또는 방호선반을 설치하는 경우에는, 높이 10 m 이내마다 설치하고, 내민 길이는 벽면으로부터 2 m 이상으로 하며, 수평면과의 각도는 20도 이상 30도 이하를 유지하여야 한다(산업안전보건기준에 관한 규칙 제14조 제3항).

## 2) 가공물 등의 비래방지

회전기계에 의한 가공물의 정단 등의 작업에 있어서는 절단된 가공물, 칼날부분의 결손, 자르고 남은 부스러기 등의 비래에 의해 피해를 받는 경우가 있으므로, 다음과 같은 사항의 철저를 도모할 필요가 있다.

① 가공물 등이 비래할 우려가 있는 기계에는 덮개 또는 울을 설치한다. 그리고 작업의 성질상 덮개 또는 울을 설치하는 것이 곤란한 경우에는 작업자에게 보호구를 사용하도록 한다.

② 절삭 부스러기가 비래하는 것에 의한 위험이 있는 경우에는, 그 기계에 덮개 또는 울을 설치한다. 그리고 덮개 또는 울을 설치하는 것이 곤란한 경우에는 작업자에게 보호구를 사용하게 한다.

③ 회전 중인 연삭숫돌(지름이 5 cm 이상인 것으로 한정한다)이 근로자에게 위험을 미칠 우려가 있는 경우에 그 부위에 덮개를 설치하여야 한다(산업안전보건기준에 관한 규칙 제122조 제1항).

④ 목재가공용 둥근톱기계[가로 절단용 둥근톱기계 및 반발(反撥)에 의하여 근로자에게 위험을 미칠 우려가 없는 것은 제외한다]에 분할날 등 반발예방장치를 설치하여야 한다 (산업안전보건기준에 관한 규칙 제105조).

⑤ 고속회전체[터빈로터·원심분리기의 버킷 등의 회전체로서 원주속도(圓周速度)가 초당 25 m를 초과하는 것으로 한정한다]의 회전시험을 하는 경우 고속회전체의 파괴로 인한 위험을 방지하기 위하여 전용의 견고한 시설물의 내부 또는 견고한 장벽 등으로 격리된 장소에서 하여야 한다. 다만, 고속회전체(제115조에 따른 고속회전체[19]는 제외한다)의 회전시험으로서 시험설비에 견고한 덮개를 설치하는 등 그 고속회전체의 파괴에 의한 위험을 방지하기 위하여 필요한 조치를 한 경우에는 그러하지 아니하다(산업안전보건기준에 관한 규칙 제114조).

### 3) 비래·낙하 방지대책의 사례

**[사례 1] 권상용 와이어로프가 절단하여 매달린 짐에 깔림**

■ 발생상황

공장 2층에 설치된 천장크레인(정격하중 2 t)으로 원료(합계 약 1.2 t)를 개구부를 통해 2층으로 올리는 작업을 하고 있었는데, 권상용 와이어로프가 절단되어 1층에서 천장크레인을 운전하고 있던 작업자가 원료에 깔리게 되었다. 와이어로프는 3년 이상 사용되고 있었고, 공칭지름(8 mm)의 약 2%가 감소하고, 한 꼬임에서 끊어진 소선의 수가 전체 소선 수의 약 25%인 것이 확인되었다.

---

19 회전축의 중량이 1 ton을 초과하고 원주속도가 초당 120 m 이상인 것.

■ 대책

① 와이어의 사용 전 점검을 실시하고 손상되어 있으면 교체하는 등의 조치를 취한다.

② 화물 가까이에서 작업하지 않는다.

## [사례 2] 휴대용 연삭반에서 끝손질 중에 연삭숫돌이 파열

■ 발생상황

석재의 표면마무리를 휴대용 연삭반에 다이아몬드 포일을 설치하여 연삭을 시작했는데, 작업효율이 나빠 폭이 큰 연삭숫돌로 갈아 끼워 작업을 하는 것으로 하였다. 그런데 그 숫돌은 직경이 너무 커 연삭반의 덮개에 꼭 들어가지 않았다. 그 결과, 덮개를 떼어 내고 작업을 재개하였는데, 돌연 연삭숫돌이 파열되어 비산한 파편이 피재자에게 맞았다.

■ 대책

① 연삭반에 적합한 숫돌을 사용한다.

② 덮개를 떼어 내고 작업하지 않는다.

## [사례 3] 지게차로 운반 중 짐이 낙하하여 직격

■ 발생상황

창고에 2단 쌓기로 쌓아 두었던 화물(수지팔레트의 포대를 목제팔레트 위에 실은 것)을 지게차로 1개씩 운반하기 위하여 화물을 지게차로 내리고 있던 중 포대의 내용물이 이동하여 포대가 기울어졌다. 이 때문에 팔레트를 바닥면에서 40 cm의 위치로 유지한 채 운전석에서 내려 기울어진 포대를 몸 전체로 되밀려고 한바, 팔레트의 중앙부분이 파손되고 포대가 옆으로 쓰러지면서 낙하하여 피재자가 그 밑에 깔리게 되었다. 팔레트는 지게차 포크의 안 부분에까지 들어가 있지 않았고, 지게차의 선단부분에서 팔레트가 파손되어 있었다.

■ 대책

① 변형되기 어려운 포대를 사용한다. 강도가 있는 팔레트를 사용한다.

② 포크를 최저위치까지 내리고, 짐의 상황을 확인하고 작업을 하도록 한다.

## Ⅳ. 감전재해의 방지

### 1. 개요

전기는 생산활동의 에너지원으로는 물론 국민생활 중에서도 필요불가결한 것인데, 누구라도 그 위험성을 중요하게 의식하지 않고 있고 안이하다고 말해도 좋을 정도의 취급을 하고 있다. 전기와 관련해서는 감전, 스파크, 누전이 원인이 된 폭발화재 등이 종종 발생하고 있다.

감전에 대해서는 충전(통전)되고 있는 전선 등에의 접촉 외에, 아크용접 시의 용접봉홀더에의 접촉, 누전되고 있는 기계설비의 프레임에의 접촉에 의한 것이 과거에는 상당히 있었는데, 교류아크용접기용 자동전격방지장치, 감전방지용 누전차단장치의 의무화와 보급에 의해 이들 재해는 많이 감소하였다.

그러나 송전선·배전선 등의 전기공사, 빌딩·공장의 증개축 등에 수반하는 전기실·전기배선의 변환공사, 건설공사에서 사용되고 있는 벨트컨베이어·수중펌프의 취급, 배전선 등에 접근한 장소에서의 이동식크레인에 의한 작업 등에서의 감전재해는 끊이지 않고 있다.

그리고 감전재해 외에 전기에 관한 재해로서, 매년 일반주택을 포함하여 많은 곳에서 전기설비에 의한 인화폭발, 누전 등에 의한 화재, 정전기에 의한 폭발재해 등이 발생하고 있다.

전기의 이용과 취급은 앞으로도 계속될 것이므로, 전기의 위험성을 올바르게 이해하고 설비적 대책, 작업적 대책 등 전기에 관한 재해방지를 확실하게 실시해 나가는 것이 중요하다.

여기에서는 전기재해 중에서 가장 대표적인 재해유형인 감전에 대하여 살펴보기로 한다.

### 2. 감전의 위험성

사람이 전선·배선 등의 충전부에 접촉하거나 누전되고 있는 전기기계·기구의 프레임 등에 접촉하여 상해를 입는 것을 일반적으로 '감전'이라고 한다. 전류가 생체에 미치는 작용에 대하여 기술되는 경우에는 감전이라는 용어 대신에 '전격(電擊)'이라는 용어가 사용되기도 한다.

감전재해는 일단 발생하면 사망에 이르는 비율이 높은 재해이다. 산업재해 통계에 의하면, 감전재해에 의한 근로자 사망자는 매년 약 20명이 발생하고 있다. 감전재해 중에서 가장 심각한 것은 감전사이지만, 전류의 열적 작용에 의한 피부에의 영향, 인체 내부기관의 생화학적 변화에 의한 급성신부전·감염증·후출혈(일단 완전히 피가 멎은 부위에서 어느 정도 시간이 지난 다음에 다시 피가 나는 일) 등도 있다.

그리고 일반적으로는 사망에 이르지 않을 정도의 전류 값이더라도, 작은 쇼크로 신체에 중대한 영향을 받는 경우, 추락 등 2차적인 재해로 연결되는 경우도 있다.

감전은 많은 경우 작업 중에 노출충전부(스위치, 전선 등에서 충전되어 있는 부분이 노출되어 있는 부분), 누전되어 있는 전기기계·기구의 프레임 등에 손·팔 등이 접촉하고, 전류가 신체의 일부를 통과하여 다른 손 또는 다리를 통해 대지로 빠져나가는 것으로서, 사망하는 예의 대부분은 그 경로에 심장부가 들어가 있다.

그리고 감전의 위험성은 직접적으로는 전압의 고저가 아니라

① 전류 값

② 전격을 받는 시간

③ 전원의 종류

④ 통전(通電) 경로

에 따라 정해지고, 간접적으로는 '전류＝전압÷저항'의 법칙에 의해 전압의 크기와 인체의 저항이 관계한다.

## (1) 전류 값

감전의 위험도는 인체에 흐른 전류 값의 크기에 의해 좌우되는데, 전류 값과 신체가 받는 증상의 관계는 다음과 같다.

### ① 최소감지전류

사람이 감전을 감각하는 최소의 전류를 말한다. 이 값은 교류로 0.5 mA, 직류로 2 mA 정도라고 말해지고 있는데, 이 정도의 전류 값이면 위험은 거의 없다.

### ② 고통전류

전류 값을 높이면, 근육에의 자극이 심해져 고통을 감지하게 된다. 이 고통에 견딜 수 있는 한계의 전류를 '고통전류'라고 한다. 이 값은 교류로 약 7~8 mA이고, 이 정도의 값이면 생명에 위험은 없다고 말해지고 있다.

### ③ 부수전류, 이탈전류

전류 값을 더욱 크게 높이면 바로 생명의 위험은 없지만, 통전경로의 근육이 심하게 경련을 일으키게 되고 신경이 마비되어 운동이 자유롭지 않게 된다. 즉, 전격을 받고 있는 것에 대한 의식은 확실하지만, 자력(自力)으로 그 전로 등에서 이탈할 수 없게 되고, 장시간의 통전과 고통의 결과, 호흡곤란이 되어 의식을 잃거나 질식사하는 경우가 있다고 말해지고 있다.

이와 같이 운동이 자유롭지 않게 되는 한계의 전류를 '부수전류'라고 하고, 전기가 흐르고 있는 전선 등으로부터 떨어지려고 하여도 떨어질 수 없는 전류로서 '교차전류'라고 하기도 한다. 역으로 운동의 자유를 잃지 않는 최대한도의 전류를 '이탈전류'라고 하고, 그 값은 교

류로 약 10 mA라고 말해지고 있다.

④ 심실세동전류

심장에 흐르는 전류가 어떤 값에 도달하면, 심장이 경련을 일으켜 정상적인 맥동(脈動)을 할 수 없게 되어, 혈액을 내보내는 심실이 세동(細動)을 일으키게 되는데(혈액순환에 지장을 초래하는데), 심실이 세동을 일으키는 정도의 전류를 '심실세동전류'라고 한다.

이 값은 생체에 의한 계측은 불가능하므로, 여러 동물에 의한 실험치가 발표되어 있다. 이 값은 대체로 동물의 체중 및 심장의 중량에 비례한다.

IEC(International Electrotechnical Commission: 국제전기표준위원회)에 의하면, 사람의 허용한계는 3~10초의 통전(通電) 시 교류에서 40 mA라고 말해지고 있다.

### (2) 전격시간

인체에 통전되는 시간(전격시간)이 길어지면 위험해진다. 전격시간에는 전압과 전류의 2가지 측면이 영향을 미친다.

### (3) 전원의 종류

감전의 위험도는 전원이 교류인가 직류인가에 따라, 그리고 전원의 주파수에 따라서도 좌우된다. 주파수가 50 Hz 또는 60 Hz 부근일 때 이탈전류가 가장 적어진다. 우리나라의 교류전원의 상용주파수가 60 Hz이므로 가정 등에서 일상적으로 사용하고 있는 교류전원이 가장 위험하다고 할 수 있다.

직류에 의한 심실세동전류가 60 Hz의 교류보다도 약 4~5배 되고, 교류 쪽이 직류와 비교하여 훨씬 위험하다.

### (4) 인체저항

인체의 내부저항은 약 500~1,000 Ω 이지만, 인체의 전극(노출충전부 등) 또는 대지와의 접촉저항[20]은 인가전압(applied voltage, 印加電壓),[21] 접촉면의 습도, 접촉면적, 접촉압력 등에 따라 다르다(맨손·맨발의 경우는 피부의 저항이 주가 된다).

인가전압이 100 V 정도일 때, 피부가 건조한 경우의 저항 값은 보통 수만 Ω 이지만, 피부에 땀이 나고 있으면, 그 12분의 1, 물에 젖어 있으면 25분의 1까지 저하된다.

---

20 물질 자체가 가지고 있는 고유저항 값이 아니라 전극이나 연결부와 같은 외부의 다른 물질과 접촉하여 발생하는 저항을 가리킨다.
21 전기 회로의 단자 사이에 공급되는 전압을 가리킨다.

### (5) 수중에서의 감전

수중에서의 감전사고는 육상에 비해 적지만, 수영장에서의 수중조명기구 또는 수중펌프에서 누전되고 있을 때, 마침 수중에 들어가 감전되는 예가 있다.

그리고 수중에 누전되고 있는 경우에는 충전부에 직접 접촉하고 있지 않아도 감전될 수 있으므로 주의가 필요하다.

## 3. 감전재해의 방지대책

### (1) 노출충전부의 방호·전원차단

감전위험은 일반적으로는 노출충전부에 신체의 일부가 접촉하고 전류가 신체를 통과하여 대지 등에 달하는 경로가 형성되는 것에 의한 것이다.

이것을 방지하기 위해서는 노출충전부를 없애거나, 적어도 그것에 인체가 접촉할 가능성을 없애거나, 누전을 방지하거나, 신체에 영향을 미치지 않을 시간 내에 전원을 차단하거나, 보호구 등을 착용하여 전류의 유입을 저지하는 등의 방법을 강구할 필요가 있다. 그리고 산업안전보건기준에 관한 규칙에서도 감전방지에 관한 많은 의무를 부과하고 있다.

#### 1) 절연방호 등
감전위험을 방지하기 위한 기본의 하나인 노출충전부를 없애는 것에 대해서는, ⅰ) 전선·코드 등이 절연피복되거나, ⅱ) 통전·차단을 위하여 사용하는 나이프 스위치(칼날형 스위치) 등은 개폐기함에 넣어져 있거나 격리된 전기실에 설치되거나, ⅲ) 전선·코드의 접속부에 대해 전용 접속기구를 사용하거나 확실하게 절연테이프로 테이핑하는 등의 방법으로 일정한 안전이 확보되고 있다.

그러나 절연피복에는 열화, 손상 등이 있어 영구히 절연효과를 기대할 수 없기 때문에, 사용과정에서 정기 또는 수시로 절연저항을 측정하고 절연상태를 확인해 두는 것이 필요하다.

절연방호 등에 대해서는 산업안전보건기준에 관한 규칙에서 다음과 같은 것을 정하고 있다.

##### ① 외함의 설치 등
작업이나 통행 등으로 인하여 전기기계, 기구 또는 전로 등의 충전부분(전열기의 발열체 부분, 저항접속기의 전극 부분 등 전기기계·기구의 사용 목적에 따라 노출이 불가피한 충전부분은 제외한다)에 접촉하거나 접근함으로써 감전 위험이 있는 충전부분에 대하여 감전을 방지하기 위하여, 다음의 방법 중 하나 이상의 방법으로 방호하여야 한다(산업안전보건기준에 관한 규칙 제301조 제1항).

① 충전부가 노출되지 않도록 폐쇄형 외함(外函)이 있는 구조로 할 것

② 충전부에 충분한 절연효과가 있는 방호망이나 절연덮개를 설치할 것

③ 충전부는 내구성이 있는 절연물로 완전히 덮어 감쌀 것

④ 발전소·변전소 및 개폐소 등 구획되어 있는 장소로서 관계 근로자가 아닌 사람의 출입이 금지되는 장소에 충전부를 설치하고, 위험표시 등의 방법으로 방호를 강화할 것

⑤ 전주 위 및 철탑 위 등 격리되어 있는 장소로서 관계 근로자가 아닌 사람이 접근할 우려가 없는 장소에 충전부를 설치할 것

② 배선 등의 절연피복 등

근로자가 작업 중에나 통행하면서 접촉하거나 접촉할 우려가 있는 배선 또는 이동전선에 대하여 절연피복이 손상되거나 노화됨으로 인한 감전의 위험을 방지하기 위하여 필요한 조치를 하여야 한다. 전선을 서로 접속하는 경우에는 해당 전선의 절연성능 이상으로 절연될 수 있는 것으로 충분히 피복하거나 적합한 접속기구를 사용하여야 한다(산업안전보건기준에 관한 규칙 제313조).

③ 통로바닥에서의 전선 등 사용금지

통로바닥에 전선 또는 이동전선 등을 설치하여 사용해서는 아니 된다. 다만, 차량이나 그 밖의 물체의 통과 등으로 인하여 해당 전선의 절연피복이 손상될 우려가 없거나 손상되지 않도록 적절한 조치를 하여 사용하는 경우에는 그러하지 아니하다(산업안전보건기준에 관한 규칙 제315조).

④ 습윤한 장소의 이동전선 등

물 등의 도전성이 높은 액체가 있는 습윤한 장소에서 근로자가 작업 중에나 통행하면서 이동전선 및 이에 부속하는 접속기구에 접촉할 우려가 있는 경우에는 충분한 절연효과가 있는 것을 사용하여야 한다(산업안전보건기준에 관한 규칙 제314조).

⑤ 용접봉홀더

아크용접 등(자동용접은 제외한다)의 작업에 사용하는 용접봉의 홀더에 대하여 한국산업표준에 적합하거나 그 이상의 절연내력 및 내열성을 갖춘 것을 사용하여야 한다(산업안전보건기준에 관한 규칙 제306조 제1항).

## 2) 정전작업

노출충전부와의 접촉을 없애기 위한 적극적인 방법은 전기공사 등에서 정전작업으로 부르고 있듯이 작업포인트를 정전으로 하는 것이다. 예를 들면, 감전의 위험이 있는 배전선, 인입

선, 전기사용 장소의 배선, 각종 전기기계·기구 등의 지지율의 신설, 이설, 접속교체 등의 경우에는 안전을 위하여 정전작업을 실시한다.

단, 이 작업방법을 채용하고 있더라도 작업 도중에 잘못 전원이 투입되거나 다른 회선으로부터 혼촉(混觸, electric confusion)[22] 등으로 급전(急電)되는 것에 의한 사고·재해도 적지 않으므로, 그에 대한 방지조치를 실시하는 것이 필요하다. 그리고 다른 회선에서의 혼촉 등에 의해 급전된 경우에, 2차 측에 공급된 것이 변압기를 통해 1차 측에 고압으로 공급되는 경우가 있으므로, 특히 변전실·전기실에서의 정전작업에서는 주의가 필요하다.

이것에 관해서는 산업안전보건기준에 관한 규칙에서 다음과 같은 것을 규정하고 있다. 전로 차단은 다음 절차에 따라 시행하여야 한다(산업안전보건기준에 관한 규칙 제319조 제2항).

① 전기기계·기구 또는 전로(전기기기 등)에 공급되는 모든 전원을 관련 도면, 배선도 등으로 확인할 것
② 전원을 차단한 후 각 단로기 등을 개방하고 확인할 것
③ 차단장치나 단로기 등에 잠금장치 및 꼬리표 부착을 할 것
④ 개로(開路)된 전로에서 유도전압 또는 전기에너지가 축적되어 근로자에게 전기위험을 끼칠 수 있는 전기기기 등은 접촉하기 전에 잔류전하를 완전히 방전시킬 것
⑤ 검전기를 이용하여 작업 대상 기기가 충전되었는지를 확인할 것
⑥ 전기기기 등이 다른 노출 충전부와의 접촉, 유도 또는 예비동력원의 역송전 등으로 전압이 발생할 우려가 있는 경우에는 충분한 용량을 가진 단락 접지기구를 이용하여 접지할 것

작업 중 또는 작업을 마친 후 전원을 공급하는 경우에는 작업에 종사하는 근로자 또는 그 인근에서 작업하거나 정전된 전기기기 등(고정 설치된 것으로 한정한다)과 접촉할 우려가 있는 근로자에게 감전의 위험이 없도록 다음 사항을 준수하여야 한다(산업안전보건기준에 관한 규칙 제319조 제3항).

① 작업기구, 단락 접지기구 등을 제거하고 전기기기 등이 안전하게 통전될 수 있는지를 확인할 것
② 모든 작업자가 작업이 완료된 전기기기 등에서 떨어져 있는지를 확인할 것
③ 잠금장치와 꼬리표는 설치한 근로자가 직접 철거할 것
④ 모든 이상 유무를 확인한 후 전기기기 등의 전원을 투입할 것

근로자가 전기위험에 노출될 수 있는 정전전로 또는 그 인근에서 작업하거나 정전된 전기기기 등(고정 설치된 것으로 한정한다)과 접촉할 우려가 있는 경우에 작업 전에 차단장치나 단로기 등에 대한 잠금장치 및 꼬리표 부착 조치를 확인하여야 한다(산업안전보건기준에 관한 규칙 제320조).

---

22 전기 회로에 있어서 심선(心線)이 다른 심선과 접촉하는 현상을 말한다.

## (2) 활선작업

감전재해 방지의 기본은 '활선작업의 금지'이다. 그러나 현실의 작업에서는 불가피하게 통전한 채 행하는 활선작업이 필요할 때가 있다. 활선작업의 구체적인 예로 통전(通電)한 채로 행하는 설비의 조정, 점검, 청소 및 수리 등의 작업이 있다.

활선작업에서의 감전재해 방지에 관해서는 산업안전보건기준에 관한 규칙에서 다음과 같은 것을 규정하고 있다.

### 1) 충전전로에서의 전기작업

근로자가 충전전로를 취급하거나 그 인근에서 작업하는 경우에는 다음의 조치를 하여야 한다(산업안전보건기준에 관한 규칙 제321조 제1항).

① 충전전로를 정전시키는 경우에는 제319조(정전전로에서의 전기작업)에 따른 조치를 할 것

② 충전전로를 방호, 차폐하거나 절연 등의 조치를 하는 경우에는 근로자의 신체가 전로와 직접 접촉하거나 도전재료, 공구 또는 기기를 통하여 간접 접촉되지 않도록 할 것

③ 충전전로를 취급하는 근로자에게 그 작업에 적합한 절연용 보호구를 착용시킬 것

④ 충전전로에 근접한 장소에서 전기작업을 하는 경우에는 해당 전압에 적합한 절연용 방호구를 설치할 것(다만, 저압인 경우에는 해당 전기작업자가 절연용 보호구를 착용하되, 충전전로에 접촉할 우려가 없는 경우에는 절연용 방호구를 설치하지 아니할 수 있다).

⑤ 고압 및 특별고압의 전로에서 전기작업을 하는 근로자에게 활선작업용 기구 및 장치를 사용하도록 할 것

⑥ 근로자가 절연용 방호구의 설치·해체작업을 하는 경우에는 절연용 보호구를 착용하거나 활선작업용 기구 및 장치를 사용하도록 할 것

⑦ 유자격자가 아닌 근로자가 충전전로 인근의 높은 곳에서 작업할 때에 근로자의 몸 또는 긴 도전성 물체가 방호되지 않은 충전전로에서 대지전압이 50 kV 이하인 경우에는 300 cm 이내로, 대지전압이 50 kV를 넘는 경우에는 10 cm씩 더한 거리 이내로 각각 접근할 수 없도록 할 것

⑧ 유자격자가 충전전로 인근에서 작업하는 경우에는 다음의 경우를 제외하고는 노출 충전부에 일정한 접근 한계거리 이내로 접근하거나 절연 손잡이가 없는 도전체에 접근할 수 없도록 할 것

　가. 근로자가 노출 충전부로부터 절연된 경우 또는 해당 전압에 적합한 절연장갑을 착용한 경우

나. 노출 충전부가 다른 전위를 갖는 도전체 또는 근로자와 절연된 경우

다. 근로자가 다른 전위를 갖는 모든 도전체로부터 절연된 경우

절연이 되지 않은 충전부나 그 인근에 근로자가 접근하는 것을 막거나 제한할 필요가 있는 경우에는 울타리를 설치하고 근로자가 쉽게 알아볼 수 있도록 하여야 한다. 다만, 전기와 접촉할 위험이 있는 경우에는 도전성이 있는 금속제 울타리를 사용하거나, 제321조 제1항의 표에 정한 충전전로에 대한 접근 한계거리 이내에 설치해서는 아니 된다(산업안전보건기준에 관한 규칙 제321조 제2항).

이와 같은 조치가 곤란한 경우에는 근로자를 감전위험에서 보호하기 위하여 사전에 위험을 경고하는 감시인을 배치하여야 한다(산업안전보건기준에 관한 규칙 제321조 제3항).

### 2) 충전전로 인근에서의 차량·기계장치작업

충전전로 인근에서 차량, 기계장치 등(차량 등)의 작업이 있는 경우에는 차량 등을 충전전로의 충전부로부터 300 cm 이상 이격시켜 유지시키되, 대지전압이 50 kV를 넘는 경우 이격시켜 유지하여야 하는 거리(이격거리)는 10 kV 증가할 때마다 10 cm씩 증가시켜야 한다. 다만, 차량 등의 높이를 낮춘 상태에서 이동하는 경우에는 이격거리를 120 cm 이상(대지전압이 50 kV를 넘는 경우에는 10 kV 증가할 때마다 이격거리를 10 cm씩 증가)으로 할 수 있다(산업안전보건기준에 관한 규칙 제322조 제1항).

앞의 규정에도 불구하고 충전전로의 전압에 적합한 절연용 방호구 등을 설치한 경우에는 이격거리를 절연용 방호구 앞면까지로 할 수 있으며, 차량 등의 가공 붐대의 버킷이나 끝부분 등이 충전전로의 전압에 적합하게 절연되어 있고 유자격자가 작업을 수행하는 경우에는 붐대의 절연되지 않은 부분과 충전전로 간의 이격거리는 일정한 접근 한계거리까지로 할 수 있다(산업안전보건기준에 관한 규칙 제322조 제2항).

다음의 경우를 제외하고는 근로자가 차량 등의 그 어느 부분과도 접촉하지 않도록 울타리를 설치하거나 감시인 배치 등의 조치를 하여야 한다(산업안전보건기준에 관한 규칙 제322조 제3항).

① 해당 전압에 적합한 절연용 보호구 등(절연용 보호구, 절연용 방호구, 활선작업용 기구, 활선작업용 장치)을 착용하거나 사용하는 경우

② 차량 등의 절연되지 않은 부분이 제321조 제1항의 표에 따른 접근 한계거리 이내로 접근하지 않도록 하는 경우

충전전로 인근에서 접지된 차량 등이 충전전로와 접촉할 우려가 있을 경우에는 지상의 근로자가 접지점에 접촉하지 않도록 조치하여야 한다(산업안전보건기준에 관한 규칙 제322조 제4항).

## (3) 누전차단기 등

전기기계·기구 등은 얼마 안 된 동안은 소정의 절연효과가 있지만, 사용하고 있는 동안에 진동, 사용장소의 환경 등에 의해 절연이 열화되고 전기기계·기구의 프레임 등에 누전하는 경우가 적지 않다.

이 때문에 전기기기의 프레임 등을 접지하는 것이 산업안전보건기준에 관한 규칙 및 전기 설비기술기준(산업통상자원부 고시)에 정해져 있지만, 그 접지저항 값이 높거나 이동형·휴 대형의 것 등처럼 접지하는 것이 곤란한 경우도 있으므로, 이런 경우에는 감전방지용 누전차 단기를 설치하고 과전류차단장치 등의 보호장치를 사용하는 것이 바람직하다.

이것에 관하여 산업안전보건기준에 관한 규칙에서는 다음과 같은 것을 규정하고 있다.

### 1) 누전차단기

다음과 같은 전기 기계·기구에 대하여 누전에 의한 감전위험을 방지하기 위하여 해당 전 로의 정격에 적합하고 감도(전류 등에 반응하는 정도)가 양호하며 확실하게 작동하는 감전 방지용 누전차단기를 설치하여야 한다(산업안전보건기준에 관한 규칙 제304조 제1항).

① 대지전압이 150 V를 초과하는 이동형 또는 휴대형 전기기계·기구

② 물 등 도전성이 높은 액체가 있는 습윤장소에서 사용하는 저압(1.5천 V 이하 직류전 압이나 1천 V 이하의 교류전압을 말한다)용 전기기계·기구

③ 철판·철골 위 등 도전성이 높은 장소에서 사용하는 이동형 또는 휴대형 전기기계·기구

④ 임시배선의 전로가 설치되는 장소에서 사용하는 이동형 또는 휴대형 전기기계·기구

감전방지용 누전차단기를 설치하기 어려운 경우에는 작업시작 전에 접지선의 연결 및 접 속부 상태 등이 적합한지 확실하게 점검하여야 한다(산업안전보건기준에 관한 규칙 제304 조 제2항).

단, 다음 어느 하나에 해당하는 전기기계·기구에 대해서는 위의 조치를 적용하지 않는다 (산업안전보건기준에 관한 규칙 제304조 제3항).

① 전기용품 및 생활용품 안전관리법이 적용되는 이중절연 또는 이와 같은 수준 이상으 로 보호되는 구조로 된 전기기계·기구

② 절연대 위 등과 같이 감전위험이 없는 장소에서 사용하는 전기기계·기구

③ 비접지방식의 전로

설치한 누전차단기를 접속하는 경우에는 다음 사항을 준수하여야 한다(산업안전보건기준 에 관한 규칙 제304조 제5항).

① 전기기계·기구에 설치되어 있는 누전차단기는 정격감도전류가 30밀리암페어 이하이 고 작동시간은 0.03초 이내일 것

② 분기회로 또는 전기기계·기구마다 누전차단기를 접속할 것(다만, 평상시 누설전류가 매우 적은 소용량부하의 전로에는 분기회로에 일괄하여 접속할 수 있다).

③ 누전차단기는 배전반 또는 분전반 내에 접속하거나 꽂음접속기형 누전차단기를 콘센트에 접속하는 등 파손이나 감전사고를 방지할 수 있는 장소에 접속할 것

④ 지락보호전용 기능만 있는 누전차단기는 과전류를 차단하는 퓨즈나 차단기 등과 조합하여 접속할 것

한편, 누전차단기는 일반적으로 Fail Safe(장해가 발생하더라도 안전하도록 하는 기술)의 구조를 가지고 있지 않기 때문에, 누전차단기 자체가 고장 났을 때에는 누전을 차단할 수 없는 위험성이 있다. 누전전류의 발생, 즉 '위험상태'를 검출하여 전기회로를 차단하기 때문에 '위험검출형'의 구조(위험을 발견한 경우에만 기계·설비의 운전을 정지시키는 방법)라고 할 수 있다. 위험검출형은 스스로의 고장을 검지하여 안전상태로 이행하는 것이 불가능하다. 예를 들어, 누전차단기의 영상변류기가 고장 나거나 접점이 용착한 경우에는 전기회로를 차단하지 못하고 누전전류가 계속 흐를 위험이 항상 상존한다.

산업안전보건기준에 관한 규칙 제304조 제4항에서 전기기계·기구를 사용하기 전에는 해당 누전차단기의 작동상태를 점검하고 이상이 발견되면 즉시 보수하거나 교환하여야 한다고 규정한 배경에는 이와 같은 이유가 있다.

### 2) 자동전격방지장치

다음 어느 하나에 해당하는 장소에서 교류아크용접기(자동으로 작동되는 것은 제외한다)를 사용하는 경우에는 교류아크용접기에 자동전격방지기를 설치하여야 한다(산업안전보건기준에 관한 규칙 제306조 제2항).

① 선박의 이중 선체 내부, 밸러스트 탱크(ballast tank, 평형수 탱크), 보일러 내부 등 도전체에 둘러싸인 장소

② 추락할 위험이 있는 높이 2m 이상의 장소로 철골 등 도전성이 높은 물체에 근로자가 접촉할 우려가 있는 장소

③ 근로자가 물·땀 등으로 인하여 도전성이 높은 습윤 상태에서 작업하는 장소

## (4) 절연용 보호구 등의 사용

배전선의 전기공사 등에서의 감전을 방지하기 위한 방법으로, 전로에 절연효력이 있는 방호구(절연방호관, 절연시트, 절연커버, 애자후드 등)를 장착하거나 작업자에게 보호구를 착용하게 하는 방법이 있다. 활선작업의 경우에는 활선작업용 기구, 활선작업용 장치를 적절하게 사용하게 하여야 한다.

이것에 관해서는 산업안전보건기준에 관한 규칙에서 다음과 같이 규정하고 있다.

다음 각 호의 작업에 사용하는 절연용 보호구, 절연용 방호구, 활선작업용 기구, 활선작업용 장치(절연용 보호구 등)에 대하여 각각의 사용목적에 적합한 종별·재질 및 치수의 것을 사용하여야 한다(산업안전보건기준에 관한 규칙 제323조 제1항).

① 밀폐공간에서의 전기작업
② 이동 및 휴대장비 등을 사용하는 전기작업
③ 정전 전로 또는 그 인근에서의 전기작업
④ 충전전로에서의 전기작업
⑤ 충전전로 인근에서의 차량·기계장치 등의 작업

절연용 보호구 등이 안전한 성능을 유지하고 있는지를 정기적으로 확인하여야 한다(산업안전보건기준에 관한 규칙 제323조 제2항). 그리고 근로자가 절연용 보호구 등을 사용하기 전에 흠·균열·파손, 그 밖의 손상 유무를 발견하여 정비 또는 교환을 요구하는 경우에는 즉시 조치하여야 한다(산업안전보건기준에 관한 규칙 제323조 제3항).

### (5) 안전보건교육

전기재해를 방지하기 위해서는 작업자에 대한 안전보건교육도 중요하다. 산업안전보건법에서는 전압이 75 V 이상인 정전 및 활선작업에 종사하는 자에 대하여 16시간 이상(최초작업에 종사하기 전 4시간 이상 실시하고, 12시간은 3개월 이내에서 분할하여 실시 가능) 특별교육을 실시하는 것을 의무화하고 있다[산업안전보건법 시행규칙 별표 4, 5(제26조 제1항 관련)].

전압이 75 V 이상인 정전·활선작업에 대한 의무적인 교육내용은 채용 시·작업내용 변경 시 교육내용 외에 다음과 같다[산업안전보건법 시행규칙 별표 5 라목(특별교육)].

• 전기의 위험성 및 전격방지에 관한 사항
• 해당 설비의 보수 및 점검에 관한 사항
• 정전작업·활선작업 시의 안전작업방법 및 순서에 관한 사항
• 절연용 보호구, 절연용 방호구 및 활선작업용 기구 등의 사용에 관한 사항
• 그 밖에 안전·보건관리에 필요한 사항

특별교육을 실시하는 것 외에, 심실세동을 일으킨 자에 대한 자동심장충격기(AED) 사용방법에 대해서도 미리 교육훈련을 실시하는 것이 바람직하다.

**전기재해의 방지(감전 외)**

## 1. 전기에 의한 인화폭발 및 화재

### (1) 인화폭발과 전기

전기는 감전에 의한 인체에의 영향 외에 전기불꽃, 아크 등이 인화폭발의 방아쇠가 되는 경우가 적지 않다.

#### 1) 전기기계·기구에 의한 인화폭발

인화성 물질의 증기, 가연성 가스 또는 가연성 분진이 존재하는 환경(장소)에서 전기기계·기구·설비[23](이하 '전기기계·기구'라 한다)가 사용되는 경우가 적지 않다. 이와 같은 장소에서는 전기기계·기구로부터 발생하는 불꽃·아크 또는 과열 등이 점화원이 되어 폭발을 일으키는 경우가 있다.

가스폭발 위험장소의 분류에 대해서는 IEC(International Electrotechnical Commission: 국제전기표준위원회)가 제정한 국제규격을 기초로 한국산업표준(KS C IEC 61241-10-1:2012)에서 다음과 같이 정하고 있다. 산업안전보건기준에 관한 규칙에서도 인화성 액체의 증기나 인화성 가스 등을 제조·취급하는 장소에 대해 한국산업표준으로 정하는 기준에 따라 가스폭발 위험장소로 설정하여 관리해야 한다고 규정하고 있다(산업안전보건기준에 관한 규칙 제230조).

① 0종 장소
폭발성 가스분위기(점화 후 연소가 계속될 수 있는 가스, 증기 형태의 가연성 물질이 대기상태에서 공기와 혼합되어 있는 상태)가 연속적으로, 장기간 또는 빈번하게 존재하는 장소

② 1종 장소
정상작동 중 폭발성 가스분위기가 간헐적으로 생성되기 쉬운 장소

③ 2종 장소
정상작동 중 폭발성 가스분위기가 조성되지 않을 것으로 예상되며, 생성된다 하더라도 짧은 기간만 지속되는 장소

분진폭발 위험장소에 대해서는 IEC가 제정한 국제규격을 기초로 한국산업표준(KS C IEC

---

23 전동기, 변압기, 코드접속기, 개폐기, 분전반, 배전반 등 전기가 통하는 기계·기구·설비 중 배선 및 이동전선 이외의 것을 가리킨다.

61241-10:2004)에서 다음과 같이 정하고 있다. 산업안전보건기준에 관한 규칙에서도 인화성 고체를 제조·사용하는 장소에 대해 한국산업표준으로 정하는 기준에 따라 분진폭발 위험장소로 설정하여 관리하여야 한다고 규정하고 있다(산업안전보건기준에 관한 규칙 제230조).

① 20종 장소

공기 중에서 가연성 분진운의 형태가 연속적으로, 또는 장기간 또는 단기간 자주 폭발성 분위기가 존재하는 장소

② 21종 장소

공기 중에서 가연성 분진의 형태가 정상작동 중에 빈번하게 폭발성 분위기를 형성할 수 있는 장소

③ 22종 장소

공기 중에서 가연성 분진의 형태가 정상작동 중에 폭발성 분위기를 거의 발생하지 않고, 만약 발생한다 하더라도 단기간만 지속될 수 있는 장소

가스폭발 위험장소 또는 분진폭발 위험장소에서 전기기계·기구를 사용하는 경우에는 한국산업표준에서 정하는 기준에 따라 그 증기, 가스 또는 분진에 대하여 적합한 방폭성능을 가진 방폭구조 전기기계·기구를 선정하여 사용하여야 한다(산업안전보건기준에 관한 규칙 제311조 제1항).

## 2) 점화원이 될 우려가 있는 전기설비

폭발위험이 있는 분위기에서 전기기계·기구로부터 불꽃, 아크가 발생하면 폭발사고로 발전하는데, 그 가능성이 있는 것으로는 다음과 같은 것이 있다.

① 전기기기류
- 개폐기류: 전자개폐기 등으로 부하전류를 개폐할 때
- 전동기류: 전동기(모터)가 과부하로 운전되어 이상 과열된 경우, 권선(卷線)[24]이 단락(短絡: 합선)·지락(地絡)된 때. 그리고 집전환(집전장치)이 부착된 전동기 등에서는 통상 운전에서도 불꽃을 발한다.
- 배선기구(콘센트, 플러그, 스위치 등): 플러그를 콘센트 등에서 뽑을 때
- 조명기구류: 관구(대롱 모양의 가늘고 긴 전구. 형광등의 전구 따위)가 파손되었을 때, 형광등 안정기의 과열

---

24 동 또는 알루미늄 와이어에 절연물질을 코팅한 것으로 전자기기 내부에 코일 형태로 감겨져 전기에너지를 기계에너지로 변환시키는 선을 말한다.

- 각종 계기류: 전지가 내장되어 있는 계측기
- 기타: 저항기류, 전자변용 전자석, 전자 브레이크 등

② 전기배선
- 누전(지락), 단락, 단선 등의 경우

## (2) 전기화재

전기화재는 매년 많이 발생하고 있는데, 그 주된 원인으로는 다음과 같은 것이 있다.

### 1) 누전(지락)

누전이란 전기의 통로로 설계된 곳(정상 통전경로) 이외의 곳(전기기계·기구함, 건물의 철근 등 금속부분)에 전기가 흐르는 현상으로서, 전기 사용장소 모두에서 누전이 발생할 가능성이 있다. 열차가 레일에서 탈선하면 큰 사고·재해가 일어나는 것처럼 통전경로에서 벗어난 전류는 감전, 화재, 설비고장 등 사고·재해를 유발한다.

전기장치나 오래된 전선의 절연 불량, 전선 피복의 손상 또는 습기의 침입 등이 주된 원인이다. 한번 누전현상이 일어나면 그 부분에 계속 누설전류가 흘러 절연상태가 더욱 악화될 수 있다.

누전되어 전류가 흐르는 부분에 신체의 일부가 닿으면 감전사고를 야기할 수 있다. 그리고 뉴스에서 가끔 접하듯이 누전으로 전선과 접촉된 금속체 부위에 전류에 의한 열이 발생하여 인화물질과 접촉될 경우 화재가 발생할 수 있다.

### 2) 단락(합선)

단락이란 전위차를 갖는 회로 상의 두 부분(2개의 전선)이 피복의 손상 등의 이유로 전기적으로 접촉되는 현상을 말한다. 이때 접점에서는 많은 양의 전류가 흐르게 되어 고열이 발생하게 된다. 단락은 일반가정을 포함하여 많은 전기화재의 원인이다.

단락의 원인으로는 전선피복의 절연열화, 노출충전부에의 이물질의 접촉, 물에 젖음(비, 수돗물 등), 먼지의 퇴적 등이 있다.

일반적으로는 단락이 발생하더라도 퓨즈, 노 퓨즈 브레이커(no fuse breaker) 등이 설치되어 있어, 이것이 정상적으로 작동하면 큰 전류가 계속하여 흐르는 것은 방지되지만, 순간적으로 대전류(大電流)가 흐르는 경우에는 단락점이 녹아 단선의 상태가 되고, 그때의 스파크로 절연피복 자체 또는 그 주변의 가연물에 착화하는 경우도 있다.

### 3) 접속부의 과열

접속부의 과열로는 전선의 접속부의 과열과 개폐기 날 등의 가동접속부의 과열이 있는데, 화재사고의 상당수의 원인이 접속부의 과열이다. 접속부는 전류가 많이 흐르지 않아도 저항이 매우 크기 때문에 그 부분에서 과열이 발생한다.

과전류나 지락(대지에 대하여 전위를 갖는 전기회로의 일부가 이상 상태로 대지와 전기적으로 접지 되는 것) 등은 검출을 하여 자동으로 차단을 할 수 있지만, 접속부의 과열은 검출이 되지 않는다.

이에 대한 원인으로는 접속단자의 삽입부가 떨어짐, 콤파운드 내에서 단선됨, 애자관통부에서 용단됨 등 여러 가지가 있지만, 이것들은 접속부의 기계적 및 열적 결함에 기인한다.

### 4) 절연열화

전기기기의 절연부, 배선의 절연피복은 그 절연성능이 현저히 개선되었지만, 오랜 기간의 사용, 열, 부식에 의해 절연이 열화되는 것을 완전하게는 방지할 수 없다. 건물 내부에서 발생하는 전기화재의 상당 부분이 절연열화에 기인한다.

### 5) 전기트래킹(tracking)

콘센트부분, 단자함 등의 활선부분에 먼지가 서서히 쌓여 습기, 화학물질 등이 흡착하면, 그 부분에 미소(微小)전류가 절연피복을 일으키고 부분단락현상이 발생하여 화재를 유발하는 경우가 있다. 그리고 이 현상으로 화재가 발생한 경우에는 통상의 과전류차단기(브레이커)로는 작동하지 않으므로 주의가 필요하다.

## 2. 전기에 의한 인화폭발 및 화재의 방지대책

### (1) 전기설비에 의한 인화폭발의 방지

폭발위험이 있는 장소(산업안전보건기준에 관한 규칙 제230조)에서 이용하는 전기기계·기구에 대해서는 점화원이 되지 않도록 하는 조치, 즉 방폭구조로 하는 것이 필요하다. 따라서 산업안전보건기준에 관한 규칙 제311조에서는 폭발위험이 있는 장소에서 전기기계·기구를 사용하는 경우에는, 그 증기, 가스 또는 분진에 대하여 적합한 방폭성능을 가진 것을 선정하여 사용하는 것을 의무화하고 있다.

인화성 액체, 인화성 가스 등을 수시로 취급하는 장소에서는 환기가 충분하지 않은 상태에서 전기기계·기구를 작동시켜서는 아니 되고, 수시로 밀폐된 공간에서 스프레이 건을 사용하여 인화성 액체로 세척·도장 등의 작업을 하는 경우에는 다음 조치를 하고 전기기계·기구를 작동시켜야 한다. 다만, 방폭성능을 갖는 전기기계·기구에 대해서는 이러한 상태 및 조치를 하지 아니한 상태에서도 작동시킬 수 있다(제231조).

① 인화성 액체, 인화성 가스 등으로 폭발위험 분위기가 조성되지 않도록 해당 물질의 공기 중 농도가 인화 하한계값의 25퍼센트를 넘지 않도록 충분히 환기를 유지할 것

② 조명 등은 고무, 실리콘 등의 패킹이나 실링재료를 사용하여 완전히 밀봉할 것

③ 가열성 전기기계·기구를 사용하는 경우에는 세척 또는 도장용 스프레이 건과 동시에 작동되지 않도록 연동장치 등의 조치를 할 것

④ 방폭구조 외의 스위치와 콘센트 등의 전기기기는 밀폐 공간 외부에 설치되어 있을 것

그리고 인화성 액체의 증기, 인화성 가스 또는 인화성 고체가 존재하여 폭발이나 화재가 발생할 우려가 있는 장소에서는 해당 증기·가스 또는 분진에 의한 폭발 또는 화재를 예방하기 위해 환풍기, 배풍기 등 환기장치를 적절하게 설치해야 하고, 해당 증기나 가스에 의한 폭발이나 화재를 미리 감지하기 위하여 가스 검지 및 경보 성능을 갖춘 가스 검지 및 경보 장치를 설치하여야 하지만, 한국산업표준에 따른 0종 또는 1종 폭발위험장소에 해당하는 경우로서 방폭구조 전기기계·기구를 설치한 경우에는 그렇지 않다(산업안전보건기준에 관한 규칙 제232조).

방폭구조 전기기계·기구에 대해서는 안전인증을 받은 것을 사용하는 한편, 동 기계·기구에 대하여 그 성능이 항상 정상적으로 작동될 수 있는 상태로 유지·관리되도록 하여야 한다(산업안전보건법 제84조, 동법 시행령 제74조, 산업안전보건기준에 관한 규칙 제36조).

### 1) 가스·증기방폭구조의 종류

인화성 물질에 대한 전기기계·기구의 방폭구조의 종류는 다음과 같이 정해져 있다(한국산업표준, 방호장치 안전인증 고시 참조).

### 가. 내압(耐壓)방폭구조

전폐구조이고 가연성 가스 또는 인화성 물질의 증기가 용기의 내부에 침입하여 용기 내부에서 폭발이 발생할 경우에, 당해 용기가 폭발압력에 견딜 수 있고 화염이 당해 용기 외부의 가스 또는 증기로 점화하지(폭발성 분위기로 전파되지) 않도록 한 구조를 말한다.

### 나. 압력방폭구조

용기 내부에 공기, 질소, 탄산가스 등의 보호가스(불활성가스 등)를 송입(送入)하거나 봉입(封入)하여 용기 내의 압력을 외부 압력보다 50 Pa(0.05 kg/cm³) 정도 높게 유지하여[용기 내를 비(非)방폭지역으로 하여], 당해 용기 내부에 가스 또는 증기가 유입되지 않도록 한 구조를 말한다.

### 다. 안전증(安全增)방폭구조

전기기계·기기를 구성하는 부분(전기가 통하지 않는 부분을 제외한다)이고, 당해 전기기계·기구가 정상으로 운전되거나 통전되고 있는 경우에, 불꽃 또는 아크를 발생시키지 않거나 고온이 되어 점화원이 될 우려가 없는 것에 대하여, 절연성능 및 온도의 상승에 의한 위험 및 외부로부터의 손상 등에 대한 안전성을 높인 구조를 말한다.

### 라. 유입(油入)방폭구조

전기기계·기구를 구성하는 부분으로서, 불꽃 또는 아크를 발생시키거나 고온이 되어 점화원이 될 우려가 있는 것을 절연유(보호액) 속에 넣음으로써 가스 또는 증기에 점화하지 않도록 한 구조를 말한다.

### 마. 본질안전방폭구조

전기기계·기구를 구성하는 부분에서 발생하는 불꽃, 아크 또는 열이 가스 또는 증기로 점화할 우려가 없는 것이 점화시험 등에 의해 확인된 구조를 말한다.

### 바. 충전방폭구조

전기기계·기구를 구성하는 부분으로서 불꽃 또는 아크를 발생시키거나 고온이 되어 점화원이 될 우려가 있는 것을 수지(충전재)로 완전히 둘러쌈으로써 가스 또는 증기에 점화하지 않도록 한 구조를 말한다.

### 사. 비점화방폭구조

전기기계·기구를 구성하는 부분이 불꽃 또는 아크를 발생시키지 않거나 고온이 되어 점화원이 될 우려가 없도록 한 구조 또는 불꽃 또는 아크를 발생시키거나 고온이 되어 점화원이 될 우려가 있는 부분을 보호함으로써 가스 또는 증기에 점화되지 않도록 한 구조(앞에서 설명한 방폭구조를 제외한다)를 말한다.

### 아. 특수방폭구조

앞에서 설명한 방폭구조 이외의 방폭구조로서 가스 또는 증기에 대하여 방폭성능을 가지는 것이 시험 등에 의하여 확인된 구조를 말한다.

### 자. 몰드[25]방폭구조

전기기계·기구의 불꽃 또는 열로 인해 폭발성 위험분위기에 점화되지 않도록 컴파운드(고

---

25 몰드란 적합한 방법에 의해서 컴파운드를 전기장치에 충전시키는 과정을 말한다.

체상태로 쓰이는 열경화성수지, 열가소성수지, 에폭시수지 및 탄성재료)를 충전해서 보호한 방폭구조를 말한다.

### 2) 분진방폭구조의 종류

분진폭발위험이 있는 장소에서 사용하는 분진방폭구조의 종류는 다음과 같이 분류할 수 있다.

#### 가. 분진방폭보통방진구조

접합면에 패킹(packing) 처리하거나 접합면의 안을 길게 하는 등의 방법에 의해 용기의 내부에 분진이 침투되기 어렵게 하고, 용기 외부의 가연성 분진(폭연성 분진을 제외한다)에 착화하지 않도록 당해 용기의 온도의 상승을 제한한 구조를 말한다.

#### 나. 분진방폭특수방진구조

접합면에 패킹 처리하는 방법 등에 의해 용기의 내부에 분진이 침투되기 어렵게 하고, 용기 외부의 폭연성 분진에 착화하지 않도록 당해 용기의 온도의 상승을 제한한 구조를 말한다.

## (2) 전기화재의 방지

전기화재는 전기설비, 전기의 절연열화 또는 과열, 습기, 부식 등에 의해 절연파괴가 발생함으로써 발생하는 것이 대부분이다. 그 방지를 위해서는 절연저항의 측정에 의해 절연상태를 확인하는 것 등이 중요하다.

각종 전선, 전열기, 전등 등은 금속체[건물의 도전성의 구조재. 수도관, 덕트, 가스관, 프레임, 라스(lath) 등], 젖은 구조물, 가연물과 직접 접촉하지 않도록 격리하는 것이 필요하다.

과전류로 인한 재해를 방지하기 위하여 다음과 같은 방법으로 과전류 차단장치[차단기·퓨즈 또는 보호계전기 등과 이에 수반되는 변성기(變成器)]를 설치하여야 한다(산업안전보건기준에 관한 규칙 제305조).

① 과전류 차단장치는 반드시 접지선이 아닌 전로에 직렬로 연결하여 과전류 발생 시 전로를 자동으로 차단하도록 설치할 것
② 차단기·퓨즈는 계통에서 발생하는 최대 과전류에 대하여 충분하게 차단할 수 있는 성능을 가질 것
③ 과전류 차단장치가 전기계통상에서 상호 협조·보완되어 과전류를 효과적으로 차단하도록 할 것

절연 간의 단락(합선), 누전 등으로 과전류가 흐르기 시작한 경우에는 신속하게 전기의 공급이 정지되는 것이 필요하고, 퓨즈, 노퓨즈 브레이커(no fuse breaker) 등은 그 기능이 발휘되도록 보수점검을 태만히 해서는 안 된다. 그리고 코드, 소켓, 콘센트 등은 표시되고 있는 허용전류를 초과해서 사용하여서는 안 된다.

전기전문가가 아닌 자에 의한 가배선(假配線)은 피하고, 어쩔 수 없이 가배선을 행하는 경우에는 장기간의 사용은 피하고, 빠른 기회에 전문가에 의한 정규배선을 하여야 한다. 또한 옥내배선이나 배선기구의 용량을 무시한 채 문어발 배선을 하여서는 안 된다.

비닐코드는 간편하기 때문에 이동하여 사용하는 전동공구 등에도 사용되는 경향이 있지만, 열, 충격에 약하므로 백열전등이나 전열기구 등 고열을 발생하는 기구에는 사용을 피하여야 한다.

그 밖에 전기에 의한 화재방지를 위하여 필요한 사항은 다음과 같다.

- 전기기계·기구를 사용하기 전에 누전차단기의 작동상태를 점검하고(산업안전보건기준에 관한 규칙 제304조 제4항), 월 1회 이상 정상작동 유무를 확인한다.
- 모터, 변압기, 개폐기 등 전기기계·기구에 대해서는 정기적인 점검과 청소를 한다.
- 배선은 가능한 한 보호관을 사용하고 열이나 외부충격 등에 노출되지 않도록 한다.
- 통로바닥에 전선 또는 이동전선 등을 설치하여 사용하지 않는다(산업안전보건기준에 관한 규칙 제315조).
- 못이나 스테이플러 등으로 전선을 고정하지 않는다.
- 퓨즈나 과전류차단기는 반드시 정격용량제품을 사용한다.
- 용량에 적합한 규격전선을 사용하고, 노후하거나 손상된 전선은 교체한다.
- 천장 등 보이지 않는 장소에 시설된 전선에 대해서도 수시로 점검하여 이상 유무를 확인한다.
- 건물이나 대용량 전기기계·기구에는 회로를 분류하여 회로별로 누전차단기를 설치한다.
- 배선의 피복 손상 여부를 수시로 확인한다.
- 전기기계·기구는 사용하지 않을 때 스위치를 끄고 플러그를 뽑아둔다.
- 콘센트에 플러그는 흔들리지 않게 완전히 꽂아 사용한다.
- 플러그를 뽑을 때는 선을 당기지 말고 몸체를 잡고 뽑는다.
- 정전이 되면 플러그를 뽑거나 스위치를 꺼둔다.
- 밀가루, 톱밥, 섬유먼지 등 가연성 분진이 많이 발생하는 장소에서는 수시로 청소하여 분진이 쌓이지 않도록 한다.
- 전기기계·기구의 전기용량 및 전압에 적합한 규격전선을 사용한다.
- 전기장판 등 발열체를 장시간 전원을 켜 놓은 상태로 사용하지 않는다.
- 전열기 등의 자동온도조절기의 고장 여부를 수시로 확인한다.

• 전선은 묶거나 꼬이지 않도록 한다.

## 3. 정전기의 위험성과 정전기재해의 방지대책

### (1) 정전기의 발생과 위험성

#### 1) 정전기의 발생

정전기는 주로 물체와 물체의 마찰에 의해 기계적인 에너지가 공급되어 발생하고, 그 일부가 전기에너지로 변환된 것이다. 일반적으로는 수십 mJ 정도의 작은 에너지이지만, 그 방전에 의해 폭발화재 등의 사고·재해가 발생하고 있다.

2개의 물체가 접촉하면, 그 경계면에서 전하의 이동이 발생하고[그림 6.5.1(a)], 정(正)·부(負)의 전하가 서로 향하여 나란히 서는 전기 이중층이 형성된다[그림 6.5.1(b)]. 그 후 물체가 분리되면 전기 이중층의 전하가 분리되고, 2개의 물체에 각각 극성이 다른 등량의 전하가 발생한다[그림 6.5.1(c)].

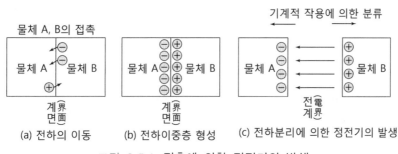

(a) 전하의 이동　　(b) 전하이중층 형성　　(c) 전하분리에 의한 정전기의 발생

그림 6.5.1 접촉에 의한 정전기의 발생

이와 같은 현상은 접촉, 분리의 과정을 거치는 모든 물체에 발생하는데, 산업현장에서는 다음과 같은 경우에 발생한다.

① 벨트, 롤러 등에 의한 대전(帶電)

동력전달장치인 벨트가 풀리(pulley)와 밀착하여 분리될 때 또는 벨트가 느슨할 때 풀리와의 미끄러짐의 마찰 등에 의해 강하게 대전(帶電: 정전기의 축적)된다.

고무공장, 필름공장, 테이프공장, 그라비아인쇄공장 등에서 가연성용제를 포함하는 비전도성의 시트가 롤러 사이를 통과한 직후에 대전되고, 그것이 원인으로 폭발을 일으키거나 전격(電擊)을 받는 경우가 있다. 이 경우 롤러가 금속이면 절연물임에도 불구하고 시트는 대전된다.

② 분체의 대전

분체가 통 또는 파이프 안을 흘러 움직이는 경우에 강한 대전이 나타난다. 이 경우의 대전은 주로 분체와 다른 물체 간의 마찰에 의한 것이라고 생각된다.

분쇄, 선별, 혼합 등의 작업에서도 동일하게 대전된다. 그리고 압축공기를 이용하여 분체를 송급하는 경우에는 대전이 심하고, 이와 같은 공정에서 발생하는 정전기가 점화원이 되어 대규모의 분진폭발을 일으키는 사례가 있다.

③ 인화성 액체의 대전

가솔린, 에테르, 석유벤진, 미네랄 스피릿(mineral spirit), 톨루엔, 크실렌 등의 액체가 금속 및 유리, 플라스틱 등의 파이프 안을 흘러 움직일 때 파이프 및 액체에 정전기가 발생한다.

④ 인체의 대전

사람이 작업 중에 자신 이외의 것과 접촉·마찰이 있으면, 인체에 정전기가 발생한다. 그리고 사람이 움직이는 것에 의해 몸에 걸치고 있는 의류가 서로 또는 인체와 접촉·마찰하기 때문에 결과적으로 인체에 대전되고, 입고 있는 것이 절연성의 것인 경우에도 동일하게 인체에 대전된다. 이것은 건조기에 많은 사람이 체험하고 있는 현상이다.

### 2) 정전기의 위험성

정전기가 방전된 경우의 위험으로는 다음과 같은 것이 있다.

### 가. 폭발화재

정전기에 의한 폭발화재는 인화성 물질이 공기 등과 혼합하여 폭발분위기가 형성되어 있는 곳에 정전기의 방전이 있는 경우에 발생하는데, 방전에너지가 가연성 가스 등의 최소착화(발화)에너지보다 큰 경우에 이 사고가 발생한다.

### 나. 전격

정전기가 대전(帶電)된 인체에서 도체로 또는 대전물체에서 인체로 방전되는 현상에 의해 인체 내로 전류가 흘러 전격이 발생하는데, 그 대부분이 일시적이고 즉시 감쇠하기 때문에 전격사로 이어질 가능성은 없지만, 피부의 열상, 전격 시 받는 쇼크로 인해 고소(高所)에서의 추락, 전도 등의 2차적 재해가 발생하는 경우가 있다.

표 6.5.1 인체의 대전전위와 전격의 관계

| 대전전위[kV] | 전격의 강도 |
|---|---|
| 1.0 | 전혀 느끼지 못한다. |
| 2.0 | 손가락 바깥쪽에 느껴지지만 아프지는 않다. |
| 2.5 | 바늘에 닿은 느낌을 받고, 흠칫 놀라지만 아프지 않다. |
| 3.0 | 바늘로 찔린 느낌을 받고, 따끔한 아픔을 느낀다. |
| 4.0 | 바늘에 깊이 찔린 느낌을 받고, 살짝 아픔을 느낀다. |
| 5.0 | 손바닥부터 팔꿈치까지 아프다. |
| 6.0 | 손가락에 강한 아픔을 느끼고, 어깨가 무겁게 느껴진다. |
| 7.0 | 손가락, 손바닥에 강한 아픔과 저린 느낌을 받는다. |
| 8.0 | 손바닥부터 팔꿈치까지 저린 느낌을 받는다. |
| 9.0 | 손목에 강한 통증과 저린 중압감을 받는다. |
| 10.0 | 손 전체에 통증과 전기가 흐르는 느낌을 받는다. |
| 11.0 | 손가락에 강한 저림과 손 전체에 강한 전격을 받는다. |
| 12.0 | 손 전체를 세게 얻어맞은 느낌을 받는다. |

## 다. 생산장해

생산장해는 역학현상에 의한 것과 방전현상에 의한 것이 있다.

### 가) 역학현상에 의한 장해

정전기의 흡인력 또는 반발력에 의해 발생되는 것으로, 그물이나 천 등의 눈 막힘, 실의 엉킴, 인쇄·사진제판 등의 불량, 분진·미스트의 재료·반제품에의 부착(오염), 섬유의 보풀 발생, 의복의 엉겨 붙음 등 그 예가 아주 많다.

### 나) 방전현상에 의한 장해

정전기가 방전하였을 때 발생하는 방전전류, 전자파, 발광이 원인이 되어 다음과 같은 생산장해가 발생할 수 있다.

① 방전전류: 반도체 소자 등 전자부품의 파괴, 오작동

② 전자파: 전자기기·장치 등의 오작동, 잡음 발생

③ 발광: 사진 필름 등의 감광

그 밖에 생산시스템의 폭주, 정지 등의 생산장해가 발생하는 경우가 있다.

## (2) 정전기에 의한 폭발화재 방지

### 1) 폭발화재의 발생

정전기에 의한 폭발화재는 가연성 가스, 증기, 분체와 같은 가연성 물질이 공기 등과 혼합하는 분위기에서 정전기의 방전이 착화원이 되어 발생하므로, 가연성 분위기가 존재하고 마

찰 등에 의해 정전기대전을 일으키는 절연성 물질(액체, 분체, 고체)을 취급하는 설비·작업에서 재해가 발생한다.

### 2) 폭발화재의 발생조건

정전기에 의한 폭발화재의 발생조건은 가연성 물질의 혼합농도가 폭발범위에 있고, 정전기의 방전에너지가 가연성 물질의 최소착화에너지보다 큰 경우이다.

### 3) 정전기 방전의 착화성

정전기 방전은 정전기 전계(電界, electric field)작용에 의해 공기 등의 절연성 매질이 절연파괴를 일으키고, 이것에 수반하여 전류가 흐르는 현상이다. 공기 중에 방전전류가 흐르면, 전자 등과 공기분자의 충돌에 의해 온도가 상승하고, 이것이 가연성 혼합기의 착화를 일으키는 열원이 된다.

### 4) 폭발화재의 방지대책

정전기에 의한 폭발화재를 방지하려면, 착화를 방지하는 것이 기본이고, 이를 위해서는 가연성 분위기(폭발분위기)의 생성을 방지하거나 착화원이 되는 정전기 방전을 방지하는 것 중 어느 하나를 또는 안전을 위해 이 2가지를 실시할 필요가 있다.

전자의 구체적인 방안으로는, 가연성 가스의 누설·방출 방지, 인화성 액체의 개방취급의 회피, 스위치 로딩[switch loading: 예전에 저인화점 물질을 담았던 용기(탱크)에 고인화점 물질을 적재하는 것]의 제한, 분체의 누설·비산 방지, 고농도분진의 방지, 불활성 가스에 의한 치환·봉인(seal), 가스 퍼지(purge), 자연환기·강제환기, 온도·압력관리 등이 있다. 후자를 위해서는, 다음에 제시하는 대전방지대책을 실시한다. 그리고 정전기에 의한 착화를 완전히 방

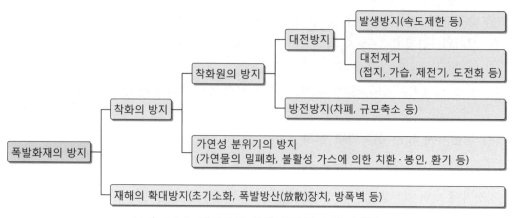

그림 6.5.2 정전기에 의한 폭발화재 방지대책

지하는 것은 곤란하므로 피해를 국한하기 위해 초기소화설비, 자동소화설비, 폭발압력방출장치, 초크밸브(choke valve), 인화방지장치, 화염전파방지장치, 방폭벽 등을 병용한다.

정전기에 의한 폭발화재의 방지대책의 전체를 제시하면 다음과 같다.

## (3) 대전 방지대책

### 1) 접지에 의한 도체의 대전 방지

도체는 접지함으로써 대전을 방지할 수 있다. 도체와 대지 간의 저항(누설저항: 전송 선로, 안테나, 커패시터 등 절연이 충분히 마련되어 있어도 미소한 전류가 누설되어 지표에 흐르는 양을 저항값으로 나타낸 것)이 $10^6\,\Omega$ 이하가 되면 대전위험은 없다. 접지선·접지단자는 기계적 강도가 높은 것을 사용하고, 부식·도료에 의한 접촉불량을 일으키지 않도록 시공한다. 급유노즐, 대차와 같은 이동물체에 대해서는 도전성 호스·캐스터(caster)를 사용하여 누설저항을 $10^6\,\Omega$ 이하로 하면, 접지와 등가의 효과를 얻을 수 있다.

### 2) 작업자의 대전 방지

인체는 정전기적으로는 도체이므로 도전성이 있는 신발과 바닥의 병용(倂用)에 의해 누설저항을 저하시키면 대전을 방지할 수 있다. 신발바닥에 도전성을 가진 대전 방지용 작업화를 착용하고, 작업바닥으로는 강제바닥, 대전 방지 바닥·매트·카페트 등을 사용한다. 그리고 작업복·방한복 등이 대전되면 가연성 가스·액체증기에 착화할 위험성이 있으므로, 이것을 방지하기 위하여 도전성 섬유를 혼입한 대전 방지 작업복·방한복 등을 착용한다.

### 3) 부도체의 대전 방지

부도체는 일반적으로 저항률이 $10^6\,\Omega$ 이상의 물체를 말한다. 물체의 저항률이 $10^8\,\Omega$ 이하에서는 대전이 거의 문제되지 않지만, 저항률이 커지면 이것에 거의 비례하여 대전이 커진다. 부도체의 대전 방지를 위해서는 이하에 제시하는 '접지 이외의 대책'이 필요하다.

### 가. 정전기의 발생 방지

부도체가 대전되면 그 제거는 일반적으로 곤란하므로 대전방지를 위해 가급적 정전기 발생을 방지한다. 정전기는 마찰, 박리 등에 의해 발생하므로, 이를 방지하기 위해서는 접촉면적·접촉압력의 감소, 접촉(유속)·분리속도의 저하, 불순물 등 이물의 혼입 방지, 정전기 발생이 적은 재료의 선정 등의 방법을 이용한다.

## 나. 가습

습도가 높으면 물체표면의 흡습에 의해 표면저항률이 저하하므로, 부도체 중 많은 것은 환경을 다습화하는 것에 의해 어느 정도 대전 방지가 가능하다. 표면저항률(절연물 표면을 따라 흐르는 누설전류에서 구한 단위면적당의 저항)은 일반적으로 습도에 반비례하여 변화하므로 대전전위는 습도가 낮을수록 높아지는데, 상대습도 40~50% 이하에서는 포화하는 경향이 있다. 대전 방지를 위한 상대습도 목표치는 60~70%, 반대로 경계치(警戒値)는 40~50% 이하이다. 가습은 일반적으로 좁은 실내 또는 국소적인 대전 방지에 효과가 있고, 구체적인 방법은 수증기의 분무, 가습기, 바닥에 물 뿌리기 등이다.

## 다. 대전 방지 재료의 사용

대전 방지 재료는 도전성 재료에 의한 표면처리 또는 도전성 재료의 내부첨가에 의해 표면 또는 내부의 저항률을 저하시킨 부도체이다. 이 중 도전성 섬유는 도전성 재료의 일종으로서, 이것을 섬유제품에 넣어 꿰매거나 혼입하면 섬유제품이 대전 방지된다.

## 라. 제전기의 사용

제전기(除電器)를 사용하여 대전전하와 극성이 다른 공기이온을 발생시켜 전하를 중화한다. 그리고 도전성 섬유를 혼입한 직물, 도전성 필름 등을 접지된 금속제 홀더에 설치한 자기방전식 제전기를 사용한다.

## 마. 정전차폐

정전차폐는 접지된 금속판 등의 차폐용 도체를 이용하여 대전물체를 덮거나 칸막이하는 것에 의해 대전물체의 전계(電界)작용을 차단한다. 차폐를 하면 대전물체의 전위가 저하되고 방전면적·체적이 감소하므로 방전을 억제할 수 있다. 차폐용 도체가 접지되어 있지 않으면 정전유도에 의해 그 전위가 상승하여 오히려 위험하다. 그리고 차폐는 대전전하를 제거하는 것은 아니므로, 예를 들면 분체의 공기수송호스, 여과액체의 수송호스 등과 같이 내면에서의 정전기발생이 내부를 차폐하더라도 내면에서의 방전 발생을 방지할 수 없다.

**붕괴재해의 방지**

## 1. 붕괴의 위험성

　붕괴사고는 비래·낙하사고와는 약간의 차이가 있는데, 중력의 원칙에 의해 높은 곳에서 구축물, 토사, 인공적으로 쌓아 올린 화물이 낮은 위치의 장소로 이동하는 사고로서, 건설공사, 채석작업, 하역작업 등에서 많이 발생하고 있다.

　가설구조물의 붕괴, 채석작업에서의 지반의 붕괴, 토목공사·건축공사 기초부분의 굴착과정에서의 토사붕괴에서 보여지는 붕괴재해는 다른 재해와 비교하여 발생건수로는 반드시 많다고는 할 수 없지만, 일단 발생하면 피해가 크다는 특징이 있고, 건설업의 경우에는 추락(떨어짐), 깔림·뒤집힘, 충돌(부딪힘), 비래(물체에 맞음) 등과 함께 사망자가 많은 재해유형에 해당한다. 그리고 창고 등에서 보관하는 화물을 쌓아 올리거나 허무는 등의 작업에서도 화물의 붕괴에 의해 깔려 심각한 피해를 입는 경우도 적지 않다.

### (1) 가설구조물의 붕괴

　건설현장은 기본적으로 비계, 거푸집동바리 등 가설구조물의 조립, 해체 등의 작업이 필수적으로 수반되는데, 이러한 가설구조물의 조립, 해체 등의 과정에서 안전대책을 충분히 취하지 않으면, 구조물이 붕괴하여 높은 곳에서 작업하던 근로자 다수가 추락하거나 구조물에 깔려 한꺼번에 많은 재해자가 발생할 수 있다.

　가설구조물은 그 규모가 크고 무겁기 때문에 사고가 발생하면 어느 사고보다도 인명 피해 및 경제적 피해 등이 심각한 점을 고려하여 그 예방조치의 중요성을 충분히 인식하고 철저히 대비할 필요가 있다.

### (2) 자연환경과 붕괴

　채석작업, 건설공사에서 산업재해가 다발하고 있는 원인의 하나로 다양한 자연환경 속에서 작업이 진행되는 점, 그리고 변화도 현저한 점을 들 수 있다. 특히 굴착작업에서는 굴착하는 지반의 형상(지형), 지질·지층의 상태, 균열, 함수(含水), 용수(湧水), 동결 등의 상태, 가스·증기의 발생의 유무, 매설물의 유무와 상태에 대해 사전조사를 충분히 하지 않고 작업을 하는 것은 매우 위험하다.

　최근에는 집중적인 호우로 인해 대규모 토사붕괴, 토석류가 발생하고, 작업장은 물론 일반인에게까지 피해를 주는 사고가 증가하는 경향에 있는 점을 고려하여, 토석류 등에 대한 인식을 높임과 동시에 미리 충분한 대응조치를 하는 것이 중요하다.

### (3) 쌓아 올린 화물의 붕괴

창고에 골판지, 자루 등에 넣어진 제품, 원재료 등을 쌓아 올려 보관하는 경우, 옥외의 바닥 등에 철골재, 목재 등을 쌓아 올려 두는 경우 등이 일반적으로 이루어지고 있는데, 이들 화물을 쌓아 올리거나 허물 때에 화물이 붕괴하여 작업자가 그 밑에 깔리는 재해가 적지 않게 발생하고 있다. 그리고 트럭으로 운반하는 화물 적재함에 화물을 쌓거나 내리는 작업에서도 화물이 붕괴하는 예가 있다.

이들 화물은, 일정한 룰에 따라 쌓아 올리고 허무는 것을 통해 재해를 방지할 수 있지만, 그 룰에 따르지 않는 경우에는 재해로 발전한다. 돌풍 등 기상이변이 발생할 수 있으므로 옥외에 쌓아 올려 보관하는 것에 대해서는 재검토가 필요하다.

## 2. 붕괴재해의 방지대책

붕괴는 구축물의 붕괴, 자연 또는 매립한 지반의 붕괴, 하적단 등 쌓아 올린 화물의 붕괴 등이 있는데, 어느 경우에도 붕괴한 토사, 구축물, 화물 등의 밑에 깔리게 되어 중대한 재해에 이르는 예가 많으므로 미리 면밀한 작업계획을 작성하고 안전한 작업절차의 엄격한 준수, 붕괴방지조치 등을 기본으로 한 대책의 철저가 중요하다.

### (1) 일반적 조치

#### 가. 붕괴에 의한 위험방지

구축물의 붕괴, 지반의 붕괴 등에 의하여 근로자가 위험해질 우려가 있는 경우 그 위험을 방지하기 위하여 다음 조치를 한다(산업안전보건기준에 관한 규칙 제50조 참조).
① 지반은 안전한 경사로 하고 낙하의 위험이 있는 토석을 제거하거나 옹벽, 흙막이지보공 등을 설치할 것
② 지반의 붕괴 또는 토석의 낙하 원인이 되는 빗물이나 지하수 등을 배제할 것
③ 갱내의 낙반·측벽(側壁) 붕괴의 위험이 있는 경우에는 지보공을 설치하고 부석을 제거하는 등 필요한 조치를 할 것

#### 나. 구축물 등의 안전유지

구축물 또는 이와 유사한 시설물에 대하여 자중(自重), 적재하중, 적설, 풍압(風壓), 지진이나 진동 및 충격 등에 의하여 붕괴·전도·도괴·폭발하는 등의 위험을 예방하기 위하여 다음

조치를 한다(산업안전보건기준에 관한 규칙 제51조).

① 설계도서에 따라 시공했는지 확인

② 건설공사 시방서(示方書)에 따라 시공했는지 확인

③ 건축물의 구조기준 등에 관한 규칙(국토교통부령)에 따른 구조기준을 준수했는지 확인

### 다. 구축물 등의 안전성 평가

구축물 또는 이와 유사한 시설물이 다음 어느 하나에 해당하는 경우 안전진단 등 안전성 평가를 하여 근로자에게 미칠 위험성을 미리 제거한다(산업안전보건기준에 관한 규칙 제52조).

① 구축물 또는 이와 유사한 시설물의 인근에서 굴착·항타(抗打)작업 등으로 침하·균열 등이 발생하여 붕괴의 위험이 예상될 경우

② 구축물 또는 이와 유사한 시설물에 지진, 동해(凍害), 부동침하(不同沈下) 등으로 균열 ·비틀림 등이 발생하였을 경우

③ 구조물, 건축물, 그 밖의 시설물이 그 자체의 무게·적설·풍압 또는 그 밖에 부가되는 하중 등으로 붕괴 등의 위험이 있을 경우

④ 화재 등으로 구축물 또는 이와 유사한 시설물의 내력(耐力)이 심하게 저하되었을 경우

⑤ 오랜 기간 사용하지 아니하던 구축물 또는 이와 유사한 시설물을 재사용하게 되어 안전성을 검토하여야 하는 경우

⑥ 그 밖의 잠재위험이 예상될 경우

### 라. 계측장치의 설치 등

터널 등의 건설작업을 할 때에 붕괴 등에 의하여 근로자가 위험해질 우려가 있는 경우 또는 유해·위험방지계획서 심사 시 계측시공을 지시받은 경우에는 그에 필요한 계측장치 등을 설치하여 위험을 방지하기 위한 조치를 한다(산업안전보건기준에 관한 규칙 제53조).

## (2) 비계 및 거푸집동바리 등의 붕괴방지

### 1) 비계의 붕괴방지

비계는 건축공사 때에 높은 곳에 임시적으로 설치된 작업상면 및 그것을 지지하는 구조물의 총칭으로서 안전성이 확보되지 아니한 경우 붕괴로 인한 대형사고의 위험성이 상존하게 되므로 붕괴재해 예방대책을 철저히 강구할 필요가 있다.

### 가. 재료

비계의 발판재료는 작업할 때의 하중을 견딜 수 있도록 견고한 것으로 하고(산업안전보건기준에 관한 규칙 제56조 제1호), 작업발판의 지지물은 하중에 의하여 파괴될 우려가 없는 것을 사용한다(산업안전보건기준에 관한 규칙 제56조 제5호).

## 나. 강관비계 조립 시의 준수사항

강관비계를 조립하는 경우에 다음 사항을 준수한다(산업안전보건기준에 관한 규칙 제59조).

① 비계기둥에는 미끄러지거나 침하하는 것을 방지하기 위하여 밑받침철물을 사용하거나 깔판·깔목 등을 사용하여 밑둥잡이를 설치하는 등의 조치를 할 것

② 강관의 접속부 또는 교차부는 적합한 부속철물을 사용하여 접속하거나 단단히 묶을 것

③ 교차 가새로 보강할 것

④ 외줄비계·쌍줄비계 또는 돌출비계에 대해서는 일정한 기준에 따라 벽이음 및 버팀을 설치할 것[다만, 창틀의 부착 또는 벽면의 완성 등의 작업을 위하여 벽이음 또는 버팀을 제거하는 경우, 그 밖에 작업의 필요상 부득이한 경우로서 해당 벽이음 또는 버팀 대신 비계기둥 또는 띠장에 사재(斜材)를 설치하는 등 비계가 넘어지는 것을 방지하기 위한 조치를 한 경우에는 그러하지 아니하다]

⑤ 가공전로(架空電路)에 근접하여 비계를 설치하는 경우에는 가공전로를 이설(移設)하거나 가공전로에 절연용 방호구를 장착하는 등 가공전로와의 접촉을 방지하기 위한 조치를 할 것

## 다. 강관비계의 구조

강관을 사용하여 비계를 구성하는 경우 다음 사항을 준수한다(산업안전보건기준에 관한 규칙 제60조).

① 비계기둥의 간격은 띠장 방향에서는 1.8 m 이하, 장선(長線) 방향에서는 1.5 m 이하로 할 것(다만, 선박 및 보트 건조작업의 경우 안전성에 대한 구조검토를 실시하고 조립도를 작성하면 띠장 방향 및 장선 방향으로 각각 2.7 m 이하로 할 수 있다)

② 띠장 간격은 2.0 m 이하로 할 것(다만, 작업의 성질상 이를 준수하기가 곤란하여 쌓기 둥틀 등에 의하여 해당 부분을 보강한 경우에는 그러하지 아니하다)

③ 비계기둥의 제일 윗부분으로부터 31 m 되는 지점 밑부분의 비계기둥은 2개의 강관으로 묶어 세울 것[다만, 브라켓(bracket, 까치발) 등으로 보강하여 2개의 강관으로 묶을 경우 이상의 강도가 유지되는 때에는 그러하지 아니하다]

④ 비계기둥 간의 적재하중은 400 kg을 초과하지 않도록 할 것

## 라. 강관틀 비계

강관틀 비계를 조립하여 사용하는 경우 다음 사항을 준수한다(산업안전보건기준에 관한 규칙 제62조).

① 비계기둥의 밑둥에는 밑받침 철물을 사용하여야 하며 밑받침에 고저차(高低差)가 있는 경우에는 조절형 밑받침철물을 사용하여 각각의 강관틀비계가 항상 수평 및 수직을 유지하도록 할 것

② 높이가 20 m를 초과하거나 중량물의 적재를 수반하는 작업을 할 경우에는 주틀 간의 간격을 1.8 m 이하로 할 것

③ 주틀 간에 교차 가새를 설치하고 최상층 및 5층 이내마다 수평재를 설치할 것

④ 수직방향으로 6 m, 수평방향으로 8 m 이내마다 벽이음을 할 것

⑤ 길이가 띠장 방향으로 4 m 이하이고 높이가 10 m를 초과하는 경우에는 10 m 이내마다 띠장 방향으로 버팀기둥을 설치할 것

### 마. 출입금지 및 보호구 착용

비계를 조립하거나 해체하는 작업을 하는 구역에는 근로자가 추락할 위험이 있으므로 관계 근로자가 아닌 사람의 출입을 금지하고(산업안전보건기준에 관한 규칙 제20조 제1호 참조), 동 작업에 종사하는 작업자에 대해서는 보호구를 착용하도록 한다(산업안전보건기준에 관한 규칙 제32조 제1호 참조).

### 바. 관리감독자 지정

높이 5 m 이상의 비계를 조립·해체하거나 변경하는 작업(해체작업의 경우에는 재료의 결함 유무 점검 및 불량품 제거 적용 제외)을 할 때는 관리감독자를 지정하여 다음 사항을 수행하도록 한다[산업안전보건기준에 관한 규칙 별표 2(제35조 제1항 관련) 제9호].

① 재료의 결함 유무를 점검하고 불량품을 제거하는 일

② 기구·공구·안전대 및 안전모 등의 기능을 점검하고 불량품을 제거하는 일

③ 작업방법 및 근로자 배치를 결정하고 작업 진행 상태를 감시하는 일

④ 안전대와 안전모 등의 착용 상황을 감시하는 일

## 2) 거푸집동바리 등의 붕괴방지

거푸집동바리 및 거푸집(거푸집동바리 등) 역시 건설현장의 주요 가설구조물로서 안전성이 확보되지 아니한 경우 붕괴로 인한 대형사고의 위험성이 상존하게 되므로, 거푸집동바리 종류별 안전성 확보대책을 철저히 이행할 필요가 있다.

### 가. 재료

거푸집동바리 등의 재료로 변형·부식 또는 심하게 손상된 것을 사용하지 아니한다(산업안전보건기준에 관한 규칙 제328조).

### 나. 강재의 사용기준

거푸집동바리 등에 사용하는 동바리·멍에 등 주요 부분의 강재는 산업안전보건기준에 관한 규칙 별표 10의 기준에 맞는 것을 사용한다(산업안전보건기준에 관한 규칙 제329조).

## 다. 거푸집동바리 등의 구조

거푸집동바리 등을 사용하는 경우에는 거푸집의 형상 및 콘크리트 타설(打設)방법 등에 따른 견고한 구조의 것을 사용한다(산업안전보건기준에 관한 규칙 제330조).

## 라. 조립도

거푸집동바리 등을 조립하는 경우에는 그 구조를 검토한 후 조립도를 작성하고, 그 조립도에 따라 조립하도록 한다. 이 조립도에는 동바리·멍에 등 부재의 재질·단면규격·설치간격 및 이음방법 등을 명시한다(산업안전보건기준에 관한 규칙 제331조).

## 마. 거푸집동바리 등 조립 시 준수사항

거푸집동바리 등을 조립하는 경우에는 다음 사항을 준수한다(산업안전보건기준에 관한 규칙 제332조).

① 깔목의 사용, 콘크리트 타설, 말뚝박기 등 동바리의 침하를 방지하기 위한 조치를 할 것
② 개구부 상부에 동바리를 설치하는 경우에는 상부하중을 견딜 수 있는 견고한 받침대를 설치할 것
③ 동바리의 상하 고정 및 미끄러짐 방지 조치를 하고, 하중의 지지상태를 유지할 것
④ 동바리의 이음은 맞댄이음이나 장부이음으로 하고 같은 품질의 재료를 사용할 것
⑤ 강재와 강재의 접속부 및 교차부는 볼트·클램프 등 전용철물을 사용하여 단단히 연결할 것
⑥ 거푸집이 곡면인 경우에는 버팀대의 부착 등 그 거푸집의 부상(浮上)을 방지하기 위한 조치를 할 것
⑦ 동바리로 사용하는 강관(파이프 서포트는 제외한다)에 대해서는, 높이 2 m 이내마다 수평연결재를 2개 방향으로 만들고 수평연결재의 변위를 방지하며, 멍에 등을 상단에 올릴 경우에는 해당 상단에 강재의 단판을 붙여 멍에 등을 고정시킬 것
⑧ 동바리로 사용하는 파이프 서포트에 대해서는, 3개 이상 이어서 사용하지 않고, 이어서 사용하는 경우에는 4개 이상의 볼트 또는 전용철물을 사용하여 이으며, 높이가 3.5 m를 초과하는 경우에는 높이 2 m 이내마다 수평연결재를 2개 방향으로 만들고 수평연결재의 변위를 방지할 것
⑨ 동바리로 사용하는 강관틀에 대해서는, ⅰ) 강관틀과 강관틀 사이에 교차가새를 설치할 것, ⅱ) 최상층 및 5층 이내마다 거푸집동바리의 측면과 틀면의 방향 및 교차가새의 방향에서 5개 이내마다 수평연결재를 설치하고 수평연결재의 변위를 방지할 것, ⅲ) 최상층 및 5층 이내마다 거푸집동바리의 틀면의 방향에서 양단 및 5개 틀 이내마다 교차가새의 방향으로 띠장틀을 설치할 것, ⅳ) 멍에 등을 상단에 올릴 경우에는 해당 상단에 강재의 단판을 붙여 멍에 등을 고정시킬 것

⑩ 동바리로 사용하는 조립강주에 대해서는, 멍에 등을 상단에 올릴 경우에는 해당 상단에 강재의 단판을 붙여 멍에 등을 고정시키고, 높이가 4 m를 초과하는 경우에는 높이 4 m 이내마다 수평연결재를 2개 방향으로 설치하고 수평연결재의 변위를 방지할 것

⑪ 시스템 동바리(규격화·부품화된 수직재, 수평재 및 가새재 등의 부재를 현장에서 조립하여 거푸집으로 지지하는 동바리 형식을 말한다)는, ⅰ) 수평재는 수직재와 직각으로 설치하여야 하며, 흔들리지 않도록 견고하게 설치할 것, ⅱ) 연결철물을 사용하여 수직재를 견고하게 연결하고, 연결 부위가 탈락 또는 꺾이지 않도록 할 것, ⅲ) 수직 및 수평하중에 의한 동바리 본체의 변위로부터 구조적 안전성이 확보되도록 조립도에 따라 수직재 및 수평재에는 가새재를 견고하게 설치하도록 할 것, ⅳ) 동바리 최상단과 최하단의 수직재와 받침철물은 서로 밀착되도록 설치하고, 수직재와 받침철물의 연결부의 겹침길이는 받침철물 전체 길이의 3분의 1 이상 되도록 할 것

⑫ 동바리로 사용하는 목재에 대해서는, 높이 2 m 이내마다 수평연결재를 2개 방향으로 만들고 수평연결재의 변위를 방지하며, 목재를 이어서 사용하는 경우에는 2개 이상의 덧댐목을 대고 네 군데 이상 견고하게 묶은 후 상단을 보나 멍에에 고정시킬 것

⑬ 보로 구성된 것은, 보의 양끝을 지지물로 고정시켜 보의 미끄러짐 및 탈락을 방지하고, 보와 보 사이에 수평연결재를 설치하여 보가 옆으로 넘어지지 않도록 견고하게 할 것

⑭ 거푸집을 조립하는 경우에는 거푸집이 콘크리트 하중이나 그 밖의 외력에 견딜 수 있거나, 넘어지지 않도록 견고한 구조의 긴결재(緊結材), 버팀대 또는 지지대를 설치하는 등 필요한 조치를 할 것

## 바. 계단 형상으로 조립하는 거푸집동바리

깔판 및 깔목 등을 끼워서 계단 형상으로 조립하는 거푸집동바리에 대해서는 위의 거푸집동바리 등의 안전조치 및 다음 사항을 준수한다(산업안전보건기준에 관한 규칙 제333조).

① 거푸집 형상에 따른 부득이한 경우를 제외하고는 깔판·깔목 등을 2단 이상 끼우지 않도록 할 것

② 깔판·깔목 등을 이어서 사용하는 경우에는 그 깔판·깔목 등을 단단히 연결할 것

③ 동바리는 상·하부의 동바리가 동일 수직선상에 위치하도록 하여 깔판·깔목 등에 고정시킬 것

## 사. 콘크리트의 타설작업

콘크리트 타설작업을 하는 경우에는 다음 사항을 준수한다(산업안전보건기준에 관한 규칙 제334조).

① 당일의 작업을 시작하기 전에 해당 작업에 관한 거푸집동바리 등의 변형·변위 및 지반의 침하 유무 등을 점검하고 이상이 있으면 보수할 것

② 작업 중에는 거푸집동바리 등의 변형·변위 및 침하 유무 등을 감시할 수 있는 감시자를 배치하여 이상이 있으면 작업을 중지하고 근로자를 대피시킬 것

③ 콘크리트 타설작업 시 거푸집 붕괴의 위험이 발생할 우려가 있으면 충분한 보강조치를 할 것

④ 설계도상의 콘크리트 양생기간을 준수하여 거푸집동바리 등을 해체할 것

⑤ 콘크리트를 타설하는 경우에는 편심이 발생하지 않도록 골고루 분산하여 타설할 것

### 아. 출입금지 및 보호구 착용

거푸집동바리를 조립하거나 해체하는 작업을 하는 구역에는 근로자가 추락할 위험이 있으므로 관계근로자가 아닌 사람의 출입을 금지하고(산업안전보건기준에 관한 규칙 제20조 제1호 참조), 동 작업에 종사하는 작업자에 대해서는 보호구를 착용하도록 한다(산업안전보건기준에 관한 규칙 제32조 제1호 참조).

### 자. 관리감독자 지정

거푸집동바리의 고정·조립 또는 해체작업을 할 때는 관리감독자를 지정하여 다음 사항을 수행하도록 한다[산업안전보건기준에 관한 규칙 별표 2(제35조 제1항 관련) 제8호].

① 안전한 작업방법을 결정하고 작업을 지휘하는 일

② 재료·기구의 결함 유무를 점검하고 불량품을 제거하는 일

③ 작업 중 안전대 및 안전모 등 보호구 착용 상황을 감시하는 일

## (3) 채석작업의 안전

암석의 채취를 위한 굴착작업, 암석의 분할, 가공, 운반작업에서는 지반의 붕괴 등이 있을 수 있으므로, 다음과 같은 사항을 철저히 할 필요가 있다.

### 가. 작업계획서의 작성

채석작업에서는 먼저 지반의 형상(지형), 지질 및 지층의 상태를 조사하고, 조사결과를 고려하여 작업계획서를 작성한 후 그 계획에 따라 작업을 실시한다(산업안전보건기준에 관한 규칙 제38조 제1항 제9호). 작업계획서에는 다음과 같은 사항을 포함한다.

① 노천굴착과 갱내굴착의 구별 및 채석방법

② 굴착면의 높이와 기울기

③ 굴착면 소단(小段)의 위치와 넓이

④ 갱내에서의 낙반 및 붕괴방지 방법

⑤ 발파방법

⑥ 암석의 분할방법

⑦ 암석의 가공장소

⑧ 사용하는 굴착기계·분할기계·적재기계 또는 운반기계의 종류 및 성능

⑨ 토석 또는 암석의 적재 및 운반방법과 운반경로

⑩ 표토 또는 용수(湧水)의 처리방법

### 나. 관리감독자의 지정 및 점검의 실시

채석작업을 하는 경우 지반의 붕괴 또는 토석의 낙하로 인하여 근로자에게 발생할 우려가 있는 위험을 방지하기 위하여 다음과 같은 조치를 실시한다[산업안전보건기준에 관한 규칙 제370조 및 별표 2(제35조 제1항 관련) 제12호].

① 점검자(관리감독자)를 지명(지정)하고 대피방법을 미리 교육하는 한편, 작업장소 및 주변의 지반에 대하여 작업을 시작하기 전 또는 폭우가 내린 후에는 암사·토사의 낙하, 균열의 유무와 상태, 함수(含水)·용수(湧水) 및 동결 상태의 변화를 점검할 것

② 발파한 후에는 발파장소 및 그 주변의 부석(浮石), 암석·토사의 낙하, 균열의 유무와 상태를 점검할 것

### 다. 출입금지 등

토석이 떨어져 근로자에게 위험을 미칠 우려가 있는 채석작업을 하는 굴착작업장의 하방(아래) 장소에의 출입을 금지한다(산업안전보건기준에 관한 규칙 제20조 제11호 참조). 작업자에 대해서는 안전모를 착용하도록 한다(산업안전보건기준에 관한 규칙 제32조 제1호 참조).

### 라. 인접채석장과의 연락

지반의 붕괴, 토석의 비래(飛來) 등으로 인한 근로자의 위험을 방지하기 위하여 인접한 채석장에서의 발파 시기·부석 제거 방법 등 필요한 사항에 관하여 그 채석장과 연락을 유지한다(산업안전보건기준에 관한 규칙 제371조).

### 마. 붕괴 등에 의한 위험방지

채석작업(갱내에서의 작업은 제외한다)을 하는 경우에 붕괴 또는 낙하에 의하여 근로자를 위험하게 할 우려가 있는 토석·입목 등을 미리 제거하거나 방호망을 설치하는 등 위험을 방지하기 위하여 필요한 조치를 한다(산업안전보건기준에 관한 규칙 제372조).

### 바. 낙반 등에 의한 위험방지

갱내에서 채석작업을 하는 경우로서 암석·토사의 낙하 또는 측벽의 붕괴로 인하여 근로자에게 위험이 발생할 우려가 있는 경우에 동바리 또는 버팀대를 설치한 후 천장을 아치형으로 하는 등 그 위험을 방지하기 위한 조치를 한다(산업안전보건기준에 관한 규칙 제373조).

## (4) 지반, 터널 등의 붕괴방지

### 1) 노천굴착작업

### 가. 작업계획서의 작성

굴착면의 높이가 2 m 이상이 되는 지반의 굴착작업에서는 다음의 사항을 조사하고, 그 조사결과를 고려하여 작업계획서를 작성한 후 그 계획에 따라 작업을 실시한다[산업안전보건기준에 관한 규칙 제38조 제1항 제6호, 별표 4(제38조 제1항 관련) 제6호].

① 형상·지질 및 지층의 상태

② 균열·함수(含水)·용수 및 동결의 유무 또는 상태

③ 매설물 등의 유무 또는 상태

④ 지반의 지하수위 상태

작업계획서에는 다음과 같은 사항을 포함하고, 그 계획에 따라 작업을 실시한다[산업안전보건기준에 관한 규칙 제38조 제1항, 별표 4(제38조 제1항 관련) 제6호].

① 굴착방법 및 순서, 토사 반출 방법

② 필요한 인원 및 장비 사용계획

③ 매설물 등에 대한 이설·보호대책

④ 사업장 내 연락방법 및 신호방법

⑤ 흙막이지보공 설치방법 및 계측계획

⑥ 작업지휘자의 배치계획

⑦ 그 밖에 안전·보건에 관련된 사항

### 나. 굴착면의 기울기 기준

지반 등을 굴착하는 경우에는 굴착면의 기울기를 다음 표의 기준에 맞도록 한다. 다만, 흙막이 등 기울기면의 붕괴 방지를 위하여 적절한 조치를 한 경우에는 그러하지 아니하다. 이 경우 굴착면의 경사가 달라서 기울기를 계산하기가 곤란한 경우에는 해당 굴착면에 대하여 다음 표의 기준에 따라 붕괴의 위험이 증가하지 않도록 해당 각 부분의 경사를 유지하여야 한다(산업안전보건기준에 관한 규칙 제338조).

표 6.6.1 굴착면의 기울기 기준

| 구분 | 지반의 종류 | 기울기 |
|------|-------------|--------|
| 보통 흙 | 습지 | 1 : 1~1 : 1.5 |
| | 건지 | 1 : 0.5~1 : 1 |
| 암반 | 풍화암 | 1 : 0.8 |
| | 연암 | 1 : 0.5 |
| | 경암 | 1 : 0.3 |

## 다. 점검의 실시

굴착작업을 하는 경우 지반의 붕괴 또는 토석의 낙하에 의한 근로자의 위험을 방지하기 위하여 관리감독자에게 작업시작 전에 작업장소 및 그 주변의 부석·균열의 유무, 함수(含水)·용수(湧水) 및 동결상태의 변화를 점검하도록 한다(산업안전보건기준에 관한 규칙 제339조).

## 라. 작업지휘자 및 관리감독자의 지정

굴착면의 높이가 2 m 이상이 되는 지반의 굴착작업을 할 때에는 작업지휘자를 지정하여 작업계획서에 따라 작업을 지휘하도록 하여야 한다(산업안전보건기준에 관한 규칙 제39조).

그리고 굴착면의 높이에 관계없이 지반의 굴착작업은 모두 관리감독자로 하여금 다음 사항을 수행하도록 한다[산업안전보건기준에 관한 규칙 제35조 제1항 및 별표 2(제35조 제1항 관련) 제8호].

① 안전한 작업방법을 결정하고 작업을 지휘하는 일
② 재료·기구의 결함 유무를 점검하고 불량품을 제거하는 일
③ 작업 중 안전대 및 안전모 등 보호구 착용 상황을 감시하는 일

## 마. 흙막이지보공의 설치 등

굴착작업에 있어서 지반의 붕괴 또는 토석의 낙하에 의하여 근로자에게 위험을 미칠 우려가 있는 경우에는 미리 흙막이지보공의 설치, 방호망의 설치 및 근로자의 출입 금지 등 그 위험을 방지하기 위하여 필요한 조치를 하고, 비가 올 경우를 대비하여 측구(側溝)를 설치하거나 굴착사면에 비닐을 덮는 등 빗물 등의 침투에 의한 붕괴재해를 예방하기 위하여 필요한 조치를 한다(산업안전보건기준에 관한 규칙 제340조).

## 바. 매설물 등의 보강

매설물·조적벽·콘크리트벽 또는 옹벽 등의 건설물에 근접한 장소에서 굴착작업을 할 때에 이것들의 파손 등에 의하여 근로자가 위험해질 우려가 있는 경우에는 해당 건설물을 보강하거나 이설하는 등 해당 위험을 방지하기 위한 조치를 한다(산업안전보건기준에 관한 규칙 제341조 제1항).

## 사. 흙막이지보공

흙막이지보공의 재료는 변형·부식되거나 심하게 손상된 것을 사용하지 아니한다(제345조).

흙막이지보공을 조립하는 경우 미리 조립도를 작성하여 그 조립도에 따라 조립하도록 한다(제346조).

흙막이지보공을 설치한 경우, 정기적으로 ⅰ) 부재의 손상·변형·부식·변위 및 탈락의 유무와 상태, ⅱ) 버팀대의 긴압(緊壓)의 정도, ⅲ) 부재의 접속부·부착부 및 교차부의 상태,

iv) 침하의 정도를 점검하고, 이상을 발견하면 즉시 보수한다(제347조).

### 2) 터널굴착작업

#### 가. 작업계획서 작성

터널굴착작업의 경우에는 보링(boring) 등 적절한 방법으로 낙반·출수(出水) 및 가스폭발 등으로 인한 근로자의 위험을 방지하기 위하여 미리 지형·지질 및 지층상태를 조사하고, 그 조사결과를 고려하여 다음 사항을 포함하는 작업계획서를 작성한 후 그 계획에 따라 작업을 실시한다[산업안전보건기준에 관한 규칙 제38조 제1항 제7호 및 별표 4(제38조 제1항 관련) 제7호].

① 굴착의 방법

② 터널지보공 및 복공(覆工)의 시공방법과 용수(湧水)의 처리방법

③ 환기 또는 조명시설을 설치할 때에는 그 방법

#### 나. 관리감독자의 지정

터널굴착작업은 관리감독자를 지정하여 다음 사항을 수행하도록 한다(산업안전보건기준에 관한 규칙 제35조 제1항 및 별표 2 제8호).

① 안전한 작업방법을 결정하고 작업을 지휘하는 일

② 재료·기구의 결함 유무를 점검하고 불량품을 제거하는 일

③ 작업 중 안전대 및 안전모 등 보호구 착용 상황을 감시하는 일

#### 다. 출입구 부근 등의 지반 붕괴에 의한 위험방지

터널 등의 건설작업을 할 때에 터널 등의 출입구 부근 지반의 붕괴나 토석의 낙하에 의하여 근로자가 위험해질 우려가 있는 경우에는 흙막이지보공이나 방호망을 설치하는 등 위험을 방지하기 위하여 필요한 조치를 한다(산업안전보건기준에 관한 규칙 제352조).

#### 라. 터널지보공

터널지보공의 재료는 변형·부식 또는 심하게 손상된 것을 사용해서는 아니한다(산업안전 보건기준에 관한 규칙 제361조). 그리고 터널지보공을 설치하는 장소의 지반과 관계되는 지질·지층·함수·용수·균열 및 부식의 상태와 굴착 방법에 상응하는 견고한 구조의 터널지보공을 사용한다(산업안전보건기준에 관한 규칙 제362조).

터널지보공을 조립하는 경우에는 미리 그 구조를 검토한 후 조립도를 작성하고, 그 조립도에 따라 조립하도록 한다(산업안전보건기준에 관한 규칙 제363조). 그리고 터널지보공을 조립하거나 변경하는 경우에는 일정한 안전조치를 한다(산업안전보건기준에 관한 규칙 제364조). 하중이 걸려 있는 터널지보공의 부재를 해체하는 경우에는 해당 부재에 걸려 있는 하중

을 터널 거푸집동바리가 받도록 조치를 한 후에 그 부재를 해체한다(산업안전보건기준에 관한 규칙 제365조).

터널지보공을 설치한 경우, ⅰ) 부재의 손상·변형·부식·변위 탈락의 유무 및 상태, ⅱ) 부재의 긴압 정도, ⅲ) 부재의 접속부 및 교차부의 상태, ⅳ) 기둥 침하의 유무 및 상태를 수시로 점검하고, 이상을 발견한 경우에는 즉시 보강하거나 보수한다(산업안전보건기준에 관한 규칙 제366조).

### 마. 터널 거푸집동바리

터널 거푸집동바리의 재료는 변형·부식되거나 심하게 손상된 것을 사용해서는 아니 된다(제367조). 그리고 터널 거푸집동바리에 걸리는 하중 또는 거푸집의 형상 등에 상응하는 견고한 구조의 터널 거푸집 동바리를 사용한다(산업안전보건기준에 관한 규칙 제368조).

## (5) 하적단 등 화물의 안전

하적단 등 화물에 대해서는 하적단 등을 쌓거나 허무는 작업 시에 붕괴의 위험이 있으므로, 다음과 같은 조치를 철저히 한다.

### 가. 관리감독자의 지정 및 점검의 실시

화물취급작업을 하는 경우에 관리·감독자를 지정하여 작업방법 및 순서를 결정하고 작업을 지휘하도록 하며, 로프 등의 해체작업을 할 때에는 하대(荷臺) 위의 화물의 낙하위험 유무를 확인하고 작업의 착수를 지시한다[산업안전보건기준에 관한 규칙 별표 2(제35조 제1항 관련) 제12호].

섬유로프 등을 사용하여 화물취급작업을 하는 경우에 해당 섬유로프 등을 점검하고 이상을 발견한 섬유로프 등을 즉시 교체한다(산업안전보건기준에 관한 규칙 제388조).

### 나. 화물 빼내기의 금지

화물자동차에서 화물을 내리는 작업을 하는 경우에 그 작업을 하는 근로자에게 쌓여 있는 화물 중간에서 화물을 빼내도록 하지 않는다(산업안전보건기준에 관한 규칙 제190조). 화물자동차 외에, 차량 등에서 화물을 내리는 작업을 하는 경우에 해당 작업에 종사하는 근로자에게 쌓여 있는 화물 중간에서 화물을 빼내도록 하지 않는다(산업안전보건기준에 관한 규칙 제389조).

### 다. 하적단의 붕괴방지

하적단의 붕괴 또는 화물의 낙하에 의하여 근로자가 위험해질 우려가 있는 경우에는 그 하적단을 로프로 묶거나 망을 치는 등 위험을 방지하기 위하여 필요한 조치를 하고, 하적단을 쌓는 경우에는 기본형을 조성하여 쌓아야 한다. 그리고 하적단을 헐어내는 경우에는 위에서부터 순차적으로 층계를 만들면서 헐어내어야 하며, 중간에서 헐어내지는 않는다(산업안전보건기준에 관한 규칙 제392조).

바닥으로부터의 높이가 2 m 이상 되는 하적단(포대·가마니 등으로 포장된 화물이 쌓여 있는 것만 해당한다)과 인접 하적단 사이의 간격을 하적단의 밑부분을 기준하여 10 cm 이상으로 한다(산업안전보건기준에 관한 규칙 제391조).

### 라. 출입금지 등

하역작업을 하는 경우 쌓아놓은 화물이 무너지거나 화물이 떨어져 근로자에게 위험을 미칠 우려가 있는 장소는 출입을 금지한다[산업안전보건기준에 관한 규칙 제20조 제14호, 별표 2(제35조 제2항 관련) 제12호]. 그리고 하역작업을 하는 장소에서 작업장 및 통로의 위험한 부분에는 안전하게 작업을 할 수 있는 조명을 유지한다(산업안전보건기준에 관한 규칙 제390조 제1호).

사업주는 바닥으로부터 짐 윗면까지의 높이가 2 m 이상인 화물자동차에 짐을 싣는 작업 또는 내리는 작업을 하는 경우에는 근로자의 추가 위험을 방지하기 위하여 해당 작업에 종사하는 근로자가 바닥과 적재함의 짐 윗면 간을 안전하게 오르내리기 위한 설비를 설치한다(산업안전보건기준에 관한 규칙 제187조).

화물자동차 외에도 높이 또는 깊이가 2 m를 초과하는 장소에서 작업하는 경우, 해당 작업에 종사하는 근로자가 안전하게 승강하기 위한 건설용 리프트 등의 설비를 설치한다(산업안전보건기준에 관한 규칙 제46조).

### 마. 화물의 적재 시 준수사항

사업주는 화물을 적재하는 경우에 다음 사항을 준수한다(산업안전보건기준에 관한 규칙 제393조).

① 침하 우려가 없는 튼튼한 기반 위에 적재할 것
② 건물의 칸막이나 벽 등이 화물의 압력에 견딜 만큼의 강도를 지니지 아니한 경우에는 칸막이나 벽에 기대어 적재하지 않도록 할 것
③ 불안정할 정도로 높이 쌓아 올리지 말 것
④ 하중이 한쪽으로 치우치지 않도록 쌓을 것

꼬임이 끊어지거나 심하게 손상되거나 부식된 섬유로프 등을 화물운반용 또는 고정용으로 사용하지 않는다(산업안전보건기준에 관한 규칙 제387조).

## (6) 차량계 하역운반기계 등에서의 붕괴방지

### 가. 화물적재 시의 조치

차량계 하역운반기계 등(지게차·구내운반차·화물자동차 등의 차량계 하역운반기계 및 고소작업대)에 화물을 적재하는 경우에는 다음 사항을 준수한다(산업안전보건기준에 관한 규칙 제173조).

① 하중이 한쪽으로 치우치지 않도록 적재할 것
② 구내운반차 또는 화물자동차의 경우 화물의 붕괴 또는 낙하에 의한 위험을 방지하기 위하여 화물에 로프를 거는 등 필요한 조치를 할 것
③ 운전자의 시야를 가리지 않도록 화물을 적재할 것

### 나. 중량물을 싣거나 내릴 때의 조치

차량계 하역운반기계 등에 단위화물의 무게가 100 kg 이상인 화물을 싣는 작업(로프 걸이 작업 및 덮개 덮기 작업을 포함한다) 또는 내리는 작업(로프 풀기 작업 또는 덮개 벗기기 작업을 포함한다)을 하는 경우에는 해당 작업의 지휘자에게 다음 사항을 준수하도록 한다(산업안전보건기준에 관한 규칙 제177조).

① 작업순서 및 그 순서마다의 작업방법을 정하고 작업을 지휘할 것
② 기구와 공구를 점검하고 불량품을 제거할 것
③ 해당 작업을 하는 장소에 관계 근로자가 아닌 사람이 출입하는 것을 금지할 것
④ 로프 풀기 작업 또는 덮개 벗기기 작업은 적재함의 화물이 떨어질 위험이 없음을 확인한 후에 하도록 할 것

### 다. 꼬임이 끊어진 섬유로프 등의 사용금지

꼬임이 끊어지거나 심하게 손상되거나 부식된 섬유로프 등을 화물자동차의 짐걸이로 사용하지 않는다(산업안전보건기준에 관한 규칙 제188조).

화물자동차 외에 다른 차량계 하역운반기계의 짐걸이에도 꼬임이 끊어지거나 심하게 손상되거나 부식된 섬유로프 등을 화물운반용 또는 고정용으로 사용하지 않는다(산업안전보건기준에 관한 규칙 제387조).

### 라. 섬유로프 등의 점검 등

섬유로프 등을 화물자동차의 짐걸이에 사용하는 경우에는 해당 작업을 시작하기 전에 다음 조치를 한다(산업안전보건기준에 관한 규칙 제189조 제1항).

① 작업순서와 순서별 작업방법을 결정하고 작업을 직접 지휘하는 일
② 기구와 공구를 점검하고 불량품을 제거하는 일
③ 해당 작업을 하는 장소에 관계 근로자가 아닌 사람의 출입을 금지하는 일

④ 로프 풀기 작업 및 덮개 벗기기 작업을 하는 경우에는 적재함의 화물에 낙하 위험이 없음을 확인한 후에 해당 작업의 착수를 지시하는 일

섬유로프 등에 대하여 이상 유무를 점검하고 이상이 발견된 섬유로프 등은 교체한다(산업안전보건기준에 관한 규칙 제189조 제2항).

### 마. 허용하중 초과 등의 제한

지게차의 허용하중(지게차의 구조, 재료 및 포크·램 등 화물을 적재하는 장치에 적재하는 화물의 중심위치에 따라 실을 수 있는 최대하중을 말한다)을 초과하여 사용해서는 아니 되며, 안전한 운행을 위한 유지·관리 및 그 밖의 사항에 대하여 해당 지게차를 제조한 자가 제공하는 제품설명서에서 정한 기준을 준수한다(산업안전보건기준에 관한 규칙 제178조 제1항).

차량계 하역운반기계 등을 사용할 때에는 그 최대적재량을 초과해서는 아니 된다(산업안전보건기준에 관한 규칙 제173조 제2항, 제178조 제2항).

# Ⅶ. 폭발·화재의 방지

폭발·화재는 장기적으로는 감소하고 있지만 끊이지 않고 발생하고 있다. 폭발·화재는 일단 발생하면 다른 재해와는 달리, 피해가 건물을 포함한 물적인 것 외에 인근주민에까지 미칠 수 있는 등 그 규모가 상당히 크고, 화학공장의 경우 등에서는 괴멸적인 상태를 초래하는 경우도 있다.

새로운 기술의 개발·도입, 신규물질의 채용에 수반하는 새로운 종류의 폭발·화재가 발생하고 있어 앞으로도 위험물을 제조하거나 취급하는 사업장에서는 위험성평가를 실시하는 등 사고·재해방지를 최중점 대상으로 하여 대응할 필요가 있다. 또한 화학물질에 의한 근로자에의 영향은 폭발·화재에 의한 상해뿐만 아니라, 중대한 건강장해의 문제도 있으므로 이에 대한 대책도 아울러 필요하다.

여기에서는 폭발이 발생하고 이것이 화재로 연결되는 경우(즉, 폭발에 의한 화재)가 많은 점을 고려하여, 이러한 경우에 대해서는 '폭발화재'라는 표현을 별도로 사용하기로 한다.

## 1. 폭발화재의 발생양태

우리나라 사업장에서의 폭발화재의 발생양태를 보면, 다음과 같은 경향이 발견되고 있다.

### (1) 많은 업종에서 발생

폭발화재는 화학공장의 이상반응 등에 의한 폭발과 배관 등으로부터 누출된 인화성 액체, 가연성 가스(이하 가연성 분진 등을 포함하여 '가연성 물질'이라 한다)에 인화하여 발생하는 폭발이 전형적인 것이지만, 건축공사 등 많은 작업에서 사용되고 있는 유기용제 증기에의 인화폭발, 음식점·레저시설에서 사용되고 있는 프로판가스 등 연료가스의 누출에 의한 인화폭발, 산업폐기물처리장 등에서의 폭발 등 다양한 양태의 폭발이 화학제품제조업의 공장뿐만 아니라 많은 업종, 다양한 작업 등에서 발생하고 있다.

### (2) 많은 증기·가스의 폭발

사업장에서의 폭발화재에서는 인화성 물질의 폭발과 이것들에 의한 화재가 가장 많은 비중을 차지하고 있다. 물질별로 보면 유기용제의 증기에 의한 것이 가장 많고, 프로판·부탄, 가솔린, 메탄, 수소 등 비교적 가까운 곳에서 사용되고 있는 물질에 의한 것이 많다.

### (3) 화재의 주된 원인으로서의 위험물

화재가 발생하는 원인으로는 위험물의 발화·인화가 가장 많은 비중을 차지하고 있지만, 용접·용단 중에 작업복에 착화(着火)하는 사례 등도 발생하고 있다.

### (4) 분진폭발의 위험

폭발 중에는 인화성 물질에 의한 것 외에, 금속 등의 분진폭발, 금속 이외의 분체(粉體) 이송 중 정전기에 의한 폭발도 끊이지 않고 있다.

### (5) 특수재료가스에 의한 화재

반도체 제조공정에서 사용되는 실란(SiH4) 등 위험성, 독성이 높은 특수재료가스에 의한 화재가 종종 발생하고 있어 신기술에 수반하는 사고로 주목받고 있다. 앞으로도 신기술에 수반하는 새로운 가스 등에 의한 사고·재해의 발생이 예상되고 있고, 연구·실험과정의 안전을 포함하여 그 방지를 위해 노력할 필요가 있다.

## 2. 폭발화재사고

### (1) 연소

연소란 빛과 열을 동반하는 산화반응이고, 연소에 의해 사람, 사회적 재산에 피해를 주는 것을 화재라고 한다. 연소(화재)에는 다음 3가지의 요건이 필요하다.
① 산화되기 쉬운 물질, 즉 가연물(예: 유류, 가스, 목재, 종이, 섬유)
② 산소공급원, 즉 공기, 산화제, 자기연소성 물질 등이 있을 것
③ 열에너지의 공급원, 즉 열원(점화원, 착화원)(예: 전기불꽃, 산화열, 정전기)이 있을 것

그림 6.7.1 연소(화재)의 3요소

표 6.7.1  가연물의 (자연)발화온도(예)

| 가연물 | 발화온도(℃) | 가연물 | 발화온도(℃) |
|--------|------------|--------|------------|
| 목재 | 250~260 | 황린 | 30 |
| 목탄 | 250~300 | 중유 | 250~380 |
| 갈탄 | 300 | 등유 | 220 |
| 무연탄 | 440~500 | 가솔린 | 250~380 |
| 코크스(cokes) | 440~600 | 에틸알코올 | 363 |
| 폐타이어 | 150~200 | 메탄 | 537 |
| 신문 | 290 | 수소 | 500 |
| 유황 | 232 | 일산화탄소 | 609 |
| 적린 | 260 | 아세틸렌 | 305 |

이들 요건이 형성되어 있고 가연물이 일정한 온도에 달하면 연소를 개시하는데, 이 온도를 (자연)발화온도라고 한다. 표 6.7.1에 그 예를 제시한다.

발화온도에 차가 있는 것은 물질의 산화의 용이성, 표면활성의 상태, 열전도성 등에 기인한다.

사람이 어두운 곳에서 겨우 볼 수 있는 불의 온도는 500℃ 이상인데, 성냥불은 1,200℃, 전기불꽃은 2,000℃ 이상이므로, 표 6.7.1에 제시한 물질은 이들 점화원이 있으면 용이하게 연소에 이르게 된다.

연소가 일단 시작되면 그 발열로 온도가 급상승하고 이로 인해 반응속도도 상승하므로, 연소속도는 계속하여 지수곡선형태로 상승하고 연소가 확대되게 된다.

연료의 연소나 일반화재에서는 폭발현상이 발생하지 않는데, 이것은 공기에 의해 공급되는 산소의 공급속도가 일정하고, 이른바 정상(定常)연소라는 형태로 되어 있기 때문이다.

그러나 가연성 가스·증기, 분진은 공기 중에 확산되어 산소와 연료분자들이 서로 인접하고, 산소가 이들 연료분자를 용이하게 화합(化合)시킬 수 있으므로, 이와 같은 상태에서 연소가 시작되면 폭발적인 연소에 이른다.

## (2) 자연발열·자연발화

연소는 기본적으로 열원(점화원)이 있어야 개시되지만, 열원이 없어도 화재가 되는 경우가 있다.

자연발화라는 현상은 가연물의 자연발화에 의한 열이 축적되어 물질의 자연발화온도(발화점)에 도달하면 연소에 이르는 것으로서, 점화원이 없는데 깻묵, 기름걸레 등이 자연발화하여 화재가 발생하는 등의 예가 있다.

자연발열의 원인은 물질의 산화, 분해 등 여러 반응에 따라 다른데, 그 예가 표 6.7.2이다.

표 6.7.2 **자연발열의 분류**

| 종류 | 원인 물질 |
|---|---|
| 산화발열 | 불건성유, 고무, 석탄 등 |
| 분해발열 | 초화면(硝化綿), 셀룰로이드 등 |
| 흡착발열 | 활성탄, 기타 탄소분말류 등 |
| 중합열 | 액화시안화수소 등 |
| 흡수발열 | 카바이드, 오산화인(五酸化燐) |
| 혼촉(混觸)발열 | 산화성물질과 환원성물질의 조합 등 |
| 발효발열 | 건초, 마른 볏짚 등 |

## (3) 폭발

폭발화재는 화학공장뿐만 아니라 많은 업종, 위험한 물질의 취급, 저장, 수송 등 작업과 관련하여 발생하고 있고, 일단 발생하면 건물을 비롯하여 많은 근로자 그리고 인근의 주민에까지 큰 피해를 일으키므로 폭발에 대한 기본적인 지식을 습득해 두는 것이 중요하다.

### 1) 폭발현상

폭발은 화학변화에 수반하는 압력의 급격한 발생 또는 개방의 결과로서 폭음을 수반하는 파열이나 가스의 팽창 등이 일어나는 현상을 말하며, 사고·재해인 경우에는 폭발과 연소(화재)가 연쇄적으로 발생하는 일이 많다.

물질의 종류에 따른 폭발의 종류는 일반적으로 다음과 같이 분류된다.

① 가연성 가스·증기의 폭발(아세틸렌, 수소, 가솔린 등)

② 분해폭발성 가스의 폭발(아세틸렌, 산화에틸렌 등)

③ 가연성 미스트의 폭발(분출한 작동유, 디젤기관의 경유 등)

④ 가연성 분진의 폭발[플라스틱분말, 곡물분, 탄진(炭塵), 금속분말 등]

⑤ 고체·액체의 분해폭발(화약류, 유기과산화합물 등)

⑥ 수증기폭발[용융금속·용융염(熔融鹽)[26]과 물의 접촉, 보일러 등의 급격한 비등 등]

⑦ 반응폭주(반응기 내 등에서의 화학반응을 컨트롤할 수 없게 되어 반응이 급격하게 진행되는 것 등)

폭발의 전파속도는 일반적으로는 음속 이하이지만, 때로는 음속을 초과하는 격렬한 폭발이 되는 폭굉(爆轟, detonation)도 있다. 또한 폭발에 의한 압력상승은 초압의 6~10배 정도이지만, 폭굉에서는 수십 배에 달하는 경우도 있다.

---

26 거리와 보도의 눈, 얼음 또는 서리를 녹이는 데 사용되는 화합물을 말한다.

### 2) 폭발한계

가연성 물질은 공기 또는 산소와의 혼합기(混合氣) 속에서 일부 한정된 농도범위 경우에만 폭발한다. 이것은 그 농도범위가 아니면 화염이 전파되지 않기 때문이다. 이 농도를 폭발한계라 하고, 공기와의 혼합기 속의 가연성 가스·증기의 용량% 또는 단위체적당의 질량, 분진에서는 공기 중 단위체적당 질량으로 표현되며, 농도범위 중의 최고농도를 '폭발상한계', 최저농도를 '폭발하한계'라고 부르고 있다.

조업 중의 반응기, 저장설비 등에서 폭발성 혼합가스가 상시 형성되는 것을 방지하기 위하여 불활성가스로 치환하는 경우가 있는데, 산소농도를 일정치 이하로 유지하면 폭발하는 일은 없게 된다.

### 3) 인화점

폭발의 위험성을 나타내는 특성치로서 일반적으로 인화점이 이용되고 있는데, 이것은 공기 중의 액체가 그 표면 근처에서 인화하는 데 충분한 농도의 증기를 발생시키는 최저온도를 말한다.

시판의 도료용제인 시너의 인화온도는 1~31℃인데, 이것은 우리나라의 연간기온의 범위와 거의 일치하고 있고, 연간 내내 항상 인화폭발의 위험이 있다고 말할 수 있다.

### 4) 착화원(점화원)

물질 중에는 자연발화하는 것도 있지만, 가연성 가스·증기, 분진은 공기와 혼합된 것만으로는 발화폭발하지 않고, 반드시 발화에 필요한 에너지를 가지는 착화원(발화원·점화원)이 있어야 한다. 착화원으로는 표 6.7.3과 같이 많은 종류가 있다.

표 6.7.3 착화원(예)

| 분류 | 성상(性狀) | |
|---|---|---|
| 전기적 착화원 | ① 전기스파크 | ② 정전기스파크 |
| 고온착화원 | ③ 고온표면 | ④ 열복사 |
| 충격적 착화원 | ⑤ 충격·마찰 | ⑥ 단열압축 |
| 화학적 착화원 | ⑦ 화재 | ⑧ 자연발화 |

## (4) 위험물의 성상

'위험물'과 관련하여 산업안전보건법 제38조 제1항 제2호에서 "사업주는 폭발성, 발화성 및 인화성 물질 등에 의한 위험으로 인한 산업재해를 예방하기 위하여 필요한 조치를 하여야 한다."고 규정하고 있고, 산업안전보건기준에 관한 규칙 별표 1과 위험물안전관리법 시행령 별표 1에 위험물의 종류, 위험물 및 지정수량이 각각 규정되어 있다.

### 1) 폭발성 물질

폭발성 물질은 열, 충격 등 일정 이상의 에너지가 주어지면 발열적으로 반응하고 그 주변에 급격한 온도와 압력상승을 일으키는 것을 말하고 있다. 그중에는 물질 자체가 발열적으로 분해하는 자기반응성 물질, 산화제와 가연물이 혼합하였을 때에 폭발성을 보이는 폭발성 혼합물이 있다.

자기반응성 물질은 산업안전보건법, 위험물안전관리법에서 규제되고 있는 것이 많지만, 그것 이외에도 많이 존재한다. 폭발성 물질은 위험도가 크기 때문에 작업장소로의 반입은 필요 최소한의 양으로 하고, 그 취급은 신중하게 하여야 한다. 그리고 화기, 기타 착화원이 될 우려가 있는 것에 접근시키거나 가열, 마찰, 충격을 주지 않도록 하여야 한다.

### 2) 발화성 물질

발화성 물질에는 금속나트륨·리튬, 알루미늄 등과 같이 물과 반응하여 수소 등의 가연성 가스를 발생시키고 연소, 폭발을 일으키는 금수성(禁水性) 물질(물반응성 물질: 물과 접촉하면 격렬한 발열반응, 화재 또는 폭발 등을 일으키는 물질)과 황린, 알킬알루미늄과 같은 비교적 저온의 공기 중에서 자연발화하는 자연발화성 물질이 있다.

이와 같은 발화성 물질은 착화원이 될 우려가 있는 것 또는 산화성 물질, 공기, 물에 접근시키거나 충격을 주지 않도록 하여야 한다.

황화인, 황, 마그네슘, 인화성 고체 등의 가연성 고체 역시 넓은 의미에서는 이 발화성 물질에 포함된다(위험물안전관리법은 발화성 물질을 자연발화성 물질 및 금수성 물질, 가연성 고체로 구분하고 있다).

### 3) 산화성 물질

산화성 물질은 일반적으로 불연성 물질이지만, 다른 물질을 산화시키는 산소 등의 원소를 가지고 있어, 가연성 물질, 환원성 물질과 접촉하였을 때 충격을 주거나 착화원을 제공하면, 산소를 방출하여 심하게 연소하고 폭발하는 경우가 있고, 고형상의 것과 액상의 것이 있다.

산화성의 것은 분해를 촉진할 우려가 있는 물질(예를 들면, 과염소산칼륨과 암모니아 등)에 접촉시키거나 가열, 마찰, 충격을 주지 않도록 하여야 한다.

### 4) 인화성 물질

불을 붙이면 타는 물질인 가연성물질 중에서 인화점이 낮아 불이 아주 잘 붙는 물질을 인화성물질이라고 한다.

인화성 물질은 그 표면에서 나오는 증기와 공기로 혼합기(混合氣)를 생성시키고, 약간의 에너지로 연소발열을 일으킨다. 이 폭발성 혼합기를 형성하는 최저온도를 인화점이라고 하는데, 그 고저(高低)로 물질의 위험도를 평가할 수 있고, 상온에서 인화점이 낮은 것일수록 표면에서의 증기 발생이 심하여 인화 위험이 크다.

인화성 물질의 증기는 공기보다 비중이 크고 확산속도가 작지만, 낮은 곳(도랑 등)을 따라 예상 밖의 멀리까지 도달하는 경우가 있으므로 누출에 의한 위험에는 충분히 주의할 필요가 있다.

인화성 물질을 취급할 때는 다음과 같은 조치가 필요하다.

① 인화점 이하의 온도에서 취급한다.
② 누출을 방지한다.
③ 인화성 물질의 제조·취급설비는 원칙적으로 옥외에 설치하고, 옥내설비의 경우는 환기·통풍을 충분히 행한다.
④ 착화원의 관리를 충분히 한다.

### 5) 가연성 가스

가연성 가스는 상온, 상압에서 기체가 되어 있는 것으로 이것이 공기, 산소, 기타 산화성 기체와 어떤 일정한 농도범위, 즉 폭발한계 내에서 혼합되어 있을 때에 점화에너지가 가해지면 화염이 급속하게 혼합가스 속을 펴져 감으로써 폭발을 일으킨다.

가연성 가스 중에는 아세틸렌, 산화에틸렌과 같이 분해폭발성을 가지는 것이 있고, 이것들은 지연성(支燃性) 가스가 없어도 자체 점화에 의해 화염을 발생시켜 폭발하는 성질을 가지고 있다.

산소는 가연성 가스는 아니지만 강한 지연성을 가지고 있어, 과잉산소의 분위기 속에서는 가연물이 격렬하게 연소하고, 적은 양의 수지류에서도 착화원이 있으면 폭발을 일으킨다.

### 6) 혼합위험물질

2종류 이상의 화학물질이 접촉 또는 혼합하면 바로 또는 다른 열, 충격에 의해 발화, 연소 또는 폭발이 발생하는 경우가 있는데, 이 현상은 혼합(혼촉)이라 한다.

일반적으로 산화성물질과 환원성물질의 접촉, 혼합에 의해 발생하는 경우가 많지만, 유기 할로겐화합물, 아세틸렌이 금속과 접촉하여 불안정한 물질이 생성되는 경우도 많다.

### 7) 가연성 분진

가연성 분진 그 자체는 위험물은 아니지만, 공기 중에 부유하고 있는 분진은 가연성 가스와 마찬가지로 작은 에너지로 폭발을 일으킬 위험성이 있다.

분진폭발은 분체와 산소(공기)의 접촉면적이 증대하고 산화반응이 촉진되는 것에 의해 발생하는데, 이를 위해서는 분진이 ① 가연성일 것, ② 미립자일 것, ③ 지연성 가스 중에 부유하고 있을 것, ④ 부유장소에 착화원이 있을 것 등의 4조건이 필요하다.

1 $\mu$m 이하의 정도의 미립자라면 가스와 동일하다고 생각하여도 무방하지만, 일반적으로 작고 잘 건조한 것일수록 착화하기 쉽고 폭발의 위력도 크다.

## 3. 폭발의 유형과 방지

다양하게 발생하고 있는 폭발재해를 분석하면, 폭발의 유형은 대체로 6가지 유형으로 분류될 수 있다. 이 6가지 유형 각각에 대한 방지대책을 제시하면 다음과 같다.

### (1) 내부착화에 의한 폭발의 방지

각종의 위험성 물질이 용기류(폐쇄된 공간을 내부에 가지는 탑, 통, 배관 등) 내부에 보유되어 있는 상태에서 착화하면, 위험성 물질이 발열적인 연소 또는 분해를 일으켜 가스의 열팽창에 의해 용기류의 내압이 급상승하고, 그 때문에 폭발이 발생하게 된다.

건물 등의 내부, 갱내(坑內)도 이것과 동일한 폐쇄공간으로 볼 경우, 내부에 충만한 가연성 가스, 부유분진에 의해 폭발이 발생할 수 있다.

용기류 내부에서 이러한 종류의 폭발이 일어나는 사례로서는 다음과 같은 것이 있다.
① 급속연소에 의한 폭발
② 분진 또는 분무의 폭발
③ 폭발성 혼합가스의 폭발
④ 가스의 분해폭발
⑤ 폭발성 물질 또는 혼합위험물질의 폭발
⑥ 배관재료의 연소

이러한 종류의 폭발을 방지하기 위하여 구조물의 강도, 재료를 안전하게 설계·유지하는 것이 필요하다. 설계강도를 훨씬 초과하는 압력이 발생하면 구조물은 파괴되어 버리므로, 폭발 그 자체를 억제하기 위한 다음과 같은 대책을 실시한다.
① 용기류 내부 공기를 불활성 가스로 치환하고, 산소농도를 어느 한계 이하(6% 이하 등)로 유지한다.
② 용기류 내부의 가연성 가스농도를 폭발한계 밖으로 유지하고, 폭발성 혼합가스의 생성을 방지한다. 분진, 분무에 대해서도 동일하게 조치한다.
③ 착화원을 절대로 제공하지 않도록 엄격하게 관리한다.

④ 어떤 종류의 유기불포화화합물은 산소를 흡수하여 산화물을 만들거나 이산화질소를 흡수하여 니트로화합물이 된다. 이와 같은 예민한 물질이 형성되지 않도록 항상 감시와 청소를 실시한다.

## (2) 누출착화에 의한 폭발의 방지

위험성 물질이 보유하고 있는 용기류의 강도열화, 내압의 상승 또는 외부로부터의 하중에 의해 파괴되어, 위험성물질이 공기 중에 누출되어 착화원에 접촉하면 착화된다. 작업자의 오조작에 의해 밸브, 뚜껑의 개방이 이루어지면 동일한 누출, 착화가 발생할 수 있으므로 다음과 같은 대책을 실시한다.

① 누출의 원인이 되는 용기류의 재료의 부식, 피로, 저온취성 등에 의한 강도열화, 이상응력의 발생요인을 사전에 충분히 찾아내고, 적절한 재료의 선택, 구조설계의 개선, 내압시험의 실시 등을 행한다.

② 용기류의 내압상승의 원인이 되는 용기내부에서의 연소·폭발, 반응폭주, 증기폭발의 방지조치를 강구한다.

③ 차량 등의 충돌, 접촉, 부근의 공사로 인한 용기류의 파괴 등의 방지조치를 강구한다.

④ 작업자에 의한 밸브조작, 뚜껑의 개폐 등에서 불안전행동이 있어도 누출이 발생하지 않도록, 이것들의 구조·배치에 대해 인간공학적인 관점에서 개선을 행한다. 특히 중요한 밸브의 조작은 숙련자에게 행하도록 한다.

⑤ 누출의 검지, 경보시스템을 확립하여 둔다.

⑥ 착화원이 되는 것의 위치와 누출 가능성이 있는 장소를 격리한다. 또한 임시작업에 의한 착화원에 대해서도 엄격하게 관리한다.

## (3) 자연발화에 의한 폭발의 방지

자연발화에 의한 화재·폭발의 원인은 화학반응열의 축적에 의한 온도상승에 있으므로 반응열이 축적되지 않도록 다음과 같은 대책을 실시한다.

① 취급하는 물질의 자연발화특성을 미리 조사·확인한다. 특히, 그 물질이 분상(粉狀), 섬유상 또는 다공질인 경우에는 열이 축적되기 쉬우므로 주의한다.

② 자연발화하기 쉬운 물질에 대하여 취급 중의 온도, 외기온도를 연속적으로 측정·감시함과 동시에 기록해 둔다.

③ 자연발화하기 쉬운 물질은 대량으로 축적하면 위험하므로 분산하여 축적한다.

또한 기온이 높으면 발열을 촉진하므로 태양의 직사장소에 저장하는 것을 피한다.

## (4) 반응폭주(暴走)에 의한 폭발의 방지

반응조의 내부에서 진행되는 화학반응이 발열반응일 때 냉각이 불충분하면 반응열이 축적되고 반응계의 온도상승과 반응속도의 급진전이 일어나며 반응은 폭주하게 된다. 이것에 의해 반응조 내의 액체의 증기압은 급상승하고, 용기의 내압력을 초과하면 용기는 파괴되며, 고압증기가 파괴장소에서 분출한다. 단, 압력상승이 속도가 완만하면 반응조의 안전장치가 작동하여 파괴를 모면하는 경우도 있다.

압력상승이 심한 경우에, 용기의 뚜껑 주변의 볼트가 늘어나 절단되고 뚜껑이 지붕을 관통함으로써 상공으로 날아오르는 경우도 있다. 그리고 분출한 가연성 액체의 증기, 미스트에 어떤 착화원이 있으면 누출형의 폭발이 2차적으로 발생한다.

한편 용기파괴에 의해 용기의 내압이 급격하게 저하되면, 용기 내의 액체는 열기압 평형이 깨져 불안정한 가열액체에 의한 증기폭발을 일으킨다. 이 반응폭주형의 폭발을 방지하기 위하여 화학반응열이 축적하는 조건을 제공하지 않는 것이 필요한데, 다음과 같은 대책이 필요하다.

① 발열반응하는 물질은 어떤 일정한 조건이 갖추어지면 반응의 폭주가 시작되는 성질이 있으므로, 원료, 중간제품뿐만 아니라 폐기물에 이르기까지, 반응의 발열성에 대하여 충분한 사전조사를 한다.

② 반응조, 저장조에는 내부의 온도, 압력, 반응물질의 조성, 유량 등을 올바르게 계측·감시할 수 있는 계측장치를 갖춘다.

③ 반응기의 냉각 및 교반장치가 정지하면 반응폭주의 가능성이 있으므로 정전 시에는 바로 예비전원, 자가발전설비로 교체하여 동력원을 확보할 수 있도록 한다.

반응폭주가 시작되면 최종적으로는 반응기 또는 저장조의 파열, 증기폭발, 나아가 공기 중의 가스폭발 식으로 연쇄적으로 폭발이 발생하는 경우도 있을 수 있다.

반응폭주가 일어난 경우에는 급속냉각, 반응물질의 블로 다운(blow down)[27] 등의 긴급조치를 하는 것은 당연하지만, 반드시 성공한다고는 할 수 없다. 결국은 당초에 반응폭주가 일어나지 않도록 면밀한 검토와 대책을 강구하는 것이 기본이다.

## (5) 열이동에 의한 증기폭발의 방지

액체가 고온의 다른 물질에 접촉하면 급속도로 열의 이동이 일어나고 액체는 가열되어 급격한 기화를 동반한 증기폭발이 발생한다. 지상의 괴어 있는 물 위에 고온의 용융한 철, 슬래그가 낙하하면, 물은 급격히 발열하여 수증기폭발이 발생한다. 상온의 물이 전부 기화한

---

27 배기밸브 또는 배기구가 열려 반응기, 탑 등의 내부에 있는 가스가 방출되는 현상을 가리킨다.

경우, 체적의 증가율은 수증기의 온도가 100℃이면 1,700배, 300℃ 또는 500℃로 상승하면 각각 2,600배 또는 3,500배나 된다.

수증기폭발은 직접적으로는 화재로 되지 않지만, 파괴력은 매우 크고 충격파가 발생하기도 한다. 이와 같은 수증기폭발을 방지하기 위해서는 다음과 같은 대책이 필요하다.

① 고온로(爐) 내에 절대로 물이 들어오지 않게 한다.

② 고온물체를 취급하는 작업발판은 반드시 건조시켜 둔다.

③ 고열의 폐기물은 반드시 건조한 장소에 버린다.

④ 물을 뿌려 고열물을 파쇄하는 경우는 고열물의 흐름을 놓치지(체류시키지) 않도록 물을 뿌릴 수 있는 설비로 하고, 물을 뿌리는 장소의 배수를 철저히 한다.

## (6) 증기압의 평형파탄에 의한 증기폭발의 방지

밀폐용기 내의 액체가 가열되어 액체 온도가 상승함에 따라 증기압이 증가하고 고압하에서 증기압평형을 유지하고 있을 때 용기가 파괴되어 증기가 분출하면, 용기의 내압은 급격하게 저하되어 상압(normal pressure)[28]까지 내려간다. 이로 인해 지금까지 평형상태가 유지되고 있던 액체는 불안정한 가열상태가 되고 급격한 기화 때문에 체적이 일거에 급팽창하며 그 충격압에 의해 용기는 더욱 크게 파괴되어 심한 증기폭발이 일어난다.

그 결과, 용기의 내용물이 전부 용기 밖으로 방출된다. 보일러의 물과 같이 불연물이면 용기의 파괴와 내용물의 분출로만 끝나는 증기폭발이 되지만, 가연성 액체가 액화가스일 때는 증기폭발에 의해 분출한 가연성 증기와 미스트에 불이 붙어 대폭발에 이르는 경우가 있으므로, 다음과 같은 대책이 필요하다.

① 보일러, 압력용기, 고압가스설비는 산업안전보건법, 고압가스 안전관리법에 의해 엄격하게 규제되고 있지만, 설계, 공작을 통해 결함이 없도록 하는 것, 사용할 때의 적정한 취급, 점검·정비의 철저 등에 의해 용기의 내압(耐壓)강도를 유지한다.

② 액화가스를 적재한 탱크로리, 탱크차 등이 충돌하여 탱크가 파괴되면 위험하므로 교통사고방지를 철저히 한다.

③ 용기에서 누출된 가스에 불이 붙은 경우, 화재는 이 용기, 근처 용기의 외곽온도를 상승시켜 개구부가 만들어질 수 있으므로, 용기표면에 물을 뿌려 냉각하여 용기의 파괴와 증기폭발을 방지한다.

④ 일반적인 폭발에 대해서는 착화원의 관리가 중요하지만, 증기폭발은 착화원을 필요로 하지 않는 점에 충분히 유의한다.

---

28 감압(減壓)도 가압(加壓)도 하지 않은 일정한 압력. 보통 대기압과 같은 압력을 말하며, 약 1기압이다.

## 4. 화재의 성상과 연기 사망

### (1) 화재의 성상

화재는 발생 시의 조건에 따라 양상이 다르지만, 건물 내의 폐쇄된 공간의 화재는 일반적으로 발화기 → 성장기 → 플래시오버(flashover)[29] → 최성기(fully developed) → 하강기의 단계로 진행된다고 말해지고 있다.

처음에는 발화원에서 불이 서서히 성장해 가지만, 건구(建具), 가구, 벽 등에 착화하면 실내의 조건에 좌우된다. 불이 난 방의 창, 문이 닫혀 있어 공기가 불충분하면, 온도가 그다지 상승하지 않고 음식을 밀폐된 용기 속에 넣어 찌는 것과 같은 상태가 된다.

방이 열려 있으면, 온도가 급상승하여 방 전체가 타오른다. 플라스틱제의 가구·집기가 많거나 벽·천장이 목재로 만들어진 방이면, 온도가 급상승하고 화재범위도 확대되는 '플래시오버'가 발생한다. 내장재에 모르타르(mortar), 불연재가 사용되어 있으면 온도가 천천히 올라가지만 어느 단계에서는 플래시오버가 된다. 플래시오버에 이르기까지의 시간은 내장재료, 화원(火源)의 크기, 개구(開口)조건 등에 따라 다르지만, 일반적으로 10분 이내이다.

플래시오버가 되면 급격한 온도상승에 수반하는 열팽창에 의해 다량의 농연(아주 짙은 연기)이 방에서 갑자기 분출하여 건물 내의 사람에게 위험이 미친다. 이 이후에는 비교적 안정된 연소상태가 계속되지만, 이때 발생하는 연기, 가스의 양은 매우 많다. 가연물이 완전히 타면 온도는 내려가기 시작한다.

### (2) 연기 사망

빌딩 등의 화재로 일시에 다수의 사망자가 발생하는 사례가 적지 않은데, 그 대부분은 피난이 늦어지거나 피난할 수 없어 초래되는 연기에 의한 질식 또는 가스중독에 기인한다. 이와 같이 화재 시 연기에 의해 질식사 또는 가스중독사하는 것을 '연기 사망[연사(煙死)]'이라고 한다.[30] 화재에서 사망원인 1위는 화상 사망이 아니라 연기 사망이다.

화재에서 연기가 자욱이 끼어 있을 때 피난할 수 있는지 여부는 조망거리에 크게 영향을 받고, 유도표지 등이 보이지 않을 때는 피난행동을 취할 수 없게 된다.

연기가 화재가 발생한 방으로부터 복도 등으로 유출되면 연기는 상대적으로 온도가 높아 상방에 층을 만들고 하방에는 비교적 깨끗한 공기층이 남기 때문에, 배연(排煙), 피난에 이용할 수 있다.

화재로 인해 피난할 수 없어 연기 사망하는 경우의 원인은 다음과 같이 분류할 수 있다.

---

29 돌발적으로 연소하는 화재현상을 가리킨다.
30 일반적으로 화재에서의 사인(死因)은 화상 사망[분사(憤死)]과 연기 사망(연사)으로 대별된다.

## 1) 산소결핍

물체가 연소할 때에는 공기 중의 산소가 반드시 소비되는데, 산소가 결핍되면 사람에게 즉효적인 근육운동의 저하와 뇌의 기능장해를 초래한다.

산소가 결핍되었을 때의 증상은 다음과 같다.

- 12~16%　　호흡, 맥박수가 증가하고 구보에 의한 탈출이 곤란하게 된다.
- 9~14%　　판단력이 저하되고 행동력이 없어진다.
- 6~10%　　의식불명, 중추신경장해를 일으킨다, 지속되는 상태에서는 혼수 → 호흡정지 → 6~8분 후 심장정지가 된다.

## 2) 탄산가스(이산화탄소) 중독

연소에 수반하여, 산소의 소비와 교환하여 반드시 탄산가스가 발생한다. 탄산가스의 독성은 약하지만, 고농도에서는 질식사한다.

- 1~2%　　불쾌감이 있다.
- 3~4%　　호흡, 맥박의 증가, 두통·현기증이 생긴다.
- 6%　　호흡곤란이 된다.
- 7~10%　　수 분간에 의식불명, 치아노제(zyanose: 산소공급이 부족하여 피부, 점막이 청자색이 된 상태)가 발생하여 사망한다.
- 12% 이상　단시간에 호흡정지 또는 사망한다.

## 3) 일산화탄소 중독

불완전연소, 적열(赤熱)[31]탄소에 의한 탄산가스의 환원에 의해 일산화탄소가 필연적으로 발생하는데, 일산화탄소는 혈액 중의 헤모글로빈(적혈구의 가운데 있는 단백질)과 결합하여 체내의 산소공급능력을 방해하는 결과 중독증상이 나타나게 된다. 중독증상의 정도는 일산화탄소농도(ppm)와 노출시간(hr)의 곱(중독지수)으로 나타내어진다.

- 중독지수가　300 이하　작용 없음
- 　　　　　　600 이하　다소의 작용(이상감)
- 　　　　　　900 이하　두통, 구역질이 생김
- 　　　　　1,000 이상　생명에 위험

따라서 일산화탄소가 0.5%이면 약 20분, 1%이면 약 10분 이내의 노출로 사망하게 된다.

---

31 물체의 온도가 약 700~900℃의 범위이고 눈에 빨갛게 보이는 상태를 말한다.

### 4) 열분해가스에 의한 위험

플라스틱뿐만 아니라 천연품도 연소, 고열에 의해 분해되어 가스화하고, 다음과 같은 유해 물질을 발생시킨다.

#### 가. 염화수소

염화비닐의 열분해에 의해 발생하는 가스의 95% 이상은 염화수소이다. 염화수소는 호흡 점막의 수분에 흡수되어 염분이 되고 점막을 파괴한다. 고농도의 염화수소에 노출되면 급성 기관지염, 폐수종을 일으키고 호흡곤란이 된다. 단시간 참을 수 있는 한계는 50 ppm이고, 1,500 ppm에서는 생명이 위험하게 된다.

#### 나. 시안화수소

시안화수소는 아크릴섬유가 연소할 때에 자주 발생하지만, 흡입하면 체내세포의 산화반응을 정지시켜, 대외의 신경세포를 단시간에 파괴한다.

50 ppm 정도로는 30분~1시간은 견딜 수 있지만, 135 ppm에서는 30분에 치사, 270 ppm 에서는 바로 사망한다.

#### 다. 포스겐

염화탄화수소(사염화탄소, 클로로포름, 트리클렌 등)는 고열화재에서 포스겐을 발생시킨다. 포스겐은 흡입되면 호흡중추에 손상을 입히고 폐수종을 일으킨다. 5 ppm에서는 수 분간 기침이 나오는 정도이지만, 10 ppm에서는 단시간에 폐장해가 발생하고, 25 ppm에서는 매우 단시간에 중증중독, 50 ppm 이상이 되면 바로 사망에 이른다.

### 5) 매연입자

화재에 의해 발생하는 매연입자는 미세한 입자이라는 점 외에, 타르(tar)분, 자극성 가스를 흡착하고 있고, 기관지에 침착하는 염증을 일으키거나 호흡곤란이 된다.

## 5. 폭발·화재 방지에 관한 법규제

폭발 및 화재의 방지를 위한 산업안전보건법령상의 규제는 앞에서 살펴본 전기에 의한 폭발·화재에 관한 부분과 뒤에서 살펴볼 공정안전관리에 관한 부분도 있지만, 여기에서는 이 부분을 제외한 규정, 그중에서도 산업안전보건기준에 관한 규칙에서 정하고 있는 규정으로 한정하여 소개하기로 한다.

## (1) 위험물 등의 취급 등

산업안전보건기준에 관한 규칙 별표 1의 위험물질(이하 '위험물'이라 한다)을 제조하거나 취급하는 경우에 폭발·화재 및 누출을 방지하기 위한 적절한 방호조치를 하지 아니하고 다음 행위를 해서는 아니 된다(산업안전보건기준에 관한 규칙 제225조).

① 폭발성 물질, 유기과산화물을 화기나 그 밖에 점화원이 될 우려가 있는 것에 접근시키거나 가열하거나 마찰시키거나 충격을 가하는 행위

② 물반응성 물질, 인화성 고체를 각각 그 특성에 따라 화기나 그 밖에 점화원이 될 우려가 있는 것에 접근시키거나 발화를 촉진하는 물질 또는 물에 접촉시키거나 가열하거나 마찰시키거나 충격을 가하는 행위

③ 산화성 액체·산화성 고체를 분해가 촉진될 우려가 있는 물질에 접촉시키거나 가열하거나 마찰시키거나 충격을 가하는 행위

④ 인화성 액체를 화기나 그 밖에 점화원이 될 우려가 있는 것에 접근시키거나 주입 또는 가열하거나 증발시키는 행위

⑤ 인화성 가스를 화기나 그 밖에 점화원이 될 우려가 있는 것에 접근시키거나 압축·가열 또는 주입하는 행위

⑥ 위험물을 제조하거나 취급하는 설비가 있는 장소에 인화성 가스 또는 산화성 액체 및 산화성 고체를 방치하는 행위

물반응성 물질·인화성 고체를 취급하는 경우에는 물과의 접촉을 방지하기 위하여 완전 밀폐된 용기에 저장 또는 취급하거나 빗물 등이 스며들지 아니하는 건축물 내에 보관 또는 취급하여야 하고(산업안전보건기준에 관한 규칙 제226조), 위험물을 액체 상태에서 호스 또는 배관 등을 사용하여 화학설비, 탱크로리, 드럼 등(산업안전보건기준에 관한 규칙 별표 7)에 주입하는 작업을 하는 경우에는 그 호스 또는 배관 등의 결합부를 확실히 연결하고 누출이 없는지를 확인한 후에 작업을 하여야 한다(산업안전보건기준에 관한 규칙 제227조).

산화에틸렌, 아세트알데히드 또는 산화프로필렌을 화학설비, 탱크로리, 드럼 등(산업안전보건기준에 관한 규칙 별표 7)에 주입하는 작업을 하는 경우에는 미리 그 내부의 불활성가스가 아닌 가스나 증기를 불활성가스로 바꾸는 등 안전한 상태로 되어 있는지를 확인한 후에 해당 작업을 하여야 하고, 산화에틸렌, 아세트알데히드 또는 산화프로필렌을 화학설비, 탱크로리, 드럼 등(산업안전보건기준에 관한 규칙 별표 7)에 저장하는 경우에는 항상 그 내부의 불활성가스가 아닌 가스나 증기를 불활성가스로 바꾸어 놓는 상태에서 저장하여야 한다(산업안전보건기준에 관한 규칙 제229조).

인화성 액체의 증기, 인화성 가스 또는 인화성 고체가 존재하여 폭발이나 화재가 발생할 우려가 있는 장소에서 해당 증기·가스 또는 분진에 의한 폭발 또는 화재를 예방하기 위해

환풍기, 배풍기 등 환기장치를 적절하게 설치해야 하고, 해당 증기나 가스에 의한 폭발이나 화재를 미리 감지하기 위하여 가스 검지 및 경보 성능을 갖춘 가스 검지 및 경보 장치를 설치해야 한다. 다만, 한국산업표준에 따른 0종 또는 1종 폭발위험장소에 해당하는 경우로서 제311조에 따라 방폭구조 전기기계·기구를 설치한 경우에는 그렇지 않다(산업안전보건기준에 관한 규칙 제232조).

인화성 가스, 불활성 가스 및 산소(이하 '가스 등'이라 한다)를 사용하여 금속의 용접·용단 또는 가열작업을 하는 경우에는 가스 등의 누출 또는 방출로 인한 폭발·화재 또는 화상을 예방하기 위하여 다음 사항을 준수하여야 한다(산업안전보건기준에 관한 규칙 제233조).

① 가스 등의 호스와 취관(吹管)은 손상·마모 등에 의하여 가스 등이 누출할 우려가 없는 것을 사용할 것
② 가스 등의 취관 및 호스의 상호 접촉부분은 호스밴드, 호스클립 등 조임기구를 사용하여 가스 등이 누출되지 않도록 할 것
③ 가스 등의 호스에 가스 등을 공급하는 경우에는 미리 그 호스에서 가스 등이 방출되지 않도록 필요한 조치를 할 것
④ 사용 중인 가스 등을 공급하는 공급구의 밸브나 콕에는 그 밸브나 콕에 접속된 가스 등의 호스를 사용하는 사람의 명찰을 붙이는 등 가스 등의 공급에 대한 오조작을 방지하기 위한 표시를 할 것
⑤ 용단작업을 하는 경우에는 취관으로부터 산소의 과잉방출로 인한 화상을 예방하기 위하여 근로자가 조절밸브를 서서히 조작하도록 주지시킬 것
⑥ 작업을 중단하거나 마치고 작업장소를 떠날 경우에는 가스 등의 공급구의 밸브나 콕을 잠글 것
⑦ 가스 등의 분기관은 전용 접속기구를 사용하여 불량체결을 방지하여야 하며, 서로 이어지지 않는 구조의 접속기구 사용, 서로 다른 색상의 배관·호스의 사용 및 꼬리표 부착 등을 통하여 서로 다른 가스배관과의 불량체결을 방지할 것

금속의 용접·용단 또는 가열에 사용되는 가스 등의 용기를 취급하는 경우에 다음 사항을 준수하여야 한다(산업안전보건기준에 관한 규칙 제234조).

① 다음 각 목의 어느 하나에 해당하는 장소에서 사용하거나 해당 장소에 설치·저장 또는 방치하지 않도록 할 것
　　가. 통풍이나 환기가 불충분한 장소
　　나. 화기를 사용하는 장소 및 그 부근
　　다. 위험물 또는 산업안전보건기준에 관한 규칙 제236조에 따른 인화성 액체를 취급하는 장소 및 그 부근
② 용기의 온도를 40℃ 이하로 유지할 것

③ 전도의 위험이 없도록 할 것

④ 충격을 가하지 않도록 할 것

⑤ 운반하는 경우에는 캡을 씌울 것

⑥ 사용하는 경우에는 용기의 마개에 부착되어 있는 유류 및 먼지를 제거할 것

⑦ 밸브의 개폐는 서서히 할 것

⑧ 사용 전 또는 사용 중인 용기와 그 밖의 용기를 명확히 구별하여 보관할 것

⑨ 용해아세틸렌의 용기는 세워 둘 것

⑩ 용기의 부식·마모 또는 변형상태를 점검한 후 사용할 것

서로 다른 물질끼리 접촉함으로 인하여 해당 물질이 발화하거나 폭발할 위험이 있는 경우에는 해당 물질을 가까이 저장하거나 동일한 운반기에 적재해서는 아니 된다. 다만, 접촉방지를 위한 조치를 한 경우에는 그러하지 아니하다(산업안전보건기준에 관한 규칙 제235조).

합성섬유·합성수지·면·양모·천조각·톱밥·짚·종이류 또는 인화성이 있는 액체(1기압에서 인화점이 250℃ 미만의 액체를 말한다)를 다량으로 취급하는 작업을 하는 장소·설비 등은 화재예방을 위하여 적절한 배치 구조로 하여야 하고, 근로자에게 용접·용단 및 금속의 가열 등 화기를 사용하는 작업이나 연삭숫돌에 의한 건식연마작업 등 그 밖에 불꽃이 발생될 우려가 있는 작업(이하 '화재위험작업'이라 한다)을 하도록 하는 경우 제1항에 따른 물질을 화재위험이 없는 장소에 별도로 보관·저장해야 하며, 작업장 내부에는 해당 작업에 필요한 양만 두어야 한다(산업안전보건기준에 관한 규칙 제236조).

질화면, 알킬알루미늄 등 자연발화의 위험이 있는 물질을 쌓아 두는 경우 위험한 온도로 상승하지 못하도록 화재예방을 위한 조치를 하여야 한다(산업안전보건기준에 관한 규칙 제237조). 그리고 기름 또는 인쇄용 잉크류 등이 묻은 천조각이나 휴지 등은 뚜껑이 있는 불연성 용기에 담아 두는 등 화재예방을 위한 조치를 하여야 한다(산업안전보건기준에 관한 규칙 제238조).

## (2) 화기 등의 관리

위험물이 있어 폭발이나 화재가 발생할 우려가 있는 장소 또는 그 상부에서는 불꽃이나 아크를 발생하거나 고온으로 될 우려가 있는 화기·기계·기구 및 공구 등을 사용해서는 아니 되고(산업안전보건기준에 관한 규칙 제239조), 위험물, 위험물 외의 인화성 유류 또는 인화성 고체가 있을 우려가 있는 배관·탱크 또는 드럼 등의 용기에 대하여 미리 위험물 외의 인화성 유류, 인화성 고체 또는 위험물을 제거하는 등 폭발이나 화재의 예방을 위한 조치를 한 후가 아니면 화재위험작업을 시켜서는 아니 된다(산업안전보건기준에 관한 규칙 제240조).

통풍이나 환기가 충분하지 않은 장소에서 화재위험작업을 하는 경우에는 통풍 또는 환기를 위하여 산소를 사용해서는 아니 되고(산업안전보건기준에 관한 규칙 제241조 제1항), 가

연성물질이 있는 장소에서 화재위험작업을 하는 경우에는 화재예방에 필요한 다음 사항을 준수하여야 한다(산업안전보건기준에 관한 규칙 제241조 제2항).

① 작업 준비 및 작업절차 수립
② 작업장 내 위험물의 사용·보관 현황 파악
③ 화기작업에 따른 인근 가연성물질에 대한 방호조치 및 소화기구 비치
④ 용접불티 비산방지덮개, 용접방화포 등 불꽃, 불티 등 비산방지조치
⑤ 인화성 액체의 증기 및 인화성 가스가 남아 있지 않도록 환기 등의 조치
⑥ 작업근로자에 대한 화재예방 및 피난교육 등 비상조치

작업 시작 전에 앞의 사항을 확인하고 불꽃·불티 등의 비산을 방지하기 위한 조치 등 안전조치를 이행한 후 근로자에게 화재위험작업을 하도록 해야 하고(산업안전보건기준에 관한 규칙 제241조 제3항), 화재위험작업이 시작되는 시점부터 종료될 때까지 작업내용, 작업일시, 안전점검 및 조치에 관한 사항 등을 해당 작업장소에 서면으로 게시해야 한다. 다만, 같은 장소에서 상시·반복적으로 화재위험작업을 하는 경우에는 생략할 수 있다(산업안전보건기준에 관한 규칙 제241조 제4항).

근로자에게 다음 어느 하나에 해당하는 장소에서 용접·용단 작업을 하도록 하는 경우에는 화재감시자를 지정하여 용접·용단 작업장소에 배치하여야 한다. 다만, 같은 장소에서 상시·반복적으로 용접·용단작업을 할 때 경보용 설비·기구, 소화설비 또는 소화기가 갖추어진 경우에는 화재감시자를 지정·배치하지 않을 수 있다(산업안전보건기준에 관한 규칙 제241조의2 제1항).

① 작업반경 11 m 이내에 건물구조 자체나 내부(개구부 등으로 개방된 부분을 포함한다)에 가연성물질이 있는 장소
② 작업반경 11 m 이내의 바닥 하부에 가연성물질이 11 m 이상 떨어져 있지만 불꽃에 의해 쉽게 발화될 우려가 있는 장소
③ 가연성물질이 금속으로 된 칸막이·벽·천장 또는 지붕의 반대쪽 면에 인접해 있어 열전도나 열복사에 의해 발화될 우려가 있는 장소

화재감시자는 다음 업무를 수행한다(산업안전보건기준에 관한 규칙 제241조의2 제2항).

① 산업안전보건기준에 관한 규칙 제241조의2 제1항 각 호에 해당하는 장소에 가연성물질이 있는지 여부의 확인
② 산업안전보건기준에 관한 규칙 제232조 제2항에 따른 가스 검지, 경보 성능을 갖춘 가스 검지 및 경보 장치의 작동 여부의 확인
③ 화재 발생 시 사업장 내 근로자의 대피 유도

화재감시자에게 업무 수행에 필요한 확성기, 휴대용 조명기구 및 화재 대피용 마스크(한국산업표준 제품이거나 소방산업의 진흥에 관한 법률에 따른 한국소방산업기술원이 정하는

기준을 충족하는 것이어야 한다) 등 대피용 방연장비를 지급해야 한다(산업안전보건기준에 관한 규칙 제241조의2 제3항).

화재 또는 폭발의 위험이 있는 장소에서 다음과 같은 화재 위험이 있는 물질을 취급하는 경우에는 화기의 사용을 금지해야 한다(산업안전보건기준에 관한 규칙 제242조).

① 산업안전보건기준에 관한 규칙 제236조 제1항에 따른 물질

② 산업안전보건기준에 관한 규칙 별표 1 제1호·제2호 및 제5호에 따른 위험물질

건축물, 화학설비(산업안전보건기준에 관한 규칙 별표 7) 또는 위험물 건조설비(산업안전보건기준에 관한 규칙 제5절)가 있는 장소, 그 밖에 위험물이 아닌 인화성 유류 등 폭발이나 화재의 원인이 될 우려가 있는 물질을 취급하는 장소(이하 '건축물 등'이라 한다)에는 소화설비를 설치하여야 하고, 이 소화설비는 건축물 등의 규모·넓이 및 취급하는 물질의 종류 등에 따라 예상되는 폭발이나 화재를 예방하기에 적합하여야 한다(산업안전보건기준에 관한 규칙 제243조).

화로, 가열로, 가열장치, 소각로, 철제굴뚝, 그 밖에 화재를 일으킬 위험이 있는 설비 및 건축물과 그 밖에 인화성 액체와의 사이에는 방화에 필요한 안전거리를 유지하거나 불연성 물체를 차열(遮熱)재료로 하여 방호하여야 한다(산업안전보건기준에 관한 규칙 제244조).

흡연장소 및 난로 등 화기를 사용하는 장소에 화재예방에 필요한 설비를 하여야 하고, 화기를 사용한 사람은 불티가 남지 않도록 뒤처리를 확실하게 하여야 한다(산업안전보건기준에 관한 규칙 제245조). 그리고 소각장을 설치하는 경우 화재가 번질 위험이 없는 위치에 설치하거나 불연성 재료로 설치하여야 한다(산업안전보건기준에 관한 규칙 제246조).

### (3) 용융고열물 등에 의한 위험예방

화로 등 다량의 고열물을 취급하는 설비에 대하여 화재를 예방하기 위한 구조로 하여야 한다(산업안전보건기준에 관한 규칙 제247조). 그리고 용융고열물을 취급하는 설비를 내부에 설치한 건축물에 대하여 수증기 폭발을 방지하기 위하여 다음 각 호의 조치를 하여야 한다(산업안전보건기준에 관한 규칙 제249조).

① 바닥은 물이 고이지 아니하는 구조로 할 것

② 지붕·벽·창 등은 빗물이 새어들지 아니하는 구조로 할 것

용광로, 용선로 또는 유리 용해로, 그 밖에 다량의 고열물을 취급하는 작업을 하는 장소에 대하여 해당 고열물의 비산 및 유출 등으로 인한 화상이나 그 밖의 위험을 방지하기 위하여 적절한 조치를 하여야 하고, 위의 장소에서 화상, 그 밖의 위험을 방지하기 위하여 근로자에게 방열복 또는 적합한 보호구를 착용하도록 하여야 한다(산업안전보건기준에 관한 규칙 제254조).

### (4) 화학설비·압력용기 등

화학설비(산업안전보건기준에 관한 규칙 별표 7) 및 그 부속설비를 건축물 내부에 설치하는 경우에는 건축물의 바닥·벽·기둥·계단 및 지붕 등에 불연성 재료를 사용하여야 한다(산업안전보건기준에 관한 규칙 제255조).

화학설비 또는 그 배관의 덮개·플랜지·밸브 및 콕의 접합부에 대해서는 접합부에서 위험물질 등이 누출되어 폭발·화재 또는 위험물이 누출되는 것을 방지하기 위하여 적절한 개스킷(gasket)을 사용하고 접합면을 서로 밀착시키는 등 적절한 조치를 하여야 한다(산업안전보건기준에 관한 규칙 제257조). 그리고 화학설비 또는 그 배관의 밸브·콕 또는 이것들을 조작하기 위한 스위치 및 누름버튼 등에 대하여 오조작으로 인한 폭발·화재 또는 위험물의 누출을 방지하기 위하여 열고 닫는 방향을 색채 등으로 표시하여 구분되도록 하여야 한다(산업안전보건기준에 관한 규칙 제258조). 또한 화학설비 또는 그 배관의 밸브나 콕에는 개폐의 빈도, 위험물질 등의 종류·온도·농도 등에 따라 내구성이 있는 재료를 사용하여야 한다(산업안전보건기준에 관한 규칙 제259조).

화학설비에 원재료를 공급하는 근로자의 오조작으로 인하여 발생하는 폭발·화재 또는 위험물의 누출을 방지하기 위하여 그 근로자가 보기 쉬운 위치에 원재료의 종류, 원재료가 공급되는 설비명 등을 표시하여야 한다(산업안전보건기준에 관한 규칙 제260조).

인화성 액체 및 인화성 가스를 저장 취급하는 화학설비에서 증기나 가스를 대기로 방출하는 경우에는 외부로부터의 화염을 방지하기 위하여 화염방지기를 그 설비 상단에 설치하여야 한다. 다만, 대기로 연결된 통기관에 통기밸브가 설치되어 있거나, 인화점이 38℃ 이상 60℃ 이하인 인화성 액체를 저장·취급할 때에 화염방지 기능을 가지는 인화방지망을 설치한 경우에는 그렇지 않다. 그리고 위의 화염방지기를 설치하는 경우에는 한국산업표준에서 정하는 화염방지장치 기준에 적합한 것을 설치하여야 하며, 항상 철저하게 보수·유지하여야 한다(산업안전보건기준에 관한 규칙 제269조).

가스폭발 위험장소 또는 분진폭발 위험장소에 설치되는 건축물 등에 대해서는 다음에 해당하는 부분을 내화구조로 하여야 하며, 그 성능이 항상 유지될 수 있도록 점검·보수 등 적절한 조치를 하여야 한다. 다만, 건축물 등의 주변에 화재에 대비하여 물 분무시설 또는 폼 헤드(foam head)설비 등의 자동소화설비를 설치하여 건축물 등이 화재 시에 2시간 이상 그 안전성을 유지할 수 있도록 한 경우에는 내화구조로 하지 아니할 수 있다(산업안전보건기준에 관한 규칙 제270조 제1항).

① 건축물의 기둥 및 보: 지상 1층(지상 1층의 높이가 6 m를 초과하는 경우에는 6 m)까지
② 위험물 저장·취급용기의 지지대(높이가 30 cm 이하인 것은 제외한다): 지상으로부터 지지대의 끝부분까지

③ 배관·전선관 등의 지지대: 지상으로부터 1단(1단의 높이가 6 m를 초과하는 경우에는 6 m)까지

내화재료는 한국산업표준으로 정하는 기준에 적합하거나 그 이상의 성능을 가지는 것이어야 한다(산업안전보건기준에 관한 규칙 제270조 제2항).

산업안전보건기준에 관한 규칙 별표 1 제1호부터 제5호까지의 위험물을 저장·취급하는 화학설비 및 그 부속설비를 설치하는 경우에는 폭발이나 화재에 따른 피해를 줄일 수 있도록 산업안전보건기준에 관한 규칙 별표 8에 따라 설비 및 시설 간에 충분한 안전거리를 유지하여야 한다. 다만, 다른 법령에 따라 안전거리 또는 보유공지를 유지하거나, 산업안전보건법 제44조에 따른 공정안전보고서를 제출하여 피해최소화를 위한 위험성 평가를 통하여 그 안전성을 확인받은 경우에는 그러하지 아니하다(산업안전보건기준에 관한 규칙 제271조).

산업안전보건기준에 관한 규칙 별표 9에 따른 위험물을 같은 표에서 정한 기준량 이상으로 제조하거나 취급하는 다음 어느 하나에 해당하는 화학설비(이하 '특수화학설비'라 한다)를 설치하는 경우에는 내부의 이상 상태를 조기에 파악하기 위하여 필요한 온도계·유량계·압력계 등의 계측장치를 설치하여야 한다(산업안전보건기준에 관한 규칙 제273조).

① 발열반응이 일어나는 반응장치
② 증류·정류·증발·추출 등 분리를 하는 장치
③ 가열시켜 주는 물질의 온도가 가열되는 위험물질의 분해온도 또는 발화점보다 높은 상태에서 운전되는 설비
④ 반응폭주 등 이상 화학반응에 의하여 위험물질이 발생할 우려가 있는 설비
⑤ 온도가 350℃ 이상이거나 게이지 압력이 980 kPa 이상인 상태에서 운전되는 설비
⑥ 가열로 또는 가열기

특수화학설비를 설치하는 경우에는 그 내부의 이상 상태를 조기에 파악하기 위하여 필요한 자동경보장치를 설치하여야 한다. 다만, 자동경보장치를 설치하는 것이 곤란한 경우에는 감시인을 두고 그 특수화학설비의 운전 중 설비를 감시하도록 하는 등의 조치를 하여야 한다(산업안전보건기준에 관한 규칙 제274조).

특수화학설비를 설치하는 경우에는 이상 상태의 발생에 따른 폭발·화재 또는 위험물의 누출을 방지하기 위하여 원재료 공급의 긴급차단, 제품 등의 방출, 불활성가스의 주입이나 냉각용수 등의 공급을 위하여 필요한 장치 등을 설치하여야 하고, 위의 장치 등은 안전하고 정확하게 조작할 수 있도록 보수·유지되어야 한다(산업안전보건기준에 관한 규칙 제275조). 특수화학설비와 그 부속설비에 사용하는 동력원에 대해서는 다음 사항을 준수하여야 한다(산업안전보건기준에 관한 규칙 제276조).

① 동력원의 이상에 의한 폭발이나 화재를 방지하기 위하여 즉시 사용할 수 있는 예비동력원을 갖추어 둘 것

② 밸브·콕·스위치 등에 대해서는 오조작을 방지하기 위하여 잠금장치를 하고 색채표시 등으로 구분할 것

다음 어느 하나에 해당하는 경우에는 화학설비 및 그 부속설비의 안전검사내용을 점검한 후 해당 설비를 사용하여야 한다(산업안전보건기준에 관한 규칙 제277조 제1항).

① 처음으로 사용하는 경우

② 분해하거나 개조 또는 수리를 한 경우

③ 계속하여 1개월 이상 사용하지 아니한 후 다시 사용하는 경우

앞의 경우 외에 해당 화학설비 또는 그 부속설비의 용도를 변경하는 경우(사용하는 원재료의 종류를 변경하는 경우를 포함한다)에도 해당 설비의 다음 각 호의 사항을 점검한 후 사용하여야 한다(산업안전보건기준에 관한 규칙 제277조 제2항).

① 그 설비 내부에 폭발이나 화재의 우려가 있는 물질이 있는지 여부

② 안전밸브·긴급차단장치 및 그 밖의 방호장치 기능의 이상 유무

③ 냉각장치·가열장치·교반장치·압축장치·계측장치 및 제어장치 기능의 이상 유무

화학설비와 그 부속설비의 개조·수리 및 청소 등을 위하여 해당 설비를 분해하거나 해당 설비의 내부에서 작업을 하는 경우에는 다음 사항을 준수하여야 한다(산업안전보건기준에 관한 규칙 제278조).

① 작업책임자를 정하여 해당 작업을 지휘하도록 할 것

② 작업장소에 위험물 등이 누출되거나 고온의 수증기가 새어나오지 않도록 할 것

③ 작업장 및 그 주변의 인화성 액체의 증기나 인화성 가스의 농도를 수시로 측정할 것


## (5) 건조설비

다음 어느 하나에 해당하는 위험물 건조설비(이하 '위험물 건조설비'라 한다) 중 건조실을 설치하는 건축물의 구조는 독립된 단층건물로 하여야 한다. 다만, 해당 건조실을 건축물의 최상층에 설치하거나 건축물이 내화구조인 경우에는 그러하지 아니하다(산업안전보건기준에 관한 규칙 제280조).

① 위험물 또는 위험물이 발생하는 물질을 가열·건조하는 경우 내용적이 $1\ m^3$ 이상인 건조설비

② 위험물이 아닌 물질을 가열·건조하는 경우로서 다음 어느 하나의 용량에 해당하는 건조설비

　　가. 고체 또는 액체연료의 최대사용량이 시간당 10 kg 이상

　　나. 기체연료의 최대사용량이 시간당 $1\ m^3$ 이상

　　다. 전기사용 정격용량이 10 kW 이상

건조설비를 설치하는 경우에는 다음과 같은 구조로 설치하여야 한다. 다만, 건조물의 종류, 가열건조의 정도, 열원(熱源)의 종류 등에 따라 폭발이나 화재가 발생할 우려가 없는 경우에는 그러하지 아니하다(산업안전보건기준에 관한 규칙 제281조).

① 건조설비의 바깥 면은 불연성 재료로 만들 것
② 건조설비(유기과산화물을 가열 건조하는 것은 제외한다)의 내면과 내부의 선반이나 틀은 불연성 재료로 만들 것
③ 위험물 건조설비의 측벽이나 바닥은 견고한 구조로 할 것
④ 위험물 건조설비는 그 상부를 가벼운 재료로 만들고 주위상황을 고려하여 폭발구를 설치할 것
⑤ 위험물 건조설비는 건조하는 경우에 발생하는 가스·증기 또는 분진을 안전한 장소로 배출시킬 수 있는 구조로 할 것
⑥ 액체연료 또는 인화성 가스를 열원의 연료로 사용하는 건조설비는 점화하는 경우에는 폭발이나 화재를 예방하기 위하여 연소실이나 그 밖에 점화하는 부분을 환기시킬 수 있는 구조로 할 것
⑦ 건조설비의 내부는 청소하기 쉬운 구조로 할 것
⑧ 건조설비의 감시창·출입구 및 배기구 등과 같은 개구부는 발화 시에 불이 다른 곳으로 번지지 아니하는 위치에 설치하고 필요한 경우에는 즉시 밀폐할 수 있는 구조로 할 것
⑨ 건조설비는 내부의 온도가 부분적으로 상승하지 아니하는 구조로 설치할 것
⑩ 위험물 건조설비의 열원으로서 직화를 사용하지 아니할 것
⑪ 위험물 건조설비가 아닌 건조설비의 열원으로서 직화를 사용하는 경우에는 불꽃 등에 의한 화재를 예방하기 위하여 덮개를 설치하거나 격벽을 설치할 것

건조설비에 부속된 전열기·전동기 및 전등 등에 접속된 배선 및 개폐기를 사용하는 경우에는 그 건조설비 전용의 것을 사용하여야 하고, 위험물 건조설비의 내부에서 전기불꽃의 발생으로 위험물의 점화원이 될 우려가 있는 전기기계·기구 또는 배선을 설치해서는 아니된다(산업안전보건기준에 관한 규칙 제282조). 건조설비를 사용하여 작업을 하는 경우에는 폭발이나 화재를 예방하기 위하여 다음 사항을 준수하여야 한다(산업안전보건기준에 관한 규칙 제283조).

① 위험물 건조설비를 사용하는 경우에는 미리 내부를 청소하거나 환기할 것
② 위험물 건조설비를 사용하는 경우에는 건조로 인하여 발생하는 가스·증기 또는 분진에 의하여 폭발·화재의 위험이 있는 물질을 안전한 장소로 배출시킬 것
③ 위험물 건조설비를 사용하여 가열건조하는 건조물은 쉽게 이탈되지 않도록 할 것
④ 고온으로 가열건조한 인화성 액체는 발화의 위험이 없는 온도로 냉각한 후에 격납시킬 것

⑤ 건조설비(바깥 면이 현저히 고온이 되는 설비만 해당한다)에 가까운 장소에는 인화성 액체를 두지 않도록 할 것

건조설비에 대하여 내부의 온도를 수시로 측정할 수 있는 장치를 설치하거나 내부의 온도가 자동으로 조정되는 장치를 설치하여야 한다(산업안전보건기준에 관한 규칙 제284조).

### (6) 아세틸렌 용접장치 및 가스집합 용접장치

#### 1) 아세틸렌 용접장치

아세틸렌 용접장치를 사용하여 금속의 용접·용단 또는 가열작업을 하는 경우에는 게이지 압력이 127 kPa(킬로파스칼)을 초과하는 압력의 아세틸렌을 발생시켜 사용해서는 아니 된다(산업안전보건기준에 관한 규칙 제285조).

아세틸렌 용접장치의 아세틸렌 발생기(이하 '발생기'라 한다)를 설치하는 경우에는 전용의 발생기실에 설치하여야 하고, 앞의 발생기실은 건물의 최상층에 위치하여야 하며, 화기를 사용하는 설비로부터 3 m를 초과하는 장소에 설치하여야 하며, 앞의 발생기실을 옥외에 설치한 경우에는 그 개구부를 다른 건축물로부터 1.5 m 이상 떨어지도록 하여야 한다(산업안전보건기준에 관한 규칙 제286조). 발생기실을 설치하는 경우에는 다음 사항을 준수하여야 한다(산업안전보건기준에 관한 규칙 제287조).

① 벽은 불연성 재료로 하고 철근 콘크리트 또는 그 밖에 이와 같은 수준이거나 그 이상의 강도를 가진 구조로 할 것
② 지붕과 천장에는 얇은 철판이나 가벼운 불연성 재료를 사용할 것
③ 바닥면적의 16분의 1 이상의 단면적을 가진 배기통을 옥상으로 돌출시키고 그 개구부를 창이나 출입구로부터 1.5 m 이상 떨어지도록 할 것
④ 출입구의 문은 불연성 재료로 하고 두께 1.5 mm 이상의 철판이나 그 밖에 그 이상의 강도를 가진 구조로 할 것
⑤ 벽과 발생기 사이에는 발생기의 조정 또는 카바이드 공급 등의 작업을 방해하지 않도록 간격을 확보할 것

사용하지 않고 있는 이동식 아세틸렌 용접장치를 보관하는 경우에는 전용의 격납실에 보관하여야 한다. 다만, 기종을 분리하고 발생기를 세척한 후 보관하는 경우에는 임의의 장소에 보관할 수 있다(산업안전보건기준에 관한 규칙 제288조).

아세틸렌 용접장치의 취관마다 안전기를 설치하여야 한다. 다만, 주관 및 취관에 가장 가까운 분기관(分岐管)마다 안전기를 부착한 경우에는 그러하지 아니하다. 그리고 가스용기가 발생기와 분리되어 있는 아세틸렌 용접장치에 대하여 발생기와 가스용기 사이에 안전기를 설치하여야 한다(산업안전보건기준에 관한 규칙 제289조). 아세틸렌 용접장치를 사용하여

금속의 용접·용단(溶斷) 또는 가열작업을 하는 경우에는 다음 사항을 준수하여야 한다(산업안전보건기준에 관한 규칙 제290조).

① 발생기(이동식 아세틸렌 용접장치의 발생기는 제외한다)의 종류, 형식, 제작업체명, 매시 평균 가스발생량 및 1회 카바이드 공급량을 발생기실 내의 보기 쉬운 장소에 게시할 것
② 발생기실에는 관계 근로자가 아닌 사람이 출입하는 것을 금지할 것
③ 발생기에서 5 m 이내 또는 발생기실에서 3 m 이내의 장소에서는 흡연, 화기의 사용 또는 불꽃이 발생할 위험한 행위를 금지시킬 것
④ 도관에는 산소용과 아세틸렌용의 혼동을 방지하기 위한 조치를 할 것
⑤ 아세틸렌 용접장치의 설치장소에는 적당한 소화설비를 갖출 것
⑥ 이동식 아세틸렌용접장치의 발생기는 고온의 장소, 통풍이나 환기가 불충분한 장소 또는 진동이 많은 장소 등에 설치하지 않도록 할 것

### 2) 가스집합 용접장치

가스집합장치에 대해서는 화기를 사용하는 설비로부터 5 m 이상 떨어진 장소에 설치하여야 하고, 앞의 가스집합장치를 설치하는 경우에는 전용의 방(이하 '가스장치실'이라 한다)에 설치하여야 한다. 다만, 이동하면서 사용하는 가스집합장치의 경우에는 그러하지 아니하다. 그리고 가스장치실에서 가스집합장치의 가스용기를 교환하는 작업을 할 때 가스장치실의 부속설비 또는 다른 가스용기에 충격을 줄 우려가 있는 경우에는 고무판 등을 설치하는 등 충격방지 조치를 하여야 한다(산업안전보건기준에 관한 규칙 제291조). 가스장치실을 설치하는 경우에는 다음 구조로 설치하여야 한다(산업안전보건기준에 관한 규칙 제292조).

① 가스가 누출된 경우에는 그 가스가 정체되지 않도록 할 것
② 지붕과 천장에는 가벼운 불연성 재료를 사용할 것
③ 벽에는 불연성 재료를 사용할 것

가스집합용접장치(이동식을 포함한다)의 배관을 하는 경우에는 다음 사항을 준수하여야 한다(산업안전보건기준에 관한 규칙 제293조).

① 플랜지·밸브·콕 등의 접합부에는 개스킷을 사용하고 접합면을 상호 밀착시키는 등의 조치를 할 것
② 주관 및 분기관에는 안전기를 설치할 것. 이 경우 하나의 취관에 2개 이상의 안전기를 설치하여야 한다.

용해아세틸렌의 가스집합용접장치의 배관 및 부속기구는 구리나 구리 함유량이 70% 이상인 합금을 사용해서는 아니 된다(산업안전보건기준에 관한 규칙 제294조). 아세틸렌은 반응성이 매우 큰 가스이고 여러 물질과 반응하여 새로운 화합물을 만든다. 구리, 은 등의 금속과 반응하여 아세틸라이드를 만드는데, 이 물질은 불안정하고 충격, 가열(약 120℃) 등에

의해 심한 분해폭발을 일으킨다. 아셀틸렌을 사용하는 경우에는 이들 금속과 접촉하지 않도록 하여야 하므로, 배관 및 부속기구에 구리를 70% 이상 함유하는 합금의 사용을 금지한 것이다.

가스집합용접장치를 사용하여 금속의 용접·용단 및 가열작업을 하는 경우에는 다음 사항을 준수하여야 한다(산업안전보건기준에 관한 규칙 제295조).

① 사용하는 가스의 명칭 및 최대가스저장량을 가스장치실의 보기 쉬운 장소에 게시할 것

② 가스용기를 교환하는 경우에는 관리감독자가 참여한 가운데 할 것

③ 밸브·콕 등의 조작 및 점검요령을 가스장치실의 보기 쉬운 장소에 게시할 것

④ 가스장치실에는 관계근로자가 아닌 사람의 출입을 금지할 것

⑤ 가스집합장치로부터 5 m 이내의 장소에서는 흡연, 화기의 사용 또는 불꽃을 발생할 우려가 있는 행위를 금지할 것

⑥ 도관에는 산소용과의 혼동을 방지하기 위한 조치를 할 것

⑦ 가스집합장치의 설치장소에는 적당한 소화설비를 설치할 것

⑧ 이동식 가스집합용접장치의 가스집합장치는 고온의 장소, 통풍이나 환기가 불충분한 장소 또는 진동이 많은 장소에 설치하지 않도록 할 것

⑨ 해당 작업을 행하는 근로자에게 보안경과 안전장갑을 착용시킬 것

## (7) 지하작업장 등

사업주는 인화성 가스가 발생할 우려가 있는 지하작업장에서 작업하는 경우(제350조에 따른 터널 등의 건설작업의 경우는 제외한다) 또는 가스도관에서 가스가 발산될 위험이 있는 장소에서 굴착작업(해당 작업이 이루어지는 장소 및 그와 근접한 장소에서 이루어지는 지반의 굴삭 또는 이에 수반한 토석의 운반 등의 작업을 말한다)을 하는 경우에는 폭발이나 화재를 방지하기 위하여 다음 각 호의 조치를 하여야 한다(산업안전보건기준에 관한 규칙 제296조).

① 가스의 농도를 측정하는 사람을 지명하고 다음의 경우에 그로 하여금 해당 가스의 농도를 측정하도록 할 것

가. 매일 작업을 시작하기 전

나. 가스의 누출이 의심되는 경우

다. 가스가 발생하거나 정체할 위험이 있는 장소가 있는 경우

라. 장시간 작업을 계속하는 경우(이 경우 4시간마다 가스 농도를 측정하도록 하여야 한다)

② 가스의 농도가 인화하한계 값의 25% 이상으로 밝혀진 경우에는 즉시 근로자를 안전한 장소에 대피시키고 화기나 그 밖에 점화원이 될 우려가 있는 기계·기구 등의 사용을 중지하며 통풍·환기 등을 할 것

# VIII. 공정안전관리 및 안전설계·운전

우리나라에서는 화학플랜트의 안전확보에 있어서는 산업안전보건법, 고압가스안전관리법, 소방관계법 등 안전법규가 오랫동안 그 근간을 유지하여 왔다. 그러나 자율안전의 추진에 의해 안전법규는 최소한의 요구사항이라는 인식이 확산되고, 기업 스스로에 의한 안전관리시스템의 구축과 실행이 점차적으로 강조되어 오고 있다.

화학플랜트의 안전확보에 있어서는 안전관리, 운전관리 및 설비관리에 관련되는 조직과 사람, 안전에 관한 정보, 설비설계, 기술, 매니지먼트를 적절하게 조합하여 활용하는 것이 필요한데, 그 구조의 체계가 안전기반이라고 할 수 있다.

화학플랜트는 아래 그림에서와 같이 연구개발, 설비계획, 설계, 건설, 운전, 보전이라고 하는 플랜트 라이프사이클을 통해 그 일생을 마친다.

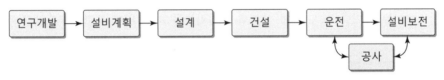

그림 6.8.1 플랜트 라이프사이클

화학플랜트의 안전확보에 있어서는 운전, 보전이라고 하는 조업단계에 초점을 맞춘 방안을 강구하는 것뿐만 아니라, 플랜트 라이프사이클 전체를 염두에 둔 안전기반을 구축하는 것이 중요하다. 이를 위해서는 공정안전관리시스템의 구축과 실행, 안전에 관련된 기반정보의 정비와 활용, 기술표준의 정비, 설비, 취급물질 등의 변경 시의 관리, 공정위험성 평가에 의한 위험원(hazard)의 파악, 운전원·스태프의 교육 등이 필요하다. 나아가, 만일의 사고발생시 피해의 국한화, 최소화를 도모하는 데 있어서 사고·재해를 상정하고, 그것들이 실제로 발생하였을 때의 긴급대응 방식 등을 사전에 검토하여 두는 것도 중요하다.

## 1. 공정안전관리

플랜트의 안전확보에 있어서는 최고경영진이 안전이념을 표명하고 그 이념을 반영한 공정안전관리시스템을 구축하고 실행하는 것이 중요하다. 공정안전관리란 플랜트 안전확보에 있어서의 방침, 실행계획, 실행, 실행결과의 평가와 개선이라고 하는 PDCA를 돌리는 관리방식의 체계로서 안전기반의 골격을 이루는 것이다. 그리고 공정안전관리는 플랜트의 조업단계만을 대상으로 하는 안전관리가 아니라, 연구개발, 설비계획, 설계, 건설, 운전, 보전이라고 하는 플랜트 라이프사이클 각 단계에서의 다양한 업무를 안전 측면에서 포괄적으로 관리하는 것이다.

이를 위하여, 플랜트 라이프사이클 전 단계에 걸쳐 안전관리, 운전관리, 설비관리라고 하는 3부문의 업무기능, 다하여야 할 역할·권한·책임 등을 규정함과 아울러, 각 단계의 업무에서 안전확보를 위해 중요한 실시항목은 무엇인지를 명확히 하고, 3부문이 각각 어떻게 협조·협동해 가야 하는 것인지, 각 부문 간의 연결과 관계는 어떻게 되어야 하는지를 검토하며, 안전을 확보하는 데 있어서 요구되는 프로그램 항목을 책정하고 실행하는 것이 공정안전관리의 기본이 된다.

그리고 플랜트는 설계사상, 설계논리에 근거하여 설계베이스가 결정되고, 플랜트 구조체로서의 설계강도의 결정, 운전조건, 제어방식의 결정, 재료의 선정, 안전설비, 안전시스템 등의 설계가 이루어지는데, 운전·보전에 있어서는 설계사상, 설계논리를 이해하고 그것에 따른 업무가 이루어지는 것이 중요하며, 이것도 공정안전관리의 대상이 된다.

이상을 정리하면 공정안전관리에 있어서는 다음 사항을 실행하는 것이 기본이다.

- 플랜트 라이프사이클 전 단계에 걸쳐서 안전확보를 하기 위한 실행프로그램을 정비하고 수행할 것
- 안전관리, 운전관리, 설비관리라고 하는 3부문 각각에서의 안전과 관련된 역할, 기능, 권한, 책임을 정의하고 그것에 따른 관리가 이루어질 것
- 설계사상·설계논리를 이해한 후에 안전하고 안정적인 운전이 유지될 것
- 설계사상·설계논리를 이해한 보전이 이루어지고, 설비의 건전성이 유지될 것
- 생산성 향상, 기술의 갱신, 설비개조 등 여러 가지 요인에 의한 변경 시의 관리가 확실하게 실시될 것
- 플랜트 라이프사이클 전 단계에 걸쳐서 공정안전관리의 실행에서의 약점, 문제점을 사업장 전체적으로 분석하고 개선을 도모할 것
- 이상의 사항을 확실하게 실행하기 위하여 조직의 기능설계, 구체적인 담당이 명확하게 정의되고, 실행계획에 따라 각 업무가 실행되고 있는지를 체크하고 어긋남을 수정하는 구조를 가질 것

## 2. 안전기반정보

베테랑의 은퇴, 인원의 삭감, 설비의 노후화 등 화학산업을 둘러싼 환경은 크게 변하고 있다. 안전에 관한 지식의 속인성(屬人性)이 오랫동안 지속되어 왔기 때문에 베테랑의 은퇴에 수반하여 중요한 지식·정보가 결락하는 현실에 직면하고 있다. 그리고 앞으로도 사회환경의 변화, 플랜트에 관련된 자의 의식변화가 예상되며, 이들 변화를 생각하면 지식의 속인성을

탈피하고 정보의 보편화와 공유화를 도모해 가는 것이 중요하다. 이를 위해서는 플랜트에서의 다양한 정보 중 안전과 깊게 관련된 기반정보가 무엇인지를 명확히 하고, 이를 적절하게 관리하고 활용하는 것이 필요하다.

플랜트에서 중요한 안전기반정보의 일례를 제시하면 다음 사항이 열거된다.

- 공정 특성에 관한 정보
- 배관계장계통도(Piping and Instrument Diagram: P&ID)[32]
- 공정흐름도(Process Flow Diagram: PFD)
- 인터록 관련정보
- 플랜트 레이아웃
- 취급물질의 MSDS
- 사고정보, 트러블·아차사고사례
- 표준운전절차서(SOP)
- 운전관리 중요정보
- 보전기준, 설비관리 중요정보
- 설비보전이력
- 공정안전관리를 위한 필수의 규정·기준류

이 외에도 안전관리, 운전관리, 설비관리 각각의 부문에서의 업무수행 및 플랜트안전에 관련된 정보가 다수 존재한다. 다수의 기업에서는 자사의 트러블, 부적합 관계정보, 아차사고정보, 타사의 사고정보를 안전관리부문이 수집하여 수평전개에 의해 유사사고·트러블방지에 활용하고 있다.

이것들에 추가하여, 플랜트운전에서의 운전부하이력, 운전트러블을 비롯한 정보의 관리와 활용이 중요하고, 이들 정보를 분석하여 보전부서와의 공유를 도모함으로써 설비의 건전성, 신뢰성의 향상으로 연결될 수 있다. 그리고 그 역으로 보전부서의 정보를 안전하고 안정적인 운전을 위하여 운전부서에서 활용하는 것도 있을 수 있다.

이와 같이 3부문(안전관리, 운전관리, 설비관리)에 관련된 정보의 공유화를 도모하고 부문을 초월하여 활용하는 것이 중요하다. 즉, 안전관리, 운전관리, 설비관리의 3부문에서의 정보 중 다른 부문의 업무와 관계가 깊은 안전정보는 무엇인지를 정의하고, 그 활용방침을 명확히 하여 3부문에서 공유하는 구조를 구축하는 것, 사업장 전체적으로 정보의 최신성, 정합성을 유지하는 것이 중요하다.

이것이 이루어지지 않으면 공유해야 할 정보의 갱신이 있는 경우에, 이것이 다른 부문에

---

32 화학공업 등의 장치산업에서 플랜트의 기기, 배관 및 여기에 관계되는 계장설비를 도식(圖式)표현으로 나타내는 것이다. 배관, 밸브, 계기 등의 종류에 따라 특유한 그림이나 기호에 의해서 표시되어 있고, 기기·배관번호, 치수, 재료, flow의 방향, 기능 등이 기입되어 있다.

정확하게 전달되지 않아 트러블의 요인이 된다. 예를 들면, 운전관리부문과 설비관리부문은 항상 최신의 P&ID를 가지고 있는 것이 기본인데, 같지 않은 P&ID를 사용하고 있으면 일상에서의 작은 공사, 개조 등에서의 트러블의 원인이 되는 것이 많은 사례에서 증명되고 있다.

P&ID와 같은 중요한 안전정보는 최신성을 유지함과 함께 부문을 초월하여 동일한 정보를 공유하고, 각 정보가 플랜트 라이프사이클의 어느 단계와 깊이 관련되어 있는지를 명확히 한 후에 활용하는 것이 필요하다. 예를 들면, 연구개발단계에서는 개발공정의 성능의 향상이라고 하는 본래의 목적에 관한 정보뿐만 아니라, 물질의 위험특성, 반응성 등 안전에 관한 정보가 다수 축적되는데, 이들 플랜트 안전에 깊게 관련되는 정보는 설계에 활용하는 외에, 경우에 따라서는 플랜트 운전에도 활용하는 것이 필요하다.

설계단계에서는 설계에 관련된 입력정보, 설계결과로서의 출력정보 등 다양한 정보가 활용되고 만들어지지만, 이들 정보에서 운전·보전에 크게 관련되어 있는 중요정보를 추출하고 운전·보전업무에 활용하는 것도 중요하다.

예를 들면, 설계에 있어서의 전제, 사용재료의 선정근거, 제어방식의 선정이유, 운전조건의 근거 등과 같은 설계논리에 관한 정보, 설계에서 채용한 기술기준·규격류, 취급물질의 위험성, 부식 특성 등의 정보는 플랜트의 표준운전절차서, 기동(startup)/중단(shutdown) 절차서의 작성에 사용되는 것 외에, 공정 이상 시 대응절차의 검토, 플랜트에서의 위험원의 특정, 공정 이상 알람의 공정한 관리 등 플랜트의 안전하고 안정적인 운전업무에 있어 불가결한 정보이다. 따라서 운전·보전 측에 전달되어 올바른 이해하에 운전조작, 설비보전이 이루어지도록 할 필요가 있다. 즉, 설계단계에서의 정보 중 플랜트운전 및 설비보전에 크게 관련되는 정보를 추출·정리하고, 이들을 활용하는 구조를 구축해 나가는 것이 중요하다.

설계에 관련된 정보뿐만 아니라, 플랜트운전 및 설비관리업무에서 얻어진 운전부하의 이력, 각종 트러블정보, 보전업무에서의 설비의 부식, 결함·열화에 관련된 정보 등을 당해 플랜트의 설계베이스와 비교확인하고, 필요에 따라 설계업무에 피드백하여 유사플랜트의 설계에의 반영, 설계기준의 개정 등에 활용할 필요가 있다.

이와 같이 플랜트 라이프사이클의 여러 가지 단계에서 얻어진 안전에 관련된 정보가 각각의 부문, 플랜트 라이프사이클 각 단계에서의 개별업무 속에 묻히지 않도록 연구개발, 설계, 운전, 보전이라고 하는 플랜트의 일생을 통하여 관리하고, 피드포워드(feedforward)와 피드백(feedback)을 의식하며, 부문을 초월하여 활용해 가는 것이 안전관리를 한층 고도화하는 데 있어 중요하다고 말할 수 있다.

플랜트의 안전확보에 있어 이상에서 제시한 안전정보의 공유 및 활용을 위한 관점을 정리하면 다음과 같다.

- 안전관리, 운전관리, 설비관리 3부문의 안전에 관련되는 정보가 다른 어느 부문과의 관계가 있는지를 명확히 하고, 안전정보의 활용방침을 제시하며, 3부문에서 공유·활용할 것

- 플랜트 라이프사이클의 설계, 보전, 공사에 관련된 정보 중 안전관리, 운전관리, 설비관리의 3부문에서 공유하여야 할 정보는 무엇인가를 명확히 하고 3부문에서 공유화를 도모하는 한편, 그것이 플랜트 라이프사이클 각 단계의 어느 업무와 관계가 있는지를 검토 및 활용할 것
- 안전관리, 운전관리, 설비관리의 3부문에서의 안전과 관련하여 공유하여야 할 정보를 사업장 전체적으로 정기적으로 검토하고 최신성·정합성을 유지할 것
- 플랜트 설계단계에서의 각종 설계정보, 설계사상, 설계논리를 운전, 설비관리, 공사에 반영하는 구조를 가질 것
- 운전, 설비관리, 공사 등의 조업단계에서 얻어진 트러블정보 등을 설계에 반영하는 구조를 가질 것
- 운전정보 중에서 설비보전, 안전관리에 깊이 관련된 정보를 선별하고, 설비의 건전성 유지, 작업, 운전안전 등에 활용할 것

## 3. 안전설계

플랜트의 안전확보를 위한 골격은 설계단계에서 만들어진다. 여기에서는 설계 측면에서 플랜트 안전을 확보하는 데 있어 기본이 되는 안전설계 기본방침, 안전설계사양, 안전설계기준, 안전시스템의 기능유지에 대한 접근방식을 제시한다.

### (1) 안전설계 기본방침

안전설계 기본방침이란 플랜트의 신설, 대규모의 증개축공사 등에 있어 안전을 확보하기 위한 설계 면에서의 기본방침이다. 구미에서는 플랜트의 신규건설프로젝트 등에서 최고경영자의 안전이념을 반영한 방침을 SHE(Safety, Health and Environment) 방침 등으로 문서화하고, 관계자에게 주지가 철저히 이루어진다. 국내에서의 플랜트 신규건설, 대규모의 증개축공사의 설계에 있어서도 플랜트설계와 관련된 법령의 준수, 설계에서 채용하는 기술규격·기준의 준수 등의 준수에 관한 항목을 안전설계기본방침으로 제시하고, 관계자에게 주지철저를 도모하는 것이 필요하다. 최고경영자의 안전이념도 그 기본방침에 반영한다.

HAZOP(Hazard and Operability Study), What-if 기법 등의 공정위험성 평가방법을 이용한 위험성평가, 재료선정 검토, 레이아웃 검토, 인터록 검토 등의 각종 설계안전 검토에 관한 규정을 포함하는 것도 필요하다. 위험성평가, 설계검토의 깊이, 상세도, 적용방법 등은 플랜트의 규모, 위험특성에 따라 결정된다. 그리고 안전설계기본방법에 따라 업무가 실시되고 있는지를 설계부문과는 독립적인 제3자(사외 컨설팅 포함)에 의해 감사(audit)를 실시하는

규정을 포함하는 한편, 안전설계기본방침의 적용이 적절한지를 평가하고 정기적으로 검토하는 것도 필요하다.

### (2) 안전설계사양

플랜트의 신설 또는 능력보강 등을 위한 대규모의 증개축공사를 하는 경우에, 관련법규의 준수와 함께 공정위험특성, 운전조건, 취급물질의 위험성 등을 고려하는 한편, 자사의 기본이념에 근거한 사회적 책임을 포함한 안전설계사양을 작성하고, 이것에 근거하여 설계를 하는 것이 중요하다.

이 안전설계사양에는 설계 면에서의 플랜트의 안전성과 건전성 유지에 있어 기본이 되는 기술기준·규격류를 규정하여 두는 것이 필요하다. 공정설계, 기계·설비설계에 있어서는 각종의 설계코드를 사용하여 설계가 이루어지는데, 이것들은 정상운전상태를 전제로 한 것이 많다. 이 정상상태를 대상으로 한 설계, 각종 검토에 추가하여, 사고예방을 위한 안전시스템 설계, 안전에 관한 비정상운전을 대상으로 한 검토가 설계 측면에서 플랜트의 안전확보를 도모하는 데 있어 불가결이다.

대표적인 안전시스템으로서는, ⅰ) 공정 이상 발생 시에 사고로의 진전을 저지하기 위한 공정안전인터록[이상계장(計裝)시스템], 긴급차단시스템, ⅱ) 이상 과압에 의한 파괴로부터 장치를 보호하는 안전변, 파열판 등의 압력방출장치, ⅲ) 인화성 유체 누설의 조기검지를 위한 가스검지시스템, ⅳ) 전기기기로부터의 착화를 방지하기 위한 방폭전기기기 등이 열거된다. 그리고 운전조건, 취급유체의 부식성에 적합한 재료 선정 등도 플랜트의 건전성 유지를 위해 중요하고, 안전설계사양에는 이들 안전시스템, 안전설계의 기본사양, 선정재료 등에 관한 기술기준·규격류를 규정하여 둔다. 이것들에 추가하여 설계 측면에서의 공정위험성 평가의 실시, 적용방법 및 실시단계도 규정히여 두는 것이 바람직하다.

최근 플랜트에서의 고도제어에 의한 운전조작, 운전원 수의 감소, 질의 변화를 고려하면, 공정 이상 발생 시에 사고방지를 위해 운전원의 신속하고 적절한 대응을 기대하기에는 한계가 있다. 이 때문에 운전원의 수와 질, 운전조작의 복잡성 등을 고려하여 운전대응으로 대응하여야 할 것과 안전시스템으로 대처하여야 할 것을 검토하여 구분하고 안전설계사양에 포함하는 것도 필요하다. 그리고 플랜트 구성기계의 목적·기능·중요도를 평가하고, 기기·설비의 신뢰도의 향상과 건전성을 유지하기 위한 설계 측면에서의 기능요구를 설계사양에 포함시키는 것도 중요하다.

한편, 안전설계사양이 제시되고 있어도 실제의 설계업무에서는 시간의 제약, 설계자 개인의 판단으로 사양에 따른 업무가 이루어지지 않는 경우가 있다. 이 때문에 안전설계사양에 따른 설계업무가 이루어지고 있는지에 대한 확인과 평가를 위한 감사가 중요하고, 감사시기,

감사실시조직에 관하여 규정하는 것도 필요하다고 말할 수 있다.

## (3) 안전설계·안전기술기준

플랜트의 안전기능과 관련된 설계를 안전설계라고 한다. 안전설계 시 이상 발생 방지, 이상의 조기검지, 이상 발생 시의 진전 저지(사고방지), 사고 발생 시의 피해의 국한화라고 하는 다중방호의 관점에서, 안전시스템 설계, 신뢰성 있는 기기 선정, 검지시스템의 적정화, 설비 레이아웃, 운전원의 오조작 방지 등을 위한 작업환경설계, 인간공학적 설계 등을 반영하는 것이 중요하다. 플랜트의 안전설계에 있어서의 골격이 되는 것이 안전설계기준, 안전기술기준이다.

주요한 안전설계·안전기술기준으로는 다음과 같은 것이 제시된다.
- 안전인터록에 관한 기술기준
- 안전변에 관한 기술기준
- 긴급차단변, 긴급탈압변에 관한 기술기준
- 유틸리티 기능유지에 관한 기준
- 작업환경설계, 오조작방지(밸브·배관의 식별, 잠금 등)에 관한 기준
- 운전원의 부하 경감에 관한 기준
- 가스·검지기 설치에 관한 기술기준
- 내진설계기준
- 제어실 설계에 관한 기준

안전설계·안전기술기준은 사업장 또는 기업 전사적으로 일원관리되어 모든 플랜트가 공통기준에 의해 설계가 이루어지는 것이 바람직하고, 이를 위하여 관리부서를 정하고 최신성을 유지하는 것이 필요하다. 그리고 운전, 보전의 리더는 자신이 담당하는 플랜트의 베이스가 되는 기준이 무엇인지를 이해하는 것이 필요하고, 이를 위한 교육도 실시해 간다. 이들 기술기준은 한번 작성하면 좋은 것이 아니라, 사회적 요구의 변화, 종업원의 감소, 질의 변화, 기술의 진보, 플랜트의 연령, 설비의 변화 등을 고려하며, 진부화한 기준은 폐지하고 시대의 변화에 따른 새로운 기준으로의 교체 등 정기적인 검토를 실시한다.

나아가, 해외에서 채용되어 우수한 것으로 평가되고 있는 국제적인 기준을 반영하는 것도 필요하다. 또한 이들 설계·기술기준은 플랜트 라이프사이클의 모든 단계에 걸쳐서 플랜트 전체의 정합성을 고려하는 것이 중요하다.

## (4) 안전시스템의 기능 유지

대표적인 안전시스템 또는 안전설비로는 안전변, 공정안전인터록, 긴급차단시스템, 긴급탈락시스템, 긴급중단(shutdown)시스템, 제해(除害)설비 등이 제시된다. 이것들은 플랜트의 구성기기의 고장 또는 인간의 조직미스 등에 의해 공정 이상이 발생한 때의 사고의 미연방지를, 그리고 플랜트장치로부터의 위험물질의 누설사고 등이 발생한 때의 피해의 사고방지를 목적으로 한 것이고, 플랜트의 안전확보에 있어서는 이들 안전시스템의 기능유지가 중요하다는 것은 말할 필요도 없다.

안전변, 안전인터록을 비롯한 안전시스템은 생산에는 직접 관여하지 않고 이상 발생 시에 작동이 요구되는 대기계(待機系)의 시스템이라는 점에 특징이 있다. 생산에 직접 관련되는 펌프의 고장정지 또는 조절변의 고장전개(全開) 등과 같은 고장모드가 발생한 경우에는 유량, 온도, 압력이라고 하는 공정변수(parameter)가 변동하는 것에 의해 공정 이상이 명시적으로 나타나고, 이상알람의 발보(發報)에 의해 이상의 조기검지가 가능하다[이 고장형태를 명시(明示)고장이라고 한다].

한편, 위와 같이 안전시스템은 공정 이상 발생 시에 작동이 요구되는 대기계(待機系)의 시스템이고, 플랜트의 정상운전 시 목적으로 하는 기능을 수행할 수 없는 고장이 발생하고 있어도 공정의 변동을 일으키지 않기 때문에 고장상태인 것이 명시적으로 나타나는 것은 아니다. 예를 들면, 안전변의 밸브시트(valve seat)가 고착되어 있거나 안전인터록이 고장상태에 있어 본래의 기능을 상실하고 있었다고 하더라도, 많은 경우 이상 알람에 의해 고장을 검출할 수 있는 것은 아니고, 점검을 해서 비로소 고장상태인 것을 확인할 수 있다[이 고장상태를 비명시(非明示) 고장이라고 한다].

이와 같은 특성을 가지고 있는 안전시스템·안전설비의 건전성, 신뢰성을 유지하기 위하여 점검주기, 점검방법 등에 대해 개별적으로 기능유지기준을 마련하여 둘 필요가 있다. 안전시스템·안전설비의 설계베이스, 작동설정치 일람(一覽) 등을 알 수 있는 자료를 정비하는 한편, 운전·보전부문의 책임자는 안전시스템·안전설비의 설계베이스, 목적으로 삼는 기능을 이해하고 있는 것이 중요하고, 이를 위한 교육도 필요하다.

이미 말하였듯이, 안전설비는 이상이 발생하였을 때에 사고예방 또는 사고발생 시의 피해확대방지를 목적으로 하여 설치되는데, 펌프, 컴프레셔(공기압축기) 등 기기 자체를 손상으로부터 보호하기 위한 것, 폭발반응기의 이상반응, 폭주반응에 의한 반응기의 파괴사고방지를 목적으로 한 것, 또는 장치의 긴급정지 등을 목적으로 한 것 등 그 양태는 다양하고, 각각의 안전시스템의 중요도는 일률적으로 동일한 레벨의 것은 아니다. 예를 들면, 펌프를 손상으로부터 보호하기 위한 안전인터록과 폭주반응을 방지하기 위한 안전인터록을 비교한 경우, 안전인터록이 작동 요구 시에 기능하지 않고 사고가 발생하였을 때 영향의 크기는 펌프손상과

폭주반응은 다르다고 말할 수 있다. 따라서 안전시스템마다 중요도 분류를 하고, 그 중요도에 따른 기능유지기준을 정비하여 둘 필요가 있다.

나아가, 운전원, 보전원은 각각의 안전시스템의 기능과 중요도, 그 한계를 이해하고 있는 것이 중요하고, 이를 위한 교육도 필요하다. 그리고 자사, 타사의 사고사례, 기술의 진보, 국제적인 기술표준의 동향을 토대로 기능유지기준을 정기적으로 검토하는 것이 필요하다. 예를 들면, 공정안전 인터록에 관련된 국제적인 기술표준으로는 IEC 61508(functional safety of electrical/electric/programmable electronic safety-related system) 및 IEC 61511(functional safety of safety instrumented systems for the process industry sector)이 있고, 이 기준에서는 안전계장시스템(Safety Instrumented System: SIS), 즉 공정안전 인터록의 중요도 레벨(Safety Integrity Level: SIL)에 따라 목표로 하는 신뢰도를 규정하고 있다.

## 4. 운전

여기에서는 운전관리규정, 표준운전절차서, 공정이상 시 대응, 기동(startup) / 중단(shutdown)에 대해 설명한다.

### (1) 운전관리규정

운전관리규정이란 화학플랜트를 안전하게 조업하고, 품질관리, 생산관리 등을 수행하기 위하여 정상 및 비정상 시의 운전관리와 그 관련작업 및 보전작업 관리에 관하여 규정하는 것이다. 이것에 추가하여, 플랜트의 안전확보 및 환경 유지에 있어 운전관리부문의 행동규범뿐만 아니라 안전, 보전, 공사 등의 부문과의 상호연계와 그 역할의 규정, 그리고 플랜트의 위험성을 억제하는 일을 담당하는 조직으로서의 기본이 되는 활동을 규정하는 것이다. 그리고 자연재해 시의 긴급 시에 있어서의 적절한 조치 등을 규정하는 것에 관한 규정도 포함된다.

운전관리규정에는 기동/중단, 이상 시의 처치, 운전 중 검사, 보수 등의 비정상운전에 관한 기준과 그 책임자를 정하고 있는 것이 기본이다. 특히, 운전 중의 비정상작업, 변경관리는 안전·운전·보전·공사(협력사를 포함한다)부문에 걸쳐 있는 업무이기 때문에 부문 간의 협동과 연계체제를 명확히 규정하는 것이 중요하다.

그리고 비정상운전과 운전 중 비정상작업에 대해서는 절차를 정하고 리스크 레벨에 따라 책임자를 정하여 안전확보를 도모해 간다. 또한 운전에 관한 규정·기준류의 내용과 관리구조에 대해서는 스스로의 업무내용을 평가하여 개선을 도모하는 것, 그리고 다른 부문과의 연계를 계속적으로 실행하여 감과 아울러 운전관리규정 전반에 대해 안전관리, 운전관리, 설비관리 3부문의 공통인식하에 정기적으로 검토를 하고 최신성과 정합성을 유지하는 것이 필요하다. 운전관리규정의 개정 등이 있는 경우에는 그 변경내용을 관계자에게 주지시키는 한편, 개정내용에 따라 업무를 실행하고 있는지를 감사 등을 통해 확인하는 것이 필요하다. 나아가, 3부문에서 각 부문이 다하여야 할 역할, 기능, 업무범위, 권한, 책임이라는 안전확보의 기본이 되는 세목에서도 부문 간에 연계를 취하여 운영하는 것이 필요하다.

### (2) 표준운전절차서

표준운전절차서는 통칭 SOP(Standard Operation Procedure)라고 하지만, 상위의 운전관리규정을 받아 플랜트의 운전상태를 유지·관리해 가는 데 있어서의 담당업무의 내용, 지휘명령계통, 나아가 정상운전에서 긴급정지에 걸치는 운전조작요령 등이 기술된다. 그리고 운전상태를 감시하고 적정 여부를 판단할 때 정상운전 시의 관리치(値) 및 관리폭, 공정특성, 운전한계, 설비상의 약점 등도 명기하는 것이 필요하다.

표준운전절차서에는 플랜트 건설 당초의 설계사상을, 그리고 설비의 개조, 변경이 이루어진 경우에는 개조, 변경의 목적 및 운전 시의 주의점, 상정되는 문제점 등을 기록해 둔다. 운전조건, 운전절차를 변경하는 경우에, 운전 전에 반드시 표준운전절차서를 개정하고 운전실적을 확인한 후 부적합을 수정하는 것이 필요하다.

표준운전절차서는 운전할 때의 바이블에 해당하는 것으로서, 절차서의 관리·운용시스템을 구축하고, 그 시스템이 진부화하고 있지 않은지를 정기적으로 검토하는 것이 필요하다. 검토할 때는 과거의 트러블 대응, 설비 개조, 시스템 변경, 운전조건 변경 외에, 설비의 노후화, 운전원의 자질 변경을 고려한다.

표준운전절차서는 운전원의 의견을 반영하여 정확하고 알기 쉬우며 사용하기 좋도록 구성하는 것이 바람직하고, 신규로 배속된 운전원에게도 운전현장을 잘 이해할 수 있도록 중요한 절차, 설정치 등의 이유 외에 조작할 때의 know-why를 반영하는 한편 최근의 기계사양, 도면류를 정비해 두는 것이 필요하다. 운전원이 표준운전절차서의 작성하거나 개정을 할 때에는 플랜트 특성을 잘 이해하는 전문가가 지원하는 한편, 위험성평가 등에서 추출한 개선하여야 할 운전관계항목을 확실하게 반영하는 것이 필요하다.

### (3) 공정 이상 시 대응

화학플랜트는 가연성, 반응위험성, 독성, 부식성 있는 물질을 대량으로 취급하고 있고, 조업조건이 고온, 고압인 것도 많기 때문에 온도, 압력의 고저 사이클 조작에 의한 설비의 확장, 수축에 수반되는 열화 리스크를 동반한다. 그리고 고압계에서 저압계로의 고압가스의 통과에 의한 저압계 설비의 파괴 위험성이 있고, 발열반응공정에서는 냉각계통의 고장, 불순물의 누적·혼입 등에 기인하는 이상반응의 발생에 의해 사고의 위험성도 생각할 수 있다.

이와 같이 화학플랜트는 다양한 위험성을 가지고 있고, 공정 이상에의 적절한 대응이 사고 예방에 있어 중요하다는 것은 말할 필요도 없다. 공정 이상에의 대응으로서 기본이 되는 것은 공정 이상 알람에 의해 조기에 검지하고 운전조작, 공정안전 인터록의 작동을 기대하는 것이다. 그리고 운전원 대응에 의해 사고를 미연에 방지하기 위해 공정 이상 알람, 공정안전 인터록의 설정치 일람(一覽)이 정비되어 있고, 운전원은 알람의 설정치, 인터록의 설정이유를 잘 이해하고 있는 것이 기본이다.

이상이 진전되어 긴급사태가 된 경우에는 운전의 계속을 도모하는 것이 아니라, 안전최우선으로 장치 정지가 이루어지는 것을 사업장 전체에서 인식하고 있는 것이 중요하다. 이를 위해서는 장치에 대한 긴급정지기준이 마련되어 있을 필요가 있다. 그리고 이상 발생 시에는 다수의 알람이 동시에 발보(發報)하여 운전대응에 지장을 초래하는 경우가 있기 때문에, 중요알람을 식별할 수 있도록 하고 운전원은 그 내용을 이해하고 있어야 한다.

나아가, 중요알람 발보(發報) 시에 확실하게 대응할 수 있도록 운전원, 설계자뿐만 아니라 인간공학에 정통한 전문가도 포함된 검토회의에서 검토를 하고, 검토결과를 설계기준에 반영시키는 것도 중요하다.

플랜트의 장기간 운전 시에는 운전사상의 변화, 제품구성의 변화 등에 의해 알람 구성, 설정치의 변경이 이루어지는 경우가 있는데, 설계변경의 허가기준을 정비하는 한편, 변경이 이루어진 경우에는 변경이유, 변경내용을 문서화하여 보존하고 관계자에게 주지시킨다. 알람, 안전인터록의 설정치를 변경하는 경우에는 이것의 중요도에 따라 위험성평가를 실시하여 변경에 의해 새로운 위험성이 발생하지 않는지를 확인하는 것이 필요하다.

긴급사태 발생 시에는 안전인터록의 작동에 의해 플랜트가 안전하게 정지되지만, 안이하게 안전인터록을 해제하면 2차적으로 큰 사고·재해로 연결될 위험성이 있다. 이 때문에 긴급정지의 원인규명을 확실하게 실시하는 한편, 운전을 재개할 때에는 사업장의 관계부서의 멤버에 의한 검토를 행하고 충분한 확인과 납득하에 재개가 허가될 수 있도록 인터록 해제기준을 정해 두는 것이 중요하다. 그리고 이상, 긴급사태의 원인을 규명함과 아울러, 재발방지대책의 유효성을 사업장 전체적으로 평가하고, 필요에 따라 설계, 설비보전, 운전조건 등 관련되는 기술항목을 수정하는 것도 필요하다.

## (4) 기동 및 중단

기동(startup) 및 중단(shutdown)은 플랜트의 운전상황이 시시각각 변해 가는 속에서의 비정상조작, 비정상작업을 동반하는 이행관리에서의 조작이다. 이와 같은 특성을 가지는 기동·중단에서의 안전을 확보하기 위해서는 운전부문의 지시명령계통을 명확히 하여 정보를 일원관리함과 함께, 운전부문 전체의 조작상황 및 설비상황을 파악하고 나서 안전한 조작을 행할 필요가 있다.

그리고 모든 사업장에서는 기동·중단조작에서 시계열적으로 실시사항을 정리한 작업절차서가 작성되어 있는데, 기동·중단의 사전준비와 사후관리를 할 때에는 체크리스트를 이용하여 사전준비, 사후조치가 확실하게 이루어져 있는지를 확인하는 것이 필요하다.

또한 작업의 누락, 오판단, 연계미스를 방지하기 위하여 작업의 진척상황과 작업절차의 흐름을 표시하고 관계자 전원이 현장의 진척상황, 관련정보를 공유하는 것이 중요하다. 그리고 기동·중단의 문제점, 유의점을 사전에 운전담당자에게 주지시키는 한편, 기동·중단 전의 사전확인, 검토에서 파악된 유의점, 문제점에 대해서는 해결책을 검토하고, 그 결과를 확인하여 기록하여 둔다. 어떤 변경이 있은 후의 기동 전에는 안전, 운전, 보전의 3부문의 관계자에 의한 사전확인, 검토를 실시하는 것이 필요하다.

정기수리, 설비개조 등 공사종료 후에 기동할 때에는 운전관리부문은 설비관리부문으로부터 인계에 필요한 문서를 받고, 인수에 관한 체크리스트 등을 이용하여 합치하는지를 확인한 후에 기동조작에 들어가는 것이 기본이다. 통상의 기동과 다른 경우는 3부문에 의한 위험성평가 등을 실시하여 문제점의 유무를 검토한다. 그리고 정기수리, 대규모공사 후의 기동에서의 트러블, 문제점은 설계사상, 설계데이터, 나아가 개조이력까지 거슬러 올라가 조사하여 원인을 파악할 필요가 있다.

# IX. 화학플랜트의 보전·공사 및 관리

## 1. 보전

플랜트 구성기기의 건전성을 유지하는 데 있어 보전(maintenance)은 중요한 업무이다. 여기에서는 보전관리, 보전기준, 보전정보의 관리와 활용에 대한 접근방법을 설명한다.

### (1) 보전관리

보전관리는 플랜트의 생산활동을 안전하고 안정적으로 하기 위하여 설비의 계획적인 점검·정비·검사·진단에 의해 설비 전체의 신뢰성을 향상하기 위한 관리이다. 이를 위하여 정기(定期)수리계획, 연도계획, 중기(中期)계획을 입안하고, 플랜트의 구성기기별로 중장기의 수명예측을 하며, 연도계획, 중기계획에 반영하는 것이 필요하다.

보전관리에 있어서는 보전비용의 추정이 이루어지는데, 중기비용을 추정한 후 계획적으로 운영하는 한편, 위험성평가에 의해 기기별로 보전 중요도를 정하고 리스크 수준에 따른 보전을 하는 것도 중요하다.

그리고 운전과 보전부문의 책임, 역할분담을 명확히 하여 관계자에게 이를 주지시키고, 설비의 보전성을 확인하기 위한 일상점검에서 얻어진 관련정보를 망라적으로 모아 보전부문이 전문적인 관점에서 체크한다.

그리고 설비의 검사결과, 진단결과를 토대로 기기·라인별로 손상, 열화(劣化)의 상황을 파악하는 한편, 플랜트의 운전실적, 진단결과로부터 향후의 설비열화의 예측을 행하는 것, 기기별로 중요점검항목을 정하여 점검·검사의 충실을 도모하는 것도 필요하다.

나아가, 운전 중의 검사기술, 진단기술을 적극적으로 활용하고, 설비의 상태, 성능을 항상 파악함과 아울러, 운전부하, 운전조건에 변경이 있는 경우에는 보전기준에 비추어 검사내용, 검사주기, 보전방식을 검토하고 최신성을 유지하는 것이 필요하다.

또한 열화·손상이 예상되는 중요기기 부위에 대해 시뮬레이션 등에 따라 손상원인, 손상범위를 해석하는 책임부서를 정해 두는 것도 중요하다.

### (2) 보전기준

보전기준에는 일상의 보전관리에 있어서의 보전항목, 관리치(管理値), 요령 등이 기재된다. 보전기준의 작성에 있어서는 현장의 의견을 반영하는 것이 기본인데, 3부문의 공통인식하에 정기적인 평가와 검토를 하여 최신성과 정합성의 유지를 도모한다.

그리고 자사(自社)에 한하지 않고 타사(他社)의 보전에 기인하는 사고·트러블사례를 적극적으로 수집하고 사고·트러블의 원인을 분석하여 보전기준을 검토하는 것이 필요하다. 또한 보전에 있어서는 각 설비의 중요성, 운전의 특성을 고려하고 보전방식, 대응을 정하고, 최근의 검사·진단기술에 의한 해석을 토대로 열화예측과 그 대응을 하는 것도 필요하다.

### (3) 보전정보의 관리와 활용

설비의 건전성 유지를 위해 개개의 설비에 관한 보전정보를 관리하고 활용하는 것이 중요하다. 이 보전정보는 설비보전에만 활용할 것이 아니라, 플랜트 라이프사이클 전체를 통해 설계, 운전에도 활용하는 것이 필요하다. 이를 위해, 설비의 검사결과 등의 보전정보를 문서화하여 보존하고, 각 부문에서 각각 관리부서를 정하여 보전정보를 용이하게 검색하고 활용할 수 있도록 한다.

그리고 과거 보전이력 등의 보전정보를 분석하여 보전방법의 검토, 설비결함의 추정 등에 활용하고, 보전결과·성과를 평가하고, 평가결과를 경향관리, 열화관리 등에 활용하는 것 외에 보전계획, 보전기준의 검토에 활용하는 한편, 평가결과 중 설계와 관계되는 것을 선별하여 설계, 기술부문에서 활용하는 것도 필요하다.

## 2. 공사

여기에서는 공사관리규정, 일상공사의 안전관리, 대규모공사의 안전관리, 공사의 인도(引渡)업무와 검수·검사에 대한 접근방법을 설명한다.

### (1) 공사관리규정

공사관리규정은 공사 실시에 있어서의 관리규정, 표준사양을 정한 것으로서, 공사에서의 안전확보 및 품질향상에 있어 기본이 되는 규정이다. 설비관리부문은 공사 및 정책에 관한 표준사양을 문서화하여 운용함과 아울러, 공사의 품질을 높이기 위하여 사외, 해외 공사에서의 양호사례를 공사표준사양서에 반영하는 것도 필요하다. 공사안전에 있어 공사에 관한 기록의 관리는 중요한 사항으로서, 설비관리부문은 설비 및 공사에 관한 기록류, 안전정보를 보관·관리한다.

또한 공사에서는 여러 가지 이유에 의해 공사계획이 변경되는 경우가 있고, 이 변경에 기인하는 사고도 많기 때문에 변경관리를 확실히 행한다. 공사계획 변경 시에는 위험성평가, 각종 검토를 행하고 공사계획의 수정에 반영하게 하며 문서화하여 기록을 남긴다.

공사관리규정은 3부문(안전관리부문, 운전관리부문, 설비관리부문)의 공통인식하에 정기적으로 평가·검토를 행하고, 최신성을 유지하는 것, 공사관리에 관한 규정·기준류의 준수상황에 대해 정기적으로 감사를 행하여 검토하는 것도 필요하다.

### (2) 일상공사의 안전관리

플랜트가 가동되고 있는 상태에서의 설비·기기의 점검, 정비, 보수 등 일상공사에서는 작업장소에 가연성 가스, 위험물이 내재하고 있는 상태가 많기 때문에 안전관리가 중요하다. 그리고 일상공사에서는 공사의 계획자와 공사작업을 하는 자가 다르고, 공사작업은 협력회사의 직원이 행하는 경우가 많다. 따라서 작업지시의 방법, 철저도가 작업안전 및 설비안전에 크게 영향을 미치기 때문에, 운전관리부문, 설비관리부문, 협력회사의 3자 간에 일상공사에서의 역할, 책임, 분담을 명확히 규정해 둔다.

그리고 운전관리, 설비관리, 협력회사 3자가 입회하여 공사의 착공 및 종료를 확인하는 것이 필요하다. 운전 중의 화기 사용공사, 플랜트 근처에서의 중기(重機) 사용공사, 고소(高所)작업 등의 위험한 공사에 관해서는 위험의 종류별로 작업관리의 기준을 정하는 한편, 위험도가 특히 높다고 상정되는 작업에 관해서는 위험성평가에 의해 위험성을 추정하고 리스크 레벨에 따른 안전대책을 강구할 필요가 있다.

또한 현장작업에 관계하는 각 부문, 협력회사의 모든 관계자에 위험성평가의 결과를 주지시키고, 각각의 역할을 충분히 인식한 후에 작업을 행한다. 또한 공사의 안전 및 품질향상을 도모하고 작업 등에서의 누락을 방지하기 위하여 공정도, 체크리스트의 활용도 필요하다.

### (3) 대규모공사의 안전관리

플랜트 전체의 정기수리 등의 대규모공사에서는 공사의 안전목표, 공사계획, 공사체제 등에 관하여 공사 착공 전에 안전심사(즉, 위험성평가)를 실시하는 한편, 공사 종료 후에도 공사결과를 평가하는 것이 필요하다.

대규모공사 착공 전에는 공사내용에 위험성이 없는지, 공사스케줄에 무리가 없는지 등에 대해 공사관계부문과는 독립된 제3자, 특정조직 등이 평가하고, 평가결과에 따라서는 공사의 중지, 연장을 결정하는 권한을 부여하여 두는 것도 중요하다.

그리고 대규모공사에서는 복수공정에서의 공사, 다양한 공법의 사용, 높은 곳(고소)과 낮은 곳(저소)에서의 상하작업, 다수인원의 작업 등이 착종하여 이루어지기 때문에, 공사영역 전체를 조망하면서 안전확보에 배려를 한다. 복수의 공사를 동시에 하는 경우에는 사전에 개별공사의 위험성, 공사 상호의 관련성에 기인하는 위험성, 공사내용·스케줄의 변경 등에 의한 위험성 등을 검토하고 유의사항과 문제점을 파악하는 한편, 각 협력회사 간의 조정, 대처방법, 연락방법 등을 검토하는 체제를 구축하여 둔다.

또한 과거의 대규모공사에서 운전, 설비, 공사준비, 안전체제 등과 관련된 부적합, 트러블 사례, 교훈에 관한 자료·정보를 관계부서 간의 조정 및 공사에 활용하는 한편, 운전, 보전, 신규플랜트의 건설프로젝트 등의 기준류에 반영하고, 조달부문, 제조사(maker), 협력회사도 포함하여 공사에서의 안전관리 향상을 도모하는 것이 필요하다.

### (4) 공사의 인도(引渡)업무와 검수·검사

공사를 할 때는 공사 착공 전에 운전부문에 의한 밸브의 적절한 개폐 처치, 위험물질의 장치 내에서의 제거 등 작업환경 설정이 이루어진 후에 공사관리부문으로 인도가 이루어져 공사가 개시된다. 그리고 공사 종류 후에는 검수·검사가 이루어져 공사부문에서 운전부문으로 책임체제가 이전된다. 이 공사 전과 공사 후의 인도업무에 불비(不備)가 있으면, 공사작업에서, 그리고 공사 종료 후의 운전업무에서 큰 트러블, 안전문제를 일으킬 수 있다.

이 때문에 공사 착공 전에는 운전부문에서 플랜트의 상황 등에 관한 정보를 공사관리부문으로, 공사 종료 후에는 보전부문의 기록, 문제점 등을 공사부문에서 운전관리부문, 설비관리부문으로 각각 문서로 전달하여 인도하는 것이 필요하다. 그리고 공사 후의 인도업무에 관하여 각각의 부문이 공유하여야 할 인계사항을 규정하고, 중요한 인계사항은 문서의 관리를 철저히 한다.

또한 공사 후의 검수에 관해서는 검사항목, 검사절차, 검사 적합 여부 기준, 검사원의 자격 등 검수에 관한 프로그램을 정비하고, 검수·검사결과를 문서화하여 보관한다. 나아가, 검수·검사방법, 그 내용을 검토하고, 기준류에 반영시키는 한편, 인도업무의 관리 전반에 관하여 책임자, 범위, 내용, 기간 등에 대해 정기적으로 검토하는 것이 필요하다.

## 3. 공정위험성 평가 및 변경관리

### (1) 공정위험성 평가

공정위험성 평가란 HAZOP, What-if 등의 공정위험성 평가기법을 이용하여 플랜트의 위험원을 찾아내고, 안전성을 향상하기 위한 대책을 검토하는 일련의 검토작업이다. 사업장 전체 또는 여러 부문을 걸치는 복수의 멤버에 의한 안전검토 등의 작업도 공정위험성 평가의 일부라고 할 수 있다. 이 공정위험성 평가는 전문분야가 서로 다른 멤버로 구성되는 팀을 편성하고 공정위험성 평가기법에 정통한 리더 또는 사외 전문가의 컨트롤하에 실시하는 것이 바람직하다.

공정위험성 평가의 실시시기는 신규 플랜트의 건설 시, 능력 증강 등을 위한 대규모 설비 개조 시 외에, 이미 설치된 플랜트의 안전성 검토 등을 목적으로 실시되는 경우가 많은데,

공정위험성 평가는 설계단계 및 운전단계에 추가하여 연구개발부터 설비계획, 설계, 운전이라고 하는 플랜트 라이프사이클의 각 단계에서 실시하는 것이 중요하다.

이를 위해 플랜트 라이프사이클에서의 공정위험성 평가의 실시시기, 평가팀의 구성, 적용방법, 평가방법 등을 규정한 기준을 마련해 두는 것이 필요하다.

연구개발단계에서는 반응위험, 물질위험성 등에 초점이 맞추어져 위험성평가가 이루어지는 것이 일반적이다. 그리고 설비계획단계에서는 플랜트의 설계사양 등 상세한 정보는 충분히 마련되어 있지 않지만, 블록흐름도(block flow diagram), 입지장소의 자연환경조건 등의 자료를 토대로 브레인스토밍, what-if 기법을 활용하여, 예컨대 아래와 같은 관점에서 검토를 하여 설계 전의 설비계획이라는 이른 시점에서 문제점을 찾아내고 설계·운전단계에서 해결하여야 할 과제를 특정하여 두는 것이 바람직하다.

- 원재료·중간제품·제품·폐기물 등의 물질위험성, 유의사항은 무엇인가?
- 원재료·중간제품·제품·폐기물 등의 저장은 어떤 방식이 좋은가?
- 특수한 기기, 기기 상호 간의 인터페이스에서 고려하여야 할 점은 무엇인가?
- 위험성이 높은 기기의 배치, 덮개 없이 타고 있는 불을 취급하는 설비의 배치, 계기실·사무동 등 사람이 상주하는 건축물의 배치는 어떻게 하면 좋은가?
- 전력, 냉각수, 계장용 공기 등의 기반시스템의 신뢰성 확보방법은 무엇인가?
- 운전, 점검, 보전 등에 관하여 플랜트 고유의 특수성은 무엇인가?
- 플랜트 입지장소에서의 지진, 태풍, 낙뢰, 전기현상 등 자연환경요인에 기인하는 위험원으로 어떤 것을 생각할 수 있는가?

### (2) 변경관리

과거에 발생한 사고·재해를 뒤돌아보면 설비, 절차, 연락방법, 사람, 조직의 변경에서 적절한 관리가 이루어지지 않아 사고·재해가 발생하는 사례가 많다. 대표적인 예가 1974년에 영국에서 발생한 Flixborough 화재폭발사고이다. 이 사고는 배관에서 직렬로 연결되어 있는 6기(基)의 반응기 중 1기를 철거할 때 충분한 강도계산, 서포트 등의 양생을 하지 않고 반응기 사이를 연결하였기 때문에 반응기 간의 배관 스팬(span)이 길어지고, 배관부하에 대한 강도부족에 의해 반응기와 배관을 연결하는 주름 잡힌 모양의 관(bellows)이 파단(破斷)되어 대량의 시클로헥산이 유출되어 가연성 증기운(蒸氣雲)이 형성되어 폭발로 연결된 것이다.

그리고 1999년의 일본 이바라키현 도카이촌(茨城県 東海村)에서의 JCO 핵연료 임계사고도 변경관리의 불비(不備)에 의한 사고라고 말할 수 있다. 이 임계사고는 핵연료 가공공정에서 발생한 것으로서 최종 공정인 제품 균질화 작업에서 임계상태에 이르지 않도록 형상이 제한된 용기(저탑, cylindrical tank)를 작업효율을 올리기 위하여 키가 작고 내경이 넓으며,

냉각수 재킷(jacket)에 둘러싸인(임계상태에 이르기 쉬운) 용기(침전조)로 변경한 것이 주된 요인이라고 말할 수 있다.

변경관리란 사고·재해의 방아쇠가 될 수 있는 공정, 설비, 기준의 변경, 사람, 조직 등의 변경을 위험성평가를 포함한 체계적인 시스템으로 검토·체크하고 관리하는 구조라고 말할 수 있다. 설비, 운전방법 등을 변경하는 데 있어서는 변경에 의해 지금까지와 다른 새로운 위험성이 생기는 것이 없는지를 검토하고, 새로운 위험성이 예견된 경우에는 하드적 측면, 소프트적 측면 등에서의 대책을 강구함으로써 안전 측면에서 고려를 하여야 한다.

변경에 있어서는 정해진 기준하에 정식 절차를 거쳐 관리하고, 관계자에게 변경내용의 주지 철저를 도모하여 사고·트러블을 방지할 필요가 있다.

대표적인 변경관리 대상 항목의 예를 제시하면 다음과 같다. 부문별로 변경관리 대상 항목을 규정해 두는 것이 바람직하다.

① 하드웨어의 변경
- 기기·장치의 개조, 추가, 전용, 사용정지, 철거
- 배관사이즈, 재질, 바이패스(bypass)배관 설치·철거, 보온재 등의 변경
- 가설배관의 설치
- 안전변의 설정압력, 분출용량, 개수, 설치장소·재질의 변경
- 인터록, 정지시스템의 설치·철거
- 배관계장계통도(P&ID)의 변경이 필요한 현장계기의 변경
- 조절변(調節弁)의 계장공기상실 시 개폐의 작동방향
- 장기간 정지설비(유휴설비)의 운전재개·사용

② 소프트웨어의 변경
- 운전조작기준, 매뉴얼의 개정·변경
- 운전방법·절차의 변경
- 안전운전범위를 초과한 운전조건의 변경
- 유량, 온도 등 운전멤버의 변경
- 제어시스템의 변경
- 인터록 설정치의 변경
- 임계경보(critical alarm)의 설정치 변경
- 검사방법, 검사주기의 변경

③ 취급물질(원재료, 중간제품, 촉매 등)의 변경
- 원재료, 조제(助劑), 촉매, 용제, 약품 등의 변경

- 원재료 공급 메이커의 변경(불순물, 미량혼재물의 혼입 가능성)
- 첨가제 등의 변경
- 새로운 화학물질의 도입, 장기간 사용하지 않은 화학물질의 재사용

④ 조직·휴먼웨어의 변경
- 조직의 변경
- 관리·감독자의 변경
- 담당자의 변경, 신규자, 다른 부문으로부터의 배치
- 협력사의 변경
- 연락계통, 연락방법의 변경

여기에서는 변경관리에 있어서의 변경관리규정·기준, 변경 시의 위험성평가, 변경기록·정보관리에 대한 접근방법을 제시한다.

### 1) 변경관리규정·기준

변경을 하는 경우에는 변경관리규정·기준을 정비하고 그것에 따라 변경관리가 이루어지는 것이 기본이다. 설비, 절차, 원재료·촉매를 비롯한 중요항목을 변경할 때의 일련의 작업으로는 변경관리담당자의 임명, 변경기안서·신청서의 작성, 변경내용에 대한 위험성평가의 실시, 위험성평가결과의 사후관리(follow up), 변경승인자에 의한 변경허가, 변경결과의 기록, 변경사항의 검증, 변경내용의 관계자에의 주지 철저 등이 제시된다.

이와 같이 변경관리자는 많은 작업이 필요하고 작업량도 많아지므로 변경의 규모·내용, 상정되는 리스크에 따라 변경관리 대상이 되는지 여부의 판단기준, 변경관리의 절차, 위험성평가의 적용기법·검토방법, 변경허가를 승인하는 체제 등 변경관리규정·기준을 정해 둔다. 그리고 정기적으로 변경관리의 실적을 평가하고, 그것에 따라 규정·기준의 검토를 하는 것도 필요하다.

### 2) 변경 시의 위험성평가

변경 시의 위험성평가에 있어 적용하는 기법으로서는 체크리스트, HAZOP, What-if 등이 제시되고 있는데, 변경내용과 규모, 상정되는 리스크에 따라 적용할 기법을 정해 둔다. 그리고 변경에 의해 발생한 과거의 트러블사례, 부적합에 관한 정보, 다른 회사의 사고사례, 기타의 안전정보를 수집·정리하여 위험성평가에 활용해 가는 것이 필요하다.

위험성평가 실시결과, 변경에 기인하는 새로운 리스크가 추출되는 경우에는 리스크 감소를 위한 개선방안이 코멘트로서 제언되는데, 제언항목의 채용(도입)이 결정된 경우에는 이것들이 실제로 구현된 것을 확인하는 제도를 마련해 둔다.

그리고 설비·물질·운전조건 등의 공정에 관한 변경 시의 위험성평가를 할 때에는 플랜트의 설계 당초의 설계사상, 설계논리에 이르기까지 거슬러 올라가 왜 이 운전온도·압력인지, 왜 이 제어방식인지, 왜 이 재료가 채용되어 있는지 등을 확인하는 것이 중요하다.

작은 변경이면 하나의 작업장 내에서의 안전성 검토로 끝나는 경우가 많지만, 변경의 규모·내용에 따라서는 전문분야가 다른, 부문을 뛰어넘는 횡단적인 멤버로 구성되는 팀을 편성하여 위험성평가를 실시할 필요가 있다. 이 위험성평가에 있어서는 전문가의 참가가 성과를 크게 좌우하게 되므로 경험이 풍부한 전문가의 참가를 정해 두는 것이 필요하다.

### 3) 변경기록·정보의 관리

설비의 변경, 절차의 변경, 매뉴얼의 변경을 비롯하여 변경관리 대상이 되는 항목의 변경이 이루어진 후에는 변경기록으로 보존할 것, 그 필요가 없는 것을 구별하여 관리하는 것이 필요하고, 이를 위한 담당부서를 정해 둔다.

그리고 변경기록으로 보존하여야 할 것으로는 변경이유·목적, 위험성평가에서의 검토내용과 결론, 변경 후의 유의사항 등이 제시된다. 또한 변경이 이루어졌다면 변경에 관계되는 부서 및 관계자에게 변경내용을 전달, 3부문(안전관리부문, 운전관리부문, 설비관리부문) 간에 변경정보를 공유화하는 것이 중요하다.

설비, 운전조건, 제어시스템 등에 관한 큰 변경은 한 번만이 아니라 몇 번에 걸쳐 이루어지는 경우가 많다. 변경이 몇 번이나 이루어짐에 따라 임시변통적인 대처가 되어 당초의 설계사상, 설계논리에서 크게 일탈해 가는 경우도 생각할 수 있다.

이를 변경관리정보로 최신의 것만을 보존하는 것이 아니라, 플랜트 라이프사이클을 통틀어 과거의 변경이력까지 거슬러 올라가 확인할 수 있도록 모든 변경이력을 보존하고 용이하게 꺼낼 수 있는 궁리가 필요하다.

그리고 설비의 변경, 운전조건의 변경 등을 행하는 경우에는 당해 설비 현재상태의 문서, 서류 등뿐만 아니라 과거의 설계자료, 다른 설비의 정보도 필요한 경우가 많은데, 많은 경우 관련된 정보를 수집하는 것에 많은 시간이 소요되고 있는 것이 현실이다. 따라서 필요정보를 빠뜨리는 것 없이 그리고 효율적으로 검색하는 구조, 방법을 구축해 두는 것이 바람직하다.

역사가 오랜 설비가 되면 설계문서, 변경이력이 문서로 남아 있지 않은 경우가 많은데, 이와 같은 경우에도 설계사상, 과거의 변경이력을 추정하고 문서의 복원에 노력해 가는 것이 중요하다고 할 수 있다.

## 4. 사고·재해의 상정과 대응 및 교육

### (1) 사고·재해의 상정과 대응

플랜트의 화재, 폭발, 독성가스의 누출 등의 사고가 발생한 경우에 피해를 최소한으로 막고, 지역사회에의 영향을 최대한 억제하는 것이 기업의 사회적 책무라고 할 수 있다. 이를 위해 사업장 내의 위험원의 특정과 주요시설에서의 사고 상정(想定)에 근거한 지역사회에의 대응을 검토하고 피해의 국한화를 도모하는 것이 필요하다. 이들 검토결과는 긴급대응 매뉴얼에 반영하여 둔다.

그리고 태풍, 강풍, 국지호우, 지진 등에 관하여 일어날 가능성 있는 재해의 규모, 내용을 추정한 연후의 피해 상정을 토대로 재해방지계획을 책정하고 이 계획에 입각한 대응을 한다. 이 재해방지계획에는 제3자로부터의 지도·조언, 지역사회의 주민의 의견도 반영하여 재해방지계획의 질의 향상, 개선을 도모하는 한편, 정기적인 검토를 한다. 또한 사고·재해에의 대응방법, 대처내용을 지역행정과 공유화하고, 내용을 정기적으로 검토하는 것도 필요하다.

사고·재해 발생 시의 조치기준을 정하여 재해규모별 재해대책본부 등의 편성, 모든 조직의 행동규범을 정하여 이들 관계자에게 주지시켜 둔다. 재해의 조치기준과 조직의 행동규범에는 사고·재해의 원인규명과 복구대책이 장기화되는 경우도 상정하고 그 내용을 정하여 둔다.

이것에 추가하여, 피해의 확대방지를 도모하기 위해서는 긴급대응훈련을 실시하는 것도 중요하다. 사업장 내의 종업원 및 협력회사 직원이 참여한 훈련을 정기적으로 실시하며, 훈련결과, 사업장 내의 조직, 인원배치 등을 기초로 정기적으로 훈련내용을 수정하는 것도 필요하다. 지역이 재해에 말려드는 경우를 상정하여 행정, 지역주민조직과 대응, 피난 및 훈련 등에 대해 협의·결정하는 것도 필요하다.

### (2) 교육

베테랑의 은퇴 등에 의해 경험이 적은 운전원의 비율이 점점 증가하고 있고, 베테랑의 운전에 관한 지식, 암묵의 경험지 등을 어떻게 기술전승해 갈 것인지가 중요한 과제로 되고 있다. 이를 위하여 교육의 담당부서, 담당자를 명확히 하는 한편, 교육계획을 작성하여 운전원을 비롯하여 공정, 기계, 계장계 등의 기술스태프의 계층별 및 입사 연도별로 습득하여야 할 지식과 경험수준, 기술수준을 명확히 하고, OJT, OFF-JT를 통한 교육시스템을 정비하는 것이 필요하다.

교육항목으로는 플랜트의 운전에 관한 교육, SHE(안전, 보건, 환경)에 관한 교육 외에, 플랜트의 설계부터 운전, 보전, 폐기에 이르기까지의 지식, 기술 전반(프로세스기술, 계장설비,

정보처리, 전기설비 등)이 제시된다.

플랜트 운전에 관한 교육내용에는 플랜트의 개요, 품질관리, 생산관리, 안전관리, 변경관리, 측정기·보호구의 사용방법, 트러블·긴급 시의 대응, 협력회사의 관리 등이 있다.

SHE에 관한 교육내용에는 위험예지활동, 아차사고 보고활동 등의 산업재해 방지에 관한 것, 화재폭발, 물질위험성에 관한 것, 위험성평가, 사고사례의 활용방법 등 외에, 안전, 보건, 환경에 관련된 법령, 기술에 관한 것이 있다.

교육프로그램은 한 번만 작성하면 되는 것이 아니라, 교육성과의 평가, 사회환경의 변화, 사업장을 둘러싼 환경정세의 변화, 국내외의 SHE에 관한 동향, 정보 등을 토대로 다음 연도의 교육계획, 교육내용, 교재 등의 검토를 행한다.

그리고 OFF-JT 방식의 강의교육 외에, e-learning, 인터넷교육에 의한 교육시스템의 도입, 나아가 훈련플랜트에서의 운전기초교육, 운전시뮬레이션훈련, 설비·기자재를 사용한 정전기체험, 고소(高所)로부터의 추락·낙하체험, 끼임체험 등의 체험형 교육커리큘럼의 도입도 교육효과를 크게 향상시키는 것으로서 검토할 만한 가치가 있다고 할 수 있다.

또한 개인별 역량관리와 자발적인 능력향상이 중요하므로 운전원, 기술스태프 등 계층별로 필요로 하는 자격을 명확히 하는 한편, 자격취득의 지원, 업무에 관련된 스터디·발표회, 외부연수 등에의 참가를 적극적으로 지원하고 개인별·계층별로 교육성과의 평가와 교육기록의 관리를 하여 인재육성에 활용하는 것이 필요하다.

현장책임자 이상의 취업자에 대해서는 경력계획(career plan)을 명확히 하고, 관리자로 인정하는 데 있어 자격 및 과거의 경험을 충분히 고려하는 것도 필요하다.

# X. 취급운반작업의 안전

제조업, 건설업의 작업장소뿐만 아니라, 창고 등의 작업 또는 도매업, 소매업 등의 3차 산업의 작업장소에서도 물품의 이동·반송, 수송, 보관 등에 부수하는 것으로서 취급운반작업이 있기 마련이다. 그런데 이들 작업에서는 자동화, 시스템화가 많이 진전되어 있지만, 여전히 사람의 조작, 인력에 의한 작업이 많다.

이와 같은 작업실태 속에서 화물의 취급운반작업과 관련된 작업방법적인 산업재해가 많이 발생하고 있어 그 방지를 위해 중점적으로 노력해 갈 필요가 있다.

## 1. 취급운반의 위험성

### (1) 인력작업의 위험

인력에 의한 작업은 다종다양하지만, 산업재해의 상황으로 보면 취급운반작업 중에서는 인력에 의한 하역작업에서의 산업재해가 압도적으로 많고, 그 내용으로는 화물의 싣고 내림, 취급운반, 로프 걸기, 하적단 쌓기, 하적단 붕괴, 줄걸이 작업 등에서 많다.

이들 재해의 원인으로는 다음과 같은 것을 들 수 있다.

① 운반의 방법이 적절하지 않았다.
② 적절하지 않은 기구, 도구를 사용하였다.
③ 들어 올리는 방법, 운반방법의 기본동작이 지켜지지 않았다.
④ 운반작업에 대한 교육훈련이 불충분하였다.
⑤ 취급하는 물질의 유해·위험성에 대한 지식이 없고 안전보건교육이 불충분하였다.
⑥ 작업장소, 작업내용의 변화가 심하다.
⑦ 옥외의 작업이 많고, 단시간 작업이 많다.
⑧ 현장의 작업관리가 작업자의 자율성에 맡겨져 있다.

화물의 운반작업은 사람과 기계의 조합을 통해 진행되는 경우가 많은데, 이 작업에서 작업자가 하역운반기계 등에 접촉하는 것에 의한 재해도 많다.

### (2) 하역운반기계에 의한 위험

취급운반작업에서는 생력화(省力化)·합리화, 취급하는 화물의 대형화·중량화가 현저하고, 그것에 수반하여 대형 컨베이어, 화물자동차, 스트래들캐리어(straddle carrier), 이동식크레인 등이 도입되어 작업방법도 다양화하고 있는데, 이들 기계 등의 사용에 있어서도 작업에는 인력이 개재되어 있기 때문에 산업재해가 많이 발생하고 있다.

공장의 예로 보면, 원료·제품 등의 화물과 관련하여 다음과 같은 작업상태의 변화가 있고, 여기저기에서 기계류와 사람의 공동작업이 실시되고 있다.

① 대형 화물자동차 등으로 운반되고 있다.

② 지게차, 이동식크레인 등으로 내린다.

③ 화물(부품 등)을 창고 등에 쌓아 둔다.

④ 조립 등에 사용하는 화물을 지게차 등으로 창고에서 반출한다.

⑤ 화물을 사용하는 장소에 둔다(→ 제품을 제조한다).

⑥ 완성된 제품을 대형 화물자동차 등으로 반출한다.

이 작업의 흐름의 중심은 하역운반기계인데, 다음과 같은 문제가 있는 것으로 지적되고 있다.

① 생산기계와 비교하여 하역운반기계의 구조, 기능에 관한 지식 또는 관리가 불충분한 경우 등이 많다.

② 하역운반기계를 사용하는 장소·환경(지질 등)과 기계의 부적응이 적지 않다.

③ 하역운반의 작업계획이 사전에 정해져 있지 않은 것이 많다.

④ 현장에서 작업지휘가 이루어지지 않는 경우가 많다. 특히, 하역운반기계의 운전자와 주변의 작업자가 소속한 사업주가 달라 작업지휘가 불명확한 경우가 많다.

⑤ 운전자가 무자격자인 경우, 안전보건교육이 실시되고 있지 않는 경우 등이 적지 않다.

이들 문제가 원인이 되어 발생하는 산업재해로는 기계의 넘어짐, 쌓은 화물의 낙하 등에 의해 운전자 자신이 피재하는 경우, 하역운반기계의 작업구역 또는 그 가동범위에 들어간 운전자 이외의 관계작업자 등이 하역운반기계에 치이거나 협착되는 경우, 화물 밑에 깔리는 경우, 기계의 점검·보수 중에 운전자, 검사자가 하역운반기계에 협착되는 경우 등이 많은데, 그 가운데에서도 운전자 이외의 작업자가 피재하는 사례가 많다.

그리고 많은 업종, 각종의 작업에서 사용되고 있는 이동식크레인 등에 의한 산업재해에서는 기계 본체의 구조, 기능의 결함에 의한 것보다도 줄걸이방법, 운전신호의 부적절, 와이어로프의 절단에 의한 매달린 화물의 낙하, 매달린 화물과 주변의 다른 기계·설비, 쌓여 있는 화물 사이에 끼이는 경우가 많다.

기타 이동식크레인 본체의 안정이 불충분하여 넘어지거나, 과부하에 의해 또는 화물을 매달아 선회하는 중에 넘어지는 바람에, 인신(人身)사고에는 이르지 않는다 하더라도 건물, 민가 등을 파괴·파손하는 사고, 이동식크레인의 지브를 늘린 상태에서 작업하는 중에 지브, 권상용 와이어로프 등이 상방에 있는 고압배전선 등에 접촉하여 운전자 등이 감전하는 산업재해도 있다.

## 2. 취급운반작업의 안전화

### (1) 운반효율의 향상

취급운반작업에 의한 산업재해를 방지하기 위한 하나의 요건은 사람과 화물이 접촉하는 기회를 가급적 적게 하는 것이다. 이를 위해서는 취급운반의 횟수를 줄이거나, 운반작업의 기계화를 더욱 촉진하거나, 1회에 취급하는 화물을 크게 하거나, 면적과 공간을 효과적으로 이용하는 방법을 통해, 무리, 비효율을 없애고 운반효율의 향상을 도모하는 것이 효과적이다.

### (2) 운반관리의 적정화

운반관리는 그것 자체가 독립하여 진행되기보다는 외부로부터의 수요, 지시에 근거하여 행해지는 것이 일반적이고, 이 때문에 무리한 운반계획으로 서둘러 작업을 하는 경우도 적지 않으며, 이것이 사고·재해의 원인이 되기도 한다.

그 개선을 위해서는 공장에서 적정한 생산관리가 이루어지도록 무리가 없는 운반계획의 작성, 운반작업의 기계화, 자동화를 진행하는 것이 중요하다. 또한 이것에 부합하는 운전자의 확보·양성, 적정한 작업자 수의 배치, 기계·설비의 정확한 점검·정비에 의한 성능의 확보 등에 대해서도 배려하는 것이 필요하다.

### (3) 취급횟수의 감축

취급운반작업은 다음 2가지로 대별된다.
① 든다, 쌓는다, 내린다, 치환한다 등의 작업
② 이동하는 작업
'운반'이라고 하면 어떤 거리만큼 이동하는 것으로서 거리가 중시되어 온 경향이 있지만, 공장(구내)의 안전을 생각하는 경우에는 거리의 문제보다 취급방법과 수고를 생각하는 것이 더욱더 중요하다. 즉, 중량(kg)×거리(m)보다도 중량(kg)×횟수 쪽이 위험방지를 위하여 중요하다.

### (4) 운반물의 활성수준

물건을 두는 방법에 따라 취급의 수고가 좌우되며, 그 다음의 이동하는 작업의 난이도가 결정된다.

물건 이동의 용이성을 '운반물의 활성수준'이라고 하는데, 이것은 5단계(0~4)로 분류되고 있다. 활성수준은 높을수록 좋고, 활성수준이 낮은 방법으로 두면 작업효율이 나쁘고 작업자에게 걸리는 부담도 커진다.

운반의 자동화가 진전되어 있는 공장은 기본적으로는 활성수준이 4이지만, 부품·반제품 등이 통로나 직장의 구석에 활성화 수준 0 또는 1의 상태로 방치되어 있는 경우도 있는데, 이와 같은 공장은 애써 자동화를 도모하더라도 운반시스템 전체적으로는 기능하지 않게 된다.

운반시스템의 신설·개선을 할 때는 이 활성수준을 고려한 레이아웃을 생각하는 것이 바람직하다. 그리고 작업장 안전점검의 체크포인트에 추가하여 두면, 평상시에는 간과하기 쉬운 불안전행동 등의 파악이 가능하다.

또한 컨베이어 등에서 자동운반을 하고 있을 때에는 활성수준은 4이지만, 트러블 등이 발생하여 정지하고, 그곳에서 물건을 꺼내는 작업이 있으면 활성수준은 0이 되므로, 이와 같은 사태가 발생하더라도 활성수준이 내려가지 않도록 하는 궁리가 필요하다.

### (5) 빈 운반

빈 운반이란 물품의 이동을 수반하지 않고 사람, 운반기기만 이동하는 것을 말한다. 즉, 운반용의 용기, 운반차 등을 화물 없이 이동시키는 것을 말하는데, 작업공정에서 빈 운반이 없는 것이 좋은 것은 당연하다.

이 빈 운반은 운반의 자동화와 함께 감소하고 있지만, 자세히 분석하면 여전히 많은 상태이다. 빈 운반의 정도는 다음 산식으로 실운반계수를 내어 보면 알 수 있다.

$$실운반계수 = (물건의\ 이동거리 - 사람의\ 이동거리) \div 물건의\ 이동거리$$

물건의 이동거리와 사람의 이동거리가 동일하면 이 계수는 제로이고, 물건의 이동거리가 사람의 이동거리보다 적으면 마이너스가 되고, 빈 운반이 많을수록 실운반계수는 큰 마이너스 수치가 된다. 즉, 사람은 헛된 활동을 하게 된다.

자동운반시스템은 사람의 이동거리가 거의 없고, 실운반계수가 1.0에 가까우므로 운반효율이 높고 사람의 위험의 기회도 적다.

## 3. 취급운반의 안전대책

### (1) 취급운반의 원칙

취급운반의 안전을 확보하기 위해서는 운반관리에 관한 원칙에 따라 여러 대책을 추진할 필요가 있고, 이를 위해서는 다음과 같은 사항에 유의하는 것이 중요하다.

① 취급의 최소화: 한 번 내리고 나서 또 쌓는 것과 같은 헛된 일을 하지 않는다.
② 화물의 유닛(unit)화: 화물은 정리한 형태로 그리고 외형이 통일된 형태로 한다.

③ 팔레트화: 화물은 팔레트 위에 한데 모아 놓고 지게차로 취급할 수 있도록 한다.

④ 활성의 원칙: 활성수준이 높은 상태로 유지한다.

⑤ 중력이용의 원칙: 중력을 활용하여 수고·동력을 절약한다.

⑥ 기계화: 인력운반을 기계운반으로 바꾼다.

⑦ 자동화: 자동운반시스템으로 바꾼다.

⑧ 중계의 폐지: 운반은 종점에서 화물을 내리는 것으로 하고 중간에서 화물을 다시 쌓는 것은 최소화한다.

⑨ 균형운반: 운반시스템 전체 속에서 균형이 취해진 흐름이 되도록 한다.

⑩ 레이아웃의 적절화: 기계·설비, 화물을 두는 장소 등의 레이아웃을 적절히 하여 운반을 효율적으로 행한다.

⑪ 직선화: 운반경로의 굴곡을 피하고 가급적 직선으로 한다.

⑫ 공간이용: 정리정돈을 철저히 하고, 유닛으로 두는 것의 철저, 입체적인 활용을 한다.

⑬ 화물의 보호: 운반 중에 화물이 손상되지 않도록 화물을 보호한다.

⑭ 자중(물건 그 자체의 무게)의 경감: 운반용의 기계·기구, 포장 등의 질량은 가급적 줄인다.

⑮ 정비: 운반기계의 점검·정비, 고장의 신속처리 등의 보전을 충분히 행한다.

⑯ 표준화: 기계의 형식, 화물의 모양, 포장, 작업방법 등을 표준화한다.

⑰ 단순화: 운반에 대하여 작업방법의 단순화를 행한다.

⑱ 안전: 안전하지 않은 운반은 절대 하지 않는다.

## (2) 인력운반의 안전대책

인력에 의한 운반은 가급적 폐지하고, 기계화·자동화하는 것이 바람직하지만, 인력작업을 완전히 없애는 것은 곤란하다. 따라서 다음과 같은 사항에 대하여 대책을 강구하면서 산업재해 방지를 하는 것이 필요하다.

① 작업용구·도구는 적정한 것을 사용토록 한다.

② 취급하는 물질의 유해·위험성, 특성, 취급방법에 대하여 사전에 충분히 교육을 행한다.

③ 물건을 들어 올리는 방법, 운반방법 등의 기본동작, 작업절차 등에 대하여 충분히 훈련한다.

④ 작업장소의 바닥, 통로 등의 환경을 정비한다.

⑤ 법령에서 작업지휘자의 지정이 의무화된 작업 이외의 작업에 대해서도 가급적 작업지휘자를 정하여 지휘감독하도록 한다.

⑥ 작업자의 기능·능력을 파악하여 적정한 배치를 한다.

⑦ 작업개시 전에 준비체조를 반드시 실시한다.

⑧ 작업 간에 휴식·휴게를 적절히 취하게 한다.

⑨ 작업자의 건강 및 몸상태의 파악에 노력한다.

⑩ 지도·지시한 사항이 철저히 이루어지고 있는지를 확인하고, 지켜지지 않고 있는 경우에는 주의를 주고 시정하게 한다.

⑪ 작업자에게 안전모, 안전화 등의 보호구를 착용하게 한다.

## (3) 기계운반의 안전대책

### 1) 기계운반에 관련된 법규제

산업안전보건법에서는 사업주에게 지게차, 구내운반차, 화물자동차, 셔블로더, 포크로더, 스트래들캐리어 등 차량계 하역운반기계에 의한 산업재해를 방지하기 위하여 각종의 조치를 하도록 의무 지우고 있다(산업안전보건기준에 관한 규칙 제2편 제1장 제10절).

차량계 하역운반기계 외에 하역운반을 행하는 기계(일반 하역운반기계)인 크레인, 이동식 크레인 등 리프트, 곤돌라, 승강기 등에 대해서는 산업안전보건기준에 관한 규칙 제2편 제1장 제9절(양중기) 등에서 기계 본체의 안전확보 및 작업 시의 안전확보를 위하여 다양한 조치를 해야 하는 의무를 부과하고 있다.

### 2) 작업계획

하역운반작업은 생산, 고객 등으로부터 요구받는 일정계획에 따라 한정된 시간 내에 일정한 화물을 운반한다고 하는 틀로 되어 있다. 이러한 틀 속에서 무리, 낭비, 품질문제 등이 없는 화물 운반을 하기 위해서는 화물의 흐름을 지장 없이 안전하게 소화할 수 있는 기계·설비, 작업자를 배치하는 계획이 있어야 한다.

산업안전보건법에서는 차량계 하역운반기계를 사용하는 작업을 할 때 미리 해당 작업에 따른 추락·낙하·전도·협착 및 붕괴 등의 위험예방대책, 차량계 하역운반기계의 운행경로 및 작업방법을 포함한 작업계획서를 작성하고 그 계획에 따라 작업을 하도록 하여야 한다고 규정하고 있다(산업안전보건기준에 관한 규칙 제38조 제1항 제2호, 별표 4).

이동식크레인 등 양중기를 사용하여 중량물 취급작업을 할 때에도 추락·낙하·전도·협착 및 붕괴 등의 위험예방대책을 포함한 작업계획서를 작성하고 그 계획에 따라 작업을 하도록 하여야 한다고 규정하고 있다(산업안전보건기준에 관한 규칙 제38조 제1항 제11호, 별표 4).

이와 같이 작업계획서를 미리 작성하는 것은 법령에 정해져 있는 것에 한하지 않고, 하역운반기계를 사용하는 모든 작업에 동일하게 필요하다.

하역운반계획 작업계획서의 내용은 법령에 정해져 있는 것과 병행하여 위에서 설명한 취급운반의 원칙 중 중계의 폐지, 균형운반, 레이아웃의 적절화, 직선화 등을 중시하면서, 다음과 같은 사항을 고려하여 무리가 없도록 정하는 것이 바람직하다.

① 하역운반기계의 설치·사용장소의 넓이, 지형, 지반의 상태
② 사용하는 기계의 종류
③ 운행경로
④ 구내운행(제한)속도
⑤ 제한하중
⑥ 작업자의 배치
⑦ 다른 기계·설비의 설치·사용상태와의 관계
⑧ 화물의 종류, 유해·위험성, 형상, 질량 등

### 3) 작업지휘

하역운반기계를 사용하는 작업에서는 운전자가 다른 관련작업에 종사하는 자 또는 다른 회사의 작업자와 혼재하여 행하는 경우가 많고, 운반경로가 한곳으로 몰리는 경우도 있다. 이 때문에 하역운반기계를 사용하는 작업을 총괄관리하는 작업지휘자를 지정하여 작업계획서에 따라 작업지휘를 하도록 하는 것이 필요하고, 산업안전보건기준에 관한 규칙에서도 이를 의무화하고 있다(제39조). 또한 작업지휘자는 하역운반기계를 사용하는 작업계통별로 지명하는 것이 필요하다.

건설공사에서는 협력업체를 사용한 중층구조로 작업을 진행하는 경우가 많은데, 예를 들면 하역운반기계를 협력업체가 가지고 와 다른 회사의 작업자와 혼재하여 작업을 하는 경우, 그 안전성을 확보하기 위해서는 하역운반기계의 운전, 신호, 기타 이 기계에 관계된 작업을 하는 자와 협력업체 간에 작업의 내용, 작업지시의 계통, 출입금지구역 등에 대하여 원청업체가 중심이 되어 연락·조정체제를 구축·운영하는 것이 필요하다.

### 4) 운반노면의 정비

하역운반기계가 통행하는 노면을 정비하는 것은 운행저항을 경감하고 차량운행 시의 안전을 확보하기 위해 중요한바, 다음과 같은 사항에 대해 고려하는 것이 필요하다.

① 노면의 결함에서 가장 위험한 것은 도랑 뚜껑의 손상·결락이다. 도랑 뚜껑이 파손, 이탈 또는 바닥면으로부터 돌출되어 있거나 움푹 패여 있는 장소는 반드시 보수, 정비하여야 한다. 도랑의 뚜껑은 튼튼한 재료로 제작하고 이탈방지조치를 하며 통로 면에 요철을 생기게 하지 않는 것으로 한다.
② 노면에 있는 단차, 급경사도 운행에 지장을 초래하므로 건널판의 설치, 완만한 경사로 개선한다.

③ 노면의 손상, 구덩이는 철분이 들어간 콘크리트 또는 아스팔트를 칠해 보수하면 벗겨지지 않아 좋다.

### 5) 운반속도

운반능률을 향상시키기 위해서는 작업의 속도를 올리는 것이 하나의 방법이지만, 화물의 운반속도를 올리는 것에 의한 위험을 방지하기 위해서는 다음과 같은 조치를 할 필요가 있다.

① 화물을 두는 장소의 정리·정돈을 한다.

② 운반기계, 자동운반장치를 고도화한다.

③ 특히, 화물을 싣고 내리는 방법을 개선한다.

④ 운반의 동선을 단순화한다.

⑤ 화물의 취급·운반작업의 전반에 대하여 안전화의 관점에서 속도를 올리는 경우의 문제점을 상세히 검토한다.

그리고 산업안전보건기준에 관한 규칙에서는 차량계 하역운반기계, 차량계 건설기계[33] (최대제한속도가 시속 10 km 이하인 것은 제외한다)를 사용하여 작업을 하는 경우, 미리 작업장소의 지형 및 지반 상태 등에 적합한 제한속도를 정하도록 의무화하고 있다(제98조 제1항).

### 6) 기타 안전대책

상기 사항 외에 하역운반기계를 사용한 작업의 안전을 확보하기 위하여 실시하여야 하는 사항은 많지만, 이하에서는 산업안전보건기준에 관한 규칙에서 정하고 있는 사항을 중심으로 제시한다.

① 작업계획서를 작성하여 근로자에게 알려야 한다(산업안전보건기준에 관한 규칙 제38조 제2항).

② 화물을 적재하는 경우에 하중이 한쪽으로 치우치지 않도록 적재하고, 구내운반차 또는 화물자동차의 경우 화물의 붕괴 또는 낙하에 의한 위험을 방지하기 위하여 화물에 로프를 거는 등 필요한 조치를 하며, 운전자의 시야를 가리지 않도록 화물을 적재하여야 한다. 그리고 화물을 적재하는 경우에는 최대적재량을 초과해서는 아니 된다(산업안전보건기준에 관한 규칙 제173조).

③ 차량계 하역운반기계가 넘어지거나 굴러떨어짐으로써 근로자에게 위험을 미칠 우려가 있는 경우에는 유도자를 배치하고 지반의 부동침하(不等沈下) 및 갓길 붕괴를 방지하

---

33 차량계 건설기계란 동력원을 사용하여 특정되지 아니한 장소로 스스로 이동할 수 있는 건설기계로서 산업안전보건기준에 관한 규칙 별표 6에서 정한 기계를 말한다(산업안전보건기준에 관한 규칙 제196조).

기 위한 조치를 하여야 한다(산업안전보건기준에 관한 규칙 제171조).

④ 승차석이 아닌 위치에 근로자를 탑승시켜서는 아니 된다(화물자동차는 제외)(산업안전보건기준에 관한 규칙 제86조 제7항).

⑤ 근로자가 위험해질 우려가 있는 장소에는 근로자를 출입시켜서는 아니 된다(산업안전보건기준에 관한 규칙 제20조 제7·14호, 제172조 제1항).

⑥ 운전자가 운전위치를 이탈하는 경우 기계의 주행이나 이탈을 방지하기 위한 조치를 한다(산업안전보건기준에 관한 규칙 제99조).

⑦ 적재, 하역 등 주된 용도 이외에는 사용하지 않는다(산업안전보건기준에 관한 규칙 제175조).

⑧ 기계의 운전을 시작할 때에 근로자 배치 및 교육, 작업방법, 방호장치 등 필요한 사항을 미리 확인한 후 위험 방지를 위하여 필요한 조치를 하여야 한다(산업안전보건기준에 관한 규칙 제89조 제1항).

⑨ 단위화물의 무게가 100 kg 이상인 화물을 싣거나 내리는 작업을 하는 경우에 작업지휘자에게 작업순서 및 작업방법을 정하고 작업을 지휘하도록 하고, 기구와 공구를 점검하고 불량품을 제거하도록 하며, 출입하는 것을 금지하도록 하여야 한다. 그리고 로프 풀기 작업 또는 덮개 벗기기 작업은 적재함의 화물이 떨어질 위험이 없음을 확인한 후에 하도록 하여야 한다(산업안전보건기준에 관한 규칙 제177조).

⑩ 지게차의 허용하중[34]을 초과하여 사용하여서는 아니 되며, 안전한 운행을 위한 유지·관리 및 그 밖의 사항에 대하여 해당 지게차를 제조한 자가 제공하는 제품설명서에 정한 기준을 준수하여야 하고, 구내운반차, 화물자동차를 사용할 때에는 그 최대적재량을 초과해서는 아니 된다(산업안전보건기준에 관한 규칙 제178조).

⑪ 일반 하역운반기계(양중기: 크레인, 이동식 크레인, 리프트, 곤돌라, 승강기)에 의한 위험을 방지하기 위하여 제133조(정적하중 등의 표시)부터 제170조(링 등의 구비)까지의 각종 안전기준을 준수하여야 한다.

## 4. 자동반송시스템의 안전대책

### (1) 자동반송시스템의 종류

물체의 반송작업은 각종 작업에 딸린 불가결의 공정이다. 자동반송시스템은 소재·부품으로부터 제품이 만들어지는 공정에서 생산에 관련된 물품(공작물, 부품, 반제품 등)을 적재하

---

34 지게차의 구조, 재료 및 포크·램 등 화물을 적재하는 장치에 적재하는 화물의 중심위치에 따라 실을 수 있는 최대하중을 말한다.

여 소정의 장소로 자동으로 반송하는 시스템이다.

자동반송은 주로 공정 중에 이루어지지만, 공정의 최종(때로는 최초)단계인 창고·저장단계에서도 자동창고의 형태로 입체적인 자동반송시스템이 넓게 활용되고 있다.

자동반송시스템을 대별하면, 컨베이어계, 대차(臺車)계, 크레인계로 구분된다. 컨베이어계는 가장 역사가 오래된 반송시스템인데, 벨트컨베이어, 롤러컨베이어, 체인컨베이어 등은 지금도 많은 작업에서 활용되고 있다. 대차계는 레일 등의 전용궤도 위를 주행하는 궤도식과 무궤도식의 것이 있고, 궤도식은 견인대차식과 자주식(自走式)이 있다. 크레인계는 스태커크레인(stacker crane)과 천장크레인이 있다.

현대화된 공장에서는 무인반송대차가 많이 도입되어 있는데, 중량물의 반송보다도 중·경량 물체의 반송에 많이 활용되고 있다.

스태커크레인은 자동창고(자동반송시스템을 갖추고 자재관리 소프트웨어에 의하여 자재의 반출이나 반입을 효율화한 창고)에 불가결한 기계인데, 조작자가 운전석에 탑승하여 조작하는 방식, 자동제어방식, 원격조작식이 있다.

### (2) 자동반송시스템의 안전대책

자동반송시스템은 반송을 목적으로 한 자동반송시스템에서 생산기계 일부를 구성하는 자동반송시스템, 유통가공라인의 일부로서의 자동반송시스템까지 확대되고 있고, 그 사용환경도 여러 가지이다.

시스템의 제어에는 컴퓨터가 구사되어 운전의 자동화, 최적화가 도모되고 있지만, 시스템의 운전, 점검·수리 등의 작업에 수반하는 위험도 적지 않으므로 이에 대한 안전대책을 하는 것이 중요하다.

### 1) 컨베이어

컨베이어 반송에 의한 사고·재해로서는 원동기, 풀리(pulley) 등의 가동부분에의 끼임, 이탈, 역주행, 화물의 낙하 등에 의한 것이 많고, 높은 위치에 설치되어 있는 경우의 수리작업 중의 추락 등도 있다.

이에 대한 안전대책으로는

① 이탈·역주행의 방지장치, 비상정지장치의 설치(산업안전보건기준에 관한 규칙 제191·192조)

② 화물의 낙하방지용의 가드(덮개 또는 울)의 설치(산업안전보건기준에 관한 규칙 제193조)

③ 원동기, 풀리, 이탈·역주행 방지장치, 비상정지장치 및 가드의 작업개시 전 점검

④ 점검 또는 트러블 처리 후의 재기동 시의 안전확인

⑤ 컨베이어를 횡단하는 장소에의 난간 부착 건널다리의 설치(산업안전보건기준에 관한 규칙 제195조 제1항)

등이 필요하다.

### 2) 무인반송차

무인(無人)반송차에는 궤도식과 무(無)궤도식 자주(自走)대차 2가지가 있는데, 일반적으로는 후자의 무궤도식을 가리킨다. 무인반송차에 화물을 싣고 내리는 것은 사람에 의한 것과 자동으로 하는 것이 있는데, 둘 다 지시받은 장소까지 자동주행한다. 무인지게차는 무궤도식에 속하고 화물을 지게차에 자동적재하여 지시받은 장소까지 자동주행하여 자동하역을 한다.

이들 무인반송차는 단독으로 사용되는 경우도 있지만, 각종 컨베이어, 산업용로봇, 자동창고 등과 유기적으로 조합하여 자동생산시스템으로 기능하도록 하는 경우도 많다. 제어방식은 다양하지만, 가장 많이 보급되어 있는 것은 전자유도식(저주파전류를 통하게 하는 케이블을 주행바닥면에 묻어 넣고, 그곳에서 발생하는 전자파를 검지하면서 주행을 제어하는 것)이고, 기타 광학테이프식(바닥면에 알루미늄 등의 테이프를 붙여 반송차로부터 투광되는 빛을 테이프에 반사시켜 센서 등으로 검지하면서 주행하는 것) 등이 있다.

무인반송차에 의한 사고·재해로는 작업자와의 접촉, 충돌 등이 많으므로 다음과 같은 대책이 필요하다.

① 무인반송차의 통로는 일반통로와 구분하거나 격리한다. 부득이하게 통로를 겸용하는 경우에는 보행자의 대피공간을 설치하도록 한다.

② 통로의 정비·보수를 확실하게 실시한다. 바닥면의 물, 기름을 자주 제거해 놓는다.

③ 사람이 반송차의 이동영역에 진입하여 위험을 발생시키는 것을 방지하기 위하여 비접촉접근검출방치를 탑재해 두고, 사람이 차체에 접촉하기 전에 감속, 비상정지하도록 한다.

④ 사람 또는 물건과 접촉하였을 때에 바로 비상정지가 작동되는 접촉식 검출장치를 설치한다.

⑤ 조작하기 쉬운 위치에 비상정지버튼을 설치한다.

⑥ 무인운전 중 전등하는 점멸등 또는 회전등을 설치하거나 경보음을 발하는 경보기를 설치한다.

⑦ 탈선검출·정지기능을 갖추고, 주행레일에서 벗어났을 때 바로 비상정지기능이 작동하여 급정지할 수 있도록 한다.

⑧ 설정속도를 20% 이상 초과하면 자동적으로 비상정지하는 스피드 검출장치를 둔다.

⑨ 보수점검체제를 구축하고 안전기능 등에 대하여 적절한 점검·조정을 행한다.

⑩ 반송차 담당자 및 부근에서 작업을 행하는 자에게 안전보건교육을 실시한다.

### 3) 입체자동창고

입체자동창고는 선반, 팔레트, 스태커크레인(stacker crane) 등으로 구성되어 있는데, 그중에서도 스태커크레인은 화물을 고층 선반에 넣거나 고층 선반에서 꺼낼 때 사용하는 크레인으로서 자동물류시스템의 보관과 선택의 기능을 아울러 갖는 자동창고의 중추를 담당하고 있다.

초기단계의 스태커크레인은 작업자가 기체에 동승하여 운전, 싣고 내림을 하였지만, 최근에는 컴퓨터 제어에 의해 최적의 선반 번지를 지정하고 운전, 화물의 출입이 이루어지도록 되어 있다.

스태커크레인에 의한 사고·재해로서는 정상적인 형태로 자동운전을 하고 있는 경우에는 문제가 거의 발생하지 않지만, 화물의 무너짐을 바로잡거나 센서 등의 트러블에 대처하려다 크레인의 가동범위에 들어가는 바람에 화물에 깔리게 되어 협착되거나 하는 경우가 있다.

이 스태커크레인 중 승강식 스태커크레인에 대해서는 다음과 같은 대책이 필요하다.

① 운전실은 2개 이상의 와이어로프로 매다는 구조일 것

② 권상용 와이어로프가 끊어진 경우에 운전실의 강하를 자동적으로 제어하는 장치를 갖출 것

③ 권상용 와이어로프의 안전율을 9 이상으로 할 것

자동운전식 스태커크레인에는 다음과 같은 대책이 필요하다.

① 주행범위를 출입금지구역으로 하고 울타리 등으로 구획한다.

② 안전플러그(safety plug)가 부착된 문을 설치하고, 출입금지구역에 들어가는 경우에는 전원을 끈다.

③ 수동으로 전환하여 운전하는 경우에는

 • 운전실 바닥에 매트 스위치를 설치하고, 매트 스위치에 서지 않으면 주 전원이 들어오지 않도록 한다.

 • 운전실에 도어 스위치를 설치하고, 도어를 닫지 않으면 주 전원이 들어오지 않도록 한다.

 • 운전실의 창은 개방 불능의 구조로 한다.

 등의 조치를 한다.

④ 스태커크레인의 폭주(暴走) 방지(주행, 승강)를 위하여 자동비상정지장치 및 엔드스토퍼(end stopper)를 설치한다.

⑤ 부득이하게 출입금지구역에 들어가는 경우의 작업규정을 정하고, 관계작업자에게 교육을 하는 한편, 규정의 요점을 울타리 등에 게시하여 둔다.

⑥ 운전실에 조작자가 준수하여야 할 금지사항을 게시하여 둔다.

# XI. 밀폐공간작업

작업환경의 불량이 원인이 되어 치명적인 피해를 입는 경우가 많은 재해로서 밀폐공간에서의 산소결핍증, 유해가스중독(이하 '산소결핍증 등'이라 한다)이 있는데, 건설업, 화학공업, 조선업, 식품제조업 등의 제조업, 항만하역업 등 많은 업종·작업에서 발생하고 있다.

무색무취의 산소결핍공기의 존재는 인간의 감각으로는 판단할 수 없고, 산소결핍증의 상태, 때로는 질식을 초래하는 경우가 있다. 황화수소는 특유의 냄새를 가지고 있고 수용성이 있어 눈, 호흡기에 자극이 있지만, 그럼에도 가스중독재해가 발생하고 있다. 일산화탄소 역시 공기와 마찬가지로 무색무취로서 낮은 농도에서도 독성을 가지고 있다.

이와 같은 산소결핍에 의한 질식, 황화수소중독 등 유독가스에 의한 재해의 발생을 방지하기 위해서는 밀폐공간작업에 대한 작업환경관리, 작업관리 및 안전보건교육 등 많은 대책의 수립과 함께, 근로자 각자가 산소결핍공기를 포함한 많은 가스의 성질과 그 발생원인을 잘 이해하는 것도 중요하다.

특히, 산소결핍증은 치명률이 매우 높지만 냄새가 없어 구출에 나선 자를 포함하여 복수의 자가 재해를 입는 예가 적지 않으므로, 그 위험성을 관계자에게 충분히 주지시키는 등 철저하고 적절한 방지대책을 강구할 필요가 있다.

산소결핍증과는 반대로 고압용기, 배관으로부터의 산소누출 등에 의한 산소과잉도 인체에 악영향을 미친다.

## 1. 산소결핍 등의 위험성

### (1) 산소결핍의 원인

통상 공기의 표준적인 조성은 산소 20.93%, 질소 78.10%, 아르곤 0.93%, 이산화탄소(탄산가스) 0.03%이다. 체내에 들어온 산소는 장(臟)·위·호흡근(호흡할 때 가슴을 확대, 수축시키는 근육) 등의 불수의적(不隨意的)인 운동(인체의 정상적인 상태를 유지하기 위한 움직임), 뇌, 기타 중요한 조직의 기초적인 기능유지에 필요한 에너지로 소비되는데, 산소의 최대소비기관은 뇌(대뇌피질)이고, 산소의 공급이 중단되면 뇌신경세포가 최대의 타격을 받고, 순식간에 그 기능이 정지되며, 단시간에 불가역적인 파괴가 일어난다.

산소결핍에 대해서는 생체의 유지기능이 작동하고 있는 정도까지는 견딜 수 있는데, 그 한계는 14±2%로 알려져 있다. 6~10%에서는 의식불명, 경련, 치아노제(혈액 속의 산소가 줄고 이산화탄소가 증가하여 피부나 점막이 파랗게 보이는 증세) 등을 일으키고, 6~8분에 심장정지에 이른다고 말해지고 있다.

산업안전보건기준에 관한 규칙에서는 공기 중의 산소농도가 18% 미만인 상태를 산소결핍이라고 규정하고 있다(산업안전보건기준에 관한 규칙 제618조 제4호).

산소결핍은 일반적으로 환기가 불량한 폐쇄적·반폐쇄적인 공간(밀폐공간)에서 일어나기 쉽다. 이와 같은 장소에서 산소결핍이 발생하는 것은 크게 나누어 ⅰ) 공기 중의 산소가 소비되어 발생하는 경우, ⅱ) 공기가 무산소공기 등으로 치환되어 발생하는 경우, ⅲ) 산소결핍공기 등의 분출, 유입 등에 의해 발생하는 경우가 있다.

맨홀, 발효탱크, 곡물사일로, 우물, 갱, 터널 등 환기가 나쁜 장소에서는 미생물의 호흡, 흙 속의 철의 산화 등에 의해 산소농도가 저하하기 쉽다. 선창탱크, 보일러 등의 밀폐된 철의 구조물도 녹이 발생하면 내부 공기의 산소농도가 저하된다.

공업기술의 발전에 수반하여, 폭발·화재의 위험성이 높은 제품, 공기와 접촉하면 산화·분해를 일으키기 쉬운 불안정한 물질을 취급하는 일이 현저하게 증가하고 있다. 이들 위험을 방지하기 위해 대량의 불연성 가스가 저장탱크, 제조설비 내의 공기를 치환하는 데 이용되고 있다. 나아가 일반적인 공업제품, 농산물 등에서도 품질의 향상, 유통비용의 저하, 부식방지 등을 위해 불연성 가스의 이용이 넓어지고 있다. 이들 가스는 누출되면 무산소 분위기를 형성하므로, 취급작업을 잘못하면 산소결핍이 발생할 우려가 크다.

지하 토목공사에서는 압기공법(壓氣工法)[35]이 이용되면, 흙 속에 압입(壓入)된 압축공기 중의 산소가 흙에 포함된 산화하기 쉬운 철·망간 등의 존재에 의해 소비되어 질소를 주성분으로 한 산소결핍공기가 만들어진다. 그리고 이 산소결핍공기가 조건에 따라서는 재해를 일으킨다.

이상과 같이 환기가 나쁜 장소에서 산소결핍공기가 형성된다. 그러나 드물지만 통풍이 좋은 옥외에서도 밸브, 배관에서 갑작스러운 대량가스의 분출, 송기마스크 착용자에의 잘못된 접속에 의한 불연성 가스의 송급(送給) 등에 의해 산소결핍사고가 발생하고 있다.

이하에서는 산소결핍이 발생하기 쉬운 경우에 대하여 3가지로 나누어 설명한다.

### 1) 산소가 소비되는 경우

공기 중의 산소가 소비되는 경우로는 화학적 산소소비 및 생물학적 산소소비로 분류된다.

화학적인 산소소비로는 금속의 산화, 광석의 산화, 지하수 및 수도수의 철분의 산화, 건성유 및 도료의 산화 등이 있다. 화학적 산소소비 반응은 통상적으로 매우 완만하지만, 한번 반응이 시작되고 온도가 상승하면 이 반응속도는 빨라진다. 그리고 내연기관·연소기구 등

---

35 하천의 밑에 터널을 건설할 경우나 지하수가 많은 곳에 채용되는 공법이며, 터널 안의 기압을 높여 터널 안으로의 물의 침입을 방지하는 공법을 말한다.

에 의한 대량산소소비 등이 있다. 이 경우 불완전연소에 의한 일산화탄소의 대량발생도 보여진다.

생물학적 산소소비로는 미생물의 호흡작용, 야채·곡류·목재의 호흡작용, 인간의 호흡에 의한 작용 등이 있다. 이때 산소를 소비하고 동시에 탄산가스를 발생시킨다. 이 작용도 환경온도가 상승한 경우에는 특히 활발하게 되고, 발아, 생장(生長)이 수반되면 더욱 급속하게 진행한다. 그리고 곡물, 식물, 목재 등의 표면에 발생하는 미생물(곰팡이)도 동일하게 산소를 소비하므로 위험하다.

### 2) 무산소기체 등으로 치환되는 경우

생산기술의 발달에 따라 가연성 가스, 불연성 가스가 각종 산업에서 이용되고 있고, 그것에 수반하여 동시에 가연성 가스에 의한 폭발, 불연성 가스에 의한 산소결핍 등의 재해가 발생하게 되었다. 산소결핍 재해에서는 질소, 이산화탄소, 아르곤, 프레온에 의한 것이 많은데, 주로 가스 취급 시 산소농도의 검지, 환기, 밸브의 폐색(閉塞) 등의 안전보건대책이 불완전한 것, 가스의 위험성에 대한 이해가 불충분한 것, 호흡용 보호구를 착용하지 않고 구출작업에 나선 것 등이 주된 원인이 되고 있다.

### 3) 산소결핍공기 등의 분출, 유입

불활성 가스의 사용 외에 여러 가지 요인에 의해 발생한 산소결핍공기 등이 작업내용, 공법, 기상조건 등에 따라 작업장소에 분출 또는 유입하여 오는 경우가 있다.

산소결핍공기 등이 분출되거나 유입되는 경우에는 작업자가 호흡하는 부분이 산소결핍공기 등으로 가득 차는 경우가 있는데, 이때에는 작업장소가 넓은 경우에도 또는 폐쇄된 장소가 아닌 경우에도 산소결핍 등이 발생한다.

구체적인 예로는 교각, 솟아나는 물이 많은 지반에서의 기초공사, 지하철공사 등에서의 잠함공법, 압기실드공법(pressurized shield work)으로 굴착을 할 때 산소결핍공기 등이 분출되는 경우, 늪·못, 오탁항만의 매립지 등의 오염된 진창층 또는 메탄가스전(田) 지대의 굴착 과정에서 메탄가스가 분출되는 경우, 혈암층(shale beds)에 석탄암이 혼재하는 지역에서 혈암 속에 있는 황화철의 공기산화에 의해 이산화탄소가 용출되는 경우가 있다.

### 4) 기타

이상의 것 외에 산소결핍장소의 원인으로 다음과 같은 것이 있다.

### 가. 장기간 사용되고 있지 않은 우물 등

장기간 사용되고 있지 않은 우물 등에서는 우물 등의 내부 유기물이 부패하여 산소를 소비한다. 철분이 많은 물에는 제1철화합물이 포함되고, 이 제1철화합물이 공기에 의해 산화되어 산소를 소비하므로, 굴착 중에도 산소결핍의 상태가 된다. 콘크리트구조가 텅 빈 굴의 상태로 매설된 시설 등에서도 굴 내부의 산소가 장기간 동안 침입하여 온 지표수에 의해 소비되어, 굴 내부가 산소결핍의 상태가 될 수 있다. 이들 사례에서는 장기간 환기되지 않고 방치되어 있는 사이에 산소결핍공기가 축적되어 체류하고 있는 경우가 많다.

### 나. 지하수, 흙의 산소소비

암거(暗渠: 지하에 매설하거나 지상에 흐르는 물이 보이지 않게 위를 덮은 배수로), 맨홀 내부에 제1철화합물의 함유량이 많은 물이 유입하여 오는 경우에는 산소가 그 물에 흡수되어 암거, 맨홀 내의 공기는 산소결핍의 상태가 된다.

이와 같은 암거 등의 내부로 토사 제거작업에 나선 작업자가 산소결핍으로 사망한 사례가 있다.

공기가 거의 없는 지하수면 이하의 흙 속의 철은 산소와 반응하기 쉬운 상태에 있고, 통상 흙 속에 0.1%나 함유되어 있다. 지하수면 아래에 구멍을 뚫어 물을 배제하면 그 물과 치환되어 침입한 공기는 흙 속에 포함되어 있는 철의 산화로 산소결핍상태가 된다. 물을 퍼 올리는 것을 중지하면 수위의 회복에 수반하여 이 무산소공기가 갱내에 용출한다. 전술한 압기공법에 수반하는 산소함유량이 적은 공기의 분출도 거의 동일한 현상이다.

구릉지대의 급경사면의 택지, 골프장 조성지의 배수관 등의 내부는 산소결핍 상태가 될 우려가 크므로 주의를 요한다.

이 외에, 산소와 반응하기 쉬운 제1철염을 함유하는 광산의 용수, 지하공사의 지하수가 제1철염의 산화에 의해 공기 중의 산소를 흡수한 후 갱, 맨홀 안으로 흘러 들어가 지상으로 퍼내지면, 좁은 갱, 맨홀 안의 공기는 산소결핍 분위기가 된다.

## (2) 황화수소 발생의 원인

### 1) 황화수소의 생성

황화수소의 기중(氣中)농도가 높아지는 경우는 대체로 다음과 같이 대별된다.

① 황산환원균이 생성한 황화수소가 장시간에 걸쳐 축적하거나 한정된 인공적인 공간에 단시간에 대량 생성되어 환기가 나쁜 폐쇄적 공간에 용출된다.

② 동식물의 몸의 구성성분인 유황을 함유한 단백질, 아미노산, 기타 성분이 부패균에 의해 분해된 경우 또는 동물의 배설물이 분해된 경우의 최종단계에서 발생하고, 환기가 나쁜 공간에 축적된다.

③ 각종 화학제품의 제조공정 등에서 이용되는 화학반응의 결과, 대량의 황화수소가 생성

되고, 그것이 때때로 제조공정에서 누출된다.

구체적으로는 다음과 같은 것이 있다.

① 배설물 처리시설

시설 중의 배설물 저류조 내에서는 배설물 중의 유황도 포함한 유기화합물의 세균에 의한 분해의 최종산물로서 황화수소가 발생하고 있다. 배설물 중에는 인체 내에서 생성된 황산염 (체내 해독기구에서 만들어진다)도 존재하는데, 저류조 내의 산소결핍상태하에서 황산환원균의 활동이 촉진되어 황화수소가 생성된다.

② 오염된 진창

오염된 진창 중에는 황화철, 기타 황화물이 존재하고, 산성화된 경우 등에 황화수소가 분리되어 나온다. 오염된 진창 속에 황산 또는 황산염이 존재하면 황산환원균의 활동이 촉진된다. 공장 배수 등에 의해 황산 또는 황산염 오염이 된 진창층의 굴착환경에서는 황화수소 중독의 위험성이 높다.

③ 하수도

하수도 침전물 중에서는 동식물의 단백질의 분해 또는 황산염(예: 축전지처리공장, 화학실험실 등에서의 황산염 투기 등)에 대한 황산환원균의 작용에 의한 황화수소의 생성이 이루어진다. 도축장, 식품공장에서의 배수에는 유황을 포함한 단백질, 아미노산 등이 많이 포함되어 있고, 피혁공장의 폐수에는 가죽을 부드럽게 하기 위한 용도의 황화나트륨 등이 대량으로 포함되어 있는데, 이를 통해서도 황화수소가 발생한다.

④ 펄프공장

펄프공장에서는 원료인 목재 조각을 수산화나트륨과 황화나트륨의 혼액으로 가압하여 찌는 방법으로 셀룰로오스만을 추출한다. 조제의 셀룰로오스의 펄프액에는 황화나트륨, 그 공기산화로 생성된 황산염이 남아 있으므로, 펄프액의 저장조 내부는 산소결핍상태와 혼입된 황산환원균에 의해 황산염으로부터 황화수소가 생성된다. 황화수소중독은 연휴 등으로 펄프액의 유동이 정지된 후, 작업 재개 시 점검작업을 할 때에 일어나기 쉽다.

⑤ 쓰레기소각장

황화수소가 발생하기 쉬운 장소로서 쓰레기 피트(pit, 구덩이)가 열거된다. 쓰레기 피트 안으로 추락하여 폐부종(肺浮腫)으로 작업자가 사망한 사고에서 그 기인물질로 황화수소가 유력시되고 있다.

청소공장의 타고 남은 재(灰) 피트 속의 재에는 쓰레기에 함유된 각종 유황분(고무류, 단백질 등)이 연소할 때에 발생하는 황화물, 황산염, 아황산염이 존재한다. 타고 남은 재 피트

속의 재가 오니(汚泥, 슬러지)형태로 침전·저류(貯留)되면, 황산염은 혼입된 황산환원균에 의해 황화수소 또는 황화알칼리로 변화한다. 이 오니(汚泥)를 산으로 중화할 때에 황화수소가 분리되어 나온다.

⑥ 석유정제공장

원유에 함유되어 있는 유황을 포함한 유기물은 연소하여 이산화유황(아황산가스)으로서 공해의 원인이 되므로, 수소부가반응으로 유황분을 황화수소로 바꾸어 제거한다. 이 황화수소의 저장탱크·수송파이프로부터의 누출, 탱크·파이프의 오버홀(overhaul) 시에 중독사고가 발생하고 있다.

## 2) 황화수소의 특성

황화수소는 특유의 썩은 계란 냄새가 나는 기체로서 무색이고, 가연성이며, 비중은 1.19 (공기＝1)이다. 그리고 공기와 혼합되기 쉽고 물에 잘 녹는 특성을 가지고 있다.

공기보다 무거워 낮은 부분에 체류하기 쉽고, 공기와 잘 혼합하여 확산되기 쉽다. 물에 잘 녹는 성질은 공기 중의 황화수소가 눈, 호흡기점막의 수분에 용해되어 흡수되기 쉽다는 것을 의미한다. 과거의 재해사례를 보면, 오수(汚水), 오니(汚泥) 등에 들어 있던 황화수소가 작업에 의해 작업환경으로 방출된 것에 기인한 재해가 여러 건 발견된다. 따라서 작업개시 후 황화수소의 농도 변화에도 주의가 필요하다.

공기 중에서 서서히 산화되어 다음 식과 같이 물과 유황으로 변화하는데, 공기 중에 고농도로 존재할 때는 유황의 미세입자를 발생시키고 연무가 발견된다.

$$H_2S(황화수소) + O_2(산소) \rightarrow 2H_2O(물) + 2S(유황)$$

272℃에서 발화하고 청색의 불길을 치솟게 한다. 눈, 호흡기점막에 강한 자극성을 가지는 이산화유황(아황산가스)을 발생시킨다. 그리고 기중농도 4.3~45.5%의 범위에서 착화되면 격렬하게 폭발한다. 금속과 반응하여 황화물을 생성시켜 부식성을 발휘하고, 은, 동 등은 검은색으로 변한다. 스테인리스강도 부식된다. 흰색의 납 도료가 검은색으로 변하고, 콘크리트 구조물의 중성화를 촉진하여 무르게 하는 등의 물적 피해도 발생시킨다.

## (3) 일산화탄소 발생의 원인

### 1) 일산화탄소의 생성

일산화탄소는 목재, 석탄(갈탄), 휘발유 등 탄소를 포함하는 연료의 연기에서 발견된다. 자동차, 트럭, 소형 휘발유 엔진, 난로, 랜턴, 용광로, 석쇠, 가스레인지, 온수기, 옷 건조기 등 모든 종류의 열원(熱源)은 일산화탄소를 배출할 수 있다. 난로 등의 장비를 폐쇄된 공간에서 사용할 경우(환기가 불량할 경우) 일산화탄소에 중독될 위험이 특히 높다. 과거에 많았던 연탄가스에 의한 사고의 원인이 되는 물질이다. 그런데 요즘에는 연탄을 접해 볼 기회가 거의 없기 때문에 역설적으로 문제가 발생하고 있는데, 아직도 건설현장 등에서는 값싼 난방(예: 동절기 콘크리트 보온양생)을 위해 갈탄, 연탄을 사용하면서 그 위험성을 알지 못하여 일산화탄소에 무방비로 노출되기도 한다. 일산화탄소 중독은 화재 도중 연기를 들이마신 경우에도 발생할 수 있다.

### 2) 일산화탄소의 특성

일산화탄소를 들이마시게 되면 일산화탄소가 폐에서 혈류로 이동하여 산소를 운반하는 헤모글로빈 분자에 결합한다. 일산화탄소와 결합한 헤모글로빈은 산소를 운반할 수 없게 된다. 일산화탄소에 지속적으로 노출되면 일산화탄소는 점점 더 많은 헤모글로빈 분자에 결합하게 되며, 혈액은 신체가 요구하는 산소량을 운반할 능력을 잃게 된다. 충분한 산소가 없으면 뇌와 심장과 같은 생명에 중요한 장기들의 세포가 질식하여 사망하게 된다. 일산화탄소는 직접 독소로도 작용하여 세포 내부의 화학 반응을 방해한다.

증상은 주위 환경의 일산화탄소 농도, 노출 시간, 그리고 노출자의 건강 상태에 따라 달라진다. 환기가 불량한 공간에서 고농도의 일산화탄소에 노출되면, 두통, 호흡곤란, 피로, 병감(전반적으로 아픈 느낌), 어지럼증, 어색한 행동 또는 보행 곤란, 시야 장애, 혼란과 판단력 장애, 오심과 구토, 빠르거나 불규칙한 맥박 등의 증상이 발생할 수 있다. 즉각 치료하지 않으면 의식상실, 경련, 혼수상태에 빠질 수 있고 사망할 수 있다. 고농도의 일산화탄소 노출의 경우 몇 분 이내, 저농도의 일산화탄소 노출의 경우 1시간 이내에 사망할 수 있다.

장기간에 걸쳐(수 주 또는 수개월) 매우 낮은 농도의 일산화탄소에 노출되었다면 독감과도 같은 두통, 피로, 병감, 때로는 오심과 구토 등의 증상을 보일 수 있다. 또한 낮은 농도의 일산화탄소에 장기간 노출되었을 경우에도 저림, 시야 장애, 수면 장애, 기억력 장애, 집중력 저하 등을 보일 수 있다.

일산화탄소는 공기보다 가벼우며(비중 0.6) 퍼지는 성질이 있기 때문에 옆 건물까지도 확산될 수 있다.

## 2. 산소결핍증 등이 발생하기 쉬운 장소

산소결핍증 등이 발생할 우려가 있는 장소는 밀폐공간[36]이라는 이름으로 산업안전보건기

---

36 산소결핍, 유해가스로 인한 질식·화재·폭발 등의 위험이 있는 장소로서 별표 18에서 정한 장소를 말한다(산업안전보건기준에 관한 규칙 제618조 제1호).

준에 관한 규칙 별표 18(제618조 제1호 관련)에서 다음과 같이 정하고 있다.

① 다음 지층에 접하거나 통하는 우물·수직갱·터널·잠함·피트 또는 그 밖에 이와 유사한 것의 내부
  - 상층에 물이 통과하지 않는 지층이 있는 역암층 중 함수(含水: 수분을 포함하고 있음), 또는 용수(湧水)가 없거나 적은 부분
  - 제1철 염류 또는 제1망간 염류를 함유하는 지층
  - 메탄·에탄 또는 부탄을 함유하는 지층
  - 탄산수를 용출하고 있거나 용출할 우려가 있는 지층

② 장기간 사용하지 않은 우물 등의 내부

③ 케이블·가스관 또는 지하에 부설되어 있는 매설물을 수용하기 위하여 지하에 부설한 암거·맨홀 또는 피트의 내부

④ 빗물·하천의 유수 또는 용수가 있거나 있었던 통·암거·맨홀 또는 피트의 내부

⑤ 바닷물이 있거나 있었던 열교환기·관·암거·맨홀·둑 또는 피트의 내부

⑥ 장기간 밀폐된 강재(鋼材)의 보일러·탱크·반응탑이나 그 밖에 그 내벽이 산화하기 쉬운 시설(그 내벽이 스테인리스강으로 된 것 또는 그 내벽의 산화를 방지하기 위하여 필요한 조치가 되어 있는 것은 제외한다)의 내부

⑦ 석탄·아탄·황화광·강재·원목·건성유(乾性油)·어유(魚油) 또는 그 밖의 공기 중의 산소를 흡수하는 물질이 들어 있는 탱크 또는 호퍼(hopper) 등의 저장시설이나 선창의 내부

⑧ 천장·바닥 또는 벽이 건성유를 함유하는 페인트로 도장되어 그 페인트가 건조되기 전에 밀폐된 지하실·창고 또는 탱크 등 통풍이 불충분한 시설의 내부

⑨ 곡물 또는 사료의 저장용 창고 또는 피트의 내부, 과일의 숙성용 창고 또는 피트의 내부, 종자의 발아용 창고 또는 피트의 내부, 버섯류의 재배를 위하여 사용하고 있는 사일로(silo), 그 밖에 곡물 또는 사료종자를 적재한 선창의 내부

⑩ 간장·주류·효모, 그 밖에 발효하는 물품이 들어 있거나 들어 있었던 탱크·창고 또는 양조주의 내부

⑪ 분뇨, 오염된 흙, 썩은 물, 폐수, 오수, 그 밖에 부패하거나 분해되기 쉬운 물질이 들어 있는 정화조·침전조·집수조·탱크·암거·맨홀·관 또는 피트의 내부

⑫ 드라이아이스를 사용하는 냉장고·냉동고·냉동화물자동차 또는 냉동컨테이너의 내부

⑬ 헬륨·아르곤·질소·프레온·탄산가스 또는 그 밖의 불활성기체가 들어 있거나 있었던 보일러·탱크 또는 반응탑 등 시설의 내부

⑭ 산소농도가 18% 미만 또는 23.5% 이상, 탄산가스농도가 1.5% 이상, 일산화탄소농도가 30 ppm 이상 또는 황화수소농도가 10 ppm 이상인 장소의 내부

⑮ 갈탄·목탄·연탄난로를 사용하는 콘크리트 양생장소(養生場所) 및 가설숙소 내부

⑯ 화학물질이 들어 있던 반응기 및 탱크의 내부

⑰ 유해가스가 들어 있던 배관이나 집진기의 내부

⑱ 근로자가 상주(常住)하지 않는 공간으로서 출입이 제한되어 있는 장소의 내부[37]

## 3. 산소결핍증 등의 방지대책

산소결핍증은 증상의 진행이 매우 빠르고 사망재해의 발생률이 높다. 그리고 산소결핍공기는 인간의 오감으로 파악할 수 없기 때문에, 깨달았을 때는 피재하고 있거나 피재한 것을 자각하기 전에 의식을 잃는 사례도 있다. 그리고 고농도의 황화수소, 일산화탄소 등에서도 급격한 의식상실을 초래한다. 따라서 산소결핍증, 유해가스중독에 의한 산업재해의 방지를 위해서는 일련의 방지조치의 확실한 실시가 요구된다.

산소결핍증 및 유해가스중독 재해의 발생사례를 보면 일견 복잡다기한 것처럼 생각되지만, 그 내용을 상세히 검토하면 공통된 원인을 제시할 수 있다. 사례에서 발견되는 공통적인 원인으로는 주로 다음과 같은 것이 있다.

① 작업 전(들어가기 전)에 산소 및 유해가스의 농도측정을 하지 않은 것

② 환기하지 않고 또는 환기가 불충분한 채 산소결핍 등의 장소로 들어간 것

③ 관리감독자를 지정하여 담당업무를 하도록 하지 않은 것

④ 공기호흡기 등 호흡용 보호구를 착용하지 않고 작업, 구출작업을 하려고 한 것

⑤ 추락의 우려가 있는 장소에서 안전대 등을 착용하지 않은 것

⑥ 근로자에게 산소결핍증 및 유해가스중독의 방지에 대한 지식이 부족한 것

⑦ 관계자 외 출입금지 표시가 없었던 것

### (1) 밀폐공간작업 프로그램 수립 및 측정 실시

밀폐공간에서 근로자에게 작업을 하도록 하는 경우에는 다음 내용이 포함된 밀폐공간작업 프로그램을 수립하여 시행하여야 한다(산업안전보건기준에 관한 규칙 제619조 제1항).

① 사업장 내 밀폐공간의 위치 파악 및 관리 방안

② 밀폐공간 내 질식·중독 등을 일으킬 수 있는 유해·위험요인의 파악 및 관리 방안

③ 밀폐공간작업 시 사전 확인이 필요한 사항에 대한 확인 절차

④ 안전보건교육 및 훈련

---

37 이 항목(제18호)은 2017.3.3.에 추가된 사항으로서 제1호부터 제17호까지를 별도로 정할 필요가 없을 정도로 지나치게 포괄적이다. 제1~17호에 준하는 장소로 그 범위를 좁혀 해석하는 것이 타당하다.

⑤ 그 밖에 밀폐공간 작업 근로자의 건강장해 예방에 관한 사항

그리고 밀폐공간에서 근로자에게 작업을 하도록 하는 경우 작업을 시작(작업을 일시 중단하였거나 다시 시작하는 경우를 포함한다)하기 전에 해당 밀폐공간의 산소 및 유해가스 농도를 측정하여 적정공기가 유지되고 있는지를 평가하도록 해야 한다. 이 측정은 관리감독자, 안전관리자, 보건관리자, 안전관리전문기관, 보건관리전문기관, 건설재해예방전문지도기관, 작업환경측정기관, 한국산업안전보건공단이 정하는 산소 및 유해가스 농도의 측정·평가에 관한 교육을 이수한 사람 중 어느 하나에 해당하는 자가 실시하여야 한다(산업안전보건기준에 관한 규칙 제619조의2 제1항).

## (2) 환기의 실시

산소결핍증 등을 방지하기 위해서는, 폭발, 화재 등의 방지를 위하여 환기하는 것이 불가능한 경우 또는 바나나의 숙성상황 점검 등 작업의 성질상 환기하는 것이 현저히 곤란한 경우를 제외하고는 그 작업을 행하는 장소의 환기를 효과적으로 실시하고, 공기 중의 산소농도를 18% 이상, 일산화탄소농도를 30 ppm 이하, 황화수소농도를 10 ppm 이하 등으로 유지하여야 한다. 그리고 이것들을 확인한 후 근로자를 출입하도록 하여야 한다.

계속 환기를 필요로 하는 경우에는 내부에 근로자가 1명이라도 있는 한 환기를 중단해서는 안 된다. 예를 들면, 산소결핍공기, 메탄가스의 용출 또는 황화수소의 계속적인 발생이 있는 장소 등에서는 1회만의 환기로는 안전한 상태로 유지할 수 없으므로 계속하여 환기한다. 만약 정전 등으로 환기가 중단된 경우는 바로 근로자를 안전한 장소로 대피시켜야 한다.

## (3) 공기호흡기 등의 착용

산소결핍 또는 유해가스 발생의 우려가 있는 장소에 들어가 작업을 행하는 경우에는 '농도의 측정'과 '환기'에 의해 작업환경을 일정한 기준 이하로 유지하는 것이 원칙이다. 그러나 다음과 같은 이유로 환기가 불가능하거나 환기가 가능하더라도 충분하지 않은 경우가 있다.

### 1) 환기를 할 수 없는 경우
① 인화성 액체, LPG 탱크, 화학반응장치의 내부 등에서 인화·폭발의 방지를 위하여 불활성 가스를 충전하고 있는 경우
② 야채, 과실, 생선 등의 식료품을 넣은 냉장고 등에서 신선도의 유지를 위해 불활성 가스를 봉입하고 있는 경우
③ 정화조, 오물탱크 등에서 환기하면 주위에 악취를 확산시킬 우려가 있는 경우

### 2) 환기가 불충분한 경우

① 우물, 수직갱, 수도 등에서 지층의 관계상 산소결핍공기의 용출량이 극단적으로 많은 경우

② 거리가 긴 수도, 도수관 등에서 안까지 송풍이 도달되지 않는 경우

③ 탱크, 화학설비, 선창의 내부 등에서 구조상 충분한 환기를 할 수 없는 경우

④ 사고의 피해자를 구조하는 경우 등으로 충분한 환기를 행할 시간적 여유가 없는 경우

⑤ 작업 개시 전에 산소농도 또는 유해가스농도의 측정을 위하여 산소결핍 등의 위험장소에 들어가는 경우

이와 같은 경우에는 공기호흡기 또는 송기마스크와 같은 호흡용 보호구를 장착하여 들어가야 한다. 산소결핍증 또는 유해가스중독사고가 발생한 경우에 구조자는 반드시 공기호흡기 등을 장착하고 활동하여야 한다. 당황하여 공기호흡기 등을 장착하지 않고 구조에 들어가 2차 재해가 발생하는 예가 많으므로 특히 주의하여야 한다.

그리고 공기호흡기 등에 대해서는 동시에 작업하는 근로자의 인수와 동수 이상을 구비하고 상시 유효하고 청결하게 유지하여야 한다.

## (4) 안전대 등의 사용

실신혼도(失神昏倒)가 일어나지 않는 산소농도의 산소결핍공기에서도 흡입에 의해 근력의 저하가 나타난다. 산소결핍위험장소에서의 작업 중에서 사다리를 이용하여 탱크, 맨홀 안으로 내려가는 경우에 산소결핍공기를 흡입하면, 근력저하에 의해 스스로의 체중을 지탱하는 것이 불가능하게 되어 추락할 우려가 있다.

따라서 산소결핍장소로 사다리를 사용하여 내려가는 경우는 안전대 등을 사용하여 안전을 확보할 필요가 있다. 그리고 추락할 우려가 있는 곳에서는 난간 또는 울타리가 설치되어 있더라도, 근로자가 산소결핍공기 등을 들이마셔 비틀거려 추락하는 일이 없도록 안전대 등을 착용하는 것이 필요하다.

이를 감안하여, 산업안전보건기준에 관한 규칙에서는 밀폐공간에서 작업하는 근로자가 산소결핍이나 유해가스로 인하여 추락할 우려가 있는 경우에는 해당 근로자에게 안전대나 구명밧줄을 지급하여 착용하도록 규정하고 있다(산업안전보건기준에 관한 규칙 제624조 제1항 참조).

한편, 그네식 안전대를 착용하면 추락 시 신체에의 충격이 적고 피재자를 들어 올릴 때에 비교적 좁은 개구부에서도 끌어내기 쉽다.

### (5) 대피용 기구의 비치

만일의 사고발생에 대비하여 공기호흡기 또는 송기마스크, 사다리, 섬유로프 등 근로자를 피난시키거나 구출하기 위하여 필요한 기구(이하 대피용 기구)를 갖추어 두어야 한다(산업안전보건기준에 관한 규칙 제625조).

특히 공기호흡기 등의 수가 부족하여 무방비인 상태로 탱크 내부로 구출하러 들어가 2차 재해가 발생한 예가 많고, 공기호흡기 등은 구출작업에 종사하는 근로자 수 이상으로 갖추는 것이 필요하다.

방독마스크 및 방진마스크는 산소농도 18% 이상의 장소에서 사용하는 것이고, 산소결핍증의 방지에는 전혀 효과가 없으므로 절대로 사용하여서는 안 된다.

맨홀의 직경이 너무 작아 공기호흡기 등이 걸려 구조가 늦어져 사망에 이른 예도 있으므로, 맨홀, 개구부의 크기 등에 대해 사전에 조사해 놓을 필요가 있다.

보호구, 대비용 기구는 그날의 작업을 개시하기 전에 점검하고 항상 정상적이고 유효한 상태에서 사용할 수 있도록 해 놓아야 한다.

### (6) 인원의 점검, 출입금지 및 게시

밀폐공간에서 작업을 하는 경우에는 그 장소에 근로자를 입장시킬 때와 퇴장시킬 때마다 인원을 점검하여야 한다(산업안전보건기준에 관한 규칙 제621조 참조).

그리고 사업장 내 밀폐공간을 사전에 파악하여 밀폐공간에는 관계 근로자가 아닌 사람의 출입을 금지하고, 출입금지 표지를 밀폐공간 근처의 보기 쉬운 장소에 게시하여야 한다(산업안전보건기준에 관한 규칙 제622조 제1항).

또한 밀폐공간에서 작업을 시작하기 전에 아래 사항을 확인하여 근로자가 안전한 상태에서 작업하도록 하여야 하고(산업안전보건기준에 관한 규칙 제619조 제2항), 밀폐공간작업이 종료될 때까지 아래 내용을 해당 작업장 출입구에 게시하여야 한다(산업안전보건기준에 관한 규칙 제619조 제3항).

① 작업 일시, 기간, 장소 및 내용 등 작업 정보
② 관리감독자, 근로자, 감시인 등 작업자 정보
③ 산소 및 유해가스 농도의 측정결과 및 후속조치 사항
④ 작업 중 불활성가스 또는 유해가스의 누출·유입·발생 가능성 검토 및 후속조치 사항
⑤ 작업 시 착용하여야 할 보호구의 종류
⑥ 비상연락체계

## (7) 연락

근접하는 장소의 작업에 의해 작업장이 산소결핍, 유해가스의 발생·체류의 우려가 있는 경우에는 근접한 장소에서 이루어지는 작업장과 작업시기, 작업시간(압기공법의 경우는 송기의 시기, 송기압 등) 등에 대해 연락을 해 둘 필요가 있다.

## (8) 감시인의 배치

근로자가 밀폐공간에서 작업을 하는 동안 이상을 조기에 발견하고 적절한 조치를 신속하게 행하기 위하여 작업상황을 감시할 수 있는 감시인을 지정하여 밀폐공간 외부에 배치하여야 한다(산업안전보건기준에 관한 규칙 제623조 제1항).

감시인은 보일러, 탱크, 반응탑, 선창 등의 내부에서의 산소결핍 위험작업의 경우와 같이 외부에서 내부 감시가 가능한 경우에는 개구부의 외측에 배치한다. 작업장소가 복잡한 경우 등 그 외부에서 작업을 감시하는 것이 현저히 곤란한 경우에는 밀폐공간작업에 종사하는 근로자 중에서 통보할 자를 정하고, 이 통보자가 외부의 감시인에게 연락할 수 있도록 하는 것이 바람직하다.

그리고 이 감시인은 밀폐공간에 종사하는 근로자에게 이상이 있을 경우에 구조요청 등 필요한 조치를 한 후 이를 즉시 관리감독자에게 알려야 한다(산업안전보건기준에 관한 규칙 제623조 제2항).

한편, 밀폐공간에서 작업이 이루어지는 동안에는 그 작업장과 감시인 간에 항상 연락을 취할 수 있는 설비를 설치하여야 한다(산업안전보건기준에 관한 규칙 제623조 제3항).

## (9) 교육의 실시

근로자의 산소결핍증, 유해가스중독에 관한 지식의 부족에 의한 산업재해를 방지하기 위하여 산업안전보건법(제29조 제3항)에 따라 특별교육을 실시하여야 하는 것으로 되어 있다. 산소결핍증 또는 유해가스중독사고 시에 구조작업에 종사한 자도 함께 피재하는 사례가 끊이지 않고 있는 점을 감안하여, 특히 공기호흡기 등의 보호구의 착용법, 응급조치의 방법·절차 등에 대하여 충분히 교육을 실시할 필요가 있다.

## (10) 안전한 작업방법의 주지

근로자가 밀폐공간에서 작업을 하는 경우에 작업을 시작할 때마다 사전에 다음 사항을 작업근로자(감시인을 포함한다)에게 알려야 한다(산업안전보건기준에 관한 규칙 제641조).

① 산소 및 유해가스 농도 측정에 관한 사항

② 환기설비의 가동 등 안전한 작업방법에 관한 사항

③ 보호구의 착용과 사용방법에 관한 사항

④ 사고 시의 응급조치 요령

⑤ 구조요청을 할 수 있는 비상연락처, 구조용 장비의 사용 등 비상 시 구출에 관한 사항

# 참고문헌

■ 국내문헌

고용노동부, 『산업재해 현황분석』, 각 연도.

배종대, 『형법총론(제17판)』, 홍문사, 2023.

서울특별시, 『건설공사 매뉴얼』, 2014.

임웅, 『형법총론(第13訂版)』, 법문사, 2022.

정진우, 「고소로프작업 추락사고 방지방안에 관한 연구」, 노동법포럼, 제34호.

정진우, 『산업안전관리론－이론과 실제－(개정4판)』, 중앙경제, 2022.

정진우, 『산업안전보건법(개정증보 제5판)』, 중앙경제, 2022.

정진우, 『산업안전보건법론』, 한국학술정보, 2014.

정진우, 『안전문화: 이론과 실천(3판)』, 교문사, 2023.

정진우, 『안전보건관리시스템(2판)』, 교문사, 2023.

정진우, 『안전심리(3판)』, 교문사, 2022.

정진우, 『위험성평가 해설(개정증보 제4판)(보정)』, 중앙경제, 2023.

한국산업안전보건공단, 『근골격계질환 예방 업무편람』, 2014.


■ 일본문헌

大関親, 『新しい時代の安全管理のすべて(第7版)』, 中央労働災害防止協会, 2020.

関根康明, 『建設現場の安全管理』, 2009. 日本理工出版会, 2009.

建設労務安全研究会編, 『職長の能力向上のために(第2版)』, 労働新聞社, 2015.

熊谷組安全衛生協力会, 『建設現場のヒヤリ・ハット事例集』, 労働新聞社, 2014.

産業医科大学産業医実務研修センター編, 『使える! 健康教育・労働衛生教育55選』, 日本労務研究会, 2016.

髙木元也, 『建設業におけるヒューマンエラー防止対策—HEART手法による原因分析と対策樹立』, 労働調査会, 2012.

中央労働災害防止協会編, 『安全管理者選任時研修テキス(第6版)』, 中央労働災害防止協会, 2016.

中央労働災害防止協会編, 『安全の指標』, 中央労働災害防止協会, 2017.

中央労働災害防止協会編, 『衛生管理者の実務—能力向上教育用テキスト』, 中央労働災害防止協会, 2018.

中央労働災害防止協会編, 『経営者のための安全衛生のてびき』, 中央労働災害防止協会, 2016.

中央労働災害防止協会編, 『新・産業安全ハンドブック』, 2000.

中央労働災害防止協会編, 『職長の安全衛生テキスト』, 中央労働災害防止協会, 2017.

日本厚生労働省, 『労働災害統計』, 各年度.

橋本邦衛, 『安全人間工学(第4版)』, 中央労働災害防止協会, 2004.

福成雄三, 『総括安全衛生管理者の仕事』, 中央労働災害防止協会, 2018.

福成雄三, 『安全管理者の仕事』, 中央労働災害防止協会, 2017.

労働調査会出版局編, 『職長教育マニュアル—階層別·安全衛生教育テキスト(改訂3版)』, 労働調査会, 2007.


■ 구미문헌

Allan St. John Holt and Jim Allen, *Principles of Health and Safety at Work*, 8th ed., Routledge, 2015.

Charles D. Reese, *Occupational Health and Safety Management - A Practical Approach*, 2nd ed, CRC Press, 2009.

C. Ray Asfahl and David W. Rieske, *Industrial Safety and Health Management*, 6th ed., Pearson, 2010.

David L. Goetsch, *Occupational Safety and Health for Technologists, Engineers, and Managers*, 9th ed., Pearson, 2018.

David L. Goetsch, *The Basics of Occupational Safety*, 2nd ed, Pearson, 2015.

David L. Goetsch, *Total safety Management*, Prentice Hall, 1998.

David Walters(ed.), *Regulating Health and Safety Management in the European Union*, P.I.E.-Peter Lang, 2002.

Danuta Koradecka(ed.), *Handbook of Occupational Safety and Health*, CRC Press, 2010.

E. Scott Geller, *The Psychology of Safety Handbook*, CRC Press, 2001.

Frank E. Bird, Jr. and George L. Germain, *Practical Loss Control Lerdership*, 1986.

Herbert W. Heinrich, *Industrial Accident Prevention - A Safety Management Approach*, 5th ed., 1980.

ISO, ISO 12100: Safety of machinery – General principles for design – Risk assessment and risk reduction, 2010.

ISO, ISO 45001: Occupational health and safety management systems – Requirements with guidance for use, 2018.

ISO, ISO 45002: Occupational health and safety management systems – General guidelines for the implementation of ISO 45001: 2018, 2023.

ISO, ISO Guide 71: Risk management – Vocabulary, 2009.

ISO/IEC, ISO/IEC GUIDE 51: Safety aspects – Guidelines for their inclusion in standards, 2nd ed., 1999.

ISO/IEC, ISO/IEC GUIDE 51: Safety aspects – Guidelines for their inclusion in standards, 3rd ed., 2014.

Joel M. Haight(ed.), *The Safety Professionals Handbook Management Applications*, American Society of Safety Engineers, 2012.

James Reason, *Managing the Risks of Organizational Accidents*, Ashgate, 1997.

James Reason, *The Human Contribution – Unsafe Acts, Accidents and Heroic Recoveries*, Routledge, 2008.

Louis J. DiBerardinis(ed.), *Handbook of Occupational Safety and Health*, CRC Press, 1999.

Mark A. Friend and James P. Kohn, *Fundamentals of Occupational Safety and Health*, BernanPress, 2014.

Johan Westhuyzen(Dupont), "Relative Culture Strength: A Key to Sustainable World–Class Safety Performance", Dupont, 2010.

Nicholas, *System Safety Engineering and Risk Assessment – A Practical Approach*, 2nd ed., CRC Press, 2015.

Ron Westrum, "Culture with requisite imagination" in John A. Wise, V. David Hopkin and Paul Strager(eds), *Verification and Validation of Complex Systems: Human Factors Issues*, Springer-Verlag, 1992.

Willie Hammer and Dennis Price, *Occupational Safety Management and Engineering*, 5th ed., Prentice Hall, 2001.

# 찾아보기